Adolf Watznauer · Wörterbuch Geowissenschaften · Englisch-Deutsch

Adolf Watznauer

Dictionary Geosciences

English-German

Containing approximately 40000 terms

3rd, revised edition

1988
Verlag Harri Deutsch · Thun · Frankfurt/M.

Adolf Watznauer

Wörterbuch Geowissenschaften

Englisch-Deutsch

Mit etwa 40 000 Wortstellen

3., bearbeitete Auflage

1988
Verlag Harri Deutsch · Thun · Frankfurt/M.

AUTOREN

Prof. Dr. *Werner Arnold;* Prof. Dr. *Horst Bachmann;* Dr. *Walter Bachmann;* Prof. Dr. *Hans-Jürgen Behr;* Ing. *Gerhard Bochmann;* Dr. *Peter Bormann;* Prof. Dr. *Klaus Dörter;* Prof. Dr. sc. *Klaus Fröhlich;* Dr. *G. Haas;* Dr. *Roland Hähne;* Prof. Dr. *Christian Hänsel;* Dr. *Christian Knothe;* Dr. sc. techn. *Hans-Jürgen Kretzschmar;* Dr. *Eberhard Künstner;* Dr. sc. *Manfred Kurze;* Dr. *Gerhard Mathé;* Prof. Dr. *Rudolf Meinhold;* Doz. Dr. *Christian Oelsner;* Dipl.-Ing. *Yadlapalli Venkateswara Rao;* Dr. sc. *Winfried Rasemann;* Geol.-Ing. *Wolfgang Reichel;* Prof. Dr. *Hans-Jürgen Rösler;* Dr. *Jörg Schneider;* Dr. *Karl-Armin Tröger;* Dr. *Richard Wäsch*

GUTACHTER

Prof. Dr. *Eberhard Kautzsch*, Dr. *Hans Prescher*, Dr. *Helmut Schmidt*

Eingetragene (registrierte) Warenzeichen sowie Gebrauchsmuster und Patente sind in diesem Wörterbuch nicht ausdrücklich gekennzeichnet. Daraus kann nicht geschlossen werden, daß die betreffenden Bezeichnungen frei sind oder frei verwendet werden können.

CIP-Kurztitelaufnahme der Deutschen Bibliothek
Wörterbuch Geowissenschaften / Adolf Watznauer.
[Autoren Werner Arnold ...]. – Thun ; Frankfurt/Main :
Deutsch
   1. Aufl. u.d.T.: Watznauer, Adolf: Wörterbuch
   Geowissenschaften
NE: Watznauer, Adolf [Hrsg.]
Englisch-deutsch. – 3., bearb. Aufl. – 1988
   ISBN 3-87144-993-8

ISBN 3-87144-993-8

Lizenzausgabe für den Verlag Harri Deutsch, Thun
© VEB Verlag Technik, Berlin, 1988
Printed in the German Democratic Republic
Gesamtherstellung: Grafischer Großbetrieb Völkerfreundschaft Dresden

Vorwort zur dritten Auflage

Die günstige Aufnahme des Wörterbuchs für den Sektor Geowissenschaften in den angesprochenen Fachdisziplinen haben Verlag und Herausgeber bewogen, eine 3., bearbeitete Auflage vorzulegen.
Die Zahl der Wörter wurde um etwa 2000 auf 40000 erhöht. Die Erweiterung betrifft vor allem jene Wissenschaftsbereiche, deren Einfluß auf die Geowissenschaften nicht mehr übergangen werden kann. An einer Reihe von Wortstellen wurden darüber hinaus Korrekturen oder Präzisierungen vorgenommen.
Die Begriffe für die Erweiterungen und Ergänzungen wurden wie bisher unmittelbar dem Schrifttum entnommen. Dem in einzelnen Fällen von der üblichen Form abweichenden Wortgebrauch durch bedeutende Autoren wurde dabei in manchen Fällen Rechnung getragen. Dies entspricht dem Charakter des Buches als dem eines „Wörter"-Buches. Eine Tendenz zur Entwicklung eines Thesaurus bzw. Begriffslexikons wurde damit nicht angestrebt. Ein solches Vorhaben ist für das Gesamtgebiet der Geowissenschaften undurchführbar.
Der Herausgeber dankt allen Fachkollegen, deren unmittelbare Mitarbeit bzw. mittelbare Hinweise zur Fertigstellung dieser Auflage wesentlich beigetragen haben. Dem Verlag gebührt vollste Anerkennung und Dank für die vertrauensvolle Zusammenarbeit.
Sachdienliche Hinweise für die weitere Verbesserung des Buches sollten wie bisher an den VEB Verlag Technik, Oranienburger Str. 13/4, Berlin, DDR — 1020 gegeben werden.

Adolf Watznauer

Vorwort zur zweiten Auflage

In der vorliegenden zweiten Auflage ist der Wortschatz der ersten Auflage im wesentlichen erhalten geblieben. Die Entwicklung einzelner Untergebiete sowie die sich gegenwärtig vollziehende starke Verzahnung der Geowissenschaften mit anderen wissenschaftlichen und technischen Fachdisziplinen erforderten eine Überarbeitung und Erweiterung des erfaßten Wortschatzes. Es wurden etwa 3800 neue Stichwörter aufgenommen. Gleichzeitig wurden bei der Überarbeitung der vorhandenen Begriffe veraltete Termini herausgenommen, wobei jedoch in jenen Fällen, wo der alte Begriff noch gebräuchlich ist bzw. zum Verständnis der älteren Literatur als notwendig erscheint, dieser beibehalten wurde.
In einigen Spezialfächern sind die nomenklatorischen Diskussionen noch im Fluß. Dies betrifft vor allem die kohlenpetrografischen Begriffe. Hier wurde — insbesondere bei den Maceralen und Mikrolithotypen der Kohlen — auf das „Internationale Lexikon für Kohlenpetrologie" zurückgegriffen. Dabei wurden überwiegend die im System Stopes-Heerlen definierten Begriffe berücksichtigt. Die Schreibweise der stratigrafischen Einheiten im englischsprachigen Text bezieht sich auf die Vorschläge im „International Stratigraphic Guide (a Guide to Stratigraphic Classification, Terminology and Procedure)".
Der zweiten Auflage wurden zwei Tabellen beigefügt. Die stratigrafische Tabelle erleichtert dem Benutzer des Buches die Einordnung eines diesbezüglichen Terminus in das geologische Zeitschema. Die seismische Intensitätsskala, die Bezeichnungen der Umgangssprache verwendet, vermeidet die Hereinnahme solcher Begriffe in den Textteil bzw. deren umständliche begriffliche Definition als seismische Parameter. Von der Beigabe einer mineralogischen Tabelle wurde abgesehen, da das Mineral zweifellos im Stichwortverzeichnis unter seinem Namen gesucht wird, dagegen wurde die Schreibung des Mineralchemismus einheitlich gestaltet.
Die Ergänzungen und Veränderungen wären ohne die tätige Mithilfe zahlreicher Fachkollegen nicht möglich gewesen. Ihnen allen sei herzlichst für ihre mühevolle Arbeit gedankt, den Herren Dr. Kurze, Dr. Mathé und Dr. Schneider auch für ihre Hilfe beim Korrekturlesen.
Dank gebührt auch dem VEB Verlag Technik für sein verständnisvolles Eingehen auf die Wünsche des Herausgebers und der Bearbeiter.

Adolf Watznauer

Vorwort zur ersten Auflage

Der Verlag legt mit diesem Band ein englisch-deutsches Fachwörterbuch für den Bereich der Geowissenschaften vor, das mit etwa 35 000 englischen Termini und den dazugehörigen deutschen Äquivalenten zu den umfangreichsten Terminologiesammlungen dieses Fachgebietes gehört.

Ein Fachwörterbuch soll den Übersetzer und Dokumentalisten bei der Übersetzung bzw. Auswertung fremdsprachiger Fachliteratur unterstützen und dem Wissenschaftler helfen, die Ergebnisse seiner Forschungen auf Tagungen und Kongressen in Form und Inhalt adäquat darzustellen.

Um diese Ziele zu erreichen, wurden ein Fachmann für Geowissenschaften und ein Fachphilologe für die Erarbeitung des Wortschatzes gewonnen. So konnten eine sachgemäße und umfassende Wortauswahl und sprachliche Genauigkeit in gleicher Weise berücksichtigt werden. Beiden Mitarbeitern sei an dieser Stelle für ihre Mühe herzlichst gedankt.

In den Fällen, in denen englische Fachbegriffe nicht durch einen exakten und üblichen deutschen Terminus wiedergegeben werden konnten oder die Möglichkeit einer Doppeldeutigkeit im deutschen Ausdruck bestand, wurden Umschreibungen und kurze Erklärungen gegeben. Die Auswahl jener Fälle ist zweifellos subjektiv, und die Gefahr, den Begriffsbestimmungen zu großen Raum zu geben, ist groß. Durch einen streng angelegten Maßstab hoffen die Autoren und der Herausgeber, dieser Tendenz entgegengewirkt zu haben.

Der Wortschatz wurde zum größten Teil der Fachliteratur entnommen. Starke Betonung erfuhr die praktische Seite der Geowissenschaften. Hier gingen die Autoren oft weit in den Bereich der technischen Praxis hinein. Nachbarwissenschaften, wie physikalische Chemie, Geochemie, Geophysik, Paläontologie, Gebirgsmechanik u. a. wurden nur in dem Umfange berücksichtigt, wie es zum Verständnis der geowissenschaftlichen Kerngebiete erforderlich ist. Stärker betont wurden Mineralogie, Petrografie und Lagerstättenlehre. Die Mineralformeln sind hauptsächlich dem Standardwerk von H. Strunz entnommen worden. Die Gesteinsnamen lehnen sich an die bewährten Lehrbücher von H. Rosenbusch an. Beim Wortschatz der Lagerstättenlehre wurde die Auswahl so getroffen, daß praktische Gesichtspunkte im Vordergrund stehen. Außer der wissenschaftlichen Terminologie sind auch Handelsnamen von Rohstoffen, Vulgärbezeichnungen von Mineralen und Gesteinen, Slangausdrücke u. ä. berücksichtigt. Der Entwicklungstendenz der Geologie entsprechend fanden auch auf die Geologie bezogene astronomische und astrophysikalische Termini und solche der Raumfahrt sowie der Wortschatz der sich stürmisch entwickelnden Lithologie und marinen Geologie Aufnahme in das Wörterbuch. Hierbei wurde allerdings nur der schon gefestigte Sprachgebrauch erfaßt. Es besteht die Absicht, diese beiden Sparten bei einer der späteren Auflagen stark auszubauen. Als zweckmäßig erwies es sich, die in den Geowissenschaften gebräuchlichen Abkürzungen zu erfassen. Hier ist eine Vollständigkeit weder angestrebt noch zu erreichen.

Nachdem im Akademie-Verlag das „Wörterbuch der Geowissenschaften" von H. J. Teschke in der russisch-deutschen und deutsch-russischen Sprachrichtung erschienen ist, fehlte ein ähnlicher Titel für die englisch-deutsche und deutsch-englische Sprachrichtung, und das um so mehr, als das Englische als Publikations- und Kongreßsprache in den Geowissenschaften eine große Rolle spielt. Zu dem vorliegenden englisch-deutschen Band wird voraussichtlich 1973 der deutsch-englische Band erscheinen.

Hinweise, die zur Verbesserung weiterer Auflagen beitragen können, sind an den Verlag zu richten.

Adolf Watznauer

Benutzungshinweise

1. Alphabetische Ordnung

Die Stichwörter sind alphabetisch geordnet. Zusammengesetzte Begriffe stehen unter dem ersten Wort und sind dort zu einem „Nest" zusammengefaßt. Für das Stichwort, bzw. Nestwort, ist innerhalb des Nestes eine Tilde gesetzt.
Haben Verb, Adjektiv und Substantiv die gleiche Form, so stehen sie in der Regel auch in dieser Reihenfolge. Mit dem Verb gebildete Begriffe bilden ein eigenes Nest, mit Adjektiv oder Substantiv gebildete Begriffe stehen zusammen unter dem Substantiv. Wenn ein Wort klein und groß geschrieben werden kann, steht zuerst das kleingeschriebene, dann das großgeschriebene (wobei sich jeweils das Nest anschließt).
Zusammengesetzte Begriffe, die mit angelsächsischem Genitiv gebildet werden, bilden ein eigenes Nest, wobei das 's als zum Wort gehörig alphabetisch mitgezählt wird.

earth	lower/to	wave
~ anchor	~ the water table	~-built terrace
~ load	lower aquifer	~-cut
~ wax	~ bed	~ ripple marks
earth...	~ block	~-washed
earthly	~ water	~-worn
earthmoving	~ yield point	waved suture
earthquake	Lower Cambrian	wavelike
earth's	~ Carboniferous	wavellite
~ attraction	~ Chalk	waves of condensation
~ surface	~ Triassic	waviness

Anmerkung

Eine große Anzahl von Begriffen kann im Englischen zusammen- oder auseinandergeschrieben werden. Der Gebrauch des Kopplungsbindestrichs bei Auseinanderschreibung schwankt ebenfalls. Der Benutzer sollte, wenn er einen Begriff vermißt, daher bei der anderen Schreibungsmöglichkeit nachsehen, da Verweise nicht in allen Fällen eingefügt wurden.

2. Bedeutung der Zeichen und Abkürzungen

/   gibt die Umstellung in der Wortfolge an:
        abandon/to = to abandon
        mineralized/well = well mineralized

( )   Die in ( ) stehenden Wörter können für das unmittelbar vorhergehende Wort eingesetzt werden:
        mocha pebble (stone) = mocha pebble *oder* mocha stone
        verschlepptes (eingespültes, umgelagertes) Fossil = verschlepptes Fossil *oder* eingespültes Fossil *oder* umgelagertes Fossil

[ ]   In [ ] stehende Wörter oder Wortteile können entfallen, ohne daß sich der Bedeutungsinhalt ändert:
        [im Flußbett] ablagern = ablagern *oder* im Flußbett ablagern
        [ab]bauwürdig = bauwürdig *oder* abbauwürdig
        Agnotozoic [Period] = Agnotozoic *oder* Agnotozoic Period
        geologic[al] = geologic *oder* geological

( )	kursive Klammern enthalten Erklärungen
=	verbindet Abkürzung und Klartext
s.	siehe/see verweist auf einen anderen Begriff mit gleicher Bedeutung. Wird auf einen Begriff im gleichen Nest verwiesen, so wird das erste Wort, wie im Nest üblich, abgekürzt.
s.a.	siehe auch/see also gibt einen Hinweis auf weitere Übersetzungsmöglichkeiten oder bei zusammengesetzten Begriffen darauf, daß die gesuchte Kombination unter dem Begriff, auf den verwiesen wird, nachzuschlagen ist.
Am	Amerikanismus/Americanism
sl	Slang/slang

Anmerkung

Ausgenommen sind die in den mineralogischen Formeln auftretenden ( ) und [ ] Klammern.

3. Allgemeine Hinweise

In der Regel wurde bei unterschiedlicher englischer und amerikanischer Schreibung die englische Version gewählt. Wenn allerdings Fachbegriffe aus der amerikanischen Literatur stammen, wurde auch die dort verwendete Schreibung übernommen, ohne daß die Begriffe durch *(Am)* gekennzeichnet wurden.

Kursiv gesetzt sind erklärende Hinweise (sie stehen in Klammern) und Umschreibungen des Bedeutungsinhalts von englischen Stichwörtern, für die keine einfache Entsprechung gefunden wurde.

Bedeutungsunterschiede werden wie folgt angegeben:

,	trennt inhaltsgleiche Begriffe
;	trennt Bedeutungsvarianten
1.;2.	trennt Homonyme oder stark voneinander abweichende Bedeutungsvarianten.

A

a axis a-Achse f *(mineralogische und tektonische Koordinate)*
a-direction a-Richtung f, Richtung f des tektonischen Transports
A-horizon A-Horizont m, Auslaugungshorizont m, oberer Bodenhorizont m
Ao-horizon Humusteil des A-Horizonts im Bodenprofil
Aoo-horizon höchster Teil des A-Horizonts im Bodenprofil mit unzersetztem Pflanzenmaterial
a-lineation a-Lineation f, Rillung f, Harnischriefung f
aa field Spratzlavafeld n, Schlackenlavafeld f, Spritzlavafeld n
aa-lava Spratzlava f, Schlackenlava f, Spritzlava f
Aalenian [Stage] Aalen[ium] n *(Stufe des unteren Doggers)*
aasar s. esker
Aasby diabase Aasbydiabas m *(Olivindiorit)*
ab-plane ab-Ebene f *(Gefügeebene, in der die tektonische a- und b-Achse liegen)*
abacus Profilmaßstab m
abandon/to auflassen; einstellen; stillegen
~ **a mine** eine Grube auflassen (aufgeben, stillegen)
~ **a well** eine Bohrung aufgeben (einstellen)
~ **at a depth of** in einer Teufe von ... einstellen
abandoned channel Altwasser n, toter Arm m, alter Flußlauf m
~ **cliff** Ruhekliff n
~ **gas mill** verlassene Gasfundstelle f
~ **lands** verlassenes Gelände n
~ **loop (meander)** verlassener Mäander m
~ **river bed** verlassenes Flußbett n
~ **river course** Altarm m
~ **stream channel** s. ~ channel
~ **strip mine** abgeworfener Tagebau m
~ **support** verlorener Ausbau m
~ **well** verlassene (eingestellte) Bohrung f
~ **workings** Alter Mann m, verlassene (aufgegebene) Baue mpl
abbreviated verkürzt *(z.B. Entwicklung)*
~ **record** lückenhafte Schichtenfolge f
aberrant mass wurzellose Masse f *(Tektonik)*
~ **type** abweichende Form f
aberration Aberration f, Abweichung f
~ **of the magnetic needle** Abweichung f der Magnetnadel, magnetische Mißweisung f
abioglyph Abioglyphe f *(Hieroglyphe anorganischen Ursprungs)*
ablation Ablation f, Abhebung f
~ **area** Ablationsgebiet n, Ablationsfläche f *(eines Gletschers)*
~ **cone** Gletschertisch m *(Ablationsform)*
~ **form** Ablationsform f
~ **funnel** Gletscherkanal m
~ **moraine** Rückenmoräne f

absolute

ablykite Ablykit m *(halloysitähnliches Tonmineral)*
abnormal abnormal; abnorm, anormal
~ **contact** mechanischer Kontakt m *(bei einer Verwerfung)*
abnormality Abnormalität f, Abnormität f
aboral aboral
aboriginal home Urheimat f
~ **man** Urmensch m
aborted verkümmert
abortive unvollkommen entwickelt
~ **volcano** Vulkanembryo m
above critical überkritisch
~ **ground** oberirdisch, über Tage
~ **sea level** über dem Meeresspiegel
abra Gangspalte f, Kluft f
abradant Schleifmittel n
abrade/to abschleifen, abtragen, abradieren, abscheuern
abraded by ice eisgeschrammt
abrader Schleifmittel n
abrasion Abschleifung f, Abtragung f, Abrasion f, Abscheuern n
~ **coast (embayment)** Abtragungsküste f
~ **of briquette** Brikettabrieb m
~**-pH** Abrasions-pH-Wert m
~ **plain** Abrasionsebene f, Brandungsebene f
~ **platform** Abrasionsplattform f
~ **resistance** Verschleißwiderstand m
~ **strength** Abriebfestigkeit f
abrasive Schleifmittel n; Gebläsesand m, Putzsand m, Blassand m, Gebläsekies m
~ **action** abscheuernde Wirkung f, Schleifwirkung f
~ **diamond** Schleifdiamant m
~ **engineering practice** Schleif- und Poliertechnik f
~ **garnet** Schleifgranat m
~ **hardness** Ritzhärte f, Schmirgelhärte f
~ **hardness test** Ritzhärteprüfung f
~ **rock** abreibendes Gestein n
~ **sand** Schmirgelsand m
abrasiveness Abrasivität f
abraum [salts] Abraumsalze npl, KMg-Salze npl
abridged spectrophotometry grobe Spektralfotometrie f
abrupt steil, abschüssig
absarokite Absarokit m *(basisches Ergußgestein)*
absence of bedding Schichtungslosigkeit f
absolute age absolutes Alter n
~ **altimeter** elektrodynamischer Höhenmesser m
~ **altitude** absolute Höhe f, Meereshöhe f
~ **chronology** absolute Zeitrechnung (Zeitbestimmung, Zeitmessung) f
~ **humidity** absolute Feuchtigkeit f
~ **permeability** absolute Permeabilität f
~ **pressure** absoluter Druck m
~**-rest precipitation tank** Absetzbecken n für aussetzenden Betrieb, Absetzbecken n mit ruhendem Abwasser

absolute

~ time absolute Zeit *f (durch radiogene Altersbestimmung festgelegt)*
~ viscosity dynamische Viskosität (Zähflüssigkeit) *f*
absolutely horizontal totsöhlig
absorb/to absorbieren
absorbability Absorbierbarkeit *f*, Aufsaugbarkeit *f*
absorbed water Absorptionswasser *n*
absorbency Absorptionsfähigkeit *f*, Absorptionsvermögen *n*, Aufnahmefähigkeit *f*
absorbent Absorptionsmittel *n*
~ shale Saugschiefer *m*
absorber Absorptionsturm *m (für Erdöl)*
absorbing power Absorptionsfähigkeit *f*
~ well Versickerungsbrunnen *m*
absorptance Absorptionsvermögen *n*, Absorptionsfähigkeit *f*
absorption Absorption *f*
~ basin Tosbecken *n*
~ of neutrons Neutronenabsorption *f*
~ plant Absorptionsanlage *f (für Erdöl)*
~ rate Spülungsverlust *m*
~ spectrum Absorptionsspektrum *n*
absorptive capacity for water Wasseraufnahmevermögen *n*, Wasseraufsaugefähigkeit *f*
~ height Ansaughöhe *f*
absorptivity Absorptionsfähigkeit *f*, Absorptionsvermögen *n*, Aufnahmefähigkeit *f*
abstract time *s.* absolute time
abstraction Entziehung *f*, Anzapfung *f (z.B. Bohrung)*
Abukuma type Abukuma-Typ *m (Metamorphose)*
~-type metamorphism metamorphe Faziesserie *f* vom Abukuma-Typ *(temperaturbetonte Regionalmetamorphose)*
abundance Abundanz *f*, Häufigkeit *f*
~ anomalies Häufigkeitsanomalien *fpl*
~ of forests Waldreichtum *m*
~ of seams Flözreichtum *m*
~ ratio Häufigkeitsverhältnis *n*, Isotopen[häufigkeits]verhältnis *n*; Clarke-Wert *m*
abundant in fossils fossilreich
~ in water wasserreich
~ rainfall reiche Niederschläge *mpl*
~ vitrain gebänderte Kohle *f (mit 30 bis 60% Vitrit)*
~ with rain regenreich
abut/to stumpf aneinanderfügen
~ against abstoßen, absetzen *(eine Schicht)*
abutment Landpfeiler *m*, Widerlager *n*
~ pressure Kämpferdruck *m*
~ toe wall luftseitige Fußbefestigung *f (eines Dammes)*
~ zone Kämpferdruckzone *f*
abysm Abgrund *m*, Tiefe *f*
abysmal *s.* abyssal
abyss Abgrund *m*, Schlund *m*
abyssal abyssisch, abyssal, bathyal, abgründig
~ activity Tiefenintrusionen *fpl*
~ area abyssische Region *f*

~ deposit Tiefseeablagerung *f*, Tiefseesediment *n*, bathyale Ablagerung *f*
~ depths Tiefsee *f*
~ floor Tiefseeboden *m*
~ gaps Tiefseerinnen *fpl*
~ hills Tiefseehügel *mpl*
~ magma Tiefenmagma *n*
~ plain Tiefsee-Ebene *f*
~ region abyssische Region *f*, Abyssalregion *f (s.a. ~ zone)*
~ rise Tiefseeschwelle *f*
~ rock Tiefengestein *n*
~ sea Tiefsee *f*
~ zone abyssale Zone *f*, Tiefenregion *f*, Abyssal *n (s.a. ~ region)*
Abyssinian pump Abessinierpumpe *f*
~ well Abessinierbrunnen *m*
abyssolith Batholith *m*
abyssopelagic district abysso-pelagische Zone *f*
ac-girdle ac-Gürtel *m*
ac-joint ac-Kluft *f*, Reißfuge *f*
ac-plane ac-Ebene *f*, Gefügeebene *f* senkrecht zur b-Achse
Acadian [Stage] *s.* Albertan
Acado-Baltic Province Akado-Baltische Provinz *f (Paläobiogeografie, Unterkambrium)*
acanthite Akanthit *m*, Argentit *m*, Silberglanz *m*, Ag_2S
acaustobiolith Akaustobiolith *m (nicht brennbares organisches Sedimentgestein)*
accelerating agent Abbindebeschleuniger *m*
acceleration due to gravity Erdbeschleunigung *f*, Fallbeschleunigung *f*, Schwerebeschleunigung *f*
~ of the tides Gezeitenverfrühung *f*
accelerator Abbindebeschleuniger *m*
~ mass spectrometry Beschleunigermassenspektrometrie *f*
accelerometer Beschleunigungsmesser *m*
acceptance angle Einfangwinkel *m*
~ area Stabilitätsfläche *f*
access gallery Zugangsstollen *m*
~ of air Luftzutritt *m*
accessibility Zugänglichkeit *f*
accessories 1. Zubehör *n (z.B. einer Bohrung)*; 2. Nebenanlagen *fpl (über Tage)*; 3. *s.* accessory mineral
accessory akzessorisch
accessory *s.* ~ mineral
~ ash resurgente Asche *f*, Lavaasche *f*
~ constituent Nebengemengteil *m*
~ ejecta resurgent-authigene Auswürflinge *mpl*
~ element Spurenelement *n*
~ mineral akzessorisches Mineral *n*, Nebenmineral *n*, Begleitmineral *n*, Übergemengteil *m*
accidental block Vulkanauswürfling *m (aus dem nicht vulkanischen Untergrund)*
~ discharges Auswürflinge *mpl*
~ ejecta allothigene Auswürflinge *mpl*

~ **inclusion** s. xenolith
~ **products** Auswürflinge mpl
accidentals Fremdgesteinseinschlüsse mpl in Vulkaniten *(Autolithe und Xenolithe)*
acclivity ansteigender Hang m, Böschung f, Böschungsanstieg m, Gefälle n, Neigung f
acclivous abschüssig
accompanying bed Begleitflöz n
~ **mineral** Nebenmineral n, Begleitmineral n
accordant gleichförmig, konkordant
~ **junction** gleichsohlige Mündung f
~ **summit level** Gipfelflur f
~ **summits** gleichhohe Gipfel mpl, Gipfelflur f
~ **unconformity** unterbrochene gleichförmige Auflagerung f
accordion fold s. chevron fold, zigzag fold
accretic s. clastic
accreting bank anlandendes Ufer n; verlandetes Ufer
~ **plate margins** divergierende (krustenproduzierende) Plattengrenzen fpl
accretion 1. Aufschüttung f, Schüttung f, Anhäufung f; 2. Anlandung f, Ablagerung f, Anschwemmung f, Wachstumsanlagerung f; Aufspülung f durch Sedimentanlagerung; 3. Vorschieben n, Vorrücken n
~ **along a bank** Anlandung f an einem Ufer
~ **coast** Anschwemmungsküste f
~ **of crystals** Wachsen n von Kristallen
~ **ripples** flache Rippeln fpl mit Anlagerungs-Schrägschichtungsblättern
~ **theory** Einfanghypothese f
~ **through alluvium** Auflandung f, Kolmation f, Anschwemmung f, Aufschwemmung f, Kolmatierung f
~ **vein** zusammengesetzter Gang m
accretional heating Wachstumserwärmung f *(Erwärmung durch das Wachsen planetarer Körper)*
accretionary angelagert *(durch Überwachsen von Körnern oder Korngerüsten)*
~ **lapilli** vulkanische Pisolithe mpl, fossile Regentropfen mpl
~ **lava balls** Fließballungen fpl in Lavaströmen
~ **limestone** organogener Kalk m in situ
accumulate/to sich anhäufen, anwachsen, sich vermehren
accumulation Anhäufung f, Ansammlung f, Anreicherung f
~ **of debris** Schuttablagerung f
~ **of petroleum** Erdölanreicherung f
~ **of stress** Spannungsanreicherung f
~ **of talus** Schutthalde f
~ **zone** Anreicherungszone f *(von mineralisiertem Wasser)*
accumulative plant Zeigerpflanze f
accuracy Genauigkeit f *(einer Analyse)*
~ **of map** Kartengenauigkeit f
~ **of measurement** Meßgenauigkeit f
~ **of observation** Genauigkeit f der Beobachtung
accurate scanning Feinortung f

acentrous acentrisch, ohne Wirbelzentrum
acervation Anhäufung f
acetate peel Azetatfilm m; Azetatfolie f
acetic acid Essigsäure f
achondrite Achondrit m
achroite Achroit m *(Varietät von Turmalin)*
achromatic achromatisch, farblos
~ **quartz fluorite lens** Quarzfluoritachromatlinse f
~ **quartz rock salt lens** Quarzflußspatachromatlinse f
achromatism Achromatismus m, Farblosigkeit f
acicular nadelförmig, nadelig, stengelig, spitz
~ **bismuth** s. aikinite
~ **crystal** nadelförmiger Kristall m
~ **fracture** nadelförmiger Bruch m
~ **habitus** stengeliger Habitus m
aciculate s. acicular
aciculite s. akikinite
acid bottle Säureflasche f *(für Neigungsmessungen in Bohrlöchern)*
~ **brown forest soil** saurer brauner Waldboden m
~ **clay** saure Bleicherde f
~ **fracturing** Fracverfahren n mit Säurebehandlung, Säurefracung f *(Bohrtechnik)*
~ **fumarole** saure Fumarole f
~ **gas** Sauergas n
~ **humification** saure Humifizierung f
~ **leaching** saure Laugung f
~ **mine drainage** saure Grubenwässer npl
--**poor** säurearm
~ **sludge** Säureschlamm m
~ **soil** saurer Boden m
~ **solfatara** saure Solfatare f
~ **spotting around the drilling string** Säurewanne f
~ **treatment of wells** Säurereinigung f von Brunnen
acidic sauer, säurehaltig
~ **rock** saures Gestein n
acidification Versauerung f *(des Bodens)*
acidifier Säurebildner m
acidity Säuregrad m, Säuregehalt m
~ **of peat** Säuregrad (pH-Wert) m des Torfs
acidizing Säuerung f, Säurebehandlung f *(von Erdölbohrungen)*
acidulous spring Sauerbrunnen m, Kohlensäuerling m *(Mineralquelle)*
~ **water** kohlensäurehaltiges Wasser n
acinose krümelig, granuliert *(Textur)*
acknowledgement of receipt Empfangsanzeige f *(z. B. von seismischen Wellen)*
aclinal s. aclinic
aclinic söhlig, horizontal, ohne Einfallen
~ **area** Gebiet n mit horizontaler Schichtenlagerung
~ **line** s. magnetic equator
acme-zone biostratigrafische Einheit, gekennzeichnet durch die maximale Häufigkeit einer Art, Gattung bzw. eines anderen Taxons

acmite

acmite Akmit m, NaFe[Si$_2$O$_6$]
~-tracήýte Ägirintrachyt m
acoelous acöl
ACOH = Advisory Committee for Operational Hydrology
acoustic[al] impedance akustische Impedanz f, Schallhärte f
~ log Geschwindigkeitslog n, Akustiklog n (Bohrlochmessung)
~ [velocity] logging akustische Bohrlochmessung f
~ wave Schallwelle f
acre-foot Wassermenge, die auf 1 acre 1 Fuß hoch steht
~-yield gewinnbare Menge eines Bodenschatzes pro acre Fläche
acritical unkritisch
acrobatholithic stage Oberflächenanschnitt m eines Batholiten
acromorph Salzdom m, Salzhorst m, Salzstock m, Diapir m
acrotomous parallel zur Basis spaltbar
acrozone s. range zone
actiniform radialförmig
actinolite Aktinolith m, Strahlstein m, Ca$_2$(Mg, Fe)$_5$ [(OH, F)Si$_4$O$_{11}$]$_2$
~ schist Aktinolithschiefer m
actinometer Aktinometer n, Strahlungsmesser m
actinometry Aktinometrie f, Strahlungsmessung f
action at a distance Fernwirkung f
~ of ultrasounds Ultraschallwirkung f
~ zone s. neritic zone
activate/to beleben, aktivieren
activated water aktiviertes Wasser n
activating isotope aktivierendes Isotop n
activation Aktivierung f
~ analysis Aktivierungsanalyse f
~ logging Aktivierungslog n, Aktivierungsmessung f
~ of deposits Aktivierung f des Erkundungsaufwands von Lagerstätten
activator Anreger m
active aktiv; radioaktiv
~ crater tätiger Krater m
~ earth Bleicherde f, Bleichton m
~ earth pressure aktiver Erddruck m
~ fault aktive Verwerfung f
~ fill aktive Verfüllung f (Ichnologie)
~ glacier Gletscher m in Bewegung
~ lateral earth pressure aktiver Erddruck m
~ layer Auftauschicht f (im Permafrost)
~ occurrence lebende Lagerstätte f (von Kohlenwasserstoffen)
~ oil seeps tätige Erdölaustrittsstellen fpl
~ product [radio]aktives Zerfallsprodukt n
~ sensor aktiver Sensor m (registriert das Antwortsignal des Untersuchungsobjekts auf die vom Sensor selbst ausgesandte Strahlung)
~ soil eutropher Boden m
~ sonar Ultraschallecholot n, Ultrasonarortungssystem n

~ state aktives Stadium n (eines Vulkans)
~ volcano tätiger Vulkan m
~ water drive aktiver Wasserbetrieb m
activity Aktivität f, Wirksamkeit f, Radioaktivität f
~ index Aktivitätsindex m (von Wasserinhaltsstoffen)
actual age tatsächliches Alter n
~ bedding sichtbare Schichtung f
~ drilling time reine Bohrzeit f
~ level Augenblickspegel m
~ porosity Gesamtporosität f
~ reserves sichere Vorräte mpl
~ thickness wahre Mächtigkeit f
~ water table wirklicher Wasserspiegel m
actualism Aktualismus m
acute spitz
~ bisectrix erste (spitze) Mittellinie f
adamantine diamantartig
~ drill Diamantbohrer m, Schrotbohrer m
~ lustre diamantartiger Glanz m, Diamantglanz m
adamellite Adamellit m (Quarzmonzonit)
adamic earth Rötelerde f
adamine, adamite Adamin m, Zn$_2$[OH|AsSO$_4$]
adapter casing flange Rohrreduzierflansch m
adaption Anpassung f (Paläobiologie)
adaptive convergence adaptive Konvergenz f
~ divergence adaptive Divergenz f
~ radiation s. ~ divergence
~ reduction adaptive Reduktion f
adarce (sl) Kalkablagerungen von Mineralquellen
addendum to a project Projektnachtrag m
additament Zuschlag[stoff] m, Beimengung f
addition 1. Beimischung f, Zumischung f; 2. Zusatzstoff m
additional load Auflast f
additive Zusatzstoff m, Beimischung f, Zumischung f
~ colour process Methode der Erzeugung praktisch aller Farben durch Addition des Lichts der additiven Primärfarben Blau, Grün und Rot in verschiedenen Anteilen
~ colour viewer Multispektralprojektor m (Gerät zur Betrachtung additiver Farbmischbilder)
~ metamorphism s. pneumatolytic metamorphism
~ soil stabilization Bodenvermörtelung f mit Stabilisatorbeigabe
additives Reagenzien npl
adductor Adduktor m
~ impression Adduktoreindruck m
~ muscle Schließmuskel m
~ muscle scar Schließmuskelnarbe f
adelite Adelit m, CaMg[OH|AsO$_4$]
adelomorphic adelomorph
ader wax Erdwachs n, Bergwachs n, Ozokerit m
adhere to/to hängen an
adhesion Adhäsion f, Haftfähigkeit f, Haftvermögen n
~ meter Haftfestigkeitsmesser m

~ of the filter cake Klebrigkeit *f* der Tonkruste
~ ripples Haftrippeln *fpl*
~ tension Haftspannung *f*
adhesive film of oil haftender Ölfilm *m*
~ ground klebriger Boden *m*
~ slate 1. Klebschiefer *m*, Saugschiefer *m*, Polierschiefer *m*; 2. Tripel *m (dünn geschichtete Kieselgur)*
~ strength Haftfestigkeit *f (eines Ankers)*
~ water Haftwasser *n*
adhesiveness Adhäsionsvermögen *n*
adiabatic adiabatisch
~ gradient adiabatischer Gradient *m*
adiagnostic adiagnostisch
adiathermal, adiathermanous, adiathermic, adiathermous wärmeundurchlässig
adinole Adinol *m (hauptsächlich aus Quarz und Albit bestehendes Gestein)*
adipocerite, adipocire *s.* hatchettite
adit 1. Zugang *m*, Zutritt *m*; 2. Stollen *m*, Zugangsstollen *m*
~ drainage Wasserlösung *f* durch Stollen
~ entrance Stolleneingang *m*, Stollenmundloch *n*
~ level Stollensohle *f*
~ mining Stollenbergbau *m*
~ opening Mundloch *n*, Stollenloch *n*
adjacent angrenzend, anliegend, benachbart
~ beds Nachbarschichten *fpl*
~ rock Nebengestein *n*, Nachbargestein *n*
~ sea Randmeer *n*
~ structure benachbartes Bauwerk *n*
~ timing lines Zeitmarken *fpl (Seismik)*
adjoin/to 1. [an]grenzen; 2. markscheiden
adjoining concession (property) Nachbarfeld *n*
~ rock Nebengestein *n*, Nachbargestein *n*
~ well Nachbarschacht *m*
adjusted photobase angepaßte Bildbasis *f*
adjusting Justieren *n*, Einstellen *n*
adjustment Justierung *f*, Einstellung *f*, Einregulierung *f*
admission *s.* admittance
admittance Abfangen *n (Kristallchemie)*
admix/to beimischen
admixture Beimischung *f*, Zumischung *f*, Zusatzstoff *m*
adobe [clay] *(Am)* 1. kalkhaltiger sandiger Schluff *m*, sandigschluffiger Ton *m*, Alluvialton *m*; 2. Trockenstein *m*, Luftziegel *m*
~ flat Schichtflutebene *f*
adont adont *(Ostracoden)*
~ hinge adontes (zahnloses) Schloß *n (Ostracoden)*
Adorfian [Stage] Adorf[ium] *n*, Frasne *n (Stufe des Oberdevons in Europa)*
adret slope sonnenseitiger Hang *m*
adsorb/to adsorbieren
adsorbed gas adsorbiertes Gas *n*
~ [soil] water Adsorptionswasser *n*, äußeres Haftwasser *n*
adsorbing capacity Adsorptionsvermögen *n*

adsorption Adsorption *f*
~ capacity Adsorptionsvermögen *n*
~ isotherm Adsorptionsisotherme *f*
~ potential Adsorptionspotential *n*
~ water Adsorptionswasser *n*
adsorptive adsorptiv
adular Adular *m (s. a.* orthoclase)
adult adult, ausgewachsen, erwachsen, geschlechtsreif
advance a theory/to eine Theorie aufstellen
advance Vortrieb *m*
~ angle Fortschrittswinkel *m*
~ borehole Vorbohrloch *n*
~ heading Richtstollen *m*
~ of a beach seewärtige Verlegung *f* der Küstenlinie
~ of a glacier Vorwärtsschreiten *n* eines Gletschers, Gletschervorstoß *m*
~ of the ice Eisvorstoß *m*
~ of the sea Einbrechen *n* des Meeres
~ per shift Vortrieb *m* je Schicht
advanced dam (dike) Vordamm *m*
~ maturity Spätreife *f*
advancing glacier vorrückender Gletscher *m*
advection Advektion *f*
advent of the sea Einbrechen *n* des Meeres
adventive cone Adventivkegel *m*
~ lobes Adventivloben *mpl*
~ saddles Adventivsättel *mpl*
~ vent Adventivschlot *m*
AE *s.* aeon
Aegean [Substage] Aegean *n (Unterstufe, Mittlere Trias, Tethys)*
aegirine, aegirite *s.* acmite
aenigmatite Aenigmatit *m*, $Na_4Fe_{10}Ti_2[O_4(Si_2O_6)_6]$
aeolation Winderosion *f*
aeolian äolisch
~ accumulation Windaufschüttung *f*
~ activity Windaktivität *f*
~ bedding äolische Schichtung *f*
~ -carved pebble Windkanter *m*
~ corrasion Windkorrasion *f*, Sandschliff *m*
~ current ripples Windrippeln *fpl*
~ deposit Windablagerung *f*
~ dune Windduüne *f*
~ erosion Winderosion *f*
~ ripple marks Windrippeln *fpl*
~ rocks äolische Gesteine *npl (hauptsächlich aus windtransportierten Gesteinen bestehend)*
~ sand Flugsand *m*, Dünensand *m*
~ soil Windabsatzboden *m*, windtransportierter Boden *m*
~ transport Windtransport *m*
aeolianite äolische Sedimentablagerung *f*; verfestigter Dünensand *m*
aeolic deposit äolische Ablagerung *f*
aeolotropic *s.* anisotropic
aeolotropy *s.* anisotropy
aeon 1. Äon *f (größte geochronologische Einheit)*; 2. Äonothem *n (größte biostratigrafische Einheit)*

aeonothem

aeonothem Äonothem n (größte biostratigrafische Einheit)
aerate/to belüften, bewettern; durchlüften (z. B. Wasser)
aerated mud belüftete Spülung f
~ **soil zone** lufterfüllte Bodenzone f
~ **spring** Sauerbrunnen m, Säuerling m
~ **water** kohlensaures, moussierendes Wasser n
aeration Belüftung f, Bewetterung f, Durchlüftung f (z. B. von Wasser)
~ **of soil** Bodendurchlüftung f
~ **of water** Durchlüftung f des Wassers
~ **tissue** s. aerenchyma
~ **zone** Aerationszone f (des Bodens)
aerenchyma Aerenchym n, Luftgewebe n (bei Pflanzen)
aerial äolisch
~ **arch** Luftsattel m
~ **camera** Luftbildkamera f
~ **colour film** Luftfarbfilm m
~ **current** Luftstrom m
~ **fold** Luftsattel m
~ **magnetometry** Aeromagnetik f (magnetische Vermessung vom Flugzeug aus)
~ **mapping** Luftkartierung f, Kartierung f vom Flugzeug aus
~ **mapping camera** Luftbildmeßkamera f
~ **methods** Luftaufnahmeverfahren npl
~ **mosaic** Luftbildkarte f
~ **photogrammetry** Luftfotogrammetrie f
~ **photograph** Luftaufnahme f, Luftbild n
~ **photography** Luftfotografie f
~ **pterosaur** Flugsaurier m
~ **root** Luftwurzel f
~ **survey** Luft[bild]aufnahme f
~ **surveying** Luftvermessung f
~ **view** Luftaufnahme f, Luftbild n
aerobic bacteria aerobische Bakterien fpl
aerocartograph Aerokartograf m
aerodynamics Aerodynamik f
aerogeology Aerogeologie f, Luftbildgeologie f
aerogeophysics Aerogeophysik f
aerogravimeter Aerogravimeter n
aerolimnology Aerolimnologie f
aerolite Aerolith m, Meteorit m
aerolitic Meteor...
aerologic aerologisch
aerology Aerologie f
aeromagnetics Aeromagnetik f (magnetische Vermessung vom Flugzeug aus)
aeronautic[al] aeronautisch
~ **astronomy** aeronautische Astronomie f
aeronautics Aeronautik f
Aeronian [Stage] Aeronium n (Stufe des Llandovery)
aerophotogrammetric survey luftfotogrammetrische Aufnahme f
aerophotogrammetry Aerofotogrammetrie f, Kartenaufnahme f aus der Luft
aerophotographic reconnaissance luftfotografische Erkundung f

aerophototopography Aerofototopografie f, Fototopografie f aus der Luft
aeroscopy Wetterbeobachtung f
aerosiderite Meteoreisenstein m, Eisenmeteorit m
aerosiderolite Aerosiderolit m (Eisen-Stein-Meteorit)
aerosite s. pyrargyrite
aerosol Aerosol n
aerothermodynamics Aerothermodynamik f
aerotriangulation Lufttriangulation f
aeruginous grünspanfarbig
aeschynite Äschynit m, (Ce, Th, Ca) [(Ti, Nb, Ta)$_2$O$_6$]
aestival Sommer...
aetite Klapperstein m, hohle Eisenhydroxidkonkretion f, Eisenniere f
affine deformation affine Deformation f
~ **transformation** affine Verformung f
affinity Affinität f
affluent Zufluß m, Nebenfluß m
afflux 1. Zustrom m; 2. Rückstau m
afforestation, afforesting Aufforstung f
AFMAG method AFMAG Verfahren n (magnetisches Audiofrequenzverfahren)
afterburst nachbrechendes Gestein n (nach einem Gebirgsschlag)
aftereffect Nachwirkung f
afterflow Nachproduktion f
afterintrusion Nachfolgeintrusion f, Restintrusion f
aftershock, aftervibrations Nachbeben n
Aftonian [Interglacial Age] Afton-Interglazial n (entspricht dem Günz/Mindel-Interglazial)
afwillite Afwillit m, Ca$_3$[SiO$_3$OH]$_2$·2H$_2$O
agalite Varietät von Talk
agalmatolite Agalmatolith m, Bildstein m (dichte Varietät von Porphyllit)
agamous agam (geschlechtslos)
agaric mineral Bergmilch f, karbonattrübes Wasser n
agate Achat m (s.a. chalcedony)
~ **jasper** Achatjaspis m, Jaspis m mit Chalzedonäderchen
~ **mill** Achatschleiferei f
agatiferous achathaltig
agatiform, agatine achatartig, achatähnlich
agatized wood verkieseltes Holz n
agatoid, agaty achatähnlich
AGC s. automatic gain control
AGC distorsion AGC-Verzerrung f
AGC time constant AGC-Zeitkonstante f
age 1. Alter n, Zeitalter n; 2. Standzeit f (z.B. eines Bohrers)
~ **assignment** Altersbestimmung f
~ **characteristic** Alterskriterium n
~ **determination** Altersbestimmung f
~ **hardening** Alterung f
~ **of folding** Faltungsalter n
~ **of the universe** Alter n des Weltalls
~ **trend** Alterstrend m
Age of Bronze Bronzezeit f

~ **of Ferns** s. Carboniferous
~ **of Fishes** s. Devonian
ageing s. aging
agency Einwirkung f
agent Agens n
agents Agenzien npl
~ **of alteration** Umgestaltungskräfte fpl
~ **of clastation** Zertrümmerungskräfte fpl
~ **of denudation** Abtragungskräfte fpl
~ **of transport[ation]** Transportkräfte fpl, Transportmittel npl
~ **of weathering** Verwitterungskräfte fpl
agglomerate/to agglomerieren, zusammenballen, zusammenbacken; sich zusammenballen, sich anhäufen
agglomerate Agglomerat n
agglomerated structure Agglomeratstruktur f
agglomeratic lava Agglomeratlava f
agglomeration Zusammenballung f, Anhäufung f
agglutinate/to agglutinieren, verbinden
agglutinated test agglutinierte Schale f
aggradate/to [im Flußbett] ablagern
aggradation Aggradation f, Auflandung f, Kolmation f, Anschwemmung f, Kolmatierung f, Aufschüttung f, Ablagerung f, Versandung f, Aufschotterung f, Sedimentzuwachs m
~ **deposit** Flußablagerung f
~ **of a valley** Zuschüttung f eines Tals
~ **plain** Anschwemmungsebene f
~ **terrace** Aufschüttungsterrasse f, alluviale Terrasse f, Schotterterrasse f
aggregal mit Aggregalgefüge (für Sedimente mit diskretem Einzelkornverband)
aggregate/to sich ansammeln
aggregate Aggregat n, Gemenge n; Zuschlagstoff m
~ **crushing value** Druckfestigkeit f (Straßenbaugestein)
~ **grading curve** Siebkurve f, Sieblinie f
~ **impact value** Schlagfestigkeit f (Straßenbaugestein)
~ **interlock[ing]** Verspannung f, Verzahnung f (Mineralmasse)
~ **of minerals** Mineralanhäufung f, Mineralaggregat n
~ **of polarization** Aggregatpolarisation f
~ **of producing (production) equipment** Gesteinsaufbereitungsmaschinen fpl
~ **retention** Gesteinsbildung f (auf bituminösen Verschleißdecken)
~ **structure** Krümelstruktur f (des Bodens)
~ **thickness** Gesamtmächtigkeit f
aggregated ore (sulfide) Sulfiderz n (mit mehr als 20% Sulfiden)
aggregation Zusammenballung f, Aggregation f, Verwachsung f (von Mineralen)
~ **grains** Körner npl mit Anlagerungsgefüge (z.B. Oolithe, Pellets)
aggressive substance Schadstoff m
~ **water** Schadwasser n
aging Alterung f

~ **of well** Brunnenalterung f
agitated water bewegtes Wasser n
agmatic structure agmatische Textur f, Gangbrekzientextur f (bei Migmatit)
agmatite Agmatit m (Migmatit)
agonic line Agone f
agpaite Agpait m (Gruppenname für in Grönland auftretende Feldspatgesteine)
agric horizon Illuvialhorizont m aus Ton und Humus (infolge Bebauung)
agricolite Agricolit m, $Bi_4[SiO_4]_3$
agricultural geology Landwirtschaftsgeologie f
~ **hydrology** Agrarhydrologie f
~ **limestone** Düngekalk m
~ **meteorology** Agrarmeteorologie f
~ **region** Agrargebiet n
~ **soil** Kulturboden m
~ **topsoil** Ackerkrume f
agriculture Ackerbau m, Bodennutzung f
agrogeochemistry Agrogeochemie f (Geochemie der Landwirtschaft)
agrogeologist Bodengeologe m, Pedologe m
agrogeology s. agricultural geology
agron Anreicherungshorizont m (des Bodens)
aguilarite Aguilarit m, $Ag_2(S, Se)$
ahermatypic ahermatyp, nicht riffbildend
aikinite Aikinit m, $2PbS \cdot Cu_2S \cdot Bi_2S_3$
aimless drainage unvollkommenes Entwässerungssystem n (z.B. im Karst)
air base Aufnahmebasis f (Luftbild)
~ **bones** s. pneumatic bones
~ **-breathing gastropod** Lungenschnecke f
~ **-bubble floatation** Luftschaumschwimmverfahren n
~ **bump** Luftloch n
~ **-burst pattern** Lufttreffbild n, Sprengwolkenbild n
~ **chambers** Luftkammern fpl (bei Cephalopoden)
~ **classification** Setzungsklassierung f durch Luft
~ **classifier** Windsichter m, Luftklassierer m
~ **column** Luftsäule f
~ **current** Luftstrom m, Wetterstrom m; Luftströmung f
~ **-current ripples** Windrippeln fpl
~ **drill** Druckluftbohrer m
~ **drilling** Bohren n mit Luftspülung, Lufthebebohren n
~ **dry** lufttrocken, lutro
~ **dry sample** lufttrockene Probe f
~ **eddy** Luftstrudel m, Luftwirbel m
~ **elutriation** Luftsichtung f
~ **flow** Wetterstrom m
~ **-flush drill** Luftspülung f
~ **froth floatation** Luftschaumschwimmverfahren n
~ **gap** Luftspalt m
~ **gun** 1. Gasquelle f (hochkomprimierte Gasblase im Wasser für seismische Messungen); 2. Luftpulser m (Ingenieurgeophysik)
~ **heave structure** Steigmarke f, Entgasungskanal m, Entgasungsspur f (im Sediment)

air 16

~ **hoar** aufgewachsene Haarkristalle *mpl* aus Eis
~ **humidity** Luftfeuchtigkeit *f*
~ **ingress** Lufteinströmung *f*
~ **layer** Luftschicht *f*
~ **level** Wettersohle *f*
~ **lift** 1. Lufthebeverfahren *n*, Druckförderung *f* von Flüssigkeiten *(mit Hilfe von Luft)*; 2. Windsichtung *f*
~ **lift test** Lufthebetest *m*
~ **mass** Luftmasse *f*
~ **moisture** Luftfeuchtigkeit *f*
~ **permeability of snow** Schneedurchlässigkeit *f*
~ **photo[graph]** Luftaufnahme *f*, Luftbild *n*
~ **photographic[al] survey** Luftbildaufnahme *f*
~ **photography** Luftbildtechnik *f*
~-**placed concrete** Spritzbeton *m*, Torkretbeton *m*
~ **pollution** Luftverschmutzung *f*
~ **pressure** Luftdruck *m*
~ **return** Ausziehstrom *m*
~ **saddle** Luftsattel *m*
~-**sand mixture** Sand-Luft-Gemisch *n*
~-**sealed** luftdicht
~ **separator** Windsichter *m*, Luftklassierer *m*
~ **shaft** Wetterschacht *m*
~ **shooting** Oberflächenschießen *n*, Luftschußtechnik *f (Seismik)*
~ **shrinkage** Trockenriß *m (in Ton)*
~-**side face** Luftseite *f (z.B. einer Talsperre)*
~ **slaked lime** Staubkalk *m*
~-**soil interface** Luft-Boden-Grenzschicht *f (Übergangsschicht zwischen Luft und Boden)*
~ **sounding** Höhenforschung *f* mit Meßsonden
~ **space** Luftraum *m*
~ **space ratio** scheinbare Porosität *f*, Luftporenanteil *m*
~-**speed computer** Windgeschwindigkeitszähler *m*
~-**speed recorder** Windgeschwindigkeitsschreiber *m*
~ **stone** Meteorstein *m*
~ **stratum** Luftschicht *f*
~ **survey** Luftbildaufnahme *f*
~-**survey plan** Plan *m* nach Luftbildaufnahme
~ **surveying** Luft[bild]vermessung *f*, Fotogrammetrie *f*
~ **temperature** Lufttemperatur *f*
~-**tight** luftdicht
~ **view** Luftbild *n*
~ **void** Luftpore *f*
~ **wave** Luftdruckwelle *f*, Schallwelle *f*
~ **wave receiver** Schallempfänger *m (registriert die Ankunftszeit der Explosionswellen)*
~ **way** Wetterstrecke *f*
~ **whirling** Luftwirbelung *f*
airborne camera Luftbildkamera *f*
~ **exploration method** luftgeophysikalische Vermessungsmethode *f*
~ **geophysics** luftgeophysikalische Vermessung *f* (Erkundung) *f*

~ **magnetics** Aeromagnetik *f*
~ **magnetometer** Flugmagnetometer *n*
~ **platform** luftgetragene Meßbasis *f (in einem Flugzeug, Hubschrauber bzw. Ballon montierte Beobachtungsplattform)*
~ **radioactivity** Radioaktivität *f* der Luft
~ **sand** Flugsand *m*
~ **scanner** Flugzeugscanner *m (in einem Flugzeug montiertes Linienabtastgerät)*
~ **scintillation counter** Szintillometer *n* für Flugvermessung
airglow Luftleuchten *n*
airgun Luftpulser *m (Entspannung komprimierter Luft)*
airplane mapping Luftkartierung *f*, Kartierung *(Kartenaufnahme) f* vom Flugzeug aus
ajoite Ajoit *m*, $Cu_2Al[OH|Si_3O_9]\cdot 2H_2O$
akaganeite Akaganeit *m*, ß-FeOOH
akaustobiolite Akaustobiolith *m*
akenobeite Akenobeit *m (dioritisches Ganggestein)*
akerite Akerit *m (quarzführender Augitsyenit)*
akermanite Akermanit *m*, $Ca_2Mg[Si_2O_7]$
akmolith Akmolith *m (zungenförmige Intrusionsform)*
akrochordite Akrochordit *m*, $(Mn, Mg)_5[(OH)_2|AsO_4]_2\cdot 5H_2O$
aksaite Aksait *m*, $Mg[B_3O_4(OH)_2]_2\cdot 3H_2O$
Aktian deposits Ablagerungen *fpl* am Kontinentalabhang
ala Flügel *m (bei Brachiopoden)*
alabandine, alabandite Alabandin *m*, Manganblende *f*, MnS
alabaster Alabaster *m (s.a. gypsum)*
alabastrite Alabastergips *m*
alaite Alait *m*, $V_2O_5\cdot H_2O$
alamosite Alamosit *m*, $PbSiO_3$
alar expansion flügelartige Erweiterung *f*
~ **septum** Seitenseptum *n (bei Korallen)*
alarm Signaleinrichtung *f*
alaskaite Alaskait *m*, $Ag_2S\cdot 3Bi_2S_3$
Alaskan band *s.* dirt-band
alaskite Alaskit *m (leukokratischer Granit)*
Alaunian [Substage] Alaun *n (Unterstufe, Obere Trias, Tethys)*
albanite Albanit *m (Leuzitit)*
albedo Albedo *f*, Hellbezugswert *m*
Albert coal *s.* albertite
Albertan [Stage] Albertan *n*, Acadian *n (Serie, Mittelkambrium in Nordamerika)*
albertite Albertit *m (asphaltisches Pyrobitumen)*
Albian [Stage] Alb *n (Stufe der Unterkreide)*
albite Albit *m*, $NaAlSi_3O_8$
~ **schist** Albitschiefer *m*
~ **twin** Albitzwilling *m*
albitic albitisch
~ **schist** Albitschiefer *m*
albitite Albitit *m (Na-Syenit oder Albitporphyr)*
albitization Albitisierung *f*
albitophyre Albitophyr *m (Albiteinsprenglinge enthaltendes porphyrisches Gestein)*

allochems

allochems Allocheme *npl (Sammelbegriff für alle „organisierten Karbonataggregate", die transportiert wurden oder transportfähig sind)*
allochroic allochroitisch, schillernd
allochroism Farbwechsel *m*, Schillern *n*
allochroite Allochroit *m*, brauner Eisengranat *m* (*s.a.* andradite)
allochromatic allochromatisch, farbenwechselnd, andersfarbig *(als es der Substanz zukommt)*
~ **mineral** gefärbtes Mineral *n*
allochthon[al], allochthonic allochthon (*s.a.* allochthonous)
allochthonous allochthon, ortsfremd, bodenfremd
~ **deposit** allochthone Ablagerung *f*
~ **fold** allochthone Falte *f*
~ **geochemical anomaly** allochthone geochemische Anomalie *f*
~ **nappe** Ferndecke *f*
~ **rock** allochthones Gestein *n*
allocthonous *s.* allochthonous
allodapic limestones allodapische Kalke *mpl*
allodelphite *s.* synadelphite
allogamy Allogamie *f*, Fremdbestäubung *f*
allogene, allogenic allothigen
allogenous allogen
~ **river** Fremdlingsfluß *m*
allomicrite Allomikrit *m (allochtoner Orthomikrit)*
allomorph[ic] allomorph
allomorphism Allomorphismus *m*
allomorphous allomorph
allopalladium Allopalladium *n*, gediegenes Palladium *n (hexagonale Modifikation)*
allopatric in verschiedenen geografischen Gebieten vorkommend
allophane Allophan *m*, $Al_2SiO_5 \cdot nH_2O$
allothigene, allothigenic, allothigenous, allothogenic allothigen
discharges, ~ ejecta[menta] Auswürflinge *mpl*
allotment Grubenfeld *n*
~ **of ore** Erzfeld *n*
allotriomorphic allotriomorph
~ **granular** allotriomorph-körnig
allotropic allotrop
~ **form** allotrope Form *f*
allotropism, allotropy Allotropie *f*
allotype *s.* paratype
allowable maximum of hole deviation zulässige Bohrlochabweichung *f*
~ **production** zulässige Produktion *f*
~ **stress** zulässige Spannung *f*
allowables zulässige Fördermenge *f (z.B. von Erdöl, Erdgas)*
alluvial alluvial, angespült, angeschwemmt
~ **accumulation** Schwemmland *n*
~ **apron** alluviale Gletscherablagerung *f*, Alluvialfächer *m*, Geröllfächer *m*, Sander *m*
~ **bench** Alluvialterrasse *f*, Flußterrasse *f*
~ **coast** Anschwemmungsküste *f*

~ **cone** Aufschüttungskegel *m*, Schotterkegel *m*, Schuttkegel *m*, Schwemmkegel *m*
~ **cover** Schotterdecke *f*
~ **deposit** 1. Verlandung *f*, Anschütte *f*, Anlandung *f*, Alluvium *n*, Auflandung *f*; 2. alluviale Lagerstätte *f*, Seife *f*
~ **diggings** Seifenmaterial *n*
~ **epoch** Alluvium *n*
~ **fan** Alluvialfächer *m*, alluvialer Schuttfächer *m*, Geröllfächer *m*, Schuttkegel *m*; Flußdelta *n*; Anschwemmland *n*
~ **fan accumulations** Alluvialfächerschutt *m*
~ **fills** Alluvionen *fpl*, Talfüllungen *fpl*
~ **flat** Talaue *f*, Inundationsfläche *f*
~ **floor** Alluvialboden *m*, Schwemmlandboden *m (eines Tals)*
~ **formation** Schwemmgebilde *n*
~ **gold** Seifengold *n*, alluviales Gold *n*
~ **gravel** Alluvialkies *m*
~ **mantle rock** alluvialer Verwitterungsschutt *m*
~ **meadow** Flußaue *f*
~ **meadow soil** Auenboden *m*
~ **ore** Seifenerz *n*
~ **ore deposit** alluviale Erzlagerstätte *f*, fluviatile Seife *f*
~ **period** Alluvium *n*
~ **piedmont plain** alluviale Piedmontebene *f*
~ **plain** Alluvialebene *f*, Inundationsbett *n*, Schwemmlandebene *f*
~-**plain shore line** Schwemmlandküste *f*
~ **sand** Schwemmsand *m*
~ **sheet** Alluvialdecke *f*
~ **shore** Schwemmlandküste *f*
~ **slime** Alluvialschlamm *m*
~ **slope** Schwemmlandebene *f*
~ **soil** Alluvialboden *m*, angeschwemmter Boden *m*, Schwemmland *n*, Schwemmboden *m*, Aueboden *m*
~ **stone** Schwemmstein *m*
~ **swamping soil** Alluvialmoorboden *m*
~ **terrace** Aufschüttungsterrasse *f*, Schotterterrasse *f*, Flußterrasse *f*
~ **time[s]** Alluvium *n*
~ **tin** Seifenzinn *n* in Flußseifen
~ **veneer** dünner Schuttmantel *m*
~ **washing [plant]** Seifenwerk *n*
~ **working** Seifenbau *m*
alluvian angeschwemmt
~ **plain** Alluvialebene *f*, Inundationsbett *n*, Schwemmlandebene *f*
alluviated angeschwemmt
alluviation Ablagerung *f*, Anschwemmung *f*, Anlandung *f*
alluvion Alluvium *n*; angeschwemmtes Land *n*, Schwemmland *n*; Versandung *f*
alluvious alluvial, angeschwemmt
alluvium Alluvium *n*; angeschwemmtes Land *n*, Schwemmsand *m*, Schwemmland *n*; Auflandung *f*, Verlandung *f*, Anschütte *f*, Anlandung *f*
~-**covered** alluviumbedeckt

alboranite Alboranit m (Hypersthenandesit)
albuminoid eiweißhaltig
albuminoid Eiweißstoff m
alcove schichtparallele Erosionsnische f (eines Flusses)
~ **lands** Schichtstufenlandschaft f
alee basin durch Trübeströme gebildete Beckenstruktur
aleotropic material Anisotropiematerial n
aleurite Aleurit m; Schluff m; Silt m (feinkörniges klastisches Sediment)
aleurolite Aleurolith m; Schluffstein m; Siltstein m (feinkörniges verfestigtes klastisches Gestein)
alexandrite Alexandrit m (Varietät von Chrysoberyll)
algae Algen fpl
~ **threads** Algenfäden mpl
algal ball (biscuit) Stromatolith m, Karbonatkonkretion f (verursacht durch Algen oder ähnliche Organismen)
~ **coal** Bogheadkohle f
~ **dust** Algenstaub m (Karbonatstaub von 1–5 μm aus Algenrückständen)
~ **growth structure** Algenwachstumsstruktur f
~-**mat facies** s. stromatolitic facies
~ **reef** Algenriff n, Kalkalgenriff n
~ **remains** Algenreste mpl; Alginit m (Kohlenmaceral)
~ **secretion** Algenabscheidung f
~ **structure** Algenstruktur f
alginate Alginat n
alginite Alginit m (Kohlenmaceral)
algite Algit m (Kohlenmikrolithotyp)
algodonite Algodonit m, Cu_6As
Algoman folding algomane Tektogenese f (Altpräkambrium in Nordamerika)
Algonkian Algonkium n (höheres Archaikum und Proterozoikum in Nordamerika)
~ **coal** algonkische Kohle f
algous accumulation Algenanhäufung f
algovite Algovit m (Gruppenname für Augit-Plagioklas-Gesteine)
aliasing effect Aliasing-Effekt m
alidade Theodolitfernrohr n
align/to ausrichten; einfluchten; einregeln
~ **the sights on** anvisieren
aligned orientiert
alignment Ausrichten n, Ausrichtung f; Einfluchtung f; Absteckungslinie f; Einregelung f
alimentation area Nährgebiet n
~ **by glaciers** Speisung f durch Gletscherschmelzwasser
~ **by snowmelt** Speisung f durch Schneeschmelzwasser
~ **factor** Speisungsfaktor m (Grundwasser)
alinement s. alignment
aliquot solution Restlösung f (nach Ablaugung)
alisonite Alisonit m, Kupferbleiglanz m, $3Cu_2S \cdot PbS$
alizarine complex Alizarinkomplex m

alkalescent schwach alkalisch
alkali-calcic series Alkalikalkgesteine npl, kaligesteine npl, pazifische Sippe f
~ **compound** Alkaliverbindung f
~ **flat** Salar n, Salztonebene f
~ **granite** Alkaligranit m
~ **lake** Natronsee m
~ **metal** Alkalimetall n
~ **rock** Alkaligestein n
~ **silicate** Alkalisilikat n
~ **soil** Alkaliboden m
~ **syenite** Alkalisyenit m
alkalic ammoniacal fumarole alkalische fumarole f
~ **series** Alkaligesteine npl, atlantische
alkaline alkalisch
~ **ammoniacal fumarole** alkalische Saln role f
~-**earth** erdalkalisch
~ **earth** Erdalkali n
~-**earth deposit** Lagerstätte f alkalische
~-**earth metal** Erdalkalimetall n
~ **group** Alkalimetallgruppe f
~ **lake** Tinkalsee m
~ **podzol** Alkaliboden m
~ **soil** alkalischer Boden m, Alkalibode
alkalinity Alkali[ni]tät f, Alkaleszenz f
alkalinous alkalisch (s.a. alkaline)
alkalization Alkalisierung f
alkalize/to alkalisieren
all-floatation einfache (kollektive) Flo Sammelflotation f, Totalflotation f
~-**in aggregate** ungesiebter Zuschlag (Straßenbau)
~-**in gravel** ungesiebter Kies m
~-**weather remote sensing** Allwetter dung f
allactite Allaktit m, $Mn_7[(OH)_4|AsO_4]_2$
allalinite Allalinit m, Saussuritgabbro mit zersetztem Mineralbestand)
allanite Allanit m, Orthit m, $(La, Ce)_2FeAl_2[O|OH|SiO_4|Si_2O_7]$
allargentum Allargentum n, ε-(Ag,
alleghanyite Alleghanyit m, $Mn_5[(O$
allemontite Allemontit m, Antimona $SbAs_3$
alley Gang m, Erzgang m
~ **stone** s. webstrite
alliaceous mit Knoblauchgeruch (z. tige Minerale)
alligator cracking, alligatoring netz dung f
Alling scale Alling-Skala f (für Korr fizierung)
allite Allit m (Gesteinsname für Ba rite)
allitic allitisch
allocation of oil production within derzuteilung f innerhalb von Er (Maßnahme zur Einschränkung rung)
allochemical metamorphism alloc morphose f

~ period Alluvialepoche f
alm (sl) Seekreide f
almandine, almandite Almandin m, Eisentrongranat m, $Fe_3Al_2[SiO_4]_3$
almeraite Almerait m, $KCl \cdot NaCl \cdot MgCl_2 \cdot H_2O$
almond-shaped mandelförmig
almost atoll Atoll n mit vulkanischer Laguneninsel
alnoite Alnöit m (Melilithbasalt)
alongshore current Küstenstrom m
alpha counter tube Alphazählrohr n
~ decay Alphazerfall m, Alphaumwandlung f
~ emitter Alphastrahler m
~ meter Alphazähler m
~ particle Alphateilchen n
~ quartz Tiefquarz m, α-Quarz m
~ radiation Alphastrahlung f
~ radioactivity Alphaaktivität f
~-ray emitter Alphastrahler m
Alpide folding alpidische Faltung f
Alpides Alpiden pl, alpidischer Faltengürtel m
alpine alpin
~ climate Höhenklima n
~ form alpine Form f
~ glacier Hochgebirgsgletscher m
~ metamorphism alpine Metamorphose f
~ mineral alpines Kluftmineral n
~ mountain glaciation alpine Vergletscherung f
~ orogenesis alpinotype Gebirgsbildung f
~ relief alpines Relief n
~ tarn Karsee m
~ valley Hochgebirgstal n
Alpine facies alpine Fazies f
~ foot-hills Alpenvorland n
~ glow Alpenglühen n
~ orogeny alpine Orogenese f
~ piedmont Alpenvorland n
~ Triassic alpine Trias f
~ tunnel Alpentunnel m
alpinotype alpinotyp (tektonischer Baustil)
Alps Alpen pl
alsbachite Alsbachit m (Aplit)
alstonite Alstonit m (Bariumaragonit)
altaite Altait m, Tellurblei n, PbTe
alter/to abändern, verwandeln; metamorphosieren
alterability Veränderlichkeit f; Verwitterbarkeit f
alteration Abänderung f, Verwandlung f; Metamorphose f
~ fringe Kontakthof m
~ from contact Kontaktmetamorphose f
~ halo Kontakthof m
~ product Umwandlungsprodukt n
~ to gneiss Vergneisung f
altered to gneiss vergneist
alternate structure Repetitionsschichtung f, Wechsellagerung f
alternated stratification s. alternate structure
alternating beds wechsellagernde Schichten fpl

field demagnetization Wechselfeldentmagnetisierung f
~ of stress Lastwechsel m
alternation of beds Wechsellagerung f (von Schichten), Schichtenwechsel m
altimeter Höhenmesser m
altimetric device (instrument) Höhenmesser m
altimetry Höhen[ver]messung f
altitude Höhe f
~ above [mean] sea level Höhe f über NN
~ of a place Höhenlage f eines Orts
~ of precipitation Niederschlagshöhe f
~ of the pole Polhöhe f
~ point trigonometrischer Festpunkt m
~ stability Höhensicherheit f
~ zone Höhenschicht f (Stratosphäre)
alto-stratus hohe Schichtwolke f
alum Alaun m
~ coal ton- und pyritreiche Braunkohle f
~ earth Alaunerde f
~ ore Alaunerz n
~ schist (shale, slate) Alaunschiefer m, Vitriolschiefer m
~-soaked Keene's cement Marmorgips m, Alabastergips m
~ stone s. alunite
~ works Alaunsiederei f
alumian Alumian m, Natroalunit m, $NaAl_3[(OH)_6|(SO_4)_2]$
alumina Tonerde f
~ cement Tonerdezement m
~ content Tonerdegehalt m
~ hydrate Bauxit m
~ inclusion Tonerdeeinschluß m
aluminate Aluminat n
~ of potash Kalitonerde f
aluminiferous aluminiumhaltig; tonerdehaltig
aluminite Aluminit m, $Al_2[(OH)_4|SO_4] \cdot 7H_2O$
aluminium Aluminium n, Al
~-bearing aluminiumhaltig
~ iron Aluminiumeisen n
~ mineral Tonerdemineral n
~ ore Aluminiumerz n
~ silicate Tonerdesilikat n
aluminosilicate Alumosilikat n
aluminous alaunartig, alaunhaltig; tonerdereich
~ cement Tonerdezement m
~ silicate Alumosilikat n
aluminum (Am) s. aluminium
alumogel s. kliachite
alumohydrocalcite Alumohydrokalzit m, Alumohydrocalcit m, $CaAl_2[(OH)_4|(CO_3)_2] \cdot 3H_2O$
alumy alaunerdehaltig
alumyte s. bauxite
alunite Alunit m, Alaunstein m, Alaunerz n, $KAl_3[(OH)_6|(SO_4)_2]$
alunitic alunitisch
alunitization Alunitisierung f, Alunitisation f, Alunitbildung f
alunitize/to alunitisieren

alunogen

alunogen Alunogen m, $Al_2[SO_4]_3 \cdot 18H_2O$
alveolar wabenförmig
~ weathering Alveolarverwitterung f *(supralitorale Verkarstung)*
alveolate muldenförmig
Alveolina limestone Alveolinenkalk m
amalgam Amalgam m, (Ag, Hg)
amandola Mandelstein m
amarantite Amarantit m, $Fe[OH|SO_4] \cdot 3H_2O$
amatrice *s.* variscite
Amazon Amazonas m
~ stone *s.* amazonite
Amazonian shield Amazonasschild m
amazonite grüner Mikroklin m, Amazonenstein m, Smaragdspat m *(s.a.* microcline)
ambatoarinite Ambatoarinit m, $Sr(Ce, La, Nd)[O|(CO_3)_3]$
amber gelbrot
amber Bernstein m; Sukzinit m, Succinit m
~ forest Bernsteinwald m
~ inclusion Bernsteineinschluß m
ambiguity Zweideutigkeit f, Mehrdeutigkeit f, Vieldeutigkeit f, *(z.B. von geomagnetischen, gravimetrischen oder Radarmessungen)*
amblygonal, amblygonial stumpfwinklig
amblygonite Amblygonit m, $LiAl[(F,OH)|PO_4]$
ambonite Ambonit m *(Kordierit-Andesit)*
ambrite fossiles Harz n
ambulacral area Ambulakralfeld n
Ambursen-type dam Ambursen-Staumauer f
ameboid fold unregelmäßige Faltenstruktur f *(in schwachdeformierten Gebieten)*
amelioration Melioration f, Bodenverbesserung f
~ of [the] climate Klimaverbesserung f
amenability to receive polish Polierfähigkeit f
amendment 1. Verbesserung f; 2. Melioration f
amesite Amesit m, $(Mg, Fe)_4Al_2[(OH)_8|Al_2Si_2O_{10}]$
amethyst Amethyst m *(s.a.* quartz)
amethystine amethystartig, amethystfarben
~ quartz Blauquarz m
amherstite Amherstit m *(Syenodiorit)*
amianthus Amianth m *(Varietät von Asbest)*
amiantine *s.* amianthus
aminoffite Aminoffit m, $Ca_3(BeOH)_2Si_3O_{10}$
Ammanian [Stage] Ammanien n *(Westfal A + B in England)*
ammeter Lichtlot n *(Grundwasserspiegelmessung)*
ammite *s.* ooid
ammonia Ammoniak n
ammonification Ammonifikation f
ammonioborite Ammonioborit m, $NH_4[B_5O_6(OH)_4] \cdot 2/3H_2O$
ammoniojarosite Ammoniojarosit m, $(NH_4)_2Fe_6(OH)_{12}(SO_4)_4$
ammonite Ammonit m
ammonitic suture ammonitische Lobenlinie f
ammonoid zones Ammonitenzonen fpl
ammonoids Ammoniten mpl
amorphous amorph, formlos, strukturlos
~ admixtures amorphe Beimengungen fpl
~ silica amorphe Kieselsäure f
amortization tonnage Mindestfördermenge f
amount Betrag m, Menge f, Gehalt m
~ of creep Kriechweg m
~ of evaporation Verdunstungshöhe f
~ of local relief Reliefenergie f
~ of metal Metallgehalt m
~ of precipitation Niederschlagsmenge f
~ of runoff Abflußhöhe f
ampangabeite *s.* samarskite
ampelite Ampelit m *(schwarzer, bituminöser, pyritreicher Schiefer)*
amphegenyte Leuzitophyr m, Leuzittrachit m
amphibian amphibisch
amphibian Amphibie f
amphibious amphibisch
amphibole Amphibol m, Hornblende f
~ schist Amphibolschiefer m
amphibolic amphibolisch
amphibolite Amphibolit m, Amphibolfels m
~ facies Amphibolitfazies f
amphibolization Amphibolisierung f
amphiphytes Amphiphyten mpl, amphibische Pflanzen fpl
amphitheatre Kar n
amphoteric amphoter
amphoterite achondritischer Meteorit m
amplitude Amplitude f, Schwingungsweite f
~-frequency distortion Amplituden-Frequenz-Verzerrung f
~ modulation Amplitudenmodulation f
~ response Amplitudencharakteristik f
~ spectrum Amplitudenspektrum n
amputation of a nappe Amputation f einer Decke
AMS *s.* accelerator mass spectrometry
Amstelian Amstelien n, Amstelium n *(Präglazialfolge Niederrhein, Grenzbereich Tertiär/Pleistozän)*
amygdale Mandel[füllung] f *(bei Vulkaniten)*
amygdaline mandelartig
amygdaloid *s.* amygdaloidal
amygdaloid Mandelstein m
amygdaloidal amygdaloidisch, mandelsteinartig; Mandel ...; mandelförmig
~ basalt Basaltmandelstein m
~ diabase Diabasmandelstein m
~ infilling Mandelfüllung f
~ melaphyre Melaphyrmandelstein m
~ rock Mandelgestein n, Mandelstein m
~ structure amygdaloidische Struktur f, Mandelstruktur f
~ texture amygdaloidische Textur f, Mandeltextur f
amygdalophyre Amygdalophyr m
amygdular inclusion Mandeleinschluß m
amygdule Mandel f, kleine Mandelfüllung f
anabatic aufsteigend *(Luftstrom)*
anabohitsite Anabohitsit m *(Olivinpyroxenit)*
anaclinal river anaklinaler Fluß m *(Fluß mit Strömungsrichtung entgegen dem Schichtfallen)*

~ valley Anaklinaltal n
anadiagenese Anadiagenese f, Diagenesehauptstadium n (mit Übergang zur Metamorphose)
anadiagenetic anadiagenetisch (z.B. sekundäre Dolomitisierung)
anaerobic[al] anaerob
~ bacteria anaerobe Bakterien fpl
anaerobiosis Anaerobiose f
anagenesis Anagenese f, progressive Entwicklung f
anal anal
~ fasciola s. slit band
~ tube Analtubus m, Afterröhre f
~ X Analplatte X f, Anale X n (Echinodermata)
analbite Analbit m, Hochtemperaturalbit m
analcidite, analcime s. analcite
analcimite Analzimit m (Nephelinsyenit)
analcite Analzim m, $NaAlSi_2O_6 \cdot H_2O$
analogue model study Analogmodelluntersuchung f
analysis Analyse f
~ by dry way Trockenanalyse f
~ by measure volumetrische Analyse f
~ of rocks Gesteinsanalyse f
~ sample Analysenprobe f
analytic characteristics analytische Merkmale npl (Taxonomie)
analyzer Analysator m
analyzing Nicol Analysator-Nikol n
anamesite Anamesit m
anamorphic area (fringe) Kontakthof m
~ zone Umwandlungszone f
anamorphism Anamorphose f
ananthous blütenlos
anapaite Anapait m, $Ca_2Fe[PO_4]_2 \cdot 4H_2O$
anastomosing deltoid branch verzweigtes Delta n
~ stream verzweigtes, pendelndes Flußbett n
anastomosis 1. netzartige Verzweigung f (eines Flusses); 2. Anastomose f, Querverbindung f (von Nervaturen)
anatase Anatas m, TiO_2
anatectic magma anatektisches Magma n
anatexis Anatexis f
anatexite Anatexit m
anauxite Anauxit m, $(Al, H_3)_4[(OH)_8|Si_4O_{10}]$
ancestor Ausgangsform f, Ahnenform f
ancestors Vorfahren mpl
ancestral elephant Urelefant m
~ home Urheimat f
anchimetamorphism Anchimetamorphose f
anchor bolt Ankerbolzen m (Ausbau)
~ ice Bodeneis n, Grundeis n
~ line Ankerseil n
~ log Ankerbalken m
~ stone s. anchorage stone
~ wall durchlaufende Ankerwand f
anchorage Verankerung f
~ fixture Spannanker m
~ point Ankerpunkt m
~ stone mit marinen Pflanzen verhaftetes Geröll n

anchored craft verankertes Bohrschiff n
~ dune [ingenieurbiologisch] befestigte Düne f
~ sheet [pile] wall verankerte Spundwand f
anchoring by friction Reibungsverankerung f
anchorite Anchorit m (Varietät von Diorit)
ancient alt, ehemalig; fossil
~ coast line ehemalige Küstenlinie f
~ geological gorge epigenetisches Flußbett n
~ lake mire Verlandungsmoor n
~ soil bed fossiler Boden m
ancillary minerals at coal mines beibrechende Minerale npl in Kohlenbergwerken
ancylite Ankylit m, $Sr_3(Ce, La, Dy)_4[(OH)_4|(CO_3)_7] \cdot 3H_2O$
Ancylus lake Ancylussee m
~ time Ancyluszeit f
andalusite Andalusit m, Al_2SiO_5
~ biotite schist Andalusit-Biotit-Schiefer m
~ mica rock Andalusit-Glimmerfels m
Andean folding andine Faltung f
~ phases of folding subherzyn[isch]e Faltungsphasen fpl
andesine Andesin m (Mischkristall aus $NaAlSi_3O_8$ und $CaAl_2Si_2O_8$)
andesinite Andesinit m (andesinreiches Ergußgestein)
andesite Andesit m
~ line Andesitlinie f
andesitic andesitisch
andorite Andorit m, $Pb_4Ag_4Sb_{12}S_{24}$
andradite Andradit m, Kalkeisengranat m, $Ca_3Fe_2(SiO_4)_3$
anelastic medium unelastisches Medium n
anemoarenyte Flugsand m, Dünensand m
anemoclastic anemoklastisch, aeroklastisch (zerfallen und gerundet durch Windeinwirkung)
~ rocks äolische Gesteine npl
anemoclastics äolische Gesteine npl
anemogenic anemogen, äolisch
anemolite Anemolith m, Stalaktit m mit versetzter Wachstumsachse
anemometer Anemometer n, Windmesser m
anemosilicarenite, anemosilicarenyte äolischer Arenit m
aneroid barometer Aneroidbarometer n
angaralite Angaralith m, $(Mg, Ca)_2(Al, Fe)_{10}[O_5|(SiO_4)_6]$
angiospermatous (angiospermous) plants, angiosperms Angiospermen npl
angle Winkel m
~ beam Winkelträger m
~ of bedding Fallwinkel m von Schichten
~ of break Bruchwinkel m
~ of contact Berührungswinkel m
~ of curvature Krümmungswinkel m
~ of deflection Abweichungswinkel m, Ausschlagwinkel m (eines Zeigers)
~ of deviation Neigungswinkel m
~ of deviation from the vertical Abweichungswinkel m von der Lotrechten, Vertikalabweichungswinkel m

angle

~ **of diffraction** Beugungswinkel *m*
~ **of dip[ping]** Einfallswinkel *m*, Fallwinkel *m*
~ **of discharge** Schüttwinkel *m*
~ **of draw** Grenzwinkel *m*
~ **of eccentricity** Exzentrizitätswinkel *m*
~ **of elevation** Böschungswinkel *m*
~ **of emergence** Emergenzwinkel *m*, Austrittswinkel *m*
~ **of extinction** Auslöschungswinkel *m*
~ **of friction** Reibungswinkel *m*
~ **of hade** Verwurfswinkel *m*, Deklinationswinkel *m*
~ **of incidence** Einfallswinkel *m*, Fallwinkel *m*
~ **of inclination (incline)** Inklinationswinkel *m*, Neigungswinkel *m*
~ **of internal friction** Reibungswinkel *m*, Winkel *m* der inneren Reibung
~ **of intersection** Schnittwinkel *m*
~ **of lag** Nacheilungswinkel *m*
~ **of lead** Steigungswinkel *m*
~ **of obliquity** Schrägheitswinkel *m*
~ **of pitch** Neigungswinkel *m*
~ **of polarization** Polarisationswinkel *m*
~ **of reflection** Ausfallswinkel *m*, Reflexionswinkel *m*
~ **of refraction** Brechungswinkel *m*
~ **of repose (rest)** Ruhewinkel *m*, natürlicher Böschungswinkel *m*, Schüttungswinkel *m*
~ **of roll** Rollwinkel *m*
~ **of rotation** Drehwinkel *m*
~ **of setting the whipstock** Ablenkwinkel *m*, Einstellwinkel *m* des Ablenkelements
~ **of shear** Scherwinkel *m*
~ **of sideslip** Schiebewinkel *m*
~ **of skew** Schrägungswinkel *m*
~ **of slip** Sprungwinkel *m*
~ **of slope** Böschungswinkel *m*
~ **of strike** Streichwinkel *m*
~ **of taper** Kegelwinkel *m*
~ **of torsion** Verdrehungswinkel *m*
~ **of true internal friction** Winkel *m* der wahren inneren Reibung
~ **of twist** Torsionswinkel *n*
~ **of unconformity** Diskordanzwinkel *m*
~ **of wind direction** Windrichtungswinkel *m*
angled suture line gezackte Sutur *f*
anglesite Anglesit *m*, Vitriolbleierz *n*, $PbSO_4$
Anglian Anglien *n* (Pleistozän der britischen Inseln, entspricht dem Mindel-Glazial der Alpen)
angling [drill] hole Bohrloch *n* mit schiefer Richtung
angrite Angrit *m* (Meteorit)
anguclast 1. eckiges Bruchstück *n*; 2. *s.* breccia
angular Angulare *n* (Paläontologie)
angular eckig, winkelig, kantig, scharfkantig
~ **blocky structure** eckig-kantige Blockstruktur *f*
~ **clast** eckiges Bruchstück *n*
~ **cobble** eckiger Stein *m*
~ **cross-bedding** winkelige Schrägschichtung *f*

~ **deformation** Winkelverformung *f*
~ **displacement** Winkelverschiebung *f*
~ **fold** Scharnierfalte *f* (Falte mit winkelig gestaltetem Scheitel, z.B. Zickzackfalte)
~ **fragment** eckiges Bruchstück *n*
~ **frequency** Kreisfrequenz *f*
~ **kinetic energy** Rotationsenergie *f*
~ **momentum** Drehmoment *n*, Drehimpuls *m*
~ **resolution** Winkelauflösungsvermögen *n* (z.B. eines Fernerkundungssensors)
~ **unconformity** Winkeldiskordanz *f*
~ **velocity** Winkelgeschwindigkeit *f*
angularity Eckigkeit *f*, Kantigkeit *f*
angulometer Winkelmesser *m*
anhedral allotriomorph, xenomorph
anhedron allotriomorpher (xenomorpher) Kristall *m*
anhistous texturlos; strukturlos
anhydric anhydrisch, wasserfrei
anhydriceous anhydrithaltig
anhydristone *s.* anhydrock
anhydrite Anhydrit *m*, $CaSO_4$
~ **band** Anhydritschnur *f*
anhydritic anhydrithaltig
~ **concretion** Anhydritknolle *f*
anhydrock anhydritreiches Gestein *n*
anhydrokainite Anhydrokainit *m*, $KMg [Cl|SO_4]$
anhydrous anhydrisch, wasserfrei
~ **gypsum** *s.* anhydrite
anhysteretic magnetization hysteresefreie Magnetisierung *f*
animal debris [fossile] Tierreste *mpl*
~ **kindom** Tierreich *n*
~ **life** tierisches Leben *n*
~ **remains** [fossile] Tierreste *mpl*
~ **trail** Lebensspur *f*, Tierspur *f*
animate nature belebte Natur *f*
Animikan [Period] Animikie *n* (Oberhuron in Nordamerika)
animikite Animikit *m*, (Ag, Sb)
anion exchange Anionenaustausch *m*
anionic potential Anionenpotential *n*
Anisian [Stage], Anisic [Stage] anisische Stufe *f*, Anis *n* (alpine Trias)
anisometric anisometrisch, nichtisometrisch
anisotropic anisotrop
~ **crystal** anisotroper Kristall *m*
~ **in strength** festigkeitsanisotrop
~ **permeability** anisotrope Permeabilität *f*
anisotropism Anisotropie *f*
~ **of the subsurface** Anisotropie *f* des Untergrunds
anisotropous *s.* anisotropic
anisotropy Anisotropie *f*
ankaramite Ankaramit *m* (basaltisches Ergußgestein)
ankaratrite Ankaratrit *m* (Olivinnephelinit)
ankerite Ankerit *m*, Braunspat *m*, $CaFe[CO_3]_2$
annabergite Annabergit *m*, Nickelblüte *f*, $Ni_3[AsO_4]_2 \cdot 8H_2O$
annealing Tempern *n*, Temperung *f*
~ **recrystallization** Umkristallisation *f* (unter starker Erwärmung durch Temperung)

annite Annit m, $KFe_3[(OH)_2|AlSi_3O_{10}]$
annivite Annivit m (Bi-haltiger Tetraedrit)
annotated image mit Erläuterungen versehene Fernerkundungsaufnahme f (z.B. über Ort, Datum, Höhe, Sonnenwinkel, Spektralkanal)
annotation of an outcrop Erläuterung f eines Aufschlusses
annual aberration Jahresaberration f
~ **deposit** Jahresablagerung f
~ **discharge** Jahresabflußmenge f
~ **flood** Jahreshochwasser n
~ **mean** Jahresdurchschnitt m
~ **monsoon** Jahresmonsun m
~ **output** Jahresförderung f
~ **precipitation** jährliche Niederschlagsmenge f
~ **production** Jahresförderung f
~ **rainfall** jährliche Niederschlagsmenge f
~ **ring** Jahresring m (Kalisalz; Bäume)
~ **runoff** jährlicher Abfluß m
~ **storage** Jahresspeicherung f
~ **stratification** Jahresschichtung f
~ **variation** Jahresgang m
~ **variations** jährliche Schwankungen fpl
~ **volume** Jahresmenge f
annually layered glacial lake clay Bänderton m
~ **thawed layer** s. mollisol
annular ringförmig
~ **auger** Kronenbohrer m
~ **body** Ringkörper m
~ **groove cut by a coring bit** Kernkronenrille f im anstehenden Gestein
~ **layer** Ringschicht f
~ **reef** ringförmiges Riff n
~ **space** Ringraum m (einer Bohrung)
annulus 1. Annulus m, Periphract n, Haftband n (Cephalopoda); 2. Ring m; Ringraum m (einer Bohrung)
anomalous anomal
anomaly Anomalie f, Abweichung f, Unregelmäßigkeit f
anomite Anomit m (Varietät von Biotit)
anorogenetic s. anorogenic
anorogenic anorogen
~ **granite** anorogener Granit m
anorthic triklin
anorthite Anorthit m, Kalkfeldspat m, $Ca[Al_2Si_2O_8]$
~-**basalt** Anorthitbasalt m
anorthitic anorthitisch
anorthoclase Anorthoklas m, $(Na, K)AlSi_3O_8$
anorthoclasite Anorthoklasit m (anorthoklasreiches Tiefengestein)
anorthose s. anorthoclase
anorthosite Anorthosit m
anorthositic rocks anorthositische Gesteine npl (Mondhochländer)
ant mound (sl) Schlammvulkan m, Schlammkegel m, Salse f (durch Kohlenwasserstoffgase hervorgebrachter Schlammsprudel an der Golfküste von Texas und Louisiana)

ANT-rocks ANT-Gesteine npl (anorthositische, noritische, troktolitische Gesteine)
ANT-series Mondgesteine npl der Serie Anorthosit, Norit, Troktolith
antarctic antarktisch
Antarctic Antarktis f
~ **Circle** südlicher Polarkreis m
~ **Continent** Südpolarland n
~ **ice sheet** antarktischer Eisschild m
~ **mountains** Gebirge npl der Antarktis
~ **Ocean** Südliches Eismeer n
~ **region** südliche kalte Zone f
Antarctica Antarktika f, Antarktis f
antecedent soil moisture epigenetische Bodenfeuchte f
~ **stream** antezedenter Fluß m
~ **valley** antezedentes Tal (Durchbruchstal) n
antenna footprint vom Antennenrichtstrahl bestrahlte Fläche
anterior end Stirnrand m, Vorderende n
~ **margin** Vorderrand m
~ **view** Vorderansicht f
antetype s. prototype
anthodite Gips oder Aragonit in Nadel- oder Haarkristallen an Höhlenwänden
anthoinite Anthoinit m, $Al[OH|WO_4]\cdot H_2O$
anthonyite Anthonyit m, $Cu(OH, Cl)_2\cdot 3H_2O$
anthophyllite Anthophyllit m, $(Mg, Fe)_7[OH|Si_4O_{11}]_2$
anthraciferous anthrazithaltig
anthracite Anthrazit m
anthracitic anthrazitisch, anthrazitartig
~ **shale** Anthrazitschiefer m
anthracitization Anthrazitisierung f (Umwandlung in Anthrazit, s.a. coalification)
anthracitize/to in Anthrazit umwandeln
anthracitous s. anthracitic
anthracolite s. anthraconite
Anthracolithic Permokarbon n
anthraconite Anthrakonit m, bituminöser Mergel m, Kohlenspat m, Stinkstein m
anthragenesis s. coalification
anthraxylon 1. (Am) Vitrinit m (in Lagen mit über 14 Mikron Breite); 2. Vitrit m
anthraxylous[-attrital] coal detritische Glanzkohle f
anthropic[al], anthropogenic anthropogen
~ **soil type** anthropogener Bodentyp m
anthropogeny Anthropogenie f
anthropoid anthropoid, menschenähnlich
anthropologic[al] anthropologisch
anthropology Anthropologie f
anthroposphere Anthroposphäre f
Antian Antien n (tieferes Pleistozän der Britischen Inseln)
anticentre Antizentrum n
antichance unzufällig
anticlastic antiklastisch
anticlinal antiklinal, widersinnig (von Gängen und Schichten)
~ **axis** Antiklinalachse f, Sattelachse f, Gewölbeachse f

anticlinal 24

~ **core** Antiklinalkern m, Sattelkern m
~ **crest** Antiklinalsattel m
~ **crest line** Antiklinallinie f, Sattellinie f
~ **fault** antikline Verwerfung f, Schenkelbruch m, Gewölbescheitelbruch m, Mittelschenkelbruch m
~ **fissure** Sattelspalte f
~ **flank** Antiklinalflanke f
~ **flexure** Schichtsattel m
~ **fold** antikline Falte f
~ **folding** Sattelfaltung f
~ **formation** Sattelbildung f
~ **limb** Antiklinalschenkel m, Sattelschenkel m
~ **line** Antiklinallinie f, Sattellinie f
~ **mountain** Antiklinalkamm m
~ **reservoir** Antiklinalspeicher m, antikline Lagerstätte f
~ **ridge** Antiklinalkamm m, Antiklinalrücken m, Antiklinalsattel m, Gebirgssattel m, Scheitel m einer Antikline
~ **spring** Antiklinalquelle f
~ **structure** antikline (breitsattelförmige) Struktur f
~ **trap** Antiklinalfalle f
~ **uplift** Aufsattelung f
~ **valley** Antiklinaltal n, Sattletal n; aufgebrochene Antikline f
anticline Antikline f, Sattel m
~ **cut off by a fault plane** durch eine Verwerfungsfläche abgeschnittene Antikline f
anticlinorium Antiklinorium n, Faltenbündel n (s.a. geanticline)
anticyclone Antizyklone f, Hoch[druckgebiet] n
antidistortion device Entzerrer m, Entzerrereinrichtung f
antidune Gegenrippel f, flache Sandwelle f
antiepicentre Anti-Epizentrum n
antiferromagnetism Antiferromagnetismus m
antiflushing measures Bruchsicherung f
antifoaming agent Entschäumer m
antifouling paint bewuchsverhindernder Anstrich m
antifreeze Frostschutzmittel n
~ **solution** Frostschutzlösung f
antifriction property Gleiteigenschaft f
antigorite Antigorit m, $Mg_6[(OH)_8|Si_4O_{10}]$
Antillis Antillia f
antilogous pole antiloger Pol m
antimonial, antimonic antimonhaltig
antimoniferous arsenic s. allemontite
antimonious antimonhaltig
antimonite Antimonit m, Antimonglanz m, Sb_2S_3
antimonous s. antimonious
antimonsilver s. dyscrasite
antimonsoon Gegenmonsun m
antimony Antimon n, Sb
~ **blende** s. kermesite
~ **bloom** Antimonblüte f (s.a. valentinite)
~ **glance** s. antimonite
~ **ochre** s. stibiconite

~ **ore** Antimonerz n
antiperthite Antiperthit m
antipollution Reinhaltung f (der Umwelt)
Antiquus time Antiquuszeit f
antiripplets Haftrippeln fpl
antistress mineral Antistreßmineral n
antithetic[al] antithetisch, widersinnig
~ **fault** antithetische (widersinnige) Verwerfung f
antitropal ventilation gegenläufige Bewetterung f
antlerite Antlerit m, $Cu_3[(OH)_4|SO_4]$
antozonite Antozonit m, Stinkspat m (radioaktiv verfärbter Flußspat)
apachite Apachit m (Nephelinphonolith)
apatite Apatit m, $Ca_5[F|(PO_4)_3]$
aperiodic[al] aperiodisch
~ **compass** gedämpfter Kompaß m
~ **damping** aperiodische Dämpfung f
~ **pendulum** aperiodisch gedämpftes Pendel n
apertural margin s. peristome
~ **modification** Modifikation f der Schalenöffnung
aperture Mündung f, Apertur f (Paläontologie)
~ **of the shell** Schalenöffnung f
apex Apex m, Scheitel m, Spitze f
~ **cone** Scheitelkegel m
~ **of a vein** Ausbiß m eines Ganges
~ **of an anticline** Antiklinalkamm m, Scheitel m einer Antikline
~ **of the shell** Spitze f der Schale
aphanese s. clinoclasite
aphanic s. aphanitic
aphanite Aphanit m
aphanitic aphanitisch
aphanophyric s. felsiphyric
aphelion Aphel[ium] n, Sonnenferne f
~ **distance** Aphelabstand m
aphotic region (zone) lichtlose Tiefe (Zone) f (des Ozeans)
aphrite Schaumkalk m
aphrolite, aphrolith s. aa lava
aphrosiderite Aphrosiderit m (Varietät von Chlorit)
aphthitalite Aphthitalit m, Glaserit m, $K_3Na[SO_4]_2$
aphyllous blattlos
aphyric nicht porphyrisch
API = American Petroleum Institute
API gamma-ray unit API-Gammastrahlungseinheit f
API gravity Öldichte f nach API
API neutron unit API-Neutronenstrahlungseinheit f
apical apical, am Apex gelegen
~ **chamber** s. initial chamber
apices distance Spannweite f (von Falten)
apjohnite Apjohnit m, $MnAl_2[SO_4]_4 \cdot 22H_2O$
aplanetic surface rauhe Grenzfläche f (Seismik)
aplite Aplit m
~ **dike** Aplitgang m

aplitic aplitisch
~ **dike rock** aplitisches Ganggestein *n*
aplogranite Aplogranit *m (Granit mit wenig Biotit)*
aplome Aplom *m (Al-Andradit)*
aplowite Aplowit *m*, $(Co, Mn, Ni)[SO_4] \cdot 4H_2O$
apobsidian Apobsidian *m (entglaster Obsidian)*
apochromatic apochromatisch
apocynthion Mondferne *f*
apogee Apogäum *n*, Erdferne *f*
apogrit *s.* graywacke
apomagmatic apomagmatisch
~ **deposit** apomagmatische Lagerstätte *f*
apomorphic apomorph, abgeleitet
apomorphy Apomorphie *f*
apophyllite Apophyllit *m*, $KCa_4[F(Si_4O_{10})_2] \cdot 8H_2O$
apophyse, apophysis Apophyse *f (Abzweigung vom Hauptgang)*
aporhyolite Aporhyolith *m (entglaster Rhyolith)*
aposandstone *s.* quartzite
apotectonic *s.* posttectonic
Appalachia Appalachia *f*
Appalachian oldland Appalachia *f*
~ **Province** Appalachen-Provinz *f (Paläobiogeografie, Devon)*
Appalachis Appalachia *f*
apparatus for plasticity test Fließgrenzengerät *n*
~ **for rectification** Entzerrungsgerät *n*
apparent scheinbar
~ **age** scheinbares Alter *n*
~ **density** Porigkeit *f*, Porosität *f*
~ **dip** scheinbares Einfallen *n*
~ **gap in bedding plane** scheinbare Sprungweite *f* in der Schichtebene
~ **heave (horizontal overlap)** scheinbare söhlige (horizontale) Sprungweite *f*
~ **mining damage** Pseudobergschaden *m*
~ **resistivity** scheinbarer spezifischer Widerstand *m (bedingt durch Meßanordnung)*
~ **slip** flache Sprunghöhe *f*
~ **solar day** wahrer Sonnentag *m*
~ **solar time** wahre Sonnenzeit *f*
~ **stratigraphic[al] gap** scheinbare Sprungweite *f* in der Schichtebene
~ **stratigraphic[al] separation** scheinbare stratigrafische Sprunghöhe (Schubhöhe) *f*
~ **thickness** scheinbare Mächtigkeit *f (Bohrlochmächtigkeit, Ausstrichbreite)*
~ **throw** scheinbare seigere Sprunghöhe *f*
~ **top** scheinbare Oberkante *f*
~ **velocity** Scheingeschwindigkeit *f*
~ **velocity of ground-water flow** Filtergeschwindigkeit *f* des Grundwassers
~ **water resistivity** scheinbarer Wasserwiderstand *m*
~ **water table** Nebengrundwasserspiegel *m*
appear/to auftreten
appearance of fracture Bruch[flächen]aussehen *n*

appinite Appinit *m (hornblendereiche Syenite, Monzonite, Diorite)*
applanation Einebnung *f (eines Reliefs)*
apple coal weiche Kohle *f*
application of load Lastaufbringung *f*, Lastangriff *m*
applied geology angewandte (praktische) Geologie *f*
~ **geophysics** angewandte (praktische) Geophysik *f*
~ **hydrology** angewandte (praktische) Hydrologie *f*
apposition Anlagerung *f*
~ **fabric** Primärgefüge *n*
appraisal well Erweiterungsbohrung *f*
appraise/to schätzen, taxieren
approximate scale mittlerer Bildmaßstab *m*
approximation Näherung *f*
apron Sander *m*, Schuttfächer *m*; Schuttschicht *f* gegen Unterspülung
~ **plain** Sanderebene *f*
apse, apsis Apside *f*, Wendepunkt *m*
Aptian [Stage] Apt *n (Stufe der Unterkreide)*
Aptychus Marl Aptychenmergel *m (pelagische Entwicklung in Malm und Unterkreide, Alpen)*
aqua regia Königswasser *n*
aquafact durch Wellenschlag geglättetes Küstengeröll *n*
aquafer *s.* aquifer
aqualung Aqualunge *f*, Freitauchgerät *n*
aquamarine blaugrün
aquamarine Aquamarin *m (s.a. beryl)*
aquapulse Aquapulse *n (eine seeseismische Energiequelle)*
aquathermal pressuring Überdruck *durch thermische Ausdehnung des Poreninhalts*
aquatic aquatisch
~ **carnivora** Wasserraubtiere *npl*
aqueduct Aquädukt *m*
aqueoglacial fluvioglazial
~ **deposits** Schmelzwasserablagerungen *fpl*
aqueous wäßrig, wasserhaltig; durch Wasser gebildet
~ **corrosion** Wasserkorrosion *f*, Feuchtigkeitskorrosion *f*
~ **current ripple marks** *s.* water current ripples
~ **desert** marines Sediment *n* ohne makroskopische Schalenreste
~ **gel** wäßriges Gel *n*
~ **lava** Schlammlava *f*
~ **loess** Schwemmlöß *m*
~ **oscillation ripple marks** *s.* wave ripple marks
~ **rock** Sedimentgestein *n*
~ **solution** wäßrige Lösung *f*
~ **vapour** Wasserdampf *m*
aquicide wasserdicht
aquiclude geringpermeabler Grundwasserleiter *m*, Geringwasserleiter *m*
aquifer [layer] Wasserleiter *m*, Grundwasserträ-

aquifer 26

ger *m*, Grundwasserleiter *m*, wasserführende Schicht *f*
~ **packing** Abdichten *n* eines Grundwasserleiters
~ **storage** Aquiferspeicherung *f*, Gasspeicherung *f* im Wasserträger
~ **thickness** Grundwasserleitermächtigkeit *f*
aquiferous wasserdurchlässig, wasserführend, Wasser enthaltend
aquifuge wasserdicht
aquifuge Grundwasserstauer *m*
Aquitanian [Stage] Aquitan[ium] *n*, Aquitanien *n* (Stufe des Miozäns)
aquitarde *s.* aquiclude
arable ackerfähig, kultivierbar
~ **earth** Ackerkrume *f*
~ **land** Ackerland *n*
~ **meadow** Ackerwiese *f*
~ **soil** Ackerboden *m*, Kulturboden *m*, kulturfähiger (urbarer) Boden *m*
araeoxene Araeoxen *m* (Varietät von Deskloizit)
aragonite Aragonit *m*, $CaCO_3$
aramayoite Aramayoit *m*, $Ag(Sb, Bi)S_2$
arandisite Arandisit *m* (Gemenge von Hydrocassiterit und Quarz)
arapahite Arapahit *m* (magnetitreicher Basalt)
arborescent dendritisch, tannenbäumchenartig, baumförmig
~ **agate** Baumachat *m*
~ **crystal** Dendrit *m*
~ **fern** Baumfarn *m*
~ **structure** dendritische Struktur *f*
arborization baumförmige Bildung *f*, Verästelung *f*
arc excitation Bogenanregung *f* (Spektralanalyse)
~ **of folding** Stauungsbogen *m*, Faltenbogen *m*
~ **of volcanoes** Vulkanbogen *m*
~ **shooting** Sternschießen *n*, Fächerschießen *n* (Refraktionsschießen)
~-**trench systems** Systeme von Inselbögen und Tiefseegräben
arch/to [auf]wölben
arch Gewölbe *n*, Sattel *m*
~ **bend** Sattelscharnier *n*
~ **core** Sattelkern *m*
~ **dam** Bogenstaumauer *f*
~-**gravity dam** Bogengewichtsmauer *f*, Bogengewichtssperre *f*, Gewölbegewichtssperre *f*
~ **limb** Gewölbeschenkel *m* (Falte)
~ **theory** Gewölbetheorie *f*
Archaean archäisch, archäozoisch
Archaean [Era] Archaikum *n*, Archäozoikum *n*, Urzeit *f*
~ **folding** archäische Faltung *f*
Archaeozoic archäozoisch, archäisch
Archaeozoic [Era] 1. Archäozoikum *n*, Kryptozoikum *n*, Unterpräkambrium *n*; 2. Archaikum *n*, Archäozoikum *n*, Urzeit *f*
archaic archäisch, urzeitlich

arche... *s.a.* archae...
arched dam Bogensperrmauer *f*, Bogen[stau]mauer *f*, Gewölbemauer *f*
~ **roof (top)** Gewölbe *n*
~-**up** aufgewölbt
~ **upfold** Sattelfalte *f*
archetype *s.* prototype
Archie formation-factor equation Archiesche Formationsfaktorformel *f*
Archie's law Archie-Gleichung *f*
arching bogig
arching Auffaltung *f*, Beulung *f*, Aufwölbung *f*, Wölbung *f*
~ **effect** Bogenwirkung *f*, Gewölbewirkung *f* (Erddruckverteilung)
archipelagic apron inselförmige Sand- und Kiesablagerung *f*
archipelago Archipel *m*, Inselgruppe *f*
architectonic geology Tektonik *f*
arcilla Ton *m*, Kaolin *m* (Mexiko)
arcose Arkose *f* (*s.a.* arkose)
arcosic Arkose... (*s.a.* arkosic)
arctic arktisch, polar
~ **air** arktische Kaltluft *f*
~ **expedition** Nordpolarexpedition *f*
~ **front** Kaltfront *f*
Arctic Circle nördlicher Polarkreis *m*
~ **glacier** Polargletscher *m*
~ **mountains** Gebirge *npl* der Arktis
~ **Ocean** Nördliches Eismeer *n*
~ **pack** arktisches Treibeis *n*
~ **region** Arktis *f*; arktisches Gebiet *n*
~ **zone** arktisches Gebiet *n*
arcuate gebogen, bogenförmig
ardennite Ardennit *m* (Al-, Mn-, V-Silikat)
area Fläche *f*, Gebiet *n*, Zone *f*; Feld *n* (im Abbau)
~ **affected by dammed water** Staugebiet *n*
~ **in advance** Vorland *n*
~ **measurement** Flächenmessung *f*
~ **measuring equipment** Flächenmeßgerät *n*
~ **occupied by settlements** Besiedlungsgebiet *n*
~ **of audibility** Schallfeld *n*, Hörbarkeitsgebiet *n*
~ **of dewatering** Wasserabsenkungsbereich *m*
~ **of discontinuity** Unstetigkeitsfläche *f*
~ **of dissipation** *s.* ablation area
~ **of extraction** Einwirkungsfläche *f* (Bergschaden)
~ **of fracture** Bruchgebiet *n*
~ **of glaciation** Vergletscherungsgebiet *n*
~ **of high pressure** Hochdruckgebiet *n*
~ **of influence** Wirkungszone *f*
~ **of low pressure** Tiefdruckgebiet *n*
~ **of ore body** Erzfläche *f*
~ **of precipitation** Niederschlagsgebiet *n*
~ **of protection** Schutzgebiet *n*
~ **of sedimentation** Sedimentationsgebiet *n*
~ **of settlement** Einwirkungsfläche *f* (Bergschaden)
~ **of subsidence** Senkungszone *f*

~ of tectonic culmination Auffaltungsfeld n, Megaantiklinale f
~ of tectonic depression Einfaltungsfeld n, Megasynklinale f
~ of truncation Abtragungsgebiet n
~ of uplift Hebungsgebiet n
~ of visibility Sichtbarkeitsgebiet n
~ sampling frame Flächenrahmen m für Datensammlung
~ without exposures aufschlußloses Gebiet n
~ without exposures and untested by drilling aufschlußloses, noch nicht durch Bohrungen untersuchtes Gebiet n
areal capacity Flächenleistung f (je Fläche und Zeit bei Kompaktion ausgepreßte Wassermenge)
~ degradation flächenhafte Abtragung f
~ density Flächendichte f, Flächengewicht n, Flächenbelegung f
~ efficiency areale Wirksamkeit f (bei Flutung)
~ eruption Arealeruption f, Flächeneruption f, flächenhafte Eruption f
~ exposure Flächenaufschluß m
~ extent Flächenausdehnung f
~ features flächenhafte Merkmale npl (Eigenschaften fpl)
~ geology Regionalgeologie f, Oberflächengeologie f
~ map geologische Karte f der Oberflächenformationen
~ productiveness Flächenergiebigkeit f (bei Kompaktion ausgepreßte Wassermenge)
~ seismics Flächenseismik f, 3D-Seismik f
~ subsidence Gebietssenkung f
arenaceous sandig; stark sandhaltig; psammitisch
~ facies sandige Fazies f
~ foraminifera sandschalige Foraminiferen fpl, Kieselschaler-Foraminiferen fpl
~ limestone Kalksandstein m, sandiger Kalkstein m
~ quartz Quarzsand m, sandiger Quarz m
~ rock Sandgestein n, sandiges Gestein n
~ shale Sandschiefer m, Quarzschieferton m
~ tests Sandschaler mpl
~ texture psammitische Struktur f
Arenigian [Stage] Arenig n (Stufe des Unterordoviziums)
arenilitic sandsteinartig
arenite s. psammite
arenose kiesig, grießig, grittig, sandig
arenyte s. psammite
areola of [contact] metamorphism Kontakthof m
arête Grat m
arfvedsonite Arfvedsonit m, $Na_3Fe_4Al[(OH)_2|Si_8O_{22}]$
argent silbern, silbrig
argentic silberhaltig, Silber...
argentiferous silberführend, silberhaltig
argentine silberartig, silberähnlich
argentite Argentit m, Silberglanz m, Akanthit m, Ag_2S

argentojarosite Argentojarosit m, $AgFe_3[(OH)_6|(SO_4)_2]$
argentopyrite Argentopyrit m, $AgFe_2S_3$
argil Ton m, Letten m
argilla Ton m (natürliches Aluminiumsilikat)
argillaceous tonig; tonhaltig, tonartig
~ alteration Vertonung f, Umwandlung f in Tonminerale
~ bauxite tonhaltiger Bauxit m (Tongehalt bis 50%)
~ cementing material toniges Bindemittel n
~ earth Tonerde f
~ facies tonige Fazies f
~ horizon Illuvialhorizont m mit hohem Tonanteil
~ iron ore concretions Toneisensteinkonkretionen fpl
~ iron-stone Toneisenstein m, Sphärosiderit m
~ limestone Tonkalk m, toniger Kalkstein m
~ marl Tonmergel m, Mergelton m
~ material toniges Bindemittel n
~ mud toniger Schlick m
~ ore toniges (lettiges) Erz n
~ rock Tongestein n, tonhaltiges (toniges) Gestein n
~ sand toniger Sand m
~ sand ground sandiger Lehmboden m
~ sandstone Tonsandstein m, toniger Sandstein m
~ schist Tonschiefer m
~ shale Schieferton m
~ slate Argillit m
~ texture pelitische Struktur f
argillation Vertonung f (durch Verwitterung)
argillic s. argillaceous
argilliferous tonhaltig
argillite Argillit m (vorgefestigter Ton)
argillitic argillitisch
argillization Tonbildung f
argillo-arenaceous ton- und sandhaltig
argillous tonhaltig; tonartig
argon Argon n, Ar
~ age Argonalter n
Argovian [Substage] Argov[ium] n (Unterstufe des Lusitans)
argyrite s. argentite
argyrodite Argyrodit m, $4Ag_2S \cdot GeS_2$
argyrose s. argentite
argyrythrose s. pyrargyrite
arid arid, dürr, trocken
~ area (region) Trockengebiet n
~ runoff Trockenwetterabfluß m
aridity, aridness Aridität f, Dürre f, Unfruchtbarkeit f, Trockenheit f
ariegite Ariégit m (Pyroxenit)
Arikareean [Stage] Arikareean n (Wirbeltierstufe des oberen Oligozäns und unteren Miozäns in Nordamerika)
arite Arit m, Ni(As, Sb)
arizonite 1. Arizonit m, $Fe_2O_3 \cdot 3TiO_2$; 2. Arizonit m (orthoklasreiches Ganggestein)

arkite

arkite Arkit *m (alkalisches Ergußgestein)*
arkose Arkose *f*
~ quartzite Arkosequarzit *m*
arkosic arkosig
~ bentonite Bentonit *m* mit kristallinem Detritus
~ grit Arkosesandstein *m*
~ wacke Feldspatgrauwacke *f (mehr Feldspat als Gesteinsbruchstücke)*
arkosite *s.* arkose quartzite
arm of a delta Deltaarm *m*
~ of a river Nebenarm *m*
~ of the sea Meeresarm *m*
~ support Armgerüst *n (der Brachiopoden)*
armalcolite Armalkolith *m*, $(Fe_{0,5} \cdot Mg_{0,5})Ti_2O_5$ *(Mondmineral)*
armangite Armangit *m*, $Mn_3[AsO_3]_2$
Armorica Armorika *f*
Armorican massif armorikanisches Massiv *n*
armoured mud balls gespickte Tongerölle *npl*
~ relict gepanzertes Relikt *n*
aromatic hydrocarbon aromatischer Kohlenwasserstoff *m*
aromatics Aromaten *mpl (Kohlenwasserstoffe)*
arquetype *s.* prototype
arrangement Anordnung *f*, Aufbau *m*; Lagerung *f*
~ in layers Schichtung *f*
~ in rows Aufreihung *f*
array 1. Anordnung *f (von Geophonen oder Schüssen)*; 2. Array *n (Netz seismischer Stationen)*
arresting nitrogen gebundener Stickstoff *m*
arrival time Einsatzzeit *f*, Zeitdauer *f* bis zum Anfangseinsatz *(Seismik)*; Laufzeit *f (einer Reflexion)*
~ time of seismic waves Ankunftszeit *f* seismischer Wellen
arrojadite Arrojadit *m*, Headdenit *m (Fe-, Mn-Phosphat)*
arroyo Arroyo *n (Relikttal)*
arsenic Arsen *n*, As
~ ore Arsenerz *n*
arsenical arsenhaltig, arsenführend
~ copper *s.* domeykite
~ nickel *s.* niccolite
~ pyrite *s.* arsenopyrite
arseniferous arsenführend
arseniopleite Arseniopleit *m (Varietät von Karyinit)*
arseniosiderite Arseniosiderit *m*, $Ca_3Fe_4[OH|AsO_4]_4 \cdot 4H_2O$
arsenious arsenhaltig
arsenite *s.* arsenolite
arsenobismite Arsenobismit *m*, $Bi_4[OH|AsO_4]_3 \cdot H_2O$
arsenoclasite Arsenoklasit *m*, $Mn_5[(OH)_2|AsO_4]_2$
arsenoferrite Arsenoferrit *m*, $FeAs_2$
arsenolamprite Arsenolamprit *m (Arsenmodifikation)*
arsenolite Arsenolith *m*, Arsenit *m*, Arsenblüte *f*, As_2O_3

arsenopalladinite Arsenopalladinit *m*, Pd_3As
arsenopyrite Arsenkies *m*, Arsenopyrit *m*; Mispickel *m*, FeAsS
arsenpolybasite Arsenpolybasit *m*, $8(Ag, Cu)_2S \cdot As_2S_3$
arsensulvanite Arsensulvanit *m*, $Cu_3(As,V)S_4$
arsenuranylite Arsenuranylit *m*, $Ca[(UO_2)_4|(OH)_4|(AsO_4)_2 \cdot 6H_2O$
artefact Artefakt *n*
arterite Arterit *m (ein Migmatit)*
artesian artesisch
~ aquifer Grundwasserleiter *m* mit artesischem Wasser, Grundwasserleiter *m* mit gespanntem Grundwasser, artesischer Grundwasserspeicher *m*
~ basin artesisches Becken *n*
~ discharge Ergiebigkeit *f* eines artesischen Brunnens
~ ground water artesisches Grundwasser *n (überflurgespannt)*
~ [pressure] head artesischer Wasserhorizont *m*, artesische Druckhöhe *f*, Steighöhe *f (artesischer Brunnen)*
~ spring artesischer Brunnen *m*, artesische Quelle *f*
~ uplift pressure artesischer Auftrieb *m*
~ water artesisches Wasser *n*, gespanntes (unter Spannung stehendes) Grundwasser *n*
~ well 1. Brunnen *m* mit gespanntem Grundwasserspiegel; 2. frei ausfließende Bohrung *f*; artesischer Brunnen *m*
article of antiquity Ausgrabungsfund *m*
articular facets Gelenkflächen *fpl*
Articulata Articulaten *pl*
articulated skeleton Skelett *n* im Zusammenhang
articulation Gelenkverbindung *f*
articulite Gelenkquarzit *m*
artifact Artefakt *n*
artificial cementation Bodenstabilisierung *f*, Baugrundverbesserung *f*, Baugrundverfestigung *f*
~ consolidation künstliche Bodenverdichtung *f*
~ earth satellite künstlicher Erdsatellit *m*
~ earthquake künstliches Erdbeben *n*
~ gemstone synthetischer Edelstein *m*
~ ground water künstliches Grundwasser *n*
~ impulse method Fremdimpulsmethode *f*
~ lake Sammelbecken *n*, Staubecken *n*, Stausee *m*
~ lift method künstliches Förderverfahren *n (Erdöl)*
~ magnetic anomalies magnetische Störanomalien *fpl (z.B. durch Hochspannungsleitungen)*
~ marginal salt pan künstlich angelegter Meeressalzgarten *m*
~ method of cementation by the injection of chemicals chemische Baugrundverbesserung *f*
~ precipitation künstlicher Niederschlag *m*
~ radioactivity künstliche Radioaktivität *f*
~ recharge of ground water künstliche Grundwasseranreicherung *f*

~ **river regulation** Flußregulierung *f*
~ **roof** künstliches Dach *n*
~ **satellite** künstlicher Satellit *m*
~ **subgrade** aufgeschüttetes Planum (Erdplanum) *n*
~ **water conduit** künstlicher Wasserlauf *m*
artificially excited earth waves künstlich erregte Bodenerschütterungswellen *fpl*
~ **produced radioisotope** künstliches radioaktives Isotop *n*
artinite Artinit *m*, $Mg_2[(OH)_2|CO_3]\cdot3H_2O$
Artinskian [Stage] Artinsk *n* (basale Stufe des Unterperms)
arzrunite Arzrunit *m*, $Pb_2Cu_4[O_2|Cl_6|SO_4]\cdot4H_2O$
asar *s*. esker
asbestic, asbestine 1. asbestführend; 2. unbrennbar
asbestoid asbestartig
asbestos Asbest *m*
~ **slate** Asbestschiefer *m*
asbestous *s*. asbestic
asbolan[e] Asbolan *m* (*s.a.* asbolite)
asbolite Erdkobalt *m*, Kobaltmanganerz *n* (Kobaltoxid)
ascend/to aufsteigen
ascending aufsteigend (Luftstrom, Wasser)
~ **solution** aufsteigende Lösung *f*
~ **water** aszendentes Wasser *n*
ascension theory Aszensionstheorie *f*
ascent of water Aufsteigen *n* des Wassers
~ **path** Aufstiegsbahn *f*
aschaffite Aschaffit *m* (Lamprophyr)
ascharite Ascharit *m*, $Mg_2[B_2O_5]\cdot H_2O$
aschistic aschist[isch], ungespalten
~ **dike rock** aschistes (ungespaltenes) Ganggestein *n*
aseismic[al] aseismisch, erdbebenfrei, erdbebensicher
~ **district** erdbebenfreies Gebiet *n*
~ **region** aseismische Region *f*
ash Asche *f*
~ **cloud** Aschewolke *f*
~ **cone** Aschekegel *m*
~ **constituent** Aschebildner *m*
~ **content** Aschegehalt *m*
~ **fall** Aschefall *m*
~ **flows** Aschenströme *mpl*
~-**free** aschefrei (Kohlenanalyse)
~ **rain (shower)** Ascheregen *m*
~ **slate** Aschetonschiefer *m*
ashcroftine Ashcroftin *m*, $KNa(Ca, Mg, Mn)[Al_4Si_5O_{18}]\cdot8H_2O$
ashes vulkanische Ascheschicht *f*
Ashgillian [Stage] Ashgill *n*, Ashgillstufe *f* (Stufe des Oberordoviziums)
ashlar Werkstein *m*, Quader[stein] *m*
~ **stone walling**, ~ **stonework** Werksteinmauerwerk *n*, Quadermauerwerk *n*
ashless aschefrei
ashore an Land, ans Ufer
ashy component Aschebildner *m*
~ **grit** pyroklastischer Sand *m*

~ **shale** Ascheschieferton *m*
asiderite Steinmeteorit *m*
aslope abschüssig, steil
aso lava *s*. ignimbrite
asowskite Asowskit *m*, $Fe_3[(OH)_6|PO_4]$
asparagus stone Varietät von Apatit
asperity Rauhigkeit *f* (einer Kluft)
asphalt Asphalt *m*, Erdpech *n*
~-**base crude petroleum** asphaltbasisches Rohöl *n*
~-**base oil** Asphaltöl *n*
~-**base petroleum** asphaltbasisches Erdöl *n*
~ **deposit** Asphaltlager *n*, Asphaltvorkommen *n*
~ **from petroleum oil** Erdölasphalt *m*
~-**impregnated limestone** Asphaltkalkstein *m*, Kalkasphalt *m*
~ **membrane** (Am) Bitumendichtungshaut *f*
~ **rock** Asphaltgestein *n*, Bergasphalt *m*, asphaltimprägnierter Kalkstein *m*
~ **seepage** Asphaltausbiß *m*
~ **stone** *s*. ~ rock
asphaltene Asphalten *n*
asphaltic aus Asphalt, asphaltisch; asphalthaltig, erdpechhaltig
~ **bitumen** Erdölbitumen *n*, Naturbitumen *n*
~ **bitumen membrane** Bitumendichtungshaut *f*
~ **coal** *s*. albertite
~ **concrete** Asphaltbeton *m*
~ **limestone** Asphaltkalkstein *m*, Kalkasphalt *m*
~ **pyrobituminous shale** Ölschiefer *m*
~ **rock** Asphaltgestein *n*, Bergasphalt *m*, asphaltimprägnierter Kalkstein *m*
~ **sand** Asphaltsand *m*
~ **sandstone** bitumenhaltiger Sandstein *m*
asphaltite Asphaltit *m* (*z.B.* Gilsonit, Grahamit)
asphaltlike asphaltähnlich
asphaltum *s*. asphalt
assay Probe *f*, Erzprobe *f*, Lötrohrprobe *f*
~ **of buddled (washed) ore** Erzwaschprobe *f*
assaying Probenuntersuchung *f* (Rohstoff)
Asselian [Stage] Assel[ium] *n* (höchste Stufe des Oberkarbons)
assemblage 1. Vergesellschaftung *f*, Gemeinschaft *f* (Paläobiologie); 2. Paragenese *f* (von Mineralen)
~ **zone** biostratigrafische Einheit, gekennzeichnet durch die vertikale Verbreitung einer bestimmten Gesamtfauna oder -flora innerhalb einer Gesteinsabfolge
assembly Anordnung *f*, Aufbau *m*
assignment Bestimmung *f*, Angabe *f*
assimilation Assimilation *f*
assise zwei oder mehr aufeinander folgende fossilhaltige Zonen
associate/to 1. vergesellschaften (Paläobiologie); 2. paragenetisch vorkommen (Minerale)
associated fault Nebenverwerfung *f*, Begleitverwerfung *f*
~ **mineral** Begleitmineral *n*, Nebenmineral *n*
~ **natural gas** freies Erdölbegleitgas *n*
~ **rocks** Begleitgesteine *npl*

associated

~ sheets vereinigte Flöze *npl*
~ strata Nebengestein *n*
association 1. Vergesellschaftung *f*, Gemeinschaft *f (Paläobiologie)*; 2. Paragenese *f (von Mineralen)*
assort/to 1. einteilen, klassifizieren; 2. sortieren; 3. aufarbeiten *(durch Wasser)*
assorting 1. Einteilung *f*, Klassifikation *f*; 2. Sortierung *f*; 3. Aufarbeitung *f (durch Wasser)*
assumption of load Belastungsannahme *f*, Lastannahme *f*
assured ore sicher vorhandenes Erz *n*
Assynt folding assyntische Faltung *f*
astatic astatisch, unstabil
~ magnetometer astatisches Magnetometer *n*
~ pendulum astasiertes Pendel *n*
asteriated quartz Sternquarz *m*
asteriation, asterism Asterismus *m*
asteroid sternartig, sternförmig
~ belt Asteroidengürtel *m*
asteroid Asteroid *m*, Planetoid *m*
asthenolith Asthenolit *m*
asthenosphere Asthenosphäre *f*
Astian [Stage] Ast *n*, Asti-Stufe *f (Stufe des Pliozäns)*
astillen Salband *n*
astite Astit *m (Varietät von Hornfels)*
astrak[h]anite Astrakanit *m*, Blödit *m*, $Na_2Mg(SO_4)_2 \cdot 4H_2O$
astral sternartig, Stern...
~ exploration Sternforschung *f*
astringent mit zusammenziehendem Geschmack *(bei bestimmten Mineralen)*
~ clay alaunhaltiger Ton *m*
astrionics Weltraumforschung *f*
astrobiology Astrobiologie *f*
astrobleme Astroblem *n*, Meteoritenkrater *m*
astrobotany Astrobotanik *f*
astrochemistry Astrochemie *f*
astrocompass Sternkompaß *m*
astrodynamics Astrodynamik *f*
astrogeologist Astrogeologe *m*
astrogeology Astrogeologie *f*
astrolite Astrolith *m*, $(Na, K)_2Fe(Al, Fe)_2(SiO_3)_5 \cdot H_2O$
astrological astrologisch
astrometry Astrometrie *f*
astronautics Astronautik *f*
astronavigation Astronavigation *f*
astronomer Astronom *m*
astronomic[al] astronomisch
~ altitude Gestirnhöhe *f*
~ day astronomischer Tag *m*
~ geology astronomische Geologie *f*
~ latitude astronomische Breite *f*
~ navigation Astronavigation *f*
~ observation Sternbeobachtung *f*
~ observatory (station) Sternwarte *f*
~ time reckoning astronomische Zeitberechnung *f*
~ zenith astronomischer Zenit *m*
astronomy Astronomie *f*, Sternkunde *f*

astrophyllite Astrophyllit *m*, $(K_2, Na_2, Ca)(Fe, Mn)_4(Ti, Zr)[OH|Si_2O_7]_2$
astrophysical astrophysikalisch
astrophysicist Astrophysiker *m*
astrophysics Astrophysik *f*
astroscopy Sternbeobachtung *f*
astrospectroscopy Astrospektroskopie *f*
asymmetric[al] unsymmetrisch
~ anticline unsymmetrische Antiklinale *f*
~ fold asymmetrische Falte *f*
~ ripple marks unsymmetrische Rippelmarken *fpl*
asymmetrically folded mountain range unsymmetrisch gefaltetes Gebirge *n*
asymmetry Asymmetrie *f*
asynchronous deposits ungleichaltrige Ablagerungen *fpl*
atacamite Atakamit *m*, $Cu_2(OH)_3Cl$
atatschite Atatschit *m (glasreicher Orthophyr)*
atavism Atavismus *m (Paläontologie)*
ataxic ungeschichtet *(bei Erzlagerstätten)*
ataxite 1. Ataxit *m (Eisenmeteorit)*; 2. irreguläre Tufflava *f*
Atdabanian [Stage] Atdaban[ium] *n (Stufe, höheres Unterkambrium Sibiriens)*
atectonic atektonisch
~ pluton anorogener Pluton *m*
atelestite Atelestit *m*, $Bi_2[O|OH|AsO_4]$
athrogenic vulkanoklastisch
~ rock vulkanoklastisches Gestein *n*
Atlantic atlantisch
~ Ocean Atlantischer Ozean *m*
~ rock atlantisches Gestein *n*
~ suite atlantische Sippe *f*
Atlantica Atlantika *f*
Atlanticum Atlantikum *n (Holozän)*
atmochemistry Chemie *f* der Atmosphäre
atmoclastic atmoklastisch
~ rock atmoklastisches Gestein *n*
atmogeochemical prospecting Gasprospektion *f*
atmogeochemistry Atmogeochemie *f*
atmologic[al] meteorologisch
atmophil[ic] atmophil
~ element atmophiles Element *n*
atmopyroclastic atmopyroklastisch
atmosphere Atmosphäre *f*
atmospheric[al] atmosphärisch
~ absorption atmosphärische Absorption *f*
~ action Witterungseinfluß *m*
~ composition Luftzusammensetzung *f*
~ condition Witterung *f*
~ constituents atmosphärische Bestandteile *mpl*
~ entry Eintauchen *n* in die Atmosphäre
~ exposure Witterungseinfluß *m*
~ moisture Luftfeuchte *f*
~ oxygen Luftsauerstoff *m*
~ pressure Luftdruck *m*
~ radiation atmosphärische Strahlung *f*
~ turbidity atmosphärische Trübung *f*
~ waste Verwitterungsschutt *m*

~ water atmosphärisches Wasser *n*, Niederschlagswasser *n*
Atokan [Stage] Atokan *n* (Stufe des Pennsylvaniens)
atoll [reef] Atoll *n*, Lagunenriff *n*, Ringriff *n* (aus Korallen)
atom Atom *n*
~ smasher Neutronenquelle *f* (für Bohrlochmessungen)
atomic absorption spectrometry Atomabsorptionsspektrometrie *f*
~ arrangement atomarer Aufbau *m*
~ blast Atomexplosion *f*
~ chart Atomgewichtstabelle *f*
~ concentration Atomkonzentration *f*
~ decay (disintegration) Atomzerfall *m*
~ energy Atomenergie *f*
~ fission Kernspaltung *f*
~ forces Atomkräfte *fpl*
~ group Atomgruppe *f*
~ heat Atomwärme *f*
~ irradiation radioaktive Bestrahlung *f*
~ kernel Atomkern *m*
~ mass Atommasse *f*, Isotopengewicht *n*
~ mass number Atommassenzahl *f*
~ nucleus Atomkern *m*
~ number Atomzahl *f*, Kernladungszahl *f*, Ordnungszahl *f*
~ physicist Atomphysiker *m*
~ physics Atomphysik *f*
~ plane Gitterebene *f*, Netzebene *f*
~ radiation Atomstrahlung *f*
~ rearrangement atomare Umordnung *f*
~ scientist Atomforscher *m*, Atomwissenschaftler *m*, Kernforscher *m*
~ space lattice Atomgitter *n*
~ spectrum Atomspektrum *n*
~ structure atomare Struktur *f*, Atom[auf]bau *m*, atomarer Aufbau *m*
~ symbol Atomsymbol *n*
~ theory Atomtheorie *f*, Atomlehre *f*
~ transformation Atomumwandlung *f*
~ volume Atomvolumen *n*
~ weight Atomgewicht *n*
atopite Atopit *m* (Varietät von Romeit)
attachable mechanical stage aufsetzbarer Kreuztisch *m*, Objektführer *m* (Stereomikroskop)
attached fold anliegende (verwachsene) Falte *f*
~ ground water gebundenes Grundwasser *n*
~ island Angliederungsinsel *f*
~ water Haftwasser *n*, Adhäsionswasser *n*
attal Bergeschicht *f*, Gesteinsschicht *f*
~ stuff Alter Mann *m*, taubes Gestein *n*
attendant satellite begleitender Trabant *m*
attenuation Dämpfung *f*
~ of seismic energy Verminderung *f* seismischer Energie
attenuator Dämpfungseinrichtung *f*
Atterberg limits Atterbergsche Konsistenzgrenzen (Zustandsgrenzen) *fpl*
attitude Lagerung *f*, Schichtenlagerung *f*, Streichen *n* und Fallen *n* (als Gesamtheit der Lagerungsform)
~ control Orientierungskontrolle *f* (Kontrolle der räumlichen Orientierung eines Fernerkundungsaufnahmesystems bezüglich eines äußeren Bezugssystems)
attle Versatzschicht *f*, Bergeschicht *f*, Berge *pl*, taubes Gestein *n*
~ heap Halde *f*, Bergehalde *f*, Gesteinshalde *f*
attraction Anziehung *f*
~ of gravitation Schwereanziehung *f*
attractional force Anziehungskraft *f*
attrinite Attrinit *m* (Braunkohlenmaceral)
attrital brown coal erdige Braunkohle *f*
~ lignite (Am) detritische Hartbraunkohle *f*
attrition Abrasion *f*, Abschleifung *f*, Abrieb *m*
~ clay Lettenbesteg *m*
~ of the wind Windschliff *m*
~ rate Abrasionsrate *f*
attritus Attritus *m* (Am, Maceralgemisch der Vitrinit-, Exinit- und Inertinit-Gruppe; meist in feinstreifiger Wechsellagerung)
aubrite Aubrit *m* (achondritischer enstatitführender Meteorit)
auerlite Auerlith *m*, $Th[(Si, P)O_4]$
auganite Auganith *m* (Augitandesit)
augelite Augelith *m*, $Al_2[(OH)_3|PO_4]$
augen gneiss Augengneis *m*
auger Erdbohrer *m*, Gesteinsbohrer *m*, Schappe *f*, Schappenbohrer *m*; Stangenbohrer *m*
~ bit Schneckenbohrer *m*
~ boring Schappenbohren *n*, Schappenbohrung *f*, Handdrehbohrung *f*
~ drill Meißel *m* (zur Durchteufung harter felsiger Schichtglieder)
~ drilling Schneckenbohren *n*
~ mining Bohrlochbergbau *m* (Gewinnungsverfahren von Kohle mittels großkalibriger Schlangenbohrer)
augite Augit *m*, $(Ca, Mg, Fe, Ti, Al)_2[(Si, Al)_2O_6]$
~ amphibolite Augitamphibolit *m*
~ andesite Augitandesit *m*
~ gneiss Augitgneis *m*
~ schist Augitschiefer *m*
augitic augithaltig
~ basalt Augitbasalt *m*
augitite Augitit *m* (augitreiches Ergußgestein)
augitophyre Augitporphyr *m* (Augitbasalt)
aulacogene Aulakogen *n* (tektonische Strukturform)
auralite Auralith *m* (zersetzter Cordierit)
aureole Aureole *f*, Kontakthof *m*, Hof *m*
aurichalcite Aurichalcit *m*, $(Zn, Cu)_5[(OH)_3|CO_3]_2$
auricles Auricula *npl*, Aurikel *npl* (Mündungsfortsätze an Cephalopodenschalen, Schloßlamellen bei Muscheln, Coronafortsätze bei Seeigeln)
auriferous goldführend, goldhaltig
~ alluvial (alluvium) Goldseife *f*, goldhaltiges Geröll *n*

auriferous 32

~ **conglomerate** goldführendes Konglomerat n
~ **deposit** goldhaltige Ablagerung f
~ **gravels** goldführende Alluvionen fpl
~ **pyrite** goldhaltiger Pyrit m
~ **quartz** Goldquarz m
~ **rock** goldhaltiges Gestein n
~ **sand** Goldsand m
~ **vein** Goldgang m
aurora australis Südlicht n
~ **borealis (polaris)** Polarlicht n, Nordlicht n
auroral belt Polarlichtzone f
~ **display (light)** Polarlicht n
~ **zone** Polarlichtzone f
aurostibite Aurostibit m, $AuSb_2$
Austin Chalk Austin n (Coniac und Santon in Nordamerika, Golf-Gebiet)
austinite Austinit m, $CaZn[OH|AsO_4]$
austral südlich
Austral Province Malvino-Kaffrische Provinz f (Paläobiogeografie, Devon)
Australian shield australischer Schild m
australite Australit m (ein Tektit)
Austrian method österreichische Bauweise f
autecology Autökologie f
authigene[tic], authigenic authigen
~ **constituent** authigener Bestandteil m
~ **ejecta** juvenil-authigene Auswürflinge mpl
~ **minerals** authigene Minerale npl
authigenous s. authigene
autocapture Selbstanzapfung f
autochthonous autochthon, bodenständig
~ **anomaly** autochthone Anomalie f
~ **deposit** autochthone Ablagerung f
~ **klippe** autochthone Klippe (Deckenklippe) f
~ **massif** autochthones Massiv n
~ **nappe** autochthone Decke f
~ **soil** Ortsboden m, Primärboden m
autoclastic autoklastisch
~ **breccia** autoklastische Brekzie f (infolge diagenetischer Schrumpfung)
autogamy Autogamie f, Selbstbestäubung f (bei Pflanzen)
autogenetic s. autogenous
autogenous autogen
~ **valley** autogenes Tal n
autogeosyncline Autogeosynklinale f
autohydration Autohydratation f
autolith Autolith m (endogener Einschluß)
automatic gain control automatische Amplitudenregelung f, ARA
~ **history match** (Am) Identifikationsprozeß m (einer reservoirmechanischen Modellsimulation)
autometamorphic autometamorph
autometamorphism Autometamorphose f
autometasomatism Autometasomatose f
automicrite Automikrit m (autochthoner Orthomikrit)
automolite Automolit m (Varietät von Gahnit)
automorphic automorph
automorphous automorph
autopneumatolysis Autopneumatolyse f
autoradiograph Autoradiografie f

autotheca Autothek f (bei Graptolithen)
autrophic autroph
autumn[al] equinox Herbst-Tagundnachtgleiche f
Autunian Autun[ien] n (oberstes Karbon, französisches Zentralplateau)
autunite Autunit m, Kalkuranglimmer m, $Ca[UO_2|PO_4]_2 \cdot 10(12-10)H_2O$
Auversian [Stage] Auvers n (Stufe des Eozäns)
auxiliary fault Begleitverwerfung f, Nebenverwerfung f, Nebenstörung f, Fiederstörung f
~ **fissure** Nebenspalte f
~ **fracture** Begleitbruch m
~ **gauge** Begleitpegel m (eines Brunnens)
~ **joint** Nebenkluft f, Begleitkluft f
~ **lobe** Auxiliarlobus m
~ **plane** Hilfsebene f
availability of raw material Verfügbarkeit f von Rohstoffen
available porosity Nutzporosität f
~ **water** [für den Bewuchs] nutzbare Wasserkapazität f
avalanche Lawine f; Schneelawine f
~ **baffle works** Lawinenschutzmauer f
~ **blast** Lawinenwind m
~ **breccia** Schuttlawinenbrekzie f
~ **chute** Lawinengraben m
~ **debris** Lawinenschutt m
~ **moraine** Lawinenmoräne f
~ **of earth** Grundlawine f
~ **of ice** Eislawine f
~ **of stone** Steinlawine f
~ **ripples** steile Rippeln mit Übergußsedimentation
~ **roof** Lawinengalerie f, Lawinendach n
~ **track** Lawinenbahn f
~ **trench** Lawinengraben m
~ **wind** Lawinenwind m
aventurine Aventurin m (s.a. quartz)
~ **feldspar** Aventurinfeldspat m, Oligoklas m
~ **glass** Aventuringlas n
~ **quartz** Aventurinquarz m
aventurism Aventurisieren n, Irisieren n, Labradorisieren n, Schillern n
aventurize/to aventurisieren, irisieren, labradorisieren, schillern
avenue of migration Migrationsweg m, Porenweg m (Fließkanal des Öls im Speicher)
average up/to auf Durchschnitt[sgehalt] bringen
average abundance Durchschnittshäufigkeit f
~ **annual value** Jahresmittelwert m
~ **content** Durchschnittsgehalt m, mittlerer Gehalt m
~ **dip** Generalfallen n
~ **grading** durchschnittliche granulometrische Zusammensetzung f
~ **grain diameter** Korngrößenkennzahl f
~ **hade** allgemeines Einfallen n
~ **mountain** Mittelgebirge n
~ **ore grade** durchschnittlicher Metallgehalt m des Erzes
~ **photobase** mittlere Bildbasis f

~ **precipitation (rainfall figure)** mittlere Niederschlagshöhe (Niederschlagsmenge) f
~ **rainfall intensity** Niederschlagsstärke f (mm/min)
~ **reservoir pressure** mittlerer Lagerstättendruck (Speicherdruck) m
~ **species number** mittlere Artenzahl f
~ **thickness** durchschnittliche Mächtigkeit f
~ **trend** durchschnittliches Streichen n
averaging Querschnittprobenahme f, Mittelung f, Mittelwertbildung f
avezacite Avezakit m (augit- und hornblendereiches Ganggestein)
avicennite Avicennit m, Tl_2O_3
aviolite Aviolith m (Varietät von Hornfels)
avogadrite Avogadrit m, (K, Cs)BF_4
Avonian s. Carboniferous Limestone
avulsion Durchstich m
awakening aufweckend (5. Stufe der Erdbebenstärkeskala)
awaruite Awaruit m, (Ni_3, Fe)
axes of the principal stresses Hauptspannungsrichtungen fpl
axial angle Achsenwinkel m
~ **compression** mittiger Druck m
~ **direction** Axialrichtung f
~ **line** Faltungsachse f
~ **load** s. ~ pressure
~ **loading** mittige Belastung f
~ **plane** Achsenebene f
~ **plane foliation** S_1-Schieferung f, Achsenflächenschieferung f, Transversalschieferung f
~ **pressure** 1. axiale Belastung f; 2. axialer Bohrdruck m
~ **ratio** Achsenverhältnis n
~ **revolution** Achsendrehung f (der Erde)
~ **stress** Axialspannung f
axially symmetrical rotationssymmetrisch, achsensymmetrisch
axinite Axinit m, Ca_2(Fe, Mn)AlAl[BO_3OH|Si_4O_{12}]
axiolitic axiolitisch (von Oolithgefügen mit radialnadligem Wachstum senkrecht zur Zentralachse)
axis culmination Achsenkulmination f
~ **elevation and depression** Achsenkulmination f und Achsendepression f
~ **of anticline** Sattelachse f
~ **of binary symmetry** zweizählige Symmetrieachse f
~ **of crystal** Kristallachse f
~ **of elevation** Elevationsachse f
~ **of fourfold symmetry** vierzählige Symmetrieachse f
~ **of growth** Wachstumsachse f
~ **of inertia** Trägheitsachse f
~ **of lode** Gangachse f
~ **of optic symmetry** optische Symmetrieachse f
~ **of rotation** Rotationsachse f
~ **of symmetry** Symmetrieachse f
~ **of tetragonal symmetry** vierzählige Symmetrieachse f

~ **of the arch** Sattelachse f
~ **of the earth** Erdachse f
~ **of the screw motion** Schraubungsachse f, Windungsachse f
~ **of the trough** Trogachse f
~ **of threefold symmetry** dreizählige Symmetrieachse f
~ **of twofold symmetry** zweizählige Symmetrieachse f
axissymmetric[al] achsensymmetrisch
axotomous nur in einer Richtung spaltbar
azimuth Azimut m (n)
~ **angle** Azimutwinkel m
~ **frequency diagram** Häufigkeitsdiagramm n der Azimute
~ **of the hole** Azimut m des Bohrlochs
azimuthal azimutal
~ **equal area projection** flächentreue Azimutalprojektion f
Azoic azoisch
~ **Age (Era)** Azoikum n
azonal soil Boden m ohne Horizontbildung
azotic stickstoffhaltig
azure spar s. lazulite
azurite Azurit m, Kupferlasur m, $Cu_3[OH|CO_3]_2$

B

b axis b-Achse f (mineralogische und tektonische Koordinate)
b/3 disordered kaolinite s. fire-clay mineral
B-horizon B-Horizont m, Anreicherungshorizont m, Illuvialhorizont m
B-tectonite B-Tektonit m
babel quartz Babelquarz m (gestaltliche Varietät von Quarz)
babingtonite Babingtonit m, $Ca_2Fe_2[Si_5O_{14}OH]$
Babylonia quartz s. babel quartz
bacalite Varietät von Bernstein
bacillary structure faserige Struktur f, Faserstruktur f
bacillite nadelförmiger Kristall m
back 1. Hangendes n, Firste f (s.a. face 2.); 2. Hauptschlechte f
~ **abutment pressure** hinterer (rückwärtiger) Kämpferdruck m
~ **borehole** Firstenbohrloch n
~ **crank pumping** kombiniertes Pumpen n (von Erdöl)
~-**deep basin** s. backdeep
~ **dune** Hinterdüne f
~ **erosion** erosive Hangendabtragung f (einer Decke)
~ **fin** s. dorsal fin
~ **folding** s. backfolding
~ **furrow** s. esker
~ **joints** s. backs
~ **land** Rückland n (Tektonik)
~ **leads** Hochwasserspülsaum m aus dunklen Sanden
~ **of the gallery** Firste f eines Stollens

back 34

~ **of the hole** Bohrlochtiefstes *n*
~-**pack** Rückentrage *f*
~ **pressure** 1. Gegendruck *m*; 2. Rückdruck *m* (Sonde)
~ **pressure test** *(Am)* Gegendrucktest *m (in Gasbohrungen)*
~-**reef** 1. landwärts (leeseitig) vom Riff gelegener Lagunenbereich; 2. „Rückriff", der Brandungsseite abgewandter Bereich eines Riffkomplexes, der noch stark vom Riffkörper beeinflußt wird
~-**reef lagoon** Lagune *f* hinter dem Riff
~ **slips** abfallende Schlechten *fpl*
~ **slope** 1. Innenböschung *f*; 2. Hinterhang *m*
~ **swamp** Auesumpf *m*
~-**swamp area** [sumpfiges] Niederungsgebiet *n (eines Flusses)*
~-**thrusting** Rücküberschiebung *f (Tektonik)*
~ **truncation** Hangendamputation *f (Tektonik)*
~ **weathering** Zurückwitterung *f*
backarc area Gebiet (Becken) zwischen Inselbogen und Kontinent
backbarrier complex Bezeichnung zur Kennzeichnung aller Ablagerungsmilieus und Sedimente, die zwischen einer Uferwall-Insel und dem Festland bzw. einer großen Insel anzutreffen sind.
backbreak Ausbruch *m (Steinbruch)*
backcleat Ablösen *n (Ablosungstuge im Gestein)*
backdeep Rücksenke *f*, Rücktiefe *f*
backdigger [dredge] Flußbagger *m* mit Schleppsaugrohr
backfill/to 1. versetzen, Versatz einbringen; 2. verfüllen, einfüllen *(z.B. Graben)*
backfill 1. Versatz *m*; 2. Versatzbau *m (Ichnologie)*
~ **[trench] rammer** Grabenramme *f*, Grabenstampfer *m*
backfilling 1. Verfüllboden *m*; 2. Versatzeinbringen *n*; 3. Wiederzuwerfen *n*
backflow Rückstau *m*
backfolding Rückfaltung *f*, Einfaltung *f*
background 1. Untergrund *m*, Hintergrund *m*; 2. Nulleffekt *m*, Störpegel *m*, Rauschen *n*
~ **count** Nulleffekt *m*
~ **effect** Hintergrundeffekt *m (Tracer)*
~ **noise** Störgeräusch *n*
backing Hintermauerung *f*
backs streichende Klüfte *fpl (parallel zum Schichtstreichen)*
backscattered light zurückgestreutes Licht *n*
backscattering Rückstreuung *f*
backset bedding (beds) Luvblattschichtung *f*
backshore 1. Ufer *n*, Vorland *n*; 2. oberer Teil des Strandes, der nur gelegentlich überflutet wird
backsight Rückblick *m (bei Vermessungsarbeiten)*
backslides Gravitationsgleitung in eine strukturelle Depression
bäckströmite Bäckströmit *m*, Mn(OH)$_2$

backward erosion rückschreitende Erosion *f*
~ **folding** *s.* backfolding
backwash 1. Rückstau *m*; 2. zurückziehende Welle *f*, rücklaufende Strömung *f*, Rückstrom *m*
~ **ripple marks** Rückstromrippelmarken *fpl*
backwater Rückstauwasser *n*, Stauwasser *n*, stilles Wasser *n*, Haffwasser *n*; Aufstau *m*, Anstauung *f*
~ **area** Staugebiet *n*
~ **curve** Staukurve *f*
~ **length** Staulänge *f*
~ **surface** Staufläche *f*
~ **zone** Staugebiet *n*
bacon stone *s.* steatite
bacteria of decay Fäulnisbakterien *fpl*
bacterial action (activity) Bakterientätigkeit *f*
~ **leaching** bakterielle Laugung *f*
Baculites limestone Baculitenkalk *m*
bad lands *s.* badlands
~ **weather line** Schlechtwetterstrecke *f*
baddeleyite Baddeleyit *m*, ZrO$_2$
badland-type of erosion Zerrachelung *f*
badlands Ödland *n (pflanzenwuchsloses, von engen Schluchten und scharfen Kämmen durchzogenes Gelände)*
badly faulted stark verworfen
baeckstroemite *s.* bäckströmite
bafertisite Bafertisit *m*, BaFe$_2$Ti[O$_2$|Si$_2$O$_7$]
bafflestone boundstone, bei dem die Organismen als Sedimentfänger wirkten
bagotite grüne Lintonitgerölle *npl*
bagshot sands Serie im unteren Tertiär von Hampshire
bahamite Bahamit *m (körniges Karbonatgestein analog den rezenten Sedimenten im Inneren der Bahama Banks)*
bahiaite Bahiait *m (Varietät von Hypersthenit)*
baikalite Baikalit *m (1. Varietät von Ozokerit; 2. Varietät von Salit)*
baikerinite Baikerinit *m (teerartiger Kohlenwasserstoff, reich an Baikerit)*
baikerite Baikerit *m (an Ozokerit reiches, festes Kohlenwasserstoffgemenge)*
bail/to löffeln *(das vom Meißel losgeschlagene Gestein aus dem Bohrloch entfernen)*
~ **out a well** eine Bohrung leerschöpfen
bailer 1. Schöpfbüchse *f (Erdöl)*; 2. Schmantbüchse *f*, Sandfänger *m*, Sandrohr *n (Tiefbohrung)*
bailing 1. Ausschöpfen *n*, Sümpfen *n*, Wasserziehen *n*; 2. Schöpfversuch *m*
~ **well** Schöpfsonde *f*
Bajocian [Stage] Bajocien *n*, Bajocium *n (Stufe des Mittleren Juras)*
baked gefrittet
~ **crust** Schmelzrinde *f (bei Meteoriten)*
~ **shale** Erdbrandgestein *n*, gebrannter Ton *m*
bakerite Bakerit *m (Varietät von Datolith)*
baking Frittung *f*

~ **coal** s. caking coal
~ **rock** gefrittetes Gestein n
bal (sl) Grube f
balance of composition Stoffbilanz f
~ **of mineral reserves** Vorratsbilanz f von Mineralen
balanced rock Wackelstein m
Balas[s ruby] Ballasrubin m (Spinell)
bald-headed anticline gekappte und überlagerte Antiklinale f
balk 1. Auskeilen n; 2. mit Schutt gefüllte Auswaschungszonen in Kohlenflözen
balkhashite Balkaschit m (brennbares, rezentes Algengestein im Torfstadium)
balkstone (sl) unreiner, schichtiger Kalkstein m
ball-and-pillow structure Sedimentrolle f, Wickelfalte f, Wulstbank f, Rutschungsballen m, Rutschungskörper m, Fließwulst m, Ballenstruktur f
~ **clay** Töpferton m, Backsteinton m, Steingutton m, bildsamer Ton m, Klumpenton m, Ballclay m (Fireclay mit nur geringen Beimengungen)
~ **diorite** Kugeldiorit m
~-**indentation testing apparatus** Kugeldruckhärteprüfer m
~ **ironstone** konkretionäres Eisenkarbonat n
~ **jasper** Kugeljaspis m
~ **jointing** konzentrische Klüftung f
~ **mill** Kugelmühle f
~ **mill for wet grinding** Naßkugelmühle f
~-**pressure test** Kugeldruckhärteprüfung f
~ **structure [parting]** kugelige Absonderung f
balland (sl) mulmiges Bleierz n
ballas Bort m (Industriediamant)
ballast 1. Kiesschotter m, Steinschotter m, Gleisschotter m, Bahnschotter m; 2. Ballast m
~ **element** Ballastelement n
~ **pit** Kiesgrube f
ballasting Schotterung f, Unterschottern n
balling Stopfbuchsenbildung f im Bohrloch (Tonmänner)
balloon satellite Ballonsatellit m
~ **sonde** Ballonsonde f
ballstone konkretionärer Kalkstein m
bally (sl) Gebirge n
balmstone (sl) hangendes Gestein n
balneology Balneologie f
Baltic Sea Ostsee f
~ **shield** Baltischer Schild m
banakite Banakit m, BaNa$_2$[Al$_2$Si$_2$O$_8$]$_2$
banatite Banatit m (orthoklasreicher Quarzdiorit)
band Zwischenlage f, Bergemittel n
~ **conveyor** Bandförderer m, Förderband n
~ **of flint nodules** Feuersteinband n
~ **rationing** Spektralband-Quotientenbildung f (Bildung des Quotienten aus verschiedenen Spektralbändern)
~-**reject filter** Bandsperrfilter n

bandaite Bandait m (Labradoritdazit)
banded gebändert, gestreift, streifig
~ **agate** Bandachat m
~ **arrangement** lagenförmige Anordnung f
~ **clay** Bänderton m, dünngeschichteter Ton m
~ **coal** Streifenkohle f
~ **constituent** (Am) Lithotyp m (Kohlentyp der Steinkohle)
~ **gneiss** Bändergneis m
~ **ingredient** s. ~ constituent
~ **ironstone** Eisenjaspilit m
~ **jasper** Bandjaspis m
~ **ore** Streifenerz n, Bändererz n
~ **slate** Bänderschiefer m
~ **structure** Lagentextur f
~ **twinning** Viellingslamellierung f
~ **vein** Gang m mit Lagentextur
banding Bänderung f
bandpass Bandpaß m
~ **filter** Bandpaßfilter n; Banddurchlaßfilter n (Fernerkundung)
bandstone verkieseltes Schichtblatt n
bandwidth Bandbreite f (z.B. eines Seismografen)
bandy clay Bänderton m
bandylite Bandylith m, Cu[Cl|B(OH)$_4$]
bank in/to eindeichen
~ **out** auf Halde bringen
bank 1. Flußufer n; 2. Sandbank f; 3. Erdböschung f; 4. Bruchwand f, 5. Stoß m (im Abbau); Strosse f (im Steinbruch); 6. Bank f, Lage f, Wall m; 7. in-situ Karbonatablagerung aus Skelettresten
~ **and bottom infiltration** Uferfiltration f
~ **claim** Uferclaim n
~ **erosion** Ufererosion f (eines Flusses)
~-**filtered water** uferfiltriertes Wasser n
~ **filtration** Uferfiltration f
~-**full river** geschwollener Fluß m
~-**full stage** Ausuferungshöhe f, Ausuferungswasserstand m, ufervoller Stand m
~ **head** über Tage
~ **line** Uferlinie f (eines Flusses)
~ **of ditch** Grabenböschung f
~ **of gravel** Schotterbank f
~ **of sand** Sandbank f
~ **of the river** Flußufer n
~ **protection** Uferschutz m
~ **reef** Flachseeriff n
~ **reinstatement** Uferausbesserung f (eines Flusses)
~ **shooting** Banksprengarbeit f (Steinbruch)
~ **stabilization** Uferbefestigung f
~ **storage** Uferfiltration f
banked structure plattenförmige Struktur f
~-**up water level** Spiegelerhebung f
banket goldführendes Konglomerat n (Transvaal)
banking structure Bankung f
~-**up curve** Staulinie f, Staukurve f
bannocking Schrämen n (von Kohle)

baotite 36

baotite Baotit m, $Ba_4(Ti,Nb)_8[Cl|O_{16}|Si_4O_{12}]$
bardown/to abräumen, beräumen *(den Stoß mit der Brechstange)*
bar 1. Barre f, Unterwasserriff n, Uferbank f; Nehrung f, Landspitze f; 2. Bohrstange f, Bohrsonde f, Gestänge n
~-enclosed durch eine Nehrung abgeschlossen
~ **gravels** Bankschotter m
~ **of sand** Sandbank f
~ **sands** marine Barrensande mpl
~ **trap** Barrenfalle f
baraboo begrabener und teilweise exhumierter Restberg
barachois *s.* lagoon
bararite Bararit m, $(NH_4)_2[SiF_6]$
barbierite Barbierit m, $NaAlSi_3O_8$
barbosalite Barbosalith m, $Fe_2[OH|PO_4]_2$
barchan Barchan m, Sicheldüne f
bare/to freilegen
bare entblößt, nackt
~ **ground** nackter Boden m
~ **ice** schneefreies Eis n
~ **soil** unbebauter Boden m
barefoot completion Vorbereitung einer Bohrung zur Förderung aus unverrohrtem Speicher
barefooted well Bohrung f ohne Filterrohre, Bohrung f mit unverrohrtem Ölträger
barfinger sands deltaische Rinnensande mpl
bargh *(sl)* Bergwerk n, Grube f
baring Abräumen n des Deckgebirges
barite *s.* baryte
barium Barium n, Ba
~-bearing bariumhaltig
~ **carbonate** *s.* witherite
~ **sulphate** *s.* baryte
barkevikite Barkevikit m (Varietät von Amphibol)
barnesite Barnesit m, $Na_2V_6O_{16} \cdot 3H_2O$
barnyard *(sl)* interglazialer Bodenhorizont m
barolite Gestein mit Baryt und Zölestin
barometer Barometer n
barometric column Barometersäule f
~ **height** barometrische Höhe f
~ **height computation** barometrische Höhenberechnung f
~ **hypsometry** barometrische Höhenmessung f
~ **levelling** barometrische Höhenbestimmung (Höhenaufnahme, Höhenmessung) f
~ **pressure** Luftdruck m, barometrischer Druck m
barometry Luftdruckmessung f
barracks shale Ölschiefer m (Schottland)
barrage Stauwerk n, Staudamm m, Talsperre f, Stauwehr n
~ **dam** Staudamm m, Sperrmauer f, Staumauer f
~ **power station** Staustufenkraftwerk n
~ **wall** Staumauer f
barranca Gießbachrinne f
barrandite Barrandit m, $(Al,Fe)PO_4 \cdot 2H_2O$

barred basin durch Barre vom offenen Ozean getrenntes Teilbecken
barrel Barrel n, Faß n (Erdölraummaß = 0,15898 m^3)
~ **copper** gediegenes Kupfer n (z.B. in Form von Blechen)
~ **vault** Tonnengewölbe n
barrels of oil per hour Faß Öl je Stunde
Barremian [Stage] Barrême n (Stufe der Unterkreide)
barren 1. unhaltig, metallfrei, erzfrei, taub; 2. öde, unfruchtbar; 3. unvollkommen entwickelt
barren 1. Auslaugungszone f; 2. Sandheide f
~ **ground** 1. taubes Gestein n; 2. Heideboden m
~ **land** Ödland n
~ **lode** tauber Gang m
~ **measure** taubes Gebirge n
~ **mine** unrentable Grube f
~ **of fossils** fossilfrei
~ **of oil** ölfrei, nicht ölführend
~ **of timber** baumlos
~ **of vegetation** vegetationslos
~ **plateau** Steppenhochebene f
~ **rock** taubes Gestein n, Abraum m
~ **sand** steriler (trockener, nicht ölführender, unproduktiver) Sand m
~ **solution** Abstoßlösung f, Ablauge f
~ **spots** taube Zone f
~ **track** Taubfeld n
~ **well** unergiebige Bohrung f
barrier Strandwall m, Uferwall m, Lido m
~ **basin** Bassin n mit natürlicher Dammschüttung
~ **beach** Vorstrand m; Strandwall m, Uferwall m, Lido m (s.a. offshore bar)
~ **complex** alle Ablagerungsmilieus und Sedimente, die mit Uferwallinseln im Zusammenhang stehen
~ **ice** *s.* shelf ice
~ **island** Strandwallinsel f
~ **lake** Abdämmungssee m
~ **layer phenomena** Grenzschichterscheinungen fpl
~ **of pressure** Druckbarriere f
~ **reef** Wallriff n, Barriereriff n
~ **ridge** Barre f
~ **spring** Stauquelle f
barroisite Barroisit m (Na-Amphibol)
Barrovian-type metamorphism metamorphe Faziesserie f vom Barrow-Typ (druckbetonte Regionalmetamorphose)
barrow Halde f
~ **pit** Steinbruch m
barsanovite Barsanovit m, $(Na, Ca, Sr, SE)_9(Fe,Mn)_2(Zr,Nb)_2[Cl|Si_{12}O_{36}]$
barsowite Barsowit m (s.a. anorthite)
Barstovian [Stage] Barstovien n (Wirbeltierstufe des Miozäns in Nordamerika)
barthite Barthit m (Varietät von Austinit)
Bartonian [Stage] Barton[ium] n (Stufe des Eozäns)

barylite Barylith m, $Be_2Ba[Si_2O_7]$
barymetry Schweremessung f *(der Luft)*
barysilite Barysilit m, $Pb_3[Si_2O_7]$
baryte Baryt m, Schwerspat m, $BaSO_4$
barytes *s.* baryte
barytic barytartig
barytocalcite Barytokalzit m, $BaCa[CO_3]_2$
basal basal
~ **breccia** Basalbrekzie f
~ **cleavage** Basisspaltbarkeit f
~ **conglomerate** Basalkonglomerat n, Grundkonglomerat n
~ **face** Basalfläche f, Grundfläche f, Basisfläche f
~ **fauna** Basalfauna f
~ **flora** Basalflora f
~ **granite** Granit m des Grundgebirges
~ **moraine** Grundmoräne f
~ **plane** Grundebene f, Basisebene f
~ **point** Bezugspunkt m
~ **quartzite** Basalquarzit m
~ **runoff** Basisabfluß m
~ **thrust plane** basale Schubfläche f
~ **till** Grundmoräne f
basalpib Basalwulst m *(der Säugerzähne);* Kauwulst m *(am Cephalopodenkiefer); s.a.* cingulum
basals Basaltäfelchen *npl (Paläontologie)*
basalt Basalt m *(basisches Ergußgestein)*
~~**kainite** *s.* anhydrokainite
~~**type VHA** basaltisches Mondgestein mit hohem Aluminiumgehalt *(Very High Aluminium)*
basaltic basaltisch, Basalt...
~ **clay** Basaltton m
~ **column** Basaltsäule f
~ **crust** basaltische Kruste f
~ **cupola** Basaltkuppe f
~ **debris** Basaltschutt m
~ **dike** Basaltgang m
~ **iron ore** Basalteisenerz n
~ **jointing** säulenförmige Absonderung f
~ **knob** Basaltkuppe f
~ **lava** Basaltlava f
~ **magma** Basaltmagma n
~ **ridge** Basaltrücken m
~ **scoria** Basaltschlacke f
~ **scree** Basaltschutt m
~ **sheet** Basaltdecke f
~ **structure** säulenförmige Absonderung f *(bei Migmatiten)*
~ **tuff** Basalttuff m
~ **wacke** Basaltwacke f
basaltiform säulenförmig
basaltine *s.* basaltic
basaltite Basaltit m *(olivinfreier Basalt)*
basanite 1. Basanit m *(basisches Ergußgestein);* 2. Lydit m *(s.a.* touchstone)
Baschkirian [Stage] Baschkir n, Baschkirische Stufe f *(Stufe des Mittelkarbons, Osteuropa)*
basculating fault *s.* wrench fault
base 1. Basis f, Sohlfäche f; Bett n; Fußpunkt m;
2. Tragschicht f, Tragdecke f; 3. Endfläche f *(Kristallografie);* 4. Mesostasis f, Grundmasse f; 5. Base f
~ **adjustment** Basiseinstellung f
~ **analysis** Grundanalyse f
~ **angle** Grundwinkel m, Bezugswinkel m
~ **board** Objektivträger m *(Mikroskopie)*
~ **conglomerate** Basalkonglomerat n, Grundkonglomerat n
~ **content** Basengehalt m
~ **course** Grundschicht f
~ **exchange** Basenaustausch m
~ **exchange capacity** Basenaustauschkapazität f
~ **failure** statischer Grundbruch m, tiefliegende Gleitung f, Bruch m am Fuße einer Rutschung
~ **flow** Basisabfluß m
~~**flow separation** Abflußseparation f *(Trennung $A_u/A_o)$*
~~**height ratio** Basis-Höhen-Verhältnis n *(Verhältnis zwischen der Luftbasis und der Flughöhe eines stereoskopischen Aufnahmepaars)*
~ **level** 1. Ausgangshorizont m; 2. Denudationsniveau n, Erosionsbasis f
~ **level of erosion** Erosionsbasis f
~ **level of karst erosion** Korrosionsbasis f
~ **level of river** Mittellauf m eines Flusses
~~**levelled plain** gleichmäßige Ebene f, Fastebene f
~ **levelling** Bildung f der Fastebenen
~ **line** Basis f, Grundlinie f
~ **map** Kartenabriß m
~ **map for drilling work** Bohrkarte f
~ **map for geological work** topografische Kartenunterlage f für geologische Arbeiten
~ **metal** unedles Metall n
~ **moraine** Grundmoräne f
~ **of a rock** Grundmasse f eines Gesteins
~ **of weathering** Basis (Unterkante) f der Langsamschicht *(Seismik)*
~ **oil** Rohöl n
~ **ore** armes (geringwertiges) Erz n
~ **pressure** Sohldruck m, Sohlpressung f
~ **runoff** Basisabfluß m
~ **saturation** Basensättigung f
~ **slab** Fundamentplatte f, Grundplatte f
~ **station** Basisstation f
~ **surface** Sohle f, untere Grenzfläche f *(einer Schicht)*
~ **surge deposits** reliefabhängige Tuffablagerungen, deren Material lawinenartig in Bodennähe transportiert wurde
~ **truncation** Basalamputation f
~ **vubbing** Basalüberschürfung f, Reihenüberschiebung f *(Deckenbau)*
basement 1. Fundament n, Unterlage f, Sockel m, Untergrund m, Unterbau n; 2. Grundgebirge n
~ **complex** Grundgebirge n
~ **conglomerate** Basalkonglomerat n, Grundkonglomerat n

basement 38

~ **excavating** Aufgrabung f für Fundamente
~ **fold** Grundfalte f
~ **nappe** Grundgebirgsdecke f
~ **rocks** 1. Grundgebirge n; 2. Liegendgestein n
~ **uplift** Anstieg m des Grundgebirges
basic 1. Grund ..., Basis ...; 2. basisch
~ **clot** Anhäufung großer Kristalle basischer Minerale in Magmatiten
~ **fold** Grundfalte f
~ **intrusive** basisches Intrusivgestein n
~ **load** Grundbelastung f
~ **magma** basisches Magma n
~ **material** Ausgangsmaterial n
~ **measurement** Grundmaß n; Ausgangsmaß n
~ **mesh size** Bezugskorngröße f
~ **rock** basisches Gestein n
~ **sediment** Öltanksediment n
~ **specific gravity** Bezugskornwichte f
basicity basische Beschaffenheit f, Basizität f
basification Basifizierung f, SiO_2-Abwanderung f [in Gesteinen], Entkieselung f
basifier Basenbildner m
basifixed mit einer Basis befestigt
basin Bassin n, Kessel m, Mulde f, Wanne f, Trog m (Strukturform); Becken n
~ **desert** Beckenwüste f
~ **facies** Beckenfazies f
~ **for the settling of slimes** Klärbecken n, Klärteich m (Aufbereitung)
~ **of deposition** Ablagerungsraum m
~ **range** Schollengebirge n, Schollenland n
~**-shaped** beckenförmig, kesselförmig, schüsselförmig
~**-shaped gorge (valley)** Kesseltal n
~ **soil** Talkesselboden m
~ **topography** Beckenlandschaft f
basinal lake Dauersee m
basining Beckenbildung f, Einmuldung f
basinlike muldenförmig
basis Basis f
~ **of classification** Einteilungsgrundlage f
basite Basit m, basisches Gestein n
bass (sl) 1. dichter Ton m; 2. schieferige Kohle f, Brandschiefer m
bassanite Bassanit m, $Ca(SO_4) \cdot 1/2 H_2O$
basset/to ausstreichen, ausbeißen, ausgehen, zutage treten (Lagerstätte)
basset Schichtkopf m, Schichtkante f; Ausgehendes n, Ausstrich m, Ausbiß m
~ **edge** Ausgehendes n, Ausstrich m, Ausbiß m
~ **edge of a stratum** Schichtkopf m, Schichtkante f
basseting Ausstreichendes n
bassetite Bassetit m, $Fe[UO_2|PO_4]_2 \cdot 10-12H_2O$
bastard (sl) Zwischenlage f, Einlage[rung] f, Einschaltung f; hartes Gestein n
~ **granite** Gneisgranit m
~ **quartz** (sl) tauber Gangquarz m
~ **shale** (sl) bituminöser Schiefer m
~ **whin** (sl) harte Gesteinsbank f

bastite Bastit m (angewitterter Enstatit)
bastnaesite Bastnäsit m, $Ce[F|CO_3]$
bat (sl) Kohlenschiefer m
~ **guano** Fledermausguano m
batea Sichertrog m, Waschschüssel f
bath stone englischer Muschelkalkstein aus dem Jura
batholite, batholith Batholith m (ausgedehnter Tiefengesteinskörper)
batholithic batholithisch
batholyth Batholith m
batholythic batholithisch
bathometer Bathometer n, Tiefseelot n
Bathonian [Stage] Bathonien n (Stufe des Mittleren Juras)
bathosphere Bathosphäre f
bathroclase Bathroklase f, schwebende Spalte f
bathyal bathyal
~ **deposit** bathyale Ablagerung f (in 200 bis 800 m Meerestiefe)
~ **facies** Bathyalfazies f
bathycurrent Tiefenstrom m (des Ozeans)
bathygraphic bathygrafisch
~ **chart** Tiefenkarte f (des Ozeans)
bathylite, bathylith s. batholite
bathymeter s. bathometer
bathymetric bathymetrisch
~ **chart** Tiefenkarte f, Isobathenkarte f
~ **curve** bathygrafische Kurve f, Tiefenkurve f
~ **lines** Linien fpl gleicher Meerestiefen
bathymetry Tiefseelotung f, Tiefseemessung f
bathypelagic zone bathypelagische Zone f (Tiefenzone des offenen Meeres im Bereich des Kontinentalabhangs)
bathyrheal underflow subkrustale Ausgleichsströmung f
bathyseism Beben n mit tiefliegendem Epizentrum
bathythermograph Bathythermograf m
bating Abteufen n
bats 1. Abfallstücke npl; 2. Steinschlag m (handgeschlagener Schotter)
batt (sl) Schieferton m, harter Ton m
batter Böschungsneigung f (eines Dammes)
battery of wells Brunnengalerie f
batukite Batukit m (Varietät von Leuzitbasalt)
baulk s. balk
baumhauerite Baumhauerit m, $Pb_5As_9S_{18}$
bäumlerite Bäumlerit m, $KCaCl_3$
bauxite Bauxit m (Al-reiches Verwitterungsprodukt)
~ **deposit** Bauxitlagerstätte f
bauxitization Bauxitisierung f
Bavarian facies Bayrische Fazies f
bavenite Bavenit m, $Ca_4Al_2Be_2[(OH)_2|Si_9O_{26}]$
Baveno law Bavenoer Zwillingsgesetz n
Baventian Baventien n (Pleistozän, Britische Inseln)
bavin (sl) unreiner Kalkstein m
bay 1. Meeresbucht f, Meerbusen m, Bai f; 2. Bogenstaumauer f; 3. Baistörung f

bedabble

~ **bar** Nehrung f
~ **cable** Grundkabel n *(Seeseismik)*
~ **head** *s.* bayhead
~-**mouth bar** Nehrung f
~ **salt** grobkörniges Meeressalz n
bayate *(sl)* brauner Jaspis m
bayerite Bayerit m, α-Al(OH)
bayhead Buchtinneres n, Buchtende n
bayldonite Bayldonit m, $PbCu_3[OH|AsO_4]_2$
bayou Ausflußgraben m; *(Am)* Altwasser n *(s.a.* oxbow lake)
bazooka-type system of perforation Hohlladungsperforation f *(Perforation nach dem System der Panzerfaust)*
BCD [code] BCD-Kode m
beach Meeresstrand m, Gestade n *(s.a.* shore); Bucht f, Golf m
~ **berm** *s.* ~ terrace
~ **building** Strandbildung f
~ **concentrate** Schwermineralgehalt m im Küstensand
~ **cusps** Strandhörner npl, Brandungskiesrücken mpl, Küstenspitzen fpl
~ **deposit** Strandablagerung f, Küstenablagerung f
~ **drift[ing]** Stranddrift f, Strandvertriftung f, Küstenversetzung f, Strandversetzung f
~ **dune** Stranddüne f
~ **erosion** Stranderosion f
~ **grass** Strandhafer m
~ **gravel** Strandschotter m, Strandkies m
~ **groin** Seebuhne f, Strandbuhne f
~ **pebble** Strandgeröll n
~ **placer** Strandseife f
~ **plain** Strandebene f
~ **restoration** Stranderneuerung f
~ **ridge** Stranddamm m, Strandwall m; Nehrung f
~ **rock** lose verkitteter Strandsand m; Muschelsandstein m
~ **sand** Strandsand m, Seesand m
~ **sand barrier** Strandwall m, Uferwall m, Lido m
~ **sand mining** Mineralgewinnung f aus Küstensanden
~ **terrace** Strandterrasse f, Küstenterrasse f
bead Perle f *(am Lötrohr)*
~ **system** Perlenverfahren n
beaded texture Linsenstruktur f
~ **vein** Linsengang m, Lentikulargang m
beadlet Flitter m *(z.B. von Zinn)*
beak 1. Wirbel m, Schnabel m *(bei Fossilschalen)*; 2. Kap n
~ **of tin** Visiergraupe f *(Zinnsteinzwillingsform)*
beam texture Maschenstruktur f *(bei Serpentin)*
~ **well** Pumpsonde f, im Pumpbetrieb fördernde Bohrung f
bean ore Bohnerz n
~-**shaped structure** Krümeltextur f
bear/to peilen
beard Schweif m *(eines Kometen)*

bearing 1. Schichtstreichen n, Gangstreichen n; 2. Kompaßpeilung f; 3. Orientierung f *(z.B. eines Seismometers)*
~ **capacity** Tragfähigkeit f, Tragvermögen n
~ **capacity factor** Tragfähigkeitsfaktor m
~ **index** Tragfähigkeitsindex m
~ **of the trend** Richtung f des Streichens
~ **point** Angriffspunkt m
~ **pressure** Auflagerdruck m
~ **stone** Lagerstein m
~ **stress** Lochleibungsdruck m
~ **surface** Auflagefläche f
~ **test** Belastungsversuch m, Belastungsprüfung f, Tragfähigkeitsversuch m
~ **thrust** Drucklagerschub m
~ **value** Tragfähigkeit f
~ **wall** Stützmauer f
bears *(sl)* Toneisensteinkonkretionen fpl
bearsite Bearsit m, $Be_2[OH|AsO_4]\cdot4H_2O$
beat Ausgehendes n, Ausbiß m, Ausstrich m
beating Abrammen n, Stampfen n
~ **of the waves** Wogenprall m, Wellenschlag m
~ **rain** Platzregen m
beauxite *s.* bauxite
beaver meadow Flußaue f
beaverite Beaverit m, $Pb(Cu, Fe)_3[(OH)_6|(SO_4)_2]$
Becke line Beckesche Linie (Lichtlinie) f
Becke's principle Beckesches Prinzip n
beckelite Beckelith m, $(Ca, Ce, La, Nd)_5$
become coossified/to zusammenwachsen *(Knochen)*
~ **enriched** sich veredeln *(Erz)*
~ **exposed** ausapern
~ **extinct** 1. aussterben; 2. erlöschen *(Vulkan)*
~ **flocculated** ausgeflockt werden
~ **hardened** erhärten
~ **swampy** versumpfen
becquerelite Becquerelit m, $6[UO_2|(OH)_2]\cdot Ca(OH)_2\cdot4H_2O$
bed 1. Bank f, Lage f, Horizont m *(kleinste lithostratigrafische Einheit)*; 2. Flußbett n
~ **joint** Bankungskluft f
~ **load** Bodenlast f, Grundablagerung f
~-**load discharge** Geschiebeführung f
~-**load sampler** Geschiebefänger m
~-**load transport** Geschiebeführung f, Geschiebefracht f
~ **of passage** Übergangsschicht f
~ **of potash salts** Kalisalzlager n
~ **of river** Flußbett n
~ **of scoriae** Schlackenschicht f
~ **plane** Schichtfläche f, Schichtfuge f
~ **sampling** Schichtbeprobung f
~ **separation** Schichtenablösen n, Schichtenaufblätterung f
~ **set** von angrenzenden sedimentären Einheiten deutlich abgegrenzte Schichtengruppe f
~ **succession** Schichtenfolge f
~ **surface** Schichtenoberfläche f
~ **vein** Lagergang m
bedabble/to berieseln, bewässern

bedded

bedded [in Lagen übereinander] geschichtet, gebankt, bankig
~ **clay** Bänderton *m*, gebänderter Ton *m*
~ **deposit** *s.* blanket deposit
~ **jointing** bankförmige Absonderung *f*
~ **rock** Sedimentgestein *n*, Schichtgestein *n*, geschichtetes Gestein *n*
~ **structure** geschichtetes Gefüge *n*
~ **varved clay** Warventon *m* (Bänderton)
~ **vein** Lagergang *m*
~/**well** gut geschichtet
bedding Schichtung *f*, Lagerung *f*
~ **angle** Schichtfallwinkel *m*
~ **cave** Schichtfugenhöhle *f*
~ **cleavage** Parallelschieferung *f*
~ **fault** Störung *f* entlang einer Schichtfläche
~ **fissure** Schichtspalte *f*
~ **flow** Schichtfließen *n*, Biegefließen *n*
~ **joint** Schichtfuge *f*, Bankungsspalte *f*
~ **mullion** Schichtungsmullion *n*
~ **plane** Schichtfläche *f*, Ablagerungsfläche *f*, Schichtfuge *f*
~ **plane fault** *s.* ~ fault
~ **plane markings** Marken *fpl*, Skulpturen *fpl*
~ **plane slip** Gleitung *f* der Schichten längs der Schichtflächen
~ **slip fold** Schichtgleitfalte *f*
~ **slippage** Abrutschung *f*
~ **surface** Schichtungsoberfläche *f*, Schichtebene *f*
bedenite Bedenit *m*, $Ca_2(Mg, Fe, Al)_5[OH|(Si, Al)_4O_{11}]_2$
Bedoulian [Stage] Bedoulien *n* (Stufe, Unterapt, Tethys)
bedrock Anstehendes *n*, anstehendes Gestein *n*, gewachsener Fels *m*, Muttergestein *n*, Lagergestein *n*
beds dipping at high angles steil stehende Schichten *fpl*
~ **of passage** Übergangsschichten *fpl*
bedway Parallelstrukturierung *f* (im Granit)
bee-line Luftlinie *f*
beef (Am) schichtparallele Kalzitfäden und -schmitzen in Sedimenten
beegerite Beegerit *m*, $6PbS \cdot Bi_2S_3$
beekite Beekit *m* (kryptokristalline Varietät von Quarz)
beerbachite Beerbachit *m* (Varietät von Aplit)
Beestonian Beestonien *n* (Pleistozän, britische Inseln)
beetle stone koprolithischer Toneisenstein *m*
begin to bear on/to sich auflegen (Hangendes)
behaviour to etching Ätzverhalten *n*
behead/to anzapfen, enthaupten, kappen (z.B. einen Fluß)
beheaded river angezapfter Fluß *m*
beheading Anzapfung *f*, Enthauptung *f*, Kappung *f* (des Oberlaufs eines Flusses)
behierite Behierit *m*, $(Ta, Nb)[BO_4]$
Behm depth indicator Behmlot *n*, Echolot *n*
beidellite Beidellit *m*, $Al_2[(OH)_2|Si_4O_{10}] \cdot 4H_2O$

bekinkinite Bekinkinit *m* (alkalisches Ergußgestein)
belch/to ausstoßen (Vulkan)
belch Ausstoß *m* (eines Vulkans)
belching well stoßweise eruptierende Bohrung *f*
belemnite Belemnit *m*, Donnerkeil *m*
~ **marl** Belemnitenmergel *m*
bell-metal ore *s.* stannite
~-**mould**, ~-**mouth** Steinkern *m* einer Sigillarie, Sigillarienausguß *m*
~ **sand** Flugsand *m*
~-**shaped curve** Glockenkurve *f*, Normalverteilungskurve *f* (bei Korngrößenverteilungen)
belland (sl) mulmiges Bleierz *n*
Bellerophon limestone Bellerophonkalk *m*
bellingerite Bellingerit *m*, $Cu_3[IO_3]_6 \cdot 2H_2O$
bellite Bellit *m*, $(Pb, Ag)_5[Cl|(CrO_4, AsO_4, SiO_4)_3]$
belly (sl) Ausbauchung *f*, Kohlensack *m* (Kohlenbergbau)
~ **of ore** Erzbringer *m*
bellying Ausbauchung *f*
belonite Belonit *m* (nadelförmiger Mikrolith)
belovite Belovit *m*, $Sr_5[OH|(PO_4)_3]$
belt Band *n*, Gürtel *m*, Zone *f*, Gebiet *n*
~ **of cementation** Zementationszone *f*
~ **of deposition** Ablagerungsgürtel *m*
~ **of loess** Lößgürtel *m*
~ **of rock** Gesteinsgürtel *m*
~ **of soil water** Feuchtigkeitszone *f* des Bodens
~ **of vegetation** Vegetationsgürtel *m*
~ **of weathering** Verwitterungszone *f*
belted coastal plain zonar gegliederte Küstenebene *f*
belteroporic belteropor
Beltian Belt *n* (Präkambrium in Nordamerika)
belugite Belugit *m* (Gestein zwischen Diorit und Gabbro)
bementite Bementit *m*, $Mn_8[(OH)_{10}|Si_6O_{15}]$
bench Strosse *f*, Bank *f*; Steinlage *f*, Schicht *f*; Berme *f*, Absatz *m*, Bankett *n*
~ **coal** Oberkohle *f*, obere Kohlenbank *f* (Flöz)
~ **floor** untere Kohlenbank *f* (Flöz)
~ **gravel** Terrassenschotter *m*, Terrassenkies *m*
~ **mark** Festpunkt *m*, Fixpunkt *m*, Höhenmarke *f*, Nivellierzeichen *n*
~ **placer** Flußterrassenseife *f*
~ **surface** Berme *f*, Absatz *m*, Bankett *n*
~ **terraces** Stufenterrassen *fpl*
benching 1. Abtreppen *n*, Terrassieren *n*; 2. Strossenbau *m*; 3. Sicherheitsbankett *n*
~ **work[ing]** strossenweiser (stufenweiser) Abbau *m* (Steinbruch)
benchland Piedmonttreppe *f*, Schichtstufe *f*, Schichtterrasse *f*
benchlike terrassenförmig
benchmark *s.* bench mark
benchy vein absetziger Gang *m*
bend 1. Krümmung *f*, Biegung *f*; 2. Scharnier *n* (von Falten); 3. Schleife *f* (eines Flusses); 4. Umbiegungskante *f* (Paläontologie)

bending Schleppung f, Verbiegung f, Durchbiegung f
~ **axis** Biegeachse f
~ **coefficient** Biegezahl f
~ **fold** Beule f *(vertikaltektonische Struktur)*
~ **moment** Biegemoment n
~ **resistance** Biegesteifigkeit f
~ **shooting** stufenweises Abschießen n *(Steinbruch)*
~ **strength** Biegefestigkeit f
~ **stress** Biegespannung f
~ **test** Biegeversuch m
~ **waves** Biegewellen fpl
beneficial use Nutzung f
~ **use of water** Wassernutzung f
beneficiate/to aufbereiten
beneficiation Aufbereitung f, Anreicherung f *(von Erzen)*
Benioff zone Benioff-Zone f, Subduktionszone f
benitoite Benitoit m, BaTiSi$_3$O$_9$
benstonite Benstonit m, Ba$_6$Ca$_7$[CO$_3$]$_{13}$
bent gebogen, gebeugt
benthal, benthic s. benthonic
bentho-pelagic benthopelagisch
benthonic benthonisch
~ **fauna** Bodenfauna f
~ **foraminifers** Foraminiferen fpl der Tiefsee
benthos Benthos n *(als Lebensraum)* und als Lebewelt im benthonischen Milieu
bentonite Bentonit m
bentonitic bentonitisch
beraunite Braunit m, Fe$_3$[(OH)$_3$|(PO$_4$)$_2$]·2$^1/_2$H$_2$O
beresite Beresit m *(Varietät von Aplit)*
beresitization Beresitisierung f
berg Eisberg m
~ **crystal** Bergkristall m
~ **till** s. subaqueous till
bergalite Bergalit m *(alkalisches Ganggestein)*
bergenite Bergenit m, Ba[(UO$_2$)$_4$|(PO$_4$)$_2$]·8H$_2$O
bergschrund Bergschrund m, Gletscherrandspalte f
bergy bit Eisbergstück n
beringite Beringit m *(Alkalitrachyt)*
berlinite Berlinit m, Al[PO$_4$]
berm oberer Strand m, Böschungsabsatz m, Berme f, Sedimentanschwemmung f *(dem Strand vorgelagert)*
bermanite Bermanit m, (Mn, Mg)$_5$(Mn, Fe)$_6$[(OH)$_5$|(PO$_4$)$_4$]$_2$·15H$_2$O
berme s. berm
bermudite Bermudit m *(monchiquitisches Ergußgestein)*
berondrite Berondrit m *(Varietät von Theralith)*
Berriasian [Stage] Berrias[ium] n, Berrias-Stufe f *(basale Stufe der Unterkreide, Thetys)*
berthierite Berthierit m, FeS·Sb$_2$S$_3$
Bertrand cross Bertrandsches Kreuz n
~ **lens** Bertrandsche Linse f
bertrandite Bertrandit m, Be$_4$[(OH)$_2$|Si$_2$O$_7$]
beryl Beryll m, Al$_2$Be$_3$[Si$_6$O$_{18}$]

beryllia Beryllerde f
beryllium Beryllium n, Be
beryllonite Beryllonit m, NaBePO$_4$
berzelianite Berzelianit m, Cu$_2$S$_2$
berzeliite Berzeliit m, (Ca, Na)$_3$(Mg, Mn)$_2$[AsO$_4$]$_3$
beschtanite Beschtanit m *(Quarzkeratophyr)*
BESS = Bottom Environmental Sensing System
beta activity Betaaktivität f
~ **decay** Betazerfall m
~ **emitter** Betastrahler m
~ **layer** Eskerablagerung f mit Moränenkern
~ **particle** Betateilchen n
~ **quartz** Betaquarz m
~ **radiator** Betastrahler m
~ **-radioactive** betaradioaktiv
~ **radioactivity** Betaaktivität f
~ **-ray emission** Betastrahlung f
~ **uranium** Betauran n
betafite Betafit m, (Ca, U)$_2$(Nb, Ti, Ta)$_2$O$_6$(O, OH, F)
betechtinite Betechtinit m, Pb$_2$(Cu, Fe)$_{21}$S$_{15}$
betpakdalite Betpakdalit m, CaFe$_2$H$_8$[(MoO$_4$)$_5$|(AsO$_4$)$_2$]·10H$_2$O
betterment of land Melioration f
betterness Feingehalt m *(von Gold und Silber über dem Standard)*
betwixt-mountains Zentraliden pl *(s.a. median mass)*
beudantite Beudantit m, PbFe$_3$[(OH)$_6$|SO$_4$AsO$_4$]
bevel [off]/to abschrägen
bevel Abschrägung f
bevelled abgeschrägt
~ **fault block** Rumpfscholle f
~ **upland** Rumpfgebirge n
bevelling Abschrägung f
beyerite Beyerit m, CaBi$_2$[O|CO$_3$]$_2$
Beyrichia limestone Beyrichienkalk m
BHP s. bottom-hole pressure
BHT s. bottom-hole temperature
bianchite Bianchit m, (Zn, Fe)[SO$_4$]·6H$_2$O
biased sampling Probenahme f mit systematischem Fehler, verfälschte Probenahme f
biaxial zweiachsig
~ **crystal** zweiachsiger Kristall m
~ **ellipsoid** Rotationsellipsoid n
~ **stress** zweiachsiger Spannungszustand m
bibbley-rock (sl) Konglomerat n
bibliolite gut laminierter Schiefer m
bicarbonate hardness Bikarbonathärte f
bicuspid zweispitzig
bieberite Bieberit m, Co[SO$_4$]·7H$_2$O
bifurcate/to sich gabeln, abzweigen
bifurcation Bifurkation f, Gabelung; Stromteilung f
~ **of the valley** Talgabelung f
big hole drilling Großlochbohren n
bigging Pfeiler m *(aus Bergen)*
bight Bai f, Bucht f
bikitaite Bikitait m, Li[AlSi$_2$O$_6$]·H$_2$O

bilateral 42

bilateral geosyncline s. intracontinental geosyncline
~ **orogen** zweiseitiges Orogen n
~ **symmetry** bilaterale Symmetrie f
bilibinite Bilibinit m (metamikter Coffinit)
bilinite Bilinit m , $Fe_3[SO_4]_4 \cdot 22H_2O$
bill spitz zulaufende Halbinsel f
billietite Billietit m, $6[UO_2|(OH)_2] \cdot Ba(OH)_2 \cdot 4H_2O$
billitonite Billitonit m (indischer Tektit)
billow Sturmwelle f, Woge f
bimodal sandstones bimodale Sandsteine mpl (Sandsteine mit zweigipfliger Korngrößenverteilung)
bina s. bind
binary binär, zweizählig (Symmetrieachse)
~ **star** Doppelstern m
~ **system** 1. s. ~ star; 2. Zweistoffsystem n
binches Pyritkristalle in Goldkonglomeraten
binching Liegendes n
bind (sl) schiefriger Lehm (Letten) m, bituminöser Tonschiefer m
binder Bindemittel n
~ **shale** (sl) Schieferpacken m (Kohlenbergbau)
~ **soil** Bindeerde f
bindheimite Bindheimit m, $Pb_{1-2}Sb_{2-1}(O, OH, H_2O)_{6-7}$
binding agent Bindemittel n
~ **force** Bindekraft f
~ **material (medium)** Bindemittel n
bindstone boundstone, bei dem die Organismen als Sedimentbinder wirkten
bing/to aufhalden
bing Bergehalde f
~ **ore** hochwertiges Bleierz n
Bingham body Binghamscher Körper m
binocular Feldstecher m
~ **microscope** Binokular n
~ **prism telescope** Feldstecher m
binomial nomenclature binäre Nomenklatur f
bioaccumulated limestone organogener Kalkstein m (vorwiegend aus unzerbrochenen und nicht sortierten Schalen seßhafter Organismen)
biocalcarenite Biokalkarenit m (psammitischer Kalkstein aus vorwiegend organischem Material)
biocalcirudite Biokalzirudit m (psephitischer Kalkstein aus vorwiegend organischem Material)
biochemical biochemisch
~ **coalification** biochemische Inkohlung (Karbonifikation) f
~ **gelification** biochemische Vergelung f
biochore Biochor n, Großlebensraum m, Lebensbezirk m
biochronological biochronologisch
bioclastic bioklastisch
~ **rock** bioklastisches Gestein n
bioclasts Bioklasten mpl (Bruchstücke von Organismenhartteilen)
bioclimatology Bioklimatologie f
biocoenosis Biozönose f, Lebensgemeinschaft f

bioconstructed limestone deposit organogene Kalksteinablagerung f aus koloniebildenden Organismen
biodeformational structure Biodeformation f, Wühlgefüge n (Ichnologie)
bioerosion structure Bioerosion f (Ichnologie)
biofacial biofaziell
biofacies Biofazies f
~ **realm** s. zoogeographic province
bioframe limestone organogener Kalkstein m mit autochthonen Strukturen
biogenic biogen, organischen Ursprungs
~ **composition** Biogengehalt m
~ **limestone** biogener Kalkstein m
~ **product** biogenes Produkt n
~ **rock** biogenes Gestein n, Biolith m
~ **sedimentary structure** biogenes Sedimentgefüge n (Ichnologie)
~ **structure** biogenes Gefüge n (Ichnologie)
biogens Biogene npl (alle Organismenhartteile)
biogeochemical prospection biogeochemische Erkundung f
~ **province** biogeochemische Provinz f
biogeochemistry Biogeochemie f
biogeographer Biogeograf m
biogeographic[al] biogeografisch
biogeography Biogeografie f
bioglyph Bioglyphe f (Marke, Spur organischen Ursprungs)
bioherm Bioherm n (hügel- oder linsenförmiger organogener Gesteinskörper)
biohermal bed Biohermbank f
~ **reef** Biohermriff n
biohieroglyph Biohieroglyphe f
biolite Biolith m (organogenes Gestein); Fossilfestkalk m
biolith s. biolite
biologic[al] association (community) Biozönose f, Lebensgemeinschaft f
~ **half life** biologische Halbwertzeit f
~ **origin** organischer Ursprung m
~ **secretion** biologische Sekretion f
~ **taxonomy** biologische Taxonomie f
biomass Biomasse f
biometeorology Biometeorologie f
biometric[al] method biometrische Methode f
biomicrite Biomikrit m
bionomic[al] bionomisch
biophil[e] biophil
~ **biosparite** Biosparit m
biosphere Biosphäre f
biostratification structure biogenes Schichtgefüge n (Ichnologie)
biostratigraphic[al] biostratigrafisch
~ **break** biostratigrafischer Schnitt m
~ **unit** biostratigrafische Einheit f
biostratigraphy Biostratigrafie f
biostratonomy Biostratonomie f
biostromal limestone s. coquinoid limestone
biostrome Biostrom n (bankförmiger geschichteter In-situ-Fossilkalk)

biota Bios n, Lebewelt f einer Region
biotic biotisch
biotite Biotit m *(Mg-Fe-Glimmer)*
~ **flake** Biotitschüppchen n
~ **gneiss** Biotitgneis m
~ **granite** Granitit m
~ **schist** Biotitschiefer m
biotitization Biotitisierung f
biotope Biotop m (n), Siedlungsort m
bioturbate texture bioturbate Textur f, Wühlgefüge n *(Ichnologie)*
bioturbation 1. Bioturbation f, biogene Schichtdestruktion f; 2. Wühlgefüge n *(Ichnologie)*
biphase flow Zweiphasenströmung f
biprism Biprisma n
bipyramid Bipyramide f
bird Flugkörper m, Sonde f *(am Flugzeug befestigtes geophysikalisches Meßgerät)*
~ **guano** Vogelguano m
bird's eye 1. Vogelauge n *(spätiges Karbonatauge im Sediment)*; 2. kavernöser Hohlraum im Sediment *(s.a. fenestra)*
~ **porosity** s. fenestral porosity
~ **view** Vogelschau f, Vogelperspektive f
birdseye s. bird's eye
bireflectance Reflexionspleochroismus m
bireflection Bireflexion f
birefringence Doppelbrechung f
birefringent doppelbrechend
biringuccite Biringuccit m, $Na_2[B_5O_7(OH)_3] \cdot 1/2 H_2O$
birkremite Birkremit m *(Quarzsyenitvarietät)*
birth line Bildungslinie f, „Geburtslinie" f *(an den Inkohlungsgrad gebundener Begriff bei der Erdölbildung)*
~ **stone** Monatsstein m, Glücksstein m *(im Volksaberglauben)*
bischofite Bischofit m, $MgCl_2 \cdot 6H_2O$
biscuit cutter Stoßkernrohr n
bisectrix Bisektrix f
bishop's stone volkstümlich für Amethyst
bismite Bismit m, Wismutocker m, α-Bi_2O_3
bismoclite Bismoclit m, BiOCl
bismuth Wismut n, Bi
~ **blende** s. eulytite
~ **glance** s. bismuthinite
~ **ochre** s. bismite
~ **spar** s. bismutite
bismuthinite Bismuthinit m, Wismutglanz m, Bi_2S_3
bismuthite s. bismutite
bismutite Bismutit m, $Bi_2[O_2|CO_3]$
bismutoferrite Bismutoferrit m, $BiFe_2[OH|(SiO_4)_2]$
bismutoplagionite Bismutoplagionit m, $5PbS \cdot 4Bi_2S_3$
bismutosphaerite s. bismutite
bismutotantalite Bismutotantalit m, $Bi(Ta, Nb)O_4$
bit Meißel m, Bohrmeißel m, Bohrer m, Bohrkopf m, Bohrkrone f
~ **clearance** Meißelspiel n

~ **hook** Fanghaken m, Glückshaken m
~ **life** Meißelstandzeit f, Meißellebensdauer f
~ **nozzle** Meißeldüse f
~ **of ground** Bodenprobestück n
bite/to beizen, ätzen, anfressen
bitheca Bithek f *(bei Graptolithen)*
Bithynian [Substage] Bithyn[ium] n *(Unterstufe, Mittlere Trias, Tethys)*
bitter lake Bittersee m
~ **salt** Bittersalz n
~ **spar** s. dolomite
bittern Mutterlauge f
bitumen Bitumen n, Bergteer m
bituminiferous asphalthaltig, bitumenhaltig
bituminite Bituminit m *(Kohlenmaceral der Liptinit-Gruppe)*
bituminization Bituminierung f
~ **range** Bituminierungsbereich m
bituminological method Bitumenmethode f
bituminous bituminös, bitumenhaltig
~ **brown coal** Schwelbraunkohle f
~ **clay** bituminöser Ton m
~ **coal** 1. Steinkohle f; 2. bituminöse Kohle f
~ **coal seam** Steinkohlenflöz n
~ **earth** Bitumen n
~ **limestone** bituminöser Kalk m, Stinkkalk m
~ **marl** bituminöser Mergelschiefer m
~ **mastic** Bitumenkitt m
~ **oil shale** Ölschiefer m
~ **rock** Asphaltgestein n, Bergasphalt m
~ **sandstone** Asphaltsandstein m
~ **shale** 1. bituminöser (bitumenhaltiger) Schiefer m; 2. kohlenhaltiger Schiefer m
bityite Bityit m, $CaLiAl_2[(OH)_2|AlBeSi_2O_{10}]$
bivalence Zweiwertigkeit f
bivalent zweiwertig
bivalve [mollusk] Zweischaler m
bivalved, bivalvular doppelschalig
bixbyite Bixbyit m, $(Fe, Mn)_2O_3$
black acid prairie soil saurer schwarzer Wiesenboden m
~ **adobe** tropische Schwarzerde f
~ **alkali soil** Solone[t]z m, Solontschak m, schwarzer Alkaliboden m *(Salzboden mit mehr als 1–3% Salzgehalt)*
~ **antimony** s. antimonite
~ **band** Blackband n, Kohleneisenstein m, kohlehaltiger Spateisenstein m, Schwarzstreif m
~ **bat** *(sl)* s. ~ batt
~ **batt** Brandschiefer m
~ **bed** Kohlenletten m
~ **blende** s. uraninite
~ **blizzard** *(Am)* Staubsturm m
~ **body radiation** Strahlung f eines schwarzen Körpers
~ **bog** Nieder[ungs]moor n, Riedmoor n, Wiesenmoor n
~ **coal** Steinkohle f
~ **copper ore** s. tenorite
~ **cotton soil** tropischer schwerer Ton m
~ **damp** Grubengas n mit CO
~ **diamond** schwarzer Diamant m, Bohrdiamant m

black 44

~ **drift** s. forest bed
~ **durain** sporenreicher Durit m (Steinkohlenmikrolithotyp)
~ **earth** Schwarzerde f, Tschernosem m
~ **earthy cobalt ore** schwarzer Erdkobalt m, Kobaltmanganerz m
~ **forest earth** schwarzer Waldhumusboden m
~ **fuel peat** Specktorf m, Pechtorf m
~ **glossy fuel peat** Lebertorf m
~ **granite** schwarzer Granit m (Handelsbezeichnung für Diorit und Gabbro)
~ **haematite** s. psilomelane
~ **iron ore** s. magnetite
~ **jack** s. sphalerite
~ **lead** s. graphite
~ **lead ore** schwarze Abart des Zerussit
~ **lead spar** s. cerussite
~ **lustrous** schwarzglänzend
~ **magnetic spherules** schwarze magnetische Kügelchen npl (5–580 µm groß, extraterrestrischer oder terrestrischer Herkunft)
~ **manganese** s. pyrolusite
~ **meadow soil** dunkler Aueboden m
~ **mettle** (sl) schwarzer Schiefer m
~ **mica** s. biotite
~ **ochre** s. wad
~ **oil** Sammelbegriff für dunkle Öle mit relativ viel Asphalt
~ **regur** Bodenart in Indien
~ **sand** 1. Schliech m, Schlich m; 2. durch dunkle Schwerminerale angereicherte Seifen
~ **shale** Schwarzschiefer m
~ **-shale facies** Schwarzschieferfazies f
~ **silver** s. stephanite
~ **smoker** „Blacksmoker" m, „Schwarzer Räucherer" m (Kamin im Meeresboden)
~ **soil** Schwarzerde f
~ **stone** Kohlenschiefer m, kohliger Schieferton m (sehr karbonatreicher Schiefer)
~ **telluride** s. nagyagite
~ **top pavement** (Am) Schwarzerde f
~ **top soil** Humusboden m
~ **tourmaline** Eisenturmalin m, Schörl m
~ **turf soil** schwarzer Rasenboden m
Black Jura Schwarzer Jura m, Lias m (f)
~ **Sea facies** Schwarzmeerfazies f, euxinische Fazies f
blackband s. black band
blackbox Blackbox f
Blackriveran [Stage] Blackriver[ien] n (Stufe des Champlainiens in Nordamerika)
blackroller (Am) Staubsturm m
blacks (sl) milder schwarzer Schiefer m
blacksmiths' chisel Schrotmeißel m
bladder wrack Blasentang m, Fukus m
blade flacher Stengel m (von Kristallen)
bladed blätterartig geschichtet, plattig, blattstenglig
blae (sl) s. blairmorite
blaes 1. kluftfreier harter Sandstein m; 2. s. bind

blairmorite Blairmorit m (alkalisches Ergußgestein)
blaize (sl) harter Sandstein m
Blancan [Stage] Blancan n (Wirbeltierstufe des Pliozäns in Nordamerika)
blanch (sl) Bleierz n
blank Lücke f (z.B. auf der Karte)
blanket 1. Schicht f, Flöz n, Decke f; 2. Quarzlagergang m; 3. Dichtungsschürze f
~ **basalt** Deckenbasalt m
~ **deposit** flaches Erzlager n (sedimentäre Lagerstätte geringer Mächtigkeit, aber großer Ausdehnung)
~ **of debris** Schuttdecke f
~ **of sediment** Sedimentdecke f
~ **of snow** Schneedecke f
~ **sand** Decksand m, Schwemmsand m
~ **vein** horizontaler Lagergang m
blanketing Goldgewinnung f auf Decken
blast/to sprengen
~ **off** wegsprengen
~ **out** heraussprengen
blast Blast m (metamorph gebildetes Kristallindividuum)
~ **furnace coke** Hochofenkoks m
~ **of gas** Gasausbruch m
~ **wave** Druckwelle f, Expansionswelle f
blasted ore herausgesprengtes Erz n
~ **rock** gelöstes Gestein n
blaster Zündmaschine f
blastesis Blastese f, Kristalloblastese f
blasthole Sprengbohrloch n, Bohrloch n
~ **drill** Sprengbohrlochgerät n
~ **drilling** Sprenglochbohren n
blastic [kristallo]blastisch umkristallisiert
~ **fabric** blastisches Gefüge n, Blastitgefüge n
blasting Schießen n, Sprengen n
~ **oil** Sprengöl n
~ **operations** Sprengarbeiten fpl
~ **pellet** Schwarzpulver n in Tablettenform
~ **powder** Schwarzpulver n in Pulverform
~ **technician** Sprengmeister m
blastogranitic blastogranitisch
Blastoidea Blastoideen fpl
blastomycetous s. blastomylonitic
blastomylonite Blastomylonit m
blastomylonitic blastomylonitisch
blastopelitic blastopelitisch
blastophone Schallempfänger m (Seismik)
blastophyric blastophyrisch
blastophytic blastophytisch
blastoporphyric blastoporphyrisch
blastopsammitic blastopsammitisch
blastopsephitic blastopsephitisch
blaze Glut f, Glutschein m
bleach/to bleichen
bleached layer Bleichschicht f
~ **zone** Bleichungszone f
bleaching Bleichung f, Entfärbung f, Ausbleichung f
~ **clay (earth)** Bleicherde f
~ **podzolization** Ausbleichung f, Podsolisierung f

blowpipe

bleb *s.* bubble
bleed [off] pressure/to Druck ablassen
bleeder well Entlastungsbrunnen *m*, Abzapfbrunnen *m* in artesisch gespanntem Grundwasser
bleeding 1. Sickerung *f*, Durchsickerung *f*; 2. Anzapfen *n*
~ **core** [öl]ausschwitzender Kern *m*
bleischweif Bleischweif *m*
blende *s.* sphalerite
blending of soils Zusammensetzen *n* von Bodengemischen
blind chimney verdeckter Gang *m*
~ **creek** zeitweiliger Bach *m*
~ **deposit** verdeckte Lagerstätte *f*
~ **drain** Sickerdrän *m*
~ **drilling** Bohren *n* ohne geologische Vorarbeiten
~-**end bore** Blindloch *n*
~ **hole** Blindbohrung *f*
~ **joint** verborgene Kluft *f*, verdeckte Spalte *f*
~ **lead** Gang *m* ohne Ausstrich
~ **lode** verdeckter Gang *m*
~ **valley** blindes Tal *n*
~ **vein** *s.* ~ lode
blinde *s.* sphalerite
blinded with sand sandverschlämmt
blister cone Entgasungskegel *m* (auf Lavadecken)
blistered schwammig
blizzard *(Am)* Schneesturm *m*
bloating Blähen *n*
~ **clay** Blähton *m*
~ **property** Blähvermögen *n*
blob of slag Lavaflatschen *m*
block/to verschließen
block 1. Block *m*, Massiv *n*, Scholle *f*; 2. fehlerfreie Platte *f* (Handelsglimmersorte)
~ **caving** Blockbruchbau *m*
~ **coal** *(sl)* Würfelkohle *f*
~ **diagram** Blockdiagramm *n*
~ **disintegration** Blockzerfall *m*
~ **embankment** Blockwall *m*
~ **fault** Schollenbruch *m*
~-**faulted area** Bruchschollengebiet *n*
~ **faulting** Blockverwerfung *f*, Bruchschollenbildung *f*, Schollenverschiebung *f*
~ **field** Blockmeer *n*, Felsenmeer *n*
~ **folding** Schollenfaltung *f*
~ **ice** Blockeis *n*, Eis *n* in Blöcken
~-**in-course walling** Quadermauerwerk *n*
~ **lava** Blocklava *f*, Schollenlava *f*
~ **levee** Blockwall *m*
~ **mica** Rohglimmer *m*
~ **mountains** Bruchschollengebirge *n*
~ **of ice** Eisscholle *f*
~ **of rock** Felsblock *m*
~ **of strata** Schichtenblock *m*
~ **overthrust** Schollenüberschiebung *f*
~ **packing** Blockpackung *f*
~ **rampart** Blockwall *m*
~ **reef** Blockriff *n*

~ **sandstone** Quadersandstein *m*
~ **stream** Blockstrom *m*
~ **structure** Schollenbau *m*
blocked-out ore vorgerichtetes Erz *n*, ausgeblockter Erzvorrat *m*
~ **spine** nadelförmige Stoßkuppe *f*
~-**up valley** abgeriegeltes Tal *n*
blocking Grobspalten *n* (Steine mit Keilen)
~-**up** Auflandung *f*, Auffüllung *f*, Verlandung *f*
blocklike schollenförmig
blocky würfelig, Block...
blödite, bloedite Blödit *m* (s.a. astrakanite)
blomstrandine Blomstrandin *m*, (Y, Ce, Th, Ca, Na, U) [(Ti, Nb, Ta)$_2$O$_6$]
blondin Kabelkran *m*
blood rain Blutregen *m*
bloodstone Blutstein *m*, Blutachat *m*, Roteisenstein *m* (s.a. haematite)
bloom 1. Erdölfluoreszenz *f*; 2. Blüte *f* (z.B. Kobaltblüte); 3. Ausblühung *f* (von Mineralen in ariden Gebieten)
blossom 1. Ausbiß *m* (von Kohle oder Erz); 2. *s.* bloom 2.
~ **of coal** *s.* coal smut
blotched gesprenkelt, gefleckt
blow down/to anschießen (das Hangende)
~ **down pressure** Druck ablassen
~ **off** wegsprengen
~ **out** ausbrechen, wild erumpieren
blow hole Durchschlagsloch *n*, Blasloch *n*
~ **land** verwehtes Land *n*
~-**out** 1. Ausbruch *m*, Eruption *f* (einer Bohrung); 2. Deflationskessel *m*, Windmulde *f*
~-**out dune** Haldendüne *f*
~-**out dust storm** Staubsturm *m*
~-**out preventer** Eruptionsstopfbüchse *f*, Preventer *m*, Bohrlochabsperrarmatur *f*
~-**out prevention** Ausbruchsverhütung *f*
~-**out valve** Absperrventil *n*
~-**out well** Springer *m*, Springquelle *f*, Springsonde *f* (Erdöl)
~ **well** artesischer Brunnen *m*
blowing Luftspülung *f*
~ **cone** Lavaschornstein *m*, Schlackenschornstein *m*, Hornito *m*
~ **dune** Wanderdüne *f*
~ **erosion** Winderosion *f*
~-**out** Auswurf *m*, Ausschleudern *n*
~-**out preventer assembly** Preventergarnitur *f*, Bohrlochabsperrvorrichtung *f*
~ **well** 1. artesischer Brunnen *m*; 2. wild erumpierende Sonde *f*; Springer *m*, Springquelle *f*, Springsonde *f* (Erdöl)
blown-out hole Bohrlochpfeife *f*
~-**out shot** Ausbläser *m*
~ **sand** Flugsand *m*
~-**sand deposit** Treibsandablagerung *f*
blowpipe Lötrohr *n*
~ **analysis (assay)** Lötrohranalyse *f*, Lötrohrprobe *f*
~ **assaying** Lötrohrprobierkunst *f*
~ **proof (test)** *s.* ~ analysis

blue

blue asbestos Blauasbest m
~ **bands** Blaublätter npl (im Gletscher)
~-**cape asbestos** s. crocidolite
~ **clay** Blauton m
~ **copper** s. covellite
~ **copper ore** s. azurite
~ **copperas** s. chalcanthite
~ **earth** s. ~ ground
~-**green algae** Blaualgen fpl
~ **ground** Blauerde f (Diamantenpipes)
~ **ice** Altgletschereis n
~ **iron earth** s. vivianite
~ **john** (sl) blauer Flußspat m (s.a. fluorite)
~ **lead** s. galena
~ **mud** Blauschlick m
~ **ochre** s. vivianite
~ **quartz** Saphirquarz m
~-**remaining covellite** blaubleibender Covellin m
~ **spar** s. lazulite
~ **vitriol** s. chalcanthite
~ **whin** (sl) Basalt m
blueschist Glaukophanschiefer m, Glaukophanit m, glaukophanitischer Grünschiefer m
~ **facies** Glaukophanschieferfazies, f, Grünschieferfazies f, Hochdruckgrünschieferfazies f
bluestone s. chalcanthite
bluff (Am) Felsufer n, Steilufer n, Felsenklippe f
~ **formation** Löß m
blunt fold stumpfe Falte f
blurr pan verzerrte Panoramaaufnahme f
blurred zone Verwaschungszone f
board Abbaustrecke f
~-**and-pillar work** s. bord and pillar work
~ **coal** (sl) holzartig aussehende Kohle f
boar's back (sl) s. hogback
boart Bort m, Industriediamant m
boat channel Rinne zwischen Saumriff und Küste
~ **level** schiffbarer Stollen m
bobbing Bearbeiten n einer Scheibe (Schleifen, Polieren von Kristallen)
~ **mark** Schleiflinie f, Schleifnarbe f
bobierrite Bobierrit m, $Mg_3[PO_4]_2 \cdot 8H_2O$
bocca Bocca f, Ausbruchsöffnung f
bodden Bodden m
~ **type of coast line** Boddenküste f
body-centred cubic structure kubisch-raumzentrierte Struktur f
~ **chamber** Wohnkammer f (Paläontologie)
~ **of coal** brennbarer Bestandteil der Kohle
~ **of gas** Schlagwetteransammlung f
~ **of rock** Gesteinskörper m
~ **of salt** Salzkörper m
~ **of surface waters** Oberflächengewässer n
~ **of water** Wasserkörper m, Wasseransammlung f
~ **of weir** Wehrkörper m, Wehrmauer f
~ **presenting rotation symmetry** rotationssymmetrischer Körper m
~ **spicules** Körperspicula npl (Paläontologie)
~ **stress** Eigenspannung f

~ **wave** Raumwelle f
~ **whorl** letzter Umgang m (bei spiraligen Fossilgehäusen)
boeggildite Böggildit m, $Na_2Sr_2Al_2[F_9PO_4]$
boehmite Böhmit m, γ-AlOOH
bog Sumpf m; Moor n
~ **blasting** Moorsprengung f
~ **burst** Moorbruch m
~ **butter** Sumpfbutter f
~ **earth** Moorerde f
~ **iron ore** Rasen[eisen]erz n, Raseneisenstein m, Sumpferz n, Sumpfeisenstein m, Wiesenerz n
~ **land** Moorgebiet n, Marschland n, Sumpfland n
~ **lime** Kalkschicht f im Moor, Seekreide f, Wiesenkalk m
~ **manganese** Manganschaum m (s.a. wad)
~ **moor** Torfmoor n
~ **moss** Torfmoos n, Sphagnum n
~ **ore** s. iron ore
~ **peat** Moortorf m
~ **pool** Moorsee m, Blänke f
~ **soil** Moorboden m
bogginess sumpfige Beschaffenheit f
boggy sumpfig, morastig
~ **soil** Moorboden m, Torfboden m
~ **water** Moorwasser n
boghead coal Bogheadkohle f (Sapropelkohle)
~ **seam** Boghead[kohlen]flöz n
~ **shale** Bogheadschiefer m
boghedite s. torbanite
Bohemian garnet böhmischer Granat m
~ **massif** Böhmisches Massiv n
~ **phase of folding** Böhmische Phase f (Oberkambrium, Prager Mulde)
~ **ruby** s. ~ garnet
boiling down Abdampfen n
~ **of sand** Sandaufbruch m (Grundbruch bei kritischem Gefälle)
~ **point** Siedepunkt m
~ **spring** kochende Quelle f
~ **up** Hochpuffen n (Sohle)
bojite Bojit m (Hornblendegabbro)
boke (sl) kleines Erztrum n
bolar bolusartig
bold cliff Steilwand f
~ **coast** Steilküste f
~ **precipice (scarps)** Steilabfall m
~ **shore** Steilküste f
boldyrevite Boldyrevit m, $CaNaMg[AlF_5,(F,H_2O)]_3$
bole Bol[us] m, Boluserde f, Siegelerde f
boleite Boleit m, $5PbCl_2 \cdot 4Cu(OH)_2 \cdot AgCl \cdot 1^1/_2H_2O$
Bolerian [Stage] s. Blackriveran
bolide Bolid m, Feuerkugel f
bolivarite Bolivarit m, $Al_2[(OH)_3|PO_4] \cdot 5H_2O$
bolly (sl) s. bally
bolson ebenes Wüstental n
boltonite s. forsterite
bolts Kurzanker mpl
boltwoodite Boltwoodit m, $K_2H_2[UO_2|SiO_4] \cdot 4H_2O$

borehole

bomb Lavabombe f, [vulkanische] Bombe f
~ **effect** Kernwaffeneffekt m
~ **pit** Einschlagtrichter m *(vulkanischer Bomben)*
bombiccite s. hartite
bomblike hole Bombenloch n *(Meteorit)*
bonanza ergiebige Goldgrube f, Erzfall m
~ **ore body** reicher Erzkörper m
~ **quality** hohe Qualität f *(von Bergbauprodukten)*
bonattite Bonattit m, $Cu[SO_4] \cdot 3H_2O$
bonchevite Bonchevit m, $PbS \cdot 2Bi_2S_3$
bond 1. Bindemittel n; 2. Bindung f, Aneinanderlagerung f; Verband m; Haftung f
~ **clay** Bindeton m *(hochplastisch)*
~ **stress** Haftspannung f
~ **type** Bindungsart f
bonding Verfestigung f *(des Gebirges)*
~ **strength** Verbandsfestigkeit f, Haftvermögen n
bone 1. Knochen m; 2. *(Am)* Brandschiefer m
~ **bed** Knochenbrekzie f
~ **coal** *(Am)* bergehaltige (unreine) Kohle f
~ **digger** Fossilsammler m
~ **structure** Knochenbau m
~ **turquoise** fossiler Türkis m
boney Schieferton m *(im Kohlengebirge)*
~ **coal** *(Am)* bergehaltige (unreine) Kohle f
boning Nivellement n; Visieren n
~-**in** Einvisieren n
boninite Boninit m *(glasreicher Andesit)*
bonney Erznest n
bonny s. bonney
bony armature Knochenpanzer m
~ **coal** s. bone coal
~ **core** Knochenzapfen m
~ **fish** Knochenfisch m
~ **plate** Knochenplatte f
~ **prominence** Knochenauswuchs m
~ **ridge** Knochenwulst m
~ **skeleton** Knochenskelett n
~ **spine** Knochenstachel m
bonze *(sl)* nicht aufbereitetes Bleierz n, Bleiroherz m
book feinste Spaltplatte f *(Handelsglimmersorte)*
~ **clay** Bänderton m, dünngeschichteter Ton m
~ **mica** Plattenglimmer m
bookstone s. bibliolite
boomer Boomer m *(1. Energiequelle; 2. scharfer niederfrequenter Reflexionseinsatz)*
booming Ausschlämmethode f *(für Seifen)*
boort s. bort
boose erzhaltige Gangart f; zweitklassiges Erz n
booster Initialsprengstoff m
~ **station** Zwischenpumpstation f
boothite Boothit m, $Cu[SO_4] \cdot 7H_2O$
BOPD = barrel oil per day
BOPH = barrel oil per hour
boracite Borazit m, β-$Mg_3[Cl|B_7O_{13}]$

borax Borax m, $Na_2[B_4O_5(OH)_4] \cdot 8H_2O$
~ **lake** Boraxsee m
bord s. ~ way
~-**and-pillar work** Pfeilerbau m
~-**and-stall working** Kammer- und Pfeilerbau m, Örterbau m
~-**and-wall work** Pfeilerbau m
~ **way** Vorrichtungsstrecke f, Grundstrecke f
~ **ways course** Richtung f senkrecht zur Hauptspaltbarkeit
border Markscheide f, Feld[es]grenze f
~ **facies** Randfazies f
~ **moraine** Randmoräne f, Endmoräne f
~ **mountains** Randgebirge n
~ **of a claim** Markscheide f, Feld[es]grenze f
~ **sea** Randmeer n, Nebenmeer n
bordering mountain chains Randgebirge npl
borderland Randgebiet n
bore/to bohren *(s.a. drill/to)*
~ **again** nachbohren
~ **sound** tiefbohren, abbohren
bore 1. Bohrloch n, Sprengloch n, Sonde f; 2. Stollen m, Tunnel m; 3. Springflut f, Flutbrandung f; 4. submariner Sandrücken m im Flachwasser
~ **detritus** Nachfall m im Bohrloch
~ **dust** Bohrmehl n, Bohrsand m
~ **gauge** Kaliberzapfen m; Meßpatrone f
~ **surface** Bohrfläche f, Bohrwandung f
~ **well** Bohrbrunnen m
boreal nördlich
Boreal Boreal n *(Teil des Flandriens, Holozän)*
~ **Realm** boreales Faunenreich n *(Mesozoikum in Nordasien, Nordamerika, Nordeuropa)*
bored pile Bohrpfahl m
~ **well** Bohrbrunnen m
borehole Bohrung f, Bohrloch n
~ **axial strain transmitter** Bohrlochlängsgeber m
~ **camera** Bohrlochkamera f
~ **deformation meter** Bohrlochverformungsgeber m
~ **depth** Bohrlochtiefe f
~ **detritus** Nachfall m im Bohrloch
~ **diameter decreasing** Verengung f des Bohrlochs, Zugehen n
~ **diametral strain** Bohrlochkaliberdeformation f
~ **direction** Bohrlochrichtung f
~ **fluid** Bohrflüssigkeit f
~ **gravimeter** Bohrlochgravimeter n
~ **inclination angle** Neigungswinkel m des Bohrlochs
~ **logging** Bohrlochuntersuchung f
~ **measurement** Bohrlochmessung f
~ **pump** Bohrlochpumpe f
~ **sample** Bohrlochprobe f
~ **sealing** Bohrlochverfüllung f
~ **shooting** Torpedieren n
~ **spacing** Bohrlochdistanz f
~ **survey[ing]** Bohrlochmessung f
~ **testing** Probeentnahme f aus dem Bohrloch

borehole

~ **to prove strata** Versuchsbohrloch *n*
~ **troubles** Komplikation *f* im Bohrloch
~ **wall** Bohrlochwand *f*
~ **well** Rohrbrunnen *m*
borickyite Borickyit *m*, $CaFe_4[(OH)_8]$
boring Bohrung *f (s.a.* drilling)
~ **again** Nachbohren *n*
~ **capacity** Bohrleistung *f*
~ **depth** Bohrtiefe *f*
~ **for soil investigation** Bodenuntersuchungsbohrung *f*
~ **head** Bohrkopf *m*
~ **kernel** Bohrkern *m*
~ **log** durch bohrende Organismen verursachte Porosität
~ **mud** Bohrschmand *m*, Bohrtrübe *f*
~ **porosity** *s.* ~ log
~ **record sheet, ~ report** Bohrprotokoll *n*
~ **rod** Bohrgestänge *n*
~ **sludge** Bohrschmand *m*, Bohrtrübe *f*
~ **spindle** Bohrspindel *f*
~ **tackle** Bohrgerät *n*
~ **test** Bohrversuch *m*
~ **tool** Bohrmeißel *m*, Bohrwerkzeug *n*
~ **tower** Bohrturm *m*
~ **trestle** Bohrbock *m*, Bohrturm *m*, Bohrgerüst *n*
~ **tube** Erdbohrer *m*
~ **unit** Bohreinheit *f*
borings Bohrmehl *n*, Bohrsand *m*, Bohrklein *n*
bornhardtite Bornhardtit *m*, Co_3Se_4
bornite Bornit *m*, Buntkupferkies *m*, Cu_5FeS_4
Born's exponent of repulsion Bornscher Abstoßungsexponent *m*
boron Bor *n*, B
boronatrocalcite *s.* ulexite
borrow excavation material Entnahmematerial *n*
~ **pit** Entnahmegrube *f*
~ **soil** Entnahmeboden *m*
~ **source** Entnahmestelle *f*, Gewinnungsstelle *f*
borse *(sl)* Gesteinsturm *n*
bort schwarzer Diamant *m*, Industriediamant *m*
bortz *s.* bort
bosjemanite Bosjemanit *m (Mn-Pickeringit)*
boss 1. Lakkolith *m;* 2. Buckel *m*
bostonite Bostonit *m (Alkalisyenitaplit)*
botallackite Botallackit *m*, $Cu_2(OH)_3Cl$
botanic geography Pflanzengeografie *f*
botryogen Botryogen *m*, $MgFe[OH|(SO_4)_2]\cdot 7H_2O$
botryoidal traubig, traubenförmig
~ **blende** Schalenblende *f (s.a.* sphalerite)
~ **structure** Traubentextur *f*
bottle Sackhöhle *f*
~**necked** trichterförmig
bottom Füllort *n*, Sohle *f*, Strosse *f*, Liegendes *n*
~ **agitation** Aufwirbeln *n* des Bodens
~ **assembly for side-tracking operations** Ablenkungsbohrgarnitur *f*

~ **bench of a seam** Unterbank *f* eines Flözes
~ **break** Schichtfuge *f* im Liegenden
~ **canch** Nachriß *m* im Liegenden
~ **catcher** Bodengreifer *m*
~ **configuration of the sea** Gestaltung *f* des Meeresbodens
~ **contour line** Tiefenlinie *f*
~ **current** Grundströmung *f*, Bodenstrom *m*, Sohlenströmung *f*
~ **discharge tunnel** Grundablaß *m*
~ **drift** Bodendrift *f*
~**-dwelling organism** bodenbewohnender Organismus *m*
~**-emptying gallery** Grundablaß *m*
~ **frictional layer** Bodenreibungsschicht *f*
~ **grab** Grundprobensammler *m*
~ **heading** Sohlvortrieb *m*
~ **hole** Bohrlochsohle *f*
~**-hole equipment** Bohrlochausrüstung *f*
~**-hole flow[ing] pressure** Sohlenfließdruck *m*
~**-hole flowmeter** Durchflußmeßgerät *n* an der Bohrlochsohle
~**-hole inclinometer** Bohrlochneigungsmesser *m*
~**-hole pressure** Druck *m* an der Bohrlochsohle, Sohl[en]druck *m (Erdöl)*
~**-hole pressure gauge** Sohl[en]druckmeßgerät *n*
~**-hole sample** Probe *f* vom Boden eines Bohrlochs, Bodenprobe *f*
~**-hole sample taker, ~-hole sampler** Bohrlochsohlenprobenehmer *m*, Bodenprobenehmer *m*, Probenehmer *m* im Bohrloch
~**-hole spacing** Sohlenabstand *m* der Bohrungen
~**-hole temperature** Bohrlochsohlentemperatur *f*
~**-hole thermometer** Thermometer *n* für Tiefbohrungen
~ **ice** Grundeis *n*, Sulzeis *n*
~ **joint** schwebende Spalte *f*
~ **land** Schwemmland *n*, Tiefland *n*, Aue *f*
~ **layer** untere Schicht *f*; Unterbank *f (eines Flözes)*
~ **lift** Grundhorizont *m*
~ **line** Muldenlinie *f*, Muldentiefstes *n*
~**-living life** Benthos *n*
~ **load** Bodenlast *f*, Flußgeschiebe *n*
~ **measure** liegende Bank *f*
~ **moraine** Grundmoräne *f*
~ **of an aquifer layer** Grundwassersohle *f*
~ **of casing string** Futterrohrschuh *m*
~ **of the bed** Sohle *f* des Flözes
~ **of the borehole** Bohrlochsohle *f*
~ **of the crater** Kraterboden *m*
~ **of the hole** Bohrlochsohle *f*
~ **of the nappe** Deckenbasis *f*, Deckensohle *f (tektonisch)*
~ **of the well bore** Bohrlochsohle *f*
~ **of trench** Grabensohle *f*
~ **outlet** Grundablaß *m*
~ **peat** Flachmoortorf *m*
~ **plug** Bodenpfropfen *m (Bohrung)*

~ **rock** Liegendes n, gewachsenes Gebirge n
~ **slice** Grundschicht f
~ **soil** Unterboden m
~ **stone** s. fire clay 2.
~ **storage facilities** Untertagespeicherungsmöglichkeiten fpl
~ **to top/from** vom Liegenden zum Hangenden
~ **wall** Liegendes n
~ **water** Liegendwasser n, Sohlenwasser n, Bodenwasser n
~ **water drive** Sohlenwassertrieb m
~ **water drive field** Lagerstätte f mit Liegendwassertrieb
~ **width** Sohlenbreite f
bottomed söhlig
~ **well** eingestellte Bohrung f
bottomset Basisschicht f, Bodensediment n
~ **bed** Bodenablagerung f
~ **beds** geschichtete Grundablagerungen fpl
boudinage Boudinage f
boudiner/to boudinieren
Bouguer anomaly Bouguersche Anomalie f, Bouguer-Anomalie f
~ **correction** Bouguer-Reduktion f
boulangerite Boulangerit m, $5PbS \cdot 2Sb_2S_3$
boulder 1. Geschiebe n, Geröll n; Findling m, Felsblock m; 2. Erzklumpen m
~ **bed** [erratische] Geröllschicht f, Blockpackung f
~ **breaking** Zerkleinern n von großen Gesteinsblöcken
~ **clay** Geschiebelehm m, Geschiebemergel m, Blocklehm m
~ **fan** Schuttfächer m
~ **field** Felsenmeer n, Blockmeer n
~ **flint** Schotter m
~ **gravel** unverfestigte Blockablagerung f; Kiesschotter m
~ **masses** Blockpackung f
~ **moraine** Blockmoräne f
~ **of quartzite** Findlingsquarzit m, Süßwasserquarzit m
~ **pavement** Blockschicht f, Steinpflaster n
~ **period** Eiszeit f
~ **popping** Knäpperschießen n (Steinbruch)
~ **rock** erratisches Geröllgestein n
~ **shingle** Steingeschiebe n
~ **stream (train)** Blockstrom m
~ **till** Geschiebelehm m (petrografisch)
~ **wall** Blockmoränenwall m
boulderet s. cobble
bouldery blockreich
~ **deposit** Blockpackung f
~ **ground** Geröllboden m
Bouma sequence Bouma-Sequenz f (ideale vertikale Abfolge in einem Turbiditzyklus)
bounce cast Aufprallmarke f, Aufstoßmarke f, Rückprallmarke f
bound-down gebunden
boundary 1. Markscheide f, Feld[es]grenze f; 2. Streichlinie f (von Flußufern)

~ **condition** Grenzbedingung f, Randbedingung f
~ **effect** Endeffekt m (Reservoirtechnik)
~ **fault** Randverwerfung f
~ **layer** Grenzfläche f, Grenzschicht f
~-**layer friction** Grenzflächenreibung f
~ **line** Markscheide f, Feld[es]grenze f
~ **pillar** Bergefeste f
~ **plane** Grenzfläche f
~ **problem** Randwertaufgabe f
~ **relief** Grenzrelief n (Ichnologie)
~ **saturation** Grenzsättigung f
~ **stratotype** Stratotyp m einer stratigrafischen Grenze
~ **surface** Grenzfläche f
~ **system** Grenzkurve f, Feldesgrenze f
~ **wave** Grenzflächenwelle f
~ **zone** Randzone f
~ **zone of capillarity** Kapillarsaum m
bounded reservoir geschlossenes Reservoir n
bounder Markscheider m
bounding plane (surface) Grenzfläche f (von Kristallen)
boundstone Karbonatgestein aus primär organogen verbundenen Komponenten
bourne Trockentälchen n
bournonite Bournonit m, Schwarzspießglanz m, Bleifahlerz n, $2 PbS \cdot Cu_2S \cdot Sb_2S_3$
bourock Steinhügel m
bouse (sl) 1. verwachsenes Erz n; 2. hereingewonnenes Gangbleierz n
~ **team** Roherzhalde f
boussingaultite Boussingaultit m, $(NH_4)_2Mg[SO_4]_2 \cdot 6H_2O$
bout Gangeinschnürung f
bouze s. bouse
Bovey coal Boveykohle f (eine Art Braunkohle)
bow up/to aufwölben
bow area Faltungszone f
~-**shaped dune** Bogendüne f
bowenite (sl) Serpentin m
Bowen's petrogenetic grid s. ~ reaction series
~ **reaction series** Bowensche Reaktionsreihen fpl (Kristallisationsreihen für verschiedene Magmentypen)
bowing-up Aufwölbung f
bowl Erdvertiefung f, Kessel m
~ **classifier** Schüsselklassierer m, Sichertrog m
~-**shaped** schüsselförmig
~-**shaped hollow** schüsselförmige Vertiefung f
bowlder s. boulder
bowldery s. bouldery
bowlike hollow schüsselförmige Vertiefung f
bowr s. bort
bowralite Bowralith m (Alkalipegmatit)
bowse s. bouse
box auger Hohlbohrer m
~ **buddle** Schlämmgraben m, Waschrinne f
~ **classifier** Spitzkasten m

box 50

~ **fold** Kofferfalte f, Kastenfalte f
~ **sampler** Kastengreifer m; Bodengreifer m
~ **shear apparatus** Scherapparat m nach Casagrande, Scherkastengerät n, Scherbüchse f
boxwork rauhwacke Zellenrauhwacke f
BPD = barrel per day
BPWPD = barrel per well per day
Brabant mass Brabanter Massiv n
braccianite Braccianit m (Varietät von Leuzittephrit)
brachial supports s. brachidium
~ **valve** Dorsalklappe f, Brachialklappe f (der Brachiopoden)
brachidium Brachidium n, Armgerüst n (der Brachiopoden)
brachiopod Brachiopode m
brachistochrone 1. kleinster Laufweg m; 2. Tabelle mit Laufzeiten einer Reflexion abhängig von der Tiefe
brachyanticline Brachyantiklinale f
brachyaxis Brachyachse f
brachycephalic kurzköpfig
brachycephalism, brachycephaly Kurzköpfigkeit f
brachydome Brachydoma n
brachyhaline brachyhalin
brachypinacoid Brachypinakoid n
brachysyncline Brachysynklinale f
brackebuschite Brackebuschit m, $Pb_2(Mn,Fe)[VO_4]_2 \cdot H_2O$
brackish brackisch; brackig
~ **water** Brackwasser n
~ **water limestone** Brackwasserkalk m
~ **water swamp** Brackwassermoor n
Bradfordian [Stage] Bradford[ien] n (Stufe, höheres Famenne in Nordamerika)
bradyseism Bradyseismus m (Hebungen und Senkungen des Landes infolge vulkanischer Aktivität)
brae Hügel m
Bragg angle Braggscher Winkel m
~ **spectrometer** Braggsches Spektrometer n, Kristallspektrometer n
braggite s. fergusonite
Brahmanian [Stage] Brahman[ium] n (Stufe, Untere Trias, Tethys)
braided channel pattern Rinnenmuster n eines vielverzweigten Flusses
~ **river** vielverzweigter Fluß m
brain pan Schädelkalotte f
brammallite Brammallit m, $(Na,H_2O)Al_2[(H_2O,OH)_2|AlSi_3O_{10}]$
brances (sl) Pyriteinschlüsse mpl (in Kohle)
branch [off]/to sich verzweigen
branch 1. Zweig m (der Laufzeitkurve); 2. Flügelort n
~ **fault** Nebenverwerfung f (s.a. auxiliary fault)
~ **of a delta** Deltaarm m
~ **of a lode** Gangtrum n
~ **of a river** Flußarm m
~ **of a vein** Seitentrum n
~ **sheet** Teildecke f

~ **valley** Seitental n, Nebental n
~ **vein** zerschlagener Gang m
branchiae Kiemen fpl
branchiform kiemenähnlich, kiemenförmig
branching Verzweigung f
~ **dendrites** Dendritenverästelung f
~ **distributaries** verzweigte Nebenarme mpl (eines Deltas)
~ **fault** verästelte Verwerfung f
~ **of a river** Flußspaltung f
brandbergite Brandbergit m (Varietät von Aplit)
brandtite Brandtit m, $CaMn[AsO_4]_2 \cdot 2H_2O$
brannerite Brannerit m, $(U, Ca, Th, Y)[(Ti,Fe)_2O_6]$
brash (sl) Trümmergestein n
brasilianite Brasilianit m, $NaAl_3[(OH)_2|PO_4]_2$
brass balls konkretionärer Pyrit m
brasses Pyriteinlagerungen fpl (in Kohle)
brassil (sl) 1. Pyrit m; 2. schwefelkieshaltige Kohle f
brassy seam stark pyrithaltiges Kohlenflöz n
brat dünnes Kohlenflöz n (mit Pyrit oder Karbonaten verunreinigtes Kohlenflözchen)
braunerde Braunerde f
braunite Braunit m, Hartmanganerz n, $Mn_7[O_8|SiO_4]$
Bravais lattice Bravais-Gitter n, Translationsgitter n
bravaisite Bravaisit m (ein Hydromuskovit)
bravoite Bravoit m, $(Fe, Ni)S_2$
Brazilian emerald grüne Varietät von Turmalin
~ **pebble** brasilianischer (optischer) Quarz m
~ **ruby** brasilianischer Rubin m, rosa Spinell m
~ **sapphire** blaue Varietät von Turmalin
~ **twin** Brasilianer Zwilling m
brazilly coal pyritführende Kohle f
brazzil s. brassil
brea Naturasphalt m
breach Grundbruch m, Durchbruch m
~ **in a dike** Deichbruch m
breadth of outcrop Ausstrichbreite f
break/to [zer]brechen; hereingewinnen; sich zertrümern (Gänge)
~ **down** zu Bruch gehen
~ **loose** sich loslösen
~ **out** ausbrechen (Vulkan)
~ **up** aufhacken, aufbrechen
break 1. Verschiebung f; Spalte f; Bruch m; 2. Schichtungslücke f; 3. dünne Einlagerung (Einlage, Zwischenlage, Einschaltung) f; 4. Einsatz m, Unterbrechung f; 5. Abriß m, Sprengmoment m
~ **in slope** Gefällebruch m
~ **in the succession** Schichtenunterbrechung f
~ **line** Bruchlinie f
~ **of slope** Gefällebruch m
~ **phenomena** Brucherscheinungen fpl
~ **-through** Durchbruch m
~ **-thrust** Faltungsüberschiebung f (Tektonik)

brittle

breakability Brechbarkeit f
breakage Bruch m
breakages Abbruchstufen fpl
breakdown 1. Durchschlag m, Durchbruch m; 2. Zerfall m, Abbau m
breaker 1. Woge f, Welle f, Sturzwelle f, Brandung f; 2. Steinbrecher m; Grobbrecher m, Schotterbrecher m
breaking 1. Zerklüftung f, Auflockerung f; 2. Brechen n, Vorzerkleinern n
~ **deformation** Bruchdeformation f
~-**down** Einsturz m
~ **edge** Bruchkante f
~ **flow** Bruchfließen n
~-**forth** Ausbruch m, Vulkanausbruch m
~ **limit** Bruchgrenze f
~ **limit circle** Bruchspannungskreis m
~ **line** Bruchlinie f
~ **load** Bruchlast f, Bruchbelastung f
~ **of a dike** Deichbruch m
~ **of ground** Einschnittherstellung f
~ **of ore** Abbau m von Erz
~ **plane** Bruchfläche f
~ **plant** Brechanlage f
~ **strength** Bruchfestigkeit f
~ **stress** Bruchspannung f
~-**through** Durchbruch m
~-**up** 1. Auflockerung f (des Gebirges); 2. Aufschluß m
~-**up of the ice** Eisbruch m, Aufgehen n der Eisdecke
~ **waves** Brandung f
breakthrough Durchbruch m
breakwater Fangbuhne f, Wellenbrecher m
breast Feld[es]breite f
~ **bone** s. sternum
~ **side of work** anstehender Strebstoß m
breccia Brekzie f, Trümmergestein n
~ **porosity** Brekzienporosität f
~ **tuff** Brekzientuff m
breccialike structure Trümmerstruktur f
brecciated brekzienartig, brekziös
~ **agate** Trümmerachat m
~ **rock** Gesteinsbrekzie f
~ **structure** Brekzientextur f
~ **vein** Brekziengang m
brecciation Brekzienbildung f
brecciform[ous] brekzienartig
Breconian [Stage] Brecon[ium] n (höheres Unterdevon, Old Red-Fazies)
bredigite Bredigit m, γ-Ca₂[SiO₄]
breeze Brise f
breithauptite Breithauptit m, NiSb
breunnerite Breunnerit m, Mesitinspat m (Ferromagnesit)
Brewster angle Polarisationswinkel m
~ **effect of double refraction** Brewsterscher Doppelbrechungseffekt m
brewsterite Brewsterit m, (Sr, Ba, Ca) [Al₂Si₆O₁₆]·5H₂O
brianite Brianit m, Na₂MgCa(PO₄)₂ (Meteoritenmineral)
brick clay (earth) Ziegelton m

Bridgerian [Stage] Bridgerian n (Wirbeltierstufe des mittleren Eozäns in Nordamerika)
bright banded coal Glanzstreifenkohle f, Clarain m
~ **brown coal** Glanzbraunkohle f
~ **coal** 1. Glanzkohle f, Vitrain m (Lithotyp der Humuskohlen-Steinkohle); 2. Vitrit m; Clarit m
~ **field** Hellfeld n
~-**field image** Hellfeldabbildung f
~-**field observation** Hellfeldbeobachtung f
~ **fireball** heller Bolid m (Meteor)
~-**line spectrum** Emissionsspektrum n
~ **ray system** Strahlensystem n im Mondkrater
~ **spot** Bright Spot m (starke, lagerstättenkundlich interessante Überhöhung seismischer Amplituden)
brightness fluctuation Helligkeitsschwankung f
~ **of stars** Helligkeit f der Sterne
~ **temperature** Strahlungstemperatur f
~ **value** Helligkeitswert m
brights Glanzkohle f
brilliance Helligkeit f, Brillanz f
brilliancy Glanz m
brilliant Brillant m
~ **cut[ting]** Brillantschliff m
brimstone (sl) Bergschwefel m
brine Sole f, Salzlauge f, Salzwasser n, Salzlösung f
~ **affluent** Laugenzufluß m
~ **concentrating house** Gradierwerk n
~ **evaporator** Soleverdampfer m
~ **feeder** Laugenzufluß m
~ **handling** Einsatz m von Solen (beim Bohren)
~ **leachate** Ablaugungssole f
~ **mud** Salzlaugenspülung f
~ **pipe** Solerohr n (in Salzkavernen)
~ **pit** 1. Salzgrube f; 2. in Ausbeutung stehende Solquelle f
~ **solution** Salzlake f, Salzlösung f
~ **spring** Solquelle f
~ **well** Solebohrung f
Brinell hardness [number] Brinellhärte f
~ **hardness test** Brinellprüfung f
bring in a well/to eine Bohrung in Produktion bringen
~ **into production** zur Produktion bringen
~ **up the drillings** das Bohrklein austragen
briny salzig, solehaltig
briquette/to brikettieren
briquette Brikett n, Preßstein m, Preßkohle f
briquetting Brikettierung f
~ **of mineral grains** Einbettung f von Mineralkörnern (für Anschliffe)
~ **plant** Brikettieranlage f
~ **press** Brikettpresse f
~ **process** Brikettierverfahren n
britholite Britholith m, (Na, Ce, Ca)₅[F|(SiO₄, PO₄)₃]
brittle spröde, brüchig, spröbruchempfindlich
~ **displacement (fracture)** Spröbruch m

brittle

- ~ **gel** zerreibbares Gel n
- ~ **mica** s. margarite
- ~ **pan** zerbrechliche harte Schicht f
- ~ **silver ore** s. stephanite
- ~ **star** Schlangenstern m

brittleness Sprödigkeit f, Brüchigkeit f
broaching bit Erweiterungsbohrer m, Nachbohrer m
broad-crested anticline Breitsattel m, breite Antiklinale f
- ~-**floored valley** breitsohliges Tal n
- ~ **fold** flachschenklige Falte f
- ~ **irrigation** Oberflächenbewässerung f
- ~-**leaved tree** Laubbaum m
- ~ **warp** Großfalte f

broadening of line Spektrallinienverbreiterung f
- ~ **of valley** Talerweiterung f

broadside versetzte Schüsse mpl (Seismik)
- ~ **offset** Heraussetzung f, seitlicher Abstand m (eines seismischen Schusses)
- ~ **shooting** Queraufstellung f

broadstone bind großplattig brechender Schieferton m
brochantite Brochantit m, $Cu_4[(OH)]_6|SO_4$
brockite Brockit m $CaTh[PO_4]_2 \cdot H_2O$
brodel structure Brodeltextur f
bröggerite Bröggerit m, Thoruranin m (Varietät von Uranit)
broil s. gossan
broken agate Trümmerachat m
- ~-**down bank** Abbruch m
- ~-**down rock** zu Bruch gegangenes Gestein n
- ~ **fold** Bruchfalte f
- ~ **ground** 1. hereingeschossenes Gestein n; 2. zerklüftetes Gebirge n; gebräches Gestein n; 3. unproduktive Schichten fpl
- ~ **material** Haufwerk n
- ~ **rock (stone)** Schlagschotter m, Steinschlag m

bromargyrite s. bromyrite
bromellite Bromellit m, BeO
bromine Brom n, Br
bromlite Bromlit m, $BaCa(CO_3)_2$
bromyrite Bromit m, Bromsilber n, Bromargyrit m, AgBr
brontolith Belemnit m, Donnerkeil m
Bronze Age Bronzezeit f
bronzite Bronzit m, $(Mg, Fe)_2[Si_2O_6]$
bronzitite Bronzitit m (bronzitreiches Tiefengestein)
brood Erzgemenge n
- ~ **pouch** Brutkammer f, Brutraum m, Bruttasche f (Paläontologie)

brook Bach m
- ~ **bed** Bachbett n

brookite Brookit m, TiO_2
brooklet kleiner Bach m
brotocrystal korrodierter (angeschmolzener, teilweise resorbierter) Kristall m
brown coal Braunkohle f; Weichbraunkohle f
- ~-**coal briquette** Braunkohlenbrikett n

52

- ~-**coal facies** Braunkohlenfazies f
- ~ **coal for low temperature retort process** Schwelkohle f
- ~-**coal formation** Braunkohlenbildung f
- ~-**coal grit** Braunkohlensandstein m
- ~-**coal high-temperature coke** Braunkohlenhochtemperaturkoks m
- ~-**coal low-temperature coke** Braunkohlenschwelkoks m
- ~-**coal opencast mining** Braunkohlentagebau m
- ~-**coal stage** Braunkohlenstadium n (Inkohlungs- oder Karbonifikationsstadium)
- ~ **face** Oxydationshut m von Zinnerzgängen
- ~ **forest soil** brauner Waldboden m
- ~ **haematite [iron ore]** Brauneisenerz n, Brauneisenstein m, Braunerz n (s.a. limonite)
- ~ **lead ore** Braunbleierz n (s.a. pyromorphite)
- ~ **lime** (sl) Magerkalk m
- ~ **matter** (Am) zersetzte Zellwandsubstanz und Zellfüllungen, die in Kohlendünnschliffen braun und halbdurchsichtig sind
- ~ **ochre** Braunocker m
- ~ **oxide** Urandioxid n
- ~ **podsolic soil** brauner Waldboden m
- ~ **spar** Braunspat m (Fe-arme Abart von Ankerit)
- ~ **steppe soil** brauner Halbwüstenboden m
- ~ **turf** Brauntorf m

Brown Jura [Epoch, Series] Brauner Jura m, Dogger m
brownmillerite Brownmillerit m, $2CaO \cdot AlFeO_3$
brownstone eisenhaltiger Sandstein m
Bruce Bruce n (unteres Huron in Nordamerika)
brucite Brucit m, $Mg(OH)_2$
brugnatellite Brugnatellit m, $Mg_6Fe[(OH)_{13}|CO_3] \cdot 4H_2O$
brunigra (brunizem) soil brauner Prärieboden m
brunsvigite Brunsvigit m, $(Fe, Al, Mg)_3[(OH)_2|AlSi_3O_{10}](Fe,Mg)_3(OH)_6$
Brunton [compass] Brunton-Kompaß m, Spiegelkompaß m
brush faules Gestein n
- ~ **cast** Quastenmarke f
- ~ **discharge** Elmsfeuer n
- ~ **ore** stalaktitisches Brauneisenerz n

brushite Brushit m, $HCa[PO_4] \cdot 2H_2O$
brushwood peat von Gestrüpp bedeckter Torf m
brute stack Rohstapelung f (Seismik)
Bruxellian [Stage] Bruxellien n (Stufe des Eozäns, Belgisches Becken)
bryalgal limestone Kalkstein aus gerüstbildenden Bryozoen und Algen
bryle s. gossan
bubble/to aufsprudeln, aufbrodeln
- ~ **forth** hervorquellen, hervorsprudeln

bubble 1. Blase f, Libelle f, Bläschen n; 2. Blubber m (schwingende Gasblase durch Explosion im Wasser)

~ hole Blähpore *f*
~ impression Gastrichter *m*
~ of gas Gasblase *f*
~ point Kochpunkt *m*, Blasenpunkt *m*, Entgasungsbeginn *m*, Gasentlösungspunkt *m*
~ point of crude Entgasungsbeginn *m* von Erdöl in der Lagerstätte
bubbling spring Sprudelquelle *f*
bubbly blasig
buchite Buchit *m* *(Hyalomylonit)*
buchonite Buchonit *m* *(Varietät von Tephrit)*
buck/to laugen, scheiden
buck quartz goldfreier Quarz *m*
bucker Erzscheider *m*
bucket wheel[-type] excavator Schaufelradbagger *m*
bucking Scheidung *f (der Erze)*
~ ore Scheideerz *n*
~ plate Scheidebank *f*
buckle/to aufwölben
~ up aufbuckeln
buckled folding Knickfalte *f*
Buckley-Leverett theory Buckley-Leverett-Theorie *f*
buckling Ausbeulung *f*, Ausknickung *f*, Knickerscheinung *f*, Verbiegen *n*; Wölbung *f*, Aufwölbung *f*
~ load Knickbeanspruchung *f*
~ strength Knickfestigkeit *f*
~ stress Knickspannung *f*
~ test Knickversuch *m*
buckshot Eisenmangankonkretion im Boden
~ pyrite Geröllpyrit *m*
buckstone goldfreies Gestein *n*
buddler Erzwäscher *m*
buddling Schlämmung *f (der Erze)*
~ hole Drusenhöhle *f*
Budnanian [Epoch, Series] Budnany *n*, Budnanium *n (Oberes Silur)*
buffer Puffer *m (chemisch)*
~ stock Ausgleichslager *n* zur Stabilisierung von Rohstoffmärkten
~ strip Grasnarbenstreifen *m*
buffering of soil Bodenpufferung *f*
bugs *(sl)* Foraminiferen *fpl*
buhr 1. *s.* buhrstone; 2. *(sl)* Kalkstein *m*
buhrstone kavernöser Süßwasserquarzit *m*
build up pressure/to Druck aufbauen (ansammeln)
build-up analysis Druckaufbaumessung *f*
~-up curve Schließdruckkurve *f*
building ground Baugrund *m*
~-ground map Baugrundkarte *f*
~ industry Bauindustrie *f*, Bauwirtschaft *f*
~ lime Baukalk *m*
~ material Baumaterial *n*, Baustoff *m*
~ pit Baugrube *f*
~ preservation Bautenschutz *m*
~ stone Baustein *m*, Werkstein *m*
~-up Aufbau *m*
bulb of pressure Druckzwiebel *f*
~ pressure Spannungsanhäufung *f*, Druckanhäufung *f (Baugrund)*

bulge Achsensattel *m*
~ of the earth Erdkrümmung *f*
bulging Aufbeulung *f*, Aufquellen *n (der Talsohle)*
~ of the slope Ausbauchung *f* der Böschung
Bulitian [Stage] Bulitien *n (Wirbeltierstufe, oberes Paläozän in Nordamerika)*
bulk analysis Bauschanalyse *f*, Vollanalyse *f (chemisch)*
~ bed Hauptflöz *n*
~ density 1. Trockenrohdichte *f;* 2. Sedimentdichte *f (Mineralsubstanz plus Poren)*
~ modulus Kompressionsmodul *m (das Stress-Strain-Verhältnis bei einfachem hydrostatischem Druck)*
~ reservoir volume gesamtes Lagerstättenvolumen *n*
~ sample Massenprobe *f*, Haufwerksprobe *f*
~ volume Schüttvolumen *n*
bulkage Schwellung *f*, Quellen *n*
bulkhead Damm *m*, Wehr *n*
bulking Schwellung *f*, Quellen *n*, Auflockerung *f*
bulldozing Knäpperschießen *n (mit aufgelegter Ladung)*
bullet perforating Kugelperforation *f*
~-type side wall corer Kernschießgerät *n*
bullion 1. fossilführende Konkretion *f;* 2. Barren *m (Gold oder Silber)*
bull's eyes Pyritkonkretionen im Dachschiefer
bulrush peat Simsentorf *m*
bultfonteinite Bultfonteinit , $Ca_2[F|SiO_3OH] \cdot H_2O$
bump Bergschlag *m*, schlagendes Gebirge *n*
bumping table Stoßtisch *m*, Rütteltisch *m*, Schüttelherd *m*
bunch [of ore] Erzputzen *m*, Erznest *n*, Butzen, Niere *f*
bunched seismometers gebündelte Seismometer *npl*, Mehrfachgeophone *npl*
bunchy unregelmäßig
bundle of lines of force Kraftlinienbündel *n*
bungum Londoner Name für jungen alluvialen Schluff
bunny Erznest *n*
bunsenite Bunsenit *m*, NiO
bunter [sandstone] Buntsandstein *m*
buoyancy Auftrieb *m*, Tragfähigkeit *f*
buoyant effect (force) Auftrieb *m*
~ unit weight Raumgewicht *n* unter Auftrieb
bur 1. *s.* burrstone 2.; 2. Flinteinlagerung *f*
~ ore Kletternerz *n*
burbankite Burbankit *m*, $Na_2(Ca, Sr, Ba, Ce, La)_4[CO_3]_5$
burden Deckgebirge *n*
~ of sediments Sedimentlast *f*
~ over Abraumgebirge *n*
Burdigalian [Stage] Burdigal[ien] *n*, Burdigalium *n (Stufe des Miozäns)*
burial metamorphism Versenkungsmetamorphose *f*
~ of fossils Fossileinbettung *f*
buried eingebettet

buried 54

~ **anchorage** unterirdische Verankerung *f*
~ **electrode** versenkte Elektrode *f*
~ **fold** verdeckte Falte *f*
~ **hill** überdeckter Rücken *m*
~ **outcrop** verdeckter Ausstrich *m*, maskiertes Ausgehendes *n*
~ **placer** verdeckte Seife *f*
~ **river** fossiles Flußbett *n*
~ **rock** überdecktes Gestein *n*
~ **soil** fossiler Boden *m*
~ **structure** verdeckte Struktur *f*
burk Erzfall *m*
burkeite Burkeit *m*, $Na_6[CO_3|(SO_4)_2]$
burn off/to abfackeln
burn line Kontakt *m* zwischen verkokter und unverkokter Kohle *(unter der Erdoberfläche)*
burning mountain Vulkan *m*
~ **volcano** tätiger Vulkan *m*
burnt clay gebrannter Ton *m*, Terrakotta *f*
~ **coal** Naturkoks *m*
~ **lime** gebrannter Kalk *m*
burr 1. Erzfall *m*; 2. *(sl)* hartes Gestein *n*
burrow/to schürfen
burrow Bau *m*, Baute *f*; 2. Grabgang *m*, Bohrgang *m*; Wohnrohr *n*, Freßrohr *n*; 3. taubes Gestein *n*; 4. Halde *f*
~ **cast** Gangverfüllung *f (Ichnologie)*
~ **lining** Gangwandung *f (Ichnologie)*
~ **system** Gangsystem *n (Ichnologie)*
burrowing animal wühlendes Bodentier *n*
burrstone 1. Mühlsandstein *m*; 2. *(sl)* Feuerstein *m*, Flint *m*
burst/to bersten
burst-crack Sprengriß *m*
~ **out** Vulkanausbruch *m*
bursting-out Vulkanausbruch *m*
~ **pressure** Berstdruck m
~ **strength** Sprengfestigkeit *f*
bury/to begraben, verschütten
~ **a line** Ölleitung unterflur verlegen
bus Verbindungsleitung *f*, Datenbus *m*
bush mould gewachsener Boden *m*
bushland Buschland *n*
bustamite Bustamit *m*, $(Mn, Ca)_3[Si_3O_9]$
bustite Bustit *m (Meteorit)*
butlerite Butlerit *m*, $Fe[OH|SO_4]\cdot 2H_2O$
bütschliite Bütschliit *m*, $K_6Ca_2[CO_3]_5\cdot 6H_2O$
butt cleat Nebenschlechte *f*
~ **entry** Abbaustrecke *f* parallel zu den Schlechten
butte Restberg *m*, Zeugenberg *m*, Einzelberg *m*, Spitzkuppe *f*
~ **temoine** *s.* hum
butterfly twin Schwalbenschwanzzwilling *m*
buttgenbachite Buttgenbachit *m*, $Cu_{19}[Cl_4|(OH)_{32}|(NO_3)_2+2H_2]$
buttock Abbaustoß *m*
buttress Felsvorsprung *m*
butyrellite, butyrite Sumpfbutter *f*
buzzard minderwertige Schicht (Schmitze) *f*
b.y. = billion years
by-channel Umleitungskanal *m*
~-**coke** Zechenkoks *m*

~-**lane** Seitengang *m*
~-**pass tunnel** Umleit[ungs]stollen *m (einer Talsperre)*
~-**passed oil** zurückgebliebenes Öl *n*
~-**pit** Hilfsschacht *m*
~-**product** Nebenprodukt *n*, Abfallprodukt *n*
~-**wash** Umleitungskanal *m*
~-**work** Nebengestein *n*
byerite bituminöse Kohlenart
bysmalith Bysmalith *m*
byssal notch Byssusfurche *f*
byssolite Byssolith *m (Aktinolithasbest, s.a.* actinolite)
byssus Byssus *m (Haftfasern bei Muscheln)*
bytownite Bytownit *m (anorthitreicher Plagioklas)*

C

c axis c-Achse *f (mineralogische und tektonische Koordinate)*
C^{14} ^{14}C *(instabiles C-Isotop)*
C^{14} **age determination (measurement)** Altersbestimmung *f* mit ^{14}C
C-horizon C-Horizont *m (Boden)*
Ca femic Ca-femisch *(Ca-, Fe-, Meg-haltig)*
Ca-Tschermak's molecule Tschermaks Molekül *n*, $CaAl_2SiO_6$ *(hypothetisches Ca-Endglied)*
cab Salband *n*
cabbage-head structures kopfartig aufgewölbte Laminen *fpl (von Stromatolithen)*
~ **leaf marking** Fächermarke *f*, fächerförmige Fließmarke *f*
cable break Kabelwelle *f*, Kabeleinsatz *m*
~ **core bit** Seilkernrohr *n*
~ **crane (derrick)** Kabelkran *m*
~ **drilling** Seilbohren *n*
~ **drum** Kabeltrommel *f*
~ **excavator** Kabelschrapper *m*, Kabelbagger *m*
~ **rig** Seilbohranlage *f*
~ **tool coring** Seilkernbohren *n*
~ **tool drilling** Seilbohren *n*
cableway Kabelkran *m*
cabrerite Cabrerit *m (Varietät von Annabergit)*
cacholong Kascholong *m (Varietät von Opal)*
cacoxenite Kakoxen *m*, $Fe_4[OH|PO_4]_3\cdot 12H_2O$
cactolith Kaktolith *m (verzweigte Intrusionsform)*
cadacryst *s.* xenocryst
cadaite *s.* turquois
cadastral map Flurkarte *f*
~ **office** Katasteramt *n*
~ **survey** Katasteraufnahme *f*, Landvermessung *f*
cadmia *s.* 1. calamine; 2. cadmium oxide
cadmiferous kadmiumhaltig
cadmium Kadmium *n*, Cadmium *n*, Cd
~ **blende (ochre)** *s.* greenockite
~ **ore** Kadmiumerz *n*
~ **oxide** Kadmiumoxid *n*, Monteponit *m*, CdO

cadmoselite Cadmoselit m, β-CdSe
Cadomian folding cadomische Faltung f
cadwaladerite Cadwaladerit m, $Al(OH)_2Cl \cdot 4H_2O$
Caenozoic [Era] s. Cenozoic
caesium Zäsium n, Caesium n, Cs
~ **silicate** s. pollucite
~ **vapour magnetometer** Zäsiumdampfmagnetometer n
cafetite Cafetit m, $(Ca, Mg)[(Ti, Fe)_6O_{12}] \cdot 4H_2O$
CAG = Caribbean-Atlantic Geotraverse
cage Förderkorb m
~ **shooting** Käfigschießen n (Seismik)
cahnite Cahnit m, $Ca_2[AsO_4|B(OH)_4]$
cailloutis Kiesboden m
cainophyticum Känophyticum n
Cainozoic s. Cenozoic
cairn Felsen m, Steinhaufen m
cairngorm Rauchtopas m, gelber Quarz m (s.a. Scotch topaz)
caisson Senkkasten m
cake/to einen Filterkuchen an der Bohrlochwand bilden
cake Filterkruste f, verfestigter Bohrschlamm m
caking capacity Backfähigkeit f (der Kohle)
~ **coal** backfähige (backende) Kohle f; Kokskohle f
~ **properties** Backvermögen n, Backeigenschaften fpl (Kohle)
cal s. wolframite
calaite s. turquois
calamine Calamin m (ein Zinkerz)
calamite Calamit m
calamitean peat Calamitentorf m
~ **reed** Calamitenröhricht n
calaverite Calaverit m, Tellurgold n, $(Au, Ag)Te_2$
calc-alkali granite Kalkalkaligranit m
~-**alkali rock** Kalkalkaligestein n
~-**alkalic series** Kalkalkaligesteine npl, Alkalikalkgesteine npl, pazifische Sippe f
~-**mica schist** Kalkglimmerschiefer m
~-**silicate** Kalksilikat n
~-**silicate gneiss** Kalksilikatgneis m
~-**silicate hornfels** Kalksilikathornfels m, Skarn m
~-**silicate marble** kalksilikatischer Marmor m, Skarn m
~-**silicate rock** Kalksilikatgestein n
~-**sinter** Sinter[kalk] m, Kalksinter m
~-**spar** s. calcite
~-**tufa** Kalktuff m, Kalksinter m, Travertin m
calcarenite Kalkarenit m, Calcarenit m, psammitischer Kalkstein m, Kalksandstein m
calcareo-argillaceous kalk- und tonhaltig
calcareous kalkhaltig, kalkig
~ **algae** Kalkalgen fpl
~ **bed** Kalkschicht f
~ **cement** Bindemittel n aus Kalk
~-**cemented sandstone** Sandstein m mit kalkigem Bindemittel

~ **cementing material** Bindemittel n aus Kalk
~ **clay** kalkhaltiger Ton m, Kreidemergel m, Kalkmergel m
~ **concretion** Kalkkonkretion f
~ **crust** Kalkkruste f
~ **deposit** Kalkablagerung f
~ **earth** Kalkerde f
~ **facies** kalkige Fazies f
~ **gravel** Kalkkies m
~ **grits** Sandschichten fpl mit Kalkalgen
~ **iron-stone** Kalkeisenstein m
~ **marl** Kalkmergel m
~ **mud** Seekreide f, Kalkschlamm m; Kalkmudde f (bei Torfbildung in Mooren)
~ **ooze** kalkiger Schlick m
~ **phyllite** Kalkphyllit m
~ **rock** kalkhaltiges Gestein n
~ **sand** Kalksand m, kalkhaltiger Sand m
~ **sandstone** kalkreicher Sandstein m, Kalksandstein m
~ **schist** Kalkglimmerschiefer m
~ **shale** kalkiger Schieferton m
~-**shale quarry** Kalkschieferbruch m
~-**shelled** kalkschalig
~ **siltstone** kalkhaltiger Siltstein m
~ **sinter** Kalksinter m, Kalktuff m, Travertin m
~ **skeleton** Kalkgerüst n
~ **slate** Kalktonschiefer m
~ **soil** Karbonatboden m
~ **spar** s. calcite
~ **sponge** Kalkschwamm m
~ **spring** Kalkquelle f
~ **test** Kalkschaler m
calcarinate kalkführend
calcarneyte 1. Karbonatsand m; 2. resedimentierter Kalkstein m, Kalkstein m aus Korallendetritus
calcedony s. chalcedony
calciborite Kalziborit m, Calciborit m, CaB_2O_4
calcic kalkhaltig
~ **marble** Kalkmarmor m
~ **series** Kalkgesteine npl
calciclase anorthitreicher Plagioklas m
calcicole kalkliebende Pflanze f
calcicrete kalzitverkittet (Gerölle)
calcicrust Kalkkruste f
calciferous kalkig, kalkhaltig; Ca-Karbonat führend
~ **residual solution** kalziumreiche Restlösung f
~ **sandstone** Kalksandstein m
calcification 1. Karbonatisierung f, Kalkbildung f; 2. Verkalkung f (des Bodens)
calcifuge kalkfliehende Pflanze f
calcify/to verkalken
calcigenous röstfähig, Röstoxide bildend (Erze)
calcilith Kalkstein m
calcilutite Kalzilutit m, Calcilutit m, pelitischer Kalkstein m, Kalkpelit m
calcilyte Kalkstein m
calcimetry Kalkgehaltsbestimmung f, Karbonatbestimmung f

calcimicrite

calcimicrite Kalzimikrit m
calcinable kalzinierungsfähig
calcination Kalzinierung f, Kalzination f, Kalzinieren n
calcine/to kalzinieren
calcined dolomite gebrannter Dolomit m
~ ore Rösterz n
calcioferrite Calcioferrit m, $(Ca, Mg)_3Fe, Al)_3[(OH)_3|(PO_4)_4] \cdot 8H_2O$
calciovolborthite Kalkvolborthit m, $CaCu[OH|VO_4]$
calciphyre s. calc-silicate marble
calcirudite Kalzirudit m, Calcirudit m, Geröllkalkstein m
calcisiltite Kalzisiltit m, Calcisiltit m, Kalksiltstein m
calcispheres Kalzisphären fpl (kalkige Mikroproblematika)
calcite Kalzit m, Calcit m, Kalkspat m, Doppelspat m, $CaCO_3$
~ compensation depth Kalzitkompensationstiefe f, Kalkkompensationstiefe f
calcitite Kalzitgestein n, Kalkstein m
calcitization Kalzitisierung f (Umwandlung von Aragonit in Kalzit)
calcitrant strengflüssig (Erz)
calcium Kalzium n, Calcium n, Ca
~ age Kalziumalter n
~ aluminate cement Tonerdezement m
~ bicarbonate doppelkohlensaurer Kalk m
~ borate Boraxkalk m
~ carbonate Kalziumkarbonat n
~ carbonate content Kalkgehalt m, Gehalt m an Kalziumkarbonat
~ carnotite s. tyuyamunite
~ chloride Kalziumchlorid n, Chlorkalzium n
~ hardness Kalkhärte f
~-iron garnet Kalkeisengranat m
~ larsenite Esperit m, $PbCa_3Zn_4[SiO_4]_4$
~ phosphate s. apatite
~ sulphate s. anhydrite; gypsum
calclacite Calclacit m, $Ca[Cl|(C_2H_3O_2)_2] \cdot 5H_2O$
calclithite Calclithit m (Karbonatgestein mit mehr als 50% umgelagertem Karbonatanteil)
calcrete s. caliche 5.
calcspar s. calcite
calcspathization Entwicklung f spätigen Kalzits
calculate the volume of a solid/to die Masse kubizieren
calculated reserves berechnete Vorräte mpl (noch nicht bestätigt durch die staatliche Vorratskommission)
calculiform grießförmig
calculous grießig
calcurmolite Calcurmolit m, $Ca[(UO_2)_3|(OH)_2|(MoO_4)_5] \cdot 9H_2O$
caldera Kaldera f, Caldera f, vulkanischer Einbruchskessel m
~ island Kaldera-Insel f
~ of subsidence Explosionskaldera f (eines Vulkans)
calderite Calderit m, $Mn_3Fe_2[SiO_4]_3$

caldron s. cauldron
Caledonian Kaledonikum n
~ folds kaledonische Faltung f
~ orogen kaledonisches Orogen n
caledonids Kaledoniden pl
caledonite Caledonit m, $Pb_5Cu_2[(OH)_6|CO_3|(SO_4)_3]$
calf Kalbeis n
calibrate/to eichen
calibration Eichung f (z.B. eines Analysenverfahrens)
~ curve Eichkurve f (z.B. eines Gebers)
calibre Innendurchmesser m
~ log Kalibermessung f, Messung f des Bohrlochquerschnitts
caliche 1. Chilesalpeter m, Natronsalpeter m; 2. erdiges Rohsalz n; 3. zersetzter Kalkstein mit Schluff- und Tonanteilen; 4. Kalkkruste auf Böden durch Evaporation; 5. Karbonatzement in verkitteten Sanden, Kiesen und Geröllen
calicinal zum Kelch gehörend
calicle becherförmiger Hohlraum m
calico marble triassisches Kalksteinkonglomerat n (Maryland)
calicular becherförmig
Californian jade s. californite
californite Kalifornit m, dichter Vesuvian m, massiges Vesuviangestein n (s.a. vesuvianite)
caliper Kalibermeßgerät n
~ log Kaliberlog n
~ logging Kalibermessung f
calipering device Kalibrierungsgerät n
calist standfester Sand m
calitreras Calichelagerstätte f (Nitrat)
calkinsite Calkinsit m, $(Ce, La)_2[CO_3]_3 \cdot 4H_2O$
callaghanite Callaghanit m, $Cu_2Mg_2[(OH)_6|CO_3] \cdot 2H_2O$
callainite Callainit m, $Al[PO_4] \cdot 2^1/_2H_2O$
callen eisenschüssig, reich an Fe-Oxiden
caller Geröllschicht f, loses Deckgebirge n
calley stone (sl) harter Sandstein m (im Kohlenbergbau)
Callovian [Stage] Callovien n (Stufe des Mittleren Juras)
callow 1. Aue f; 2. Abraumgestein n
Callow method Callow-Methode f (zur grafischen Darstellung von Siebanalysen)
callys (sl) Nebengestein n der Sn-Gänge in Cornwall
calm 1. Windstille f; 2. (sl) heller kohliger Schiefer m
~ water ruhiges Wasser n, Stillwasser n
calomel Kalomel m, Quecksilberhornerz n, HgCl
calorific value Heizwert m
calorimetric[al] test Heizwertbestimmung f
calp (sl) dunkler (grauer) Kalkstein m
calumetite Calumetit m, $Cu(OH, Cl)_2 \cdot 2H_2O$
calvarium Calvarium n (Schädel ohne Unterkiefer)
calve/to kalben (Gletscher)

calving Kalbung f *(eines Gletschers)*
calx *Rörückstände von Erzen*
calycular becherförmig
calyx Kelch m *(von Crinoiden)*
cambering Schollenrutschung f
Cambrian kambrisch
Cambrian Kambrium[system] n *(chronostratigrafisch);* Kambrium n, Kambriumperiode f *(geochronologisch);* Kambrium n, Kambriumzeit f *(allgemein)*
~ **Age** Kambrium n, Kambriumzeit f
~ **Period** Kambrium n, Kambriumperiode f
~ **System** Kambrium n, Kambriumsystem n
Cambro-Silurian Kambrosilur n
camel back *(sl)* Ausbucklungen fpl des Firstgesteins
camera lucida Zeichenprisma n
camerae Luftkammern fpl *(bei Cephalopoden)*
camerate gekammert
camouflage of a trace element Tarnung f eines Spurenelements
campanian [Stage] Campan[ium] n *(Stufe der Oberkreide)*
campanite Campanit m *(Nephelinsyenit)*
camper *(sl)* angewitterte Kohle f
campo Grassteppe f *(in Brasilien)*
camptonite Camptonit m *(Lamprophyr)*
camptospessartite Camptospessartit m *(Lamprophyr)*
campylite Kampylit m, Phosphormimetesit m
camsellite Camsellit m, Ascharit m, $Mg_2[B_2O_5] \cdot H_2O$
camstone *(sl)* 1. *kompakter weißer Kalkstein;* 2. *blauweißer Ton*
Canada balsam (turpentine) Kanadabalsam m
Canadian Canadien n *(Tremadoc und Arenig in Nordamerika)*
~ **drilling** Gestängeschlagbohren n
~ **Series** s. Canadian
~ **shield** Kanadischer Schild m
canadite Canadit m, Kanadit m *(Nephelinsyenit)*
canal Kanal m
~ **bank** Kanaldamm m
~ **construction** Kanalbau m
~ **embankment** Kanaldamm m
~ **in a cut** Kanal m im Einschnitt
~ **pond** Kanalstufe f
~ **reach** Kanalhaltung f
~ **river** kanalisierter Fluß m
~ **with filter bed** Sickerkanal m
canaliculate[d] kanneliert; mit Kanälen versehen
canalization Kanalisierung f
canals of Mars Marskanäle mpl
canary stone gelbe Varietät von Karneol
canasite Canasit m, $(Na, K)_5Ca_4[(OH, F)_3|Si_{10}O_{25}]$
cancellated structure Netzgefüge n
cancrinite Cancrinit m, $(Na_2, Ca)_4[CO_3|(H_2O)_{0-3}|(AlSiO_4)_6]$
cand *(sl)* Flußspat m *(als Gangfüllung)*
candle coal s. cannel coal

~-**like** kerzenartig
canfieldite Canfieldit m, $4Ag_2S \cdot (Sn, Ge)S_2$
canga *(sl)* eisenhaltige Brekzie f
Canicula Hundsstern m, Sirius m
cank [stone] *(sl)* 1. s. burr 2.; 2. s. whinrock
cann s. cand
cannel schwarzer Schiefer m
~-**boghead coal** Kännel-Boghead-Kohle f *(Sapropelkohle)*
~ **coal** Kännelkohle f *(Sapropelkohle)*
~ **shale** Kännelschiefer m *(sapropelischer Schiefer)*
cannelite s. cannel coal
canneloid kännelartig
cannizzarite Cannizzarit m, $Pb_3Bi_5S_{11}$
cannon bone Mittelhandknochen m, Mittelfußknochen m
canny s. cand
cañon s. canyon
cant 1. einseitiges Abrutschen n; 2. Neigung f
canted leg jackup Hubinsel f
cantilever Auskragung f
~ **mast** Klappmast m *(Erdölgeologie)*
cantonite s. covellite
canvas Netz n *(einer Vermessung)*
canyon Cañon m, Klamm f
~ **cutting (formation)** Cañonbildung f
~-**shaped** cañonartig
canyoning Cañonbildung f
caoutchouc Kautschuk m (n)
cap/to 1. unter Kontrolle bringen, fassen; 2. überlagern
cap 1. Hut m, Kappe f, Decke f; 2. Zünder m
~ **effect** s. caprock effect
~ **of rock** Deckgebirge n
~ **quartz** Kappenquarz m
~ **rock** s. caprock
capable of being opened aufschließbar
capacity Ausbringung f, Gehalt m, Fördermenge f
~-**inflow ratio of reservoirs** Speichervolumen-Ergänzungsmengen-Verhältnis n
~ **of deformation** Formänderungsvermögen n
~ **of reservoir** Stauinhalt m
~ **of root penetration** Durchdringungsfähigkeit f der Wurzeln
~ **of storage** Speicherkapazität f
~ **of well** Brunnenergiebigkeit f, Förderrate f *(Hydrogeologie);* Ergiebigkeit f der Bohrung, Förderrate *(Erdölgeologie)*
~ **to yield** Nachgiebigkeit f
cape Kap n, Landspitze f
~ **diamond** Kapdiamant m, gelber Diamant m
~ **ruby** Kaprubin m *(roter Granat im Kimberlit)*
capel s. caple
capillarimeter Kapillarimeter n
capillarity Kapillarität f
capillary kapillar, haarfein
capillary Kapillare f
~ **apparatus** Kapillarimeter n
~ **attraction** Kapillarattraktion f, Kapillaranziehung f, Kapillarsaugkraft f

capillary 58

~ **bore** Kapillarröhrchenhohlraum *m*
~ **channel** Kapillarkanal *m*
~ **condensation** Kapillarkondensation *f*
~ **conductivity** kapillare Leitfähigkeit *f*, Kapillardurchlässigkeit *f*
~ **constant** Kapillaritätszahl *f*
~ **depression** kapillare Absenkung *f*
~ **elevation** kapillare Steighöhe *f*, Kapillaranstieg *m*
~ **equilibrium** kapillares Gleichgewicht *n*
~ **force** Kapillarkraft *f*
~ **fringe** Porensaugsaum *m*, Kapillarsaum *m*
~ **head (height)** *s.* ~ **elevation**
~ **imbibition** kapillare Imbibition *f*
~ **interstice** Kapillarzwischenraum *m*
~ **migration** kapillare Wanderung *f*
~ **moisture** Kapillarwasser *n*, Porensaugwasser *n*
~ **number** Kapillarzahl *f*
~ **potential** Kapillarpotential *n*
~ **pressure** Kapillardruck *m*
~ **pyrite** *s.* millerite
~ **rise** *s.* ~ **elevation**
~ **tension** Kapillarspannung *f*
~ **transition zone** kapillare Übergangszone *f*
~ **tube** Kapillarröhrchen *n*
~ **wall** Kapillarröhrchenwandung *f*
~ **water** Kapillarwasser *n*, Porensaugwasser *n*
~ **yield** kapillare Aufstiegsmenge *f*
Capitanian [Stage] Capitan[ium] *n (hangende Stufe des Mittelperms)*
caple Salband *n*
capped quartz Kappenquarz *m*
cappelenite Cappelenit *m*, (Ba, Ca, Ce, Na)$_3$(Y, Ce, La)$_6$[(BO$_3$)$_6$|Si$_3$O$_9$]
capping Deckschichten *fpl*, überlagernde Schichten *fpl*
~ **bed** Hangendes *n*, hangende Schicht *f*
~ **mass** Deckgebirge *n*
~ **of gossan** Eiserner Hut *m*, Eisenhut *m*
~ **rock** Deckgestein *n*, Hutgestein *n*
caprocianite *s.* laumontite
caprock 1. Deckgebirge *n*, Deckschicht *f;* 2. Gipshydrithut *m*, Salzhut *m*, Hutgestein *n (eines Salzstocks)*
~ **effect** Schwereeffekt *m* des Salzhuts
captation Wasserfassung *f*
~ **zone** Fassungszone *f (für Grundwasser)*
capture a river/to eine Fluß anzapfen
capture 1. Enthauptung *f*, Anzapfung *f*, Kappen *n (eines Flusses);* 2. Abfangen *n (Kristallchemie);* 3. Einfang *m (Atomphysik)*
~ **cross section** Einfangquerschnitt *m*
~ **hypothesis** Einfanghypothese *f*
~ **of neutrons** Neutronenabsorption *f*
~ **of spring** Quellfassung *f*
~ **of underground water** Grundwassererschließung *f*
capturing of headwaters Quellgebietsanzapfung *f*
carachaite Karachait *m*, MgO·SiO$_2$·H$_2$O
caracolite Caracolit *m* PbNa$_2$[OH|Cl|SO$_4$]

Caradocian [Stage] Caradoc[ium] *n (Stufe, Mittelordivizium bis basales Oberordovizium)*
carapace Carapax *m*, Panzer *m*
carat Karat *n (1 metrisches Karat = 200 mg; 1 englisches Karat = 205,3 mg)*
carbankerite Carbankerit *m (Verwachsung von Kohlenmikrolithotypen mit 20–60 Vol.-% Karbonatspäten)*
carbargilite Carbargilit *m (Vermengung von Kohlenmikrolithotypen mit 20–60 Vol.-% Tonmineralen)*
carbide cutters Hartmetallbesatz *m*, Hartmetallschneiden *fpl (Bohrkronen)*
~ **of silicon** Siliziumkarbid *n*
Carbo-Permian *s.* Permo-Carboniferous
carboborite Carboborit *m*, Ca$_2$Mg[Co$_3$|B$_2$O$_5$]·10H$_2$O
carbocernaite Carbocernait *m*, (Ca, Na, La, Ce)[CO$_3$]
carbominerite Carbominerit *m (Vergesellschaftung von Kohlenmikrolithotypen mit verschiedenen Mineralen)*
carbon 1. Kohlenstoff *m*, C; 2. *s.* carbonado
~ **black** Erdgasruß *m*
~ **compound** Kohlenstoffverbindung *f*
~ **content** Kohlenstoffgehalt *m*
~ **diamond** *s.* carbonado
~ **dioxide** Kohlendioxid *n,* CO$_2$
~ **dust** Kohlenstaub *m*
~-**free** kohlenstofffrei
~-**lean** kohlenstoffarm
~ **monoxide** Kohlenmonoxid *n*, CO
~ **oil** Handelsname für Kerosen
~ **ratio** 1. Kohlenstoffisotopenverhältnis *n*,C-Isotopenverhältnis *n ($^{12}C/^{13}C$);* 2. Brennstoffverhältnis *n (Verhältnis von festem Kohlenstoff zu flüchtigen Bestandteilen einer Kohle)*
~ **ratio theory** Carbon-ratio-Theorie *f*, Kohlenstoffverhältnistheorie *f*
~-**rich** kohlenstoffreich
~ **spar** Karbonatspat *m*, Karbonatmineral *n*
~ **spot** schwarzer Fleck in einem Diamanten
carbona unregelmäßige Sn-Imprägnationen neben einem Gang
carbonaceous kohlenartig; kohlenstoffhaltig; kohlig
~ **chondrite** kohlenstoffhaltiger Chondrit *m*
~ **iron ore, ~ iron-stone** Kohleneisenstein *m*
~ **limestone** Kohlenkalk *m*
~ **rock** kohlenhaltiges Gestein *n*
~ **rocks** Kohlengebirge *n*
~ **shale** Brandschiefer *m*
carbonado Karbonado *m*, schwarzer Diamant *m*, Bohrdiamant *m*
carbonate/to karbonatisieren
carbonate Karbonat *n*, kohlensaures Salz *n*
~ **apatite** Karbonatapatit *m*, Ca$_5$[F|(PO$_4$,(O$_3$OH)$_3$]
~ **carbon** Karbonatkohlenstoff *m*
~ **geyser** Kohlensäuregeiser *m*, Kohlensäurespringquelle *f*
~ **hardness** Karbonathärte *f (Wasser)*
~ **karst** Kalkkarst *m*

~ **leaching** karbonatische (alkalische) Laugung f
~ **of barium** s. witherite
~ **of iron** s. siderite 1.
~ **of lead** s. cerussite
~ **of lime** kohlensaurer Kalk m
~ **of strontium** s. strontianite
~ **ore** karbonatisches Erz n
~ **platform** Karbonatplattform f
~ **rock** Karbonatgestein n (mehr als 50% Karbonat)
~ **sand** Karbonatsand m
~ **spring** Säuerling m, Sauerquelle f, Sauerbrunnen m, Kohlensäurequelle f
carbonated spring s. carbonate spring
carbonateous rock s. carbonate rock
carbonation 1. Kohlensäuresaturation f; 2. Karbonisierung f, Versetzen n mit CO_2; 3. Verwitterung f zu Karbonaten
carbonatite Karbonatit m
carbonatization Karbonatisierung f
carbonatize/to karbonatisieren
carbonic kohlenstoffhaltig; kohlensäurehaltig
~ **acid** Kohlensäure f
~ **acid fumarole** Kohlensäurefumarole f, nasse Mofette f
~ **acid gas** Kohlendioxid[gas] n, Kohlenstoffdioxid n
Carbonic s. Carboniferous
carboniferous 1. kohlenstoffhaltig, kohlig; 2. kohleführend
~ **rock** Steinkohlengebirge n
~ **sandstone** Kohlensandstein m
~ **slate** Kohlenschiefer m
~ **strata** Steinkohlengebirge npl
Carboniferous das Karbon betreffend, Karbon...
Carboniferous Karbon[system] n (chronostratigrafisch); Karbon n, Karbonperiode f (geochronologisch); Karbon n, Karbonzeit f (allgemein)
~ **Age** Karbon n, Karbonzeit f
~ **flora** Karbonflora f
~ **Limestone** Unterkarbon n (Süd- und Mittelengland)
~ **Period** Karbon n, Karbonperiode f
~ **System** Karbon n, Karbonsystem n
carbonification s. coalification
carbonitization Karbonatmetasomatose f
carbonization Verkokung f, Verschwelung f
~ **of bituminous coal** Steinkohlendestillation f
~ **of brown coal** Braunkohlenverschwelung f
carbonize/to verkohlen, verschwelen, verkoken
~ **under vacuum at a low temperature** verschwelen, abschwelen
carbonized verkohlt, verschwelt, verkokt
~ **lignite** Braunkohlenkoks m, Schwelkoks m
~ **wood** verkohltes Holz n
carbonizing flame reduzierende Flamme f, Reduktionsflamme f
carbonolite s. carbonaceous rock

carbonous kohlig
carbopolyminerite Carbopolyminerit m (Verwachsung von Kohlenmikrolithotypen mit 20–60 Vol.-% Mineralsubstanz)
carbopyrite Carbopyrit m (Verwachsung von Kohlenmikrolithotypen mit 5–20 Vol.-% sulfidischen Erzen)
carborne exploration Erkundung f vom Fahrzeug aus
carborund[um] Karborund[um] n, Siliziumkarbid n
carbosilicite Carbosilicit m (Verwachsung von Kohlenmikrolithotypen mit 20–60 Vol.-% Quarz)
carcass Kadaver m, Leiche f
cardinal angle Dorsalwinkel m
~ **area** Schloßrand m (Brachiopoden)
~ **points** vier Himmelsrichtungen fpl
~ **septum** Kardinalseptum n, Gegenseptum n (Korallen)
carelianite Karelianit m, V_2O_3
carex peat Seggentorf m
Caribbean arc Karibischer Bogen m
~ **Sea** Karibisches Meer n
carina Kiel m, Grat m (von Fossilien)
carinate anticline isoklinal gefaltete Antiklinale f
~ **fold** s. isoclinal fold
~ **syncline** isoklinal gefaltete Synklinale f
carinated gekielt
carinthine Karinthin m (braungrün pleochroitische Eklogithornblende)
Carixian [Stage] Carix n, unteres Pliensbach n (Stufe des Unteren Juras)
carlosite Carlosit m, Neptunit m (s.a. neptunite)
Carlsbad twin Karlsbader Zwilling m
Carmel formation Carmel-Formation f, Gypsum-Spring-Formation f (Dogger, Nordamerika)
carminite Carminit m, $PbFe_2[OH|AsO_4]_2$
carn Steinhaufen m, Felsen m
carnack (sl) Hornstein m
carnallite Karnallit m, Carnallit m, $KMgCl_3 \cdot 6H_2O$
carnallitite Karnallitit m, Carnallitit m
carnegieite Carnegieit m, $NaAlSiO_4$ (aus Nephelin bei Erhitzen)
carnelian, carneol[e] Karneol m (s.a. chalcedony)
Carnian [Stage] Karn n (alpine Trias)
carnotite Karnotit m, Carnotit m, $K_2[(UO_2)_2|(VO_4)_2] \cdot 3H_2O$
carobbiite Carobbiit m, KF
carpal bone Carpalium n, Handwurzelknochen m
carpathite Karpathit m, $C_{32}H_{78}O$
carpet folding Teppichfaltung f
carpholite Karpholith m, $MnAl_2[(OH)_4|Si_2O_6]$
carphosiderite Karphosiderit m, $H_2OFe_3[(OH)_5H_2O|(SO_4)_2]$
carpolite Fruchtversteinerung f, fossile Frucht f

carpus

carpus Carpus m, Handwurzel f, Handgelenk n
carr Übergangsmoorboden m
carrack s. caple
Carrara [marble] Carraramarmor m
carried soil verschwemmter Boden m
carrier Träger m
~ **bed** Trägergesteinsschicht f, Speichergesteinsschicht f
~ **nappe** Trägerdecke f (Tektonik)
~ **of water** wasserführende Schicht f
~ **rock** Trägergestein n, Speichergestein n
carrion eater (feeder) Aasfresser m
carrollite Carrollit m, $CuCo_2S_4$
carry down/to abteufen, niederbringen
~ **on explorations** Aufschlußarbeiten verrichten (betreiben)
~ **out coring** einen Kern bohren, kernen
carry [on] explorations Aufschlußarbeiten fpl, Abbau m
~-**over storage** Speicher m für mehrere Jahre
carrying capacity Transportfähigkeit f
~ **power** Schleppkraft f
carse flache Alluvion in Ästuarmündung
carstone eisenschüssiger Sandstein m
cartilaginous fish Knorpelfisch m
~ **skeleton** Knorpelskelett n
cartographer Kartenzeichner m, Kartograf m
cartographic[al] kartografisch
~ **correction** Geländekorrektur f (bei geophysikalischen Messungen)
~ **rectification** kartografische Entzerrung f (z.B. einer Fernerkundungsaufnahme)
~ **reference system** kartografisches Bezugssystem n
~ **survey** kartografische Erkundung (Vermessung) f
cartography Kartografie f, Kartenkunde f
carve/to kerben, schlitzen, [ver]schrämen
~ **out** skulpturieren, herausarbeiten (durch Erosion)
carved face verschrämter Stoß m
carving Steinarbeit f, Bildhauerarbeit f, Schram m
caryinite Karyinit m, $(Na, Ca)_2(Mn, Mg, Ca, Pb)_3[AsO_4]_3$
caryopilite Karyopilit m, $Mn_6[(OH)_8|Si_4O_{10}]$
Casagrande shear test apparatus Scherapparat m nach Casagrande, Scherkastengerät n, Scherbüchse f
casalties (sl) Zinnschlämme mpl
cascade Wasserfall m, Kaskade f
Cascadian disturbance (orogeny) kaskadische Faltung f
cascadite Cascadit m (Varietät von Lamprophyr)
case/to verrohren, auskleiden
case Gehäuse n
cased [bore]hole verrohrtes Bohrloch n
~ **hole completion** Fertigstellung f als verrohrte Bohrung
~-**in bore** verrohrte Bohrung f

cash (sl) milder Schieferton m (in Kohleflözen)
cashy blaes (sl) milder kohliger Tonschiefer m
casing 1. Verrohrung f, Röhrentour f, Rohrfahrt f, Rohrstrang m, Futterrohr n; 2. Verrohren n, Verrohrung f (Arbeitsprozeß); 3. Salband n
~ **break-off** Bohrstrangbruch m, Futterrohrbruch m
~ **cementing job** Ringraumzementierung f, Ringraumzementation f
~ **collapse** Einbeulen (Eindrücken) n der Verrohrung, Futterrohreinbeulung f
~ **collar** Rohrmuffe f
~ **depth** Verrohrungsteufe f
~ **head** Rohrkopf m
~-**head gas** Bohrlochkopfgas n, Sondengas n, feuchtes Erdgas n
~-**head gasoline** Naturgasbenzin n, Rohrkopfbenzin n, aus dem Naturgas zurückgewonnenes Leichtbenzin n
~-**head pressure** Kopfdruck m, Druck m am Bohrlochkopf, Ringraumkopfdruck m
~ **perforation** Rohrperforation f
~ **pipe** Verrohrung f (Material)
~ **point** Verrohrungsteufe f
~ **pressure** Verrohrungsdruck m, Ringraumdruck m
~ **program** Bohrlochkonstruktion f, Verrohrungsprogramm n
~ **roller** Futterrohrroller m
~ **seat** Futterrohrabsetzteufe f
~ **shoe** Rohrschuh m
~ **size** Verrohrungsabmaße npl
~ **spear** Rohrfangkrebs m
~ **string** Futterrohrstrang m, Futterrohrtour f
~ **tongs** Rohrzange f
Cassadagan [Stage] Cassadaga n (Stufe des Famenne in Nordamerika)
Casselian [Stage] s. Chattian
Cassian Beds Cassianer Schichten fpl
Cassinian [Stage] Cassinien n (hangende Stufe des Unterordoviziums in Nordamerika)
cassidyite Cassidyit m, $Ca_2(Ni,Mg)(PO_4)_2 \cdot 2H_2O$ (Meteoritenmineral)
cassiterite Kassiterit m, Zinnstein m, SnO_2
~ **wolframite vein** Zinn-Wolfram-Gang m
cast down/to ins Liegende verwerfen
~ **over** ins Hangende verwerfen
cast Ausguß m, Abguß m
~ **basalt** Schmelzbasalt m
~ **hole** Schürfbohrloch n
~ **in relief** erhabener Abguß m
~-**up seaweed** angeschwemmter Seetang m
castaways (sl) taube Gangfüllung f
castillite Castillit m (Gemenge von Zn-, Cu-, Ag-Erzen)
casting s. coprolite
castle koppie kleiner Inselberg m
castorite s. petalite
cat feuerfester Ton m (in Kohleschichten)
~ **claw** (sl) Markasitlage in Kohle
~ **dirt** (sl) 1. Kohle mit Pyrit; 2. harter, feuerfester Ton

~ face Pyritkonkretionen in der Kohle
~ gold (sl) Katzenglimmer m, Katzengold n (angewitterter Biotit)
~ heads Katzensteine mpl (Gestein mit eisenhaltigen Knoten)
cataclasis Kataklase f
cataclasite Kataklasit m; kataklastisches Gestein n
cataclastic kataklastisch
~ metamorphism Dislokationsmetamorphose f
~ processes Kataklase f
~ structure kataklastisches Gefüge n
cataclinal valley Kataklinaltal n, Tal n in Richtung des Schichtfallens
cataclysm Kataklysmus m, erdumwälzende Flutkatastrophe f
cataclysmal theory Kataklysmentheorie f
catagenesis Katagenese f (Anchimetamorphose)
catalinite Achatmandel f (als Flußgeröll)
catamorphism Katamorphismus m
catanorm Katanorm f
cataorogenic tieforogen
catapleiite Katapleit m, $Na_2Zr[Si_3O_9] \cdot 2H_2O$
cataract Wasserfall m
catarinite Ni-reicher Eisenmeteorit
catastrophe Katastrophe f (11. Stufe der Erdbebenstärkeskala)
catastrophic[al] flood Flutkatastrophe f
~ theory Katastrophentheorie f
catastrophism Katastrophentheorie f
catastrophist concept Katastrophentheorie f
catazone Katazone f
catch basin Sammelloch n
~ drain s. ~ water drain
~ earth s. cat
~ sample Spülprobe f
~ water drain Sammelgraben m, Drainagegraben m; offene Wasserhaltung f
catchment area Einzugsgebiet n, Sammelgebiet n; Fanggebiet n, Auffangfläche f; Niederschlagsgebiet n; Entwässerungsgebiet n, Abflußgebiet n; Ernährungsgebiet n; Flußbecken n
~ area of an aquifer Einzugsgebiet n eines Grundwasserleiters
~ basin Nährgebiet n (eines Gletschers); Abflußgebiet n, Sammelbecken n
~ drainage area, ~ ground Einzugsgebiet n
~ of ground waters Grundwassererfassung f
~ surface Auffangfläche f
category of geological structure complication Kategorie f der Kompliziertheit des geologischen Baus bei Untersuchungsarbeiten
catenary-moored semisubmersible an Ketten verankerter Halbtaucher m
cathead Spill n
cathode ray tube Katodenstrahloszillograf m
cation exchange capacity Kationenaustauschkapazität f, Umtauschkapazität f
catlinite s. pipestone
catoctin s. monadnock

catoptrite Katoptrit m, $Mn_{14}Sb_2(Al, Fe)_4[O_{21}|(SO_4)_2]$
cat's brain Sandstein m mit Kalzitdurchtrümerung
~ eye (quartz) Katzenauge n (Quarz mit Asbest)
cattierite Cattierit m, CoS_2
cauce Flußbett n
caudal fin Schwanzflosse f
~ shield s. pygidium
~ spine s. telson
~ vertebra Schwanzwirbel m
cauk 1. Kalk m (in Schottland); 2. (sl) Baryt m
cauldron Kessel m
~ bottom 1. Sargdeckel m; 2. fossiler Wurzelboden m (im Hangenden eines Flözes)
~-shaped kesselförmig
~ subsidence Einbruchsbecken n
cauliflower structure Blumenkohlstruktur f (stromatolithische Limonitkruste)
caulm (sl) s. calm
causative body Störkörper m
caustic kaustisch
caustic Brennpunkt m
~ metamorphism kaustische Metamorphose f, Kontaktmetamorphose f
~ soda solution Natronlauge f
caustobiolite Kaustobiolith m
cave/to zu Bruch gehen, einstürzen, niederbrechen
~ in zusammenstürzen; zusammenfallen (Bohrloch, Grubenräume); nachfallen (Bohrloch); zu Bruch gehen, einsinken, niederbrechen
cave 1. Höhle f; 2. Einsturz m, Bruch m; Nachfall m (Bohrloch)
~ arches torartige Grotten fpl
~ bear Höhlenbär m
~ clay Höhlenlehm m
~ deposit Höhlenablagerung f, Höhlensediment n
~ dweller Höhlenbewohner m
~-dwelling animal Höhlentier n
~-in Einsturz m, Bruch m, Nachfall m (Bohrloch)
~ limestone Höhlenkalkstein m
~ man Höhlenmensch m
~ onyx (Am) Sinter[kalk] m, Kalksinter m
~ pearl Kalziterbse f, Höhlenperle f
~ roof Höhlendach n
~ to the surface Tagesbruch m (Bergschaden)
caved goaf Bruchfeld n
~ roof zu Bruch gegangenes Hangendes n
cavern Kaverne f
~ convergence Kavernenkonvergenz f
~ deposit Höhlenablagerung f, Höhlensediment n
~ design Kavernendimensionierung f
~ leaching process Aussolen n von Kavernen
~ logging Kavernenvermessung f (Bohrlochgeophysik)
~ region Höhlengebiet n
~ roof Kavernendach n

cavern 62

~ **shape** Kavernenkontur f
~ **storage** Kavernenspeicher m
~ **sump** Kavernensumpf m
~ **surveillance** Kavernenüberwachung f
~ **survey** s. ~ logging
~ **wall** Kavernenstoß m
~ **well** Kavernenbohrung f
cavernous blasig, zellig, kavernös
~ **dolomite** kavernöser Dolomit m
~ **fissure** Höhlenspalte f
~ **lode** s. ~ vein
~ **sand** Blasensand m
~ **structure** kavernöses (zelliges) Gefüge n
~ **vein** kavernöser (offener) Gang m *(Oxydationszone)*
~ **weathering** Verwitterung f von innen heraus, Auswitterung f
cavetto Hohlkehle f
cavey formation nachfallendes Gebirge n
caving Nachfall m
~ **country (formation, ground)** nachfallendes (nachfälliges) Gebirge n
~-**in** Zusammenbruch m; Hereinbrechen n des Hangenden *(Bruchbau)*
~ **line** Bruchlinie f
~ **of the walls of a drill hole** Zusammenbruch m der Bohrlochwand[ung]
~ **rocks** zu Bruch gehendes Gebirge n
~ **zone** Bruchzone f
cavitation Kavitation f
cavities Bruchfeld n
cavity Hohlraum m; Auskesselung f, Bohrlochauskesselung f
~ **filling** Höhlenfüllung f
~ **volume** Hohlraumvolumen n
~ **working** Weitungsbau m
cawk [stone] *(sl)* 1. Kalk m; 2. unreiner Baryt m
cay Küsteninsel f *(aus Sand oder Korallen)*
Cayugan [Series] Cayugan n *(Obersilur in Nordamerika)*
Cazenovian [Stage] Cazenovien n *(Stufe des Eriens in Nordamerika, Devon)*
CCD s. 1. calcite compensation depth; 2. charge-coupled device
CCOP/SOPAC = Committee for Co-ordination of Joint Prospecting for Mineral Resources in Offshore Areas/East Asia
CCT s. computer compatible tape
CDP s. common depth point
CDPS s. common depth point stack
cebollite Cebollit m, $Ca_5Al_2[(OH)_4|(SiO_4)_3]$
cedar-tree laccolith Zederbaumlakkolith m
cedarite Cedarit m *(bernsteinähnliches Harz)*
ceiling cavity Klufthöhlenreihe f
~ **of an aquiferous layer** Grundwasserdeckschicht f
celadonite Seladonit m, Grünerde f *(Fe-, Mg-, K-Silikat)*
celestial Himmels...
~ **axis** Himmelsachse f, Weltachse f
~ **body** Gestirn n, Himmelskörper m

~ **equator** Himmelsäquator m
~ **globe** Himmelsglobus m
~ **horizon** Himmelshorizont m
~ **mechanics** Himmelsmechanik f
~ **meridian** Himmelsmeridian m
~ **navigation** Astronavigation f
~ **observation** Himmelsbeobachtung f
~ **pole** Himmelspol m
~ **space** Weltraum m
~ **sphere** Himmelskugel f, Firmament n
~ **vault** Himmelsgewölbe n
celestine s. celestite
celestite Cölestin m, $SrSO_4$
cell wall of coke Kokszellwand f
cellar Bohrturmkeller m
cellular zellig
~ **dolomite** Rauhwacke f, Zellendolomit m
~ **lava** Blasenlava f
~ **pyrite** s. marcasite
~ **soil** Zellenboden m
~ **structure** Netz[werk]struktur f
celsian Celsian m, $Ba[Al_2Si_2O_8]$
celtium s. hafnium
celyphitic s. kelyphitic
cement [together]/to verfestigen, verkitten
cement Bindemittel n, Zwischensubstanz f
~ **bridge** Zementbrücke f
~ **clay** Zementton m *(für Portlandzement)*
~ **for packing** Tiefbohrzement m
~ **grout** Zementschlämme f, Zementmilch f
~ **grouting** Zementinjektion f
~ **log** Zementlog n *(Bohrlochmessung)*
~ **retainer** Zementationspacker m
~ **rock** argillitischer Kalkstein m *(für hydraulischen Zement)*
~ **sheath** Zementmantel m *(Bohrtechnik)*
~ **slurry** Zementschlämme f, Zementmilch f
~ **stabilization** Verfestigung f mit Zement, Vermörtelung f
~ **stone** s. ~ rock
~ **top** Zementkopf m
cementation 1. Zementation f, Zementierung f; 2. Verkittung f *(von Gestein)*; 3. Baugrundverfestigung f
~ **by enlargement** Zementierung f durch Kornvergröberung *(Rekristallisation)*
~ **factor** Zementationsfaktor m
~ **of rock fissures** Gesteinsauspressung f
~ **zone** Zementationszone f
cementative accumulation zementative Ansammlung f
cemented verkittet
~ **rock** verfestigtes Gestein n
~ **shale** Schiefer m mit Bindemittelverkittung
~ **together** zusammengekittet *(Gestein)*
cementing Zementation f *(Bohrtechnik)*; Zementieren n, Zementtränkung f *(Bauwesen, Bohrtechnik)*
~ **material** Bindemittel n, [verkittende] Zwischensubstanz f
~ **on glass slide** Aufkitten n *(auf Objektglas)*
~ **plug** Zementierstopfen m

chalcanthite

~ **property** Bindefähigkeit f, Backvermögen n
~ **pump** Zementierpumpe f
~-**together** Zementierung f
~ **unit** Zementieranlage f
cementitious verkittend (für Material mit Stabilisierungseigenschaften, z.B. Kalk, Tuff)
cenology s. surface geology
Cenomanian [Stage] Cenoman n (Stufe der Oberkreide)
~ **transgression** Cenomane Transgression f
Cenophytic Känophytikum n
cenosite Kainosit m, $Ca_2Y_2[CO_3|Si_4O_{12}]·H_2O$
cenotypal jungvulkanisch
~ **rock** jungvulkanisches Gestein n
Cenozoic [Era] Känozoikum n
cenozone s. assemblage zone
centimeter-sized in Korngröße von 1–10 cm
centimicron-sized in Korngröße von 100 bis 1000 µm
central core [of the earth] Erdkern m
~ **eruption** Zentraleruption f
~ **loading** mittige Belastung f
~ **massif** Zentralmassiv n
~ **meridian** Hauptmeridian m
~ **peak** Zentralberg m (des Mondes)
Central European Variscan belt mitteleuropäisches Varistikum n
centrallasite Zentrallasit m, Gyrolith m, $Ca_2[Si_4O_{10}]·4H_2O$
centre of accumulation Nährgebiet n (eines Gletschers)
~ **of crystallization** Kristallisationszentrum n
~ **of displacement** Verdrängungszentrum n, Verdrängungspunkt m
~ **of eruption** Ausbruchszentrum n
~ **of mass coordinate** Schwerpunktskoordinate f
~ **of origin** Entstehungszentrum n
~ **of pressure** 1. Druckmittelpunkt m; 2. Druckzentrum n (im Grundwasserleiter)
~ **of support** Unterstützungspunkt m
~ **of symmetry** Symmetriezentrum n
~ **of the earth** Erdmittelpunkt m
centrifugal zentrifugal
~ **air separator** Windsichter m
~ **classifier** Fliehkraft[naß]klassierer m
~ **fault** Aufschiebung f
~ **force** Zentrifugalkraft f
centrifuge Zentrifuge f, Turbozyklon m (Spülungstechnik)
centripetal zentripetal
~ **acceleration** Zentripetalbeschleunigung f
~ **fault** normale Verwerfung f
~ **force** Zentripetalkraft f
centroclinal umlaufend (Streichen)
~ **bedding** trichterförmiger Schichtenbau m
~ **dip** periklinales Einfallen n
~ **fold** Schüssel f (Struktur)
centrocline s. pericline 2.
centrosphere Erdkern m
cenuglomerate zementierte Brekzie f
cephalopod Kopffüßer m, Cephalopode m

~ **facies** Cephalopodenfazies f
ceramic raw material keramischer Rohstoff m
cerargyrite Kerargyrit m, Chlorsilber n, Silberhornerz n, Chlorargyrit m, AgCl
ceratite Ceratit m
~ **limestone** Ceratitenkalk m
~ **marl** Ceratitenmergel m
ceratitic ceratitisch
~ **suture** ceratitische Lobenlinie f
ceratophyre s. keratophyre
cerepidote s. allanite
cerfluorite Cerfluorit m, $(Ca, Ce)F_2$
cerianite Cerianit m, $(Ce, Th)O_2$
cerinite Zerenit m (pflanzliche Wachsbildung in Braunkohlen)
cerite Zerit m, Cerit m, $(Ca, Fe)Ce_3H[(OH)_2|SiO_4|Si_2O_7]$
cerium Zer n, Cer n, Ce
cerussite Zerussit m, Cerussit m, Weißbleierz n, $PbCO_3$
cervantite Cervantit m, Sb_2O_4
cervical vertebra Halswirbel m, Cervicalwirbel m
cesium (Am) Zäsium n, Caesium n, Cs (s.a. caesium)
cessation of deposition Lücke f in der Schichtenfolge
cesspool Senkbrunnen m
ceylanite s. ceylonite
Ceylon lumps stückiger Graphit m
~ **plumbago** Ceylongraphit m
ceylonite Ceylonit m, Pleonast m (schwarzer Spinell)
CFGPD = cubic feet gas per day
CGMW = Commission for the Geological Map of the World (IUGS)
chabasite, chabazite Chabasit m, $Ca,Na_2[Al_2Si_4O_{12}]·6H_2O$
chad Schotter m
chadacryst s. xenocryst
Chadronian [Stage] Chadron[ien] n (Wirbeltierstufe des Oligozäns in Nordamerika)
chafe away/to abscheuern
chaff peat Torf m mit stückigen Pflanzenresten
chafing Abscheuerung f
chain 1. Kette f, Zerfallsreihe f; 2. Längeneinheit von 66 Fuß; 3. direkte Entfernungsmessung (mit Stahlband)
~ **coral** Kettenkoralle f
~ **gauge** Reihenpegel m
~ **of islands** Inselkette f
~ **of lakes** Seenkette f
~ **of mountains** Kettengebirge n
~ **of vulcanoes** Vulkankette f
~ **silicate** Kettensilikat n, Inosilikat n
~ **tongs** Kettenzange f
~ **traverse** geknickter Polygonzug m (Vermessungskunde)
chaining arrows Stäbe mit Markierungsfähnchen für Prospektionsarbeiten
chalazoidites s. accretionary lapilli
chalcanthite Chalkanthit m, $Cu[SO_4]·5H_2O$

chalcedonic 64

chalcedonic chalzedonisch
~ chert glasiger, muschelig brechender Hornstein bzw. Kieselschiefer
chalcedony Chalzedon m, SiO_2 (kryptokristallin)
chalchnite s. turquois
chalcoalumite Chalkoalumit m, $CuAl_4[(OH)_{12}|SO_4]\cdot 3H_2O$
chalcocite Chalkosin m, Kupferglanz m, Cu_2S
chalcocyanite Hydrocyanit m, Chalcocyanit m, $Cu[SO_4]$
chalcolamprite Chalkolamprit m, Pyrochlor m, $(Ca,Na)_2(Nb, Ta)_2O_6(O, OH, P)$
chalcolite s. torbernite
chalcomenite Chalkomenit m, $Cu[SeO_3]\cdot 2H_2O$
chalconatronite Chalkonatronit m, $Na_2Cu[CO_3]_2\cdot 3H_2O$
chalcophanite Chalkophanit m, $ZnMn_3O_7\cdot 3H_2O$
chalcophil[e] s. chalcophilic
chalcophilic chalkophil
~ element chalkophiles Element n
chalcophyllite Chalkophyllit m, $(Cu,Al)_3[(OH)_4|(AsO_4,SO_4)]\cdot 6H_2O$
chalcopyrite Chalkopyrit m, Kupferkies m, $CuFeS_2$
chalcosiderite Chalkosiderit m, $CuFe_6[(OH)_2|PO_4]_4\cdot 4H_2O$
chalcosine s. chalcocite
chalcostibite Chalkostibit m, Kupferantimonglanz m, Wolfsbergit m, $Cu_2S\cdot Sb_2S_3$
chalcotrichite Chalkotrichit m (nadliger Cuprit)
chalk Schreibkreide f
~ cliff Kreidefelsen m
~ deposit Kreideablagerung f
~ flint Feuerstein m in Kreide
~-loving kalkliebend
~ marl Kreidemergel m
~ period Kreidezeit f
chalkhumus soil Humuskarbonatboden m
chalky kreidehaltig, kreidig
~ limestone Kreidekalkstein m
~ soil Kreideboden m
chalmersite s. cubanite
chalybeate eisenähnlich; eisenhaltig
~ spring Stahlquelle f, Eisensäuerling m, Eisenquelle f
chalybite s. siderite 1.
chalypite Chalypit m, Fe_2C (in Meteoriten)
chamber 1. Abbaukammer f; 2. Kammer f (von Fossilgehäusen)
~ blasting Kammersprengen n, Kammersprengarbeit f
~ of ore Erzbutze f, Erznest n
chambered gekammert
~ vein Kammergang m
chambersite Chambersit m, $Mn_3[Cl|B_7O_{13}]$
chamfer/to abschrägen, böschen
chamfer schräger Anschnitt m
chamfering Abschrägen n, Abkanten n
chamo[i]site Chamosit m,
$(Fe, Mg)_6[O|(OH)_8|AlSi_3O_{10}]$

champion lode Hauptgang m
Champlainian [Series] Champlainien n (Llanvirn, Llandeilo und Teile des Caradocs in Nordamerika)
chance sample Stichprobe f, Einzelprobe f
chances of discovery Fundaussichten fpl, Fundmöglichkeiten fpl
change detection Feststellung f von Veränderungen
~ in direction Richtungswechsel m
~ in facies Faziesübergang m
~ in potential Potentialsprung m
~ of climate Klimawechsel m
~ of colours Labradorisieren n
~ of facies Fazieswechsel m
~ of level Niveauänderung f
~ of shift Schichtwechsel m (lithologisch)
~ of temperature Temperaturwechsel m
~ of volume Volumenänderung f
~ point Umwandlungspunkt m
changeable coast line veränderliche Uferlinie f
~ lustre Schillerglanz m
changing of colours Labradorisieren n
~ of the bit Umsetzen n des Bohrgeräts
channel 1. Rinne f; Auswaschungsrinne f, Erosionsrinne f, Strömungsrinne f; 2. Graben m
~ bar Flußsandbank f
~ cast Rinnenfüllung f, Rinnenmarke f, Prielfüllung f
~ encroachment Grabenflutung f
~ fill Rinnensediment n
~-floor lag grobe Ablagerung auf dem Boden von Strömungs- oder Flußrinnen
~ migration Flußbettverlagerung f
~-mouth bar Sedimentbank f im Fluß (durch Strömungsverringerung)
~ net Entwässerungsnetz n (eines Einzugsgebiets)
~ of a river Flußbett n
~ of ascent Förderschlot m, Schußkanal m
~ of drainage Abflußrinne f
~ of marginal glacial streamwash Schmelzwasserrinne f
~ pattern Rinnenmuster n, Flußbettmuster n
~ precipitation Gewässerniederschlag m (Niederschlag, der in Flüsse oder Seen fällt)
~ regime equation Grabenströmungsgleichung f
~ roughness Bettrauhigkeit f (des Wassers)
~ sample Schlitzprobe f
~ sand Rinnensediment n, Rinnensand m
~ slope Talgefälle n
~ storage Wasseraufspeicherung f des Flußbetts
~ wave Kanalwelle f (elastische Welle mit geringer Ausbreitungsgeschwindigkeit)
channelled zerkart, kanneliert
~ by ice eisgeschrammt
channelling Kannelierung f, Riefenbildung f, Auskehlung f

chertification

~ **machine** Schrämm[vortriebs]maschine f, Fräsvortriebsmaschine f
channelway Zufuhrkanal m
chaos of rocks Felsenmeer n
chap/to sich spalten
chap Spalte f
chapmanite Chapmanit m, $SbFe_2[OH|(SiO_4)_2]$
character displacement Merkmalsverschiebung f
characteristic curve Ausbaukennlinie f
~ **fossil** Leitfossil n
~ **pulse method** Eigenimpulsverfahren n
~ **series** Kennreihe f
~ **subgroup** Kennuntergruppe f
charcoal 1. Holzkohle f; 2. Brandfusit m (in Torfmooren oder Kohlenflözen)
~ **heap** Holzkohlenmeiler m
~ **layer** Holzkohlenschicht f
charge Ladung f (auch chemisch)
~**-coupled device** ladungsgekoppelte Halbleitervorrichtung f (Linearanordnung ladungsgekoppelter Festkörperdetektoren, als Fernerkundungssensor genutzt)
~ **density** Ladungsdichte f
charged with water wasserdurchtränkt
Charmouthian [Stage] Charmoutien n (Stufe des Unteren Juras)
charnockite Charnockit m
charred wood verkohltes Holz n
chart/to kartieren, auf eine Karte eintragen
chart Karte f, grafische Darstellung f
~ **of geologic time** geologische Zeittafel f
charting Kartieren n
chasing Verfolgung f eines Gangs im Streichen
chasm Abgrund m, Kluft f, Schlucht f
chasmy kluftreich
chassignite Chassignit m (Meteorit)
chat verwachsen, fein eingesprengt
chat klastischer Chalzedon als Bestandteil der Gangart
chathamite Chathamit m, $(Fe, Co, Ni)As_3$
chatoyancy Lichtspiel n der Augensteine (z.B. Tigerauge, Falkenauge)
chatoyant changierend, schillernd
chatter mark Splittermarke f, Schlagfigur f
Chattian [Stage] Chatt[ium] n, Katt n (Stufe des Oligozäns)
chatty ore fein eingesprengtes Erz n
Chazyan [Stage] Chazy n, Chazy-Kalk m (Stufe des Champlainiens in Nordamerika)
check analysis Kontrollanalyse f
~ **borehole** Kontrollbohrloch n
~ **irrigation** geregelte Bewässerung f
~ **run** Kontrollmessung f
~ **sample** Vergleichsprobe f, Parallelprobe f
~ **shot** Kontrollschuß m (bei der Bohrlochmessung)
checker ... s. chequer ...
checkered s. chequered
checking karoartige Rißbildung f
~ **of borehole depth** Bohrlochlängenkontrolle f

~ **of the water table** Wasserstandsmessung f, Wasserspiegelmessung f
cheek off/to beräumen
cheek 1. Wange f (bei Fossilien); 2. Hangendes n und Liegendes n, Nebengestein n, Salbänder npl
~ **bone** Backenknochen m, Jugale n
~ **tooth** Backenzahn m
cheeks Wangen fpl (des Trilobitenkopfschilds)
cheestone ausbrechender Kluftkörper m
chelation biogene Gesteinszerstörung f
chemical chemisch
~ **analysis** chemische Analyse f
~ **attack** chemischer Angriff m
~ **autotrophic bacterial activity** bakterielle chemoautotrophe Aktivität f
~ **bond** chemische Bindung f
~ **composition** chemische Zusammensetzung f
~ **corrosion** chemische Korrosion f
~**-deposited sedimentary rock** chemisches Sedimentgestein n, Ausscheidungssedimentgestein n, Präzipitatgestein n
~ **element** chemisches Element n
~ **equation** chemische Gleichung f
~ **equilibrium** chemisches Gleichgewicht n
~ **geology** Geochemie f
~ **grouting** chemische Verfestigung f
~ **mineralogy** Mineralchemie f
~ **properties** chemische Eigenschaften fpl
~ **reaction** chemische Reaktion f
~ **reservoir rock** chemisches Speichergestein n
~ **soil solidification** chemische Bodenverfestigung f
~ **substitution** chemischer Austausch m
~ **weathering** chemische Verwitterung f
~ **well service** chemische Bohrlochbehandlung f
chemically bound water Konstitutionswasser n
~ **formed rock** Gestein n chemischen Ursprungs
chemism Chemismus m
chenevixite Chenevixit m, $Cu_2Fe_2[(OH)_2|AsO_4]_2 \cdot H_2O$
chequer-board pattern Schachbrettmuster n
~ **coal** in parallelepipedische Stücke zerfallender Anthrazit
chequered karoartig
~ **albite** Schachbrettalbit m
cheralite Cheralith m, $(Ca, Ce, La, Th)[PO_4]$
chernier Strandwall m
chernozem Schwarzerde f, Tschernos[j]em m (n), Tschernosjom m (n)
cherry coal Sinterkohle f
chert Kieselschiefer m, Hornstein m, Feuerstein m
~ **bit** Cobra-Meißel m (Bohrkrone)
~ **breccia** Hornsteinbrekzie f
~ **gravel** Hornsteinschotter m
~ **limestone** Kieselkalkstein m
~ **nodule** Silexknolle f, Kieselknauer m
chertification Verkieselung f

cherty 66

cherty kieselig, verkieselt, hornsteinartig
~ **limestone** Kieselkalkstein *m*
chervetite Chervetit *m*, $Pb_2V_2O_7$
chess-board texture Schachbrettstruktur *f*
chessy copper, chessylite s. azurite
Chesterian [Stage] Chester *n* (Stufe des Mississippiens)
chestnut-brown soil kastanienfarbiger Boden *m*
chevron cross-bedding Fiederschichtung *f*, Kreuzschichtung *f*
~ **fold** Staffelfalte *f* (s.a. zigzag fold)
~ **mark** Fiedermarke *f*, gefiederte Schleifrille *f*
~ **pattern** Grätenmuster *n*
chi-square test Chi-Quadrat-Test *m* (Wahrscheinlichkeitstest einer Verteilungsanalyse)
chiastolite Chiastolith *m* (s.a. andalusite)
chibinite Chibinit *m*
chief index of refraction Hauptbrechungsindex *m*
Chihsian [Stage] Chihsia *n* (hangende Stufe des Unterperms)
childrenite Childrenit *m*, $(Fe,Mn)Al[(OH)_2|PO_4]\cdot H_2O$
Chile nitre (salpetre) Chilesalpeter *m*, $NaNO_3$
chilenite Chilenit *m*, (Ag,Bi)
chill/to abkühlen, abschrecken
chillagite Chillagit *m*, $Pb[(Mo, W)O_4]$
chilled contact (edge) dichte Randfazies *f* (Kontaktmetamorphose)
~ **shot** Hartschrot *n*
~-**shot bit** Schrotkrone *f*
~ **surface** Abkühlungsfläche *f*
chilling 1. Abkühlung *f*; 2. Glashärte *f*
chim Goldsand *m*
chimmer Goldwäscher *m*, Aufbereiter *m* (mit Mulden)
chimming Erzaufbereitung *f* (mit Mulden)
chimney 1. Vulkanschlot *m*, Kamin *m*, Esse *f*, 2. Gletschermühle *f*; 3. vertikaler Erzfall *m*
~ **gas** Rauchgas *n*
~ **of ore** Erzfall *m*
~ **rock** Erdpyramide *f*, Erdpfeiler *m*
~ **rocks** Felsklippen *fpl*
chimneylike kaminartig, schornsteinartig
China clay Porzellanerde *f*, Rohkaolin *m*
~ **stone** kaolinisierter Granit *m*, pneumatolytischer Kaolin *m* (von Cornwall)
chine Kliffhang *m*
~ **of mountains** Bergrücken *m*, Kamm *m*
Chinese figure stone Agalmatolith *m*
~ **soapstone** chinesischer Speckstein *m* (s.a. talc)
chink Ritze *f* (im Gestein)
chinkolobwite Chinkolobwit *m*, Sklodowskit *m*, $MgH_2[UO_2|SiO_4]_2\cdot 5H_2O$
chinley coal Stückkohle *f*
chinook Föhn *m*
chiolite Chiolith *m*, $Na_5[Al_3F_{14}]$
chip Splitter *m*
~ **sample** Splitterprobe *f*, Pickprobe *f*
~ **yard** Waldboden *m*

chipper Grabstichel *m*
chippings 1. Grobkies *m*, Gesteinssplitt *m*; 2. Bohrklein *n*
chips Gesteinssplitt *m*
~ **of rock** Gesteinssplitter *mpl*
chiropterite Fledermausguano *m*
chirotype Chirotyp *m* (noch nicht publizierte Spezies)
chirt[t] s. chert
chisel Handmeißel *m*, Beitel *m*
~ **auger** Flachmeißel *m*
chitinous chitinös
~ **integument** Chitinhülle *f*
chitter (sl) 1. hangendes Begleitflöz *n*; 2. [dünnes] Toneisensteinband *n*
chiviatite Chiviatit *m*, $Pb_2Bi_6S_{11}$
chladnite achondritischer Meteorit mit viel Enstatit
chloanthite Chloanthit *m*, Weißnickelkies *m*, $NiAs_3$
chlopinite Chlopinit *m* (Varietät von Euxinit)
chlorapatite Chlorapatit *m*, $Ca_5[Cl|(PO_4)_3]$
chlorargyrite Hornsilber *n*, Kerargyrit *m*, AgCl
chlorastrolite s. pumpellyite
chloride of sodium Kochsalz *n*
chlorine Chlor *n*, Cl
chlorite Chlorit *m*
~ **albite schist** Chloritalbitschiefer *m*
~ **group** Chloritgruppe *f* (Gruppe von glimmerigen Fe-, Mg-, Al-Silikatmineralen mit H_2O-Gruppen)
~ **muscovite schist** Chloritmuskovitschiefer *m*
~ **phyllite** Chloritphyllit *m*
~ **schist (slate)** Chloritschiefer *m*
chloritic chloritisch
~ **gneiss** Chloritgneis *m*
~ **marl** Chloritmergel *m*
~ **rock** Chloritgestein *n*
~ **schist** Chloritschiefer *m*
chloritization Chloritbildung *f*, Chloritisierung *f*
chloritize/to chloritisieren
chloritoid Chloritoid *m*, $Fe_2AlAl_3[(OH)_4|O_2|(SiO_4)_2]$
~ **mica schist** Chloritglimmerschiefer *m*
chlornatrokalite Chlornatrokalit *m*, $6KCl+1NaCl$
chlorocalcite s. hydrophilite
chloromagnesite Chloromagnesit *m*, $MgCl_2$
chloromanganokalite Chloromanganokalit *m*, $K_4[MnCl_6]$
chloromelanite Varietät von Jadeit
chloropal Chloropal *m* (Gemenge von Nontronit mit Opal)
chlorophoenicite Chlorophönizit *m*, $(Zn, Mn)_5[(OH)_7|AsO_4]$
chlorophyllinite Chlorophyllinit *m* (Braunkohlenmaceral)
chlorophyllite Chlorophyllit *m* (pinitartiges Zersetzungsprodukt von Kordierit)
chlorospinel Chlorospinell *m* (Varietät von grünem Spinell)

chlorotile Chlorotil m, (Cu, Fe)$_2$Cu$_{12}$[(OH, H$_2$O)$_{12}$](AsO$_4$)$_6$·6H$_2$O
chloroxiphite Chloroxiphit m, Pb$_3$O$_2$Cl$_2$·CuCl$_2$
choana Choana f, innere Nasenöffnung f
choke/to 1. verstopfen, verschlammen; 2. drosseln
choke Gesteinseinbruch m in einer Höhle
choking of the river course Verschotterung f des Flußlaufs
chondre s. chondrule
chondrification Verknorpelung f
chondrite Chondrit m, chondritischer Steinmeteorit m
chondritic chondritisch
chondrodite Chondrodit m, Mg$_5$[(OH, F)$_2$|(SiO$_4$)$_2$]
chondroskeleton Knorpelskelett n
chondrostibian Chondrostibian m (komplexes Sb-Oxid)
chondrule Chondrum n (kugeliges Mineralaggregat in Meteoriten und Mondgestein)
chonolith irregulärer Intrusionskörper m
chop Verwerfung f
choppy wirr, kleindimensional (Schrägschichtung)
~ sea Kreuzsee f
~ water surface gekräuselte Wasserfläche f
chorismite Chorismit m (Migmatit)
chott Schott m (Dünengebiet in der Sahara)
Christmas tree Produktionskreuz n, Eruptionskreuz n, Christbaum m (Bohrtechnik)
chromatic aberration Farbfehler m
~ deviation Farbabweichung f
~ property Farbeigenschaft f
~ spectrum Farbspektrum n
chromatite Chromatit m, Ca[CrO$_4$]
chromatography Chromatografie f
chrome Chrom n, Cr
~ garnet s. uvarovite
~ iron ore Chromeisenstein m, Chromit m (s.a. chromite)
~ ore Chromerz n
~ spinel Chromit m, Pikotit m, Chromeisenstein m (s.a. chromite)
chromic chromhaltig
chromiferous chromhaltig
chromite Chromit m, Chromeisenstein m, FeCr$_2$O$_4$
chromitite Chromit m (als massiges Erz)
chromium s. chrome
chromosol stark farbiger Boden m
chromosphere Chromosphäre f
chron Chron n (kleinste Einheit der chronologischen Skala)
chronogenesis Entwicklungsgeschichte f
chronolith zeitlich eingegrenzte Gesteinsabfolge f
chronology Chronologie f
chronometer Chronometer n
chronospecies Chronospezies f
chronostratigraphic[al] unit chronostratigrafische Einheit f (z.B. Äonothem, Ärathem, System, Serie, Stufe, Chronozone)

chronostratigraphy Chronostratigrafie f (künstliches Gliederungsschema der Erdgeschichte)
chrysoberyl Chrysoberyll m, Al$_2$BeO$_4$
chrysocolla Chrysokoll m, Cu$_4$H$_4$[(OH)$_8$|Si$_4$O$_{10}$]
chrysolite Chrysolith m (Olivin von Edelsteinqualität)
chrysomorph goldähnlich
chrysopal 1. s. chrysoberyl; 2. opalisierender Chrysolith m
chrysoprase Chrysopras m (s.a. chalcedony)
chrysotile Chrysotil m, kanadischer Asbest m
chrystocrene s. crystocrene
chuchrovite Chuchrovit m, (Ca, Y, Ce)$_3$[(AlF$_6$)]$_2$|SO$_4$]·10H$_2$O
chuck 1. schmale Gezeitenrinne f; 2. schmaler Gezeitenstrom m; 3. Spannkopf m (einer Bohranlage)
chuco Calichelager n (Chile)
chudobaite Chudobaite m, (Na, K)(Mg, Zn)$_2$H[AsO$_4$]$_2$·4H$_2$O
chumbe (sl) s. sphalerite
chunck mineral Bleierzhaufwerk n
chunckie stones Fremdgesteinsgerölle in Kohleschichten
churchite Churchit m, (Ce,Ca)(PO$_4$)·2H$_2$O
churchyard Leichenfeld n, Schlachtfeld n
churn drill Seilschlagbohrgerät n
~ drill equipped for jet piercing Flammenstrahlbohrer m
~ drilling Seilschlagbohren n
churning Umrührung f
chute 1. Schurre f; 2. s. shoot of ore
~ bar Hochwasserbarren m (fluviatilen Ursprungs)
~ cut-off Flußverlagerung f an der Innenseite von Mäandern
CI s. contour interval
cigar-shaped zigarrenförmig
ciminite Ciminit m (olivinführender Trachydolerit)
Cimmerian disturbance (folding, orogeny) kimmerische Faltung f
cimolite Cimolit m (Gemenge von Ton und Alunit)
Cincinnatian [Series] Cincinnatien n (oberes Caradoc und Ashgill in Nordamerika)
cinder Schlacke f
~ coal 1. Naturkoks m; 2. ausgeglühte Kohle f
~ cone Schlackenkegel m, Aschenkegel m
~ tip Halde f
~ wool s. mineral wool
cindery schlackig
cinerite Aschesediment n (vulkanisch)
cingulum Cingulum n, Basalwulst m, Äquatorleiste f (bei Sporomorphen; s.a. basalpib)
cinnabar Cinnabarit m, Zinnober m, HgS
cinnamite s. cinnamon stone
cinnamon-coloured soil zimtfarbener Boden m
~ stone Hessonit m (Granat)
cinnamonic soil zimtfarbener Boden m

cipolin 68

cipolin Zipolin *m (Kalkstein mit Glimmer)*
CIPW *Normsystem nach Cross, Iddings, Pirsson, Washington*
circalittoral äußeres Sublitoral *n*
circle jack Ratsche *f*
~ **of altitude** Höhenkreis *m*
~ **of compass** Teilkreis *m* am Kompaß, Stundenkreis *m*
~ **of latitude** Breitenkreis *m*
~ **of longitude** Längenkreis *m*
~ **of stress limit** Grenzspannungskreis *m*
circlet Kranz *m*
circular 1. kreisförmig, [kreis]rund; rundlich; 2. zirkulierend, umlaufend
~ **arc analysis** Gleitkreisuntersuchung *f*
~ **coal** Augenkohle *f*
~ **fold** Rundfalte *f*
~ **orbit** Kreisbahn *f*
~ **reef** Atoll *n*
~ **slip** Grundbruch *m*, Böschungsbruch *m*
~ **spirit level** Dosenlibelle *f*
~ **subsidence** Kesselbruch *m*
circularly polarized light zirkular polarisierendes Licht *n*
circulate/to zirkulieren
circulating head Spülkopf *m*
~ **pressure** Spülungsdruck *m*
~ **water** zirkulierendes (umlaufendes) Wasser *n*
circulation Zirkulation *f*, Kreisbewegung *f*, Kreislauf *m*, Umlauf *m*
~ **drilling** Spülbohren *n*
~ **of the atmosphere** Luftzirkulation *f*
~ **of the mud** Spülungsumlauf *m*
~ **time** Zirkulationsdauer *f (Bohrlochspülung)*
~ **with clear water** Klarwasserspülung *f*
~ **with mud** Dickspülung *f (Verfahren)*
circumboreal zirkumboreal
circumcontinental terrace *s.* continental shelf
circumference of the earth Erdumfang *m*
circumferential fault periphere Störung *f*
~ **speed** Umfangsgeschwindigkeit *f*
~ **wave** seismische Oberflächenwelle *f*
circumferentor [compass] Hängekompaß *m*; Zirkumferentor *m (Markscheidekunde)*
circumpacific volcanic belt zirkumpazifischer Vulkangürtel *m*
circumpolar zirkumpolar
circumsolar 1. die Sonne umgebend; 2. sich um die Sonne drehend
circus Kar *n (s.a. cirque)*
cirquation Karbildung *f*, Karerosion *f*, Zerkarung *f*
cirque Kar *n*
~ **cutting (erosion)** Karbildung *f*, Karerosion *f*, Zerkarung *f*
~ **floor** Karboden *m*
~ **glacier** Kargletscher *m*
~ **lake** Karsee *m*
~ **platform** Karterrasse *f*
~ **stairway (steps)** Kartreppe *f*
~ **threshold** Karschwelle *f*

cirriform zirrusartig
cirrolite Kirrolith *m*, $Ca_3Al_2[OH|PO_4]_3$
cirrus cloud Zirruswolke *f*
cislunar diesseits des Mondes
citrine Zitrin *m (s.a.* quartz*)*
cladgy, claggy dicht geklüftet *(Kohle)*
claim/to muten, Mutung einlegen
claim Bergwerksanspruch *m*, Mutung *f*
~ **map** Mutungskarte *f*, Grubenfeldriß *m*
claimholder Muter *m*
clammy zähe
clan Sippe *f*, Familie *f (Gestein)*
clarain Clarain *m*, Halbglanzkohle *f (Lithotyp der Humuskohlen; Steinkohle)*
Clarendonian [Stage] Clarendonien *n (Wirbeltierstufe des mittleren Miozäns in Nordamerika)*
clarification bed Klärbecken *n*
~ **plant** Kläranlage *f*
~ **tank** Klärbrunnen *m*
clarifier 1. Klärmittel *n*; 2. Klärbehälter *m*
clarify/to abklären, reinigen
clarite Clarit *m (Kohlenmikrolithotyp)*
Clarke value Clarke[wert] *m*
clarkeite Clarkeit *m*, $Na_2U_2O_7$
Clarkforkian [Stage] Clarkforkien *n (Wirbeltierstufe des Paläozons in Nordamerika)*
clarodurite Clarodurit *m (Kohlenmikrolithotyp)*
clarovitrinite Clarovitrinit *m (Kohlenmaceral)*
clasmoschist *s.* graywacke
clasolite klastisches Sediment *n*
claspers Klammerorgane *npl*
class/to klassifizieren
class Klasse *f*
~ **of ore** Erzgattung *f*, Erzsorte *f*
~ **of symmetry** Symmetrieklasse *f*
~ **100 room** Raum *m* mit weniger als 100 Partikel (> 5 μm) im Kubikmeter Luft
classical earth pressure theory orthodoxe Erddrucktheorie *f*
classification 1. Eingliederung *f*, Klasseneinteilung *f*, Klassenordnung *f*, Klassifikation *f*; 2. Setzungsklassierung *f*
~ **of reserves** Vorratsklassifikation *f*
~ **of rocks** Einteilung *f* der Gesteine
classifier Klassierer *m*
~ **efficiency** Trenngrad *m* von Klassierern
classify/to 1. klassifizieren, einteilen; 2. klassieren
classifying Klassierung *f*, Setzungsklassierung *f*
~ **screen** Klassiersieb *n*
~ **trough** Klassiertrog *m*
clast Klast *m*, Bruchstück *n*
clastation Gesteinszerkleinerung *f*
clastic klastisch
clastic Trümmergestein *n*
~ **accumulation** Trümmerablagerung *f*
~ **deposit** Trümmerlagerstätte *f*
~ **dike** sedimentärer Gang *m*
~ **discharges**, ~ **ejecta[menta]** Auswürflinge *mpl*

cleat

~ **iron-ore deposit** Eisentrümmerlagerstätte *f*
~ **lime tuff** klastischer Kalktuff *m*
~ **marl** Brockenmergel *m*
~ **products** Auswürflinge *mpl*
~ **ratio** Verhältnis klastisch zu nichtklastisch auf Lithofazieskarten
~ **reservoir rock** klastisches Speichergestein *n*
~ **rock** klastisches Gestein *n*, Trümmergestein *n*
~ **sediment** klastisches Sediment *n*
~ **sedimentary rocks** Trümmersedimente *npl*
clasto-crystalline klastokristallin
clastomorphic klastomorph
claudetite Claudetit *m*, As_2O_3
clausthalite Clausthalit *m*, Selenblei *n*, PbSe
clavate keulenförmig
clay/to mit Ton verschmieren
clay Ton *m*, Letten *m*
~-**and-salt crust** Salztonkruste *f*
~ **band** *s.* ~ ironstone
~ **bank** Tonschicht *f*
~ **base mud** Tonspülung *f*
~ **bed** Tonschicht *f*, Tonlage *f*; Tonlager *n*
~ **bond** Tonbindemittel *n*
~-**bond silica brick** tongebundener Dinasstein *m*
~-**containing river silt** toniger Flußschlick *m*
~-**containing silt** toniger Schlick *m*, schlickiger Ton *m*
~ **content** Tongehalt *m*
~ **course** *s.* ~ parting
~ **detritus held in suspension** Tontrübe *f*
~ **dinas brick** Tondinasstein *m*
~-**filled fissure** Lettenkluft *f*
~ **film** Tonüberzug *m*
~ **fraction** Tonanteil *m*
~ **gall** Tongalle *f*, Tonrolle *f*, eingerolltes Schlickgeröll *n*
~ **gouge** *s.* ~ parting
~ **grit** Sandmergel *m*
~ **ground** Tonboden *m*
~ **grouting** Toninjektion *f*
~ **gyttja** Tongyttja *f*
~ **hog** mit Ton gefüllte Flözauswaschung *f*
~-**humus complex** Humus-Ton-Komplex *m*
~ **ironstone** Toneisenstein *m*, Sphärosiderit *m*
~ **lens** Tonlinse *f*
~ **lenticule** Tongalle *f*
~ **loam** Tonlehm *m*
~ **marl** Tonmergel *m*, Schlier *m*
~ **mineral** Tonmineral *n*
~ **pan** verdichtete Tonschicht *f*
~ **parting** Tonzwischenlage *f*, Lettenbesteg *m*, Salband *n*
~ **pit** Tongrube *f*
~ **plug** Tonmuck *m* *(in Mäanderschleifen)*
~ **pocket** Tonnest *n*
~ **preparation** Tonaufbereitung *f*
~ **quarry** Tongrube *f*
~ **rock** toniges Gestein *n*, Tongestein *n*
~ **sand** tonhaltiger Sand *m*
~ **schist** Tonschiefer *m*

~ **shale** Schieferton *m*, Schieferletten *m*
~ **silty loam** toniger Schlufflehm *m*
~ **slate** Tonschiefer *m*
~ **slurry** Tonschlempe *f*
~ **soil** Lehmboden *m*
~ **stemming** Lettenbesatz *m*
~ **stone** erhärteter Ton *m*, Tonstein *m*
~ **szik soil** schwarzer Alkaliboden *m*, toniger Szik-Boden *m*
~ **till** Geschiebelehm *m*
~ **vein** Kamm (Tonrücken) *m* im Flöz
~ **wall** *s.* ~ parting
~ **with race** Ton *m* mit Kalkkonkretionen
clayat Torfdolomit *m (mineralisierte, meist karbonatspatige Knolle im Kohlenflöz)*
claycrete angewittertes Tongestein *n (unter der Oberfläche)*
clayey lehmhaltig, tonartig; lettenhaltig, lettig
~ **marl** Tonmergel *m*
~ **mud** Tonschlick *m*
~ **shale** Tonschiefer *m*
~ **soil** Tonboden *m*
~ **till** Geschiebelehm *m*
claying of a borehole Verletten *n* eines Bohrlochs
clayish tonig, lettig
claylike tonartig
claypan verdichtete Tonschicht *f*
clean/to 1. reinigen, abschlämmen, waschen *(Aufbereitung)*; 2. beräumen *(im Steinbruch)*
~ **the hole** das Bohrloch klarspülen
clean[-cut] fracture glatter Bruch *m*
~ **ore** reines Erz *n*
~ **oil** reines (wasserfreies) Öl *n*
cleaned coal aufbereitete Kohle *f*, Reinkohle *f*
cleaning of coal Kohlenaufbereitung *f*
~ **of the borehole** Reinigen *n* des Bohrlochs
~ **plant** Aufbereitungsanlage *f (für Kohle)*
cleanse/to aufbereiten *(Erze)*
cleansing Aufbereitung *f (von Erzen)*
cleap *s.* cleat
clear/to aufwältigen *(eine Strecke)*
~ **a mine from water** eine Grube sümpfen
~ **away** forträumen
~ **off surface soil** Mutterboden entfernen
~ **out of** herauspräparieren
~ **the rock** vom tauben Gestein reinigen
~ **up** sich klären *(Aufbereitung)*
~ **up a mine** aufwältigen *(eine Strecke)*
clear and slightly stained völlig durchsichtig *(Glimmerqualität)*
~ **distance** lichte Weite *f*
clearance between casing and hole Ringraum *m (zwischen Bohrloch und Rohrstrang)*
~ **line** Umgrenzungslinie *f*
clearing 1. Klären *n*, Schlämmarbeit *f (Aufbereitung)*; 2. Beräumungsarbeiten *fpl (im Steinbruch)*
~ **basin** Klärsumpf *m*, Klärbecken *n*
~ **of a river bed** Verlegung *f* eines Flußbetts
~-**out** Aufwältigung *f (einer Strecke)*
cleat Absonderungsfläche *f*, Ablösungsfläche *f*, Schichtfläche *f*

cleat

~ **direction** Schlechtenrichtung *f*
~ **plane** Absonderungsfläche *f*, Ablösungsfläche *f*, Schichtfläche *f*
cleavability Spaltbarkeit *f (nach ebenen Flächen);* Spaltfähigkeit *f*
cleavable spaltbar *(nach ebenen Flächen)*
cleavage Spaltbarkeit *f (nach ebenen Flächen);* Schieferung *f (im engeren Sinne: Schieferung in nicht metamorphen Tongesteinen)*
~ **angle** Spaltwinkel *m*
~ **arch** Sattelstellung *f* der Schieferung, Schieferungssattel *m*
~-**bedding intersection** Schnitt *m* von Schieferung und Schichtung
~ **brittleness** interkristalline Brüchigkeit *f*
~ **crack** Spaltriß *m*
~ **face** Spaltebene *f*, Spaltfläche *f*
~ **fan** Fächerstellung *f* der Schieferung, Schieferungsfächer *m*
~ **fissure** Spaltriß *m*
~ **form** Spaltform *f*
~ **fracture** Trennbruch *m*
~ **joint** Schieferungsfuge *f*
~ **line** Spaltriß *m*
~ **mullion** Schieferungsmullionstruktur *f*
~ **plane** Spaltebene *f*, Spaltfläche *f*, Schieferungsebene *f*, Schieferungsfläche *f*
~ **rhombohedron** Spalt[ungs]rhomboeder *n*
~ **strength** Spaltfestigkeit *f*
~ **surface** Spaltfläche *f*
~ **trough** Muldenstellung *f* der Schieferung, Schieferungsmulde *f*
cleavages Schlechten *fpl*
cleave/to aufspalten, [zer]spalten
~ **along** spalten nach
cleave Bergemittel *n*, Zwischenmittel *n*
cleaved geschiefert
cleavelandite Cleavelandit *m (blättriger Albit)*
cleaving 1. Klüftung *f*; 2. Ausspalten *n (Pflasterstein)*
~ **grain** Schichtfuge *f*
cledge obere Schicht *f*
cleek coal Rohkohle *f*
cleet *s.* cleat
cleft Riß *m*, Sprung *m*, Spalte *f*, Kluft *f*, Erdspalt *m*
clench/to abdichten
Clerici's solution Clerici-Lösung *f*
cleuch, cleugh Felsschlucht *f*, Wand *f* einer Schlucht *(Schottland)*
cleve steiler Berghang *m*
cleveite *s.* uraninite
clevelandite *s.* cleavelandite
cliff/to unterschneiden
cliff Kliff *n*, Steilrand *m*; Felswand *f*
~ **bank** Bergufer *n (eines Flusses)*
~ **chalk** Kliffkreide *f*
~ **cutting** Kliffbildung *f*
~ **dune** Kliffdüne *f*, Stufendüne *f*
~ **formation** Kliffbildung *f*
~-**forming** kliffbildend
~ **glacier** Hängegletscher *m*

~ **landslide** Kliffrutschung *f*
~-**marking** kliffbildend
~ **notch** Kliffkehle *f*
~ **of displacement** Verwerfungsstufe *f*
~ **overhang** Kliffüberhang *m*
~ **sapping** Rückverwitterung *f*
~ **wall** Steilwand *f*
cliffed kliffartig
~ **coast** Kliffküste *f*
cliffy felsig
clift 1. dünnschiefriger Schieferton *m*; 2. *s.* cliff
clifted felsig
cliftonite Cliftonit *m (C in Meteoriten)*
clifty felsig
climatal Klima... *(s.a.* climatic)
~ **change** Klimawechsel *m*
~ **fluctuation** Klimaschwankung *f*
~ **zone** Klimazone *f*
climate Klima *n*
~ **divide** Klimascheide *f*
~ **variation** Klimaänderung *f*
~ **zone** Klimazone *f*
climatic klimatisch *(s.a.* climatal)
~ **belt** Klimagürtel *m*
~ **change** Klimaänderung *f*
~ **chart** Klimakarte *f*
~ **conditions** Klimabedingungen *fpl*
~ **cycle** Klimaperiode *f*
~ **deterioration** Klimaverschlechterung *f*
~ **divide** Klimascheide *f*
~ **effects** Witterungseinflüsse *mpl*
~ **oscillation** Klimaschwankung *f*
~ **region** Klimagebiet *n*
~ **zone** Klimagürtel *m*
climatology Klimatologie *f*, Klimakunde *f*
climatophytic klimatophytisch
climax Klimax *f*, Virenzzeit *f*, Blütezeit *f*
climbing bog Klettermoor *n*
~ **ripples** kletternde Rippeln *fpl*
clime *s.* climate
cling kleiner Kalksteinausstrich *m*
clinker 1. schlackige Kohlenasche *f*; 2. ausgeschleudertes vulkanisches Material *n*
~ **field** Blocklavafeld *n*
clinkstone Klingstein *m*, Phonolith *m*
clinoaxis Klinoachse *f*
clinochlore Klinochlor *m*, $(Mg, Al)_6[(OH)_8|AlSi_3O_{10}]$
clinoclase 1. *s.* clinoclasite; 2. schräge Spaltebene *f*
clinoclasite Klinoklas *m*, Strahlerz *n*, Strahlenkupfer *n*, $Cu_3[(OH)_3|AsO_4]$
clinodome Klinodoma *n*
clinoedrite Klinoedrit *m*, $Ca_2Zn_2[(OH)_2|Si_2O_7]\cdot H_2O$
clinoenstatite Klinoenstatit *m*, $Mg_2[Si_2O_6]$
clinoferrosilite Klinoferrosilit *m*, $Fe_2[Si_2O_6]$
clinoforms Sammelbezeichnung *für verschiedene marine Abhänge*
clinograph Klinograf *m*, Neigungsschreiber *m*
clinohedrite *s.* clinoedrite

clinohumite Klinohumit m, $Mg_9[(OH,F)_2|(SiO_4)_4]$
clinohypersthene Klinohypersthen m, $(Mg, Fe)_2[Si_2O_6]$
clinometer Neigungsmesser m, Neigungsmeßgerät n
clinopinacoid Klinopinakoid n
clinostrengite Klinostrengit m, $Fe[PO_4]\cdot 2H_2O$
clinotherms Sammelbezeichnung für alle Sedimente, die an subaquatischen Hängen abgelagert wurden
clinounconformity Winkeldiskordanz f
clinoungemachite Klinoungemachit m, $K_3Na_9Fe[OH|(SO_4)_2]_3\cdot 9H_2O$
clinovariscite Klinovariscit m, $Al[PO_4]\cdot 2H_2O$
clinozoisite Klinozoisit m, $Ca_2Al_3[O|OH|SiO_4|Si_2O_7]$
clint zone Karrenzone f
Clinton Group Clinton-Gruppe f (Wenlock in Nordamerika)
~ **ore** Clinton-Erz n
clintonite Clintonit m, $Ca(Mg, Al)_{2-3}[(OH)_2|Al_2Si_2O_{10}]$
clints Karren pl, Schratten pl
clinunconformity s. clinounconformity
clipped verzerrt (in der Wellenform)
clives dünnschiefriger Schieferton m
clod Erdklumpen m, Scholle f; harter Lehm m
~ **clay** harter Letten (Lehm) m
~ **coal** lithologisch homogene Kohle f
~ **structure** Krümelstruktur f
clodded klumpig
cloddy schollig, klumpig, krümelig
clog/to hemmen, verstopfen, zusammenkleben, verschlämmen
~ **up pores** Poren verstopfen
clog snow nasser Neuschnee m
clogged [up] verstopft
clogging Inkrustierung f, Krustenbildung f (Verstopfung der Brunnen)
cloggy klumpig, klebrig
close a well in/to Förderbohrung absperren
close boiling hydrocarbons Kohlenwasserstoffe mpl mit dicht benachbarten Siedepunkten
~ **boring** dichtes Abbohren n (eines Feldes)
~-**coiled** engaufgerollt
~ **fault** geschlossene Verwerfung f
~ **foliation** falsche Schieferung f
~-**graded mineral aggregate** hohlraumarme Mineralmasse f
~-**grained** feinkörnig, dicht
~-**grained structure** dichtes (feinkörniges) Gefüge n
~-**in operation** Absperren n (z.B. einer Fördersonde)
~-**joint cleavage** s. fracture cleavage
~-**packed slip plane** dichtest gepackte Gleitebene f
~-**packed structure** dichteste Kugelpackung f
~ **sand** schwer durchlässiger Sand m
~-**set** naheliegend
~ **to the surface** oberflächennah[e]
~-**up view** Nahansicht f
closed anticline geschlossene Antiklinale f

~ **basin** Wanne f, geschlossenes Becken n, Kesseltal n
~-**basin topography** Wannenlandschaft f
~ **depression** geschlossene Vertiefung f
~ **drainage** abflußloses Gebiet n, geschlossene Wasserhaltung f
~ **fold** steile Falte f
~-**in bottom hole pressure** Bohrlochsohldruck m bei geschlossenem Schieber
~-**in pressure** hydrostatischer Druck m
~-**in well** geschlossene Sonde f
~ **marginal geosyncline** Geosynklinale f zwischen Kontinentalrand und Borderland
~ **reservoir** geschlossener Träger m, geschlossenes Trägergestein n
~ **structure** geschlossene Struktur f
closely coiled eng aufgerollt
~ **folded** stark (eng) gefaltet
~ **spaced** dicht geschart
closeness of fissures Kluftdichte f
closing Schließen n, Zusammenrücken n (in der Plattentektonik)
~ **error** Abschlußfehler m (Vermessungskunde)
~ **of an arm of the sea** Abschließung f eines Meeresarms
~ **pressure** Schließdruck m
~ **rate** Annäherungsgeschwindigkeit f
~-**up of the valley** Talzuschub m
closure 1. geschlossene Linie f (Seismik); 2. Querschnittsverminderung f, Zusammendrückung f; 3. Höhe f einer Antiklinale; 4. nutzbare Speicherhöhe f (vom Überlaufpunkt bis Scheitelpunkt)
~ **meter** Konvergenzmesser m
~ **of an anticline** vom tiefsten umlaufenden Streichen eingeschlossener Raum einer Antiklinale
~ **time of a well** Schließdauer f einer Bohrung
clot 1. Gerinnsel n; 2. Klumpen m, Krümel m; 3. Aggregation femischer Minerale in Magmatiten
~ **of lava** Lavaklumpen m
clotted klumpig
~ **texture** s. grumous texture
clotty klumpig
cloud Wolke f
~ **altimeter** Wolkenhöhenmesser m
~ **bank** Wolkenwand f, Wolkenbank f
~ **banner** Wolkenstreifen m
~ **base** untere Wolkengrenze f
~ **burst** Wolkenbruch m
~ **cap** Wolkenkappe f
~ **ceiling** Wolkenhöhe f
~ **ceilometer** Wolkenhöhenmesser m
~ **cover** Wolkendecke f
~ **curtain** Wolkenvorhang m
~ **dome** Wolkenkuppe f
~ **droplet** Nebeltropfen m
~ **flight** Wolkenflug m
~ **form** Wolkenform f
~ **formation** Wolkenbildung f; Bewölkung f
~ **gap** Wolkenloch n

cloud 72

- ~ **height** Wolkenhöhe f
- ~ **layer** Wolkenschicht f
- ~ **map** Bewölkungskarte f, Wolkenkarte f
- ~ **measurement** Wolkenmessung f
- ~ **motion** Wolkenzug m
- ~ **of haze** Dunstwolke f
- ~ **of vapour** Dampfwolke f
- ~ **reflector** Wolkenspiegel m
- ~ **shred** Wolkenfetzen m
- ~ **street** Wolkenstraße f
- ~ **train** Wolkenzug m
- ~ **trough** Wolkental n
- ~ **wave** Wolkenwelle f
- **cloudburst** s. cloud burst
- **clouded** 1. bewölkt, bedeckt, wolkig; 2. trübe (bei Kristallen)
- **cloudiness** 1. Bewölkung f; 2. Trübheit f (von Kristallen)
- **clouding** wolkige Zeichnung f (von Marmor)
- **cloudless** wolkenlos
- **cloudy** 1. bewölkt, bedeckt, wolkig; 2. trübe (Edelsteine)
- ~ **diamond** trüber Diamant m
- ~ **layer** Nebelschicht f
- ~ **texture** Trübung f (bei Edelsteinen)
- **clough** kleine Schlucht f, Klunst f
- **clucking** schaufelförmige, schalige Bruchfläche im Gestein
- **clunch** 1. Hartton m (eisenhaltig); 2. tonhaltiges Gestein n
- ~ **clay** harter Lehm m
- **clunchy** tonhaltig
- **cluster** 1. Haufen m, Schwarm m; Sternhaufen m; 2. durch Clusteranalyse erhaltene Klasse f von ähnlichen Objekten
- ~ **analysis** Clusteranalyse f (mathematische Behandlung von Klassifizierungsproblemen)
- ~ **crystal** Drusenkristall m
- ~ **drilling** Fächerbohrung f, Nestbohrung f
- ~ **of crystal** Kristalldruse f
- ~ **of veins** Gangschwarm m
- ~ **sampling** Aggregatprobenahme f (Konzentration der Probenahme auf wenige, jeweils benachbarte Bereiche)
- **clustered** traubig
- **clusterite** Höhlenperlen fpl; kleine glatte Kalzitkonkretionen fpl
- **clusters of exsolution** Entmischungsspindeln fpl
- **Clymenia Limestone** Clymenienkalk m (höheres Oberdevon)
- **CMG** = International Union of Geophysical Sciences Commission for Marine Geology
- **coagulate/to** koagulieren, gerinnen, ausflokken
- ~ **into lumps** ausflocken
- **coagulation** Koagulation f, Ausflockung f
- **coagulum** Gerinnsel n
- **Coahuila Supergroup** Coahuila-Hauptgruppe f (Valangin-Barrême, Nordamerika, Golf-Gebiet)
- **coak** s. coke
- **coal** Kohle f

- ~ **apple (ball)** Torfdolomit m (mineralisierte, meist karbonspatige Knolle im Kohlenflöz)
- ~ **analysis** Kohlenanalyse f
- ~ **band** Kohlestreifen m, Kohleschmitz m
- ~ **basin** Kohlenbecken n
- ~-**bearing** kohleführend, kohlenhaltig; kohlehöffig; flözführend
- ~-**bearing formaton (rock)** kohleführender (kohlenhaltiger, flözführender) Schichtenkomplex m; flözführendes Gebirge n, Kohlengebirge n
- ~-**bearing sandstone** Kohlensandstein m
- ~ **bed** Kohlenschicht f; Kohlenlage f
- ~-**bed profile** (Am) Flözprofil n
- ~ **blossom** verwitterter Kohlenausstrich m
- ~ **brass** Pyriteinlagerung f (in der Kohle)
- ~ **breaking** Kohlenabbau m
- ~ **burst** Flözschlag m
- ~ **clay** s. fire clay
- ~ **deposit** Kohlenvorkommen n, Steinkohlenlager n
- ~ **district** Kohlengebiet n, Kohlenrevier n
- ~ **dressing** Kohlenaufbereitung f
- ~ **duns** Schieferlagen fpl im Kohlenflöz
- ~-**dust brick** Brikett n, Preßstein m, Kohlenpreßstein m
- ~ **facies** Kohlenfazies f
- ~ **field** Kohlenlagerstätte f; Kohlenrevier, Kohlengebiet n; Kohlenfeld n
- ~ **formation** 1. Kohlenbildung f; 2. Kohlenformation f (stratigrafisch)
- ~-**forming forest** Steinkohlenwald m
- ~-**forming plants** kohlenbildende Pflanzen fpl
- ~ **gas** Kohlengas n
- ~ **gasification** Kohlevergasung f
- ~ **getting** Kohlengewinnung f
- ~ **grit** Kohlensandstein m
- ~ **hydrogenation** Kohlehydrierung f
- ~ **layer** Kohlenschicht f; Kohlenlage f
- ~ **measures** 1. Kohlengebirge n, Kohlenschichten fpl, Kohlenlager n; 2. kohleführende Schichten des Karbons
- ~ **measures plant** s. ~ plant
- ~ **metals** kohleführende Schichten fpl (Schottland)
- ~-**mining region** Kohlenbergbaugebiet n
- ~ **mud** Kohlenschlamm m
- ~ **organic matter** kohlige Substanz f
- ~ **output** Kohlenförderung f
- ~ **pebble** Kohlengeröll n
- ~ **pillar** Kohlen[rest]pfeiler m
- ~ **pipe** kohliger Stammrest m (ins Hangende des Flözes reichend)
- ~ **plant** kohlebildendes Pflanzenfossil n
- ~ **preparation** Kohlenaufbereitung f
- ~ **prints** Kohlenhäutchen npl (im Schiefer)
- ~ **properties** Kohleneigenschaften fpl
- ~ **rake** (sl) Kohlenflöz n
- ~ **rash** tonig verunreinigte Kohle f
- ~ **region** Kohlengebiet n, Kohlenrevier n
- ~ **reserves** Kohlenvorräte mpl
- ~ **seam** Kohlenflöz n
- ~-**seam formation** Flözbildung f

~-seam gas content Gasgehalt m des Kohlenflözes
~ seat s. underclay
~ shale Kohlenschiefer m, Brandschiefer m
~ shed nichtbauwürdiges (geringmächtiges) Kohlenflöz n
~ shift Kohlengewinnungsschicht f
~ slate Kohlenschiefer m, Brandschiefer m
~ sludge Kohlenschlamm m
~ smits erdige Kohle f
~ smut Ausbiß m eines Kohlenflözes
~ strata Kohlenschichten fpl
~ streak Kohlenschmitz m
~ tar Kohlenteer m
~ vein Kohlenflöz n, Kohlenschicht f
~ washability Kohlenaufbereitbarkeit f (im Naßverfahren)
coalesce/to zusammenfließen, sich vereinigen; verschmelzen
coalescence Vereinigung f; Verschmelzung f; Zusammenwachsen n
coalescing Zusammenwachsen n
coalheugh Kohlenfundstelle f (Schottland)
coalification Inkohlung f
~ break Inkohlungsknick m
~ conditions Inkohlungsverhältnisse npl
~ jump Inkohlungssprung m
~ pattern Inkohlungsverhältnisse npl
~ process Inkohlungsprozeß m
~ section Inkohlungsprofil
~ stage Inkohlungsstadium n
coalified wood verkohltes Holz n
coaly kohlenartig; kohlig; kohlenhaltig
~ facies Kohlenfazies f
~ rashings von Kohle durchsetzter Schiefer m
coarse adjustment Grobeinstellung f
~ aggregate grober Zuschlagstoff m
~-bedded grobgeschichtet
~ breaker s. ~ crusher
~ chalk Grobkreide f
~ conglomerate Grobkonglomerat n
~-crushed stone Grobschotter m
~ crusher Grobbrecher m, Schotterbrecher m
~ crushing Grobzerkleinerung f, Vorzerkleinerung f
~-crystalline grobkristallinisch
~ detrital organic mud Grobdetritus-Mudde f (bei Torfbildung in Mooren)
~-fibred grobfaserig
~-grained grobkörnig
~-grained sandstone grobkörniger Sandstein m
~ gravel Grobkies m (20–60mm Durchmesser)
~ limestone grobkörniger Kalkstein m
~ lode armer Gang m
~ ore Groberz n, Stückerz n
~-pebbled conglomerate Grobkonglomerat n
~-pored grobporig
~ radiolocation Grobortung f
~ reduction s. ~ crushing
~ sand Grobsand m (0,6–2mm Durchmesser)
~ sandstone Grobsandstein m

~ scanning Grobabtastung f
~ screen Grobrechen m (Abwasserwesen)
~ screening Grobsieben n, Grobsiebung f
~ silt grobes Schlämmkorn n
~ slurry Grobschlamm m
~ stone chip[ping]s Grobsplitt m
~-textured grobkörnig
coarsely bedded grobgeschichtet
~ brecciated grobbrekziös
~ clastic grobklastisch
~ crystalline grobkristallin
~ granular grobkörnig
~ interlayered bedding grobe Wechselschichtung f
~ porous grobporig
coarseness Grobkörnigkeit f
coast Küste f, Gestade n
~ defence zone Küstenschutzgebiet n
~ destruction Küstenzerstörung f
~ dune Küstendüne f
~ geodetic survey Küstenvermessung f
~ line Küstenlinie f
~ line with tidal flats Wattenküste f
~ of emergence Hebungsküste f
~ of submergence Senkungsküste f
~ protection Küstenschutz m
~ protection works Küstenschutzbauten mpl
~ range Küstengebirge n
~ slope Küstenabdachung f
~ survey Küstenaufnahme f
~ with tidal flats Wattenküste f
~ works Küstenschutzbauten mpl
coastal Küsten...
~ aquifer küstennaher Grundwasserleiter m
~ area Küstengebiet n
~ deposit Küstenablagerung f
~ desert Küstenwüste f
~ destruction Küstenzerstörung f
~ drifting Küstenversetzung f
~ dune Küstendüne f
~ engineering Küstenschutz m
~ facies Küstenfazies f
~ flooding Küstenüberschwemmung f
~ geodetic survey Küstenvermessung f
~ lake Strandsee m
~ line Küstenlinie f
~ lowland Küstenniederung f
~ mountain Küstengebirge n
~ placer deposit küstennahe Schwermineralagerstätte f
~ plain Küstenebene f
~ pool Strandsee m
~ protection Küstenschutz m
~ range Küstengebirge n
~ region Küstengebiet n
~ sebkha Küstensebkha f
~ slope Küstenabdachung f
~ stream Küstenströmung f, Uferströmung f
~ swamp Küstensumpf m
~ terrace Küstenterrasse f
~ territory Küstengebiet n
~ uplift Küstenhebung f
~ waters Küstengewässer npl

# coasting																																																																								74

coasting Küstenlinie f
coat system Überzugsverfahren n
coated grains Rindenkörner npl (Körner mit konzentrischem Anlagerungsgefüge, z.B. Oolithe, Pisolithe)
coating Überzug m
~ **of ash** Aschendecke f
~ **of lava** Lavamantel m
coba lockeres Sediment unter den Nitratlagerstätten von Chile
cobalt Kobalt n, Co
~ **bloom** Kobaltblüte f (s.a. erythrite)
~ **glance** Kobaltglanz m (s.a. cobaltite)
~ **ochre** s. erythrite
~ **ore** Kobalterz n
~ **pyrites** s. linnaeite
Cobalt Kobalt n, Cobalt n (mittleres Huron in Nordamerika)
cobaltiferous kobalthaltig
cobaltine s. cobaltite
cobaltite Kobaltin m, Glanzkobalt m, Kobaltglanz m, CoAsS
cobaltocalcite Kobaltokalzit m, Sphärokobaltit m, $CoCO_3$
cobaltomenite Kobaltomenit m, Cobaltomenit m, $Co[SeO_3] \cdot 2H_2O$
cobbing Handscheidung f
cobble Feldstein m, Rollstein m
~ **gravel** Geröllkies m (64–256 mm Durchmesser)
cobbles 1. Stufferz n, Erzstufen fpl; 2. Grobkies m
cobblestone großer abgerundeter Stein m
cobbly soil steiniger Boden m
Coblenzian [Stage], Coblentzian [Stage] Ems n, Koblenz n (früher gebräuchliche Bezeichnung, höchste Stufe des Unterdevons)
coccinite Coccinit m, HgI_2
coccolite Kokkolith m (Varietät von Diopsid)
coccospheres Coccosphären fpl
cocinerite Cocinerit m, Cu_4AgS
cockade formation Kokardenbildung f
~ **ore** Kokardenerz n, Ringelerz n
~ **texture** Kokardenstruktur f
cockle Schörl m, schwarzer Turmalin m
cockpit 1. Tagesbruch m, Erdfall m (Karstform aus Trichterdolinen mit zwischengelagerten Spitzkegeln); 2. steilflankiger Kegelberg m
~ **country** Dolinenkarst m
~ **karst area** Kegelkarstgebiet n
~ **landscape** Dolinenkarst m
~ **topography** reife Karstlandschaft f
cockschute silifizierte Einlagerung in den Kohlenlagern von Wales
cockscomb pyrite Kammkies m (s.a. marcasite)
codazzite Codazzit m (Gemenge von Ankerit und Parisit)
coefficient of bulk increase Schüttungszahl f
~ **of compaction** Verdichtungskoeffizient m
~ **of consolidation** Verfestigungsbeiwert m
~ **of discharge** Abflußkoeffizient m; Entlastungskoeffizient m

~ **of dissociation** Dissoziationsgrad m
~ **of dynamic viscosity** Zähigkeitskoeffizient m
~ **of earth pressure** Erddruckkoeffizient m
~ **of elastic recovery** Schwellwert m
~ **of expansion** Ausdehnungskoeffizient m
~ **of friction** Reibungskoeffizient m, Reibungsbeiwert m
~ **of hydraulic conductivity** Durchlässigkeitsbeiwert m
~ **of internal friction** Zähigkeitskoeffizient m
~ **of intrinsic permeability** Durchlässigkeit f für Wasser
~ **of performance** Nutzeffekt m
~ **of permeability** Durchlässigkeitsbeiwert m
~ **of rainfall** Niederschlaghöhe f, Niederschlagkoeffizient m
~ **of resistance** Festigkeitskoeffizient m (eines Gesteins)
~ **of rigidity** Steifigkeitskoeffizient m, Steifigkeitszahl f
~ **of roughness** Rauhigkeitskoeffizient m
~ **of runoff** Abflußkoeffizient m, Abflußbeiwert m
~ **of soil reaction** Bettungsziffer f
~ **of uniformity** Gleichförmigkeitskoeffizient m
coelenteron Leibeshöhle f
coelestine s. celestite
coenosteum Coenosteum n, Coenenchym n (Skelettmaterial bei Korallen und Bryozoen)
coercive force Koerzitivkraft f
coercivity Koerzitivkraft f
coeruleolactite Coeruleolaktit m, $CaAl_6[(OH)_2|PO_4]_4 \cdot 4H_2O$
coesite Coesit m, SiO_2 (monoklin)
coeval gleichaltrig
coevolution Koevolution f
coexisting minerals koexistierende (im stabilen Gleichgewicht befindliche) Minerale npl
coffer/to abdichten (z.B. einen untertägigen Wasserzufluß im Gebirge)
cofferdam Fangdamm m
coffin strossenförmiger Tagebau m
coffinite Coffinit m, $U[SiO_4]$
cog Gesteinsgang m
cognate inclusion (xenolith) s. autolith
cohenite Cohenit m, Cementit m, Fe_3C
coherence Kohärenz f
coherent optical processing kohärente optische Bearbeitung (Bildbearbeitung) f (z.B. von Radaraufnahmen)
cohesion Kohäsion f, Bindigkeit f
cohesional coefficient Kohäsionsfaktor m
~ **resistance** Haftfestigkeit f
cohesionless kohäsionslos, nichtbindig
~ **soil** nichtbindiger Boden m
cohesive kohäsiv, bindig (Boden)
~ **attraction** Kohäsion f
~ **water** Adhäsionswasser n
cohesiveness Kohäsion f, Bindigkeit f
Cohoctonian [Stage] Cohocton[ien] n (Stufe des oberen Frasne in Nordamerika)
coil up/to sich zusammenrollen (Trilobiten)
coiled gewunden, aufgerollt

coke/to verkoken
coke Koks *m*
~ **formation** Koksbildung *f*
~ **strength** Koksfestigkeit *f*
cokeite Naturkoks *m*
coking Verkoken *n*, Verkokung *f*
~ **capacity** Koksbildungsvermögen *n*
~ **coal** Kokskohle *f*
~ **plant** Kokerei *f*
~ **properties** Verkokungseigenschaften *fpl*, Verkokungsverhalten *n*, Koksbildungsvermögen *n*
col Gebirgspaß *m*
~**-fed glacier** Subtyp eines „drift glacier"
cold desert winterkalte Wüste *f*
~ **front** Kaltluftfront *f*
~ **front squall** Frontbö *f*
~ **fumarole** reine Wasserdampffumarole *f*
~ **lahar** Mure *f*, Murbruch *m*, Schlammstrom *m*
~ **loess** glazialen Auswaschungen entstammender Löß *m*
~ **pole** Kältepol *m*
~ **spring** kalte Quelle *f*
~ **wave** Kältewelle *f*, Kaltlufteinbruch *m*
~ **work** Kaltverformung *f*
colemanite Colemanit *m*, $Ca[B_3O_4(OH)_3] \cdot H_2O$
colina *s*. colline
colinear gleichlaufend
collapse/to einstürzen, zu Bruch gehen
collapse Einsturz *m*, Verbrauch *m*
~ **breccia** Einsturzbrekzie *f*, Karstbrekzie *f*
~ **caldera** Einbruchkaldera *f*, Einsturzkaldera *f*
~ **dolina** Einsturzdoline *f*
~ **of [the] casing** Eindrücken (Einbeulen) *n* der Verrohrung, Futterrohreinbeulung *f*
~ **sink** Einsturzdoline *f*
~ **structure** Rutschungsstruktur *f*
~ **valley** Einsturztal *n*
collapsed eingesunken
~ **roof** Hangendbruch *m*
collapsing mast Klappmast *m*
collar Bohrlochmund *m*
collecting basin Nährgebiet *n* (z.B. eines Gletschers)
~ **channel** Sammelkanal *m*
~ **locality (place)** Fundort *m*
collection Sammlung *f*
~ **of minerals** Mineraliensammlung *f*
~ **of samples** Probensammlung *f*
colliery Kohlengrube *f*, Kohlenzeche *f*, Steinkohlenbergwerk *n*, Zeche *f*
colline kleine Erhebung *f*, Hügel *m*
collinite Collinit *m* (Kohlenmaceral der Vitringruppe)
collinsite Collinsit *m*, $Ca_2(Mg, Fe)[PO_4]_2 \cdot 2H_2O$
collision Kollision *f*, Zusammenstoß *m* (Plattentektonik)
colloform texture Kolloidalstruktur *f*
colloid[al] kolloidal
~ **form** kolloidale Form *f*
~ **material** Kolloidsubstanz *f*
~ **minerals** Kolloidminerale *npl*

~ **properties of coal** kolloidale Eigenschaften *fpl* von Kohlen
~ **state** Kolloidalzustand *m*
collophane Kollophan *m* (CO_3-haltiger Apatit)
colluvial kolluvial, zusammengeschwemmt
~ **accumulations** Schwemmland *n*
~ **deposits** Gesteinsschutt *m*, Gehängeschutt *m*
~ **mantle rock** kolluvialer Verwitterungsschutt *m*
~ **soil** Kolluvialboden *m*, Absatzboden *m*, Anschwemmungsboden *n*
colluvium Kolluvium *n*, Zusammenschwemmung *f*
colmatage, colmation Kolmatage *f*, Kolmation *f*, Aufschwemmung *f* von Erde, Auflandung *f*
colonial coral koloniebildende Koralle *f*
~ **organism** koloniebildendes Lebewesen *n*
colonization Besiedlung *f*
colonnade Säulenbildung *f* (z.B. im liegenden Teil eines Lavastroms)
colophony Kolophonium *n*
Colorado [Stage], Coloradoan [Stage] mittlere Oberkreide in Nordamerika
coloradoite Coloradoit *m*, HgTe
coloration Färbung *f*
colorimetric density Farbdichte *f*
colorimetry Kolorimetrie *f*
colour aerial film Luftfarbfilm *m*
~ **analysis** Farbanalyse *f*
~ **comparison** Farbenvergleich *m*
~ **dilution method** Farbversuch *m* (Tracer)
~ **enhancement** Farbverstärkung *f*
~ **filter** Farbfilter *n*
~ **index** Farbzahl *f*
~ **measurement** Farbwertbestimmung *f*
~ **scale** Farbenskala *f*
coloured clay Farberde *f*
~ **display** Farbabspielung *f*
colourless farblos
columbite Columbit *m*, Niobit *m*, (Fe, Mn) (Nb, $Ta)_2O_6$
columbium Niob[ium] *n*, Nb
column 1. Säule *f*, Kolonne *f*; 2. Schichtenfolge *f*
~ **of fluid** Flüssigkeitssäule *f*
~ **of formations** Formationsfolge *f*, Schichtenfolge *f*
~ **of liquid** Flüssigkeitssäule *f*
~ **of mud** Spülungssäule *f*
~ **of ore** Erzschnur *f*
~ **of steam (vapour)** Dampfsäule *f*
~ **of water** Wassersäule *f*
~**-shaped** säulenförmig
columnar stengelig, säulig
~ **aggregate** Säulenaggregat *n*
~ **basalt** Säulenbasalt *m*
~ **coal** Säulenkohle *f* (an thermischen Kontakten)
~ **habitus** säuliger Habitus *m*
~ **jointing** säulenförmige Absonderung *f*
~ **section** geologisches Normalprofil *n*
~ **structure** Säulentextur *f*

colusite

colusite Colusit *m*, $Cu_3(Fe, As, Sn)S_4$
comagmatic komagmatisch
~ **family of rocks** komagmatische Gesteinsfamilie *f (dem gleichen Muttermagma entstammend)*
~ **province** komagmatische Gesteinsprovinz *f*
~ **rock** komagmatisches Gestein *n*
Comanche Supergroup Comanche-Hauptgruppe *f (Apt und Alb in Nordamerika)*
comb texture Kammstruktur *f*
combe Talmulde *f*; Senkung *f*
combed vein *s.* banded vein
combeite Combeit *m*, $Na_4Ca_3[Si_6O_{16}(OH,F)_2]$
comber sich überschlagende Welle *f (Brandung)*
combination Verwachsung *f (von Zwillingskristallen)*
~ **avalanche** Lawine *f* aus verschiedenen Schneesorten
~ **gas** feuchtes Erdgas *n*, Naßgas *n*
~ **system of drilling** kombiniertes Bohren *n*
~ **trap** Kombinationsfalle *f (für Kohlenwasserstoffe)*
combined mine drainage kombinierte Grubenentwässerung *f*
~ **pieces of coal and shale** verwachsene Kohle *f*
~ **pore water** haftendes Porenwasser *n*
~ **rotation and reflection** Drehspiegelung *f*
~ **shrinkage and caving method** Etagen- und Firstenbruchbau *m*
~ **stress** zusammengesetzte Beanspruchung *f*
~ **water** chemisch gebundenes Wasser *n*
combing wave sich überschlagende Welle *f (Brandung)*
combining weight Verbindungsgewicht *n*
comblike crest Grat *m*
~ **ridge** Zackengrat *m*
combustibility Brennbarkeit *f*
combustible brennbar, entzündlich
combustible Brennstoff *m*, Heizmaterial *n*
~ **gas** brennbares (entzündliches) Gas *n*
~ **shale** brennbarer Schiefer *m*; Brennschiefer *m*
combustion fuel Heizöl *n*
~ **metamorphism** Erdbrandmetamorphose *f*
~ **rock** Erdbrandgestein *n*
come into production/to fündig werden *(Erdölsonden)*
~ **out of solution** entlösen; frei werden
~ **out to the day** zu Tage ausstreichen
~ **up to daylight** zu Tage ausstreichen
~ **up to the grass** ausblühen, ausgehen, ausbeißen, zutage treten *(Lagerstätten)*
come water normaler (regelmäßiger) Wasserzufluß *m (in eine Grube)*
comendite Comendit *m (Alkalirhyolith)*
comet Komet *m*
~ **trace** Kometenschweif *m*
cometary kometenartig, Kometen...
~ **nucleus** Kometenkern *m*
~ **orbit** Kometenbahn *f*
cometography Kometografie *f*

Comleyan [Stage] Unterkambrium *in Nordamerika*
commencement of drilling Bohrbeginn *m*
~ **of production** Förderbeginn *m*
commercial cave Schauhöhle *f*
~ **producer** wirtschaftlich fördernde Bohrung *f*
~ **production** wirtschaftlich lohnende Produktion *f*
~ **quantity** wirtschaftlich nutzbare Menge *f*
~ **reserves** bauwürdige Vorräte *mpl*
commercially valuable wirtschaftlich verwertbar
comminuted feinzerrieben, locker
comminution Zerkleinerung *f*
~ **of the rock** Zerkleinerung *f* des Gesteins
common depth point gemeinsamer Tiefenpunkt *m (Seismik)*
~ **depth point shooting** Schießen *n* in Bezug auf den gleichen Reflexionspunkt, Mehrfachüberdeckung *f (Seismik)*
~ **depth point stack[ing]** Stapelung *f* für einen gemeinsamen Tiefenpunkt *(Seismik)*
~ **factor** gemeinsamer (allgemeiner) Faktor *m*
~ **limb** Mittelschenkel *m*
~ **mica** *s.* muscovite
~ **opal** gemeiner Opal *m*
~ **quartz** gemeiner Quarz *m*
~ **range gathering** Aufstellung der zu stapelnden Spuren nach gleichen Entfernungsbereichen *(Seismik)*
~ **reflection point** gemeinsamer Reflexionspunkt *m*
~ **salt** *s.* halite
communality Kommunalität *f (Grad der Verbundenheit eines Merkmals mit den durch die Faktoranalyse extrahierten Faktoren)*
communications satellite Nachrichtensatellit *m*
community boundaries Grenzen *fpl* der Vergesellschaftungen *(von Organismen)*
compact dicht
~ **apparatus** Verdichtungsgerät *n (Bodenprüfung)*
~ **gypsum** massiges Gipsgestein *n*
~ **limestone** Massenkalk *m*, dichter Kalkstein *m*
~ **polishable limestone** dichter polierfähiger Marmor *m*
~ **rock** kompaktes (dichtes) Gestein *n*
~ **rocks** Massengestein *n*, standfestes Gebirge *n*
~ **soil** fester Boden *m*
compacted limestone Massenkalk *m*, dichter Kalkstein *m*
~ **rocks** Massengestein *n*, standfestes Gebirge *n*
compactibility Verdichtbarkeit *f*, Verdichtungsfähigkeit *f*
compacting pressure Differenz zwischen hydrostatischem und Überlagerungsdruck
~ **sediment** sich verdichtendes Sediment *n*
compaction 1. Verdichtung *f*; 2. Kompaktion *f*, Sedimentverfestigung *f*

compound

- ~ equipment Verdichtungsmaschinen *fpl*
- ~ factor Verfestigungsfaktor *m*
- ~ of sediments with increasing load Verdichtung *f* der Sedimente mit zunehmender Belastung
- ~ pressure Gebirgsdruck *m*
- ~ roller Verdichtungswalze *f*, Bodenverfestigungswalze *f*
- ~ shale durch Kompaktion verfestigter Schiefer *m*

compactness Kompaktheit *f*, Dichtigkeit *f*, Festigkeit *f*, Massivität *f*, Lagerungsdichte *f*
compactor Verdichtungswalze *f*, Bodenverfestigungswalze *f*
companion Begleiter *m* (von Erzen)
- ~ fault Nebenverwerfung *f*

company geologist Werksgeologe *m*
comparison test Vergleichsprobe *f*, Parallelprobe *f*
compartment Trum *m* (n)
compass Kompaß *m*
- ~ bearing Kompaßpeilung *f*
- ~ card Kompaßrose *f*, Windrose *f*
- ~ declination Kompaßabweichung *f*
- ~ direction Kompaßrichtung *f*
- ~ error Mißweisung *f*
- ~ needle Kompaßnadel *f*
- ~ point Himmelsrichtung *f*
- ~ traverse Kompaßzug *m*

compatibility Verträglichkeit *f*, Vereinbarkeit *f*, Vergleichbarkeit *f* (z.B. von Daten)
compatible verträglich, vereinbar, passend
- ~ data verträgliche Daten *pl*
- ~ element kompatibles Element *n* (einem bestimmten chemischen System zugehörig)
- ~ phases koexistierende Phasen *fpl*, miteinander im Gleichgewicht stehende Mineralphasen *fpl*

compensation Ausgleichszahlung *f* (bei geologischen Untersuchungsarbeiten)
- ~ level Ausgleichsfläche *f*
- ~ masses Kompensationsmassen *fpl*

compensator Kompensator *m*
competence, competency Grenzgröße eines Sedimentkorns bekannter Dichte, bei der durch Strömung Transport eintritt
competent kompetent
- ~ bed kompetente Schicht *f*
- ~ fold Parallelfalte *f*, konzentrische Falte *f*
- ~ stratum unnachgiebige Schicht *f*

compile a subsurface map of the key bed/to eine Tiefenlinienkarte der Leitschicht herstellen
complement Komplement *n* (Ergänzung eines Werts zur Skaleneinheit)
complementarity Komplementarität *f*, Ergänzbarkeit *f* (z.B. von Fernerkundungsdaten)
complementary remote sensing systems sich ergänzende Fernerkundungssysteme *npl*
complete a well/to eine Bohrung fertigstellen (zur Förderung vorbereiten)
complete melting [vollständige] Aufschmelzung *f*

- ~ miscibility vollständige Mischbarkeit *f*
- ~ well vollkommener Brunnen *m*

completion 1. Komplettierung *f* (einer Sonde); 2. Inproduktionssetzung *f*
- ~ [work] of an oil well Fertigstellung *f* einer Erdölbohrung zur Förderung

complex curve Komplexkurve *f*
- ~ fault zusammengesetzte Verwerfung *f*
- ~ fold quergefaltete Falte *f*
- ~ gravitational crystallization differentiation komplexe gravitative Kristallisationsdifferentiation *f*
- ~ interpretation Komplexinterpretation *f*, Komplexauswertung *f* (z.B. von geophysikalischen Daten)
- ~ line Komplexlinie *f*
- ~ ore Komplexerz *n*
- ~ plane Komplexebene *f*
- ~ point Komplexpunkt *m*
- ~ space Komplexraum *m*
- ~ targets komplex zusammengesetzte Objekte *npl* (Fernerkundung)
- ~ utilization of mineral raw materials komplexe Nutzung *f* mineralischer Rohstoffe

component Bestandteil *m*
- ~ mineral Bestandmineral *n*
- ~ of gravity Schwerkraftkomponente *f*
- ~ of movement Bewegungskomponente *f*

componental mobility Teilbeweglichkeit *f*
composite zusammengesetzt
- ~ anticline zusammengesetzte Antiklinale *f*
- ~ boundary Verwachsungsebene verschieden orientierter Kristalle, die keiner Kristallfläche entspricht
- ~ cone Stratovulkan *m*
- ~ dike zusammengesetzter Gang *m*, Gang *m* mit zeitverschiedenen Füllungen
- ~ fan structure Antiklinorium *n*
- ~ fold Falte *f* mit gefalteten Schenkeln
- ~ gneiss *s.* injection gneiss
- ~ grain Verwachsung mehrerer Körner mit Anlagerungsgefügen
- ~ mobile belt Orogen *n* aus mehreren parallelen Geosynklinaltrögen
- ~ sample Sammelprobe *f*, Mischprobe *f*
- ~ seam zusammengesetztes Flöz *n* (durch Auskeilen von Zwischenmitteln)
- ~ section Sammelprofil *n*
- ~ sill zusammengesetzter Lagergang *m*
- ~ stream zusammengesetzter Fluß *m*
- ~ travel time curve zusammengesetzte (gegengeschossene) Laufzeitkurve *f*
- ~ unconformity of erosion mehrfache Erosionsdiskordanz *f*
- ~ veins Scharung *f* der Gangtrümer, Gangschwarm *m*

composition Zusammensetzung *f*
- ~ face *s.* ~ plane
- ~ of the ground Bodenbeschaffenheit *f*
- ~ plane (surface) Verwachsungsfläche *f* (von Kristallen)

compound zusammengesetzt

compound

compound 1. Zusammensetzung *f*; 2. [chemische] Verbindung *f*
~ **arch** Antiklinorium *n*
~ **cirque** Großkar *n*
~ **crystal** Zwillingskristall *m*
~ **eyes** Komplexaugen *npl (Arthropoda)*
~ **fault** zusammengesetzte Verwerfung *f*, Verwerfungsbüschel *n*
~ **foreset bedding** zusammengesetzte Leeblattschichtung *f*
~ **of alumina** Tonerdeverbindung *f*
~ **pellet** *Pellet mit mikritischem oder sparitischem Zement*
~ **ripple marks** zusammengesetzte Rippelmarken *fpl*
~ **slide** Kreuzschlitten *m*
~ **stratification** Schichtung *f* parallel zur liegenden Erosionsbasis
~ **stream** komplexer Fluß *m*
~ **twins** Viellinge *mpl*
~ **valley glacier** Gletscher *m* aus mehreren Zuströmen
~ **vein** 1. Gangtrumzone *f*; 2. Gang *m* aus verschiedenen Mineralen, Polymetallerzgang *m*
compreignacite Compreignacit *m*, $6[UO_2|(OH)_2]\cdot 2K(OH)\cdot 4H_2O$
compress/to zusammendrücken, zusammenpressen, komprimieren
compressed-air drill Preßluftbohrer *m*
~-**air hammer drill** Preßluftbohrhammer *m*
~-**air storage** Preßluftspeicher *m*
~ **fold** Quetschfalte *f*
compressibility Kompressibilität *f*; Zusammendrückbarkeit *f*, Komprimierbarkeit *f*
~ **of gases** Zusammendrückbarkeit *f* von Gasen
compressible zusammendrückbar, komprimierbar
compressing zone Pressungsgebiet *n*
compression Zusammendrückung *f*, Pressung *f*, Kompression *f*, Verdichtung *f*, Stauchung *f*, Zusammenschub *m*
~ **equipment** Verdichtungsmaschinen *fpl*
~ **fault** Konjunktivbruch *m*
~ **joint** Druckspalte *f*
~ **of ground (soil)** Bodendruckpressung *f*
~ **test** Druckversuch *m*
~-**test specimen** Druckprobe *f*, Druckprobekörper *m*
~ **wave** Kompressionswelle *f*, Druckwelle *f*
~ **zone** Druckzone *f*
compressional deformation Druckmetamorphose *f*
~ **folding** Druckfaltung *f*
~ **joint** Druckspalte *f*
~ **wave** *s.* longitudinal wave
compressive force zusammendrückende Kraft *f (z. B. einer Faltung)*
~ **mass strength** Gebirgsdruckfestigkeit *f*
~ **strain** Druckbeanspruchung *f*
~ **strength** Druckfestigkeit *f*
~ **strength test** Druckprüfung *f*

~ **stress** Druckspannung *f*
~ **twin formation** Druckzwillingsbildung *f*
~ **yield strength** Kriechgrenze *f*
compromise boundaries korrespondierende Grenzen (Korngrenzen) *fpl*, verzahnte Grenzen (Korngrenzen) *fpl*
computation of area Flächenberechnung *f*
computer compatible tape rechnerkompatibles Band *n*
computing Auswertung *f*
conarite *s.* connarite
conca Oberflächensenkung *f (durch Magmenausfluß)*
concave bank Unterschneidungshang *m*
~ **cross-bedding**, ~ **inclined bedding** bogige Schrägschichtung *f*
~ **grinding** Hohlschliff *m*
concealed verdeckt, verborgen *(vom Ausgehenden einer Lagerstätte)*
~ **bed of peat** Torfeinschluß *m*, Torfnest *n*
~ **erosion** Suberosion *f*, verdeckte Erosion *f*
~ **outcrop** verstecktes Ausgehendes *n*
concentrate/to anreichern, aufbereiten
~ **brine** gradieren
concentrate Konzentrat *n*, Anreicherungsprodukt *n*, Reingut *n*; Schlich *m*
~ **of ore** Erzschlich *m*
concentrating ore Anreicherungserz *n*
~ **plant** Aufbereitungsanlage *f*, Anreicherungsanlage *f*
concentration Anreicherung *f*, Aufbereitung *f*
~ **front** Konzentrationsfront *f*
~ **of mass** Massekonzentration *f*
~ **of stress** Spannungsanreicherung *f*
~ **of volume** Volumenkonzentration *f*
~ **plant** Aufbereitungsanlage *f*, Anreicherungsanlage *f*
~ **process** Konzentrationsvorgang *m*
~ **table** Aufbereitungsherd *m*
concentrator Setzkasten *m*
concentric[al] fold konzentrische Falte *f*, Parallelfalte *f*
~ **fractures** konzentrisches Bruchbild *n*
~ **jointing** konzentrischschalige (zwiebelschalige) Absonderung *f*, Zwiebelstruktur *f*
~ **rift** Ringspalte *f*
~ **weathering** kugelige Verwitterungsformen *fpl*
concertina fold Staffelfalte *f (s.a. zigzag fold)*
concession Konzession *f*, Erlaubnis *f*, Mutung *f*
~ **for exploration and exploitation** Konzession *f* zur Erforschung und Ausbeutung
~ **plan** Mutungskarte *f*
concession[n]aire Konzessionsinhaber *m*
conch Schale *f*, Gehäuse *n (bei Gastropoden und Cephalopoden)*
conchiform muschelförmig
conchoidal muschelig
~ **fracture** muscheliger Bruch *m*
conchology Muschelkunde *f*
conchylium Schneckenschale *f*
concomitant begleitend, gleichzeitig

concordance Konkordanz f
concordant konkordant, gleichsinnig schichtparallel
~ **bedding** konkordante Schichtung f
~ **injection** konkordante Intrusion f
concrement Konkretion f, Zusammenballung f
concrete aggregate Betonzuschlagstoffe mpl
~-**attacking substance** betonangreifender Stoff m
~ **dam** Staumauer f, Talsperrenmauer f
concretion Konkretion f, Verhärtung f
~ **of anhydrite** Anhydritknolle f
concretionary konkretionär
~ **granite** Kugelgranit m
~ **horizon** verfestigte Schicht f
condensability Verdichtbarkeit f
condensate field Kondensatlagerstätte f
~ **production** Kondensatförderung f
condensation Kondensation f
~ **centre** Kondensationskern m
~ **of moisture** Niederschlagen n von Feuchtigkeit
~ **trail** Kondensstreifen m
~ **water** Schwitzwasser n, Kondenswasser n; Kondensationswasser n
condensational waves Verdichtungswellen fpl
condense/to sich kondensieren
condensed deposit kondensierte Sedimentation f (langsame, aber nicht unterbrochene Sedimentation)
~ **sequence** Kondensationslager n (geringmächtiger Gesteinskörper, in dem verschieden alte Faunen nicht trennbar nebeneinander liegen)
condensing lens Sammellinse f
condition for deposits Lagerstättenkondition f
~ **of existence** Existenzbedingung f (Paläobiologie)
~ **of flow** Durchflußbedingung f
~ **of instability** Instabilitätsbedingung f (Grundwasserströmung)
~ **of soil** Bodenbeschaffenheit f
~ **of stress** Spannungszustand m
conditions Konditionen fpl (z.B. der Grundwassererkundung)
conductance Leitfähigkeit f
conductimetry Leitfähigkeitsmessung f
conducting power Leitfähigkeit f, Leitungsvermögen n
conduction Leitung f; Leitfähigkeit f
conductive body leitender Körper m
conductivity Leitfähigkeit f, Leitungsvermögen n
~ **horizon** Leitfähigkeitsgrenze f
~ **logging** Leitfähigkeitsmessung f
conductor casing Standrohr n
~ **of electricity** elektrischer Leiter m
~ **of heat** Wärmeleiter m
~ **pipe** Leitrohrtour f, erste Rohrfahrt f, Standrohr n
~ **shaft** Vorbohrloch n
~ **string** s. ~ pipe

conduit Wasserseige f; Wasserrösche f
~ **of vulcano** Vulkanschlot m, Förderschlot m, Schußkanal m
condyle Gelenkkopf m (Paläontologie)
cone 1. Bergkegel m, Konus m; Vulkankegel m; 2. Zapfen m, Fruchtzapfen m
~ **bit** Kegelrollenmeißel m
~ **crusher** Kegelbrecher m
~ **cup** Innenform der Tutenstrukturen
~ **delta** Alluvion an der Mündung von Gebirgsströmen
~-**in-cone coal** Tutenkohle f
~-**in-cone limestone** Tutenmergel m, Nagelkalk m, Tütenmergel m, Dütenmergel m
~-**in-cone structure** Tutenmergelstruktur f, Nagelkalkstruktur f
~-**in-crater structure** Doppelvulkan m
~ **of blast** Sprengkegel m
~ **of debris** Schuttkegel m
~ **of dejection** Alluvialkegel m
~ **of depression** Absenkungstrichter m, Senkungstrichter m, Entnahmetrichter m
~ **of detritus** Alluvialkegel m
~ **of influence** s. ~ of depression
~ **of light** Beleuchtungskegel m
~ **of pressure relief,** ~ **of pumping depression** s. ~ of depression
~ **of talus** Schuttkegel m
~ **of waterable depression** s. ~ of depression
~ **penetration test** Kegeldruckversuch m
~-**shaped** kegelig, kegelförmig
~ **sheets** Kegelspalten fpl (Vulkanotektonik)
conelike kegelförmig
Conewangoan [Stage] Conewangoan n (Stufe des Oberdevons in Nordamerika)
Conferva peat Torf m aus Süßwasseralgen
configuration Oberflächengestaltung f; Struktur f
~ **of coast** Küstengestaltung f
~ **of ground** Geländegestaltung f, Geländeform f
~ **of soil** Bodengestaltung f
configurational energy Gitterenergie f
confined gespannt (bei Grundwasser)
~ **aquifer** gespannter Grundwasserspeicher m
~ **flow** Fließen n von gespanntem Grundwasser
~ **ground air** gespannte Grundluft f
~ **ground water** gespanntes (artesisches) Grundwasser n
~ **space** enge Spalte f
confining bed (layer) Grundwasserdeckschicht f, Grundwassersohlschicht f, Dichtungsschicht f; Schutzschicht f (bezogen auf Umweltschutz)
~ **pressure** allseitiger (hydrostatischer) Druck m, Umschließungsdruck m
~ **stratum** undurchlässige Schicht f, Grenzschicht f eines Speichers, Grundwassersohle f
confirmed reserves bestätigte Vorräte mpl (durch die staatliche Vorratskommission)
confluence Zusammenfluß m

confluence 80

~ plain durch Zusammenfluß zweier Ströme gebildete Ebene
~ step Konfluenzstufe f
confluent Nebenfluß m
conformability Konkordanz f
~ of strata Schichtenkonkordanz f, gleichförmige Lagerung f
conformable konkordant, gleichförmig
~ fault gleichsinnige Verwerfung f
~ strata Parallelschichten fpl
~ structure gleichförmige Lagerung f
conformal projection winkeltreue Projektion f
conformation Konkordanz f
~ of the ground Geländegestalt f, Geländeform f
conformity s. conformability
congeal/to 1. einfrieren, gefrieren, zusammenfrieren; 2. erstarren, erhärten
congealed crust Erstarrungskruste f
congealing 1. Zusammenfrieren n; 2. Erstarren n, Erhärten n
~ point Erstarrungspunkt m
~ temperature Erstarrungstemperatur f
congela s. coba
congelation 1. Gefrieren n, Vereisen n; 2. Erstarren n, Erhärten n
congelifluction Bodenfließen n im Permafrostgebiet
congelifract Frostverwitterungsschuttstück n
congelifraction Frostsprengung f, Frostverwitterung f, Spaltenfrost m
congelifracts Frostverwitterungsschutt m
congeliturbate Frostwürgeboden m
congeliturbation Kongeliturbation f, Frostbodenwirkungen fpl
congenial für Gesteine, die erzführende Gänge enthalten
~ climate passendes Klima n
congenital angeboren
conglomerate Konglomerat n, Trümmergestein n
~ of emergence Konglomerat n eines Regressionszyklus
~ of submergence Konglomerat n eines Transgressionszyklus
~ rock Konglomeratgestein n
conglomeratic konglomeratisch
~ facies Konglomeratfazies f
~ sandstone konglomeratischer Sandstein m
conglomeration Verfestigung f zu Konglomerat (z.B. von Geröll)
conglomeritic s. conglomeratic
congregated sands Sandbänke fpl
congruency Kongruenz f
congruent melting point Kongruenzschmelzpunkt m
congruous drag folds geometrisch zur Hauptfalte kongruente Schleppfalten fpl
~ form kongruente Form f
Coniacian [Stage] Coniac n (Stufe der Oberkreide)
conic kegelförmig, konisch (s.a. conical)

~ projection Kegelprojektion f
conical kegelförmig, konisch
~ flute cast Zapfenwulst m
~ mound konischer Erdhügel m (Auswurfshügel über Mündungen von Grabgängen von Organismen)
~ wall niche Ausbruchsnische f bei Hangunterschneidung
~ wave s. refraction wave
Coniferales Koniferengewächse npl
coniferous tree Konifere f
conifers Koniferen fpl, Nadelbäume mpl
coniform kegelförmig, konisch
coning Kegelbildung f (reservoirmechanisch)
~-in of edge water Trichterbildung f des Randwassers
~ of water Wasserkegelbildung f
conjugate centre übertragener Bildmittelpunkt m
~ faults konjugierte Verwerfungen fpl
~ joint sets konjugierte Kluftscharen fpl
~ vein durchfallender Gang m
connarite Connarit m, Konarit m, Komarit m (Varietät von Antigorit)
connate water konnates Wasser n (syngenetisch eingefangenes, marines Wasser); Adhäsionswasser n, fossiles Wasser
connecting bar Inselnehrung f
~ link Zwischenglied n (Paläontologie)
connellite Connellit m, $Cu_{19}[Cl_4(OH)_{32}|SO_4+4H_2O]$
conode Konode f
conoid[al] konoidisch
conoscope Konoskop n, Kristallachsenmesser m
conoscopic konoskopisch
Conrad discontinuity Conrad-Diskontinuität f, Conrad-Fläche f
consanguineous s. comagmatic
consanguinity of rocks Gesteinsverwandtschaft f
consequent konsequent (von der geologischen Struktur oder Oberflächenform bestimmt)
~ divide konsequente Wasserscheide f
~ river Folgefluß m
~ valley konsequentes Tal n
consertal für Gesteinsgefüge ohne Zwischenklemmasse
conservation 1. Erhaltung f; 2. Naturschutz m; Naturschutzgebiet n
~ of mineral resources Lagerstättenpflege f
~ of soil Bodenerhaltung f
~ principle Erhaltungssatz m
~ reservoir Überjahresspeicherbecken n
~ storage Überjahresspeicherung f
consistency gauge Penetrometer n, Konsistenzprüfer m, Drucksonde f
~ limits Konsistenzgrenzen fpl nach Atterberg, Atterbergsche Konsistenzgrenzen fpl
consistent standfest (Gebirge)
consolidate/to sich konsolidieren, sich verfestigen, fest werden, erstarren
~ by injection verfestigen

consolidated konsolidiert, verfestigt, erstarrt
~ **area** konsolidierter (versteifter, gefalteter) Raum *m*
~ **clay** verfestigter Ton *m*
~ **fill** verfestigter Versatz *m*
~ **ground** verfestigter Boden *m*
~ **lava** erstarrte Lava *f*
~ **rock** verfestigtes (konsolidiertes) Gestein *n*
~ **sand** verfestiger Sand *m*
~ **sediment** diagenetisch verfestigtes Sediment *n*
consolidation Konsolidierung *f*, Verfestigung *f*, Erstarrung *f*
~ **age** Erstarrungsalter *n*
~ **apparatus** Verdichtungsapparat *m*
~ **of ground** Bodenverdichtung *f*
~ **of magma** Magmenerstarrung *f*
~ **of sediments** Verfestigung *f* von Sedimenten
~ **of the subsoil** Bodenpressung *f*
~ **settlement** Verdichtungssetzung *f*
~ **time curve** Zeit-Setzungs-Kurve *f*
conspecific zur gleichen Spezies gehörend
constant head permeability test Durchlässigkeitsversuch *m* mit gleichbleibender Wasserhöhe
~ **head permeameter** Durchlässigkeitsmeßgerät *n* mit gleichbleibender Wasserhöhe
~ **pore volume reservoir** Expansionsspeicher *m*, geschlossenes Reservoir *n*
~-**rate injection method** Punktinjektionsmethode *f (einmalige Tracerzugabe)*
constellation Konstellation *f*, Sternbild *n*
constituent 1. Bestandteil *m*, Gemengteil *m*; 2. *(Am)* Maceral *n (Kohle)*
~ **mineral** Gemengteil *m (des Gesteinsgefüges)*
~ **of high volatility** leichtflüchtiger Bestandteil *m*
constitution Aufbau *m*, Bau *m*, Beschaffenheit *f*, Struktur *f*
~ **diagram** Zustandsdiagramm *n*
~ **water** Konstitutionswasser *n*, Kristallwasser *n*
constricted fold Quetschfalte *f*
constriction Einschnürung *f*
~ **of the channel** Bettvereng[er]ung *f (eines Flusses)*
~ **of the valley** Talvereng[er]ung *f*
construction industry Bauindustrie *f*, Bauwirtschaft *f*
~ **lime** Baukalk *m*
~ **material** Baustoff *m*
~ **of levees** Abdeichung *f*
~ **of roads** Straßenbau *m*
constructional coast Aufbauküste *f*
~ **form** Aufbauform *f*
consulting geologist beratender Geologe *m*
consuming plate margins konvergierende (krustenaufzehrende) Plattengrenzen *fpl*
consumptive use Aufbrauch *m (von Wasservorrat)*

contact action Kontaktwirkung *f*
~-**altered rock** Kontaktgestein *n*
~ **angle** Kontaktwinkel *m*
~ **area** Kontaktzone *f*
~ **belt** Kontakthof *m*
~ **between two formations** Formationsgrenze *f*
~ **deposit** Kontaktlagerstätte *f*
~-**erosion valley** Erosionsrinne *f (entlang dem Kontakt zweier Gesteinseinheiten)*
~ **formation** Kontaktbildung *f*
~ **goniometer** Anlegegoniometer *n*
~ **load** Geschiebebelastung *f (eines Flusses)*
~ **lode** Kontaktgang *m*
~ **log** Kontaktlog *n*, Mikrolog *n (Geophysik)*
~ **metamorphic** kontaktmetamorph
~-**metamorphic area** Kontakthof *m*
~-**metamorphic deposit** kontaktmetamorphe Lagerstätte *m*
~-**metamorphic rock** Kontaktgestein *n*
~ **metamorphism** Kontaktmetamorphose *f*
~-**metamorphosed rock** Kontaktgestein *n*
~-**metasomatic deposit** kontaktmetasomatische Lagerstätte *f*
~ **mineral** Kontaktmineral *n*
~ **pneumatolysis** Kontaktpneumatolyse *f*
~-**pneumatolytic deposit** kontaktpneumatolytische Lagerstätte *f*
~ **pressure** Flächendruck *m*
~ **rock** Kontaktgestein *n*
~ **spring** Schichtquelle *f*, Stauquelle *f*; tektonische Quelle *f*
~ **twin** Berührungszwilling *m*, Juxtapositionszwilling *m*
~ **vein** Kontaktgang *m*
~ **zone** Kontaktzone *f*
container rock Speichergestein *n*, Träger *m (von Erdöl oder Wasser)*
contaminant Schadstoff *m*, Schmutzstoff *m*
contaminated rocks Magmatite mit aufgenommenem Nebengesteinsmaterial
~ **sample** verunreinigte Probe *f*
contamination Vermischung *f*, Verunreinigung *f (von Mineralen)*; Kontamination *f*, Verschmutzung *f (von Grundwasser)*
~ **of magma** Hybridisierung *f (chemische Veränderung durch Aufnahme von Fremdmaterial)*
~ **of water** Wasserverunreinigung *f*
contemporaneity Gleichzeitigkeit *f*, Gleichaltrigkeit *f*
contemporaneous syngenetisch, gleichzeitig, gleichaltrig
~ **beds** gleichaltrige Schichten *fpl*
~ **deposition** gleichzeitig entstandene Ablagerung *f*
~ **disturbance of bedding** synsedimentäre Schichtstörung *f*
contemporary beds äquivalente Schichten *fpl*
~ **form** rezente Form *f*, Jetztzeitform *f*
content of fossils Fossilführung *f*
contiguous beaks sich berührende Wirbel *mpl*

contiguous

~ **crystal** angrenzender Kristall *m*, Nachbarkristall *m*
~ **rock** Nebengestein *n*
~ **seams** beieinander gelegene Flöze *npl*
continent Festland *n*
~-**making** Kontinentalbildung *f*
~-**making movement** Kontinentalbewegung *f*
continental kontinental, binnenländisch
~ **air** Kontinentalluft *f*
~ **apron** Böschung *f* am Fuße des Kontinentalabhangs
~ **block** Kontinentalblock *m*
~ **bridge** Brückenkontinent *m*
~ **climate** Kontinentalklima *n*, Binnenklima *n*
~ **crust** kontinentale Kruste *f*
~ **deposition** Festlandsablagerung *f*
~ **development** kontinentale Entwicklung *f*
~ **drift** Kontinentaldrift *f*, Kontinentalverschiebung *f*
~ **effect** Kontinentaleffekt *m*
~ **facies** Kontinentalfazies *f*
~ **formation** kontinentale Bildung *f*
~ **glaciation** Inlandvereisung *f*
~ **glacier** Kontinentalgletscher *m*
~ **ice sheet** Binneneisdecke *f*
~ **island** Festlandsinsel *f*
~ **margin** Kontinentalsaum *m*
~ **marine deposit** Flachseeablagerung *f*
~ **mass** Kontinentalblock *m*
~ **nucleus** Kontinentalkern *m*; Krato[ge]n *n*
~ **origin** Entstehung *f* der Kontinente
~ **plateau (platform)** Kontinentalblock *m*
~ **rise** Kontinentalanstieg *m*
~ **shelf** Kontinentalschelf *m (n)*
~ **shelf formations** Kontinentalschelfbildungen *fpl*
~ **slope** Kontinentalabfall *m*, Kontinentalböschung *f*, Kontinentalhang *m*
~ **terrace** Kontinentalsockel *m (Kontinentalschelf und Kontinentalhang)*
continuation Fortsetzung *f (z.B. eines Potentialfeldes nach oben)*
continuity equation Kontinuitätsgleichung *f*
~ **equation of steady flow** Kontinuitätsgleichung *f* für stationäre Strömung
~ **of a bed (stratum)** Durchhalten *n* einer Schicht *(von Bohrung zu Bohrung)*
continuous areal kontinuierliches Areal *n (Ökologie)*
~ **bed** durchhaltende Schicht *f*
~ **coring** fortlaufendes Kernen *n*
~ **crystalline solution** lückenlose Mischkristallbildung *f*
~ **inflow** dauernder Zufluß *m*
~ **interstice** durchgehender Zwischenraum *m*
~ **kriging** stetiges Kriging *n*, Kriging *n* mit einer stetigen Gewichtsfunktion
~ **profiling** kontinuierliches Profilieren *n*
~ **running** kontinuierlicher Betrieb *m*
~ **sampling** ununterbrochene Probe[ent]nahme *f*
~ **sedimentation** gleichmäßige Sedimentation *f*

82

~ **stream** durchgehender Fluß *m*
~ **stress** Dauerbeanspruchung *f*
~ **time-distance curve** zusammengesetzte Laufzeitkurve *f*
~ **vein** aushaltender Gang *m*
~ **velocity log** Akustiklog *n*
~ **wave** ungedämpfte Welle *f*
continuum mechanics Kontinuumsmechanik *f*
contorted gekrümmt, gewunden, verdreht
~ **area** gestörtes Feld *n*
~ **bedding** Gekröseschichtung *f*
~ **beds** gekräuselte Schichten *fpl*
~ **fold** Korkenzieherfalte *f*
~ **strata** gekräuselte Schichten *fpl*
contortion Fältelung *f*, Verdrehung *f*
contour 1. Umriß *m*, Gestalt *f*, Kontur *f*; 2. Isolinie *f*; Isohypse *f*
~ **chart** Isohypsenkarte *f*
~ **current** Konturstrom *m*
~ **diagram** Höhenliniendiagramm *n*
~ **form** Umrißform *f*
~ **interval** Höhenlinienabstand *m*
~ **line** Höhenschichtlinie *f*, Isohypse *f*, Äquipotentiallinie *f*, Niveaulinie *f*
~ **map** Streichlinienkarte *f*
~ **map of the water table** Grundwassergleichenkarte *f*
~ **of zero elevation** Meeresspiegelkontur *f*
~ **vibration** Querschwingung *f (von Kristallen)*
contoured map Höhenlinienkarte *f*
~ **plan** Höhenplan *m*
~ **stereogram** ausgezähltes Lagenkugeldiagramm *n*
contourites Konturite *mpl (Ablagerungen von Konturströmen)*
contourogram Schaubild *n* der Oberflächenbeschaffenheit
contours of subsurface structures Tiefenlinien *fpl* der Strukturen im Untergrund
contract/to auskeilen, verdrücken, schrumpfen, sich zusammenziehen
contract work Auftragsarbeit *f (in der geologischen Erkundung)*
contracting industry Bauindustrie *f*, Bauwirtschaft *f*
contraction Schrumpfung *f*, Verdrückung *f*; Kontraktion *f (der Erde)*
~ **crack (fissure)** Schrumpfungsriß *m*, Schwindriß *m*
~ **joint** Schrumpfungskluft *f*
~ **of a lode** Verdrückung *f* eines Ganges
~ **of volume on solidification** Volumenverminderung *f* beim Erstarren
~ **theory** Kontraktionstheorie *f*
~ **vein** durch Austrocknung oder Abkühlung gebildeter Gang
contrast enhancement (stretching) Kontrastverstärkung *f*, Kontrasterhöhung *f*
contributary *s.* tributary
control cylinder Probezylinder *m*, zylindrischer Probekörper *m*
~ **of leakage** Dichtheitskontrolle *f*

coquina

~ **of torrent works** Wildbachverbauung f
~ **points** Kontrollpunkte mpl *(genau vermessene markante Geländepunkte)*
~ **station** Kontrollstation f, Basisstation f
controlled directional drilling Richtbohrung f
~ **mosaic** Kontrollmosaik n, Kontrollnetz n *(zusammengesetzte Luftaufnahme eines Kontrollgebiets)*
convection Konvektion f
~ **current** Konvektionsströmung f *(Unterströmung im oberen Erdmantel)*
~ **equation** Konvektionsgleichung f
convectional rain Aufgleitregen m, Strichregen m
convective cell Konvektionszelle f *(Unterströmungstheorie)*
~ **creep** Konvektionsströmung f *(Tektonik)*
~ **current (flow)** Konvektionsströmung f
~ **process** Konvektion f *(Grundwasserströmung)*
conventional age konventionelles Alter n
~ **signs** Signatur f *(auf Karten)*
convergence Konvergenz f
~ **contour** Konvergenzlinie f *(Linie gleichen senkrechten Abstands zwischen zwei gegebenen geologischen Horizonten)*
~ **in the coal ahead of the face** Vorfeldkonvergenz f
~ **indicator** Konvergenzgeber m, Konvergenzmesser m
~ **map** Isochorenkarte f
convergency s. convergence
convergent konvergent
~ **evolution** s. adaptive convergence
~ **lens** Konvergenzlinse f
conversion of storage Speicherumstellung f
converted into peat vertorft, vermoort
~ **wave** Wechselwelle f
convex bank konvexes Ufer n
~ **inclined bedding** konvexe Schrägschichtung f
convexity 1. Konvexität f; 2. Konvexfläche f
conveyance of a channel Strombettdurchlaßfähigkeit f
conveyed by ice eisverfrachtet
conveying bridge Förderbrücke f
~ **bridge for open cuts** Abraumförderbrücke f
conveyor sieve Bandsieb f
convolute bedding endostratische Sedifluktion f *(synsedimentäre Faltung); subaquatische Rutschung f, Wulstbank f, Wulstschichtung f, Wulstung f, Wulsttextur f; Wickelfalte f, Wicklungsstruktur f; Gleitfältelung f, Gleitfaltung f, Gleitstauchung f, Stauchfältelung f, Rutschfaltung f, Fältelungsrutschung f*
~ **current-ripple lamination** verfältelte Strömungsrippelschichtung f
convoluted gefältelt
~ **structure** gewundene Struktur f, Gekrösestruktur f
convolution 1. Fältelung f; 2. Konvolution f, Faltung f *(einer seismischen Welle)*

convolutional ball Wickelfalte f
convulsion s. cataclysm
cookeite Cookeit m, $LiAl_4[(OH)_8|AlSi_3O_{10}]$
cooking time Dauer der Temperaturbeanspruchung bei der Diagenese
cool/to abkühlen; abschrecken
cool spring Akratopege f
cooling Abkühlung f; Abschreckung f
~ **constant** Abkühlungskonstante f
~ **crack** Abkühlungsspalte f, Erstarrungsspalte f
~ **-down** Akühlung f, Erkaltung f
~ **fissure** s. ~ crack
~ **rate** Abkühlungsgeschwindigkeit f
~ **stack** Gradierwerk n, Rieselwerk n
~ **surface** Abkühlungsfläche f
coom Kohlenstaub m
coomb[e] Trockenrinne f *(am Hang)*
~ **rock** 1. kammförmige Verwitterungsform f; 2. Verwitterungsschutt m
coon-tail ore gebändertes Fluorit-Zinkblende-Erz n
cooperite Cooperit m, PtS
coor *(sl)* Schicht f
coordinate paper Koordinatenpapier n
coorongite Coorongit m *(brennbares, rezentes Algengestein im Torfstadium)*
coose s. coarse lode
coossification Knochenverwachsung f
cop ores/to Erze scheiden
copi verwitterter Gips m
copiapite Copiapit m, $(Fe, Mg)Fe_4[OH|(SO_4)_3]_2 \cdot 20H_2O$
coping Krone f *(eines Damms)*
copious mine Ausbeutezeche f
copper Kupfer n, Cu
~ **-bearing** kupferführend
~ **-bearing sandstone** Kupfersandstein m
~ **-bearing shale** Kupferschiefer m
~ **content** Kupfergehalt m
~ **deposit** Kupferlagerstätte f
~ **glance** s. chalcocite
~ **matte** Kupferstein m, Rohkupfer n
~ **mine** Kupferbergwerk n
~ **nickel** s. niccolite
~ **ore** Kupfererz n
~ **pyrites** s. chalcopyrite
~ **schist (shale, slate)** Kupferschiefer m
~ **smelting** Kupferverhüttung f
~ **sulphate** s. chalcanthite
~ **uranite** s. tobernite
~ **vitriol** s. chalcanthite
Copper Age Kupferzeit f
copperas s. melanterite
copperization Imprägnierung f mit Kupfer
coppery kupferartig
coprolite Koprolith m, fossiler Kotballen m
copropel organogener Schlamm m
coquimbite Coquimbit m, $Fe_2[SO_4]_3 \cdot 9H_2O$
coquina Muschelkalk m, Schalentrümmerkalkstein m, Schillkalk m
~ **encrinite** Schalentrümmer-Trochitenkalkstein m

coquinite

coquinite Coquinit *m*, verfestigte Lumachelle *f*
coquinoid limestone Lumachellenkalkstein *m*, autochthoner Coquinit *m*
coral Koralle *f*
~ **agate** Korallenachat *m*
~ **colony** Korallenkolonie *f*
~**-hydrozoan biostromes** Korallen-Hydrozoen-Rasen *mpl*
~ **island** Koralleninsel *f*
~ **limestone** Korallenkalkstein *m*, Korallenriffkalk *m*
~ **mud** Korallenschlick *m*
~ **reef** Korallenriff *n*
~**-reef coast** Korallenriffküste *f*
~ **sand** Korallensand *m*
~ **shoal** Krustenriff *n*
coralgal facies Korallen-Kalkalgen-Fazies *f*
~ **limestone** *Kalkstein aus einem Gerüst verwachsener Korallen und Algen*
coralliferous limestone korallenführender (korallenreicher) Kalkstein *m*
corallite fossile Koralle *f*
coralloid[al] korallenförmig
corbond Druse *f*, Erznest *n*
Cordaitales Cordaitengewächse *npl*
Cordaite Cordait *m*
Cordatus beds Cordatenschichten *fpl*
corded[-folded] lava Stricklava *f*, Fladenlava *f*
Cordevolian [Substage] Cordevol[ium] *n (Unterstufe, Obere Trias, Tethys)*
cordierite Kordierit *m*, Cordierit *m*, $Mg_2Al_3[AlSi_5O_{18}]$
~ **gneiss** Kordieritgneis *m*
cordillera Kordillere *f*, Kettengebirge *n*
Cordilleran geosyncline Kordillerengeosynklinale *f*
~ **orogeny (revolution)** Kordillerenfaltung *f*
~ **Subprovince** Kordilleren-Subprovinz *f (Paläobiogeografie, Devon)*
cordylite Kordylit *m*, $Ba(Ce, La, Nd)_2[F_2|(CO_3)_2]$
core/to kernen, kernziehen, einen Kern bohren
core Kern *m*
~ **analysis** Bohrkernuntersuchung *f*
~ **barrel** Kernstoßbohrer *m*, Kernapparat *m*; Kernrohr *n*
~ **barrel head** Kernrohrkopf *m*
~ **barrel tube** Kernrohr *n*
~ **bit** Bohrkrone *f*, Kernbohrkrone *f*; Kernmeißel *m*
~ **bit for shot drilling** Schrotkrone *f*
~ **bit with tungsten carbide inserts** Hartmetallkrone *f*
~ **boring** Kernbohren *n*, Kernbohrung *f*
~ **breaker (catcher)** Kernfangeinrichtung *f*, Kernfänger *m*
~ **catcher operated by pump pressure** durch Pumpendruck betätigter Kernfänger *m*
~ **data** Meßergebnisse *npl* am Kern
~ **description** Etikette *f* für Kerndokumentation
~ **diameter** Kerndurchmesser *m*
~ **dip** Einfallen *n* an Bohrkernen

~ **drill** Kernbohrer *m*; Kernbohrgarnitur *f*
~ **drill boring** Kernbohren *n*, Kernbohrung *f*
~ **drill machine** Kernbohrmaschine *f*
~ **drill rig** Kernbohrausrüstung *f*
~ **drilling** Kernbohren *n*, Kernbohrung *f*; Untersuchungsbohrung *f (für geologische Aufschlüsse)*
~ **examination** Kernuntersuchung *f*
~ **extraction** Kernentnahme *f*, Kerngewinnung *f*
~ **extractor** Kernausstoßvorrichtung *f*
~ **flushing** Kernspülen *n*
~ **grabber** Kernprobenehmer *m (Person)*
~ **holder** Kernhalter *m*
~ **hole** Kernbohrloch *n*
~ **hole drilling** Kernlochbohren *n*, Kernlochbohrung *f*
~ **lifter** Kernheber *m*
~ **losses** Kernverluste *mpl*
~ **of anticline** Antiklinalkern *m*, Sattelkern *m*
~ **of earth** Erdkern *m*
~ **of syncline** Muldenkern *m*
~ **orientation** Kernorientierung *f*
~ **pool** eingespülter wasserdichter Kern *m (Erddamm)*
~ **pusher** Kernausstoßvorrichtung *f*
~**-receiving barrel** inneres Kernrohr *n*
~ **recovery** Kerngewinn *m*
~**-retaining device** Kernfangvorrichtung *f*
~**-retaining tube** inneres Kernrohr *n*
~ **sample** Kernprobe *f*
~ **shack** *(sl)* Kernbude *f*
~ **splitter** Kernspaltvorrichtung *f*
~ **storage box** Kernkiste *f*
~**-type dam (embankment)** Kerndamm *m (einer Talsperre)*
~ **wall** Dammkernmauer *f (einer Talsperre)*
~ **wedging** Kernklemmer *m*
cored interval gekernte Strecke *f*, Kernstrecke *f*
coring Kernprobenahme *f*
Coriolis force Coriolis-Kraft *f*
cork fossil Korkasbest *m (s.a. actinolite)*
corkite Korkit *m*, $PbFe_3[(OH)_6|SO_4PO_4]$
corkscrew fold Korkenzieherfalte *f*
~ **flute cast** Korkenzieherzapfen *m (Strömungswulst)*
corn snow körniger, nasser Schnee *m*
cornbrash *(sl)* rauher Kalksandstein *m*
corneite *s.* hornfels
cornelian Karneol *m (s.a. chalcedony)*
corneous hornig
~ **shell** Hornschale *f*
~ **silver** Hornsilber *n*, Silberhornerz *n (s.a. cerargyrite)*
cornetite Cornetit *m*, $Cu_3[(OH)_3|PO_4]$
cornice Gesims *n*, Wächte *f*
~ **glacier** Gehängegletscher *m*
corniferous hornsteinhaltig
Cornish clay kalkhaltiger Kaolin von Cornwall
~ **diamond** Quarzkristall aus Cornwall
~ **stone** kalkhaltiger Kaolin von Cornwall

cornubite Cornubit m, $Cu_5[(OH)_2|AsO_4]_2$
cornwallite Cornwallit m, $Cu_5[(OH)_2|AsO_4]_2$
corona Korona f
coronadite Coronadit m, $Pb_2Mn_8O_{16}$
coronoid Coronoid n, Kronenbein n
corpocollinite Corpocollinit m (Kohlensubmaceral)
corpohuminite Corpohuminit m (Braunkohlenmaceral)
corrade/to abschleifen, korradieren
corrading action abschleifende Wirkung f
corrasion Korrasion f, Sandschliff m, Windschliff m
corrasional work Korrasionstätigkeit f
corrasive power Korrasionskraft f
correction of the hole deviation Korrektur f eines abweichenden Bohrlochs
correlate beds/to Schichten korrelieren
correlation Korrelation f
~ **diagram** Korrelationsdiagramm n
~ **of well logs** Korrelation f von Bohrprofilen
~ **shooting** Korrelationsschießen n (Seismik)
corrie Kar n (Schottland)
~ **glacier** Kargletscher m
corrode/to ätzen, korrodieren
~ **superficially** anätzen
corroded korrodiert, zernagt
~ **crystal** teilweise resorbierter Kristall m
~ **fossil** angeätztes Fossil n
~-**off** abgeätzt
corrodibility Korrodierbarkeit f
corroding Korrodieren n
corrosion Korrosion f
~ **embayment** Abrasionsbucht f
~ **pit** Korrosionsnarbe f
~ **surface** Korrosionsfläche f
corrosional phenomenon Ätzungserscheinung f
corrosive korrodierend, ätzend
corrosiveness Korrosionswirkung f
corrugated gerunzelt
corrugation 1. Wellung f; 2. Schuttwulst m
corry Kar n (Schottland)
cortlandite Cortlandit m (Varietät von Peridotit)
corubin industrieller Rubin m
corundophilite Korundophilit m, $(Mg,Fe,Al)_6[(OH)_8|AlSi_3O_{10}]$
corundum Korund m, Al_2O_3
corvusite Corvusit m, $V_{14}O_{34} \cdot nH_2O$
cosalite Cosalit m, $2PbS \cdot Bi_2S_3$
cosedimentation gleichzeitige Ablagerung f
cosmic[al] kosmisch
~ **abundance** kosmische Häufigkeit f
~ **dust** kosmischer Staub m
~ **energy** kosmische Energie f
~ **geology** Kosmogeologie f
~ **matter** kosmische Materie f
~ **origin** kosmische Entstehung f
~ **radiation** Höhenstrahlung f, kosmische Strahlung f, Raumstrahlung f
~-**ray intensity** Höhenstrahlungsintensität f

~-**ray produced tritium** Tritium n kosmischer Herkunft
~-**ray track** Höhenstrahlenschauer m
~ **space** Weltraum m
~ **spherule** kosmisches Kügelchen n
~ **system** Weltsystem n
~ **universe** Weltall n
cosmochemic[al] kosmochemisch
cosmochemistry Kosmochemie f
cosmogenic kosmogen
cosmogonic[al] kosmogonisch
cosmogony Kosmogonie f
cosmography Kosmografie f
cosmophysics Kosmophysik f
cost of cleaning Aufbereitungskosten pl
~ **of coal getting** Gewinnungskosten pl für Kohle
~ **of drilling** Bohrkosten pl
~ **of exploitation** Abbaukosten pl
~ **of maintenance** Unterhaltungskosten pl
~ **of rock blasting** Gesteinssprengungskosten pl
~ **of upkeep** Unterhaltungskosten pl
~ **of winning** Gewinnungskosten pl
~ **per meter of hole** Bohrmeterkosten pl
~ **price** Gestehungskosten pl
costean/to Schürfgräben ziehen
costeaning Schürfarbeit f
~ **ditch** Schürfgraben m
costeen/to s. to costean
costeening s. costeaning
coteau Moränenwall m, Moränenplateau n
cotectic kotektisch
coticule Wetzschiefer m
cotidal lines Linien fpl gleicher Flutzeiten
cotton ball s. ulexite
~ **rock** 1. fleckig zersetztes Kieselsediment n; 2. fleckiger dolomitischer Kalkstein m
cotunnite Cotunnit m, $PbCl_2$
cotype Cotyp m, Syntyp m (Paläontologie)
coulee (Am) Schlucht f, Klamm f
Coulomb's condition Coulombsche Bedingung f
coulometry Coulometrie f (elektrochemisches Analysenverfahren)
coulsonite Coulsonit m, FeV_2O_4
counter Gang m quer zum Streichen
~ **inclination** Gegeneinfallen n
~ **pressure** Gegendruck m
~ **rock** Nebengestein n
~ **septum** Gegenseptum n
~ **tube** Zählrohr n
counterbalance Gegenbalancier m (Fördertechnik)
countercurrent [flow] Gegenstrom m, Gegenströmung f
~ **leaching** Gegenstromlaugung f
counterflush drilling Bohren n nach dem Gegenstromprinzip, Bohren n mit Umkehrspülung
counterlode, countervein einen Hauptgang schneidendes Nebentrum n

counting

counting rate Zählrate f *(Radioisotop)*
~ **tube** Zählrohr n
country mass (rock) Muttergestein n; Nebengestein n
course Streichen n; Gang m
~ **flookan** Salband n, Lettenbesteg m
~ **of orbit** Bahnverlauf m
~ **of ore** Erzgang m
~ **of outcrop** Ausgehendes n
~ **of river** Stromlauf m, Flußlauf m
~ **of weather** Witterungsverlauf m
Couvinian [Stage] Couvin n, Eifel n, Eifel-Stufe f *(Stufe des Mitteldevons)*
covariogram Kovariogramm n *(geostatisches Analogon der Kovarianzfunktion eines homogenen isotropen zufälligen Feldes)*
cove 1. Bucht f, kleine Bai f; 2. Brandungsnische f
coved edge Böschungskante f
covellite Kovellin m, Covellin m, Kupferindig[o] m, CuS
cover Decke f *(s.a. covering)*; Deckgebirge n, Deckschichten fpl, überlagernde Schichten fpl; Überdeckung f
~ **load** Überlagerungsdruck m
~ **of debris** Schuttdecke f
~ **of glacial till** eiszeitliche Ablagerungen fpl
~ **of till** Grundmoränendecke f, Geschiebelehmdecke f
~ **sand** Decksand m
~ **substitution** Hüllentausch m *(Tektonik)*
coverage 1. abgetastetes Gebiet n; 2. Überdeckungsgrad m; 3. scheinbare Haftung f *(Bitumen am Gestein)*
~ **diagram** Umriß m des abgetasteten Gebiets
covered with ruts gekritzt *(durch Eis)*
coverhead alluviale Schuttdecke f
covering Decke f
~ **of moss** Moosdecke f
~ **of scoriae** Schlackendecke f *(Lava)*
~ **of the river banks with slime, mud or stones** Vermurung f, Übermurung f
~ **of vegetation** Vegetationsdecke f
~ **rocks** Deckgebirge n
~ **strata** Deckschichten fpl
coving überhängend
cow-dung bomb Schlackenkuchen m
~-**stone** *(sl)* Grünsandsteinblock m
coyote hole s. gopher hole
~ **tunnelling method** *(Am)* Kammersprengverfahren n
cozonal tautozonal
crack/to springen, bersten, platzen, rissig werden
crack Sprung m, Riß m, Spalt m; Bruchfuge f
~ **porosity** Rißporosität f
~ **propagation** Rißausbreitung f
~ **water** Kluftwasser n
cracked gerissen, gespalten, rissig
cracking Rißbildung f
crackle/to knirschen, knistern, knittern
crackling Knirschen n, Knistern n, Kratzgeräusche npl *(im Gestein)*

86

cracky rissig, brüchig
Craelius drilling Craelius-Bohren n
crag 1. fossilführender mariner Sand m; 2. Felsenspitze f, Klippe f; 3. losgelöster Felsblock m
cragged felsig, schroff, uneben
~ **mountains** Felsklippengebirge n
craggedness, cragginess Schroffheit f, felsige Beschaffenheit f, Unebenheit f
craggy s. cragged
crandallite Crandallit m, $CaAl_3H[(OH)_6|(PO_4)_2]$
crane barge Kranbarke f
cranial roof Schädeldach n, Schädeldecke f
cranium Cranium n, Schädel m
cranny kleine Spalte f, Riß m im Gestein
crassidurite Crassidurit m *(Kohlenmikrolithotyp)*
crater Krater m, Sprengtrichter m
~ **alignment** Krateranordnung f [in Reihe]
~ **analysis** Krateranalyse f
~ **basin** Kraterbecken n
~ **chain** Kraterkette f
~ **circularity** Kraterkreisförmigkeit f
~ **collapse** Kratereinsturz m
~ **denudation chronology** Kraterabtragungsfolge f
~ **diameter** Kraterdurchmesser m
~ **dimple** Kratervertiefung f
~ **distribution** Kraterverteilung f
~ **edge** Kraterrand m
~ **eruption** Kratereruption f
~ **floor** Kraterboden m
~ **fumarole** Kraterfumarole f
~ **island** Kraterinsel f
~ **lake** Kratersee m
~ **obliteration** Kraterzerstörung f *(typisch bei hohen Kraterdichten)*
~ **of eruption** Ausbruchskrater m
~ **rim** Kraterrand m
~ **ring** Kraterwall m
~-**shaped** kraterförmig
~ **slope** Kraterböschung f
~ **summit** Kratergipfel m
~ **vent** Krateröffnung f
~ **wall** Kraterwall m
cratered plain durchkraterte Ebene f, durchkratertes Flachland n
~ **terrain** durchkratertes Gelände n
crateriform kraterförmig, trichterförmig
cratering Auskolken n, Auskolkung f, Kolkbildung f
~ **density** Kraterungsdichte f *(auf Planeten und Satelliten)*
~ **velocity** Kraterungsgeschwindigkeit f *(auf Planeten und Satelliten)*
craterlet 1. Erdbebentrichter m; 2. Kratergrube f *(auf dem Mond)*
craton Krato[ge]n n
cratonal, cratonic kratonisch
cratonization Kratonbildung f, Krustenversteifung f durch Ausfaltung
craw coal s. crow coal
crawl/to sich hinschlängeln

crawling trace Kriechspur f
CRCM = Commission on Recent Crustal Movements
creak/to knistern *(Kohle)*
creased slate Schiefer m mit Schubklüftungsrunzelung
crednerite Crednerit m, $CuMnO_2$
creedite Creedit m, $Ca_3[(Al(F, OH, H_2O)_6)_2|SO_4]$
creek 1. Bach m; 2. kleine schmale Bucht f
~ **bed** Bachbett n
creep/to kriechen
creep 1. Gekriech n, Kriechen n; 2. Schuttkriechen n; 3. Sackung f *(Felssackung)*; 4. Aufquellen n des Liegenden, Sohlendruck m
~ **buckling** plastisches Kriechen n
~ **limit** Kriechgrenze f
~ **of continents** Wanderung f der Kontinente, Kontinentalverschiebung f
~ **of ground (soil)** Bodenkriechen n
~ **recovery** elastische Nachwirkung f
~ **strain** Kriechdehnung f
~ **strength** Kriechfestigkeit f
~ **wrinkles** Knittermarken fpl, Runzelmarken fpl
creeping 1. Rutsch m, Bodenkriechen n; 2. Quellen n der Sohlschichten
~ **flow** s. viscous flow
~ **rubble** Wanderschutt m
~ **towards the valley** Talzuschub m
~ **waste** Schuttkriechen n; Kriechschutt m
creepwash Gekriech n
crenated lobes gezähnte Loben mpl *(Ammoniten)*
crenulated gerunzelt
~ **lobes** gezähnte Loben mpl *(Ammoniten)*
crenulation 1. Kleinfältelung f, Mikrowellung f; 2. Zähnchenmarke f
~ **cleavage** S_2-Schieferung f, Schubklüftung f, Runzelschieferung f
crepitate/to knistern, knacken
crepitation Zerknistern n
crescent Halbmond m
~ **of the moon** Sichel f des Mondes
~-**shaped** halbmondförmig
~-**shaped dune** s. crescentic dune
crescentic sichelförmig, hufeisenförmig
~ **dune** Barchan m, Bogendüne f, Sicheldüne f
~ **fracture** bogiger Bruch m
~ **grooves** Druckmarken fpl *(Tektonik)*
~ **impact scars** Schlagmarken fpl *(Sedimentologie)*
~ **lake** halbmondförmiges Altwasser n
~ **moraine** Bogenmoräne f
~ **wall niche** Mäanderunterschneidung f
crescentiform halbmondartig
crescentoid halbmondähnlich
crest 1. Scheitel m, Rücken m, First m, Kamm m, Grat m; 2. Schwingungsbauch m
~ **fault** Scheitelstörung f
~ **line** Scheitellinie f, Sattellinie f, Firstlinie f
~ **of anticline** Antiklinalkamm m, Scheitel m einer Antiklinale

~ **of dam** Dammkrone f
~ **of dune** Dünenkamm m
~ **of fold** Faltenfirst m, Scheitel m einer Falte
~ **of mountain** Gebirgskamm m
~ **of overfall** Überfallkante f
~ **of structure** Strukturscheitel m
~ **of wave** Wellenberg m, Wellenkamm m
crestal area Scheitelgebiet n
~ **plane** Scheitelfläche f
~ **well** Scheitelsonde f
crestmoreite Crestmoreit m *(Gemenge von Tobermorit und Wilkeit)*
cretaceous kreidehaltig, Kreide...
~ **deposit** Kreideablagerung f
Cretaceous Kreide f, Kreidesystem n *(chronostratigrafisch);* Kreide[periode] f *(geochronologisch);* Kreide[zeit] f *(allgemein)*
~ **Age** Kreide[zeit] f
~ **flysch** Kreideflysch m
~ **formation** Kreideformation f
~ **Period** Kreide[periode] f
~ **System** Kreide f, Kreidesystem n
crevasse Riß m; Gletscherspalte f
~ **splay** Uferwalldurchbruch m
crevassed spaltig, rissig, zerklüftet, klüftig *(bei Eis)*
crevassing Spaltenbildung f
crevice Spalt m *(Erdspalt)*
~ **corrosion** Spaltkorrosion f
~ **oil** Spaltenöl n *(in Gesteinsspalten vorkommendes Erdöl)*
~ **water** Kluftwasser n
creviced zackig, spaltig
crichtonite Crichtonit m, $Fe_2(Ti, Fe)_5O_{12}$
crinkle marks Knittermarken fpl
crinkled bedding Runzelschichtung f
crinkles Kleinfältelung f
crinoid column Crinoidenstengel m
~ **fauna** Crinoidenfauna f
~ **garden** Crinoidenrasen m
~ **head** Seelilienkrone f
~ **plate** Seelilienplatte f
~ **stalk** Crinoidenstengel m
~ **stem fragments** Crinoidenstielglieder npl
crinoidal limestone Crinoidenkalk m, Trochitenkalk m
~ **sand** Crinoidensand m
cripple 1. sumpfiger Grund m; 2. Felsklippe f im Fluß
criquina Crinoidenlumachelle f
criquinite verfestigte Crinoidenlumachelle f
crisscross bedding Kreuzschichtung f
~ **folds** verschuppte Falten fpl
~ **schistosity** Kreuzschieferung f
~ **texture** richtungslose Struktur f
cristobalite Cristobalit m, SiO_2
criterion of failure Bruchkriterium n
~ **of yielding** Plastizitätsbedingung f
critical altitude Volldruckhöhe f, Ladedruckhöhe f
~ **angle** Grenzwinkel m
~ **area of extraction** Vollfläche f *(Bergschaden)*

critical

~ **compression maximum** kritisches Pressungsmaximum *n*
~ **concentration** Grenzkonzentration *f*
~ **damping** kritische Dämpfung *f*, periodischer Grenzfall *m (Seismik)*
~ **density** Grenzdichte *f*
~ **gradient** Grenzgefälle *n*
~ **head** kritische Druckhöhe *f*
~ **load** kritische Belastung (Last) *f*
~ **mass** kritische Masse *f*
~ **material** Sparwerkstoff *m*
~ **mineral** [fazies]kritisches Mineral *n*, Indexmineral *n*
~ **point** kritischer Punkt *m*; Wendepunkt *m*
~ **pressure** kritischer Druck *m*
~ **shear stress** kritische Schubfestigkeit *f*
~ **slope** Stabilitätsgrenze *f* einer Böschungsneigung; Grenzgefälle *n*
~ **temperature** kritische Temperatur *f*
~ **velocity** Grenzgeschwindigkeit *f*
crocheted growth gestricktes Wachstum *n*
crocidolite Krokydolith *m (fasriger Riebeckit)*
crocoite Krokoit *m*, Rotbleierz *n*, Pb[CrO$_4$]
Croixian [Series] Croixien *n*, Potsdam *n (Serie des Oberkambriums in Nordamerika)*
Cromerian Complex Cromer-Komplex *m (Pleistozän der britischen Inseln, entspricht dem Günz-Mindel-Interglazial der Alpen)*
cronstedtite Kronstedtit *m*, Fe$_4$Fe$_2$[(OH)$_8$|Fe$_2$Si$_2$O$_{10}$]
crooked hole abgewichene (gekrümmte) Bohrung *f*
crookesite Crookesit *m*, (Cu, Tl, Ag)$_2$Se
crop out/to ausstreichen, ausbeißen
crop 1. *s.* outcrop, 2. Scheideerz *n*
~ **coal** minderwertige Kohle *f*, oxydierte Kohle *f* in Ausbißnähe
~ **fall** Senkung *f* der Tagesoberfläche
cropland Ackerland *n*
cropping *s.* outcropping
cross a lode/to einen Gang durchörtern
cross Kreuzaufstellung *f*, Queraufstellung *f (Seismik)*
~ **auger** Kreuzmeißel *m*
~ **assimilation** Stoffaustausch *m* zwischen Nebengestein und Magma
~ **bar micrometer** Kreuzfadenmikrometer *n*
~ **bearing** Anschnitt *m*
~-**bedded** schräggeschichtet, kreuzgeschichtet, diagonalgeschichtet
~-**bedding** Schrägschichtung *f*, Kreuzschichtung *f*, Diagonalschichtung *f*, Winkelschichtung *f*
~ **bit** Kreuzmeißel *m*
~-**bracing** Querverstrebung *f*
~-**correlation function** Kreuzkorrelationsfunktion *f (Seismik)*
~-**country gas line** Ferngasleitung *f*
~-**country pipeline** Überlandrohrleitung *f*
~-**country vehicle** Geländefahrzeug *n*
~ **course** durchsetzender Gang *m*, Quergang *m*
~ **course spar** Sternquarz *m*

~ **current** Querströmung *f*
~ **cut** Querschlag *m*, Ortsquerschlag *m*
~-**cut** durchbrochen *(z.B. von Granit)*
~-**cut level** Querschlag *m*
~ **cutter** Schrämmaschine *f*
~ **cutting** Schrämen *n*
~-**dip** Querneigung *f*
~ **equalization** Kreuzvergleich *m*, Kreuzausgleich *m (Seismik)*
~ **fault** Querverwerfung *f*, Querstörung *f*
~ **fertilization** *s.* allogamy
~ **fiber asbestos** Asbest *m* mit Fasern senkrecht zum Salband *(Rohqualität)*
~ **flookan (flucan)** Kreuzkluft *f (mit Letten ausgefüllt)*
~ **fold** Querfalte *f*
~ **folding** Querfaltung *f*, Faltendurchkreuzung *f*
~ **fracture** Querbruch *m*
~ **girdle** Kreuzgürtel *m*
~ **groove** Kreuzrille *f*
~-**joint fan** Kluftbesen *m*
~ **lamination** Schrägschichtung *f*, Kreuzschichtung *f*, Diagonalschichtung *f*
~ **level bubble** Dosenlibelle *f*
~-**line eyepiece** Strichkreuzokular *n*
~-**line micrometer** Netzmikrometer *n*
~ **lode** Quergang *m*
~-**magnetic** quermagnetisiert
~ **magnetization** Quermagnetisierung *f*
~-**magnetized** quermagnetisiert
~ **profile** Querprofil *n*
~ **section** 1. Querschnitt *m*, Profil *n*, Profilschnitt *m*; Kreuzriß *m*; 2. Laufzeitprofil *n (Seismik)*
~ **section of flow** Durchflußquerschnitt *m*
~ **section of passage** Durchgangsquerschnitt *m*
~ **section of volutions** Windungsquerschnitt *m (z.B. bei Ammoniten)*
~ **slide** Kreuzschlitten *m*
~ **spread** Kreuzaufstellung *f*, Queraufstellung *f*
~ **spur** einen Gang schneidendes Quarztrümchen *n*
~ **stone** *s.* andalusite
~ **stratification** Schrägschichtung *f*, Kreuzschichtung *f*, Diagonalschichtung *f*
~-**stratified** schräggeschichtet, kreuzgeschichtet, diagonalgeschichtet
~ **talk** Übersprechen *n (in Meßleitungen)*
~ **tee** Eruptionskreuz *n*, Kreuzstück *n (Bohrtechnik)*
~ **valley** Quertal *n*
~ **vein** Quergang *m*
crossed nicols gekreuzte Nicols *npl*
~ **threads** Fadenkreuz *n*
~ **twinning** Kreuzzwillingsbildung *f*
crossing Scharung *f (zweier Gänge)*
crossite Crossit *m (Na-Amphibol)*
Crossopterygia Crossopterygier *mpl*, Quastenflosser *mpl*
crossover distance Knickpunktentfernung *f*
crosstable Kreuztisch *m*

cryoplanation

crouan *(sl)* Granit *m (Cornwall)*
crow coal aschereiche Kohle *f*
~-fly distance Luftlinienentfernung *f*
crowfoot standfestes Stativ *n*
crown 1. Bohrkrone *f*; 2. Krone *f (eines Damms)*, 3. Kelch *m (bei Crinoiden)*
~ **block** Kronenblock *m*, Rollenlager *n*
~ **of anticline** Sattelhöchstes *n*
~ **of overfall** Überfallkante *f*
~ **pillar** Scheitelpfeiler *m*
~ **platform** Turmkronenbühne *f*
CRP *s.* common reflection point
CRT *s.* cathode ray tube
crucible graphite Graphit *m* für Ziegel
cruciform twin Durchkreuzungszwilling *m*
crucite *s.* andalusite
crude roh *(im natürlichen Zustand)*
crude Rohöl *n*
~ **asphalt** Asphaltgestein *n*, Asphaltstein *m*
~ **bauxite** Rohbauxit *m*
~ **kaolin** Rohkaolin *m*
~ **naphtha (oil)** Erdöl *n*, Roh[erd]öl *n*
~ **oil base** Rohölbasis *f*
~ **ore** Fördererz *n*, Roherz *n*
~ **petroleum** Erdöl *n*, Roh[erd]öl *n*
~ **potassium salt** Kalirohsalz *n*
~ **shale oil** rohes Schieferöl *n*
~ **tar** Rohteer *m*
crudes Roherz *n*
crumb structure Krümelstruktur *f (des Bodens)*
crumble/to zerbröckeln, zerfallen
~ **away** zerbröckeln, nachbrechen
~ **down** zerbröckeln
crumble coal Formkohle *f*
~ **peat** erdiger Torf *m*
crumbling Zerbröckelung *f*
~ **phase** Zerfallsphase *f*
crumbly bröckelnd, bröcklig; vergrust
~ **clay** mulmiger Ton *m*
~ **soil** gekrümelter Boden *m*
crump Steinschlag *m*
crumpled gerunzelt, gefältelt
~ **ball** verknäulter Rutschungsballen *m*, Verknäulung *f*
~ **lamellae** Zerknitterungslamellen *fpl*
~ **mud-crack casts** gefältelte Netzleisten *fpl*
~ **stratum** verbogene Schicht *f*
crumpling Fältelung *f*
~ **folding** Stauchfaltung *f*
crush/to 1. zerquetschen, zermalmen; 2. pochen *(Erz)*
crush breccia Reibungsbrekzie *f*
~ **conglomerate** tektonisches Geröll *n*, Pseudokonglomerat *n*
~ **resistance** Knitterfestigkeit *f*
~ **rock** Kataklasit *m*, Trümmergestein *n*
~ **structure** kataklastisches Gefüge *n*
crushed zerklüftet
~ **material** Brechgut *n*
~ **rock (stone)** Straßen[bau]schotter *m*, Schotter *m*

~ **zone** Zertrümmerungszone *f*
crusher Brecher *m*, Grobzerkleinerungsmaschine *f*
~ **block** Quetschholz *n*
~**-run [stone]** ungesiebtes gebrochenes Gut *n*
crushing Zerkleinern *n*, Zerkleinerung *f*
~ **and grinding equipment (machinery)** Hartgesteinszerkleinerungsmaschinen *fpl*, Maschinen *fpl* für die Zerkleinerung im Hartgestein
~ **of rock** Gesteinszerstörung *f*
~ **plant** Brechanlage *f*; Erzquetsche *f*
~ **strength** Druckfestigkeit *f (von Gesteinen)*
~ **strength of a cube** Würfeldruckfestigkeit *f*
~ **zone** Ruschelzone *f*, Bruchzone *f*
crushproof knitterfest
crust fracture Geofraktur *f*
~ **of earth** Erdrinde *f*, Erdkruste *f*
~ **of scoriae** Schlackenkruste *f*
~ **ore** Kokardenerz *n*
crustaceous krustenartig, Krustentier...
crustal Krusten...
~ **accumulation** Massenüberschuß *m (isostatisch)*
~ **cooling** Krustenabkühlung *f*
~ **deformation** Krustenverformung *f*
~ **disturbance** Krustenstörung *f*, Tiefenbruchzone *f* bedeutender Größe
~ **movement** Krustenbewegung *f*
~ **quiescence** Krustenruhe *f*
~ **readjustment** ausgleichende Krustenbewegung *f*
~ **rest** Krustenruhe *f*
~ **shortening** Krusteneinengung *f*, Krustenverkürzung *f*
~ **stress** Krustenspannung *f*
~ **thickness** Krustenmächtigkeit *f*
~ **unloading** Massendefekt *m (isostatisch)*
~ **unrest** Krustenunruhe *f*
~ **upheaval** Krustenhebung *f*
crusted-over überkrustet
~ **surface** mit Schmelzrinde bedeckte Oberfläche *f (bei Meteoriten)*
crustification Krustenbildung *f*
crustified vein verheilter Gang *m*, Gang *m* mit Krustenstruktur
cryergic periglazial *(im allgemeinen Sinne)*
cryogenic kryogen; glazigen
~ **lake** Permafrostsee *m*
~ **temperature** Tiefsttemperatur *f*
cryogenics Kryogenik *f*
cryolite Kryolith *m*, $Na_3[AlF_6]$
cryolithionite Kryolithionit *m*, $Na_3Li_3[Al,F_6]_2$
cryology Glaziologie *f*
cryometer Kryometer *n*
cryomorphic soil Frostboden *m*
cryopedology Kryopedologie *f*, Frostbodenkunde *f*
cryopedometer Kryopedometer *n*, Bodenfrostmesser *m*
cryoplanation Oberflächeneinebnung *f* durch Frostwirkung

cryoscope

cryoscope Kryoskop *n*, Gefrierpunktmesser *m*
cryosphere Kryosphäre *f*
cryoturbation Kryoturbation *f*, Froststauchung *f*
cryptic verborgen, nicht sichtbar
~ **layering** Kryptoschichtung *f*, nicht erkennbare [magmatische] Schichtung *f*
~ **texture** Kryptostruktur *f (mit bloßem Auge nicht sichtbare Struktur)*
cryptoclastic kryptoklastisch
cryptocrystalline kryptokristallin
cryptohalite Kryptohalit *m*, $(NH_4)_2[SiF_6]$
cryptolite *s.* monazite
cryptomagmatic ore deposit kryptomagmatische Erzlagerstätte *f*
cryptomerous kryptomer
cryptoperthite Kryptoperthit *m*
Cryptophytic Kryptophytikum *n*
cryptovolcanic kryptovulkanisch
~ **earthquake** magmatisches Beben *n*
Cryptozoic [Eon] Kryptozoikum *n*, Archäozoikum *n*, Präkambrium *n*
crystal Kristall *m*
~ **aggregate** Kristallaggregat *n*
~ **analysis** Kristallstrukturuntersuchung *f*
~ **angle** Kristallwinkel *m*
~ **axis** Kristallachse *f*
~ **blank** Rohkristall *m*
~ **boundary** Kristallgrenze *f*, Kristallgrenzlinie *f*
~ **casts** Kristallpseudomorphosen *fpl*
~ **cave** Kristallkeller *m*
~ **chemistry** Kristallchemie *f*
~ **class** Kristallklasse *f*
~ **core** Kristallkern *m*
~ **diamagnetism** Kristalldiamagnetismus *m*
~ **diffraction** Kristallbrechung *f*
~ **edge** Kristallkante *f*
~ **face** Kristallfläche *f*, Kristallebene *f*
~ **floatation** Kristallflotation *f (im Magma)*
~ **form** Kristallform *f*
~ **formation** Kristallbildung *f*
~ **goniometry** Kristallwinkelmessung *f*
~ **group** Kristallgruppe *f*
~ **growing (growth)** Kristallwachstum *n*
~ **habit** Kristallhabitus *m*
~ **imperfection** Kristallfehler *m*
~ **imprints** Kristallabdrücke *mpl (in Sedimenten)*
~ **lattice** Kristallgitter *n*, Raumgitter *n*
~ **lattice imperfection** Kristallbaufehler *m*
~ **lattice spacing** Kristallgitterabstand *m*
~ **morphology** Kristallmorphologie *f*
~ **mush** Kristallbrei *m*, partiell kristallisiertes Magma *n*
~ **orientation** Kristallorientierung *f*
~ **outline** Kristallgrenzlinie *f*, Kristallgrenze *f*
~ **perfection** Idealaufbau *m* von Kristallen
~ **physics** Kristallphysik *f*
~ **recovery** Kristallregenerierung *f*, Kristallverheilung *f*
~ **section** Kristallschnitt *m*
~ **sedimentation** Kristallabseigerung *f*

~ **seeding** Kristallkeimbildung *f*
~ **settling** Kristallabseigerung *f*
~ **skeleton** Kristallskelett *n*
~ **symmetry** Kristallsymmetrie *f*
~ **system** Kristallsystem *n*
~ **tuff** Kristalltuff *m*
crystalliferous kristallhaltig
crystalliform kristallartig; kristallförmig
crystalline kristallin[isch]
~ **basement** kristallines Grundgebirge *n*
~ **chert** *s.* granular chert
~ **floor** Kristallinikum *n*, kristallines Fundament *n*, kristalliner Untergrund *m*
~ **force** Kristallisationsvermögen *n*
~ **form** Kristallform *f*
~ **goniometry** Kristallwinkelmessung *f*
~-**granular** kristallin-körnig
~ **limestone** kristalliner Kalkstein *m*
~ **overgrowth** Kristallverwachsung *f*
~ **path** Kristallisationsbahn *f*
~ **rock** kristallines Gestein *n*
~ **schist** kristalliner Schiefer *m*
~ **state** Kristallzustand *m*, kristalliner Zustand *m*
~ **texture** kristallines Gefüge *n*
crystalling transformation Umkristallisation *f*
crystallinity Kristallisationsgrad *m*
crystallite Kristallit *m*, Kristallembryo *m*
~ **growth** Kristallwachstum *n*
crystallizable kristallisierbar, kristallisationsfähig
crystallization Kristallisation *f*
~ **differentiate** Kristallisationsdifferentiat *n*
crystallize/to kristallisieren
~ **out** auskristallisieren
crystallized sandstone Kristallsandstein *m*
crystallizer Kristallisator *m*
crystallizing Kristallbildung *f*
~ **force** Kristallisationskraft *f*
~ **process** Kristallisationsprozeß *m*
crystalloblast Kristalloblast *m*
crystalloblastic kristalloblastisch
~ **growth** kristalloblastisches Wachstum *n*
~ **series** kristalloblastische Reihe *f*
~ **texture** kristalloblastische Struktur *f*
crystallochemical kristallchemisch
crystallographer Kristallograf *m*
crystallographic kristallografisch
~ **axis** Kristallachse *f*, kristallografische Achse *f*
~ **axis orientation** Kristallachsenrichtung *f*, Richtung *f* der Kristallachse
~ **notation** kristallografische Bezeichnung *f*
~ **setting** kristallografische Aufstellung *f*, Kristallaufstellung *f*
~ **system** Kristallsystem *n*
crystallography Kristallografie *f*
crystalloid kristallähnlich, kristalloid
crystalloluminescence Kristallumineszenz *f*
crystallometry Kristallometrie *f*
crystals felted together verzahnte Kristalle *mpl*
crystic eisgeformt, glazialgeformt

crystocrene Quelleneis n
csiklovaite Csiklovait m, $Bi_2Te(S, Se)_2$
ctenoid cast Ctenoidmarke f, kammförmige Aufstoßmarke f
~ scale Ctenoidschuppe f, Kammschuppe f (bei Fischen)
cubage Kubatur f (Massenberechnung)
cubanite Kubanit m, Chalmersit m, Weißkupfererz n, $CuFe_2S_3$
cubature s. cubage
cube Würfel m
~ strength Würfeldruckfestigkeit f
~ test Würfelprobe f
~ test specimen Probewürfel m
cubic[al] kubisch
~ body-centered kubisch-raumzentriert
~ cleavage kubische Spaltbarkeit f
~ close packing kubisch dichteste Packung (Kugelpackung) f
~ face-centered kubisch-flächenzentriert
~ metre Kubikmeter n
~ spar s. boracite
~ system kubisches (reguläres) System n
~ yardage Kubatur f
cuesta Schichtstufe f, Abtragungsstufe f, Cuesta f
~ back slope Schichtfläche f, Stufenlehne f, Plattform f einer Schichtstufe
~ inface Schichtköpfe mpl
~ landscape Schichtstufenlandschaft f
~ scarp Stirnhang m, Stufenstirn f, Steilabfall m einer Stufe, Trauf f
~ topography Schichtstufenlandschaft f
cull/to klauben (Erz)
Culm Kulm m (n) (Dinant in Mitteleuropa)
culminant kulminierend
culminating point Kulminationspunkt m
culmination Kulmination f
cultivated area bebaute Fläche f
~ land Kulturland n
~ soil Kulturboden m
~ steppe land Kultursteppe f
cultivating of lands Urbarmachung f von Land
cultivation of peat by covering with sand Sanddeckkultur f
~ of peat by mixing with sand Sandmischkultur f
culvert Entwässerungsstollen m, Entwässerungsgraben m
culvertailed schwalbenschwanzförmig
cumeng[e]ite Cumengeit m, $5PbCl_2 \cdot 5Cu(OH)_2 \cdot {}^1/_2 H_2O$
cummingtonite Cummingtonit m, $(Mg,Fe)_7[OH|Si_4O_{11}]_2$
cumulate 1. Akkumulation f (von Mineralen); 2. Bodensatz m (eines Magmas); 3. Seigerungsprodukt n; 4. Knolle f, Schliere f
cumulative curve Summenkurve f
~ direct plot of screen test Siebrückstandsdiagramm n, Siebdurchlaufdiagramm n
~ line Summenlinie f
~ logarithmic plot Summationskurvenauftragung f in logarithmischem Maßstab

~ production Gesamtproduktion f; kumulative Förderung f
~ size distribution curve of the underflow Siebdurchgangskurve f
cumuliform cumulusartig
cumulose deposit Ablagerung f organischer Materialien
cuneiform keilförmig
cup-and-ball jointing kugelschalige Klüftung f (in den Säulen von Effusivgesteinen)
~-shaped becherförmig
cupola Kuppe f
~ karst Kuppelkarst m
~ of the batholith Kuppeldach n des Batholithen
cupreous kupferhaltig; kupferartig
cupriferous kupferhaltig
~ pyrite s. chalcopyrite
~ slate Kupferschiefer m
cuprite Kuprit m, Cuprit m, Rotkupfererz n, Cu_2O
cuprobismuthite Cuprobismuthit m, $Cu_2S \cdot Bi_2S_3$
cuprocopiapite Cuprocopiapit m, $CuFe_4(SO_4)_6(OH)_2 \cdot 20H_2O$
cuprorivaite Cuprorivait m, $CaCu[Si_4O_{10}]$
cuprosklodowskite Cuprosklodowskit m, $CuH_2[UO_2|SiO_4]_2 \cdot 5H_2O$
cuprotungstite Cuprotungstit m, $Cu_2[(OH)_2|WO_2]$
cuprouranite s. torbernite
cuprum s. copper
curdle into lumps/to ausflocken
Curie point Curie-Punkt m
curite Curit m, $3PbO \cdot 8UO_3 \cdot 4H_2O$
curly bedding s. glide bedding
current Strom m; Strömung f
~-bedded s. cross-bedded
~-bedding s. cross-bedding
~ crescent Auskolkung f, Kolkmarke f, Luvgraben m, Strömungskamm m, Hufeisenwulst m
~ electrode Stromelektrode f, Erdungspunkt m
~ field of ground water Grundwasserströmungsfeld n
~ gradient Strömungsgradient m
~ lineation Strömungsriefung f
~ marks Wellenfurchen fpl
~ meter Strömungsmesser m
~ of the sea Meeresströmung f
~ ore Fördererz n, Roherz n
~-oriented strömungsgeregelt
~ ripple Fließrippel f, Strömungsrippel f
~-ripple bedding Strömungsrippelschichtung f
~-ripple cross lamination Strömungsrippelschrägschichtung f
~ ripple mark Fließrippel f, Strömungsrippel f
~ velocity Strömungsgeschwindigkeit f
~ water strömendes Wasser n; Stromwasser n, Bachwasser n
curtisite Curtisit m, $C_{24}H_{18}$ (bernsteinähnliches Harz)

curvature

curvature Krümmung f
~ **direction** Krümmungssinn m
~ **of earth** Erdkrümmung f
~ **of field** Bildfeldwölbung f
~ **of hole** Bohrlochkrümmung f
~ **radius** Krümmungsradius m
curve apex Bogenscheitel m
~ **of equal rainfall** Isohyete f, Niederschlagshöhenkurve f, Regengleiche f
~ **of lowering** Absenkungskurve f (des Grundwasserspiegels)
curved ripple marks gekrümmte Rippelmarken fpl
~ **well** abgewichene (gekrümmte) Bohrung f
curvilinear fault krummlinige Verwerfung f
Cuselian Cuseler Schichten fpl
cuselite Cuselit m (Augitporphyr)
cushion Polster n (von Kohlenwasserstofflagerstätten)
~ **gas** Polstergas n, Kissengas n (Untergrundgasspeicher)
~ **lava** s. pillow lava
cuspate bar V-förmiger Haken m (einer Nehrung)
~ **ripple marks** sichelförmige Rippelmarken fpl
cut a core/to kernen, einen Kern bohren
~ **a lode** einen Gang anfahren
~ **across** durchschneiden; durchörtern, durchfahren
~ **across the ground** Gebirge durchörtern
~ **off** abschneiden
~ **slots in the casing** feine Schlitze in der Verrohrung anbringen
cut Kerbe f
~ **and fill** Einschnitt m und Damm m
~-**and-fill stoping** Firstenbau m mit Versatz
~-**away model** Schnittmodell n
~ **bank** Prallufer n
~ **of path** Wegeinschnitt m
~-**off** 1. Durchbruch m (eines Mäanders); 2. Sperrfrequenz f, Grenzfrequenz f (Seismik)
~-**off coefficient** Einstellwert m
~-**off grade** Grenzgehalt m, geologischer Schwellengehalt m (Lagerstättenkondition)
~-**off meander** abgeschnittener Mäander m
~-**off meander spur** Umlaufberg m
~-**off point** Trennungspunkt m
~-**off trench** Abdichtungsgraben m
~-**off walls** Schutzbauten mpl gegen Unterläufigkeit
~-**offs** s. ~-off walls
~ **oil** teilweise emulgiertes Erdöl n (in Gegenwart von Gas oder Luft)
~ **point** Trennschnitt m; Schnittpunkt m einer Bohrung mit einer Störung
~ **slope** Hangeinschnitt m
~ **stone** Werkstein m, Quader[stein] m
~-**through** Durchhieb m
cuticoclarite Cuticoclarit m (Kohlenmikrolithotyp)
cuticule Kutikula f

cutinite Cutinit m (Kohlenmaceral der Exinit/Liptinitgruppe)
cutoff s. cut-off
cutter Querkluft f
~ **head** Rollenkrone f
cutting 1. Abbau m (z.B. eines Flözes); 2. Einschnitt m (z.B. im Gelände)
~ **and filling** Versatzbau m
~ **edge blade** Schneide f
~ **height** Schnitthöhe f (eines Baggers)
~ **inserts** Stifte aus Hartmetall, die in Bohrungen oder Schlitze eingesetzt werden
~ **of peat** Abtorfen n
~ **position** Schnittlage f
~ **sand** Schleifsand m
~ **settling** Verschlammung f des Bohrlochs
~ **surface** Schneidfläche f; Schnittfläche f
~ **tooth** s. incisor
cuttings Schrämklein n; Bohrklein n, Bohrschmant m
~ **analysis** Bohrkleinanalyse f
cuvette Kesselsee m (Glazialform)
CVL s. continuous velocity log
cwm Kar n (Wales)
cyanite Cyanit m, Kyanit m, Al_2SiO_5
cyanochroite Cyanochroit m, $K_2Cu[SO_4]_2 \cdot 6H_2O$
Cyanophyta Blaualgen fpl
cyanotrichite Cyanotrichit m, $Cu_4Al_2[(OH)_{12}|SO_4] \cdot 2H_2O$
cycle of development Entwicklungszyklus m
~ **of erosion** Erosionszyklus m
~ **of sedimentation** Sedimentationszyklus m
~ **of stress** Lastwechsel m; Lastspiel n
~ **of submergence** Transgressionszyklus m
cycles in precipitation Niederschlagsfolge f
cyclic character zyklische Ausbildung f
~ **sedimentation** Repetitionsschichtung f, zyklische Sedimentation f
cycling of gas Gaskreislauf m (durch eine Lagerstätte)
cycloid zykloidschuppig
cyclone 1. Zyklone f; 2. Zyklon m
cyclopic wall Zyklopenmauerwerk n
cyclothem Zyklothem n, rhythmischer Schichtwechsel m
cyclowollastonite Cyclowollastonit m, $Ca_3[Si_3O_9]$
cylindrical projection Zylinderprojektion f
~ **structure** zylindrische Struktur f
cylindrite Kylindrit m, $6PbS \cdot 6SnS_2 \cdot Sb_2S_3$
cymophane s. chrysoberyl
cymrite Cymrit m, $Ba[OH|AlSi_3O_8]$
Cypridina Shale Cypridinenschiefer m
cyprine Cyprin m (blauer Vesuvian)
cyprusite Cyprusite m, Jarosit m, Natrojarosit m (s.a. jarosite)
cyrilovite Cyrilovit m, $NaFe_3[(OH)_4(PO_4)_2] \cdot 2H_2O$
cystoidean limestone Cystoideenkalk m
cystoideans Cystoideen fpl

D

D-horizon D-Horizont *m (Boden)*
3-D-seismics flächenhafte seismische Aufnahme *f*, 3-D-Seismik *f*
dachiardite D'Achiardit *m*, (K, Na, Ca$_{0,5}$)$_5$[Al$_5$Si$_{19}$O$_{48}$]·12H$_2$O
Dacian [Stage] Dacien *n (Stufe des Pliozäns)*
dacite Dazit *m*
~ **porphyry** Dazitporphyr *m*
dacitic dazitisch
dactylotype intergrowth symplektitische Mineralverwachsung *f*
daf *s.* dry, ash-free
dahllite Dahllit *m (Oxi-Karbonat-Apatit)*
dailies Tagesberichte *mpl*
daily Tagesausbeute *f*
~ **amount of rainfall** tägliche Niederschlagshöhe *f*
~ **[delivery] capacity** tägliches Förderleistungsvermögen *n*
~ **mean** Tagesmittel *n*
~ **output** Tagesleistung *f*, Tagesförderung *f*
~ **variation** Tagesvariation *f*
dairy salt Grobsalz *n*
dale Talmulde *f*
dalyite Dalyit *m*, K$_2$Zr[Si$_6$O$_{15}$]
dam in/to eindeichen
~ **up** [auf]stauen, anstauen; eindeichen
dam Damm *m*, Staudamm *m*, Staumauer *f*, Talsperre *f*, Wehr *n*
~ **abutment** Staumauerwiderlager *n*
~ **break** Dammbruch *m*
~ **embankment** Dammkörper *m*
~ **failure** Dammbruch *m*
~ **gradation** Flußaufschotterung *f*
~ **lake** Stausee *m*
~ **location** Talsperrenbaustelle *f*, Standort *m* der Talsperre
~ **shale** schottischer Ölschiefer *m*
~ **site** *s.* ~ location
~ **water** Stauwasser *n*
damage at well bore Speicherschädigung *f* in Bohrlochnähe
~ **due to mining operations, ~ due to subsidence** Bergschaden *m*
~ **factor** Schädigungsgrad *m*
~ **ratio** Schädigungsverhältnis *n*
~ **to buildings** Schäden *mpl* an Gebäuden *(7. Stufe der Erdbebenstärkeskala)*
dammed lake Stausee *m*
~**-up water** Stauwasser *n*
damming[-off] Abdämmung *f*, Absperrung *f*; Eindämmen *n*
~**-up** Stauung *f*
~ **wetness** Staunässe *f*
damourite Damourit *m (feinschuppiger Muskovit)*
damp-proof feuchtigkeitsisolierend
~**-proof membrane** Dichtungshaut *f*
~**-proofing** Feuchtigkeitsisolierung *f*, Abdichtung *f (Bauwerk gegen Bodenfeuchte)*

~ **snow** Klebeschnee *m*
damped oscillation gedämpfte Schwingung *f*
~ **pendulum** gedämpftes Pendel *n*
~ **vibration** gedämpfte Schwingung *f*
~ **wave** gedämpfte Welle *f*
damping Dämpfung *f*
~ **apparatus** *s.* ~ device
~ **arrangement** Dämpfungsvorrichtung *f*, Dämpfungseinrichtung *f (z.B. eines Seismometers)*
~ **basin** Tosbecken *n*
~ **device** Dämpfungsvorrichtung *f (z.B. eines Seismometers)*
dampness Feuchtigkeit *f*
damps CO$_2$-führende Wetter *pl*
danaite Danait *m*, Kobaltarsenkies *m (Varietät von Arsenopyrit)*
danalite Danalith *m*, Fe$_8$[S$_2$|(BeSiO$_4$)$_6$]
danburite Danburit *m*, Kalziumborosilikat *n*, Ca[B$_2$Si$_2$O$_8$]
dandered coal *(sl)* unreine selbstentzündliche Kohle *(Schottland)*
danger of freezing Frostgefahr *f*
Danian [Stage] Danien *n*, Dan[ium] *n*, dänische Stufe *f (basale Stufe des Tertiärs)*
danks *(sl)* Schwarzschiefer mit Kohleflitter *(Newcastle)*
dannemorite Dannemorit *m (Mn-haltiger Cummingtonit)*
Dano-Montian Dano-Mont *n (tiefstes Tertiär)*
dansite D'Ansit *m*, Na$_{21}$Mg[Cl$_3$|(SO$_4$)$_{10}$]
dant *s.* minderwertige fusitreiche Kohle *(Newcastle)*
daphnite Daphnit *m*, (Fe, Al)$_6$[(OH)$_8$|AlSi$_3$O$_{10}$]
darapskite Darapskit *m*, Na$_3$[SO$_4$|NO$_3$]·H$_2$O
Darcy Darcy *(Maß für die Permeabilität von Gesteinen)*
~ **flow** Darcy-Strömung *f*
~ **velocity** Darcy-Geschwindigkeit *f*, Filtergeschwindigkeit *f*, Durchgangsgeschwindigkeit *f*
Darcy's law Darcysches Gesetz *n (v = k·i)*
darg Tagesproduktion *f (Schottland)*
dark field Dunkelfeld *n (Mikroskopie)*
~ **field illumination** Dunkelfeldbeleuchtung *f*
~ **field image** Dunkelfeldabbildung *f*
~ **field observation** Dunkelfeldbeobachtung *f*
~ **field stop** Dunkelfeldblende *f*
~ **ground** *s.* ~ field
~**-line spectrum** Absorptionsspektrum *n*
~ **nebula** Dunkelnebel *m*
~ **position** Dunkelstellung *f*
~ **radiation** Dunkelstrahlung *f*
~ **red silver ore** *s.* pyrargyrite
Darwin glass tasmanischer Tektit *m*
dary tonüberdeckter Moortorf *m*
Dasberg Limestone Dasberger Kalk *m (Oberdevon)*
Dasbergian [Stage] Dasberg *n (Stufe des Oberdevons in Europa)*
dash geringe Beimengung *f*
~ **of the waves** Wellenschlag *m*, Wogenprall *m*

data 94

data acquisition Datengewinnung f, Datenerfassung f
~ **characteristics** Datenmerkmale npl, Datencharakteristika npl
~ **compression** Datenverdichtung f (Fernerkundung, Seismik)
~ **direct reception** Datendirektempfang m (Fernerkundung)
~ **handling** Datenverwaltung f (z.B. in Fernerkundungszentren)
~ **pre-processing** Datenvorverarbeitung f (Fernerkundung, Seismik)
~ **processing** Datenverarbeitung f
~ **rate** Daten[fluß]rate f
~ **recorder** Meßwertschreiber m
~ **retrieval** Datenwiederauffindung f
~ **storage** Datenspeicherung f
~ **transmission** Datenübertragung f (z.B. von geophysikalischen Meßstationen oder Fernerkundungssatelliten)
date line Datumsgrenze f
datolite Datolith m, CaB[OH|SiO$_4$]
datum error Meßwertfehler m
~ **horizon (level)** Bezugshorizont m, Leithorizont m
~ **plane** Bezugsniveau n
daubreeite Daubréeit m (Bi-Oxichlorid)
daubreelite Daubréelith m, FeCr$_2$S$_4$
daubreite s. daubreelte
daugh (sl) Tonlager n
daughter element Tochterelement n, radioaktives Zerfallsprodukt n
dauk (sl) Sandtonboden m
Dauphiné twin Dauphinézwilling m
davidite Davidit m, (Fe, U, Ce, La)$_2$(Ti, Fe, Cr, V)$_5$O$_{12}$
daviesite Daviesit m (s.a. mendipite)
davisonite Davisonit m (s.a. apatite)
davyne Davyn m, (Na, K)$_6$Ca$_2$[(SO$_4$)$_2$|(AlSiO$_4$)$_6$]
dawk s. dauk
dawn Morgendämmerung f
~ **organisms** s. eobionts
dawsonite Dawsonit m, NaAl[(OH)$_2$|CO$_3$]
day coal Kohle f in Ausstrichnähe
~ **level** Stollen m, Stollenrösche f, Tagesstrecke f
~ **output** Tagesförderung f
~ **stone** Ausgehendes n, aufgeschlossenes Gestein n in natürlicher Lagerung
~ **surface** Tagesoberfläche f
~-**time remote sensing** Fernerkundung f zur Tageszeit
daze (sl) Glimmer m
deacidification Entsäuerung f
dead air matte Wetter pl
~ **angle** Totwinkel m
~ **arm (channel)** toter Arm m
~ **coal** nicht verkokbare Kohle f
~-**end pore** Totpore f, unverbundene Pore f
~ **fault** inaktive Verwerfung f
~ **form** Totform f, Ruheform f
~ **glacier** stagnierender (fossiler) Gletscher m

~ **heaps** taubes Gestein n
~ **ice** Toteis n, fossiles Eis n
~ **ice kettles** Toteislöcher npl
~ **lake** zuflußloser See m
~ **level** tischglatte Ebene f
~ **line** 1. Grenzbedingung f, Grenztermin m; 2. Totlinie f (an Inkohlungsstadium gebundener erdölgeologischer Begriff für Grenzlinie, außerhalb derer mit Kohlenwasserstofflagerstätten nicht mehr gerechnet werden kann)
~ **litter** tote Bodendecke f
~ **load** Eigenmasse f
~ **lode** tauber Gang m
~ **man** s. guy anchor
~ **oil** totes (entgastes) Öl n
~ **quartz** tauber Quarz m
~ **rock** taubes Gestein n, Nebengestein n
~ **space** Totraum m
~ **time** Totzeit f (radiometrischer Meßgeräte)
~ **time correction** Totzeitkorrektur f
~ **valley** Trockental n
~ **volcano** erloschener Vulkan m
~ **water** stagnierendes Wasser n, Stillwasser n, Totwasser n (eines Flusses)
~ **weight** Eigenmasse f
~ **well** erschöpfte Bohrung (Sonde) f
~ **work** Ausrichtung f und Vorrichtung f (einer Grube, Aufschlußarbeit)
deadbeat measurement stationäre Messung f
deads Abfall m, Berge pl, taubes Gestein n
deaf ore Gangart f mit fein eingesprengtem Erz
dealkalization Entbasung f, Entalkalisierung f
dean s. dene 1.
deaquation Trocknung f, Wasserentziehung f
dearth of water Wassermangel m
death assemblage Todesgemeinschaft f
debacle 1. Eisaufbruch m (in Flüssen); 2. Hochwasserflut f mit Gesteinsmassen
debouchement, debouchure Mündung f (eines Flusses)
debris 1. Schutt m, Geröll n, Geschiebe n, Trümmer pl, Erosionsprodukte npl; 2. Bohrgut n, Bohrschmant m, Bohrmehl n
~ **accumulation** Schuttablagerung f, Geröllablagerung f, Trümmerablagerung f
~ **avalanche** Lahngang m, Steinlawine f, Schuttlawine f
~ **cone** Geröllkegel m
~ **fall** Steinschlag m
~-**filled valley** vermurtes Tal n
~ **flow** Schlammstrom m (aus einer Mischung von feinen und gröberen Partikeln)
~ **plain** Trümmerfeld n
~ **slide** Bergsturz m, Schuttrutschung f
Debye-Scherrer ring Debye-Scherrer-Ring m
Debyeogram Debye-Scherrer-Aufnahme f
decahedral dekaedrisch, zehnflächig
decahedron Dekaeder n, Zehnflächer m
decalcification Entkalkung f
decalcify/to entkalken
decantation basin Ablagerungsbecken n, Absetzbecken n

~ **test** Sedimentationsprobe *f*, Dekantationstest *m*
decanter Dekantiergefäß *n*
decapitate/to enthaupten, köpfen
decapod crustaceans, decapodans Dekapoden *mpl*
decay/to verwittern, verfallen, sich zersetzen
decay Verwitterung *f*, Zerstörung *f*, Zerfall *m*, Verfall *m*, Zersetzung *f*; Abbau *m* (radioaktiver Schadstoffe)
~ **constant** Zerfallskonstante *f*, Zeitkonstante *f*
~ **energy** Zerfallsenergie *f*
~ **family** [radioaktive] Zerfallsreihe *f*
~ **law** Zerfallsgesetz *n*
~ **method** Zerfallsmethode *f* (radioaktive Altersbestimmung)
~ **of rocks** Gesteinsverwitterung *f*
~ **ooze** Zersetzungsschlick *m*
~ **process** Zersetzungsprozeß *m*
~ **product** Zerfallsprodukt *n*
~ **rate** Zerfallsrate *f*
~ **series** [radioaktive] Zerfallsreihe *f*
~ **time** Zerfallszeit *f*, Abklingzeit *f*
decayed rock verwittertes Gestein *n*
dechenite Dechenit *m*, PbV_2O_6
deciduous forest Laubwald *m*
~ **tooth** Milchzahn *m*
~ **tree** Laubbaum *m*
declination Deklination *f* (der Magnetnadel)
~ **tides** Deklinationstiden *pl*
decline to grant a concession/to eine Mutung abweisen
decline Neigung *f*, Senkung *f*; Abhang *m* (s.a. slope)
~ **curve** Förderabfallkurve *f*
~ **curve method** Fördermengenabfallmethode *f* (Vorratsberechnung)
~ **of pressure** Druckabfall *m*
declining volcanic activity ausklingende vulkanische Tätigkeit *f*
declivate abschüssig
declivitous geneigt, abschüssig, steil
declivity Abschüssigkeit *f*, Gefälle *n*; Abhang *m*
~ **of the mountain** Berghang *m*
declivous geneigt, abschüssig, steil
decoding Entziffern *n*, Entschlüsseln *n*, Dechiffrieren *n*
decollation, decollement Abgleitung *f*, Abscherung *f* (von Sedimenten)
~ **structure** Abscherungsstruktur *f*
decolourize/to entfärben
decompose/to [chemisch] verwittern, sich zersetzen, zerfallen
decomposed verwittert
~ **outcrop** verwitterter Ausstrich *m*
~ **residuum** Verwitterungsrückstand *m*
~ **rock** verwittertes Gestein *n*
decomposition Verwitterung *f*, Zersetzung *f*, Zerfall *m*; Abbau *m* (chemischer und biologischer Schadstoffe)
~ **process** Verwitterungsprozeß *m*

~ **product** Verwitterungsprodukt *n*
~ **reaction** Zersetzungsreaktion *f*
deconsolidation Entfestigung *f*
deconvolution Dekonvolution *f* (Wiederherstellung des ursprünglichen Signals)
decorative stone Schmuckstein *m*
decrease in solubility Löslichkeitsverminderung *f*
~ **in temperature** Temperaturabnahme *f*
~ **in velocity** Geschwindigkeitsabnahme *f*
decrepitate/to dekrepitieren, zerknistern
decrepitation Dekrepitieren *n*, Zerknistern *n*
decussate feingranoblastisch, granulitisch
decussation Durchkreuzung *f* (von Kristallen)
dedolomitization Entdolomitisierung *f*
dedolomitize/to entdolomitisieren
deductor muscles Deduktoren *mpl*, Divarikatores *mpl*, Öffnermuskeln *mpl* (bei Brachiopoden)
deed of surrender of geological prospecting works Abschlußdokument *n* über durchgeführte geologische Untersuchungsarbeiten
deep 1. Kolk *m* (im Fluß); 2. Tiefseegraben *m*, Ozeantief *n*
~ **adit** Wasserlösungsstollen *m*
~ **boring** Tiefbohren *n*, Tiefbohrung *f* (tiefer als 3000 m)
~ **boring tool** Bohrgerät *n* für Tiefbohrungen
~-**burial stage** Stadium *n* mit mächtiger Sedimentbedeckung
~ **circular gorge (valley)** Talkessel *m*
~ **current** Tiefenstrom *m*
~ **digging** Erdfall *m*
~-**dipping** steil einfallend
~ **drilling** s. ~ boring
~ **erosion** Tiefenerosion *f*
~-**focus earthquake** Tiefherdbeben *n*
~ **foundation** Tiefgründung *f*
~ **gravel** Grundschotter *m*
~ **hole** Tiefbohrloch *n*, Tiefbohrung *f*
~ **karst** tiefer Karst *m*, Ganzkarst *m*
~ **lead** tiefliegende Mineralseife *f*
~ **level mining** s. ~ mining
~ **level workings** Tiefbauarbeiten *fpl*
~-**lying seam** tiefgelagertes Flöz *n*
~ **mine workings** s. ~ mining
~ **mining** unterirdischer Abbau *m*, Tiefbau *m*
~ **ocean** s. ~ sea
~ **sea** Tiefsee *f*
~-**sea bed resources** Ressourcen *fpl* des Tiefseebodens
~-**sea bottom** Tiefseeboden *m*
~-**sea brown clay** brauner Tiefseeton *m*
~-**sea channels** Tiefseerinnen *fpl*
~-**sea deposit** bathyale Ablagerung *f*, Tiefseeablagerung *f*
~-**sea depth** mittlere Tiefe *f* der Meere
~-**sea dredge** Tiefseeschleppnetz *n*
~-**sea drilling** Tiefseebohrung *f*
~-**sea exploration** Tiefseeforschung *f*
~-**sea facies** Tiefseefazies *f*
~-**sea fan** Tiefseefächer *m* (Sedimentfächer, der

deep 96

an der Öffnung eines submarinen Cañons gegen das Ozeanbecken ansetzt und sich auf dem Tiefseeboden ausbreitet)
~-sea furrow Tiefseerinne f
~-sea mining Tiefseebergbau m
~-sea mud (ooze) Tiefseeschlamm m
~-sea red clay roter Tiefseeton m
~-sea sediment Tiefseesediment n
~-sea sounding Tiefseelotung f
~-sea terrace Tiefseeterrasse f
~-seated tiefliegend, in der Tiefe entstanden
~-seated igneous rock Tiefengestein n, Plutonit m
~-seated magma Tiefenmagma n
~-seated process Tiefenvorgang m
~-seated rock Tiefengestein n, Plutonit m
~-seated salt dome tiefliegender Salzdom m
~-seated tremors Tiefherdbeben npl
~-seated volcanicity tiefvulkanische Vorgänge mpl
~-seated volcano Tiefenvulkan m
~ seismic sounding seismische Tiefensondierung f
~ sounding Tiefensondierung f
~-sounding apparatus Tiefensondiergerät n
~ space erdferner Weltraum m
~ spring juvenile Quelle f
~ subsoil water Untergrundwasser n
~ trench Tiefseegraben m
~ water 1. Tiefsee f, Hochsee f; 2. Tiefenwasser n
~-water current Tiefenwasserströmung f
~-water marine facies Tiefseefazies f
~-water reservoir Lagerstätte f unter dem Meeresgrund
~ well Tiefbrunnen m
~-well drilling equipment Tiefbohrgeräte npl, Tiefbohrausrüstung f
~-well drilling plant (rig) Tiefbohranlage f
~ working s. ~ mining
~ zone Tiefseezone f
deepen/to 1. abteufen; 2. vertiefen
deepening 1. Abteufen n; 2. Eintiefung f, Vertiefung f
~ of a well Abteufen n des Bohrlochs
deeper pool test Erkundungsbohrung f auf tieferen Horizont (Speicher)
deeply buried tiefliegend
~ buried salt dome tiefliegender Salzdom m
~ disintegrated s. ~ weathered
~ embayed tief eingebuchtet (Küste)
~ incised tief eingeschnitten (Tal)
~ indented stark gegliedert (Küste)
~ rotten s. ~ weathered
~ weathered tiefgründig (stark) verwittert
deerite Deerit m, $MnFe_{12}Fe_7(OH)_{11}Si_3O_{44}$
defence of dunes Dünenschutzwerk n
deferred tributary junction s. Yazoo river
deficiency in salt mangelnder Salzgehalt m
~ of mass Massendefizit n (bei Schweremessungen)
deficient in rain regenarm

defile Schlucht f, Talschlucht f, Gebirgsschlucht f, Engpaß m, Hohlweg m, Tobel m
deflation Abwehung f, Deflation f, äolische Ablation f, Windablation f, Winderosion f, Winddenudation f
~ basin Deflationsbecken n, Windkessel m
~ hole Deflationskessel m
~ peneplain Deflationsebene f
~ residue Deflationsrückstand m
~ surface Windschlifffläche f
~ valley Deflationstal n
deflect/to ablenken
~ a river einen Fluß ablenken
deflected hole abgelenkte Bohrung f
deflecting tools Richtbohrwerkzeuge npl
deflection Ablenkung f; Abbiegung f; Durchbiegung f
~ angle Knickwinkel m; Ablenkungswinkel m
~ of the plumb line Lotablenkung f
~ of the vertical Lotabweichung f
~ point Knickpunkt m
deflocculate/to ausflocken
deflocculation Ausflockung f
deforest/to abholzen
deforestation Abholzung f, Entwaldung f
deform/to verformen, deformieren
deformability Verformbarkeit f
deformation 1. Verformung f, Form[ver]änderung f, Deformation f; 2. Dislokation f, Störung f
~ bands Deformationsbänder npl
~ circle Verformungskreis m
~ energy Verformungsarbeit f
~ fabric Deformationsgefüge n
~ fracture Verformungsbruch m
~ of river bed Flußverlegung f
~ plane Deformationsebene f, ac-Ebene f
~ structure Verformungsstruktur f
~ twin Deformationszwilling m, Verformungszwilling m
~ without shearing bruchlose Umformung f
deformed verformt
~ cross-bedding verformte Schrägschichtung f
~ layer verformte Schicht (Bank) f
defrosting Auftauen n
~ temperature Tautemperatur f
degas/to entgasen, degasieren
degasification Entgasung f, Degasierung f
degasifier Entgaser m
degasify/to entgasen, degasieren
degasifying Entgasung f, Degasierung f
degasser Gasabscheider m
degassing Entgasung f, Degasierung f
~ phenomenon Entgasungsprozeß m
~ tremors Entgasungsbeben npl
degaussing Entmagnetisierung f
degeneracy Degenerierung f, Entartung f
degenerate/to degenerieren, entarten
degenerate degeneriert
degeneration Degeneration f, Entartung f
~ of atoms Atomzerfall m

degenerative recrystallization s. grain diminution
deglaciated entgletschert
deglaciation Entgletscherung f
degradation Abtragung f, stufenweise Verwitterung f, Degradierung f
degrade/to 1. abtragen, degradieren; 2. erniedrigen *(Topografie)*
degraded abgeböscht
~ **illite** ausgelaugter Illit m
~ **soil** ausgelaugter Boden m
degrading stream Fluß m mit Tiefenerosion
degradinite Degradinit m *(Kohlenmaceral, in japanischen tertiären Kohlen)*
degradofusinite Degradofusinit m *(Kohlensubmaceral)*
degree map Landkarte f im Maßstab 1:250 000
~ **of accuracy** Genauigkeitsgrad m
~ **of accuracy of a map** Kartengenauigkeit f
~ **of cloudiness** Bewölkungsgrad m
~ **of coalification** Inkohlungsgrad m
~ **of compaction** Verdichtungsgrad m
~ **of consolidation** Grad m der Setzung, Verdichtung f, Verfestigungsgrad m
~ **of deformation** Deformationsgrad m
~ **of double refraction** Stärke f der Doppelbrechung
~ **of endangering** Grad m der Gefährdung
~ **of fidelity** Wiedergabevermögen n *(Tracermessung)*
~ **of filling** Versatzdichte f
~ **of freedom** Freiheitsgrad m
~ **of hardness** Härtegrad m
~ **of hotness** Hitzegrad m
~ **of joining** Kluftdichte f
~ **of latitude** Breitengrad m
~ **of longitude** Längengrad m
~ **of metamorphism** Metamorphosegrad m
~ **of oxidation** Oxydationsstufe f
~ **of porosity** Porositätsgrad m
~ **of proof** Bewertungsgrad m
~ **of purity** Reinheitsgrad m
~ **of roundness** Rundungsgrad m
~ **of salinity (saltness)** Salzgehalt m
~ **of saturation** Sättigungsgrad m
~ **of separation** Durchtrennungsgrad m *(von Klüften)*
~ **of slope** Böschungsgrad m
~ **of strength** Festigkeitsgrad m
~ **of symmetry** Symmetriegrad m
~ **of tension** Spannungsgrad m
~ **of trend** Grad m des Trendpolynoms
~ **of turnover** Grad m der Umsetzung
~ **of weathering** Verwitterungsgrad m
dehrnite Dehrnit m *(Varietät von Apatit)*
dehumidify/to Feuchtigkeit entziehen, [aus]trocknen
dehydrate/to entwässern, dehydrieren
dehydrated rock entwässertes Gestein n
dehydration Entwässerung f, Dehydratation f
dejection rocks lose vulkanische Auswurfsmassen fpl

delafossite Delafossit m, $CuFeO_2$
delamination Schichtspaltung f
delatynite Delatynit m *(fossiles Harz)*
delay cap Verzögerungszünder m
~ **distorsion** Laufzeitverzerrung f, Phasenverzerrung f
~ **equalizer** Laufzeitentzerrer m, Phasenentzerrer m
~ **line** Laufzeitglied n, Verzögerungsleitung f, Verzögerungslinie f, Zeitlinie f, Laufzeitkette f *(Seismik)*
~ **time** Verzögerung[szeit] f *(Seismik)*
~ **time characteristic** Laufzeitcharakteristik f
~ **time plot** Zeitfeld n
~ **time variation** Laufzeitverlauf m
delayed river junction verschleppte Mündung f
~ **subsidence** Nachsenkung f
delessite Delessit m *(Varietät von Chlorit)*
delf *(sl)* Kohle- oder Eisensteinlager
delhayelite Delhayelith m, $(Na, K)_{10}Ca_5[(Cl_2, F_2SO_4)_3|O_4|Al_6Si_{32}O_{76}] \cdot 18H_2O$
delime/to entkalken
deliming Entkalken n
delimitation Abgrenzung f
deliquescent salt leicht lösliches Salz n
deliverability Leistungsfähigkeit f *(z.B. einer Gasbohrung)*
delivery Abflußmenge f, Wasserführung f
~ **drift** Wasserlösungsstollen m
~ **loss** Austrittsverlust m *(von Wasser);* Abgabeverlust m *(eines genutzten Grundwasserleiters)*
~ **of a source (spring)** Quellschüttung f
~ **of a well** Brunnenergiebigkeit f
~ **rate** Förderstrom m
dell Doline f
dellenite Dellenit m *(Quarzlatit)*
Delmontian [Stage] Delmont[ien] n *(marine Stufe, oberes Miozän bis Pliozän in Nordamerika)*
delorenzite Delorenzit m *(Tanteuxinit)*
delrioite Delrioit m, $SrCaH_2[VO_4]_2 \cdot 2H_2O$
delta Delta n
~ **bay** Deltabucht f
~ **bedding** Deltaschichtung f, Deltaaufschüttung f
~ **built into the sea** vorgeschobenes Delta n
~ **fill** Deltaaufschüttung f
~ **flats** Deltaniederung f
~ **formation** Deltabildung f
~-**front sheet sand** Deltafrontflächensand m
~ **growth** Deltawachstum n
~ **lake** Deltasee m
~ **margin** Deltarand m
~-**margin island sand** Deltafrontinselsand m
~ **plain** Deltaebene f
~ **shape** Deltaform f
deltafication Deltabildung f
deltageosyncline s. exogeosyncline
deltaic embankment Deltadamm m
~ **fan** Deltaablagerungskegel m

deltaic

- ~ **gravel deposit** Deltakiesablagerung f
- ~ **sediment** Deltasediment n
- ~ **stratification** Deltaschichtung f
- **deltaite** Deltait m, Crandallit m, $CaAl_3H[(OH)_6|(PO_4)_2]$
- **deltohedron** Deltoeder n
- **deltoid dodecahedron** Deltoiddodekaeder n
- ~ **icositetrahedron** Deltoidikositetraeder n
- **deltoids** Deltoidplatten fpl *(Paläontologie)*
- **deluge/to** überschwemmen
- **deluge** Überschwemmung f
- ~ **of rain** Wolkenbruch m
- **Deluge of Noah** Sintflut f
- **delvauxite** Delvauxit m, $Fe[(OH)_3|PO_4]\cdot 5^1/_2H_2O$
- **demagnetization** Entmagnetisierung f
- **demagnetize/to** entmagnetisieren
- **demand for concession without previous discovery** blinde Mutung f
- **demant** s. diamond 1.
- **demantoid** Demantoid m *(grüne Granatvarietät; s.a. andradite)*
- **demarcate/to** vermarken
- **demicron-sized** in Korngröße von 10–100 μm
- **Demingian [Stage]** Demingien n *(Stufe des Unterordoviziums in Nordamerika)*
- **demoiselle** Erdpyramide f
- **demonstrated reserves** Summe aus berechneten und angezeigten Vorräten
- **demonstration pumping test** Demonstrationspumpversuch m
- **demorphism** Verwitterungsprozeß m
- **demulsifier** Demulgator m
- **demulsify/to** demulgieren
- **demulsifying chemical** Entemulgierungsmittel n, Demulgator m, Spalter m *(Bohrtechnik)*
- **demultiplexing** Signalrennung f *(beim Multiplexverfahren)*
- **dendrachate** Baumachat m
- **dendriform** baumähnlich
- **dendrite** Dendrit m
- **dendritic[al]** dendritisch
- ~ **agate** Baumachat m
- ~ **drainage pattern** verzweigtes Flußnetz n
- ~ **manganese** Mangandendriten mpl
- ~ **markings** dendritische Markierungen fpl
- ~ **texture** dendritische (baumförmige, astige) Struktur f
- ~ **valley system** verzweigtes Talsystem n
- **dendrochronology** Dendrochronologie f, Baumringmessung f
- **dendrogram** Dendrogramm n
- **dendrograph** Dendrograph m *(grafische Darstellung der Ähnlichkeiten innerhalb und zwischen hierarchisch geordneten Clustern)*
- **dendrolite** Dendrolith m, versteinerter Baumstamm m, verkieseltes Holz n
- **dene** 1. Tal n; 2. Sandstreifen m, kleine Düne f
- ~ **hole** Kalkhöhle f
- **denitrification** Denitrifikation f
- **denitrifying** Denitrifizieren n
- ~ **bacteria** denitrifizierende Bakterien fpl

- **denningite** Denningit m, $(Mn, Ca, Zn)Te_2O_5$
- **dennisonite** s. davisonite
- **dense[-graded] aggregate** hohlraumarmes Mineralgemisch n
- ~-**medium washing** Schwerflüssigkeitssortierung f
- ~ **mineral aggregate** hohlraumarmes Mineralgemisch n
- ~ **texture** dichtes Gefüge n *(Gestein)*
- **densinite** Densinit m *(Braunkohlenmaceral)*
- **densitometer** Densitometer n, Dichtemesser m
- **densitometric[al] analysis** densitometrische Analyse f
- **density** Dichte f
- ~ **contrast** Dichteunterschied m
- ~ **current** s. turbidity current
- ~ **difference** Dichteunterschied m
- ~ **log** Dichtelog n, Gamma-gamma-Log n
- ~ **logging** Dichtemessung f
- ~ **meter** Wichtemesser m
- ~ **of dislocation** Verschiebungsdichte f *(Kristallgitter)*
- ~ **of exploration (exposure)** Aufschlußdichte f *(eines Erkundungsgebietes)*
- ~ **of ground** Gebirgsdichte f
- ~ **profile** Dichteprofil n
- ~ **slicing** Äquidensitendarstellung f *(stufenförmige Klassifizierung der Schwärzungsniveaus)*
- ~ **stratification** gradierte Schichtung f
- **dental formula** Zahnformel f
- ~ **sockets** Zahngruben fpl
- **dentaloid** zahnähnlich
- **dentary** Dentale n, zahntragender Knochen m
- **dentation** Bezahnung f
- **denticles** Dentikel mpl, Zähnchen npl
- **denticulate** gezähnt
- ~ **lobes** gezähnte Loben mpl
- **dentine** s. tooth enamel
- **dentist borer** Zahnarztbohrer m
- **dentition** Zahnformel f
- **denudation** Abtragung f, Denudation f
- ~ **level** Abtragungsebene f, Abtragungsniveau n, Denudationsniveau n
- ~ **limit** Denudationsgrenze f
- ~ **plain** Denudationsebene f
- ~ **remnant** Denudationsrelikt n
- ~ **ridge** Erosionsrücken m
- ~ **surface** Denudationsfläche f
- ~ **terrace** Denudationsterrasse f, Verwitterungsterrasse f
- ~ **valley** Erosionstal n
- **denude/to** abtragen, denudieren, bloßlegen
- **denuded cutting** Fenster n *(Deckenfenster)*
- **deoxidation sphere** Bleichungshof m *(in Rotsedimenten)*
- **departure** Abweichung f *(z.B. von der Basislinie)*
- **depauperate fauna** s. dwarfed fauna
- **depergelation** Tauprozeß m im Permafrost
- **deplanation** Reliefeinebnung f

deplete/to 1. erschöpfen; 2. entleeren, räumen
depleted erschöpft
~ **area** erschöpftes Gebiet n
~ **field** erschöpfte (ausgebeutete) Lagerstätte f
~ **layer** erschöpfter Horizont m
~ **sand** dränierter (entölter) Sand m
~ **soil** verarmter Boden m
~ **well** 1. erschöpfte Bohrung f; 2. versiegter Brunnen m
depletion Erschöpfung f (von Lagerstätten durch fortschreitenden Abbau)
~ **area** Zehrgebiet n
~ **drive** Gasexpansionstrieb m
~ **drive pool** Gasexpansionstrieblager n
~ **layer** Auslaugungsschicht f
~ **of oil wells** Erschöpfung f (Versiegen n) von Erdölbohrungen
~-**type reservoir** Erschöpfungsspeicher m
depoaxis Linie f maximaler Sedimentation während eines geologischen Zeitabschnitts
depocenter Sedimentationszentrum n, Raum m maximaler Sedimentation
depolarize/to depolarisieren
depoldering Entpolderung f
deposit/to ablagern
deposit Lagerstätte f
~ **evaluation** Lagerstättenbewertung f
~ **formed by exhalations** Exhalationslagerstätte f
~ **formed by weathering** Verwitterungslagerstätte f
~ **from volcanic fumaroles** vulkanischer Fumarolenabsatz m
~ **of natural gas** Erdgasvorkommen n
~ **of ore** Erzlager n
~ **of petroleum** Erdöllagerstätte f
~ **of potash salts** Kalisalzlager n
~ **of the abyssal depths of the deep sea** Tiefseeablagerung f
~ **precipitated in sea water** Ausscheidungslagerstätte f im Meer
~ **produced by weathering** Verwitterungslagerstätte f
deposited moraine Stapelmoräne f
~ **snow** frischgefallener Schnee m, Neuschnee m
depositing medium Ablagerungsmedium n
deposition Ablagerung f, Absatz m
~ **area** Ablagerungsgebiet n
~ **bluff** Anwachsufer n
~ **layer** s. tectorium
~ **of cuttings** Verschlammung f des Bohrlochs
~ **place** Ablagerungsstelle f
~ **plane** Schichtfläche f, Ablagerungsfläche f
depositional basin Ablagerungsbecken n
~ **environment** 1. Ablagerungsmilieu n; 2. Sedimentationsraum m, Sedimentationsgebiet n
~ **fabric** Anlagerungsgefüge n, Sedimentationsgefüge n
~ **factors** Ablagerungsbedingungen fpl
~ **magnetization** remanente Magnetisierung,

festgelegt durch sedimentäre Korneinregelung
~ **model** Ablagerungsmodell n, Sedimentationsmodell n
~ **oil trap** fazielle Falle f
~ **pattern** Ablagerungsmuster n
~ **porosity** primäre Porosität f
~ **rate** Ablagerungsgeschwindigkeit f
~ **strike deposit** laterale Sedimentanhäufung f
~ **terrace** angeschwemmte Uferbank f, Sedimentationsterrasse f
~ **trap** lithologische Falle f
depositories Ablagerungsplätze mpl
depotassication Kaliumentzug m aus Tonmineralen
depreciation of deposit Lagerstättenabschreibung f
~ **of ore reserves** Abschreibung f von Erzvorräten
depressed gesenkt
~ **area** Depression f, Niederung f, Senke f
~ **block** abgesenkte Scholle f
~ **coast** Senkungsküste f
~ **flute cast** Flachzapfen m (Strömungswulst)
~ **rift** Grabenbruch m
~ **shore line** Senkungsküste f
depression Vertiefung f, Senkung f, Senke f, Einsenkung f, Niederung f; Depression f, Mulde f
~ **angle** 1. Senkungswinkel m; 2. Tiefenwinkel m, Horizontaldepression f, Depressionswinkel m
~ **area of nappe** Deckenmulde f
~ **funnel** Absenkungstrichter m
~ **lake** Senkungssee m
~ **of downfaulting** Bruchsenke f, Verwerfungssenke f
~ **of ground** Bodensenke f, Bodensenkung f; Geländemulde f
~ **of melting point** Schmelzpunkterniedrigung f
~ **on a slope** Hangmulde f
~ **spring** Überfallquelle f, Überlaufquelle f
~ **storage** Trichterinhalt m (Absenkungstrichter)
depressuring of reservoirs Auflast f von Staubecken
depth Tiefe f, Teufe f
~ **capacity** Teufenkapazität f
~ **drill** Tiefbohrer m
~ **finder** Teufenmeßgerät n
~ **gauge** Tiefenmesser m
~ **hoar** durch Sublimation im Schneekörper wachsender Eiskristall
~ **indicator** Teufen[an]zeiger m
~-**integrating sampler** Tiefenprobenehmer m (Grundwasser)
~-**integrating sampling** Tiefenprobenahme f (Grundwasser)
~ **measuring device** Tiefenmesser m
~ **of bore** Bohrtiefe f
~ **of burial** Einbettungstiefe f, Versenkungstiefe f

depth

~ of drilling Bohrtiefe f
~ of focus Herdtiefe f
~ of formation markers Tiefe f von Gebirgsleitschichten
~ of foundation Gründungstiefe f
~ of frost penetration Frosttiefe f
~ of mining Abbauteufe f
~ of mud invasion Eindringtiefe f der Spülung
~ of occurrence Lagerungsteufe f
~ of penetration Eindringtiefe f
~ of pit Schachttiefe f
~ of rain[fall] Regenhöhe f, Niederschlagshöhe f
~ of runoff Abflußhöhe f
~ of seismic focus Herdtiefe f
~ of snow cover Höhe f der Schneedecke, Schneehöhe f
~ of soil Bodentiefe f
~ of stratum Mächtigkeit f
~ of the navigable channel Fahrwassertiefe f
~ of top soil Krumentiefe f
~ of water Wassertiefe f
~ point Tiefenpunkt m, Reflexionspunkt m
~ probe Tiefenprobe f
~ profile Tiefenprofil n
~ range Tiefenbereich m
~ section Tiefenschnitt m, Tiefenprofil n
~ sounder Echolot n
~ sounding Tiefensondierung f (durch Echolot)
~ to the basement rocks Tiefe f bis zum Grundgebirge
~-to-water map Grundwasserteufenkarte f
~ zone Tiefenzone f
depthometer Teufenmeßgerät n
deputy surveyor Markscheidergehilfe m
derangement of masses Massenstörung f
Derby spar (sl) s. fluorite
derbylite Derbylith m, $Fe_3Ti_3SbO_{11}OH$
Derbyshire spar (sl) s. fluorite
dereliction s. accretion
dereption subaquatische Erosion durch Strömung
derivative Ableitung f (eines Potentialfeldes)
~ magma Tochtermagma n, Differentiat n, Magmenderivat n
~ map Karte f der Ableitungen (eines Potentialfeldes)
derived fossil Fossil n auf sekundärer Lagerstätte, verschlepptes Fossil n
dermal ossicle Hautknöchelchen n
~ skeleton Dermalskelett n, Exoskelett n, Hautskelett n
~ spicule Dermale n, Dermalspiculum n, Hautnadel f (bei Schwämmen)
dermolithic lava Fladenlava f
~ solidification oberflächliche Erstarrung f
deroofing Durchschmelzung f des Daches (Magmatismus)
derrick Bohrturm m
~ floor Arbeitsbühne f (Bohrturm)
~ foundation Bohrturmsockel m, Bohrturmfundament n

~ platform Bohrbühne f
~ substructure Bohrturmunterbau m
desalination Entsalzung f
desalinification Entsalzung f (bei Diagenese)
desalinify/to entsalzen
desalinization Entsalzung f
~ of soil Bodenentsalzung f
desalting Entsalzung f
~ of water Entsalzung f des Wassers
desander, desanding device Entsander m (Bohrtechnik)
descend/to 1. sich abwärts bewegen, niedergehen; 2. abstammen (Paläontologie)
~ into a mine einfahren, eine Grube befahren
descendance Abstammung f (Paläontologie)
descendant deszendent (Paläontologie)
descending absteigend, deszendent
~ filter Fallfilter n
~ slab of lithosphere abtauchende Lithosphärenplatte f
~ solution absteigende Lösung f
~ water deszendentes Wasser n
~ wind Fallwind m
descent 1. Abstammung f; 2. Gefälle n, Neigung f
~ of water Einsickern n des Wassers
descloizite Deskloizit m, Descloizit m, $Pb(Zn,Cu)[OH|VO_4]$
descriptive mineralogy beschreibende (allgemeine) Mineralogie f
desert Wüste f
~ area Wüstengebiet n
~ belt Wüstengürtel m
~ climate Wüstenklima n
~ floor Wüstenboden m
~ lacquer s. ~ varnish
~ lake Wüstensee m, Endsee m
~ mosaic s. ~ pavement
~ of sand Sandwüste f
~ of stones Steinwüste f
~ pavement Wüstenpflaster n, Steinpflaster n, Deflationsrückstand m
~ polish Wüstenpolitur f
~ region Wüstengebiet n
~ sand Wüstensand m
~ soil Wüstenboden m
~ topography Wüstenlandschaft f
~ varnish Wüstenlack m, Wüstenrinde f
~ wind Wüstenwind m
~ zone Wüstenzone f
desertification Wüstenbildung f
desiccate/to austrocknen, eintrocknen
desiccated ausgetrocknet
desiccation Austrocknen n, Austrocknung f
~ breccia Tonscherbenbrekzie f
~ crack Schrumpfungsriß m, Schwundriß m, Trockenriß m (Sedimentgefüge)
~-cracked von Trockenrissen durchzogen
~ fissure Trockenriß m, Austrocknungsspalte f
~ form Austrocknungsform f
~ fracture (joint) Trockenriß m
~ polygons Trockenrißnetzwerk n

desiccative [aus]trocknend
design estimates Projektdokumentation *f*
~ flood *Flut, gegen die Schutzmaßnahmen getroffen werden*
~ load Lastannahme *f*; zulässige Last *f*
designation of rock Gesteinsbezeichnung *f*
desilicate/to entkieseln, desilifizieren
desilication Entkieselung *f*, Desilifizierung *f*
desilt/to entschlammen
desilting Entschlammung *f*
desliming classifier Schlämmklassierer *m*
desmine *s.* stilbite
desmocollinite Desmocollinit *m (Kohlensubmaceral)*
Desmoinesian [Stage] Desmoines *n (Stufe des Pennsylvaniens in Nordamerika)*
desmosite Desmosit *m (Kontaktgestein)*
desolation Verödung *f*, Verwüstung *f*
desorption Desorption *f*
desquamation Abschuppen *n*, Abschuppung *f*
destinezite Destinezit *m*, $Fe_4[(OH)_4|(PO_4,SO_4)_3]\cdot 13H_2O$
destrengthening Entfestigung *f*
destruction Destruktion *f*, Zerstörung *f*
~ by insolation Insolationsverwitterung *f*, Temperaturverwitterung *f*, Insolationssprengung *f*
~ of buildings Zerstörungen *fpl* an Gebäuden *(8. Stufe der Erdbebenstärkeskala)*
~ product Zerstörungsprodukt *n*
destructional form Destruktionsform *f*, Zerstörungsform *f*
~ landforms durch Abtragung geschaffene Landschaft *f*
~ work Zerstörungsarbeit *f*
destructive zerstörend
~ exploitation Raubbau *m*
~ process zerstörender Vorgang *m*
desulphurate/to entschwefeln
desulphur[iz]ation Entschwefelung *f*
~ unit Entschwefelungsanlage *f*
desulphurize/to entschwefeln
detach/to ablösen, abtrennen, loslösen; abscheren
detached coffin in the roof Sargdeckel *m*
~ core nichtdeformierter Kern *m (einer Isoklinalfalte)*
detachment Ablösung *f*, Abtrennung *f*, Loslösung *f*; Abscherung *f*; Absonderung *f*
~ of rock particles Loslösung *f* von Gesteinsteilchen
~ of the current Abreißen *n* der Strömung
detailed geological map geologische Spezialkarte *f*
~ ground-water exploration (prospection) Grundwasserdetailerkundung *f*
~-stratigraphical feinstratigrafisch
detect/to entdecken, nachweisen, auffinden
detecting element Nachweisglied *n*
~ sensitivity Nachweisempfindlichkeit *f*
detection Entdeckung *f*, Nachweis *m*, Auffindung *f*

~ limit Nachweisgrenze *f*
~ of trace elements Spurenanalyse *f*, Spurennachweis *m*
detector Nachweisgerät *n*; Aufnehmer *m*, Geophon *n (Seismik)*; Empfänger *m (Radiometrie)*
~ element fotoelektrisches Halbleiterelement *n*
~ spread Seismometerprofil *n*
detention basin Rückhaltebecken *n*
~ storage Rückhaltevolumen *n*
detergent flooding Fluten *n* mit oberflächenaktiven Stoffen
deterioration of climate Klimaverschlechterung *f*
determination fossil Leitfossil *n*
~ of age Altersbestimmung *f*
~ of character of ore Erzbewertung *f*
~ of epicentre Bestimmung *f* des Epizentrums
~ of gravity Schweremessung *f*
~ of hardness Härtebestimmung *f*
~ of orbit Bahnbestimmung *f*
~ of trace elements Bestimmung *f* von Spurenelementen
determinative mineralogy spezielle Mineralogie *f*
~ test Bestimmungsprobe *f*
determining borehole Grenzbohrloch *n*, Abgrenzungsbohrloch *n*
detonation Detonation *f*
~ cord Sprengschnur *f*
detrital 1. verwittert, zerrieben, detritisch; 2. Geröll..., Schutt...
~ accumulation Schuttablagerung *f*, Trümmerablagerung *f*
~ deposit detritische Ablagerung *f*, Gesteinsschutt *m*, Trümmerlagerstätte *f*
~ facies Schuttfazies *f*
~ fan Schuttkegel *m*
~ formation Schuttbildung *f*
~ lime tufa klastischer Kalktuff *m*
~ limestone detritischer Kalkstein *m (aus Detritus älterer Kalksteine)*
~ material Schuttmaterial *n*, Trümmermaterial *n*
~ mineral detritisches Mineral *n*
~ plain Schuttebene *f*
~ ratio Verhältnis von klastisch zu nichtklastisch in einem Profil
~ remanent magnetization von kleinen Teilchen hervorgerufene Magnetisierung *f*
~ rock detritisches Gestein *n*, Trümmergestein *n*
~ sand Geröllsand *m*
~ sediments Geröllsedimente *npl*
~ slope Schutthang *m*, Schuttböschung *f*, Schutthalde *f*
~ soil Schuttboden *m*
~ spring Schuttquelle *f*
detrited *s.* detrital 2.
detrition Detritus erzeugender Prozeß *m*
detritovore Detritus fressendes Tier *n*

detritus

detritus Detritus *m*, Geröll *n*, Grus *m*, Gesteinsschutt *m*, Schuttablagerung *f*, Schutt *m*, Geschiebe *n*, Trümmermasse *f*
~ **eruption** Lockermassenausbruch *m*
~ **rubbish** Steinschutt *m*
detrusion Scherungsverschiebung *f*
deuteric deuterisch, autometamorph, spätmagmatisch
~ **alteration** deuterische Umwandlung *f*, spätmagmatische Gesteinsumwandlung *f*
deuterium Deuterium *n*
deuterogene rock sekundäres Gestein *n*
deuterogenic aus anderen Gesteinen gebildet
deuterogenotypic zum gleichen Genotyp gehörend
deuterogenous *s*. deuterogenic
deuteromorphic deuteromorph, sekundär verändert *(Kristalle)*
deuterosomatic regeneriert, umgewandelt *(Gesteine)*
develop/to erschließen, aufschließen, ausrichten; entwickeln *(ein Ölfeld)*
developable abwickelbar
developed cave Schauhöhle *f*
~ **ore** vorgerichtetes (aufgeschlossenes) Erz *n*
~ **reserves** ausgerichtete (nachgewiesene) Vorräte *mpl*
development Erschließung *f*, Aufschluß *m*, Ausrichtung *f*; Entwicklung *f (eines Ölfelds)*
~ **curve** Bodensenkungskurve *f*
~ **drilling** Erweiterungsbohrung *f*
~ **of heat** Wärmeentwicklung *f*
~ **of pressure** Druckverlauf *m*
~ **of terraces** Terrassenbildung *f*
~ **well** Förderbohrung *f*, Erweiterungsbohrung *f*
~ **work** Aus- und Vorrichtungsarbeiten *fpl*
developmental history Entwicklungsgeschichte *f*
~ **series** Entwicklungsreihe *f*
~ **stage** Entwicklungsstadium *n*
Devensian Devensien *n (Pleistozän, Britische Inseln, entspricht etwa der Würmeiszeit der Alpen)*
deviated borehole Umlenkbohrung *f*; abgewichene Bohrung *f*
~ **well** *s*. ~ borehole
deviation Ablenkung *f*, Abweichung *f*
~ **from plumb** Schiefstellung *f (Schacht)*
~ **in azimuth** Richtungsabweichung *f*
~ **of the hole** Bohrlochkrümmung *f*
~ **of well** Abweichung *f* der Bohrung
~ **recorder** Abweichungsanzeiger *m*
deviator Deviator *m (Abweichung des dreiachsigen Spannungszustands vom hydrostatischen)*
device for deflecting tool orientation Orientierungsvorrichtung *f (Bohrtechnik)*
devilline Devillin *f*, $CaCu_4[(OH)_3|SO_4]_2 \cdot 3H_2O$
devil's dice *(sl)* Limonit pseudomorph nach Pyrit
devitrification Entglasung *f*

102

devitrified rock entglastes Gestein *n*
devitrify/to entglasen
devoid of fossils fossilfrei
~ **of trees** baumlos
devolatilization Entgasung *f (bei Inkohlung)*
Devonian Devon[system] *n (chronostratigrafisch)*; Devon *n*, Devonperiode *f (geochronologisch)*; Devon *n*, Devonzeit *f (allgemein)*
~ **Age** Devon *n*, Devonzeit *f*
~ **Period** Devon *n*, Devonperiode *f*
~ **System** Devon[system] *n*
Devono-Carboniferous devono-karbonisch
dew Tau *m*
~ **formation** Taubildung *f*
~ **point** Taupunkt *m*
~-**point pressure** Taupunktdruck *m*
dewater/to entwässern, trockenlegen
dewatering Entwässerung *f*, Trockenlegung *f*; Wasserhaltung *f (einer Baugrube)*
~ **installation** Grundwasserabsenkungsanlage *f* mit Filterbrunnen
~ **method** Entwässerungsverfahren *n*
~ **roadway system** Entwässerungsstreckennetz *n*
~ **system** *s*. ~ installation
~ **through the partially perforated base** Teilbodenentwässerung *f*
deweylite Deweylit *m (Serpentinmineral)*
dewindtite Dewindtit *m*, $Pb[(UO_2)_4|(OH)_4|(PO_4)_2] \cdot 8H_2O$
dextral rechtsgewunden *(bei Molluskenschalen)*
~ **fault** rechtsdrehende Verwerfung *f*
dextrogyrate quartz Rechtsquarz *m*
dextrorotatory rechtsdrehend
DGA *s*. dense-graded aggregate
diabantite Diabantit *m (Chloritmineral)*
diabase Diabas *m*
~ **porphyry** Diabasporphyr *m*
~ **tuff** Diabastuff *m*
diabasic diabasisch
~ **lava** Diabaslava *f*
~ **texture** Diabasstruktur *f*, ophitisches Gefüge *n*
Diablan orogeny Diablan-Orogenese *f (Orogenese im Grenzbereich Tithon/Berrias, Nordamerika)*
diablastic diablastisch
~ **texture** diablastische Struktur *f*, Siebstruktur *f*
diaboleite Diaboleit *m*, $Pb_2[Cu(OH)_4Cl_2]$
diabrochite Diabrochit *m (Migmatit)*
diachronic *s*. diachronous
diachronism Diachronismus *m (verschieden zeitliche Position einer Transgressionsfläche)*
diachronous im geologischen Alter differierend
diaclase Diaklase *f*, Bruchstelle *f*, normaler Bruch *m*, Kluft *f (ohne Verschiebungsbetrag)*
diaclasis *s*. diaclase
diaclinal valley Diaklinaltal *n (Tal, das eine Falte schneidet)*

diacritical diakritisch
diadochite Diadochit m, $Fe_4[(OH)_4](PO_4, SO_4)_3]\cdot 13H_2O$
diadochy Diadochie f, Vertretbarkeit f
diagenesis Diagenese f
~ **of sediments** Sedimentdiagenese f
diagenetic diagenetisch
~ **change** diagenetische Umwandlung f
diagenism s. diagenesis
diagnosis 1. Differentialprozeß m; 2. Beschreibung f (der Spezies oder Art)
diagnostic mineral [fazies]kritisches Mineral n, Indexmineral n
diagonal bedding Diagonalschichtung f, Transversalschichtung f
~ **joint** Diagonalkluft f
~ **lamination** Transversalschichtung f
~ **position** Diagonalstellung f
~ **scour marks** diagonale Kolkmarken fpl
~ **slip fault** schräge Auf- oder Abschiebung f
diagram of state Zustandsdiagramm n
diagrammatic section Querschnittaufriß m
dial/to mit dem Kompaß aufnehmen; markscheiden (mit der Bussole)
dial Bussole f
~ **gauge** Zeigermeßgerät n
~ **indicator** Meßuhr f
diallage Diallag m (monokliner Pyroxen)
dialling Markscheidezug m
dialogite s. rhodochrosite
dialysis Dialyse f
diamagnetic diamagnetisch
~ **mineral** diamagnetisches Mineral n
~ **substance** diamagnetischer Stoff m
diamagnetism Diamagnetismus m
diamantiferous s. diamondiferous
diamantine diamantartig; diamantführend
diameter Durchmesser m
~ **of drill hole** Bohrlochdurchmesser m
~ **of the grains** Korndurchmesser m
diamictite Diamiktit m
diamond 1. Diamant m, β-C; 2. Karo n (Geophon oder Schußpunktanordnung)
~ **content in core bit** Konzentration f der Diamanten in der Krone
~ **core barrel** Diamantkernbohrapparat m
~ **core bit** Diamantkernkrone f
~ **core drilling** Diamantkernbohren n
~ **core head** mit Diamanten besetzte Kernbohrkrone f
~ **coring** Kernen n mit Diamantkrone
~ **crown** Diamantkrone f
~ **drill** Diamantbohrer m
~ **drilling** Bohren n mit Diamantkronen
~ **drilling bit** Diamantbohrmeißel m
~ **dust** Diamantstaub m
~-**impregnated** mit Diamantstaub durchsetzt
~ **lustre** Diamantglanz m
~ **of the purest water** Diamant m von reinstem Wasser
~ **orientation in core bit** Orientierung f der Diamanten in der Krone

~ **size** Körnigkeit f der Diamanten in der Krone
~ **spar** s. corundum
~ **tin** großer Zinnsteinkristall m
~-**type cutter head** Diamantbohrkrone f
diamondiferous diamantenführend, diamanthaltig
diamorphism Diamorphismus m
diamorphous diamorph
diaphaneity Lichtdurchlässigkeit f; Transparenz f (Qualitätsbegriff bei Mineralen)
diaphanous lichtdurchlässig (Porzellan); durchscheinend (Kristalle); transparent (Minerale)
diaphorite Diaphorit m, $4PbS\cdot 3Ag_2S\cdot 3Sb_2S_3$
diaphragm Dichtungsschirm m, Dichtungsgürtel m
diaphthoresis Diaphthorese f
diaphthorite Diaphthorit m
diaphthoritic diaphthoritisch
~ **zone** diaphthoritische Zone f
diaphthoritization Diaphthoritisierung f
diapir Diapir m (s.a. piercement fold)
~ **folding** diapire Faltung f, Durchspießungsfaltung f, Injektivfaltung f
diapiric folds Injektivfalten fpl, Diapirfalten fpl
diapirism Diapirismus m
diaplectic glass diaplektisches Glas n (amorphe Phase, erzeugt durch Schockmetamorphose ohne Schmelzung)
diaschistic diaschist
~ **rock** diaschistes Gestein n, Spaltprodukt n eines Muttermagmas
diaspore Diaspor m, α-AlOOH
diastatic diastatisch (für Krustendeformationen erzeugende Kräfte)
diastem Diastem n, Sedimentationsunterbrechung f, kleine Sedimentationslücke f, Omissionsfläche f
diastrophe Krustendeformation f
diastrophic diastrophisch
~ **cycle** krustengestaltender Deformationszyklus m
~ **deformation** tektonische Verformung f
~ **process** tiefgreifender tektonischer Prozeß m
~ **structure** tektonische Struktur f
diastrophism Diastrophismus m, krustengestaltende Deformationsprozesse mpl, tektonische Umwälzung f, diastrophische Bewegungen fpl, gebirgsbildende Vorgänge mpl
diatectic diatektisch
~ **varve** Warve f mit gradiertem Kornaufbau
diatexis Diatexis f
diathermal, diathermanous, diathermic, diathermous wärmedurchlässig
diatom Diatomee f, Kieselalge f
~ **case (frustule)** Diatomeenschale f
~ **ooze** Diatomeenschlamm m, Diatomeenschlick m
~ **shell** Diatomeenschale f
diatomaceous Diatomeen…
~ **chert** s. diatomite 1.

diatomaceous

- ~ **clay** Diatomeenton m
- ~ **earth** Diatomeenerde f, Kieselgur f, Infusorienerde f
- ~ **ooze** Diatomeenschlamm m, Diatomeenschlick m

diatomic zweiatomig
diatomite 1. Infusorienerde f, Kieselgur f, Diatomit m; 2. Kieselgurpulver n (als Rohstoff)
diatonous schief auslöschend (Kristalle)
diatreme Diatrema n, Durchschlagsrohr n, Förderkanal m (vulkanisch)
dice coal (sl) würflig brechende Kohle f
dichotomous dichotom, gabelförmig
- ~ **branching** Dichotomie f, gabelförmige Verzweigung f

dichroic dichroitisch, pleochroitisch
- ~ **crystal** dichroitischer Kristall m
- ~ **mineral** pleochroitisches Mineral n

dichroism Dichroismus m, Pleochroismus m
dichroite s. cordierite
dickinsonite Dickinsonit m, $Na_2(Mn, Fe)_5[PO_4]_4$
dickite Dickit m, $Al_4[(OH)_8|Si_4O_{10}]$
dictyogenesis Diktyogenese f, Rahmenfaltung f
dictyogenetic diktyogenetisch
didactic structure s. graded bedding
didecahedral didekaedrisch
didodecahedron Dyakisdodekaeder n
didymograptus shale Didymograptenschiefer m
didymolite Didymolith m, $(Ca, Mg, Fe)Al_2[Si_3O_{10}]$
die away (out)/to sich verdrücken, auskeilen
die collar Fangglocke f (Bohrtechnik)
dielectric[al] dielektrisch
- ~ **constant** Dielektrizitätskonstante f
- ~ **logging** Dielektrizitätsmessung f
- ~ **polarization** dielektrische Polarisation f
- ~ **properties** Dielektrizitätseigenschaften fpl (z.B. von Gesteinen)

dienerite Dienerit m, Ni_3As
dietrichite Ditrichit m, $ZnAl_2[SO_4]_4 \cdot 22H_2O$
dietzeite Dietzeit m, $Ca_2[CrO_4 \cdot (JO_3)_2]$
difference in density Dichteunterschied m
- ~ **in elevation (level)** Höhenunterschied m
- ~ **in temperature** Wärmeunterschied m, Temperaturunterschied m
- ~ **of head** Gefälleunterschied m
- ~ **of latitude** Breitenunterschied m
- ~ **of level** Niveauunterschied m
- ~ **of longitude** Längenunterschied m
- ~ **of path** Gangunterschied m

differential compaction unterschiedliche Setzung f
- ~ **erosion** ungleichmäßige (selektive) Erosion f
- ~ **liberation** Differentialverdampfung f (Gas/Öl-Verhältnis)
- ~ **movement** Differentialbewegung f
- ~ **pressure** Differenzdruck m
- ~ **sediment (settlement)** ungleichmäßige Setzung f, Setzungsunterschied m
- ~ **thermal analysis** Differentialthermoanalyse f

104

differentiate Differentiat n
differentiated dike differenzierter Gang m
differentiation Differentiation f, Entmischung f
- ~ **by gas transfer** Differentiation f durch Gastransport
- ~ **due to gravity** gravitative Differentiation f
- ~ **due to gravity sinking of crystals** gravitative Kristallisationsdifferentiation f
- ~ **of species** Differenzierung f der Arten
- ~ **process** Differentiationsvorgang m
- ~ **product** Differentiationsprodukt n

difficultly soluble schwer löslich
- ~ **volatile** schwerflüchtig

diffision Diffision f, Gesteinsabtrag m durch Wolkenbrüche
diffluence Diffluenz f, Auseinanderlaufen n, Auffächern n
- ~ **glacier** in ein Nebental überlaufender Talgletscher m

diffraction Diffraktion f, Beugung f, Strahlenbrechung f
- ~ **grating** Beugungsgitter n
- ~ **image** Beugungsbild n
- ~ **of light** Lichtbrechung f
- ~ **pattern** Beugungsfigur f, Beugungsbild n, Beugungsaufnahme f
- ~ **spectrum** Beugungsspektrum n, Gitterspektrum n

diffuse/to 1. diffundieren; 2. zerstreuen
diffuse diffus
- ~ **radiation** Streustrahlung f
- ~ **reflection** diffuse Reflexion f, Remission f
- ~ **sky radiation** diffuse Himmelsstrahlung f

diffusibility Diffusionsvermögen n
diffusion Diffusion f
- ~ **banding** Liesegangsche Ringe mpl
- ~ **equation** Diffusionsgleichung f
- ~ **process** Diffusionsvorgang m
- ~ **rate** Diffusionsgeschwindigkeit f
- ~ **well** Versickerungsbrunnen m

diffusivity Diffusionsvermögen n
- ~ **coefficient** Diffusionskoeffizient m

dig/to schürfen; graben; baggern
- ~ **turf** Torf stechen
- ~ **up** ausgraben

dig-and-turn time Schürfzeit f
digenite Digenit m, Cu_9S_5
digested sludge Faulschlamm m (Abwasserwesen)
digger 1. Bagger m, Löffelbagger m; 2. Goldgräber m; Erzgräber m
digging 1. Schürfen n; 2. Graben n; Baggern n
- ~ **height** Abtraghöhe f
- ~ **pit** Schürfschacht m
- ~ **time** Schürfzeit f

digital digital
digitate fingerförmig
digitation Digitation f, Auffingerung f von Faltendeckenstirnen
digitize/to digitalisieren
digonal zweiwinklig

dihedral zweiflächig
dihedron Zweiflach *n*, Zweiflächner *m*
dihexagonal dihexagonal
~ **prism** dihexagonales Prisma *n*
dihydrite Dihydrit *m*, Pseudomalachit *m*, $Cu_5[(OH)_2|PO_4]_2$
dike [in]/to eindeichen
dike 1. Deich *m*; 2. Gesteinsgang *m*, Eruptivgang *m*
~ **burst** Deichbruch *m*
~ **complex** Gangschwarm *m*
~ **intrusion** Gangintrusion *f*
~ **land** Deichland *n*
~ **rock** Ganggestein *n*
~ **rocks** Ganggefolgschaft *f*
~ **set** System *n* paralleler Gänge
~ **swarm** Gangschwarm *m*
~ **system** Gangsystem *n*
diked eingedeicht *(Küste)*
~ **land (marsh)** eingedeichte Marsch *f*, Ko[o]g *m*, Polder *m*
dikelet Apophyse *f* eines Ganges
dikelike gangähnlich
diking Eindeichung *f*
dikites Ganggefolgschaft *f*
diktyonite Diktyonit *m (Migmatit)*
diktyonitic structure diktyonitische Textur *f*, Flexur-Zonentextur *f (bei Migmatit)*
dilatancy Dilatanz *f*
dilatation Dilatation *f*, Ausdehnung *f*
~ **veins** durch Kristallisationsdruck geöffnete, linsige Gangtrümer im Schiefergestein
dilatational wave s. longitudinal wave
dilated seam schwebendes Flöz *n*
dilation s. dilatation
dilatometer Dehnungsmesser *m*, Dilatometer *n*
dilsh *(sl)* Schicht *f* geringwertiger Kohle
dilute verdünnt
dilution Verdünnung *f*, Auswaschung *f*
~ **of ore** Erzverdünnung *f (durch taubes Gestein)*
diluvial Diluvial..., Eiszeit...
~ **ore** Seifenerz *n*, Wascherz *n*
dimension Dimension *f (z.B. von Sonne, Planeten)*
~ **stone** Werkstein *m*, Quader[stein] *m*
dimensional orientation Regelung *f* nach der Korngestalt
dimensionless flow rate normierte Fließrate *f*
~ **pressure drop** normierte Druckänderung *f*
dimetric 1. tetragonal; 2. hexagonal
dimorphic dimorph
dimorphine s. dimorphite
dimorphism 1. Dimorphismus *m (Paläontologie)*; 2. Dimorphie *f (Mineralogie)*
dimorphite Dimorphin *m*, As_4S_3
dimorphous s. dimorphic
dimple spring Punktquelle *f*
dimpled surface mit Grübchen bedeckte Oberfläche *f*
Dinantian s. Lower Carboniferous 1.

dingle Talschlucht *f*, enges Tal *n*
dinite Dinit *m (kristalline Kohlenwasserstoffverbindung in Braunkohle)*
dinoflagellates Dinoflagellaten *mpl*
dinosaur[ian] Dinosaurier *m*
~ **egg shell** Dinosauriereierschale *f*
~ **fauna** Dinosaurierfauna *f*
~ **track** Dinosaurierfährte *f*
dint/to durchsenken
dioctahedral dioktaedrisch
dioctahedron Dioktaeder *n*
diogenite Diogenit *m (achondritischer hypersthenführender Meteorit)*
diopside Diopsid *m*, $CaMg[Si_2O_6]$
dioptase Dioptas *m*, $Cu_6[Si_6O_{18}] \cdot 6H_2O$
diorite Diorit *m*, Aphanit *m*
~ **magma** Dioritmagma *n*
dioritic dioritartig
~ **dike** Dioritgang *m*
~ **rock** Dioritgestein *n*
dip/to einfallen; sich neigen
~ **at high angles** steil einfallen
~ **at low angles** flach einfallen
~ **gently** flach einfallen
~ **steeply** steil einfallen
dip Fallen *n*, Einfallen *n*; Neigung *f*, Tonnlage *f*
~ **and strike** Fallen *n* und Streichen *n*
~ **angle** 1. Fallwinkel *m*, Einfallwinkel *m*; 2. Kippwinkel *m (elektromagnetisches Verfahren)*
~ **at high angles** steiles Einfallen *n*
~ **at low angles** flaches Einfallen *n*
~ **face** einfallender Streb *m*
~ **fault** Querverwerfung *f*, gleichsinnige Verwerfung *f (Störung quer zur Schichtung oder Schieferung)*
~ **heading** Abhauen *n*, Gesenk *n*
~ **joint** Querkluft *f (Kluft quer zur Schichtung oder Schieferung)*
~ **logging** Stratamessung *f*, Stratametrie *f*, Schichtneigungsmessung *f (im Bohrloch)*
~ **needle** Inklinationsnadel *f*
~ **of slope** Hanggefälle *n*
~ **resolution** Neigungsauflösung *f (Seismik)*
~ **separation** flache Sprunghöhe *f*
~ **shift** s. ~ slip
~ **shooting** Neigungsschießen *n*, Kreuzschießen *n*
~ **slip** flache Sprunghöhe *f*
~**-slip fault** Abschiebung *f*, normale Verwerfung *f (Störung mit vertikaler Verschiebung)*
~ **strike symbol** Fallzeichen *n*
diphycercal diphycerk *(ein Typ der symmetrischen Schwanzflosse)*
diplopore dolomite Diploporendolomit *m*
diplopores Diploporen *fpl*
dipmeter Schichtneigungsmesser *m*, Stratameter *n*
~ **survey** s. dip logging
dipole sonde Dipolmeßsonde *f*
dipper eigentliche Verwerfung *f (Absenkung)*
~ **dredger** Löffelbagger *m*

dipping

dipping einfallend
dipping Eintauchen *n*
~ **bed** einfallende Schicht *f*
~ **heading** einfallende Strecke *f*
~ **interface** geneigte Grenzfläche *f*
~ **needle** Inklinationsnadel *f*
~ **towards** einfallend gegen
~ **wave** Tauchwelle *f*
dipyre Dipyr *m*, Skapolith *m* (*s.a.* mizzonite)
dipyrite *s.* dipyre
dipyrization Skapolithisierung *f*
direct alluvial stream *s.* meandering stream
~ **circulation** Rechtsspülen *n*, Normalspülen *n* (des Bohrlochs)
~-**finding method** Direktnachweisverfahren *n*
~ **intake** Zufluß *m* (zum Grundwasser)
~-**light electron microscope** Auflichtelektronenmikroskop *n*
~ **plot of screen test** einfache Siebkurve *f*
~ **recording** Direktaufzeichnung *f* (auf Magnetband)
~ **runoff** direkter Abfluß *m*, Oberflächenabfluß *m*
~ **shear test** direkter Scherversuch *m*
directed evolution Orthogenese *f*
~ **stress** gerichtete Beanspruchung *f*
direction finding Peilung *f*
~ **indicator** Neigungsmesser *m* (für Bohrungen)
~ **of advance** Verhiebrichtung *f*
~ **of dip** Inklinationsrichtung *f*, Fallrichtung *f*, Einfallrichtung *f*
~ **of fissures** Kluftrichtung *f*, Spaltrichtung *f*
~ **of flowage** Fließrichtung *f*
~ **of ground-water flow** Grundwasserfließrichtung *f*
~ **of heading** Streckenrichtung *f*
~ **of holes** Bohrlochrichtung *f*
~ **of ice flow** Fließrichtung *f* des Eises
~ **of magnetization** Magnetisierungsrichtung *f*
~ **of mining** Abbaurichtung *f*
~ **of motion (movement)** Bewegungsrichtung *f*
~ **of plication** Streichrichtung *f* der Faltung
~ **of propagation** Fortpflanzungsrichtung *f*
~ **of screwing** Schraubungssinn *m*
~ **of slip in the fault plane** Verschiebungsrichtung *f*
~ **of strata** Schichtstreichen *n*
~ **of strike** Streichrichtung *f*
~ **of the apparent perpendicular** Scheinlotrichtung *f*
~ **of thrust[ing]** Schubrichtung *f*
~ **of trend** Streichrichtung *f*
~ **of vibration** Schwingungsrichtung *f*
~ **of winds** Windrichtung *f*
~ **of working** Verhiebrichtung *f*
directional gerichtet, in Bewegungsrichtung
~ **deviation logging** Neigungsmessung *f*
~ **drilling** gerichtetes Bohren *n*, Richtbohren *n*
~ **force** Richtungskraft *f*
~ **hole** Zielbohrung *f*
~ **load cast** gerichtete Belastungsmarke *f*

~ **log** Abweichungsmessung *f*
~ **permeability** gerichtete Permeabilität *f*
~ **pressure** einseitiger Druck *m*
~ **recording instrument** Neigungsmeßgerät *n* (für Bohrungen)
~ **surveying** Neigungsmessung *f* (bei Bohrungen)
~ **well** Richt[ungs]bohrung *f*
~ **well drilling** *s.* ~ drilling
directionless richtungslos, allseitig
~ **pressure** allseitiger Druck *m*
directivity graph Richtcharakteristik *f*
dirt Boden *m*, Lockergestein *n*; taubes Gestein *n*, Berge *pl*
~ **band [ogive]** Zwischenmittel *n*, Bergemittel *n*, Gesteinsmittel *n*, Schmutzstreifen *m* (in der Kohle); Schmutzband *n*, Ogive *f* (im Gletscher)
~ **bed** 1. fossiler Bodenhorizont *m* mit Pflanzenresten; 2. erdige Lage *f* im Kohlenflöz; 3. *s.* ~ band
~ **cone** *s.* debris cone
~ **fault** Flözvertaubung *f*
~ **heap** Bergehalde *f*
dirty bergehaltig
~ **coal** aschereiche Kohle *f*
~ **sand** toniger Sandstein *m*
~ **water** Schmutzwasser *n*
disaggregate/to zerfallen, mechanisch verwittern
disaggregation Zerfall *m*, mechanische Verwitterung *f*
disappearance of outcrop Schichtenunterdrückung *f*
~ **of species** Aussterben (Verschwinden) *n* von Arten
~ **stream** verschwindender Fluß *m*, Flußschwinde *f*
disarticulated skeleton aus seinem Verband gelöstes Skelett *n*
disaster preparedness vorbeugende Katastrophenbereitschaft *f* (z.B. in erdbebengefährdeten Siedlungsgebieten)
~ **prevention** Katastrophenverhütung *f*
~ **relief** Katastrophenhilfe *f*
~ **warning** Katastrophenwarnung *f*
disastrous earthquake verwüstendes Beben *n*
~ **flood** Katastrophenhochwasser *n*
discard/to auf Halde stürzen, abräumen
discard Berge *pl*, Abgänge *mpl*
discharge/to ablassen; auswerfen
discharge Abfluß *m*, Ablauf *m*, Ausfluß *m*; Abflußmenge *f*; Wasserspende *f*, Wasserergiebigkeit *f*, Schüttungsmenge *f*; Auswurf *m*
~ **area** Entlastungsgebiet *n* (Wasser)
~ **chamber** Förderraum *m*
~ **curve** Abflußkurve *f*
~ **fluctuation** Wassermengenschwankung *f*
~-**frequency curve** Abflußganglinie *f*
~ **head** Förderhöhe *f*
~ **hydrograph** Abflußmengenkurve *f*

106

~ **measurement** Wassermengenmessung f
~ **of a well** Brunnenergiebigkeit f
~ **of solids** Geschiebefracht f, Geschiebemenge f
~ **of spring** Quellergiebigkeit f
~ **outlet (tunnel)** Entlastungsstollen m
~ **volcano** ausbrechender Vulkan m
discharging coefficient Schüttungskoeffizient m
~ **well** Förderbrunnen m
discoid[al] scheibenförmig
disconformable ungleichförmig, widersinnig, diskordant
~ **contact** ungleichförmige Lagerung f
disconformity ungleichförmige Lagerung f, Diskordanz f
discontinuity Unterbrechung f, Diskontinuität f; Unstetigkeitsfläche f
~ **of deposition** Schichtungsdiskordanz f
~ **surface** Unstetigkeitsfläche f
discontinuous unterbrochen, diskontinuierlich, unstetig; nichtaushaltend; stoßartig
~ **area** disjunktes Areal n *(Ökologie)*
~ **grading (granulometry)** diskontinuierliche Kornabstufung f
~ **interstice** nichtdurchgehender Zwischenraum m
~ **series** diskontinuierliche Reihe f
discontinuously graded aggregate Ausfallkörnung f
discontinuum theory Theorie f des Diskontinuums, Diskontinuumlehre f
discordance Diskordanz f, ungleichförmige Lagerung f
~ **of bedding** Schichtungsdiskordanz f
discordant diskordant, widersinnig
~ **bedding** diskordante Schichtung f
~ **fold** s. disharmonic fold
~ **injection (intrusion)** diskordante Intrusion f
~ **junction** Stufenmündung f, Hängemündung f, ungleichsohlige Mündung f *(eines Flusses)*
discounted reserves s. possible reserves
discover/to entdecken
~ **a deposit** eine Lagerstätte entdecken (erschürfen)
~ **a mine** ein Bergwerk fündig machen
~ **by digging** erschürfen
discovered reserves nachgewiesene Mineralvorräte mpl
discoverer Schürfer m, Erzsucher m
discovery Entdeckung f, Fund m; Fündigkeit f
~ **claim** erster Fundclaim m *(einer Lagerstätte)*
~ **shaft** fündige Grube f
~ **well** erste Fundbohrung f
discrete lose *(Gesteinsblock)*
~ **element** gesondertes Element n
discriminability Unterscheidbarkeit f, Unterscheidungsvermögen n *(z.B. zwischen Fernerkundungsobjekten, seismischen Ereignissen)*
discriminance analysis Diskriminanzanalyse f
~ **coefficient** Koeffizient m der Diskriminanzfunktion *(Gewicht eines Diskriminanzmerkmals bei der Diskriminanzfunktion)*
~ **function** Diskriminanzfunktion f, Trennfunktion f
discrimination Unterscheidung f
discriminator Unterscheidungskriterium n *(z.B. zwischen natürlichen und künstlichen seismischen Ereignissen)*
disequilibrium Nichtgleichgewicht n; gestörtes [radiometrisches] Gleichgewicht n
~ **assemblage** nicht im thermodynamischen Gleichgewicht stehende Mineralassoziation
disharmonic fold disharmonische Falte f
~ **folding** disharmonische Faltung f
~ **relations** Abweichungen fpl vom Schichtungsparallelismus
dished ballig, konvex
disintegrable verwitterungsfähig
disintegrate/to zerfallen, mechanisch verwittern
disintegrated material Trümmergesteinsmaterial n
disintegrating process Verwitterungsprozeß m
disintegration Zerfall m, mechanische Verwitterung f, Zerstörung f, Zersetzung f
~ **chain** Zerfallsreihe f, Zerfallskette f
~ **of atom** Atomzerfall m
~ **of radium** Radiumzerfall m
~ **of the nucleus** Kernzerfall m
~ **process** Verwitterungsprozeß m
~ **product** Zerfallsprodukt n, Verwitterungsprodukt n
~ **rate** Zerfallsgeschwindigkeit f
~ **series** Zerfallsreihe f
disintegrative process Verwitterungsprozeß m
disinter/to ausgraben
disinterment Ausgrabung f
disjunction Disjunktion f
disjunctive folds disjunktive Falten fpl
~ **rocks** lose Trümmersedimente npl
disk Schale f *(mechanisch)*
~ **bit** Scheibenmeißel m
~ **-shaped** s. patelliform
~ **swing sledge mill, ~ vibratory mill** Scheibenschwingmühle f
dislocate/to dislozieren
dislocated verworfen
~ **bed** gestörte Schicht f
~ **deposit** gestörte Lagerstätte f
dislocation 1. Dislokation f, Verwerfung f, Lagerungsstörung f, Gebirgsstörung f, Schichtenstörung f, gestörte Lagerung f; 2. Versetzung f *(Kristall)*
~ **breccia** Dislokationsbrekzie f
~ **earthquake** Dislokationsbeben n, tektonisches Beben n
~ **in crystals** Versetzung f in Kristallen
~ **line** Versetzungsgrenze f, Versetzungslinie f
~ **metamorphism** Dislokationsmetamorphose f, Dynamometamorphose f
~ **mountains** Dislokationsgebirge n

dislocation 108

- **~ of strata** Verwerfung *f*
- **~ plane** Dislokationsfläche *f*, Störungsfläche *f*
- **~ valley** Dislokationstal *n*
- **dislodged slice** Schürfling *m*, Abscherkörper *m*, Scherling *m*
- **dislodging of sediment** Geschiebetrieb *m*
- **dismal** Küstensumpf *m*
- **dismantling** Demontage *f*, Abbrechen *n* *(einer Bohrung)*
- **dismembered river system** ertrunkenes Flußnetz *n*
- **disomatic** für Kristalle, die als Einschluß in anderen vorkommen
- **disorder** Fehlordnung *f*
- **disordered** fehlgeordnet
- **~ crystal** fehlgeordneter Kristall *m* *(s.a.* imperfect crystal)
- **dispatching of gas from underground storage** Gasabgabe *f* aus Untergrundbevorratung
- **dispersal pattern** Elementverteilung *f* im geochemischen Kreislauf
- **disperse/to** dispergieren
- **dispersed elements** Elemente *npl* mit geringem Anreicherungsfaktor, Spurenelemente *npl*
- **~ organic matter** disperse organische Substanz *f*
- **dispersion** Dispersion *f*
- **~ coefficient** Vermischungskoeffizient *m*
- **~ halo** Dispersionshof *m* *(geochemische Prospektion)*
- **~ of clouds** Wolkenzerstreuung *f*
- **~ of phases** Phasendispersion *f*
- **~ train** *s.* ~ halo
- **~ variance** Varianz *f* des zufälligen Effektes *(z.B. einer bestimmten Probenahmestrategie)*
- **dispersive filter** dispersives Filter *n* *(Filter mit Phasenverschiebung)*
- **~ medium** dispergierendes Medium *n*
- **~ model** Dispersionsmodell *n* *(Isotopenhydrogeologie)*
- **disphotic zone** schwach durchlichtete Übergangszone *f* *(zwischen 80 und etwa 600 m Meerestiefe)*
- **displace/to** verlagern, verschieben, verwerfen, dislozieren
- **displaced fold** allochthone Falte *f*
- **~ mass** Überschiebungsmasse *f*, Schubmasse *f*
- **~ strata** versetzte Schichten *fpl*
- **displacement** 1. Lagerungsstörung *f*, Verschiebung *f*, Verwerfung *f*, Verlagerung *f*, Sprung *m*, Verdrängung *f*, Dislokation *f*; 2. Verschiebung *f*, Punktwanderung *f* *(Geomechanik)*; 3. Gitterstörung *f*
- **~ curve** Verschiebungskurve *f*
- **~ front** Verdrängungsfront *f*
- **~ of equilibrium** Gleichgewichtsverschiebung *f*
- **~ of fault** Sprunghöhe *f* *(einer Verwerfung)*
- **~ of oil** Erdölverdrängung *f*
- **~ of stress** Spannungsumlagerung *f*
- **~ plane** ab-Gefügeebene *f*

- **~ pressure** Verdrängungsdruck *m*
- **~ reaction** Austauschreaktion *f*
- **~ rupture** Verschiebungsbruch *m*
- **~ spikes** Gitterstörungsbereich *m*
- **~-time diagram** Zeit-Weg-Diagramm *n*, Zeit-Weg-Kurve *f*
- **displacing** 1. Verdrängen *n*; 2. Versetzen *n*, Verschieben *n* *(in Kristallen)*
- **displacive shearing stress** scherende Durchbewegung *f* *(bei Metamorphose)*
- **disposal of brine** Entfernung *f* des Salzwassers
- **~ power of a well** Schluckvermögen *n*
- **~ site** Deponie *f*
- **~ well** Versenkungsbohrung *f*, Versenkungsbrunnen *m* *(für Schadwässer)*
- **disrupt/to** zerreißen
- **disrupted bed** verworfene Schicht *f*
- **~ fold** Bruchfalte *f*
- **disruption** Zerreißen *n*, Spaltung *f*
- **dissect/to** zertalen, zerschneiden
- **dissected** zerschnitten, gegliedert
- **~ by faults** von Verwerfungen durchsetzt
- **~ peneplain** zerschnittene Fastebene *f*
- **disseminate/to** ausstreuen, verbreiten; einsprengen
- **disseminated** eingesprengt, fein verwachsen
- **~ deposit** Imprägnationslagerstätte *f*
- **~ ore** eingesprengtes Erz *n*, Imprägnationserz *n*
- **~ porphyry copper ore** in Porphyr eingesprengtes Kupfererz *n*
- **dissemination** Einsprengung *f*, Dissemination *f*; disperse Auskristallisation *f*
- **dissipating area** Schwundgebiet *n*
- **dissipator** *s.* ablation area
- **dissociate/to** dissoziieren
- **dissociation** Dissoziation *f*
- **~ constant** Dissoziationskonstante *f*
- **dissolution** Auflösung *f*; Aufschmelzung *f*
- **dissolve/to** sich auflösen; aufschmelzen
- **dissolved gas** gelöstes Gas *n*
- **~-gas drive** Entlösungstrieb *m*, Gasexpansionstrieb *m* *(Erdölförderung)*
- **~ natural gas** im Öl gelöstes Erdgas *n*
- **~ salt** gelöstes Salz *n*
- **dissolving of rocks** 1. Aufschmelzen *n* von Gestein; 2. Auslaugen *n* von Gestein
- **dissymmetric[al]** asymmetrisch; enantiomorph
- **dissymmetry** Asymmetrie *f*; Enantiomorphismus *m*
- **distal** distal
- **~ end** Distalende *n*
- **distance from the earth** Erdferne *f*, Entfernung *f* von der Erde
- **~ from the focus** Herdentfernung *f*
- **~ measurement** Entfernungsmessung *f*
- **~ of epicentre** Epizentralentfernung *f*
- **~ of fall** Fallabstand *m*
- **~ of thrust** flache Schubhöhe *f*, Schubweite *f*
- **~ of transport** Transportweite *f*, Transportentfernung *f*
- **~-true fold** *s.* parallel fold

distant earthquake Fernbeben n
distantly jointed undeutlich zerklüftet
distensional fault Disjunktivbruch m
disthene Disthen m, Kyanit m, Cyanit m, Al₂SiO₅
distichous zweireihig angeordnet
distillate field Kondensatfeld n
~ gas kondensatreiches Gas n
distillation Chitinzersetzung f bei Fossilisation
distinct bedding deutliche Schichtung f
~ cleavage deutliche Spaltbarkeit f
distorted verformt; verzerrt *(Kristalle)*
~ bedding Gekröseschichtung f
~ fossil verquetschtes Fossil n
distortion 1. Verformung f; Verzerrung f *(von Kristallen)*; 2. Schleppung f *(von Schichten)*
~ correction Entzerrung f *(z.B. von Fernerkundungsaufnahmen)*
distortional wave Distorsionswelle f
distortionless verzerrungsfrei
distributary Flußarm m, Deltaarm m
~ glacier Nebengletscher m
distribution coefficient (number, ratio) Verteilungskoeffizient m
distributive faulting verzweigtes Verwerfungssystem n
district Bezirk m
disturb/to stören
disturbance Störung f, Dislokation f, Gebirgsstörung f, Schichtenstörung f, Lagerungsstörung f, Bruch m
~ of beds Lagerungsstörung f
~ trace on surface über Tage ausstreichende Störung f
disturbed gestört, verworfen
~ sample gestörte Probe f
~ stratification gestörte Lagerung f
~ sun gestörte Sonne f
disturbing function Störungsfunktion f
disuse/to auflassen
disused shaft aufläsiger Schacht m
ditch Graben m *(mit abgeböschten Wänden)*; Entwässerungsgraben m
~ cuttings Bohrgut n, Bohrschmant m, Bohrmehl n
~ drain Wasserseige f, Wasserrösche f
~ for canalization Kanalisationsgraben m
~ for conduits Leitungsgraben m
~ sample Spülprobe f
ditetragonal ditetragonal
dithizone method Dithizonmethode f
ditrigonal ditrigonal
ditroite Ditroit m *(feldspatoider Syenit)*
dittmarite Dittmarit m, (NH₄)MgH₂[PO₄]₃·8H₂O
Dittonian [Stage] Ditton[ium] n, Unteres Old Red n *(tieferes Unterdevon, Old-Red-Fazies)*
diurnal aberration tägliche Aberration f
~ magnetic changes tägliche magnetische Schwankungen fpl
~ temperature variation täglicher Temperaturgang m, tägliche Temperaturschwankung f
~ variation Tagesänderung f, tägliche Schwankung f

divalence Zweiwertigkeit f
divalent zweiwertig
divarication Gabelung f
divaricator Öffnungsmuskel m *(bei Brachiopoden)*
diverge/to divergieren
divergence, divergency Divergenz f
divergent structure radialstrahlige Struktur f
~ type abweichende Form f
diversion Ablenkung f *(eines Flusses)*
~ channel (cut) Umleitungskanal m
~ tunnel Umleit[ungs]stollen m *(Talsperre)*
diversity Diversität f, Mannigfaltigkeit f
~ stacking gewichtete Stapelung f
divert/to ablenken
~ a river einen Fluß verlegen
diverted river verlegter Fluß m
diverter Raubfluß m, Ablenker m
divide *(Am)* Wasserscheide f
dividing range *(Am)* Wasserscheide f
~ slate Bergemittel n; Flözleeres n *(Braunkohlentagebau)*
~ surface Trennfläche f
diviner Wünschelrutengänger m
diving bell Taucherglocke f
~ system Tauchsystem n
~ wave Tauchwelle f
divining Wassersuche f mit der Wünschelrute
~ rod Wünschelrute f
divisibility Teilbarkeit f
divisible teilbar
division s. series
divisional plane Absonderungsfläche f, Trennungsfläche f
dixenite Dixenit m, Mn₅As₂[O₆|SiO₄]·H₂O
djalindite Djalindit m, In(OH)₃
djalmaite Djalmait m, Uranmikrolith m *(Varietät von Mikrolith)*
djerfisherite Djerfisherit m, K₃CuFe₁₂S₁₄ *(Meteoritenmineral)*
Djulfian [Stage] Dzhulfa n *(Stufe des Oberperms)*
doab *(sl)* Sandton m
doak *(sl)* Ganglette f
dob Rohdiamant m, ungeschliffener Diamant m
doctrine of catastrophism Katastrophenlehre f
~ of descent Deszendenztheorie f, Abstammungslehre f
~ of uniformitarianism Aktualitätstheorie f
dodecahedral dodekaedrisch, zwölfflächig
~ slip Dodekaedergleitung f
dodecahedron Dodekaeder n, Zwölfflächner m
dog leg Richtungsänderung f *(der Aufstiegbahn, der Profiltrasse)*
~ leg severity Bohrlochkrümmung f
~-legged hole Umlenkbohrung f
dogger band *(sl)* rauhe Toneiseneinlage f
Dogger [Epoch, Series] Dogger m, Brauner Jura m *(Serie des Juras)*
doghouse *(sl)* Bohrmeisterbude f

dogtooth

dogtooth spar *(sl)* besondere Kalzitkristallform
dohyalin für ein Gefüge glasreicher Magmatite
dol *(sl)* Tal *n*
dolarenaceous von dolarenitischer Struktur
dolarenite arenitischer Dolomit *m*
doldrums Kalmen *fpl*, Kalmengürtel *m*
dolerite Dolerit *m* *(Gabbrogestein)*
doleritic texture doleritische Struktur *f*, ophitisches Gefüge *n*
dolerophanite Dolerophanit *m*, $Cu_2[O|SO_4]$
dolichocephalic langköpfig *(Paläontologie)*
doline Doline *f*, Karstwanne *f*, Kasttrichter *m*
~ lake Dolinensee *m*
dolinen *s.* doline
doling-out of water Wasserabgabe *f (Boden)*
dolocasts *s.* dolomoulds
dolomicrite Dolomikrit *m* *(dolomitisierter mikritischer Kalkstein)*
dolomite 1. Dolomit *m*, $CaMg[CO_3]_2$; 2. Dolomit *m* *(dolomitreiches Karbonatgestein)*
~ rocks Dolomitgestein *n*
dolomitic dolomitisch, dolomithaltig
~ limestone dolomitischer Kalkstein *m*
~ marl dolomitischer Mergel *m*, Dolomitmergelstein *m*
~ mottling Dolomitfleckigkeit *f (durch unvollständige Dolomitisierung)*
~ sandstone Dolomitsandstein *m*
dolomitite *s.* dolostone
dolomitization Dolomitbildung *f*, Dolomitisation *f*, Dolomitisierung *f*
dolomitize/to dolomitisieren, in Dolomit umwandeln
dolomization *s.* dolomitization
dolomorphic pseudomorph nach Dolomit
dolomoulds Abdrücke von Dolomitkristallen oder Pseudomorphosen nach Dolomit
doloresite Doloresit *m*, $V_3O_4(OH)_4$
dolorudite Dolorudit *m*, Geröllldolomit *m*
dolosiltite Dolosiltit *m*, Dolomitsiltstein *m*
dolostone Dolomitgestein *n*
domain of definition Definitionsbereich *m*
~ of dependence Abhängigkeitszone *f*
domal domartig
~ flank Kuppelflanke *f*
~ uplift Aufwölbung *f*
dome up/to aufwölben
dome Dom *m*, Kuppe *f*, Staukuppe *f*, periklinale Aufwölbung *f*
~-shaped domartig, gewölbt
~-shaped fold Kuppelfalte *f*
~-shaped mountains Kuppelgebirge *n*
~ theory Gewölbetheorie *f*
domed domartig, gewölbt *(s.a. domeshaped)*
~ bog Hochmoor *n*, Torfmoor *n*
~ roof domartig gewölbtes Hangendes *n*
domelike domartig
Domerian [Stage] Domer[ium] *n*, Domero *n* *(Stufe des Unteren Juras)*
domestic ore Erz *n* aus einheimischen Lagerstätten, Inlandserz *n*

~ water supply [plant] Trinkwasserwerk *n*
~ wells *(Am)* in den USA gelegene Sonden
domeykite Domeykit *m*, Weißkupfer *n*, Cu_3As
dominant fault Hauptverwerfung *f*, Hauptverwerfer *m*
~ fault line vorherrschende Verwerfungslinie *f*
~ fossil Leitfossil *n*
~ mineral Hauptmineral *n*
~ sedimentation vorherrschende Sedimentation *f*
~ species dominierende Art *f*
~ wind vorherrschender Wind *m*
doming Dombildung *f*, Aufwölbung *f*
donbassite Donbassit *m*, $(Na, Ca, Mg)Al_4[(OH)_8|AlSi_3O_{10}]$
Donez coalfield Donezbecken *n*
~ phase of folding Donezphase *f*
donga Rinne *f*, Schlucht *f (Südafrika)*
donk *s.* doak
donnick, don[n]ock *s.* dornick 1.
doodle bug *(Am)* unwissenschaftliches Lagerstättensuchgerät
dopatic in Gefügeform von Porphyriten
dopplerite Dopplerit *m* *(Humusgele in Torfen)*
~-sapropel Huminsäuresapropel *m*
Dorashamian [Stage] Dorasham *n* *(hangende Stufe des Oberperms)*
Dordonian [Stage] *s.* Maastrichtian
dore silberhaltiges Gold *n*
~ silver goldhaltiges Silber *n*
dormant volcano untätiger (ruhender) Vulkan *m*
dornick *(sl)* 1. kleiner Block *m*; 2. Eisenerzklumpen *m*
dornock *s.* dornick 1.
Dörnten Shales Dörntener Schiefer *mpl* *(oberes Toarc in Nordwesteuropa)*
dorr glaziale Rinne *f*
dorsal corner Dorsalecke *f*
~ cup Dorsalkapsel *f*
~ fin Dorsalflosse *f*, Rückenflosse *f*
~ margin Dorsalrand *m*
~ valve Dorsalklappe *f*, Rückenklappe *f (von Brachiopoden)*
~ view Rückenansicht *f*
dorsoventral axis dorsoventrale Achse *f*
dorsum *s.* tergum
dorversal limb Deckenrücken *m*
dot chart Punktkarte *f*
dote *(sl)* Fäulnis *f*, Moder *m*
dott[-hole] kleine Gangöffnung *f*, Drusenspalte *f*
double-arch[ed] dam Doppelbogenmauer *f*
~ crater Doppel[wall]krater *m*
~ gate preventer Doppelsicherheitsschieber *m* *(Bohrtechnik)*
~-image prism Kalkspatpolarisationsprisma *n*
~-layer weathering doppelte Langsamschicht *f* *(Seismik)*
~-pointed drifting pick Spitzhacke *f*
~ quartz wedge Doppelquarzkeil *m*

drag

~-**refracting** doppelbrechend
~ **refraction** Doppelbrechung f
~ **salt** Doppelsalz n
~ **stars** Doppelsterne mpl
~ **tombolo** Doppelnehrung f
~ **tube core barrel** Doppelkernrohr n
~ **window** Doppelfenster n (Tektonik)
doublet Doublette f (auch Bohrungspaar)
doubly plunging fold zweiseitig abtauchende Falte f
~ **reflecting spar** Doppelspat m, Islandspat m (s.a. calcite)
~ **refracting** doppelbrechend
~ **terminated crystal** zweiseitig zugespitzter Kristall m
doughnut kleiner Moränenlobus m
douglasite Douglasit m, $K_2[FeCl_4(H_2O)_2]$
douk[e] Gangletten m
doverite Doverit m, $CaY[F|(CO_3)_2]$
dovetailed schwalbenschwanzförmig
dowk s. douk[e]
down s. dune
down-... s.a. down...
~-**structure deflection of the hole** Bohrlochabweichung f mit dem Schichtenfallen
~-**structure flow** Sinkströmung f
~-**the-hole drilling** Bohren n mit Vorort-Antriebsmaschine
downbuckle plötzliche Krustenabbiegung f
downcast s. downfaulted
~ **breeze** Bergwind m
~ **fault** Verwerfung f ins Liegende
downcasting Gletscherschwund m durch Ablation
downcoast (Am) südwärts streichende Küste f
downcurrent stromabwärts
downcutting Tiefenerosion f
~ **stream** Fluß m mit Tiefenerosion
downdip 1. mit dem Fallen, in der Richtung des Einfallens; 2. bergab
downdip Fallrichtung f
downdropped fault block abgesunkene Scholle f, Tiefscholle f
~ **side** abgesunkener Flügel m (an einer Störung)
downedging Absinken n
downfacing nach unten gerichtet
downfaulted nach unten verworfen, ins Liegende verworfen, gesenkt
~ **block** abgesenkte Scholle f
downflexed abgebogen
downfold Synklinalfalte f, Mulde f
downfolding Muldenbildung f
downgrade bergab
downhill bergab, talwärts
~ **creep** Schuttkriechen n
downhole camera Bohrlochkamera f
~ **drilling assembly** niedergebrachte Bohrgarnitur f
~ **motor** Bohrlochsohlenmotor m, Meißeldirektantrieb m

downleap s. downthrow
downpour 1. Tropfwasser n; 2. Regenguß m, Platzregen m, Gußregen m
~ **of rain** Platzregen m
downsagging Nachsinken n
downsinking Absinken n
downslide level Abgleitfläche f
~ **motion** Abgleiten n
downsliding nappe Gleitdecke f
downslope hangabwärts, bergab
~ **wind** Bergwind m
downstream unterwasserseitig, stromabwärts, flußabwärts
~ **cofferdam** unterer Fangdamm m
~ **face** Luftseite f (eines Damms)
~ **slope** Leehang m
~ **water line** Unterwasserspiegel m
downstroke Abwärtsbewegung f
downsucking Verschluckung f
downthrow abgesunkene Scholle f
downthrown gesenkt
~ **block** abgesunkene (gesenkte) Scholle f, Tiefscholle f
~ **fault** Verwerfung f ins Liegende, Abschiebung f, Absenkung f
~ **fault block** s. ~ block
~ **side** abgesunkener Flügel m (einer Verwerfung)
downthrust Senkung f
Downtonian [Stage] Downtonstufe f (Stufe des Silurs)
downward block faulting Bruchsenkung f
~ **bowing** Abwölbung f, Abbiegung f
~ **continuation** Feldfortsetzung f nach unten
~ **direction/in** hangabwärts gerichtet
~ **drag** Schleppung f nach unten
~ **enrichment** Hutbildung f (Erzanreicherungsprozeß in der Verwitterungszone)
~ **erosion** Tiefenerosion f
~ **facing structure** überschobene Struktureinheit f
~ **flexure** Abbiegung f
~ **pressure** Abwärtsdruck m
~ **progress/in the** während des Niederbringens
~ **sucking zone** Verschluckungszone f (Geotektonik)
~ **weathering** Tiefenverwitterung f
downwarp Flexur f, Absenkung f, Abbiegung f
downwarped eingesunken
~ **block** abgesunkene Scholle f, Tiefscholle f
downwarping s. downwarp
downwash Abspülung f
~ **velocity** Abströmgeschwindigkeit f
downwind side Leeseite f
dowser Wünschelrutengänger m
dowsing Wünschelrutengehen n
~ **rod** Wünschelrute f
doxenic für spezielle poikilitische Gefüge
drab clay schmutzfarbiger Ton m
drag along/to mitschleppen

drag

drag Schleppung f (von Schichten bei Verwerfungen)
~ **bit** Drehmeißel m; Blattmeißel m; Flügelmeißel m
~ **coefficient** Widerstandsbeiwert m
~ **fault** Schleppverwerfung f
~ **fold** Schleppfalte f
~ **folding** Schleppfaltenbildung f, Schleppfaltung f
~ **groove** Schleifrille f
~ **mark** Driftmarke f, Driftspur f, Schleifmarke f
~ **nappe** Schleppdecke f
~ **ore** abgeschertes Erz n, Ruschelerz n
dragged [mit]geschleppt
~ **overthrust block** [mit]geschleppte Scholle f
~ **syncline** Schleppsynklinale f
~ **upward** aufwärts geschleppt (Schichten)
dragging Aufkrempen n (Tektonik)
Dragonian [Stage] Dragonien n (Stufe des Paläzäons in Nordamerika)
dragon's skin Lepidodendronabdruck m
drain/to 1. entwässern, dränieren, dränen; sümpfen; trockenlegen; 2. entölen, entgasen (bei Kohlenwasserstofflagerstätten)
~ **a seam** ein Flöz lösen
~ **off** abfließen; ablassen
drain Entwässerungsgraben m
~ **channel** Abflußkanal m
~ **district** Einzugsgebiet n, Entwässerungsgebiet n, Sammelgebiet n
~ **water** Sickerwasser n
drainable oil gewinnbares Öl n
drainage 1. Entwässerung f, Dränung f, Dränage f; Trockenlegung f; Sümpfung f, Wasserlösung f, Wasserhaltung f; 2. Entölen n, Entgasen n (bei Kohlenwasserstofflagerstätten)
~ **adit** Wasser[haltungs]stollen m
~ **area** Einzugsgebiet n, Niederschlagsgebiet n, Entwässerungsgebiet n, Sammelgebiet n, Abflußgebiet n, Stromgebiet n
~ **at the toe** Böschungsfußentwässerung f
~ **basin** Abflußbecken n
~ **blanket** Entwässerungsteppich m
~ **by closed canals** unterirdische Entwässerung f
~ **channel (course)** Abflußrinne f
~ **density** Flußdichte f
~ **district** s. ~ area
~ **ditch** Drängraben m, Entwässerungsgraben m, Abzugsgraben m
~ **divide** Entwässerungsscheide f
~ **funnel** Entwässerungstrichter m
~ **furrow** Abflußrinne f
~ **gallery** Wasserlösungsstollen m
~ **lake** See m mit Abfluß
~ **large** Abflußgröße f
~ **level** Wasserhaltungsniveau n
~ **network** Entwässerungsnetz n
~ **path** Entwässerungsweg m
~ **pattern** Entwässerungsnetz n
~ **ratio** Abflußkoeffizient m

112

~-**recovery factor** Entölungsgrad m (bei Kohlenwasserstofflagerstätten)
~ **relief** Entwässerungsrelief n
~ **shaft** Entwässerungsschacht m
~ **slope** Entwässerungshang m
~ **system** Entwässerungsnetz n
~ **texture** Flußdichte f
~ **trench** s. ~ ditch
~ **water** Sickerwasser n
drained area dräniertes Gebiet n
draining Entwässerung f, Trockenlegung f; Wasserhaltung f (s.a. drainage 1.)
~ **through the whole area of the bottom** Vollbodenentwässerung f
drainway Abflußrinne f; Sumpfstrecke f
drape folds Draperiefalten fpl
drapery Vorhang m (z.B. Tropfsteinvorhang)
draping Schichtdeformation f durch differentielle Kompaktion
dravite Dravit m (Varietät von Turmalin)
draw off/to rauben (Ausbau)
draw (Am) 1. Trockenschlucht f; 2. natürlicher Drainagegraben m; 3. zum Anstau vorgesehenes Gewässer n
~ **well** Ziehbrunnen m
drawdown Absenkung f des Grundwasserspiegels
~ **component** Absenkung[shöhe] f
~ **curve** Leistungsabfallkurve f
drawing-off of water Wasserableitung f
~ **road** Förderstrecke f
~ **shaft** Förderschacht m
drawn clay brandrissiger Ton m
~-**out middle limb** ausgequetschter Mittelschenkel m
drawrock (Am) zum Nachfall neigendes Gestein n
drawslate Nachfall m (brüchiger Schiefer im Hangenden der Kohle)
drawworks Hebeeinrichtung f
dredge/to [aus]baggern, naßbaggern
dredge 1. Naßbagger m, Schwimmbagger m; 2. Dredge f
dredged peat schlammiger Torf m
dredger Naßbagger m, Schwimmbagger m
~ **excavator** Trockenbagger m
dredging 1. Naßbaggern n, Naßbaggerung f, Unterwasserbaggern n; 2. Baggergut n
dreikanter Dreikanter m
Dreissensia Beds Dreissensienbänke fpl
drench/to durchtränken
Dresbachian [Stage] Dresbachien n (basale Stufe des Croixiens)
dress/to bereißen (Firste, Stoß)
dressed ore aufbereitetes Erz n
~ **rock** Rundhöcker m
~ **tin** Zinnschlich m
dressing Aufbereitung f
~ **expenses** Aufbereitungskosten pl
~ **floor** Wäsche f, Aufbereitung f
~ **of ore** Erzaufbereitung f
~ **plant** Aufbereitungsanlage f

driblet cone (spire) Lavaschornstein *m*, Schlakkenschornstein *m*, Hornito *m*
dries durch Anwitterung sichtbar werdende Feinschichtung *f*
drift/to driften
drift 1. glazialer Schutt *m*, Grundmoräne *f*; Geschiebe *n*; 2. Meeresströmung *f*; 3. Abdrift *f*, Drift *f*; 4. Schneewehe *f*; 5. Eisdecke *f*; 6. Strecke *f*
~ **anchor** Treibanker *m*
~ **angle** Ablenkungswinkel *m*, Abweichungswinkel *m (Bohrloch)*
~ **avalanche** Staublawine *f*
~ **away from the poles** Polflucht *f*
~ **band** erdiges Zwischenmittel *n (in der Kohle)*
~-**barrier lake** Moränenstausee *m*
~ **beds** Geschiebeschichten *fpl*
~ **border** Geschiebegrenze *f*
~ **boulder** Findling *m*, erratischer Block *m*, Driftblock *m*
~ **clay** *s*. boulder clay
~ **coal** allochthone Kohle *f*
~ **copper** Kupfer *n* im Moränenschutt
~-**covered** geschiebebedeckt
~ **current** Driftströmung *f*
~-**dam lake** Moränenstausee *m*
~ **deposit** Gletscherablagerung *f*
~ **diameter gauge** Rohrkaliber *n*
~ **face** Ortsbrust *f*, Ortsstoß *m*
~ **glacier** bewegter Eiskörper *m (unterhalb der klimatischen Schneegrenze ausgebildet)*
~ **hill** Düne *f*
~ **ice** Treibeis *n*
~ **indicator** Abweichungsmeßgerät *n*, Neigungsmesser *m (Bohrtechnik)*
~ **line** Spülsaum *m*
~ **mandrel** Rohrkaliber *n*
~-**mantled** geschiebebedeckt
~ **map** Karte *f* der Glazialablagerungen
~ **mine** Grube *f* mit Stollenförderung *(ohne Schacht)*
~ **mobility** Driftgeschwindigkeit *f*
~-**obstructed valley** durch Geschiebe abgeriegeltes Tal *n*
~ **of a gallery** Streckenvortrieb *m*
~ **of ice** Eisdrift *f*
~ **of the continents** Kontinentaldrift *f (A. Wegener)*
~ **peat** Torflager *n* in Glazialablagerungen
~ **recorder** Abweichungsmeßgerät *n*
~ **sand** Flugsand *m*, Triebsand *m*, Treibsand *m*, Wandersand *m*
~ **scratch** Glazialschramme *f*
~ **sheet** glaziale Schuttdecke *f*
~ **survey** Neigungsmessung *f*
~ **topography** Grundmoränenlandschaft *f*
~ **wood** Treibholz *n*
Drift Epoch (Period) Pleistozän *n*, Diluvium *n*, Eiszeit *f*
driftal gold Seifengold *n*
drifted fossil Fossil *n* auf sekundärer Lagerstätte,

verschlepptes (eingespültes, umgelagertes) Fossil *n*
~ **material** angeschwemmtes Material *n*
~ **sand** Flugsand *m*, Triebsand *m*, Treibsand *m*, Wandersand *m*
~ **snow** windgepackter Schnee *m*, Preßschnee *m*
drifting 1. Abdrift *f*; 2. Auffahren *n*, Streckenauffahren *n*
~ **ice** Treibeis *n*
~ **of beach** Strandversetzung *f*
~ **of ice** Eistreiben *n*
~ **of snow** Schneetreiben *n*
~ **of soil** Bodenverlagerung *f*
~ **sand** *s*. drift sand
driftless area [während der Eiszeit] unvergletschertes Gebiet *n*
driftway Richtstrecke *f*, söhlige Strecke *f*
driftwood *s*. drift wood
drill/to bohren *(s.a. bore/to)*
~ **dry** trockenbohren
~ **in den Ölträger** anfahren
~ **into** anbohren
~ **through** durchbohren
~ **up** zerbohren
drill barge Bohrinsel *f*
~ **bit** Bohrkrone *f*, Bohrmeißel *m*
~ **chips** *s*. ~ cuttings
~ **collar** Schwerstange *f*
~-**collar stabilizer** Schwerstangenstabilisator *m*
~ **connector** Gestängeverbinder *m*
~ **core** Bohrkern *m*
~ **crew** *s*. drilling crew
~ **cuttings** Spülproben *fpl*, Bohrklein *n*
~ **dust** Bohrmehl *n*
~-**hole depth** Bohrlochtiefe *f*
~-**hole direction** Bohrlochrichtung *f*
~-**hole surveying** Bohrlochmessung *f*
~ **log** Bohrprofil *n*, Bohrlochvermessung *f*
~ **pipe** Bohrgestänge *n (insgesamt)*
~ **pipe failure** Gestängebruch *m*
~ **pipe racker** Gestängemagazin *n*
~ **pipe spinner** Gestängeverschraubvorrichtung *f*
~ **pipe stand** Gestängezug *m*
~ **pipe string** Bohrgestängestrang *m*, Gestängestrang *m*
~ **rig** Bohranlage *f*
~ **rod** Bohrgestänge *n*
~ **shaft** *s*. ~ string
~ **stem test** Gestängetest *m*
~ **string** Gestängestrang *m*, Bohrgarnitur *f*, Bohrzeug *n*
~ **string break-off** Bohrstrangbruch *m*, Futterrohrbruch *m*
~ **tower** Bohrturm *m*
~ **tube** Bohrrohr *n*
~ **unit** Bohranlage *f*
drillability Bohrbarkeit *f*
drillable packer durchbohrbarer Packer *m (Bohrtechnik)*
drilled footage Bohrleistung *f* in englischen Fuß

drilled 114

~ hole 1. Bohrloch n, Bohrung f; 2. vorgebohrtes Loch n
~ thickness erbohrte Mächtigkeit f
~ well Bohrbrunnen m
driller Bohrarbeiter m; Bohrmeister m, Krückelführer m
driller's log Bohrprotokoll n, Bohrmeisterlog n
drilling Bohren n, Bohrverfahren n, Bohrung f, Bohrarbeiten fpl (s.a. boring)
~ activity Bohrtätigkeit f
~ barge Bohrinsel f
~ breaks Änderungen fpl des Bohrfortschritts
~ bridge Bohrbrücke f
~ by means of a rope Seilbohren n
~ by percussion Schlagbohren n, schlagendes Bohren n
~ by rotation Drehbohren n, drehendes Bohren n
~ cable Bohrseil n
~ capacity Bohrleistung f
~ collar Schwerstange f
~ control Nachlaßvorrichtung f
~ crew Bohrmannschaft f, Bohrbelegschaft f, Bohrbrigade f
~ depth Bohrtiefe f
~ diamond Bohrdiamant m
~ diary Bohrjournal n
~ efficiency Bohrproduktivität f
~ engineer Bohringenieur m
~ engineering Bohrtechnik f
~ equipment Bohrausrüstung f
~ fluid Dickspülung f, Spülschlamm m, Bohrschlamm m, Bohrspülung f, Spülung[sflüssigkeit] f
~ foreman driller Schichtführer m
~ grip Bohrgreifer m
~ implement Bohrgerät n
~-in Anbohrung f einer Schicht, Anfahren n des Ölträgers
~ island Bohrinsel f
~ jars Rutschschere f
~ jig Bohrvorrichtung f
~ journal Bohrjournal n
~ lance Bohrlanze f
~ mast Bohrmast m
~ meterage Bohrmeterleistung f
~ method Bohrverfahren n
~ mud Dickspülung f, Spülschlamm m, Bohrschlamm m, Bohrspülung f
~ mud additives Bohrspülungszusatzmittel npl
~ of a well 1. Niederbringen (Abteufen) n einer Bohrung; 2. Bohrprozeß m
~ operations Bohrarbeiten fpl
~ outfit Bohrausrüstung f
~ pipe string Bohrgestängestrang m, Gestängestrang m
~ platform Bohrbühne f, Bohrinsel f
~ program Bohrprogramm n
~ progress Bohrfortschritt m
~ rate Bohrfortschritt m, Bohrgeschwindigkeit f
~ report Schichtbericht m

~ rig Bohranlage f
~ rig hydraulic control system hydraulisches System n eines Bohrgeräts, hydraulisches System n einer Bohrung
~ rig performance Bohranlagenleistung f
~ rig pneumatic control system pneumatisches System n eines Bohrgeräts, pneumatisches System n einer Bohranlage
~ shaft s. ~ string
~ ship Bohrschiff n
~ shot Bohrschrot m, Schrot m
~ site Bohransatzpunkt m
~ speed Bohrgeschwindigkeit f
~ string Gestängestrang m, Bohrgarnitur f, Bohrzeug n
~ string break-off Bohrstrangbruch m, Futterrohrbruch m
~ technique Bohrregime n
~ time Bohrzeit f, Bohrdauer f
~-time break Bohrfortschrittswechsel m
~-time log Bohrfortschrittslog n
~ tool Bohrwerkzeug n
~ tower Bohrturm m
~ unit Bohraggregat n
~ vessel Bohrschiff n
~ water Spülwasser n (Tiefbohren)
~ with explosives Bohren n mit Sprengstoffen, Sprengbohren n
~ with hard-faced core bits Hartmetallbohren n
~ with reversed circulation Bohren n mit Umkehrspülung
~ with rotary table Rotarybohren n
~ without a drill pipe Bohren n ohne Gestänge
~ work Bohrarbeit f
drillings Bohrmehl n, Bohrklein n
drillometer Drillometer n (Bohrdruckanzeiger)
drillstock Bohrvorrichtung f
drinking fountain Trinkbrunnen m
~ water Trinkwasser n
~ water standard Trinkwasserstandard m
~ water supply Trinkwasserversorgung f
drip from/to heruntertropfen
drip gasoline aus Erdgas kondensierte Kohlenwasserstoffe mpl
~-proof tropfwassergeschützt
driphole Tropfloch n, Aufschlagloch n von Tropfwasser
dripping tröpfelnd
dripping Tröpfeln n
~ water Tropfwasser n; Kondenswasser n; Tauwasser n
dripstone Tropfstein m
drive/to auffahren (Grubenbaue)
drive bushing Drehtischeinsatz m (Bohrtechnik)
driven well Bohrbrunnen m, Rammbrunnen m
driver pricking (probing) Sondenrammung f
driving rod Rammsonde f, Schlagsonde f
~ test Rammsondierung f
drizzle/to nieseln

drizzle Sprühregen *m*, Nieseln *n*
drop/to 1. absinken; 2. tropfen, tröpfeln; sickern
~ **off** aussterben
drop Tropfen *m*
~ **fault** normale Verwerfung *f*
~ **in bottom-hole pressure** Druckabfall *m* an der Bohrlochsohle
~ **in pressure** Druckabfall *m*
~-**penetration sounding apparatus** Rammsonde *f*, Schlagsonde *f*
~-**penetration testing** Rammsondierung *f*
~ **quartz** Tropfenquarz *m*
~ **stowing** Sturzversatz *m*
dropped gesenkt
~ **block** abgesunkene Scholle *f*
dropper Nebengang *m*, Seitentrum *n*
dropstone Dropstein *m (triftend verfrachtetes Gesteinsfragment)*
dross dilution of ore Gangart *f*
drossy coal *(sl)* schwefelkiesführende Kohle *f*
drought Trockenheit *f*, Dürre *f*, Trockenzeit *f*
~ **duration** Trockenzeit *f*
~ **resistance** Trockenresistenz *f*
drown/to unter Wasser setzen *(z.B. eine Grube)*
drowned ertrunken; ersoffen *(Schacht)*; überstaut
~ **longitudinal coast** ertrunkene Längsküste *f*
~ **mine** ersoffene Grube *f*
~ **river** ertrunkener Fluß *m*
~ **river valley** ertrunkenes Flußtal *n*
~ **spring** Unterwasserquelle *f*
~ **stream** ertrunkenes Flußtal *n*
~ **valley** ertrunkenes Tal *n*
~ **well** verwässerte Bohrung *f*
drowning Einsattelung *f*
drum shaft Trommelwelle *f*
drumlins Drumlins *mpl (wallartige Anhäufungen von Moränenmaterial)*
drums *s.* drumlins
druse Druse *f*
~ **lined with crystals** Kristalldruse *f*
drused drusig
drusy drusenartig, drusig, Drusen...
~ **cavity** Drusenraum *m*
~ **coating** Kristallüberzug *m (um Kalkarenit-Körner)*
dry up/to vertrocknen, verdorren; eintrocknen, austrocknen; versiegen *(Brunnen)*
dry *(sl)* maskierte Kluft *f (in der Firste)*
~ ,**ash-free** wasser- und aschefrei *(Kohlenanalyse)*
~ **avalanche** Trockenlawine *f*, Aschenlawine *f*, Staublawine *f*
~-**bone ore** *s.* smithsonite
~ **bulk density** Trockenraumgewicht *n*
~ **chernozem** Trockenschwarzerde *f*
~ **cleaning** Trockensortierung *f*
~ **concentration** Trockenaufbereitung *f*
~ **delta** *s.* alluvial fan
~ **diggings** äolische Seifen *fpl*

~ **drilling** Trockenbohren *n*
~ **field** trockene Lagerstätte *f*
~ **firn** trockener Altschnee *m*
~ **gas** trockenes Erdgas *n*, Kohlengas *n*, Trockengas *n*
~ **hole** ergebnislose Bohrung *f*, Fehlbohrung *f*
~ **hole-to-producer ratio** Verhältnis *n* von Fehl- zu Fundbohrungen
~ **lake** Trockensee *m*
~ **natural gas** trockenes Erdgas *n*, Trockengas *n*, gasolinfreies Naturgas *n*, Inkohlungsgas *n*
~ **oil** wasserfreies Öl *n*
~ **pergelisol (permafrost)** eisfreier Permafrostboden *m*
~ **residue** Trockenmasse *f*
~ **river bed** *(Am)* Wadi *n*
~ **sand** trockener (unergiebiger) Sand *m (bei Öllagerstätten)*
~ **screening** Trockensiebung *f (von Erzen)*
~ **sea-floor well head** trockener Bohrlochabschluß *m* auf dem Meeresboden
~ **season** Trockenzeit *f*
~ **strength** Trockenfestigkeit *f*
~ **treatment** Trockenaufbereitung *f*
~ **unit weight** Trockenraumgewicht *n*
~ **valley** Trockental *n*
~-**weather flow** Trockenwetterabfluß *m*
~ **well** ergebnislose Bohrung *f*, Fehlbohrung *f*
~ **year** trockenes Jahr *n*
drying Trocknung *f*
~ **cabinet** Trockenschrank *m*
~ **crack** Trockenriß *m*
~ **house** Gradiersaline *f*
~ **shrinkage** Trockenschwindung *f*
~-**up** Austrocknung *f*, Eindunstung *f*; Versiegen *n (Brunnen)*
DSS *s.* deep seismic sounding
DSSP Deep Submergence Systems Program
dual polarity display Linienschrift *f (Seismik)*
~ **well completion**, ~ **zone well** Zwillingsfördersonde *f (gleichzeitige Förderung aus zwei Horizonten)*
Duchesnian [Stage] Duchesnien *n (Wirbeltierstufe des oberen Eozäns in Nordamerika)*
duct Kanal *m*, Durchgang *m*
ductile dehnbar, duktil
~ **tenacity** Geschmeidigkeit *f*
ductilimeter Dehnbarkeitsmesser *m*, Duktilometer *n*
ductility Dehnbarkeit *f*, Duktilität *f*
~ **limit** Fließgrenze *f*
dudley rock fossilführender Kalkstein *m*
duff 1. Rohhumus *m*; 2. Siebdurchgang *m*, Siebfeines *n*
dufrenite Dufrenit *m*, $Fe_3 \cdot Fe_6 \cdots [(OH)_3|PO_4]_4$
dufrenoysite Dufrenoysit *m*, $2PbS \cdot As_2S_3$
duftite Duftit *m*, $PbCu[OH|AsO_4]$
dug peat Stichtorf *m*
~ **well** Handbrunnen *m*, Schachtbrunnen *m*
dull glanzlos, matt
~ **banded coal** Mattstreifenkohle *f*, Clarain *m*

dull

~ bit abgenutzter Meißel m
~ brown coal Mattbraunkohle f
~ coal Mattkohle f, Durain m
~ lustre Mattglanz m
~ rumbling dumpfe Geräusche npl, dumpfes Rollen n (Vulkanismus)
dumb fault fossile Wasserrinne f
dumontite Dumontit m,
  $Pb[(UO_2)_3](OH)_4](PO_4)_2]·3H_2O$
dumortierite Dumortierit m,
  $(Al, Fe)_7[O_3|BO_3|(SiO_4)_3]$
dump Kippe f, Halde f, Bergehalde f, Schutthalde f, Abraumkippe f
~ of overburden Abraumkippe f
~ ore Haldenerz n
~ slip Haldenrutsch m
~ stocks Haldenbestände mpl
dumped abgesetzt
~ moraine angehäufte Moräne f, Wallmoräne f
dumping Kippen n
~ cableway Haldenseilbahn f
~ ground Absturzhalde f
dumreicherite Dumreicherit m,
  $Mg_4Al_2[SO_4]_7·36H_2O$
dundasite Dundasit m (H₂O-haltiges PbAl-Karbonat)
dune Düne f
~ belt Dünengürtel m
~ chain Dünenzug m, Dünenkette f, Dünenreihe f
~ cliff Dünenkliff n
~ coast Dünenküste f
~-covered dünenbedeckt
~ field Dünenfeld n
~ lake Dünensee m
~ on the march Wanderdüne f
~ range Dünenzug m, Dünenkette f, Dünenreihe f
~ ridge Dünenrücken m
~ sand Dünensand m
~ system Dünensystem n
~ valley Dünental n
Dunham classification Dunham-Klassifikation f (Klassifikation von Karbonatgesteinen nach Gefügetypen aufgestellt von Dunham 1962)
dunite Dunit m, Peridotit m
Dunlap orogeny Dunlap-Orogenese f (Orogenese im Pliensbach, Nordamerika)
dunn dickschiefriger Schieferton m
~ bass (sl) Schieferton m in Kohlenschichten
dunnet shale Ölschiefer m (Schottland)
duns (sl) s. dunn
dunstone (sl) Amygdaloidbasalt m
duplication Verdopplung f
~ of beds Schichtenverdopplung f, Schichtenwiederholung f (an einer Verwerfung)
duplicature Duplikatur f, Schalenverdopplung f; innere Randlamelle f (der Ostracodenschale)
Dupuit-Forchheimer assumption Dupuit-Forchheimer-Näherung f

116

Dupuit's well equation Dupuit-Brunnengleichung f
durable crumbling soil klumpiger Boden m
durain Durain m, Mattkohle f (Lithotyp der Steinkohle)
durangite Durangit m, NaAl[F|AsO₄]
durbachite Durbachit m
durdenite s. emmonsite
duricrust harte Bodenkruste f (Bodenzementation durch Karbonate, Salze, Kieselsäure u.a.)
durite Durit m (Kohlenmikrolithotyp)
duroclarite Duroclarit m (Kohlenmikrolithotyp)
dussertite Dussertit m, BaFeH[(OH)₆|(AsO₄)₂]
dust [atmosphärischer] Staub m
~ avalanche Staublawine f, Trockenlawine f, Aschenlawine f
~ cloud Staubwolke f
~ coal Kohlenstaub m; Staubkohle f
~ deposit Staubablagerung f
~ devil Staubsturm m
~ fall Staubfall m
~ gold Goldpulver n
~-laden staubhaltig
~-laden air staubhaltige Luft f
~-layer Staubschicht f
~ ore mulmiges Erz n
~-proof staubdicht, staubgeschützt
~ sampling Probenahme f von Staub
~ skin Staubhaut f
~ storm Staubsturm m, Sandsturm m
~ swirl Staubwirbel m
~ tuff Staubtuff m
~ whirl Staubwirbel m
duster (Am) 1. Staubsturm m; 2. (sl) Fehlbohrung f
dustfree, dustless staubfrei
dusty staubhaltig, staubbeladen
~ air staubhaltige Luft f
~ crust Staubkruste f
duxite Duxit m (schwarzglänzendes, sekundär durch Thermometamorphose entstandenes Braunkohlenharz, Tschechoslowakei)
dwang Brechstange f, Brecheisen n
dwarf star Zwergstern m
dwarfed development Zwergentwicklung f
~ fauna Zwergfauna f
~ form Zwergform f
dwarfing Verkümmerung f
dwarfish species zwerghafte Form f
dwarfism Zwergwuchs m
dwelling burrow Wohngang m (Ichnologie)
~ mond Wurt f, Warft f
~ structure Wohnbau m (Ichnologie)
~ tube Wohnröhre f (Ichnologie)
dwindle/to auskeilen
dwindling-away Auskeilung f
dy Dy m
~ ore Erzfall m
~ peat Seetorf m
Dyas s. Permian
dying-out Ausschwänzen n eines Ganges
dyke s. dike

dyked *s.* diked
dyktyonite *s.* diktyonite
dynamic[al] angle of draw dynamischer Grenzwinkel *m*
~ **breccia** tektonische Brekzie *f*
~ **correction** dynamische Korrektur *f*
~ **friction** Gleitreibung *f*
~ **friction coefficient** Reibungsbeiwert *m* der Bewegung
~ **geology** dynamische Geologie *f*
~ **load** dynamische Belastung *f*
~ **metamorphism** Dynamometamorphose *f*, Dislokationsmetamorphose *f*
~ **modulus** dynamischer Modul *m*
~ **positioning** dynamische Positionierung *f (von Bohrschiffen und Halbtauchern)*
~ **pressure** dynamischer Druck *m*
~ **viscosity** dynamische Viskosität *f*
dynamics Dynamik *f*
dynamiting Dynamitsprengung *f*
dynamometamorphic dynamometamorph
~ **rock** dynamometamorphes Gestein *n*
dynamometamorphism Dynamometamorphose *f*
dynamometer Dynamometer *n*
~ **prop** Dynamometerstempel *m*
dysaerobic dysaerobisch, sauerstoffverarmt
dysanalyte Dysanalyt *m*, (Ca, Na, Ce)(Ti, Nb, Fe)O$_3$
dyscrasite Dyskrasit *m*, Antimonsilber *n*, Ag$_3$Sb
dysodile Papierkohle *f*
dysprosium Dysprosium *n*, Dy
dystomic mit unvollkommener Spaltbarkeit
dystrophic lakes dystrophe Seen *mpl*
~ **peat** Moosmoor *n*

E

eager *s.* eagre
Eagle Ford Shale Eagle Ford-Schiefer *m (Cenoman und Turon in Nordamerika)*
eagle stone *s.* eaglestone
eaglestone Eisenniere *f*, Adlerstein *m*
eagre Gezeitenstrom *m* mit großem Tidenhub; Flutbrandung *f*, Springflut *f*
ear bit Stufenmeißel *m*
~ **stone** Gehörstein *m*, Itolith *m (Paläontologie)*
eardleyite Eardleyit *m*, Ni$_6$Al$_2$[(OH)$_{16}$|CO$_3$]·4H$_2$O
earlandite Earlandit *m*, Ca$_3$[C$_6$H$_5$O$_7$]$_2$·4H$_2$O
earlier Palaeozoic intrusives altpaläozoische Intrusiva *npl*
earliest minerals to crystallize Erstausscheidungen *fpl (von Mineralen im kristallisierenden Magma)*
~ **separation products** Erstausscheidungen *fpl*
early diagenetic[al] frühdiagenetisch
~ **magmatic ore deposit** frühmagmatische Erzlagerstätte *f*
~ **mature** frühreif
~ **mature valley** jungreifes Tal *n*

~ **maturity** Frühreife *f*
Early Cretaceous Unterkreide *f*
~ **Jurassic** Unterer Jura *m*
~ **Precambrian** Frühpräkambrium *n*
ears *s.* auricles
earth 1. Erde *f*, Erdball *m*; 2. Erde *f*, Erdboden *m*; 3. Land *n*, Festland *n*; 4. [seltene] Erde *f*
~ **anchor** Erdanker *m*
~ **auger** Tellerbohrer *m*
~ **brown coal** erdige Braunkohle *f*
~ **coal** erdige Kohle *f*
~ **column** Erdpyramide *f*, Erdpfeiler *m*
~ **compaction** künstliche Bodenverdichtung *f*
~ **consolidation** natürliche Bodenverdichtung *f*, Eigenverfestigung *f*, Eigensetzung *f*
~ **dam** Erddamm *m*
~ **densification** künstliche Bodenverdichtung *f*
~ **din** *(sl)* Erdbeben *n*
~ **fall** *s.* landslide
~ **fill dam** Erd[schüttungsstau]damm *m*
~ **flax** *s.* amianthus
~ **flow** Bodenfließen *n*, Erdfließen *n*, Fließrutschung *f*, Erdschlipf *m*
~-**formed sediment** Ablagerung *f* terrestrischer Herkunft
~ **glacier** Schuttstrom *m*
~ **hummocks** 1. Bülten *fpl*, Palsen *fpl*, Rasenhügel *mpl*; 2. Frosthebung *f*
~ **load** *(Am)* Erddruck *m*
~ **materials laboratory** Erdbaulabor[atorium] *n*
~-**moon system** Erde-Mond-System *n*
~ **movement** Erdbewegung *f*, Bodenbewegung *f*
~ **pillar** Erdpyramide *f*, Erdpfeiler *m*
~ **pitch** Bergpech *n*
~ **pressure** Bodendruck *m*, Erddruck *m*
~ **pressure at rest** Ruhedruck *m*
~ **pyramid** Erdpyramide *f*, Erdpfeiler *m*
~ **runs** kleinlobiges Bodenfließen *n (unter der Rasensohle)*
~ **shock** Erdstoß *m*
~ **slide** Hangrutsch *m (s.a.* landslip*)*
~ **slip** kleiner Erdrutsch *m*, Rutschung *f*, Bergrutsch *m*
~ **solidification** Bodenverfestigung *f*
~ **subgrade** Erdplanum *n*, Untergrund *m*
~ **subsidence** Erdfall *m*
~ **terrain camera** Präzisionskamera *f* für Erdterrainbeobachtungen
~ **tide** Erdgezeitenbewegung *f*
~ **tilting** seismische Krustenverkippung *f*
~ **tremor** schwaches Erdbeben *n*
~ **vibration** Bodenerschütterung *f*
~ **waterproofing** Bodenabdichtung *f*
~ **wave** 1. Erdbebenwelle *f*; 2. Bodenwelle *f*, wellenförmige Bodenerhebung *f*
~ **wax** Erdwachs *n*, Bergwachs *n (s.a.* ozocerite*)*
earthly irdisch
earthmoving Erdbewegung *f*, Erdbewegungsarbeiten *fpl (künstlich)*
earthquake Erdbeben *n*
~ **area** Erdbebengebiet *n*

earthquake 118

- ~ **damage** Erdbebenzerstörung *f*
- ~ **due to collapse** Einsturzbeben *n*
- ~ **due to folding** Faltungsbeben *n*
- ~ **engineering** erdbebensichere Bauweise *f*
- ~ **focus** Erdbebenherd *m*
- ~ **forecast** Erdbebenvorhersage *f*
- ~ **hazard** *s.* ~ risk
- ~ **intensity** Erdbebenstärke *f*
- ~ **observatory** Erdbebenstation *f*
- ~ **of distant origin** Fernbeben *n*
- ~ **precursor** Erdbebenvorläufer *m*, Vorbeben *n*
- ~ **prediction** Erdbebenvorhersage *f*
- ~-**proof** erdbebensicher
- ~-**proof constructions** erdbebensichere Bauten *mpl*
- ~ **record** Erdbebenaufzeichnung *f*
- ~ **region** Erdbebengebiet *n*
- ~ **research** Erdbebenforschung *f*
- ~-**resistant** erdbebensicher
- ~ **rift** Erdbebenspalte *f*
- ~ **risk** Erdbebengefahr *f*, Erdbebengefährdung *f*
- ~ **series** Erdbebenschwarm *m*, Schwarmbeben *npl*
- ~ **shock** Erd[beben]stoß *m*
- ~ **wave** Erdbebenwelle *f*
- ~ **with remote epicentre** Fernbeben *n*

earth's attraction Erdanziehung *f*
- ~ **axis** Erdachse *f*
- ~ **bodily tides** Erdgezeiten *pl*
- ~ **centre** Erdmittelpunkt *m*
- ~ **circumference** Erdumfang *m*
- ~ **core** Erdkern *m*
- ~ **crust** Erdkruste *f*, Erdrinde *f*
- ~ **current** [natürlicher] Erdstrom *m*, tellurischer Strom *m*
- ~ **curvature** Erdkrümmung *f*
- ~ **ellipsoid** Erdellipsoid *n*
- ~ **equator** Erdäquator *m*
- ~ **field** Erdfeld *n*
- ~ **flattening** Erdabplattung *f*
- ~ **genesis** Erdentstehung *f*
- ~ **globe** Erdkugel *f*
- ~ **gravitational field** Erdschwerefeld *n*, Gravitationsfeld *n*
- ~ **interior** Erdinneres *n*
- ~ **magnetic field** erdmagnetisches Feld *n*, Magnetfeld *n* der Erde, magnetisches Feld *n* der Erde, magnetisches Erdfeld *n*
- ~ **magnetic pole** magnetischer Erdpol *m*
- ~ **magnetism** Erdmagnetismus *m*
- ~ **motion** Erdbewegung *f (des Erdballs)*
- ~ **nucleus** Erdkern *m*
- ~ **oblateness** Erdabplattung *f*
- ~ **orbit** Erd[umlauf]bahn *f*
- ~ **origin** Erdentstehung *f*
- ~ **path** Erdbahn *f*
- ~ **pole** Erdpol *m*
- ~ **radiation belt** Strahlungsgürtel *m* der Erde
- ~ **rotation** Erd[um]drehung *f*
- ~ **satellite** Erdtrabant *m*, Erdsatellit *m*

- ~ **shadow** Erdschatten *m*
- ~ **shell** Erdkruste *f*, Erdhülle *f*, Erdrinde *f*
- ~ **shine** Erdschein *m*
- ~ **sphere** Erdkugel *f*
- ~ **surface** Erdoberfläche *f*

earthwork Erdbau *m*
- ~ **dam** Erd[schüttungsstau]damm *m*

earthworks Erdarbeiten *fpl*, Erdbau *m*

earthy erdig
- ~ **brown haematite** Brauneisenmulm *m*
- ~ **cobalt** schwarzer Erdkobalt *m (s.a.* asbolite*)*
- ~ **dilution of ore** Gangart *f*, Ganggestein *n*
- ~ **dolomite** Dolomitasche *f*
- ~ **gypsum** erdiger Gips *m*
- ~ **iron ore** Eisenmulm *m*, Eisenmohr *m*
- ~ **lead ore** *s.* cerussite
- ~ **limonite**, ~ **magnetic iron ore** *s.* ~ iron ore
- ~ **manganese** *s.* wad
- ~ **minerals** erdige Minerale *npl*
- ~ **odour** erdiger Geruch *m*, Erdgeruch *m*
- ~ **psilomelane** Manganschwärze *f*
- ~ **smell** erdiger Geruch *m*, Erdgeruch *m*
- ~ **turf** Erdtorf *m*
- ~ **vivianite** Eisenblauerde *f (s.a.* vivianite*)*

easily catching fire leicht entzündbar
- ~ **fusible** leichtschmelzbar
- ~ **set on fire** leicht entzündbar
- ~ **volatilized** leichtflüchtig
- ~ **volatilized constituent** leichtflüchtiger Bestandteil *m*

East African rift system Ostafrikanisches Grabensystem *n*
- ~ **African rift valley** Ostafrikanischer Graben *m*

easy cleavage deutliche Spaltbarkeit *f*

eat away/to korrodieren

ebb Ebbe *f*
- ~ **and flow** Ebbe *f* und Flut *f*
- ~-**and-flow structure** Gezeitengefüge *n (Sedimentgefüge)*
- ~ **channel** Ebbetrichter *m*
- ~ **current** Ebbeströmung *f*, Ebbestrom *m*, Ebbestromrichtung *f*
- ~ **delta** Ebbedelta *n*
- ~ **tide** Ebbestrom *m*, Ebbe *f*

ebbing Ebbe *f*
- ~ **and flowing spring** intermittierende Quelle *f*

ebelmenite *s.* psilomelane

ebullition Aufsprudeln *n*, Aufkochen *n*

Eburonian [Drift] Eburon-Eiszeit *f*, Eburon-Kaltzeit *f (Pleistozän in Nordwesteuropa)*

eccentering arm Anpreßarm *m (Bohrlochmessung)*

ecdemite Ekdemit *m*, $Pb_2AsO_{<4}Cl_{<2}$

echellite *s.* natrolite

echelon arrangement staffelförmige Anordnung *f*
- ~/**en** kulissenförmig
- ~ **fault** Staffelbruch *m*, gestaffelte Verwerfung *f*
- ~ **festoons** Staffelgirlanden *fpl*

~ **folds** Kulissenfalten *fpl*, gestaffelte Falten *fpl*
echeloned staffelförmig, stufenartig, treppenförmig
echinite fossiler Seeigel *m*
echinoid spines Seeigelstacheln *mpl*
echinoidal limestone Echinodermenkalk *m*
echinoids Echinoiden *fpl*
echinosphaerites limestone Echinosphaeritenkalk *m*
echinus Seeigel *m*
echo depth sounding Echolotung *f (Tiefenbestimmung)*
~ **prospecting** Echoschürfung *f*
~ **pulse receiver** Echoimpulsempfänger *m*
~ **sounder** Echolot *n*
~ **sounding** Echolotung *f*
~ **sounding apparatus (device)** Echolot *n*
echogram Echogramm *n*
eclipse Finsternis *f*, Verfinsterung *f*
~ **of the moon** Mondfinsternis *f*
~ **of the sun** Sonnenfinsternis *f*
ecliptic ekliptisch
ecliptic Ekliptik *f*, Sonnenbahn *f*, Erdbahn *f*
~ **coordinates** Ekliptikkoordinaten *fpl*
~ **pole** ekliptischer Pol *m*
ecliptical *s.* ecliptic
eclogite Eklogit *m*
~ **facies** Eklogitfazies *f*
~ **shell** Eklogitschale *f*
ecologic[al] ökologisch
~ **facies** ökologische Fazies *f*, Umweltfazies *f*
~ **map** Vegetationskarte *f*
~ **niche** ökologische Nische *f*
~ **plasticity** ökologische Plastizität *f*
~ **series** ökologische Reihe *f*
ecology Ökologie *f*
economic[al] geological substantiation geologisch-ökonomische Begründung *f*
~ **geology** ökonomische Geologie *f*, Wirtschaftsgeologie *f*; angewandte (praktische) Geologie *f*; Montangeologie *f*, Lagerstättenlehre *f* [der nutzbaren Minerale und Gesteine]
~ **limit of exhaustion of a well** Wirtschaftlichkeitsgrenze *f* einer Bohrung
~ **mineral** nutzbares Mineral *n*, Hauptmineral *n*
~ **production** wirtschaftliche Ausbeute *f*
~ **valuation** ökonomische Bewertung *f*
ecophenotype Ökophenotyp *m*
ecospecies Ökospezies *f*
ecostratigraphic unit fazielle Einheit *f*
ecostratigraphy Fazieskunde *f* der Sedimente
ecosystem Ökosystem *n*
ecotype Ökotyp *m*
ectodynamic (ectodynamomorphic) soil Boden, *f*, dessen Eigenschaften durch äußere Einflüsse bestimmt wird
ectropite Ektropit *m*, Rhodonit *m*, $Mn_2Si_8O_{28} \cdot 7H_2O$
eddy out/to auskolken
eddy 1. Wasserwirbel *m*, Strudel *m*; 2. Windwirbel *m*, Luftwirbel *m*

~ **markings** Wirbelmarken *fpl*
eddying Wirbelung *f*, Wirbelbewegung *f*
edenian [Stage] Eden *n (Stufe des Cincinnatiens in Nordamerika)*
edenite Edenit *m*, $Na\ Ca_2Mg_5[(OH?F)_2|AlSi_7O_{22}]$
edge away/to auskeilen
edge Kante *f*, Rand *m*
~ **angle** Kantenwinkel *m*
~ **coal** steil stehende Kohle *f*
~ **crack** Kantenriß *m*
~ **dislocation** Stufenversetzung *f*
~ **effect** kanteneffekt *m*
~ **of a crystal** Kristallkante *f*
~ **of a pool** Rand *m* eines Erdöllagers
~ **of the stowed zone** Versatzkante *f*
~ **pressure** Kantenpressung *f*
~ **seam** stehendes Flöz *n*
~ **water** Randwasser *n*
~-**water drive** Randwassertrieb *m*
~-**water encroachment** Vordringen *n* von Randwasser
~-**water limit** Randwassergrenze *f*
~ **water line** Randwasserlinie *f*
~ **well** Randsonde *f*
edgewise conglomerate Konglomerat *n* mit Schuppentextur
~ **structure** 1. kantengestelltes Konglomerat *n*; 2. Primärbrekzie *f*
Ediacara fauna Ediacara-Fauna *f*, Metazoen-Fauna *f (des höchsten Präkambrium, Wendium)*
edingtonite Edingtonit *m*, $Ba[Al_2Si_3O_{10}] \cdot 3H_2O$
Eem [Interval], Eemian Eem-Warmzeit *f*, Eem-Interglazial *n (Pleistozän in Nordwesteuropa)*
effective cross section Wirkungsquerschnitt *m*
~ **direction** Wirkungsrichtung *f*
~ **grain size** wirksame Korngröße *f*
~ **overburden pressure** effektiver Belastungsdruck *m*
~ **permeability** effektive Permeabilität *f*
~ **pore volume** wirksamer Porenraum *m*; auffüllbarer Porenanteil *m*
~ **porosity** effektive Porosität *f*, Nutzporosität *f*; auffüllbarer Porenanteil *m*
~ **precipitation** effektiver Niederschlag *m*
~ **pressure** Nutzdruck *m*
~ **radiometric resolution element** effektives radiometrisches Auflösungselement *n*
~ **resolution element** effektives Auflösungselement *n*
~ **terrestrial radiation** effektive terrestrische Strahlung *f*
~ **thickness of seam** gebaute Flözmächtigkeit *f*
~ **velocity** Filtergeschwindigkeit *f (Grundwasser)*
effervesce/to schäumen, Aufwallen, aufbrausen
effervescence Schäumen *n*, Aufwallen *n*, Aufbrausen *n*
effloresce/to ausblühen, verwittern, effloreszieren

efflorescence

efflorescence Ausblühung f, Auswitterung f, Effloreszenz f
~ **of gypsum** Gipsausblühung f
~ **of salt** Salzausblühung f
efflorescing clayey iron ore Eisenschwärze f, Eisenmulm m
effluent Abfluß m, Ausfluß m
~ **channel** Abflußgraben m
~ **disposal** Abwasserbeseitigung f
~ **lava** ausfließende Lava f
~ **stream** wasseraufnehmender Fluß m
~ **waste water** Abwasser n
~ **weir** Überlaufwehr n
efflux Ausflußmenge f, Abflußmenge f
effort 1. Aufwand m; 2. Anzahl f (der Schüsse einer Gruppe, der Geophone bei Bündelung der zu stapelnden Spuren)
effosion Effosion f, Ausgrabung f (aus der Erde, z.B. von Fossilien)
effusion 1. Effusion f; 2. Lavaausfluß m, Erguß m
effusive activity effusive Tätigkeit f
~ **body** Effusivkörper m
~ **rock** Ergußgestein n, Effusivgestein n
egeran Egeran m (Vesuvian in strahligen Aggregaten)
egg stone s. ooid
eglestonite Eglestonit m, Hg_6Cl_4O
egre s. eagre
Egyptian pebble Kugeljaspis m
eiconagon Zwanzigeck n
Eifelian [Stage] s. Couvinian
eight-fold achtzählig
~-sided achtseitig
eject/to [her]ausschleudern, auswerfen, ausstoßen
ejecta Auswurf m, Auswürflinge mpl
~ **blanket** oberflächenbedeckendes Auswurfmaterial n (durch Meteoriteneinschläge herausgeschleudertes Material)
ejectamenta, ejected material Auswurf m, Auswürflinge mpl
ejection Ejektion f, Ausschleudern n, Auswerfen n, Auswurf m, Ausstoßung f
~ **pressure** Abspritzdruck m
ejective folding Injektionsfaltung f (ausgelöst durch magmatischen Strömen)
ekdemite s. ecdemite
eksedofacies Verwitterungsfazies f
ekzema s. salt dome
elaeolite s. nepheline
elasmosaur Elasmosaurier m
elastic elastisch
~ **aftereffect (afterworking)** elastische Nachwirkung f
~ **bitumen** s. elaterite
~ **deformation** elastische Deformation f
~ **discontinuity** seismische Grenzfläche f
~ **impedance** Schallhärte f
~ **limit** Elastizitätsgrenze f
~ **line** elastische Linie f

~ **mineral pitch** s. elaterite
~-**plastic deformation** elastoplastische Verformung f
~ **rebound** elastische Rückformung f
~ **wave** 1. elastische Welle f (Geophysik); 2. seismische Welle f
elasticity Elastizität f
~ **modulus** Dehnungsmodul m
elaterite Elaterit m, elastisches Erdpech n (asphaltisches Pyrobitumen)
elbaite Elbait m (Varietät von Turmalin)
elbow Knie n
~ **of capture** Ablenkungsknie n, Anzapfungsknie n
~ **of stream capture** s. ~ of capture
elbrussite Elbrussit m (Mineral der Montmorillonitreihe)
electric ... s.a. electrical ...
~ **calamine** s. calamine
~ **conductance** elektrischer Leitwert m
~ **conductivity** elektrische Leitfähigkeit f, elektrisches Leitvermögen n
~ **drill** Elektrobohrgerät n
~ **survey** elektrische Bohrlochmessung f
electrical ... s.a. electric ...
~ **coring** elektrisches kernen n
~ **discharge** elektrische Entladung f
~ **disintegration drilling** Bohren n mittels elektrischer Gesteinszertrümmerung
~ **drainage** Entwässerung f durch Elektroosmose
~ **light gauge** Lichtlot n (Grundwasserspiegelmessung)
~ **log** elektrisches Widerstandsdiagramm (Bohrprofil) n
~ **logging** elektrisches Kernen n, elektrische Bohrlochmessung (Formationsmessung, Widerstandsmessung) f
~ **logging sonde** Sonde f zur elektrischen Bohrlochmessung
~ **profiling** elektrische Profilierung f
~ **prospecting** elektrisches Prospektieren n, geoelektrische Prospektion f
~ **resistance (resistivity)** elektrischer Widerstand m
~ **sonde** Sonde f für elektrische Widerstandsmessung
~ **sounding** elektrische Sondierung f
~ **surface prospecting** elektrische Oberflächenerkundung f
~ **susceptibility** elektrische Suszeptibilität f
~ **tape gauge** elektrisches Kontaktlot n (für Grundwasserspiegelmessung)
~ **variable-resistance level gauge** elektrischer Wasserstandspegel m
~ **well logging** s. ~ logging
electrified ash cloud elektrisch geladene Aschewolke f
electrode resistance Übergangswiderstand m der Elektrodenstäbe (Geoelektrik)
electrodrill Elektrobohrer m
electrodrilling Elektrobohren n

electrohydraulic drilling elektrohydraulisches Bohren n
electrojet Ionosphärenstrom m
electrokinetic potential elektrokinetisches Potential n
electromagnetic elektromagnetisch
~ **depth sounding** elektromagnetische Tiefensondierung f
~ **field** elektromagnetisches Feld n
~ **logging** Induktionslog n, elektrische Widerstandsmessung f
~ **method** elektromagnetisches Verfahren n
~ **prospecting** elektromagnetische Erkundung f
~ **radiation** elektromagnetische Strahlung f
~ **registration** elektromagnetische Registrierung f (z.B. von Erdbeben)
~ **seismometer** elektromagnetisches Seismometer n
~ **spectrum** elektromagnetisches Spektrum n
~ **wave** elektromagnetische Welle f
electrometeor Elektrometeor m
electromicroprobe Elektronenmikrosonde f
~ **analysis** Elektronenstrahlmikroanalyse f
electron beam magnetometer Elektronenstrahlmagnetometer n
~ **micrograph** elektronenmikroskopische Aufnahme f
~ **microprobe** Elektronenmikrosonde f
~ **probe** Elektronensonde f
~ **spin resonance spectra** Elektronenspin-Resonanzspektren npl
electronegativity Elektronegativität f
electronic sky screen equipment elektronisches Himmelsabtastungsgerät n
electroosmosis Elektroosmose f
electroosmotic solidification elektroosmotische Baugrundverbesserung f
electrostatic separation elektrostatische Scheidung f
electrum Elektrum n, silberhaltiges Gold n
element distribution Elementverteilung f
~ **geochemistry** Elementgeochemie f
~ **of an orbit** Bahnelement n
~ **of symmetry** Symmetrieelement n
~ **ratio** Elementverhältnis n
elemental facies geochemische Fazies f
elementary cell Elementarzelle f
~ **crystal cell** Elementarkristallzelle f
eleolite s. nepheline
eleonorite s. beraunite
elevate/to emporheben
elevated beach gehobene Strandterrasse f
~ **cliff** gehobenes Kliff n
~ **shore face terrace** Strandterrasse f
~ **shore line** Hebungsküste f
~ **tableland** Hochebene f
~ **wave-cut terrace** gehobene Abrasionsterrasse f
elevation Aufsteigen n; Hebung f, Heraushebung f; Erhebung f, Erhöhung f, Höhe f; Elevation f

~ **correction** Höhenkorrektur f, Korrektur f auf das Bezugsniveau
~ **head** Druckhöhe f
~ **of coast** Küstenhebung f
~ **of land** Landhebung f
~ **of temperature** Temperaturerhöhung f
ELF = extra low frequency
eliasite s. gummite
ellestadite Ellestadit m, $Ca_5[OH|(SiO_4,SO_4)_3]$
ellipsoid of rotation Rotationsellipsoid n
ellipsoidal ellipsoidisch
~ **basalt** Kugelbasalt m
~ **lava** Pillowlava f
elliptic[al] elliptisch
ellsworthite Ellsworthit m (Uran-Pyrochlor)
Elmo's fire Elmsfeuer n
elongate länglich
~ **crystal** gestreckter Kristall m
~ **irregular marks** Hauptwülste mpl
~ **valve** längliche Schale f
elongation Längung f, Streckung f, Dehnung f
~ **curve** Dehnungsverlauf m
elpasolite Elpasolith m, $K_2Na[AlF_6]$
elpidite Elpidit m, $Na_2Zr[Si_6O_{15}] \cdot 3H_2O$
Elsterian Elster-Eiszeit f, Elster-Kaltzeit f (Pleistozän in Nordwesteuropa)
eluent frische Salzlauge f, Sole f
elution Auslaugung f
elutriate/to abschlämmen, [aus]schlämmen; feine Korngrößen nach der Sedimentationsgeschwindigkeit bestimmen
elutriation Schlämmung f, Abschlämmung f, Ausschlämmung f, Aufschlämmen n, Entschlämmen n
~ **analysis** Schlämmanalyse f
~ **by rising currents** Schlämmanalyse f im aufsteigenden Wasserstrom
elutriator Schlämmapparat m (zur Korngrößenbestimmung unterhalb der Siebgrenze)
eluvial eluvial
~ **deposit** eluviale Lagerstätte f
~ **horizon** Eluvialhorizont m, A-Horizont m
~ **loam** Verwitterungslehm m
~ **ore deposit** eluviale Erzlagerstätte (Seife) f
~ **soil** Ausschwemmungsboden m
eluviated horizon s. eluvial horizon
eluviation Auslaugung f, Auswaschung f (des Bodens)
eluvium Eluvium n, Eluvialboden m, Verwitterungsschutt m
elvan (sl) 1. pneumatolytischer Gang m; 2. Quarzporphyr m
~ **course** (sl) Tiefengesteinsgang m (Schottland)
EM s. electromagnetic method
emanate/to ausströmen
emanation Emanation f, Ausströmen n, Ausstrahlung f; Entgasung f
~ **deposit** Exhalationslagerstätte f
~ **of natural gas** Erdgasaustritt m
emarginate mit gekerbtem Rand
embacle Eisgang m

embank

embank/to eindämmen, eindeichen
embankment 1. Eindeichung f, Anschüttung f, Schüttung f; kleiner Erddamm m; Kai m; Ufer n, Ufereinfassung f; 2. dammartiger Rücken m (Glazialform)
embayed gebuchtet
~ coast [ein]gebuchtete Küste f, zerlappte Küste f, Buchtenküste f
embayment Einbuchtung f
embed/to [ein]betten
embedded eingebettet, eingelagert
embedding Einbettung f
~ material Einbettungsmedium n (Dünnschliff)
embedment Einlagerung f
ember glimmende Kohle f
embolite Embolit m, Bromchlorargyrit m, Bromchlorsilber n, Ag(Br, Cl)
emboss/to bossieren
embossed map Reliefkarte f (Landkarte)
embosser Bossierer m (Natursteinindustrie)
embossing hammer Bossierhammer m
embouchure Mündung f, Einmündung f, Flußmündung f
embrasure Leibung f
embrechite Embrechit m (Mischgestein)
embryonic folds Embryonalfalten fpl
~ soil primärer Boden m
~ structures embryonale Strukturen fpl
~ type Embryonaltyp m
~ volcano Vulkanembryo m
emerald Smaragd m, grüne Beryllvarietät f (s.a. beryl)
~ copper s. dioptase
~ green smaragdgrün
~ nickel s. zaratite
emeraldine smaragdfarben
emerge/to auftauchen
emerged gehoben, aufgetaucht
~ bog Hochmoor n
~ land Festland n
~ reef aufgetauchtes Riff n
emergence Emportauchen n (von Land)
~ angle Emergenzwinkel m (Seismik)
~ of coast Auftauchen n der Küste
~ of the axes Achsenaustritt m
~ point Austrittsstelle f
emersed emers, aufgetaucht
emersion Emersion f, Auftauchen n
~ plane Emersionsfläche f
emery Schmirgel m, körniger Korund m
~ bob Schleifscheibe f mit Schmirgelbelag
~ rock Schmirgel m (Gestein aus Korund und Fe-Mineralien; Handelsbezeichnung)
eminence Bodenerhebung f, Anhöhe f; Aufragung f
emission 1. Emission f, Eigenstrahlung f (eines Körpers); 2. Ausschleudern n, Auswurf m
~ of gas Entgasung f
~ of rays Aussendung f von Strahlen
~ spectrum Emissionsspektrum n
~ spectrum analysis Emissionsspektralanalyse f

emissive emittierend, ausstrahlend, aussendend
emissivity Emissionsvermögen n, Strahlungsvermögen n, Ausstrahlungsvermögen n
emit/to 1. emittieren, ausstrahlen, aussenden; 2. auswerfen, [her]ausschleudern
emitter Strahler m
emmonsite Emmonsit m, $Fe_2[TeO_3]_3 \cdot 2H_2O$
emphasized cleavage geöffnete Scherspalte f, durch Scherung geöffnete Fuge f
emplacement Platznahme f, Raumgewinnung f (eines Gesteins oder Magmas)
emplectite Emplektit m, Kupferwismutglanz m, Wismutkupfererz n, $Cu_2S \cdot Bi_2S_3$
employing of explosives Torpedieren n (Bohrtechnik)
empressite Empressit m, AgTe
empty leer, taub
~ position of a crystal lattice Kristallgitterhohlraum m
empyreuma, empyreumatic odour brenzliger Geruch m
Emscherian Emscher n (Coniac bis mittleres Santon in Nordwestdeutschland)
Emsian [Stage] s. Coblenzian
emulsibility Emulgierbarkeit f
emulsification Emulgierung f, Emulsionsbildung f
emulsified water emulgiertes Wasser n, Emulsionswasser n
emulsifier Emulsionsbildner m
emulsifracturing Emulsifrac f (Bohrtechnik)
emulsify/to emulgieren
emulsion Emulsion f
~ breaker Demulgator m (Bohrtechnik)
~ mud Emulsionsspülung f
emulsive emulgierend, emulsionsbildend
emulsoid Emulsionskolloid n
enallogenous enclave s. xenolith
enamel Zahnschmelz m
~ scale Ganoidschuppe f (bei Fischen)
~-scaled schmelzschuppig
enantiomorphic enantiomorph
~ allotropy enantiomorphe Allotropie f
enantiomorphous enantiomorph
enantiotropic enantiotropisch
enantiotropy Enantiotropie f
enargite Enargit m, Cu_3AsS_4
encallowing Abtragen n des Abraums
encasing rock s. enclosing rock
encatchment area Einzugsgebiet n
encircling reef Dammriff n, Wallriff n
enclave Einschluß m in Magmatiten
enclose/to einschließen
enclosed sea Binnenmeer n
enclosing beds einschließende Schichten fpl
~ rock umgebendes Gestein n, Nebengestein n
enclosure Einschluß m
encoding Verschlüsselung f
encounter/to anfahren (in die Grube)
encountered rock angefahrenes (angetroffenes) Gestein n

encrinal limestone s. encrinite limestone
encrinite Enkrinit m *(Kalkstein mit über 50% Crinoidenresten)*
~ **limestone** Crinoidenkalk m
~ **with shell debris** s. encrinitic limestone
encrinitic coquina schalentrümmerführender Trochitenkalkstein m, Trochitenschalentrümmerkalkstein m
encroach/to eindringen, vordringen *(Wässer in Speicherhorizonte)*
encroaching sea transgredierendes Meer n
encroachment 1. Eindringen n, Vordringen n *(von Wässern in Speicherhorizonte)*; 2. Transgression f, Überflutung f *(Ozean)*
~ **by sand** Versandung f
~ **of the sea** Einbrechen n des Meeres
encrust/to inkrustieren, überkrusten, beschlagen, umhüllen
encrustation 1. Inkrustation f, Inkrustierung f, Überkrustung f, Verkrustung f; 2. Kruste f, Belag m, Überzug m, Ansatz m; Krustenbildung f *(im Brunnen)*
encrusted überkrustet, überzogen
~ **soil** Krustenboden m
encrusting Umkrustung f
~ **algae** inkrustierende Algen fpl, Krustenalgen fpl
end off/to auskeilen
end-centered basis-flächenzentriert
~ **cleat** Schlechte f senkrecht zur Hauptschlechtenrichtung
~ **effect** Endeffekt m *(bei Kerndurchströmung)*
~ **face** Endfläche f *(z.B. eines Kristalls)*
~ **joint** s. ~ cleat
~ **moraine** Endmoräne f, Stirnmoräne f
~ **of a gallery** Feldort n, Ortsstoß m
~-**on spread** einseitige Aufstellung f *(z.B. von Geophonen)*
~ **plane** Abschlußfläche f; Endfläche f
~ **portion** Nachläufer m, Endphase f
~ **thrust** Axialschub m
~-**window counter** Fensterzählrohr n, Glockenzählrohr n
~-**window G-M tube** Geiger-Müller-Fensterzählrohr n, Geiger-Müller-Glockenzählrohr n
endangering degree Gefährdungsgrad m
ended-up/to be seiger stehen
~-**up bed** aufgerichtete (steil stehende) Schicht f
endellionite Bournonit m, Spießglanzbleierz n *(s.a. bournonite)*
endellite s. halloysite
endemic endemisch
~ **fauna** endemische Fauna f
~ **form** endemische Form f
~ **species** bodenständige Art f
enderbite Enderbit m *(Gestein in Granulitfazies)*
endoblastesis Endoblastese f
endocast Ausfüllung f eines geschlossenen Hohlraums
endodynamics endogene Dynamik f

endodynamomorphic soil endodynamomorpher Boden m
endoergic endotherm
endogenetic 1. endogen *(Gestein)*; 2. s. endogenous
~ **rock** endogenes Gestein n
endogenic endogen
~ **crater** endogener Krater m *(Entstehung meist durch Zusammenbruch)*
endogenous endogen, innenbürtig
~ **agents** tellurische Kräfte fpl
~ **dome** Staukuppe f
~ **enclosure** endogener Einschluß m
~ **event** endogener Vorgang m
~ **forces** tellurische Kräfte fpl
~ **metamorphism** endogene Kontaktwirkung f
~ **pneumatolysis** endogene Pneumatolyse f
endokinetic endokinetisch
endolithic endolithisch
~ **breccia** autoklastische Brekzie f
endomorph endomorpher Kristall m
endomorphic endomorph
endomorphism Endomorphose f
endorheic basin abflußloses Binnenbecken n
~ **drainage area** abflußloses Einzugsgebiet n
endoskeleton Innenskelett n
endothermic endotherm, wärmeabsorbierend, Wärme aufnehmend
~ **reaction** endotherme Reaktion f
energy budget Energiehaushalt m
~ **coefficient** Energiekoeffizient m
~ **dissipation** Dissipation f der Energie
~ **grade line** Energielinie f
~ **head** Gesamthöhe f der Energielinie
~ **loss** Energieverlust m
~ **of activation** Aktivierungsenergie f
~ **of distortion** Verzerrungsenergie f
~ **of grain boundary** Korngrenzenenergie f
~ **source** Energiequelle f
engine and pump housing Maschinenhaus n
engineering geology Ingenieurgeologie f
~ **geophysics** Ingenieurgeophysik f
englacial in[tra]glazial
~ **melting** innere Schmelzung f *(eines Gletschers)*
~ **moraine** Innenmoräne f
~ **stream** Gletscherbach m *(im Gletscher)*
~ **till** im Eis transportiertes Moränenmaterial n
englishite Englishit m, $K_2Ca_4Al_8[(OH)_{10}(PO_4)_8] \cdot 9H_2O$
engrafted river aufgepfropfter Fluß m
~ **valley** aufgepfropftes Tal n
engulfment Verschlingen n, Verschlucken n
engybenthic in Nähe des Tiefseebodens lebend
enhanced oil recovery gesteigerte Erdölgewinnung f
enhydrite Enhydrit m *(Mineral mit großen Lösungseinschlüssen)*
enhydros Enhydros m *(Chalzedonknolle mit Flüssigkeitseinschlüssen)*

enhydrous 124

enhydrous hydrisch, wasserführend *(Minerale)*
enlarge a borehole/to ein Bohrloch erweitern
enlargement of the dike (vein) Gangerweiterung f
enlarging bit Erweiterungsbohrer m
~ **of the hole** Erweitern n des Bohrlochs
enrich/to anreichern *(Aufbereitung)*; veredeln *(Erzgang)*
enrichment Anreicherung f, Konzentration f
~ **factor** Anreicherungsfaktor m
~ **zone** Anreicherungszone f
enroll/to sich einrollen
enstatite Enstatit m, $Mg_2[Si_2O_6]$
entablature Säulenbildung f *(im oberen Teil eines Lavastroms)*
enter/to anfahren, einfahren
enterolithic folding Gekrösefaltung f *(im Schlangengips)*
~ **structure** Quellungsfältelung f
entire pallial line integripalliate Mantellinie f *(der Molluskenschale)*
entomolite, entomolith fossiles Insekt n
entoolitic 1. amygdaloidisch; 2. für Oolithstrukturen, die durch Ausfüllung von Blasenräumen entstanden
entrain/to eindringen, einwandern *(z.B. Wasser)*
entrainment Eindringen n, Einwanderung f *(z.B. von Wasser)*
entrance Einfahrt f
~ **gallery** Zugangstrecke f
~ **loss** Eintrittsverlust m *(von Grundwasser in den Brunnen)*
~ **surface** Einfallsfläche f
entrapment Einfang m *(von Flüssigkeiten und Gasen)*
~ **burrow** Begräbnisbau m, Begräbnisstätte f *(von Fossilien)*
entrapped gespannt *(Grundwasser)*
entrenched meander eingesenkter Mäander m
~ **meander valley** junger Folgefluß m in älterem Mäandertal
entropy 1. Entropie f; 2. Vermischungsgrad m *(verschiedener Sedimenttypen)*
~ **function facies map** Fazieskarte, die die Übergangstypen von drei Fazies ausweist
~-**ratio lithofacies map** Fazieskarte, die die reinen Endglieder eines Faziesdiagramms ausweist
entry corridor Entrittskorridor m
~ **working** Örterbau m
envelope 1. Hülle f; 2. Kontakthof m
~ **curve** Mantelkurve f, Hüllkurve f
~ **delay frequency distortion** Laufzeitverzerrung f
enveloping contour (surface) Faltenspiegel m
environment Milieu n, Umwelt f, Bildungsmilieu n
~ **isotope** Umweltisotop n, Umgebungsisotop n

~ **of quiet marine water** Stillwasserbereich m
~ **protection** Umweltschutz m
environmental Umgebungs...
~ **change** Umweltveränderung f
~ **criterion** Milieuindikator m
~ **geochemistry** Umweltgeochemie f
~ **geology** Umweltgeologie f
~ **influence** Einfluß m der Umgebung
~ **isotope** Umweltisotop n, Umgebungsisotop n
~ **monitoring** Umweltüberwachung f
~ **pollution** Umweltverschmutzung f
~ **protection** Umweltschutz m
eobionts Eobionten npl *(älteste Organismen)*
Eocambrian [Period] Eokambrium n
Eocarboniferous s. Mississippian
Eocene eozän
Eocene [Epoch, Series] Eozän n *(Serie des Tertiärs)*
Eocryptozoic Frühpräkambrium n
eocrystal s. brotocrystal
eogenetic porosity Porosität f im frühdiagenetischen Stadium
~ **stage** frühdiagenetisches Stadium n
eolation s. aeolation
eolian s. aeolian
eolianite s. aeolianite
eolith Eolith m *(primitiver Artefakt)*
eon s. aeon
eonothem s. aeonothem
Eopalaeozoic Altpaläozoikum n
eosite Eosit m *(V-haltiger Wulfenit)*
eosphorite Eosphorit m,
 $(Mn, Fe)Al[(OH)_2|PO_4]\cdot H_2O$
Eötvös torsion balance Eötvössche Drehwaage f
~ **unit** Eötvös n, Eötvös-Einheit f *(inkohärente Einheit des Gradienten der Beschleunigung in der Geodäsie)*
Eozoic eozoisch
Eozoic [Era, Time] Eozoikum n, Präkambrium m
epeiric für flache Golfseen auf epirogen gehobenen Kontinentaltafeln
~ **sea** Epikontinentalmeer n, Schelfmeer n
epeirocracy epirogene Hochlage f *(eines Gebiets)*
epeirocratic sea level Meeresspiegel m bei maximaler epirogener Hochlage
epeirogenesis s. epeirogeny
epeirogenetic s. epeirogenic
epeirogenic epirogen[etisch]
~ **movement** epirogene Bewegung f
epeirogeny Epirogenese f, Kontinentalbildung f
epeirophoresis Epirophorese f, Kontinentalverschiebung f
epeirophoris Großfaltungsprozeß m
ephemeral activity einmalige Ausbruchstätigkeit f *(eines Vulkans)*
~ **stream** intermittierender (jahreszeitlicher) Wasserlauf m, kurzzeitig fließender Fluß m
ephemerid Ephemeride f

ephesite Ephesit m, (Na, Ca)Al$_2$[(OH)$_2$|Al(Al, Si)Si$_2$O$_{10}$]
epibiont benthonisch
epibiota Benthos n, bodenbewohnende Meeresorganismen mpl
epibole biostratigrafische Einheit, gekennzeichnet durch die maximale Häufigkeit einer Art, Gattung bzw. eines anderen Taxons
epicentral area Gebiet n des Epizentrums, Epizentralgegend f
~ **distance** Epizentralentfernung f
epicentre Epizentrum n
epiclastic epiklastisch
epicontinental basin epikontinentales Becken n
~ **development** epikontinentale Entwicklung f
~ **sea (waters)** Epikontinentalmeer n, Schelfmeer n, Flachsee f
epicurrent Oberflächenströmung f (Ozean)
epidermic folding s. Jura-type folding
epidesmine s. stilbite
epidiagenese Diagenesespätstadium n (mit Übergang zur Verwitterung)
epididymite Epididymit m, NaBe[OH|Si$_3$O$_7$]
epidiorite Epidiorit m (Orthoamphibolit)
epidosite Epidosit m (Kalksilikatgestein)
epidote Epidot m, Ca$_2$(Fe, Al)Al$_2$[O|OH|SiO$_4$|Si$_2$O$_7$]
epidotization Epidotisierung f
epidotize/to epidotisieren
epieugeosyncline Epieugeosynklinale f
epifauna Epifauna f (auf dem Meeresboden lebende Fauna)
epigenesis Epigenese f
epigenetic epigenetisch
~ **deposit** epigenetische Lagerstätte f
epigone parasitärer Vulkankegel m
epiianthinite Epiianthinit m, [UO$_2$|(OH)$_2$]·H$_2$O
epikinematic s. postorogenic
epimagmatic epimagmatisch, deuterisch
epineritic epineritisch
epiphysis Epiphyse f
epiphytic epiphytisch
epiro... s. epeiro...
epirock Epigestein n
episcopic illumination Auflichtbeleuchtung f
epistilbite Epistilbit m, Ca[Al$_2$Si$_6$O$_{16}$]·5H$_2$O
epistolite Epistolit m, (Na, Ca)(Nb, Ti, Mg, Fe, Mn)[OH|SiO$_4$]
epitaxy Epitaxie f
epitectonic spättektonisch
epithermal epithermal
~ **deposit** epithermale Lagerstätte f
epizoa Epizoen npl
epizone Epizone f
epizootical Abdrücke von Tierresten enthaltend
epoch Epoche f (geochronologische Einheit)
~ **of folding** Faltungsepoche f
~ **of humid climate** Feuchtklimaperiode f
epoptic figures Absorptionsfiguren fpl (im Kristallschnitt senkrecht zur optischen Achse)

epoxy-embedded in Epoxi[d]harz eingebettet
epsom salt s. epsomite
epsomite Epsomit, Bittersalz n, Mg[SO4]·7H$_2$O
equal area chart flächentreue Karte f
~ **area projection** flächentreue Projektion f
~ **falling** Gleichfälligkeit f
~ **falling speed/of,** ~ **terminal velocity/of** gleichfällig (Aufbereitung)
equalizing reservoir Ausgleichbecken n
equant s. equigranular
equation of motion Bewegungsgleichung f
equator Äquator m
~ **of the heavens** Himmelsäquator m
equatorial äquatorial, Äquator...
~ **axis** parallaktische Achse f
~ **circumference** Äquatorumfang m
~ **climate** äquatoriales Klima n
~ **current** Äquatorialstrom m, Passatströmung f
~ **drift** Äquatorströmung f
~ **forest** Äquatorialwald m
~ **plane** Äquatorebene f
~ **radius** Äquatorradius m
equiareal projection flächentreue Projektion f
equidimensional crystals Kristalle mpl gleicher Größe
equidistance Äquidistanz f
equidistant äquidistant, abstandsgleich, abstandstreu, längentreu
~ **projection** abstandstreue Projektion f
equigranular gleichkörnig, gleichmäßig körnig
equilateral shell gleichklappige Schale f
equilibrium Gleichgewicht n
~ **constant** Gleichgewichtskonstante f (für Gas-Öl-Gemisch)
~ **diagram** Zustandsdiagramm n
~ **equation of water flow** Zustandsgleichung f der Wasserströmung
~ **liberation** Gleichgewichtsverdampfung f (Gas-Öl-Verhältnis)
~ **pressure** Gleichgewichtsdruck m
~ **region** Zustandsfeld n
~ **saturation** Gleichgewichtssättigung f
equimolecular solution äquimolekulare Lösung f
equinoctial äquinoktial, Äquinoktial...
equinoctial Äquinoktiallinie f; Himmelsäquator m
~ **gales (storms)** Äquinoktialstürme mpl, Herbststürme mpl
equinoctials s. equinoctial gales
equinox Äquinoktium n, Tagundnachtgleiche f
equiplanation Reliefeinebnung f (ohne Massendefizit)
equipotential äquipotential
~ **line** Äquipotentiallinie f
~ **surface** Äquipotentialfläche f
equivalence Äquivalenz f
~ **beds** äquivalente Schichten fpl
~ **projection** flächentreue Projektion f
~ **weight** Äquivalentgewicht n

equivalent 126

equivalent photographic resolution äquivalentes fotografisches Auslösungsvermögen *n*
equivalve[d] gleichschalig, gleichklappig
~ **shell** gleichklappige Schale *f*
equivolumnar wave *s.* shearing wave
era Ära *f (geochronologische Einheit)*
eradiation Ausstrahlung *f*, Strahlung *f*
erathem Ärathem *n (Einheit der biostratigrafischen Skala)*
erbium Erbium *n*, ER
ERE *s.* effective resolution element
erect fold aufrechte (stehende) Falte *f*
erg Sandwüste *f*
Erian [Series] Eri *n (Serie des Devons in Nordamerika, entspricht etwa dem Mitteldevon Europas)*
~ **phase of folding** erische Faltungsphase *f*
ericaite Ericait *m*, (Fe, Mg, Mn)$_3$[Cl|B$_7$O$_{13}$]
erikite Erikit *m (Monazit pseudomorph nach Eudialit)*
erinite Erinit *m (s.a.* cornwallite)
eriochalcite Eriochalcit *m*, Cu Cl$_2$·2H$_2$O
erionite Erionit *m (s.a.* offretite)
erlane Erlan *m (Kalksilikatfels)*
erode/to erodieren, abspülen, abtragen, auswaschen
erodibility Erosionsempfindlichkeit *f*
~ **of soil** Grad *m* der Bodenerosion
erodible erosionsempfindlich, erodierbar
erosion Erosion *f*, Ausnagung *f*, Abtragung *f*
~ **base level** Erosionsbasis *f*
~ **control** Kolkschutz *m*
~ **drilling** Erosionsbohren *n*
~ **groove** Erosionsrille *f*
~ **gully** Erosionsgraben *m*
~ **interval** Erosionslücke *f*, Erosionsintervall *n*, Erosionsunterbrechung *f*
~ **level** Abtragungsniveau *n*, Erosionsbasis *f*
~ **of a bank** Uferabbruch *m*
~ **plain (plane)** Erosionsebene *f*
~ **stream bed** Erosionswasserbett *n*
~ **surface** Erosionsfläche *f*, Abtragungsfläche *f*, Verebnungsfläche *f*
~ **thrust** Reliefüberschiebung *f*
~ **trench** Erosionsgraben *m*
~ **unconformity** Erosionsdiskordanz *f*
~ **valley** Erosionstal *n*
erosional action (activity) Erosionstätigkeit *f*
~ **break** *s.* ~ disconformity; ~ interval
~ **cavity** Kolk *m*
~ **channel** Erosionsrinne *f*
~ **disconformity** Erosionsdiskordanz *f*
~ **fenster** Erosionsfenster *n*
~ **form** Abtragungsform *f*
~ **gap** *s.* ~ interval
~ **outlier** Restberg *m*, Zeugenberg *m*; Erosionsrest *m*
~ **rate** Erosionsgeschwindigkeit *f*
~ **remnant** *s.* ~ outlier
~ **terrace** Erosionsterrasse *f*, ausgewaschene Uferbank *f*
~ **window** Erosionsfenster *n*

~ **work** Erosionstätigkeit *f*
erosive erosiv, erodierend, Erosions...
~ **action (activity)** Erosionstätigkeit *f*
~ **effect** erodierende Wirkung *f*
~ **work** Erosionstätigkeit *f*
erosiveness 1. Erosionsfähigkeit *f*; 2. Grad *m* der Bodenerosion
errant block *s.* erratic block
erratic erratisch
~ **block** erratischer Block *m*, Findling *m*
~ **boulder (bowlder)** *s.* ~ block
~ **map** Findlingskarte *f*
~ **soil** Alluvialboden *m*
~ **subsoil** unregelmäßiger Untergrund *m*
erratics erratische Blöcke *mpl*, Findlinge *mpl*
ERRE *s.* effective radiometric resolution element
error of closure Abschlußfehler *m (einer Vermessung)*
erubescite *s.* bornite
eructate/to ausschleudern
eructation gewaltsamer vulkanischer Gasausbruch *m*, Ausschleudern *n*, Auswurf *m*
erupt/to erumpieren, ausbrechen *(von Vulkanen)*
erupted blocks Auswürflinge *mpl*
eruption Eruption *f*, [vulkanischer] Ausbruch *m*
~ **channel** Eruptionsschlot *m*, Eruptivschlot *m*, Eruptionskanal *m*
~ **cloud** Eruptionswolke *f*
~ **column** Eruptionssäule *f*
~ **cone** Eruptionskegel *m*
~ **crater** Eruptionskrater *m*
~ **cycle** Eruptionszyklus *m*
~ **fissure** Eruptionsspalte *f*
~ **of lava** Lavaausbruch *m*
eruptive eruptiv
~ **body** Eruptivkörper *m*
~ **breccia** Eruptivbrekzie *f*
~ **dike** Eruptivgang *m*
~ **facies** Eruptivfazies *f*
~ **knob** Eruptivkuppe *f*
~ **rocks** Eruptivgestein *n*, Erstarrungsgestein *n*, vulkanisches Gestein *n*
~ **vein** Eruptivgang *m*
~ **vent** *s.* eruption channel
eruptives Eruptiva *npl*
Erythr[a]ean trend erythräische Streichrichtung *f*
erythrite Erythrin *m*, Kobaltblüte *f*, Co$_3$[AsO$_4$]$_2$·8H$_2$O
erythrosiderite Erythrosiderit *m*, K$_2$[FeCl$_5$H$_2$O]
erythrozinkite Erythrozinkit *m*, (Zn, Mn)S
Erzgebirgian orogeny Erzgebirgische Orogenphase *f*
escape/to entweichen
escape 1. Entweichen *n*, Freiwerden *n*; 2. Überfall *m*, Überlauf *m (einer Talsperre)*
~ **of natural gas** Erdgasaustritt *m*
~ **of the volatile constituents** Entweichen *n* der flüchtigen Bestandteile

~ **point** Überlaufpunkt *m*
~ **structure** Fluchtspur *f (Ichnologie)*
~ **velocity** Entweichgeschwindigkeit *f*
~ **way** Fluchtstrecke *f*
escar *s.* esker
escarpment Steilhang *m*, Steilabfall *m*, Steilabbruch *m*, steile Böschung *f*; Landstufe *f*
eschar *s.* esker
eschwegeite *s.* euxenite
eschynite *s.* aeschynite
escolaite Eskolait *m*, CrO_3
escutcheon Area *f*, Schildchen *n (bei Muscheln)*
eskar *s.* esker
esker Esker *m*, Os *m*, Ås *m (glazialer Kiesrükken)*
eskerine eskerartig
esperite Esperit *m*, $PbCa_3Zn_4[SiO_4]_4$
essential ash Glasasche *f*
~ **constituent** wesentlicher Gemengteil *m*
~ **ejecta** juvenil-authigene Auswürflinge *mpl*
~ **mineral** Hauptmineral *n*, kennzeichnender Mineralbestandteil *m (eines Gesteins)*
essexite Essexit *m*
essonite Hessonit *m (Fe-Grossular, s.a.* garnet)
estavel subterraner Karstfluß *m*
estavelle Wechselschlund *m*
estimated reserves geschätzte Vorräte *mpl (noch nicht berechnet und durch die staatliche Vorratskommission bestätigt)*
~ **top** rekonstruierte Oberkante *f (einer Schicht)*
estimation Schätzung *f (mathematische Statistik)*
~ **of reserves** Vorratsschätzung *f*
estuarine ästuarin
~ **facies** ästuarine Fazies *f*
~ **flat** Marsch *f*
~ **type** Ästuartypus *m*
~ **water** Brackwasser *n*
estuary 1. Ästuar[ium] *n*, Flußmündung *f*, Trichtermündung *f*, Gezeitenflußmündung *f*; 2. Meeresarm *m*, Meeresbucht *f*
~ **coast** Ästuarküste *f*
etch/to [an]ätzen
etch figure Ätzfigur *f*
etching Ätzung *f*, Anätzung *f*
~ **by air** Luftätzung *f*
~ **figure** Ätzskulptur *f*, Ätzgrübchen *n*
~ **pit** Ätzgrübchen *n*
~ **structure** Ätzstruktur *f*
eternal frost Permafrost *m*, Dauerfrost *m*
~ **snow** ewiger Schnee *m*
etesian winds Jahresmonsun *m*
ethane Äthan *n*, C_2H_6
Ethiopian shield Äthiopischer Schild *m*
ethmolith Ethmolith *m*
ethology Ethologie *f*, Verhaltensforschung *f*
etiolated gebleicht
Etroeungt [Stage], Etroeungtian [Stage] Etroeungt *n (Stufe des höchsten Oberdevons, Ardennen)*

ettringite Ettringit *m*, $Ca_6Al_2[(OH)_4|SO_4]_3 \cdot 24H_2O$
eucairite Eukairit *m*, $Cu_2Se \cdot Ag_2Se$
euchroite Euchroit *m*, $Cu_2[OH|AsO_4] \cdot 3H_2O$
euclase Euklas *m*, $AlBe[OH|SO_4]$
eucrite Eukrit *m (1. Varietät von Gabbro; 2. Meteorit aus Anorthit und Augit)*
eucryptite Eukryptit *m*, $LiAl[SiO_4]$
eucrystalline eukristallin, vollkristallin
eudialyte Eudialyt *m*, $(Na,Ca,Fe)_6Zr[(OH,Cl)|(Si_3O_9)_2]$
eudidymite Eudidymit *m*, $NaBe[OH|Si_3O_7]$
eugeosyncline Eugeosynklinale *f*
eugranitic eugranitisch
~ **texture** eugranitische Struktur *f*
euhedral crystal, euhedron idiomorpher Kristall *m*
eulytine *s.* eulytite
eulytite Eulytin *m*, Kieselwismut *m*, Wismutblende *f*, $Bi_4[SiO_4]_3$
eupelagic eupelagisch
~ **deposit** eupelagische Ablagerung *f*
euphotic zone euphotische Zone *f*, durchlichtete Wasserzone *f*
Eurasian steppe region eurasiatischer Steppengürtel *m*
euritic *s.* microgranitic
europium Europium *n*, Eu
euryhaline euryhalin
eustatic eustatisch
~ **change of the sea level** eustatische Meeresspiegelschwankung *f*
~ **movements** eustatische Bewegungen *fpl*
eusynchite *s.* descloizite
eutaxic geschichtet *(bei Erzlagern)*
eutectic eutektisch
eutectic Eutektikum *n*
~ **curve** eutektische Linie *f*
~ **ratio** Eutektikumsverhältnis *n*
~ **texture** Schriftstruktur *f*
eutectiferous Eutektikum enthaltend
eutectoid eutektoid
eutomous mit deutlicher Spaltbarkeit
eutonic Eutonikum *n*
eutrophic eutroph, nährstoffreich
~ **organisms** eutrophe Organismen *mpl (Ökologie)*
eutrophication Eutrophierung *f*
euxenite Euxenit *m*, $(Y,Er,Ce,U,Pb,Ca)(Na,Ta,Ti)_2(O,OH)_6$
euxinic euxinisch
~ **facies** Schwarzmeerfazies *f*, euxinische Fazies *f*, Schwarzschieferfazies *f*
~ **sediment** euxinisches Sediment *n*
evacuation of material Stoffabfuhr *f*
evaluation [technisch-ökonomische] Lagerstätteneinschätzung *f*
~ **of discovery** Fundbewertung *f*
evanescent lake eintrocknender See *m*
evansite Evansit *m*, $Al_3[(OH)_6|PO_4] \cdot 6H_2O$
evapocryst primäres Evaporitkorn *n*
evapocrystic mit primärem Evaporitgefüge
evapolensive mit schwach lamelliertem Evaporitgefüge

evaporate 128

evaporate/to verdampfen, verdunsten
evaporating capacity Verdunstungsvermögen *n*
evaporation Verdampfung *f*, Verdunstung *f*, Eindampfen *n*
~ **area** Verdunstungsfläche *f*
~ **from soil** Bodenausdünstung *f*
~ **loss** Verdunstungsverlust *m*
~ **opportunity** s. relative evaporation
~ **pressure** Dampfdruck *m*
~ **suppression** Verdunstungsunterdrückung *f*
evaporativity Verdunstungsvermögen *n*, Verdunstungshöhe *f*
evaporimeter Verdunstungsmesser *m*
evaporite Evaporit *m (chemisches Sediment)*
~**-solution breccia** Auslaugungsbrekzie *f (Karsterscheinung)*
evapotranspiration Evapotranspiration *f*, produktive Verdunstung *f*, Gesamtverdunstung *f (einschließlich Pflanzentranspiration)*
~ **equation** Verdunstungsgleichung *f*
even-bedded gleichmäßig geschichtet
~ **bedding** ebene Schichtung *f*
~**-crested ridges** Gipfelflur *f*
~**-crested skyline (summit area, upland)** Gipfelflurebene *f*
~ **fracture** ebener Bruch *m*
~**-grained** gleichkörnig, gleichmäßig körnig
evenkite Evenkit *m*, $C_{24}H_{50}$
evenly bedded gleichmäßig geschichtet
~ **laminated** ebengeschichtet
~ **surfaced** ebenflächig
evenness Ebenflächigkeit *f*, Ebenheit *f*
event Einsatz *m (Seismik)*
ever-frost Permafrost *m*, Dauerfrost *m*
~ **frozen layer** Dauerfrostschicht *f*
~ **frozen soil** Permafrostboden *m*, Dauerfrostboden *m*
everglade *(Am)* sumpfige Steppe *f*, Küstensumpf *m*
evidence of erosion Erosionsanzeichen *n*
eviscerated aufgerissen
evolute whorls evolute Windungen *fpl (bei Ammoniten)*
evoluting course Entwicklungsgang *m*
evolution of heat Wärmeentwicklung *f*
~ **of river bed** Flußausbildung *f*
~ **of species** Entwicklung *f* der Arten
evolutional ... s. evolutionary ...
evolutionary course Entwicklungsgang *m*
~ **doctrine** Entwicklungslehre *f*
~ **history** Entwicklungsgeschichte *f*
~ **line** Entwicklungslinie *f*
~ **process** Entwicklungsvorgang *m*
~ **progress** Entwicklungsfortschritt *m*
~ **record** Entwicklungsgeschichte *f*
~ **series** Entwicklungsreihe *f*
~ **spurt** Entwicklungssprung *m*
~ **stage** Entwicklungsstadium *n*
~ **trend** Entwicklungsrichtung *f*
evolutionism Entwicklungslehre *f*
evolutive stages of erosion s. geographical cycle

evorsion Wirbelerosion *f*, Ausstrudelung *f*, Auskolkung *f*
exaggerated überhöht *(Maßstab)*
exaggeration of heights Überhöhung *f (im Profil)*
~ **of the vertical scale** Überhöhung *f (Maßstab)*
exalbuminous eiweißlos
examination of soil Bodenuntersuchung *f*
~ **of subsoil** Baugrunduntersuchung *f*
~ **of surface** Oberflächenbeobachtung *f*
exarate/to auskolken
exaration Auskolken *n*
excavatability Gewinnbarkeit *f (durch Ausbruch)*
excavate/to 1. [aus]baggern, ausschachten, aushöhlen; 2. ausgraben, ausstrudeln, auskolken
excavated cross-section lichter Ausbruchsquerschnitt *m*
excavation 1. Ausbruch *m*, Ausschachtung *f*, Aushöhlung *f*; Aushub *m*; Ausgrabung *f*; 2. Weitung *f*; 3. Ausstrudelung *f*, Auskolkung *f*
excavator Bagger *m*
excess hydrostatic pressure hydrostatischer Überdruck *m*
~ **of mass** Massenüberschuß *m (Gravimetrie)*
~ **pressure** Überdruck *m*
~ **rain hyetograph** Überschuß-Niederschlagsganglinie *f*
excessive precipitation Starkniederschlag *m*
~ **water interlayer** Mehrschichttonmineralwasser *n*
exchange capacity Austauschkapazität *f*; Austauschvermögen *n*
~ **reaction** Austauschreaktion *f*
exclusion of air Luftabschluß *m*
excretory Ausscheidungs...
executive program Ausführungsprojekt *n*
exfoliate/to abblättern
exfoliation Abblätterung *f*, schalenförmige Abschuppung *f*, Desquamation *f*, Abschieferung *f*
exhalation Exhalation *f*, Aushauchung *f*; Ausdünstung *f*
~ **deposit** Exhalationslagerstätte *f*
exhale/to aushauchen; ausdünsten; ausströmen
exhaust/to völlig abbauen; erschöpfen; versiegen
exhausted soil erschöpfter Boden *m*
~ **vein** abgebauter Gang *m*
~ **well** 1. erschöpfte Bohrung *f*; 2. versiegter Brunnen *m*
exhaustible begrenzt, nicht unerschöpflich
exhaustion of a mine Erschöpfung *f* eines Feldes
~ **of an oil well** Erschöpfung *f (Versiegen n)* einer Erdölbohrung
exhibited beds/well gut aufgeschlossene Schichten *fpl*
exhumation Ausgrabung *f*, Freilegung *f*

exhume/to exhumieren, ausgraben, freilegen
exhumed peneplain abgedeckte Rumpfebene f
exinite Exinit m *(Kohlenmaceral; Maceralgruppe)*
exit Austrittsstelle f
~ **gradient** Austrittsgefälle n
exocast Außenabdruck m eines Fossils
exocontact Exokontakt m
exocyclic irregulär
exodynamics exogene Dynamik f
exoergic exotherm
exogene, exogenetic, exogenic s. exogenous
exogenous exogen, von außen wirkend, außenbürtig
~ **agents** außenbürtige Kräfte fpl
~ **cycle** exogener Kreislauf m
~ **dome** s. volcanic dome
~ **effects** Auswirkungen fpl im Intrusionsbach
~ **enclosure** s. xenolith
~ **inclusion** exogener Einschluß m
~ **lava dome** s. shield volcano
~ **process** exogenetischer Prozeß m
~ **rock** exogenes Gestein n
exogeosyncline Exogeosynklinale f
exokinetic exokinetisch
exometamorphism Kontaktmetamorphose f
exomorphic exomorph
~ **area (halo)** Kontakthof m
exomorphism s. exometamorphism
exorheic region in den Ozean entwässerndes Gebiet n
exoskeleton Außenskelett n
exosmose Ausschwitzung f
exosphere Exosphäre f
exospheric exosphärisch
exothermal, exothermic exotherm[isch] f
exotic exotisch
~ **block** exotischer Block m, Scherling m *(bei Überschiebungen)*
~ **fauna** fremdartige Fauna f
~ **rock** ortsfremdes Gestein n
expand/to sich ausdehnen
expanded entspannt
~ **clay** Blähton m, aufgeblähter (geschwellter) Ton m
expanding anchor Spreizanker m
~ **spread** Korrelationsaufstellung f *(Seismik)*
expansibility Schwellvermögen n
expansion coefficient Ausdehnungskoeffizient m
~ **crack** Sprengriß m
~ **measuring strip** Dehnungsmeßstreifen m
~ **of the gas cap** Ausdehnung f der Gaskappe
~ **of the universe** Expansion f des Weltalls
expansive clay s. expanded clay
~ **force** Quellfähigkeit f *(von Böden, Tonen)*
expectation of ultimate recovery erwartete Gesamtausbeute f
expected depth voraussichtliche (erwartete) Tiefe f
~ **output** zu erwartende Produktion f

~ **tonnage** industrieller (abbauwürdiger) Vorrat m
expel/to ausschleudern
expenses of exploration Untersuchungskosten pl, Aufschlußkosten pl
experimental drilling Probebohrung f
~ **geology** Experimentalgeologie f
~ **verification** experimenteller Beweis m
exploit/to abbauen, ausbeuten, gewinnen
exploitable abbauwürdig, gewinnbar
~ **reserves of water** gewinnbare Wasserreserven (Wasserressourcen) fpl
exploitation Abbau m, Ausbeutung f, Gewinnung f
~ **drilling** Gewinnungsbohrung f
~ **engineer** Gewinnungsingenieur m
~ **factor** Ausnutzungsfaktor m
~ **method** Abbaumethode f, Gewinnungsart f
~ **permit** Gewinnungsberechtigung f
exploited oil field erschöpftes Ölfeld n
exploration Exploration f, Erkundung f, Aufsuchen n, Schürfen n
~ **activity** Explorationstätigkeit f
~ **boring** s. ~ drilling
~ **drilling** 1. Explorationsbohren n, Untersuchungsbohren n, Aufschlußbohren n; 2. Versuchsbohrung f, Probebohrung f
~ **expenses** Untersuchungskosten pl, Aufschlußkosten pl
~ **geochemistry** Lagerstättengeochemie f
~ **geophysics** Erkundungsgeophysik f
~ **licence** Aufschlußkonzession f
~ **of caves** Höhlenforschung f
~ **of space** Weltraumforschung f
~ **of the ionosphere** Ionosphärenforschung f
~ **permit** Schürfschein m, Schürflizenz f
~ **right** Explorationsrecht n
~ **tunnel** Sondierstollen m
~ **well** Aufschlußbohrung f, Explorationsbohrung f, Untersuchungsbohrung f, Erkundungsbohrung f
~ **work** Aufschlußarbeiten fpl, Untersuchungsarbeiten fpl
explorative drilling s. exploration drilling 1.
exploratory borehole Explorationsbohrloch n
~ **boring** s. exploration drilling 1.
~ **drift** Untersuchungsstrecke f, Erkundungsstrecke f
~ **drill hole** Vorbohrloch n
~ **drilling** s. exploration drilling 1.
~ **excavation** Schurf m
~ **hole** Aufschlußbohrung f
~ **rocket** meteorologische Rakete f
~ **well** s. exploration well
~ **work** Aufschlußarbeiten fpl, Untersuchungsarbeiten fpl
explore/to erkunden, aufsuchen, untersuchen, schürfen, erforschen
exploring Erforschung f, Erkundung f
~ **drift** Versuchsstrecke f, Untersuchungsstollen m
~ **mining** bergmännische Erkundungsarbeiten fpl

explosion

explosion Explosion f, Ausbruch m
~ **breccia** Explosionsbrekzie f
~ **crater** Explosionskrater m
~ **focus** Explosionsherd m
~ **of fire damp** Schlagwetterexplosion f
~ **of the combustible gases** Gasexplosion f, Schlagwetterexplosion f
~ **pipe** Eruptionsschlund m
~-**pipe eruption** Punkteruption f
~ **pit** Maar n
~ **tremors** Explosionsbeben npl
explosive Sprengstoff m
explosive explosiv
~ **activity** explosive Tätigkeit f
~ **atmosphere** explosive Wetter pl
~ **earthquake** Explosivbeben n
~ **eruption** Explosivausbruch m
~ **index** pyroklastischer Anteil an der Gesamtförderung eines Vulkans
~ **rock** schlagendes Gebirge n
exponential decline curve exponentielle Erschöpfungskurve f (Lagerstättenabbau)
expose/to bloßlegen, freilegen, aufschließen
exposed freiliegend, freigelegt, bloßgelegt, aufgeschlossen
~ **anticline** bloßgelegte Antiklinale f
~ **area** Verhiebsfläche f
~ **rock** anstehendes Gestein n
~ **strata** ausstreichende Schichten fpl
exposing Freilegung f
exposure Freilegung f, Aufschluß m, Bloßlegung f
~ **site** Meßstelle f
~ **time** 1. Belichtungszeit f; 2. Einwirkungszeit f (Strahlung)
expulsion Ausschleudern n, Auswurf m
exsiccation Austrocknung f, Vertrocknung f
exsolution Entmischung f
~ **lamellae** Entmischungslamellen fpl
~ **minerals** Entmischungsminerale npl
exsolutional sediment lösungsverfestigtes Sediment n
exstipulate nebenblattlos
exsudanite Exsudanit m (Kohlenmaceral der Liptinitgruppe; sekundäre Bildung bei der Diagenese)
extant noch heute lebend
extended exposures flächenhafte Aufschlüsse mpl
~ **valley** verlängertes Tal n
extending flow Flächenströmung f
extensibility Dehnbarkeit f
extension Zerrung f
~ **joint** Dehnungskluft f
~ **strain fracture** Entspannungskluft f
~ **test** Erweiterungsbohrung f
~ **well** Erweiterungsbohrung f (auf bekanntem Horizont)
extensometer Dehnungsmesser m
extensometric method Dehnungsmeßverfahren n
exterior cast Außenabguß m (eines Fossils)
~ **dune** Außendüne f

~ **mould** Außenabguß m (eines Fossils)
external extern, exogen
~ **agencies** externe Kräfte fpl
~ **cast** Außenabguß m (eines Fossils)
~ **dynamic processes** s. exodynamics
~ **geodynamics** äußere Geodynamik f
~ **ligament** äußeres Ligament n
~ **migration factor** äußerer Migrationsfaktor m
~ **mould** Außenabguß m (eines Fossils)
~ **pressure** Außendruck m
~ **rotation** Externrotation f
~ **skeleton** Außenskelett n
~ **symmetry of crystals** äußere Kristallsymmetrie f
~ **volcanism** Oberflächenvulkanismus m
externides Externiden pl (orogene Strukturform)
extinct ausgestorben, erloschen
~ **lake** verlandeter See m
~ **species** ausgestobene Art f
~ **volcano** erloschener Vulkan m
extinction 1. Auslöschung f (optisch); 2. Extinktion f, Schwächung f (der Strahlung); 3. Aussterben n, Erlöschen n, Artentod m; 4. Verschwinden n (z.B. eines Sees)
~ **angle** Auslöschungsschiefe f
~ **direction** Auslöschungsrichtung f
~ **position** Auslöschungslage f
extinguished volcano erloschener Vulkan m
extoölite kleine Konkretion f
extra low frequency exploration Erkundung f mittels extrem niederfrequenter [elektromagnetischer] Wellen
~-**Neptunian planets** transneptunische Planeten mpl
extraclast Extraklast m (Karbonatgesteinsfragment von außerhalb des Sedimentationsraums)
extract/to 1. fördern; abbauen, gewinnen; 2. auskohlen
~ **a core** einen Kern ziehen
extraction Verhieb m, Abbau m, Gewinnung f, Förderung f
~ **method** Extraktionsmethode f
~ **of oil** Erdölgewinnung f
~ **of ore** Erzabbau m
~ **water** Extraktionswasser n (zur Untertageverflüssigung von Schwefel)
~ **with stowing** Versatzbau m
extractive gewinnbar
~ **industry** Aufbereitungsindustrie f
extragalactic extragalaktisch
extramagmatic extramagmatisch
extramorainic außerhalb der Endmoräne gelegen
extramundane außerirdisch
extraneous ash syngenetische Aschebestandteile mpl (von Kohle)
extraordinary ray außerordentlicher Strahl m
extrapolation Extrapolation f
extratelluric extratellurisch
extraterrestrial extraterrestrisch, extratellurisch, außerirdisch, außerhalb der Erde

131   fairy

~ **geology** extraterrestrische Geologie f
~ **radiation** extraterrestrische Strahlung f
~ **source** extraterrestrische Quelle f
~ **space** Weltraum m
extravasate/to ausströmen
extravasating lava ausfließende Lava f
extravasation of lava Ausfließen n von Lava, Lavaausbruch m
extreme pressure Höchstdruck m
extrude/to ausstoßen
extrusion Extrusion f, Erguß m, Auswurf m
extrusive extrusiv, vulkanisch
~ **body** Extrusivkörper m
~ **magmatic** extrusiv-magmatisch
~ **phase** Extrusionsphase f
~ **rock** Extrusivgestein n, Ergußgestein n, vulkanisches Gestein n, Vulkanit m
exudation Ausschwitzung f, Ausgasung f, Exudat n
~ **of oil** Ausschwitzung f von Erdöl
~ **vein** s. segregated vein
eye-ball interpretation visuelle Auswertung f
~ **clean** augenrein (bei Edelsteinen)
~ **coal** Augenkohle f
~ **node** Augenknoten m
~ **piece** Okular n
~-**piece micrometer** Okularmikrometer n
~ **tubercle** Augenhöcker m
eyed structure Augengefüge n
eyot kleine Insel f (im Fluß oder See)
ezcurrite Ezcurrit m, $Na_2[B_5O_6(OH)_5]\cdot H_2O$

F

fabianite Fabianit m, $Ca[B_3O_5(OH)]$
fabric Gefüge n (im gefügekundlichen Sinne)
~ **element** Gefügeelement n
face 1. Fläche f (z.B. eines Kristalls); 2. Abbaustoß m, Gewinnungsstoß m, Ortsbrust f, Ortsstoß m, Stoß m (s.a. back 1.); 3. Faltenvergenz f (Tektonik)
~ **advance** Verhieb m; Abbaufortschritt m, Vortriebsfortschritt m
~ **angle** Flächenwinkel m (z.B. eines Vielflächners)
~-**centered** flächenzentriert (Kristall)
~-**centered cubic** kubisch-flächenzentriert
~-**centered lattice** flächenzentriertes Gitter n
~ **cleat** gut ausgebildete Kohlenschlechte f
~ **end** Strebausgang m (Abbau)
~**entry** Abbaustrecke f senkrecht zu den Schlechten
~ **excavation** STrebraum m
~ **length** Streblänge f
~ **of crystal** Kristallfläche f
~ **of lode** Salband n (eines Erzganges)
~ **of sand** Sandstoß m
~ **of well** Bohrlochsohle f
~ **on board** Arbeitsstoß m parallel zu den Schlechten
~ **on end** Arbeitsstoß m senkrecht zu den Schlechten

~ **slips** gegen den Stoß einfallende Schichtflächen (Schlechten) fpl
~ **support** Strebausbau m
~ **terrace** Küstenterrasse f
~ **working space** Abbauraum m
facet/to facettieren
facet Facette f, Kristallfläche f, Rautenfläche f
facetted eyes Facettenaugen npl, Komplexaugen npl (der Arthropoden)
~ **pebble** Kantengeröll n, Facettengeschiebe n
facial faziell
~ **grooves** Segmentalfurchen fpl
~ **suture** Gesichtsnaht f (Trilobiten)
facieology Fazieskunde f
facies Fazies f
~ **change** Fazieswechsel m, Faziesänderung f
~ **fossil** Faziesfossil n
~ **map** Fazieskarte f
~ **nappe** Faziesdecke f
~ **of coal** Kohlenfazies f
facing 1. Bestimmung f der ursprünglichen Schichtenoberkante; primäre Raumlage f einer Schicht
~ **of strata** Bestimmung f der primären Schichtorientierung
facsimile crystallization Abbildungskristallisation f
factor Faktor m, Merkmalskomplex m, Ursachenkomplex m
~ **analysis** Faktor[en]analyse f
~ **loading** Faktorladung f (Gewicht eines Merkmals bei einem Faktor)
~ **of concentration** Konzentrationsgrad m
~ **of outflow variation** Abflußschwankungskoeffizient m
~ **of safety** Sicherheitsgrad m, Sicherheitskoeffizient m
~ **of weathering** Verwitterungsfaktor m
~ **value map** Faktorwertkarte f
fade Abschwächung f, Amplitudenabdrückung f
faecal pellet Fäkalpellet n, Kotpellet n
faheyite Faheyit m, $(Mn, Mg, Na)Fe_2Be_2[PO_4]_4\cdot 6H_2O$
fahlband Fahlband n, sulfidimprägnierte Schieferlage f
fahlore Fahlerz n (s.a. tetrahedrite, tennantite)
fahlunite Falunit m (zersetzter Kordierit)
faik[e]s (sl) s. fake
failing of dike (embankment) Deichbruch m
~ **well** versiegender Brunnen m
failure Bruch m (Tektonik)
~ **by spreading** Böschungsrutschung f
~ **of surface controls** Versagen n der Bohrlochabsperrvorrichtung
~ **stress** Bruchspannung f
~ **surface** Bruchfläche f
fair-stained etwas gefleckt (Glimmerqualität)
~-**weather runoff** Trockenwetterabfluß m
fairfieldite Fairfieldit m, $Ca_2(Mn, Fe)[PO_4]_2\cdot 2H_2O$
fairy stone (sl) 1. exotisch geformte Konkretion; 2. fossiler Seeigel m

9*

fake

fake *(sl)* Sandschiefer *m*
~ **diamond** unechter Diamant *m*
~ **reflection** Scheinreflexion *f*
falciform sichelförmig
fall/to [ein]fallen
~ **in** einstürzen
~ **into crumbs** zerbröckeln
fall 1. Fallen *n*, Einfallen *n*; 2. Reliefenergie *f (eines Flusses);* 3. Bruch *m*, Niederwasser *n*; 4. Wasserfall *m*
~ **flood** Herbsthochflut *f*
~ **in output** Produktionsabfall *m*, Produktionsrückgang *m*
~ **of country** Gebirgsschlag *m*
~ **of ground** 1. Einsinken *n* des Bodens; 2. Gebirgsschlag *m*
~ **of level** Spiegelgefälle *n (Wasser)*
~ **of meteorites** Meteoritenfall *m (der frisch niedergegangen ist, im Gegensatz zu „find")*
~ **of rock** Bergrutsch *m*, Bergsturz *m*, Steinschlag *m*
~ **of roof** Hereinbrechen *n* des Hangenden
falling Ebbe *f*
~ **gradient** Gefälle *n*, Neigung *f*
~-**head permeameter** Durchlässigkeitsmeßapparatur *f* mit fallender Druckhöhe
~-**in** Einsturz *m*; Zusammenbruch *m*
~-**in of mine** Grubeneinsturz *m*
~ **of dike** Deichbruch *m*
~ **star** Sternschnuppe *f*
~ **stone** Meteorstein *m*
~ **stones** Steinschlag *m*
~ **tide** fallendes Wasser *n*
fallout radioaktiver Niederschlag (Ausfall) *m*
fallow land Brachland *n*
false amethyst violetter Flußspat *m (Schmuckstein)*
~ **anticline** sedimentäre Abbildungsantiklinale *f*
~-**bedded** kreuzgeschichtet, diagonalgeschichtet, schräggeschichtet, Transversalgeschichtet
~ **bedding** Kreuzschichtung *f*, Diagonalschichtung *f*, Schrägschichtung *f*, Transversalschichtung *f*
~ **cleavage** S_2-Schieferung *f*; Runzelschieferung *f (nach A. Born);* Schubklüftung *f (nach H. Scholtz)*
~ **colour composite** Falschfarbensynthesebild *n*
~ **colour film** Falschfarbenfilm *m*
~ **colour image** Falschfarbenbild *n*, Falschfarbenaufnahme *f*
~ **colour photography** Falschfarbenfotografie *f*
~ **floor** nicht standhaftes Liegendes *n*
~ **galena** *s.* sphalerite
~ **gossan** unechter Oxydationshut *m*
~ **lamination** Transversalschichtung *f*
~ **mud crack** falscher Trockenriß *m*
~ **oolites** Pseudo-Oolithe *mpl*, Pseudo-Ooide *npl*, Mikropellets *npl*
~ **river** verlassener Mäander *m*
~ **roof** Nachfall *m*

~ **topaz** *s.* quartz
~ **water table** artesisch gespannter Grundwasserspiegel *m*
Famennian [Stage] Famenne *n (Stufe des Oberdevons)*
family Familie *f*
famp verwitterter Kalkstein *m*
fan 1. Fächer *m*, Fächerstellung *f (der Schieferung);* 2. Schuttkegel *m*
~ **delta** Schwemmdelta *n*
~ **filter** Fächerfilter *n*; Geschwindigkeitsfilter *n*
~ **fold** Fächerfalte *f*
~ **mesa** Erosionsrest *m* eines Schuttfächers
~ **of alluvium** Alluvialfächer *m*
~-**shaped** fächerförmig
~ **shooting** Fächerschießen *n*
~ **talus** Schuttfächer *m*, Streuungskegel *m*, Schuttkegel *m*
~-**topped pediments** mit Schuttkegeln bedeckte Pedimentfläche *f*
fancy marble bunter Marmor *m*
~ **stones** farbige Diamanten *mpl*
fang Fangzahn *m*
fanglomerate Fanglomerat *n*, grober Kiesfächer *m*
fanlike fächerförmig
fanning 1. Fächerung *f*; 2. Fächerschießen *n*
fanwise fächerförmig
far-travelled mass Fernüberschiebung *f*
farallonite Farallonit *m*,
$2MgO \cdot W_2O_5 \cdot SiO_2 \cdot nH_2O$
farewell rock 1. flözleerer Sandstein *m*; 2. Zeugenberg *m*
Farlovian Farlovien *n*, Oberes Old Red *n (Oberdevon, Old Red-Fazies)*
farmout Konzessionsübertragung oder -verkauf *(Grundeigentümerbergbau)*
faro Atoll *n* zweiter Ordnung, Atollon *n*
farringtonite Farringtonit *m*, $[Mg, Fe]_3[PO_4]_2$
farside Fernseite *f (Mond)*
fascicular schist Garbenschiefer *m*, Schiefer *m* mit belteroporem Mineralwachstum in der S-Fläche
fasciculate gebüschelt
fascine Faschine *f*
~ **barrier wall** Faschinendamm *m*
fassaite Fassait *m*, $Ca(Mg, Fe, Al)[(Si, Al)_2O_6]$
Fassanian [Substage] Fassan[ium] *n (Unterstufe, Mittlere Trias, Tethys)*
fast *s.* ~ **stone head**
~ **dip** steiles Einfallen *n*
~ **ice** Festeis *n*
~ **stone head** festes Gestein *n (unter dem Abraum)*
fat clay fetter (stark plastischer) Ton *m*, Lehmerde *f*
~ **coal** Fettkohle *f*
~ **soil** fetter Boden *m*
fathometer Teufenmeßgerät *n*, Echolot *n*
fatigue break Ermüdungsbruch *m*, Dauerbruch *m*
~ **crack** Ermüdungsriß *m*

faults

~ **failure (fracture)** Ermüdungsbruch *m*, Dauerbruch *m*
~ **strength** Dauerfestigkeit *f*
~ **test** Dauerfestigkeitsversuch *m*
faujasite Faujasit *m*, $Na_2Ca[Al_2Si_4O_{12}]_2 \cdot 16H_2O$
fault [down, off]/to verwerfen
fault Verwerfung *f*, Verschiebung *f*, Sprung *m*
~-**angle valley** Tal *n* am Rande einer Blockkippung
~ **basin** tektonisches Becken *n*, Bruchbecken *n*, Bruchsenke *f*, Kesselbruch *m*
~ **belt** Bruchzone *f*
~ **bench** Verwerfungsstufe *f*
~ **block** Bruchscholle *f*, Scholle *f*, Horst *m*
~-**block depression** Grabenbruch *m*
~-**block mountains** Bruch[schollen]gebirge *n*, Schollengebirge *n*
~-**bounded** von Verwerfung begrenzt
~ **breccia** Reibungsbrekzie *f*, Verwerfungsbrekzie *f*
~ **bundle** Störungssystem *n*, Verwerfungsschar *f*, Bruchbündel *n*
~ **cave** Verwerfungshöhle *f*
~ **cleft** Verwerfungsspalte *f*
~ **cliff** Verwerfungskliff *n*, Bruchstufe *f*
~ **coast** Verwerfungsküste *f*
~ **crevice** Verwerfungskluft *f*
~-**dam spring** Verwerfungsquelle *f*
~ **dip** Einfallen *n* der Verwerfung
~ **dipping against the beds** widersinnig fallende Verwerfung *f*
~ **embayment** Meereseinbruch *m* in Grabenbruchzonen
~ **face** Verwerfungsfront *f*
~ **fissure** Verwerfungsspalte *f*
~ **fold** Bruchfalte *f*
~-**fold structure** Bruchfaltenbau *m*
~ **folding** Faltung *f* in Störungszonen
~ **gouge** Verwerfungston *m*
~ **graben** Grabenbruch *m*
~ **hading against the dip** widersinnig fallende Verwerfung *f*
~ **line** Verwerfungslinie *f*, Bruchlinie *f*
~-**line scarp** Bruchlinienwand *f*, Bruchlinienstufe *f*
~-**line valley** Verwerfungstal *n*
~ **mosaic** Bruchfeld *n* (tektonisch)
~ **mountains** Bruchgebirge *n*
~ **movement** Bewegung *f* entlang der Verwerfungsfläche
~ **outcrop** Verwerfungsausstrich *m*, Verwerfungslinie *f*
~ **outlier** Deckscholle *f*
~ **pit** Kessel[bruch] *m*, Pinge *f*
~ **plain reflection** Reflexion *f* an einer Störung
~ **plain solution** Herd[verschiebungs]lösung *f*
~ **plane** Verwerfungsebene *f*, Verwerfungsfläche *f*
~ **polish** Rutschfläche *f*
~ **ridge** Schollenkante *f*, Hochscholle *f*
~ **rift** Verwerfungsspalte *f*
~ **scarp** Verwerfungsabsturz *m*, Verwerfungskliff

n, Verwerfungswand *f*, Verwerfungs[steil]stufe *f*, Bruchwand *f*, Bruchstufe *f*, Horst *m* (Staffelbruch)
~-**scarp coast** Bruchlinienküste *f*
~-**scarp topography** Bruchstufenlandschaft *f*
~ **set** Verwerfungsschar *f*
~ **shore line** Verwerfungsküste *f*
~-**slip cleavage** S_2-Schieferung *f*; Runzelschieferung *f* (nach A. Born); Schubklüftung *f* (nach H. Scholtz)
~ **space** Verwurfszone *f*, Verwerfungszone *f*
~ **spring** Verwerfungsquelle *f*
~ **striae** Harnischrillen *fpl*, Bewegungsstreifen *mpl* (auf einer Störungsfläche)
~ **striation** Harnisch *m*
~ **strike** Streichen *n* einer Verwerfung, Verwerfungsrichtung *f*
~ **surface** Verwerfungsfläche *f*, Verschiebungsfläche *f*
~ **system** Verwerfungssystem *n*
~ **terrace** Bruchterrasse *f*
~ **throw** [seigere] Sprunghöhe *f*
~ **trace** Verwerfungslinie *f*, Bruchlinie *f*
~ **trap** Verwerfungsfalle *f*, Ölfalle *f* an einer Verwerfung
~ **trend** Verwerfungsstreichen *n*
~ **trough** Graben *m*, Bruch *m*, Senke *f*; Tiefscholle *f*
~-**trough lake** Grabensee *m*
~ **valley** Dislokationstal *n*, Bruchtal *n*, Verwerfungstal *n*
~ **vein** eine Verwerfungsspalte ausfüllender Mineralgang *m*
~ **wall** Verwerfungswand *f*
~ **wedge** Keilscholle *f*
~-**wedge mountain** Keilschollengebirge *n*
~ **zone** Verwerfungszone *f*, Bruchzone *f*, Störungszone *f*
faultage Sprungbildung *f*
faulted verworfen, gestört (Flöz, Gebirge)
~ **anticline** Faltenverwerfung *f*, Bruchsattel *m*, Bruchfalte *f*
~ **area** Bruchgebiet *n*
~ **bedding plane** verworfene (verschobene) Schichtebene *f*
~ **block** s. fault block
~ **body** Verwerfungskörper *m*
~ **deposit** verworfene Lagerstätte *f*
~-**down block** abgesunkene Scholle *f*
~ **fold mountains** Faltenschollengebirge *n*
~ **mountains** Bruchgebirge *n*
~-**out** ausgequetscht (an einer Störung)
~ **overfold** Faltenüberschiebung *f*, Faltenverwerfung *f*; Bruchfalte *f*, Überschiebungsfalte *f*
~ **reservoir** gestörte Lagerstätte *f*
~ **strata** verworfene Schichten *fpl*
~ **zone** Störungszone *f*, Verwerfungszone *f*
faulting Verwerfung *f*, Verwurf *m*, Bruchbildung *f*, Sprungbildung *f*
~ **in reverse** widersinnige Verwerfung *f*
~ **tectonics** Verwerfungstektonik *f*
faults with balance of throw wechselsinnige

faulty 134

Zwischenverwerfungen fpl, Staffelbruch m mit fortläufigen und rückläufigen Staffeln
faulty drilling Fehlbohrung f
~ **interpretation** fehlerhafte Auswertung f
fauna Fauna f, Tierreich n
faunal faunistisch, Faunen...
~ **association** Faunengesellschaft f
~ **boundary** Faunengrenze f
~ **break** Faunenschnitt m
~ **community boundaries** Grenzen fpl von Faunenvergesellschaftungen
~ **horizon** Faunenhorizont m
~ **province** Faunenprovinz f
~ **realm** Faunenreich n
~ **remains** fossile Tierreste mpl
~ **subprovince** Faunensubprovinz f
~ **succession** Faunenfolge f
faunistic s. faunal
faunizone Faunenzone f
fauserite Fauserit m, $Mn[SO_4] \cdot 7H_2O$
faustite Faustit m, $ZnAl_6[(OH)_2|PO_4]_4 \cdot 4H_2O$
Faust's equation Faustsche Formel f
favas transportierte Mineralgerölle npl (Brasilien)
favourable locality höffiges Gebiet n
fayalite Fayalit m, $Fe_2[SiO_4]$
feasibility study Durchführbarkeitsstudie f, Projektstudie f (z.B. für den Aufschluß einer Lagerstätte)
feasible ground standfestes (gutes) Gebirge n
feather/to sich verdrücken, auffiedern, fingerförmig endigen
~ **out** fingerförmig endigen, auffiedern
feather alum s. halotrichite
~ **grass steppe** Krautsteppe f
~ **joint** Fiederspalte f, Fiederkluft f
~ **ore** Federerz n, Jamesonit m (s.a. jamesonite)
~ **salt** Federsalz n
feathering gestaffelte Aufstellung f (z.B. von Geophonen)
featherlike, feathery federartig, federförmig
feature extraction Herausarbeitung f charakteristischer Merkmale, Merkmalsgewinnung f (z.B. aus Fernerkundungsaufnahmen)
~ **recognition** Merkmalserkennung f
fecal pellet s. faecal pellet
feeble-dipping strata flach einfallende Schichten fpl
feebly developed fold schwach entwickelte Falte f
~ **magnetic** schwach magnetisch
feed/to speisen
feed ditch Bewässerungsrinne f
~ **of the bit** Meißelvorschub m
~**-off** Vorschub m (des Bohrgestänges)
~ **stock** Einsatzmaterial n, Ausgangsstoff m
~ **water** Speisewasser n
~ **water make-up** Speisewasseraufbereitung f
feedback Rückkopplung f
feeder 1. Kluft f (wasser- oder erzführend); kleiner Fiedergang m; 2. Nebenfluß m; Zufluß m;

Zubringer m, Zufuhrkanal m; 3. Gasbläser m; Schlot m
~ **beach** Anlandungsstrand m
~ **of ore** erzführende Kluft f
~ **of water** Wasserzubringer m (z.B. Gebirgsspalten)
feeding channel Zufuhrkanal m
~ **ground** Einzugsgebiet n, Nährgebiet n
~ **structure** Freßspur f (Ichnologie)
~ **vent** Vulkanschlot m
feeling Untersuchung f (des Hangenden)
~ **dilatometer** Tastdilatometer n
feigh Berge pl
feldspar Feldspat m (s.a. orthoclase; plagioclase)
feldspathic feldspatführend, feldspathaltig, feldspatartig
~ **gneiss** Feldspatgneis m
~ **graywacke** Feldspatgrauwacke f
~ **sandstone** feldspathaltiger Sandstein m, Feldspatsandstein m, Arkosesandstein m
feldspathization Feldspatisierung f
feldspathize/to verfeldspaten
feldspathoids Feldspatvertreter mpl (z.B. Leuzit, Nephelin)
fell 1. Hügel m; 2. Moorland n (in Nordengland); 3. Bleierz n
felsic felsisch
~ **mineral** felsisches Mineral n
felsiphyric mikroaphanitisch (bei Porphyriten)
felsite Felsit m
felsitic felsitisch
~ **texture** felsitische Struktur f
felsitoid felsitartig
felsöbányite Felsöbányit m, $Al_4[(OH)_{10}|SO_4] \cdot 5H_2O$
felsophyre felsophyr m
felsophyric felsophyrisch
felsosphaerite Felsitsphärolit m
felspar s. feldspar
felspathic s. feldspathic
felstone Felsit m
felsyte s. felsite
felt bob Filzpolierscheibe f
felted s. felty
felty filzig, dicht, holokristallin (Grundmasse)
femic femisch
femur Femur n, Oberschenkelknochen m
fen Fehn n, Fenn n, Venn n, Bruch m (n), Ried n, Moor n, Flachmoor n, Niederungsmoor n, Grünlandmoor n, Marschland n
~ **peat** Niederungstorf m
fenaksite Fenaksit m, $KNa(Fe,Mn)[Si_4O_{10}] \cdot 1/2 H_2O$
fence diagram Paneeldiagramm n, Gitterprofil n
fenestra syngenetische Pore f (bei Sedimenten)
fenestral syngenetisch porig (bei Sedimenten)
~ **fabric** syngenetisches Porengefüge n, Hohlraumgefüge n, Fenstergefüge n (in Karbonatgesteinen)

fibrous

~ **porosity** syngenetische Porosität f
fenite Fenit m
fenland Ried n, Wiesenmoor n, Marschland n
Fennoscandia Finnisch-Skandinavischer Schild m, Baltischer Schild m
fenny sumpfig, moorig
~ **soil** Moorboden m
fenster tektonisches Fenster n
ferallitic soil Lateritboden m
ferberite Ferberit m, Fe[WO$_4$]
ferg[h]anite Ferghanit m, LiH[(UO$_2$)$_4$|(OH)$_4$|(VO$_4$)$_2$]·2H$_2$O
fergusite Fergusit m
fergusonite Fergusonit m, YNbO$_4$
fermorite Fermorit m, (Ca, Sr)$_4$[Ca(OH, F)][(P, As)O$_4$]$_3$
fern Farn m
~ **frond** Farnwedel m
~ **impression** Farnabdruck m
~ **plant** Farnpflanze f
fernandinite Fernandinit m, CaV$_{12}$O$_{30}$·14H$_2$O
fernlike plant farnähnliche Pflanze f
Ferrel's law s. Coriolis force
ferreous eisenhaltig, eisenschüssig
ferreto zone 1. Fe-Hydroxid-Ausfällungszone f (in Entwässerungsgebieten); 2. Fe-haltige Verwitterungszone f (auf Moränenmaterial)
ferric eisenhaltig (dreiwertiges Eisen enthaltend)
~ **hydroxide** Eisenhydroxid n, Eisen(III)-hydroxid n, Eisenoxidhydrat n
~ **salt** Eisen(III)-salz n, Ferrisalz n
ferricarbonate Ferrikarbonat n, Eisen(III)-karbonat n
ferricrete mit Fe-Oxiden zementierte Bodenzone f
ferricrust eisenschüssige Kruste f
ferrierite Ferrierit m, (Na, K)$_2$Mg[OH|Al$_3$Si$_{15}$O$_{36}$]·9H$_2$O
ferriferous 1. eisenhaltig, eisenschüssig (s.a. ferruginous); 2. für Fe-Minerale mit Integralgefüge
~ **clay** eisenschüssiger Letten m
~ **quartz** Eisenkiesel m
ferrific 1. eisenhaltig; 2. für Fe-Minerale mit Aggregalgefüge
ferrimagnetic ferrimagnetisch
ferrimagnetism Ferrimagnetismus m
ferrimolybdite Ferrimolybdit m, Molybdänocker m, Fe$_2$[MoO$_4$]$_3$·7H$_2$O
ferrinatrite Ferrinatrit m, Na$_3$Fe[SO$_4$]$_3$·3H$_2$O
ferrisicklerite Ferrisicklerit m, Li(Fe, Mn)[PO$_4$]
ferrisymplesite Ferrisymplesit m, Fe$_3$[(OH)$_3$|(AsO$_4$)$_2$]·5H$_2$O
ferrite s. opacite
ferritozone eisenhaltige Ausfällungszone f
ferritungstite Ferritungstit m, Ca$_2$Fe$_4$[WO$_4$]$_7$·9H$_2$O
ferroan dolomite bis zu 50% durch Fe-Karbonat verdrängter Dolomit
ferrolite Eisengestein n
ferromagnesian silicate Eisenmagnesiumsilikat n
ferromagnetic ferromagnetisch
ferromagnetism Ferromagnetismus m
ferromanganese Ferromangan n, Eisenmangan n
ferrosilite Ferrosilit m (s.a. clinoferrosilite)
ferrosoferric oxide s. magnetite
ferrous eisenhaltig (zweiwertiges Eisen enthaltend)
~ **carbonate** Ferrokarbonat n, Eisen(II)-karbonat n
~ **hydroxide** Ferrohydroxid n, Eisen(II)-hydroxid n, Eisendihydroxid n
~ **oxide** Eisen(II)-oxid n, Eisen[mon]oxid n
~ **salt** Ferrosalz n, Eisen(II)-salz n
~ **sulphate** Eisensulfat n, Eisen(II)-sulfat n
ferruginate mit Limonit zementiert
ferrugineous s. ferruginous
ferruginization Eisensteinbildung f (im Boden)
ferruginous eisenhaltig, eisenschüssig
~ **cementing material** eisenschüssiges Bindemittel n
~ **chert** 1. Eisenjaspilit m; 2. Eisenkiesel m
~ **conglomerate** Eisenkonglomerat n
~ **deposit** abbauwürdige Eisenlagerstätte f
~ **limestone** Eisenkalkstein m
~ **outcrop** Eiserner Hut m (einer Lagerstätte)
~ **quartz** Eisenkiesel m
~ **sandstone** Eisensandstein m
~ **schist** Eisenglimmerschiefer m
~ **spring** Eisenquelle f, Stahlquelle f
~ **top-layer** Eiserner Hut m
ferrum Eisen n, Fe
fersman[n]ite Fersmanit m, Na$_4$Ca$_4$Ti$_4$[(O, OH, F)$_3$|SiO$_4$]$_3$
Fersman's rule Fersmansche Regel f
fersmite Fersmit m, (Ca, Ce, Na) (Nb, Ti, Fe, Al)$_2$ (O, OH, F)$_6$
fertile fruchtbar
fertility Fruchtbarkeit f
~ **of well** Brunnenergiebigkeit f
fertilization Düngung f
fertilizing salt (Am) Düngesalz n
fervanite Fervanit m, Fe[VO$_4$]·H$_2$O
festoon 1. girlandenartiger Kreuzschichtungstyp m; 2. Girlande f (Inseln)
~ **cross-bedding** synklinale (trogförmige) Schrägschichtung f
~ **cross lamination** bogige Schrägschichtung f, Muldenschichtung f
festooned geschlängelt
~ **moraines** Moränengirlanden fpl
fetid mit Schwefelwasserstoffgeruch
~ **limestone** Stinkkalk m
~ **shale** Stinkschiefer m
fiard fjordähnliche Bucht f, Förde f (Jütland)
~--**type of coast line** Fördenküste f
fibroblastic fibroblastisch
~ **texture** fibroblastische Struktur f
fibroferrite Fibroferrit m, Fe[OH|SO$_4$]·5H$_2$O
fibrolite s. sillimanite
fibrous faserig
~ **aggregate** Faseraggregat n

fibrous

- ~ asbestos Faserasbest *m*
- ~ brown iron ore brauner Glaskopf *m (s.a.* limonite*)*
- ~ cassiterite Holzzinn[erz] *n (s.a.* cassiterite*)*
- ~ cement Faserzement *m*
- ~ coal *(sl)* Faserkohle *f (fossile Holzkohle mit deutlicher Pflanzenstruktur; s.a.* fusain*)*
- ~ crystal Trichit *m (haarförmiger Mikrolith)*
- ~ English talc Fasergips *m*, Federgips *m*
- ~ fracture fasriger Bruch *m*, fasrige Bruchfläche *f*
- ~ gypsum Fasergips *m*
- ~ ice Fasereis *n*
- ~ limestone Faserkalk *m*
- ~ manganese oxide schwarzer Glaskopf *m*, MnO$_2$
- ~ material Verstopfungsmaterial *n (Bohrtechnik)*
- ~ peat Fasertorf *m*, Wurzeltorf *m*
- ~ quartz Faserquarz *m*
- ~ red iron ore roter Glaskopf *m*, Fe$_2$O$_3$
- ~ sphalerite Schalenblende *f (s.a.* sphalerite*)*
- ~ structure fasrige Textur *f*
- ~ talc Fasertalk *m*
- ~ zeolite Faserzeolith *m*
- fichtelite Fichtelit *m*, C$_{19}$H$_{34}$
- fiducial marks Rahmenmarken *fpl*
- fiedlerite Fiedlerit *m*, Pb$_3$(OH)$_2$Cl$_4$
- field 1. Kohlenfeld *n*; Erdölfeld *n*; 2. Kraftlinienfeld *n*
- ~ capacity Feldkapazität *f*, natürliche Wasserkapazität *f*
- ~ case history *(Am)* Lagerstättengeschichte *f*
- ~ checking Geländebegehung *f*, Geländekontrolle *f (Vergleich der Fernerkundungsdaten mit den tatsächlichen Gegebenheiten am Erdboden)*
- ~ conditions Ölfeldverhältnisse *npl*
- ~ data Feldresultate *npl*
- ~ data notebook Feldbuch *n*
- ~ development well Konturierungsbohrung *f (Aufschlußbohrung in einem Erdöl- oder Erdgasfeld)*
- ~ documentation Felddokumentation *f*
- ~ equation Feldgleichung *f*
- ~ evaluation Lagerstättenuntersuchung *f*
- ~ excitation Felderregung *f*, Erregung *f* des Magnetfelds
- ~ exploitation Ausbeutung *f* eines Felds
- ~ gas processing Feldgasaufbereitung *f*
- ~ geological works geologische Feldarbeiten *fpl*
- ~ geologist Feldgeologe *m*
- ~ geology Feldgeologie *f*
- ~ ice *s.* sea ice
- ~ intensity [magnetische] Feldstärke *f*
- ~-intensity measurement Feldstärkemessung *f*
- ~ laboratory Feldlabor *n*
- ~ layout Meßanordnung *f*; Aufnahmegeometrie *f*
- ~ line Feldlinie *f*
- ~-moisture deficiency Bodenfeuchtedefizit *n*

136

- ~ observation Feldbeobachtung *f*
- ~ of flow Strömungsfeld *n*
- ~ of force Kräftefeld *n*
- ~ of gravity Schwerefeld *n*
- ~ of ground-water flow Grundwasserströmungsfeld *n*
- ~ of source Quellgebiet *n*
- ~ of view Blickfeld *n*
- ~ party Feldtrupp *m*
- ~ pattern Feldstärkendiagramm *n*, Feldstärkenprofil *n*
- ~ record Feldbuch *n*
- ~ reversal Feldumkehrung *f (Erdmagnetfeld)*
- ~ strength [magnetische] Feldstärke *f*
- ~ tape Feldmagnetband *n*
- ~ terrace Anbauterrasse *f*, Kulturterrasse *f*
- ~ test Feldversuch *m*
- ~ tripod Feldstativ *n*
- ~ work Feldarbeit *f*, Geländearbeit *f (Vermessung)*
- fiery seam ausgasendes (Methan führendes) Flöz *n*
- fifteen minute map Landkarte *f* im Maßstab 1:62 500
- figure type Erstabbildung *f* einer Spezies
- figured stone Figurenstein *m*, Agalmatolith *m (dichte Varietät von Pyrophyllit)*
- filamentary fadenartig
- filamentous fadenförmig
- filar micrometer Fadenmikrometer *n*
- filiation of species Abzweigung *f* von Arten
- filiform texture fadenförmiges Gefüge *n*
- fill in/to 1. verfüllen, einfüllen; 2. versetzen
- ~ up versanden, sich füllen
- fill alluviales Material *n*
- ~-in station Zwischenmeßpunkt *m*, Ergänzungspunkt *m*
- ~ rock Versatz *m*
- ~ terrace Aufschotterungsterrasse *f*
- filled lake verlandeter See *m*
- ~ valley auflandiges Tal *n*
- filler Füllstoff *m (Bohrtechnik)*
- fillers Füllmittel *n*, Füllmineral *n*
- filling 1. Bergeversatz *m*; 2. Einstau *m (einer Talsperre)*; 3. Besteg *f (Geomechanik)*
- ~ by plant growth Zuwachsen *n*, Verlandung *f*
- ~-in Ausfüllung *f*
- ~ material Füllstoff *m (Bohrtechnik)*
- ~ of a joint Kluftfüllung *f*
- ~-up Ausfüllung *f*; Auflandung *f*, Anschwemmung *f*, Aufschwemmung *f*, Verschlickung *f*, Versandung *f*, Kolmation *f*, Kolmatierung *f*
- ~-up process Verlandungsprozeß *m*
- ~-up with alluvium Anschwemmung *f*
- fillings Bestege *mpl*, Zwischenmittel *npl (auf Klüften)*
- fillowite Fillowit *m*, Na$_2$(Mn, Fe, Ca, H$_2$)$_5$[PO$_4$]$_4$
- fillstrath terrace erodierte Aufschotterungsterrasse *f*
- filltop terrace vollständig erhaltene Aufschotterungsterrasse *f*

film 1. Belag *m*, Häutchen *n*; 2. dünne fehlerfreie Platte *f (Handelsglimmersorte)*
~ **forces** Grenzflächenkräfte *fpl (z.B. von Erdöl, Wasser)*
~ **of oil** Ölfilm *m*, Ölhäutchen *n*
~-**return spacecraft** Raumflugkörper *m* mit automatischem Filmrücktransport zur Erde
~ **water** Häutchenwasser *n*, Haftwasser *n*, Filmwasser *n*
filter area Filterfläche *f*
~ **cake** Filterkruste *f*
~ **feeder** Strudler *m (Paläontologie)*
~ **gravel** Filterkies *m*
~ **layer** Filterschicht *f*
~ **loss** Filterverlust *m (bei Preßwasser)*; Wasserabgabe *f (der Spülung)*
~ **press** Gerät zur Bestimmung der Wasserabgabe der Spülung
~ **pressing** Filterpressung *f*, Auspressungsdifferentiation *f*, Filtrationsdifferentiation *f*
~ **resistance** Filterwiderstand *m (für Wassereintritt)*
~ **sand** Filtersand *m*
~ **well** Filterbrunnen *m*
filtered water filtriertes Wasser *n*
filtering Filterung *f*
filtrate invasion Filtratwassereindringen *n*
filtration differentiation *s.* filter pressing
~ **pressing** Abpressungsfiltration *f*
~ **spring** Sickerquelle *f*
fimmenite Fimmenit *m (Sporentorf)*
fin Flosse *f*
~ **rays** Flossenstrahlen *mpl*
~ **spine** Flossenstachel *m*
final brine Endlauge *f*
~ **depth** Endteufe *f*
~ **diameter of drilling** End[bohr]durchmesser *m*
~ **form** Endform *f*
~ **pressure** Enddruck *m*
~ **shut-in pressure** Endschließdruck *m*
~ **subsidence** Endabsenkung *f*
find of meteorites Meteoritenfund *m (im Gegensatz zu „fall" mit unbekannter Verweildauer auf der Erdoberfläche)*
finding of a meteorite Meteoritenfund *m*
~ **place** Fundort *m*
fine adjustment Feineinstellung *f*
~ **aggregate** feiner Zuschlagstoff *m*
~-**bedded** feingeschichtet
~-**crystalline** feinkristallin
~ **detrital organic mud** Feindetritus-Mudde *f (bei Torfbildung in Mooren)*
~ **detritus held in suspension** Wassertrübe *f*
~ **gold** Feingold *n*
~-**grained** feinkörnig
~-**grained ore** Erzschlich *m*
~-**granular** feinkörnig
~ **gravel** Feinkies *m (2–6 mm Durchmesser)*
~ **grinding** Feinschleifen *n*
~-**ground** feingemahlen
~ **lapping** Feinschleifen *n*

~-**layered** feingeschichtet
~-**micaceous** feinglimmerig
~ **ore** Feinerz *n*
~ **sand** Feinsand *m (0,125–0,25 mm Durchmesser)*
~-**sandy** feinsandig
~-**size range** Feinkornbereich *m*
~ **snowy crystals** Kristallschnee *m*
~-**stratified** feingeschichtet
~ **tin** Zinnschlick *m*
finely bedded feingeschichtet
~ **broken up** stark verwittert
~ **clastic** feinklastisch
~ **divided** feinverteilt
~ **foliated** feinschiefrig
~ **granular** feinkörnig
~ **laminated (layered)** feingeschichtet
~ **porous** feinporig
~ **stratified** feingeschichtet
fineness of grain Feinheit *f* des Korns
fines 1. feinste Korngröße *f*; Feinstkorn *n*; 2. pulvriges Material *n*; pulverförmiges Erz *n*, Feinerz *n*
finest grain Feinstkorn *n*
~-**textured** feinstkörnig
finger/to Finger (Zungen) bilden
~ **out** fingerförmig endigen, auffiedern
finger lake Zungenbeckensee *m*
~ **stone** Donnerkeil *m*
fingering Fingerbildung *f*, Zungenbildung *f*
Fingerlakesian [Stage] Fingerlakes[ien] *n (Stufe, unteres Frasne in Nordamerika)*
fining upward sequence nach oben feiner werdende Abfolge *f*, Sohlbanktyp *m* eines klastischen Zyklus, „positive Sequenz" *f*
finite-element method Finite-Elemente-Methode *f*
finnemanite Finnemanit *m*, $Pb_5[Cl|(AsO_3)_3]$
fiord Fjord *(Norwegen)*
~ **coast** Fjordküste *f*
~ **island** Fjordinsel *f*
fiorded coast (shore line) *s.* fiord coast
~ **stream** ertrunkenes Flußtal *n*
fioryte Sinterkiesel *m*, Geiserit *m*
fir crystal Dendrit *m*
fire assay Probierkunde *f*, Feuerprobe *f*
~ **blende** *s.* pyrostilpnite
~ **clay** 1. Schamotteton *m*, feuerfester Ton *m*; 2. Liegendton *m*, Unterton *m (von Kohlenflözen)*
~-**clay mineral** Fireclay-Mineral *n (Kaolinit mit schlechtem Ordnungsgrad und Beimengungen)*
~ **drilling** Bohren *n* mit der Sauerstofflanze
~ **flooding** In-situ-Verbrennung *f*, Ölförderung *f* durch unterirdische Verbrennung
~ **fountain** Feuerfontäne *f*, Feuergarben *fpl*
~ **lake** Feuersee *m*
~ **opal** Feueropal *m*
~ **pit** Lavasee *m*
~ **shrinkage** Brennschwindung *f*, Volumenschwund *m* beim Brennprozeß

fire 138

~ **stink** Schwefelwasserstoffgeruch m (in Kohlengruben)
~ **styth** s. ~ stink
fireball Bolid m, Feuerkugel f
firedamp schlagende Wetter pl, Schlagwetter pl
~-**proof** schlagwetterfest, schlagwettergeschützt
firestone 1. s. fire clay 2.; 2. Flint m
firm fest; gesund (Gebirge)
firmament Firmament n, Himmelsgewölbe n
firmly bound CO_2 Karbonat-CO_2 n
firmness Festigkeit f
firn Firn[schnee] m
~ **field** Firnfeld n
~ **ice** Firneis n
~ **limit (line)** Firnlinie f
~ **snow** Firnschnee m
firnification Firneisbildung f, Verfirnung f
first arrival erster Einsatz m, Anfangseinsatz m (Seismogramm)
~ **break** 1. Setzriß m (Geomechanik); 2. s. ~ arrival
~ **impetus** s. ~ arrival
~ **magnitude star** Stern m erster Größe
~ **meridian** Nullmeridian m
~ **minerals to separate out** Erstausscheidungen fpl
~ **moment** erstes Moment n (nach der Momentmethode ermitteltes Maß für die mittlere Korngröße)
~ **weight** erster Setzdruck m, initiale Setzung f
firth Meeresarm m, Förde f, Fjord m (England)
fischerite s. wavellite
fish Fangobjekt n, „Fisch" m (Bohrung)
~ **tail** Fischschwanzmeißel m
~-**tail twin** Schwalbenschwanzzwilling m
~ **vertebrae** Fischwirbel mpl
fishbone gefiedert (Qualitätsbegriff bei Glimmer)
fishing Fangarbeiten fpl
~ **bell** Fangglocke f
~ **hook** Zentrierhaken m
~ **jars** Fangschere f
~ **job** Fangarbeiten fpl
~ **magnet** Magnetfänger m
~ **socket** Fangglocke f
~ **tap** Fangdorn m
~ **tap with guide shoe** Führungsrohr n, Führungstrichter m
~ **tool** Fangwerkzeug n
fishlike fischähnlich
fishtail bit Fischschwanzmeißel m
fissile 1. teilbar, spaltbar; 2. schiefrigschuppig, blättrig
~ **bedding** Mikroschichtung f (<2 mm)
~ **element** spaltbares Element n
~ **fuel** Spaltstoff m, Kernbrennstoff m
~ **material** Spaltmaterial n
fissility 1. Teilbarkeit f, Spaltbarkeit f; 2. Schiefrigkeit f (von Gesteinen)

fission product Zerfallsprodukt n
~-**track method** Spaltspurenmethode f, Fission-track-Methode f (der radioaktiven Altersbestimmung)
fissionable material Spaltmaterial n
fissuration Rißbildung f, Zerklüftung f
fissure/to spalten
fissure Spalte f, Kluft f
~ **caused by frost** Frostspalte f, Eiskeil m
~ **cave** Kluftfugenhöhle f, Spaltenhöhle f
~ **effusion** Spaltenerguß m
~ **eruption** Spaltenausbruch m, Spalteneruption f
~ **filling** Spaltenfüllung f
~ **fumarole** Spaltenfumarole f
~ **mineral** Kluftmineral n
~ **occupation** Spaltenausfüllung f
~ **of discission (disruption)** Zerreißungsspalte f
~ **of eruption** Eruptionsspalte f, Ausbruchsspalte f
~ **of retreat** Kontraktionsspalte f, Schrumpfungsriß m
~ **outcrop** Spaltenausbiß m
~ **permeability** Kluftdurchlässigkeit f
~ **spring** Spaltenquelle f, Kluftquelle f
~ **vein** Spaltengang m, echter Gang m, Lagergang m, Gangspalte f
~ **vent** Eruptionsspalte f, Ausbruchsspalte f
~ **water** Spaltenwasser n, Kluftwasser n
fissured rissig, klüftig, zerklüftet, mit Spalten durchsetzt
~ **by joints** durchklüftet, zerklüftet
~-**porous reservoir** klüftig-poröses Reservoir n
~ **rock** rissiges Gestein n
~ **zone** Zerklüftungszone f, Zertrümmerungszone f
fissuring Rißbildung f, Spaltbildung f, Zerspaltung f, Zerklüftung f, Spaltung f
~ **of rock** Gesteinszerklüftung f
fit Anpassung f
fitness Anpassungsfähigkeit f, Adaptivwert m
fitting Passung f (korrespondierende Trümmergrenzen bei Brekzien)
five-rayed symmetry fünfstrahlige Symmetrie f
~-**sided** fünfseitig
~-**spot network** (Am) Fünf-Sonden-Anordnung f
fiveling Fünfling m (Kristallverzwilligung)
fixed carbon gebundener Kohlenstoff m
~ **coastal barrier** angelehnter Strandwall m
~ **derrick** ortsfester Bohrturm m
~ **dune** befestigte (ruhende) Düne f
~ **effects model of variance analysis** Varianzanalysemodell n mit festen Effekten
~ **ground water** Haftwasser n
~ **platform** feststehende Bohrplattform f
~ **point** Festpunkt m, Fixpunkt m
~ **satellite** stationärer Satellit m
~ **sleeve cell** Triaxialgerät n mit fest angeordneter Gummihülle

fleecy

~ star Fixstern m
fizelyite Fizelyit m, $7PbS \cdot 1,5Ag_2S \cdot 5Sb_2S_3$
fjord s. fiord
flaggy plattig, fliesenartig
flaggy Schichtblatt n (zwischen 10–100 mm Mächtigkeit)
flags plattiger Sandstein m
flagstaffite Flagstaffit m, $C_{10}H_{18}(OH)_2 \cdot H_2O$
flagstone 1. plattig spaltendes Sediment n; 2. Sandsteinplatte f, Schieferplatte f (für Straßenbau, Fußbodenbelag)
flajolotite Flajolotit m (s.a. tripuhyite)
flake off/to abblättern
flake Blättchen n, Schuppe f, Flocke f, Plättchen n
~ graphite Flockengraphit m, Schuppengraphit m, Flinzgraphit m
~ mica Schuppenglimmer m
~ of mica Glimmerblättchen n
flaked flockig, schuppig
flakes schalenförmige Ablösung f
flaking[-off] Abblättern n, Abplatzen n
flaky schiefrig, schuppig, blättrig
~ graphite s. flake graphite
flame coal Flammkohle f
~ coloration Flammenfärbung f
~-jet drilling Flammenbohren n
~ photometer Flammenfotometer n
~ photometry Flammenfotometrie f
~ spectrometry Flammenspektrometrie f
~ spectrophotometric determination flammenspektrofotometrische Bestimmung f
~ spectrum Flammenspektrum n
~ structure Flammenstruktur f (Sedimentgefüge)
flameproof schlagwettersicher
flaming orifice flammende Fumarole f, brennender Gasaustritt m
flammable leicht brennbar
flammenmergel Flammenmergel m
Flandrian Flandrien n (Holozän, Nordseegebiet)
flange Außenleiste f
flank Flanke f, Gehänge n (s.a. limb)
~ bed Flankenschicht f
~ eruption Flankeneruption f, Flankenerguß m, Seitenausbruch m
~ of a basin Muldenflügel m
~ of anticline Antiklinalflügel m
~ of fold Faltenschenkel m
~ of hill Hang m, Abhang m
~ of saddle Sattelflügel m
~ outflow s. ~ eruption
~ production Ölgewinnung f am Rande eines Salzstocks
~ well Flankensonde f
flanking sand Flankenlagerstätte f an einem Salzstock
flap Gravitationsgleitstruktur f
flare gas/to Gas abfackeln
flare gas Fackelgas n
flaring mouth Trichtermündung f (eines Flusses)

flaser bedding Flaserschichtung f
~ gabbro Flasergabbro m
~ gneiss Flasergneis m
~ structure Flasertextur f, Flaserschichtung f
flash flood Sturzflut f; Wolkenbruch m
~ point Flammpunkt m
flashy flow reißende Strömung f
flat horizontal, söhlig; flach (Lagerung)
flat 1. Ebene f; Flachland n; 2. Sandbank f, Untiefe f; 3. Watt n
~ bog Flachmoor n, Niederungsmoor n, Gründlandmoor n
~-bottomed flachsohlig
~ coals söhliges Kohlenflöz n
~ country Flachland n
~-dipping bed flach einfallende Schicht f
~-floored flachsohlig
~ ground Flachland n
~ hade flaches Einfallen n
~ land Flachland n, Niederung f
~ lode söhliger Gang m (bis 15° Einfallen)
~ low-lying coast Flachküste f
~-lying flachliegend
~-lying gravity fault Streckfläche f (in Plutonkontakten)
~-lying joints Lagerklüfte fpl
~-lying strata flachliegende Schichten fpl
~ mass geringmächtiges, großflächiges Erzlager n
~ of ore sedimentäre Erzbank f
~ seam flaches Flöz n
~ sheet s. ~ mass
~ shore Flachküste f
~-topped ripple marks flachkämmige Rippelmarken fpl
~ upland area flache Hochfläche f
~-valved flachschalig
~ work s. flatwork
flatness Abplattung f
flatten/to sich verflachen; abplatten
~ out ausplätten (tektonischer Vorgang)
flattening 1. Plättung f, Einebnung f, Planierung f, Abplattung f, Abböschen n, Abflachen n; 2. Verzerrung f (von Fossilien)
~ at the poles Erdabplattung f
~ index Abplattungsindex m
~ of the earth Abplattung f der Erde
~-out Verflachen n
flattish abgeplattet
~ pipe flacher Schlot m
flatwork lagenartige Erzausscheidung f
flavourless geschmacklos
flaw 1. transversale Horizontalverschiebung f; Blattverschiebung f (Tektonik); 2. Bö f; 3. federartiger Einschluß m (in Edelsteinen)
~ fault Blattverschiebung f; Seitenverschiebung f
flawless gem fehlerloser Edelstein m
flaxseed coal (sl) feinkörniger Anthrazit m
~ ore Clinton-Erz n
fleckschiefer Fleckschiefer m
fleecy clouds Schäfchenwolken fpl

fleischerite 140

fleischerite Fleischerit m,
  Pb₃Ge[(OH)₆(SO₄)₂]·4H₂O
flemish down/to aufschießen
flerry gespalten, zerteilt *(Gestein)*
flesh spicules s. microscleres
fletz *(sl)* Flöz n
flew coal *(sl)* anthrazitähnliche Kohle f
flexed gebogen, gefaltet
~ stratum verbogene Schicht f
flexibility Biegsamkeit f
flexible biegsam
~ hose Spülschlauch m
~ sandstone Gelenkquarzit m, Gelenksandstein m, Itakolumit m
~ silver ore s. sternbergite
flexing Biegung f, Faltung f, Beugung f
flexodrilling Schlauchbohren n
Flexotir Flexotir-Verfahren n *(seeseismisches Sprengverfahren)*
flexuous gewunden, zickzackgebogen
flexural gliding Biegegleitung f
~ rigidity Biegesteifigkeit f
~ rigidity of a plate Plattenbiegungssteifigkeit f
flexure Flexur f, Abbiegung f, Biegung f; Verbiegung f; Falte f, Kniefalte f
~ fault Faltenverwerfung f
~ fold Biegefalte f
~ folding Biegefaltung f
~ plane Flexurebene f
~-slip fold Falte f mit Gleitung auf s, Biegegleitfalte f
flight altitude Flughöhe f
~ path Flugbahn f, Flugweg m
~ pattern Flugroute f für Messungen vom Flugzeug aus
flinders diamond Topasvarietät
flinkite Flinkit m, Mn₃[(OH)₄|AsO₄]
flint Feuerstein m, Flint m
~ brick Silikastein m *(aus Flint hergestellt)*
~ clay harter Ton m von muscheligem Bruch
~ coal *(sl)* anthrazitähnliche Kohle
~ layer Feuersteinband n
~ nodule s. **~ pebble**
~ pebble Feuersteinknollen m, Flintknollen m
~ sheet Feuersteinband n
flinty feuersteinartig, feuersteinhaltig; kieselartig, kieselig, Flint...
~ crush rock Ultramylonit m, Pseudotachylit
~ fracture muscheliger Bruch m
~-shelled kieselschalig
~ skeleton Kieselskelett n
~ slate Kieselschiefer m
flipper Flosse f
float/to schwimmen, schweben
~ off abschwemmen
float 1. Lesestein m; 2. s. pneumatophore
~ coal allochthone Kohle f
~ debris Schutt m, Erosionsprodukte npl
~ gold s. flour gold
~ level gauge Schwimmerpegel m

~ mineral (ore) Lesestein m, lose Erzstücke npl *(an der Erdoberfläche)*
~ sand Fließsand m, Schwimmsand m
~ shoe Schwimmschuh m, Rohrschuh m mit Rückschlagventil
~ valve Rückschlagventil n
floatability Schwimmfähigkeit f, Flotierbarkeit f
floatable schwimmfähig, flotationsfähig, flotierbar
floatation Flotation f, Schwimmaufbereitung f
~ agent Flotationsmittel n
~ bombs Lavabälle mpl
~ cell Flotationszelle f
~ concentration Flotationsaufbereitung f, Schwimmaufbereitung f
~ plant Flotationsanlage f
~ tank Fluttank m
floater s. float 1.
floating crane Schwimmkran m
~ derrick schwimmender Bohrturm m, Bohrinsel f
~ dredge[r] Schwimmbagger m
~ drilling vessel Bohrschiff n
~ earth Schwingerde f
~ fault block wurzellose Deckscholle f
~ gold Schwimmgold n
~ ice Treibeis n
~ island schwimmende Insel f
~ organism Plankton n
~ peat allochthoner Torf m
~ ribs frei endende Rippen fpl, Costae fluctuantes fpl
~ spurs schwebende Quarztrümer npl
~ timber Treibholz n
floatstone 1. schlammgestütztes Karbonatgestein mit mehr als 10% Komponenten > 2 mm; 2. poröser Opal m; 3. zelliger Gangquarz m
flocs kleine Seifenzinnaggregate npl
flocculate/to ausflocken
flocculated sol ausgeflocktes Sol n
flocculating agent Koagulator m, Koagulationsmittel n
flocculation Ausflockung f, Flockung f
flocculent flockig
floe schwimmendes Eisfeld n, Treibeis n
~ ice Scholleneis n, Treibeis n
~ till s. subaqueous till
floeberg aufgetürmte Eisschollen fpl *(an der Küste)*
floetz s. fletz
flokite s. mordenite
floocan s. flucan
flood/to überschwemmen, [über]fluten
~ a mine eine Grube unter Wasser setzen
flood Hochwasser n, Flut f, Überschwemmung f
~ bank Hochwasserdeich m, Uferdamm m, Hochwasserschutzdamm m
~ basalt Plateaubasalt m
~ calamity Hochwasserkatastrophe f
~ channel Fluttrichter m

~ control Hochwasserregulierung f, Hochwasserschutz m
~-control dam s. ~ dam
~-control levee Hochwasserschutzdeich m
~ control storage Hochwasserspeicherung f
~ current Flutstrom m
~ dam Hochwasserschutztalsperre f, Hochwasserauffangsperre f
~ damage Hochwasserschaden m
~ debris Hochwasserschutt m
~ decline Sinken n des Hochwassers
~ deposit Hochwasserablagerung f
~ disaster Hochwasserkatastrophe f
~ discharge Hochwassermenge f; Flutwelle f, Hochwasserwelle f; Hochwasserentlastung f
~ district Überschwemmungsgebiet n
~ elevation Hochwasseranstieg m
~ estimates Hochwasserberechnungen fpl
~ flow Hochwasserabfluß m
~ forecast Hochwasservorhersage f
~ frequency Hochwasserhäufigkeit f
~ ground Überflutungsebene f, Inundationsfläche f, Talaue f
~ hydrograph Hochwasserganglinie f
~ land Überschwemmungsgebiet n, Flußmarsch f, Aue f
~ levee Hochwasserschutzdeich m
~ measuring point Pegelmeßstelle f; Hochwassermeßpunkt m
~ measuring post Pegel m
~-menaced land überschwemmungsgefährdete Niederung f
~ of record (Am) Katastrophenhochwasser n
~ plain Überschwemmungsfläche f, Inundationsfläche f, Überflutungsebene f, Talaue f; Flußaue f, Flußniederung f; Hochflutbett n, Hochflutebene f
~-plain deposit Hochwasserablagerung f
~-plain soil Aueboden m
~-plain terrace Flußterrasse f
~-plain valley Sohlental n
~ pool Hochwasserbecken n
~ prediction Hochwasservorhersage f
~ protection Hochwasserschutz m
~ protection works Hochwasserschutzbauten mpl
~ regulation Hochwasserregulierung f
~ resulting from rain Regenhochwasser n
~ retention basin Rückhaltebecken n, Hochwasserrückhaltebecken n
~ rise Steigen n des Hochwassers
~ routing Hochwasserregulierung f, Hochwasserableitung f
~ stage kritischer Hochwasserstand m
~ tide Flut[zeit] f
~-warning service Hochwassermeldedienst m
~ water Hochwasser n, steigendes Wasser n
~ wave Hochflutwelle f, Hochwasserschwall m

floodable überschwemmungsbedroht
flooded area Überschwemmungsgebiet n
~ mine ersoffene Grube f

~ stream s. drowned stream
flooding Überflutung f, Überschwemmung f
~ soil Schwemmlandboden m
flookan s. flucan
floor 1. Sohle f, Liegendes n; 2. Stockwerk n (einer Lagerstätte); 3. Meeresboden m
- arch Sohlengewölbe n
~ bolting Ankern n der Sohlen
~ breaking Liegenddurchbruch m
~ breaks Abbaurisse mpl im Liegenden, Sohlrisse mpl
~ emission Sohlenausgasung f
~ heading Sohlenstrecke f
~ heave (lift) Sohlenquellung f, Sohlenauftrieb m, Sohlenhebung f
~ limb liegender Schenkel m (Falte)
~ of crater Kraterboden m
~ of sea Meeresboden m
~ pressure arch Sohlenaufwölbung f
~ ripping Nachreißen n der Sohle
~ swelling s. ~ heave
floored schichtig
flora Flora f, Pflanzenwelt f
floral floristisch, Floren...
~ boundary Florengrenze f
~ chart Florenkarte f
~ region Pflanzenregion f
~ relationship Florenverwandtschaft f
~ zone Florenzone f
floran fein eingesprengter Zinnstein m
florencite Florencit m, $CeAl_3[(OH)_6](PO_4)_2$
floristic floristisch
~ elements Florenelemente npl
florule endemische Florengemeinschaft f
flos ferri Eisenblüte f, Faseraragonit m (s.a. aragonite)
flotation s. floataion
flour Karbonatdetritus m (gebildet in der Brandungszone)
~ gold Flittergold n, fein verteiltes Gold n, Staubgold n
~ sand Mehlsand m
flovel a mine/to eine Grube fluten
flow/to fließen
~ by heads stoßweise [frei] ausfließen, stoßweise erumpieren
~ off abfließen
~ out ausfließen
flow Flut f, Strömung f, Strom m; Abflußmenge f, Wasserführung f
~ and ebb Ebbe f und Flut f
~ barrier Strömungshindernis n
~ bean Düse f, Drossel f
~ by rupture Bruchfließen n
~ capacity Durchflußfähigkeit f
~ cast Fließmarke f, Gefließmarke f
~-channel walls Wände fpl des Porensystems
~ cleavage S_1-Schieferung f, Transversalschieferung f, Kristallisationsschieferung f
~ deficit Abflußdefizit f
~ delta Flutdelta f
~ detector Farbindikator zur Verfolgung unterirdischer Wasser

flow 142

~ **efficiency** Fließwirksamkeit f
~ **equation** Strömungsgleichung f
~ **failure** Bruchfließen n
~ **fold** Fließfalte f
~ **folding** Fließfaltung f
~ **gauge** Abflußmesser m, Pegel m
~ **gauging** Abflußmengenmessung f
~ **ice** Treibeis n
~ **in open channels** Strömung f in offenen Gerinnen
~ **indicator** s. ~ detector
~ **limit** Fließgrenze f (nach Atterberg)
~ **line** Fließlinie f (in Plutoniten)
~-**line arch** Fließliniengewölbe n (in Plutoniten)
~-**line connector** Anschluß m der Förderleitung
~ **mark** Fließmarke f, Gefließmarke f
~ **measurement** Durchflußmessung f
~ **net** Flußnetz n
~ **of basalt** Basaltfluß m
~ **of ground water** Grundwasserstrom m
~ **of rock** Schmelzfluß m, Magma n
~ **of seepage** Sickerströmung f
~ **of spring** Schüttung f (einer Quelle)
~ **pattern** Strömungsfeld n
~ **phenomenon** Fließvorgang m
~ **point** Fließpunkt m (z.B. von Asphalt)
~ **pressure** Fließdruck m
~ **profile** Durchflußprofil n
~ **record** Abflußmengenmessung f
~ **regime** 1. Abflußgeschehen n (Summe aller Abflußerscheinungen); 2. Fließregime n (fluviatiler Transport)
~ **resistance** Durchflußwiderstand m, Strömungswiderstand m
~ **roll** Rutschungsballen m, Rutschungskörper m, Sedimentrolle f, Sedimentwalze f, Wickelfalte f
~ **section** Durchflußquerschnitt m
~ **sheet** Gleitschicht f
~ **slide** Rutschfließung f
~ **stowing** Fließversatz m
~ **stretching** lineare Mineralstreckung f durch plastisches Fließen
~ **string** Steigleitung f, Steigrohrstrang f
~ **structure** Fließtextur f, Fließgefüge n, Fluidaltextur f
~ **test** Fließprobe f
~ **velocity** Durchflußgeschwindigkeit f
flowage Fließbewegung f (fester Körper unter Druck)
~ **cast** Fließmarke f, Gefließmarke f
~ **differentiation** Bewegungsdifferentiation f
~ **fold** Fließfalte f (Falte mit Materialfluß vom Sattel zur Mulde)
flower of iron s. flos ferri
flowers durch Sublimierung erzeugter feiner Niederschlag m
flowing artesian water überflurgespanntes Wasser n, Springwasser n
~ **bottom hole pressure** Sohlenfließdruck m

~ **casing pressure** Ringraumfließdruck m
~ **formation pressure** Sohlenfließdruck m
~ **lava** ausfließende Lava f
~ **oil well** freifließende Ölbohrung f
~ **pressure** Förderdruck m
~ **pressure gradient** Fließdruckgradient m
~ **tubing pressure** Fließdruck m im Steigrohr
~ **well** artesischer Brunnen m, Eruptionssonde f, Springbrunnen m
flowmeter 1. Strömungsmesser m, Durchflußmeßgerät n, Durchflußmesser m; 2. Spülungsmengenmesser m (Bohrtechnik)
flucan [**course**] Salband n, Lettenbesteg m, Kluftlette f, weicher Letten m
fluccan s. flucan
fluctuate/to pulsierend fließen
fluctuation of level in lake Seespiegelabsenkung f
fluctuations of glaciers Gletscherschwankungen fpl
~ **of level** (~eauschwankungen fpl, Spiegelschwankungen fpl
~ **of temperature** Temperaturschwankungen fpl
fluctuo-mutation Fluktuomutation f
fluellite Fluellit m, $AlF_3 \cdot H_2O$
fluid flüssig
fluid Flüssigkeit f
~ **cavity** Flüssigkeitseinschluß m
~ **hydrocarbon** flüssiger Kohlenwasserstoff m
~ **inclusion** Flüssigkeitseinschluß m
~ **level** Flüssigkeitsspiegel m
~ **loss additives** Chemikalien fpl zur Reduktion der Filtrationsverluste
~ **mechanics** Hydromechanik f
~ **metering** Durchflußmessung f
~ **phase** fluide Phase f, Gasphase f
~ **pressure** Flüssigkeitsdruck m
~ **recovery** Erdölgewinnung f; Erdgasgewinnung f
~ **redistribution** Flüssigkeitsmigration f
~ **saturation** Fluidsättigung f (für Öl oder Gas)
~ **surface** Flüssigkeitsoberfläche f
~-**velocity log** Fließgeschwindigkeitslog n
fluidal fluidal
fluidity Fluidität f, Fließfähigkeit f
~ **of coking coals** Fluidität f von Kokskohlen
~ **of the cement grout** Fließfähigkeit f der Zementschlämme
flukan s. flucan
flume 1. (Am) Wildbachschlucht f; 2. Überfallrinne f, Rinne f
fluoborite Fluoborit m, $Mg_3[(F, OH)_3|BO_3]$
fluocerite Fluocerit m (Varietät von Tysonit)
fluor [**spar**] s. fluorite
fluoresce/to fluoreszieren
fluorescence Fluoreszenz f
~ **analysis** Fluoreszenzanalyse f
~ **microscopy** Fluoreszenzmikroskopie f
~ **of petroleum** Erdölfluoreszenz f (schillernde Färbung von Erdöl und dessen Produkten)
fluorescent fluoreszierend, fluoreszent

~ screen Fluoreszenzschirm m, Leuchtschirm m
~ substance fluoreszierende Substanz f
~ X-ray analysis Röntgenfluoreszenzanalyse f
fluorimeter Fluoreszenzmesser m
fluorine Fluor n, F
~ mineral Fluormineral n
fluorinite Fluorinit m *(Kohlenmaceral der Liptinitgruppe)*
fluorite Fluorit m, Flußspat m, CaF_2
fluorlogging Fluoreszenzmessung f am Bohrklein
fluorography Fluoreszenzaufnahme f
fluorohydric acid Fluorwasserstoffsäure f, Flußsäure f, HF
fluorophore Fluoreszenz verursachend
fluoroscope Fluoroskop n
fluoroscopy Fluoroskopie f
fluorspar s. fluorite
fluosilicate Fluorsilikat n
flurry leichte Brise f; Windstoß m, Bö f
~ of rain *(Am)* Regenschauer m, Regenguß m
~ of snow Schneegestöber n
flush out/to austragen, herausschwemmen
flush drilling Spülbohren n
~ eliberation plötzliche Entlösung f *(von Gas aus Erdöl)*
~ fluid Spülflüssigkeit f, Spültrübe f
~ gas Spülgas n
~ production rate eruptive Förderrate f
flushed zone geflutete Zone f
flushing Flutung f, Spülung f, Waschen n
~ auger Spülschappe f
~ dredge[r] Schwimmbagger m, Spülbagger m
~ fluid s. flush fluid
~ pump Spülpumpe f
~ shield Bruchabschirmung f, Versatzschild m
flute Rinne f, Riefe f; Erosionsfurche f, Erosionsrinne f; Fließrinne f; Auskolkung f, Kolk m
~ cast Fließmarke f, Fließwulst m, Fließrille f; Strömungsmarke f, Strömungswulst m; Kegelwulst m, Kolkausguß m, Kolkmarke f, Sandsteinwulst m
fluted kanneliert
fluting Kannelierung f
fluvial Fluß... *(s.a. fluviatile)*
~ deposit Flußablagerung f
~ erosion Flußerosion f
~ formation Flußbildung f
~ geomorphic cycle peneplainisierende Flußerosion f
~ gravel Flußkies m
~ hydraulics Flußhydraulik f
~-lacustrine fluviolakustrisch
~ pebble Flußgeröll n
~ terrace Flußterrasse f
fluviatile fluviatil; Fluß... *(s.a. fluvial)*
~ dam natürliche Dammbildung f durch Nebenflußeinspülung
~ detritus Flußsediment n
~ erosion fluviatile Erosion f

~ facies fluviatile Fazies f
~ loam Flußlehm m
fluviation Wirkungen fpl des fließenden Oberflächenwassers
fluvioclastics fluvioklastische Gesteine npl
fluviogenic soil Flußablagerungsboden m
fluvioglacial fluvioglazial
~ deposit (drift) fluvioglaziale Ablagerung f, Sander m
fluviolacustrine fluviolakustrin
fluviology Flußkunde f
fluviomarine fluviomarin, brackig
fluviometer Flußmesser m, Flußschreiber m
fluviraption Oberflächenberäumung f durch fließendes Wasser
flux Flußmittel n, Zuschlag m
~ and reflux Ebbe f und Flut f
~-gate magnetometer Sättigungskernmagnetometer n, Fördersonde f
~ limestone Zuschlagkalkstein m
fluxing ore Zuschlagerz n
fluxion banding Fluidalblattbänderung f
~ structure s. flow structure
~ swirl Flußwirbel m
fluxoturbidite Fluxoturbidit m *(meist grobkörnige sandige Ablagerungen in Flyschbecken, deren Charakteristika zwischen denen von Turbiditen und gravitativen Gleitmassen liegen)*
fly ash Flugasche f
flyer Bündelungskabelbaum m
flying sand Flugsand m
flysch Flysch m
~ breccia Flyschbrekzie f
~ facies Flyschfazies f
~ zone Flyschzone f
flyschoid sediment flyschoides Sediment n
foam Schaum m
~ clay s. foamclay
~ floatation Schaumflotation f
~ lava Schaumlava f
~ mark Schaummarke f
foamclay Schaumton m, Blähton m
foaming agent Schäumer m
foamy schaumig
focal depth Herdtiefe f
~ length Brennweite f
~ point of subsidence Absenkungsschwerpunkt m
focus/to fokussieren
focus 1. Hypozentrum n, Erdbebenherd m; 2. Brennpunkt m *(seismischer Strahlen bei gekrümmtem Reflektor)*
~ of eruption Eruptionsherd m, Ausbruchsherd m
focussed-current logging Laterolog n *(Meßverfahren mit gebündeltem Stromsystem)*
foehn Föhn m
fog dichter Nebel m
~ band Nebelschwaden m, Nebelstreifen m
~ bank Nebelbank f
~ droplet Nebeltröpfchen n

foggy

foggy neblig
foids Foide *npl*, Feldspatvertreter *mpl*
foil *s*. trail
~-**stone** Edelsteinimitation *f*
fold/to falten
fold Falte *f*
~ **arc** Faltenbogen *m*
~ **axis** Faltenachse *f*
~ **belt** Faltungszone *f*
~ **bundle** Faltenbündel *n*
~ **carpet** Überfaltungsdecke *f*, Faltendecke *f*
~ **fault** Bruchfalte *f*, durch Faltung induzierte Störung *f*
~ **line** Faltenlinie *f*
~ **mountain** Faltengebirge *n*
~ **mullion** Faltenmullionstruktur *f*
~ **nappe** Überfaltungsdecke *f*, Faltendecke *f*
~ **structure** Faltenbau *m*, Faltenstruktur *f*
~ **structure with steep axes** steilachsige Faltenstruktur *f*
~ **system** Faltensystem *n*
~ **thrust** Überfaltungsdecke *f*, Faltendecke *f*
foldable layers faltbare Schichten *fpl*
folded gefaltet
~ **beds** gefaltete Schichten *fpl*
~ **fault** gefaltete Störungsfläche *f*
~ **folds** gefaltete Falten *fpl*
~ **Jura Mountains** Faltenjura *m*
~ **mountain** Faltengebirge *n*
~ **structure** *s*. fold structure
~ **thrust** *s*. fold thrust
folding Faltung *f*
~ **about vertical axis** Schlingenbau *m*
~ **mast** Klappmast *m*
~ **phase** Faltungsphase *f*
~ **tear fault** Grenzblatt *n (Blattverschiebung)*
~ **tectonics** Faltungstektonik *f*
~ **within a frame** Rahmenfaltung *f*
folgerite *s*. pentlandite
foliaceous blättrig, Blatt..., Blätter..., schiefrigschuppig
~ **structure** Blättertextur *f*
~ **tree** Laubbaum *m*
foliated blättrig, schiefrig, geschiefert, schiefrigschuppig
~ **clay** Blätterton *m*
~ **coal** *(sl)* schiefrige blättrige Kohle *f*; schiefrige Kohle *f*
~ **galena** Bleischweif *m (s.a.* galena*)*
~ **gneiss** Schiefergneis *m*
~ **rock** geschiefertes Gestein *n*
~ **structure** schiefrige Textur *f*, Schieferung *f*; Blättertextur *f*
foliation Bänderung *f*, Blätterung *f*, Schieferung *f*, schichtenförmige Lagerung *f*, Blättrigkeit *f*; s-Flächen *fpl (in metamorphen Gesteinen nach Turner-Weiss)*
~ **cleavage** Schieferung *f*
~ **due to crystallization** Kristallisationsschieferung *f*
~ **joint** Schieferungsfuge *f*
~ **plane** Schieferungsebene *f*, Schieferungsfläche *f*

144

~ **structure** schiefrige Textur *f*
fondo *s*. basin
fondoform Oberfläche *eines gravitativ gebildeten (umgelagerten) Sedimentkörpers*
fool's gold Katzengold *n*
foot impression *s*. footprint
~ **jaws** Kieferfüße *mpl*, Maxillipeden *mpl*
~ **of glacier** Gletschersohle *f*
footage 1. Bohrstrecke *f*, Bohrmeterleistung *f*; 2. Längengedinge *n*, Metergedinge *n*
foothill Vorgebirge *n*, Randgebirge *n*
footmark *s*. footprint
footprint Laufspur *f*, Fußabdruck *m*, Fußspur *f*
footwall Liegendes *n*, Sohle *f*
~ **swelling** Anschwellen *n* des Liegenden
foralite Bohrmarke *f*, Wühlmarke *f (Sedimentgefüge)*
foramen Foramen *n*, Perforation *f*, Öffnung *f*
foraminiferal deposit Foraminiferenablagerung *f*
~ **limestone** Foraminiferenkalk *m*
~ **marl** Foraminiferenmergel *m*
~ **ooze** Foraminiferenschlamm *m*
~ **sand** Foraminiferensand *m*
~ **shell** Foraminiferenschälchen *n*
foraminifers, forams Foraminiferen *fpl*
forbes band *s*. ogive
forbesite Forbesit *m*, $(Ni, Co)H[AsO_4] \cdot 3H_2O$
force of crystallization Kristallisationskraft *f*, Formenergie *f*
~ **of gravity** Schwerkraft *f*, Gravitation *f*, Erdbeschleunigung *f*
~ **of wind** Windstärke *f*
forced-cut meander Mäander *m* mit Ausgleich zwischen Abtrag und Anlandung
ford Furt *f*
fordable durchwatbar
fordless ohne Furt
forecasting of precipitation (rainfall) Niederschlagsprognose *f*
foredeep Vortiefe *f*, Vorsenke *f*, Saumsenke *f*
foredune Vordüne *f*
foreign ash Fremdasche *f*
~ **atom** Fremdatom *n*
~ **body** Fremdkörper *m*
~ **inclusion** Xenolith *m*
~ **ion** Fremdion *n*
~ **material** Fremdmaterial *n*
foreland Vorland *n*, Gebirgsvorland *n*, Vorgebirge *n*
forelimb steiler Schenkel *m (einer asymmetrischen Falte)*
forelimbs Vordergliedmaßen *fpl*
forereef seewärts *(luvseitig = „vor dem Riff gelegen")*
forereef Vorriff *n (der Brandungsseite zugewandter Bereich eines Riffkomplexes, der noch stark vom Riffkörper beeinflußt wird)*
forerunner Vorläufer *m*, Vorbeben *n*
foreset bed Leeblatt *n*, Leeschicht *f*, Vorschüttungsblatt *n*, Stirnabsatz *m (bei Schrägschichtung)*

145   fossil

~ **beds** Vorschüttungssedimente *npl (eines Deltas)*
foresets 1. Vorsetzschichten *fpl*; 2. Schelfvorschüttungen *fpl*
foreshock Vorbeben *n*
foreshore Uferland *n*; Strand *m*, Seeufer *n*; Vorland *n*, Vorstrand *m*; Watt *n*
foreshortening Verjüngung *f*, Verkürzung *f (bei Karten)*
forest bed interglazialer Stubbenhorizont *m*
~ **bog** Waldmoor *n*
~-**clad swamp** Waldmoor *n*
~ **islands** Waldinseln *fpl*
~ **land** Waldland *n*
~ **moor** Waldmoor *n*; Bruchwaldmoor *n*
~ **shelter-belt** Waldschutzstreifen *m*
~ **soil** Waldboden *m*
~ **swamp** *s*. ~ moor
forestation Aufforstung *f*
forested bewaldet
~ **area** Waldregion *f*
~ **steppe** Waldsteppe *f*
forge coal Eßkohle *f*
fork/to sich gabeln
forked branching *s*. dichotomous branching
forking Bifurkation *f*, Gabelung *f*
form into crystals/to auskristallisieren, Kristalle bilden
form genera Formgattungen *fpl*
~ **of crystallization** Kristallisationsform *f*
~ **of deposit** Lagerstättenart *f*
~ **of past ages** Vorzeitform *f*
~ **of structure** Strukturform *f*
~ **species** Formart *f*
formation 1. Formation *f (lithostratigrafische Einheit, im älteren deutschen Schrifttum auch als biostratigrafische Einheit verwendet)*; 2. Gebirge *n (im Sinne von Gebirgsart)*
~ **boundary** Formationsgrenze *f*
~ **energy** Lagerstättenenergie *f*
~ **evaluation** Speichereinschätzung *f*
~ **factor** Formations[widerstands]faktor *m*
~ **fracturing** Hydrofraccen *n*, Formationsfraccen *n*
~ **map** Formationskarte *f*
~ **name** Formationsname *m*
~ **of clefts** Spaltenbildung *f*
~ **of cliffs** Kliffbildung *f*
~ **of clouds** Wolkenbildung *f*
~ **of coal** Kohlenbildung *f*
~ **of cracks** Rißbildung *f*
~ **of craters** Kraterbildung *f*
~ **of crystal layers** Schichtkristallbildung *f*
~ **of eddies** Wirbelbildung *f*
~ **of fissures** Rißbildung *f*
~ **of fog** Nebelbildung *f*
~ **of humus** Humusbildung *f*
~ **of lodes** Gangformation *f*
~ **of rocks** Gesteinsbildung *f*
~ **pressure** 1. Formationsdruck *m*, Lagerstättendruck *m*; Schichtendruck *m*; 2. Porenflüssigkeitsdruck *m*; Schichtdruck *m (Hydrogeologie)*

~ **process** Bildungsvorgang *m*
~ **resistivity factor** Formations[widerstands]faktor *m*
~ **temperature** Gesteinstemperatur *f*
~ **test** Formationstest *m*
~ **test tool**, ~ **tester** Formationstester *m*, Formationstestgerät *n*
~ **testing** Formationstesten *n*
~ **treating** Formationsbehandlung *f*
~ **volume factor** Formationsvolumenfaktor *m*
~ **water** Schichtwasser *n*; Formationswasser *n*
formed coke Formkoks *m*
forms Formenschatz *m*
formula Formel *f*
fornacite Fornacit *m*, $Pb_2Cu[OH|CrO_4|AsO_4]$
forsterite Forsterit *m*, $Mg_2[SiO_4]$
fortification agate Festungsachat *m*
forward lap Längsüberdeckung *f*
foshagite Foshagit *m*, $Ca_4[(OH)_2|Si_3O_9]$
fosse lake glazialer Binnensee *m*
fossicker Goldgräber *m*
fossil alt, fossil; versteinert
fossil Fossil *n*, Versteinerung *f*, Petrefakt *n*
~ **assemblage** Fossilgesellschaft *f*
~-**bearing** fossilhaltig, fossilführend
~-**bearing bed** Versteinerungen führende Schicht *f*
~-**bearing deposit** *s*. ~ locality
~ **botany** Paläobotanik *f*
~ **charcoal** Fusit *m (Kohlenmikrolithotyp)*
~-**collecting locality** *s*. ~ locality
~ **content** Fossilinhalt *m*
~ **copal** fossiler Kopal *m*
~ **debris** Fossilfragmente *npl*
~ **droppings** fossiler Darmkot *m*
~ **dust** *s*. ~ meal
~ **earthquake** fossiles Beben *n*
~ **erosion surface** *s*. ~ peneplain
~ **flour** *s*. ~ meal
~ **fuel** fossiler Brennstoff *m*
~ **ice** Steineis *n*, fossiles Eis *n*, Bodeneis *n*
~ **ivory** fossiles Elfenbein *n*
~ **locality** Fossilfundstätte *f*, Fossilfundstelle *f*, Fossilfundort *m*
~ **meal** Infusorienerde *f*, Kieselgur *f*
~ **meal brick** Kieselgurstein *m*
~ **mould** Fossilabdruck *m*
~ **occurence** 1. Fossilvorkommen *n*; 2. Totöllagerstätte *f*, energielose Lagerstätte *f*
~ **oil** Erdöl *n*, Steinöl *n*, Petroleum *n*
~ **organic matter** fossile organische Materie *f*
~ **peneplain** fossile Peneplain *f*
~ **placer** fossile Seife *f*
~ **plant** fossile Pflanze *f*
~ **raindrops** *s*. accretionary lapili
~ **record** Fossilfolge *f*, Fossilführung *f*
~ **rejectamenta** fossiler Darmkot *m*
~ **remain** Fossilrest *m*
~ **resin** fossiles Harz *n*; Erdharz *n*, Bergharz *n*
~ **salt** Steinsalz *n*
~ **sequence** Fossilfolge *f*, Fossilführung *f*
~ **spirit level** fossile Wasserwaage *f*

fossil 146

~ **track** Spaltspur f
~ **tripoli** s. ~ meal
~ **type** Fossilart f
~ **volcano** erloschener Vulkan m
~ **water** fossiles Wasser n
~ **wax** Mineralwachs n, Bergwachs n, Ozokerit m, Erdwachs n
~ **with borings** von Organismen angebohrtes Fossil n
fossilate/to fossilieren, versteinern
fossiliferous fossilführend, fossilhaltig, Versteinerungen enthaltend
~ **content** Fossilinhalt m
~ **layer** fossilführende Lage f
~ **record** s. fossil record
fossilify/to fossilisieren, versteinern
fossilism Paläontologie f, Fossilkunde f
fossilist Paläontologe m, Fossilienkundiger m
fossilization Fossilisation f, Fossilienbildung f, Versteinerung f, Versteinerungsvorgang m
fossilize/to 1. fossilisieren, versteinern; 2. Fossilien sammeln
fossilized fossil
~ **brine** fossile Sole f
~ **excrements** fossiler Darmkot m
fossilogy Paläontologie f, Fossilkunde f
fossula Fossula f, Septalgrube f (von Korallen)
foucherite Foucherit m, Ca(Fe,Al)₄[(OH)₈(PO₄)₂]·7H₂O
foul air faule Wetter pl
~-**bottomed sediment** Faulschlammsediment n
~ **gas** schwefelwasserstoffhaltiges Gas n
~ **water** Schmutzwasser n, Abwasser n
foumarierite Foumarierit m, 8[UO₂(OH)₂]·2Pb(OH)₂·4H₂O
foundation Fundierung f, Gründung f, Fundament n, Unterlage f, Sockel m, Baugrund m
~ **by caissons** Senkkastengründung f
~ **exploration** s. ~ testing
~ **in rock** Felsgründung f
~ **in the dry** Trockengründung f
~ **of filter** Filterboden m (im Brunnen)
~ **rock** Grundgebirge n
~ **soil** Untergrund m, Baugrund m, Lastboden m
~ **test boring** Baugrunduntersuchungsbohrung f
~ **testing** Bodenuntersuchung f, Untergrundforschung f, Baugrunduntersuchung f
~ **water pressure** Sohlenwasserdruck m
founder Schluckloch n am Meeresgrund
~ **breccia** Karstbrekzie f
foundered block abgesunkene Scholle f
foundering Zusammenbruch m, Einsturz m, Absinken n
four-part coral solitäre Koralle f
~-**point method** Vierpunktmethode f
~-**sided** vierseitig
fourble aus vier Stangen bestehender Gestängezug m
fourfold vierzählig (Symmetrieachse)
Fourier trend s. harmonic trend

fourling twinning Durchkreuzungsverzwillingung f (Vierlingsbildung bei Feldspat)
fowlerite Fowlerit m (Varietät von Rhodonit)
foyaite Foyait m
frac s. fracturing 2.
~ **location** Frac-Ortung f
fraction of flow Teilfluß m
fractional fraktioniert
~ **crystallization** fraktionierte Kristallisation f
~ **distillation** fraktionierte Destillation f
~ **magma** Teilmagma n
~ **melting** Teilschmelzenbildung f; partielle Aufschmelzung f
fractionation Fraktionierung f
fractonimbus clouds Schlechtwetterwolken fpl
fracture/to zerklüften
fracture Bruch m, Spalte f, Kluft f, Riß m
~ **across the grains** intrakristalliner Bruch m
~ **agate** Trümmerachat m
~ **analysis** Kluftanalyse f, Bruchanalyse f (statistische Auswertung der Häufigkeit, Dichte und Orientierung von Brüchen und Klüften)
~ **angle** Bruchwinkel m
~ **cleavage** S₂-Schieferung f; Runzelschieferung f (nach A. Born); Schubklüftung f (nach H. Scholtz); Bruchschieferung f, Transversalschieferung f; Spaltbruch m
~ **direction** Rißorientierung f
~ **frequency** Bruchflächenhäufigkeit f
~ **height** Rißhöhe f
~ **length** Rißlänge f
~ **line** Bruchlinie f
~ **origin** Bruchentstehung f
~ **pattern** Bruchbild n
~ **patterns** Bruchmuster npl, Kluftnetze npl, Spaltenanordnungen fpl
~ **plane** Bruchfläche f
~ **porosity** Porosität f infolge mechanischer Auflockerung
~ **spring** Spaltenquelle f, Kluftquelle f
~ **strength** Bruchfestigkeit f
~ **stress** Bruchspannung f
~ **trap** Kluftfalle f
~ **width** Rißweite f, Rißbreite f
~ **zone** s. fractured zone
fractured gebrochen, klüftig, zerklüftet, durch Brüche zerlegt; gebräch
~ **area** Bruchgebiet n
~ **matrix reservoir** klüftig-poröses Reservoir n
~ **region** Bruchgebiet n
~ **reservoir** zerklüfteter Speicher m
~ **zone** 1. Zerrüttungsstreifen m, Ruschelzone f, Störungszone f, Trümmergesteinszone f, Mylonitzone f; 2. Bruchfeld n
fracturing 1. Zerstückelung f, Zertrümmerung f, Zerklüftung f, Bruchbildung f; 2. Rißbildung f, Frac-Behandlung f (Bohrtechnik); 3. Aufreißen n
~ **fluid** Brechflüssigkeit f (Bohrtechnik)
fragile bröcklig, brüchig, zerbrechlich
fragility Zerbrechlichkeit f

fragipan zerbrechliche harte Schicht *f*
fragment Bruchstück *n*
~ **of bedrock** Lesestein *m*
~ **of country rock** Nebengesteinsbruchstück *n*
~ **of lava** Lavastück *n*
~ **of rock** Gesteinsbruchstück *n*
fragmental bruchstückartig, klastisch
~ **accumulation** Trümmerablagerung *f*
~ **discharges (ejectamenta)** Auswürflinge *mpl*
~ **material** Trümmergesteinsmaterial *n*
~ **plant remains** Pflanzenhäcksel *m (n)*
~ **products** Auswürflinge *mpl*
~ **rocks** Trümmergesteine *npl*, klastische Gesteine *npl*
~ **texture** klastische Struktur *f*
fragmentary *s.* fragmental
fragmentation Zertrümmerung *f*
~ **of rock** Gesteinszerkleinerung *f*, Gesteinszertrümmerung *f*
fragmented zermürbt
fragments Trümmer *pl*
fraipontite Fraipontit *m*, $Zn_8Al_4[(OH)_8|(SiO_4)_5] \cdot 7H_2O$
framboidal pyrite Pyritsphäroid *n* aus Pyritoedern, Rogenpyrit *m*
frame-building organisms gerüstbildende Organismen *mpl*
~ **work** *s.* framework
framestone *boundstone, bei dem die Organismen als Gerüstbildner wirkten*
framework Gerüst[werk] *n*
~ **compressibility** Gerüstkompressibilität *f*
~ **of silica** Kieselgerüst *n*
~ **silicate** Gerüstsilikat *n*
francevillite Francevillit *m*, $(Ba, Pb)[(UO_2)_2|(V_2O_8)] \cdot 5H_2O$
franckeite Franckeit *m*, $5PbS \cdot 3SnS_2 \cdot Sb_2S_3$
Franconian Franconien *n (Stufe des Croixiens)*
~ **disturbance** Frankonische Faltung *f*
~ **Stage** *s.* Franconian
frangibility Brüchigkeit *f*, Sprödigkeit *f*
frangible brüchig, spröde
franklinite Franklinit *m*, Zinkeisenerz *m*, $ZnFe_2O_4$
Frasch process Frasch-Verfahren *n (Schwefelabbau mit Heißwasser)*
Frasnian [Stage] Frasne *n*, Frasnien *n*, Frasnium *n (Stufe des Oberdevons)*
Fraunhofer corona Fraunhofersche Korona *f*
~ **lines** Fraunhofersche Linien *fpl*
fray out/to auskeilen
frazil [ice] Rogeis *n*, Sulzeis *n*, Eisbrei *m*, Grundeis *n*, Siggeis *n*
freboldite Freboldit *m*, γ-CoSe
freckled gesprenkelt
free 1. frei; 2. gediegen
~ **acid** freie Säure *f (z.B. im rohen Erdöl)*
~-**air anomaly** Freiluftanomalie *f*
~-**air correction** Freiluftkorrektion *f*
~-**air reduction** Freiluftreduktion *f*
~-**burning coal** Magerkohle *f*, Sandkohle *f*
~ **crystal** freigewachsener Kristall *m*

fresh

~-**flowing** dünnflüssig, leichtflüssig
~ **from hydrogen** wasserstofffrei
~ **gas** freies Gas *n*
~ **gas cap drive** Gaskappentrieb *m*
~ **gas cap drive pool** Gaskappentrieblager *n*
~ **gliding** Freigleitung *f*
~ **gold** Freigold *n*
~ **ground water** Grundwasser *n* mit freier Oberfläche; ungespanntes Grundwasser *n*
~ **milling ore** durch Zerkleinerung aufschließbares Erz *n*
~-**moving benthos** vagiles Benthos *n*
~ **of ice** eisfrei
~ **silica** freie Kieselsäure *f*
~-**standing portable mast** freistehender, ortsbeweglicher Mast *m*
~ **surface** freie Oberfläche *f (des Grundwassers)*
~ **water** freies Wasser *n (im rohen Erdöl, im Unterschied zum Emulsionswasser)*
freedom prospect Schürffreiheit *f*
freestone allseitig gleich spaltender Sandstein *m*, Bausandstein *m*, Quaderstein *m*
freeze/to gefrieren, erstarren
~ **off** abfrieren
~ **over** zufrieren
~ **up** zufrieren
freeze Gefrieren *n*, Erstarren *n*
freezing 1. Erstarrung *f*, Gefrieren *n*; Gefrierverfahren *n*; 2. Festwerden *n (von Rohren im Bohrloch)*
~ **and thawing cycle** Gefrier- und Auftauzyklus *m*, Tau-Frost-Wechsel *m*
~ **hole** Gefrierbohrloch *n*
~ **line** Frostgrenze *f*
~ **of the pipe** Festwerden *n* des Rohrs
~ **point** Frostpunkt *m*, Gefrierpunkt *m*; Eispunkt *m*
~ **rain** Glatteis *n*
~ **shaft sinking** Abteufen *n* von Gefrierschächten
~ **zone** Gefrierzone *f*
freibergite Freibergit *m (Ag-haltiger Tetraedrit)*
freieslebenite Freieslebenit *m*, $4PbS \cdot 2Ag_2S \cdot 2Sb_2S_3$
fremontite *s.* natramblygonite
French chalk Speckstein *m (s.a. talc)*
frequency domain Frequenzbereich *m*
~ **of oscillation** Schwingungsfrequenz *f*
~ **of sunspots** Sonnenfleckenhäufigkeit *f*
~ **response** Frequenzcharakteristik *f*
fresh frisch, unbeansprucht
~ **breccia** Reibungsbrekzie *f*
~ **breeze** frische Brise *f*
~ **cleavage** frischer Bruch *m*
~ **condition** bergfeuchter Zustand *m*
~ **fracture plane** frisch angeschlagene Bruchfläche *f*
~ **gale** stürmischer Wind *m*
~ **rock** bergfeuchtes Gestein *n*
~ **snow** Neuschnee *m*

10*

fresh 148

~ **volcanic rocks** jungvulkanische Gesteine npl
~ **water** Süßwasser n, Frischwasser n
~-**water bog** Süßwassermoor n
~-**water deposit** Süßwasserablagerung f
~-**water facies** Süßwasserfazies f
~-**water formations** Süßwasserbildungen fpl
~-**water fossil** Süßwasserfossil n
~-**water interface** Süß-Salzwasser-Grenzfläche f
~-**water lake** Süßwassersee m
~-**water limestone** Süßwasserkalk m, Kalksinter m
~-**water marsh** Süßwassersumpf m, Süßwassermoor n, Süßwassermarsch f
~-**water molasse** Süßwassermolasse f
~ **wind** frischer Wind m
freshen/to ausgesüßt werden; aussüßen, entsalzen
freshened aufgefrischt
freshening Aussüßung f, Entsalzung f
freshet Sprungschwall m; plötzlich einsetzendes Hochwasser n
freshly fallen snow Neuschnee m
~ **quarried sand** grubenfeuchter Sand m
Fresnel's ellipsoid Fresnelsches Ellipsoid n
fresnoite Fresnoit m, $Ba_2Ti[Si_2O_8]$
fretted zerfressen
~ **upland** Kargebirge n
fretwork Wabenverwitterungsstruktur f
freudenbergite Freudenbergit m, $NaFe(Ti, Nb)_3O_7(O, OH)_2$
friability Brüchigkeit f, Mürbheit f
friable bröcklig, zerbröckelnd, krümelig, zerreiblich, mürbe, gebräch, nichtbindig, kohäsionslos
~ **aggregate** s. pellet
~ **gypsum** erdiges Gipsgestein n
~ **iron ore** mulmiges Eisenerz n
~ **rock** bröckliges (gebräches, loses) Gebirge n
~ **soil** Lockerboden m
friction Reibung f
~ **breccia** Reibungsbrekzie f
~ **carpet** Reibungsteppich m
~ **circle** Gleitkreis m
~ **coefficient** Reibungsbeiwert m
~ **grip** Reibungsschluß m, Haftreibung f
~ **heating** Reibungserwärmung f
~ **surface** Reibungsfläche f
~ **velocity** Reibungsgeschwindigkeit f
frictional force Reibungskraft f
~ **resistance** Reibungswiderstand m
~ **torque** Reibungsdrehmoment n
friedelite Friedelit m, $(Mn, Fe)_8[(OH, Cl)_{10}|Si_6O_{15}]$
frieseite Frieseit m, $Ag_2Fe_5S_8$
frightening erschreckend (6. Stufe der Erdbebenstärkeskala)
frigid wave Kältewelle f
frill Velum n
fringe crystals Stengelkristalle mpl
~-**finned ganoids** Crossopterygier mpl, Krossopterygier mpl

~ **pattern** spannungsoptisches Bild n
~ **water** Kapillarsaumwasser n, Saugsaumwasser n
fringing reef Saumriff n, Küstenriff n
frit/to fritten
frith s. estuary
fritted rock gefrittetes Gestein n
fritting Fritten n, Frittung f
fritzscheite Fritzscheit m (Mn-, VO_4-haltige Varietät von Autunit)
frohbergite Frohbergit m, $FeTe_2$
frolovite Frolovit m, $Ca[B_2O(OH)_6]\cdot H_2O$
frond Wedel m
frondelite Frondelit m, $(Mn, Fe^{..})Fe_4^{...}[(OH)_5|(PO_4)_3]$
frondescent cast Fächermarke f, fächerförmige Fließmarke f
front abutement pressure vorderer (voreilender) Kämpferdruck m
~ **of a thrust** Faltenstirn f
~ **range** Vorgebirge n
frontal apron Vorschüttsande mpl (glazial)
~ **lobe** Stirneinrollung f, Stirnfalte f
~ **moraine** Stirnmoräne f, Frontmoräne f
~ **overthrust** Stirn f der Deckfalte (Überschiebung)
~ **sheet** Stirnplatte f
~ **wedge** Stirnschuppe f
frontland s. foreland
froodite Froodit m, α-$PdBi_2$
frost Frost m
~ **action** Frosteinwirkung f
~ **blasting** Frostsprengung f
~ **boil** Frosthebung f, Frostbeule f
~-**broken** vom Frost losgelöst
~ **crack** Frostspalte f, Frostriß m
~ **damages** Frostschäden mpl
~-**detached** von Frost losgelöst
~ **effect** Frostwirkung f
~-**free** frostfrei
~ **heave** Frosthebung f, Frostbeule f, Frostauftreibung f
~ **heaved mound** s. ~ mound
~ **heaving (lifting)** Frosthebung f, Frostbeule f, Auffrieren n, Aufwulstung f des Lockerbodens durch Eis
~ **line** Frostgrenze f (im Boden)
~ **mound** Pingohydrolakkolith m, Aufeishügel m
~ **patterns** Frostfiguren fpl
~ **penetration** Frosteindringung f, Frosttiefe f
~ **precaution** Frostschutzmaßnahme f
~-**proof** frostbeständig, frostunempfindlich
~ **rending** Frostsprengung f
~ **resistance** Frostbeständigkeit f
~-**resisting** frostbeständig, frostunempfindlich
~ **scaling** Frostabblätterung f
~ **shattering** Frostverwitterung f, Frostsprengung f
~ **shove** Frostschub m
~ **splitting** Frostsprengung f
~ **stirring** Frostwirkung f ohne Massenbewegung

149   **Fusulina**

~-**susceptible** frostempfindlich
~ **thrust** Frostschub m
~ **weathering** Frostverwitterung f, Frostsprengung f; Spaltenfrost m; Spaltenfrostverwitterung f
~ **wedging** Frostsprengung f
~ **work** Frostzerstörung f
frosted mattgeschliffen, mattiert (Sandkörner)
~ **grain** mattiertes Korn n
frostiness Frost m, Eiskälte f
frosting Mattschliff m (Sandkörner)
frostwork s. frost work
froth floatation Schaumschwimmverfahren n, Schwimmaufbereitung f
~ **flow** 1. turbulente Blasenströmung f; 2. Schaumlava f
frother cell Schaumzelle f
frothing agent Schäumer m (Flotation)
frozen earth (ground, soil) Frostboden m
~ **to the walls** mit dem Nebengestein verschweißt (Gangmasse)
~ **wall** fest aufgewachsenes Salband n
fruchtschiefer Fruchtschiefer m
fructiferous frond fruktifizierender Wedel m
fruiting cone Fruchtzapfen m, Fruktifikation f
frustule of a diatom Diatomeenschale f
frustulent klastisch
FT s. field tape
fuchsite Chromglimmer m, Fuchsit m (s.a. muscovite)
fucoidal tangähnlich
~ **sandstone** Fukoidensandstein m
fuel Brennstoff m; Spaltstoff m, Kernbrennstoff m
~ **gas** Brenngas n
~ **material** Spaltmaterial n
fugacity Flüchtigkeit f
fulgurite Blitzröhre f, Blitzsinter m, Fulgurit m
fulja Depression zwischen zwei Barchanen
full s. beach ridge
~ **dip** stärkstes (wahres) Einfallen n
~-**face method** Vollausbruch m
~ **gale** starker Sturm m
~-**gauge hole** Bohrlochnenndurchmesser m
~ **hole drilling** Vollbohren n, kernloses Bohren n
~ **mature valley** vollreifes Tal n
~ **maturity** Vollreife f
~ **moon** Vollmond m
~ **of fissures** zerklüftet
~ **relief** Vollrelief n (Ichnologie)
~-**scale experiment (test)** Großversuch m
~-**seam extraction** Abbau m des Flözes in voller Mächtigkeit
~ **string of casing** volle Verrohrung f
~-**trough gliding** Volltroggleitung f
fuller's earth Fullererde f, Palygorskit m, Walkerde f, Smektit m, Walkton m, fetter Ton m, weißer Bolus m
fully crystalline vollkristallin
~ **desalted water** vollentsalztes Wasser n
~ **mature** überreif

fülöppite Fülöppit m, 3PbS·4Sb$_2$S$_3$
fumarole Fumarole f
~ **field** Fumarolenfeld n
~ **mound** Fumarolenhügel m
~ **stage** Fumarolenstadium n
fumarolic action (activity) Fumarolentätigkeit f
~ **gases** Fumarolengase npl
~ **stage** Fumarolenstadium n
functional group funktionelle Gruppe f
fundamental complex Grundgebirge n
~ **jelly (substance)** vergelte Pflanzensubstanz f (biochemische Inkohlung)
fungal activity Pilzaktivität f (Zerstörung durch Pilze)
~ **spores** Pilzsporen fpl
fungosclerotinite Fungosclerotinit m (Kohlensubmaceral)
funicular regime zusammenhängendes Oberflächenhaftwasser n
funnel Eruptionskanal m, Eruptionsschlot m, Vulkanschlot m, Schlot m, Trichter m
~ **intrusion** Lopolith m
~ **sea** Trichtermeer n
~-**shaped** trichterförmig
funnellike trichterförmig
furious cross lamination zusammengesetzte Schrägschichtung f
furrow/to zerfurchen
furrow Furche f, Graben m, Rinne f, Rille f, Abflußrinne f, Wanne f, Einsenkung f
~ **flute cast** Furchenmarke f
~ **irrigation** Grabenbewässerung f
~-**leaved** furchenblättrig
furrowed furchig, zerfurcht, rinnenförmig, gerillt
furrowing Ausfurchung f, Kannelierung f
furrows Rutschstreifen mpl, Rutschschrammen fpl
fusain 1. Fusain m, Faserkohle f (Lithotyp der Humussteinkohle); 2. (Am) Mikrolithotyp m, Fusit m
fuse/to schmelzen (Gestein)
fused glutflüssig
~ **basalt** Schmelzbasalt m
fusibility Schmelzbarkeit f
fusible schmelzbar
fusiform spindelförmig
fusing point Schmelzpunkt m
~ **temperature** Schmelztemperatur f
fusinite Fusinit m (Kohlenmaceral)
fusinitization Fusini[ti]sierung f
fusion 1. Schmelzen n, Schmelzung f; 2. Fusion f
~ **piercing** Schmelzbohren n, Flammbohren n
~ **tectonites** Schmelztektonite mpl
~ **temperature** Schmelztemperatur f
fusite Fusit m (Kohlenmikrolithotyp)
fusoid spindelförmig
Fusulina limestone Fusulinenkalk m

gabbro

G

gabbro Gabbro *m*
~ diorite Gabbrodiorit *m*
gabbroic gabbroid, gabbroartig
gabbroid[al] gabbrohaltig
~ schist Flasergabbro *m*
gabbroitic *s.* gabbroic
gadolinite Gadolinit *m*, $Y_2FeBe_2[O|SiO_4]_2$
gagarinite Gagarinit *m*, $NaCaYF_6$
gagate Gagat *m*, Jet *m (n) (Sapropelit, bituminiertes fossiles Holz)*
gage *(Am) s.* gauge
gahnite Gahnit *m*, Zinkspinell *m*, $ZnAl_2O_4$
gain control Amplitudenregelung *f*
gaining stream *s.* effluent stream
gaist *s.* ghost
gait road Hauptförderstrecke *f*
gaize feinkörniger Glaukonitsandstein *m*
gal Gal *n (inkohärente Einheit der Beschleunigung in der Geophysik)*
galactic galaktisch, Milchstraßen...
~ nebula galaktischer Nebel *m*, Milchstraßennebel *m*
~ radio waves galaktische Radiowellen *fpl*
~ system Milchstraßensystem *n*
galactite Milchstein *m (s.a.* natrolite)
galaxite Galaxit *m*, Manganspinell *m*, $MnAl_2O_4$
galaxy Galaxis *f*, Milchstraße *f*
gale Sturm *m (Windstärke 9 der Beaufortskala)*
~ force Sturmwindstärke *f*
~-warning Sturmwarnung *f*
galeate mit helmartiger Bedeckung
galeite Galeit *m*, Na_3 [(F, Cl)|SO_4]
galena Galenit *m*, Bleiglanz *m*, PbS
galenical bleihaltig
galeniferous bleiglanzhaltig, bleiglanzführend
galenite *s.* galena
galenobismuthite Galenobismutit *m*, $PbS \cdot Bi_2S_3$
galera *s.* hogback
galleried cave mehrsohlige Höhle *f*
gallery Strecke *f*, Stollen *m*
~ back *s.* ~ roof
~ driven through the rock Gesteinsstrecke *f*
~ level Streckensohle *f*, Stollensohle *f*
~ mouth Stollenmund *m*
~ roof Stollenfirste *f*, Streckenfirste *f*
galliard harter, glatter Sandstein *m (für Schotter)*
gallite Gallit *m*, $CuGaS_2$
galmei Galmei *m (teils Zinkspat, teils Hemimorphit)*
galt harter Mergel *m*
galvanometric galvanometrisch
gamagarite Gamagarit *m*, $Ba_2(Fe, Mn)[VO_4] \cdot {}^1/_2 H_2O$
gamma Gamma *n (alte Einheit der magnetischen Feldstärke, 1 γ ≙ 1 nT)*
~ decay Gammazerfall *m*
~ emitter Gammastrahler *m*
~-gamma log Gamma-gamma-Log *n (radiometrische Dichtemessung im Bohrloch)*

~ logging Gammalog *n*, Gammamessung *f*, Gammakernen *n*
~ radiation Gammastrahlung *f*
~ radiator Gammastrahler *m*
~-ray logging *s.* ~ logging
~-ray spectroscopy Gammaspektroskopie *f*
~-ray spectrum Gammaspektrum *n*
~ structure γ-Überschiebung *f (Überschiebung mit flach, dann steil fallender Fläche)*
gang of wells Brunnengalerie *f*
ganged automatic gain control gesteuerte automatische Gangkontrolle *f (Seismik)*
gangstock gangartige Ausstülpung *f (von Intrusivkörpern)*
gangue *s.* ~ material
~ deposit gangartige Lagerstätte *f*
~ material (mineral, rock) Gangart *f*, Ganggestein *n*, taubes Gestein *n*, Gangmasse *f*
ganil spröder brüchiger Kalkstein *m*
ganister Ganister *m*, eingekieselter Feinsandstein (quarzitischer Rohstoff für Silikatsteine)
~ brick Quarzitstein *m (Feuerfestindustrie)*
gank *(sl)* 1. zerklüftete Oxydationszone *f*; 2. Erzanzeiger *m*
gannister *s.* ganister
ganoid fish Schmelzschupper *m*, Ganoide *m*
~ scale Ganoidschuppe *f (bei Fischen)*
ganomalite Ganomalith *m*, $Pb_6Ca_4[(OH)_2|(Si_2O_7)_3]$
ganomatite Ganomatit *m*, Gänsekötigerz *n (Fe-Arsenat mit Ag- und Co-Gehalt)*
ganophyllite Ganophyllit *m*, (Na, K, Ca) (Mn, Al, $Mg)_3(OH)_2(OH, H_2O)_2(Si, Al) Si_3O_{10}$]
gap 1. Spalte *f*, Kluft *f*; 2. Lücke *f (stratigrafisch)*; 3. Kennmarke *f*, Marke *f*, Markierung *f (Seismogramm)*
~ fault klaffende Verwerfung *f*
~ graded material diskontinuierlich abgestuftes Material *n*
~ grading diskontinuierliche Abstufung *f (der Körnung)*
~ in geologic record Schichtlücke *f*, stratigrafische Unterbrechung *f*
~ in range of miscibility Mischungslücke *f*
~ in the unconsolidated goaf Weitung *f* im Alten Mann
~ length Spaltlänge *f*
~ of miscibility Mischungslücke *f*
~ width Spaltweite *f*
gaping klaffend
gaping Spalt *m*
~ fault klaffende (offene) Verwerfung *f*
~ fissure klaffende Spalte *f*
~ hole klaffende Öffnung *f*
garbage Müll *m*
garbenschiefer Garbenschiefer *m*
Gargasian [Stage] Gargas *n (Stufe, oberes Apt, Tethys)*
garnet Granat *m (Mineralgruppe,* $3RO \cdot R_2O_3 \cdot 3SiO_2$; R=Ca, Mg, Fe, Mn, Al, Cr, Ti)
~ amphibolite Granatamphibolit *m*

~ blende s. sphalerite
~ gneiss Granatgneis m
~ mica schist Granatglimmerschiefer m
~ rock Granatfels m
garnetiferous granathaltig, granatführend
~ pegmatite Granatpegmatit m
~ sand Granatsand m
~ schist Granatschiefer m
garnetization Granatbildung f (im Gestein)
garnetyte Granatfels m
garnierite Garnierit m, Nickelantigorit m (Varietät von Antigorit)
garrelsite Garrelsit m, (Ba, Ca)$_2$[(BOOH)$_3$|SiO$_4$]
garronite Garronit m, NaCa$_{2.5}$[Al$_3$Si$_5$O$_{16}$]$_2 \cdot 13^{1}/_2$H$_2$O
gas Gas n
~ analyzer Gasanalysegerät n, Gasspürgerät n
~ barren infolge vulkanischer Exhalationen unfruchtbares Gebiet
~-bearing gashaltig, gasführend
~ blast Gasstrahl m
~ blow-out Gasausbruch m
~ bubble Gasblase f
~ buoyancy Gasauftrieb m
~ cap Gaskappe f, Gaskopf m, Gashut m
~ cap drive Gaskappentrieb m
~ cap of a structure Gaskappe f einer Struktur
~-carrying sand Gassand m, gasführender Sand m
~-carrying schist gasführender Schiefer m
~-charged gasreich
~ chromatographic measurement gaschromatografische Messung f
~ chromatography Gaschromatografie f
~ cloud Gaswolke f
~ coal Gaskohle f
~-collecting main Gassammelleitung f
~-condensate field Kondensatlagerstätte f
~-condensate reservoir Gaskondensatträger m
~ coning Gaskegelbildung f
~ content Gasgehalt m
~ cushion Gaspolster n (Gasspeicher)
~ delivery Freiwerden n von Gas
~ detector Gasspürgerät n, Gasanzeigegerät n, Gasdetektor m
~ determination Gasgehaltsbestimmung f
~ deviation factor Realgasfaktor m
~ discharge Gasausscheidung f, Gasabscheidung f
~ discovery Erdgasfund m
~ drilling Gasbohren n, Bohren n mit Gasspülung, Drehbohren n mit Luftspülung
~ drive Gastrieb m, Gastreibverfahren n (Erdöl)
~ emission Entgasung f, Ausgasung f
~ envelope Dampfhülle f
~ eruption Gasausbruch m
~ escape (extraction) Entgasung f
~ expansion drive Gasexpansionstrieb m
~ field Gaslagerstätte f, Erdgasfeld n
~-filled cavity gaserfüllter Hohlraum m

~-flame coal Gasflammkohle f
~ floatation s. crystal floatation
~ horizon Gashorizont m
~ in solution gelöstes Gas n
~ inclusion Gaseinschluß m
~ indicator Gasanzeiger m (s.a. ~ detector)
~ influx Gaszulauf m
~-input well Gaseinpreßbohrung f
~ invasion Gaseinbruch m (in Bohrungen)
~ layer Gashorizont m
~ lift Gasliftverfahren n, Gasliftförderung f
~ line Gasleitung f
~-liquid chromatography Gas-Flüssig[keits]-Chromatografie f
~ lock Gaspolster n
~ logging Gaskernen n, Gaskarrotage f
~ main Ferngasleitung f
~ mound Schlammvulkan m, Salse f (Golfküste von Texas und Louisiana)
~ occlusion Gasschluß m
~ of putrefaction Faulgas n
~-oil contact Gas-Öl-Kontakt m
~-oil interface (level) Gas-Öl-Kontaktfläche f, Gas-Öl-Grenzfläche f
~-oil ratio Gas-Öl-Verhältnis n
~-oil saturation Gas-Öl-Sättigung f
~-oil surface s. ~-oil interface
~ pipe Gasleitung f
~ pit s. ~ spurt
~ pocket Gastasche f
~ pool Erdgasakkumulation f, Erdgaslagerstätte f
~-poor gasarm
~ pore Gasbläschen n (im Mineralkorn)
~ precipitation Gasausscheidung f
~ pressure Gasdruck m
~ processing Gasaufbereitung f
~ processing equipment Erdgasverarbeitungsanlage f
~-producing well Gasfördersonde f
~ prospecting Gasprospektion f
~ province Erdgasprovinz f
~ repressuring Gaseinpressen n zur Druckerhaltung
~ reserve Gashöffigkeit f
~-rich gasreich
~ rich in oil vapours an Öldämpfen reiches Naturgas n
~ rock gasführendes Gestein n
~ sampler Gasprobenehmer m, Gasprobenahmegerät n
~ sand Gassand m, gasführender Sandstein m
~ schist gasführender Schiefer m
~ seep Gasaustritt m, Gasausströmung f
~ seepage Erdgasausbiß m
~ separating barge Barke f zur Gasabscheidung und -aufbereitung
~ separator Gasabscheider m
~ show Gasanzeichen n
~ skin Gashülle f
~ solubility Gaslöslichkeit f
~ spurt Gasblubberstelle f, Gasaustritt m

gas 152

~ **storage** Gaseinlagerung f, Gasspeicherung f
~ **streak** gasführende Zwischenlage f
~ **tester** Gasprüfer m
~**-tight core barrel** Gaskernprobe[nent]nahmegerät n
~ **transfer** Gastransport m
~**-water contact** Gas-Wasser-Kontakt m
~**-water interface (level, surface)** Gas-Wasser-Kontaktfläche f
~ **well** Gasbohrung f, Gasbohrloch n; Gassonde f, Gasquelle f
~ **yield** Gasausbeute f
~ **zone** gasführende Formation f
Gasconadian [Stage] Gasconade n (Stufe des Unterordoviziums, Nordamerika)
gaseous gasförmig, gasig, gasartig, gashaltig
~ **bubble** Gasblase f
~ **explosion** Gasexplosion f
gash s. ~ **vein**
~ **fractures** Fiederspalten fpl (diagonale Dehnungsfugen an Störungen)
~ **vein** kleine mineralisierte Dehnungsfuge f; mineralisierte ac-Fuge f in inkompetenten Lagen; nach der Teufe auskeilender Gang m
gasifiable vergasbar
gasification Gaserzeugung f, Vergasung f
gasiform gasförmig
gasify/to in Gas verwandeln, vergasen
gasoclastic durch Gasausbruch zerbrochen (Sedimente im Schlammvulkan)
gasoline (Am) Benzin n
gasometry Gasvermessung f
gasser Gasfördersonde f, Gasbläser m, Gasbohrung f
gassi schmale Dünenpassage f
gassy gasführend, gashaltig
gastaldite Gastaldit m (s.a. glaucophane)
gastric pouche Gastralraum m, Magen m
gastrolith s. stomach stone
gate 1. Gebirgspaß m, Pforte f; 2. Schieber m; 3. Fenster n, Zeitabschnitt m
gateway Pforte f
gather Spurengruppe f (Seismik)
gathering area Migrationsgebiet n (von Kohlenwasserstoffen)
~ **ground** Niederschlagsgebiet n, Einzugsgebiet n; Nährgebiet n
~ **of water** Wasserfassung f
~ **system** Sammelleitung f (im Öl- oder Gasfeld)
~ **zone** Zone f oberhalb des Grundwasserspiegels
gaudefroyite Gaudefroyit m, 3 CaMn···[O|BO$_3$]·Ca(CO$_3$)
gauge 1. Maß n, Eichmaß n; 2. Meßgerät n; 3. Pegel m
~ **datum** Pegelnullpunkt m
~ **edge** Kaliberschneide f
~ **height** Pegelhöhe f
~ **pressure** Pegeldruck m (Wasserspiegelhöhe im Beobachtungsrohr)
~ **reading** Pegelablesung f

~ **station** Pegelstation f
~ **tube** Pitotrohr n, Standrohr n; Grundwasserbeobachtungsrohr n
~ **well** Pegelbrunnen m, Beobachtungsbrunnen m, Grundwasserbeobachtungsrohr n
gauged oil rohes Erdöl n (nach dem Ablassen des mitgeförderten Wassers)
gauging Pegelmessung f
~ **by measuring** Überfallabflußmessung f
~ **station** Abflußmeßstelle f
Gault Gault n (höchste Unterkreide, mittleres und oberes Alb)
~ **Clay** Gault-Ton[mergel] m (in England)
Gaussian curve Gauß-Kurve f, Gaußsche Fehlerkurve f
~ **distribution** Gauß-Verteilung f, Gaußsche Verteilung f, Normalverteilung f
~ **error curve** s. ~ **curve**
gauteite Gauteit m (Alkaligestein)
gauton Wasserseige f; Wasserrösche f
gayet Kännelkohle f (Sapropelkohle)
gaylussite Gaylussit m, Na$_2$Ca[CO$_3$]$_2$·5H$_2$O
geanticlinal fold Geoantiklinale f
geanticlinal welt s. **welt**
geanticline Geoantiklinale f (tektonischer und topografischer Sattel)
gearksutite Gearksutit m, Ca[Al(F, OH)$_5$H$_2$O]
gedanite Gedanit m (bernsteinähnliches Harz)
Gedinnian [Stage] Gedinne n (Stufe des Unterdevons)
gedrite Gedrit m, (Mg, Fe)$_6$ (Al, Fe) [OH|(Si, Al)$_4$O$_{11}$]$_2$
geest 1. Gesteinszerfallsprodukte npl in situ; 2. Aufschotterungsgebiet n; 3. alluviale Ablagerung f
gehlenite Gehlenit m, Ca$_2$Al[(Si, Al)$_2$O$_7$]
Geiger[-Müller] counter, ~[-Müller counter] tube Geiger-Zähler m, Geiger-Müller-Zählrohr n, GM-Zählrohr n
geikielite Geikielith m, MgTiO$_3$
geisotherm s. **isogeotherm**
geisothermal s. **isogeothermal**
gel Gel n
~ **mineral** Gelmineral n, amorphes Mineral n
~ **strength** Gelstärke f
gelatination 1. Gelbildung f, Gelatinierung f; 2. Vergelung f (im Moor)
gelatinization s. **gelatination**
gelatinous gallertartig, gelatinös
~ **magnesite** Gelmagnesit m
gelation 1. Gelatinierung f; 2. Erstarrung f
gelification s. **gelatination 2.**
gelifluction s. **gelifluxion**
gelifluxion Gelifluxion f, Taubodenrutschung f über Frostboden
gelinite Gelinit m (Braunkohlenmaceral)
gelling Quellung f
~ **agent** Gelbildner m
gelocollinite Gelocollinit m (Kohlensubmaceral)
gem Gemme f, Edelstein m
~ **cutter** Edelsteinschneider m

geochemical

~ magnifier Edelsteinlupe f
~ mineral Edelmineral n
~ placer Edelsteinseife f
geminate crystal Doppelkristall m, Zwillingskristall m
gemination Doppelbildung f (von Kristallen)
gemmary Edelsteinkunde f
gemmation Knospung f (Paläontologie)
gem[m]ology Edelsteinkunde f
gemstone Edelstein m
genal spines Wangenstacheln mpl (des Trilobitenkopfschilds)
genealogic[al] succession (tree) Stammbaum m
general collapse Einsturz m (des Grubengebäudes)
~ damage to buildings allgemeiner Gebäudeschaden m (9. Stufe der Erdbebenstärkeskala)
~ destruction of buildings allgemeine Gebäudezerstörungen fpl (10. Stufe der Erdbebenstärkeskala)
~ geology allgemeine Geologie f
~ geophysics allgemeine Geophysik f
~ inclination of strata Generalfallen n
~ map Übersichtskarte f
~ state of strain räumlicher Verzerrungszustand m
~ state of stress räumlicher Spannungszustand m
~ trend Hauptstreichen n
~ view Übersichtsbild n
generalized geological map geologische Übersichtskarte f
~ section schematisches (generelles) Profil n
generate/to erzeugen, hervorbringen
generation Erzeugung f, Hervorbringung f; Entstehung f
generative organs s. reproductive organs
generic appellation Gattungsname m
~ feature Gattungsmerkmal n
~ name Gattungsname m
generotype s. genotype
genesis Genese f, Entstehungf, Bildung f
~ of the earth Erdentstehung f
genetic[al] genetisch
~ line Entwicklungslinie f
~ morphology genetische Morphologie f
~ taxonomy biologische Taxonomie f
genetics Genetik f
genital markings s. ovarian impressions
genotype Gen[er]otypus m, Typusart f (Nomenklaturregeln)
genthelvine Genthelvin m, $Zn_6[S_2](BeSiO_4)_6$
genthite Genthit m (Nickelantigorit)
gentle breeze schwache Brise f
~ dip flaches Einfallen n
~-dipping strata flach einfallende Schichten fpl
~ grade schwaches Einfallen n
~ rain Rieselregen m
~ river bank flaches Flußufer n

~-sloped talus sanft geneigte Böschung f
gently dipping seam flach einfallendes Flöz f
~ folded schwach gefaltet
~ inclined strata flach einfallende Schichten fpl
gentnerite Gentnerit m, $Cu_8Fe_3Cr_{11}S_{18}$ (Meteoritenmineral)
genus Geschlecht n, Gattung f, Genus n
geo kleine Bucht in steiler Kliffküste (Island)
geoanticline s. geanticline
geoastronomy Geoastronomie f
geobarometer Geobarometer n
geobarometry Geobarometrie f, Druckbestimmung f (bei geologischen Prozessen)
geobasin großes ungefaltetes Sedimentbecken n
geobiologic[al] geobiologisch
geobiologist Geobiologe m
geobiology Geobiologie f
geobiotic geobiotisch
geobotanic[al] geobotanisch, phytogeografisch, pflanzengeografisch
~ prospecting geobotanische Erkundung (Suchmethode) f
geobotanist Geobotaniker m, Phytogeograf m, Pflanzengeograf m
geobotany Geobotanik f, Phytogeografie f, Pflanzengeografie f
geocentre Erdmittelpunkt m
geocentric geozentrisch
geocerain s. geocerite
geocerite Geozerit m, $C_{27}H_{53}O_2$ (eine Erdwachsart in Braunkohle)
geochemical geochemisch
~ anomaly geochemische Anomalie f
~ aureole geochemischer Hof m
~ balance geochemische Bilanz f
~ barrier geochemische Barriere f
~ borehole prospection bohrlochgeochemische Prospektion f
~ calculation geochemische Berechnung f
~ character geochemischer Charakter m
~ classification geochemische Klassifikation f
~ composition geochemische Zusammensetzung f
~ cycle geochemischer Zyklus (Kreislauf) m
~ element geochemisches Indikatorelement n
~ exploration geochemische Erkundung f
~ facies geochemische Fazies f
~ field geochemisches Feld n (zufälliges Feld geochemischer Merkmale)
~ gelification geochemische Vergelung f
~ halo geochemischer Hof m
~ indicator geochemischer Indikator m
~ interpretation geochemische Interpretation f
~ migration geochemische Migration f
~ negative anomaly geochemische Senke f
~ prospecting geochemisches Prospektieren n
~ specialization geochemische Spezialisierung f
~ standard sample geochemische Standardprobe f

geochemical 154

~ **structure** geochemische Gliederung f *(der Erde)*
~ **well logging** geochemische Bohrlochmessung f
geochemist Geochemiker m
geochemistry Geochemie f
~ **of salt** Geochemie f der Salze, Salzgeochemie f
~ **of weathering** Geochemie f der Verwitterung
geochore Geochore f
geochronologic[al] geology historische Geologie f
~ **interval** geochronologisches Intervall n
~ **scale** geochronologische Zeitskala f
~ **unit** geochronologische Einheit f
geochronology Geochronologie f
geochronometry Geochronometrie f *(geologische Zeitmessung in Jahren bezogen auf die Dauer des irdischen Jahres)*
geochrony s. geochronology
geoclinal valley Geoklinaltal n *(einer Krustendepression folgendes Tal)*
geocorona Geokorona f
geocratic period geokratische Periode f
geocronite Geokronit m, $5PbS \cdot AsSbS_3$
geode Geode f, Mandel f
geodepression Geodepression f
geodesic s. geodetic
geodesist Geodät m
geodesy Geodäsie f, Erdvermessung f
geodete Geodät m
geodetic geodätisch
~ **engineer** Vermessungsingenieur m
~ **mapping** geodätische Abbildung f
~ **survey** geodätische Vermessung f, Landesaufnahme f
~ **surveying** Geodäsie f, Erdvermessung f
geodetics Geodäsie f
geodiferous geodenreich
geodynamic geodynamisch
geodynamics Geodynamik f
geoelectric[al] geoelektrisch
~ **resistivity method** geoelektrische Widerstandsmethode f
~ **sounding** geoelektrische Sondierung f
geoelectrics Geoelektrik f
geofracture Geofraktur f
geogenesis Geogenese f
geogen[et]ic geogenetisch
geogeny Geogenese f
geoglyphic Geoglyphe f *(Fossilspur)*
geognostic[al] geognostisch
geognosy geognostische Wissenschaften fpl, Geognosie f
geogony Geogonie f, Erdbildungslehre f
geographic[al] coordinates Länge f und Breite f
~ **cycle** Erosionszyklus m
~ **meridian** geografischer Meridian m, Längenkreis m
~ **north** geografischer Norden m
~ **palaeontology** geografische Paläontologie f

~ **pole** geografischer Pol m
geography Geografie f, Erdkunde f
geohydrochemistry Geohydrochemie f
geohydrological geohydrologisch
geohydrology Geohydrologie f *(Hydrologie des Grundwassers)*
geoid Geoid n
geoidal horizon geoidaler Horizont m
geoisotherm Geoisotherme f
geoisothermal surface Geoisothermalfläche f
geologian Geologe m
geologic[al] geologisch, erdgeschichtlich
~ **age** geologisches Alter n
~ **age determination** geologische Altersbestimmung f
~ **ages** geologische Zeitalter npl (Zeiträume mpl)
~ **application** geologische Nutzanwendung f
~ **atlas** geologischer Atlas m
~ **barrier** geologische Grenze f
~ **chronology** Geochronologie f, geologische Zeitrechnung f
~ **clock** geologische Zeittafel f
~ **coke** Naturkoks m
~ **column** geologisches Profil n, Schichtfolge f, Formationsfolge f, stratigrafische Tabelle (Serie) f
~ **conditions** Lagerungsverhältnisse npl
~ **correlation** geologische Korrelation f
~ **cross section** geologischer Querschnitt m, geologisches Querprofil n
~ **environment** geologisches Milieu n
~ **era** geologischer Zeitabschnitt m
~ **events** geologische Vorgänge mpl
~ **exploratory drill hole** geologische Aufschlußbohrung f
~ **feature** geologisches Merkmal n
~ **fence** geologische Grenzbedingungen fpl
~ **field work** geologische Feldarbeit f
~ **ground survey** geologische Aufnahme f eines Gebietes
~ **hammer** Geologenhammer m
~ **history** Erdgeschichte f
~ **map** geologische Karte f
~ **map sheet** geologisches Kartenblatt n
~ **mapping** geologisches Kartieren n
~ **orbital photography** geologische Satellitenfotografie f
~ **past** geologische Vergangenheit f
~ **preservation area** geologisches Schutzgebiet n
~ **prospecting** geologische Untersuchungsarbeiten fpl
~ **prospecting efficiency** Effektivität f geologischer Untersuchungsarbeiten
~ **prospecting technique** Methodik f geologischer Untersuchungsarbeiten
~ **province** geologische Provinz f
~ **range** s. stratigraphic range
~ **reconnaissance map** geologische Übersichtskarte f
~ **reconnaissance work** geologische Erkundungsarbeiten fpl

geosynchronous

~ **record** 1. geologische Dokumentation f; 2. s.
~ column
~ **reserves** geologische Vorräte mpl
~ **section (sequence of strata)** s. ~ column
~ **set-up** geologischer Untergrund m
~ **space** geologischer Raum m (definierte Menge der geografischen und geodätischen Koordinaten geologischer Objekte)
~ **span** geologische Zeitspanne f
~ **specimen** Handstück n
~ **stratum compass** geologischer Gefügekompaß m
~ **structure** geologischer Bau m
~ **subsurface map** geologische Karte f des Untergrunds
~ **subsurface mapping** geologisches Kartieren n des Untergrunds (nach Bohrergebnissen)
~ **succession** s. ~ column
~ **surveying** geologische Aufnahme f
~ **target** geologische Aufgabenstellung f
~ **thermometer** geologisches Thermometer n
~ **time measurement** geologische Zeitmessung f
~ **window** tektonisches Fenster n
geologist Geologe m
geologist's compass Geologenkompaß m
~ **hammer** Geologenhammer m
~ **pick** Geologenhacke f
geologize/to geologisch untersuchen
geograph Bohrfortschrittsschreiber m
geology Geologie f
~ **of oceans** Geologie f der Ozeane
~ **of man** Humangeologie f
~ **of mineral deposits** Lagerstättenlehre f
geolith s. rock-stratigraphic unit
geomagnetic geomagnetisch, erdmagnetisch
~ **activity** erdmagnetische Aktivität f
~ **anomaly** erdmagnetische Anomalie f
~ **axis** erdmagnetische Achse f
~ **deep sounding** erdmagnetische Tiefensondierung f
~ **equator** erdmagnetischer Äquator m
~ **field** erdmagnetisches Feld n
~ **field intensity** erdmagnetische Feldstärke f
~ **meridian** erdmagnetischer Meridian m
~ **moment** erdmagnetisches Moment n
~ **pole** erdmagnetischer Pol m
~ **reversal** geomagnetische Umpolung f
~ **storm** erdmagnetischer Sturm m
~ **tides** erdmagnetische Gezeiten pl
geomagnetism Geomagnetismus m, Erdmagnetismus m
geomalic auf den Einfluß der Gravitation bezogen
geomathematics Geomathematik f, mathematische Geologie f
geomechanics Geomechanik f
geometric[al] accuracy geometrische Genauigkeit f (von Karten und Fernerkundungsaufnahmen)
~ **base of a regionalized variable** geometrische Basis f einer regionalisierten Variablen
~ **correction** Korrektur f geometrischer Verzerrungen
~ **distortion** geometrische Verzerrung f
~ **field of a regionalized variable** geometrisches Feld n einer regionalisierten Variablen
geometrics quantitativ statistische Methoden in den Geowissenschaften
geomicrobiologic[al] geomikrobiologisch
geomorphic geology Geomorphologie f
geomorphist Geomorphologe m
geomorphogenic geomorphologisch
geomorphogenist Geomorphologe m
geomorphogeny Geomorphogenie f
geomorphologic geomorphologisch
geomorphologist Geomorphologe m
geomorphology Geomorphologie f
geomorphy Geomorphogenie f
geomyricin s. geomyricite
geomyricite Geomyricit m, $C_{32}H_{62}O_2$ (Erdwachs in Braunkohle)
geonomic geonomisch
geonomy Geonomie f
geopetal fabric geopetales Gefüge n, Anlagerungsgefüge n
geophagous sedimentaufnehmend (Organismen)
geophone Geophon n
~ **delay time** Laufzeitdifferenz f am Geophon
geophysical geophysikalisch
~ **exploration** geophysikalische Erforschung f
~ **field study** geophysikalische Baugrunduntersuchung f
~ **investigation** geophysikalische Untersuchung f
~ **method of prospecting** geophysikalisches Schürfverfahren n
~ **surveying** geophysikalische Vermessung f
~ **well logging** geophysikalische Bohrlochmessung f
geophysicist Geophysiker m
geophysics Geophysik f
geopolar den Erdpol betreffend
geopotential Geopotential n
~ **surface** Niveaufläche f des Geopotentials
geopressure Überlagerungsdruck m
georgiadesite Georgiadesit m, $Pb_3[Cl_3|AsO_4]$
Georgian [Series] s. Waucobian
geoscientist Geowissenschaftler m
geoscopy Erdbeobachtung f
geosphere Geosphäre f, Erdsphäre f
geostatics Geostatik f
geostationary orbit geostationäre Umlaufbahn f
~ **satellite** geostationärer Satellit m
geostatistics Geostatistik f (i.e. Sinne auch mathematische Theorie der regionalisierten Variablen nach Matheron)
geostrophic wind geostrophischer Wind m, Passatwind m
~ **wind level** geostrophische Windschwelle f
geosuture Geosutur f, Lineament n
geosynchronous satellite geosynchroner Satellit

geosynclinal

m (Erdsatellit, dessen Umlaufperiode gleich der Periode der Erdrotation ist)
geosynclinal cycle Geosynklinalzyklus *m*
~ system Geosynklinalsystem *n*
~ trough Geosynklinaltrog *m*
geosyncline Geosynklinale *f*
geotechnic[al] geotechnisch
~ process geotechnisches Verfahren *n*
geotechnics Geotechnik *f*
geotectocline *s.* geosyncline
geotectology Geotektonik *f*
geotectonic geotektonisch
~ geology Geotektonik *f*
geotectonics Geotektonik *f*
geotector *s.* geophone
geotherm Geotherme *f*
geothermal geothermisch
~ degree of depth *s.* ~ gradient
~ energy geothermische Energie *f*
~ energy recovery geothermische Energiegewinnung *f*
~ gradient geothermischer Gradient *m*
~ logging geothermische Bohrlochmessung *f*
~ prospecting geothermische Erkundung *f*
~ steam geothermaler Dampf *m*
~ step geothermische Tiefenstufe *f*
geothermic geothermisch *(s.a. geothermal)*
geothermometer Geothermometer *n*
geothermometric geothermometrisch
geothermometry Geothermometrie *f*, Temperaturbestimmung *f (bei geologischen Prozessen)*
geothermy Geothermie *f*
geotope Geotop *n*
geotumor Geotumor *m*
gerasimovskite Gerasimovskit *m*, (Nb, Ti, Mn, Ca)O$_2 \cdot 1^1/_2$H$_2$O
gerhardtite Gerhardtit *m*, Cu$_2$[(OH)$_3$|NO$_3$]
German facies Germanische Fazies *f*
Germanic basin Germanisches Becken *n*
~ Triassic Germanische Trias *f*
germanite Germanit *m*, Cu$_3$(Fe, Ge)S$_4$
germanium ore Germaniumerz *n*
germanotype orogenesis germanotype Gebirgsbildung *f*
germination Keimbildung *f (z.B. bei Kristallen in Metallgefügen)*
gersdorffite Gersdorffit *m*, Nickelarsenkies *m*, Nickelglanz *m*, NiAsS
gerstleyite Gerstleyit *m*, (Na, Li)$_4$As$_2$Sb$_8$S$_{17} \cdot$6H$_2$O
getter Hauer *m*, Häuer *m*
getting barren Vertaubung *f (von Erzen)*
~-down of coal Auskohlen *n*
~ of clay Tongewinnung *f*
geversite Geversit *m*, PtSb$_2$
geyser Geiser *m*, Geysir *m*, intermittierende Springquelle *f*
~ action Geisertätigkeit *f*
~ basin Geiserbecken *n*
~ eruption Geiserausbruch *m*
~ jet Dampf- und Wasserstrahl *m* eines Geisers

~ pipe Quellrohr *n*, Geiserschlot *m*
~ vent Geiseröffnung *f*
geyserite Geiserit *m (Opalvarietät)*
gha[u]t Gebirgspaß *m (Indien)*
ghost 1. Relikt *n*, Gefügerelikt *n*, schemenhaft erkennbares älteres Inventar *n*; 2. Geisterreflexion *f*, Sekundärreflexion *f (Seismik)*
~ coal Geisterkohle *f (Kohle mit hellem Glühlicht)*
~ crater Geisterkrater *m („Geister"-Ringe, durch jüngeres Maremateriai überflutete alte Krater)*
~ structure Geistergefüge *n*, Reliktgefüge *n*
giant bolide Riesenmeteorit *m*, Überbolid *m*
~ crystal Riesenkristall *m*
~ granite *s.* pegmatite
~ growth Riesenwuchs *m*
~ kettle Erosionstopf *m*, Gletschermühle *f*
~ ripples Riesenrippeln *fpl (Rippeln mit über 30 m Länge)*
~ stairway *s.* glacial stairway
~ star Riesenstern *m*
gibber Dreikanter *m (Australien)*
gibbous ausgebaucht, angeschwollen
gibbsite Gibbsit *m*, γ-Al(OH)$_3$
Gibbs's phase rule Gibbssche Phasenregel *f*
gieseckite Gieseckit *m (zu dichter Muskovitsubstanz veränderter Nephelin)*
giessenite Giessenit *m*, 8PbS·3Bi$_2$S$_3$
gigantic joint Riesenkluft *f*
gigantism Gigantismus *m*, Riesenwuchs *m*
gigantolite Gigantolit *m (s.a. pinite)*
Gilbert-type delta Delta *n* vom Gilbert-Typ, Gilbert-Delta *n (Delta mit sandigen, beckenwärts einfallenden Vorsetzschichten)*
gill 1. Kieme *f (Atmungsorgan)*; 2. schmales Tal *n*, Schlucht *f*
~ cleft Kiemenspalte *f*
~ rakers Kiemenstrahlen *mpl*
~ slit Kiemenspalte *f*
gillespite Gillespit *m*, BaFe[Si$_4$O$_{10}$]
gilpinite *s.* johannite
gilsonite Gilsonit *m (Asphaltit)*
gimbal 1. Kardanring *m*; 2. horizontal stabilisierte Plattform *f*
~ mounting kardanische Aufhängung *f*
ginorite Ginorit *m*, Ca$_2$[B$_4$O$_5$(OH)$_4$][B$_5$O$_6$(OH)$_4$]$_2 \cdot$2H$_2$O
girasol *s.* opal
girdle Gesteinsschicht *f*, dünne Kohlenschicht *f*
~ diagram Gürteldiagramm *n (Gefügeregelung)*
~ maximum Gürtelbesetzung *f (in einem Gefügediagramm)*
gismondine, gismondite Gismondin *m*, (Ca, Na)[Al$_2$Si$_2$O$_8$]·4H$_2$O
Givetian [Stage] Givet *n (Stufe des Mitteldevons)*
gizzard stone *s.* stomach stone
glabella Glabella *f (Zentralteil eines Trilobitenkopfes)*

glabellar zur Glabella gehörig
glacial glazial, eiszeitlich
~ **abrasion** glaziale Abrasion f, [abschleifende] Gletschererosion f
~ **action** Gletschertätigkeit f
~ **advance** Vorrücken n des Gletschers, Gletschervorstoß m
~ **age** Eiszeitalter n
~ **basin** glaziales Talbecken n
~-**borne** eisverfrachtet
~-**borne debris** Gletscherschutt m, Glazialschotter m
~ **boss** glazialer Felsriegel (Felsbuckel) m
~ **boulder** Findling m
~ **boundary** Grenze f des Eises
~-**carved valley** Gletschertal n, Trogtal n
~ **catchment basin** Firnfeld n
~ **chimney** Gletschermühle f, Gletschertopf m, Gletschertrichter m
~ **clastics** glaziale Trümmergesteine npl
~ **clay** glazialer Bänderton m
~ **corrasion** Gletscherkorrasion f
~ **crevasse** Gletscherspalte f
~ **crowding** Eisdruck m
~ **crust** Eiskruste f
~ **debris** Gletscherschutt m, Glazialschotter m
~ **delta** Glazialdelta n
~ **deposit** Gletscherablagerung f, glaziale Ablagerung f
~-**deposition coast** Glazialschuttküste f
~ **detritus** s. ~ drift
~ **drainage pattern** glaziales Flußsystem n
~ **drift** 1. Glazialgeschiebe n, diluviales Geschiebe n, Gletscherschutt m; 2. Eisdrift f
~ **effect** Gletscherwirkung f
~ **epoch** Glazialzeit f, Eiszeit f
~ **erosion** Gletschererosion f, Glazialerosion f, glaziale Abtragung f
~ **flow** s. glacier flow
~ **flutings** s. ~ grooves
~ **formation** Gletscherbildung f
~ **geologist** Glaziologe m
~ **geology** s. glaciology
~ **gorge** glaziales Trogtal n, U-Tal n
~ **gravel** Gletscherkies m, Glazialkies m
~ **grooves** Gletscherschliffe mpl, Gletscherfurchen fpl, Gletscherschrammen fpl
~ **grooving** Gletscherzerkarung f
~ **ice** Gletschereis n
~ **isostasy** Eisisostasie f
~ **lake** Gletschersee m, glazialer See m, Eisstausee m, Moränenstausee m, Schmelzwassersee m
~ **limit** Eisgrenze f
~ **lobe** Gletscherzunge f, Eiszunge f
~ **mantle rock** glazialer Verwitterungsschutt m
~ **marking** Eisabscheuerung f
~ **maximum** Maximum n des Eisvorstoßes
~ **meal (milk)** Gletschermilch f, Gletschertrübe f
~ **mill** Gletschermühle f, Gletschertopf m, Gletschertrichter m

~ **moraine** Glazialmoräne f
~ **movement** Gletscherbewegung f
~ **mud** Gletscherschlamm m
~ **outwash** glaziale Flußablagerung f, Sander m, Sandur m
~ **outwash plain** Sanderebene f, Schmelzwasserebene f
~ **pebbles** Glazialgeschiebe npl
~ **period** Glazialperiode f, Glazialzeit f, Eiszeit f
~ **piedmont lake** Zungenbeckensee f
~ **planing** Gletscherabhoblung f
~ **ploughing** Gletscherabtrag m
~ **polish[ing]** Gletscherschliff m
~ **pothole** Gletschermühle f, Gletschertopf m, Gletschertrichter m
~ **push** Eisdruck m
~ **retreat** Gletscherrückgang m
~ **river** Gletscherfluß m, Gletscherbach m
~ **sand plain** s. ~ delta
~ **sands** Geschiebesand m
~ **scoring** Gletschererosion f, Gletscherabtrag m
~ **scour** Gletscherabtrag m, Gletscherschram m
~ **scour lake** glazialer Fingersee m
~ **scouring** Eisabscheuerung f, Auskolken n durch Eis
~ **scratches** s. ~ grooves
~ **sculpturing** Gletschererosion f
~ **shove** Eisdruck m
~ **shrinkage** Eisschrumpfung f
~ **soil** Gletscherschuttboden m, Glazialboden m, Moränenschuttboden m
~ **spillway** Urstromtal n, [glaziale] Schmelzwasserrinne f, Schmelzwassertal n
~ **stage** Eiszeit f
~ **stairway** Kartreppe f
~ **stream** Gletscherfluß m, Gletscherbach m
~ **stream channel** Schmelzwasserrinne f, Urstromtal n
~ **stria** Gletscherschramme f, Gletscherkritze f
~ **table** Gletschertisch m
~ **thrust** Eisdruck m
~ **till** Geschiebemergel m, Geschiebelehm m
~ **time[s]** Eiszeit f
~ **topography** Gletscherlandschaft f
~ **transport** Glazialtransport m
~ **trough** glaziales Ausräumungsbecken (Eintiefungsbecken) n, Trogtal n; Gletschertrog m
~ **trough coast** ertrunkene glaziale Erosionsküste f
~ **valley** Gletschertal n
~ **varve** glazialer Bänderton m
~ **waters** Schmelzwässer npl
~ **wear** Eisabscheuerung f
Glacial Epoch s. Pleistocene
glacialism Glazialtheorie f
glacialist Glaziologe m, Gletscherforscher m
glacialized glazialer Einwirkung unterworfen
glacially eroded vom Eise ausgeräumt
~ **impounded lake** Eisstausee m

glacially

~ striated eisgeschrammt
~ transported eisverfrachtet
glaciate/to vereisen, vergletschern
glaciated area vereistes (mit Eis bedecktes) Gebiet n
~ boulders Glazialgeschiebe npl
~ valley Glazialtal n
glaciation Vereisung f, Vergletscherung f
glacic s. glacial
glacier Gletscher m
~ accumulation Gletscherablagerung f
~ action Gletschertätigkeit f
~ band s. ogive
~ bed Gletscherbett n
~ berg Gletscherberg m (Eisberg)
~ bulb Gletscherkopf m (Gletschererweiterung bei Austritt aus einem engen Tal)
~ burst Gletscherausbruch m (verbunden mit Wasserausbruch)
~ cap s. ice cap
~ cave Gletschertor n
~ circus Kar n
~ cliff Eiskliff n
~ corn Blaueisstück n (aus einem Gletscher stammend)
~-covered (Am) vergletschert
~ crater Gletscherspalte f
~ current Gletscherströmung f
~ drift Gletscherschutt m
~ erosion Gletschererosion f
~ face seeseitiger Gletscherabbruch m
~-fed torrent Gletscherbach m
~-filled valley Gletschertal n (mit glazialem Schutt gefüllt)
~ flood plötzlicher Gletschervorstoß m, Gletscherbruch m
~ flow Gletscherfließen n, Eisbewegung f im Gletscher
~ front Gletscherstirn f
~ grain 1. Korngefüge n des Gletschereises; 2. Gletschereiseinzelkorn n
~ ice Gletschereis n; Firneis n
~ lake Gletschersee m, Moränenstausee m, Schmelzwassersee m
~ landscape Gletscherlandschaft f
~ lobe Eislobus m, Gletscherzunge f
~-lobe lake Gletscherzungensee m
~ meal (milk) s. glacial meal
~ mill Gletschermühle f, Gletschertopf m, Gletschertrichter m
~ oscillation Gletscherschwankung f
~ outburst Gletscherausbruch m
~ outlet Gletschertor n
~ pavement Gletschersohle f (abgeschliffener Felsuntergrund unter einem Gletscher)
~ recession Gletscherrückgang f
~ reservoir Akkumulationszone f eines Gletschers
~ rubbish Oberflächenschutt m eines Gletschers
~ run plötzlicher Wasserausbruch m aus einem Gletscher

~ runoff Gletscherabfluß m
~ shrinkage Gletscherrückgang m
~ snout Gletscherzunge f
~ snow Firnschnee m
~ sole Gletschersohle f
~ table Gletschertisch m
~ terminus Gletscherstirn f
~ tongue Gletscherzunge f
~ torrent Gletscherbach m
~ valley Gletschertal n
~ well s. ~ mill
glacieret Hängegletscher m
glacierization s. glaciation
glacierized vergletschert
glacigenous glazigen
glacioeluvial glazieluvial
glacioeustatic fluctuations of the sea level glazial-eustatische Niveauschwankungen fpl des Meeres
glaciofluvial, glaciofluviatile fluvioglazial, von eiszeitlichen Schmelzwässern gebildet
~ mantle fluvioglaziale Schuttdecke f
glacioisostatic rise glazialisostatische Hebung f
glaciolacustrine glaziallakustrisch, in Schmelzwasserseen abgelagert
glaciologist Gletscherforscher m
glaciology Glaziologie f, Glazialgeologie f, Gletscherlehre f
glaciomarine glaziomarin
~ till s. subaqueous till
glacionatant till s. subaqueous till
glacis flache Abdachung f
glacon Eisscholle f
gladite Gladit m, 2PbS·Cu$_2$·5Bi$_2$S$_3$
glance Glanz m (in Verbindung mit Mineralnamen, besonders Sulfiden, z.B. Bleiglanz)
~ cobalt s. cobaltite
~ copper s. chalcocite
~ pitch reiner Asphalt m
glancing angle Glanzwinkel m, Braggscher Winkel m
glandular drüsenartig
glaposition Abgrenzung f von Gletscherverbreitungsräumen
glare ice Spiegeleisscholle f
glarosion glaziogene Erosions- und Transporttätigkeit f
glaserite Glaserit m (s.a. aphthitalite)
glass Glas n, Gesteinsglas n
~ inclusion Glaseinschluß m
~ porphyry Glasporphyr m
~ rock kryptokristalliner Kalkstein aus dem Trenton
~ sand Glassand m
~ seam mit Kalzit oder Quarz verheilte Kluft
~ sponge Glasschwamm m, Kieselschwamm m
~ stiff (sl) s. calcite
~ wool s. mineral wool
glasseous s. glassy
glassy glasig, amorph, glasartig; glasführend

gneissification

- ~ **base** Glasbasis f
- ~ **lustre** Glasglanz m
- ~ **scoria** Glasschlacke f
- ~ **texture** Glasstruktur f
- **glauber salt** Glaubersalz n (s.a. mirabilite)
- **glauberite** Glauberit m, $CaNa_2[SO_4]_2$
- **glaucocerinite** Glaukokerinit m, $(Zn, Cu)_{10}Al_4[(OH)_{30}|SO_4] \cdot 2H_2O$
- **glaucochroite** Glaukochroit m, $CaMn[SiO_4]$
- **glaucodot[e]** Glaukodot m, (CO, Fe)AsS
- **glauconite** Glaukonit m, $(K, Ca, Na)<_1(Al, Fe''', Fe'', Mg)_2[(OH)_2|Al_{0,35}Si_{3,65}O_{10}]$
- ~ **sand** Glaukonitsand m, Grünsand m
- **glauconitic clay** Glaukonitton m
- ~ **facies** Glaukonitfazies f
- ~ **limestone** Glaukonitkalk m
- ~ **sand** Glaukonitsand m, Grünsand m
- ~ **sandstone** Glaukonitsandstein m
- **glauconitization** Glaukonitisierung f
- **glauconitize/to** glaukonitisieren
- **glaucophane** Glaukophan m, $Na_2Mg_3Al_2[(OH,F)|Si_4O_{11}]_2$
- ~ **eclogite** Glaukophaneklogit m
- ~**-lawsonite facies** Glaukophanlawsonitfazies f, Blauschieferfazies f
- ~ **schist** Glaukophanschiefer m
- **glaze** Glatteis n
- **glazy** glasig
- **glebe** 1. mineralhöffiges Gebiet n; 2. Erzstufe f
- **glei** s. gley
- **gleitbrett fold** s. shear fold
- **gleization** s. gleying process
- **glen** Talschlucht f, Bergschlucht f, Schlucht f
- **glessite** Glessit m (fossiles Harz)
- **gley** Gley m
- **gleyed** vergleyt
- **gleying process, gleyization** Vergleyung f, Geybildung f
- **glide/to** gleiten
- **glide bands** Gleitbänder npl
- ~ **bedding** subaquatische Gleitflächenstapelung f
- ~ **breccia** Subsolifluktionsbrekzie f
- ~ **plane** Gleitebene f, Rutschfläche f
- **gliding** Gleiten n, Gleitung f
- ~ **movement** Gleitbewegung f
- ~ **plane** s. glide plane
- **glimmering** Mineralglanz m mit unvollständiger Oberflächenreflexion (z.B. bei Chalzedon)
- **glint** Böschung f (durch Austritt verschieden harter Schichten verursachte Stufe)
- ~ **lake** [glazialer] Stufensee m
- ~ **line** s. cuesta
- **glist** (sl) 1. Glimmer m; 2. schwarzer Turmalin m; 3. Schimmer m, Funkeln n
- **glistening** Mineralglanz m mit guter Oberflächenreflexion (z.B. bei Talk)
- **glo** (sl) Kohle f
- **global atmospheric research program** globales Atmosphärenforschungsprogramm n
- ~ **radiation** Globalstrahlung f (von Himmel und Sonne)
- ~ **tectonics** Globaltektonik f, Geotektonik f
- **globbing** Bergeversatz m; Abraum m
- **globe** Erdglobus m, Erdkugel f
- ~ **lightning** Kugelblitz m
- ~**-shaped** kugel[förm]ig
- **globigerina ooze** Globigerinenschlamm m
- **globigerine facies** Globigerinenfazies f
- **globosphaerite** Globosphärit m
- **globular** kugel[förm]ig
- ~ **bomb** kugelige Bombe f
- ~ **diorite** Kugeldiorit m
- ~ **granite** Kugelgranit m
- **globule** Tröpfchen n, Kügelchen n
- **globuliferous** Globulite enthaltend, sphärolithisch
- **globulite** Globulit m, Kügelchen n, Kugelkörperchen n
- **glomerate/to** in dichten Haufen zusammenwachsen
- **glomerate** s. agglomerate; conglomerate
- **glomeration** Wachstum n in unregelmäßigen Knollen
- **glomeroblast** Glomeroblast m
- **glomeroblastic structure** glomeroblastisches Gefüge n
- **glomeroclastic** glomeroklastisch
- **glomerocryst** Kristallhaufen m, unregelmäßige Kristallzusammenballung f
- **glomero[por]phyric** glomeroporphyrisch
- **glomeroporphyritic** glomeroporphyritisch
- **glory hole** Pinge f, Abbautrichter m
- ~**-hole mining** Pingenbergbau m, Trichterbergbau m
- **gloss** s. polish
- ~ **coal** Pechkohle f, Hartbraunkohle f
- **glossopteris flora** Glossopterisflora f
- **gloup** 1. Blasloch n (im Brandungskliff); 2. Entgasungslöcher npl (auf einem Lavastrom)
- **glowing avalanche** Glutlawine f, glühender Schuttstrom m
- ~ **avalanche deposit** Glutbrekzienablagerung f
- ~ **cloud** Eruptionswolke f, Glutwolke f
- **glucine** Glucin m, $BaBe_4[(OH)_2|PO_4]_2 \cdot {}^1/_2H_2O$
- **gluing rock** (sl) hangender eisenschüssiger Ton m (der mit der Kohle gewonnen wird)
- **glutinous** dickflüssig
- **glyptogenesis** Glyptogenese f, Entstehung f der Landformen
- **glyptolith** Dreikanter m, Windkanter m
- **G-M counter** s. Geiger-Müller counter
- **gmelinite** Gmelinit m, $(Na_2, Ca)[Al_2Si_4O_{12}] \cdot 6H_2O$
- **GMT** s. Greenwich mean time
- **gnamma** mit Wasser gefüllte Verwitterungshohlräume längs Gesteinsklüften (Australien)
- **gnash/to** knistern, knirschen
- **gnashing** Knistern n, Knirschen n
- **gneiss** Gneis m
- ~ **massif** Gneismassiv n
- ~**-mica schist** Gneisglimmerschiefer m
- **gneissic** gneisartig (s.a. gneissoid)
- **gneissification** Vergneisung f

gneissoid

gneissoid gneisartig
~ **granite** Gneisgranit *m*
~ **structure** Gneistextur *f*
gneissose gneisartig (*s.a.* gneissoid)
gneissosity Gneisplattung *f*, Gneischarakter *m*
gnomonic projection gnomonische Projektion *f*
go dry/to versiegen
goaf Alter Mann *m*, abgeworfener Grubenbau *m*
gob 1. durch Abbau entstandener Hohlraum *m*; 2. taubes Gestein *n*
gobbet Gesteinsblock *m*
gobbing 1. Versatzarbeit *f*; 2. Bergeversatz *m*
goe kleine Kliffnische *f*
goethite Goethit *m*, Nadeleisenerz *n*, Lepidokrokit *m*, Rubinglimmer *m*, Samtblende *f*, α-FeOOH
goffered gefältelt
goffering Fältelung *f*
gog Sumpf *m*
going *s.* trafficability
gold Gold *n*, Au
~ **assay** Goldprobe *f*
~ **aventurine** *s.* aventurine; quartz
~ **-bearing** goldführend, goldhaltig
~ **beryl** *s.* chrysoberyl
~ **buddle** Goldwaschherd *m*
~ **buddling** Goldwascherei *f*
~ **bullion** Rohgold *n*
~ **deposit** Goldlagerstätte *f*
~ **dust** Goldstaub *m*
~ **extraction** Goldgewinnung *f*
~ **finder** Goldsucher *m*
~ **flux** *s.* aventurine; quartz
~ **nugget** Nugget *n*, Freigoldklumpen *m*
~ **pan** Sicherschüssel *f*, Waschtrog *m*
~ **parting** Goldscheidung *f*
~ **placer** Goldseife *f*
~ **quartz vein** Goldquarzgang *m*
~ **screening** Schlämmen *n* von Gold
~ **washer** Goldwäscher *m*, Goldsucher *m*
~ **washing** Goldwäscherei *f*
~ **washings** Goldseife *f*
golden mica *(sl)* Katzengold *n*, angewitterter Glimmer *m*
goldfieldite Goldfieldit *m (Te-Tetraedrit)*
goldichite Goldichit *m*, KFe··[SO$_4$]·4H$_2$O
Goldich's stability sequence Goldichs Stabilitätsabfolge *f (Abfolge der wichtigsten gesteinsbildenden Minerale nach der Stabilität gegen chemische Verwitterung)*
goldmanite Goldmanit *m*, Ca$_3$V$_2$···[SiO$_4$]$_3$
Goldschmidt's rule Goldschmidtsche Regel *f*
goldstone *s.* aventurine; quartz
gole 1. Schleuse *f*; 2. Graben *m*; 3. Tal *n*
golt *s.* galt
gompholite Nagelfluh *f*
Gondwana coal Gondwana-Kohle *f*
~ **fauna** Gondwana[land]-Fauna *f (Permokarbon und Trias der Südkontinente)*
~ **layers** Gondwana-Schichten *fpl*

Gondwanaland fauna *s.* Gondwana fauna
goniatite Goniatit *m*
~ **limestone** Goniatitenkalk *m*
goniatitic suture goniatitische Lobenlinie *f*
goniometer Goniometer *n*
gonnardite Gonnardit *m*, (Ca, Na)$_3$[(Al, Si)$_5$O$_{10}$]$_2$·6H$_2$O
gonophore Gonophor *m*
good-stained kaum gefleckt *(Glimmerqualität)*
~ **tilth** Bodengare *f*
gooseneck Schwanenhals *m*, Spülkopfkrümmer *m*
gopher/to planlos abbauen
gopher hole horizontales Bohrloch *n*; kleine Suchbohrung *f* unter Tage
gophering unsystematisch durchgeführte Schürfarbeiten *fpl*
GOR *s.* gas-oil ratio
gordonite Gordonit *m*, MgAl$_2$[OH|PO$_4$]$_2$·8H$_2$O
gore of schist Bergemittel *n*
gorge Schlucht *f*, enge Felsschlucht *f*, Engpaß *m*, Klamm *f*
~ **cutting (making)** Schluchtenbildung *f*, Klammbildung *f*
görgeyite Görgeyit *m*, K$_2$Ca$_5$[SO$_4$]$_6$·1¹/$_2$H$_2$O
Gorstian [Stage] Gorstium *n (obere Stufe des Ludlow)*
goshenite Goshenit *m (farblose Varietät von Beryll)*
goslarite Goslarit *m*, Zn[SO$_4$]·7H$_2$O
gossan Eiserner Hut *m*, Oxydationszone *f*
gossaniferous hutbildend; Hutmaterial führend, Produkte der Oxydationszone enthaltend, okkerhaltige Letten führend
~ **clay** ockerhaltiger Letten *m*
gossany lode Erzgang *m* in der Oxydationszone
Gothian folding gotidische Faltung *f*
Gotlandian [Period, System] Gotland[ium] *n (nicht mehr gebräuchliche Bezeichnung für das Silursystem)*
gotten abgebaut
gotten stillgelegte Grube *f*
götzenite Götzenit *m*, (Ca, Na)$_3$(Ti, Ce)<$_1$[F$_2$|Si$_2$O$_7$]
gouge [out]/to auskolken
gouge 1. Lettenbesteg *m*, Verwerfungsletten *m*, Salband *n*; Kluftletten *m*; 2. unsystematischer Abbau *m*
~ **channel** Fließmarke *f*, Gefließmarke *f*
~ **clay** Lettenbesteg *m*, Ganglette *f*
~ **mark** Schürfmarke *f*
gouging-out Auskolken *n*
goulee enge tiefe Schlucht *f*, Gießbachbett *n*
gowan zersetzter Granit *m*
gowerite Gowerit *m*, Ca[B$_3$O$_4$(OH)$_2$]$_2$·3H$_2$O
goyazite Goyazit *m*, SrAl$_3$H[(OH)$_6$(PO$_4$)$_2$]
goz großer Sandrücken *m (Sudan)*
gozzan *s.* gossan
grab Fanghaken *m*, Glückshaken *m*, Greifer *m*
~ **sample** 1. wahllose Stichprobe *f*, Zufallsprobe *f*; 2. Greiferprobe *f (vom Meeresgrund)*

granitic

graben Grabenbruch *m*, Grabensenke *f*, [tektonischer] Graben *m*
gradation 1. Abstufung *f*, Übergang *m*, Gradation *f*; 2. Abtragung *f*
~ **limit** Siebkennlinie *f*
~ **works** Gradierwerk *n*
gradational effect abtragende Wirkung *f*
~ **surface** Abtragungsebene *f*
~ **zone** Übertragungszone *f*
grade downward into/to nach dem Liegenden übergehen in
~ **into** übergehen in
~ **laterally into** seitwärts übergehen in
grade 1. Gefälle *n*, Neigung *f*, Einfallen *n*; 2. Neigungswinkel *m* (z.B. einer Straße); 3. Grad *m*, Größe *f*, Güte *f* (als relative Qualitätsbezeichnung)
~ **of ore** Metallgehalt *m*
~ **of stabilization** Stabilisierungsgrad *m* (einer Grundwasserabsenkung)
~ **scale** Kornklasseneinteilung *f*
graded 1. gradiert; klassiert; 2. abgetragen
~ **bedding** gradierte Schichtung *f*, Seigerungsschichtung *f*, Abstufungsschichtung *f*
~ **revolving stage** graduierter Drehtisch *m*
~ **river** ausgeglichener Fluß *m*
~ **sediments** klassierte Sedimente *npl*
~ **shore line** Ausgleichsküste[nlinie] *f*
~ **slope** gleichsinniges Gefälle *n*
~ **unconformity** Diskordanz *f* ohne scharfe Grenzfläche
~/**well** schlecht sortiert, gut abgestuft (alle Korngrößenklassen vertreten)
gradient Gradient *m*, Neigung *f*, Gefälle *n*
~ **curve** Absenkungskurve *f*, Gefällskurve *f*
~ **of gravity** Schweregradient *m*
~ **profile** Gradientenprofil *n*
~ **section** Gefällestufe *f*
grading Korn[größen]verteilung *f*
~ **analysis** Siebanalyse *f*
~ **curve** Siebkurve *f*, Sieblinie *f*
~ **factor** Kornzusammensetzungsfaktor *m*
~ **test** Prüfsiebung *f*
gradiometer Gradientmesser *m*, Gradiometer *n*
graduated circle Teilkreis *m*
graebeite Graebeit *m*, $C_{18}H_{14}O_8$
graftonite Graftonit *m*, (Ca, Fe⁻⁻, Mn)₃[PO₄]₂
grahamite Grahamit *m* (Asphaltit)
grail Kies *m*; Sand *m*; Feinkorn *n*
grain 1. Korn *n*; 2. Teilbarkeitsrichtung in Plutoriten senkrecht zu hardway
~ **boundary** Kornbegrenzung *f*, Korngrenze *f*, Kristallgrenze *f*
~ **boundary crack** Korngrenzenriß *m*, interkristalliner Riß *m*
~ **boundary diffusion** Korngrenzendiffusion *f*
~ **classification** Korngrößeneinteilung *f*
~ **colony** Kristallgebilde *n*
~ **compressibility** Gerüstkompressibilität *f*
~ **density** Korndichte *f*
~ **diameter** Korndurchmesser *m*

~ **diminution** Kornabbau *m*
~ **flow** Trägheitsstrom, bei dem die Partikel durch Kornwechselwirkung in Suspension gehalten werden
~ **growth** Kornwachstum *n*; Kristallwachstum *n*
~ **interaction** Kornwechselwirkung *f*
~ **plane** Ebene *f* der Teilbarkeit senkrecht zur Schieferung (von Metamorphiten)
~ **pressure** Gerüstdruck *m* (Parameter für Porenkompressibilität)
~ **shape** Kornform *f*
~ **size** Korngröße *f*; Körnigkeit *f*
~ **size content** Korngrößenanteil *m*
~ **size distribution** Korn[größen]verteilung *f*
~ **size distribution curve** Siebkurve *f*, Sieblinie *f*
~ **structure** Korngefüge *n*
grained körnig, gekörnt
~ **rock** körniges Gestein *n*
~ **texture** körnige Struktur *f*
grainstone Karbonatgestein *m* aus sich gegenseitig abstützenden Partikeln
grainy körnig, gekörnt
grammatite Grammatit *m* (Ca-Mg-Amphibol, s.a. tremolite)
granatohedron Rhombendodekaeder *n*
grandidierite Grandidierit *m*, (Mg, Fe)Al₃[O|BO₄|SiO₄]
grandite Grandit *m* (Varietät von Granat)
graniform kornartig; aus Körnern zusammengesetzt
graniphyric *s.* granophyric
granite Granit *m*
~ **aplite** Granitaplit *m*
~ **boss** Granitbuckel *m*
~ **boulder** Granitblock *m*
~ **boulder slope** Granitgeröllhalde *f*
~ **crumbled to grit** zu Grus verwitterter Granit *m*
~-**gneiss** Granitgneis *m*
~-**greisen** Granitgreisen *m*
~-**pegmatite** Granitpegmatit *m*
~-**phyllonite** Granitphyllonit *m*
~-**porphyry** Granitporphyr *m*
~ **ridge** Granitrücken *m*
~ **tectonics** Granittektonik *f*
granitelle glimmerarmer, feinkörniger Granit *m*
granitic granitartig, granitisch, Granit...
~ **body** Granitstock *m*
~ **boulder** Granitblock *m*
~ **complex** Granitkomplex *m*
~ **crust** granitische Kruste *f*
~ **magma** Granitmagma *n*
~ **massif** Granitmassiv *n*
~ **off-shoot** Granittrum *n*
~ **rock** Gestein *n* der Granitgruppe
~ **stringer** Granitäderchen *n*
~ **system** granitisches System *n*, System *n* Quarz-Kalifeldspat-Albit-Anorthit-Wasser
~ **texture** granitische Struktur *f*

granitification

granitification s. granitization
granitiform granitförmig, granitähnlich
granitite Granitit m, Biotitgranit m
granitization Granitisation f, Granitisierung f
granitize/to in Granit umwandeln, granitisieren
granitlike s. granitic
granitoid[al] granitoid, granitähnlich
granitotrychytic s. ophitic
granoblastic granoblastisch
~ **texture** granoblastische Struktur f
granodiorite Granodiorit m
granofels Granofels m
granopatic s. granophyric
granophyre Granophyr m
granophyric granophyrisch
~ **texture** granophyrisches Gefüge n
granosphaerite Granosphärit m
grant Konzession f
grantsite Grantsit m, (Na, Ca)$_2$V$_6$O$_{16}$·4H$_2$O
granular körnig
~ **cementation** Kornzementierung f durch Porenlösungen
~ **chert** kompaktes körniges Kieselgestein n
~-**crystalline** grobkristallin, kristallinisch, körnig
~-**crystalline fracture** grobkörnige Bruchfläche f
~ **disintegration** körniger Zerfall m, Vorgrusung f
~ **gravel** nicht zementierte Kieselablagerung f
~ **ice** s. firn
~ **limestone** körniger Kalkstein m
~ **opaque matter** körnige Opaksubstanz f, Feinmikrinit m (Kohlenpetrografie)
~ **ore** Graupenerz n
~ **quartz** s. quartzite
~ **shell** agglutinierte Schale f
~ **size** Korngröße f
~ **skeleton** Korngerüst n
~ **snow** s. spring snow
~ **texture** körnige Struktur f (Korngröße über 2 mm Durchmesser in Sedimenten)
~ **variation** Körnungsschwankung f
granularity Körnigkeit f, körnige Beschaffenheit f, Korngröße f
granulated gekörnt
granulation Körnung f
~ **curve** Körnunungskurve f
granule Körnchen n
~ **roundstone** feiner Kies m
granulite Granulit m
~ **facies** Granulitfazies f
~ **gneiss** Granulitgneis m
granulitic granulitisch
~ **texture** granulitisches Gefüge n
granulitization Granulitbildung f, Granulitisierung f
granulometric analysis Korngrößenanalyse f, Korngrößenbestimmung f
~ **composition** Kornaufbau m, Kornzusammensetzung f
~ **curve** Korn[größen]verteilungskurve f
~ **facies** granulometrische Fazies f
~ **gauge** Korngrößenmeßgerät n
~ **gradation** Kornabstufung f
granulometry Granulometrie f, Korngrößenmessung f
granulose, granulous körnig; Körnchen tragend (bei Fossilien)
granulyte s. granulite
grape-shaped traubig
grapelike traubenartig
grapestone Grapestone m (Karbonatgestein aus Lumps)
grapevine drainage s. trellised drainage
graph Kurvendiagramm n
graphic[al] gold s. ~ tellurium
~ **granite** Schriftgranit m
~ **intergrowths** schriftgranitische Verwachsungen fpl
~ **measures** grafisch bestimmte Körnungskennwerte mpl
~ **representation** grafische Darstellung f
~ **tellurium** Schreiberz n, Sylvanit m, Weißgolderz n
~ **texture** grafisches Implikationsgefüge n, schriftgranitische Verwachsung f, Schriftstruktur f
graphite Graphit m, α-C
~ **gneiss** Graphitgneis m
~ **mica schist** Graphitglimmerschiefer m
~ **scale** Graphitschüppchen n
graphitic carbon graphitischer Kohlenstoff m, Graphit m
~ **gneiss** Graphitgneis m
~ **phyllite** Graphitphyllit m
~ **rock** Graphitgestein n
graphitiferous graphithaltig
graphitite s. shungite
graphitization Graphitbildung f, Graphitisierung f
graphitized coal graphitisierte Kohle f
graphitoid[al] graphitisch
grapholite, grapholith Tafelschiefer m, Griffelschiefer m, Tonschiefer m (für Schreibgriffel)
graphophyre Graphophyr m
graphophyric graphophyrisch
grapnel Fanghaken m, Glückshaken m
grapple Greifer m
graptolite Graptolith m
~-**[-bearing] shale** Graptolithenschiefer m
graptolith s. graptolite
graptolitic facies Graptolithenfazies f
grass Gras n
~ **cover** Grasnarbe f
~-**covered plain** Steppe f
~ **roots** Rasensohle f (Tagesoberfläche im bergmännischen Sinne)
~ **steppe** Grassteppe f
~ **temperature** Erdbodentemperatur f
grassland Grasland n
~ **soil** Graslandboden m

grassy mound Grashügel *m*
~ plain Grasebene *f*
~ savannah Grassteppe *f (Afrika)*
~ steppe Grassteppe *f*
graticule 1. Okularnetz *n*; 2. Gradnetz *n*, Profilgitter *n*
grating constant Gitterkonstante *f*
~ structure Gitterstruktur *f*
gratonite Gratonit *m*, 9PbS·2As$_2$S$_3$
graupel shower Graupelschauer *m*
grave wax *s.* hatchettite
gravel Kies *m*, Schotter *m*
~ accretion *s.* ~ envelope
~ aggregate Kieszuschlag[stoff] *m*
~ bank (bar) Kiesbank *f*
~ beach Kiesstrand *m*
~-capped kiesbedeckt, schotterbedeckt
~ covering Kiesdecke *f*, Schotterdecke *f*
~ deposit Kiesablagerung *f*, Schotterablagerung *f*
~ desert Kieswüste *f*, Geröllwüste *f*, Serir *m*
~ detritus Kiesschutt *m*
~ envelope Kiesschüttung *f*, Kieshülle *f (im Filterbrunnen)*
~ fan Schotterfächer *m*
~ layer 1. Kiesschicht *f*, Schotterschicht *f*; 2. Steinsohle *f* von Flußkiesen
~ pack[ing] *s.* ~ envelope
~ pit Kiesgrube *f*
~ plant Kiesaufbereitungsanlage *f*
~ sand Kiessand *m*
~ sheet Kiesdecke *f*, Schotterdecke *f*
~-sheeted kiesbedeckt, schotterbedeckt
~ spread Kiesdecke *f*, Schotterdecke *f*
~ terrace Schotterterrasse *f*
~ trains Kieswälle *mpl (im Flußbett)*
~ wash Kiesschutt *m*
gravelling Schotterung *f*
gravelly kiesartig, kieselig, kieshaltig, kiesig, grießig, sandig *(von Korngrößen)*
~ detritus Kiesschutt *m*
~ layer *s.* gravel layer
~ soil Kiesboden *m*
gravelstone 1. Kieselstein *m*; 2. Kies *m (als Korngröße)*
graveyard Friedhof *m*, Vergrabungsstelle *f (für radioaktiven Abfall)*
gravimeter Gravimeter *n*
gravimetric analysis Gewichtsanalyse *f*
~ measurement gravimetrische Messung *f*, Schweremessung *f*
~ method gravimetrisches Verfahren *n*
gravimetry Gravimetrie *f*
gravitation Gravitation *f*, Schwerkraft *f*
~ constant Gravitationskonstante *f*
~ water Sickerwasser *n*, Senkwasser *n*
gravitational Gravitations…, Schwere…
~ anomaly Schwereanomalie *f*
~ astronomy Himmelsmechanik *f*
~ attraction Schwereanziehung *f*
~ constant Gravitationskonstante *f*
~ crystal settling gravitative Kristallseigerung *f*

~ differentiation Gravitationsdifferentiation *f*
~ effect Schwerewirkung *f*
~ field *s.* gravity field
~ flow Gravitationsströmung *f*
~ force Gravitation *f*, Schwerkraft *f*; Gravitationsfließkraft *f*
~ mass Schweremasse *f*
~ method Schwerkraftverfahren *n*
~ method of prospecting gravimetrische Lagerstättenforschung *f*
~ parameter Gravitationsparameter *m*
~ potential Gravitationspotential *n*, Schwerepotential *n*
~ prospecting gravimetrisches Schürfen *n*
~ pull Schwereanziehung *f*
~ settler Gleichfälligkeitsapparat *m*
~ sliding (slip) Gravitationsgleitung *f*, Abgleitung *f* infolge Schwerkraftwirkung
~ tectonics Gravitationstektonik *f*
~ wave Gravitationswelle *f*
gravitative *s.* gravitational
gravitometer Schweremesser *m*
gravity 1. Gravitation *f*, Schwerkraft *f*; Schwerebeschleunigung *f*, Fallbeschleunigung *f*; 2. *(Am)* spezifisches Gewicht *n* von Erdöl
~ acceleration Schwerebeschleunigung *f*, Fallbeschleunigung *f*
~ anomaly Schwereanomalie *f*
~ attraction Schwereanziehung *f*
~ balance Drehwaage *f*
~ centre Schwerpunkt *m*
~ change Schwereschwankung *f*
~ compaction Sedimentkompaktion *f (durch Auflast)*
~ concentration Gravitationsaufbereitung *f*
~ core Schwerelotkern *m*
~ dam Schwergewichtsmauer *f*, Gewichtssperre *f*
~ depletion *s.* ~ drainage
~ determination Schweremessung *f*
~ distribution Schwerkraftverteilung *f*
~ drainage Schwerkraftentwässerung *f*, Schwerkraftdrainage *f*
~ drainage of oil Schwerkraftentölung *f*
~ effect Schwerewirkung *f*
~ exploration Schwereuntersuchung *f*
~ fault Abschiebung *f*
~ field Gravitationsfeld *n*, Schwerefeld *n*
~ field measurement Schwerefeldmessung *f*
~ flow Schwerkraftströmung *f*
~ force Gravitationskraft *f*
~ fractionation gravitative Fraktionierung (Differentiation) *f (eines Magmas)*
~ gradient Schweregradient *m*, Schwerkraftgradient *m*, Schwerkraftgefälle *n*
~ measurement Schweremessung *f*
~ meter Gravimeter *n*
~ meter surveying Gravimetervermessung *f*
~ potential Gravitationspotential *n*, Schwerepotential *n*
~ pull Schwereanziehung *f*
~ scree Fallschutt *m*

gravity

~ **segregation** Gravitationsseigerung f, Schwerkrafttrennung f
~ **sinking** gravitatives Absinken n
~ **slide nappes** gravitative Gleitdecken fpl
~ **solution** Schwerelösung f (für Schwermineralanalyse)
~ **spring** Schwerkraftquelle f
~ **station** Station f für Schweremessungen
~ **variometer** Gravitationsvariometer n
~ **waves** Schwerewellen fpl
gray antimony s. stibnite
~ **bands** Grausandstein m; feingeschichteter Sandstein m
~ **body radiation** Strahlung f eines grauen Körpers
~ **cobalt** s. smaltite
~ **copper [ore]** s. tetrahedrite
~ **durain** sporenarmer Durit m (Steinkohlenmikrolithotyp)
~ **haematite** s. haematite
~ **lime** Graukalk m
~ **manganese [ore]** s. manganite
~ **post** (sl) grauer Sandstein m
~ **salt pelite** grauer Salzton m (Zechstein)
~ **soil** Bleicherde f
~ **solodic soil** grauer Solod m
~ **warp soil** grauer Alluvialboden m
grayheads zylindrische Klüfte fpl (Australien)
grays silifizierter Sandstein m
graywacke Grauwacke f
~ **sandstone** Grauwackensandstein m
~ **slate** Grauwackenschiefer m
grayweather blockförmiger Rückstand m erodierter Tertiärschichten
grazing Tierfraß m
~ **trace** Weidespur f (Ichnologie)
greasy fettig
~ **gold** Feingold n
~ **lustre** Fettglanz m
~ **quartz** Milchquarz m
great circle Großkreis m (im Gefügediagramm)
~ **fireball** großer Bolid m (Meteor)
~ **rubble stone** Feldstein m
greatest head flow höchster Zufluß m (zur Talsperre)
green Rasen m
green grubenfeucht
~ **carbonate of copper** s. malachite
~ **clay** magerer Ton m
~ **copper ore** s. malachite
~ **copperas** s. melanterite
~ **earth** 1. s. glauconite; 2. s. chlorite
~ **feldspar** Smaragdspat m, Amazonit m
~ **iron ore** s. dufrenite
~ **john** (sl) grüner Flußspat m
~ **lead ore** Grünbleierz n
~ **marble** Serpentin m (Handelsbezeichnung)
~ **mineral** s. malachite
~ **mud** Grünschlick m
~ **ore** Roherz n
~ **sand** Glaukonitsand m, Grünsand m
~ **sand marl** Glaukonitmergel m

164

~ **sandstone** Grünsandstein m
~ **stone** Grünstein m; Schalstein m (Diabastuff)
~ **strength** Naßfestigkeit f
~ **vitriol** Melanterit m, Eisenvitriol n (s.a. melanterite)
greenalite Greenalith m, $(Fe^{\cdot\cdot},Fe^{\cdot\cdot\cdot})_{<6}[(OH)_8|Si_4O_{10}]$
greenhouse effect Gewächshauseffekt m (der Atmosphäre)
Greenland spar Eisstein m, Kryolith m (s.a. cryolite)
greenockite Greenockit m, Kadmiumsulfid n, β-CdS
greenschist Grünschiefer m
greenstone Grünstein m, Schalstein m (Diabastuff)
~ **belt** Ophiolithgürtel m
~ **tuff** Grünsteintuff m
Greenwich civil time mittlere Greenwich-Ortszeit f
~ **mean time** Greenwich-Zeit f, Weltzeit f
~ **meridian** Greenwich-Meridian m, Nullmeridian m
~ **sidereal time** Greenwich-Sternzeit f
greigite Greigit n, Fe_3S_4
greisen Greisen m
greisening, greisenization Greisenbildung f, Vergreisenung f
greisenize/to vergreisenen
grenate s. garnet
grenatite s. staurolite
grenu granitisch, körnig
Grenville s. Grenvillian
~ **folding** Grenville-Tektogenese f (Oberpräkambrium in Nordamerika)
Grenvillian Grenville n (Oberpräkambrium in Nordamerika, Grenville-Provinz)
grewt als Leithorizont bei Prospektionsarbeiten verwendeter farbiger Boden
grey ... s. gray ...
Grey Beds Grey Beds fpl (Karn in Nordamerika)
grid Gradnetz n
~ **effect** Interpolationseffekt m
~ **of parallels and meridians** Gradnetz n
~ **pattern** Faltengitter n
~ **residual** 1. Restfeld n; 2. Interpolationsfehler m
~ **smoothing** Glätten n (einer Karte)
~ **variation** magnetische Mißweisung f
gridded map Gitternetzkarte f
gridiron drainage Dränage f in Rechteckform
~ **twinning** s. crossed twinning
grief stem Mitnehmerstange f, Kelly n
griff steile Bergschlucht f
griffithite Griffithit m (Varietät von Saponit)
Griffith's failure theory Griffithsche Bruchtheorie f
~ **theory** Griffithsche Theorie f
grikes Schratten pl, Karren pl
grind [down]/to abschleifen (durch Gletscher)

ground

grinding 1. Abschleifen *n (durch Gletscher)*; 2. Mahlung *f*, Vermahlung *f*, Zerreiben *n (Aufbereitung)*
~ **action** abscheuernde Wirkung *f*
~ **body** Mahlkörper *m (Aufbereitung)*
~ **of ore** Erzvermahlung *f*
~ **powder** Schleifmittel *n*
~ **residue** Schleifschmant *m*
~ **ridge** Kauleiste *f*
~ **scratch** Schleifkratzer *m*
grindlet kleiner Graben *m*
grindstone Schleifstein *m*, Wetzstein *m*
~ **grit** Mühlsandstein *m*
griphite Griphit *m*,
 (Mn, Na, Ca)$_3$(Al, Mn)$_2$[PO$_3$(OH, F)]$_3$
griquaite Griquait *m*
grist Feinheit *f (des Korns)*
grit Grit *m*, Kies *m*, Kiessand *m*, Grobsand *m*, grobkörniger Sandstein *m*, Grus *m*; Grieß *m*, Splitt *m*, Flußsand *m*
gritless mud gritfreier Schlamm *m*
gritstone grobkörniger Sandstein *m*, Kristallsandstein *m*
grittiness kiesige Beschaffenheit *f*, Sandhaltigkeit *f*
gritty grittig, kiesig, kiesartig, [rauh-]sandig, grießig
~ **soil** Grusboden *m*
grizzle minderwertige pyritische Kohle *f*
groin *(Am) s.* groyne
groining *(Am) s.* groyning
gronan lode mit zersetztem Granit gefüllte Kluft *f*
groove [out]/to auskolken
groove Riefelung *f*, Kannelierung *f*, Riefe *f*, Furche *f*, Rinne *f*, Rille *f*
~ **cast** 1. Schleifmarke *f*, Rillenmarke *f*, Driftmarke *f*, Driftspur *f*; 2. Rinnenausfüllung *f*, Rinnenauguß *m*
~ **lake** Rinnensee *m*
~-**toothed** kerbzähnig
grooved gerillt, gerieft, furchig, rinnenförmig; schwach zerkart
~ **lava** geschrammte Lava *f*
grospydite Grospydit *m (Grossular-Pyrop-Disthen-Gestein)*
gross oil rohes Erdöl *n (nach dem Ablassen des mitgeförderten Wassers)*
~ **production** Gesamtproduktion *f*, Bruttoproduktion *f*
~ **rainfall** Niederschlagsmenge *f (oberhalb der Vegetation)*
grouan Grus *m*, Kleinkies *m*
ground 1. Erdboden *m*, Erde *f*; 2. Grund *m*, Boden *m*, Feld *n*; Gelände *n*; 3. Grund *m*, Basis *f*, Nullpunkt *m* Nullpotential *n*
~/**above** oberirdisch, über Tage
~ **air** Bodenluft *f*
~ **anchor** Grundanker *m*
~ **avalanche** Grundlawine *f*
~/**below** unter Tage
~ **coal** Liegendkohle *f*, liegende Kohle *f*

~ **conditions** Gebirgsverhältnisse *npl*, Vorbeanspruchung *f* des Gebirges
~ **consolidation** natürliche Baugrundverdichtung *f*
~ **current** *s.* earth's current
~ **data** Bodendaten *pl (Daten über die Beschaffenheit der Objekte am Erdboden zur Verifizierung von Fernerkundungsdaten)*
~ **density** Bodendichte *f*
~ **draining** Ableitung *f* von unterirdischem Wasser
~ **failure** Grundbruch *m*
~ **fog** Bodennebel *m*
~ **frost** Bodenfrost *m*
~ **gas** Bodenluft *f*, Bodengas *n*
~ **heat** Erdwärme *f*
~ **heat flow** Bodenwärmefluß *m*, Wärmefluß *m*
~ **humidity** Bodenfeuchtigkeit *f*
~ **ice** Grundeis *n*
~-**ice mound** *s.* pingo
~ **level** Geländeoberfläche *f*
~-**living forms (organisms)** Benthos *n*
~ **mass** Grundmasse *f*, Matrix *f*
~ **moraine** Grundmoräne *f*
~ **movement** Gebirgsbewegung *f*
~ **nadir** Geländenadir *m*
~ **noise** seismischer Störpegel *m*
~ **photogrammetry** Erdbildmessung *f*, Geofotogrammetrie *f*
~ **plan** Grundriß *m*
~ **point of control** Festpunkt *m*, Fixpunkt *m*
~ **pressure** Bodendruck *m*
~ **range** horizontaler Abstand des Bodenobjekts von der Bodenspur des Flugzeugs bzw. Satelliten
~ **receiving station** bodengebundene Empfangsstation *f (z.B. für Daten der Satellitenfernerkundung)*
~ **roll** Oberflächenwelle *f*, Roller *m (Seismik)*
~ **section** Geländeschnitt *m*
~ **sector** Geländeausschnitt *m*
~ **submergence (subsidence)** Bodensenkung *f*
~ **surface** Tagesoberfläche *f*
~ **survey** Geländeaufnahme *f*, Terrainaufnahme *f*, Grundaufnahme *f*
~ **temperature** Bodentemperatur *f*
~ **track** Bodenspur *f (z.B. des Flugzeugs oder Satelliten)*
~ **triangulation** terrestrische Triangulation *f*
~ **truth** Daten bzw. Informationen über die tatsächlichen Gegebenheiten am Boden zur Eichung bzw. Verifizierung von Fernerkundungsdaten
~ **unrest** Bodenerschütterung *f*, Bodenunruhe *f*
~-**up core** zermahlener Kern *m*
~ **vegetation** Bodenvegetation *f*
~ **verification** Bestätigung *f* durch Bodendaten, Bodenbeleg *m (Fernerkundung)*
~ **vibration** Bodenerschütterung *f*
~ **water** Grundwasser *n*

ground

~-water artery Grundwasserader f
~-water balance Grundwasserbilanz f
~-water balance resource Grundwasserbilanzvorrat m
~-water basin Grundwasserbecken n, Grundwassereinzugsgebiet n
~-water bottom Grundwassersohle f
~-water captation Grundwasserfassung f
~-water catchment area Grundwassernährgebiet n
~-water check borehole Grundwasserbeobachtungsrohr n
~-water contour Grundwassergleiche f
~-water contour map Hydroisohypsenplan m
~-water dating Grundwasseraltersdatierung f
~-water deliverability Grundwasserliefervermögen n
~-water depletion Grundwasseraufbrauch m
~-water deposit Grundwasserlagerstätte f
~-water deposit resource Grundwasserlagerstättenvorrat m
~-water discharge Grundwasserabfluß m
~-water drainage area Grundwassernährgebiet n
~ water entering sewers zusitzendes Grundwasser n
~-water exploration Grundwassererkundung f; Grundwassergewinnung f
~-water flow Grundwasserströmung f
~-water flow in sedimentation basins Sedimentationsdynamik f
~-water hydrology Grundwasserkunde f
~-water inventory Grundwasserbestandsaufnahme f
~-water isohypse Grundwasserisohypse f
~-water level Grundwasserspiegel m; Grundwasserstand m
~-water level in a gauge Standrohrspiegelhöhe f des Grundwassers
~-water lowering Grundwasser[ab]senkung f
~-water lowering installation Grundwasser[ab]senkungsanlage f
~-water management Grundwasserbewirtschaftung f
~-water measuring point Grundwassermeßstelle f
~-water mound Grundwasserberg m
~-water movement Grundwasserbewegung f
~-water observation Grundwasserbeobachtung f
~-water observation gauge Grundwasserbeobachtungsrohr n
~-water observation network Grundwasserbeobachtungsnetz n
~-water observation well Grundwasserbeobachtungsrohr n
~-water occurrence Grundwasservorkommen n
~-water origin Grundwasserherkunft f
~-water pollution Grundwasserverunreinigung f
~-water preliminary exploration Grundwasservorerkundung f

~-water prospecting Grundwassererkundung f; Grundwassersuche f
~-water protection Grundwasserschutz m
~-water protection area Grundwasserschutzgebiet n
~-water recharge Grundwasserneubildung f; Grundwasserdargebot n
~-water regime Grundwasserregime n
~-water resource out of balance Grundwasseraußerbilanzvorrat m
~-water resources Grundwasserressourcen fpl, Grundwasservorräte mpl
~-water resources prognosis Grundwasservorratsprognose f
~-water ridges Grundwasserkuppeln fpl
~-water runoff Grundwasserabfluß m
~-water sheet Grundwassermächtigkeit f
~-water storage Grundwasserspeicherung f
~-water storeys Grundwasserstockwerke npl
~-water surface contour Grundwassergleiche f
~-water swell Grundwasserstau m
~-water table Grundwasserspiegel m
~-water table fluctuation Grundwasserspiegelschwankung f
~-water thickness Grundwassermächtigkeit f
~-water trench Grundwassertal n
~-water use Grundwasserbedarf m
~ wave Bodenwelle f, Oberflächenwelle f
grounding Erdung f
grounds s. ground coal
group Gruppe f (lithostratigrafische Einheit)
~ interval Geophongruppenabstand m
~ of beddings (beds) Schichtengruppe f, Schichtenkomplex m
~ of lodes Gangzug m, Ganggruppe f
~ of strata s. ~ of beddings
grouping 1. Gruppieren n (von Schüssen); 2. Bündeln n (von Geophonen)
~ of wells Nestbohren n
groups/by nesterweise
grout under pressure/to injizieren, einpressen, verpressen
grout Zementmilch f
~ acceptance Zementaufnahme f bei Injektion
~ curtain Dichtungsschürze f, Dichtungsgürtel m, Injektionsschleier m
~ hole Injektionsloch n, Einpreßloch n, Verpreßloch n
grouted cut-off Abdichtungsschleier m
grouting acceptance s. grout acceptance
groutite Groutit m, α-MnOOH
grovesite Grovesit m, $(Mn, Mg, Al)_6[(OH)_8|(Si, Al)_4O_{10}]$
growan zersetzter Granit m
growing season Wachstumsperiode f
growler in Wasser treibendes Eisstück n
grown in situ autochthon
growth curve Wachstumskurve f
~ fabric Wachstumsgefüge n
~-framework porosity primäre Gerüstporosität f

~ line Anwachslinie f, Zuwachslinie f
~ of water im Gebirge angesammelte Wassermassen fpl
~-promoting wachstumsfördernd
~ rings Wachstumsringe mpl
~ spiral Wachstumsspirale f
~ step Wachstumstreppe f
~ zoning Wachstumszonung f
groyne/to Buhnen bauen
groyne Buhne f
~ head Buhnenkopf m
groyning Buhnenbau m
grubben (sl) s. gubbin
gruel Kohle f
gruff Grube f, Schacht m
grumous texture sparitische Fleckenstruktur f (in Karbonatgesteinen)
grunerite Grunerit m, (Fe, Mg)$_7$[OH|Si$_4$O$_{11}$]$_2$
grünlingite s. joseite
grus, grush, gruss Grus m
grykes Schratten pl, Karren pl
guadalcazarite Guadalcazarit m, (Hg, Zn) (S, Se)
Guadalupian Guadalupien n (Perm in Nordamerika)
gual (sl) Kohle f (Irland)
guanajuatite Guanajuatit m, Selenwismutglanz m, Frenzelit m, Bi$_2$(Se, S)$_3$
guano Guano m
guard electrode Abschirmelektrode f
guarinite Guarinit m, Ca$_2$NaZr[(F, O)$_2$|Si$_2$O$_7$]
gubbin (sl) Toneisenstein m
gudmundite Gudmundit m, FeSbS
guejarite Guejarit m (s.a. chalcostibite)
guerinite Guerinit m, Ca$_5$H$_2$[AsO$_4$]$_4$·9H$_2$O
guest element Gastelement n
gugiaite Gugiait m, Ca$_2$Be[Si$_2$O$_7$]
guhr Kieselgur f
Guiana shield Guyanaschild m
Guianis-Amazonis Brasilianische Masse f
guide bed Leitschicht f
~ column Leitrohr n (Bohrtechnik)
~ fossil Leitfossil n
~ mineral Leitmineral n
~ seam Leitflöz n
guided wave geführte Welle f (Seismologie)
guildite Guildit m, Cu$_3$Fe$_4$[(OH)$_4$|(SO$_4$)$_7$·15H$_2$O
guilleminite Guilleminit m, Ba[(UO$_2$)$_3$|(OH)$_4$(SeO$_3$)$_2$]·3H$_2$O
gulch (Am) tiefe Schlucht f, Talriß m; Murtobel m, Tobel m, Wildbachschlucht f
~ gold Seifengold n
gulf 1. Meeresbucht f, Meer[es]busen m, Golf m; 2. Gangerzanreicherung f
~ of ore reicher Erzfall m
Gulf Stream Golfstrom m
~ Supergroup Gulf-Hauptgruppe f (Oberkreide in Nordamerika, Golf-Gebiet)
gull 1. Einsturzstruktur f; 2. mit Nachfall gefüllter Gang m
gullet Kluft f, Schlucht f, Rösche f
gully/to zerracheln

gully Gießbachbett n, Erosionsrinne f, Rachel f, Wasserriß m; Brandungsschlucht f; Priel m; Murtobel m, Tobel m, Wildbachschlucht f
~ clints Rinnenkarren pl
~ erosion rinnenartige Erosion f, Grabenerosion f, Zerrachelung f
~ glacier Kargletscher m
gullying rinnenartige Erosion f, Grabenerosion f, Zerrachelung f, Zerschluchtung f, Auswaschung f, Wasserrißbildung f
gulph of ore s. gulf of ore
gum Kohlenklein n
gumbo haftender Schieferton m, zäher, klebriger Ton m
~ clay rezenter Schlickerton m
gumbotil verwitterter Geschiebelehm m
gummite Gummit m, Gummierz n, rotes Pechuran n (Verwitterungsprodukt von Uraninit und anderen Uranmineralen)
gun-applied concrete Spritzbeton m, Torkretbeton m
~ perforation Schußperforieren n, Kugelperforation f
gunite/to torkretieren
gunite Spritzbeton m, Torkretbeton m
gunned concrete Spritzbeton m, Torkretbeton m
gunningite Gunningit m, Zn[SO$_4$]·H$_2$O
Günz [Drift] Günz-Eiszeit f, Günz-Kaltzeit f (Pleistozän, Alpen)
~-Mindel [Interval] Günz-Mindel-Warmzeit f, Günz-Mindel-Interglazial n (Pleistozän, Alpen)
gurmy Grubensohle f
gurt Wasserseige f; Wasserrösche f
gush/to selbsttätig laufen, eruptiv ausfließen, hervorströmen, heftig ausströmen
~ forth heraussprudeln
~ up hochquellen
gusher s. ~ well
~ of natural gas Erdgasquelle f
~ oil well Ölspringer m
~ well Springer m, Springquelle f, Springsonde f, Sprudelbohrung f
gushing spring springende Quelle f
~ well s. gusher well
gust Bö f, Stoßwind m
~ meter Böenmesser m
~ of wind Windstoß m
~ recorder Böenschreiber m
gustiness Böigkeit f
gusty böig
gut/to Reicherzpartien abbauen
gut schmale Verbindungsrinne f, Wasserrinne f
gutsevichite Gutsevichit m, (Al, Fe)$_3$[(OH)$_3$|(P, V)O$_4$)$_2$]·8H$_2$O
gutta-percha clay klebriger Ton m
gutter Rinne f
~ valley Tunneltal n, Rinnental n (Glazialform)
guy anchor Erdanker m
~ lines Abspannseile npl

guyot

guyot Guyot m *(abgestumpfter Tiefseeberg)*
gwag abgeworfener Grubenbau m *(Cornwall)*
gwythyen Mineralgang m *(Wales)*
gymnosolen s. stromatolite
gymnosperms Gymnospermen npl, Nacktsamer mpl
gypseous gipsartig; gipshaltig, gipsführend
~ **crust** Gipskruste f
~ **marl** Gipsmergel m
~ **soil** Gipserde f, Gipsgur f
~ **spar** Marienglas n
gypsiferous gipshaltig, gipsführend
~ **dolomite** gipsführender Dolomit m
~ **mudstone** Tonstein m mit Gips
gypsification Umwandlung f von Anhydrit zu Gips
gypsinate mit Gips zementiert
gypsite Gypsit m, feinporiges Gipsgestein n
gypsitic 1. gipshaltig; 2. s. aggregal
gypsolith, gypsolyte Gipsgestein n
gypsstone gipsreiches Gestein n
gypsum Gips m, Ca[SO$_4$]·2H$_2$O
~-**bearing** gipshaltig, gipsführend *(s.a. gypsiferous)*
~ **body** Gipsstock m
~ **bulges** Gipsaufblühungen fpl
~ **cave** Gipskarsthöhle f
~ **crust soil** Gipskrustenboden m
~ **deposit** Gipslager n
~ **karst** Gipskarst m
~ **rock** Rohgips m
~ **test plate** Gipsplättchen n
Gypsum Spring Formation Gypsum Spring-Formation f, Carmel-Formation f *(Dogger in Nordamerika)*
gyratory breaker Kreiselbrecher m, Rundbrecher m
gyrolite Gyrolith m, Ca$_2$[Si$_4$O$_{10}$]·4H$_2$O
gyroscope Kreisel[kompaß] m
gyrosine compass Erdinduktionskompaß m
gyttja Gyttja f
Gzhelian [Stage] Gzhell-Stufe f *(hangende Stufe des Oberkarbons in Osteuropa)*

H

H horizon H-Horizont m *(Boden, Humusschicht)*
habit Habitus m
habitat Standort m
habitus Habitus m
hachure Bergschraffierung f *(auf Landkarten)*
hachuring Lavierung f *(einer Landkarte)*
hacking 1. mildes Gebirge n *(Tunnelbau)*; 2. Hackboden m *(Erdbau)*
hackly fracture splittriger Bruch m
hackmanite Hackmanit m *(Varietät von Sodalith)*
hadal zone hadale Zone f *(Bodenzone im Bereich der Tiefseegräben)*
hade/to einfallen

hade Einfallen n; Tonnlage f
~ **of the fault** Fallwinkel m der Verwerfung
~-**slip fault** gewöhnlicher Sprung m
hading tonnlägig
~ **against the dip** widersinnig fallend
~-**against-the-dip fault** widersinnig fallende Verwerfung f
~ **shaft** tonnlägiger Schacht m
~ **with the dip** rechtsinnig fallend
~-**with-the-dip fault** rechtsinnig fallende Verwerfung f
haeggite Häggit m, V$_2$O$_2$(OH)$_3$
haemachate Blutachat m
haemafibrite Haemafibrit m, Mn$_3$[(OH)$_3$|AsO$_4$]·H$_2$O
haemataceous 1. haematithaltig; 2. s. integral
haematite Haematit m, Eisenglanz m, Specularit m, Roteisenstein m, Fe$_2$O$_3$
~ **ore** Haematiterz n
~ **pig iron** Haematitroheisen n
~ **rose** Eisenrose f
haematitic 1. haematithaltig; 2. s. aggregal
haematitization Haematitisierung f
haematitize/to haematitisieren
haematitogelite s. haematogelite
haematogelite Haematogelit m *(kolloidales Eisenferrioxid im Bauxit)*
haematolite Haematolith m, (Mn, Mg, Fe)$_6$[(OH)$_3$|AsO$_4$]
haematophanite Haematophanit m, 4PbO·Pb(Cl,OH)$_2$·2Fe$_2$O$_3$
haematostibiite Haematostibiit m, 8(Mn, Fe)O·Sb$_2$O$_5$
hafnium Hafnium n, Hf
hag 1. Durchstich m, Graben m *(Schottland)*; 2. Moorloch n
hagendorfite Hagendorfit m, (Na, Ca)$_2$(Fe, Mn)$_3$[PO$_4$]$_3$
haiarn Eisen n *(Wales)*
haidingerite Haidingerit m, CaH[AsO$_4$]·H$_2$O
hail Hagel m
~ **clouds** Hagelwolken fpl
~ **imprints** Hageleindrücke mpl
~ **shower** Hagelschauer m
hailsquall Hagelschauer m
hailstone Hagelkorn n, Schloße f
hailstorm Hagelschauer m, Hagelsturm m, Hagelschlag m, Hagelwetter n
hainite Hainit m *(nadliges Na-, Ca-, Ti-, Zr-Silikat)*
hair crack Haarriß m
~ **perthite** Haarperthit m
~ **pyrite** s. millerite
~ **salt** nadelförmiger Epsomit m
hairline crystal Trichit m
hairline crack Haarriß m
hairpin synclinal fold Muldenschluß m
hairy mammoth wollhaariges Mammut n
haiweeite Haiweeit m, Ca[(UO$_2$)$_2$(Si$_2$O$_5$)$_3$]·4H$_2$O
half bog soil anmooriger Boden m
~-**crystalline** halbkristallinisch
~-**edge seam** Flöz n von 45° Neigung

hardening

~-klippe Halbklippe f (Tektonik)
~-life [period] Halbwert[s]zeit f
~ moon Halbmond m
~ space Halbraum m
~ tide Mittelwasser n
~ time Halbwert[s]zeit f
~ window Halbfenster n (Tektonik)
halide Halogenid n, Haloidsalz n, Halogenderivat n
~ of silver Silberhalogen n
halidification Salzbildung f
halistas tiefe Löcher npl im Meeresboden
halistase Halistase f
halite Halit m, Steinsalz n, NaCl
halitic halitisch, steinsalzhaltig
halitite Halitit m
hall Halle f, Saal m, Kammer f
hälleflinta Hälleflint m (Porphyroidgestein)
hallerite Hallerit m (Li-Paragonit)
Hallian [Stage] Hallien n (marine Stufe, Pleistozän in Nordamerika)
hallig Hallig f
hallite Hallit m (Vermiculit)
halloysite Halloysit m, $Al_4[(OH)_8|Si_4O_{10}](H_2O)_4$
halmyro[ly]sis Halmyrolyse f, submarine Verwitterung f
halo Halo m, Lichthof m
~ formation Lichthofbildung f
halobios Leben n im marinen Milieu
halocline Halokline f (Zone in einem geschichteten Wasserkörper, in der sich die Dichte infolge einer Veränderung des Salzgehalts rasch ändert)
halogen Halogen n, Salzbildner m
halogenous halogen, salzbildend
~ deposit marine Salzlagerstätte f
haloid salzähnlich
~ salt Haloidsalz n
halokinetic halokinetisch, salztektonisch
halometry Salzgehaltsmessung f
halomorphic soil Salzboden m
halophilic halophil
halophytes Halophyten mpl, Salzpflanzen fpl
halophytic vegetation Salzbodenvegetation f
halotrichite Halotrichit m, $FeAl_2[SO_4]_4 \cdot 22H_2O$
halurgite Halurgit m, $Mg_2[B_4O_5(OH)_4]_2 \cdot H_2O$
halvan, halving Pocherz n; stark verunreinigtes Erz n (Cornwall)
hambergite Hambergit m, $Be_2[OH|Bo_3]$
Hamilton Group Hamilton-Gruppe f (Devon in Nordamerika)
hamlet Weiler m
hammada Hammada f, Steinwüste f, Felswüste f (Sahara)
hammarite Hammarit m, $2PbS \cdot Cu_2S \cdot 2Bi_2S_3$
hammer and wedge Schlegel m und Eisen n
~ blow Hammerschlag m, Schlag m mit dem Hammer
~-down of the hole schlagendes Großlochbohren n (bei dem das Schlagwerk unmittelbar dem Bohrkopf folgt)
~ drill Bohrhammer m, Tauchhammer m
~ drilling Stoßbohren n
~ reflection seismics Hammerschlagseismik f
hammock s. hummock
~ structure zwei Flächensysteme, die sich unter spitzem Winkel schneiden
hanaways Pocherz n, Pochgänge mpl
hancockite Hancockit m, $(Ca, Pb, Sr, Mn)_2(Al, Fe, Mn)_3[O|OH|SiO_4|Si_2O_7]$
hand auger Handbohrer m (für Bodenproben)
~ chisel Handmeißel m, Beitel m
~ displacement meter Setzdehnungsmesser m
~ dressing Handscheidung f
~-drilled well Handbohrung f
~ drilling Handbohren n
~ lens Lupe f
~ picking Klaubearbeit f
~-sorted ore handgeklaubtes Erz n
~ sorting Handscheidung f
~ specimen Handstück n
~ testing screen Handprüfsieb n
hanging Hangendes n
~ beds Hangendschichten fpl
~ bog Gehängemoor n
~ compass Hängekompaß m
~ glacier Hängegletscher m
~ layer Hangendes n
~ trap Ölfalle f im abgesunkenen Flügel einer Verwerfung
~ valley Hängetal n
~ wall Hangendes n
~ water Haftwasser n
hanksite Hanksit m, $KNa_{22}[Cl|(CO_3)_2|(SO_4)_9]$
hannayite Hannayit m, $(NH_4)_2Mg_3H_4[PO_4]_4 \cdot 8H_2O$
haradaite Haradait m, $SrV[Si_2O_7] \cdot H_2O$
hard bottom Meeresboden m ohne unverfestigte Sedimentdecke
~ brown coal Hartbraunkohle f
~ chilled steel shot Hartschrot n (m) (Bohrtechnik)
~ coal Steinkohle f
~-coal-bearing strata flözführendes Steinkohlengebirge n
~ facing Hartmetallbesatz m (Bohrkronen)
~-facing metal Hartmetall n
~ ground 1. Hartgrund m; 2. hartes Gebirge n
~ mineral festes Mineral n (im Gegensatz zu flüssigem Mineral)
~ rime Rauhfrost m
~ rock 1. Festgestein n, Hartgestein n; 2. harte Phosphoritbänder npl
~ roof gesundes Hangendes n
~ seat s. seat rock
~ spar s. 1. corundum; 2. andalusite
~ stone Hartgestein n
~ stony ground fester steiniger Boden m
~ water hartes Wasser n
harden/to erhärten
hardened 1. erhärtet; 2. verharscht
~ horizon Verdichtungshorizont m (Boden)
hardening 1. Erhärtung f; 2. Verharschung f
~ agent Härter m
~ process Erhärtungsprozeß m

hardness

hardness Härte f
- ~ **number** Härtewert m, Härtezahl f
- ~ **of water** Härte f des Wassers
- ~ **scale** Härteskala f

hardpan 1. harte, verkittete Akkumulate npl (von Sanden und Kiesen); 2. Verdichtungshorizont m (Boden); 3. Ortstein m; 4. Konkretionskruste f; Felspanzerbildung f
hardway Teilbarkeitsrichtung in Plutoniten senkrecht zu grain und rift
hardystonite Hardystonit m, $Ca_2Zn[Si_2O_7]$
harkerite Harkerit m, $Ca_{12}Mg_9Al[Cl(OH)_2|(BO_3)_5(CO_3)_6(SiO_4)_4] \cdot H_2O$
harmful substance Schadstoff m
harmonic distortion Frequenzverzerrung f
- ~ **oscillation** harmonische Schwingung f
- ~ **system of working** harmonischer Abbau m
- ~ **trend** harmonischer Trend m, Fourier-Trend m, Trend m in trigonometrischen Funktionen

harmotome Harmotom m, $Ba[Al_2Si_6O_{16}] \cdot 6H_2O$
harpolith Harpolith m (magmatischer Intrusionstyp)
harsh desert tote Wüste f
harstigite Harstigit m, $(Ca, Mn, Mg)_8Al_2[(OH)_4|(Si_2O_7)_3]$
hartine s. hartite
hartite Hartit m, $C_{20}H_{34}$
hartsalz Hartsalz n
harttite Harttit m, $(Sr, Ca)Al_3[(OH)_6|(SO_4, PO_4)_2]$
harzburgite Harzburgit m (ultrabasisches Gestein)
hassock structure s. glide bedding
hastingsite Hastingsit m, $NaCa_2Fe_4(Al, Fe)[(OH, F)_2|Al_2Si_6O_{22}]$
hastite Hastit m, $CoSe_2$
hatch/to schraffieren
hatchettine s. hatchettite
hatchettite Hatchettin m (Erdwachs)
hatchettolite Hatchettolith m, U-Pyrochlor m
hatching Schraffierung f
hatchite Hatchit m (Th-Pb-Sulfoarsenit)
hauchecornite Hauchecornit m, $(Ni, Co)_9(Bi, Sb)_2S_8$
hauerite Hauerit m, MnS_2
haulage Streckenförderung f
- ~ **horizon** Fördersohle f
- ~ **road** Abbauförderstrecke f

hausmannite Hausmannit m, Schwarzmanganerz n, $MnMn_2O_4$
Hauterivian [Stage] Hauterive n, Hauterivien n (Stufe der Unterkreide)
haüyne s. haüynite
haüynite Hauyn m, $(Na, Ca)_{8-4}[(SO_4)_{2-1}|(AlSiO_4)_6]$
Hawaiian activity Hawaiitätigkeit f (von Vulkanen)
- ~ **type** Hawaiitypus m
- ~-**type bomb** s. pancake-shaped bomb

hawaiite Haiwaiit m (Alkali-Olivinbasalt)
hawk's eye Falkenauge n (blaue Varietät von Krokydolit)
hawleyite Hawleyit m, α-CdS

haystack s. cockpit
hazardous waste Schadstoff m
haze [trockener] Dunst m
- ~ **of light** Lichtnebel m

haziness Nebligkeit f
hazle (sl) fester schiefriger Sandstein m
hazy neblig, dunstig
HDR s. hot dry rock
HDT s. high density tape
head/to pulsierend fließen
head 1. Gangstrecke f; Abbaustrecke f; 2. Hangschutt m; 3. Gefälle n; Niveaudifferenz f, Druckhöhe f, Energiehöhe f, Steighöhe f; 4. Flußhaupt n; 5. Magnetkopf m; 6. s. headland
- ~ **check pulse** Kontrollimpuls m (auf Magnetband)
- ~ **clearance** Kopfraum m
- ~ **erosion** fortschreitende Erosion f
- ~ **meter** Zuflußmesser m
- ~ **of a comet** Kometenkopf m
- ~ **of a dike (groyne)** Buhnenkopf m
- ~ **of a landslide** Abrißstelle f (einer Rutschung)
- ~ **of a river** Quellgebiet n
- ~ **of an adit** Stollenfirste f
- ~ **of pressure** Druckhöhe f
- ~ **of the tide** Flutgrenze f
- ~ **of water** hydrostatische Höhe f, Druckhöhe f, Förderhöhe f, Auftriebshöhe f, Steighöhe f (von Wasser)
- ~ **room** lichte Höhe f (z.B. unter einer Brücke)
- ~ **slope** obere Böschung f
- ~ **wave** Kopfwelle f (Seismik)

heading 1. Stollenvortrieb m; Vortriebsstrecke f; 2. Anzahl f geschlossener Klüfte; 3. Richtungswinkel m (eines Schiffes, Seeseismik)
- ~ **and tunnel construction** Stollen- und Tunnelbau m
- ~ **blast** Firstensprengung f
- ~ **error** Kursfehler m (Navigation)
- ~ **face** Ortsbrust f, Ortsstoß m
- ~ **side (wall)** Liegendes n [eines Ganges]

headland Vorgebirge n; Landspitze f; Bergvorsprung m
- ~ **bar** angelehnte Nehrung f

headpool Quellteich m
headshield Kopfschild m, Cephalon n (bei Trilobiten)
headwall Karstufe f
headwater oberer Wasserstand m
- ~ **of a river**, ~ **region** Quellgebiet n
- ~ **stream** Quellfluß m

headwaters Ursprungsbäche mpl, Oberlauf m (eines Flusses)
heap Meiler m, Bergehalde f
- ~ **leaching** Haufenlaugung f
- ~ **of dead ore** Erzhalde f
- ~ **of debris** Haufwerk n; Schuttkegel m
- ~ **of gravel** Schottermasse f

hearthstone Kieselkalkstein m
heat Wärme f

height

~ balance Wärmebilanz f
~ budget Wärmehaushalt m
~ capacity Wärmekapazität f
~ conductivity Wärmeleitfähigkeit f
~ conductor Wärmeleiter m
~ content Wärmeinhalt m
~ convection Wärmeströmung f
~ crack Kernsprung m
~ dome Wärmedom m
~ drilling Feuerstrahlbohren n
~ effect Wärmetönung f
~ equator Wärmeäquator m
~ exchange Wärmeaustausch m
~ flow 1. Wärmestrom m, Wärmefluß m; 2. Wärmeströmung f
~ flow density Wärmestromdichte f
~ flow unit Wärmestromeinheit f
~ flux Wärmefluß m
~ gradient Wärmegradient m
~ lightning Wetterleuchten n
~ loss Wärmeverlust m
~ of ablation Ablationswärme f
~ of radioactivity radioaktive Zerfallswärme f
~ of reaction Reaktionswärme f
~ of the earth Erdwärme f
~ pump Wärmepumpe f
~ radiance Wärmestrahlung f
~-storing wärmespeichernd
~ supply Wärmehaushalt m
~ thunderstorm Wärmegewitter n
~ transfer Wärmeübergang m
~ transfer number Wärmeübergangszahl f
~ wave Warmlufteinbruch m
heath Heide f, Heideland n
~ bog Heidemoor n
~ sand Heidesand m
~ soil Heideboden m
heathland Ödland n
heating oil Heizöl n
~ value Heizwert m
heave/to quellen, heben (Sohle)
heave horizontale Sprungweite (Sprungbreite) f, söhlige Sprungbreite f, Verwerfungsbreite f
~ fault transversale Verschiebung f
heaved gehoben, verworfen
~ block Horst m, Horstscholle f
~ side gehobene Seite f
heavenly body Himmelskörper m
heavily pitching seam seigeres Flöz n
~ silted river schlammiger Fluß m
~ watered strata stark wasserführende Schichten fpl
heaving schiebend, quellend, schwellend
heaving Quellung f; Hebung f (durch Frost)
~ bottom schwellender Boden m
~ country (formation, ground) quellendes (drückendes) Gebirge n
~ of the floor Sohlquellen n
~ rock quellendes (drückendes) Gebirge n
~ sands Flugsand m
~ shale quellender Schieferton m
~ soil frostgefährdeter Boden m

heavy-bedded dickbankig
~-carburetted hydrogen Äthylen n, C_2H_4
~ clay fetter Ton m
~ crude oil schweres, rohes Erdöl n, rohes Schweröl n
~-duty derrick Bohrturm m für höchste Beanspruchung
~ earth Baryt m, Schwerspat m (s.a. baryte)
~ hydrocarbons schwere Kohlenwasserstoffe mpl
~ layer mächtiges Flöz n
~ liquid Schwerflüssigkeit f
~ liquids Schwerelösungen fpl (für Schwermineralanalyse)
~ loam fetter Lehm m
~ metal Schwermetall n
~ mineral Schwermineral n
~-mineral analysis Schwermineralanalyse f
~-mineral assemblage Schwermineralvergesellschaftung f
~ mud Schwerspülung f
~ oil Schweröl n
~ pressure Hochdruck m, hoher Druck m
~ roof fall Strebbruch m
~ sand bindiger Sand m
~ sea Seegang m, hohe See f
~ shower Platzregen m
~ spar s. baryte
~-stained stark fleckig (Glimmerqualität)
~ stratification mächtige Schichtung f
~ tiff s. baryte
heazlewoodite Heazlewoodit m, Ni_3S_2
hebetine s. willemite
Hebraic granite s. graphic granite
Hebridean shield Hebridenschild m
hebronite s. amblygonite
hectorite Hektorit m (Mineral der Saponitreihe)
hedenbergite Hedenbergit m, $CaFe[Si_2O_6]$
hedgehog stone Quarz m mit eingewachsenen Goethitnadeln
hedleyite Hedleyit m, $Bi_{14}Te_6$
hedreocraton Hochkraton n
hedyphane Hedyphan m, Kalziumbarium-Mimetesit m (Varietät von Mimetesit)
heel Bohrlochöffnung f
~ of water Druckhöhe f
heft (Am) spezifisches Gewicht n
heidornite Heidornit m, $Ca_3Na_2[Cl|(SO_4)_2|B_5O_8(OH)_2]$
height 1. Höhe f, Anhöhe f; 2. Höhenlage f
~ of damming Stauhöhe f
~ of derrick Bohrgerüsthöhe f
~ of fall Fallhöhe f; Sturzhöhe f
~ of flood bank above water line Höhe f des Ufers über dem Wasserspiegel
~ of land s. watershed
~ of level Sohlenhöhe f
~ of natural evaporation Verdunstungshöhe f
~ of overfall Überfallhöhe f
~ of the tide Fluthöhe f
~ of water Druckhöhe f des Wassers
~ of weir Wehrhöhe f

height 172

~ zone Höhenschicht f *(Stratosphäre)*
heightening Aufwölbung f
heinrichite Heinrichit m, Ba[UO$_2$|AsO$_4$]$_2$·10−12H$_2$O
held water Schichtwasser n
Helderbergian [Stage] Helderbergien n, Helderberger Kalk m *(Stufe des Ulsteriens, Unterdevon in Nordamerika)*
heliacal Sonnen...
helical motion s. screw motion
helicitic helizitisch
helicoid spiral schneckenartige Spirale f
helictite, heligmite s. anemolite
heliocentric heliozentrisch
~ parallax heliozentrische Parallaxe f
heliodor Heliodor m *(Varietät von Beryll)*
heliograph Heliograf m
heliographic heliografisch
heliography Heliografie f
heliometer Sonnenmesser m
heliophyllite Heliophyllit m, Pb$_3$AsO$_{<4}$Cl$_{<2}$
helioscope Sonnenfernrohr n
heliothermometer Heliothermometer n, Sonnentemperaturmesser m
heliotrope Heliotrop m *(grüne, rotgefleckte Varietät von Chalzedon)*
helium Helium n, He
~ age Heliumalter f
~ fusion Heliumfusion f
hellandite Hellandit m, (Ca, Y, Er, Mn)$_{<3}$(Al,Fe)[(OH)$_2$|Si$_2$O$_7$]
hellyerite Hellyrit m, NiCO$_3$·6H$_2$O
Helmholtz coil Helmholtz-Spule f
helophytes Helophyten mpl, Sumpfpflanzen fpl
helsinkite Helsinkit m
Helvetian [Stage] Helvet n *(Stufe des Miozäns)*
Helvetic nappes Helvetische Decken fpl, Decken fpl helvetischen Typs
Helveticum Helvetikum n
helvin[e] s. helvite
helvite Helvin m, (Mn, Fe, Zn)$_8$[S$_2$|(BeSiO$_4$)$_6$]
hema... s. haema...
Hembergian [Stage] Hemberg[ium] n *(Stufe des Oberdevons in Europa)*
hemicrystalline hypokristallin, merokristallin, semikristallin
hemihedral hemiedrisch
~ crystal hemiedrischer Kristall m
hemihedrism Hemiedrie f
hemihedron Hemieder n, Halbflächner m
hemimorph[ic] hemimorph
hemimorphite Hemimorphit m, Zn$_4$[(OH)$_2$|Si$_2$O$_7$]·H$_2$O
hemimorphous hemimorph
Hemingfordian [Stage] Hemingfordien n, Hemingfordium n *(Wirbeltierstufe des unteren Miozäns in Nordamerika)*
hemiopal Halbopal m
hemipelagic-abyssal der Tiefsee angehörend mit terrestrischem Detritus *(für Sedimente)*

~ deposit hemipelagische Ablagerung f
~ muds Küstenschlick m
Hemiphyllian [Stage] Hemiphyllien n *(Wirbeltierstufe, oberes Miozän bis unterstes Pliozän in Nordamerika)*
hemisphere Erdhalbkugel f, Halbkugel f, Hemisphäre f
hemispherical halbkugelförmig
hemisymmetric s. hemihedral
hemitrope Zwilling[skristall] m
hemitropic hemitrop
hepatic cinnabar Quecksilberlebererz n *(s.a. cinnabar)*
~ iron ore Eisenlebererz n *(s.a. marcasite)*
~ marcasite Leberkies m *(s.a. marcasite)*
~ mercurial ore s. cinnabar
hepatite Hepatit m, Leberstein m *(s.a. baryte)*
heptagon Heptagon n, Siebeneck n
heptagonal heptagonal
heptahedral heptaedrisch, siebenflächig
heptahedron Heptaeder n
heptane Heptan n, C$_7$H$_{16}$
heptatomic siebenatomig
heptavalence Siebenwertigkeit f
heptavalent siebenwertig
herb eater (feeder) Pflanzenfresser m
~ steppe Krautsteppe f
herbaceous krautartig
~ plants krautige Pflanzen fpl
herbicide Herbizid n
herbivore Pflanzenfresser m
herbivorous pflanzenfressend
Hercynian 1. herzynisch, variskisch *(s.a. Variscan)*; 2. herzyn *(Streichrichtung)*
~ disturbance (folding) herzynische Faltung f
~ orogen herzynisches (variskisches) Orogen n
~ orogeny herzynische Faltung f
~ trend herzynische Streichrichtung f
hercynite Herzynit m, Ferrospinell m, FeAl$_2$O$_4$
herderite Herderit m, CaBe[(F, OH)|PO$_4$]
hermatobiolith organogenes Riffgestein n
hermatolith Riffgestein n
hermatypic hermatyp, riffbildend
herringbone cross-bedding Fiederschichtung f
herschelite Herschelit m *(Varietät von Chabasit)*
herzenbergite Herzenbergit m, SnS
hessite Hessit m, Ag$_2$Te
hessonite Hessonit m *(Varietät von Granat)*
hetaerolite Hetaerolith m, ZnMn$_2$O$_4$
heteroaxial heteroaxial
heteroblastic heteroblastisch
heterocercal heterocerk *(unsymmetrische Schwanzflosse)*
heterochronous ungleichzeitig
heterodont heterodont
heterogeneity Heterogenität f, Ungleichartigkeit f
heterogenetic von verschiedenem Ursprung
heterogenite Heterogenit m, CoOOH

heterogenous heterogen, ungleichartig
~ **system** heterogenes System n
heteromesic[al] heteromesisch, in verschiedenen Medien gebildet
~ **deposit** heteromesische Ablagerung f
heterometric heterometrisch
heteromorphic heteromorph
heteromorphism Heteromorphismus m
heteromorphite Heteromorphit m, Federerz n, 11 $PbS \cdot 6Sb_2S_3$
heteromorphous heterometrisch
heteromorphic heteromorph
heteropic[al] heteropisch
~ **facies** heteropische Fazies f (gleichzeitige, aber verschiedenartige Fazies)
heterosite Heterosit m, $(Fe, Mn)[PO_4]$
heterotactous irregulär
heterotaxial deposits ungleichaltrige Ablagerungen fpl
heterothermal, heterothermic heterotherm
heterotomous mit uncharakteristischer Spaltbarkeit
heterotopic heterotopisch, an verschiedenen Plätzen gebildet
~ **deposit** heterotopische Ablagerung f
heterotrophic heterotroph
heterotropical heterotropisch
heterovalent verschiedenwertig
Hettangian [Stage] Hettang[ien] n, Hettangium n (basale Stufe des Lias)
heubachite Heubachit m (Varietät von Heterogenit)
heudersonite Heudersonit m, $Ca_2V_9O_{24} \cdot 8H_2O$
heugh Mineralgewinnungsstelle f, Grube f, Schacht m (Schottland)
heulandite Heulandit m, $Ca[Al_2Si_7O_{18}] \cdot 6H_2O$
hew trenches/to ausschrämen
hewettite Hewettit m, $CaV_6O_{16} \cdot 9H_2O$
hexad sechszählige Achse f
hexagon Sechseck n
hexagonal hexagonal, sechszählig
~ **interference ripples** hexagonale Interferenzrippeln fpl
~ **system** hexagonales System n
hexagonally centred hexagonal zentriert (Kristallgitter)
hexahedral, hexahedric hexaedrisch, sechsflächig
hexahedrite Hexaedrit m (Meteorit)
hexahedron Hexaeder n, Kubus m, Würfel m
hexahydrite Hexahydrit m, $Mg[SO_4] \cdot 6H_2O$
hexakisoctahedron Hexakisoktaeder n
hexakistetrahedron Hexakistetraeder n
hexane Hexan n, C_6H_{14}
hexavalence Sechswertigkeit f
hexavalent sechswertig
HFU s. heat flow unit
hiatal fabric Hiatalgefüge n
hiatus Hiatus m, Lücke f, Schichtlücke f
~ **clouds** Lückenwolken fpl
hibbenite Hibbenit m, $Zn_7[OH|(PO_4)_2]_2 \cdot 6H_2O$
hibernal snow level Winterschneehöhe f

hibernate/to überwintern
hibernation Überwinterung f
hibonite Hibonit m, $CaO \cdot 6Al_2O_3$
hibschite Hibschit m, Hydrogrossular m, $Ca_3Al_2[(SiH_4)O_4]_3$
hidalgoite Hidalgoit m, $PbAl_3[(OH)_6|SO_4AsO_4]$
hidden layer überschossene Schicht f (Seismik)
hiddenite Hiddenit m (grüner Spodumen)
hielmite Hjelmit m (Gemenge von Tapiolit und Pyrochlor)
hieratite Hieratit m, $K_2[SiF_6]$
hieroglyph Hieroglyphe f, Sedimentmarke f
higginsite Higginsit m, Konichalcit m, $CaCu[OH|AsO_4]$
high-alpine hochalpin
~-**altitude photography** Aufnahmen fpl aus großer Flughöhe
~-**altitude rocket** Höhenrakete f
~-**alumina basalt** Al-Basalt m (Basalt mit $> 17\%$ Al_2O_3)
~-**aluminous** tonerdereich
~-**angle dipping strata** steil einfallende Schichten fpl
~-**angle fault** steiler als 45° fallende Verwerfung f
~-**ash** aschereich
~-**ash coal** (Am) aschereiche Kohle f ($> 15\%$ Asche)
~ **bank** Steilufer n
~ **bending strength/of** biegefest
~ **bog** Hochmoor n
~ **bog peat** Hochmoortorf m
~-**class** hochwertig
~ **craton** Hochkraton n
~-**cut filter** Tiefpaßfilter n
~ **density tape** Band n hoher Belegungsdichte
~-**drift angle well** Bohrung f mit starker Vertikalabweichung
~ **enthalpy geothermal potential** hochenthalpes geothermisches Potential n
~ **flood** Hochflut f, Hochwasser n
~ **fractured plateau** Plateau n an den Flanken der Riffgebirge
~-**grade** hochhaltig
~-**grade chippings** Edelsplitt m
~-**grade clay** Edelton m, hochwertiger Ton m
~-**grade metamorphism** starke (katazonale) Metamorphose f
~-**grade mineral** Hochtemperaturmineral n
~-**grade ore** hochwertiges (reichhaltiges) Erz n, Reicherz n
~-**head edge water** Randwasser n mit großem Auftrieb
~-**head water power plant** Hochdruckwasserkraftwerk n
~-**level placer** Seife f auf Alluvialterrasse
~-**lime rock** hochprozentiger Kalkstein m
~-**line distortion** Störung f durch Hochspannung
~-**liquid limit** hohe Fließgrenze f eines bindigen Materials (> 50)

high

~-low inversion Hoch-/Tieftemperatur-Umwandlung f (bei Quarz)
~-lying hochliegend
~-lying terrace Hochterrasse f
~ magnifier stark vergrößernde Lupe f
~-mark gauge Hochwasserstandsmesser m
~ marsh Hochsumpf m
~-molecular-weight hydrocarbons hochmolekulare Kohlenwasserstoffe mpl
~ moor Hochmoor n
~-moor forest Waldhochmoor n
~-moor peat Hochmoortorf m
~ moorland Hochmoor n
~ moss Hochmoor n, Torfmoor n
~ mountain steppe Hochgebirgssteppe f
~ mountain valley Hochalpental n
~ mountains Hochgebirge n
~ oblique photograph Schrägaufnahme f (Luftbildgeologie)
~-order trend surface Trendfläche (Polynomtrendfläche) f hohen Grades
~ ore s. ~-grade ore
~-pass filter Hochpaßfilter n
~-permeable stark durchlässig
~ plain (plateau) Hochebene f
~ pressure Hochdruck m, hoher Druck m
~-pressure area Hochdruckgebiet n
~-pressure belt Hochdruckgürtel m
~ pressure equipment Hochdruckausrüstung f
~-pressure metamorphism Hochdruckmetamorphose f
~-pressure ridge Hochdruckbrücke f
~-pressure well Hochdruckbohrung f
~-pressure well control Kontrolle f von Hochdrucksonden
~ pressure zone Hochdruckzone f
~-quality hochwertig
~ quartz Hochquarz m
~-rank coal hoch inkohlte Kohle f; Anthrazit m
~-rank graywacke Feldspatgrauwacke f
~-rank metamorphism starke Metamorphose f
~-resistivity stratum Schicht f hohen Widerstands
~-resolution seismics Hochfrequenzseismik f
~ rocky ridge Felsgrat m
~ sea hohe (offene) See f
~-silica stones (Am) Reinstquarzite mpl
~ slope Oberhang m
~-speed bed (layer) schallharte Schicht f (Schicht mit hoher Geschwindigkeit für seismische Wellen)
~-speed pump Hochleistungspumpe f
~-speed stratum s. ~-speed bed
~-sulfur coal (Am) schwefelreiche Kohle f (>3% Schwefel)
~-temperature carbonization Hochtemperaturverkokung f
~-temperature mineral Hochtemperaturmineral n
~-temperature phase Hochtemperaturphase f
~ thunderstorm Hochgewitter n

174

~ tide Flut f, Sturmflut f
~-tide level Flutstand m
~ value/of hochwertig
~-volatile bituminous coal (Am) hochflüchtige (gering inkohlte) Steinkohle f (auf wascheasfreie Basis bezogen; flüchtige Bestandteile >31%)
~-volatile coal Kohle f mit hohem Gehalt an flüchtigen Bestandteilen
~ water Hochwasser n
~-water basin Rückhaltebecken n, Hochwasserrückhaltebecken n
~-water bed Hochflutbett n, Überschwemmungsbett n; Hochwasserbett n
~-water channel Hochwasserbett n
~-water line Flutlinie f
~-water mark Hochwassermarke f, Flutmarke f
~-water neap Nipphochwasser n
~ water of ordinary neap tide Nipphochwasser n
~ water of spring tide Springflut f
~-water regulation Hochwasserregulierung f
highland Hochland n
~ rocks Hochlandgesteine npl (Mond)
highly argentiferous silberreich
~ auriferous goldreich
~ dispersed äußerst fein verteilt
~ disturbed strata stark gestörte Schichten fpl
~ fluid dünnflüssig
~ folded stark gefaltet
~ inclined strata steil einfallende Schichten fpl
~ jointed stark zerklüftet
highwall Abbaustoß m, Ortsstoß m mit angeschnittenem Hangenden
hilgardite Hilgardit m, $Ca_2[Cl|B_9O_6(OH)_2]$
hill Hügel m, Berg m
~ country Mittelgebirge n; Hügelland n
~ creep Hangkriechen n
~ diggings Hangseife f
~ hachure Bergschraffe f
~ moor Hochmoor n
~ peat Moor n in kalten Berggebieten
~ shading Lavierung f
~ top Bergspitze f
hillebrandite Hillebrandit m, $Ca_2[SiO_4]·H_2O$
hillock Hügel m, Buckel m; Bult m
~ bog Bültenmoor n
hills Mittelgebirge n
hillside Berghang m, Berglehne f, Abhang m
~ creep Schuttkriechen n, Gekriech n
~ placer Hangseife f
~ seepage Hangsickerung f
~ slope Hangböschung f
~ waste Gehängeschutt m
hillwash Hangfußablagerung f
hilly hügelig, bergig
~ country Hügelland n
~ ground Gebirgsgelände n
Hilt's law Hiltsche Regel f
hindlimbs Hinterextremitäten fpl

hinge 1. Schloß n *(Paläontologie)*; 2. Scharnier n *(Tektonik)*
~ **bar** Schloßleiste f
~ **belt** Tieffaltungszone f *(zwischen Geosynklinale und kontinentalem Vorland)*
~ **fold** Scharnierfalte f
~ **groove** Schloßfurche f
~ **line** 1. Zone, die den vorlandwärtigen Teil der Randsenke vom orogenwärtigen Teil trennt; 2. Schloßrand m *(Paläontologie)*
~ **margin** Schloßrand m
~ **plate** Schloßplatte f
~ **teeth** Schloßzähne mpl, Scharnierzähne mpl
hinging coal stark einfallendes Kohlenflöz n *(Schottland)*
hinsdalite Hinsdalit m, $PbAl_3[(OH)_6|SO_4PO_4]$
hinter surf beds Schelfablagerungen fpl
hinterdeep Trog m auf der konvexen Seite eines Inselbogens
hinterland Rückland n
hippurite limestone Hippuritenkalk m
hirst Flußsandbank f
histogram Histogramm n
~ **equalization** Egalisierung der Häufigkeitsverteilung von Schwärzungs- bzw. Farbdichteniveaus
historic[al] character historischer Charakter m *(geochemischer Gesetze)*
~ **geochemistry** historische Geochemie f
~ **geology** historische Geologie f
history match model *(Am)* Anpassungsmodell n *(reservoirmechanisch)*
~ **matching** *(Am)* Parameteranpassung f, Identifikation f *(eines reservoirmechanischen Simulationsmodells)*
~ **of earth** Erdgeschichte f
~ **of vegetation** Vegetationsgeschichte f
hit or miss method auf dem Zufall beruhende Methode f
hitch kleine Verwerfung f
hjelmite s. hielmite
hoarfrost Rauhfrost m, Rauhreif m
hoarstone Landmarke f, Grenzmarkierung f
hodgkinsonite Hodgkinsonit m, $MnZn_2[(OH)_2|SiO_4]$
hodograph Hodograph m, Hodographenkurve f, Geschwindigkeitskurve f
hoegbomite Högbomit m, $Na_x(Al,Fe,Ti)_{24-x}O_{36-x}$
hoelite Hoelit m, $C_{14}H_8O_2$
hog-tooth spar Kalzitskalenoeder npl
hogback 1. Grat m, Ziegenrücken m; 2. Schichtrippe f; 3. Isoklinalkamm m
hogbacked bottom gewellter Boden m
hohmannite Hohmannit m, $Fe[OH|SO_4]\cdot 3^1/_2 H_2O$
hoist/to ausbauen *(Gestänge)*
hoist 1. Förderanlage f; 2. Winde f, Hebewerk n
hoisting cable Förderseil n
~ **capacity of drilling rig** Hakenhöchstlast f der Bohranlage
~ **drum** Bohrseiltrommel f

~ **tackle** Flaschenzugsystem n
holarctic gesamtarktisch
hold/to abfangen *(eine Schicht)*
holdenite Holdenit m, $(Mn, Ca)_4(Zn, Mg, Fe)_2[(OH)_5O_2|AsO_4]$
hole Sonde f, Bohrloch n
~ **blow** Ausbläser m
~ **bottom** Bohrlochtiefstes n
~ **calibre** Bohrlochkaliber n
~ **clearance** Spielraum m zwischen Bohrlochwandung und Gestänge
~ **deviation** Bohrlochabweichung f
~ **deviation logging** Abweichungsmessung f, Inklinometrie f
~ **of impact** Einschlaggrube f *(z.B. eines Meteoriten)*
~ **plug** Bohrlochpfropfen m, Bohrlochverschluß m
~ **sloughing** Ablösen n *(der Bohrlochwandung)*
~ **straightening** Ausrichten n der Bohrung
~ **-to-hole measurement** Zwischenfelderkundung f
~ **wall** Bohrlochwand f
~ **with deviation in a plane** in einer Ebene gekrümmtes Bohrloch n
~ **with deviation not in a plane** räumlich gekrümmtes Bohrloch n
hollandite Hollandit m, $Ba_{<2}Mn_8O_{16}$
hollingworthite Hollingworthit m, (Rh, Pd)AsS
hollow out/to aushöhlen
hollow leer, taub
hollow Höhle f, Mulde f, Senkung f, Talmulde f
~ **cast** Hohlabguß m *(von Fossilien)*
~ **grinding** Hohlschliff m
~ **impress** Hohlabdruck m *(von Fossilien)*
~ **lode** Drusengang m
~ **mould** Hohlform f
~ **spar** s. andalusite
holmium Holmium n, Ho
holmquistite Holmquistit m, $Li_2Mg_3Al_2[OH|Si_4O_{11}]_2$
holoaxial holoaxial
holoblast Holoblast m
Holocene holozän
Holocene Holozän n
~ **series** Holozän n
holocrystalline holokristallin, vollkristallin
~ **rock** holokristallines Gestein n
holohedral holoedrisch, vollflächig
holohedrism Holoedrie f, Vollflächigkeit f
holohedron Holoeder n, Vollflächner m
holohedry Holoedrie f, Vollflächigkeit f
holohyaline holohyalin, vollglasig
hololeucocratic hololeukokrat
holomelanocratic holomelanokrat
holomorphic holomorph
holosiderite Eisenmeteorit m *(ohne Silikatkomponenten)*
holostratotype Holostratotyp m
holosymmetric s. holohedral
holotype Holotypus m

Holstein

Holstein [Interval] Holstein-Warmzeit f, Holstein-Interglazial n *(Pleistozän in Nordwesteuropa)*
holystone weicher Sandstein m *(als Reinigungsmaterial)*
homeoblastic homöoblastisch
homeogene enclaves endogene Einschlüsse mpl
homeomorphic, homeomorphous homöomorph
homeotropy Gleichrichtung f
homeotype Homeotyp m
Homerian [Stage] Homerium n *(basale Stufe des Wenlock)*
homilite Homilit m, $Ca_2FeB_2[O|SiO_4]_2$
hominoids menschenähnliche Formen fpl
homocercal homocerk *(ein Typ der symmetrischen Schwanzflosse)*
homoclinal bed einseitig geneigte Schicht f
~ **valley** Monoklinaltal n
homocline Monoklinale f
homogeneity Homogenität f
~ **of sample** Probenhomogenität f
~ **test** Homogenitätstest m
homogeneous homogen, gleichartig
~ **deformation** affine Deformation f
~ **fluid** homogene Flüssigkeit f
~ **isotropic body** homogener isotroper Körper m
~ **rotational strain** affine einscharige Gleitung f
~ **system** homogenes System n
homogeneously strained homogen verzerrt
homohedral homoedrisch
homologous homolog; spiegelbildlich
homometric homometrisch
~ **pairs** homometrische Paare npl
homomorphism Formähnlichkeit f
homoseismal curve (line) Homoseiste f
homotactic homotaktisch, mit gleichem Gefüge *(s.a. homotaxial)*
homotaxeous s. homotaxial
homotaxial homotax, äquivalent
~ **beds** äquivalente Schichten fpl
~ **deposit** homotaxe (äquivalente) Ablagerung f
~ **facies** homotaxe Fazies f
homotaxic s. homotaxial
homotaxis gleichartige Anordnung f
homothermal, homothermic homotherm
homotropal ventilation gleichlaufende Bewetterung f
hone Abziehstein m, sehr feiner Sandstein m *(für Schleifzwecke)*
honestone feinkörniger Schiefer m, Wetzschiefer m
honeycomb corrosion narbenartige Anfressung f
~ **structure** Wabenstruktur f
~ **weathering** Wabenverwitterung f
honeycombed wabenförmig, zellig
~ **rock** Gestein n mit Wabenstruktur

honeystone Honigstein m *(s.a. mellite)*
hoo cannel unreine Kännelkohle f
hoodoo s. earth pyramid
hook Haken m, krumme Landspitze f
~ **gauge** Stechpegel m
~ **load** Hakenlast f
Hooke's law Hookesches Gesetz n
hopeite Hopeit m, $Zn_3[PO_4]_2 \cdot 4H_2O$
hopper-shaped crystal sargdeckelförmiger Kristall m
horde of meteors Meteorschwarm m
horizon 1. Horizont m; 2. Abbausohle f
horizontal horizontal, waagerecht; söhlig
~ **bedding** waagerechte Schichtung f, söhlige Lagerung f
~ **displacement** horizontale Schublänge f
~ **electromagnetic method** Slingram-Verfahren n
~ **extent** horizontale Ausdehnung f
~ **fault** Blattverschiebung f
~ **filter well** Horizontalfilterbrunnen m
~ **flexure** Horizontalflexur f, Flexurblatt n
~ **gradient of gravity** horizontaler Schweregradient m
~ **hole** Horizontalbohrung f, Söhligbohrung f
~ **intensity** magnetische Horizontalkomponente f
~-**loop method** Induktionsverfahren n mit horizontalem Primärkreis
~ **magnetometer** Horizontalmagnetometer n
~ **mixing** Stapelung f für einen gemeinsamen Tiefenpunkt *(Seismik)*
~ **motion seismograph** Horizontalseismograf m
~ **movement** Horizontalbewegung f
~ **ore pillar** Erzschwebe f
~ **pendulum** Horizontalpendel n
~ **seam** söhliges Flöz n
~ **seismograph** Horizontalseismograf m
~ **seismometer** Horizontalseismometer n
~ **separation along the fault line strike** streichende Sprungweite f
~ **stacking** s. ~ mixing
~ **strata** horizontalgelagerte Schichten fpl
~ **stratification** waagerechte Schichtung f, söhlige Lagerung f
~ **throw** Sprungweite f *(Verwerfung)*
~ **thrust** Horizontalschub m
horizontality horizontale Lage f
horizontally bedded (laid) strata horizontalgelagerte Schichten fpl
horn Horn n
~ **lead** Hornblei n, Bleichlorid n *(s.a. phosgenite)*
~ **mercury** Merkurhornerz n, Quecksilberhornerz n *(s.a. calomel)*
~ **silver** Hornerz n, Hornsilber n *(s.a. cerargyrite)*
~ **tiff** bituminöser Kalzit m
hornblende Hornblende f, Amphibol m
~ **granite** Hornblendegranit m
~ **schist** Hornblendeschiefer m

humodetrinite

hornblendic schist Hornblendeschiefer *m*
hornblendite Hornblendit *m*, Hornblendefels *m*
hornfels Hornfels *m*
hornito Hornito *m*, Ofen *m*, vulkanischer Lavakegel *m (Südamerika)*
hornschist, hornslate Hornblendeschiefer *m*
hornstone Hornstein *m*
horny minderwertige Gaskohle *f (Schottland)*
horny hornig
~-shelled hornschalig
~ sponges Hornschwämme *mpl*
horobetsuite Horobetsuit *m*, (Sb, Bi)$_2$S$_3$
horse Pferdeschwanz *m (ausgeschwänzter Gang)*
~ beans laugenhaltiges Hangendes *n (von Salzlagerstätten)*
~ flesh ore *s.* bornite
~-shoe flute cast Hufeisenwulst *m (f)*
horseback 1. *s.* horse; 2. fossiler Wasserlauf *m* im Kohlenflöz; 3. Kamm *m (im Flöz)*
horses teeth *(sl)* Feldspatmegablasten im Granit
horseshoe lake *s.* oxbow
horsetail structure Pferdeschwanzstruktur *f*
horsfordite Horsfordit *m*, Cu$_6$Sb
horst Horst *m*, Horstscholle *f*
~ mountain Horstgebirge *n*
hortonolite Hortonolith *m*, (Fe, Mg, Mn)$_2$[SiO$_4$]
hose levelling instrument Schlauchwaage *f*
host crater übergreifender Krater *m (auf einen anderen)*
~ mineral Wirtsmineral *n*
~ rock Nebengestein *n*; Muttergestein *n*
hot ash avalanche vulkanische Staublawine *f*
~ cloud absteigende Eruptionswolke *f*
~ dry rock trockenes heißes Gestein *n (zur Gewinnung geothermischer Energie)*
~ dry rock method *(Am)* Heißwassergewinnung *f* aus Festgestein
~ lahar Lavamurgang *m*
~ mud flow heißer Schlammstrom *m*
~ oil Schwarzöl *n*
~ pool Heißwasserbecken *n*
~ spot Hot spot *m (sehr starke, geologisch interessante geothermische Anomalie)*
~ spring Thermalquelle *f*, Therme *f*
~-spring deposit Ablagerung *f* von heißen Quellen
~-stage microscope heizbares Mikroskop *n*
~ tuff flow Gluttuffstrom *m*
~ water flooding Heißwasserfluten *n*
~ wire analyzer Hitzdrahtanalysator *m*
houppes *s.* epoptic figures
hour angle Stundenwinkel *m*
~ glass structure Sanduhrbau *m (in Kristallen)*
hover ground Lockerboden *m*, Gare *f*
howardite Howardit *m (achondritischer hypersthen- und plagioklasführender Meteorit)*
howieite Howieit *m*, NaMn$_3$Fe$_7$(Fe, Al)$_2$(OH)$_{11}$Si$_{12}$O$_{32}$
howlite Howlith *m*, Ca$_2$[(BOOH)$_5$|SiO$_4$]

Hoxnian Hoxnien *n (Pleistozän der britischen Inseln, entspricht etwa dem Mindel-Riss-Interglazial der Alpen)*
hsianghualite Hsianghualith *m*, Ca$_2$[(Li, Be, Si)$_6$O$_{12}$]·CaF$_2$
hsihutsunite Hsihutsunit *m (Varietät von Rhodonit)*
Huangho sedimentation extensive fluviatile Sedimentation *f*
huanghoite Huanghoit *m*, BaCe[F|(CO$_3$)$_2$]
huantajayite Huantajayit *m*, 20NaCl·AgCl
Huber's fracture condition Hubersche Bruchbedingung *f*
huebnerite Hübnerit *m*, Wolframit *m*, MnWO$_4$
huel *(sl)* Bergwerk *n*, Grube *f*, Zeche *f*
hügelite Hügelit *m*, Pb$_2$[(UO$_2$)$_3$|(OH)$_4$|(AsO$_4$)$_2$]·3H$_2$O
hühnerkobelite Hühnerkobelit *m*, (Ca, Na)$_2$(Fe, Mn)$_3$[PO$_4$]$_3$
Hull ring Debye-Scherrer-Ring *m*
hum 1. Karstrestberg *m*, Karstinselberg *m*, residualer Karstberg *m*; 2. Brummen *n*, elektrische Störung *f*
humates Huminstoffe *mpl*
humboldtine Humboldtin *m*, Fe[C$_2$O$_4$]·2H$_2$O
humboldtite 1. *s.* datolite; 2. *s.* humboldtine
humic humos, humitisch
~ acid Huminsäure *f*, Humussäure *f*
~ cannel coal *s.* pseudocannel coal
~ carbonated soil Humuskarbonatboden *m*
~ coal Humuskohle *f*
~ decomposition humose Verwitterung *f*
~ deposit humitische Ablagerung *f*
~ detritus humoser Detritus *m*
~ gel Humusgel *n*
~ gley soil *s.* gumbotil
~ layer Humusschicht *f*
~ matter Humussubstanz *f*, Humus[stoff] *m*
~ soil Humusboden *m*
~ substance Humusstoff *m*
humid humid, feucht
~-temperate feuchtgemäßigt
humidity Feuchtigkeit *f*
~ of air Luftfeuchtigkeit *f*
humification Humifizierung *f*, Humusbildung *f*
humify/to humifizieren
huminite Huminit *m (Maceralgruppe der Braunkohle)*
humite 1. Humit *m*, Mg$_7$[(OH, F)$_2$|(SiO$_4$)$_3$]; 2. humose (humitische) Kohle *f*
hummerite Hummerit *m*, K$_2$Mg$_2$[V$_{10}$O$_{28}$]·16H$_2$O
hummock 1. Bodenschwelle *f*, Bult *m*, Buckel *m*; 2. Eishügel *m*
hummocky höckerig
~ region Hügelgegend *f*
~ surface hügelige Oberfläche *f*
~ topography kuppige Moränenlandschaft *f*
humo-siallitic humo-siallitisch
humocoll Humustorf *m*
humocollinite Humocollinit *m (Maceralsubgruppe der Braunkohle)*
humodetrinite Humodetrinit *m (Maceralsubgruppe der Braunkohle)*

humolith 178

humolith Humolith m *(Gruppe der Kaustobiolithe, Torf, Braunkohle und Steinkohle umfassend)*
humonigrite schwarze bituminöse Substanz im Sediment
humotelinite Humotelinit m *(Maceralsubgruppe der Braunkohle)*
humous humos *(s.a.* humic*)*
~ **sand** humoser Sand m
~ **soil** Humusboden m
hump up/to aufbuckeln
hump Rundhöcker m
humped coal 1. Kohle f in thermischen Kontaktöfen; 2. minderwertige (erdige) Kohle f
humus Humus m
~ **calcareous (carbonate) soil** Rendzina f, Kalkschwarzerde f, Humuskarbonatboden m
~ **earth** Humuserde f
~ **fen soil** Niedermoorboden m
~ **horizon** Humushorizont m
~**-rich rock** Humusgestein n
~ **soil** Humusboden m, Humuserde f
hundred percent section kontinuierliche seismische Profilierung f, Einfachüberdeckung f
hungchaoite Hungchaoit m, $Mg[B_4O_5(OH)_4] \cdot 7H_2O$
hungry soil magerer Boden m
huntilite Huntilith m, (Ag, As)
huntite Huntit m, $CaMg_3[CO_3]_4$
hurdled ore grobgesiebtes Erz n
hureaulite Huréaulith m, $(Mn, Fe)_5H_2[PO_4]_4 \cdot 4H_2O$
hurlbutite Hurlbutit m, $CaBe_2[PO_4]_2$
Huronian Huron[ien] n, Huronium n *(Mittelpräkambrium in Nordamerika)*
hurricane Hurrikan m, Orkan m
~ **tidal wave** Sturmflut f
hushing Gangsuche f durch Bodenabschwemmung
hutchinsonite Hutchinsonit m, $(Pb, Tl)S \cdot Ag_2S \cdot 5As_2S_3$
huttonite Huttonit m, $Th[SiO_4]$
huttrill harte Gangpartie f
hyacinth Hyazinth m *(Varietät von Zirkon)*
hyaline glasig, glasartig
~ **texture** glasige Struktur f
hyalinocrystalline s. hyalocrystalline
hyalite Hyalit m, Glasopal m, $SiO_2 \cdot nH_2O$
hyalobasalt Hyalobasalt m, Glasbasalt m
hyaloclastic submarin-pyroklastisch
hyaloclastite Hyaloklastit m, submarines pyroklastisches Gestein n
hyalocrystalline hyalokristallin
hyalomite Greisen m *(vergreister Granit)*
hyalophane Hyalophan m, $(K, Ba)[Al, Si)Si_2O_8]$
hyalopilitic hyalopilitisch
~ **texture** hyalopilitische Struktur f
hyalosiderite Hyalosiderit m *(Fe-reicher Olivin)*
hyalotekite Hyalotekit m, $(Pb, Ca, Ba)_4B[Si_6O_{17}(F, OH)]$

hybrid hybrid
~ **rock** hybrides Gestein n, Mischgestein n
hybridism Hybridismus m, Mischbildung f
hybridization Hybridisierung f
hydatogenic hydatogen
~ **mineral** hydroxylhaltiges Mineral n *(Mineral mit OH-Gruppen)*
hydatogenous s. hydatogenic
hydatomorphism Hydatomorphose f
hydrargillite s. gibbsite
hydrate Hydrat n
hydration Hydratisierung f, Hydratation f
hydraulic barrier hydraulische Barriere f
~ **capsule** Flüssigkeitsdruckmeßdose f
~ **classification** Naßklassierung f, Hydroklassierung f, Stromklassierung f
~ **conductivity** hydraulische Leitfähigkeit f
~ **connection** hydraulische Verbindung f
~ **construction** Wasserbau m
~ **diffusivity** Hydroleitfähigkeit f
~ **dredger** Saugbagger m
~ **drilling** hydraulisches Bohren n
~ **engineer** Wasserbauingenieur m
~ **engineering** Wasserbau m, Hydrotechnik f
~ **fill** Spülkippe f, Aufspülung f
~ **fill dam** gespülter Erddamm m
~ **fill embankment** Spüldamm m
~ **fracturing** hydraulische Rißbildung f
~ **gradient** Druckgefälle n, hydraulischer Gradient m
~ **hammer** hydraulischer Hammer m *(seismische Energiequelle)*
~ **hammer drilling** hydraulisches Schlagbohren n
~ **head** Druckhöhe f
~ **jump** Wassersprung m
~ **lifting cylinder** hydraulische, unter Tage befindliche Pumpe f
~ **limestone** Zementkalkstein m
~ **load cell** Flüssigkeitsdruckmeßdose f
~ **mining** Abbau m mit Druckwasser
~ **routing** Wasserwegsamkeit f
~ **stowing** Spülversatz m
~ **structures** Wasserbauten mpl
~ **subsurface pump** gestängelose Tiefpumpe f
~ **works** Wasserbau m
hydraulicking hydraulischer Abbau m
hydraulics Hydraulik f
hydride Hydrid n
hydrite Hydrit m *(Kohlenmikrolithotyp; claritähnlich)*
hydrobiotite Hydrobiotit m, $(K, H_2O) (Mg, Fe, Mn)_3[(OH, H_2O)_2|AlSi_3O_{10}]$
hydroboracite Hydroboracit m, $MgCa[B_3O_4(OH)_3]_2 \cdot 3 H_2O$
hydrocalumite Hydrocalumit m, $2Ca(OH)_2 \cdot Al[OH)_3 \cdot 3 H_2O$
hydrocarbogenesis Kohlenwasserstoffentstehung f
hydrocarbon Kohlenwasserstoff m
~ **compound** Kohlenwasserstoffverbindung f
~ **deposit** Kohlenwasserstofflagerstätte f

hydrothermal

~ gas detection in cores Nachweis m von gasförmigem Kohlenwasserstoff in Bohrkernen
hydrocarbonaceous kohlenwasserstoffhaltig
hydrocassiterite Hydrocassiterit m, Souxit m, Varlamoffit m, (Sn, Fe) (O, OH)$_2$
hydrocerussite Hydrocerussit m, Pb$_3$[OH|CO$_3$]$_2$
hydrochemical hydrochemisch
~ anomaly hydrochemische Anomalie f
~ inversion hydrochemische Inversion f
~ zoning hydrochemische Zonalität f
hydrochemistry Chemie f der Hydrosphäre
hydrochloric acid Salzsäure f, HCl
hydroclast Hydroklast m *(litho- oder bioklastischer Karbonatdetritus, in aquatischem Milieu gebildet)*
hydroclastic hydroklastisch
~ eruption *Eruption, bei der eine Schmelze mit Wasser in Berührung kommt*
~ rock hydroklastisches Gestein n
hydrocyanite s. chalcocyanite
hydrodrill Hydrobohrer m
hydrodynamic oil trap hydrodynamische Ölfalle f
~ trap hydrodynamische Falle f
~ wave hydrodynamische Welle f
hydrodynamics Hydrodynamik f
hydroelectric exploitation Wasserkraftnutzung f
hydrofluoric acid Fluorwasserstoffsäure f, Flußsäure f, HF
hydrofracturing Hydrofracverfahren n *(Bohrtechnik)*
hydrogen Wasserstoff m, H
~ peroxide Wasserstoffperoxid n
~-poor wasserstoffarm
~-rich wasserstoffreich
~ sulphide Schwefelwasserstoff m, H$_2$S
hydrogenation Hydrierung f
hydrogenesis Hydrogenie f
hydrogenize/to hydrieren
hydrogenous wasserstoffhaltig
~ coal gasreiche Kohle f
hydrogeochemical prospecting hydrogeochemische Erkundung (Prospektion) f
hydrogeochemistry Hydrogeochemie f, Geochemie f des Wassers
hydrogeology Hydrogeologie f
hydrograph [curve of discharges] Abflußmengenkurve f
hydrographic[al] area Abflußgebiet n
~ map Seekarte f
hydrography Hydrografie f, Gewässerkunde f
hydrohalite Hydrohalit m, NaCl·2H$_2$O
hydrohetaerolite Hydrohetaerolith m, Zn(Mn, H)$_2$O$_4$
hydrolaccolith Eislakkolith m, Pingo m
hydrolith Hydrolith m *(Karbonatgestein mit Hydroklasten)*
hydrologic[al] hydrologisch
~ budget Wasserhaushalt m
~ cycle Wasserkreislauf m
~ dating hydrologische Datierung f

~ forecast hydrologische Vorhersage f
~ network hydrologisches Netz n
~ triangle hydrologisches Dreieck n
~ year hydrologisches Jahr n
hydrologist Hydrologe m
hydrology Hydrologie f
hydrolysis Hydrolyse f
hydrolytic hydrolytisch
hydromagnesite Hydromagnesit m, Mg$_5$[OH|(CO$_3$)$_2$]$_2$·4 H$_2$O
hydromechanics Hydromechanik f
hydromelanothallite Hydromelanothallit m, Cu(Cl, OH)$_2$·^{1}/$_2$H$_2$O
hydrometamorphism Hydrometamorphose f
hydrometeor Hydrometeor m
hydrometeorological hydrometeorologisch
hydrometeorology Hydrometeorologie f
hydrometer analysis (test) Aräometeranalyse f, Schlämmanalyse f
hydrometric current meter Meßflügel m *(für Wasserströmung)*
hydrometry Hydrometrie f
hydromorphic, hydromorphous hydromorph
hydromuscovite Hydromuskovit m, (K, H$_2$O)Al$_2$[(H$_2$O, OH)$_2$|AlSi$_3$O$_{10}$]
hydronephelite Hydronephelit m, HNa$_2$Al$_3$Si$_3$O$_{12}$·3 H$_2$O
hydroparagonite Hydroparagonit m, (Na, H$_2$O)Al$_2$[(H$_2$O, OH)$_2$|AlSi$_3$O$_{10}$]
hydrophane Hydrophan m *(s.a. opal)*
hydrophilic hydrophil, wasseranziehend
hydrophilite Hydrophilit m, CaCl$_2$
hydrophily Hydrophilie f, Wasserfreundlichkeit f
hydrophlogopite Hydrophlogopit m, (K, H$_2$O) Mg$_3$[(OH, H$_2$O)$_2$|AlSi$_3$O$_{10}$]
hydrophobic hydrophob
hydrophobicity Hydrophobie f, Wasserfeindlichkeit f
hydrophone Hydrophon n *(Seeseismik)*
hydrophytic hydrophytisch
hydroplant Wasserkraftanlage f
hydropower Wasserkraft f
hydropressure hydrostatischer Druck m
hydroscience Hydrowissenschaft f
hydrosol Hydrosol n
hydrosphere Hydrosphäre f
hydrostatic hydrostatisch
~ balance hydrostatische Waage f
~ head hydrostatische Höhe f, Auftriebshöhe f, Steighöhe f
~ level hydrostatisches Niveau n
~ pressure hydrostatischer Druck m
~ pressure distribution hydrostatische Druckverteilung f *(im Grundwasserleiter)*
hydrostatics Hydrostatik f
hydrotalcite Hydrotalkit m, Mg$_6$Al$_2$[(OH)$_{16}$|CO$_3$]·4H$_2$O
hydrotechnics Wasserbautechnik f
hydrothermal hydrothermal
~ alteration hydrothermale Umwandlung f

hydrothermal

~ **convection system** hydrothermales Konvektionssystem *n*
~ **decomposition** hydrothermale Zersetzung *f*
~ **deposit** hydrothermale Lagerstätte *f*
~ **field** Hydrothermalfeld *n*
~ **filling** hydrothermale Füllung *f*
~ **metamorphism** hydrothermale Metamorphose *f*
~ **spring** Hydrotherme *f*
~ **stage** hydrothermales Stadium *n*
~ **system** Hydrothermalsystem *n*
~ **vein** hydrothermaler Gang *m*
hydrothorite Hydrothorith *m*, $ThSiO_4 \cdot 4 H_2O$
hydrotroilite Hydrotroilit *m*, $FeS \cdot nH_2O$
hydrotungstite Hydrotungstit *m*, $WO_2(OH)_2 \cdot H_2O$
hydrous kristallwasserhaltig
hydroxide Hydroxid *n*
hydrozincite Zinkblüte *f*, Hydrozinkit *m*, $Zn_5[(OH)_3|CO_3]_2$
hyetograph Regenschreiber *m*
hygrograph Hygrograf *m*
hygrometer Hygrometer *n*
hygrophytes Hygrophyten *mpl*, Wasserpflanzen *fpl*
hygroscopic hygroskopisch
~ **water** hygroskopisches Wasser *n*
hygroscopicity Hygroskopizität *f*
hypabyssal hyp[o]abyssisch
~ **activity** hypoabyssische Tätigkeit *f*
~ **rock** hypoabyssisches Ganggestein *n*
hyperbolic decline curve hyperbolische Erschöpfungskurve *f (Lagerstättenabbau)*
hypereutectic hypereutektisch, übereutektisch
hypergene ore primäres Erz *n*
hypersaline hypersalin
hypersalinity Hypersalinar *n*
hypersthene Hypersthen *m*, $(Fe, Mg)_2[Si_2O_6]$
hypersthenite Hypersthenit *m*
hypervelocity impact Hochgeschwindigkeitseinschlag *m*
hypha Hyphe *f*, Pilzfaden *m*
hypidiomorphic hypidiomorph
~ **granular** hypidiomorph-körnig
~ **structure** hypidiomorphes Gefüge *n*
Hypnum moss bog Braunmoor *n*
hypobaric hypobarisch, Unterdruck...
hypobatholithic hypobatholitisch
hypobenthos Tiefseebodenfauna *f*
hypocentre Hypozentrum *n*, Erdbebenherd *m*
hypocrystalline *s*. hemicrystalline
hypogaean, hypogeal, hypogean, hypogeic unterirdisch
hypogene hypogen, subkrustaler Herkunft
~ **spring** hypogene Quelle *f*
~ **water** aszendierendes Wasser *n*
hypogenetic hypogenetisch
hypogeous unterirdisch
hypolimnion Hypolimnion *n*
hyposalinity Hyposalinar *n*
hypotaxic deposit hypotaxische Lagerstätte *f*
hypothermal hypothermal

~ **vein** hypothermaler Gang *m*
hypothesis of convection currents Unterströmungshypothese *f*
hypothetical resources prognostische Vorräte *mpl* Gruppe Delta 1
hypotype Hypotyp *m*
hypsographic hypsografisch
hypsography Hypsografie *f*
hypsoisotherm Hypsoisotherme *f*
hypsometer Hypsometer *n*
hypsometric map Höhenschichtenkarte *f*
hypsometry Höhenmessung *f*
hysteresis Hysterese *f*, Hysteresis *f*, Nachwirkung *f*

I

IACC = International Association of Geochemistry and Cosmochemistry
IAEA = International Atomic Energy Agency
IAEG = International Association of Engineering Geology
IAH = International Association of Hydrogeologists
IAHR = International Association for Hydraulic Research
IAHS = International Association of Hydrological Sciences
ianthinite Ianthinit *m*, $[UO_2|(OH)_2]$
IAS = International Association of Sedimentology
IASH = International Association of Scientific Hydrology
IASPEI = International Association of Seismology and Physics of the Earth's Interior
IASY *s*. International Year of the Active Sun
IATME = International Association of Terrestrial Magnetism and Electricity
IAV = International Association of Volcanology
ICCP = International Committee for Coal Petrology
ice Eis *n*
~ **accretion** Vereisung *f*
~ **accumulation** Eisanhäufung *f*
~ **action** Tätigkeit *f* des Eises
~ **advance** Eisvorstoß *m*
~ **agency** *s*. action
~ **apron** Sander *m*
~ **avalanche** Eislawine *f*, Gletscherlawine *f*
~ **bank** Packeis *n*
~ **barrier** Eisbarriere *f*
~-**barrier lake** Gletscherstausee *m*
~ **blink** *s*. ~ cliff
~ **boom** Eisaufbruch *m*, Eisgang *m*
~ **border** Eisrand *m*
~-**borne** eisverfrachtet
~-**borne sediment** glazigenes Sedimentgestein *n*; fluvioglaziales Sedimentgestein *n*
~-**bound** vom Eis eingeschlossen
~ **cake** Eisscholle *f*

181 I.C.S.G.

~ **cap** s. ~ sheet
~-**carried** eisverfrachtet
~ **cascade (cataract)** Eiskaskade f, Gletscherfall m
~ **cave** Eiskeller m, Eishöhle f, Gletschertor n
~ **cavern** Gletschergrotte f, Gletscherhöhle f
~ **cliff** Eiskliff n
~ **cloud** Eiswolke f
~ **cone** Eiskegel m
~ **core** Eiskern m
~ **cover** Eisdecke f (eines Sees)
~ **crowding** Eisdruck m
~-**crumpled** eisgefältelt, eisgestaucht
~ **crust** Eiskruste f, Harsch m
~ **crystal** Eisnadel f, Eiskristall m
~ **crystal marks** Eiskristallmarken fpl (Spuren, Abdrücke, Pseudomorphosen)
~ **dam** Eisbarr[ier]e f, Eisdamm m, Eisstau m
~-**dammed lake** Eisstausee m
~ **divide** Eisscheide f
~ **drift** Eisgang m, Treibeis n, Eisdrift f
~ **edge** Eisrand m
~ **feathers** Fasereis n
~ **fern** Eisblumen fpl
~ **field** Eisfeld n
~-**floated** eisverfrachtet
~ **floats** Treibeis n
~ **floe** Eisscholle f, Schollen eis n
~ **floes** Treibeis n
~ **flowers** Eisblumen fpl
~ **fog** Eisnebel m
~-**free** eisfrei
~ **front** Eisfront f
~ **frost** Vereisung f; Reifbildung f
~ **glaze** Glatteis n
~ **gorge** s. ~ dam
~ **jam** Eisstoß m, Eisstauung f
~-**laid drift** s. till
~ **layer** Eisschicht f
~ **lens** Eislinse f
~ **line** Eislinie f
~ **load** Eislast f
~ **lobe** s. glacier lobe
~ **margin** Eisrand m
~-**marginal channel** s. ~-marginal valley
~-**marginal lake** glazialer Randsee m
~-**marginal valley** Urstromtal n, Eisrandtal n
~ **mark** Gletscherschliff m
~ **marking** Eisabscheuerung f
~ **motion** Eisgang m
~ **needle** Eisnadel f
~ **pedestal** Gletschertisch m
~ **period** Eiszeit f
~ **pillar** Gletschertisch m
~ **plateau** Eisplateau n
~-**ponded lake** Eisstausee m
~ **push** s. ~ thrust
~-**pushed ridge** Stau[ch]wall m (einer Moräne)
~ **pyramid** s. ablation cone
~ **quake** Eiskrachen n
~-**rafted** eisverfrachtet
~ **rafts** Treibeis n

~ **rain** Eisregen m
~-**rampart** Eiswall m
~ **recession** Eisrückzug m
~ **remnant** Eisrest m
~ **retreat** Eisrückzug m
~ **ridge** Eisrücken m
~ **river** s. glacier
~-**scoured** vom Eise ausgekolkt
~ **scouring** Eisabscheuerung f
~-**scratched** eisgeschrammt
~ **seismics** seismische Eisdickenmessung f
~-**shaped** eisgeformt
~ **sheathing** Eisüberzug m
~ **shed** Eisscheide f
~ **sheet** Eisschicht f, Eisdecke f, Inlandeis n
~ **shove** s. ~ thrust
~-**smoothed** eisgeglättet
~ **spar** glasiger Feldspat m, Eisspat m (s.a. sanidine)
~ **spicule** Eisnadel f
~ **stream** Eisstrom m
~ **striation** Gletscherschliff m
~ **strip** Eisband n
~ **thrust** Eisdruck m, Eisschub m, Eispressung f
~-**transported** eisverfrachtet
~ **vein** Eiskeil m
~ **veneer** Eisfläche f
~ **waste** Eiswüste f
~ **wear** Eisabscheuerung f
~ **wedge** Eiskeil m
~ **wedging** Spaltenfrost m
~-**worn** eisgeschrammt
Ice Age Glazial n, Eiszeit f, Eiszeitalter n, Pleistozän n
iceberg Eisberg m
icefall Gletscherbruch m, Eisbruch m; Gletscherfall m; Eissturz m
Iceland agate echter Obsidian m
~ **spar** isländischer Doppelspat m, optischer Kalkspat m (s.a. calcite)
icelandite Islandit m (Fe-reicher Andesit)
ichnite fossile Fährte f
ichnofossil Ichnofossil n
ichnolite fossile Fährte f
ichnology Ichnologie f, Fährtenkunde f
ichthyodorulite Ichthyodorulith m (Flossenstachelrest)
ichthyolite Fischrest m
ichthyosaur Ichthyosaurus m
icicle Eiszapfen m
ICID = International Commission on Irrigation and Drainage
icing Vereisung f
~ **condition** Vereisungszustand m
icosahedral zwanzigflächig
icosahedron Ikosaeder n, Zwanzigflächner m
icositetrahedral vierundzwanzigflächig
icositetrahedron Ikositetraeder n, Deltoidikositetraeder n, Vierundzwanzigflächner m
I.C.S.G. = International Commission of Snow and Glaciers

icy

icy eisartig, eisig, vereist
idaite Idait m, Cu_5FeS_6
iddingsite Iddingsit m (komplexes Zersetzungsprodukt von Olivin)
ideal crystal Idealkristall m
~ **gas** ideales Gas n
~ **gas law** [ideales] Gasgesetz n, Gasgleichung f, Zustandsgleichung f der idealen Gase
~ **grading curve** Idealsieblinie f
~ **section** Idealschnitt m
~ **solution** ideale Lösung f (Hydrochemie)
identification method [of reservoir properties] Erkennungsverfahren n [für Speichereigenschaften]
~ **of minerals** Mineralbestimmung f
~ **of soils** Bodenkennzeichnung f
identified resources nachgewiesene Ressourcen fpl (Lage, Quantität und Qualität durch geologische Untersuchungsarbeiten bekannt)
~ **subeconomic resources** bekannte, gegenwärtig wirtschaftlich nicht bauwürdige Ressourcen fpl
idioblast Idioblast m
idioblastic idioblastisch
idiochromatic idiochromatisch
~ **crystal** idiochromatischer Kristall m
~ **mineral** idiochromatisches Mineral n
idiogen syngenetisch
idiogeosyncline Idiogeosynklinale f, Saumtiefe f, Randsenke f
idiomorphic, idiomorphous idiomorph, automorph, isometrisch
idiophanous idiophan
idocrase Idokras m (s.a. vesuvianite)
idrialine Idrialin m, $C_{22}H_{14}$
Idrialite Quecksilberbranderz n (Kohlenwasserstoffe mit Zinnober)
IGC = International Geological Congress
IGCP = International Geological Correlation Programme
igneoaqueous vulkanoäquatisch, tuffitisch (vulkanische Aschen)
igneous glutflüssig, vulkanisch, magmatisch
~ **body** Intrusivkörper m
~ **dike** Eruptivgang m
~ **floor** magmatischer (kristalliner) Untergrund m
~ **gneiss** Orthogneis m
~ **mass** Eruptivmasse f
~ **plug** Eruptivpfropfen m, Vulkanpfropfen m
~ **rock** Erstarrungsgestein n, vulkanisches Gestein n, Eruptivgestein n
~ **vein** Eruptivgang m
ignescent stone Feuerstein m
ignigenous s. igneous
ignimbrite Ignimbrit m, Gluttuff m, Schmelztuff m
ignition loss Glühverlust m
ignoble metal unedles Metall n
IGP = International Geodynamics Project
iguanodonts Iguanodonten mpl
IGY = International Geophysical Year

IHD = International Hydrological Decade
ijolite Ijolith m (Alkaligestein)
ikaite Ikait m, $CaCO_3 \cdot 6H_2O$
ikunolite Ikunolith m, $Bi_4(S, Se)_3$
ilesite Ilesit m, $Mn[SO_4] \cdot 4H_2O$
illinition dünne Kruste f (auf einem Mineral)
Illinoisian [Ice Age] Illinois-Eiszeit f (entspricht der Riß-Eiszeit)
illiquation Schmelzung einer Substanz in einer anderen
illite Illit m (Hydroglimmer mit K-Einbau)
illuminating oil Leuchtöl n
illuvial horizon Illuvialhorizont m, B-Horizont m
~ **soil** Illuvialboden m, Anreicherungsboden m
illuviation Einspülung f
Illyrian [Substage] Illyr[ium] n (Unterstufe, Mittlere Trias, Tethys)
ilmenite Ilmenit m, Titaneisen n, $FeTiO_3$
ilmenorutile Ilmenorutil m, schwarzes Titanoxid n (Varietät von Rutil mit Fe-Titanat, -Niobat, -Tantalat)
ilvaite Ilvait m, $CaFe_3[OH|O|Si_2O_7]$
image Abbild n
~ **analysis** Bildauswertung f
~ **correlation** Bildkorrelation f
~ **display** 1. Bildwiedergabe f; 2. Bildwiedergabegerät n
~ **distortion** Bildverzerrung f
~ **interpretation** Bildauswertung f
~ **of interference** Interferenzbild n
~ **point** Spiegelpunkt m
~ **processing** Bildbearbeitung f
~ **registration** paßgerechte Überlappung bzw. Überlagerung z.B. von Luftbildern der mehrkanaligen Fernerkundungsaufnahmen
~ **restoration** Wiederherstellung f einer Aufnahme (z.B. aus einer digitalen Magnetband- oder analogen Hologrammaufzeichnung)
~ **scale** Abbildungsmaßstab m
~ **well** Spiegelbohrung f
imagery Bildmaterial n, Aufnahmen fpl
imaging radar Bildradar n
~ **system** Bildaufnahmegerät n, bilderzeugendes System n
imbedded eingebettet, schichtig
imbibe/to durchtränken
imbibition Imbibition f, Aufsaugung f, Einsaugung f, Durchtränkung f
imbricate structure Dachziegellagerung f (von Geröllen); Schuppengefüge n, Schuppenbau m, Schuppung f
imbricated schuppenartig
~ **folding** Schuppenfaltung f, Faltung f mit Verschuppung, Gleitbettbildung f
imbricating dachziegelartig (schuppenartig) übereinanderliegend
imbrication s. imbricate structure
imgreit Imgreit m, NiTe
immature in unreifen Formen
~ **conglomerate** unsortiertes Konglomerat n
~ **form** unreife Form f

183

~ **residual soil** unreifer Verwitterungsboden *m*
~ **shale** toniges Sediment *n* mit schwachem Schiefergefüge
~ **stage** Jugendstadium *n*
~ **weathering** frische Verwitterung *f*
immediate roof unmittelbares Hangendes *n*; Dachschichten *fpl*
immersed bog unter Wasser wachsendes Moor *n*
immersion Immersion *f*, Eintauchung *f*, Untertauchen *n*
~ **objective** Immersionsobjektiv *n*
~ **probe** Tauchsonde *f*
immigrate/to einwandern
immigration Einwanderung *f*
immiscibility Nichtmischbarkeit *f*
immiscible entmischt; nicht mischbar
~ **displacement** frontale Verdrängung *f*
immobile fluid fließunfähiges Fluid *n*
immobility Unbeweglichkeit *f*
impact Anprall *m*; Schlagenergie *f*
~ **bomb** poröse Schmelzgesteinsbombe *f (an Meteorkratern)*
~ **cast** Stoßmarke *f*, Stoßeindruck *m*; Einschlagmarke *f (Sedimentgefüge)*
~ **coefficient** Aufschlagsbeiwert *m*
~ **displacements** Stoßverschiebungen *fpl*
~ **fluidization** Verflüssigung *f* durch Meteoritenaufschlag
~ **glass** durch Impaktmetamorphose gebildetes tektitartiges Glas *n*
~ **hardness** Schlaghärte *f*
~ **hypothesis** Aufsturzhypothese *f (Mond)*
~ **mark** Aufschlagspur *f (eines Meteoriten)*
~ **melting** Einschlagschmelzen *n (durch Meteorite)*
~ **metamorphism** *s*. shock metamorphism
~ **resistance** Kerbzähigkeit *f*
~ **screen** Stoßsieb *n*
~ **slag** verglastes Sediment *n* in Meteorkratern
~ **strength** *s*. ~ resistance
~ **theory** Meteoriten-Einsturz-Theorie *f (Mond)*
~ **velocity** Einschlaggeschwindigkeit *f*
~ **wave** *s*. shock wave
impactite Impaktit *m (Schmelzgestein durch Impaktmetamorphose)*
impalpable sand Staubsand *m*, Mehlsand *m*
~ **structure** sehr feine Struktur *f*
impassable ungangbar
impedance Impedanz *f*, Scheinwiderstand *m*
~ **matching** [optimale] Ankopplung *f*
impenetrability Undurchdringlichkeit *f*
imperfect cleavage unvollkommene (undeutliche) Spaltbarkeit *f*
~ **crystal** unvollkommener (realer) Kristall *m*, Realkristall *m*
imperfection Fehlordnung *f (im Kristall)*
~ **of crystal** Kristallfehler *m*
impermeability Undurchlässigkeit *f*, Undurchdringlichkeit *f*
~ **of the soil** Bodenundurchlässigkeit *f*
~ **to water** Wasserundurchlässigkeit *f*

impregnation

impermeable undurchlässig, undurchdringlich
~ **bed** undurchlässige Schicht *f*; Grundwasserstauer *m*
~ **rock** Wasserstauer *m*, undurchlässiges Gestein *n*
~ **stratum** undurchlässige Bodenschicht *f*
impervious undurchlässig; wasserundurchlässig, wasserdicht
~ **bed** undurchlässige (wasserstauende) Schicht *f*
~ **blanket** Dichtungsvorlage *f*, Dichtungsteppich *m*
~ **break** undurchlässige Zwischenlage *f*
~ **core** Dichtungskern *m (einer Talsperre)*
~ **diaphragm** Dammkernmauer *f (einer Talsperre)*
~ **layer** undurchlässige Schicht *f*
~ **sole** undurchlässige Sohle *f*
imperviousness Undurchlässigkeit *f*; Wasserundurchlässigkeit *f*
~ **of the soil** Bodenundurchlässigkeit *f*
impetus Anstoß *m*, Antrieb *m*
impinge/to aufschlagen *(Meteoriten)*
impingement optisch diskordante Verdrängung von Kalzit durch Dolomit
impinging light auffallendes Licht *n (Mikroskopie)*
implication texture Implikationsgefüge *n*
implosion Implosion *f*
imponded water aufgestautes Wasser *n*
imporosity Mangel *m* an Porosität, Porenmangel *m*
imporous nicht porös
imported dirt Fremdberge *pl*
~ **water** Fremdzufluß *m (von A_o von außerhalb des Betrachtungsraums)*
imposed load aufgebrachte Last *f*, Auflast *f*
impossible of fossilization fossil nicht erhaltungsfähig
impound/to [auf]stauen, anstauen
impound water Stauwasser *n*
impoundage Stau *m*, Aufstau *m*, Anstauung *f*
impounded lake Stausee *m*
~ **reservoir** Staubecken *n*, Talsperrenbecken *n*
~ **water pressure** Stauwasserdruck *m*
impounding basin Staubecken *n*, Talsperrenbecken *n*
~ **dam** Staudamm *m*
~ **reservoir** Staubecken *n*, Talsperrenbecken *n*
impoverish/to verarmen, sich vertauben
impoverished soil magerer Boden *m*
impoverishment Verarmung *f*, Vertaubung *f*
impregnate/to imprägnieren, durchtränken
impregnated sand durchtränkter Sand *m*
~ **with iron** eisenhaltig, eisenschüssig
~ **with oil** ölgetränkt, ölimprägniert, öldurchtränkt
impregnation Durchtränkung *f*, Imprägnation *f*, Imprägnierung *f*
~ **deposit** Imprägnationslagerstätte *f*
~ **ore** Imprägnationserz *n*
~ **vein** Imprägnationsgang *m*

impressed 184

impressed pebbles eingedrückte Gerölle *npl*
impression Abdruck *m (eines Fossils)*
~ **in wax** Wachsabdruck *m*
~ **of plants** Pflanzenabdruck *m*
~ **of the foot** Fußabdruck *m*
imprint Eindruck *m*, Abdruck *m*
~ **of a leaf** Blattabdruck *m*
imprisoned lake abflußloser See *m*
improved oil recovery Mehrentölung *f*
improvement of a river channel Flußregulierung *f*
~ **of land (soil)** Bodenmelioration *f*, Bodenverbesserung *f*
impsonite Impsonit *m (asphaltisches Pyrobitumen)*
impulse response Impulsantwort *f*
impulsive beginning deutlicher (scharfer) Einsatz *m (Seismik)*
impure unrein, verunreinigt
~ **coal** *(Am)* unreine (aschereiche) Kohle *f*
~ **iron alum** Bergbutter *f (s.a. halotrichite)*
impurity Beimengung *f*, Verunreinigung *f*
in-line offset Offset *n*; Anlauf *m (Abstand des Schußpunkts zur ersten Geophongruppe)*
~**-place material** anstehendes Material *n*
~**-seam seismics** Flözwellenseismik *f*
~ **situ** am Ort, an Ort und Stelle, in situ
~**-situ combustion** In-situ-Verbrennung *f (einer Lagerstätte)*
~**-situ conditions** Lagerstättenbedingungen *fpl*
~**-situ deposit** Lagerstätte *f* In situ, autochthone Lagerstätte *f*
~**-situ leaching** In-situ-Laugung *f*
~**-situ material** anstehendes Material *n*
~**-situ porosity** Porosität *f* in situ
~ **situ recovery** In-situ-Gewinnung *f*
~**-situ reservoir properties** Speichereigenschaften *fpl* in situ
~**-situ soil** anstehender Boden *m*
~**-situ test** Geländeversuch *m*
inactive gas nichtreagierendes Gas *n*
~ **volcano** untätiger Vulkan *m*
inaurate mit Goldglanz
inbiota Infauna *f*, Substratbewohner *mpl*
inbreak crater Einbruchskrater *m*, Einsturzkrater *m*, Caldera *f*
incandescence Glühen *n*
incandescent [weiß]glühend
~ **ash flow** Gluttuffstrom *m*
~ **detritus** glühender Auswürfling *m*
~ **pumice (tuff) flow** Gluttuffstrom *m*
incarbonization Inkohlung *f (s.a. coalification)*
incidence Einfallen *n (von Licht)*
~ **of frost** Auftreten *n* von Frost
incident einfallend
~ **angle** Einfallswinkel *m*
~ **wave** einfallende (schrägauftreffende) Welle *f*
incidental zufällig
~ **constituent** zufälliger Bestandteil *m*, Nebenbestandteil *m*
incipient crystal Kristallembryo *m*

~ **folding** Embryonalfaltung *f*
~ **form** Embryonalform *f (bei Kristallen)*
~ **metamorphism** beginnende Metamorphose *f (Übergangsbereich zwischen Diagenese und Metamorphose)*
~ **stage** Anfangsstadium *n*
incise/to einschneiden
incised meander eingeschnittener (eingesenkter) Mäander *m*
incision Einschneiden *n*
incisor Inzisiv *m*, Schneidezahn *m*
inclination 1. Schrägstellung *f*, Neigung *f*, Abböschung *f*; 2. *s.* continental slope; 3. Inklination *f (der Magnetnadel)*
~ **angle** Neigungswinkel *m*
~ **dip** Einfallrichtung *f*
incline 1. Gefälle *n*, Neigung *f*, Einfallen *n*; 2. einfallende Strecke *f*
inclined geneigt, tonnlägig
~ **bed** geneigte Schicht *f*
~ **bedding** geneigte Schichtung *f*, Diagonalschichtung *f*
~ **borehole** Schrägbohrung *f*, Schrägbohrloch *n*
~ **drilling** Schrägbohren *n*
~ **extinction** schiefe Auslöschung *f*
~ **fault** geneigte Verwerfung *f*
~ **fold** schiefe (geneigte) Falte *f (mit nicht vertikaler Achsenebene)*
~ **plane** Neigungsebene *f*
~ **seam** geneigtes Flöz *n*
~ **shaft** Schrägschacht *m*
inclinometer Neigungsmesser *m*, Inklinometer *n*, Klinometer *n*
~ **log** Diagramm *n* einer Neigungsmessung
inclosing rock Nebengestein *n*
included angle eingeschlossener Winkel *m*
~ **grain** verwachsenes Korn *n*
inclusion Einlagerung *f*, Einschluß *m*
incoalation Inkohlung *f*
incoherent nichtbindig *(Boden)*
~ **material** loses Material *n*
incombustible constituent unbrennbarer Bestandteil *m*
incoming radiation Globalstrahlung *f (von Himmel und Sonne)*
~ **solar radiation** Sonneneinstrahlung *f*, Insolation *f*
incompatible element inkompatibles Element *n (nicht einbaufähig in die wesentlichsten gesteinsbildenden Minerale)*
incompetent bed inkompetente Schicht *f*
~ **folding** *s.* flow folding
incomplete convergence Teilkonvergenz *f*
~ **record** lückenhafte Schichtenfolge *f*
~ **ripples** isolierte Rippeln *fpl*, Einzelrücken *mpl*
~ **shadow** Halbschatten *m*
~ **well** unvollkommener Brunnen *m*
incompressibility modulus Elastizitätsmodul *m*
incongealable ungefrierbar
incongruent melting point inkongruenter Schmelzpunkt *m*

inequigranular

incongruous inkongruent
- **~ drag fold** inkongruente Schleppfalte *f (nicht parallel zur Großfalte)*
- **~ minor fold** inkongruente Kleinfalte *f (nicht parallel zur Großfalte)*

inconsequent stream inkonsequenter Fluß *m (unabhängig von der geologischen Struktur)*

inconstant fold Faltenschwarm mit Streuung der Achsen in Streichen und Fallen

increase in depth Tiefenzunahme *f*
- **~ in solubility** Löslichkeitszunahme *f*
- **~ in temperature** Temperaturerhöhung *f*
- **~ of pressure** Druckerhöhung *f*
- **~ of soil fertility** Erhöhung *f* der Bodenfruchtbarkeit
- **~ of temperature** Temperaturerhöhung *f*

increment method Verjüngungsmethode *f (Probenahme)*

incretion hohle zylindrische Konkretion *f*

incrop verdeckter fossiler Ausstrich *m*

incrust[ate]/to *s.* to encrust

incrustation *s.* encrustation

incrusted *s.* encrusted

incrusting *s.* encrusting

incursion Einströmen *n (von Wasser)*
- **~ of the sea** Einbrechen *n* des Meeres

incus Amboß *m*, mittleres Gehörknöchelchen *n*

indentation Einbuchtung *f*
- **~ of the coast** Küstengliederung *f*

indented coast gegliederte Küste *f*
- **~ pebbles** eingedrückte Gerölle *npl*

inderborite Inderborit *m*, $MgCa[B_3O_3(OH)_5]_2 \cdot 6H_2O$

inderite Inderit *m*, $Mg[B_3O_3(OH)_5] \cdot 5H_2O$

index bed Leitschicht *f*
- **~ ellipsoid** Indikatrix *f*
- **~ fossil** Leitfossil *n*
- **~ mineral** Leitmineral *n*
- **~ of friction** Reibungskoeffizient *m*
- **~ of mining intensity** Abbaugeschwindigkeitswert *m*
- **~ of refraction** Brechungsindex *m*
- **~ property** Klassifizierungseigenschaft *f*
- **~ well** Einpreßbohrung *f*

indialite Indialith *m*, $Mg_2Al_3[AlSi_5O_{18}]$

Indian pipestone Varietät von Argillit
- **~ red** Eisenglanz *m*, roter Haematit *m*
- **~ road** *s.* esker
- **~ shield** Indischer Schild *m*

indianaite Indianait *m (weißer Porzellanton, s.a. halloysite)*

indianite *s.* anorthite

indicated reserves angezeigte Vorräte *mpl (nach Quantität und Qualität teilweise aus Proben berechnet, teilweise aufgrund geologischer Schlüsse abgeleitet)*

indication of age Alterszeichen *n*
- **~ of oil** Erdölanzeichen *n*

indicator element Pfadfinderelement *n*
- **~ fan** Verteilungsbild *n* von Leitgeschieben
- **~ horizon** Indikatorhorizont *m*
- **~ mineral** Indikatormineral *n*
- **~ plant** Leitpflanze *f (Geobotanik)*
- **~ stone** Leitgeschiebe *n*
- **~ vein** erzfreier Leitgang *m*

indices Flächenindizes *mpl (bei Kristallen)*

indicolite Indigolith *m*, blauer Turmalin *m (s.a. tourmaline)*

indigene endemisches Fossil *n*

indigenous bodenständig, eigenbürtig, in situ
- **~ coal** autochthone Kohle *f*
- **~ fauna** endemische Fauna *f*
- **~ form** endemische Form *f*
- **~ fossil** Fossil *n* auf primärer Lagerstätte
- **~ limonite** autochthoner Limonit *m (Eiserner Hut)*

indigo copper Covellin *m*, Kupferindigo *m (s.a. covellite)*

indigolite *s.* indicolite

indirect flushing Rückspülung *f*
- **~ stratification** *s.* secondary stratification
- **~ wave** reflektierte Welle *f*

indistinct cleavage undeutliche Spaltbarkeit *f*

indite Indit *m*, $FeIn_2S_4$

indium Indium *n*, In

individual crystal Einzelkristall *m*
- **~ development** Ontogenese *f*

indochinite Indochinit *m (zur Gruppe der Tektite gehörig)*

induce/to induzieren, erregen

induced cleavage Druckschieferung *f*
- **~ polarization** induzierte Polarisation *f*
- **~ porosity** sekundäre Porosität *f*
- **~ potential** induziertes Potential *n*, Induktionspotential *n*
- **~ potential logging** Messung *f* induzierter Potentiale
- **~ radioactivity** induzierte Radioaktivität *f*
- **~ recharge of ground water** Grundwasseranreicherung *f*

inductance Induktivität *f*

induction Induktion *f*
- **~ logging** Induktionslog *n*, Induktionsmessung *f*

inductive induktiv
- **~ method** induktive Methode *f*

indurate/to härten, sich verhärten, hart werden

indurated talc Talkschiefer *m*

induration Erhärtung *f*, Verhärtung *f*, diagenetische Verfestigung *f*
- **~ process** Erhärtungsprozeß *m*

industrial geology Wirtschaftsgeologie *f*
- **~ grade diamond** Industriediamant *m*
- **~ mineral** nutzbares Mineral *n*
- **~ water** Brauchwasser *n*, Nutzwasser *n*, Gebrauchswasser *n*

industry of building materials Baustoffindustrie *f*

inelasticity unelastisches Verhalten *n*

inequant fold Falte *f* mit beträchtlichen Längenunterschieden der Schenkel

inequigranular ungleichmäßig körnig, ungleichkörnig

inequilateral 186

inequilateral mit ungleichen Seiten
inequivalved ungleichklappig
inert inert, [reaktions]träge
~ **area** druckleeres Gebiet n
~ **gas** Inertgas n
~ **material** Ballastmaterial n
~ **oil** gasleeres Öl n
inertia Beharrungsvermögen n
inertial mass träge Masse f
inertinite Inertinit m (Kohlenmaceral, Maceralgruppe)
inertite Inertit m (Kohlenmikrolithotyp, Mikrolithotypengruppe)
inertodetrite Inertodetrit m (Kohlenmikrolithotyp)
inesite Inesit m, $Ca_2Mn_7[Si_5O_{14}OH]_2 \cdot 5H_2O$
inexhaustible unerschöpflich
inexploitable abbauunwürdig, unbauwürdig
inface Kliffteil einer Cuesta
infauna Infauna f (im Bodensediment lebende Fauna)
inferior coal minderwertige Kohle f
~ **stones** minderwertige Diamanten mpl
inferred ore vermutetes Erz n
~ **reserves** geschlußfolgerte Vorräte mpl (in nicht erkundeten Teilen bekannter Lagerstätten. Quantität und Qualität geologisch geschlußfolgert)
infertile unfruchtbar
infill/to auffüllen
infilled fissure gefüllte Spalte f
infilling Füllung f, Gangfüllung f
~ **well** Zwischensonde f
infiltrability Eindringkapazität f
infiltrate/to infiltrieren, einsickern, versickern, durchsickern
infiltrated imbibiert
~ **fossils** Geisterfauna f
~ **zone** infiltrierte Zone f
infiltration Infiltration f, Einsickern n, Einsickerung f, Versickern n, Versickerung f
~ **area** Infiltrationsgebiet n (Wasser)
~ **area of well** Brunneneinsickerungsbereich m
~ **capacity** Einsickerungskapazität f
~ **dynamics** Infiltrationsdynamik f
~ **field** Sickerfeld n
~ **gallery** Sickerstrecke f
~ **in the subsoil** Versickerung f im Boden
~ **rate** Infiltrationsrate f, Einsickerungsfaktor m
~ **rate at a given moment** aktuelle Infiltrationsrate f
~ **recharge** Infiltrationsspende f
~ **routing** Sickerweg m
~ **stage** Infiltrationsetappe f
~ **water** Sickerwasser n
infinite electrode Dreielektrodenanordnung f
~ **reservoir** unendliches Reservoir n
infinitesimal strain infinitesimale Deformation f
inflammability Entzündbarkeit f
inflammable feuerfangend, entzündbar

inflated aufgebläht
inflation pressure Fülldruck m
inflow Zustrom m, Zufluß m, Einfließen n, Einfluß m
~ **performance** Förderleistung f (Wasser)
inflowing stream Zufluß m
influation Versinkung f (Wasser)
influence zone of a well Brunnenwirkungsbereich m
influent 1. Nebenfluß m; 2. s. ~ **stream**
~ **seepage** Infiltration f, Versickerung f
~ **stream** Grundwasser spendender Fluß m
influx Zuströmung f, Zufluß m, Zulauf m, Einfließen n, Einfluß m
infrabasal plate Infrabasalplatte f (Paläontologie)
infracrustal infrakrustal
infraglacial subglazial
infralittoral sublitoral
inframundane oberflächennah, unter der Erdoberfläche
infrared infrarot
~ **absorption** Infrarotabsorption f
~ **aerial remote sensing** Infrarot-Luftfernerkundung f (Luftfernerkundung im infraroten Bereich des Spektrums)
~ **analysis** Infrarotspektroskopie f
~ **imagery** Infrarotaufnahmen fpl
~ **microscope** Infrarotmikroskop n
~ **radiation** Infrarotstrahlung f
~ **remote sensing** Infraroterkundung f (Fernerkundung unter Nutzung des infraroten Spektralbereichs)
~ **rock discrimination** Unterscheidung f von Gesteinen nach ihrer unterschiedlichen Wärmeausstrahlung im Infrarotbereich
~ **satellite remote sensing** Infrarot-Satellitenfernerkundung f (Satellitenternerkundung im infraroten Bereich des Spektrums)
~ **spectrometer** Infrarotspektrometer n
~ **thermometer** Infrarotthermometer n
~ **transmittancy** Infrarotdurchlässigkeit f
infrastructure Infrastruktur f, migmatischer Unterbau m
infundibulum Trichter m, trichterförmiges Organ n
infusible unschmelzbar
infusorial earth Diatomeenerde f, Infusorienerde f, Kieselgur f
ingrained eingesprengt
ingress of salt water Salzwasserzutritt m
~ **of the sea** Einbrechen n des Meeres
~ **of water** Verwässerung f
ingression Ingression f, Einbruch m (des Meeres)
~ **sea** Ingressionsmeer n
inharmonious folding disharmonische Faltung f
inherent ash Eigenasche f (Kohle)
~ **moisture** Bergfeuchte f
~ **stability** Eigenstabilität f
inherited structure übernommene Struktur f

inhibited mud Spülung *f* mit Inhibitoren
inhibiting growth wachstumshemmend
inhomogeneity Inhomogenität *f*
inhomogenous magnetic field inhomogenes Magnetfeld *n*
initial activity Anfangsaktivität *f (eines Tracers)*
~ **atmosphere** Uratmosphäre *f*
~ **chamber** Bursa *f* primordialis, Protoconch *m*, Anfangskammer *f (der Gastropoden- und Cephalopodenschale)*
~ **coarse grinding** Vorschleifen *n*
~ **concentration** Anfangskonzentration *f (Tracer)*
~ **diameter of drilling** Anfangs[bohr]durchmesser *m*
~ **dip** synsedimentäres Schichtfallen *n*
~ **forms** Urformen *fpl (Morphologie)*
~ **gas in place** geologischer Erdgasvorrat *m*
~ **impulse** erster Einsatz *m*, Anfangseinsatz *m (Seismik)*
~ **loading** Anfangsbelastung *f*, Vorlast *f*
~ **melt** Ausgangsschmelze *f*
~ **meridian** Nullmeridian *m*
~ **oil in place** geologischer Erdölvorrat *m*
~ **phase** initialer Magmatismus *m*
~ **pressure** Anfangsdruck *m*
~ **production** Anfangsproduktion *f*
~ **shell** Embryonalkammer *f*
~ **solution** Ausgangslösung *f (der Sedimentationswassergenese)*
~ **stage** Anfangsstadium *n*
~ **stress** Anfangsspannung *f*; Eigenspannung *f*
~ **suppression** Anfangsdämpfung *f*
~ **volcanism** initialer Vulkanismus *m*
initiation of freezing Frostschwelle *f*, Frostbeginn *m*
inject/to injizieren, einpressen, verpressen, einspritzen
injected body Intrusivkörper *m*
~ **gas** eingepreßtes Gas *n (für Flutung oder Speicherung)*
~ **mass** Intrusivmasse *f*
~ **with granite** durchbrochen von Granit, mit Granit injiziert
injection Injektion *f*, Einpressung *f*, Einspritzung *f*; Wasserdruckversuch *f*
~ **area** Injektionszone *f*
~ **earthquake** Injektionsbeben *n*
~ **fluid** Einpreßflüssigkeit *f*, Injektionsflüssigkeit *f*
~ **folding** Injektivfaltung *f*
~ **gneiss** Injektionsgneis *m (Migmatitgneis)*
~ **hole** Einpreßbohrloch *n*
~ **liquid** Injektionsmittel *n*, Injektionsgut *n*
~ **metamorphism** Kontaktmetamorphose *f* um magmatische Intrusionskörper
~ **patch** Injektionspunkt *m (Tracer)*
~ **pressure** Einpreßdruck *m*, Zementierdruck *m*
~ **section** Injektionsgebiet *n (Tracer)*
~ **structures** Injektionsrisse *mpl (in Sedimenten)*

~ **time** Injektionszeitpunkt *m (Tracer)*
~ **well** Einpreßbohrung *f*, Einpreßsonde *f*
injectivity Einpreßindex *m*
~ **profile** Einpreßprofil *n*
ink stone *s.* melanterite
inland dune Binnendüne *f*, Kontinentaldüne *f*
~ **earthquake** kontinentales Beben *n*, Beben *n* mit kontinentalem Herd
~ **ice** Inlandeis *n*, Binneneis *n*
~ **lake** Binnensee *m*
~ **-moving dune** Binnenwanderdüne *f*
~ **sea** Binnenmeer *n*
~ **sebkha** Inlandsebkha *f*
~ **waters** Binnengewässer *n*
inlet Bucht *f*, Meeresarm *m*, Meeresenge *f*, Förde *f (Jütland)*, Fjord *m*
~ **well** Einpreßbohrung *f*
inlier 1. stratigrafisches Fenster *n (Tektonik)*; 2. Einlieger *m (älterer geologischer Komplex umgeben von jüngeren Ablagerungen)*
innate angeboren
innelite Innelit *m*, $Ba_2(Na, K, Mn, Ti)_2Ti[(O, OH, F)_2(S, Si)O_4|SiO_7]$
inner bank Gleithang *m*, inneres Ufer *n*
~ **core barrel** inneres Kernrohr *n*
~ **lamella** Innenlamelle *f*, inneres Schalenblatt *n*
~ **margin** Innenrand *m*
~ **radiation region (zone)** innerer Strahlungsgürtel *m (der Erde)*
~ **shelf** innerer Schelf *m*
~ **shore line** Innenküstenlinie *f*
~ **stress** Innenbeanspruchung *f*
innings Anschwemmland *n*, Deichland *n (durch Abdeichung gegen das Meer gewonnenes Land)*
Inoceramus beds Inoceramenschichten *fpl*
inorganic anorganisch
~ **fertilizer** Mineraldünger *m*
~ **origin** anorganischer Ursprung *m*
~ **soil** anorganisches Lockergestein *n*
inosilicate Inosilikat *n*, Kettensilikat *n*
inpouring Einströmen *n*, Hineinströmen *n (von Wasser)*
input gas Einpreßgas *n*
~ **pressure** Einpreßdruck *m*
~ **well** Einpreßbohrung *f*, Einlaßsonde *f*
inquartation Viertelung *f (bei Probenahme)*
inroad of the sea Einbrechen *n* des Meeres
inrush Einbruch *m*, Einströmen *n (von Wasser)*
~ **of sand** Sandauftrieb *m*
~ **of water** Wassereinbruch *m*, Wasserzufluß *m*
insaturated rock untersättigtes Gestein *n*
insect-bearing amber Insektenbernstein *m*
~ **eaters** Insektenfresser *mpl*
Insectivora Insektenfresser *mpl*
insectivorous insektenfressend
insecure roof unsicheres Hangendes *n*
inselberg Inselberg *m*
~ **landscape** Inselberglandschaft *f*
insequent valley insequentes Tal *n*

insert

insert a string of casing/to eine Futterrohrtour einbauen
insert Einlagerung f, Zwischenschicht f
~ **bit** Hartmetallschneide f (als Einsatzschneide)
inserted joint-casing Verrohrung f mit eingelassener Verschraubung
insertion Einbringen n (in die Bohrung)
inset 1. Nebenkarte f; 2. s. phenocryst
inshore an der Küste, küstennah, Küsten...
~ **environment** küstennahes Milieu n
inside diameter of drilling tool Innenschneidmaß n (Innendurchmesser m) des gesteinszerstörenden Werkzeugs
~ **pool drilling** Abbohren einer ihrer Begrenzung nach bereits bekannten Erdöllagerstätte
insolation Insolation f, Sonneneinstrahlung f
insolubility Unlöslichkeit f
~ **in water** Wasserunlöslichkeit f
insoluble unlöslich, nichtmischbar
~ **in water** wasserunlöslich
~ **residue** unlöslicher Rückstand m
inspection gallery Beobachtungsstrecke f
inspissate/to eindicken
inspissated deposit zerstörte (eingetrocknete) Erdöllagerstätte f
~ **oil deposit** Lagerstätte f mit angereicherten Schwerölen und Asphalten
inspissation 1. Eindickung f; Austrocknung f (von Erdöl); 2. Mächtigkeitszunahme f (von Sediment)
instable equilibrium instabiles Gleichgewicht n
installation for mineral water abstraction Mineralwasserfassung f
Instant 1. Anfangs- oder Endzeit einer Sedimentation; 2. geologische Zeitdauer einer biostratigrafischen Zone
instantaneous excavation plötzlicher Gasausbruch m (im Kohlenbergbau)
~ **velocity** Momentangeschwindigkeit f, Ortsgeschwindigkeit f
instratified s. interstratified
instreaming Einströmen n (von Wasser)
instrument for areal survey aerogeodätisches Gerät n
~ **for tracing hydrocarbons** Gerät n zum Aufspüren von Kohlenwasserstoffen
instrumental error Instrumentenfehler m
instrumentation Instrumentierung f, Meßgeräteausrüstung f
insufficiently polished schlecht poliert
insular inselartig, inselförmig, insular, Insel...
~ **shelf** Inselschelf m
~ **volcano** Inselvulkan m
insulator Isolator m
insulosity Inselfläche f (innerhalb der Küstenlinie eines Sees)
intake Versickerung f
~ **area** Versickerungsfläche f
~ **channel** Wasserentnahmekanal m
~ **conduit** Druckrohrleitung f, Triebwasserleitung f

188

~ **place** Nährgebiet n
~ **pressure** Einlaßdruck m
~ **shaft** einziehender Schacht m, Einziehschacht m
~ **valve** Einlaßventil n
~ **well** Einpreßbohrung f, Einpreßsonde f
integral mit Integralgefüge (für Sediment ohne diskreten Einzelkornverband)
~ **joint** gasdichte Verbindung von Futterrohren
integrated interpretation Komplexinterpretation f
~ **program for mineral commodities** integriertes Rohstoffprogramm der UNTAD für mineralische Rohstoffe (Bauxit, Kupfer, Eisenerz, Mangan, Phosphat, Zinn)
~ **survey** Komplexerkundung f
integration Großkristallbildung f (durch Rekristallisation)
intemperateness Atmosphärilien pl
intensely folded stark gefaltet
intensity of magnetic field magnetische Feldstärke f
~ **of radiation** Strahlungsintensität f
~ **of relief** Reliefenergie f
intentional deviation of the hole Ablenkung f des Bohrlochs
interact/to austauschen
interaction Wechselwirkung f
~ **energy** Wechselwirkungsenergie f (zwischen Teilchen)
interambulacral area Interambulakralfläche f (Paläontologie)
interbed Zwischenmittel n, Zwischenschicht f
interbedded eingelagert, eingebettet, zwischengeschichtet, eingeschaltet, wechsellagernd
interbedding Einlagerung f, Einbettung f, Zwischenlagerung f, Zwischenschaltung f, Wechsellagerung f
intercalary eingelagert, eingeschaltet, intrusiv
~ **bed** Zwischenlage f, Einlage[rung] f, Einschaltung f
intercalate/to einbetten, einlagern, zwischenlegen, zwischenschalten
intercalated bed eingeschobene Schicht f, Zwischenmittel n
intercalation Einlage[rung] f, Einschaltung f, Zwischenlage f, Zwischenlagerung f, Zwischenmittel n, Zwischenschaltung f
intercept a blowing well/to eine ausbrechende Sonde durch Richtbohrung abfangen
intercept Abschnitt m, Achsenabschnitt m, Parameter m (bei Kristallen)
~ **time** Intercept-time f (Ordinatenabschnitt auf der Laufzeitkurve)
interchangeable vertauschbar, austauschbar
intercoil spacing Spulenabstand m
intercolline zwischen vulkanischen Erhebungen gelegen
intercommunicating kommunizierend, untereinander verbunden
~ **pore spaces** untereinander verbundene Porenräume mpl

interlensing

interconnected untereinander verbunden
intercontinental sea Interkontinentalmeer *n*, Binnenmeer *n*
intercrescence Verwachsung *f*
intercrystalline interkristallin
~ **brittleness** interkristalline Brüchigkeit *f*
~ **crack** interkristalliner Riß *m*
intercrystallized miteinander verzahnt *(Kristalle)*
intercutaneous nappe interkutane Decke *f (Tektonik)*
interdeep Trog *m* zwischen innerem und äußerem Inselbogen
interdigitate/to fingerartig verflochten sein *(von Flachwasserablagerungen)*
interdigitation wechselseitige Verzahnung *f*
~ **of facies** Faziesverzahnung *f*
interdistributary bays Buchten zwischen den Loben der Mündungsarme eines Deltas
interdune passage Dünental *n*
interface 1. Grenzfläche *f*, Grenzschicht *f*, Trennungsfläche *f*, Zwischenfläche *f*; Süß-Salzwasser-Grenzfläche *f*; 2. Sprungschicht *f*; 3. Netzebenenabstand *m*; 4. Interface *n*, Anpassungselement *n*
~ **level** Zwischenniveau *n*
~ **potential** Grenzflächenpotential *n*
interfacial angle Flächenwinkel *m (von Kristallen)*
~ **forces** Grenzflächenkräfte *fpl (z.B. von Erdöl, Wasser)*
~ **tension** Grenzflächenspannung *f*
~ **waves** Grenzflächenwellen *fpl*
interfere/to interferieren
interference colour Interferenzfarbe *f*
~ **effect** Druckbeeinflussung *f (reservoirmechanisch)*
~ **figure** Interferenzbild *n*
~ **fringe** Interferenzstreifen *m*
~ **of wells** 1. gegenseitige Beeinflussung *f* von Sonden; 2. Brunneninterferenz *f*
~ **pattern** Interferenzbild *n*
~ **phenomenon** Interferenzerscheinung *f*
~ **ripples**, ~ **wave ripple marks** Interferenzrippeln *fpl*
~ **test** Interferenztest *m*
interfering sich kreuzend
interfinger/to sich verzahnen
interfingering wechselseitige Verzahnung *f*
interflow hypodermischer Abfluß *m (fließt dem Vorfluter aus der ungesättigten Bodenzone direkt zu, ohne den Grundwasserspiegel erreicht zu haben)*
interfluent lava flow unterirdischer Lavaerguß *m*
interfluve Zwischenstromland *n*, Wasserscheide *f*
interfolding Einfaltung *f*
interformational interformationell, zwischen den Schichtlagen auftretend
~ **conglomerate** interformationelle (schichtfremde) Konglomerateinlagerung *f*

~ **multiple** Teilwegmultiple *f*
~ **sill** interformationeller Lagergang *m*
intergalactic intergalaktisch
~ **matter** intergalaktische Materie *f*
~ **space** intergalaktischer Raum *m*
~ **travel** Flug *m* im intergalaktischen Raum
intergelisol Intergelisol *n (schwankende Bodenfrostzone zwischen Mollisol und Pergelisol)*
interglacial zwischeneiszeitlich, interglazial
interglacial [age] s. ~ episode
~ **clay** Interglazialton *m*
~ **deposit** interglaziale Ablagerung *f*
~ **episode (interval)** Interglazial *n*, Zwischeneiszeit *f*, Warmzeit *f*
interglaciation Interglazialzeitraum *m*
intergrading form Zwischenform *f (Paläontologie)*
intergranular intergranular
~ **corrosion** interkristalline (von Korngrößen ausgehende) Korrosion *f*
~ **film** Intergranularfilm *m*
~ **porosity** intergranulare (primäre) Porosität *f*
~ **stress** Zwischenkornspannung *f*
~ **texture** Intergranulargefüge *n*
intergrow/to verwachsen
intergrown minerals durchwachsene (verwachsene) Minerale *npl*
~ **ore** verwachsenes Erz *n*
intergrowth Durchwachsung *f*, Verwachsung *f (von Mineralen)*
~ **along the facies** Faziesverzahnung *f*
interior basin intrakontinentales Becken *n*
~ **cast** Innenabguß *m (von Fossilien)*
~ **delta** Binnendelta *n*
~ **depression** Innensenke *f*
~ **drainage** Binnenentwässerung *f*
~ **dune** Innendüne *f*
~ **of the earth** Erdinneres *n*
~ **reflections** Innenreflexe *mpl*
~ **spires** Innenwindungen *fpl*
~ **strain** innere Spannung *f*
~ **trough** Innensenke *f*
~ **water** Binnengewässer *n*
interjacent eingebettet, eingeschaltet, dazwischenliegend
interjointal zwischen den Kluftflächen gelegen
interlacing miteinander verflochten (verwoben), eng verschlungen
interlacing Verwachsung *f*, Verflochtenheit *f*
~ **dikes (veins)** sich kreuzende Gänge *mpl*, Gangkreuz *n*
interlaminate/to durchsetzen, einlagern
interlaminated feinschichtig wechsellagernd
interlay/to [schichtweise] zwischenlagern, einlagern
interlayer Zwischenschicht *f*, Zwischenlage *f*
~ **water** Zwischenschichtwasser *n (im Tonmineral)*
interlayered bedding Wechselschichtung *f*
interleaved flözförmig eingelagert
interlensing linsenförmige Zwischenlagerung *f*

interlobate

interlobate zwischen benachbarten Gletscherloben gelegen
~ moraine Mittelmoräne *f*
interlobular stream gletscherfrontparalleler Schmelzwasserfluß *m*
interlock/to ineinandergreifen
interlocked texture Durchwachsungsstruktur *f*
interlocking wechselseitig verzahnt, ineinandergreifend, kulissenartig
interlocking 1. [wechselseitige] Verzahnung *f (von Schichten)*; 2. Gegenzeitaufstellung *f (von Geophonen)*
~ crystals verzahnte Kristalle *mpl*
~ grain Kornverzahnung *f*
~ of strata Verzahnung *f* von Schichten
intermarine strait intermarine Meeresstraße *f*
intermediary *s.* intermediate
intermediate intermediär
~-base oil Erdöl *n* mit Paraffin- und Asphaltbasis, gemischt-basisches Erdöl *n*
~ belt Zwischenstreifen *m* zwischen Haft- und Grundwasser
~ borehole Zwischenbohrloch *n*
~ casing string Zwischenrohrtour *f*, technische Rohrtour *f*
~ current Zwischenstrom *m*
~ depth mittlere Tiefe *f*
~ focus earthquake Beben *n* mit Epizentrum zwischen 65 und 300 km
~ form Zwischenform *f (Paläontologie)*
~ forms Mittelgebirgsformen *fpl*
~ igneous rock intermediäres Gestein *n (Erstarrungsgestein mit 55 bis 66% Kieselsäure)*
~ layer Zwischenschicht *f*
~ massif Zwischenmassiv *n*, Zwischengebirge *n*
~ medium Zwischenmittel *n*
~ principal stress mittlere Hauptspannung *f*
~ rock 1. Zwischenmittel *n (zwischen zwei Flözen)*; 2. hybrides Gestein *n*; intermediäres Gestein *n*
~ water Wasser *n* aus Schichten zwischen zwei produzierenden Horizonten
~ well Zwischensonde *f*
intermine von Grubenbauen durchsetzt
intermingled durchwachsen, eingesprengt
intermit/to intermittieren, unterbrechen
intermittency zeitweilige Unterbrechung *f*
~ contact intermittierender Kontakt *m*
intermittent intermittierend, stoßweise, aussetzend, diskontinuierlich
~ eruptions intermittierende Eruptionen *fpl*
~ gas-lift intermittierende Gasliftförderung *f*
~ lake periodischer See *m*
~ spring intermittierende (periodische) Quelle *f*
~ stream periodischer Fluß *m*, intermittierender Strom *m*
intermolecular intermolekular
intermont[ane] intermontan
~ area *s.* intermountain
~ basin intermontanes Becken *n*

~ depression Intermontansenke *f*
~ floor Gebirgsfußebene *f*
~ glacier konfluenter Gletscher *m* zwischen zwei Gebirgszügen
intermountain Intermontan...
intermountain Zwischengebirge *n (orogene Strukturform)*
~ basin intermontanes Becken *n*
~ depression Intermontansenke *f*
internal Innen...; endogen
~ cast Steinkern *m*, Innenabguß *m (Ausguß des Innenhohlraums eines Fossils)*
~ constitution innerer Aufbau *m*
~ cutting tool Innenschneidegerät *n*
~ deformation innere Deformation *f*
~ drainage Binnenentwässerung *f*
~ dynamic processes *s.* endodynamics
~ erosion von Porenräumen ausgehende Erosion *f*
~ flush tool joint Gestängeverbinder *m* mit freiem Durchflußquerschnitt
~ friction innere Reibung *f*
~ gas drive natürlicher Gastrieb *m (einer Lagerstätte)*
~ geodynamics innere Geodynamik *f*
~ migration factor innerer Migrationsfaktor *m (Geochemie)*
~ moraine Innenmoräne *f*
~ mould *s.* ~ cast
~ pressure Innendruck *m*
~ reflection Innenreflexion *f*
~ resistance Eigenwiderstand *m*
~ rotation Internrotation *f*
~ sedimentation interne Sedimentation *f (in Hohlräumen von Sedimentgesteinen)*
~ skeleton Innenskelett *n*
~ stagnant water Staubodenwasser *n*
~ stress Eigenspannung *f*
~ structure Innenstruktur *f*
~ water Tiefenwasser *n*
international date line Datumsgrenze *f*
~ stratigraphic standard scale internationale stratigrafische Standardskala *f*
International Geophysical Year Internationales Geophysikalisches Jahr *(1957–1958)*
~ Hydrological Decade Internationale Hydrologische Dekade *(1965–1974)*
~ Rules of Zoological Nomenclature Internationale Regeln für die Zoologische Nomenklatur
~ Year of the Active Sun Internationales Jahr der aktiven Sonne *(1968–1970)*
~ Year of the Quiet Sun Internationales Jahr der ruhigen Sonne
internides Interniden *pl (orogene Strukturform)*
interoceanic zwischenozeanisch
interparticle porosity Zwickelporosität *f*
interpenetrate/to sich gegenseitig durchdringen, durchwachsen
interpenetration gegenseitige Durchdringung *f*

intramagmatic

~ twin Durchdringungszwilling *m*
interplanar [crystal] spacing Netzebenenabstand *m*, Abstand *m* der Kristallebenen
interplanetary space interplanetarer Raum *m*
interpose/to zwischenschalten
interposed eingebettet, eingeschaltet
interpretability Interpretierbarkeit *f*, Auswertbarkeit *f (z.B. von Luftbildern)*
interpretation equipment Auswertegerät *n*; Auswertegeräte *npl*
~ of maps Kartenlesen *n*
~ technique Auswertetechnik *f*
interpreter Interpretator *m*, Auswerter *m (für geophysikalische Aufnahmen)*
interradials Interradialia *npl*
interreef basin Zwischenriffbecken *n*
interrupted unterbrochen, absätzig, intermittierend
~ cycle unterbrochener Zyklus *m*
intersect/to sich schneiden; durchsetzen, sich kreuzen, sich gabeln *(Gänge)*
~ the ground das Gebirge durchörtern
intersecting faults Sprungkreuzung *f*
intersection Durchsetzung *f*, Durchörterung *f*, Kreuzung *f (von Gängen)*
~ distance Knickpunktentfernung *f*
~ of lodes Gangkreuz *n*, Scharkreuz *n*
~ point Schnittpunkt *m*
intersertal texture Intersertalgefüge *n*
intershoal basin Zwischenriffbecken *n*
interspace Zwischenraum *m*; Porenraum *m*
intersperse/to einsprengen, einsprenkeln
interspersed mineral eingesprengtes Mineral *n*
interstade, interstadial interstadial
~ epoch Interstadial *n*, Stillstandsperiode *f* der Vereisung
interstellar interstellar, kosmisch
~ dust kosmischer Staub *m*
~ matter interstellare Materie *f*
~ space Weltraum *m*, interstellarer Raum *m*
interstice 1. Ritze *f*, Zwischenraum *m*; Pore *f*; 2. Zwischengitterplatz *m*
interstitial [atom] Zwischengitteratom *n*
~ deposit Imprägnationslagerstätte *f*, als Porenraumfüllungen ausgebildete Lagerstätte *f*
~ filling Porenfüllung *f*
~ fluid *s.* intergranular film
~ gas Porengas *n*
~ glass Glaseinschluß *m*
~ material Zwischenklemmasse *f*, Zwischenmaterial *n*, Mestasis *f (Gesteinsgefüge)*
~ matrix Sedimentbasis *f (zwischen dem Grobkorn)*
~ mechanism Zwischengittermechanismus *m*
~ migration Zwischengitterwanderung *f*
~ quartz Quarzeinschluß *m*
~ water Porenwasser *n*, Kluftwasser *n*, Haftwasser *n*, haftendes Porenwasser *n*; Bergfeuchtigkeit *f*
interstratification Zwischenlagerung *f*, Zwischenschichtung *f*, Zwischenschaltung *f*, Einlagerung *f*, Wechsellagerung *f*

interstratified zwischengelagert, zwischengeschichtet, eingelagert, streifig; durchzogen
~ bed eingelagerte Schicht *f*, Zwischenlage *f*
~ material Verwachsenes *n (Material)*
interstratify/to zwischenschichten, zwischenschalten, einschalten, einlagern, einsprengen, durchziehen, durchsetzen
interstream area Zwischenstromland *n*
intertidal flat (region) Watt *n*
intertongue/to sich verzahnen
intertrappean zwischen Trappdecken gelagert
interval of deglaciation Zwischeneiszeit *f*, Interglazial *n*
~ of stations Meßpunktabstand *m*, Stationsabstand *m*
~ of time Zeitintervall *n*
~ velocity Intervallgeschwindigkeit *f*
interveined geadert
intervolcanic intervulkanisch
interwedge/to sich verzahnen
interzonal soil unreifer Boden *m (ohne Horizontbildung)*
~ time Zeitdauer *f* eines stratigrafischen Hiatus
intimate crumpling Fältelung *f*, starke Runzelung *f*
intimately associated fein verwachsen
~ disseminated feinverteilt
intra-arc basin Becken *n* innerhalb eines Inselbogens
intraclast Intraklast *m*
intracontinental intrakontinental
~ geosyncline intrakontinentale Geosynklinale *f*
~ trough intramontane Senke *f*, intramontaner Trog *m*, intramontanes Becken *n*
intracratonal geosyncline Parageosynklinale *f*, intrakratonale Geosynklinale *f*
intracratonic auf einem Kraton gelegen
intracrustal intrakrustal
intracrystalline fracture intrakristalliner Bruch *m*
intracyclothem kleiner rhythmischer Schichtenwechsel *m (innerhalb eines größeren Verbands)*
intrafoliaceous zwischenblättrig *(Paläobotanik)*
intraformational synsedimentär, innerhalb einer Schichtlage auftretend
~ conglomerate intraformationales Konglomerat *n*
~ contortion *s.* ~ corrugation
~ corrugation endostratische Sedifluktion *f*, synsedimentäre Faltung *f*, schichtlagengebundene Gleitfaltung *f*
~ folds *s.* ~ corrugation
intrageosyncline innerhalb eines Kontinentalgebiets ausgebildete Geosynklinale *f*
intraglacial intraglazial, eingebettet im zentralen Teil eines Gletschers
intragranular intragranular
intramagmatic intramagmatisch
~ deposit intramagmatische Lagerstätte *f*

intramolecular

intramolecular innermolekular
~ rearrangement innermolekulare Umlagerung f
intramont depression Intramontsenke f
intramontane trough Intramontantrog m
intramontanous basin intramontanes Becken n
intramorainic innerhalb des Moränengürtels
intraoceanic intraozeanisch
intraparticle porosity Hohlformporosität f, Partikelporosität f
intrapermafrost water Grundwasser n im Permafrost
intrastratal flow structure endostratische Sedifluktion f, synsedimentäre Faltung f
~ solution Schwermineralauflösung f während der Diagenese
intrastratified ribs Längsrippung f, Lösungsrippeln fpl, Wellenstreifen mpl
intratellural, intratelluric intratellurisch
intrazonal time Zeitdauer f einer biostratigrafischen Zone
intrinsic curve Mohrsche Umhüllungskurve f, Hüllkurve f
~ induction Magnetisierungsintensität f
~ line s. ~ curve
~ magnetic moment magnetisches Eigenmoment n
~ permeability absolute Permeabilität f
~ radiance Strahlungsvermögen n
introduced fossils s. infiltrated fossils
introscope [optische] Bohrlochsonde f
intrude/to intrudieren, eindringen
intruded body Intrusivkörper m, Intrusionsmasse f
~ by granite durchbrochen von Granit
~ mass Intrusionsmasse f
~ rock Intrusivgestein n
intrusion Intrusion f
~ displacement Intrusionstektonik f
~ of water Wasserzufluß m
~ rock Tiefengestein n, abyssisches Gestein m, Plutonit m, Intrusivgestein n
~ tremors Intrusionsbeben npl
intrusive intrusiv
intrusive Intrusionsmasse f, Intrusivgestein n
~ body Intrusivkörper m
~ boss Intrusivstock m
~ breccia Intrusivbrekzie f
~ deposit intrusive Lagerstätte f
~ dike Intrusivgang m
~ dome Quellkuppe f, Staukuppe f
~ mass Intrusionsmasse f
~ phase Intrusionsphase f
~ rock Intrusivgestein n (s.a. intrusion rock)
~ sheet Intrusivlager n, Lagergang m
~ stock Intrusivstock m
~ vein Eruptivgang m
intumescence 1. Aufpressung f; 2. Aufblähung f (in der Hitze)
~ of lava Lavadom m, Quellkuppe f
inundate/to überfluten, überschwemmen

192

inundated area Überschwemmungsgebiet n
inundation Überflutung f, Überschwemmung f, Hochwasser n
~ of a petroliferous bed Verwässerung f einer erdölführenden Schicht
invaded by granite durchbrochen von Granit
~ igneous mass Intrusionsmasse f
~ well Schluckbrunnen m
~ zone Infiltrationszone f, Invasionszone f
~ zone resistivity elektrischer Widerstand m im Invasionsbereich des Spülungsfiltrats
invaders eindringende Art f (Ökologie)
invading igneous mass Intrusionsmasse f
invalid name ungültiger Name m (Nomenklaturregeln)
invasion Infiltration f; Einbruch m
~ of the sea Einbrechen n des Meeres, Meereseinbruch m
invection Verkeilung f (Tektonik)
inventory (Am) Speicherinhalt m
inverse überkippt
~ filter inverses Filter n
~ lateral logging inverse Widerstandsmessung f
inversion Überfaltung f, Überkippung f, inverse Lagerung f
~ layer Inversionsschicht f
~ nappe verkehrte Decke f (Tektonik)
~ of relief Inversion f des Reliefs, Reliefumkehr[ung] f
~ temperature Inversionstemperatur f
invertebrate wirbellos
invertebrates Invertebraten npl
inverted invers, überkippt
~ capacity of well Brunnenaufnahmevermögen n
~ fan Meilerstellung f (der Schieferung)
~ fault widersinnige Verwerfung f
~ fold überkippte Falte f
~ limb überkippter Faltenschenkel m
~ order inverse Lagerung f
~ plunge Abtauchen n einer Falte mit inverser Schichtung
~ relief Reliefumkehr f
~ stratigraphic sequence inverse Lagerung f
~ stream umgekehrte Laufrichtung f (eines Flusses)
~ well Versickerungsbrunnen m
investigation of bogs and marshes Moorkunde f
~ of foundation Baugrundforschung f
~ of foundation conditions Baugrunduntersuchung f
~ of rock Gesteinsuntersuchung f
~ of soil Bodenuntersuchung f
involute whorl involute Windung f
involution 1. Wickelung f von Faltendecken; 2. s. cryoturbation
~ layer Taschenboden m, Auftauboden m
involutions Brodelstrukturen fpl, Verknetungen fpl (kryoturbate Formen)
involved rock eingebettetes Gestein n

inward dipping nach innen einfallend
inwash *aus dem Vorland stammende alluviale Ablagerung am Gletscherrand*
inyoite Inyoit *m*, $Ca[B_3O_8(OH)_5]\cdot 4H_2O$
iodargyrite *s.* iodyrite
iodate Jodat *n*
iodic jodhaltig
iodine Jod *n*, J
iodite *s.* iodyrite
iodobromite Jodobromit *m*, Jodbromchlorsilber *n*, Ag(Cl, Br, J)
ioduretted jodhaltig
iodyrite Jodit *m*, Jodsilber *n*, Jodargyrit *m*, β-AgJ
iolite Iolith *m*, Wassersaphir *m (Varietät von Cordierit)*
ion-beam scanning massenspektrometrische Ionenstrahlungsanalyse *f*
~ **column** Ionensäule *f*
~ **detector** Ionensonde *f*
~**-dipole bond** Ionenbindung *f*, heteropolare Bindung *f*
~ **exchange** Ionenaustausch *m*
~ **exchange phenomena** Ionenaustauschphänomene *npl*
~ **exchanger** Ionenaustauscher *m*
~ **flow** Ionenstrom *m*
~ **lattice** Ionengitter *n*
ionic ionisch
~ **bond** Ionenbindung *f*, heteropolare Bindung *f*
~ **cleavage** Ionenspaltung *f*
~ **compound** Ionenverbindung *f*, heteropolare Verbindung *f*
~ **conductivity** Ionenleitfähigkeit *f*
~ **crystal** Ionenkristall *m*
~ **diffusion** Ionendiffusion *f*
~ **lattice** Ionengitter *n*
~ **link[age]** Ionenbindung *f*, heteropolare Bindung *f*
~ **potential** Ionenpotential *n*
~ **radius** Ionenradius *m*
~ **ray** Ionenstrahl *m*
~ **species** Ionenart *f*
ionization Ionisierung *f*
~ **potential** Ionisationspotential *n*
ionizing radiation ionisierende Strahlung *f*
ionogenic ionogen
ionosphere Ionosphäre *f*
ionospheric disturbance ionosphärische Störung *f*
~ **layer** Ionosphärenschicht *f*
~ **wave** Ionosphärenwelle *f*
IOR *s.* improved oil recovery
Iowan [Ice Age] Iowan-Eiszeit *f (entspricht dem Würm I-Glazial)*
iozites vulkanischer Magnetit *m*, schwarze magnetische Kügelchen *npl* in der Lava
IP *s.* induced polarization
Ipswichian Ipswichien *n (Pleistozän, Britische Inseln, entspricht etwa dem Riß-Würm-Interglazial der Alpen)*

IPU = International Paleontological Union
IQSY *s.* International Year of the Quiet Sun
IR *s.* infrared
iranite Iranit *m*, $Pb[CrO_4]\cdot H_2O$
irestone *(sl)* harter Schieferton *m*; Hornstein *m*
iridesce/to irisieren, schillern, labradorisieren
iridescence Irisieren *n*, Schillern *n*, Labradorisieren *n*
iridescent irisierend, [in den Regenbogenfarben] schillernd
iridium Iridium *n*, Ir
iridize/to irisieren, [in den Regenbogenfarben] schillern
iridizing Changieren *n*
iridosmine Iridosmium *n (isomorphe Mischung von Os und Ir)*
iriginite Iriginit *m*, $H_2[UO_2|(MoO_4)_2]\cdot 2H_2O$
iris in Regenbogenfarben schillernder Bergkristall *m*
irisated agate Regenbogenachat *m*
Irish coal *(sl)* Gesteinsberge *pl (Kohlenbergbau)*
~ **touchstone** *(sl)* Basalt *m*
iron [gediegenes] Eisen *n*, Fe
~ **algae** Eisenalgen *fpl*
~ **alum** Eisenalaun *m (s.a.* halotrichite)
~ **and manganese concretion** Eisenmangankonkretion *f*
~ **bacteria** Eisenbakterien *fpl*
~**-bearing** eisenhaltig
~ **black** fein verteiltes Antimon *n*
~ **cap** Eiserner Hut *m*
~ **carbonate** *s.* siderite rock
~**-clad** eisenummantelt
~ **clay** Toneisenstein *m*, Sphärosiderit *m*
~ **concretion** Eisenkonkretion *f*
~ **crust** Eisenkruste *f*
~ **deposit due to weathering** Eisenverwitterungslagerstätte *f*
~**-depositing bacteria** Eisenbakterien *fpl*
~ **dolomite** *s.* ankerite
~ **dross** Eisensinter *m*
~ **formation** Eisenformation *f (nur für präkambrische Fe-Ablagerungen üblich)*
~ **froth** schwammiger Haematit *m (s.a.* haematite)
~ **glance** Glanzeisenerz *n*, Eisenglanz *m (s.a.* specular iron, haematite)
~ **gossan** zelliger Hutlimonit *m*
~ **hat** Eiserner Hut *m*
~**-humus ortstein (pan)** Eisenhumusortstein *m*
~ **hydroxide coating** Eisenhydroxidüberzug *m*
~ **lode** Eisenerzgang *m*
~**-magnesium rich** eisen-magnesiumreich
~ **manganese ore** Eisenmanganerz *n*
~ **meteorite** Eisenmeteorit *m*
~ **mica** Eisenglimmer *m (s.a.* haematite)
~ **nickel core** Eisennickelkern *m (der Erde)*
~ **nickel pyrite** Eisennickelkies *m*, Pentlandit *m (s.a.* pentlandite)
~ **ochre** Berggelb *n*, Eisenocker *m (s.a.* limonite)

iron

~ **oolite** Eisenoolith *m*
~ **ore** Eisenerz *n*
~-**ore deposit** Eisenerzlager *n*
~-**oxide coat** Eisenoxidhaut *f*
~ **pan** Eisenortstein *m*
~ **pyrite** Eisenkies *m*, Pyrit *m* (*s.a.* pyrite)
~ **sandstone** Eisensandstein *m*, eisenschüssiger Sandstein *m*
~-**shot** Eisenoolithe führend
~ **silicate ore** Eisensilikaterz *n*
~-**stained** eisenfleckig
Iron Age Eisenzeit *f*
ironlike eisenartig
ironstone 1. Eisenstein *m (üblich für postpräkambrische Fe-Ablagerungen)*; 2. *s.* clay ironstone
~ **blow** *s.* gossan
~ **concretion** Toneisensteingalle *f*
irony eisenhaltig
irradiation by solar rays Sonnenbestrahlung *f*
irreducible water saturation Haftwassersättigung *f*
irregular unregelmäßig
~ **bedding** diskordante Schichtung *f*
~ **fold** *s.* flow fold
~ **mullion** nicht näher klassifizierbare Mullionsstruktur *f*
irreparable well damage nicht zu beseitigende Bohrlochverstopfung *f*
irrespirable nicht atembar, matt; giftig *(Grubengase)*
irrigate/to bewässern, berieseln
irrigation Bewässerung *f*, Berieselung *f*
~ **agriculture** Bewässerungswirtschaft *f*
~ **by water** Wasserberieselung *f*
~ **channel** Bewässerungsrinne *f*, Bewässerungsgraben *m*
~ **district** Rieselfeld *n*
~ **engineering** Bewässerungstechnik *f*
~ **field** Rieselfeld *n*
~ **net** Bewässerungsnetz *n*, Berieselungsnetz *n*
~ **plant** Bewässerungsanlage *f*, Rieselanlage *f*
~ **system** Bewässerungssystem *n*
~ **tower** Berieselungsturm *m*
~ **water** Rieselwasser *n*; Beregnungswasser *n*
~ **works** Bewässerungsanlage *f*
irrotational wave *s.* longitudinal wave
irruption Intrusion *f* des Magmas in den Erstarrungsraum
irruptive rock *s.* intrusive rock
Irvingtonian [Stage] Stufe des unteren Pleistozäns
IRWA = International Water Resources Association
IRZN *s.* International Rules of Zoological Nomenclature
isanomal[ic] *s.* isoanomal
isanomaly *s.* isoanomaly
isenite Isenit *m (Varietät von Trachyandesit)*
ishikawaite Ishikawait *m (U-Niobat)*
ishkyldite Ishkyldit *m (Varietät von Antigorit)*
isinglass [stone] Glimmer *m* in transparenten Tafeln

island Insel *f*, Eiland *n*
~ **arc** Inselbogen *m*
~ **chain** Inselkette *f*
~ **festoon** Inselgirlande *f*, Inselreihe *f*
~ **formed by aggradation** Aufschüttungsinsel *f*
~ **in a river** Werder *m*
~ **mount** Zeugenberg *m*
~ **mountain** Inselberg *m*
~ **volcano** Inselvulkan *m*
Isle of Wight diamond *(sl)* transparente Varietät von Quarz
islet kleine Insel *f*
isoanomal Isanomale *f*, Linie *f* gleicher Störwerte
~ **contour map** Isanomalenkarte *f*
isoanomaly Isanomalie *f*
isobar Isobare *f*
isobaric isobar, bei konstantem Druck
~ **chart** Isobarenkarte *f*
isobarism Gleichheit *f* des Drucks
isobase Isobase *f*
isobath Isobathe *f*, Linie *f* gleicher Wassertiefe, Tiefenlinie *f*
isobatytherm, isobathythermal line Linie *f* gleicher Meerestemperatur
isobed map Mächtigkeitskarte *f* der Schichten einer stratigrafischen Einheit
isobiolith durch ihre Fossilführung abgegrenzte Sedimenteinheit *f*
isocal line Linie *f* gleichen Heizwerts *(in Kohlenflözen)*
isocarb line Linie *f* gleichen Kohlenstoffverhältnisses *(Carbon-ratio-Theorie)*
Isocardia clay Isocardienton *m*
isochione Linie *f* gleicher Schneegrenze
isochore Konvergenzlinie *f (Linie gleichen senkrechten Abstands zwischen zwei gegebenen geologischen Horizonten)*
~ **map** Karte *f* gleicher (erbohrter, nicht wahrer) Mächtigkeiten
isochromatic isochromatisch
isochronal test Isochronaltest *m*
isochrone Isochrone *f (in der Geochronologie)*
~ **map** Isochronenplan *m*
isochroneity Zeitäquivalenz *f*
isochronous isochron
~ **surface** Niveaufläche *f* gleichen Zeitalters *(in einer sedimentären Einheit)*
isoclasite Isoklas *m*, $Ca_2[OH|PO_4] \cdot 2H_2O$
isoclinal isoklinal
~ **fold** Isoklinalfalte *f*
~ **fold system** Isoklinalfaltenbündel *n*
~ **folding** Isoklinalfaltung *f*
~ **ridge** Isoklinalkamm *m*
~ **valley** Isoklinaltal *n*
isoclinally folded isoklinal gefaltet
isocline 1. isoklinal gefaltete Schichtserie *f*; 2. *s.* isoclinic line
isoclinic fold Isoklinalfalte *f*
~ **line** Isokline *f*, Linie *f* gleicher magnetischer Inklination

isocon Linie *f* gleicher Konzentration
isocrynal line Linie *f* gleicher Mitteltemperatur des kältesten Wintermonats
isodip line *s.* isoclinic line
isodynamic separator Magnetscheider *m*
isofacial isofaziell
isofacies map Isofazieskarte *f*
isogal Isogamme *f*, Linie *f* gleicher Schwere
~ map Isogammenkarte *f*, Schwerekarte *f*
isogam Isodyname *f*, Linie *f* gleicher magnetischer Intensität
isogenetic isogenetisch
isogeny Isogenese *f*
isogeolith lithofazielle Einheit *f (Sedimenteinheit, die durch ihre Lithologie abgegrenzt wird)*
isogeotherm Geoisotherme *f*, Linie *f* gleicher Erdtemperatur
isogeothermal geoisothermal
~ line *s.* isogeotherm
isogonic line Isogone *f*, Linie *f* gleicher magnetischer Deklination
~ zero line Nullisogone *f*, deklinationslose Linie *f*
isograd Isograd *m (Fläche gleichen Metamorphosegrads)*; 2. Isograde *f*, Linie *f* gleicher Temperatur
isohaline Isohaline *f*, Linie *f* gleichen Salzgehalts
isohele, isohelic line Linie *f* gleicher Insolation
isohume Linie *f* gleichen Feuchtigkeitsgehalts *(in Kohlenflözen)*
isohyet *s.* isohyetal line
isohyetal line Isohyete *f*, Niederschlagshöhenkurve *f*, Regengleiche *f*
~ map Regenkarte *f*
isohypse, isohypsometric line Isohypse *f*, Höhenlinie *f*
isokite Isokit *m*, $CaMg[F|PO_4]$
isolated hard-rock hill Monadnock *m*
~ porosity Totporosität *f*
~ ripples *s.* incomplete ripples
isolith Isolithe *f*, Linie *f* gleicher Gesteinsmächtigkeit
~ map Isolithenkarte *f (Lithofazieskarte mit Darstellung der reinen Mächtigkeit eines lithologischen Typs)*
isomagnetic isomagnetisch
isomatic line Linie *f* gleicher Verdunstung
isomesia Faziesgleichheit *f (gleiche Umgebung bzw. Fazies)*
isometric stratigraphic diagram Kammerblockbild *n*
~ system reguläres (kubisches) System *n*
isometry Höhengleichheit *f*
isomorphic isomorph *(s.a. isomorphous)*
isomorphism Isomorphie *f*
isomorphous isomorph
~ crystal isomorpher Kristall *m*
~ replacement *s.* ~ substitution
~ series isomorphe Reihe *f*
~ substitution isomorphe Substitution *f*

isonomic climate gleichartiges Klima *n*
isoorthoclase Isoorthoklas *m*, optisch positiver Orthoklas *m*
isopach Isopache *f*, Linie *f* gleicher Mächtigkeit, Mächtigkeitslinie *f*
~ map Mächtigkeitskarte *f*
isopachous von gleicher Mächtigkeit
~ line *s.* isopach
isopachyte *s.* isopach
isopage Linie *f* gleicher Eisbedeckungsdauer
isopectic Isopekte *f (Isochrone des Gefrierens)*
isopic isopisch
~ facies isopische Fazies *f (gleichzeitige und gleichartige Fazies)*
isopiestic level isostatische Ausgleichsfläche *f*
~ line Grundwassergleiche *f*, Linie *f* gleichen artesischen Drucks
isopleth Isoplethe *f*, Abstandsgleiche *f*
isopluvial line *s.* isohyetal line
isopolymorphic isopolymorph
isopolymorphism Isopolymorphismus *m*
isopore Isopore *f*, Linie *f* gleicher zeitlicher Änderung
isorad Isorade *f*, Linie *f* gleicher Radioaktivität
isorank line Linie *f* gleichen Inkohlungsgrads *(in Kohlenflözen oder kohlehaltigen Sedimenten)*
isoreflectance line of coaly materials Linie *f* gleichen [optischen] Reflexionsvermögens von kohligem Material *(in Sedimenten)*
isorthose *s.* isoorthoclase
isoseism Isoseiste *f*, Linie *f* gleicher Erdbebenstärke
~ curve (line) Isoseiste *f*, Linie *f* gleicher Erdbebenstärke
isoseismic isoseismisch *(s.a. isoseismal)*
isostasy Isostasie *f*
isostatic isostatisch
~ adjustment isostatischer Ausgleich *m*
~ anomaly isostatische Anomalie *f*
~ balance isostatisches Gleichgewicht *n*
~ compensation isostatische Kompensation *f*
~ compensation current isostatische Ausgleichsströmung *f*
~ equilibrium isostatisches Gleichgewicht *n*
~ mass compensation isostatischer Massenausgleich *m*
~ settling isostatische Senkung *f*
~ surface isostatische Fläche *f*
isotherm Isotherme *f*, Temperaturgleiche *f*
isothermal isotherm[isch]
~ chart Isothermenkarte *f*
~ equilibrium isothermes Gleichgewicht *n*
~ surface Isothermenfläche *f*
isothermobath Linie *f* gleicher Meerestemperatur
isotime curve Geschwindigkeitsisobase *f*, Isochrone *f (alle Punkte gleicher Laufzeit für seismische Wellen verbindende Kurve)*
isotope Isotop *n*

isotope

~ **abundance** Isotopenhäufigkeit f
~ **analyzer** Isotopenanalysator m
~ **calibration curve** Eichkurve f für Isotope
~ **dilution** Isotopenverdünnung f
~ **dilution analysis** Isotopenverdünnungsanalyse f
~ **fractionation** s. ~ separation
~ **geochemistry** Isotopengeochemie f
~ **hydrogeology** Isotopenhydrogeologie f
~ **ratio** Isotopenverhältnis n
~ **separation** Isotopentrennung f, Isotopenfraktionierung f
~ **shift** Isotopieverschiebung f
~ **tracer** Isotopentracer m
isotopic abundance Isotopenhäufigkeit f
~ **activation cross section** Isotopenaktivierungsquerschnitt m
~ **age determination** radiometrische (radioaktive, absolute) Altersbestimmung f
~ **composition (constitution)** Isotopenzusammensetzung f
~ **dating** s. ~ age determination
~ **enrichment** Isotopenanreicherung f
~ **equilibrium** Isotopengleichgewicht n
~ **exchange** Isotopenaustausch m
~ **facies** isotopische Fazies f
~ **fractionation** Isotopentrennung f, Isotopenfraktionierung f
~ **mass** Isotopengewicht n, Atommasse f
~ **thermometry** Isotopenthermometrie f
isotron Isotron n, Ionenscheider m
isotropic isotrop
~ **fabric** s. random orientation
~ **stratum** isotrope Schicht f
isotropization Isotropisierung f
isotropy Isotropie f
isotypism Isotypie f
isovalent gleichwertig
isovelocity surface Fläche f gleicher Wellengeschwindigkeit (Seismik)
isovol [line] Linie f gleicher Gehalte an flüchtigen Bestandteilen (in Kohlenflözen)
issite Issit m (melanokrates Ganggestein)
issue/to herausfließen, herausströmen, herauskommen
issuing lava ausfließende Lava f
isthmus Isthmus m, Landenge f
istisuite Istisuit m, (Ca, NaH)(Si, AlH)O₃
itabirite Itabirit m, Eisenglimmerschiefer m
itabiritic iron ore itabiritisches Eisenerz n
itabyryte s. itabirite
itacolumite Gelenkquarzit m, Gelenksandstein m, Itakolumit m
italite Italit m (leuzitreiches alkalisches Effusivgestein)
iterative iterativ
itoite Itoit m, $Pb_3[GeO_2(OH)_2(SO_4)_2]$
itternite Itternit m (zeolithisierter Nosean)
IUGG = International Union of Geodesy and Geophysics
IUGS = International Union of Geological Sciences

ivanoite Ivanoit m (H_2O-haltiges Chloroborat)
IWSA = International Water Supply Association
ixiolite s. tapiolite
ixolyte Ixolith m (fossiles Harz)

J

jacinth s. hyacinth
jack 1. Hebevorrichtung f; 2. s. sphalerite
~ **knife mast** Klappmast m (Bohrturm)
~ **up** Hubinsel f
jacket unter Wasser befindliche Stahlrohrkonstruktion von Bohrinseln
jackhammer Preßlufthammer m
jackup Hubinsel f
jacobsite Jakobsit m, $MnFe_2O_4$
jacupirangite Jacupirangit m (nephelinführender Pyroxenit)
jade Jade f, Nephrit m (kryptokristalliner Aktinolith)
jadeite Jadeit m, $NaAl[Si_2O_6]$
jadeitite Jadeitit m
jag Felszacken m
jagged terrain zerklüftetes Gelände n
jagoite Jagoit m, $Pb_8Fe_2[(Cl, O)|Si_3O_9]_3$
jaipurite Jaipurit m, γ-CoS
Jakutian [Stage] Jakut[ium] n (Stufe, Untere Trias, Tethys)
jalpaite Jalpait m, $Cu_2S \cdot 3Ag_2S$
jam/to verklausen
jam Verklausung f
jama Karstschlot m, Karstbrunnen m, Naturschacht m
jamb (sl) 1. Steinschicht f; großer Block m; 2. störendes Begleittrum n
jamesonite Jamesonit m, $4PbS \cdot FeS \cdot 3Sb_2S_3$
Jamin effect Jamin-Effekt m
janite Janit m, (Na, K, Ca)(Fe, Al, Mg)$[Si_2O_6] \cdot 2H_2O$
Japanese twin Japaner Zwilling m
japanite Japanit m (s.a. penninite)
jargon 1. farbloser oder rauchiger Ceylonzirkon; 2. minderwertiger gelber Diamant
jarlite Jarlit m, $NaSr_2[AlF_6] \cdot [AlF_5H_2O]$
jarosite Jarosit m, $KFe_3[(OH)_6|(SO_4)_2]$
jars Schlagschere f
jasper Jaspis m (s.a. chalcedony)
~ **bar** Jaspilit m (Australien)
~ **opal** Jaspopal m
jasperated mit Jaspis vermengt
jasperite s. jasper
jasperization Jaspisbildung f
jasperize/to in Jaspis umwandeln
jasperoid kryptokristallines silifiziertes Karbonatgestein n
jaspidean jaspisartig; jaspisführend
jaspideous jaspisartig
jaspilite Jaspilit m
jaspoid s. jaspidean
jaspopal Jaspopal m

jaspure marmoriert (gefärbt) wie Jaspis
Jatulian Jatul[ien] n, Jatulium n (Mittelpräkambrium in Finnland)
jaulingite Jaulingit m (fossiles Harz)
javanite Javanit m (zur Gruppe der Tektite gehörig)
jaw s. mandible
~ **breaker** Backenbrecher m
jawless fishes kieferlose Fische mpl, Agnathen mpl
jay (sl) Dachkohle f, Kohle f im Hangenden
JCL s. job-control language
jefferisite Jefferisit m (s.a. vermiculite)
jeffersite s. jefferisite
Jeffersonian [Stage] Jeffersonien n (Stufe des Unterordoviziums in Nordamerika)
jeffersonite Jeffersonit m (Varietät von Schefferit)
jelinite Jelinit m (fossiles Harz)
jelletite Jelletit m (lichtgrüner Andradit)
jellous gelartig, gallertartig
jelly Gallerte f
jellylike gallertartig
jeremejevite Jeremejewit m, $AlBO_3$
Jerseyan Jersey-Vereisung f
jeso zerkarstete Gipsschicht f
jet 1. Gagat m, Jett m; 2. schwarzer Marmor m; 3. Düse f
~ **bit** Düsenmeißel m
~ **coal** s. cannel coal
~ **deflection drilling** Richtbohren n mit einer Ablenkturbine
~ **drilling** Wasserstrahlbohren n, Hydromonitorbohren n
~ **of ash** Aschenwurf m
~ **of steam** Dampfstrahl m
~ **perforating** Jetperforation f, Hohlladungsperforation f
~ **piercing** Flamm[strahl]bohren n
~ **pump** Strahlpumpe f, Jetpumpe f
~ **rock** bituminöses Tongestein n
~ **screen** Schüttelsieb n
~ **stone** schwarzer Turmalin m
~ **stream** Strahlstrom m (Atmosphäre)
jetcrete Spritzbeton m, Torkretbeton m
jetonized wood s. vitrain
jetted particle drilling Erosionsbohren n
~ **well** Spülbohrung f
jetty Buhne f, Mole f
jewel Edelstein m
jewstone (sl) 1. s. marcasite; 2. Basalt oder Kalkstein
jeyekite s. morinite
jhama Naturkoks m
jig Setzmaschine f, Setzkasten m
jigged ore gewaschenes Erz n
jigging Setzen n, Setzarbeit f
~ **action** Setzvorgang m
jimboite Jimboit m, $Mn_3[BO_3]_2$
joaquinite Joaquinit m, $NaBa(Ti, Fe)_3[Si_4O_{15}]$
job-control language Job-Steuersprache f (seismische Datenverarbeitung)

~ **site** Baustelle f
johachidolite Johachidolith m, $Ca_3Na_2Al_4H_4[(F, OH)|BO_3]_6$
johannite Johannit m, $Cu[UO_2|OH|SO_4]_2 \cdot 6H_2O$
johannsenite Johannsenit m, $CaMn[Si_2O_6]$
johnstrupite Johnstrupit m (s.a. mosandrite)
JOIDES = Joint Oceanographic Institutes Deep Earth Sampling
JOIDES program Tiefseebohrprogramm n von Schiffen (bis in layer 2)
joint/to klüften
joint 1. Kluft f; Teilungsfläche f, Fuge f, Absonderungsfläche f, Trennungsfläche f, Bruch m ohne Verwerfung; 2. Konjugationslinie f (im Phasendiagramm); 3. Verbinder m; 4. Bohrstange f; 5. Gelenk n (Paläontologie)
~ **aquifer** Kluftgrundwasserleiter m
~ **body complex** Kluftkörperverband m
~-**bordered rock body** Kluftkörper m
~ **crack** Kluftspalte f
~ **diagram** Kluftrose f
~ **due to cooling** Abkühlungskluft f
~ **exploitation agreement** Ausbeutungsgemeinschaft f
~ **family** Kluftschar f
~ **network** Kluftnetz n, Kluftsystem n
~ **of bedded rocks** Schichtfuge f
~ **of bedding** Schichtfuge f
~ **of retreat** Schrumpfungsriß m, Kontraktionsspalte f
~ **opening** Fugenöffnung f
~ **orientation** Kluftstellung f
~ **pattern** Kluftmuster n
~ **plane** Kluftfläche f
~ **set** Kluftschar f
~ **spacing** Kluftabstand m
~ **system** Kluftsystem n, Kluftnetz n
~ **vein** mineralisierte Kluft f, Klufttrum n
~ **venture** gemeinsames Unternehmen n (zur Finanzierung und Durchführung von Erkundungs- und Gewinnungsarbeiten von mineralischen Rohstoffen)
~ **water** Kluftwasser n, Spaltenwasser f
~-**water pressure** Kluftwasserdruck m
jointable klüftig
jointed klüftig, zerklüftet, geklüftet, von Klüften durchzogen
jointing 1. Klüftung f, Zerklüftung f, Klüftigkeit f; 2. Ablösefähigkeit f (von Gesteinen)
jointy klüftig, zerklüftet, voller Schlechten
jordanite Jordanit m, $5PbS \cdot As_2S_3$
jordisite Jordisit m (kolloidales MoS_2)
josefite Josefit m (feinkörniges ultrabasisches Ganggestein)
joseite Joseit m, Bi_4Te_2S
josen[ite] s. hartite
josephinite Josephinit m, $FeNi_3$
Jotnian Jotnien n, Jotnium n (Jungpräkambrium in Finnland)
Joule Thompson effect Joule-Thompson-Effekt m (für Gase)
jug s. geophone

jug

~ **hustler** Geophonträger m, Meßgehilfe m
~ **line** Geophonleitung f
juggie Geophonträger m, Meßgehilfe m
Julian [Substage] Jul n (Unterstufe, Obere Trias, Tethys)
julienite Julienit m, $Na_2Co[SCN]_4 \cdot 8H_2O$
jumble Gangscharung f
jumbo Bohrwagen m
jump to beds/to Schichten verwechseln
jump Sprung m (kleine Verwerfung)
~-**down** s. downthrown fault
~ **of a leg** Fehler m bei der Korrelation, Phasensprung m (Seismik)
~-**up** s. upthrow fault
junction 1. Zusammenfluß m (von Flüssen); 2. Zusammenstoß m (von Lithosphärenplatten)
~ **of lodes (veins)** Gangkreuz n, Scharung f von Gängen
~ **surface** Kontaktfläche f (einer Störung)
juncture Naht f, Grenzlinie f, Fuge f (von tektonischen Einheiten)
~ **plane** Kontaktfläche f
jungle Dschungel m (f, n)
junior synonym jüngeres Synonym n (Nomenklaturregeln)
junk basket Brockenfänger m (Bohrtechnik)
~ **basket tube** Fangspinne f
Jura Jura m
~-**type folding** Faltung f vom Helvetischen Typ (eigenständige Faltung oberhalb des Grundgebirges)
Jurassic jurassisch, Jura...
Jurassic Jura m, Jurasystem n (chronostratigrafisch); Jura m, Juraperiode f (geochronologisch); Jura m, Jurazeit f (allgemein)
~ **Age** Jura m, Jurazeit f
~ **coal** Jurakohle f
~ **fold** s. Jura-type folding
~ **Limestone** Jurakalk m
~ **Period** Jura m, Juraperiode f
~ **System** Jura m, Jurasystem n
jurupaite Jurupait m, $Ca_6[(OH)_2|Si_6O_{17}]$ (s.a. xonothite)
jusite Jusit m, $(Ca, KH, NaH)(Si, A|H)O_3 \cdot H_2O$
justite Justit m (s.a. koenenite)
jut out/to überkragen
juvenile juvenil
~ **ejecta** juvenil-authigene Auswürflinge mpl
~ **water** juveniles Wasser n
juxtapose/to nebeneinanderstellen
juxtaposition Juxtaposition f, Anlagerung f; Nebeneinanderlagerung f, Nebeneinanderstellung f, Überlagerung f
~ **twins** Juxtapositionszwillinge mpl, Berührungszwillinge mpl, Kontaktzwillinge mpl

K

K-A-age Kali-Argon-Alter n
kaersutite Kaersutit m (Ti-Amphibol)
kainit[e] Kainit m, $KMg[Cl|SO_4] \cdot 2^3/_4 H_2O$

kainitite Kainitit m
kainosite Kainosit m, $Ca_2Y_2[CO_3|Si_4O_{12}] \cdot H_2O$
kainotype rock jungvulkanisches Gestein n
Kainozoic känozoisch, neozoisch
Kainozoic [Era] Känozoikum n
kakirite Kakirit m (grobkataklastisches Gestein)
kakortokite s. agpaite
kal eisenhaltiges hartes Gestein n
kaliastrak[h]anite Kaliastrakanit m (s.a. leonite)
kaliblödite, kalibloedite Kaliblödit m (s.a. leonite)
kaliborite Kaliborit m, $KMg_2[B_5O_6(OH)_4][B_3O_3(OH)_5] \cdot 2H_2O$
kalicinite Kalicinit m, $KHCO_3$
kalinite Kalinit m, $KAl[SO_4]_2 \cdot 11H_2O$
kaliophilite Kaliophilit m, $K[AlSiO_4]$
kalistrontite Kalistrontit m, $SrK_2[SO_4]_2$
kalkowskite Kalkowskyn m (Teilpseudomorphose von Rutil und Haematit nach Ilmenit)
kallaite Türkis m (s.a. turquois)
kallar Salzausblühung f
kallen s. callen
kallilite Kallilith m, Ni(Sb, Bi)S
kalsilite Kalsilit m, $K[AlSiO_4]$
kamacite Kamazit m (Ni-armes Balkeneisen in Meteoriten)
kamarezite Kamarezit m, $Cu_3[(OH)_4|SO_4] \cdot 6H_2O$
kame Kam m (kurzer Geschieberücken senkrecht zur Fließrichtung des Eises)
~-**and-kettle topography** kuppige Moränenlandschaft f
~ **topography** Kameslandschaft f
kampylite s. campylite
Kanawhan [Stage] Kanawhan n (Stufe des Pennsylvaniens, Appalachen)
kand, kann (sl) s. cand
kaneite Kaneit m, MnAs
kansan Kansan n (Pleistozän in Nordamerika, entspricht etwa dem Menap bis Chromer Europas)
kansasite Kansasit m (fossiles Harz)
kaolin[e] Kaolin m, Porzellanerde f
~ **coal flint clay** Kaolin-Kohlen-Tonstein m
~ **deposit** Kaolinlagerstätte f
~ **sandstone** Kaolinsandstein m
kaolinic kaolinhaltig, kaolinitisch
kaoliniferous sandstone Kaolinsandstein m
kaolinite Kaolinit m, $Al_4[(OH)_8|Si_4O_{10}]$
kaolinization Kaolinisierung f
kaolinized kaolinisiert
kapel, kaple s. caple
kar s. cirque
kara schwarzer Solone[t]z m
Karelian folding karelische Faltung f
karn Steinhaufen m, fester Felsen m
Karnian [Stage] Karn n (Stufe der alpinen Trias)
karoo land unfruchtbarer Boden m
Karoo Supergroup Karru-Hauptgruppe f (Permokarbon in Südafrika)
karpinskiite Karpinskiit m, $(Na, K, Zn, Mg)_2[(OH, H_2O)_{1-2}|(Al, Be)_2 Si_4O_{12}]$

karren Karren pl, Schratten pl
~ **formation** Schrattenbildung f
karrenfeld Karrenfeld n, Schrattenfeld n
karst Karst m, Karstbildung f
~ **aquifer** Karstgrundwasserleiter m
~ **depression** Karstwanne f, Karsttrichter m
~ **formation** Karstbildung f
~ **funnel** Karsttrichter m
~ **lake** Karstsee m
~ **landscape** Karstlandschaft f
~ **phenomena** Karsterscheinungen fpl
~ **plateau** Karsthochfläche f
~ **region** Karst m, Karstgebiet n
~ **spring** Karstquelle f
~ **stream** Karstfluß m
~ **topography** Karstrelief n
karsten s. karren
karstenite s. anhydrite
karstic karstartig
karstification Verkarstung f, Karstbildung f
karstified limestone verkarsteter Kalkstein m
karstify/to verkarsten
Kasan Ice Age Kasan-Eiszeit f, Kasan-Kaltzeit f (entspricht der Mindel-Eiszeit)
kasolite Kasolit m, $Pb_2[UO_2|SiO_4]_2 \cdot 2H_2O$
kasparite Kasparit m (Co-haltiger Pickeringit)
kata-rock Katagestein n, metamorphes Gestein n der Katazone
katabatic absteigend (Luftstrom)
~ **wind** Fallwind m
katagenesis Katagenese f, regressive Entwicklung f
katamorphic katamorph
katamorphism Katamorphose f
katamorphose/to katamorphosieren
kataseismic kataseismisch
katatectic layer Hutgestein n, Lösungsrückstände mpl
katavothron Katavothre f, Ponor m, Schluckloch n
katazone Katazone f
katophorite Katophorit m, $Na_2CaFe_4(Fe, Al)[(OH,F)_2|AlSi_7O_{22}]$
katungite Katungit m (pyroxenfreier Melilithit)
kauri Kauri n (Harzart)
kaustobiolite Kaustobiolith m
kawk (sl) Flußspat m (in Cornwall)
kay s. key
Kayenta Formation Kayenta-Formation f (unterer Lias, Nordamerika)
Kazanian [Stage] Kazan n (Stufe des Perms)
kebble opaker Kalkspat m
keel Kiel m (an Fossilschalen)
keeled gekielt
keen edge scharfe Kante f
Keewatin [Period] Keewatin n (System des Präkambriums von Nordamerika)
kehoeite Kehoeit m, $(Zn, Ca)[Al_2P_2(H_3)_2O_{12}] \cdot 4H_2O$
keilhauite Keilhauit m, $(Ca, Y, Ce)(Ti, Al, Fe)[O|SiO_4]$
keldyshite Keldyshit m, $Na_2Zr[Si_2O_7]$
kelly Kelly n, Mitnehmerstange f (Bohrtechnik)

~ **bushing** Mitnehmerstangeneinsatz m
kelp Tang m
kelve (sl) Flußspat m (in Cornwall)
kelyphite Kelyphit m (Verwachsung von Faseramphibol und Feldspat)
kelyphitic kelyphitisch
~ **rim** Kelyphitrinde f
kempite Kempit m, $Mn_2(OH)_3Cl$
kennedyite Kennedyit m, $Fe_2MgTi_3O_{10}$
kentallenite Kentallenit m (Alkaligabbro)
kentrolite Kentrolith m, $Pb_2Mn_2[O_2|Si_2O_7]$
kenyaite Kenyait m, $NaSi_{11}O_{20,5}$
keralite Keralith m (Quarz-Biotit-Hornfels)
keratophyre Keratophyr m
kerf Kernkronenrille f im anstehenden Gestein
kermesite Kermesit m, Antimonblende f, Rotspießglanz m, Sb_2S_2O
kern but Bruchstufe f
~-**stone** grobkörniger Sandstein m
kernite Kernit m, Rasorit m, $Na_2[B_4O_6(OH)_2] \cdot 3H_2O$
kerogen Kerogen n, Schieferöl n
kerogenic shale s. bituminous shale
kerosene Leuchtöl n, Leuchtpetroleum n
~ **coal** Ölschiefer m
~ **shale** s. bituminous shale
kersanite Kersanit m (basisches Ganggestein)
kerstenite Kerstenit m, $Pb[SeO_4]$
kettle Kar n; Toteissee m
~ **bottom** Tropfwasseraustritt m (am Gestein)
~ **depression** Karkessel m, Karmulde f
~ **drift** s. ~ moraine
~ **hole** Soll n, Toteispinge f
~ **lake** Kesselsee m (Glazialform)
~ **moraine** sollbedeckte Moräne f
kettleback s. horse
kettled zerkart; ausgehöhlt
kettnerite Kettnerit m, $CaBi[OF|CO_3]$
Keuper Keuper m
~ **Sandstone** Keupersandstein m
kevel (sl) 1. Gangfüllung f; 2. Fördermenge f pro Zeiteinheit (Nordengland)
~ **horizon** Leitschicht f
kevil s. kevel
Kewatin-Coutchiching Kewatin-Coutchiching n (Altpräkambrium in Nordamerika)
Keweenawan Keweenaw n (Oberpräkambrium in Nordamerika)
key Inselbank f
~ **bed** s. marker 1.
~ **form** Leitform f
~ **formation** Leitformation f
~ **fossil** Leitfossil n
~ **horizon** Leithorizont m, Bezugshorizont m
~ **rock** Leitgestein n
~ **well** Einpreßbohrung f
keyboard Tastatur f, Bedienpult n
keystone faulting Scheitelgrabenbildung f
khondalite Khondalit m (Gestein in Granulitfazies)
kick a well/to Ausbruch unter Kontrolle bringen

kick

~ off ablenken
kick Einsatz *m (Seismik)*
~ mud Totpunktflüssigkeit *f*
~-off toll Ablenkwerkzeug *n*
~-out Abweichen *n* einer Bohrung
kicking plötzlicher Zufluß *m* im Bohrloch
kidney Nest *n (Erz)*
~ ore Nierenerz *n*, nierenförmiger Haematit *m*, roter Glaskopf *m*
~-shaped nierenförmig
kieselgu[h]r Kieselgur *f*, Diatomeenerde *f*, Infusorienerde *f*
kieserite Kieserit *m*, $Mg[SO_4] \cdot H_2O$
kilchoanite Kilchoanit *m*, $Ca_3[Si_2O_7]$
Kilkenny coal *s.* anthracite
kill a well/to totpumpen, totdrücken *(eine Bohrung)*
killas *(sl)* Tonschiefer *m (in Cornwall)*
killing of a well Totpumpen *n* einer Sonde
killow Blauerde *f*, Schwarzerde *f*
kimberlite Kimberlit *m*
Kimmeridge Clay Kimmeridge-Ton *m (Kimmeridge, unteres und mittleres Tithon in England)*
Kimmeridgian [Stage] Kimmeridge *n (Stufe des Oberen Juras)*
kimzeyite Kimzeyit *m*, $Ca_3Zr_2[Al_2SiO_{12}]$
kind weich, leicht zu bearbeiten *(Erz)*
kind Art *f*, Gattung *f*
~ ground Nebengestein mit topomineralischer Wirkung auf Erzgänge
~ of deposition Ablagerungsart *f*
~ of energy Energieart *f*
Kinderhookian [Stage] Kinderhookien *n (Stufe des Mississippiens)*
kinematic kinematisch
~ ductility kinematische Zähigkeit *f*
~ viscosity kinematische Viskosität *f*
kinematics Kinematik *f*
kinetic friction Bewegungsreibung *f*
~ metamorphism mechanische Metamorphose *f*
~ resistance Bewegungswiderstand *m*
kingite Kingit *m*, $Al_3[(OH)_3|(PO_4)_2] \cdot 9H_2O$
kink Biegung *f*, Knickung *f*
~ bands Knickbänder *npl*, Knickzonen *fpl*
~ fold *s.* chevron fold; zigzag fold
Kinneya ripples Runzelmarken *fpl*
kinoully loses, mildes Nebengestein *n*
kinzigite Kinzigit *m (metasomatischer Gneis)*
kirchheimerite Kirchheimerit *m*, $Co[UO_2|AsO_4]_2 \cdot nH_2O$
Kirkfieldian [Stage] Kirkfieldien *n (Stufe des Champlainings in Nordamerika)*
kirrolite Kirrolith *m*, $Ca_3Al_2[OH|PO_4]_3$
kirschsteinite Kirschsteinit *m*, $CaFe[SiO_4]$
kitkaite Kitkait *m*, NiTeSe
kivite Kivit *m (Varietät von Leuzitbasanit)*
kladnoite Kladnoit *m*, $C_6H_4(CO)_2NH$
klaprothite, klaprotholite Klaprothit *m (Gemenge von Wittichenit und Emplektit)*
kleinite Kleinit *m*, $[Hg_2N](Cl, So_4) \cdot xH_2O$

kliachite Kliachit *m*, Alumogel *m*, $AlOOH + H_2O$
Klinkenberg effect Klinkenberg-Effekt *m (für Gase)*
klint karbonatischer Erosionshärtling *m*
klintite massiger Riffkalkstein *m*
klippe Klippe *f*, tektonische Deckscholle *f*
klockmannite Klockmannit *m*, CuSe
kloof tiefe Schlucht *f*
knead into/to einkneten
kneaded gravel in Schlammströmen transportiertes Geröll *n*
~ sandstone gekneteter Sandstein *m*
~ texture Brodelstruktur *f (kryoturbate Form)*
kneading Verknetung *f*
knebelite Knebelit *m*, $(Mn, Fe)_2[SiO_4]$
knee fold Kniefalte *f*
knits kleine Erzpartikel *fpl*
knob Höcker *m*, Kuppenberg *m*
~-and-basin topography, ~-and-kettle topography kuppige Moränenlandschaft *f*
~-and-trail geschwänzte Buckelstruktur *f*
knobby bit Warzenmeißel *m*
~ topography kuppige Moränenlandschaft *f*
knoblike buckelförmig
knock off/to abbauen
knoll 1. kleiner Hügel *m*, Erdhügel *m*, Kuppe *f*; 2. rundliche Erhebung *f (des Meeresbodens)*
~ reef *s.* reef-knoll
knopite Knopit *m (Varietät von Perowskit)*
knorringite Knorringit *m*, $Mg_3Cr_2[SiO_4]_3$
knotenschiefer Knotenschiefer *m*
knotted schist Knotenschiefer *m*
knotten sandstone Knottensandstein *m*
knotty dolomite Knottendolomit *m*
~ texture Knotenstruktur *f*
known reserves sichere Vorräte *mpl*
knuckle joint Richtgelenk *n*, Gelenkverbindung *f*
kobellite Kobellit *m*, $6PbS \cdot 2Bi_2S_3 \cdot Sb_2S_3$
koechlinite Koechlinit *m*, Bi_2MoO_6
koenenite Koenenit *m (Al-Mg-Oxidchlorid)*
Koenigsberger ratio Königsberger Koeffizient *m (Geomagnetik)*
koenleinite Könl[ein]it *m (karbozyklische Kohlenwasserstoffverbindung)*
koesterite Kösterit *m*, Cu_2ZnSnS_4
koettigite Köttigit *m*, $Zn_3[AsO_4]_2 \cdot 8H_2O$
koffer fold Kofferfalte *f*
kohalaite Kohalait *m (olivinführender Trachyandesit)*
koktaite Koktait *m*, $(NH_4)_2Ca[SO_4]_2 \cdot H_2O$
kolbeckite *s.* sterrettite
kolovratite Kolovratit *m (Ni-Vanadat)*
kolskite Kolskit *m*, $Mg_5[(OH)_8|Si_4O_{10}]$
komatiite Komatiit *m*
kongsbergite Kongsbergit *m*, α-(Ag, Hg)
konichalcite Konichalcit *m*, $CaCu[OH|AsO_4]$
koninckite Koninckit *m*, $Fe[PO_4] \cdot 3H_2O$
koog Koog *m*
koppite Koppit *m*, $(Ca, Ce)_2(Nb, Fe)_2O_6(O, OH, F)$

kordylite Kordylit m, $Ba(Ce, La, Nd)_2[F_2(CO_3)_3]$
kornelite Kornelit m, $Fe_2[SO_4]_3 \cdot 7^1/_2H_2O$
kornerupine Kornerupin m, $Mg_4Al_6[(O, OH)_2|BO_4|(SiO_4)_4]$
korschinskite Kirschinskit m, $Ca_2[B_4O_6(OH)_4]$
kotoite Kotoit m, $Mg_3[BO_3]_2$
kotschubeite Kotschubeit m, $(Mg, Al)_{<3}[(OH)_2|(Cr,Al)Si_3O_{10}] \cdot Mg_3OH)_6$
köttigite s. koettigite
kotulskite Kotulskit m, $Pd(Te, Bi)_{1-2}$
koutekite Koutekit m, Cu_2As
kramenzelkalk Kramenzelkalk m
krantzite Krantzit m *(fossiles Harz)*
kratochwilite Kratochwilit m, $C_{13}H_{10}$
kratogen[ic], kraton s. craton
kraurite s. dufrenite
krausite Krausit m, $KFe[SO_4]_2 \cdot H_2O$
krauskopfite Krauskopfit m, $Ba_4[Si_4O_{10}] \cdot 6H_2O$
KREEP *stark radioaktives gabbroides Mondgestein, angereichert mit Kalium, seltenen (raren) Erdelementen und Phosphor)*
kremersite Kremersit m, $KCl_2 \cdot NH_4Cl \cdot FeCl_2 \cdot H_2O$
krennerite Krennerit m, $(Au, Ag)Te_2$
krige/to schätzen durch Kriging
kriging Kriging n *(nach Krige benanntes Schätzprinzip für den Erwartungswert einer regionalisierten Variablen)*
~ coefficient Kriging-Koeffizient m
~ variance Kriging-Varianz f
kroehnkite, kröhnkite Kröhnkit m, $Na_2Cu[SO_4]_2 \cdot 2H_2O$
kryo... s. cryo
krypto... s. crypto...
krypton Krypton n
kryshanovskite Kryshanovskit m, $MnFe_2OH|PO_4]_2 \cdot H_2O$
Kubergandian [Stage] Kubergand n *(basale Stufe des Mittelperms)*
kukersite Kuckersit m *(ordovizisches brennbares Algengestein; Ölschiefer)*
kulaite Kulait m *(Hornblende-Nephelin-Tephrit)*
kulissen fault Kulissenverwerfung f
Kullenberg corer Kullenberg-Probenehmer m *(für Tiefseesedimente)*
kullerudite Kullerudit m, $NiSe_2$
Kungurian [Stage] Kungur n *(Stufe des Perms im westlichen Uralvorland)*
kunzite Kunzit m *(rosarote Varietät von Spodumen)*
kupferschiefer Kupferschiefer m
kupletskite Kupletskit m, $(K_2, Na_2, Ca)(Mn, Fe)_4(Ti, Zr)[OH|Si_2O_7]_2$
kurgantaite Kurgantait m, $(Sr, Ca)_2[B_4O_8] \cdot H_2O$
kurnakovite Kurnakovit m, $Mg[B_3O_3(OH)_5] \cdot 5H_2O$
kurtosis Kurtosis f *(statistischer Parameter zur Kennzeichnung eines Korngemisches)*
kurumsakite Kurumsakit m, $(Zn, Ni, Cu)Al_8[(VO_4)_2|(SiO_4)_5] \cdot 27H_2O$
kutnahorite Kutnahorit m, $CaMn[CO_3]_2$
kyanite s. cyanite

L

L-joint Lagerkluft f, L-Kluft f *(Granittektonik)*
laavenite s. lavenite
labelling Markierung f *(von Wasser)*
labial eruption Spalteneruption f
labile labil, instabil
~ sandstone s. subgraywacke
labite Labit m, $Mg_3H_6[Si_8O_{22}] \cdot 2H_2O$
laboratory investigation Laboruntersuchung f
labradite Labradit m *(phanerokristallines Labradoritgestein)*
labradorescence Labradorisieren n, Farbwechsel m im Labradorit
labradorite Labradorit m *(Mischkristall aus $NaAlSi_3O_8$ und $CaAl_2Si_2O_8$)*
labradoritite Labradoritit m *(Anorthosit)*
labuntsovite Labuntsovit m, $(K, Na, Ba)(Ti, Nb)[(Si, Al)_2(O, OH)_7]_3 \cdot H_2O$
laccolite, laccolith Lakkolith m
lack 1. Mangel m; 2. s. leck
~ of sedimentation Schichtlücke f
lacking in rain regenarm
lacklustre glanzlos, matt
lacovishte Wiesenboden m
lacquer disk Lackfolie f
~ original Lackfolienaufnahme f
lacroixite Lacroixit m, $Na_4Ca_2Al_3[(OH,F)_8|(PO_4)_3]$
lacuna Hiatus m, Diskordanz f, Unterbrechung f
lacus Lacus m *(See auf Mars oder Mond)*
lacustral, lacustrian s. lacustrine
lacustrine lakustrisch
~ clay Seeton m
~ deposit Süßwasserablagerung f, Seesediment n
~ facies lakustrine Fazies f
~ limestone Süßwasserkalk m
ladder lode (vein) Leitergang m
Ladinian [Stage] Ladin n *(Stufe der alpinen Trias)*
ladu s. glowing avalanche
lag 1. Zeitverzögerung f; 2. Verschiebung f *(des Bezugspunkts)*; 3. Störung f im hangenden Schenkel einer asymmetrischen Falte
~ concentrate grobes Residualsediment n
~ deposit grobe fluviatile Ablagerung f
~ fault verzögerte Abscherung f; Untervorschiebung f *(Tektonik)*
~ gravel weit transportiertes Flußgeröll n
~ of the tides Gezeitenverzögerung f
lagg Randsumpf m
lagging [of tides] Gezeitenverzögerung f
lagoon Lagune f, Haff n
~ deposit Lagunenablagerung f
~-derived lagunär
~ facies near reef Riffschattenfazies f
~ in process of being filled in Verlandung begriffene Lagune f
~ island Atoll n
~ moat Ringlagune f
~ shoal Untiefe f der Lagune

lagoon 202

~-type of coast Lagunenküste f, Haffküste f
lagoonal lagunär
~ deposit Lagunenablagerung f
~ type lagunärer Typus m
lagune s. lagoon
lahar Lahar m (pyroklastischer Schlammstrom)
~ deposit Schlammtuff m
laid bare bloßgelegt
laired mit Schlamm verstopft
laitakarite Laitakarit m, Bi_4Se_2S
lake See m, Binnensee m
~ asphalt Seeasphalt m
~ ball lakustrischer Pflanzenknäuel m
~ basin Seebecken n
~ bed Seeablagerung f, fossiles Seesediment n
~ current Seeströmung f
~ delta Seedelta n
~ deposit Seeablagerung f
~ district Seengebiet n
~ drainage Einzugsgebiet n eines Sees
~ due to landslide Bergsturzsee m
~ expansion seeartige Erweiterung f (eines Flusses)
~ extinction Verschwinden n eines Sees
~ filling Seenverlandung f
~ floor Seeboden m
~ iron ore Raseneisenerz n, See-Erz n
~-land country Seelandschaft f
~ level Seespiegel m
~ marl Seekreide f
~ ore s. ~ iron ore
~ shore Seeufer n
~ side Seelandschaft f
~ silt Seeschlick m
~ surface Seespiegel m
~ swamp Niederungsmoor n
~ terrace Seeterrasse f
~ with subterranean outlet Karstsee m
~ without outflow (outlet) abflußloser See m, Endsee m
Lake Constance Bodensee m
lakelet kleiner See m; Eissee m, Gletschersee m
Lamarcki[ani]sm Lamarckismus m
lamb and slack (sl) minderwertige Kohle f
lambertite s. uranophane
lambskin minderwertige Varietät von Anthrazit in Wales
lamella 1. Schalenblatt n; 2. Lamelle f, Blättchen n, Streifen m; 3. Balken m (Meteorit)
lamellar lamellar, geschichtet, blättrig, blättchenförmig, streifenförmig
~ fracture blättriger Bruch m
~ pearlite streifiger Perlit m
~-stellate radialblättrig
~ structure Laminargefüge n, blättriges Gefüge n
~ twinning [structure] Viellingslamellierung f, Zwillingslamellierung f
lamellated s. lamellar
Lamellibranchia[ta] Lamellibranchiaten npl

lamelliferous blätterartig
lamelliform blättchenartig
lamellose plättchenförmig, blättchenförmig
lamellosity Blattschichtung f, Lamellenschichtung f
lamina Plättchen n, dünne Schicht f, Lamine f, Feinschicht f, Lamelle f
laminable in dünne Plättchen deformierbar
laminar boundary layer laminare Grenzschicht f
~ flow laminare Strömung f
laminaria Laminarie f, Riementang m
laminate[d] plattig, blättrig, feingeschichtet, mehrlagig
~ brown coal Blätterkohle f
~ clay Bänderton m
~ mica Spaltglimmer m
~ moor blättriger Torf m
~ quartz laminierter Quarz m, Quarztapeten fpl
~ shale Blätterschiefer m, dünnblättriger Schieferton m
~ structure Laminargefüge n, blättriges Gefüge n, Lagentextur f
lamination Lamellargefüge n, Lamination f, Bänderung f, Feinschichtung f
~ plane Schichtebene f
laminite Laminit m, Rhythmit m, lamellenförmig strukturiertes Sediment n
lamp/to mit UV-Lampe prospektieren
lamp shell s. brachiopod
lampadite Lampadit m, Kupfermanganerz n (Cu-haltiges Wad)
lamprophyllite Lamprophyllit m, $Na_3Sr_2Ti_3[(O, OH, F)_2|Si_2O_7]_2$
lamprophyllous lamprophyll, ganzblättrig
lamprophyre Lamprophyr m (dunkles Ganggestein)
lamproschist metamorpher Lamprophyr m
lanarkite Lanarkit m, $Pb_2[O|SO_4]$
Lance Formation Lance-Formation f (Maastricht bis höchstes Campan in Nordamerika)
lancelet Lanzettfisch m, Amphioxus m
land casing/to Verrohrung absetzen
land amelioration Bodenmelioration f
~ asphalt mit Nebengestein verunreinigter Asphalt m
~ breeze ablandiger Wind m, Landwind m
~ bridge Landbrücke f
~ carnivora Landraubtiere npl
~ clearing Räumung f, Räumungsarbeiten fpl
~ cover Landbedeckung f, Oberflächenbedeckung f des Landes
~-derived terrestrisch
~ evaluation Bodenbewertung f
~ floe Küsteneisfeld n
~ form Geländeform f, Bodenform f, Oberflächenform f
~ hydrology Gewässerkunde f
~ ice Küsteneis n
~ improvement Bodenmelioration f
~-locked landumschlossen

~-locked sea Binnenmeer n
~ operations Bohrarbeiten fpl auf dem Festland
~ potential Landnutzungspotential n
~ reclamation Bodenmelioration f; Landgewinnung f
~ reorganization Flurneugestaltung f
~ sediments kontinentale Ablagerungen fpl
~ shifting Kontinentaldrift f (A. Wegener)
~ subsidence Bodensetzung f
~-surface altitude morphologische Höhe f
~ survey[ing] Fluraufnahme f
~-tied island landfest gewordene Insel f, Angliederungsinsel f
~ treatment Bodenbearbeitung f
~ upheaval Bodenhebung f
~ use Bodennutzung f
~-use capability classes Bodennutzungsklassen fpl
~-use planning Planung f der Bodennutzung
~ value Bodenwert m
~ wash Flutgrenze f
~ waste Landschutt m, Trümmermasse f
~ water Oberflächenwasser n
~ wind s. ~ breeze
lande Heide f, Marschheide f
Landénian [Stage] Landénien n (Stufe des Paläozäns, Pariser Becken)
landesite Landesit m, (Mn, Fe)$<_3$[PO$_4$]$_2$·3H$_2$O
landfall Erdfall m
landfill Deponie f
landing depth Einbautiefe f, Absetzteufe f (der Verrohrung)
~ nipple Landenippel m
landsbergite Landsbergit m, γ-(Ag,Hg)
landscape planning Landschaftsplanung f
landslide Erdrutsch m, Rutschung f, Bergsturz m
~ lake Bergsturzsee m
~ scar Abrißnische f (z.B. von Bergstürzen)
landslip Erdrutsch m
~ terrace Rutschungsterrasse f
landward slope of trench kontinentseitiger Abhang m eines Tiefseegrabens
lane 1. Gasse f (Funknavigation); 2. Standlinie f
langbanite Långbanit m, Mn$\ddot{}$Mn$_6\ddot{}$[O$_8$|SiO$_4$]
langbeinite Langbeinit m, K$_2$Mg$_2$[SO$_4$]$_3$
Langhian [Stage] Langium n (Stufe des Miozäns)
langite Langit m, Cu$_4$[(OH)$_6$|SO$_4$]·H$_2$O
Langobardian [Substage] Langobardium n (Unterstufe, Mittlere Trias, Tethys)
lansfordite Lansfordit m, MgCO$_3$·5H$_2$O
lanthanite Lanthanit m, (La, Dy, Ce)$_2$[CO$_3$]$_3$·8H$_2$O
lanthinite Lanthinit m, 2UO$_2$·7H$_2$O
lap/to 1. überlappen, überdecken, übergreifen, überstehen; 2. läppen, feinschleifen
lap Überlappung f, Überdeckung f
~ fault Überschiebung f, Faltenwerfung f
~-out map Karte der Verbreitung einer postdiskordanten Formation

lapidary 1. Edelsteinschleifer m; 2. Gemmenschneiden n
lapidification s. petrifaction
lapidify/to s. fossilize/to 1.
lapidofacies Diagenesefazies f
lapie-well Karrenbrunnen m
lapies, lapiez Karren pl (Karstform)
lapilli Lapilli pl
~ tuff Lapillituff m
lapilliform lapilliartig, in Form kleiner Steinchen
lapillus Steinchen n
lapis-lazuli s. lazurite
Laplace transform Laplace-Transformation f
lappets Öhrchen npl (Mündungsfortsätze an Cephalopodenschalen, s.a. auricles)
lapping 1. Übereinandergreifen n; 2. Läppen n, Feinschleifen n
~ abrasive Läppmittel n
~ wheel Läppscheibe f
lapse rate Temperaturgradient m
Laramide (Laramidian) orogeny laramische Orogenese f
lard peat dunkelbrauner fetter Torf m
~ stone Speckstein m, Steatit m (s.a. talc)
larderellite Larderellit m, NH$_4$[B$_5$O$_6$|(OH)$_4$]
lardite s. lard stone
large-diameter bit Großlochbohrmeißel m
~-diameter hole Großbohrloch n
~ grained grobkörnig
~ hole Großbohrloch n
~-hole drilling Großlochbohren n
~ reservoir Großspeicher m
~-scale cross-bedding großdimensionale Schrägschichtung f
~-scale fold Großfalte f
~-scale imagery großmaßstäbliche (großformatige) Aufnahmen fpl
~-scale mapping großmaßstäbliche Kartierung f
~-scale mining Bergbau m großen Maßstabs, Bergbau m hoher Förderleistung
~-scale test Großversuch m
~-size borehole Großbohrloch n
~-sized derbstückig, großstückig
~ stone Steinblock m
~ workings Großabbau m
largely observed größtenteils beobachtet (4. Stufe der Erdbebenstärkeskala)
larnite Larnit m, β-Ca$_2$[SiO$_4$]
larsenite Larsenit m, PbZn[SiO$_4$]
larvikite Larvikit m (Syenitgestein)
laser geophysical measurement Lasermessung f für geophysikalische Zwecke
~ microspectrographic analysis Lasermikrospektralanalyse f
lasionite s. wavellite
last water layer fest gebundenes Porenwasser n (im Tonmineral)
lasurite Lasurit m, (Na, Ca)$_8$[(SO$_4$, S, Cl)$_2$|(AlSiO$_4$)$_6$]
latch[ing] Markscheiden n, Grubenaufnahme f

Latdorfian 204

Latdorfian [Stage] Latdorf-Stufe f *(Oligozän)*
late-glacial spätglazial
~-magmatic ore deposit spätmagmatische Erzlagerstätte f
~-mature valley spätreifes Tal n
~-orogenic spätorogen
~-orogenic phase subsequente Phase f
~ transient period späte instationäre Strömungsphase f
latent latent, verdeckt
~ evaporation latente Verdunstung f
~ heat of evaporation latente Verdampfungswärme f
~ heat of fusion latente Schmelzwärme f
~ ore Erzvorrat, der in Zukunft abbauwürdig werden kann
~ podzol verborgener Podzol m
~ stress latente Spannung f
later arrival späterer Einsatz m *(Seismik)*
~ diagenesis Spätdiagenese f
Later Precambrian Spätpräkambrium n, Jungpräkambrium n, Oberpräkambrium n
lateral cleavage Spaltbarkeit f parallel zur Seitenfläche *(Kristall)*
~ compression Zusammenschub m *(Gebirgsbildung)*
~ cone Seitenkegel m
~ consequent stream auf einer Antiklinal- oder Synklinalflanke abfließender konsequenter Fluß m
~ coring Kernen n (Entnahme f von Gesteinsproben) aus der Bohrlochwandung
~ crater Adventivkrater m
~ curve Laterallogaufnahme f
~ deformation Querverformung f
~ ditch Lateralgraben m
~ edge of a crystal Kristallseitenkante f
~ erosion Seitenerosion f
~ eruption Flankeneruption f, Seitenausbruch m, Flankenerguß m
~ extent seitliche Ausdehnung f
~ face Seitenfläche f *(bei Kristallen)*
~ fault Blattverschiebung f
~-force component Seitenkraftkomponente f
~ gradation of facies laterale Faziesänderung f
~ load Querkraft f
~ lobe Laterallobus m
~ log Gradientmessung f, Unterkantenmessung f
~ migration laterale (schichtparallele) Migration f
~ moment Quermoment n
~ moraine Seitenmoräne f
~ outline lateraler Umriß m
~ pressure Seitendruck m
~ push Seitenschub m
~ secretion Lateralsekretion f
~ section Querschnitt m
~ segregation Lateralsegregation f
~ separation flache Sprungweite f *(einer Verwerfung)*
~ shearing fault (shift) Seitenverschiebung f

~ shoving Seitenschub m
~ slide Gleitflächenbruch m
~ spread Anlandung f
~ stream Seitenfluß m
~ stream terrace Kamesterrasse f
~ thrust Seitenschub m
~ valley Seitental n
~ view Seitenansicht f
laterite Laterit m
~ soil Lateritboden m, Roterde f
~ weathering lateritische Verwitterung f
lateritic lateritisch
~ nickel ore lateritisches Nickelerz n
~ ore lateritisches Erz n
laterization Lateritbildung f
laterolog Laterolog n (spezielles Widerstandsmeßverfahren in Bohrungen mit stark salzhaltiger Spülung)
lath-shaped, lathlike leistenförmig
latite Latit m *(Trachyandesit)*
latitude geografische Breite f
~ circle Breitenkreis f
~ correction Breitenkorrektur f, Normalkorrektur f
~ degree Breitengrad m
latiumite Latiumit m, $Ca_6(K, Na)_2Al_4[(O, CO_3, SO_4)|(SiO_4)_6]$
latosol Roterde f, Gelberde f
latrappite Latrappit m, $(Ca, Na, SE)(Nb, Ti, Fe)O_3$
lattice Kristallgitter n, Gitter n
~ arrangement Gitteranordnung f
~-bound water Mineralgitterwasser n
~ constant Gitterkonstante f
~ defect s. ~ imperfection
~ dislocation (distorsion) Gitterstörung f
~ energy Gitterenergie f
~ group Raumgruppe f
~ imperfection Gitterfehlstelle f, Gitterstörung f, Kristallfehler m
~ of twinning lamellae Gitterlamellierung f
~ orientation Regelung f nach dem Kornbau
~ plane Gitterebene f
~ system Gitteranordnung f
~ work Gitterwerk n
~-work skeleton Gitterskelett n
latticed gitterartig
latticelike gitterartig, gitterähnlich
tower Turm m aus Gitterwerk *(Bohrturm)*
laubanite Laubanit n *(Varietät von Natrolith)*
laubmannite Laubmannit m, $(Fe, Mn)_3Fe_6[(OH)_3|PO_4]_4$
Laue diffraction (X-ray) pattern Laue-Diagramm n *(Röntgendiagramm)*
laueite Laueit m, $MnFe_2[OH|PO_4]_2 \cdot 8H_2O$
laugenite Laugenit m *(Oligoklasdiorit)*
laumontite Laumontit m, $Ca[AlSi_2O_6]_2 \cdot 4H_2O$
Laurasian fauna laurasische Fauna f *(Permokarbon, Trias)*
laurdalite Laurdalit m *(Nephelinsyenit)*
Laurentian folding laurentische Tektogenese f *(Altpräkambrium, Nordamerika)*

~ revolution Laurentischer Umbruch m (Präkambrium)
laurionite Laurionit m, PbOHCl
laurite Laurit m, RuS_2
laurvigite, laurvikite Laurvigit m, Laurvikit m (Alkalisyenit)
lausenite Lausenit m, $Fe[SO_4]_3 \cdot 6H_2O$
lautarite Lautarit m, $Ca[JO_3]2$
lautite Lautit m, CuAsS
lava Lava f
~ blisters Lavablasen fpl, Entgasungsaufblähungen fpl aus dem Lavastrom
~ colonnade Lavaorgel f
~ cupola s. ~ dome
~ dome Schildvulkan m, Quellkuppe f, Lavadom m
~ eruption Lavaausbruch m
~ field Lavafeld n, Deckenerguß m
~ flood Lavaflut f, Flächenerguß m
~ flow Lavastrom m
~ fountain Lavafontäne f, Schlackenfontäne f
~ lake Lavasee m
~ plain (plateau) Lavafeld n, Deckenerguß m
~ plug Lavapfropfen m
~ pumice Bimssteinlava f
~ rag Wurfschlacke f
~ river Lavastrom m
~ scratches Lavaschrammen fpl
~ sheet Lavadecke f
~ spine Lavastalagmit m
~ stone Lavagestein n, Ergußgestein n
~ stream Lavastrom m
~ tree [cast] s. ~ tree mould
~ tree mould Lavabaum m (Abbildung bzw. Umkrustung eines in Lava aufgenommenen verbrannten Baums)
~ tumefaction s. ~ dome
~ tunnel Lavatunnel m
laval Lava...
lavatic lavaartig, aus Lava
lavendulane Lavendulan m, $(Ca, Na)_2Cu_5[(Cl|(AsO_4)]_4 \cdot 4-5H_2O$
lavenite Låvenit m, $(Na, Ca, Mn)_3Zr[(F,OH,O)_2|Si_2O_7]$
lavialite metamorpher Basalt m mit Einsprenglingsrelikten
lavic s. lavatic
law of distribution Verteilungsgesetzmäßigkeit f (von chemischen Elementen)
~ of radioactive decay Gesetz n des radioaktiven Zerfalls
~ of refraction Brechungsgesetz n, Reflexionsgesetz n
lawrencite Lawrencit m, $FeCl_2$
lawrosite Lawrosit m (Varietät von Diopsid)
lawsonite Lawsonit m, $CaAl_2[(OH)_2|Si_2O_7] \cdot H_2O$
lay bare/to entblößen, bloßlegen, freilegen
~ down ablagern
lay Schicht f, Flöz n
layer Schicht f, Lage f
~ 2 ein Schallhorizont im Ozeanboden unter dem Tiefseesediment

lead

~ depth Schichttiefe f
~ exit Flözausgehendes n
~ in layers schichtweise
~-lattice structure Schichtgitterstruktur f
~ of air Luftmantel m
~ of discontinuity Sprungschicht f
~ of flint Feuersteinband n
~ of iron pan Ortsteinhorizont m
~ of shale Schieferzwischenmittel n
~ of shale chips Borkenlehm m
~ of weather-worn material Verwitterungsschicht f
~ thickness Schichtmächtigkeit f
~ water Schichtwasser n
layered [in Lagen übereinander] geschichtet
~ structure Lagentextur f
layering Schichtung f
layers/by schichtmäßig
~/in schichtenweise, geschichtet
laying-bare Bloßlegung f
~-down Ablagerung f
~-up basin Rückhaltebecken n
layland Brache f
layout 1. Lageplan m, Grundriß m; 2. Auslage f (von Kabeln)
~ chart Lagekarte f, Tiefenkarte f
~ plan Situationsskizze f
lazarevicite Lazarevicit m, Cu_3AsS_4
lazuli s. lazurite
lazulite Lazulith m, Blauspat m, $(Mg, Fe)Al_2[OH|PO_4]_2$
lazurite Lasurit m, Lapislazuli m, Lasurstein m, $(Na, Ca)_8[(SO_4, S, Cl)_2|(AlSiO_4)_6]$
lea Wiese f
~ stone geschichteter (laminierter) Sandstein m
leach/to 1. auslaugen, herauslösen; 2. einsikkern, versickern, durchsickern
leach brine Mutterlauge f
~ hole s. sinkhole
~ mineral alkalisches Mineral n
leachability Auslaugbarkeit f
leachable auslaugfähig
leachate Auslaugprodukt n
leached soil ausgelaugter (entbaster) Boden m
~ zone Auslaugungszone f
leaching Auslaugung f, Auslaugen n, Ausschwitzung f, Laugung f
~ agent Laugungsmittel n, Laugemittel n
~ cavity durch Laugen entstandener Hohlraum m, Laughöhle f
~ in place In-situ-Laugung f
~ liquor aggressive Lauge f
~ residue Auslaugungsrückstand m
~ waters Auslaugungswässer npl
lead 1. Leitung f, Leithorizont m; Gang m (s.a. lode); 2. Höhlenröhre f; 3. Phasenvoreilung f
~ bit Pilotmeißel m
~-in section Anlauflänge f (Teil des seeseismischen Kabelbaums)
~ of a lode Gangtrum n, Ausläufer m

lead

lead Blei n, Pb
~ **age** Bleialter n *(Geochronologie)*
~-**bearing** bleiführend
~ **glance** Bleiglanz n, Galenit m, PbS
~ **mine** Bleibergwerk n, Bleigrube f
~ **ore** Bleierz n
~ **tungstate** s. stolzite
~ **vitriol** s. anglesite
leader Mineraltrümchen n, Ader f
~ **stone** Kluftlette f
leadhillite Leadhillit m, $Pb_4[(OH)_2|SO_4|(CO_3)_2]$
leading 1. Abraum über einer Seife; 2. Schnur f *(von Erz)*
~ **fossil** Leitfossil n
~ **seam** Leitflöz n
leadlike bleiartig
leady bleiartig; bleihaltig
leaf-bearing trees Laubbäume mpl
~ **clay** Bänderton m, dünngeschichteter Ton m
~ **coal** Blätterkohle f, Papierkohle f *(kutikulenreiche Braunkohle)*; Nadelkohle f
~ **gneiss** Blättergneis m
~ **impression** Blattabdruck m
~ **injection** Blatt-für-Blatt-Injektion f *(parallel den s-Flächen)*
~ **mould** Humusstoffschicht f
~ **primordium** Blattanlage f
~ **reflectance** Reflexionsvermögen n *(von Blättern)*
~ **scar** Blattnarbe f
~ **shale** Blätterschiefer m, dünnblättriger Schieferton m
leaflike blättrig
league 1. Längeneinheit, entspricht 15,840 Fuß; 2. Flächenmaß, entspricht 6,919 Quadratmeilen
leak/to sickern
~ **downward** durchsickern
~-**off test** Dichtheitstest m
~ **proof** Dichtheitsprüfung f
leakage 1. Undichtheit f; 2. Lecken n, Leckage f; 3. Versickerung f, Sickerverlust m
~ **halo** Kohlenwasserstoff-Bodengas-Anomalie über einer Öl-Gas-Lagerstätte
~ **of storage** Speicherundichtheit f
~ **of well** Bohrungsundichtheit f
leaking modes Leaking-Moden mpl *(Kanalwellen mit Sickerverlust)*
leaks in the casing joints Undichtheit f der Gestängeverbindungen
leaky undicht
~ **aquifer** semipermeabler Grundwasserleiter m
lean arm *(Erz, Gas)*; mager *(Kohle, Ton)*
lean Armerz n
~ **clay** Ton m mit geringer Plastizität, Magerton m, Lette f
~ **coal** Magerkohle f
~ **gas** Armgas n, armes Gas n, Schwachgas n
~ **lime** Magerkalk m

~ **ore** geringwertiges (armes) Erz n, Magererz n
leap Dislokation f, Schichtenstörung f, Sprung m
~ **year** Schaltjahr n
leaps [and bounds]/by sprungweise
lease Abbaurecht n, Erwerb m von Abbaurechten *(im Grundeigentümerbergbau)*
least squares fit Anpassung f nach dem Verfahren der kleinsten Quadratsumme
~ **time path** Strahlenweg m mit minimaler Laufzeit
leat Graben m, Wasserlauf m *(in Cornwall)*
leath weiches Trum n, weicher Teil m eines Ganges *(Derbyshire)*
leather bed (coat) Rutschbelag m *(einer Störungsfläche)*; Lettenbesteg m
leatherstone Bergleder n *(Varietät von Palygorskit)*
leaving scar Gleitwulst m *(Sedimentgefüge)*
leavings Scheideerze npl
lechatelierite Lechatelierit m, SiO_2, amorph
leck toniger Schiefer m
leckstone körniges Trappgestein n
lecontite Lecontit m, $(NH_4)Na[SO_4] \cdot 2H_2O$
lectostratotype Lektostratotyp m
lectotype Lectotypus m
ledge 1. Felsbank f, Riff n; Felsenkette f *(entlang der Küste)*; 2. gewachsener Fels m, Anstehendes n, anstehendes Gestein n; 3. Erzlager n, Erzgang m; 4. Berme f *(Tagebau)*
~ **matter** Gangmittel n, Gangart f
~ **of a rock** vorspringender Teil m einer Felswand
~ **rock** gewachsener Fels m, Anstehendes n, anstehendes Gebirge n
~ **vein** Erzlager n, Erzgang m
ledger Unterseite f eines Ganges
~ **wall** s. footwall
ledgy slope terrassierter Hang m
Lédian [Stage] Léd[ien] n, Lédium n *(Stufe des Eozäns, Belgisches Becken)*
lee shore Leeufer n
~ **side** Leeseite f
~-**side concentration** Rippelschichtung f
leelite fleischrote Varietät von Orthoklas
leeward dem Winde abgekehrt
~ **side** Leeseite f
~ **slope** windabseitiger Abhang m
left-bank tributary linker Nebenfluß m
~-**hand quartz** Linksquarz m
~-**handed crystal** linksdrehender Kristall m
~ **quartz** Linksquarz m
leg 1. Teilstrecke f, Teilbereich m; 2. Phasensprung m; 3. Hubbein n; 4. s. limb
legend Legende f *(zur Karte)*
leggy Wellenband n
lehiite Lehiit m, $Na_2Ca_5Al_8[(OH)_{12}|(PO_4)_8] \cdot 6H_2O$
leidleite Leidleit m *(glasige Varietät von Dazit)*
leifite Leifit m, $Na_2[(F,OH,H_2O)_{1-2}|(Al,Si)Si_5O_{12}]$
leightonite Leightonit m, $K_2Ca_2Cu[SO_4]_4 \cdot 2H_2O$

Lemnian bole (earth) lemnische Erde *f*
~ ruddle lemnische rote Kreide *f*
lemniscate Lemniskate *f*
lengenbachite Lengenbachit *m*, 7PbS·2As$_2$S$_3$
length of equivalent pendulum äquivalente Pendellänge *f*
~ of pipe (tube) Bohrstangenlänge *f*
lengthening in b Längung *f* in b
lens out/to linsenförmig auskeilen
lens Linse *f*
~-shaped linsenförmig
lensing Ausdünnen *n* einer Schicht, linsenförmige Lagerung *f*
~-out auskeilend
lenslike linsenförmig
lenticle kleine Linse *f*
lenticular linsenförmig
~ alternation flasrige Wechsellagerung *f*
~ bedding Linsenschichtung *f*, linsige Schichtung *f*
~ cloud Linsenwolke *f*
~ cross-bedding linsige Schrägschichtung *f*
~ field linsenförmige Lagerstätte *f*
~ intercalation linsenförmige Einlagerung *f*
~ ore body linsenförmiger Erzgang *m*
~ sand linsenförmiger Sandkörper *m*
~ vein Linsengang *m*
~ vug linsenförmige Druse *f*
lenticularity linsenförmiges Auftreten *n*
lenticulated linsenähnlich
lenticule kleiner, linsiger Gesteinskörper *m*
lentiform linsenförmig
lentil Gesteinslinse *f*, Linse *f*
Leonardian [Stage] Leonard *n (Stufe des Unterperms)*
leonhardite *s.* laumontite
leonite Leonit *m*, K$_2$Mg[SO$_4$]$_2$·4H$_2$O
leopardite Leopardit *m (Varietät von Quarzporphyr)*
leopoldite *s.* sylvite
lepidoblastic lepidoblastisch
~ structure Blättertextur *f*
lepidocrocite Lepidokrokit *m*, γ-FEOOH
lepidolamprite *s.* franckeite
lepidolite Lepidolith *m*, Lithiumglimmer *m*, KLi$_2$Al[(F,OH)$_2$|Si$_4$O$_{10}$]
lepidomelane Lepidomelan *m (eisenreicher Biotit)*
leptite Leptit *m*
leptynite Leptinit *m (metamorphes Gestein)*
lermontovite Lermontovit *m*, (U, Ca, Ce$^{...}$)$_3$[PO$_4$]$_4$·6H$_2$O
lessening fold ausklingende Falte *f*
lessingite Lessingit *m*, (Ca,Ce,La,Nd)$_5$[(O,OH,F)|(SiO$_4$)$_3$]
lestiwarite Lestiwarit *m (Syenitaplit)*
letdowns abgesunkene Erosionshärtlinge *mpl (auf tiefere stratigrafische Horizonte)*
letovicite Letovicit *m*, (NH$_4$)$_3$H[SO$_4$]$_2$
lettenlike lettig
leucite Leuzit *m*, K[AlSi$_2$O$_6$]
leucitic leuzitführend; leuzitähnlich

leucitite Leuzitit *m*
leucitohedron *s.* trapezohedron
leucitophyre Leuzitophyr *m*
leucocratic leukokrat, hell
leucogranite Leukogranit *m*
leucophanite Leukophan *m*, (Ca, NaH)$_2$Be[Si$_2$O$_6$(OH, F)]
leucophoenicite Leukophönicit *m*, Mn$_7$[(OH)$_2$|(SiO$_4$)$_3$]
leucophosphite Leukophosphit *m*, K(Fe, Al)$_2$[OH|(PO$_4$)$_2$·2H$_2$O
leucophyre Leukophyr *m (Varietät von Diabas)*
leucosapphire Leukosaphir *m*, weißer Saphir *m (s.a.* corundum*)*
leucosome Leukosom *m*
leucosphenite Leukosphenit *m*, Ba(Na, Ca)$_4$Ti$_3$[BO$_3$|Si$_8$O$_{24}$]
leucoxene Leukoxen *m (Gemenge von Titanmineralen)*
levee/to eindeichen *(einen Fluß)*
levee 1. Damm, Schutzdamm *m*, Hochwasserdamm *m*; 2. Lavarippe *f*
level/to nivellieren, horizontieren
level 1. Abbausohle *f*, Etage *f*, Höhenlinie *f*, Niveau *n*, Pegel *m*, Bausohle *f*; 2. Pegel *m*, Niveau *n*; 3. Libelle *f (Vermessungswesen)*
~-bedded strata horizontalgelagerte Schichten *fpl*
~ country Flachland *n*
~ course Verlauf *m* in Richtung des Schichtstreichens
~ decrease Sinken *n* des Wasserstandes
~ entry Stollenmundloch *n*
~ fluctuation Niveauschwankung *f*
~ fold Falte *f* mit horizontaler Sattellinie
~-free workings 1. Abbau *m* im Ausbiß einer Lagerstätte; 2. Grubengebäude *n* mit natürlicher Wasserhaltung
~ gangway Gezeugstrecke *f*, Sohlstrecke *f*
~ of abrasion Abrasionsebene *f*
~ of compensation Ausgleichsfläche *f (Isostasie)*
~ of organic metamorphism [linearer] Maßstab *m* für die Inkohlung
~ of reference Bezugsniveau *n*, Bezugsfläche *f*
~ of saturation Sättigungsspiegel *m*
~ of the lake Seespiegel *m*
~ of the ocean (sea) Meeresspiegel *m*
~ of the water gauge Pegelhöhe *f*
~ of underground water Grundwasserspiegel *m*
~ seam söhliges Flöz *n*
~ slicing *s.* density slicing
~-surface ripples Horizontalrippeln *fpl*
~ water Grundwasser *n*
levelled ground Planum *n*
levelling Nivellement *n*, Nivellierung *f*
~ of surface Flächennivellement *n*
~ rod Nivellierlatte *f*
levelness Ebenheit *f (Topografie)*
Leverett function Leverett-Funktion *f*
levigated feingeschlämmt

levigation 208

levigation Abschlämmen n, Dekantieren n, Auslaugung f
levogyrate crystal Linksquarz m
levorotation Linksdrehung f
levorotatory linksdrehend
levynite Levyn m, $Ca[Al_2Si_4O_{12}]\cdot 6H_2O$
lewisite s. romeite
Lewistonian [Stage] Stufe des Silurs
lewistonite Lewistonit m (Varietät von Apatit)
lherzolite Lherzolit m (Varität von Peridotit)
lianous gangförmig
Liardian Liard n (Ladin, Nordamerika)
Lias [Epoch] Lias m, Schwarzer Jura m (Serie des Juras)
~ **Limestone** Liaskalk m
~ **Series** Lias m, Schwarzer·Jura m (Serie des Juras)
Liassic liassisch
liberated gas freigemachtes Gas n
libethenite Libethenit m, $Cu_2[OH|PO_4]$
libolite asphaltartige Kohle f
lichens Flechten fpl
lick Sumpfgebiet n mit Salzquellen
lidded eingeschnürt (auf den Ausstrich eines Erzschlauchs begrenzt)
lidstone Hangendes n (in Eisenerzlagerstätten)
lie 1. stilliegende Grube f; 2. Richtung f, Lage[rung] f
~ **of the land** Flurform f
liebigite Licbigit m, $Ca_2[UO_2|(CO_3)_3]\cdot 10H_2O$
Liesegang banding Liesegangsche Bänderung f
lievrite s. ilvaite
life community Lebensgemeinschaft f
~ **district** Lebensraum m
~ **duration** Lebenszeit f
~ **form** Lebensform f
~ **of a well** Lebensdauer f einer Sonde
~ **position** Lebendstellung f (Biostratonomie)
~ **realm** Lebensraum m
lifetime Lebenszeit f; Lebensdauer f (z.B. einer Bohrlochdoublette)
lift/to heben
lift Saughöhe f
~ **coefficient** Auftriebsbeiwert m, Auftriebskoeffizient m
~ **joint** Bankung f, oberflächenparallele Klüftung f (in Plutoniten)
~ **of tide** Fluthöhe f
lifted side gehobener Flügel m (einer Verwerfung)
lifting Hebung f
~ **cost** Förderkosten pl
~ **effect (force)** Auftrieb m
~ **into an arch** Aufwölbung f
liftings schwebende Örter npl
ligamental inflection Ligamentfalte f (bei Muscheln)
light ground schwimmendes Gebirge n
~ **hole** Einsturzschlot m (Karst)
~ **hydrocarbons** leichte Kohlenwasserstoffe mpl

~ **layers of brown coal** helle Braunkohlenschichten fpl (sog. „helle Bänder ", meist bitumenreich)
~ **line** Lichtlinie f
~ **microscope** Lichtmikroskop n
~ **mineral** Leichtmineral n
~-**optical microscope** Lichtmikroskop n
~ **plumb line** Lichtlot n (Grundwasserspiegelmessung)
~ **red silver ore, ~ ruby silver** s. proustite
~ **scatter** Lichtstreuung f
~ **silt** Feinlehm m
~-**sized** kleinstückig
~ **surface peat** Rasentorf m
~ **transmission** Lichtdurchlässigkeit f
~-**weight mineral** Leichtmineral n
~ **year** Lichtjahr n
lighten/to entlasten
lightened sediment entlastetes Sediment n (durch Erosion)
lightning Blitz m
~ **tube** Fulgurit m, Blitzröhre f
ligneous lignitartig, holzig
~ **coal** Braunkohle f
lignification Verholzung f (der Zellwände)
lignify/to verholzen
lignite 1. Braunkohle f (Weich- bis Mattbraunkohle nach Inkohlungsgrad); Lignit m; 2. xylitische Braunkohle f (Kohlenart); 3. Xylit m (biochemisch verändertes, fossiles Holz)
~-**bearing** braunkohleführend, braunkohlehaltig
~ **coal mine** Braunkohlengrube f
~ **coal tar** Braunkohlenteer m
~ **deposit** Braunkohlenlager n
~ **mine** Braunkohlenbergwerk n
~ **mining** Braunkohlenbergbau m
lignitic braunkohlehaltig, lignitisch
~ **field** Braunkohlenfeld n
lignitiferous braunkohleführend, braunkohlehaltig
lignitization s. lignification
lignitize/to lignitisieren
likasite Likasit m, $Cu_6[(OH)_7|(NO_3)_2|PO_4]$
likely lode erzhöffiger Gang m, Gang m mit Ververzungsindikationen
lillianite Lillianit m, $3PbS\cdot Bi_2S_3$
lily crinoid Seelilie f
~ **pond** Quellbecken n mit Kalksinterterrassen
liman coast Limanküste f
limb 1. Schenkel m, Flügel m; 2. Gebirgsausläufer m
~ **bone** Extremitätenknochen m
~ **of fold** Faltenschenkel m
~ **of syncline** Muldenflügel m
limbed schenklig
limburgite Limburgit m (glasführender Nephelinbasalt)
lime 1. Kalziumoxid n, CaO; 2. allgemein auch Kaliumkarbonat und Kalziumhydroxid
~-**bearing** kalkhaltig
~-**cemented sandstone** Sandstein m mit kalkigem Bindemittel

~-containing kalkhaltig
~ content Kalkgehalt m
~ craig anstehender Kalkstein m; Wand f eines Kalksteinbruchs (Schottland)
~-depositing kalkablagernd
~-depositing bacteria Kalkbakterien fpl
~ feldspar Kalkfeldspat m
~-free kalkfrei
~ kiln Kalkofen m
~ marble Kalkmarmor m
~ marl Kalkmergel m
~ mud Kalkspülung f (Bohrtechnik)
~ mud rock Kalktonstein m
~ nodule Lößkindl n
~ pan Hartkalkhorizont m (Boden)
~ pit Kalksteinbruch m, Kalkgrube f
~-precipitating kalkablagernd
~-precipitating algae Kalkalgen fpl
~-rich kalkreich
~ rock Kalkstein m
~ rubblerock s. calcirudite
~ sand Kalksand m
~ sandrock (sandstone) s. calcarenite
~-secreting kalkablagernd, kalkabscheidend
~-secreting algae Kalkalgen fpl
~ silicate Kalksilikat n
~ silicate rock Kalksilikatfels m
~ sink s. sinkhole
~ stone s. limestone
~ uranite s. autunite
limeclasts klastische Kalksteinindividuen npl
limestone Kalkstein m
~ bed Kalksteinlage f
~-encased kalkumhüllt
~ for flux Zuschlagkalkstein m
~ gravel Kalksteinkies m
~ layer Kalkschicht f
~ mountains Kalkgebirge n
~ pebbles Kalksteingeröll n
~ pit Kalksteingrube f
~ quarry Kalk[stein]bruch m
~ red loam Kalkrotlehm m
~ rock Kalkgestein n
~ shale Kalkschiefer m
~ sink s. sinkhole
~ slab Kalksteinplatte f
~ soil Kalksteinboden m
limey kalkartig, kalkhaltig, kalkig
limit angle Grenzwinkel m
~ equilibrium Grenzgleichgewicht n
~ line Grenzlinie f
~ load Grenzlast f
~ of backwater Staugrenze f
~ of concentration Grenzwert m (Hydrochemie)
~ of creep Kriechgrenze f
~ of detection Nachweisgrenze f (eines Elements)
~ of drift ice Treibeisgrenze f
~ of forest growth Waldgrenze f
~ of pay Bauwürdigkeitsgrenze f
~ of proportionality Proportionalitätsgrenze f

~ of resolution Auflösungsgrenze f
~ of snow Schneegrenze f
~ of submersion Inundationsgrenze f
~ of trees Baumgrenze f
~ plane Grenzfläche f
~ stress Grenzspannung f, Dauerstandfestigkeit f
limiting grading curve Grenzsieblinie f
~ pressure Grenzdruck m
~ stress Grenzspannung f
limnaean benthos Süßwasserbenthos n
limnal s. limnetic
limnetic limnisch, zum Süßwasser gehörend, Süßwasser..., lakustrisch
~ coal limnische Kohle f
~ coal basin limnisches Kohlenbecken n
~ facies limnische Fazies f
~ formation limnische Bildung f
~ peat Moorttorf m, Torfmudde f
limnic s. limnetic
limnigraph Schreibpegel m
limnimeter Seepegelmesser m
limnimetrical station Pegelstation f
limnite s. bog iron ore
limno-aphotic limno-aphotisch
~-biotic limno-biotisch
~-geotic limno-terrestrisch
limnogenic limnogen
limnograph Schreibpegel m
limnologic[al] limnologisch
limnology Limnologie f, Seenkunde f
limnoplankton Limnoplankton n
limnoquartzite Süßwasserquarzit m
limonite Limonit m, Brauneisenerz n, FeOOH·nH$_2$O
~ ore Brauneisenerz n
limonitic limonitisch
limonitization Limonitisierung f
limonitize/to limonitisieren
limous schlammig
limurite Limurit m (Metasomatit mit mehr als 50% Axinit)
limy kalkig, kalkhaltig
~ bed Kalkschicht f
~ ore kalkiges Erz n
~ skeleton Kalkgerüst n
linarite Linarit m, PbCu[(OH)$_2$|SO$_4$]
lindackerite Lindackerit m, (Cu, H$_2$)$_3$[AsO$_4$]$_2$·4H$_2$O
lindgrenite Lindgrenit m, Cu$_3$[OH|MoO$_4$]$_2$
lindstromite, lindströmite Lindströmit m, 2PbS·Cu$_2$S·3Bi$_2$S$_3$
line 1. Profil n, Profillinie f; 2. Seilstrang m
~ displacement Linienverschiebung f
~ drawing Strichzeichnung f
~ flooding Linienfluten n
~ of aggregate thickness Linie f gleicher Gesteinsmächtigkeit, Isolithe f
~ of ascent Entwicklungslinie f
~ of bearing Ausstrichlinie f
~ of breakage Bruchlinie f
~ of cleavage Spaltriß m, Absonderungsfuge f

line   210

~ **of development** Entwicklungslinie f
~ **of dip** Fallinie f, Einfallrichtung f
~ **of dislocation (displacement)** Bruchlinie f
~ **of emergence** Hebungslinie f
~ **of equal interval** Konvergenzlinie f, Isochore f (Linie gleichen senkrechten Abstands zwischen zwei gegebenen geologischen Horizonten)
~ **of equal magnetic dip** Linie f gleicher magnetischer Inklination, Isokline f
~ **of equal rainfall** Regengleiche f, Niederschlagshöhenkurve f, Isohyete f
~ **of equal rate of flow** Linie f [der Punkte] gleicher Geschwindigkeit (z.B. bei Gletschern)
~ **of equal thickness** Linie f gleicher Mächtigkeit, Mächtigkeitslinie f, Isopache f
~ **of equal value of gravity** Linie f gleicher Schwerewerte, Isogamme f
~ **of evolution** Entwicklungslinie f
~ **of fastest flow** Linie f [der Punkte] maximaler Geschwindigkeit (z.B. bei Gletschern)
~ **of faulting** Bruchlinie f
~ **of flow** Stromlinie f
~ **of force** Kraftlinie f
~ **of fracture** Bruchlinie f
~ **of junction** Anheftungslinie f (bei Fossilschalen)
~ **of lode** Gangstreichen n
~ **of movement** Bewegungssinn m
~ **of outcrop** Ausstrichlinie f
~ **of rent** Bruchlinie f
~ **of saddle** Sattellinie f
~ **of saturation** s. ground-water level
~ **of slope** Fallinie f, Einfallrichtung f
~ **of springs** Quellhorizont m, Quellinie f
~ **of stratification** Schichtfuge f
~ **of strike** Streichrichtung f, Streichlinie f
~ **of wells** Brunnengalerie f
~ **pipe** Leitungsrohr n
~ **spectrum** Linienspektrum n
~ **squall** Linienbö f
~ **-up** Gleichphasigkeit f (Seismik)
lineage Entwicklungsreihe f, phylogenetische Reihe f
~ **structure** Verzweigungsstruktur f (bei Kristallen)
lineagenic movements lineamentäre Bewegungen fpl
lineageny Lineamenttektonik f
lineament Lineament n
linear cleavage Griffelung f, Griffelschieferung f, griffelige Klüftung f
~ **coefficient** Linearbeiwert m
~ **earthquake** lineares Beben n
~ **eruption** Lineareruption f
~ **features** linear ausgeprägte Merkmale npl, Merkmale npl mit dominierender Längsstreckung, linienhaft ausgebildete Merkmale npl
~ **flow** lineare Strömung f
~**-folded mountain range** geradliniges Faltengebirge n
~ **magnification** lineare Vergrößerung f

~ **parallelism** s. lineation
~ **projection** Linearprojektion f
~ **scale factor** Längenmaßstab m (Modelltechnik)
~ **schistosity** stengelige Textur f, Griffelschieferung f
~ **stretching** Streckung f
~ **structure** linear gestreckte Textur f, Linear n
~ **volcanoes** Vulkanreihen fpl
linearly polarized wave linear polarisierte Welle f
lineation 1. Linearstreckung f, Lineation f, Striemung f; 2. Strömungsriefen fpl (Sedimentgefüge)
lined borehole verrohrtes Bohrloch n
liner verlorene Kolonne (Rohrtour) f, Liner m
~ **hanger** Linerhänger m (Aufhängevorrichtung für eine im Bohrloch eingebaute verlorene Rohrtour)
~ **puller** Filterrohrziehvorrichtung f
linguiform, linguoid zungenförmig
~ **current ripples** zungenförmige Strömungsrippeln fpl
~ **ripple marks, ~ ripples** Linguoidrippeln fpl (sichelförmige Rippeln)
lining of channel Grabenabdichtung f
linkage scharfes Abbiegen n eines Gebirgsrückens
linked vein durch Querspalten stufig versetzter Gang m, Kettengang m
~ **veins** Scharung f der Gangtrümer, Gangschwarm m, Gangzug m
linking form Zwischenform f
linn Wasserfall m
~ **and wool** (sl) streifiger grauer Sandstein m
linnaeite Linneit m, Kobaltkies m, Co_3S_4
linnets oxidiertes Bleierz n
linophyre fluidalstreifiger Magmatit m
linophyric fluidalstreifig
linseed earth (sl) grauer Ziegelton m
linsey tonhaltiges Gestein n
lip of the crater Kraterrand m
liparite Liparit m (ein Rhyolith)
~ **tuff** Liparittuff m
liptinite Liptinit m (Kohlenmaceral, Maceralgruppe)
liptite Liptit m (Kohlenmikrolithotyp)
liptobioliths Liptobiolithe mpl (liptinreiche Kohlenlithotypen)
liptodetrinite Liptodetrinit m (Kohlenmaceral)
liquation Liquidentmischung f
~ **phenomena** Seigerungserscheinungen fpl
liquefaction Verflüssigung f
~ **of gas** Gasverflüssigung f
liquefied [natural] gas verflüssigtes Erdgas n
~ **natural gas storage** Flüssigmethanspeicher m
~ **petroleum gas storage** Flüssiggasspeicher m (Propan-Butan-Speicher)
liquefy/to flüssig machen, verflüssigen

liquid schmelzflüssig
- ~ **capacity** Wasserhaltevermögen n, wasserbindende Kraft f (eines Bodens)
- ~ **column** Flüssigkeitssäule f
- ~ **containing gas in solution** Flüssigkeit f mit gelöstem Gas
- ~ **hydrocarbons** flüssige Kohlenwasserstoffe mpl
- ~ **inclusion** Flüssigkeitseinschluß m
- ~ **level** Flüssigkeitsspiegel m
- ~ **level indicator** 1. Wasserspiegelmesser m; 2. Flüssigkeitsspiegelmesser m, Wasserstandsmeßgerät n
- ~ **limit** Fließgrenze f, unterer Plastizitätszustand m
- ~ **limit device** Gerät n zur Bestimmung der Fließgrenze
- ~ **magmatic deposit** liquidmagmatische Lagerstätte f
- ~ **petroleum gas** [natürliches] Flüssiggas n
- ~ **scintillation spectrometer** Flüssigkeitsszintillator m
- ~ **subaerial flow** subaerische Fließbewegung f
- ~ **vesicle** Flüssigkeitseinschluß m

liroconite Lirokonit m, $Cu_2Al[(OH)_4|AsO_4]\cdot 4H_2O$
liskeardite Liskeardit m, $Al_2[(OH)_3|AsO_4]\cdot 2^1/_2H_2O$
lissen Gesteinsspalt m
list Innenleiste f (bei Fossilschalen)
listric surface lystrische Fläche f, schaufelförmiger Verlauf m einer Tiefenstörung, Schaufelfläche f
listwanite Listvenit m (Metasomatit)
litchfieldite Litchfieldit m (Nephelinsyenit)
lithargite Lithargit m, α-PbO
lithia mica Lithiumglimmer m (s.a. lepidolite)
lithic 1. lithisch; 2. lithologisch
- ~ **arenite** s. ~ sandstone
- ~ **character** Gesteinscharakter m
- ~ **drainage** Unterflurdrainage f
- ~ **graywacke** s. subgraywacke
- ~ **sandstone** Standstein mit mehr Gesteinsfragmenten als Feldspatanteilen
- ~ **sphere** Gesteinssphäre f
- ~ **tuff** lithischer Tuff m, Blocktuff m, Schlackentuff m
- ~ **type** Gesteinstyp[us] m

lithidionite Lithidionit m, $(K, Na)_2Cu[Si_3O_7]_2$
lithification Lithifikation f, Sedimentverfestigung f, Diagenese f (allgemein für Diagenese, Kristallisation, Fossilisation)
lithify/to diagenetisch verfestigen, fossilisieren, versteinern
lithionite s. lepidolite
lithiophilite Lithiophilit m, $Li(Mn, Fe)[PO_4]$
lithiophosphatite Lithiophosphatit m, $Li_3[PO_4]$
lithites s. statoliths
lithizone s. lithostratigraphic zone
lithocalcarenite Lithokalkarenit m, Lithocalcarenit m (lithoklastischer Kalksandstein)
lithocalcilutite Lithokalzilutit m, Lithocalcilutit m (Sedimentit)
lithocalcirudite Lithokalzirudit m, Lithocalcirudit m (Sedimentit)
lithocalcisiltite Lithokalzisiltit m (Sedimentit)
lithochemistry Petrochemie f, Gesteinschemie f
lithoclase Lithoklase f (Kluft- oder Störungsfläche)
lithoclastic lithoklastisch
lithocysts s. statocysts
lithodolarenite Lithodolarenit m (Sedimentit)
lithodololutite Lithodololutit m (Sedimentit)
lithodolorudite Lithodolorudit m (Sedimentit)
lithodolosiltite Lithodolosiltit m (Sedimentit)
lithodomous im Sediment bohrend (für Organismen, z.B. Bohrmuschel)
lithofacies Lithofazies f
- ~ **map** Lithofazieskarte f

lithofraction Gesteinszerkleinerung f durch fluviatilen Transport der Brandung
lithogenese, lithogenesis Lithogenese f, Gesteinsbildung f
lithogenetic gesteinsbildend, lithogen
lithogenic soil Gesteinsboden m
lithogenous gesteinsbildend, lithogen
- ~ **organism** gesteinsbildender Organismus m

lithogeny Lithogenese f, Gesteinsbildung f
lithogeochemistry Lithogeochemie f
lithographic limestone lithografischer Kalkstein m
lithoid[al] steinig; gesteinsartig
lithoidyre wasserarmes Liparitglas n
lithologic[al] lithologisch
- ~ **association** lithologische Assoziation f
- ~ **character** Gesteinscharakter m, lithologisches Merkmal n
- ~ **complex** lithologischer Komplex m (lithostratigrafische Einheit, zusammengesetzt aus verschiedenen Gesteinsklassen oder Typen einer Gesteinsklasse)
- ~ **facies** Gesteinsfazies f
- ~ **geology** Lithologie f, Gesteinskunde f
- ~ **key bed** lithologischer Leithorizont m
- ~ **map** lithologische Karte f
- ~ **percentage map** Lithofazieskarte f (mit Darstellung des Prozentanteils eines Sedimenttyps am Aufbau einer lithologischen Einheit)
- ~ **trap** lithologische Falle f
- ~ **unit** lithologische Einheit f, Gesteinseinheit f

lithology Lithologie f, Gesteinskunde f
lithomarge Steinmark n
lithophagous s. lithodomous
lithophile, lithophilic, lithophilous lithophil
- ~ **element** lithophiles Element n

lithophyl fossile Blätter führend
lithophyl versteinertes Blatt n, Blattabdruck m
lithosol Steinboden m, Felsboden m, Gesteinsboden m
lithosome aufgefingerte (verzahnte) lithostratigrafische Einheit f
lithosphere Lithosphäre f
lithospheric plate (slab) Lithosphärenplatte f
lithostatic[al] pressure lithostatischer (petrostatischer) Druck m

lithostratigraphic 212

lithostratigraphic[al] lithostratigrafisch
~ **correlation** lithostratigrafische Korrelation f
~ **horizon** s. marker 1.
~ **method** lithostratigrafische Methode f
~ **unit** lithostratigrafische Einheit f
~ **zone** allgemeine lithostratigrafische Einheit zur Kennzeichnung bestimmter lithologischer Merkmale
lithostratigraphy Lithostratigrafie f
lithostrome parallelschichtige lithostratigrafische Einheit f
lithotope Lithotop n
lithotype Lithotyp m (Kohlentyp der Steinkohle)
lithozone s. lithostratigraphic zone
littoral Küsten..., Ufer...
littoral 1. s. ~ zone; 2. benthonisches Milieu n in der Gezeitenzone
~ **area** Flachsee f
~ **current** Küstenstrom m
~ **deposit** Strandablagerung f
~ **district** Flachsee f
~ **drift** Küstenströmung f
~ **dune** Küstendüne f, Vordüne f
~ **erosion** Stranderosion f
~ **facies** Küstenfazies f
~ **zone** litorale Zone f, Litoral n, Küstenzone f (bis 200 m Wassertiefe)
Littorina time[s] Littorinazeit f
live form Lebendform f
~ **glacier** aktiver Gletscher m
~ **ice** aktives Gletschereis n
~ **lime** ungelöschter Kalk m, Ätzkalk m
~ **lode** [ab]bauwürdiger Gang m
~ **oil** gasreiches Öl n
~ **quartz** mit Erz verwachsener Quarz m
~ **section** Meßlänge f (Teil des seeseismischen Kabelbaums)
liveingite Liveingit m, $4PbS \cdot 3As_2S_3$
liver-coloured copper ore Kupferlebererz n (Gemenge von erdigem Kuprit)
~ **peat** Torfmudde f
~ **pyrite** Leberkies m, massiger Pyrit (Markasit) m
living being Lebewesen n
~ **chamber** Wohnkammer f (Paläontologie)
~ **matter** lebende Materie f
~ **rock** anstehendes Gestein n
livingstonite Livingstonit m, $HgSb_4S_8$
lixivial laugenartig, alkalisch
lixiviant Laugungsmittel n, Lauge f
lixiviate/to auslaugen
lixiviation Auslaugung f, Auswaschung f
lizardite Lizardit m (Serpentinmineral)
Llandeilian [Stage] Llandeilo n (Stufe des Mittelordoviziums)
Llandoverian [Epoch, Series] Llandovery n (unteres Silur), Valent[ium] n (veraltete Bezeichnung)
llano Steppe f (Orinoko)
Llavirnian [Stage] Llanvirn[ium] n (Stufe des Unterordoviziums)

LME = London Metal Exchange
load Belastung f, Last f
~-**bearing capacity, load-carrying capacity** Tragfähigkeit f, Belastbarkeit f
~ **cast** Sandsteinwulst m, Unterseitenwulst m, Fließwulst m, Belastungsmarke f
~-**cast lineation** Belastungslineation f, Belastungsriefen fpl
~-**casted** durch Belastung überformt
~-**casted current markings** belastete Strömungsmarken fpl
~ **cell** Druckmeßdose f
~ **curve** Belastungskurve f
~-**deflection curve** Last-Dehnungs-Kurve f
~ **fold** Belastungsfalte f
~ **limit** Belastungsgrenze f
~ **metamorphism** Versenkungsmetamorphose f, Belastungsmetamorphose f
~ **mould** Belastungsmarke f, Belastungseindruck m
~ **of debris** Schuttlast f (eines Flusses)
~ **of ice** Eislast f
~ **of sediments** Sedimentlast f
~ **of silt** Schlammlast f (eines Flusses)
~ **of waste** Schuttlast f (eines Flusses)
~ **pocket** Belastungstasche f
~ **pressure** Belastungsdruck m
~ **range** Belastungsbereich m; Laststufe f
~-**settlement curve** Belastungssetzungsdiagramm n, Lastsenkungskurve f
~ **stone** Magneteisenstein m, Magneteisenerz n (s.a. magnetite)
~ **test** Belastungsversuch m
~ **wave** Belastungsfahne f (Sedimentgefüge)
~ **yield recorder** Lastsenkungsschreiber m
loaded with detritus geschiebeführend
loading aufgebrachte Last f, Auflast f
~ **function** Belastungsfunktion f
~ **plate** Belastungsplatte f
~ **pole** Ladestange f
~ **test** Belastungsversuch m
loadstar Leitstern m; Polarstern m
loadstone s. lodestone
loaflike brotlaibartig
~ **jointing** brotlaibartige Absonderung f (durch Klüfte)
loam Lehm m; Letten m, Ton[mergel] m
~ **formation** Lehmbildung f
~ **pit** Lehmgrube f
~ **sand** Klebsand m
~ **watery clay** Schluff m
loamification Verlehmung f
loamy lehmig, lettig
~ **coarse sand** lehmiger Grobsand m
~ **desert** Lehmwüste f
~ **fine sand** schluffiger Feinsand m
~ **fine soil** schluffiger Feinsandboden m
~ **ground** Lehmboden m
~ **marl** lehmiger Mergel m
~ **sand** Sandlehm m
~ **soil** Lehmboden m
lob of gold kleine Reichgoldlagerstätte f

lobate lappig
~ **coast** gelappte Küste *f*
~ **rill mark** *s.* flute cast
~ **type of coast line** gelappte Küste *f*
lobe Lappen *m*, Lobus *m*
~**-finned bony fishes** quastenflossige Knochenfische *mpl*, Crossopterygier *mpl*
~ **line (suture)** Lobenlinie *f*
lobulate gelappt, mit Loben versehen
local lokal, örtlich
~ **anomaly** lokale Anomalie *f*
~ **apparent time** scheinbare Ortszeit *f*
~ **depression** Pinge *f*
~ **earthquake** Ortsbeben *n*
~ **magnetic anomaly** lokale magnetische Anomalie *f*
~ **mean time** mittlere Ortszeit *f*
~ **meridian** Ortsmeridian *m*
~ **metamorphism** lokale Metamorphose *f* *(z.B. Kontaktmetamorphose)*
~ **range zone** Teilzone *f*
~ **shock** Ortsbeben *n*
~ **time** Ortszeit *f*
~ **trend** lokaler Trend *m*
~ **velocity** Ortsgeschwindigkeit *f*
locality Fundort *m*
locate a well/to eine Bohrung ansetzen
location Standort *m*, Ansatzpunkt *m*
~ **of a well** Bohransatzpunkt *m*
~ **plan** *(Am)* Lageplan *m*, Situationsplan *m*
~ **sketch** Situationsskizze *f*
loch 1. See *m*; schmaler Seearm *m*; 2. Druse *f*, Erzdruse *f*
~ **hole** große Druse *f*
Lochkovian [Stage] Lochkov *n*, Lochkov-Stufe *f* *(Stufe des basalen Unterdevons einschließlich des höchsten Silurs)*
lock 1. *s.* ~ chamber; 2. *s.* loch
~ **chamber** Schleusenkammer *f*
~ **gate** Schleusentor *n*
~ **of water** Wassermenge *f*
locked ore minerals eingeschlossene Erzminerale *npl*
~ **to gangue** an das Ganggestein gebunden
Lockport Dolomite Lockport-Dolomit *m* *(unterer Teil der Lockport-Gruppe, Nordamerika)*
~ **Group** Lockport-Gruppe *f* *(oberes Wenlock und Ludlow Nordamerikas)*
locus of the vent Ausbruchsstelle *f*
~ **sphere** Lagenkugel *f*
lode 1. Erzgang *m*, Gang[zug] *m* *(s.a.* vein 1.); 2. Deich *m*, Wasserlauf *m*
~ **deposit** Ganglagerstätte *f*
~ **filling** Gangfüllung *f*
~ **gold deposit** Golderzgang *m*
~ **matter** Gangmasse *f*, Gangkörper *m*
~ **of medium dip** flachfallender Gang *m*
~ **of steep dip** tonnlägiger Gang *m*
~ **ore** Gangerz *n*
~ **plot** horizontaler Gang *m*
~ **rock (stone)** Ganggestein *n*
~ **stuff** Gangmasse *f*, Gangkörper *m*

long

~ **tin** Gangzinn *n*
~ **wall** Gangwand *f*, Salband *n*
lodestar Leitstern *m*; Polarstern *m*
lodestone *(Am)* Magneteisenstein *m*, Magneteisenerz *n* *(s.a.* magnetite)
lodestuff Gangart *f*
lodge 1. Sumpf *m*; 2. Wasserreservoir *n*
lodgement Ablagerung *f*
~ **till** Grundmoränengeschiebe *n*
lodranite Lodranit *m* *(Eisen-Stein-Meteorit)*
loess Löß *m*
~ **bluff** Lößsteilufer *n*
~ **clay** Lößlehm *m*
~ **deposit** Lößvorkommen *n*
~ **doll** Lößpuppe *f*, Lößkindl *n*
~ **loam** Lößlehm *m*
~ **nodule** *s.* ~ doll
~ **snail** Lößschnecke *f*
~ **soil** Lößboden *m*
loessial lößähnlich
~ **cover** Lößdecke *f*
loesslike, loessoid lößähnlich, lößartig
loeweite Löweit *m*, $Na_{12}Mg_7[SO_4]_{13} \cdot 15H_2O$
loferite Loferit *m* *(durch Fenstergefüge charakterisiertes Karbonatgestein)*
log/to [ver]messen, aufnehmen
log 1. Log *n*, Bohrlochaufnahme *f*; 2. Baumstamm *m*
~ **interpretation** Logauswertung *f*
~ **jam** Barre *f*, Sperre *f*
log[g]an stone Wackelstein *m*
logger Datenauswerter *m*
logging Bohrlochmessung *f*
~ **recorder** Registriergerät *n* für Bohrlochmessungen
~ **stone** *s.* log[g]an stone
~ **technique** Meßverfahren *n*
~ **truck** Meßwagen *m*
~ **unit** Bohrlochmeßapparatur *f*
loipon 1. Regolith *m* *(durch chemische Verwitterung verändertes Gestein)*; 2. Mondgestein *n*
löllingite Löllingit *m*, Arsenikalkies *m*, Arseneisen *n*, $FeAs_2$
LOM *s.* level of organic metamorphism
loma niedrige langgestreckte Bodenerhebung *f*
lomonite *s.* laumontite
lomonossovite Lomonossowit *m*, $Na_2MnTi_3[O|Si_2O_7]_2 \cdot 2Na_3PO_4$
long clay hochplastischer Ton *m*
~**-columnar** stengelig
~**-distance migration** Lateralmigration *f*
~**-distance recorder** Fernmeßgerät *n*
~**-distance water-level recorder** Wasserstandsfernmelder *m*
~**-duration static test** Dauerstandversuch *m*
~**-hole drilling** Langlochbohren *n*, Tieflochbohren *n*
~**-path multiple** Langwegmultiple *f*, Vollwegmultiple *f (Seismik)*
~**-period perturbations** langperiodische Störungen *fpl*

long   214

~-range forecast langfristige Vorhersage f
~-term behaviour Langzeitverhalten n
~-time pumping test Dauerpumpversuch m
~ ton Langtonne f *(1010,05 kg, Einheit der Masse in den USA)*
~ wall s. longwall
longevity Langlebigkeit f
longitude geografische Länge f
~ circle Längenkreis m
~ degree Längengrad m
longitudinal longitudinal, Längs...; streichend
~ crevasse Längsspalte f *(im Gletscher)*
~ deformation Längsverformung f
~ dune Längsdüne f
~ fault streichende Verwerfung f, Längsverwerfung f
~ fold s. strike fold
~ joint Längskluft f, S-Kluft f *(Granittektonik)*
~ moraine Längsmoräne f
~ pressure Längsdruck m
~ profile Längsprofil n
~ ripple marks longitudinale Rippelmarken fpl
~ section Längsschnitt m
~ slab joints Längsplattung f, Sigmoidalklüftung f
~ stria Längsstreifen m
~ [strike] valley Längstal n
~ wave Longitudinalwelle f, Kompressionswelle f, P-Welle f *(Seismik)*
longshore current Küstenstrom m
~ drift[ing], ~ transport of material Küstenversetzung f
longwall Streb m
~ caving Strebbruchbau m
~ face Streb m
~ stoping Firstenstoßbau m
~ working system Strebbau m
loop 1. Armgerüst n *(bei Brachiopoden)*; 2. Schleife f *(z.B. eines Flusses)*; 3. Schleife f; Ringschluß m
~ bedding Girlandenschichtung f
~ error Schleifenschlußfehler m
~ lake s. oxbow
looped bar Hakenschlinge f *(eines Flusses)*
loose circulation/to Spülung verlieren
loose-coiled mit offenen Windungen *(Ammoniten)*
~ grain soil strukturloser Boden m
~ ground lockeres Gebirge n
~ masses Lockermassen fpl
~ material Lockermaterial n
~ rock Lockergestein n
~ roof zubruchgehende Firste f
~ snow Lockerschnee m
loosened rock gelöstes Gestein n
loosening Auflockerung f *(des Bodens)*; Lockerung f *(des Gesteins)*
loparite Loparit m, (Na, Ce, Ca)TiO$_3$
lopezite Lopezit m, K$_2$[Cr$_2$O$_7$]
lopolith Lopolith m *(Intrusionsform)*
lopsided pultförmig
lorandite Lorandit m, TlAsS$_2$

lorenzenite Lorenzenit m *(Varietät von Ramsayit)*
lorettoite Lorettoit m, PbCl$_2$·6PbO
loseyite Loseyit m, (Mn, Zn)$_7$[(OH)$_5$|CO$_3$]$_2$
loss by evaporation Verdunstungsverlust m
~ by percolation Versickerungsverlust m
~ in cleaning Aufbereitungsverlust m
~ in gas storage Speichergasverlust m
~ of circulation Spül[ungs]verlust m
~ of [drill] core Kernverlust m
~ of energy Energieverlust m
~ of head Spiegelgefälle n *(des Wassers)*
~ of heat Wärmeverlust m
~ of returns Spül[ungs]verlust m
lossenite Lossenit m *(Gemenge von Skorodit und Beudantit)*
lost circulation Spül[ungs]verlust m
~-circulation zone Spülverlustzone f
~ interval Schichtenlücke f
~ record Hiatus m, stratigrafische Lücke f
~ river ausgetrockneter Fluß m; wasserabgebender Karstfluß m
Lotharingian [Stage] s. Sinemurian
lotrite Lotrit m, Pumpellyit m, Ca$_2$(Mg, Fe, Mn, Al)(Al, Fe, Ti)$_2$[(OH, H$_2$O)$_2$|SiO$_4$|Si$_2$O$_7$]
louderbackite Louderbackit m, Fe(Fe, Al)$_2$[SO$_4$]$_4$·14H$_2$O
lough 1. See m, Lagune f *(Irland)*, 2. unregelmäßiger Hohlraum m *(einer Eisenerzgrube in Lancashire)*
loughlinite Loughlinit m, Na$_2$Mg$_3$[(OH)$_2$|Si$_6$O$_{15}$]·2H$_2$O+4H$_2$O
loup Verschiebung f, Störung f *(Schottland)*
lovchorrite s. mosandrite
Love wave Love-Welle f *(Seismik)*
lovozerite Lowozerit m, (Na, K)$_2$(Mn, Ca)ZrSi$_6$O$_{16}$·3H$_2$O
low 1. Tief n *(Meteorologie)*; 2. Strandpriel f *(norddt.)*; 3. fossile Auswaschung f in Kohlenflözen
~-angle dipping stratum flach einfallende Schicht f
~-angle fault flachwinklige Verwerfung f
~-ash coal *(Am)* Kohle f mit niedrigem Aschegehalt *(<«8%)*
~ bank Flachufer n
~ coast Flachküste f
~ craton Tiefkraton m
~-cut filter Hochpaßfilter n
~ dip flaches Einfallen n
~-dipping stratum flach einfallende Schicht f
~ enthalpy geothermal potential niedrigenthalpes geothermisches Potential n
~ flow Niedrigwasserabfluß m
~-flow forecast Niedrigwasserabflußprognose f
~-grade arm, geringhaltig, geringwertig, minderwertig
~-grade clay gewöhnlicher Ton m
~-grade metamorphism schwache Metamorphose f

lowering

~-grade ore geringwertiges (armes) Erz n, Armerz n
~-gravity crude oil rohes Schweröl n
~-gravity oil Schweröl n
~ ground[s] Niederung f, Mulde f
~-level bog Flachmoor n, Niederungsmoor n
~-level discharge Niedrigwasserabfluß m
~-level laterite allochthoner Laterit m, Schwemmlaterit m
~-level radiation schwache Strahlung f
~ liquid limit niedrige Fließgrenze f (eines bindigen Materials, <50)
~-lying tiefliegend
~-lying bog Flachmoor n, Niederungsmoor n
~-lying coast Flachküste f
~-lying coast region, ~-lying coastal land Küstenniederung f
~-lying flat Marsch f
~-lying moorland Flachmoor n, Niederungsmoor n
~ marsh Talmoor n
~ meadow s. ~-lying flat
~ moor Flachmoor n, Niederungsmoor n
~-moor peat Flachmoortorf m
~-moor soil Niederungsmoorboden m
~ oblique photograph Steilaufnahme f (Aerogeologie)
~-order trend surface Trendfläche (Polynomtrendfläche) f niedrigen Grades
~-pass filter Tiefpaßfilter n
~-permeable geringdurchlässig
~-pressure area Tiefdruckgebiet n
~-productive soil armer Boden m
~ quartz Tiefquarz m
~-rank coal gering inkohlte Kohle f; Braunkohle f (überwiegend)
~-rank graywacke s. subgraywacke
~-rank metamorphism schwache Metamorphose f
~-sulfur coal (Am) Kohle f mit niedrigem Schwefelgehalt ($\leq 1\%$)
~-temperature carbonization Schwelung f, Verschwelung f, Tieftemperaturverkokung f
~ tide Niedrigwasser n, Ebbe f
~-tide flat Watt n
~-velocity correction Verwitterungskorrektur f (bei seismischen Messungen)
~-velocity layer Schicht f mit geringerer seismischer Wellengeschwindigkeit
~-volatile bituminous coal (Am) niedrigflüchtige (hochinkohlte) Steinkohle f (auf wasser-aschefreie Basis bezogen: flüchtige Bestandteile: 14 bis 22%, C_{fix}: 78 bis 86%)
~ volatility/of schwerflüchtig
~ water Niedrigwasser n, Ebbe f
~-water discharge Niedrigwassermenge f
~-water flow Niedrigwasserabfluß m
~-water level Niedrigwasserstand m
~-water line Niedrigwasserlinie f
~ water of ordinary neap tide Nippniedrigwasser n
~ water of spring tides Springniedrigwasser n
~-water stage Niedrigwasserstand m
lower/to 1. niederbringen, einbauen (Bohrung, Verrohrung); 2. erniedrigen (ein Relief durch Erosion); 3. absenken
~ the water table den Grundwasserspiegel absenken
lower aquifer Liegendgrundwasserleiter m
~ bed Unterschicht f
~ block Tiefscholle f, Liegendscholle f
~ bottom water Liegendwasser n (bei Erdöllagerstätten)
~ confining bed Grundwassersohlschicht f
~ course Unterlauf m (eines Flusses)
~ discharge tunnel Grundablaß m
~ flow regime unteres Fließregime n (fluviatiler Transport)
~ hemisphere untere Halbkugel f (Schmidtsches Netz)
~ jaw Unterkiefer m
~ limb liegender Schenkel m
~ limit of the tenor of ore Bauwürdigkeitsgrenze f
~ mantle unterer Erdmantel m, unterer (tieferer) Mantel m
~-pressure formation Formation f geringeren Drucks
~ rank lignite Weichbraunkohle f
~ reservoir Unterbecken n
~ water Liegendwasser n
~ yield point untere Streckgrenze f
Lower Cambrian [Epoch, Series] Unterkambrium n
~ Carboniferous [Epoch, Series] 1. Unterkarbon n, Dinant n (in Westeuropa und Mitteleuropa, Gattendorfia- bis Goniatites-Stufe); 2. Unterkarbon n (in der UdSSR, Gattendorfia-Stufe bis einschließlich Namur A)
~ Chalk Untere Schreibkreide f (Cenoman, England)
~ Cretaceous [Epoch, Series] Unterkreide f
~ Devonian [Epoch, Series] Unterdevon n
~ Greensand Formation Unterer Grünsand m (Apt und unteres Alb, England)
~ Jurassic [Epoch, Series] Unterer (Schwarzer) Jura m, Lias m
~ Ordovician [Epoch, Series] Unteres Ordovizium n, Unterordovizium n (Tremadoc, Arenig und Llanvirn)
~ Palaeozoic Altpaläozoikum n (Kambrium bis Devon)
~ Permian [Epoch, Series] Unterperm n
~ Pliensbachian unteres Pliensbach n, Carix n (Stufe des Unteren Juras)
~ Precambrian Altpräkambrium n
~ Triassic [Epoch, Series] Untere Trias f (Skyth)
lowered block abgesunkene Scholle f
~ ground-water level gesenkter Grundwasserspiegel m
lowering Absinken n; Senkung f
~ of subsoil water Grundwasserabsenkung f
~ of the ground-water surface Grundwasserabsenkung f

lowering

~ **of the melting point** Schmelzpunkterniedrigung f
~ **of the water table** Absenkung f des Grundwasserspiegels
lowermost bed unterste Schicht f
lowground s. low ground
löwigite s. alunite
lowland Niederung f, Tiefland n, Tiefebene f
~ **bog (moor)** Grünlandmoor n, Niederungsmoor n
~ **plain** Tiefebene f
loxoclase Loxoklas m (Na-reicher Orthoklas)
lubricant Schmiermittel n (auf tektonischen Flächen)
lubricating layer Schmierschicht f
lubricity Schlüpfrigkeit f
Lüders' lines Lüderssche (Hartmannsche) Linien fpl
Ludfordian [Stage] Ludfordium n (basale Stufe des Ludlow)
Ludhanian [Stage] Ludhanien n (Stufe des Pleistozäns)
Ludian [Stage] Lud[ium] n, Ludien n, Ludische Stufe f (Stufe des Eozäns)
ludlamite Ludlamit m, $Fe_3[PO_4]_2 \cdot H_2O$
Ludlovian [Epoch, Series] Ludlow[ium] n (oberes Silur)
ludwigite Ludwigit m, $(Mg, Fe)_2Fe[O_2|BO_2]$
lueshite Lueshit m, $NaNbO_3$
lugarite Lugarit m (Varietät von Techenit)
Luisian [Stage] Luisien n (marine Stufe, mittleres Miozän in Nordamerika)
lujavrite Lujavrit m (Nephelinsyenit)
lum Partie geringerer Härte im Kohlenflöz
lumachelle Lumachelle f; Muschelbrekzie f
lumbar vertebra Lendenwirbel m, Lumbalwirbel m
luminesce/to lumineszieren
luminescence Lumineszenz f
~ **quenching** Lumineszenzlöschung f
luminescent lumineszierend
~ **crystal** lumineszierender Kristall m
~ **emission** Lumineszenzemission f
luminosity Leuchtkraft f
luminous leuchtend
~ **clouds** leuchtende Nachtwolken fpl
~ **haze** Lichtnebel m
~ **incident ray** einfallender Lichtstrahl m
~ **matter** leuchtende Materie f
~ **pencil** Strahlenbündel n
lump Klumpen m, Kornaggregation f (aus Oolithen oder Pellets); Galle f, Konkretion f
~ **coal** Stückkohle f, Grobkohle f
~ **lime** Stückkalk m (gebrannt)
~ **of slag** Lavaflatschen m
~ **of tin ore** Zinnstufe f
~ **ore** Stückerz n
lumpiness Stückigkeit f
lumpy ballig, stückig, derbstückig, grobstückig, klumpig
~ **ore** stückiges Erz n
lunar halbmondförmig, lunar

216

~ **aurora** Mondhof m
~ **circuit** Mondumlauf m
~ **circus** Mondkrater m
~ **cleft** Mondspalte f (Oberflächenform)
~ **crater** Mondkrater m
~ **day** Mondtag m
~ **disk** Mondscheibe f
~ **dust** s. ~ regolith
~ **eclipse** Mondfinsternis f
~ **fines** pulvriges Mondmaterial n (Bestandteile des Mondbodens < 1cm)
~ **geology** Mondgeologie f
~ **glassy spherules** Glaskügelchen npl im Lunargestein
~ **halo** Mondhalo m, Mondring m
~ **landscape** Mondlandschaft f
~ **libration** Libration f, Mondbewegung f
~ **microbreccia** zu Brekzie kompaktiertes (geschweißtes) Mondoberflächenmaterial n
~ **mountain[s]** Mondgebirge n
~ **orbit** Mond[umlauf]bahn f
~ **path** Mondbahn f
~ **phase** Mondphase f
~ **probe** Mondsonde f
~ **regolith** Mondboden m, Staubschicht f des Mondes
~ **rock** Mondgestein n
~ **shadow** Mondschatten m
~ **topography** Mondlandschaft f
~ **year** Mondjahr n
lunarian Mondforscher m
lunate mondförmig
lunation Mondumlauf m
luncart längliche Konkretion f (Schottland)
luneburgite Lüneburgit m, $Mg_3[(PO_4)_2|B_2O(OH)_4] \cdot 6H_2O$
lung fish Lungenfisch m
lunker s. luncart
lusakite Lusakit m (Co-haltige Varietät von Staurolith)
Lusitanian Lusitanien n (fazielle Entwicklung, oberes Oxford, Schweizer Jura)
lussatite Lussatit m (s.a. chalcedony)
luster (Am) s. lustre
lustre Glanz m, Schimmer m
~-**motting** Glanzfleckigkeit f (bei Sandsteinen mit sparitischem Zement)
lustreless glanzlos
lustrous glänzend, strahlend
~ **coal** (sl) s. bright coal
~ **schist** Glanzschiefer m
lusungite Lusungit m, $(Sr, Pb)Fe_3H[(OH)_6|(PO_4)_2]$
lutaceous s. argillaceous
lutalite Lutalit m (Varietät von Leuzitnephelinit)
lute klebriger Lehm m
Lutetian [Stage] Lutet[ium] n (Stufe des Eozäns)
lutetium Lutetium n, Lu
lutite Pelit m
lutose tonbedeckt
luxullianite Luxullianit m (Turmalingranit)

luzonite Luzonit m, Cu_3AsS_4
lycopodiaceous bärlappähnlich
~ **tree** Bärlappbaum m
Lydian stone, lydite Lydit m, Kieselschiefer m
lye/to laugen
lye Lauge f
lying fold liegende Falte f
~ **stratified** schichtweise gelagert
~ **wall** Liegendes n
lyndochite Lyndochit m (s.a. euxenite)

M

M-boundary Moho-Diskontinuität f
maar Maar n
Maastrichtian [Stage] Maastricht[ien] n, Maastrichtium n (höchste Stufe der Oberkreide)
macadam Straßen[bau]schotter m, Schotter m
~ **effect** Zementationseffekt m (in Karbonatgesteinen durch Evaporation)
~ **road** Schotterstraße f
macadamize/to beschottern
macaluba Schlammvulkan m
macaroni tubing engkalibrige Steigrohre npl
macdonaldite Macdonaldit m, $BaCa_4[Si_{15}O_{35}] \cdot 11H_2O$
Macedon glass Tektitenglas n von Macedon (Australien)
macedonite Mazedonit m (olivgrüner Trachyt)
maceral Maceral n (Gefügebestandteil, Gemengteil der Kohle)
~ **group** Maceralgruppe f
~ **subgroup** Maceralsubgruppe f
macerated plant material mazeriertes Pflanzenmaterial n
maceration Mazerierung f
macgovernite Macgovernit m, $Mn_9Zn_2Mg_4[O|(OH)_{14}|(AsO_4)_2|(SiO_4)_2]$
mackayite Mackayit m, $Fe[TeO_3]_3 \cdot xH_2O$
mackensite Mackensit m (Mineral der Chlorit-Gruppe)
mackerel sky Schäfchenhimmel m
mackintoshite Mackintoshit m, Thorogummit m, $(Th, U)[SiO_4, (OH)_4]$
macle 1. Zwillingskristall m; 2. dunkler Fleck m
maconite Makonit m (Übergangsmineral von Hydrobiotit zu Vermiculit)
macrinite Macrinite m (Kohlenmaceral)
macro... s.a. mega...
macrocephaly Großköpfigkeit f (bei Fossilien)
macrochemical makrochemisch
macroclastic makroklastisch
macroclimate Makroklima n, regionales Klima n (Ökologie)
macrocosm Makrokosmos m, Weltall n
macrocrystalline makrokristallin, grobkörnig
macrodome Makrodoma n (Kristallografie)
macroite Macroit m (Kohlenmikrolithotyp)
macropetrographic seam section makropetrografisches Flözprofil n (Kohle)

macroscopic makroskopisch, megaskopisch
~ **examination** makroskopische Untersuchung f
macroseism Makrobeben n
macroseismic makroseismisch
macrospore Makrospore f, Megaspore f
mactrostructure Makrogefüge n, makroskopisches (freisichtiges) Gefüge n, Grobgefüge n
macrotype s. microlithotype
maculose rock Knotenschiefer m; Fleckschiefer m
made ground Auffüllung f
madeirite Madeirit m (porphyrischer Alkalipikrit)
madre 1. Flußbett n; 2. Mutterlauge f; 3. lockeres Oberflächengestein n (Kolumbien)
madupite Madupit m (Glimmerleuzitit)
maenite Maenit m (Ca-reicher Bostonit)
mafic mafisch
~ **mineral** Dunkelmineral n, basisches Mineral n
mafites Mafite mpl (Dunkelminerale in magmatischen Gesteinen)
mafurite Mafurit m (Olivinleuzitit)
magadiite Magadiit m, $NaSi_7O_{18}(OH)_3 \cdot 3H_2O$
magallanite Magallanit m (eine asphaltartige Substanz)
maggie (sl) 1. minderwertige Kohle; 2. minderwertige Eisenkarbonaterze in Schottland
~ **blaes** (sl) minderwertige Eisensulfiderze (in Schottland)
maghemite Maghemit m, γ-Fe_2O_3
magma Magma n
~ **chamber** Magmakammer f, Magmaherd m
~ **focus (hearth)** Magmaherd m
~ **reservoir** Magmakammer f, Magmaherd m
magmatic magmatisch
~ **body** Magmenkörper m
~ **cycle** magmatischer Zyklus m
~ **differentiation** magmatische Differentiation f
~ **digestion** s. assimilation
~ **eruption** magmatischer Ausbruch m
~ **extrusion** Magmendurchbruch m, magmatische Extrusion f
~ **intrusion** magmatische Intrusion f
~ **province** magmatische Provinz f
~ **rock** Magmatit m, magmatisches Gestein n, Erstarrungsgestein n
~ **stage** magmatisches Stadium n
~ **stoping** magmatische Aufstemmung f (mechanische Raumschaffung bei magmatischer Intrusion)
~ **tremor** magmatisches Beben n
~ **tribe** Magmasippe f
~ **water** s. juvenile water
magmatism Magmatismus m
magmatogene magmatogen
magmatogenic rock magmatogenes Gestein n
magmosphere Zone unterhalb der Mohorovičić-Diskontinuität

magnesia

magnesia Magnesia *f*, Magnesiumoxid *n*, MgO
magnesian 1. magnesiumhaltig; 2. magnesiahaltig
~ **limestone** dolomitischer Kalkstein *m*, Magnesiakalk *m*, Dolomit[kalk] *m*
~ **slate** Talkschiefer *m*
magnesiochromite Magnesiochromit *m*, $MgCr_2O_4$
magnesiocopiapite Magnesiocopiapit *m*, $MgFe_4(SO_4)_6(OH)_2 \cdot 20H_2O$
magnesioferrite Magnesioferrit *m*, Magnoferrit *m*, $MgFeO_4$
magnesiokatophorite Magnesiokatophorit *m*, $Na_2CaMg_4(Fe,Al)[(OH,F)_2AlSi_7O_{22}]$
magnesioludwigite Magnesioludwigit *m (Varietät von Ludwigit)*
magnesioniobite Magnesioniobit *m*, (Mg, Fe, Mn)(Nb, Ta, Ti)$_2O_6$
magnesioriebeckite Magnesioriebeckit *m*, $Na_2Mg_3Fe_2[(OH, F)|Si_4O_{11}]_2$
magnesiosussexite Magnesiosussexit *m (Mg-haltige Varietät von Sussexit)*
magnesiotriplite Magnesiotriplit *m (Mg-haltiger Triplit)*
magnesite Magnesit *m*, Bitterspat *m*, $MgCO_3$
magnesium Magnesium *m*, Mg
~-**chlorophoenicite** Magnesium-Chlorophoenicit *m*, (Zn, Mn)$_5[(OH)_7|AsO_4]$
magnet natürlicher Magnet *m*; Magneteisenstein *m*
magnetic magnetisch
~ **aftereffect** magnetische Nachwirkung *f*
~ **anisotropy** magnetische Anisotropie *f*
~ **anomaly** magnetische Anomalie *f*
~ **artefacts** [kunstliche] magnetische Störkörper *mpl*
~ **attraction** magnetische Anziehung *f*
~ **axis** Magnetachse *f*, Pol[ar]achse *f*
~ **balance** magnetische Waage *f*, Feldwaage *f*
~ **bearing** magnetisches Azimut *n*, magnetische Peilung *f*
~ **bias** magnetische Vorspannung *f*
~ **biasing** Vormagnetisierung *f*
~ **cobber** Magnetscheider *m*
~ **compass needle** Kompaßnadel *f*, Magnetnadel *f*
~ **compass north** magnetische Nordrichtung *f*
~ **concentrating** magnetische Aufbereitung *f*
~ **declination** magnetische Abweichung (Deklination, Mißweisung) *f*
~ **dip** *s*. ~ inclination
~ **dipole** magnetischer Dipol *m*
~ **dipole radiation** magnetische Dipolstrahlung *f*
~ **disturbance** magnetische Störung *f*, magnetischer Sturm *m*
~ **diurnal variation** magnetische Tagesvariation *f*
~ **dressing** magnetische Aufbereitung *f*
~ **equator** erdmagnetischer Äquator *m*
~ **field** magnetisches Feld *n*, Magnetfeld *n*

218

~ **field balance** Magnetfeldwaage *f*, magnetische Feldwaage *f*
~ **field energy** magnetische Feldenergie *f*
~ **field intensity** magnetische Feldstärke *f*
~ **field line** magnetische Feldlinie *f*
~ **field strength** magnetische Feldstärke *f*
~ **flux density** magnetische Flußdichte *f*
~ **inclination** magnetische Inklination *f*
~ **intensity** magnetische Feldstärke *f*
~ **iron ore** *s*. magnetite
~ **logging** magnetisches Bohrlochmeßverfahren *n*, magnetische Bohrlochaufnahme *f*
~ **meridian** magnetischer Meridian *m*
~ **needle** Magnetnadel *f*
~ **north** magnetisch Nord
~ **observatory** magnetisches Observatorium *n*
~ **ore separator** Magnetscheider *m*
~ **permeability** magnetische Permeabilität *f*
~ **permeability logging** Messung *f* der magnetischen Permeabilität
~ **polarization** magnetische Polarisierung *f*
~ **pole** [erd]magnetischer Pol *m*
~ **pyrite** *s*. pyrrhotine
~ **resistance** magnetischer Widerstand *m*
~ **screening** magnetische Abschirmung *f*
~ **separation** magnetische Aufbereitung *f*, Magnetscheidung *f*
~ **separator** Magnetscheider *m*
~ **shielding** magnetische Abschirmung *f*
~ **storm** magnetischer Sturm *m*, magnetische Störung *f*
~ **survey** magnetisches Schürfen *n*, geomagnetische Vermessung *f*
~ **susceptibility** magnetische Suszeptibilität *f*
~ **susceptibility logging** Meßverfahren *n* mit Hilfe der magnetischen Suszeptibilität
~ **variation** *s*. ~ declination
magnetics Magnetik *f*
magnetism Magnetismus *m*
magnetite Magnetit *m*, Magneteisenstein *m*, Fe_3O_4
magnetization Magnetisierung *f*
magnetize/to magnetisieren
magnetizing force magnetische Feldstärke *f*
magnetometer Magnetometer *n*
magnetoplumbite Magnetoplumbit *m*, $PbO \cdot 6Fe_2O_3$
magnetosphere Magnetosphäre *f*
magnetostriction Magnetostriktion *f*
magnetostrictive drilling Magnetostriktionsbohren *n*
magnetotelluric method, magnetotellurics Magnetotellurik *f*
magnification Vergrößerung *f*
magnifier Vergrößerungsglas *n*, Lupe *f*
magnify/to vergrößern
magnifying glass Vergrößerungsglas *n*, Lupe *f*
magniphyric körnig mikrophyrisch *(zwischen 0,2–0,4 mm)*
magnitude Magnitude *f (Maß für die Energie eines Erdbebens)*
magnochromite *s*. magnesiochromite

manganese

magnoferrite s. magnesioferrite
magnolite Magnolit m, Hg$_2$[TeO$_4$]
magnophorite Magnophorit m (Varietät von Richterit)
magnophyric grobporphyrisch (< 5mm)
magnussonite Magnussonit m, (Mn,Mg,Cu)$_5$[(OH, Cl)|(AsO$_3$)$_3$]
maiden jungfräulich, unverritzt
~ **field** unverritztes Abbaufeld n
main activity Haupttätigkeit f
~ **bottom** gewachsenes Gestein n, Felsuntergrund m
~ **constituent** Hauptbestandteil m, Hauptkomponente f
~ **divide** Hauptwasserscheide f
~ **drive** Hauptstrecke f
~ **element** Hauptelement n
~ **fault** Hauptverwerfung f
~ **fold** Hauptfalte f
~ **gangway** Gezeugstrecke f
~ **gate** Grundstrecke f
~ **glacier** Hauptgletscher m
~ **haulage road** Hauptförderstrecke f
~ **hoisting shaft** Hauptförderschacht m
~ **joint** Hauptkluft f, Großkluft f
~ **level road** Richtstrecke f
~ **lode** Hauptgang m
~ **ocean** offener Ozean m
~ **phase** Hauptphase f
~ **river** Hauptstrom m
~ **roof** Haupthangendes n
~ **roof break** Setzriß m, Hangendriß m
~ **sea** hohe (offene) See f
~ **trend** Hauptstreichen n
~ **trunk sewer** Hauptsammelkanal m
mainland Festland n, Kontinent m
maintenance of the strata in undisturbed condition Erhaltung f des ungestörten Schichtenzusammenhangs
major clastic component klastischer Hauptbestandteil m
~ **constituent** Hauptgemengteil m
~ **divide** Hauptwasserscheide f
~ **element** Hauptelement n
~ **fault** Hauptverwerfung f
~ **fold** Hauptfalte f
~ **glaciation** Hauptvereisung f
~ **intrusion** Großintrusion f
~ **joint** Hauptkluft f, Großkluft f
~ **period of folding** Hauptfaltungsperiode f
~ **seismic belt** Hauptbebengürtel m
~ **septum** Hauptseptum n
~ **sheet** Stammdecke f
~ **stream bed** Hochwasserbett n eines Flusses
~ **trough** Hauptmulde f
makatea erhöhter Rand eines Korallenriffs
make hole/to Bohrfortschritt machen
~ **watertight** abdichten
make [ab]bauwürdige Gangerzanreicherung f
~-**up** Ausgehen n (einer Lagerstätte)
mäkinenite Mäkinenit m, NiSe
malachite Malachit m, Cu$_2$[(OH)$_2$|CO$_3$]

malacolite Malakolith m (Varietät von Diopsid)
malacon Malakon m (isotropisierter Zirkon)
Malaspina glacier s. piedmont glacier
malayaite Malayait m, CaSn[O|SiO$_4$]
malchite Malchit m (lamprophyrisches Ganggestein)
maldonite Maldonit m, Au$_2$Bi
malformation Mißbildung f; Aberration f
malignite Malignit m (Nephelinsyenit)
malinowskite Malinowskit m (Varietät von Tetraedrit, Cu-armes Silberbleifahlerz)
malladrite Malladrit m, Na$_2$[SiF$_6$]
mallardite Mallardit m, Mn[SO$_4$]·7H$_2$O
malleability Geschmeidigkeit f, bruchlose Verformbarkeit f
malleable geschmeidig, bruchlos verformbar
malm 1. brüchiger Kalkstein m; 2. Kalktonboden m
Malm [Epoch, Series] Malm m, Weißer Jura m (Serie des Juras)
malmstone Kieselkalkstein m
maltesite Maltesit m (Varietät von Andalusit)
maltha Bergteer m, Erdteer m, Malthait m, Mineralteer m (Asphaltmineral)
malthacite s. fuller's earth
malting coal Anthrazitkohle f (Wales)
Malvinokaffric Province Malvino-kaffrische Provinz f (Devon, Paläobiogeografie)
mamelon kleine Bodenerhebung f mit rundem Top
mammalian stage Wirbeltierstufe f
mammillary warzig, kugelig (Mineralaggregate)
~ **hills** s. drumlins
mammillated rock Rundhöcker m, Rundberg m
mammoth Mammut n
~ **pump** Mammutpumpe f
~ **tusk** Mammutstoßzahn m
man and environment Mensch m und Umwelt f
~-**made radioisotope** künstliches radioaktives Isotop n
~-**made shore line** befestigte Küste f
manandonite Manandonit m, LiAl$_2$[(OH)$_2$|AlBSi$_2$O$_{10}$]Al$_2$(OH)$_6$
manasseite Manasseit m, Mg$_6$Al$_2$[(OH)$_{16}$|CO$_3$]·4H$_2$O
manatee Seekuh f
mandible Mandibel f, Kiefer[knochen] m
mandibular groove Mandibularfurche f
mandshurite Mandschurit m (Nephelinbasanit)
Manebach twins Manebacher Zwillinge mpl
manganalluaudite Mangan-Alluaudit m, Na(Mn, Fe)[PO$_4$]
manganberzeliite Mangan-Berzeliit m, (Ca, Na)$_3$(Mn, Mg)$_2$[AsO$_4$]$_3$
manganese Mangan n, Mn
~-**bearing** manganhaltig
~ **hydrate** s. psilomelane
~ **nodule** Manganknolle f
~ **ore** Manganerz n, Braunstein m

manganese 220

~-rich pellets Manganknollen fpl (im marinen Bereich)
~ slate Manganschiefer m
~ spar s. rhodochrosite
manganesian manganhaltig
manganhoernesite Mangan-Hörnesit m, (Mn, Mg)$_3$[AsO$_4$]$_2 \cdot$8H$_2$O
manganiferous manganhaltig
~ iron ore Manganeisenerz n
manganite Manganit m, γ-MnOOH
manganolangbeinite Manganolangbeinit m, K$_2$Mn$_2$[SO$_4$]$_3$
manganomelane Manganomelan m (kolloidal ausgeschiedenes MnO$_2$)
manganoniobite Manganoniobit m, (Mn, Fe)Nb$_2$O$_6$
manganophyllite Manganophyllit m (Mn-reicher Biotit)
manganosite Manganosit m, MnO
manganostibiite Manganostibiit m, 8(Mn, Fe)O·Sb$_2$O$_5$
manganotantalite Manganotantalit m, (Mn, Fe)Ta$_2$O$_6$
manganous manganhaltig
~ iron Manganeisen n
mangerite Mangerit m (Monzonit)
mangrove marsh Mangrovensumpf m
~ peat Mangroventorf m
~ soil Mangrovenboden m
manjak Manjak m (Asphalt)
manlike s. anthropoid
mansfieldite Mansfieldit m, Al[AsO$_4$]·2H$_2$O
mantle 1. Überlagerung f; Decke f; Schwemmland n, Alluvion f; Aufschüttung f; 2. Mantel m; Erdmantel m
~ line Mantellinie f (bei Mollusken)
~ of debris Schuttdecke f
~ of glacial drift Glazialgeschiebedecke f
~ of rock waste Schuttmantel m
~ of vegetation Vegetationsdecke f
~ rock 1. Lockerboden m, Verwitterungskrume f, Deckgebirge n, Regolith m; 2. Erdmantelgestein n
mantled gneiss dome ummantelter Gneisdom m
manufacture of thin section Dünnschliffherstellung f
manufactured mineral verarbeiteter mineralischer Rohstoff m
manuring salt Düngesalz n
manyside vielseitig
manystage mehrstufig, Mehrstufen...
map/to kartieren
map Karte f, Landkarte f
~ convolution Interpolationsfehler m, Restfeld n
~ cracking (Am) Maronage f, feine Rißbildung f
~ grid Gitternetz n (einer Karte), Kartennetz n
~ of mine Grubenriß m
~ printing Kartografie f
~ projection Kartenprojektion f

~ reading Kartenlesen n
~ scale Kartenmaßstab m
~ section Kartenausschnitt m
~ sheet Kartenblatt n
~ symbol Kartenzeichen n
mappability Kartierbarkeit f
mapping Kartierung f, Geländeaufnahme f
~ instrument Kartiergerät n
~ of soil Bodenkartierung f
~-out Kartierung f
~ radar Bildradar n
marahunite Marahunit m (tertiäres Algengestein, Bogheadbildung im Braunkohlenstadium)
marble Marmor m
~ lime Marmorkalk m
~ quarry Marmor[stein]bruch m
~ slab Marmorplatte f
marbled marmoriert, geadert, gemasert
marblelike marmorartig
marbling Marmorisierung f
marcasite Markasit m, FeS$_2$
Marcellus Shales Marcellus-Schiefer mpl (Mitteldevon in Nordamerika)
marching dune Wanderdüne f
mare Mare n (Meer auf Mars oder Mond)
~ rocks Maregesteine npl (Mond)
marecanite edler Obsidian m, Marckanit m
mareographic s. oceanographic
margarite Margarit m, Perlglimmer m, Kalkglimmer m, CaAl$_2$[(OH)$_2$|Si$_2$Al$_2$O$_{10}$]
margarosanite Margarosanit m, Pb(Ca, Mn)$_2$[Si$_3$O$_9$]
margin Rand m, Ufer n, Saum m
~ of safety Sicherheitsgrenze f
marginal am Rand befindlich, Rand...; bedingt [ab]bauwürdig
~ basin Randbecken n (am Fuße des Kontinentalabhangs)
~ cord Dorsalstrang m (bei Foraminiferen)
~ crevasse Bergschrund m, Randspalte f (eines Gletschers)
~ deep Saumtiefe f, Saumsenke f, Randsenke f, Idiogeosynklinale f
~ deposit 1. Schelfsediment n; 2. bedingt [ab]bauwürdige Lagerstätte f
~ escarpment steile Randstufe f (im Kontinentalabhang)
~ fault Randbruch m
~ geosyncline Parageosynklinale f
~ ice Ufereis n, Randeis n
~ lagoon Strandhaff n
~ lake Gletscherrandsee m
~ moraine Seitenmoräne f
~ ores bedingt [ab]bauwürdige Erze npl
~ overthrust Randüberschiebung f
~ plateau Randplateau n (auf dem Schelf)
~ platform submarine Ebene f (am Kontinentalabhang)
~ potential area Randpotentialfläche f (eines artesischen Beckens)
~ sea Randmeer n, Nebenmeer n
~ seam bedingt [ab]bauwürdiges Flöz n

~ **selvage** Salband *n*
~ **stream area** Randstromfläche *f*
~ **trench** dem Kontinentalabhang vorgelagerter tiefer Randgraben
~ **trough** *s.* ~ deep
~ **well** 1. Randschwelle *f*, Randwulst *m*; 2. Melksonde *f*; Randbohrung *f*
~ **zone** Randzone *f*
margode Mergelschiefer *m*
marialite Marialith *m* *(Mischkristall der Skapolithreihe)*
marigram grafische Aufzeichnung *f* des Tidenhubs
marine marin, Meer[es]...
~ **abrasion** Brandungserosion *f*, marine Erosion *f*
~ **arch** Brandungstor *n*
~ **band** mariner Horizont *m* im Flözgebirge
~ **beach** Meeresstrand *m*
~ **bench** Küstenterrasse *f*, Brandungsterrasse *f*
~ **chart** Seekarte *f*
~ **clay** Marschenton *m*
~ **climate** maritimes (ozeanisches) Klima *n*, Seeklima *n*
~ **concrete structure** Betongerüst *n* einer permanent installierten Betonbohr- und -förderinsel
~ **current** Meeresströmung *f*
~**-cut terrace** Brandungsterrasse *f*, Brandungsplatte *f*, Schorre *f*
~ **deposit** marine Lagerstätte *f*, Meeresablagerung *f* *(Ablagerung am Seeboden)*
~ **drilling** Bohren *n* in der See
~ **environment** marine Umwelt *f*, Meeresumwelt *f*
~ **erosion** marine Erosion *f*, Brandungserosion *f*
~ **fauna** marine Fauna *f*
~ **geochemistry** marine Geochemie *f*
~ **geology** marine Geologie *f*
~ **geosyncline development** marine gesoynklinale Entwicklung *f*
~ **invasion** Meereseinbruch *m*, Meeresvorstoß *m*
~ **marsh** Küstensumpf *m*
~ **mining** Meeresbergbau *m*
~ **observatory** Seewarte *f*
~ **oil field** marines Ölfeld *n*
~ **sediment** marines Sediment *n*, Meeresablagerung *f*
~ **seismic surveying** seeseismische Vermessung *f*
~ **stage** marine Stufe *f*
~ **terrace** Strandterrasse *f*, Meeresterasse *f*
~ **till** *s.* subaqueous till
~ **time** durch marine Fossilien belegte geologische Zeit *f*
marining 1. kurzzeitige Überflutung *f*; 2. Vordringen *n* eines Epikontinentalmeeres
mariposite Mariposit *m* *(Varietät von Phengit)*
maritime climate *s.* marine climate

mariupolite Mariupolit *m* *(Albit-Nephelinsyenit)*
mark Marke *f*
marker 1. Leithorizont *m* *(lithostratigrafische Einheit)*; 2. Markierung *f*; 3. Pegel *m*
~ **bed** *s.* marker 1.
~ **velocity** Geschwindigkeit *f* des Leithorizonts *(Seismik)*
marking of points Punktvermarkung *f*
marl Mergel *m*
~ **ball** *s.* algal biscuit
~ **clay** Mergelton *m*
~ **earth** Mergelboden *m*
~ **loam** mergeliger Lehm *m*
~ **slate** Mergelschiefer *m*
marlaceous mergelig
~ **lime** Mergelkalk *m*
marling Mergelung *f*
marlite *s.* marlstone
marlpit Mergelgrube *f*
marlslate Mergelschiefer *m*
marlstone 1. eisenschüssiger Kalkstein *m* *(des mittleren Lias in England)*; 2. Mergelstein *m*
marly mergelartig, mergelig, Mergel...
~ **bed** Mergelbank *f*, Mergelschicht *m*
~ **chalk** mergelige Kreide *f*
~ **clay** mergeliger Ton *m*
~ **facies** Mergelfazies *f*
~ **mudstone** mergeliger Tonstein *m*
~ **sandstone** Mergelsandstein *m*
~ **shale (slate)** Mergelschiefer *m*
~ **soil** Mergelboden *m*
marmarosis Marmorisierung *f* *(Rekristallisation zu Marmor)*
marmatite Marmatit *m*, Eisenzinkblende *f* *(Fereiches ZnS)*
marmoraceous, marmoreal marmorartig
marmorization *s.* marmarosis
marmorize/to marmorisieren
marmorosis *s.* marmarosis
marokite Marokit *m*, $CaMn_2O_4$
marosite Marosit *m* *(Varietät von Shonkinit)*
marrite Marrit *m*, $PbAgAsS_3$
marsh Marsch *f*, Sumpf *m*, Bruch *m*, Morast *m*
~ **border soil** anmooriger Boden *m*
~ **buggy** Geländefahrzeug *n* *(für Sumpf und Moor)*
~ **creek** Priel *m*
~ **drainage** Moorentwässerung *f*
~ **funnel** *s.* viscosimeter
~ **gas** Grubengas *n*, Sumpfgas *n* *(Methan)*
~ **island** Marschinsel *f*, Hallig *f*
~ **marl** Moormergel *m*
~ **ore** Sumpferz *n*, Raseneisenerz *n*
~ **peat** Riedtorf *m*
Marshall line Andesitlinie *f*
marshes Polder *m*
marshiness sumpfige Beschaffenheit *f*
marshite Marshit *m*, CuJ
marshy sumpfig, morastig
~ **area** Sumpfgebiet *n*

marshy

~ **depression (flat)** Sumpfniederung f
~ **ground (soil)** Fehn n, Fenn n, Bruch m, Marschboden m, Moorboden m
martial vitriol s. melanterite
Martian canals Marskanäle mpl
~ **moons** Marsmonde mpl
martinite Martinit m (Varietät von Whitlockit)
martite Martit m (Pseudomorphose von Haematit nach Magnetit)
martitization Martitisierung f
mascagnite Mascagnit m, $(NH_4)_2[SO_4]$
mascon Schwereanomalie f, Massenkonzentration f (auf dem Mond)
mash/to einkneten
mash structure Maschentextur f (bei Mineralen)
mashed texture Knetstruktur f (bei Sedimenten)
mashing 1. Verknetung f, Einknetung f; 2. Korngranulierung f durch Deformation
maskelynite Maskelynit m (durch Schockmetamorphose entstandenes Plagioklasglas)
masonite s. chloritoid
masonry dam Mauerdamm m, Staumauer f
masrite Masrit m (Mn-Co-haltiger Pickeringit)
mass budget of glacier Gletschermassenbilanz f
~ **copper** gediegenes Kupfer n
~ **correction** Massenkorrektur f (Gravimetrie)
~ **defect** Massendefekt m (Gravimetrie)
~ **deficiency** Massendefizit m, Schwereetief n (Gravimetrie)
~ **excess** Massenüberschuß m, Schwerehoch n (Gravimetrie)
~ **fiber asbestos** verfilzter Asbest m (Rohqualität)
~ **flow** Schlammstrom m mit plastischem Materialverhalten
~ **movement** Massenbewegung f
~ **shift[ing]** Massenverschiebung f
~ **spectrogram** Massenspektrogramm n
~ **spectrograph** Massenspektrograf m
~ **spectrographic analysis** massenspektrografische Analyse f
~ **spectrometer** Massenspektrometer n
~ **spectrometric** massenspektrometrisch
~ **spectrometric isotope dilution** massenspektrometrische Isotopenverdünnung f
~ **spectrometry** Massenspektrometrie f
~ **spectroscopy** Massenspektroskopie f
~ **surplus** Massenüberschuß m (Gravimetrie)
~ **susceptibility** s. specific susceptibility
~ **thrust** Massenüberschiebung f
~ **wasting** Bodenverlagerung f
massicot[ite] Massicot[it] m, Bleiglätte f, β-PbO
massif 1. Gebirgsmassiv n, Gebirgsstock m; 2. Scholle f (der Erdrinde)
massive massiv, ungeschichtet, ungegliedert, massig
~ **bed** Bank f
~ **bedding** Bankung f (bei Sedimentgesteinen)
~ **concrete dam** Massivbetonmauer f

~ **layer** Bank f
~ **limestone** massiger Kalkstein m, Massenkalk m
~ **rock** massiges Gestein n
~ **structure** massige Textur f
~ **sulphide** massives Sulfid n
massively bedded dickbankig geschichtet
massiveness Massigkeit f
master bushing Haupteinsatz m (im Bohrdrehtisch)
~ **curves** Modellkurven fpl, Kurvenschar f
~ **displacement** Hauptverschiebung f
~ **fault** Hauptverwerfung f
~ **joint** Großkluft f, Hauptkluft f, lang aushaltende Kluft f
~ **lode** Hauptgang m
~ **sheet** Stammdecke f
~ **station** Hauptstation f, Kontrollstation f
~ **stream** Hauptfluß m
~ **vein** Hauptgang m
~ **zone of fracturing** Hauptbruchzone f
mat of grass Grasnarbe f
~ **of turf** Rasennarbe f
matched terraces niveaugleiche Terrassen fpl
material balance Massebilanz f
~ **balance method** Materialbilanzmethode f, Stoffbilanzmethode f
~ **in suspension** suspendiertes Material n
~ **to be conveyed** Fördergut n
~ **to be graded** Siebgut n
mathematical geology mathematische Geologie f
~ **processing** mathematische Behandlung f (geochemischer Daten)
matildite s. schapbachite
matlockite Matlockit m, PbFCl
matrice s. matrix
matrix 1. Grundmasse f, Hauptmasse f, Bindemittel n, Zwischenmasse f; 2. Gerüst n
~ **of lodes** Gangart f, Muttergestein n (von Erzgängen)
~ **ore** Gangart f
matter Materie f
matteuccite Matteuccit m, $NaH[SO_4] \cdot H_2O$
mature shore line Ausgleichsküste f
~ **valley** reifes Tal n
maturely dissected stark zertalt
maturity Maturität f, Reife f (bei Sedimenten bezogen auf Stoffbestand und Gefüge)
maucherite Maucherit m, Ni_3As_2
maufite Maufit m, $(Mg, Fe, Ni)Al_3[(OH)_8|AlSi_3O_{10}]$
mauzeliite s. romeite
maximum discharge Höchstwassermenge f, Spitzenabfluß m
~ **elongation** Bruchdehnung f
~ **flood discharge** maximales Hochwasser n
~ **flow** Höchstabfluß m
~ **level** höchster Wasserstand m
~ **permissible concentration** zulässige Höchstkonzentration f (Tracer)
~ **retardation** Gangunterschied m (Lichtbrechung)

~ slope of stratum maximale Schichtenneigung f
mayenite Mayenit m, $12CaO \cdot 7Al_2O_3$
Maysvillian [Stage] Maysville n (Stufe des Cincinnatiens)
mazapilite Mazapilit m (Arseniosiderit pseudomorph nach Skorodit)
mcallisterite McAllisterit m, $Mg[B_6O_9(OH)_2] \cdot 6^1/_2H_2O$
MCFGPD = thousand cubic feet gas per day
mckelveyite Mckelveyit m, $(Na, Ba, Ca, Y, SE, U)_9[CO_3]_9 \cdot 5H_2O$
meadow bog soil Wiesenmoorboden m
~ chalk Wiesenkalk m
~ loam Auenlehm m
~ ore Wiesenerz n, Raseneisenerz n
~ peat Wiesentorf m
~ soil Auboden m, Wiesenboden m
mealy sand Mehlsand m
mean annual discharge jährliche Mittelwasserführung f
~ annual flood mittleres jährliches Hochwasser n
~ annual precipitation mittlerer Jahresniederschlag m
~ annual water level mittlerer Jahreswasserstand m
~ anomaly mittlere Anomalie f
~ equinox mittleres Äquinoktium n
~ high water level mittlerer Hochwasserstand m
~ level of the ocean s. ~ sea level
~ low water level mittlerer Niedrigwasserstand m
~ monthly precipitation mittlerer Monatsniederschlag m
~ noon mittlerer Mittag m
~ range mittlere Reichweite f (Grundwasserabsenkung)
~ sea depth mittlere Tiefe f des Weltmeeres
~ sea level mittlerer Meeresspiegel (Wasserstand) m, mittlere Seehöhe f, Normalnull n, NN
~ sidereal time mittlere Sternzeit f
~ solar day mittlerer Sonnentag m
~ solar time mittlere Sonnenzeit f
~ tide Mittelwasser n
~ value Durchschnittswert n
~ water Mittelwasser n
~ water bed (channel) Normalbett n
~ water level mittlerer Wasserstand m
meander/to sich schlängeln, in Mäandern fließen
meander Mäander m, Flußschlinge f
~ belt Mäandergürtel m
~ channel Schluchtmäander m
~ core Umlaufberg m (bei Mäandern)
~ cut-off Mäanderdurchbruch m
~ lobe Mäanderzunge f
~ loop Mäanderschlinge f
~ neck Mäanderhals m
~ scrolls lake Altwassersee m

meandering Mäanderbildung f
~ channel pattern Rinnenmuster n eines mäandrierenden Flusses
~ stream Mäanderstrom m
~ valley Mäandertal n
measure 1. Maß n; Messung f; 2. kohleführende Schicht f; Bank f, Schichtgruppe f, Schichtfolge f
~ analysis Maßanalyse f
~ of gravity Schweremessung f
~ of relief Reliefenergie f
measured level Pegel m
~ ore ausgewiesener Erzvorrat m
~ reserves erkundete, aufgrund von Analysen und Messungen berechnete Vorräte mpl
measurement bolt Meßanker m
~ of geologic time geologische Zeitmessung f
~ of gravity Schwerkraftmessung f
~ of reflectivity Reflexionsmessung f
~ of rock pressure Gebirgsdruckmessung f
~ of the index Indexmessung f
~ of time Zeitmessung f
~ of ultrasonics Ultraschallmessung f
~ transducer Meßfühler m
measures Gebirge n (in bergmännischem Sinne)
measuring electrode Meßelektrode f
~ plane Meßebene f
~ plug Meßdübel m, Meßpflock m
~ profile Meßprofil n
~ tape Meßband n
~ weir Meßwehr n
~ while drilling [geophysikalische] Messung f während des Bohrvorgangs
meat-earth Dammerde f
mechanical mechanisch
~ logging Bohrfortschrittsmessung f
~ stage Kreuztisch m
~ twins mechanisch erzeugte Zwillingsstreifung f
~ weathering mechanische Verwitterung f
mechanics of liquids Hydromechanik f
medial moraine Mittelmoräne f
median chambers Äquatorialkammern fpl (Foraminifera)
~ grain size Median m (aus der Summenkurve abgeleitetes Maß der mittleren Korngröße)
~ lobe Medianlobus m (Paläontologie)
~ mass Zwischenmassiv n, Zwischengebirge n (orogene Strukturform)
~ moraine Mittelmoräne f
~ sulcus Mittelfurche f (Paläontologie)
medicinal spring Heilquelle f
Medinan [Series] Medinen n, Medina n (unteres Llandovery in Nordamerika)
Mediterranean Mittelmeer n
~ belt alpidischer Faltengürtel m
~ climate Mittelmeerklima n, Etesienklima n
~ red soil mediterrane Roterde f
~ suite (tribe) mediterrane Sippe f (magmatische Gesteine)
medium constituent unwesentlicher Gemengteil m, Nebengemengteil m

medium

~-grained mittelkörnig
~-grained sand s. ~ sand
~ gravel Mittelkies m (6–20 mm)
~-rank coal Kohle f mittleren Rangs; Steinkohle f (überwiegend)
~ relief Mittelgebirgsrelief n
~ sand Mittelsand m (0,25–0,5 mm)
~ silt toniger Lehm m
~ volatile bituminous coal [stage] (Am) [mittelflüchtige] Steinkohle f (Bereich: Gaskohlen- bis Fettkohlenstadium)
medullary rays Markstrahlen mpl (Holz)
meermolm Torfschlamm m
meerschaum Meerschaum m (s.a. sepiolite)
mega... s.a. macro...
megacryst Großkristall m, Einsprengling m
megaripples Großrippeln fpl
megascopic[al] megaskopisch, makroskopisch
megaseism Weltbeben n
meionite Mejonit m (Mischkristall der Skapolithreihe)
melaconite Melakonit m, Schwarzkupfererz n, Tenorit m, CuO
melanasphalt s. albertite
melane s. mafic mineral
mélange Melange f, [platten]tektonische Großbrekzie f, tektonische Moräne f
melanite Melanit m (Ti-haltiger Andradit, s.a. garnet)
melanocerite Melanocerit m, $Na_4Ca_{16}(Y, La)_3(Zr, Ce)_6[F_{12}|(BO_3)_3|(SiO_4)_{12}]$
melanocratic melanokrat, dunkel
~ constituent melanokrater Gemengteil m
melanophlogite Melanophlogit m (SiO₂-Modifikation)
melanosome Melanosom n
melanotekite Melanotekit m, $Pb_2Fe_2[O_2|Si_2O_7]$
melanothallite Melanothallit m, $Cu(Cl, OH)_2$
melanovanadite Melanovanadit m, $Ca_2V_{10}O_{25}\cdot 7H_2O$
melanterite Melanterit m, Eisenvitriol m, $Fe[SO_4]\cdot 7H_2O$
melaphyre Melaphyr m
~ tuff Melaphyrtuff m
melilite Melilith m, $(Ca, Na)_2(Al, Mg)[(Si, Al)_2O_7]$
~ basalt Melilithbasalt m
melilitite Melilithit m (Melilithgestein)
melinophane Melinophan m, $(Ca, Na)_2(Be, Al)[Si_2O_6F]$
meliorate/to meliorieren (Boden)
mellite Mellit m, $Al_2[C_{12}O_{12}]\cdot 18H_2O$
mellow/to zermürben
mellow loam lockerer Lehm m
mellowing Zermürbung f
melonite Melonit m, NiTe₂
melt/to schmelzen
~ away abschmelzen
melt Schmelzfluß m (Magma)
~ cup Schmelznapf m (im Gletscher)
~ water Schmelzwasser n

224

~-water gully Schmelzwasserrinne f
~-water stream Schmelzwasserbach m
melteigite Melteigit m (Alkaligestein)
melting Schmelzung f, Abschmelzen n, Aufschmelzen n
~ point Schmelzpunkt m
~ temperature Schmelztemperatur f
member Formationsglied n (lithostratigrafische Einheit)
memory effect Gedächtniseffekt m
~ function of strain Erinnerungsvermögen n (an ältere Deformationen)
menaccanite 1. s. ilmenite; 2. lockerer vulkanischer Sand m
Menap [Drift] Menap-Kaltzeit f (Pleistozän in Nordwesteuropa)
mendelyeevite Mendelejewit m (Varietät von Koppit)
mendipite Mendipit m, Bleioxidchlorid n, $PbCl_2\cdot 2PbO$
mendozite Mendozit m, Sulfatarit m, Natronalaun m, $NaAl[SO_4]_2\cdot 12H_2O$
meneghinite Meneghinit m, $4PbS\cdot Sb_2S_3$
menhir Hünenstein m, Steinsäule f
menilite Menilit m, Leberopal m
mensuration Abmessen n, Messung f, Vermessung f
~ technique Vermessungstechnik f, Meßtechnik f
Meotian [Stage] Meotien n (Stufe des Pliozäns)
mephitic air s. black damp
Meramecian [Stage] Stufe des Mississippiens
mercallite Mercallit m, $KH[SO_4]$
mercurial quecksilberhaltig
~ horn ore s. calomel
~ tetrahedrite Quecksilberfahlerz n, Schwazit m (Hg-haltiger Tetraedrit)
mercuric quecksilberhaltig (vorwiegend in Verbindung mit zweiwertigem Hg)
mercurous quecksilbrig (vorwiegend in Verbindung mit einwertigem Hg)
mercury Quecksilber n, Hg
~ argental Silberamalgam m, Kongsbergit m, α-(Ag, H)
~-halo method mit Quecksilberdispersionshof arbeitende Prospektionsmethode f
mere 1. kleiner See m; 2. Auslaugungswanne f; 3. Grenzlinie f, 4. Claimmaß n
merge/to zusammenfließen
~ into übergehen in
merging Scharung f
meridian Meridian m, Längenkreis m
~ altitude Meridianhöhe f
~ of Greenwich Meridian m von Greenwich, Nullmeridian m
~ passage (transit) Meridiandurchgang m
meridional meridional
merismitic fabric merismitisches Gefüge n
merochrome zweifarbiger Kristall m
merocrystalline hypokristallin, semikristallin
merohedral, merohedric meroedrisch

merohedrism Meroedrie f
meroxene Meroxen m (eisenarmer Biotit)
merrihueite Merrihueit m, (K, Na)$_2$(Fe, Mg)$_5$Si$_{12}$O$_{30}$ (Meteoritenmineral)
merrillite Merrillit m, Ca$_3$(PO$_4$)$_2$ (Meteoritenmineral)
merwinite Merwinit m, Ca$_3$Mg[SiO$_4$]$_2$
mesa aus einer Ebene aufragender Tafelberg m, Tafelrestberg m, flaches Hochland n, Tafelland n
mesenteries Mesenterien fpl, Weichsepten npl, Sarkosepten npl
mesh texture Maschenstruktur f
mesitite Mesitinspat m, Ferro-Magnesit m (Mischkristall der Kalzitreihe)
mesocoquina Mesocoquina f (Schelldetritus in Sand- bis Siltfraktion)
mesogeosyncline Mesogeosynklinale f
mesohaline mesohalin, brackig
mesole s. thomsonite
mesolite Mesolith m, Na$_2$Ca$_2$[Al$_2$Si$_3$O$_{10}$]$_3$·8H$_2$O
Mesolithic mittelsteinzeitlich
Mesolithic [Times] Mittelsteinzeit f
mesoperthite Mesoperthit m (Mittelglied zwischen Perthit und Antiperthit)
Mesophytic Mesophytikum n
mesosiderite Mesosiderit m (Meteorit)
mesostasis Mesostasis f, Zwischenklemmasse f
mesotergum Mesotergum n (bei Fossilgehäusen)
mesothermal mesothermal
~ **vein** mesothermaler Gang m
mesotil halbplastisches Moränenverwitterungsprodukt n
Mesozoic mesozoisch
Mesozoic [Era] Mesozoikum n
mesozone Mesozone f
messelite Messelit m, Ca$_2$(Fe, Mn)[PO$_4$]$_2$·2H$_2$O
Messinian [Stage] Messinium n (Stufe des Miozäns)
meta-arcose Metaarkose f, Arkose f von granitartigem Habitus
~-argillite schwach metamorpher Argillit m
metaankoleite Meta-Ankoleit m, K$_2$[UO$_2$|PO$_4$]$_2$·6H$_2$O
metaautunite Meta-Autinit m, Na$_2$[UO$_2$|PO$_4$]$_2$·8H$_2$O
metabasalt Metabasalt m, Grünstein m
metabasite Metabasit m (metamorphes basisches Gestein)
metabassetite Meta-Bassetit m, Fe[UO$_2$|PO$_4$]$_2$·8H$_2$O
metabolism Metabolismus m, Stoffwechsel m
metacinnabarite Metacinnabarit m, HgS
metacryst Porphyroblast m
metacrystalline metakristallinisch
metaheinrichite Meta-Heinrichit m, Ba[UO$_2$|AsO$_4$]$_2$·8H$_2$O
metahewettite Metahewettit m, CaV$_6$O$_{16}$·3H$_2$O
metahohmannite Metahohmannit m, Fe[OH|SO$_4$]·1½H$_2$O

metakahlerite Meta-Kahlerit m, Fe[UO$_2$|AsO$_4$]$_2$·8H$_2$O
metakirchheimerite Meta-Kirchheimerit m, Co[UO$_2$|AsO$_4$]$_2$·8H$_2$O
metal Metall n
~-bearing metallführend
~ **conductivity** Elektronenleitfähigkeit f
~ **content** Metallgehalt m
~ **core** Metallkern m (Erde)
~ **cylinder for determination of bulk density** Stechzylinder m
~ **factor** Metallfaktor m (Geoelektrik)
~ **mining** Erzbergbau m
~ **stone** sandiger Schieferton m
metallic metallisch
~ **content** Metallgehalt m
~ **deposit** Metallagerstätte f
~ **lustre** Metallglanz m
~-shining metallglänzend
~-splendent metallgänzend
~-splendent lustre Metallglanz m
metalliferous metallhaltig, metallführend, erzführend
~ **deposit[ion]** Metallablagerung f
~ **lode** Erzgang m
~ **mine** Erzgrube f, Erzbergwerk n
~ **mineral** Erzmineral n
~ **ore deposit** Metallerzlagerstätte f
~ **vein** Erzgang m
metalliform metallartig
metalline metallen, metallähnlich
metallization Metallisierung f, Vererzung f
metallogenetic[al], metallogenic metallogenetisch
~ **belt** metallogenetischer Gürtel (sehr große lineare erzführende Fläche)
~ **epoch** metallogenetische Epoche f
~ **mineral** Erzmineral n
~ **planetary belt** planetarischer metallogenetischer Gürtel m
~ **province** metallogenetische Provinz f (sehr große nichtlineare erzführende Fläche)
~ **region** metallogenetischer Bezirk m (große nichtlineare erzführende Fläche)
~ **superprovince** metallogenetische Superprovinz f (planetarische nichtlineare erzführende Fläche)
~ **zone** metallogenetische Zone f (große lineare erzführende Fläche)
metallographic microscope Erzmikroskop n
metalloid metallartig
metallometry Metallometrie f (geochemische Methode der Metallbestimmung)
metamict metamikt, durch radioaktive Strahlung isotropisiert
~ **mineral** isotropisiertes Mineral n
metamictization Isotropisierung f von Mineralen durch radioaktive Strahlung
metamorphic metamorph
~ **area (aureole)** Kontakthof m
~ **belt** metamorphe Zone f
~ **change** metamorphe Umwandlung f

metamorphic 226

~ **differentiation** metamorphe Differentiation f
~ **equilibrium** metamorphes Gleichgewicht n
~ **facies** metamorphe Fazies f
~ **grade** Metamorphosegrad m
~ **maturity** s. ~ equilibrium
~ **rank** s. ~ grade
~ **rock** Metamorphit m, metamorphes Gestein n
~ **water** metamorphes Wasser n
metamorphism Metamorphose f
~ **by injection** Injektionsmetamorphose f
metamorphites Metamorphite mpl
metamorphose/to metamorphosieren
metamorphosed rock metamorphes Gestein n
~ **schist** metamorpher Schiefer m
metamorphosis Metamorphose f, Gestaltänderung f (im organischen Bereich)
metamorphous s. metamorphic
metanovačecite Meta-Novačekit m, $Mg[UO_2|AsO_4]_2 \cdot 4H_2O$
metaquartzite Metaquarzit m
metaripples Großrippeln fpl
metarossite Metarossit m, $Ca[V_2O_6] \cdot 2H_2O$
metasapropel verfestigter Sapropelit m
metaschoderite Metaschoderit m, $Al[(P,V)O_4] \cdot 3H_2O$
metasedimentary rock partiell metamorpher Sedimentit m
metashale schwach metamorpher Schiefer m (ohne Rekristallisation und Mineralregelung)
metasilicic acid Metakieselsäure f
metasomatic metasomatisch
~ **deposit** metasomatische Lagerstätte f, Verdrängungslagerstätte f
metasomatism Metasomatose f, Verdrängung f
metasomatite Metasomatit m
metasomatosis s. metasomatism
metasome Metasom n, Verdrängendes n (bei Migmatiten)
metastable equilibrium metastabiles Gleichgewicht n
~ **state** metastabiler Zustand m
metastibnite Metastibnit m, Sb_2S_3
metathenardite Metathenardit m, $\delta\text{-}Na_2SO_4$
metatorbernite Metatorbernit m, $Cu[UO_2|PO_4]_2 \cdot 8H_2O$
metatype Metatyp[us] m
metauramphite Meta-Uramphit m, $(NH_4)_2[UO_2|PO_4]_2 \cdot 6H_2O$
metauranocircite Meta-Uranocircit m, $Ba[UO_2|PO_4]_2 \cdot 8H_2O$
metauranospinite Meta-Uranospinit m, $Ca[UO_2|AsO_4]_2 \cdot 8H_2O$
metavariscite Metavariscit m, Klinovariscit m, $Al[PO_4] \cdot 2H_2O$
metavoltine Metavoltin m, $\alpha\text{-}K_5Fe_3[OH|(SO_4)_3]_2 \cdot 8H_2O$
metazeunerite Meta-Zeunerit m, $Cu[UO_2|AsO_4]_2 \cdot 8H_2O$
meteor Meteor m; Sternschnuppe f
~ **crater** Meteoritenkrater m

~ **dust** meteorischer Staub m
~ **orbit (path)** Meteorbahn f
~ **shower** Meteorschwarm m, Sternschnuppenschwarm m
~ **stream** Meteorstrom m
~ **swarm** s. ~ shower
~ **train** Meteorschweif m
~ **wake** Meteorspur f
meteoric meteorisch, vados, Meteor...
~ **fall** Meteorfall m
~ **impact** Meteoriteneinschlag m
~ **iron** Eisenmeteorit m, Meteoreisen n
~ **shower** Meteorfall m
~ **stone** Meteorit m
~ **theory** Meteoritenhypothese f (Mond)
~ **water** Niederschlagswasser n, vadoses Wasser n
meteorite Meteorit m, Meteorstein m
~ **crater** Meteoritenkrater m
~ **fall** Meteoritenfall m
~ **impact** Aufschlag m eines Meteoriten
meteoritic meteoritisch
~ **crater** Meteoritenkrater m
~ **dust** meteoritischer Staub m
~ **fall** Meteoritenfall m
~ **group** Meteoritengruppe f
~ **matter** Meteoritensubstanz f
~ **seism** meteoritisches Beben n
~ **theory** Meteoritenhypothese f (Mond)
meteoritics Meteoritenkunde f
meteorography Witterungsbeschreibung f
meteorold 1. um die Sonne kreisender Meteor m; 2. Meteorsplitter m
meteorologic[al] meteorologisch, Wetter...
~ **broadcast** Wetterfunk m
~ **chart** Wetterkarte f, meteorologische Karte f
~ **conditions** Wetterlage f
~ **limit** Wetterscheide f
~ **observatory (office)** meteorologische Station f, Wetterwarte f
~ **rocket** meteorologische Rakete f, Wetterrakete f
~ **satellite** meteorologischer Satellit m, Wettersatellit m
~ **service** Wetterdienst m
~ **station** meteorologische Station f, Wetterwarte f
meteorologist Meteorologe m
meteorology Meteorologie f, Wetterkunde f
metering of gas Gasvolumenmessung f
methane Methan[gas] n, Grubengas n, CH_4
~ **detector** Grubengasanzeiger m
~ **drainage** Entgasung f (Methangewinnung)
~ **indicator** Schlagwetteranzeiger m
methanol inhibition Methanoldosierung f
method of images Simulationsmethode f (Grundwasserdynamik)
~ **of principal components** Hauptkomponentenmethode f (zur Schätzung der Faktorladungen)
~ **of slices** Gleitflächenmethode f

metric carat metrisches Karat n (= 200 Milligramm)
~ ton metrische Tonne f (1000 kg, Einheit der Masse in den USA)
meyerhofferite Meyerhofferit m, $Ca[B_3O_3(OH)_5] \cdot H_2O$
mgal mGal n (Einheit für die Schwerebeschleunigung, entspricht 10^{-6}cm/sec)
miargyrite Miargyrit m, Silberantimonglanz m, $AgSbS_2$
miarolitic miarolithisch, kleindrusig
~ cavity miarolithischer Hohlraum m
~ texture miarolithische Struktur f
miaskite Miaskit m (Varietät von Nephelinsyenit)
mica Glimmer m (Mineral der Glimmergruppe)
~ flake (scale) Glimmerblättchen n
~ schist (slate) Glimmerschiefer m
~ spangle Glimmerblättchen n
~ trap glimmerreiches basisches Ganggestein n (allgemein)
micaceous glimmerig, glimmerhaltig, glimmerartig
~ clay Glimmerton m
~ haematite (iron ore) Eisenglimmer m (s.a. haematite)
~ porphyry Glimmerporphyr m
~ sand Glimmersand m
~ sandstone Glimmersandstein m
~ schist Glimmerschiefer m
~ shale glimmerführender Ton m
~ structure Glimmertextur f, Blättertextur f
micaphyre Glimmerporphyr m
micatization Umwandlung f in Glimmer, Verglimmerung f
micatize/to in Glimmer umwandeln
michenerite Michenerit m, $PdBi_2$
micrinite Micrinit m (Kohlenmaceral)
micrite Mikrit m (primärer Typ von feinkörniger Karbonatgrundmasse bzw. feinkörniges Karbonatgestein; Korngrößen nach FOLK< 0,004 mm)
micritic limestone mikritischer Kalkstein m
~-pelletal limestone matrixreicher Pillenkalkstein m
microaerophil in O_2-armem Milieu lebend
microanalysis Mikroanalyse f
microaphanitic mikrofelsitisch, kryptokristallin
microbial acticity s. microbian action
microbian action Mikrobentätigkeit f, mikrobielle Aktivität f
microbreccia Mikrobrekzie f, kataklastisches Gestein n
microchemical mikrochemisch
microclastic mikroklastisch, kleinklastisch
microclimate Mikroklima n
microclimatology Mikroklimatologie f
microcline Mikroklin m, $K[AlSi_3O_8]$
microclinization Mikroklinisierung f
microcontinent Insel vom Kontinentaltyp, umgeben von ozeanischem Krustenmaterial

microcoquina Mikrocoquina f (sehr feiner Schelldetritus)
microcosm[os] Mikrokosmos m
microcross lamination kleindimensionale Schrägschichtung f
microcrystalline mikrokristallin
microdiorite feinkörniger Diorit m
microdrawing Mikrobild n (zeichnerische Darstellung eines mikroskopischen Bildes)
microelement Spurenelement n
microfabric Korngefüge n
~ analysis Korngefügeanalyse f
microfacies Mikrofazies f
microfaulting kleine Verwerfungen fpl (im mikroskopischen Bild)
microfelsitic mikrofelsitisch, kryptokristallin
~ texture mikrofelsitische Struktur f
microfissure mikroskopischer Riß m, Haarriß m
microfolds Kleinfältelung f (im mikroskopischen Bild)
microgeology Mikrogeologie f
microgranite Mikrogranit m
microgranitic mikrogranitisch
~ texture mikrogranitische Struktur f
microgranophyric mikrogranophyrisch
micrograph Mikrobild n, Mikrofoto n; Schliffbild n
microgravimeter Mikrogravimeter n
microgroove casts kleine Rillenmarken fpl
microhardness Mikrohärte f
microlaterolog Mikrolaterolog n
microlite 1. Mikrolith m, $(Ca, Na)_2(Ta, Nb)_2O_6(O, OH, F)$; 2. kleiner Kristall m
microlithotype 1. Mikrolithotyp m; 2. Streifenart f (Kohle)
microlitic mikrolithisch
microlog Mikrolog n
micromagnetics Mikromagnetik f
micromeasure analysis Mikromaßanalyse f
micromeritic mikromeritisch, mikrokristallin
micromeritics mikroskopische Untersuchung f kristalliner Strukturen
micrometeorite Mikrometeorit m
micron-sized in Korngröße von 1–10μm
micronutrient Spurenelement n
micropalaeontologic[al] mikropaläontologisch
micropalaeontology Mikropaläontologie f
micropegmatitic mikropegmatitisch
microperthite Mikroperthit m (Orthoklas mit orientierten Albitspindeln)
microphyric mikrophyrisch
microporosity Mikroporosität f
microscleres Mikroskleren fpl, Fleischnadeln fpl (bei Schwämmen)
microscope Mikroskop n
~ stage Mikroskoptisch m
microscopic[al] mikroskopisch
~ analysis of the seam section mikroskopische Flözanalyse f
~ examination mikroskopische Prüfung f
~ section (slide) Dünnschliff m

microscopic

~ **study** mikroskopische Untersuchung f
microscopy Mikroskopie f
microsection Dünnschliff m
microseism mikroseismische Bodenunruhe f, Kleinbeben n, leichtes Erdbeben n
microseismic mikroseismisch
~ **movement** mikroseismische Bewegung (Bodenunruhe) f
microseismograph Mikroseismograf m
microseismometer Mikroseismometer n
microsparite Mikrosparit m
microspherulitic mikrosphärulithisch
microspore Mikrospore f
microspread Verwitterungsschießen n
microstratigraphical feinstratigrafisch
microstructure Feingefüge n, Mikrostruktur f
microtectonics Kleintektonik f
microtome slide Mikrotomschnitt m
microwave antenna Mikrowellenantenne f
~ **radiometry** Mikrowellenradiometrie f
~ **receiver** Mikrowellenempfänger m
~ **scattering** Mikrowellenstreuung f
mid-continent climate Kontinentalklima n
~ **-ocean[ic] ridge** mittelozeanische Schwelle f
Mid Atlantic ridge Mittelatlantischer Rücken m
middle band flözteilende Bergeschicht f
~ **course** Mittellauf m (eines Flusses)
~ **limb** Mittelschenkel m
~ **man** s. ~ **band**
~ **water** Zwischenschichtwasser n
Middle Bunter Mittlerer Buntsandstein m (Germanisches Becken, Trias)
~ **Cambrian [Epoch, Series]** Mittelkambrium n
~ **Carboniferous [Epoch, Series]** Mittelkarbon n (UdSSR – Namur B bis einschließlich Westfal)
~ **Chalk** Mittlere Schreibkreide f (Turon in England)
~ **Devonian [Epoch, Series]** Mitteldevon n
~ **Jurassic [Epoch, Series]** Mittlerer (Brauner) Jura m, Dogger m
~ **Ordovician [Epoch, Series]** Mittelordovizium n, Mittleres Ordovizium n (Llandeilo und Caradoc ohne Zone Pleurograptus linearis)
~ **Permian [Epoch, Series]** Mittelperm n
~ **Precambrian** Mittleres Präkambrium n
~ **Triassic [Epoch, Series]** Mittlere Trias f (Anis und Ladin)
middling particles Zwischenprodukte npl
middlings 1. Zwischenprodukte npl; 2. zweite Qualität bei Wascherzen
midfeather Erztrum n, Erzschnur f (zwischen zwei größeren Vorkommen)
midnight sun Mitternachtssonne f
midsummer Sommersonnenwende f
Midwayan [Stage] Stufe des Pliozäns
midwinter Wintersonnenwende f
miersite Miersit m, α-AgJ
migma Migma f
migmatite Migmatit m
migmatization Migmatisierung f

migrate/to migrieren, wandern
migration 1. Migration f (von Elementen); 2. Migration (Lagekorrektur seismischer Elemente)
~ **accretion** Migrationsfalle f, Stoffkonzentration f durch Migration
~ **factor** Migrationsfaktor m
~ **of divides** Verschiebung f der Wasserscheiden
~ **of facies** Fazieswanderung f
~ **of gas** Gaswanderung f
~ **of ions** Ionenwanderung f
~ **of sand** Sandwanderung f
~ **of valleys** Talverlegung f
~ **stack** [direkte] Migrationsstapelung f
migratory detritus Wanderschutt m
~ **dune** Wanderdüne f
miharaite Miharait m (quarzführender Hypersthenbasalt)
mijakite Mijakit m (Varietät von Andesit)
milarite Milarit m, $KCa_2AlBe_2[Si_{12}O_{30}] \cdot 1/2 H_2O$
mild clay Sandton m
mildly folded schwach gefaltet
military geology Wehrgeologie f, Militärgeologie f
milk tooth Milchzahn m
milky milchig, trübe, wolkig
~ **opal** Milchopal m
~ **quartz** Milchquarz m
~ **way** Milchstraße f
~ **way system** Milchstraßensystem n
mill Aufbereitungsanlage f
~ **slurries** Aufbereitungsschlämme mpl
Miller crystal indices Millersche Indizes mpl
millerite Millerit m, Haarkies m, β-NiS
millet-seed sand windtransportierter Sand m
milligal s. **mgal**
millimeter-sized in Korngröße von 1–10 mm
milling 1. Mahlen n; Aufbereiten n; 2. Fräsen n (bei Havarien im Bohrloch); 3. Pingenabbau mit untertägiger Förderung
~ **ore** Pocherz n, Erz n mit niedrigen Metallgehalten
~ **tool** Fräser m
millisite Millisit m, $(Na, Ca)Al_3[(OH,O)_4|(PO_4)_2] \cdot 2H_2O$
millstone (Am) Mühlsandstein m (zähes, zum Mahlen geeignetes Gestein, meist grobkörniger Sandstein)
~ **grit** Basissandstein m des Oberkarbons in England, Kohlensandstein m
mimetene s. **mimetite**
mimetesite s. **mimetite**
mimetic mimetisch
~ **crystal** mimetischer Kristall m
~ **crystallization** Abbildungskristallisation f
mimetite Mimetesit m, Flockenerz n, Grünbleierz n, $Pb_5[Cl|(AsO_4)_3]$
mimetry Pseudosymmetrie f
mimic s. **mimetic**
minability Bauwürdigkeit f, Abbauwürdigkeit f, Abbaufähigkeit f

mineral

minable [ab]bauwürdig, abbaufähig
~ **deposit** nutzbare Lagerstätte f
~ **thickness** bauwürdige Mächtigkeit f
minasragrite Minasragrit m, $V_2[(OH)_2|(SO_4)_3]\cdot 15H_2O$
Mindel [Drift] Mindel-Eiszeit f (Pleistozän, Alpen)
~-**Riss [Interval]** Mindel-Riß-Interglazial n (Pleistozän, Alpen)
mine/to abbauen, Bergbau betreiben
~ **by banks** abstrossen
mine Untertagegrube f
~ **adit** Grubenstollen m
~ **atmosphere** Grubenwetter pl
~ **claim** Bergbauschutzgebiet n
~ **coal** Zechenkohle f
~ **dewatering** Grubenentwässerung f
~ **digging** Grubenbau m
~ **drainage gallery** Wasserhaltungsstrecke f
~ **dump** Abraumhalde f
~ **field** Grubenfeld n
~ **floor** Grubensohle f
~ **geology** Grubengeologie f
~ **layout** Abbauplan m
~ **openings** Grubenräume mpl
~ **ore** Roherz n
~ **pumping** Wasserhaltung f
~ **rock** hereingewonnenes Gestein n
~ **sampling** Grubenbemusterung f
~ **storage** Bergwerksspeicher m
~ **subsidence area** Bergbausenkungsgebiet n
~ **survey instrument** Markscheideinstrument n
~ **surveying** 1. Markscheidekunde f, Markscheiderei f; 2. Markscheiderarbeiten fpl, Vermessungsarbeiten fpl im Bergbau
~ **surveyor** Markscheider m
~ **valuation** Lagerstättenbewertung f
~ **water** Grubenwasser n
~ **working** Grubenbau m
~ **workings** bergmännische Auffahrungen fpl, Aufschlüsse mpl
mined cavern storage bergmännisch hergestellter Kavernenspeicher m
~-**out stopes of a mine** abgebaute Grubenteile mpl
~ **rock** Haufwerk n
mineragraphic microscope Auflichtmikroskop n
mineragraphy Erzmikroskopie f
mineral mineralisch, Mineral...
mineral Mineral n
~ **adipocire** s. hatchettite
~ **aggregate** Mineralanhäufung f, Mineralaggregat n
~ **amber** wolkiger Bernstein m
~ **analysis** Mineralanalyse f
~ **assessment** Vorratsabschätzung f
~ **association** Mineralvergesellschaftung f
~ **blossom** drusiger Quarz m
~ **blue** s. azurite
~ **caoutchouc** Mineralkautschuk m (s.a. elaterite)

~ **carbon** Graphit m
~ **charcoal** 1. Fusain m, Faserkohle f, 2. Fusit m
~-**chemical calculation** mineralchemische Berechnung f
~ **chemism** Mineralchemismus m
~ **claim** Anspruch auf Mineralerkundung und -gewinnung in einem Gebiet
~ **collection** Mineraliensammlung f
~ **commodities** Mineralrohstoffe mpl in Handelsform
~ **composition** Mineralzusammensetzung f
~ **concentrate** Mineralkonzentrat n
~ **constituent** Mineralbestandteil m
~ **content** Mineralgehalt m
~ **cotton** s. ~ wool
~ **deposit** Lagerstätte f von nutzbaren Mineralen
~ **dressing** Aufbereitung f (von Erzen)
~ **endowment** Mineralausstattung f eines Gebiets
~ **facies** Mineralfazies f
~-**forming** mineralbildend
~ **inclusion** Mineraleinschluß m
~ **ingredient** Mineralbestandteil m
~ **kingdom** Mineralreich n
~ **matter** Mineralsubstanz f (z.B. in der Kohle)
~ **oil** Mineralöl n (Erdöl)
~ **oil extraction** Erdölgewinnung f
~ **oil industry** Mineralölwirtschaft f
~ **oil processing** Erdölverarbeitung f
~ **paragenesis** Mineralparagenese f
~ **pipe** Erzschlot m
~ **pitch** Erdpech n, Bergpech n, Asphalt m
~ **processing** Mineralaufbereitungs- und -verhüttungsverfahren n
~ **raw materials** mineralische Rohstoffe mpl
~ **resin** fossiles Harz n
~ **resources** Mineralressourcen fpl
~ **right** Abbaurecht n, Gewinnungsrecht n
~ **rubber** Mineralkautschuk m (s.a. elaterite)
~ **salt** Steinsalz n
~ **salting** Präparieren n einer Lagerstätte (zur Vortäuschung von Vorräten)
~ **sequence** Mineralfolge f
~ **soil** Mineralboden m
~ **spring** Mineralquelle f
~ **streaking (streaming)** Mineralstreckung f, lineationsbildende Mineralanordnung f
~ **tar** Bergteer m, Erdteer m, Mineralteer m, Asphaltteer m
~ **tar oil** Steinkohlenteeröl n
~ **time** geologische Zeit f basierend auf Mineralaltern
~ **tin** Bergzinn n
~ **under strain** gepreßtes Mineral n
~ **water** Mineralwasser n
~ **water interface** Mineralwasserfront f
~ **wax** Erdwachs n, Mineralwachs n, Bergwachs n, Ozokerit n
~ **wealth** Bodenschätze mpl
~ **well** Mineralquelle f

mineral 230

~ **wool** Schlackenwolle *f*, Schmelzbasaltwolle *f*
~ **zoning** zonale Mineralverteilung *f*, Mineralzoning *n*
mineralizable vererzbar
mineralization 1. Mineralisierung *f*, Mineralisation *f*, 2. Erzbildung *f*, Vererzung *f*
~ **period** Mineralisationsperiode *f*
mineralize/to 1. mineralisieren; 2. vererzen
mineralized 1. mineralisiert; 2. erzführend, erzhaltig
~ **area** Erzgebiet *n*
~ **bacteria** vererzte Bakterien *fpl*
~ **carbon** Salzkohle *f*
~/**well** reich an Mineralen
mineralizer Mineralisator *m*, Mineralbildner *m*
mineralizing mineralbildend
~ **agent** Mineralisator *m*, Mineralbildner *m*
mineralogic[al] mineralogisch
~ **collection** Mineraliensammlung *f*
~ **phase rule** mineralogische (Goldschmidtsche) Phasenregel *f*
mineralogist Mineraloge *m*
mineralography Auflichtmikroskopie *f* von Mineralen
mineralogy Mineralogie *f*
minerals of early generation Erstausscheidungen *fpl (von Mineralen in Gesteinen)*
minerogenic minerogen
~ **province** s. metallogenetic province
miner's batea Sichertrog *m*, Sicherschüssel *f*
~ **compass** bergmännischer Kompaß *m*, Hängezeug *n*
~ **works plan** Vorrichtungsplan *m*
minery 1. Abbaudistrikt *m*, Grubengebiet *n*; 2. Steinbruch *m*
minette 1. Minette *f (oolithisches Fe-Erz);* 2. lamprophyrisches Ganggestein *n*
~ **ore** Minetteerz *n*
minge weiche, brüchige Kohle *f*
minguzzite Minguzzit *m*, $K_3Fe[C_2O_4]_3 \cdot 3H_2O$
mingy coal s. minge
minimum breadth tektonische Überlagerungsweite *f*
~ **discharge** Mindestabflußmenge *f*
~ **flow** Mindestabfluß *m*
~ **output** Mindestfördermenge *f*
~ **time path** Strahlenweg *m* mit minimaler Laufzeit *(Seismik)*
~ **tonnage** Mindestfördermenge *f*
mining activity bergbauliche Tätigkeit *f*
~ **by deep mine** Gewinnung *f* im Tiefbau
~ **by galleries** Stollenbau *m*
~ **by level workings** Gewinnung *f* im Tiefbau
~ **by the open-cast method** Gewinnung *f* im Tagebau
~ **conditions** Abbaubedingungen *fpl*
~ **damage** Bergschaden *m*
~ **debris** Abgänge *mpl* bei hydraulischem Abbau
~ **district** Grubenfeld *n*
~ **engineer** Bergingenieur *m*

~ **excavation** bergbaulicher Hohlraum *m*
~ **geodesy** Markscheidekunst *f*, Markscheidekunde *f*, Markscheidewesen *n*
~-**geological** montangeologisch
~ **geologist** Montangeologe *m*, Grubengeologe *m*
~ **geology** Montangeologie *f*, Grubengeologie *f*
~ **geophysics** Bergbaugeophysik *f*
~ **horizon** Abbauhorizont *m*
~ **in open pits** Tagebaubetrieb *m*
~ **industry** Montanindustrie *f*
~ **law** Bergrecht *n*, Berggesetz *n*
~ **leases** bergrechtliche Pachtverträge *mpl*
~ **method** Abbauverfahren *n*
~ **operation** Abbauvorgang *m*
~ **ply** dünne Bergeschicht *f*
~ **product** Fördergut *n*
~ **regulations** Bergordnung *f*
~ **science** Bergbauwissenschaften *fpl*
~ **sequence** Abbauablauf *m*
~ **subsidence** Setzungen *fpl* in Bergwerksgebieten
~ **survey instrument** Markscheidegerät *n*
~ **surveyor** Markscheider *m*
~ **with filling** Abbau *m* mit Bergeversatz
~ **working** Gewinnungsarbeit *f*
Mining Academy Bergakademie *f*
miniphyric von porphyrischer Struktur *(<0,008 mm)*
minium Minium *n*, Mennige *f*, Pb_3O_4
minnesotaite Minnesotait *m*, $(Fe, Mg, H)_3[(OH)_2|(Si, Al, Fe)|O_{10}]$
minophyric von porphyrischer Struktur *(zwischen 1–0,2 mm)*
minor bed Niedrigwasserbett *n (eines Flusses)*
~ **constituent** Übergemengteil *m*, Beimengung *f*
~ **element** Spurenelement *n*
~ **fault** Nebenverwerfung *f*, sekundäre Verwerfung *f*
~ **fold** Kleinfalte *f*
~ **geosyncline** Parageosynklinale *f*
~ **intrusion** Kleinintrusion *f*
~ **joint** Kleinkluft *f*, sekundäre Kluft *f*
~ **nutrient element** Spurenelement *n*
~ **planet** Kleinplanet *m*
~ **sea** Nebenmeer *n*
~ **septa** Nebensepten *npl (Paläontologie)*
~ **trough** Nebenmulde *f*
Mintrop wave s. refraction wave
minus-cement porosity Porosität *f* vor der Zementbildung *(im Sediment)*
minute crystal Kriställchen *n*
~ **folding** Kleinfaltung *f*, Fältelung *f*
minutely grooved spirifer Spirifer *m* mit Chagrin-Skulptur
miny reich an Bergwerken
minyulite Minyulit *m*, $KAl_2[(OH, F)|(PO_4)_2]4H_2O$
Miocene miozän
Miocene [Epoch, Series] Miozän *n (Serie des Tertiärs)*

miogeosyncline Miogeosynklinale *f*
miohaline miohalin
Miolithic *s*. Mesolithic
miospore *s*. microspore
mirabilite Mirabilit *m*, Glaubersalz *n*, $Na_2[SO_4] \cdot 10H_2O$
mire 1. Moor *n*, Fenn *n*, Bruch *m (n)*; 2. Schlamm *m*, Sumpf *m*
~ **formation** Moorbildung *f*
mirror Reflektor *m*
~ **compass** Spiegelkompaß *m*
~ **plane** Spiegelebene *f*
~ **stone** *s*. muscovite
miry schlammig, moorig
~ **sand** schlammiger (mooriger) Sand *m*
miscibility Mischbarkeit *f*
~ **displacement (drive, flooding)** Mischphasenverdrängung *f*, Mischphasentrieb *m*, Mischphasenfluten *n (sekundäres Ölgewinnungsverfahren)*
~ **gap** Mischungslücke *f*
~ **phase displacement** *s*. ~ displacement
misclassify/to fehlklassifizieren
misenite Misenit *m*, $K_8H_6[SO_4]_7$
miserite Miserit *m*, $KCa_5[Si_5O_{14}OH] \cdot H_2O$
misfit river Kümmerfluß *m*
mispickel *s*. arsenopyrite
Mississippian [Series, System] Mississippien *n (wird in Amerika im Gegensatz zu Europa teilweise als System angesprochen. Entspricht dem Unterkarbon und basalen Namur Westeuropas)*
Missourian [Stage] Stufe des Pennsylvaniens
missourite Missourit *m (Varietät von Leuzitbasalt)*
mist Nebel *m*
~ **flow** Nebelströmung *f*
~ **ice** Nebeleis *n*
mistiness Nebligkeit *f*
mistral Mistral *m*, Fallwind *m (kalter Nordwind des Rhonetals)*
misty veil Nebelschleier *m*
mitchell Quadersandstein *m*
mitre folds Mitrafalten *fpl*
mitridatite Mitridatit *m (Umwandlungsprodukt von Vivianit)*
mitscherlichite Mitscherlichit *m*, $K_2[CuCl_4(H_2O)_2]$
mix crystal Mischkristall *m*
mixed avalanche gemischte Aschen- und Schuttlawine *f*
~ **base oil** Erdöl *n* mit Paraffin- und Asphaltbasis, gemischtbasisches Erdöl *n*
~ **crystal** Mischkristall *m*
~-**crystal formation** Mischkristallbildung *f*
~ **displacement** Mischphasenverdrängung *f*
~ **distance** Vermischungsstrecke *f (Wasser)*
~ **effects model of variance analysis** Varianzanalysemodell *n* mit gemischten (festen und zufälligen) Effekten
~ **flow** Mischphasenströmung *f*
~ **fold** disharmonische Falte *f*

~ **forest** Mischwald *m*
~-**layer structure** Wechsellagerungsstruktur *f (Tonminerale)*
~ **oak forest** Eichenmischwald *m*
~ **water** 1. gemischt juvenil-vadoses Wasser; 2. Wasser mit hohem Chlorid-Sulfat-Gehalt
~ **wettability** gemischte Benetzbarkeit *f*
mixing displacement Mischphasenverdrängung *f*
~ **flow** Mischphasenströmung *f*
~ **ratio** Mischverhältnis *n (von Wasser unterschiedlicher Mineralisation)*
mixite Mixit *m*, $(Bi, Fe, Zn H, CaH)Cu_{12}[(OH)_{12}(AsO_4)_6] \cdot 6H_2O$
mixolimnion im Austausch befindlicher Teil eines Wasserbeckens
mixtinite Mixtinit *m (Kohlenmaceral)*
mizzonite Mizzonit *m (Mischkristall von Mejonit und Marialith)*
MLA *s*. multiple linear array
moat 1. Graben *m*, 2. Schmelzgraben *m (um Nunataker)*
mobile barge bewegliche Bohrplattform *f*
~ **belt** labile Zone *f*
~ **benthos** vagiles Benthos *n*
~ **components** migrationsfähige Komponenten *fpl*, flüchtige Substanzen *fpl*
~ **dune** Wanderdüne *f*
~ **oil** fließfähiges Erdöl *n*
~ **platform** bewegliche Bohrplattform *f*
~ **rig** bewegliche Bohranlage *f*
~ **rim** mobiler (aktiver) Rand *m (einer Geosynklinale)*
~ **shelf** mobiler Schelf *m*
~ **water** sich abwärts bewegende Grundfeuchtigkeit *f*
mobility Beweglichkeit *f (geochemisch, von Elementen)*
~ **factor** Mobilitätsfaktor *m*
~ **of fluid** Fließfähigkeit *f*
~ **ratio** Mobilitätsverhältnis *n*
mobilization Mobilisation *f*
mocha pebble (stone) Moosachat *m (s.a. chalcedony)*
mock lead *s*. sphalerite
~ **moon** Nebenmond *m*
~ **ore** *s*. sphalerite
~ **sun** Nebensonne *f*, Parhelium *n*
modderite Modderit *m*, CoAs
mode 1. Modus *m*, Modalbestand *m (Mineralzusammensetzung eines Gesteins)*; 2. Modal[wert] *m (am häufigsten vorkommende Korngröße)*
~ **of occurrence** Lagerungsverhältnisse *npl*
~ **of origin** Enstehungsart *f*, Ursprungsart *f*
~ **of preservation** Erhaltungszustand *m*
MODE = Mid-Ocean Dynamics Experiment
model of refraction travel path Modell *n* für den Laufweg einer Refraktion
~ **of simulation (Am)** Simulationsmodell *n (reservoirmechanisch)*
~ **scale** Modellmaßstab *m*

model 232

~ **seismics** Modellseismik f
~ **test** Modellversuch m
modelling Modelling n, Modellrechnung f (Geophysik)
moderate breeze mäßiger Wind m
modern rezent
modification of precipitation Niederschlagsänderung f
modified drift s. stratified flow
modular transfer function Modulationsübertragungsfunktion f (z. B. eines Fernerkundungssensors)
module of ground-water flow Grundwasserspende f
modulus Absolutwert m (einer komplexen Zahl)
~ **of decay** Zerfallsmodul m
~ **of elasticity in shear** s. ~ of rigidity
~ **of rigidity** Schubmodul m, Gleitmodul m, Gleitmaß n
~ **of rupture** Bruchspannungsmodul m
~ **of shear** s. ~ of rigidity
~ **of subgrade reaction** Bettungsziffer f
Moessbauer effect Mößbauer-Effekt m
mofette Mofette f, Kohlensäurequelle f
mogotes Mogoten pl (tropische Karstform)
Mohnian [Stage] Mohnien n (marine Stufe, Miozän in Nordamerika)
Moho s. Mohorovičič discontinuity
Mohole project Mohorovičič-Bohrung f (zur Erkundung des oberen Erdmantels)
Mohorovičič discontinuity Mohorovičič-Diskontinuität f
mohrite Mohrit m, $(NH_4)_2Fe[SO_4]_2 \cdot 6H_2O$
Mohr's circle Mohrscher Kreis m
~ **envelope** Mohrsche Hüllkurve f
~ **stress circle** Mohrscher Spannungskreis m
~ **theory** Hypothese f des elastischen Grenzzustands von Mohr
Mohs's hardness scale Mohssche Härteskala f
moil sample Pickprobe f (mit dem Hammer gewonnene Splitterprobe)
moiré Moiréglanz m, Wasserglanz m (von Mineralen)
moissanite Moissanit m, SiC (Meteoritenmineral)
moisten/to befeuchten
moistening Durchfeuchtung f, Anfeuchten n (einer Gesteinsprobe)
~ **power** Benetzungsfähigkeit f
moisture Feuchtigkeit f, Nässe f
~ **content** Gesamtwassergehalt m
~ **deficiency** Feuchtigkeitsdefizit n
~ **density test** Verdichtungsversuch m
~ **equivalent** Feuchtigkeitsäquivalent n
~-**holding capacity** Wasseraufnahmevermögen n; Wasserhaltevermögen n
~-**laden** mit Feuchtigkeit gesättigt
~ **percentage** Feuchtigkeitsgehalt m
~-**proof** feuchtigkeitsundurchlässig
Molasse Molasse f

~ **basin** Molassebecken n
~ **intra-deep** intramontanes Molassebecken n
mold (Am) s. mould
moldauite s. moldavite
moldavite Moldavit m (Glasmeteorit)
mole 1. Buhne f; 2. Stollenfräse f
~ **drainage** Maulwurfdränage f
~ **plow** Maulwurfpflug m
molecular molekular
~ **diffusion** Molekulardiffusion f
~ **lattice** Kristallgitter n
~ **ratio** Molekularverhältnis n
molecule Molekül n
molengraaffite Molengraaffit m, Lamprophyllit m, $Na_3Sr_2Ti_3[(O, OH, F)_2|Si_2O_7]_2$
molera Diatomeenerde f, Infusorienerde f, Kieselgur f
mollifiability Erweichbarkeit f (von Gesteinen)
mollisol Mollisol m, Fließschicht f (Taubodenhorizont im Permafrost)
mollition Tauprozeß m (bei Mollisol)
molt s. moult
molten schmelzflüssig
~ **magma** schmelzflüssiges Magma n
~ **rocks** schmelzflüssige Gesteinsmassen fpl
moluranite Moluranit m, $H_6[(UO_2)_3|(MoO_4)_5] \cdot 9H_2O$
molybdate of lead Gelbbleierz n, Wulfenit m (s.a. wulfenite)
molybdenic ochre s. molybdite
molybdeniferous molybdänhaltig
molybdenite Molybdänit m, Molybdänglanz m, MoS_2
molybdenum Molybdän n, Mo
molybdite Molybdit m, Molybdänocker m, MoO_3
molybdomenite Molybdomenit m, $Pb[SeO_3]$
molybdophyllite Molybdophyllit m, $Pb_2Mg_2[(OH)_2|Si_2O_7]$
molysite Molysit m, $FeCl_3$
moment measures Momente npl (nach der Momentmethode ermittelte Körnungskennwerte)
~ **of inertia** Trägheitsmoment n
momnouthite Momnouthit m (Varietät von Urtit)
monadnock Härtling m, Restberg m, Inselberg m, Monadnock m, Zeugenberg m
monalbite Monalbit m (monokline Hochtemperaturphase von Albit)
monazite Monazit m, $Ce[PO_4]$
~ **sand** Monazitsand m
moncheite Moncheit m, $(Pt, Pd)(Te, Bi)_2$
monchiquite Monchiquit m (lamprophyrisches Ganggestein)
monchiquitic dike Monchiquitgang m
mondhaldeite Mondhaldeit m (monzonitisches Ganggestein)
monetite Monetit m, $CaH[PO_4]$
moniliform perlenförmig, tropfenförmig
monimolimnion permanent stagnierender Teil eines Wasserbeckens

monitor Kontrollgerät n, Sichtgerät n
monkey board Gestängebühne f
~ hair Affenhaar n *(fossile Kautschukwolle in Braunkohle)*
monochromatic monochromatisch, einfarbig
monoclinal monoklin, in einer Richtung geneigt
~ fold Monoklinalfalte f
~ mountain Monoklinalkamm m
~ valley Monoklinaltal n
monocline einseitig aufgerichtete Schicht f, Flexur f, Monoklinale f
monoclinic monoklin, in einer Richtung geneigt
~ system monoklines System n
monocots s. monocotyls
monocotyls monokotyle[done] Pflanzen fpl, Monokotyle[do]nen fpl
monocrystal Einkristall m
monogene s. monomineralic
monogenetic monogenetisch
monogeosyncline Monogeosynklinale f
monolayer water fest gebundenes Porenwasser n
monolith Monolith m, Lavadorn m, Felsnadel f
monolithic monolithisch
monometric[al] monometrisch
monomineral fraction monomineralische Fraktion f
monomineralic monomineralisch
Monongahela Monongahela n *(oberes Pennsylvanien in Nordamerika)*
monophyletical monophyletisch
monorefringent einfachbrechend *(Lichtbrechung)*
monotropic monotrop
monotypy Monotypie f *(Nomenklaturregeln)*
monovalent einwertig
monrepite Monrepit m *(eisenreicher Biotit)*
monroes besonderer Typ von Schlammvulkanen auf Gezeitenebenen kalter Regionen
mons Mons m *(Berg auf Mars oder Mond)*
monsoon Monsun m
~ climate Monsunklima n
~ wind Monsunwind m
montanite Montanit m, $[(BiO)_2|TeO_4]\cdot 2H_2O$
montbrayite Montbrayit m, Au_2Te_3
Monte Carlo sampling Monte-Carlo-Probenahme f, Probenahme f nach dem Monte-Carlo-Prinzip
montebrasite Montebrasit m, $LiAl[OH|PO_4]$
montgomeryite Montgomeryit m, $Ca_4Al_5[(OH)_5|(PO_4)_6]\cdot 11H_2O$
monthly isotherm Monatsisotherme f
~ mean Monatsmittel n
~ precipitation Monatsniederschlag m
Montian [Stage] Mont[ium] n *(Stufe des Paläozäns)*
monticellite Monticellit m, $CaMg[SiO_4]$
monticle s. monticule

monticulate mit kleinen Hügeln besetzt
monticule kleiner Hügel m; Nebenkrater m, aufgesetzter Krater m
montiform gebirgsartig
montmorillonite Montmorillonit m, $(Na, Mg, Al)_2[(OH)_8|Si_4O_{10}]\cdot nH_2O$
~ group Montmorillonitgruppe f
montrealite Montrealit m *(Varietät von Olivin-Essexit)*
montroseite Montroseit m, $(V, Fe)OOH$
montroydite Montroydit m, HgO
monzonite Monzonit m
moon/to auf dem Mond landen
moon Mond m
~ basalt Mondbasalt m
~-dog Nebenmond m
~ probe (rocket) Mondrakete f
moonrise Mondaufgang m
moon's age Mondalter n
~ black-out Mondfinsternis f
~ crust Mondkruste f
~ orbit (path) Mondbahn f
~ satellite Mondsatellit m
~ shadow Mondschatten m
~ surface Mondoberfläche f
moonset Monduntergang m
moonstone Mondstein m *(Abart des Feldspats)*
moor Moor n, Torfmoor n, Heide f
~ coal zerreibliche Braunkohle f *(weiche Lignitabart)*
~ country Moorgebiet n
~ peat Moostorf m, Sphagnumtorf m
moorband [pan] Ortstein m
mooreite Mooreit m, $(Mg, Zn, Mn)_8[(OH)_{14}|SO_4]\cdot 4H_2O$
moorhouseite Moorhouseit m, $(Co, Ni, Mn)[SO_4]\cdot 6H_2O$
mooring system Verankerungssystem n
moorland Moorlandschaft f, Moor[land] n
moorpan s. moorband
moorstone Sumpferz n, Raseneisenerz n
moory moorig
mor Rohhumus m
moraesite Moreasit m, $Be_2[OH|PO_4]\cdot 4H_2O$
morainal Moränen... *(s.a. morainic)*
~ lobe (loop) Moränenbogen, Moränenlappen m, Moränenlobus m
moraine Moräne f, Moränenschutt m
~-covered moränenbedeckt
~-dammed lake Moränenstausee m
~ dams Moränenzug m
~ deposit Moränenablagerung f
~ district Moränengebiet n
~ in transit Wandermoräne f
~ lobe (loop) s. morainal lobe
~ plain s. apron
~ rampart Moränenwall m
~ topography Moränenlandschaft f
~ tracts Moränenzug m
morainic Moränen...
~ arc Moränenbogen m

morainic 234

~ **basin** Moränenbecken *n*
~**-belt topography** Endmoränenlandschaft *f*
~ **cover** Moränendecke *f*
~ **dams** Moränenzug *m*
~ **debris** Gletscherschutt *m*
~ **deposit** Moränenablagerung *f*
~ **hill (hummock)** Moränenhügel *m*
~ **lake** Moränensee *m*, Soll *n*
~ **lobe (loop)** *s.* morainal lobe
~ **material** Gletscherschutt *m*
~ **mound** Moränenhügel *m*
~ **ridge** Wallmoräne *f*
~ **topography** Moränenlandschaft *f*
~ **tracts** Moränenzug *m*
morass Sumpf *m*
~ **ore** Sumpferz *n*, Moorerz *n*
morassic morastig, sumpfig
mordenite Mordenit *m*, (Ca, K$_2$, Na$_2$)[AlSi$_5$O$_{12}$]$_2 \cdot$6H$_2$O
more Erzvorrat bezogen auf einen Gangteil *(Cornwall)*
~ **row shooting** Mehrreihenschießen *n*
morencite *s.* nontronite
morenosite Morenosit *m*, Ni[SO$_4$]$\cdot$7H$_2$O
Morganian Morganien *n (Westfal D in England)*
morganite Morganit *m (s.a.* beryl*)*
morinite Morinit *m*, Ca$_2$NaAl$_2$[(F, OH)$_3$|(PO$_4$)$_2$]$\cdot$2H$_2$O
morion Morion *m*, dunkler Rauchquarz *m*
mornes Mornes *pl (tropische Karstform)*
morning star Morgenstern *m*
morphogenesis Morphogenese *f*
morphogen[et]ic morphogenetisch
morphogeny Morphogenese *f*
morphographic morphografisch
morphography Morphografie *f*
morphologic[al] morphologisch
~ **geology** Geomorphologie *f*
~ **plains** morphologische Flächen *fpl*
~ **unit** morphologisch charakterisierte lithostratigrafische Einheit *f*
morphology Morphologie *f*
morphometric[al] morphometrisch
~ **analysis** morphometrische Analyse *f (von Schotter)*
morphometry Morphometrie *f*
morphotropic morphotropisch
~ **effect** morphotropische Beeinflussung *f*
morphotropism, morphotropy Morphotropie *f*
morriner *s.* esker
Morrison Formation Morrison-Formation *f (Oberer Jura in Nordamerika)*
Morrowan [Stage] Morrow *n (Stufe des Pennsylvaniens)*
mortar bed Konkretionskruste *f*, Felspanzerbildung *f*
~ **structure** Mörtelgefüge *n*
mortlake See *m* in einem toten Flußarm
mosaic Fotomosaik *n*, Bildplan *m (Luftbildgeologie)*
~ **texture** Pflasterstruktur *f*

mosaizing mosaikartiges Zusammensetzen *n (z.b. benachbarter Luft- und Satellitenaufnahmen zu Bildplänen größerer Gebiete)*
mosandrite Mosandrit *m*, (Ca, Na, Y)$_3$(Ti, Zr, Ce)[(F, OH, O)$_2$|Si$_2$O$_7$]
moscovite *s.* muscovite
mosesite Mosesit *m*, [Hg$_2$N]Cl$\cdot$H$_2$O
Moskovian [Stage] Moskau-Stufe *f (höheres Mittelkarbon, Osteuropa)*
moss sumpfiger Boden *m*; Torfmoor *n*
~ **agate** Moosachat *m (s.a.* chalcedony*)*
~ **bog** Moosmoor *n*
~ **cover** Moosdecke *f*
~ **fallow** Torfstich *m*
~ **fen** Moosmoor *n*
~ **gold** dendritisches Gold *n*
~ **hag** Moorboden *m*, Torfboden *m*
~ **peat** Moostorf *m*
~ **silver** dendritisches Silber *n*
mossiness Moosbedeckung *f*, Moosboden *m*
mosslike moosähnlich
mossy moosförmig, moosig
mother crystal Mutterkristall *m*
~ **gate** Grundstrecke *f*
~ **liquid (liquor)** Mutterlauge *f*
~ **lode** Hauptgang *m*
~ **lye** Mutterlauge *f*
~ **of coal** *s.* mineral charcoal 1.
~**-of-pearl** Perlmutt *n*, Perlmutter *f*
~**-of-pearl lustre** Perlmutt[er]glanz *m*
~ **oil** Primäröl *n*
~ **rock** Muttergestein *n*
mottle irregulärer Sedimentkörper mit abweichendem Gefüge
mottled fleckig, gefleckt, gesprenkelt, marmoriert
~ **bedding** fleckige Schichtung *f*
~ **clay** Buntton *m*
~ **sandstone** Buntsandstein *m*, Tigersandstein *m*
~ **schist (shale, slate)** Fleckschiefer *m*
~ **structure** gefleckte Schichtung *f*, Wühlgefüge *n*
mottling Marmorierung *f*
mottramite Mottramit *m*, Pb(Cu, Zn)[OH|VO$_4$]
mould 1. Abdruck *m*, Abformung *f*, 2. Humusboden *m*, Ackererde *f*
mouldered zermürbt
mouldering Humifikation *f*, Humusbildung *f*, Vermoderung *f*, Vermullung *f*
mouldy peat Moortorf *m*
moulin Gletschermühle *f*, Gletschertopf *m*
~ **kames** Gletschermühlenkames *mpl*
~ **pothole** Gletschermühle *f*, Gletschertopf *m*
moult Exuvie *f*, Haut *f*, Panzer *m (Häutungsrest von Arthropoden und Reptilien)*
moulting Häutung *f*
mound Anhöhe *f*, Hügel *m*, Erdhaufen *m*, Halde *f*, Erdwall *m*, Erdaufwurf *m*
~ **of eroded material** Schuttkegel *m*
moundlike beulenförmig
mount Berg *m (in geografischen Namen)*

mountain Berg *m*
~ **apron** *s.* piedmont alluvial plain
~ **birth** Gebirgsbildung *f*
~ **blue** *s.* azurite
~ **breeze** Bergwind *m*
~ **building** Gebirgsbildung *f*
~-**building** gebirgsbildend
~-**building crumpling** Gebirgsfaltung *f*
~ **butter** *s.* alunogen
~ **chain** Gebirgskette *f*, Gebirgszug *m*, Bergkette *f*, Kettengebirge *n*
~ **chain bordering on a plateau** Randgebirge *n*
~ **coast** Steilküste *f*
~ **cork** Bergkork *m (Erscheinungsform von Asbest)*
~ **creek** Gebirgsbach *m*
~ **creep** Bergsturz *m*
~ **crest** Gebirgskamm *m*, Bergkamm *m*
~ **crystal** Bergkristall *m (s.a.* quartz)
~ **declivity** Bergabhang *m*
~ **development** Gebirgsbildung *f*
~ **face** Bergwand *f*
~ **flax** Bergflachs *m*, Amiant *m (s.a.* actinolite)
~ **flour** Kieselgur *f*, Infusorienerde *f*, Diatomeenerde *f*
~ **folding** Gebirgsfaltung *f*, Gebirgsbildung *f*
~ **forest** Bergwald *m*, Hochwald *m*
~ **formed by folding** Faltungsgebirge *n*
~ **formed by plateau-forming movements** Schollengebirge *n*
~ **formed of disrupted folds** Bruchfaltengebirge *n*
~ **formed of folds** Faltengebirge *n*
~ **formed of overthrust (recumbent) folds** Deckfaltengebirge *n*
~-**forming** gebirgsbildend
~ **glacier** Gebirgsgletscher *m*
~ **gorge** Felsschlucht *f*
~ **green** *s.* malachite
~ **gulch** Bergtobel *m*
~ **lake** Gebirgssee *m*
~ **leather** Bergleder *n (Erscheinungsform von Asbest)*
~ **limestone** Kohlenkalkstein *m (im Unterkarbon von England)*
~ **meal** *s.* ~ flour
~ **milk** schwammartige Kalzitausscheidung *f*
~ **of denudation** Denudationsgebirge *n*
~ **of erosion** Abtragungsgebirge *n*
~ **paper** Bergpapier *n (Erscheinungsform von Asbest)*
~ **pass** Gebirgspaß *m*
~ **peak** Berggipfel *m*
~ **peaty soil** Gebirgsmoorboden *m*
~ **range** *s.* ~ chain
~ **region** Bergland *n*
~ **ridge** Bergrücken *m*, Gebirgsrücken *m*, Bergkamm *m*, Gebirgskamm *m*, Gebirgsgrat *m*
~ **river** Gebirgsfluß *m*
~ **side** Berglehne *f*, Berghang *m*, Gebirgshang *m*; Gebirgslandschaft *f*

~ **slope** Berghang *m*
~ **soap** Bergseife *f (s.a.* halloysite)
~ **spar** Vorgebirge *n*, vorgelagertes Gebirge *n*
~ **splitting** Bergzerreißung *f*
~ **spur** Gebirgsausläufer *m*, Bergnase *f*
~ **stream** Bergstrom *m*, Gebirgsfluß *m*, Wildbach *m*
~ **tallow** *s.* hatchettite
~ **tarn** Karsee *m*
~ **top** Berggipfel *m*
~ **topography** Gebirgslandschaft *f*, Berglandschaft *f*
~ **torrent** Bergstrom *m*, Gebirgsfluß *m*, Wildwasser *n*, Wildbach *m*
~ **trail** Höhenweg *m*
~ **wall** Bergwand *f*
~ **waste** Gebirgsschutt *m*
~ **wood** Holzasbest *m*
~ **wool** Bergwolle *f (Asbestart)*
mountainite Mountainit *m*, $KNa_2Ca_2[HSi_8O_{20}] \cdot 5H_2O$
mountainous bergig, gebirgig, Gebirgs...
~ **country** Bergland *n*
~ **desert** Gebirgswüste *f*
~ **formation** Gebirgsbildung *f*
~ **ground** Gebirgsgelände *n*
~ **region** Bergland *n*
mountainy gebirgig, hügelig
mounting medium Einbettungsmedium *n (für Dünnschliffe)*
mourite Mourit *m*, $[(UO_2)_2|(MoO_4)_5] \cdot 5H_2O$
mouth Mündung *f (eines Flusses)*
~ **bar** Mündungsbarren *m (Sandablagerungen der Flußarmmündungen im Bereich der Deltafront-Plattform)*
~ **of a river** Flußmündung *f*
~ **of an adit** Stollenmundloch *n*
~ **of well** Brunnenmundloch *n*
~ **parts** Mundwerkzeuge *npl (bei Arthropoden)*
move-out Moveout *n (Zeitdifferenz zwischen den Laufzeiten von Wellen)*
movement of oscillation Schwingungsbewegung *f*
~ **of rotation** Drehbewegung *f*
~ **of the crust** Krustenbewegung *f*
~ **of the ground** Bodenbewegung *f*
moving average gleitendes Mittel *n (Statistik)*
~ **boundary** bewegliche Kontur *f (reservoirmechanisch)*
~ **dune** Wanderdüne *f*
~ **moraine** Wandermoräne *f*
~ **picture borehole camera** Bohrlochfilmkamera *f*
~ **point** Wanderpunkt *m (reservoirmechanisch)*
moya *s.* mud lava
mozambikite Mozambikit *m*, $(Th, SE, U)(O, OH)_2$
MSID *s.* mass spectrometric isotope dilution
MTF *s.* modular transfer function
much indented coast buchtenreiche Küste *f*

much

- ~ **weathered** stark verwittert
- **muck** 1. Berge *pl*, Haufwerk *n*; 2. schwarze Torferde *f*, Wiesentorf *m*, anmooriger Boden *m*, unreiner Torf *m*
- ~-**blasting operation** Schüttsprengverfahren *n*
- ~ **stack** Bergehalde *f*
- **muckle** weicher Ton *m (im Hangenden oder Liegenden der Kohle)*
- **mucks** minderwertige erdige Kohle
- **mucky** aus Sumpferde bestehend
- **mud-off/to** abdichten
- **mud** 1. Mudde *f*, Schlamm *m*, Schlick *m*; 2. Spülung[sflüssigkeit] *f*, Dickspülung *f*, Spülschlamm *m*, Tonspülung *f (Bohrung)*
- ~ **additive** Spülungszusatz *m*
- ~ **analysis log** Spülungsanalysenlog *n*
- ~ **auger** Schappe *f*, Schappenbohrer *m*, Bohrschappe *f*
- ~ **avalanche** *s*. ~ **flow**
- ~ **balance** Spülungswaage *f*
- ~ **balls** *s*. accretionary lapilli
- ~ **beach** Schlickstrand *m*
- ~-**bearing** schlammführend
- ~ **bed** Schlammschicht *f*
- ~-**buried ripple marks** schlammbedeckte Rippelmarken *fpl*
- ~ **cake** Filterkuchen *m (an der Bohrlochwandung)*
- ~-**circulating channel (opening)** Spülungskanal *m*
- ~ **column** Spülungssäule *f*
- ~ **control** Spülungsüberwachung *f*
- ~ **crack** Schwundriß *m*, Schrumpfungsriß *m*, Luftriß *m*, Trockenriß *m*, Schlammriß *m*, Netzleiste *f (Sedimentgefüge)*
- ~-**cracked** von Schlammrissen durchzogen
- ~-**cracked loam** Lehm *m* mit Trocknungsrissen
- ~ **cracking** Schlammrißbildung *f*, Trockenrißbildung *f*
- ~ **degassing** Gasabscheidung *f* aus der Spülung
- ~ **density** Dichte *f* der Spülung
- ~ **deposit** Schlammablagerung *f*, Schlickablagerung *f*
- ~ **engineer** Spülungsingenieur *m*
- ~ **eruption** Schlammausbruch *m*
- ~ **field** Schlammfeld *n*
- ~ **filling** *(Am)* Verschlammung *f*
- ~ **filtrate resistivity** elektrischer Widerstand *m* des Spülungsfiltrats
- ~ **flat** Schlammniederung *f*, Sumpfebene *f*, Schlickwatt *n*, Schlickebene *f*
- ~ **flow** Mure *f*, Murgang *m*, Murbruch *m*, Schlammstrom *m*
- ~ **flush** Dickspülung *f*, Spülschlamm *m*
- ~-**gas log** Spülungsgaslog *n*
- ~ **geyser** Schlammsprudel *m*
- ~ **gun** Wasserstrahlmischer *m*, Hydromonitor *m*
- ~ **hose** Druckleitung *f*
- ~ **island** Schlamminsel *f*
- ~ **jacking** Schlamminjektion *f*, Schlammeinpressung *f*
- ~ **lava** vulkanischer Schlamm *m*
- ~ **line** Bohrspülungsleitung *f*
- ~ **line suspension equipment** Schlammleitung *f*
- ~ **log** Spülungsanalysenlog *n*
- ~ **logging** Spülungsbefund *m (auf Gas)*, Gasanalyse *f* der Spülung
- ~ **losses** Spülungsverluste *mpl*
- ~ **lump** Schlammaufbruch *m*, diapirartige Schlammstruktur *f*
- ~ **mixer** Tonmischer *m*
- ~ **mixture** Spülung *f*
- ~ **mound** Schlammhügel *m*
- ~ **pebbles** Schlickgerölle *npl*
- ~ **pellets** *s*. accretionary lapilli
- ~ **pit** Schlammgrube *f*
- ~ **plain** Schlickebene *f*
- ~ **plant** Spülungsaufbereitungsanlage *f*
- ~ **pot** Schlammkrater *m*
- ~ **pressure** Spülungsdruck *m*
- ~ **pump** Spülpumpe *f*
- ~ **pump delivery** Volumenstrom *m* (Fördermenge *f*) der Spülpumpe
- ~ **pump pressure** Spülpumpendruck *m*
- ~ **rain** Schlammregen *m*
- ~ **resistivity** elektrischer Widerstand *m* der Spülung, Resistivität *f* der Tonspülung
- ~ **resistivity logging** Spülungswiderstandsmessung *f*, Resistivimetrie *f*
- ~ **rock** Schieferton *m*
- ~ **rock flow** *s*. ~ **flow**
- ~ **salinity** Salzgehalt *m* der Spülung
- ~ **sample** Spülungsprobe *f*
- ~ **saver bucket** Spülungskasten *m*
- ~ **screen** Schüttelsieb *n*
- ~ **settling trap pit** Absetzbehälter *m*
- ~ **sill** Schlammschwelle *f*
- ~ **silting** Verschlammung *f*
- ~ **smeller** *(sl)* Erdölgeologe *m*
- ~ **spring** Schlammsprudel *m*
- ~ **stream** *s*. ~ **flow**
- ~ **system** Spülungssystem *n*
- ~ **temperature** Spülungstemperatur *f*
- ~ **test** Spülungsmessung *f*
- ~ **tidal deposits** Wattenschlick *m*
- ~ **volcano** Schlammvulkan *m*, Schlammsprudel *m*, Salse *f*, Makkalube *f*
- **muddiness** Schlammigkeit *f*
- **mudding-off** Eindringen *n* von Bohrspülung in die Formation
- **muddled water** trübes Wasser *n*
- **muddy** schlammig, schlammartig, schlickig, trübe, lehmig
- ~ **ground** Schlammboden *m*, Moddergrund *m*
- ~ **pool** Tümpel *m*
- ~ **soil** Schlammboden *m*
- **mudspate** *s*. mud flow
- **mudstone** 1. übergeordneter Begriff für Silt- und Tonsteine; 2. verfestigter Ton *m*, Tonstein *m*; Pelit *m*; 3. schlammgestütztes Karbo-

natgestein mit <10% Komponenten (Dunham-Klassifikation 1962)
mugearite Mugearit *m (Trachybasalt)*
muggy feucht[warm], schwül
muirite Muirit *m*, $Ba_5CaTi[O_4|Si_4O_{12}] \cdot 3H_2O$
mulatto kretazischer Grünsand *m (Irland)*
mulching Mulchen *n*
mull 1. Vorgebirge *n (Schottland)*; 2. an anorganischen Stoffen reicher Waldboden
~ **soil** Mullboden *m*
mullion structure Mullionstruktur *f*
mullite Mullit *m*, $Al_8[O_3|(OH, F)|Si_3AlO_{16}]$
mullock taubes Gestein *n*
multi-... *s.* multi...
multiaquifer formation System *n* von Grundwasserleitern, Grundwasserstockwerk *n*
multiaxial mehrachsig
multiband camera Mehrkanalkamera *f*
~ **images** Mehrkanalaufnahmen *fpl*, Multispektralaufnahmen *fpl*
multibranched drilling Bohren *n* mit mehrfacher Richtungsänderung
multichannel filtering Mehrkanalfilterung *f*
multicomponent system Vielstoffsystem *n*
multicycle landscapes mehrzyklische Landschaften *fpl*
multidate images Aufnahmen der gleichen Szene zu verschiedenen Zeitpunkten
multidirectional drilling Bohren *n* mit mehrfacher Richtungsänderung
multidisciplinary analysis multidisziplinäre Auswertung *f*
multielectrode sonde Mehrelektrodensonde *f*
multifrac mehrstufige hydraulische Rißbildung *f*
multigelation mehrfacher Tau-Gefrier-Prozeß *m*
multihole drilling Mehrlochbohrung *f*, Zweigbohren *n*, Mehrsohlenbohren *n*
multilayer mehrschichtig
~ **field** Lagerstätte *f* mit mehreren Trägern (ölführenden Horizonten)
multilayered mehrschichtig
multipartite map lithologische Mächtigkeitskarte *f (für eine stratigrafische Einheit)*
multiphase flow Mehrphasenströmung *f*
multiple Multiple *f*, Mehrfachreflexion *f*
~ **bench quarrying** terrassenförmiger Steinbruchabbau *m (Strossenbau)*
~ **completion well** Mehrstrangsonde *f*
~ **coverage** Mehrfachüberdeckung *f*, Stapelung *f*
~ **dike** *s.* ~ **vein**
~ **drilling** Fächerbohrung *f*
~ **fault** wiederholte Bruchbildung *f*
~ **geophones** multiple Geophone *npl*, Geophongruppe *f*
~ **intrusions** mehrfache Intrusionen *fpl*
~ **linear array** Mehrfachanordnung *f* linearer ladungsgekoppelter Festkörperdetektoren *(als Fernerkundungssensor genutzt)*
~-**purpose reservoir** Mehrzweckspeicher *m (Grundwasserleiter)*

~-**rate** Mehrfachfließratentest *m*
~ **reflections** multiple Reflexionen *fpl*
~ **shot holes** Mehrfachschußlöcher *npl*, Sternschüsse *mpl*, Flächenschüsse *mpl*
~ **spacings electric logging** Widerstandsbohrlochmessung *f* mit verschiedenen Meßlängen
~ **top** multiple Oberkante *f* einer Schicht *(durch Überschiebung, Überkippung)*
~ **twinning** Viellingsverzwillingung *f*
~ **twins** Wiederholungszwillinge *mpl*
~ **vein** vielfacher (zusammengesetzter) Gang *m*
~ **vent basalt** Schildbasalt *m*, Flächenbasalt *m (von zahlreichen kleinen Schloten gefördert)*
~-**well derrick** Bohrturm *m* zum gleichzeitigen Bohren von mehreren Bohrungen
~-**well system** Brunnengruppe *f*
~-**zone packer** Packer *m* für Mehrzonenförderung
multiplexer Multiplexer *m*
multiplexing Vielfachübertragung *f*; Multiplexverfahren *n*
multiring basin Mehrfachringbassin *n*
multispectral camera Multispektralkamera *f*
multistage cementing Mehrfachstufenzementation *f*
~ **sampling** Mehrstufendatensammlung *f (in mehreren Höhenniveaus bzw. Arbeitsstufen zunehmenden Detailliertheitsgrades)*
multitemporal sampling *s.* multitime sampling
multithematic presentation multithematische Darstellung *f (z.B. der Auswertungsergebnisse der Fernerkundung)*
multitime sampling Datensammlung *f* zu verschiedenen Zeitpunkten
multitube elutriator Spitzenapparat *m (für die Schlämmanalyse)*
mummify/to mumifizieren
mummy Mumie *f*
mundane ball Erdball *m*
Münder Marl Münder-Mergel *m (oberer Malm, Niedersächsisches Becken)*
mundic *(sl)* Schwefelkies *m (s.a.* pyrite*)*
mungle shale Ölschiefer *m (Schottland)*
municipal water supply städtische Wasserversorgung *f*
mural escarpment steilwandiges Felskliff *n*
~ **jointing** parallelepipedische (quaderförmige) Absonderung *f*, engständige Bankungsklüftung *f*
murambite Murambit *m (Varietät von Leuzitbasanit)*
murbruk texture Mörtelstruktur *f*
murdochite Murdochit *m*, $PbCu_6O_8$
muriatic acid Chlorwasserstoffsäure *f*, Salzsäure *f*, HCl
murite Murit *m (olivinführender Nephelinphonolith)*
murmanite Murmanit *m*, $Na_2MnTi_3[SiO_4]_4 \cdot 8H_2O$

muscle

muscle scar Muskelfleck *m*, Muskelnarbe *f*
muscovite Muskovit *m*, $KAl_2[(OH,F)_2|AlSi_3O_{10}]$
~ **granite** Muskovitgranit *m*
~**-out isograd** Isograd *m* des Muskovitzerfalls, obere [metamorphe] Stabilitätsgrenze *f* von Muskovit
~ **phyllade** Muskovit-Chlorit-Schiefer *m*
~ **quartzite** Muskovitquarzit *m*
~ **schist** Muskovitschiefer *m*
mush frost Kammeis *n*
mushroom cloud Pilzwolke *f*
~ **fold** Pilzfalte *f*
~ **rock** Pilzfels[en] *m*
~**-shaped** pilzartig
mushy porig
~ **coal** weiche (trockene, erdige) Kohle *f*
muskeg 1. mit Moos überwachsene sumpfige Landschaft *f*; 2. Muskeg *m* (organogener Boden); Moor *n*, Tundramoor *n*, nasser Tundraboden *m*
mussel Miesmuschel *f*, Muschel *f*
~ **band** *s*. marine band
~ **bed** Muschelbank *f*
~ **bind** *s*. marine band
mute taub (Gestein)
muting Muting *n*; Abschwächen *n* (früher Einsätze); Auslöschen *n*
mutual time Gegenzeit *f*
mutually cross-cutting sich wechselseitig durchkreuzend
~ **indenting pebbles** sich gegenseitig eindrückende Steine *mpl*
muzgas initiale Karrenform *f* (Karst)
m. y. = million years
mylonite Mylonit *m*
mylonitic mylonitisch
~ **texture** mylonitische Struktur *f*
mylonitization Mylonitisierung *f*
mylonitize/to mylonitisieren
mylonization Mylonitisierung *f*
mylonize/to mylonitisieren
myrmekite Myrmekit *m*
myrmekitic exsolution myrmekitische Entmischung *f*

N

n-membered chain radioaktive Zerfallsreihe *f* mit n-Gliedern
nablock gerundete Konkretion *f*
nacre Perlmutt *n*, Perlmutter *f*
nacreous perlmutt[er]artig
~ **cloud** Perlmutt[er]wolke *f*
~ **layer** Perlmutt[er]schicht *f*
~ **lustre** Perlmutt[er]glanz *m*
nacrite Nakrit *m*, $Al_4[(OH)_8|Si_4O_{10}]$
nadir angle Nadirwinkel *m*
~ **distance** Nadirabstand *m*
~ **point** Nadirpunkt *m*
nadorite Nadorit *m*, $PbSbO_2Cl$
naegite Naegit *m* (s.a. zircon)

naes *s*. ness
nagatelite Nagatelith *m* (Varietät von Allanit)
nagelfluh Nagelfluh *f* (tertiäres Konglomerat)
nagyagite Nagyagit *m*, Blättertellur *m*, $AuTe_2 \cdot Pb(S, Te)$
nahcolite Nahcolith *m*, $NaHCO_3$
nail head scratch Nagelkopfschramme *f* (glaziale Schramme)
naked karst nackter Karst *m*
nakhlite Nakhlit *m* (achondritischer diopsid- und olivinführender Meteorit)
namies Schlechten *fpl* (Yorkshire)
Namurian [Stage] Namur[ien] *n*, Namurium *n* (basale Stufe des Oberkarbons in Mittel- und Westeuropa)
nanism Zwergwuchs *m*
nannofossil Nannofossil *n*
nannoplankton Nannoplankton *n*
nantokite Nantokit *m*, $CuCl$
napaiite Napalith *m* (Kohlenwasserstoffverbindung)
naphteine *s*. hatchettite
naphtha 1. schweres Erdöl *n*; 2. benzinartiges Destillationsprodukt von Erdöl
naphthalize/to mit Erdöl tränken
naphthene basic oil naphthenbasisches Erdöl *n*
naphthenic oil Naphthenöl *n*
naphthine *s*. hatchettite
naphtholithe bituminöser Schiefer *m*
naphthology Erdölwissenschaft *f*
naphtine *s*. hatchettite
nappe Decke *f*, Überschiebungsmasse *f*, Überschiebungsdecke *f*, Schubdecke *f*, Ferndecke *f*
~ **inlier** geologisches Fenster *n*, Deckenfenster *n*
~ **involutions** Rollfalten *fpl* in Decken, Walzfalten *fpl*
~ **outlier** Deckscholle *f*, Überschiebungsrest *m*, Klippe *f*
~ **root** Wurzel *f* der Überschiebungsdecke
~ **structure** Deckenbau *m*
~ **system** Deckensystem *n*
~ **tectonics** Deckenfaltung *f*
~ **with several facies** Vielfaziesdecke *f*
Narizian [Stage] Narizien *n* (marine Stufe, mittleres Eozän in Nordamerika)
narrow/to sich verdrücken
narrow Einschnürung *f*, Enge *f*, Schlucht *f*
~**-crested anticline** Schmalsattel *m*, enge Antiklinale *f*
~ **pass** Engpaß *m*
~**-reef mine** geringmächtige, flache Lagerstätte *f*
~ **working** enger Grubenbau *m*
narrowing Isthmus *m*
narrows Förde *f*, Meerenge *f*, Engpaß *m*, Hohlweg *m*, Stromenge *f*
narsarsukite Narsarsukit *m*, $Na_2Ti[O|Si_4O_{10}]$
nasinite Nasinit *m*, $Na_2[B_5O_6(OH)_5] \cdot H_2O$
nasonite Nasonit *m*, $Pb_6Ca_4[Cl_2|(Si_2O_7)_3]$

nasturan s. uraninite
native gediegen, natürlich vorkommend
~ **antimony** gediegenes Antimon n, Sb
~ **arsenic** gediegenes Arsen n, Scherbenkobalt n, As
~ **asphalt** Naturbitumen n, Erdasphalt m
~ **bedrock** s. ~ rock
~ **bismuth** gediegenes Wismut n, Bi
~ **coke** Naturkoks m
~ **copper** Bergkupfer n, gediegenes Kupfer n, Cu
~ **country** Mutterboden m
~ **gold** gediegenes Gold n, Au
~ **hydrocarbons** natürliche Kohlenwasserstoffe mpl
~ **iron** gediegenes Eisen n, Fe
~ **lead** gediegenes Blei n, Pb
~ **mercury** gediegenes Quecksilber n, Hg
~ **metal** gediegenes Metall n
~ **paraffine** Erdwachs n
~ **platinum** gediegenes Platin n, Pt
~ **Prussian blue** s. vivianite
~ **rock** gewachsener Fels m, anstehendes Gestein n, Muttergestein n
~ **salt** Steinsalz n, NaCl
~ **silver** gediegenes Silber n, Ag
~ **soil** Mutterboden m
~-**state core** unberührter Bohrkern m
~ **state/in a** in gediegenem Zustand
~ **sulphur** gediegener Schwefel m, S
~ **water** fossiles Wasser n
natramblygonite Natramblygonit m, (Na,Li)[(OH,F)|PO$_4$]
natroalunite Natroalunit m, NaAl$_3$[(OH)$_6$|(SO$_4$)$_2$]
natrochalcite Natrochalzit m, NaCu$_2$[OH|(SO$_4$)$_2$]·H$_2$O
natrojarsoite Natrojarosit m, NaFe$_3$[(OH)$_6$|(SO$_4$)$_2$]
natrolite Natrolith m, Na$_2$[Al$_2$Si$_3$O$_{10}$]·2H$_2$O
natromontebrasite s. natramblygonite
natron Natrit m, Soda f, Natron n, (Na$_2$CO$_3$·10H$_2$O)
natrophilite Natrophilit m, Na(Mn,Fe)[PO$_4$]
natural abundance variation natürliches Isotopenverhältnis n
~ **angle of slope** natürlicher Böschungswinkel m, Ruhewinkel m
~ **arch** Fels[en]tor n
~ **asphalt** Naturasphalt m, Erdpech n
~ **background radiation** natürliche Untergrundstrahlung f
~ **bed** natürliche Schichtung f
~ **bridge** Naturbrücke f, Felsbrücke f
~ **brine** Natursalzsole f
~ **coke** Naturkoks m
~ **current** Erdstrom m
~ **density** s. bulk density
~ **dike** s. ~ levee
~ **disaster** Naturkatastrophe f
~ **earth current** natürlicher Erdstrom m
~ **fall** natürliches Gefälle n
~ **flow** natürliche eruptive Förderung f

~ **flowing well** selbstlaufende (selbsttätig ausfließende) Sonde f, Eruptiersonde f
~ **frequency** Eigenfrequenz f
~ **gas** Erdgas n, Naturgas n
~ **gas liquefaction plant** Erdgasverflüssigungsanlage f
~ **gas well** Erdgasquelle f
~ **gasoline** Erdgasbenzin n, Naturgasolin n
~ **glass** mineralisches Glas n
~ **ground** gewachsener Boden m
~ **ground-water level** ungesenkter Grundwasserspiegel m
~ **iron ore** Raseneisenerz n
~ **levee** natürlicher Damm m, Uferdamm m, natürlicher Uferwall m
~ **magnet** s. magnetite
~ **mica** Rohglimmer m
~ **mud** natürliche Spülung f
~-**occurring** natürlich vorkommend
~-**occuring radioactivity** natürliche Radioaktivität f
~ **oscillation** Eigenschwingung f *(Seismometer)*
~ **radioactivity** natürliche Radioaktivität f
~ **resources** Naturschätze mpl, Bodenschätze mpl
~ **selection** natürliche Auslese f
~ **size** natürliche Größe f
~ **soil** gewachsener Boden m
~ **stone** Naturstein m
~ **tar** Bergteer m
~ **vibration** Eigenschwingung f *(Seismometer)*
~ **water conduit** natürlicher Wasserlauf m
nature of deposition Lagerungsform f
~ **of ground** Bodenbeschaffenheit f
~ **of rock** Gesteinsart f
~ **of soil** Bodenbeschaffenheit f
~ **preservation** Naturschutz m
~ **reserve** Naturschutzgebiet f
~ **sanctuary** Naturdenkmal n
naujacasite Naujakasit m, (Na,K)$_6$FeAl$_4$[O$_3$|Si$_4$O$_{10}$]$_2$·H$_2$O
naumannite Naumannit m, Ag$_2$Se
nautical chart Seekarte f
Navajo Formation Navajo-Formation f *(Lias und teilweise Dogger, Nordamerika)*
navajoite Navajoit m, V$_2$O$_5$·3H$_2$O
naval chart Seekarte f
~ **observatory** Seewarte f
Navarro Group Navarro-Gruppe f *(oberes Campan und Maastricht, Nordamerika)*
Navier-Stokes equation Navier-Stokes-Gleichung f
navigable channel Fahrwasser n, Stromrinne f
~ **river** schiffbarer Fluß m
~ **waterway** Wasserstraße f
naze s. ness
neanic neanisch, spätjugendlich *(Wachstumsstadium)*
neap tide[s] Nippflut f, Nipptide f
near nahe gelegen
~ **earthquake** Nahbeben n

near

~-infrared scanner Linienabtaster *m* im Bereich des nahen Infrarot
~ shock Nahbeben *n*
~-shore küstennah
~-shore deposit küstennahe Ablagerung *f*
~-shore island festlandnahe Insel *f*
~-shore sediment strandnahe Ablagerung *f*
nearshore *s.* near-shore
neat rein, unvermischt, unverdünnt
Nebraskan [Ice Age] Nebraska-Vereisung *f (Pleistozän in Nordamerika, entspricht etwa dem Eburon in Europa)*
nebula Nebelfleck *m*, Nebelschleier *m*, planetarischer Nebel *m*
nebular hypothesis Nebularhypothese *f*, Nebulartheorie *f*
nebulite Nebulit *m (Migmatit)*
nebulitic structure nebulitische Textur *f (bei Migmatit)*
nebulosity Nebelhülle *f*
nebulous neblig
~ fog Lichtnebel *m*
neck 1. Neck *m*, Stielgang *m*, Schlotgang *m*, Bühl *m*; 2. Meerenge *f*, Landenge *f*
~ cut-off Laufverkürzung *f* eines Flusses infolge Mäanderdurchschneidung
~ of land Landzunge *f*
~ vertebra Halswirbel *m*
necoite Nekoit *m*, $Ca_{1.5}[Si_3O_6(OH)_3] \cdot 2^1/_2 H_2O$
necrophagous nekrophag, von abgestorbener Substanz lebend
necrosalinity Nekrosalinar *n*
needle Nadel *f*; Kristallnadel *f*
~ gauge Stechpegel *m*
~ ice Kammeis *n*
~ ironstone *s.* goethite
~ karst Turmkarst *m*
~ ore *s.* aikinite
~ probe Nadelsonde *f (für Wärmeleitfähigkeitsmessungen)*
~ spar *s.* aragonite
needlelike nadelig
needless well unnötige Bohrung *f*
needlestone *s.* natrolite
negative crystal 1. optisch negativer Kristall *m*; 2. Kristallnegativ *n*
~ segment in Absenkung begriffener Krustenabschnitt *m*
~ shore line *s.* shore line of submergence
Nehdenian [Stage] Nehden *n (Stufe des Oberdevons in Europa)*
neighborite Neighborit *m*, $NaMgF_3$
neighbouring earthquake Nahbeben *n*
~ rock Nebengestein *n*
nekonite Nekonit *m (Apatit-Ilmenit-Gestein)*
nekton Nekton *n*
nektonic nektonisch
nektoplanktonic *s.* pelagic
nematoblastic nematoblastisch
~ structure faserige Textur *f*
Neocomian Neokom *n (tieferer Teil der Unterkreide)*

240

Neocryptozoic [Era] Spätpräkambrium *n*
neocryst sekundäres Kristallkorn *n (in Evaporiten)*
neocrystic rekristallisiert, mit sekundärer, nicht laminierter Textur *(in Evaporiten)*
neodigenite Neodigenit *m*, Cu_9S_5
Neogene Neogen *n*, Jungtertiär *n (Miozän und Pliozän)*
neogenic neugebildet, sekundär *(Petrografie)*
neolensic mit sekundärer Lentikulartextur *(bei Evaporiten)*
neolith jungsteinzeitliches Gerät *n*
Neolithic jungsteinzeitlich
Neolithic [Age, Times] Neolithikum *n*, Jungsteinzeit *f*, jüngere Steinzeit *f*
neomorphism Neomorphismus *m*
Neopalaeozoic Jungpaläozoikum *n*, Spätpaläozoikum *n*
neoporphyrocrystic sekundärporphyrisch *(bei Evaporitgefügen)*
neosome Neosom *n*, Metatekt *n*
neostratotype Neostratotyp *m*
neotantalite Neotantalit *m (Fe-Tantalit)*
neotectonics Neotektonik *f*
neotype Neotypus *m*
neovolcanic neovulkanisch
~ rock neovulkanisches Gestein *n*
Neozoic neozoisch
Neozoic [Era] *s.* Cenozoic
~ Formation neozoische Formation *f*
~ Period Neozoikum *n*
nepheline Nephelin *m*, $KNa_3[AlSiO_4]_4$
~ basalt Nephelinbasalt *m*
~ dolerite Nephelindolerit *m*
~ syenite Eläolithsyenit *m*, Nephelinsyenit *m*
nephelinite Nephelinit *m*
nephelinization Nephelinisierung *f*
nephelite *s.* nepheline
nephelitic rock Nephelingestein *n*
nephelium Nebelfleck *m*
nephelognosy Wolkenbeobachtung *f*
nepheloid wolkig, wolkenartig
~ layers ausgedünnte Turbiditzonen *fpl (auf dem Tiefseeboden)*
nephelometer Streustrahlungsmesser *m*, Bewölkungsmesser *m*
nephelometry Streustrahlungsmessung *f*
nephology Wolkenkunde *f*
nephometer Bewölkungsmesser *m*
nephrite Nephrit *m*, Beilstein *m (dichter Aktinolith oder Anthophyllit)*
nepouite Nepouit *m (Varietät von Antigorit)*
neptunian sedimentär, angeschwemmt
~ dike sedimentärer Gang *m*
Neptunian theory, Neptunism Neptunismus *m*
neptunite Neptunit *m*, $Na_2FeTi[Si_4O_{12}]$
neritic neritisch, Flachsee...
~ facies Flachseefazies *f*
~ fauna Flachseefauna *f*
~ zone neritische Zone *f*, Flachseezone *f*
Nernst's rule Nernstsche Regel *f*

nesh weich, staubig, pulvrig
nesquehonite Nesquehonit m, MgCO₃·3H₂O
ness Vorgebirge n, Landspitze f, Kap n
nest of ore Erznest n, Erztasche f
nested crater Krater m mit zentralen Bocchen
~ sampling s. cluster sampling
~ volcano Vulkan m mit zentralen Kegeln
net s. network
~ pay thickness Nettomächtigkeit f, effektive Mächtigkeit f
~ production Nettoförderung f
~ radiation Nettostrahlung f
~ rainfall Niederschlagsmenge f (erreicht den Erdboden)
~ slip wahre Schublänge f, totale Sprunghöhe f
nether coal untere Kohlenbank (Flözpartie) f (eines mächtigen Kohlenflözes)
netlike netzförmig
~ stone soil netzartiger Steinboden m
netted smaltite gestrickter Speiskobalt m, CoAs₃
~ structure Maschentextur f
netting Netzbildung f
network Netz[werk] n
~ of faults Verwerfungsnetz n
~ of lodes Gangverzweigung f
~ of veins Gangnetz n
~ planning Netzwerktechnik f
~ structure Netzwerkgefüge n
neutral plane Neutralebene f
~ stress s. pore-water pressure
~ surface fold s. flexure fold
neutralize/to neutralisieren
neutron activation analysis Neutronenaktivierungsanalyse f
~ logging Neutronenlog n, Neutronenmessung f
~-neutron logging Neutron-Neutron-Log n
Nevadan orogeny neva[di]dische Orogenese f
nevadyte grobkörniger Quarztrachit von Nevada
névé vereister Schnee m (eines Gletschers), Firn m, Firnfeld n
~ basin Firnmulde f
~ crevasse Firnspalte f
~ field Firnfeld n
~ glacier Firngletscher m
~ line Firnlinie f
~ penitente Büßerschnee m
~ region Firngebiet n
~ slope Firnfeld n
never frozen soil Niefrostboden m
new field wildcat Erkundungsbohrung f auf unbekannte Lagerstätten
~ global tectonics neue Globaltektonik f, Geotektonik f, Plattentektonik f, gegenwärtige geotektonische Grundvorstellung f
~ growth Neusprossung f
~ moon Neumond m
~ pool wildcat Erkundungsbohrung f auf neues Lager (in bekanntem Feld)

New Red Rotliegendes n (Fazies, Oberkarbon bis Mittelperm)
~ Zealand Subprovince Neuseeland-Subprovinz f (Paläobiogeografie, Devon)
newberyite Newberyit m, HMg[PO₄]·3H₂O
n'hangellite N'hangellit m (Bitumenart)
Niagaran [Series] Niagara n, Niagarien n (oberes Llandovery, Wenlock und unteres Budnanium Nordamerikas)
nib sehr grobes Überkorn n
niccolite Niccolit m, Rotnickelkies m, Nickelin m, NiAs
niche kleine Höhle f (hinter einem Wasserfall); Felsnische f
nickel Nickel n, Ni
~-bearing nickelführend
~ bloom s. annabergite
~ glance Nickelglanz m (teils Gersdorffit, teils Ullmannit)
~ green s. annabergite
~ gymnite s. genthite
~-iron core Nickel-Eisen-Kern m
~ ochre s. annabergite
~ ore Nickelerz n
~ skutterudite s. chloanthite
~ vitriol s. morenosite
nickeliferous nickelhaltig, nickelführend
~ iron Nickeleisen n
nickelous nickelhaltig
nickpoint Knickpunkt m (im Gefälle)
nicol [prism] Nicol[sches Prisma] n
nicopyrite s. pentlandite
nieve penitente Zackenfirn m, Büßerschnee m
nife Nife n (Erdkern)
nifontovite Nifontovit m, CaB₂O₄·2,3H₂O
Niggli value Niggli-Wert m
niggliite Niggliit m, Pt(Su, Te)
night-time remote sensing Fernerkundung f zur Nachtzeit
nigrine Nigrin m (1. Rutil mit viel Fe; 2. Ilmenit mit Rutil)
nigrite s. asphalt, albertite
niobiate Niobit m, (Fe, Mn)(Nb, Ta)₂O₆
niobium Niob n, Nb
nioboloparite Niobolaparit m, (Na, Ce, Ca)(Ti, Nb)O₃
niocalite Niocalit m, Ca₃(Nb, Ca, Mg)[(O, F)₂|Si₂O₇]
nip 1. kleines Kliff n, Absatz m; 2. Verdrückung f, Verquetschung f
~-out Verdrückung f, Verquetschung f
nipped verdrückt, eingeschnürt (Gang)
niton Niton n, Radon n, Radiumemanation f
nitrate Nitrat n
nitratine, nitratite s. soda nitre
nitre Kalisalpeter m, Nitrokalit m, KNO₃
nitric acid Salpetersäure f, HNO₃
nitrification Nitrierung f, Salpeterbildung f; Nitrifikation f
nitrifying bacteria Stickstoffbakterien fpl
nitrobarite Nitrobaryt m, Barytsalpeter m, Ba(NO₃)₂

nitrocalcite

nitrocalcite Nitrokalzit m, Kalksalpeter m, Ca[NO$_3$]$_2$·4H$_2$O
nitrogen Stickstoff m, N
~-poor stickstoffarm
nitromagnesite Nitromagnesit m, Magnesiasalpeter m, Mg(NO$_3$)$_2$·2H$_2$O
nitrous salpetrig
nittings Bleierzstückchen npl
nival nival, Schnee...
~ soil Frostboden m
nivation Firneisbildung f, Karbildung f, Zerkarung f, Schnee-Erosion f, Spaltenfrostwirkungen fpl
nivenite s. uraninite
niveo-aeolian nival-äolisch
NMO s. normal move-out
no pick nicht tiefenkorrelierbar *(seismische Horizonte)*
noble earths seltene Erden fpl
~ gas Edelgas n
~ metal Edelmetall n
~ opal Edelopal m
nobleite Nobleit m, Ca[B$_6$O$_9$(OH)$_2$]·3H$_2$O
nocerite Nocerin m, Mg$_3$[Fe$_3$|BO$_3$]
noctilucent nachtleuchtend
~ cloud nachtleuchtende Wolke f
nocturnal radiation nächtliche Strahlung f
nodal plane Knotenebene f
~ point Knotenpunkt m
noddle Knolle f, Niere f
node 1. Nest n, Niere f; 2. Höcker m *(bei Fossilien)*; 3. Knoten m, Nodus m
~ of rock Felsklotz m
noded gehöckert, mit Knötchen versehen *(Fossilschalen)*
nodose Knötchen tragend
nodular warzig, knotenartig, knollig, klumpig, kugelig, knotenförmig
~ bedding knollige Schichtung f
~ galenite Bleiknottenerz n
~ graphite Kugelgraphit m
~ iron ore Knotteneisenerz n
~ limestone Knollenkalk m
~ manganese deposit Manganknollenlagerstätte f
~ ore Nierenerz n
~ sheet of flint Feuersteinband n
~ structure s. orbicular structure
nodule Knotte f, Knolle f, Galle f, Niere f, Druse f
~ of olivine Olivinknolle f
~ of ore Ernziere f
noduliferous Knollen enthaltend
nodulize/to pelletisieren, agglomerieren
nodulizing Pelletisierung f, Agglomerierung f
nodulous limestone Kalkknollenschiefer m
noise Rauschen n, Störpegel m
~-equivalent power äquivalente Rauschleistung f
~ profile Verwitterungsschießen n
nominal diameter Nenndurchmesser m
~ gross capacity Ausnahmelast f

~ load-bearing capacity Nennlast f
~ taxon nominelles Taxon n *(Nomenklaturregeln)*
non-absorbent hydrophob
~-absorbing schallhart *(Seismik)*
~-affine deformation nichtaffine Deformation f
~-angular unconformity Erosionsdiskordanz f
~-aqueous nichtwäßrig
~-artesian water ungespanntes Grundwasser n
~-associated natural gas freies Erdgas n
~-baking coal nichtbackende (nichtkokende) Kohle f
~-bedded ungeschichtet
~-caking coal nichtbackende (nichtkokende) Kohle f
~-calcareous kalkfrei
~-carbonaceous kohlefrei
~-clinkering coal schlackenreine Kohle f
~-cognate block s. accidental block
~-coherent soil, ~-cohesive soil nichtbindiger (kohäsionsloser) Boden m
~-coiling nicht aufgerollt
~-conformable diskordant
~-conformity Diskordanz f, Winkeldiskordanz f, ungleichförmige (diskordante) Lagerung f
~-conformity spring Diskordanzquelle f
~-coring diamond bit Diamantvollbohrkrone f
~-crystalline nichtkristallin
~-Darcy effect Abweichungseffekt m vom Darcy-Gesetz
~-Darcy flow Nicht-Darcy-Strömung f
~-depositional environment sedimentfeindliches Milieu n
~-diastrophic deformation atektonische Verformung f
~-dissociated undissoziiert
~-ductile undehnbar, unstreckbar
~-eddying strudellos, wirbellos
~-equilibrium instabil
~-equilibrium Ungleichgewicht n
~-equilibrium equation Instabilitätsgleichung f *(Grundwasserströmung)*
~-erodible erosionsfest
~-evident disconformity maskierte Diskordanz f
~-ferrous metal Buntmetall n, Nichteisenmetall n, NE-Metall n
~-fiery schlagwettersicher
~-fossiliferous fossilfrei
~-fuel minerals nichtenergetische Minerale npl
~-gaseous coal gasarme Kohle f
~-gasifiable nichtvergasbar
~-gassy mine schlagwetterfreie Grube f
~-glaciated unvergletschert
~-ideal gas reales (nicht ideales) Gas n
~-imaging sensor nichtabbildendes Aufnahmesystem n
~-indurated pan nicht verhärtete Schicht (Bodenschicht) f
~-isotropic material anisotrope Substanz f

~-leached nicht ausgelaugt
~-linearity Nichtlinearität f
~-luminous nichtleuchtend
~-magnetic unmagnetisch, nichtmagnetisch, antimagnetisch
~-magnetic drill collar nichtmagnetische Schwerstange f
~-metal Nichtmetall n
~-metallic nichtmetallisch
~-metallic mineral Nichterzmineral n
~-metallics Nichterze npl
~-miscible nicht mischbar
~-oriented nicht orientiert, richtungslos
~-paying mine Zubußeche f
~-perennial nicht perennierend
~-periodic current unperiodische Strömung f
~-permitted explosive Gesteinssprengstoff m
~-piercement salt dome konkordant durchbrechender Salzdom m
~-plastic rollig (Boden)
~-plunging fold Falte f mit horizontaler Achse
~-polar unpolar
~-polarized unpolarisiert
~-porosity Porenlosigkeit f
~-radiating, ~-radiative nichtstrahlend
~-random orientation bevorzugte Orientierung f
~-recoverable oil Haftöl n
~-saline salzfrei
~-seismic aseismisch, erdbebenfrei
~-seismic region aseismische Region f
~-skeletal limestone Kalkstein m ohne Skelettelemente
~-stationary process instationärer Vorgang m (im Grundwasser)
~-steady nicht stationär
~-uniform ungleichförmig
~-uniform spring periodische Quelle f
~-viscous zähigkeitsfrei, dünnflüssig
~-volatile nichtflüchtig
~-wetting fluid nichtbenetzende Flüssigkeit f
nontronite Nontronit m (Mineral der Montmorillonitreihe)
norbergite Norbergit m, $Mg_3[(OH,F)_2SiO_4]$
nordenskioldine Nordenskiöldin m, $CaSn[BO_3]_2$
nordmarkite s. 1. staurolite; 2. alkali syenite
Norian [Stage] Nor n (Stufe der alpinen Trias)
norite Norit m (Varietät von Gabbro)
normal acceleration Normalbeschleunigung f
~ displacement seigere Sprunghöhe f
~ distribution Normalverteilung f
~ effective stress effektive Normalspannung f
~ fault Verwerfung f, Sprung m
~ fold symmetrische Falte f
~ gravity Normalschwere f (Schwerkraft in Meereshöhe)
~ limb aufrechter (hangender) Schenkel m (einer Falte)
~ load Normallast f
~ magnetic field magnetisches Normalfeld n
~ move-out normales Moveout n

~ position normale Lagerung f
~ ripple marks normale Rippelmarken fpl
~ rock pressure Überlagerungsdruck m, normaler Gebirgsdruck m
~ stress Normalspannung f
~ stress state Normalspannungszustand m
~ tension of ground Gebirgsnormalspannung f
~ to the stratification bankrecht
~ traction s. ~ stress
~ value of gravity Normalschwere f
normative mineral Standardmineral n
north frigid zone nördliche kalte Zone f
~ pole Nordpol m
~ temperate zone nördliche gemäßigte Zone f
norther Nordwind m
northerly nördlich (Wind)
northern dwarf podzol nördlicher Zwergpodsol m
~ lights Nordlicht n
~ limit of snowfall nördliche Schneegrenze f
~ semipodzol nordischer podsoliger Boden m
Northern nördlich (Gebiet)
~ hermisphere Nordhemisphäre f
northupite Northupit m, $Na_3Mg[Cl(CO_3)_2]$
nose 1. offene (abtauchende, halbentwickelte) Antiklinale f; 2. Umbiegungspunkt m einer gefalteten Schicht (auf der Karte); 3. Strukturvorsprung m
~-in stratum V-förmig [unter eine Bergseite] abtauchende Schicht f
~ of synclinal fold Muldenschluß n
~-out V-förmiger Schichtenausstrich f
nosean s. noselite
noselite Nosean m, $Na_8[SO_4(AlSiO_4)_6]$
not noticeable unmerklich (1. Stufe der Erdbenstärkeskala)
Notal Realm notales Faunenreich n (Trias, Neuseeland)
notch/to auskehlen
notch 1. Einschnitt m, Scharte f (im Hochgebirge); 2. Brandungskehle f
~ effect Kerbwirkung f
~ filter Sperrfilter n, Bandsperre f
~ impact strength Schlagbiegefestigkeit f
notching Hohlkehlenbildung f
noumeite s. garnierite
nourishment area Nährgebiet n
~ of the glacier Ernährung f des Gletschers
novačekite Novačekit m, $Mg[UO_2AsO_4]_2 \cdot 10H_2O$
novacite Novakit m, Cu_4As_3
novaculite Novaculit m (Hornsteinart)
novaculitic chert chalzedonischer Hornstein m
nsutite Nsutit m, $Mn_2(O, OH)_2$
nubbins Felsklötze mpl
nubble hügelförmiges Inselchen n
nuciform structure haselnußförmiges Gefüge n
nuclear area Kontinentalkern m
~ basin intramontanes Becken n

nuclear

~ **blasting** nukleare Sprengung f
~ **caving** Hohlraumbildung f durch Kernexplosion
~ **cavity storage** durch Kernexplosion entstandener Hohlraumspeicher m
~ **decay** Kernzerfall m
~ **disintegration** Kernzerfall m, Atomkernzerfall m
~ **fission** Kernspaltung f
~ **log** Radioaktivitätslog n
~ **magnetic resonance logging** kernmagnetische Resonanzmessung f
~ **precession magnetometer** Kernpräzessionsmagnetometer n
~ **process** Kernprozeß m
~ **radiation** Kernstrahlung f
~ **structure** Kernaufbau m
~ **synthesis** Kernsysnthese f
~ **waste[s] deposit** Lager n für radioaktive Abfälle
nuclearly stimulated gas reservoir durch Kernsprengung stimulierter Gasspeicher m
nucleation Bildung f von Kondensationskernen, Keimbildung f, Kernbildung f
~ **rate** Keimbildungsgeschwindigkeit f
nucleus Kern m, Keim m
~ **of condensation** Kondensationskern m
~ **of crystal** Kristallkeim m
~ **of crystallization** Kristallisationskern m
nug Knolle f; Block m
nugget 1. Klümpchen n, rundgescheuertes Korn n; 2. Nugget n, natürlicher Klumpen m (von gediegenem Metall)
~ **effect** Nuggeteffekt m (beschreibt den Einfluß sprunghafter, nuggetartiger Merkmalsänderungen im geologischen Feld)
~ **variance** Nuggetvarianz f
nuggeting Nuggetsuche f
nuggety nuggetähnlich, als Nugget vorkommend
~ **gold** klumpiges Gold n
number of boreholes Bohrlochanzahl f
~ **of degrees of freedom** Zahl f der Freiheitsgrade
~ **of strokes** Schlagzahl f
numerical aperture numerische Apertur f
nummulitic limestone Nummulitenkalk m
~ **sandstone** Nummulitensandstein m
Nummulitic [Epoch] s. Eocene
nunatak Nunatak m (eisfreier Hügel in Polargebieten)
nutrient content Nährstoffgehalt m
nutritive element Nährelement n
nutty structure haselnußförmige Struktur f
nyerereite Nyerereit m, $Na_2Ca[CO_3]_2$

O

oasis Oase f
obconic[al] invers konisch
obelisk Lavadorn m, Felsnadel f

object carrier Objektträger m
~**-glass carrier** Objektivträger m
~ **marker** Objektmarkierer m
~ **of geological prospecting** geologisches Untersuchungsobjekt n
~ **slide (support)** Objektträger m
~**-support lamina (slide)** Objektträgerplättchen n
objective Objektiv n
oblate abgeplattet
~ **spheroid** Rotationsellipsoid n
oblateness Abplattung f
~ **of the earth** Erdabplattung f
oblique schief
~ **bedding** Schrägschichtung f, Diagonalschichtung f, Transversalschichtung f
~ **fault** diagonale (schräge, spießeckige) Verwerfung f, Diagonalverwerfung f
~ **fold** s. cross fold
~ **girdle pattern** Schiefgürtelregelungsbild n
~ **joint** Diagonalkluft f
~ **lamination** Transversalschichtung f, Schrägschichtung f, falsche Schieferung f
~ **load** Schrägbelastung f
~ **slip fault** Verwerfung f mit diagonaler Verschiebung
~ **system** monoklines System n (Kristallografie)
~ **truncation** basaler Schrägzuschnitt m (einer Deckenbasis)
obliquely bedded schräg geschichtet, schrägschichtig
obliquity of illumination Schräglichtbeleuchtung f
~ **of the ecliptic** Schiefe f der Ekliptik
obruchevite Obruchevit m, $(Y,Na,Ca)_2(Nb,Ti,Ta)_2O_6(O, OH, F)$
obscuration Verdunklung f
obscure bedding undeutliche Schichtung f
obscured exposure verdeckter Aufschluß m
obscurely crystalline undeutlich kristallin[isch]
obsequent obsequent, entgegen dem Schichtfallen fließend
~ **stream** obsequenter Fluß m
observation Beobachtung f
~ **angle** Beobachtungswinkel m
~ **balloon** Beobachtungsballon m
~ **error** Ablesefehler m
~ **grid** Festpunktnetz n
~ **instrument** Beobachtungsinstrument n
~ **line** Meßlinie f
~ **pipe** Beobachtungsrohr n (im Grundwasserleiter)
~ **point** Festpunkt m
~ **station** Beobachtungsstation f
~ **well** 1. Beobachtungsbohrung f; 2. Beobachtungsbrunnen m
observational material Beobachtungsmaterial n
~ **place** Beobachtungsort m
observatory 1. Wetterwarte f; 2. Observatorium n, Sternwarte f

observe with the naked eye/to mit bloßem Auge beobachten
observed altitude Beobachtungshöhe f
~ data Beobachtungsdaten pl
observer Beobachter m
observing station Beobachtungsstation f
obsidian Obsidian m (natürliches Glas)
obsidianite Australit m (Tektitenglas)
obstacle marks Hindernismarken fpl
obtuse angle stumpfer Winkel m
occipital Occipital..., Nacken ... (bei Arthropoden)
~ lobe Occipitalfurche f (bei Trilobiten)
occlude/to einschließen, okkludieren
occluded gas eingeschlossenes Gas n
occlusion Einschluß m, Okklusion f
~ water Okklusionswasser n
occult/to sich verfinstern
occultation Verfinsterung f
occur/to auftreten, vorkommen (Lagerstätten)
occurrence Auftreten n, Vorkommen n (von Lagerstätten)
~ in beds lagerförmiges Vorkommen n
~ in floors stockförmiges Vorkommen n
~ in pockets nesterförmiges Vorkommen n
~ in veins gangförmiges Vorkommen n
ocean Ozean m, Weltmeer n
~ basin Ozeanbecken n
~-basin floor Ozeanbeckengrund m
~ beach Meeresstrand m
~ bed Meeresgrund m
~ bottom s. ~ floor
~ breeze Seewind m
~ climate Seeklima n
~ current Meeresströmung f, ozeanische Strömung f
~ depth Meerestiefe f
~ exploration Meeresforschung f
~ floor Meeresgrund m, Meeresboden m
~-floor manganese nodules Manganknollen fpl des Ozeanbodens
~-floor metamorphism Metamorphose f der ozeanischen Kruste, Ozeanbodenmetamorphose f
~-floor topography Geomorphologie f des Meeresgrundes
~ mining maritime Rohstoffgewinnung f, unterseeischer Abbau m
~ ridge ozeanischer Rücken m
~ shore Meeresstrand m
~ temperature Meerestemperatur f
~ water Meerwasser n
Oceania Ozeanien n
oceanic ozeanisch, Ozean..., Meeres...
~ abyss Tiefsee f
~ bank Guyot m (abgestumpfter Tiefseeberg)
~ basin Ozeanbecken n
~ climate ozeanisches Klima n
~ crust ozeanische Kruste f
~ deep Tiefseegraben m
~ deposit ozeanische (eupelagische) Ablagerung f, Hochseeablagerung f

~ island ozeanische Insel f
~ level Meeresspiegel m
~ retreat Meeresregression f
oceanite Ozeanit m (Olivinbasalt)
oceanity Ozeanität f
oceanographer Ozeanograf m
oceanographic[al] ozeanografisch, meereskundlich
~ exploration Meeresforschung f
~ sounding Tiefseelotung f
oceanography Ozeanografie f, Meereskunde f, Meeresforschung f
oceanologic[al] ozeanologisch, meereskundlich
oceanology Ozeanologie f, Meeresforschung f
ocellar structure Ozellartextur f, kelyphitische Textur f
ocellus sphärolithisches Mineralaggregat n, Auge n
ocher s. ochre
ocherous s. ochreous
ochery s. ochrey
Ochoan Ochoan n (höchstes Oberperm in Nordamerika)
ochre Berggelb n, Ocker m, Eisenocker m
~ schist Ockerschiefer m
~-yellow ockergelb
ochreous ockerartig, ockerig, ockerhaltig
~ clay ockerhaltiger Ton m
~ deposit eisenhaltige Ablagerung f
~ iron ore ockeriger Brauneisenstein m, Eisenocker m
~ mud Ockerschlamm m
~ rock Ockergestein n
ochrey ockerfarben
~ brown iron ore Brauneisenerz n
~-clay ockeriger Ton m
ochrolite Ochrolith m (s.a. nadorite)
ochrous s. ochreous
ochry s. ochrey
octadecagon Achtzehneck n, Achtflach n
octaedrite 1. s. anatase; 2. Oktaedrit m (Meteorit)
octagon Achteck n
octagonal achteckig
octahedral oktaedrisch, achtflächig, achtseitig
~ cleavage oktaedrische Spaltbarkeit f
~ coordination oktaedrische Koordination f, Sechserkoordination f
~ face Oktaederfläche f
~ iron s. magnetite
~ layer (sheet) Oktaederschicht f
octahedrite s. octaedrite
octahedron Oktaeder n, Achtflächner m
octavalent achtwertig
octave Oktave f
ocular Okular n
~ micrometer Okularmikrometer n
Oddo-Harkins rule Oddo-Harkinssche Regel f
odinite Odinit m (basische Schliere in Granitoiden)
odontolite Zahntürkis m

oersted

oersted Oersted n *(alte Einheit der magnetischen Feldstärke, 1 Oe = 10^5 nT)*
off-colour leicht getönt *(Edelsteine)*
~-end spread einseitige Aufstellung f *(z.B. von Geophonen)*
~-lap zurückbleibende Lagerung f, regressive Schichtlagerung f
~-reef basin s. interreef basin
~-reef facies s. reef talus
~-shoot 1. Ausläufer m, Apophyse f; 2. Ausstülpung f
~-shooting tongue Ausläufer m, Apophyse f
~-spring Abkömmling m
~-structure außerhalb der Struktur
~-time Förderstillstand m
offlap s. off-lap
offretite Offretit m, $(Ca, Na, K)_2[Al_3Si_9O_{24}] \cdot 9H_2O$
offset verstellt
offset 1. kürzeste horizontale Distanz der Ausbisse einer verworfenen Schicht; 2. Seitenverstellung f; 3. kurzer Querschlag m; 4. kleine Abzweigung f *(eines Gangs oder Gebirgszugs)*; 5. Schußpunktentfernung f
~ area Schutzgebiet n
~ of the bed Ausläufer m, Apophyse f
~ well Schutzsonde f; Nachbarsonde f
offshoot s. off-shoot
offshore 1. ablandig, küstenfern; 2. auf dem Schelf gelegen
offshore Schelf m unterhalb der tiefsten Brandungseinwirkung
~ activitiy Bohrtätigkeit f in Küstennähe
~ bar küstenparallele Unterwassersandbank f, vorgelagerter (freier) Strandwall m, Lido m, Unterwasserriff n
~ beach s. ~ bar
~ breeze Landwind m, ablandiger Wind m
~ clay Basisschichten fpl *(von Sinkstoffen in Deltas)*
~ crib Bohrinsel f
~ deposit küstennahe Ablagerung f
~ drilling Bohren n vor der Meeresküste, Bohren n in der See, Unterwasserbohren n
~ drilling barge (platform) schwimmende Bohranlage f, mobile Bohrinsel f, Bohrplattform f
~ electrical prospection elektrische Prospektion f im Meer
~ lease Gerechtsame f vor der Küste
~ location Bohransatzpunkt m in Küstennähe
~ oil Offshore-Erdöl n
~ oil field küstennahes Erdölfeld n
~ oil rig Bohrinsel f, Meeresbohranlage f
~ production küstennahe Förderung f
~ sand bar Sandriff n
~ sandbody Schelfsandkörper m
~ seismics Seeseismik f
~ slope meeresseitige Böschung f
~ spit Haken m *(Beginn einer Nehrung)*
~ suction dredge Saugbagger m für Offshore-Betrieb
~ supply Offshore-Versorgung f

246

~ surveys geophysikalische Schelferkundung f
~ technology Meerestechnik f
~ waters Schelfmeer n, Flachsee f, Küstengewässer n
~ wind Landwind m, ablandiger Wind m
offtake 1. Unterwasserkanal m, Abzugskanal m; 2. Förderung f
~ drift Wasserlösungsstollen m
ogive Ogive f, spitzbogiges Schmutzband n *(Gletscherbänder mit Geschiebe)*
Öhningian [Stage] Öhningium n *(kontinentale Stufe des Pliozäns)*
oil Erdöl n *(s.a. petroleum)*
~ accumulation Erdölakkumulation f
~ asphalt Erdölasphalt m
~ bank Erdölbank f
~-base mud ölbasische Spülung f
~-basin Erdölbecken n
~-bearing erdölführend, erdölhaltig
~-bearing bed Erdölschicht f
~-bearing capacity mögliche Erdölführung f
~-bearing formation erdölführende Formation f
~-bearing limestone Ölkalk m
~-bearing series erdölführende Schichtenfolge f
~-bearing stratum erdölführende Schicht f
~-bearing structure erdölführende Struktur f
~ belt Erdölgürtel m
~ coal s. stellarite
~ concession Erdölkonzession f
~-containing erdölführend, erdölhaltig
~ deposit Erdöllagerstätte f
~ derrick Erdölbohrturm m
~ district Erdölgebiet n
~ drilling vessel Erdölbohrschiff n
~ excitement Ölgeschrei n
~ extraction Erdölgewinnung f
~ exudation Ausschwitzung f von Erdöl
~ field Erdölfeld n, Erdöllagerstätte f
~-field gathering system Erdölfeldleitungssystem n
~ finding Erdölexploration f
~-forming erdölbildend
~ gas Erdölgas n
~ gas tar Erdölgasteer m
~ gasification Erdölvergasung f
~ geologist Erdölgeologe m
~ geology Erdölgeologie f
~ grant Konzession f zur Aufsuchung von Erdöllagerstätten
~ horizon erdölführender Horizont m
~ hydrogeology Erdölhydrogeologie f
~ immersion Ölimmersion f
~-impregnated ölgetränkt, ölimprägniert, öldurchtränkt
~ in palce Erdölvorrat m
~ indication Erdölanzeichen n
~ influx Erdölzulauf m
~ leakage Erdölaustritt m
~ lease Erdölgerechtsame f
~ leg Öllager n unter Gaskappe

~ lens erdölhaltige Sandlinse f
~ maturity Erdölreife f
~ maturity stage Erdölreifestadium n
~ measure erdölführendes Flöz n
~ mine Erdölbergwerk n, Erdölgrube f
~ mining Erdölbergbau m, Erdölschachtbau m
~ occurrence Erdölvorkommen n
~ pipeline Erdölfernleitung f
~ plant Erdölraffinerie f
~ pool Erdöllagerstätte f, Erdölakkumulation (bezogen auf einen Speicher)
~ pool waters Erdöllagerstättenwasser npl
~ producer Erdölfördersonde f
~ production Erdölförderung f
~ production outfit Erdölgewinnungsanlage f
~-proof erdöldicht, erdölundurchlässig
~ property Erdölgerechtsame f, Bergwerkseigentum n auf Erdöl
~ prospecting Erdölprospektion f
~ recovery 1. Erdölgewinnung f; 2. Entölung f
~ region Erdölgebiet n
~ reservoir rock Erdölspeichergestein n
~ rig vessel Bohrschiff n
~ rights Erdöl[ausbeutungs]rechte npl
~ rock erdölhaltiges Gestein f
~ sandstone Ölsandstein m
~-saturated erdölgesättigt
~-saturated sand erdölgesättigter Sand m
~ saturation Erdölsättigung f
~ search Erdölsuche f
~ seep[age] Erdölaustritt m, Erdölaustrittsstelle f, Erdölsickerstelle f
~ separation Erdölabscheidung f
~ shale Ölschiefer m
~ sheet Erdöllagerstätte f
~ show Ölanzeichen n
~ shrinkage Erdölschrumpfung f
~ sludge Erdölschlamm m
~ source rock Erdölmuttergestein n
~ spotting around the drilling string Ölwanne f
~ spring Erdölquelle f
~ stain Erdölfleck m
~-stained erdölfleckig
~ storer erdölspeichernde Schicht f
~ strata Erdölschichten fpl
~ tar Erdölteer m
~ trace Erdölspur f
~ trap Erdölfalle f
~-water contact Erdöl-Wasser-Kontakt m, Randwasserspiegel m
~-water interface Erdöl-Wasser-Grenzfläche f
~-water surface Erdöl-Wasser-Grenze f
~-water zone Erdöl-Wasser-Zone f
~ well Erdölquelle f, Erdölbohrung f, ölführende Bohrung f
~-well blowing Erdölausbruch m
~-well cement Tiefbohrzement m
~-well derrick Bohrturm m für Erdölbohrungen
~-well drill Erdölbohrgerät n
~-well drilling Erdölbohrung f

~-well microorganisms Erdölbakterien fpl
~-well shooting Torpedieren [einer Erdölbohrung]
~-well surveying instrument Erdölsondenmeßgerät n
~-wet reservoir ölnasser Speicher m
~ withdrawal Erdölentzug m, Erdölentnahme f
~ zone Erdölzone f
oilless erdölfrei
oilsand (Am) 1. Speichergestein n; 2. Erdölsand m
oily erdölhaltig
okaite Okait m (basisches Gestein mit Feldspatvertretern)
okenite Okenit, $Ca_{1,5}[Si_3O_6(OH)_3] \cdot 1^1/_2H_2O$
old age Greisenalter n (geomorphologisch)
~-age valley überreifes Tal n
~-aged alt (geomorphologisch)
~ branch Altarm m (eines Flusses)
~ course altes Flußbett n
~ excavation Alter Mann (abgeworfene Grubenbaue)
~ landmass Altland n
~ plain s. peneplain
~ snow Altschnee m
~-volcanic altvulkanisch
~-volcanic rock altvulkanisches Gestein n
Old Palaeolithic [Times] Altpaläolithikum n
~ Red Old Red n (devonische Molasse-Formation)
~-Red Continent Old-Red-Kontinent m
~ Stone Age Paläolithikum n
~ Tertiary [Age] Alttertiär n
older moraine Altmoräne f
oldhamite Oldhamit m, CaS
oldland Altland n, Abtragungsgebiet n
oleaginous erdölhaltig
olefiant gas ölbildendes Gas n, Äthylen n, C_2H_4
oleiferous erdölhaltig
Olenekian [Stage] Olenek n (Stufe, Untere Trias, Tethys)
Olenellid Realm Olenellus-Reich n (Paläobiogeografie, Unterkambrium)
oleogenesis Erdölbildung f
oleostatic mit natürlichem Lagerstättendruck (Erdöl)
oligiste iron [ore] s. haematite
Oligocene [Epoch, Series] Oligozän n (Serie des Tertiärs)
oligoclase Oligoklas m (Mischkristall von $NaAlSi_3O_8$ und $CaAl_2Si_2O_8$)
oligohaline oligohalin
oligon spar s. siderite
oligotrophic oligotroph, nährstoffarm
olistoglyph Gleitmarke f (von Sandstein auf Ton)
olistolith Olistolith m (exotischer Block in Olistostromen)
olistostrome Olistostrom n, Gravitationsgleitmasse f
olive ore s. olivenite

oliveiraite

oliveiraite Oliveirait m, 3ZrO₂·2TiO₂·2H₂O
olivenite Olivenit m, Cu₂[OH|AsO₄]
olivine Olivin m, Peridot m, Chrysolith m, (Mg, Fe)₂[SiO₄]
~ **basalt** Olivinbasalt m
~ **nodule** Olivinknolle f
~ **rock** Dunit m
olivinite Olivinit m *(Varietät von Hornblendepikrit)*
ollenite Ollenit m *(Hornblendeschiefer)*
ollite s. soapstone
ombrogenous peat Torf, *dessen Charakter vom Niederschlagsbetrag bestimmt wird*
ombrograph Regenschreiber m
ombrometer Regenmesser m
omission Unterdrückung f
~ **of beds** Schichtenausfall m, Schichtenunterdrückung f *(an einer Verwerfung)*
omitted size fraction Auslaßkörnung f
omphacite Omphacit m, (Ca, Na)(Mg, Fe, Al)[Si₂O₆]
on-dip fallend
oncolite 1. Onkolith m *(Gestein aus Onkoiden)*; 2. Onkoid n *(als Einzelkorn)*
oncoming of water Vordringen n des Randwassers *(im Ölträger)*
~ **wave** ankommende (einfallende) Welle f
one-celled animal Einzeller m
~-**dimensional flow** eindimensionale Strömung f
~-**dimensional trend** Kurventrend m
~-**phase system** Einstoffsystem n
~-**sided** einseitig
~-**way time** einfache Laufzeit f
Onesquethawan [Stage] Onesquethawen n *(oberes Siegen bis Eifel in Nordamerika)*
onion-skin exfoliation zwiebelschalige Abblätterung f
~ **weathering** schalige Verwitterung f
onkilonite Onkilonit m *(Olivinnephelinit)*
onlap/to übergreifen
onlap Submergenzdecke f, übergreifende Lagerung f
onofrite Onofrit m, Hg(S, Se)
Onondaga Group Onondaga n, Onondaga-Gruppe f *(Eifel in Nordamerika)*
onset Einsatz m *(Seismogramm)*
onshore auf dem Festland, landseitig *(von der See gesehen)*
onshore Festland n
~ **breeze** Seebrise f
~ **reef** Küstenriff n, Strandriff n
~ **seismics** Landseismik f
~ **well** Bohrung f auf dem Festland
~ **wind** Seewind m, auflandiger Wind m
Ontarian Ontarien n *(tieferes Altpräkambrium in Nordamerika)*
ontogenesis Ontogenese f
ontogenetic[al] ontogenetisch
ontogeny Ontogenese f
onychite 1. *geaderter Alabaster*; 2. *geaderter Kalzit*

onyx Onyx m *(s.a. chalcedony)*
oocastic schaumkalkartig, porös durch Ooidauslösung
ooid eiförmig
ooid Ooid n
oolicastic s. oocastic
oolite 1. Oolith m *(Gestein aus Ooiden)*; 2. s. ooid
oolitic oolithisch
~ **iron ore** oolithisches Eisenerz n
~ **lime** Oolithkalk m
~ **limestone** oolithischer Kalkstein m, Kalkoolith m
~ **texture** oolithische Struktur f
oolitoid grains oolitoide Körner npl *(ohne Interngefüge)*
oomicrite oolithischer Mikrit m
oomicrudite oolithischer Mikrit m mit Ooiden <1mm
oomouldic porosity Oolithhohlformporosität f
oomoulds Negative npl von Ooiden
oopellet Oopellet n *(mit pelletoidem Interngefüge)*
oosparite oolithischer Sparit m
oosparrudite oolithischer Sparit n mit Ooiden >1mm
oovoids Poren fpl in unvollständig verdrängten Ooiden
ooze away/to versickern
~ **out** heraussickern, durchsickern
ooze Schlamm m, Schlick m; *hauptsächlich aus Skelettresten von Mikroorganismen bestehende pelagische Sedimente*
oozing Durchsickerung f, Aussickerung f
~-**out** Ausschwitzung f
oozy schlammig, schlickerig
opacite Opazit m *(mikroskopische Opaksubstanz)*
opacity Undurchsichtigkeit f
opal Opal m, SiO₂ + aq, amorph
~ **jasper** Jaspopal m
opalesce/to opalisieren
opalescence Opaleszenz f, Opalisieren n
opalescent opalisierend
opaline opalartig
~ **iridescence** Opalisieren n
opalized wood silifiziertes Holz n *(mit Opal durchsetzt)*
opaque opak, [licht]undurchlässig, undurchsichtig, trübe
~ **attritus** Durit m *(im weiteren Sinne)*
~ **to light** lichtundurchlässig
opaqueness Undurchsichtigkeit f, Lichtundurchlässigkeit f
opdalite Opdalit m *(Abart von Hypersthendiorit)*
open up/to aufschließen, erschließen
open channel offenes Gerinne n
~-**channel flow** Strömung f in offenen Gerinnen
~ **condition of surface** freie Oberfläche f
~ **diggings** Tagebau m, Pingenbau m

249

- ~ **fault** klaffende Verwerfung *f*
- ~-**flow delivery** Ergiebigkeit *f* einer Sonde
- ~ **flow of well** Vollergiebigkeit *f* einer Sonde
- ~-**flow potential** *(Am)* freie Förderrate *f*
- ~-**flow test** Messung *f* bei offenem Bohrloch
- ~ **fold** flache Falte *f*
- ~ **gash fractures** Fiederspalten *fpl*
- ~-**grained** großlückig
- ~ **gutter** offenes Gerinne *n*
- ~ **hole** unverrohrtes Bohrloch *n*, unverrohrte (freie) Sonde *f*
- ~-**hole completion** Komplettierung *f* mit offenem Speicher
- ~ **joint** offene Spalte *f*
- ~ **lake** See *m* mit Ausfluß
- ~-**lake current** Ausfluß *m* aus Seen
- ~ **ocean** offener Ozean *m*, offene See *f*
- ~ **pit** Tagebau *m*
- ~-**pit bank** Tagebaustoß *m*
- ~-**pit bottom** Tagebausohle *f*
- ~-**pit bottom outline** untere Tagebaugrenze *f*
- ~-**pit boundary** Tagebaugrenze *f*
- ~-**pit coal mining** Kohlentagebau *m*
- ~-**pit field** Tagebaufeld *n*
- ~-**pit mining** Gewinnung *f* m Tagebau
- ~-**pit top outline** obere Tagebaugrenze *f*
- ~ **sand** gut durchlässiger Sand *m*
- ~ **sea** offene (hohe) See *f*
- ~ **space** Hohlraum *m*
- ~-**space structures** Hohlraumgefüge *npl (in Karbonatgesteinen mit interner Sedimentation)*
- ~ **stope** versatzloser Firstenbau *m*
- ~ **stope with pillar** Pfeilerbau *m*, Abbau *m* in regelmäßigen Abständen
- ~ **system** offenes System *n*
- ~ **working** Tagebau *m*
- **opencast** Tagebau *m*
- ~ **coal** Tagebaukohle *f*
- ~ **coal mine** Kohlentagebau *m*
- ~ **development** Tagebauaufschluß *m*
- ~ **lignite mine** Braunkohlentagebau *m*
- ~ **mining** Gewinnung *f* im Tagebau
- ~ **ore mine** Erztagebau *m*
- ~ **working** Tagebau *m*
- **opencasting** Tagebau *m*
- **opencut** *s.* opencast
- **openhole** *s.* open hole
- **opening** Aufschluß *m*; Ausrichtung *f*
- ~ **hole** Mundloch *n*
- ~ **in mineral beds**, ~-**up** Aufschluß *m*; Ausrichtung *f*
- ~ **pressure** Anfangsdruck *m*
- **operational sampling** Probenahme *f* während des Niederbringens *(einer Bohrung)*
- **operator** Registrierer *m (Seismik)*
- **ophicalcite** Ophikalzit *m*
- **ophidite** Prasinit *m*
- **ophiolite** Ophiolith *m*
- ~ **suite** Ophiolithserie *f*
- **ophite** Ophit *m*
- **ophitic** ophitisch, divergentstrahlig
- ~ **texture** ophitische Struktur *f*, ophitisches Gefüge *n*

orbicule

- **ophthalmite** Ophthalmit *m*
- **ophthalmitic structure** ophthalmitische Textur *f*, Augentextur *f*
- **Oppel zone** biostratigrafische Einheit, gekennzeichnet durch die vertikale Verbreitung mehrerer ausgewählter Elemente aus einer Gesamtfauna oder -flora
- **opposing force** Gegenkraft *f*
- **oppressive weather** Schwüle *f*
- **optic** optisch *(s.a. optical)*
- ~ **angle** Achsenwinkel *m*
- ~ **axial angle** optischer Achsenwinkel *m*
- ~ **axis** optische Achse *f*
- ~ **axis of symmetry** optische Symmetrieachse *f*
- ~ **indicatrix** optische Indikatrix *f*
- ~ **plane** Achsenebene *f*
- **optical** optisch *(s.a. optic)*
- ~ **activity** optische Aktivität *f (Fähigkeit, die Polarisationsebene zu drehen)*
- ~ **behaviour** optisches Verhalten *n*
- ~ **calcite** optischer Kalkspat *m*, Doppelspat *m*, Islandspat *m*
- ~ **constant** optische Konstante *f*
- ~ **crystallogy** Kristalloptik *f*
- ~ **double refraction** optische Doppelbrechung *f*
- ~-**mechanical scanner** optisch-mechanischer Linienabtaster *m*
- ~ **microscope** Lichtmikroskop *n*
- ~ **refraction** Lichtbrechung *f*
- ~ **rotation** Drehpolarisation *f*, optische Drehung *f*
- ~ **rotatory power** optisches Drehungsvermögen *n*
- ~ **thickness** optische Dicke *f (z.B. der Atmosphäre)*
- ~ **transfer function** optische Übertragungsfunktion *f*
- **optically active compound** optisch aktive Verbindung *f*
- ~ **biaxial** optisch zweiachsig
- ~ **isotropic** optisch isotrop
- ~ **negative** optisch negativ
- ~ **positive** optisch positiv
- ~ **pumped magnetometer** Kernabsorptionsmagnetometer *n*
- ~ **uniaxial** optisch einachsig
- **optimization** Optimierung *f*
- **optimum annular return velocity of mud** optimale Aufstiegsgeschwindigkeit *f* der Spülung
- ~ **filter** Optimalfilter *n*
- ~ **horizontal wide band stack** Verfahren *n* des verbesserten Stapelns von Mehrspurfiltern *(Seismik)*
- **orbicular** kugelig, sphäroidisch
- ~ **diorite** Kugeldiorit *m*
- ~ **granite** Kugelgranit *m*
- ~ **structure** sphäroidische Textur *f*, Augentextur *f*, Kugeltextur *f*
- **orbicule** Kugel *f*

orbiculite

orbiculite Orbikulit *m*
orbit/to umkreisen, sich auf einer Kreisbahn bewegen
orbit Bahn *f*, Umlaufbahn *f*, Kreisbahn *f*, Planetenbahn *f*
~ **of earth** Erdbahn *f*
~ **of moon** Mondbahn *f*
~ **of planet** Planetenbahn *f*
~ **of sun** Sonnenbahn *f*
orbital Bahn...
~ **moment** Bahnmoment *n*
~ **motion** Orbitalbewegung *f*, Umlaufbewegung *f*
~ **period** Umlaufzeit *f*, Umlaufperiode *f*
~ **plane** Bahnebene *f*
~ **revolution** Bahnumdrehung *f*
~ **velocity** Bahngeschwindigkeit *f*
Orcadian Orcadien *n*, Orcadium *n*, Mittleres Old Red *n (Mitteldevon, Old Red-Fazies)*
orcelite Orcelit *m*, $Ni_{<5}As_2$
ordauchite Ordauchit *m (olivinführender Haüyntephrit)*
order Ordnung *f*
~ **of age** Altersfolge *f*
~ **of crystallization** Kristallisationsfolge *f*, Kristallisationsreihe *f*
~ **of magnitude** Größenordnung *f*
~ **of superposition** Übereinanderfolge *f*, Schichtenfolge *f*
ordinary light unpolarisiertes Licht *n*
~ **ray** ordentlicher Strahl *m*
~ **trend** gewöhnlicher Trend *m*
ordoñezite Ordoñezit *m*, $ZnSb_2O_6$
Ordovician Ordovizium[system] *n (chronostratigrafisch)*; Ordovizium *n*, Ordoviziumperiode *f (geochronologisch)*; Ordovizium *n*, Ordoviziumzeit *f (allgemein)*
~ **Age** Ordovizium *n*, Ordoviziumzeit *f*
~ **Period** Ordovizium *n*, Ordoviziumperiode *f*
~ **System** Ordovizium[system] *n*
ore Erz *n*
~ **allotment** Erzfeld *n*
~ **assaying** Erzanalyse *f*
~-**bearing** erzhaltig, erzführend
~-**bearing shale** Erzschiefer *m*
~ **bed** Erzlager *n*
~ **benefication** Erzaufbereitung *f*
~ **body** Erzvorkommen *n*, Erzstock *m*, Erzkörper *m*
~ **boulder** erratischer Erzblock *m*
~ **breaking** Erzabbau *m*
~ **bunch** Erznest *n*, Erztasche *f*
~ **capping** Eiserner Hut *m*
~ **caving** Erzbruchbau *m*
~ **chamber** Erzkammer *f*
~ **chimney** Erzschlauch *m*
~ **chute** Erzrolle *f*
~ **concentration** Erzanreicherung *f*
~ **crusher** Erzbrecher *m*
~ **crushing** Erzzerkleinerung *f*
~ **deposit** Erzlagerstätte *f*, Erzvorkommen *n*
~ **dilution** Erzverunreinigung *f*

250

~ **district** Erzrevier *n*
~ **dressing** Erzaufbereitung *f*
~ **dressing plant** Erzaufbereitungsanlage *f*
~ **dry** Erzfall *m*
~ **enrichment** Erzanreicherung *f*
~ **field** Erzfeld *n*
~ **for crushing** Walzerz *n*
~ **formation** Erzformation *f*; Erzbildung *f*
~-**forming** erzbildend
~-**forming solution** erzbildende Lösung *f*
~ **from tailings** Haldenerz *n*
~ **genesis** Erzentstehung *f*, Erzgenese *f*
~ **geology** Erzlagerstättenkunde *f*
~ **grade** Erzqualität *f*
~ **groups** Erznieren *fpl*
~ **handling** Erzbehandlung *f (Aufbereitung)*
~ **in grains** Graupenerz *n*
~ **in pieces** Stufferz *n*, Stufenerz *n*
~ **in place (sight)** anstehendes Erz *n*
~ **knot** Vererzungsknoten *n*
~ **leaching** Erzlaugung *f*
~ **lode** Erzgang *m*
~ **losses** Erzverluste *mpl*
~ **magma** Erzmagma *n*
~ **mass** Roherz *n*
~ **microscope** Erzmikroskop *n*
~ **mine** Erzbergwerk *n*
~ **mineral** Erzmineral *n*
~ **mining** Erzbergbau *m*, Erzabbau *m*
~ **mining industry** Erzbergbau *m*
~ **nodules** Erznieren *fpl*
~ **occurrence** Erzvorkommen *n*
~ **pipe** Erzschlauch *m*
~ **pocket** Erznest *n*, Erztasche *f*
~ **precipitation** Erzabscheidung *f*
~ **quality** Erzgüte *f*
~ **reserves** Erzvorräte *mpl*
~ **rough from the mine** Grubenerz *n*, Fördererz *n*
~ **separation** Erzaufbereitung *f*; Erzabscheidung *f*
~ **separator** Erzscheider *m*
~ **sheet** derbes Erztrum *n*
~ **shoot** Erzfall *m*, Erzschlauch *m*, Erztasche *f*, reiches Mittel *n*
~ **sludge** Erzschlamm *m*
~ **smelting** Erzverhüttung *f*
~ **solution** Erzlösung *f*
~ **sorting** Erzscheiden *n*
~ **stock** Erzvorrat *m*
~ **testing** Erzprobenahme *f*
~ **trap** Erzfalle *f*
~ **treatment** Erzverhüttung *f*
~ **valuation** Erzbewertung *f*
~ **vein** Erzgang *m*
~ **washing** Erzschlämmen *n*, Erzwaschen *n*
~ **washing plant** Erzwäscherei *f*
~ **winning** Erzförderung *f*
~ **yield** Erzausbringen *n*
~ **zone** Erzzone *f*
oregonite Oregonit *m*, Ni_2FeAs_2
Orellan [Stage] Orellan *n (Wirbeltierstufe, oberes Oligozän in Nordamerika)*

Orenburgian [Stage] Orenburg[ium] n *(höchste Stufe des Oberkarbons in Osteuropa)*
orendite Orendit m *(Kalimafit)*
orey erzhaltig, Erz enthaltend
organic organisch
~ **acid** organische Säure f
~ **carbon** organischer Kohlenstoff m
~ **geochemistry** organische Geochemie f
~ **lattice** organisches Gerüst n *(biogenes In-situ-Gerüst bei Riffbildung)*
~ **limestone** s. biogenic limestone
~ **matter** organische Substanz (Materie) f, organische (organogene) Stoffe mpl
~ **remains** organische Überreste mpl
~ **rock** organogenes Gestein n
~ **silt** Mudde f, Mudd m
~ **soil** Humusboden m
organoclay organische Substanz führender Ton m
organogenetic organogen[etisch] *(s.a.* organogenic)
organogenic organogen[etisch]
~ **rock** organogenes Gestein n
~ **sediments** organogene Sedimente npl
organogenous organogen[etisch] *(s.a.* organogenic)
organometallic compounds metallorganische Verbindungen fpl
orient/to orientieren
~ **strongly** einregeln
orient Sonnenaufgang m
oriental emerald grüne Korundvarietät f *(Edelstein)*
~ **topaz** gelbe Korundvarietät f *(Edelstein)*
orientate/to s. orient/to
orientation Ausrichtung f, Einregelung f
~ **diagram** Gefügediagramm n, Regelungsdiagramm n
oriented core [raum]orientierter Kern m
~ **exsolution** orientierte Entmischung f
~ **inclusions** orientierte Einschlüsse mpl
~ **intergrowth** orientierte Verwachsung f, orientierter Verband m
~ **specimen** orientiertes Handstück n, orientierte Probe f
~ **twins** orientierte Zwillinge mpl
orienting mechanism Regelungsmechanismus m
orientite Orientit m, $Ca_4Mn_4[SiO_4]\cdot 4H_2O$
orifice Öffnung f; Mundloch n
origin Entstehen n
~ **mineral** primäres Mineral n
~ **of elements** Elemententstehung f
~ **of heat** Wärmequelle f
~ **order** normale Lagerung f
~ **rock** Ursprungsgestein n
~ **stratification** primäre horizontale Schichtung f
original dip synsedimentäres Schichtfallen n
~ **map** Urkarte f
~ **position** normale Lagerung f
~ **soil** gewachsener Boden m

~ **strength** Ursprungsfestigkeit f, Anfangsfestigkeit f
~ **stresses** Krustenspannungen fpl *(in der Erdkruste)*
~ **water table** unbeeinflußter Wasserspiegel m
origofacies sedimentäre Fazies f
Oriskanian [Stage] Oriskany n, Oriskanien n *(Stufe des Unterdevons in Nordamerika)*
ornamentation Ornamentierung f, Skulptur f *(z.B. des Exoskeletts, von Schalen)*
ornithocopros s. guano
ornoite Ornoit m *(Hornblendediorit)*
orogen Orogen n
orogenesis Orogenese f, Orogenie f, Gebirgsbildung f
orogen[et]ic orogen[etisch]
~ **belt** orogenetischer Gürtel m, Orogengürtel m
~ **cycle** orogener Zyklus m
~ **pressure** Gebirgsdruck m
~ **sediment** orogenes Sediment n, Flysch m
~ **thrust** Gebirgsschub m
orogeny Orogenese f, Orogenie f, Gebirgsbildung f
orographic[al] orografisch
~ **plication** Gebirgsfaltung f
orography Orografie f, Geomorphologie f
orology s. orography
orpiment Auripigment n, Rauschgelb n, As_2S_3
orterde Orterde f
orthite Orthit m *(s.a.* allanite)
orthoaxis Orthoachse f
orthochems Orthocheme npl *(vor allem karbonatische Abscheidungen, die keine oder nur sehr schwache Merkmale eines Transports zeigen)*
orthochronological orthochronologisch
orthoclase Orthoklas m, Kalifeldspat m, $K[AlSi_3O_8]$
orthoclastic orthoklastisch, rechtwinklig spaltend
orthodolomite Orthodolomit m, primärer Dolomit m
orthofoliate mit magmatischer Fließblattfoliation
orthogenesis Orthogenese f
orthogenetic evolution Orthogenese f
orthogeosyncline Orthogeosynklinale f
orthogneiss Orthogneis m
orthogonal system of surfaces orthogonales Flächensystem n
ortholimestone sedimentärer Kalkstein m
orthomagmatic stage orthomagmatisches Stadium n
orthomicrite Orthomikrit m *(nicht rekristallisierter Mikrit)*
orthophotograph Orthofoto n *(bezüglich perspektivischer und Neigungsverzerrungen korrigierte Satelliten- oder Luftbildaufnahme mit kartengemäßer orthografischer Geometrie)*
orthophyre Orthophyr m *(Orthoklasporphyr)*
orthophyric texture orthophyrische Struktur f

orthopyroxene 252

orthopyroxene orthorhombischer Pyroxen *m*
orthorhombic system orthorhombisches System *n*
orthoscopic method orthoskopische Methode *f*
orthosilicic acid Orthokieselsäure *f*
orthostratigraphy Orthostratigrafie *f*
orthotectic ore orthotektisches Erz *n*
~ **stage** *s*. orthomagmatic stage
orthotropy Orthotropie *f*
ortstein Ortstein *m*
ory erzhaltig
oryctognostic mineralogisch
oryctognosy Mineralogie *f*, Mineralkunde *f*, Oryktognosie *f*
Osagian [Stage] Osagien *n (Stufe des Mississippiens)*
osanite *s*. osannite
osannite Osannit *m (Varietät von Riebeckit)*
Osann's triangle Osannsches Dreieck *n*
osar Os *n*, Osar *m*, Aser *m*, Asar *m*, Wallberg *m*
osbornite Osbornit *m*, TiN *(Meteoritenmineral)*
oscillate/to oszillieren, schwingen
oscillating crystal Schwingkristall *m*
~**-crystal method** Schwingkristallmethode *f*
~ **table** Schüttelherd *m (Aufbereitung)*
oscillation Oszillation *f*, Schwingung *f*
~ **period** Schwingungsdauer *f*
~ **ripple marks,** ~ **ripples** Oszillationsrippeln *fpl*, Seegangsrippeln *fpl*, Wellenrippeln *fpl*
~ **theory** Oszillationstheorie *f*
oscillator Schwinger *m*, Oszillator *m*; Schwingungsmesser *m*
oscillatory oszillierend, schwingend
~ **movement** Schwingungsbewegung *f*
~ **ripples** *s*. oscillation ripple marks
~ **twin** polysynthetischer Zwilling *m*
osmiridium *s*. iridosmine
osmotic force osmotischer Druck *m*
~ **suction** osmotische Saugwirkung *f*
osseous breccia Knochenbrekzie *f*
~ **fish** Knochenfisch *m*
ossicle kleiner Knochen *m*
ossiferous knochig; knochenführend
ossification Verknöcherung *f*
ossipite Ossipit *m (Olivingabbroabart)*
osteolite erdiger Apatit *m*
Oswegan [Series] *s*. Medinan
otavite Otavit *m*, Kadmiumspat *m*, $CdCO_3$
OTF *s*. optical transfer function
otolith Otolith *m*, Gehörstein *m*
ottajanite Ottajanit *m (Leuzittephrit)*
ottemannite Ottemannit *m*, Sn_2S_3
ottrelite Ottrelit *m*, $Mn_2AlAl_3[(OH)_4|O_2|(SiO_4)_2]$
~ **slate** Ottrelithschiefer *m*
ouachitite Ouachitit *m (Varietät von Monchiquit)*
ouady *s*. wadi
ouges Nebengestein *n* eines Ganges
oulopholite Gips *m* in Rosettenform

outbreak 1. *s*. outcrop; 2. Vulkanausbruch *m*
~ **coal** zu Tage anstehende Kohle *f*
outburst 1. Zutageliegen *n*, Anstehen *n*; 2. Ausbruch *m*
~ **of carbon dioxide** Kohlensäureausbruch *m*
~ **of gas** [plötzlicher] Gasausbruch *m*
outcrop/to zutage liegen, ausstreichen, anstehen, ausbeißen, ausgehen
outcrop Ausbiß *m*, Ausgehendes *n*, Zutageliegendes *n*, Aufschluß *m (einer Lagerstätte)*
~ **bending** Hakenwerfen *n*, Hakenschlagen *n*
~ **curvature** durch Rutschung verbogene Ausstrichlinie *f*
~ **of a vein** Ausbiß *m* eines Ganges
~ **spring** Schichtquelle *f*
~ **water** Tageswasser *n*
outcropping Ausgehendes *n*
~ **beds** ausstreichende Schichten *fpl*
~ **egde of a stratum** Schicht[en]kopf *m*, Schichtkante *f*
outer atmosphere äußere Atmosphäre *f*, Exosphäre *f*
~ **bank** Prallhang *m*
~ **casing** Standrohr *n*
~ **core barrel** äußeres Kernrohr *n*, Mantelrohr *n*
~ **lamella** äußeres Schalenblatt *n*
~ **layer** Außenschicht *f*
~ **planet** äußerer Planet *m*
~ **radiation region** äußerer Strahlungsgürtel *m (der Erde)*
~ **shelf** äußerer Schelf *m*
~ **shell** äußere Schale *f*
~ **shore line** Außenküstenlinie *f*
~ **space** Weltraum *m*
outfall 1. Mündung *f (eines Flusses)*; 2. Vorflut *f*
~ **fan** Schuttkegel *m*
outflow Herausfließen *n*, Ausfluß *m*, Abfluß *m*, Erguß *m*
~ **of lava** Lavaausfluß *m*
outgassing Entgasung *f*
outgrowth of crystals Kristallwachstum *n*
outlet Ableitungskanal *m*, Austrittsstelle *f*, Ausfluß *m*, Abfluß *m*
~ **channel** Abführkanal *m*
~/**without** abflußlos
outlier 1. Restberg *m*, Inselberg *m*, Zeugenberg *m*, Einzelberg *m*, Vorberg *m*; 2. Überschiebungsinsel *f*, Deckscholle *f*, Klippe *f (tektonisch)*
outline/in im Grundriß
~ **map** Umrißkarte *f*
outpost Erweiterungsbohrung *f* auf bekanntem Speicher *(Horizont)*
outpoured ausgeflossen *(Lava)*
outpouring Erguß *m*, Ausfluß *m*
~ **lava** ausfließende Lava *f*
output Ausbringen *n*, Förderung *f*, Gewinnung *f*; Ausbeute *f*, Förderquantum *n*, Ertrag *m*, Fördergut *n*
~ **curve** Produktionskurve *f*

overloaded

~ **decline** Produktionsabfall *m*
~ **of ore** Erzförderung *f*
~ **of well** Brunnenergiebigkeit *f*
~ **per day** Tagesleistung *f*, Tagesförderung *f*
~ **per man employed** Produktion *f* je Kopf der Belegschaft
~ **per shift** Schichtleistung *f*
~ **per year** Jahresproduktion *f*
outside diameter of drilling tool Schneidmaß *n*, Außendurchmesser *m* des gesteinszerstörenden Werkzeugs
outstep [well] Erweiterungssonde *f*
outward bend of bank Ufervorsprung *m*
~ **dipping** nach außen einfallend
outwash Sander *m* (*Schmelzwasserablagerung vor dem Gletscher*)
~ **apron** *s.* ~ **plain**
~ **fan** Schuttfächer *m* (*durch Auswaschung*)
~ **gravel** Anschwemmschotter *m*
~ **gravel plain** *s.* ~ **plain**
~ **plain** Schmelzwasserebene *f*, Sanderebene *f*
~ **product** Schlämmprodukt *n*
~ **sample** Schlämmprobe *f*
~ **sand** Auswaschsand *m*
outwelling lava ausfließende Lava *f*
ouvarovite *s.* uvarovite
ovarian impressions Ovarien *mpl*, Ovarieneindrücke *mpl* (*bei Brachiopoden*)
overall core recovery Gesamtkerngewinn *m*
~ **thickness** Gesamtmächtigkeit *f*
overbank area Ausuferungsgebiet *n*
~ **deposit** *s.* flood-plain deposit
overbreak Mehrausbruch *m*
overburden 1. Deckschichten *fpl*, Abraum *m*, Deckgebirge *n*; 2. Überlastung *f*, Gebirgsdruck *m*
~ **dregder** Abraumbagger *m*
~ **dump** Abraumhalde *f*, Abraumkippe *f*
~ **load** Druck *m* der hangenden Gesteinsschichten
~ **of glacial drift** glaziale Schuttdecke *f*
~ **pressure** Auflast *f*, Überlagerungsdruck *m*, Gebirgsdruck *m*, Druck *m* der Deckschichten
~ **removing** Abräumen *n* des Deckgebirges
~ **rock** Deckgebirge *n*
~ **rock pressure** Überlagerungsdruck *m*
~-**to-coal ratio** Verhältnis *n* Abraum zu Kohle
overburdened überlastet
overcast 1. bedeckt, bewölkt; 2. überkippt
~ **sky** Wolkenhimmel *m*
overcritical überkritisch
~ **reflection** Weitwinkelreflexion *f*
overcrusting Krustenbildung *f*, Überkrustung *f*
overcutting Raubbau *m*
overdeepened basin Übertiefungsmulde *f*
overdraught of ground water Grundwasserraubbau *m*
overfall Hochwasserüberlauf *m* (*einer Talsperre*); Überfall *m* (*eines Meßwehrs*); Überlaufdeich *m*
~ **crest** Überfallkante *f*

~ **weir** Überfallstauwehr *n*
overfault Überkippung *f*, Überschiebung *f*, Übersprung *m*, antithetische (gegensinnige, widersinnige) Verwerfung *f*
overflooding Überflutung *f*
overflow/to überfluten, überschwemmen, ausufern
overflow 1. Überlauf *m*, Hochwasserüberlauf *m* (*einer Talsperre*); 2. Überflutung *f*, Überschwemmung *f*
~ **dam** Überfalldamm *m*, Überlaufdamm *m*
~ **lake** Hochflutsee *m*
~ **land** Überschwemmungsgebiet *n*
~ **level** Überschwemmungsniveau *n*
~ **of dike** Deichsiel *n*
~ **spring** Überlaufquelle *f*
~ **weir** Überlaufwehr *n*, Überfallwehr *n*
overflowing Überschwemmung *f*
~ **spring** Überlaufquelle *f*
overfold/to überfalten
overfold *s.* overturned fold
overfolded rocks mehrfach gefaltete Gesteine *npl*
overfolding Faltenüberkippung *f*, Überfaltung *f*, Überschiebung *f*
overgrowth Aufwuchs *m*
overhand stoping Firstenbau *m*
overhang 1. Salzüberhang *m* (*Salzdom*); 2. überhängende Wand *f*, Überhang *m*, Balme *f*
overhanging überhängend
~ **side** überhängender Stoß *m*
~ **snow** Schneewächte *f*
~ **valley side** Talgehänge *n*
overhead irrigation Beregnung *f*
~ **stoping** 1. Übersichbrechen *n*, Aufstemmen *n* (*z.B. von Intrusionen*), Dachaufschmelzung *f*; 2. Firstenbau *m*
overite Overit *m*, $Ca_3Al_8[(OH)_3(PO_4)_4]_2 \cdot 15H_2O$
overlaid, overlain überlagert
overland flow oberirdischer Abfluß *m*
overlap/to übergreifen, überlagern, hinüberragen, überlappen, transgredieren
overlap Überlappung *f*, transgressive Schichtlagerung *f*
~ **fault** Überschiebung *f*, Faltenverwerfung *f*, Überlappung *f*, inverse Verwerfung *f*
~ **seal** Diskordanzfalle *f*
overlapping übergreifend, überlappend, überlagernd, transgredierend
overlapping Überlappung *f*, Überlagerung *f*, Überschiebung *f*
~ **folds** Kulissenfalten *fpl*, Relaisfalten *fpl*
~ **stratum** transgredierende Schicht *f*
overlay 1. Deckschutt *m*; 2. Deckblatt *n*, Deckpause *f*
~ **shelf** Abraum *m*
overlaying überlagernd
overlie/to darüberliegen, überlagern
overload/to überlasten, überbeanspruchen
overload 1. Überlastung *f*; 2. Übersteuerung *f*
overloaded überladen
~ **stream** überlasteter Fluß *m* (*mit transportierten Feststoffen*)

overlook

overlook/to überragen
overlying darüberliegend
~ **beds** Hangendschichten *fpl*
~ **cover** Deckgebirge *n*
~ **layer** Hangendes *n*
~ **rock** Deckgestein *n*, Deckgebirge *n*, Dachgestein *n*
~ **seam** hangendes Flöz *n*, Hangendflöz *n*
~ **strata** Deckschichten *fpl*, überlagernde Schichten *fpl*, Deckgebirge *n*
~ **weight** Auflast *f*
overpressure Überdruck *m*
overprint[ing] Überprägung *f (tektonisch)*
overridden mass Basalscholle *f*, [überschobene] Liegendscholle *f*
override/to sich schieben über, aufgleiten
overriding Überschiebung *f*
~ **block** Überschiebungsblock *m*
~ **glacier** überfahrender Gletscher *m*
~ **mass** Schubmasse *f*
oversaturated übersättigt
~ **rock** übersättigtes Gestein *n*
oversaturation Übersättigung *f*
overshot Fangglocke *f*, Fangmuffe *f*, Schraubentute *f*; Fanghaken *m*, Glückshaken *m*
~ **with slips** Gestängefangkrebs *m*
overslide Vorschiebung *f*, Übergleitung *f (Tektonik)*
oversteepened übersteilt
~ **wall** übersteilte Wand *f*
oversteepening Übersteilung *f*
overstress Überbeanspruchung *f*
overthrow fault *s.* overthrust fault
overthrown überkippt
overthrust/to überschieben
overthrust Überschiebung *f*, Überkippung *f*
~ **block** Überschiebungsscholle *f*, Überschiebungsblock *m*
~ **fault** Verwerfung *f* durch Heben eines Flügels, Überschiebung *f*, Faltenüberschiebung *f*, Überkippung *f*
~ **faulting** Schollenüberschiebungen *fpl*
~ **fold** Faltenüberschiebung *f*, Deckenfalte *f*, Überfaltungsdecke *f*
~ **folding** Deckenfaltung *f*
~ **mass** Überschiebungsmasse *f*, überschobene Masse *f*, Schubmasse *f*
~ **mountains** Überfaltungsgebirge *n*, Deckengebirge *n*
~ **nappe** Abscherungsdecke *f*, Schubdecke *f*, Überschiebungsdecke *f*
~ **plane** Überschiebungsfläche *f*
~ **plate (sheet)** *s.* ~ nappe
~ **slice** Mittelschenkelreste *mpl (bei Decken)*
~ **zone** Überschiebungszone *f*
overthrusting Schollenüberschiebung *f*
overtilted überkippt
overturn/to überkippen
overturn Überkippung *f*, Vergenz *f*
overturned überkippt
~ **anticline** überkippter Sattel *m*
~ **cross-bedding** überkippte Schrägschichtung *f*

~ **fold** überkippte (liegende) Falte *f*
~ **limp** überkippter Schenkel *m (einer Falte)*
overturning 1. Schichtenüberkippung *f*, Überkippung *f*; 2. Überfaltung *f (tektonisch)*
overvoltage method Verfahren *der induzierten Polarisation (Geophysik)*
overwash 1. Schmelzwassersedimente *npl (Moränenüberschüttung vor der Gletscherstirn)*; 2. Überspülung *f*
~ **apron** *s.* apron
~ **drift** Sedimentaustrag *m* an der Gletscherstirn
~ **of debris** Vermurung *f*
~ **plain** *s.* apron
overwhelm/to überschütten, begraben
ovoid ovoid, eiförmig, oolithisch
~ **grain** ovoides Korn *n*
ovulite *s.* ooid
owyheeite Owyheeit *m*, $5PbS \cdot Ag_2S \cdot 3Sb_2S_3$
oxammite Oxammit *m*, $(NH_4)_2[C_2O_4] \cdot H_2O$
oxbow Altwasser *n*
~ **lake** Altwassersee *m (infolge Mäanderdurchschneidung)*, halbmondförmiges Altwasser *n*, alter Flußarm *m*, toter Arm *m*
Oxfordian [Stage] Oxford[ien] *n*, Oxfordium *n (basale Stufe des Malms)*
oxidation Oxydation *f*, Oxidierung *f*
~-**reduction potential** Redoxpotential *n*
~ **state** Oxydationsstufe *f*
~ **zone** Oxydationszone *f*
oxide Oxid *n*
~ **coating** Oxidüberzug *m*
oxidic oxidhaltig
oxidization *s.* oxidation
oxidized cap (zone) Eiserner Hut *m*
oxidizing environment oxydierendes Milieu *n*
~ **flame** Oxydationsflamme *f*
~ **zone** Oxydationszone *f*
oxyde *s.* oxide
oxygen Sauerstoff *m*, O
~-**rich** sauerstoffreich
oxygenated inshore environment durchlüftetes küstennahes Milieu *n*
~ **water** sauerstoffhaltiges Wasser *n*
oxysphere Lithosphäre *f*
oyster Auster *f*
~ **bed** Austernbank *f*
ozocerite Ozokerit *m*, Erdwachs *n (Gemenge hochmolekularer Kohlenwasserstoffe)*
ozone Ozon *n*
~ **layer** Ozonschicht *f*

P

P-wave P-Welle *f*, Kompressionswelle *f*, Longitudinalwelle *f (Seismik)*
pabstite Pabstit *m*, $BaSn[Si_3O_9]$
pachnolite Pachnolith *m*, $NaCa[AlF_6] \cdot H_2O$
Pacific province pazifische Magmensippe *f*
~ **Province** pazifische Provinz *f (Paläobiogeografie, Unterkambrium)*

~ series (suite) pazifische Magmensippe f
pack/to verdichten
pack ice Packeis n
~-pressure dynamometer Versatzdruckdose f
packer Packer m
~ test Packertest m (bei Brunnenbohrungen)
packing 1. Verdichtung f; Tamponieren n, Abdichten n; 2. Grubenversatz m
~ density Belegungsdichte f (Seismik)
~ effect Verdichtungseffekt m
~ factor Verdichtungsfaktor m
~ material Dichtungsmaterial n
~ of particles Packungsart f, Gitteranordnung f
~ of the space between casings Verschließen n des Ringraums zwischen den Rohren
packsand feinkörniger Sandstein m
packstone Packstone m (Kalkstein mit selbststützendem Korngerüst und geringem Matrixanteil)
padang soil Padangboden m
paddy field soil sandiger Lehm m (mit rund 20% Ton und 40% Sand)
paedogenesis Pädogenese f
pagodite Agalmatolith m, Pagodit m, Bildstein m
pahoehoe [lava] Pahoehoe-Lava f, Stricklava f, Fladenlava f
painite Painit m, $5Al_2O_3 \cdot Ca_2[(Si,BH)O_4]$
paint pot heißer Schlammsprudel m
~ rock eisenhaltiger, schieferiger Ton m (s.a. ochre)
pair of faces Flächenpaar n
~ of teeth Zahnpaar n
paired metamorphic belts paarige Metamorphosegürtel mpl, Hoch- und Niederdruckgürtel mpl regionalmetamorpher Gebiete
paisanite Paisanit m (Ganggestein mit Riebeckit)
palaebotany Paläobotanik f
Palaeocene paläozän
Palaeocene [Epoch, Series] Paläozän n (Serie des Tertiärs)
palaeochannel begrabenes Flußbett n
palaeoclimatic change paläoklimatologische Veränderung f
palaeoclimatology Paläoklimatologie f
palaeocurrent fossile Strömung f (sedimentbildend)
palaeoendemism Paläoendemismus m, Reliktendemismus m
Palaeogene Paläogen n, Alttertiär n
palaeogeographer Paläogeograf m
palaeogeographic[al] paläogeografisch
~ map paläogeografische Karte f
palaeogeography Paläogeografie f
palaeogeothermic gradient paläogeothermischer Gradient m
palaeohydrodynamics Paläohydrodynamik f
palaeohydrogeochemistry Paläohydrogeochemie f
palaeohydrogeological analysis paläohydrogeologische Analyse f

~ basic regime paläohydrogeologisches Grundregime n
palaeohydrogeology Paläohydrogeologie f
palaeohydrology Paläohydrologie f
palaeolatitude Paläohöhe f
Palaeolithic paläolithisch
Palaeolithic Paläolithikum n
~ map paläolithologische Karte f
palaeomagnetic pole paläomagnetischer Pol m
palaeomagnetism Paläomagnetismus m
palaeomeridian Paläomeridian m, Paläobreite f
palaeontologic[al] paläontologisch
palaeontologist Paläontologe m
palaeontology Paläontologie f
Palaeophytic Paläophytikum n
palaeophytology Paläobotanik f
palaeopicrite Paläopikrit m
palaeosol fossiler Bodenhorizont m
palaeosome Paläosom n
palaeotectonics Paläotektonik f
palaeotemperature Paläotemperatur f
palaeotypal paläotyp, altvulkanisch
~ rock altvulkanisches Gestein n
palaeovolcanic paläovulkanisch, altvulkanisch
Palaeozoic paläozoisch
Palaeozoic [Era] Paläozoikum n
palaeozoology Paläozoologie f
palagonite Palagonit m
~ tuff Palagonittuff m
palagonitization Palagonitbildung f
palaite Palait m (s.a. huréaulith)
paleo... s. palaeo...
palermoite Palermoit m, $SrAl_2[OH|PO_4]_2$
palimpsest Palimpsest m (n), Relikt n
~ sediments Palimpsest-Sedimente npl (hydrodynamisch und biologisch aufgearbeitete Reliktsedimente des Kontinentalschelfs)
~ structure Palimpsest-Gefüge n
palingenesis Palingenese f
palingenetic magma palingenes Magma n
palingeny Palingenese f
palinspastic map paläogeografische Karte der prädeformativen Bildungsräume lithofazieller Einheiten
palisade basalt Säulenbasalt m
palisadian disturbance Palisadenfaltung f
palladinite Palladinit m, erdiges PdO
palladium Palladium n, Pd
~ gold s. porpezite
pallas iron, pallasite Pallasit m (Eisenmeteorit mit Olivin)
pallial line Mantellinie f (bei Fossilschalen)
~ markings Pallialeindrücke mpl (bei Brachiopoden)
~ sinus Mantelsinus m, Mantelbucht f
pallite Pallit m, $Ca(Al, Fe)_3[(OH)_3O|(PO_4)_2 \cdot 2H_2O$
palmerite Palmerit m, Taranakit m, $K_3Al_5H_6[PO_4]_8 \cdot 18H_2O$
palmierite Palmierit m, $PbK_2[SO_4]_2$
palpebral lobe of the eye Augenhügel m (bei Trilobiten)

palsa   256

palsa bog Hügelmoor n, Palsa-Moor n
paludal sumpfig, moorig
~ **deposit** Sumpfablagerung f
~ **environment** mooriges Milieu n
paludification Sumpfbildung f, Versumpfung f
palus Palus m *(Sumpf auf Mars oder Mond)*
palustrine deposit Sumpfablagerung f
palygorskite Palygorskit m, $(Mg,Al)_2[OH|Si_4O_{10}] \cdot 2H_2O + 2H_2O$
palynology Palynologie f, Sporenkunde f
pampa Steppe f, Grassteppe f *(Argentinien)*
pan 1. Trockensee m, Salzwanne f; 2. vulkanischer Schlothohlraum m; 3. Flözunterton m; 4. Verdichtungshorizont m, Ortsteinhorizont m
~-**fan** *(Am)* Pedimentrumpffläche f
~ **ice** s. pancake ice
~ **soil** Orterde f
panabase s. tetrahedrite
panallotriomorphic panallotriomorph
panautomorphic s. panidiomorphic
pancake ice Eisscholle f, Treibeis n, Tellereis n
~-**shaped bomb** abgeflachte vulkanische Bombe f
pandaite Pandait m, $Ba(Nb, Ti, Ta)_2O_6(H_2O)$
pandermite Pandermit m, $Ca_2[B_5O_6(OH)_7]$
panel Bauhöhe f
panethite Panethit m, $(Na, Ca)_2(Mg, Fe)_2(PO_4)_2$ *(Meteoritenmineral)*
panidiomorphic panidiomorph, vollidiomorph
~-**granular** panidiomorph-körnig
panning Goldwaschen n im Waschtrog, Waschen n mit Sichertrog
Pannonian Pannon[ien] n, Pannonium n *(Stufe des Miozäns)*
~ **basin** Pannonisches Becken n, Ungarische Tiefebene f
~ **geosyncline** Pannonisches Senkungsfeld n
~ **Stage** s. Pannonian
panplane tafelförmige Erosionsebene f
pantellerite Pantellerit m *(Alkalirhyolith)*
papagoite Papagoit m, $CaCuAlH_2[OH|(SiO_4)_2]$
paper chromatography Papierchromatografie f
~ **clay** Papierkaolin m *(hochplastischer, weißer Kaolin)*
~ **coal** Papierkohle f, Blätterkohle f
~ **schist** s. papery shale
papery shale Papierschiefer m; Stinkschiefer m
papyraceous papierförmig
~ **lignite** s. paper coal
para-aluminite Paraaluminit m, $Al_4[(OH)_{10}|SO_4] \cdot 6H_2O$
para-ripples Pararippeln fpl
~-**rock** Paragestein n
parabutlerite Parabutlerit m, $Fe[OH|SO_4] \cdot 2H_2O$
parachronologic unit parachronologische Einheit f
parachronology Parachronologie f *(Biostratigrafie)*

paraclase Bruch m (Spaltenbildung f) mit Verwerfung, Paraklase f
paraconformity maskierte Diskordanz f
paracrystalline deformation parakistalline Deformation f
paradamine Paradamin m, $Zn_2[OH|AsO_4]$
paradigm Standardprobe f
paradox of anisotropy Anisotropieparadoxon n *(Geoelektrik)*
paraffin Paraffin n, Erdwachs n, Mineralwachs n
~-**asphalt petroleum** Erdöl n mit Paraffin- und Asphaltbasis
~-**base oil** paraffinöses Erdöl n, Erdöl mit Paraffinbasis
~-**base petroleum** s. ~-base oil
~ **deposition** Paraffinablagerung f
paraffinic (paraffinous) oil s. paraffin-base oil
paragenesis Paragenese f, Vergesellschaftung f
~ **of elements** Elementparagenese f
~ **of minerals** Mineralparagenese f
paragenetic paragenetisch
~ **sequence** paragenetische Abfolge f
parageosyncline Parageosynklinale f
paragneiss Paragneis m
paragonite Paragonit m, Natriumglimmer m, $NaAl_2[(OH, F)_2|AlSi_3O_{10}]$
~ **schist** Paragonitschiefer m
parahopeite Parahopeit m, $Zn_3[PO_4]_2 \cdot 4H_2O$
paralaurionite Paralaurionit m, PbOHCl
paralic paralisch
~ **coal** paralische Kohle f
~ **coal basin** paralisches Kohlenbecken n
~ **deposit** paralische Ablagerung f
~ **swamp** mariner Sumpf m
parallactic parallaktisch
~ **angle** Parallaxenwinkel m
~ **ellipse** parallaktische Ellipse f
parallax Parallaxe f
~ **in altitude** Höhenparallaxe f
parallel Breitenkreis m, Parallelkreis m
~ **acicular aggregate** parallelstengliges Aggregat n
~ **alignment (arrangement)** Parallelanordnung f
~ **columnar aggregate** parallelstrahliges Aggregat n
~ **development** Parallelentwicklung f
~ **displacement** Parallelverschiebung f, Translation f *(bei Kristallen)*
~ **extinction** parallele Auslöschung f
~ **fibrous** parallelfaserig
~ **flow** Schichtenströmung f
~ **fold** Parallelfalte f, konzentrische Falte f
~ **growth** Parallelverwachsung f
~ **migration** s. lateral migration
~ **of declination** Deklinationsparallele f
~ **of latitude** Breitenkreis m, Parallelkreis m
~ **orientation** Parallelstellung f, Parallelorientierung f *(Mineralgefüge)*
~ **perspective/in** parallelperspektivisch

~ **ripple marks** Parallelrippelmarken *fpl*
~ **roads** parallele Terrassen *fpl*
~ **shot** Parallelschuß *m*, Gleichlauf *m (Seismik)*
~ **structure** Paralleltextur *f*
~ **unconformity** Paralleldiskordanz *f*, Erosionsdiskordanz *f*
parallelepipedal structure parallelepipedische Absonderung *f*
parallelism Parallelanordnung *f*
parallelize/to parallelisieren
paramagnetic paramagnetisch
~ **mineral** paramagnetisches Mineral *n*
paramagnetism Paramagnetismus *m*
paramarginal reserves nicht [ab]bauwürdige Ressourcen *fpl (an der Grenze wirtschaftlich bauwürdiger Teile oder nicht verfügbar wegen gesetzlicher oder politischer Umstände)*
parameter Parameter *m*, Kristallachsenabschnitt *m*
paramorphic paramorph
paramorphism, paramorphosis Paramorphose *f*
paramorphous paramorph
paramoudras Feuersteinknollen *fpl (an der englischen Kreideküste)*
paranaphthalene Paranaphthalin *n*, $C_{14}H_{10}$
parapet Terrasse *f*
parapitchblende Nasturan *n*, UO_2
pararammelsbergite Pararammelsbergit *m*, $NiAs_2$
paraschist Paraschiefer *m*
paraselene Nebenmond *m*
parasitic parasitisch, parasitär
~ **cone (crater)** Adventivkrater *m*, Parasitärkrater *m*
~ **currents** Streuströme *mpl*
parastratotype Parastratotyp *m*
paratellurite Paratellurit *m*, TeO_2
paratenorite Paratenorit *f*, CuO
paratype Paratypus *m*
parautochthonous parautochthon
~ **klippe (nappe)** parautochthone Decke *f*, Deckscholle *f*
paravauxite Paravauxit *m*, $FeAl_2[OH|PO_4]_2 \cdot 8H_2O$
paravolcanic phenomena vulkanische Nebenerscheinungen *fpl*
parcel Erzhaufen *m*
Pardonetian Pardonet[ium] *n (Nor und Rhät in Nordamerika)*
parent Mutter...
~ **lodge** Abrißgebiet *n (von Rutschkörpern)*
~ **magma** Muttermagma *n*, Stammagma *n*
~ **rock** Ausgangsgestein *n*, Muttergestein *n*, anstehendes Gestein *n*
~ **soil** Mutterboden *m*
parental magma Muttermagma *n*, Stammagma *n*
pargasite Pargasit *m*, $NaCa_2Mg_4(Al, Fe)[(OH, F)_2|Al_2Si_6O_{22}]$
parhelion Nebensonne *f*, Gegensonne *f*
parianite Asphalt *m (vom Asphaltsee in Trinidad)*

parisite Parisit *m*, $[(Ce, La, Di)F]_2 \cdot CaCO_3$
park 1. Graslandebene *f* im Waldgelände; 2. flache Auslaugungswanne *f*
parma flacher Dom *m*, flache Periklinale *f*
parna äolische Karbonatablagerung *f*
paroptesis Gesteinsbeanspruchung *f* durch trokkene Erhitzung, Backung *f*
paroxysm Paroxysmus *m*
parquet-twinning Parkettverwilligung *f*
parrot coal Sapropelkohle *f (analog Boghead- und Kännelkohle)*
parsettensite Parsettensit *m*, $(K,H_2O)(Mn, Fe, Mg, Al)_3[(OH)_2|Si_4O_{10}] \cdot nH_2O$
parsonsite Parsonsit *f*, $Pb_2[UO_2|(PO_4)_2] \cdot 2H_2O$
part movability Teilbeweglichkeit *f*
partial partiell
~ **cycle** Teilzyklus *m*
~ **diagram** Diagramm *n* eines Kornteilgefüges
~ **dislocation** partielle Versetzung *f*, Teilversetzung *f*
~ **eclipse** partielle Finsternis *f*
~ **eclipse of the moon** partielle Mondfinsternis *f*
~ **eclipse of the sun** partielle Sonnenfinsternis *f*
~ **extraction** Teilabbau *m*
~ **magma** Teilmagma *n*
~ **melting** partielle Aufschmelzung *f*, Teilschmelzenbildung *f*
~ **penetrating well** Bohrung *f* mit unvollständigem Speicheraufschluß
~ **pressure** Partialdruck *m*
~ **solar eclipse** partielle Sonnenfinsternis *f*
~ **submergence** teilweises Untertauchen *n*
~ **subsidence** Teilsenkung *f*
~ **water drive** partieller Wassertrieb *m*
partially observed nur teilweise beobachtet, schwach *(3. Stufe der Erdbebenstärkeskala)*
~ **oriented** teilorientiert
particle Teilchen *n*
~ **diameter** Korndurchmesser *m*
~ **shape** Kornform *f*
~ **size** Korngröße *f*
~ **-size analysis** Bestimmung *f* der Korngrößenanteile
~ **-size distribution** Korngrößenverteilung *f*
~ **-size distribution curve** Sieblinie *f*, Siebkurve *f*
particular colour Eigenfarbe *f*
partimesurate body teilweise ausgewiesener Vorrat *m (eines Erzkörpers)*
parting 1. Absonderung *f*; Absonderungsfläche *f*, kleine Kluft *f*, Schlechte *f*; 2. unvollkommene Spaltung *f (von Kristallen)*; 3. Riß *m*, Trennschicht *f*; 4. taubes Gestein *n*, Bergemittel *n*, Zwischenlage *f*, Zwischenmittel *n*
~ **cast** Dehnungsmarke *f*
~ **gold** Scheidegold *n*
~ **lineation** Strömungsstreifung *f*, Stromstreifung *f*, geradlinige Riefung *f*, feine Parallelstriemung *f*, Strömungsriefen *fpl*
~ **plane** Trennfläche *f*, Grenzfläche *f*, Teilungsebene *f*

parting

~ **process** Scheideverfahren n
~ **rupture** Trennungsbruch m
~ **shale** Schiefermittel n
~ **silver** Scheidesilber n
~ **surface** s. ~ plane
partition 1. Scheidewand f, Zwischenwand f; 2. Bifurkation f
~ **rock** Nebengestein n
~ **wall** Zwischenwand f
partitioning [of elements] Elementverteilung f
partiversal dip umlaufendes Einfallen n
partly rounded fossil abgerolltes Fossil n
partridgeite Partridgeit m, Mn_2O_3
partschinite Spessartin m, Partschin m, $Mn_3Al_2[SiO_4]_3$
party Trupp m (Seismik)
~ **manager** Truppleiter m (Seismik)
pascoite Pascoit m, $Ca_3[V_{10}O_{28}] \cdot 16H_2O$
pass into/to übergehen in
~ **into vapour** verdampfen
pass 1. Gebirgspass m, Paß m; 2. Durchgang m (eines Gestirns oder Satelliten zur Ortsbestimmung)
passage Durchfluß m
~ **bed** Übergangsschicht f
~ **facies** Übergangsfazies f
~ **of a screen** Siebdurchgang m, Siebdurchlauf m
passband filter Bandpaßfilter n
passibility category Geländeschwierigkeitsgrad m
passive earth pressure passiver Erddruck m
~ **resistance** Erdwiderstand m
~ **sensor** passiver Sensor m (registriert lediglich die vom Untersuchungsobjekt ausgehende reflektierte oder emittierte Strahlung)
~ **system** passives System n (Seismik)
past ages Vorzeit f
~ **form** Vorzeitform f
paste Grundmasse f (Porphyr); einbettende Mineralsubstanz f
Pastonian Pastonien n (Pleistozän, Britische Inseln)
pasty teigartig, teigig
patch 1. kleines Seifenclaim n; 2. Eisbank f
~ **of ore** Erznest n
~ **reef** 1. Fleckenriff n, Kuppenriff n, Krustenriff n; 2. umgeschichtete Karbonatlinsen in faziesfremder Umgebung
patched slate Fleckschiefer m
patching vom Ausstrich ansetzender Abbau m
patchy unregelmäßig verteilt
patelliform patelliform, schüsselförmig
paternoite Paternoit m, Kaliborit m, $KMg_2[B_5O_6(OH)_4][B_3O_3(OH)_5] \cdot 2H_2O$
paternoster lakes Seen auf den Stufen einer Kartreppe
path Bahn f
~ **difference** Gangunterschied m
~ **of percolation** Sickerweg m
~ **of rays** Strahlengang m
~ **of seepage** Sickerlinie f

~ **of the earth** Erdbahn f
~ **of the liquid** Flüssigkeitsbahn f
~ **of the moon** Mondbahn f
~ **of the sun** Sonnenbahn f
~ **speed** Bahngeschwindigkeit f
~-**time curve** Weg-Zeit-Diagramm n
patina 1. Wüstenlack m; 2. helle Verwitterungsrinde f
patinated chert angewitterte Hornsteinknolle f
patrinite s. aikinite
patronite Patronit m, VS_4
pattern 1. Gitter n, Muster n; Anordnung f; 2. Regelungsbild n (von Diagrammen)
~ **analysis** Musteranalyse f (Fernerkundung)
~ **delimitation** Musterabgrenzung f (Fernerkundung)
~ **of drainage** Entwässerungsnetz n
~ **of flow** Strömungszustand m
~ **of well spacing** Bohrlochanordnung f
~ **recognition** Mustererkennung f (Fernerkundung)
patterned bog Strangmoor n
~ **ground** Strukturboden m, Frostgefügeboden m, Eismusterboden m, Frostmusterboden m
paucity of fossils Fossilarmut f
paulopost autometamorph
pavement Liegendes n
paving gravel Straßenschotter m
~ **sett** Pflasterstein m
paxite Paxit m, Cu_2As_3
pay/to produzieren (Sonde)
pay dirt ergiebige Golderde f, goldführender Boden m
~ **horizon** Erdöl (Erdgas) abgebende Schicht f
~ **ore (rock)** [ab]bauwürdiges Erz n
~ **sand** Speichergestein n (für Erdöl oder Erdgas)
~ **shoot** [ab]bauwürdiger Teil m (in einer Lagerstätte)
~ **zone** Förderhorizont m
payability Ergiebigkeit f, Abbauwürdigkeit f, Bauwürdigkeit f
~ **ore** [ab]bauwürdiges Erz n
payable ergiebig, [ab]bauwürdig
~ **deposit** [ab]bauwürdige Lagerstätte f
~ **ore** [ab]bauwürdiges Erz n
~ **ore body** [ab]bauwürdiger Erzkörper m
~ **place** ergiebiger Ausbeutungsplatz m
paying [ab]bauwürdig
~ **well** produzierende Bohrung f
payload Nutzlast f
paystreaks 1. Goldanreicherungen in fossilen Strömungsrinnen (Witwatersrand); 2. [ab]bauwürdiger Gangteil m, Erzfall m
PDB Chicagoer Isotopenstandard für $^{12}C/^{13}C$ (CO_2 aus Belemnitella americana, Kreide, P-D-Formation)
pea-grit pisolithisch (bei Sandstein)
~ **ore** Bohnerz n
peach hydrothermal zersetztes Nebengestein n (Cornwall)
~ **stone** weiches chloritisiertes Gestein n

peachy lode zellige, chloritreiche Gangfüllung f
peacock copper (ore) s. bornite
peak 1. Bergspitze f, Gipfel m; 2. Wellenmaximum n *(Seismik)*
~ **discharge** maximale Grundwasserspende f
~ **of wave** Wellenberg m
~ **plain** Gipfelflur f
~ **point** Peak m *(Tracerversuch)*
~ **production** Spitzenproduktion f
~ **run-off** Spitzenabfluß m
~ **shear strength** maximale Scherfestigkeit f
~ **zone** s. acme-zone
peaked curve spitze Kurve f
~ **mountain** Gipfelberg m
pearceite Pearceit m, Arsenpolybasit m, 8(Ag, Cu)$_2$S·As$_2$S$_3$
pearl Perle f
~ **diabase** Variolith m
~ **gneiss** Perlgneis m, Körnelgneis m, blastischer Gneis m
~ **mica** s. margarite
~ **ore** Perlerz n
~ **sinter** Kieselsinter m, Perlsinter m
~ **spar** Perlspat m *(Varietät von Dolomit)*
~ **stone** Perlit m
pearlaceous perlmutt[er]artig
pearlite Perlit m
pearly perlmutt[er]artig, perlartig
~ **lustre (sheen)** perlmutt[er]artiger Glanz m, Perlglanz m, Perlmutt[er]glanz m
peastone s. pisolite
peasy 1. Erzhandstück n; 2. bohnkorngroßes Bleierz n
peat bed Torflager n, Torfschicht f
~ **blasting** Moorsprengung f
~ **bog** Torfmoor n, Torflager n, Hochmoor n, Ried n
~ **breccia** umgelagerter Torf m
~ **charcoal** 1. Torffusain m; 2. Torffusit m
~ **charring** Torfverkohlung f
~ **clay** Mudde f, Mudd m
~ **cover** Moordecke f
~ **deposit** Torflager n
~ **diagenesis** Torfdiagenese f
~ **digger** Torfgräber m, Torfstecher m
~ **digging** Torfgewinnung f
~ **dust** Torfmull m
~ **extraction** Torfgewinnung f
~ **formation** Torfbildung f, Moorbildung f, Vertorfung f, Vermoorung f
~-**forming** torfbildend, moorbildend
~ **gas** Torfgas n, Sumpfgas n
~ **gasification** Torfvergasung f
~ **hillock** Aufwölbung f im Torfmoor
~ **land** Moorboden m
~ **land science** Moorkunde f
~ **moor** Torfmoor n
~ **moss** Torfmoos n
~ **moss litter** Torfmull m
~ **pit** Torfgrube f
~ **pocket** Torfeinschluß m, Torfnest n

~ **slime** s. ~ breccia
~ **sod** Torfstück n
~ **soil** Torfboden m
~ **swamp** Torfbruch n, Moor n, Marsch f
~ **tar** Torfteer m
peatery Torflager n
peatification Vertorfung f
peatified vertorft
peaty torfartig, torfhaltig, vertorft, torfig, moorig
~ **bog** Torfmoor n
~ **earth** Moorboden m
~ **fibrous coal** Torffaserkohle f
~ **flat** vertorfte Fläche f, Torfniederung f
~ **lay** Torfschicht f
~ **layer** Torflage f
~ **moor** Torfmoor n
~ **soil** Moorboden m
~ **swamp** Torfmoor n
pebble Kies m; Kiesel m; Geröll n
~ **armour** Geröllpanzer m *(auf Wüstenböden)*
~ **bed** Kiesschicht f
~ **dike** kataklasierter, zerscherter Gang m
~ **gneiss** Geröllgneis m, Konglomeratgneis m
~ **gravel** Geröll n
~ **jack** *(sl)* Zinkblende f
~ **phosphates** knolliger Phosphorit m
~ **stone** Geröll n, Geschiebe n
pebbly geröllführend, kiesig, steinig
~ **mudstones** intraformationales Konglomeratslumping n, Wildflysch m
pecos ore Eiserner Hut mit Pb- und Ag-Erzen
pectolite Pektolith m, Ca$_2$Na[Si$_3$O$_8$OH]
pectoral fin Pectoralflosse f, Brustflosse f
pedalfer Al- und Fe-reiche Bodenart f
pedcal s. pedocal
pedestal rock Pilzfels m, Tischfels m
pedial class symmetrielose Kristallklasse f
pedicle foramen Stielforamen n *(Brachiopoden)*
~ **valve** Ventralklappe f, Bauchklappe f, Stielklappe f *(Brachiopoden)*
pediment Pediment n, Gebirgsfußfläche f, aride Felsebene f, Felsfußfläche f
~ **pass** verbindende Depression f *(zwischen zwei Pedimentflächen)*
ped'n-cairn Erznest n *(Cornwall)*
pedocal Kalkboden m, Kalkkruste f *(auf ariden Böden)*
pedochemistry Bodenchemie f
pedogenesis Bodenbildung f
pedological pedologisch, bodenkundlich
pedologist Pedologe m, Bodenkundler m
pedology Pedologie f, Bodenkunde f
pedostratigraphic unit pedostratigrafische Einheit f
pedrigal Lavaschicht f *(Kalifornien)*
peds natürliche Aggregate von Bodenmineralen
pee 1. Gangkreuz n; 2. Bleierzstück n *(Derbyshire)*
peel off/to abblättern, abbröckeln, abplatzen

peeling

peeling[-off] schalige Absonderung f, Abschuppung f, Abblätterung f
peg Meßdübel m, Meßpflock m
~-leg multiple Teilwegmultiple f (Seismik)
~ structure Pflockgefüge n (z.B. bei Melilith)
peganite s. variscite
pegmatite Pegmatit m
~ dike Pegmatitgang m
pegmatitic pegmatitisch
~ vein Pegmatitgang m
pegmatization Pegmatitisierung f, Umwandlung f in Pegmatit
pegmatize/to pegmatitisieren, in Pegmatit umwandeln
pegmatoid pegmatitähnlich
pelagian s. pelagic
pelagic pelagisch, Tiefsee...
~ deposit pelagische (ozeanische) Ablagerung f, Tiefseeablagerung f, Hochseeablagerung f
~ facies pelagische Fazies f
~ ooze Tiefseeschlamm m
~ zone Tiefseezone f
pelagite Tiefseemanganknolle f
pelagochthonous aus Treibholz (überfluteten Wäldern) entstanden (Kohle)
pelagosite Pelagosit m (Karbonatablagerung mit hohen $MgCO_3$-, $SrCO_3$-, $CaSO_4$-, H_2O- und SiO_2-Gehalten)
pelean activity Pelétätigkeit f (von Vulkanen)
pelecypods Muscheln fpl, Lamellibranchiaten mpl
peleeite Peleeit m (Varietät von Dazit)
pele's hair Fadenlapilli pl, Glasfäden mpl, Peles Haar n
pelite Pelit m (s.a. mudstone, calcilutite)
pelitic pelitisch (s.a. argillaceous)
~ rock Tongestein n
pelitomorphic pelitomorph (pelitisch als Korngröße bei Karbonatgesteinen)
pell-mell structure Gefügebezeichnung für schichtungsfreie Sedimentation
pellet Pellet n, Kügelchen n (unregelmäßiger Rundkörper ohne internes Richtungsgefüge)
~ impact drilling Düsenschrotbohren n, Kugelschlagbohren n
~ of ice Eiskügelchen n
pelletal, pelleted pelletführend
~ limestone Pillenkalkstein m
~-micritic limestone pillenreicher Kalkstein m
pelletize/to pelletisieren (Erz)
pelletoid pelletoid, pelletartig
pellicle Schutzrinde f
~ of oil Ölfilm m, Ölhäutchen n
pellicular moisture Filmfeuchtigkeit f
~ water Pellikularwasser n, Sorptionswasser n, Anlagerungswasser n, Haftwasser n, Häutchenwasser n
pellodite Bänderton m, dünngeschichteter Ton m
pelogloea an Sedimentpartikel adsorbierte organische Substanz f
Pelsonian [Substage] Pelson[ium] n (Unterstufe, Mittlere Trias, Tethys)

pelvis Pelvis f, Becken n
pen Schulp m
pencil gneiss Stengelgneis m
~ of rays Strahlenbüschel n
~ slate Griffelschiefer m
~ structure Stengelung f
pendular regime Porenwinkelwasserregime n
~ water penduläres Wasser n, Haftwasser n
pendulous abwärts hängend
pendulum effect Pendeleffekt m (Bohrtechnik)
penecontemporaneous autometamorph, synsedimentär
~ structure synsedimentäres Gefüge n
peneplain Fastebene f, Peneplain f, Rumpffläche f, Rumpfebene f, Denudationsfläche f
peneplanation Verebnung f
peneplane s. peneplain
peneseismic peneseismisch
~ countries (regions) peneseismische Regionen fpl
penetrate/to 1. durchbohren; 2. durchtrümern
penetrated bed durchbohrte Schicht f
~ by joints durchklüftet
penetrating twin Durchdringungszwilling m
penetration Durchdringung f, Eindringung f
~ advance Bohrfortschritt m
~ by joints Durchklüftung f
~ depth Eindringtiefe f, Wirkungstiefe f
~ effect on build-up analysis Erfassungsgrad m einer Druckaufbaumessung
~ of fracture Rißeindringen f
~ rate Bohrfortschritt m, Bohrleistung f
~ rate recorder Bohrfortschrittsregistriereinrichtung f
~ speed Bohrgeschwindigkeit f
~ twins Durchwachsungszwillinge mpl, Penetrationszwillinge mpl
penetrative durchdringend
~ rock Intrusivgestein n
penetrometer Eindringmeßgerät n
penfieldite Penfieldit m, Pb_2OHCl_3
peninsula Halbinsel f
penitent ice Büßereis n
~ snow Büßerschnee m, Zackenfirn m
pennantite Pennantit m, $(Mn, Al, Fe)_3[(OH)_2](Al, Si)Si_3O_{10}]Mn_3(OH)_6$
pennate fiederförmig
pennine s. penninite
Pennine nappes Penninische Decken fpl
Penninic penninisch
~ zone penninische Zone f
penninite Pennin m (Chloritmineral)
~ drilling Seilschlagbohren n
Pennsylvanian s. ~ Series
~ drilling Seilschlagbohren n
~ Series (System) Pennsylvanien n (wird in Amerika im Gegensatz zu Europa teilweise als System aufgefaßt. Entspricht etwa dem Oberkarbon Europas)
pennystone Toneisensteinband n
penroseite Penroseit m, $(Ni, Cu, Co)Se_2$

penstock Stauwerk n
pentagonal dodecahedron Pentagondodekaeder n, Dyakishexaeder n
~ icositetrahedron Pentagonikositetraeder n
pentahedral pentaedrisch, fünfflächig, fünfseitig
pentahedron Pentaeder n, Fünfflächner m
pentahydrite Pentahydrit m, $Mg[SO_4] \cdot 5H_2O$
pentahydroborite Pentahydroborit m, $CaB_2O_4 \cdot 5H_2O$
pentane Pentan n, C_5H_{12}
pentlandite Pentlandit m, Eisennickelkies m, $(Fe, Ni)_9S_8$
penumbra Sonnenfleckenrand m, Halbschatten m
Penutian [Stage] Penutien n (marine Stufe, unteres Eozän in Nordamerika)
pepino tropische Karstform f
peppered with pyrite mit Pyrit gesprenkelt
peralkaline Alkaliüberschuß..., alkalisch (bezüglich Al_2O_3-Gehalt)
peraluminous Aluminiumüberschuß..., Al-reich (molekularer Anteil Al_2O_3 größer als CaO + $Na_2O + K_2O$)
percentage by volume Volumenprozent n
~ content prozentualer Gehalt m
~ distribution prozentuale Verteilung f
~ elongation Bruchdehnung f
~ of pore space Prozentgehalt m an Porenraum
~ of total pore space Prozentgehalt m an Gesamtporenraum (an wegsamen und geschlossenen Poren)
~ subsidence Absenkungsfaktor m, effektive Senkung f (in Prozent der Vollsenkung)
percentiles Percentile mpl (grafisch bestimmte Körnungskennwerte)
perched block (boulder) erratischer Block m, Findling m, Wackelstein m
~ ground water 1. hängender Grundwasserhorizont m, oberflächennahes (schwebendes) Grundwasser n; 2. Staunässe f
~ spring Hangendquelle f
~ water Wasser n der Aerationszone
~ water table [an]gespannter Grundwasserspiegel m
percolate/to [ein]sickern, versickern, durchsickern, eindringen
percolating rate Sickerrate f
~ water Sickerwasser n
percolation Einsickern n, Durchsickerung f, Versickerung f, Sickerung f
~ channel Sickerkanal m
~ creep Sickerung f
~ rate Durchflußgeschwindigkeit f
~ test Durchlässigkeitsversuch m
~ velocity Sickergeschwindigkeit f
~ water Sickerwasser n
percrystalline structure Rekristallisationsgefüge n
percussion bit Schlagmeißel m
~ bit stroke Fallhöhe f des Meißels

~ drill Stoßbohrer m
~ drilling schlagendes Bohren n, Schlagbohrverfahren n
~ drilling rig Schlagbohrgerät n
~ frame Stoßherd m
~ jumper Stoßbohrer m
~ marks Schlagmarken fpl
~ penetration method Rammsondierung f
~ probe Rammsonde f, Schlagsonde f
percylite Percylith m, $PbCl_2 \cdot Cu(OH)_2$
perennial permanent, ständig, perennierend, ausdauernd, überwinternd, mehrjährig
~ ice fossiles Eis n
~ irrigation Dauerbewässerung f
~ river durchhaltender Fluß m
~ snow ewiger Schnee m
~ spring permanente Quelle f, Dauerquelle f
~ yield Dauerspende f
perennially frozen ground s. permafrost
perfect cleavage vollkommene Spaltbarkeit f
~ crystal Idealkristall m
~ gas ideales Gas n
~ weir vollkommener Überfall m
perfemic perfemisch
perforating Perforieren n
perforation Perforation f (von Öl- oder Gassonden)
performance of geological prospecting by stage Prozeßgliederung f geologischer Untersuchungsarbeiten in Stadien
pergelation Permafrostbodenbildung f
pergelisol Permafrostboden m, Dauerfrostboden m, Pergelisol n
periastron Periastron n, Periastrum n, Sternnähe f
periclase Periklas m, MgO
periclinal periklinal, zentroklinal, mit umlaufendem Einfallen
~ bedding mantelförmiger Schichtenbau m
~ structure Meilerstellung f (Basaltsäulen)
pericline 1. Dom m; 2. Periklin m (Feldspatabart)
~ ripple marks perikline Rippelmarken fpl
pericynthion Periselenion n, Mondnähe f
peridot[e] s. chrysolite
peridotite Peridotit m
perigee Perigäum n, Erdnähe f
periglacial periglazial
~ region Periglazialgebiet n, glaziales Randgebiet n
perihelion Perihelium n, Sonnennähe f
perimagmatic perimagmatisch
~ deposit perimagmatische Lagerstätte f
period 1. Schwingungsdauer f (Seismik); 2. Periode f (Stratigrafie, Einheit der chronologischen Skala)
~ of glaciation Glazialzeit f, Eiszeit f
~ of half life Halbwertzeit f
~ of oscillation Schwingungsdauer f
~ of submergence Senkungsperiode f
~ of sun spots Sonnenfleckenperiode f
periodic[al] change periodische Änderung f

periodic 262

~ current periodische Strömung f
~ inequalities periodische Störungen fpl
~ magnetic field magnetisches Wechselfeld n
~ pertubations periodische Störungen fpl
~ settling Periodenabsenkung f
~ spring intermittierende Quelle f
~ time Schwingungsdauer f
~ weight Periodendruck m
periodically reversing magnetic field sich periodisch umkehrendes Magnetfeld n
periodicity Periodizität f, periodisches Auftreten n
peripheral change randliche Umwandlung f
~ counter Auszähllineal n (für Gefügediagramme)
~ faults Randstörungen fpl (eines tektonischen Beckens)
~ moraine Randmoräne f
~ pressure Manteldruck m
~ sink Randsenke f (Salzstock)
~ speed of drilling tool Umfangsgeschwindigkeit f des gesteinszerstörenden Werkzeugs
perisetrite Peristerit m (Tieftemperatur-Plagioklas)
peristome Peristom n, Mündungsrand m, Mundfeld n
perite Perit m, PbBiO₂Cl
peritectic peritektisch
peritectic Peritektikum n
peritidal complex Peritidalkomplex m (Sammelbezeichnung für alle Ablagerungsmilieus und Ablagerungen, die von Gezeiten beeinflußt sind)
perlite Perlit m
perlitic perlitisch
~ structure perlitische Textur f, Perlitgefüge n
permafrost Permafrost m
~ line Dauerfrostbodengrenze f (regional)
~ soil Permafrostboden m, Dauerfrostboden m
~ subsoil Dauerfrostuntergrund m
~ table Dauerfrostbodenoberfläche f
permanence of the ocean basins Permanenz f der Ozeane
permanent deformation bleibende Verformung f
~ guide structure fester Führungsrahmen m (auf dem Meeresboden am Bohrlochabschluß abgesetzte Einrichtung)
~ hardness permanente Wasserhärte f
~ magnet Dauermagnet m
~ overfall weir Talsperre f mit festem Überfall
~ plankton Holoplankton n
~ snow line Schneegrenze f
~ solfatara ständige Solfatare f
permeability Permeabilität f, Durchlässigkeit f
~ coefficient Durchlässigkeitskoeffizient m, Durchlässigkeitsbeiwert m
~ of ground Gebirgsdurchlässigkeit f
~ profile log Permeabilitätsprofil n
~-thickness product (Am) Fließkapazität f
~ to water Wasserdurchlässigkeit f

~ trap Permeabilitätsfalle f (für Öl oder Gas)
permeable permeabel, durchlässig
~ bed Grundwasserleiter m
~ layer durchlässige Schicht f
~ to water wasserdurchlässig
permeameter Durchlässigkeitsmeßgerät n (Durchströmungsversuch)
permeance magnetische Leitfähigkeit f
permeate/to durchsickern, durchdringen
permeating water Sickerwasser n
permeative boundary Durchlässigkeitsgrenze f
Permian Perm[system] n (chronostratigrafisch); Perm n, Permperiode f (geochronologisch); Perm n, Permzeit f (allgemein)
~ Age Perm n, Permzeit f
~ glaciation permische Vereisung f
~ Limestone Zechsteinkalk m
~ Period Perm n, Permperiode f
~ System Perm[system] n
permineralize/to versteinern, fossilisieren
permissible load zulässige Belastung f
~ velocity Grenzgeschwindigkeit f, zulässige Geschwindigkeit f
permissive bedding plane wasserstauende Schichtfuge f
Permo-Carboniferous Permokarbon n
~-Triassic Permotrias f
perovskite Perowskit m, CaTiO₃
perpendicular vertikal, seiger
~ depth Seigerteufe f
~ displacement flache Sprungweite f
~ separation Sprunghöhe f senkrecht zur Schichtung
~ slip flache Sprungweite f
~ throw scheinbare stratigrafische Sprunghöhe (Schubhöhe) f, seigere Sprunghöhe (Verwerfungshöhe) f
~ to the stratification bankrecht
perpetual snow ewiger Schnee m
perpetually snow-capped mit ewigem Schnee bedeckt
perryite Perryit m, Ni₃Si (Meteoritenmineral)
persistence Beständigkeit f
~ of a bed Durchhalten n einer Schicht (von Bohrung zu Bohrung)
persistent fossil durchlaufendes Fossil n
~ mineral Durchläufer m (Mineral)
~ reflecting horizon durchhaltender reflektierender Horizont m
~ stratum durchgehende (durchlaufende) Schicht f
perspective block Blockdiagramm n
perthite Perthit m (Orthoklas mit orientierten Albitentmischungskörpern)
perthitic perthitisch
perturbation Störung f (z.B. physikalischer Parameter)
~ equation Störungsgleichung f
perturbing body Störkörper m
~ function Störungsfunktion f
~ term Störungsglied n

pervade/to durchtrümern, durchdringen
pervious durchlässig
~ **bed** durchlässige Schicht f
~ **blanket** Entwässerungsschicht f
~ **ground** durchlässiger Boden m
~ **shell** Dränschicht f (einer Talsperre)
~ **stratum** durchlässige Schicht f
~ **subsoil** durchlässiger Baugrund m
~ **to water** wasserdurchlässig
perviousness Durchlässigkeit f
petalite Petalit m, Li[AlSi$_4$O$_{10}$]
peter out/to sich verdrücken, auskeilen
petering Verdrückung f, Auskeilen n
Peter's length Petersche Länge f (Seismik)
petre s. nitre
petrescence Versteinerungsvorgang m
petrifaction 1. Versteinerung f (als Vorgang); 2. Petrefakt n, Versteinerung f (als Ergebnis)
petrifactology Petrefaktenkunde f, Versteinerungskunde f
petrified versteinert, fossil
~ **excrement** Koprolith m
~ **forest** versteinerter Wald m
~ **peat** versteinerter (fossiler) Torf m
~ **wood** versteinertes (fossiles) Holz n
petrify/to versteinern
petrochemical calculation petrochemische Berechnung f
petrochemicals Mineralölerzeugnisse npl; Erdölderivate npl
petrochemistry 1. Petrochemie f, Gesteinschemie f; 2. (z.T. auch für) Petrolchemie f, Erdölchemie f
petroclastic limestone s. detrital limestone
petrofabric analysis Gefügeanalyse f
~ **diagram** Korngefügediagramm n
~ **studies** Gefügekunde f
petrofabrics Gefügekunde f
petrogenesis Petrogenese f
petrogenetic petrogenetisch
~ **grid** petrogenetische Darstellung f
petrogeny Petrogenese f
petrographer Petrograf m
petrographic[al] petrografisch, gesteinskundlich
~ **character** Gesteinscharakter m
~ **composition** Gesteinszusammensetzung f
~ **microscopy** Gesteinsmikroskopie f
~ **province** petrografische Provinz f, Gesteinsprovinz f
petrography Petrografie f, Gesteinskunde f
petrol Benzin n
petroleum Petroleum n, Erdöl n (s.a. oil)
~-**bearing** petroleumhaltig, erdölhaltig
~ **coke** Petroleumkoks m
~ **deposit** Erdöllager n
~ **exploitation** Erdölgewinnung f, Erdölausbeutung f
~ **field** Erdölfeld n
~ **gas** Petroleumgas n, Erdölgas n
~ **geologist** Erdölgeologe m
~ **geology** Erdölgeologie f

~ **hydrogeology** Erdölhydrogeologie f
~ **pitch** Petrolpech n, Erdölpech n
~ **production engineering (technology)** Erdölfördertechnik f
~ **prospect** Erdölhoffnungsgebiet n
~ **refinery plant** Erdölraffinerieanlage f
~ **reservoir engineer** Erdöllagerstätteningenieur m
~ **reservoir engineering** Reservoirmechanik f
~ **secondary recovery** Sekundärgewinnungsverfahren n von Erdöl
petroliferous erdölhaltig, erdölführend
~ **area** Erdölgebiet n (im engeren Sinne)
~ **bed** erdölführende Schicht f, Ölträger m
~ **horizon** Erdölhorizont m
~ **shale** Ölschiefer m
~ **strata** erdölführende Schichten fpl
~ **structure** erdölführende Struktur f
petrolized mit Erdöl imprägniert
petrologic[al] petrologisch, gesteinskundlich
~ **character** Gesteinscharakter m
~ **microscope** Polarisationsmikroskop n
petrologist Petrologe m
petrology Petrologie f, Gesteinskunde f
petrophysics Petrophysik f
petrosilex 1. Felsit m; 2. kompakte Feuersteinmassen, Hornstein in Kalkschichten
petrotectonics Petrotektonik f, Gefügekunde f der Gesteine
petrous steinartig, steinig, versteinert
~ **phosphates** feste Phosphatablagerung f (im Gegensatz zu erdig)
petunse, petuntse, petuntze halb zersetzter leicht kaolinisierter Granit m
petzite Petzit m, Ag$_3$AuTe$_2$
PGC = programmed gain control
pH index pH-Wert m
pH meter pH-Wert-Messer m
pH value pH-Wert m
phacelite Kaliophilit m, K[AlSiO$_4$]
phacoidal flaserig, linsig
~ **structure** Phakoidgefüge n, Linsengefüge n
phacolite Phakolith m (Varietät von Chabasit)
phacolith Phakolith m (Intrusionsform)
phaneric phanerokristallin
~ **texture** phanerokristalline Struktur f (bei Karbonatgesteinen; Korngrößen über 0,01 mm)
phanerocrystalline phanerokristallin
Phanerogamia Phanerogamen fpl, Blütenpflanzen fpl
phanerogenic phanerogen
phaneromerous phaneromer
phanerozoic phanerozoisch
Phanerozoic [Eon] Phanerozoikum n (Äon)
phantom [horizon] Phantomhorizont m (Seismik)
pharmacolite Pharmakolith m, Arsenblüte f, CaH[AsO$_4$]·2H$_2$O
pharmacosiderite Pharmakosiderit m, Würfelerz n, KFe$_4$[(OH)$_4$|(AsO$_4$)$_3$]·6–7H$_2$O
phase behaviour Phasenzustandsverhalten n
~ **change** Phasenumwandlung f

phase 264

~ **contrast microscopy** Phasenkontrastverfahren n *(Mikroskopie)*
~ **delay error** Laufzeitfehler m
~ **diagram** Phasendiagramm n, Zustandsdiagramm n
~ **difference** Phasendifferenz f, Gangunterschied m
~ **distortion** Phasenverzerrung f, Phasenverschiebung f *(Seismik)*
~ **distribution** Phasenverteilung f
~ **equilibrium** Phasengleichgewicht n
~ **inversion** Phaseninversion f, Phasenumkehrung f *(Seismik)*
~ **of consolidation** Erstarrungsphase f
~ **of eruptivity** Eruptionsphase f
~ **of folding** Faltungsphase f
~ **redistribution** Phasenumverteilung f
~ **resonance** Phasenresonanz f
~ **response** Phasencharakteristik f, Phasengang m, Phasenverhalten n *(Seismik)*
~ **rule** Phasenregel f
~ **shift[ing]** Phasenverschiebung f
~ **spectrum** Phasencharakteristik f *(Seismik)*
~ **transfer** Phasenübergang m
~ **transition** Phasenübergang m
~ **velocity** Phasengeschwindigkeit f *(Seismik)*
phasing Phasenveränderung f *(Seismik)*
phassachate bleifarbener Achat m
phenacite Phenakit m, $Be_2[SiO_4]$
phengite Phengit m, $K(Fe,Mg)Al[(OH,F)_2](Al,Si)Si_3O_{10}]$
phenhydrous unter Wasser abgelagert *(Pflanzenmaterial)*
phenoblast Phänoblast m, Megablast m, Porphyroblast m
phenoclast Phänoklast m
phenoclastic phänoklastisch
phenocryst Einsprengling m *(in magmatischen Gesteinen)*
phenocrystic phänokristisch, ungleichmäßig körnig
phenology Phänologie f
phenomena of interference Interferenzerscheinungen fpl
phenomenologic[al] phänomenologisch
phenoplast Phänoplast m
phenotype Phänotyp[us] m
philadelphite Philadelphit m *(Zersetzungsprodukt von Biotit)*
philippinite Philippinit m *(Tektitengruppe)*
phillipsite Phillipsit m, $KCa[Al_3Si_5O_{16}]\cdot 6H_2O$
phlebite Phlebit m
phlebitic structure phlebitische Textur f, Adertextur f *(bei Migmatit)*
phlobaphinite Phlobaphinit m *(Maceraltyp des Humocollinits)*
phlogopite Phlogopit m, Magnesiaglimmer m, $KMg_3[(F,OH)_2|AlSi_3O_{10}]$
phoenicochroite Phönikochroit m, $Pb_3[O|(CrO_4)_2]$
phonolite Phonolith m
~ **tuff** Phonolithtuff m

phorogenesis Krustengleitung f auf dem Erdmantel
phosgenite Phosgenit m, $Pb_2[Cl_2|CO_3]$
phosphate Phosphat n
~ **mine** Phosphatgrube f
~ **of iron** Eisenphosphat n
~ **rock** Apatitgestein n
phosphatic phosphatisch, phosphorartig
~ **chalk** Phosphatkreide f
~ **deposit** Phosphatlagerstätte f
~ **deposit due to weathering** Phosphatverwitterungslagerstätte f
~ **iron ore** phosphathaltiges Eisenerz n
~ **rock** Phosphatgestein n
~ **shale** phosphatischer Schiefer m
phosphatized phosphatisiert
phosphoferrite Phosphoferrit m, $(Fe,Mn)_3[PO_4]_2\cdot 3H_2O$
phosphophyllite Phosphophyllit m, $Zn_2Fe[PO_4]_2\cdot 4H_2O$
phosphoresce/to phosphoreszieren
phosphorescence Phosphoreszenz f
~ **of the sea** Meeresleuchten f
phosphorescent phosphoreszierend
phosphoric phosphorhaltig
phosphorite Phosphorit m, Naturphosphat n
~ **nodule** Phosphoritknolle f
phosphoritic phosphoritisch
phosphosiderite Phosphosiderit m, Klinostrengit m, $Fe[PO_4]\cdot 2H_2O$
phosphuranylite Phosphuranylit m, $Ca[(UO_2)_4(OH)_4(PO_4)_2]\cdot 8H_2O$
photic zone durchlichtete Wasserzone f
photobase Bildbasis f, Fotobasis f *(Fotogeologie)*
photoelastic spannungsoptisch
~ **fringe patterns** spannungsoptische Streifenbilder npl
~ **material** spannungsoptisches Material n
~ **reflection method** Reflexionsverfahren n *(Spannungsoptik)*
photoelasticity Spannungsoptik f
photoelectric logging fotoelektrisches Verfahren n der Wasserzuflußmessung *(in Bohrungen)*
photogeology Fotogeologie f
photogrammetric plotting fotogrammetrische Auswertung f
~ **rectification** fotogrammetrische Entzerrung f
photogrammetry Fotogrammetrie f, Bildmeßwesen n
photographic aerial survey Luftvermessung f
~ **flight** Fotoflug m
~ **reconnaissance** Bilderkundung f
photolineations Fotolineationen fpl *(in Fernerkundungsaufnahmen erkennbare Lineationen)*
photoluminescence Fotolumineszenz f
photomap Luftbildkarte f
photometry Fotometrie f
photomicrograph Mikrofoto n, Mikrobild n
photomultiplier s. ~ **tube**
~ **counter** Szintillationszähler m

~ **tube** Sekundärelektronenvervielfacher m, SEV
photosphere Fotosphäre f, Lichtkreis m der Sonne
Phragmites peat Rohrtorf m
phreatic phreatisch, unterirdisch
~ **decline** Grundwasserspiegelabfall m
~ **eruption** phreatischer Ausbruch m
~ **fluctuation** Grundwasserspiegelschwankung f
~ **gases** phreatische Gase npl
~ **ground water** freies (ungespanntes) Grundwasser n
~ **line** Sickerlinie f
~ **nappe** Grundwasserspiegel m
~ **rise** Grundwasserspiegelanstieg m
~ **surface** phreatische Grundwasserschicht f, Grundwasserspiegel m, Grundwasserfläche f, Sickerfläche f
~ **water** freies (ungespanntes) Grundwasser n
~ **zone** Sättigungszone f
phreatomagmatic eruption phreatomagmatischer Ausbruch m
phreatophyte Grundwasserpflanze f
phtanite s. phthanite
phthanite kryptokristallines Kieselgestein n (z.B. Jaspilit)
phyllite Phyllit m
phyllitization Phyllitisierung f
phyllofacies Schichtungsfazies f (Faziesunterschiede nach spezifischen Schichtungsmerkmalen)
phylloid blattförmig
phyllonite Phyllonit m
phylloretine Phylloretin n, $C_{18}H_{18}$
phyllosilicates Schichtsilikate npl, Phyllosilikate npl
phylogenesis Phylogenie f, Stammesgeschichte f
phylogenetic phylogenetisch
phylogenic tree Stammbaum m
phylogeny Phylogenie f, Stammesgeschichte f
phyloneanic form Jugendform f
phylum Hauptabteilung f, Stamm m
physical crystallography Kristallphysik f
~ **geography** physikalische Geografie f
~ **meteorology** physikalische Meteorologie f
~ **mineralogy** Kristallphysik f
~ **pendulum** physikalisches Pendel n
~ **time measurement** physikalische Altersbestimmung f
~ **weathering** physikalische (mechanische) Verwitterung f
physico-chemical physikalisch-chemisch
physics of solids Festkörperphysik f
physiographic factor affecting run-off morphologische Abflußbedingung f
~ **geology** physiografische Geologie f
physiography Physio[geo]grafie f, Geomorphologie f
phyteral erkennbares pflanzliches Fossil in der Kohle
phytoecology Pflanzenökologie f
phytogenetic, phytogenic phytogen[etisch], pflanzlichen Ursprungs
~ **rock** phytogenes Gestein n
phytogeographic[al] phytogeografisch, pflanzengeografisch, geobotanisch
phytogeography Phytogeografie f, Pflanzengeografie f, Geobotanik f
phytoliths Phytolithe mpl (von pflanzlichen Organismen gebildete marine Kalksteine)
phytomorphic phytomorph
phytopalaeontology Paläobotanik f
phytophoric rock Gestein n aus Pflanzenresten
phytoplankton Phytoplankton n, Schwebeflora f
Piacenzian [Stage] Piacenza n, Piacenta n, Piacenzium n (Stufe des Pliozäns)
pick/to aussondern (Seismik)
~ **out the ore** ausklauben
~ **up** aufnehmen (Meßdaten)
pick Einsatz m (Seismik); Tiefenbestimmung f eines Leithorizonts
~-**up** Detektor m (Geophysik); Geophon n; Hochspannungsleitung f (Seismik)
picked deads Leseberge pl, Klaubeberge pl
~ **ore** Scheideerz n
pickeringite Pickeringit m, $MgAl_2[SO_4]_4 \cdot 22H_2O$
picket Buhnenpfahl m
picking Klauben n, Auslesen n [mit Hand]
~ **belt** Klaubeband n
~ **by hand** Handklauben n, Handlesen n
~ **drum** Erzwäscher m, Klassiertrommel f
~ **sample** Hackprobe f
~ **table** Klaub[e]tisch m, Lesetisch m
~-**up of sediment** Geschiebetrieb m
pickings Leseberge pl, Klaubeberge pl
picrite Pikrit m
picromerite Pikromerit m, Schönit m, $K_2Mg[SO_4]_2 \cdot 6H_2O$
picropharmacolite Pikropharmakolith m, $(Ca, Mg)_3[AsO_4]_2 \cdot 6H_2O$
pie slice „Tortenstück" n (Fächer- oder Geschwindigkeitsfilterung in der Seismik)
piecemeal stoping s. magmatic stoping
piedmont Piedmontfläche f, Vorland n, Gebirgsvorland n
~ **alluvial plain** alluviale Piedmontebene f
~ **benchlands (flats)** Piedmontflächen fpl, Piedmonttreppe f
~ **glacier** Piedmontgletscher m, Vorlandgletscher m
~ **lake** alpiner Randsee m
~ **plain** Piedmontebene f, Vorlandebene f, Bergfußebene f
~ **scarp** s. scarplet
~ **slope** Piedmontfläche f, Vorland n, Bergfußfläche f
~ **stairway (steps)** Piedmonttreppe f
~ **terraces** Piedmontterrassen fpl
piedmontite s. piemontite
piemontite Piemontit, Manganepidot m, $Ca_2(Mn, Fe)Al_2[O|OH|SiO_4|Si_2O_7]$

pierce 266

pierce/to durchspießen, durchstoßen
pierced rock Felstor n
piercement fold Durchspießungsfalte f, Diapirfalte f
~-type salt dome Durchspießungssalzdom m
piercing folds Durchspießungsfalten fpl
~ **klippe** Durchspießungsklippe f
Pierre Shale Pierre-Schiefer m *(Santon bis Maastricht, Nordamerika)*
piezoclase Piezoklase f, Druckspalte f
piezocrystallization Piezokristallisation f, Druckkristallisation f
piezoelectric piezoelektrisch
~ **crystal** piezoelektrischer Kristall m, Piezokristall m
~ **crystal plate** Piezokristallplatte f
~ **crystal unit** Piezokristalleinheit f
~ **quartz** piezoelektrischer Quarz m
piezoelectricity Piezoelektrizität f
piezomagnetic piezomagnetisch
piezometer Wasserstandsmesser m
piezometric piezometrisch
~ **contour** Äquipotentiallinie f
~ **ground-water surface** gespannter (artesischer) Grundwasserspiegel m
~ **head** piezometrische Druckhöhe f
~ **level** Druckspiegel m *(von Grundwasser)*
~ **map** Hydroisohypsenplan m
~ **surface** gespannter (artesischer) Grundwasserspiegel m
pig iron Roheisen n, Masseleisen n
~-iron production Roheisenerzeugung f
pigeon-blood ruby Taubenblutrubin m *(Edelsteinqualität)*
pigeonite Pigeonit m *(Pyroxenmineral)*
piggot corer Kernschußgerät n für Meeresbodenproben
pigotite Pigotit m, $Al_4[O_6|C_6H_5O_4] \cdot 13^{1}/_{2}H_2O$
pigtail Anschlußkabel n
pilbarite Pilbarit m *(Gemenge von Thorogummit und Kasolit)*
pile 1. Pfahl m, Rammpfahl m; 2. Haufwerk n
~-driving materials Haldenmaterial n
~ **dwellings** Pfahlbauten mpl
~ **foundations** Pfahlgründungen fpl
~-of-brick texture Ziegelstapelgefüge n *(bei Anhydrit)*
~ **of nappe** Deckenpaket n
piling 1. Haldenschüttung f, Haldenlagerung f; 2. Nagelung f *(eines Felsens)*
~-up of water Wasserstau m
pilite s. jamesonite
pillar 1. Pfeiler m; 2. Feste f, Bergfeste f
~ **exploitation** Pfeilerbau m
~ **of coal** Kohlenpfeiler m
~ **of ore** Erzpfeiler m
~ **sample** Säulenprobe f *(Probe aus dem Kohlenflöz als Profilsäule)*
~ **thickness** Pfeilerstärke f
~ **work** Pfeilerbau m
pillarlike säulenförmig
pillow lava Pillowlava f, Kissenlava f, Matratzenlava f

~ **stage** s. salt pillow stage
~ **structure** wollsackförmige Absonderung f, Kissenstruktur f
pillowy lava s. pillow lava
pilot bit Stufenmeißel m, Führungsmeißel m, Pilotmeißel m
~ **hole** Pilotbohrung f, Basisbohrung f, Vorbohrloch n
~ **run** Testmessung f
pilotaxitic texture pilotaxitische Struktur f
pimple stone s. pebble stone
pimpley Schieferton m mit Toneisensteinknollen
pin cracks 1. kleine Gebirgsspalten fpl; 2. Dehnungsschlechten fpl *(mit Wasser und Gas gefüllte Spalten in der Kohle)*
pinacoid Pinakoid n
~ **face** Endfläche f *(Kristall)*
pinacoidal plane Endfläche f *(Kristall)*
pinakiolite Pinakiolith m, $(Mg, Mn^{\cdot\cdot})_2Mn^{\cdot\cdot\cdot}[O_2|BO_3]$
pinch out/to ausgehen, auskeilen, sich erschöpfen, sich verdrücken
pinch Gangverdrückung f; Flözverdrückung f; Einschnürung f
~ **and swell structures** an- und abschwellende Strukturen fpl *(ähnlich der Boudinage, besonders bei Mineralgängen)*
~-out Verdrückung f
~-out trap durch Auskeilen einer porösen Schicht hervorgerufene Erdölfalle f
pinched[-out] verdrückt
pinching Einschnürung f, Einklemmung f, Verdrückung f
~-out Verdrückung f
pindy Brandschiefer m *(Cornwall)*
pine crystal Dendrit m
~-tree cloud Pinienwolke f *(Vulkanismus)*
pingo Aufeis n, Palsa f
~ **remnant** Toteisschmelzsee m, Kesselsee m
pingok s. pingo
pinite Pinit m *(glimmerartiges Mineral pseudomorph nach Cordierit)*
pinnacle Kuppenriff n, Felszinne f, Zinne f
pinnacles Zackenfirn m
pinnate gefiedert
~ **cleavage** fiedrig angeordnete Schieferung f *(z.B. in bezug auf eine Störung)*
~ **leaf** gefiedertes Blatt n
~ **shear joints** gefiederte Scherklüfte fpl
~ **tension joints** gefiederte Zugklüfte fpl
pinnoite Pinnoit m, $Mg[B_2O(OH)_6]$
pinnule Fiederchen n
pinolite Pinolith m *(Gemenge aus Magnesit- und Kalkschiefer, z.T. metamorph)*
pinpointing Lokalisieren n *(mit größter Genauigkeit)*
pintadoite Pintadoit m, $CaH[VO_4] \cdot 4H_2O$
pinwheel garnet rotierter Granat m
pioneer organisms Erstbesiedler mpl
~ **species** Pionierarten fpl
piotine s. saponite

pipe 1. Pfeife f, Schlot m, Vulkanschlot m, vulkanische Durchschlagsröhre f; 2. Schlotte f; 3. Rohr n (Bohrtechnik)
~ **amygdules** s. ~ vesicles
~ **carriage** Feldbahnwagen m, Rohrwagen m
~ **coupling** 1. Rohrverbindung f; 2. Gestängeverbinder m (Tiefbohrtechnik)
~ **cutter** Rohrschneider m
~ **filling** Schlotfüllung f
~-**laying barge** Barke f zum Verlegen von Rohrleitungen
~-**laying ship** Schiff n zum Verlegen von Rohrleitungen
~ **setback** Gestängezug m, Gestängetisch m
~ **spillway** Rohrüberlauf m (zur Wassermengenmessung)
~-**stabbing board** Aushängebühne f, Gestängebühne f (Tiefbohrung)
~ **vesicles** Blasenzüge mpl (in Vulkaniten)
~ **wrench** Rohrzange f
pipeclay Pfeifenton m, Steinzeugton m
piped oil rohes Erdöl n (nach dem Ablassen des mitgeförderten Wassers)
pipelike pfeifenartig
pipeline Pipeline f, Überlandrohrleitung f
pipelining Verlegen n von Überlandrohrleitungen
pipestone Catlinit m, indianischer Pfeifenstein m
piping hydraulischer Grundbruch m (innere Erosion)
piracy Anzapfung f, Enthauptung, Kappen n (eines Flusses im Oberlauf)
pirate stream durch Anzapfung entstandener Fluß m
pirssonite Pirssonit m, $Na_2Ca[CO_3]_2 \cdot 2H_2O$
pisanite Pisanit m, Kupfermelanterit m, $(Fe,Cu)[SO_4] \cdot 7H_2O$
piscine fischähnlich
piscis Fisch m
pisekite Pisekit m (U-, Ce-, usw. -Niobat und -Titanat)
pisiform erbsenförmig
~ **iron ore** Bohnerz n
~ **limestone** erbsenförmiger (oolitischer) Kalkstein m, Schalenkalk m, Erbsenstein m
pisolite Pisolithgestein n
pisolith Pisolith m, Schlammkügelchen n (aus vulkanischer Asche)
pisolitic pisolithhaltig, pisolithisch, erbsenförmig
~ **iron ore** s. pisiform iron ore
~ **limestone** s. pisiform limestone
~ **tuff** Pisolithtuff m
pisosparite pisolithischer Kalkstein m
pissasphalt Bergteer m, Pissasphalt m
pisselaeum Varietät von Bitumen
pistacite Epidot m, Pistazit m, $Ca_2(Fe,Al)Al_2[O|OH|SiO_4|Si_2O_7]$
piston corer Kolbenlot n
pit 1. Grube f, Schließmuskelgrube f (auf der Lateralfläche von Fossilschalen); 2. Kohlen-

schacht m, Grube f, Zeche f; 3. Kessel m, Kolk m; 4. Ausbruch m (z.B. bei Schliffen)
~-**and-mound structure** Trichter- und Kegelstruktur f, Sandkegel mpl (sedimentäre Struktur)
~ **and quarry industry** Steine- und Erdenindustrie f
~ **arch** Grubenausbau m
~ **bottom** Füllort n
~ **coal** Förderkohle f
~ **crater** Einbruchskrater m, Einsturzkrater m, Einsturzkessel m, Caldera f
~ **entrance** Stollenmundloch n
~ **gas** Grubengas n
~ **heap** Bergehalde f
~ **ponor** Schlotponor m
~ **wall** Schachtwand f
~ **water** Grubenwasser n
pitch 1. Neigung f, Einfall m, Einfallen n, Abtauchen n, Sprungwinkel m (z.B. von Gesteinsschichten); 2. Pech n, Teer m
~ **coke** Pechkoks m
~ **glance** Pechglanz m
~ **of fold axis** Abtauchen n einer Faltenachse
~ **ore** s. uraninite
~ **peat** Pechtorf m
pitchblende s. uraninite
pitcher brasses erhärteter Schieferton m
pitching geneigt
~ **axis** eintauchende Achse f (Falte)
~ **seam** geneigtes Flöz n
pitchlike pechartig
pitchstone Pechstein m
pitchy pechartig
~ **lustre** Pechglanz m
pith weiches Trum n (eines Ganges)
pitman Brunnengräber m
pittasphalt Malthait m, Mineralteer m
pitted löcherig
~ **morainal topography** kuppige Moränenlandschaft f
~ **outwash plain** Sanderebene f mit Toteislöchern (Söllen)
~ **pebbles** eingedrückte Gerölle npl
~ **surface** narbige Oberfläche f
~ **weathering** Lochverwitterung f, Narbenverwitterung f
pitticite Pitticit m, Arseneisensinter m, $Fe_{20}[(OH)_{24}|(AsO_4, PO_4, SO_4)_{13} \cdot 9H_2O$
pittinite Pittinit m (unreiner Gummit)
pivotability Pivotabilität f, Rollbereitschaft f (von klastischen Körnern)
pivotal axis Drehachse f
~ **fault** Drehverwerfung f
place/in autochthon, in situ
placer [deposit] Seife[nlagerstätte] f
~ **gold** Seifengold n, Waschgold n
~ **mineral** Seifenmineral n
~ **mining** Seifenabbau m
placoid plakoidschuppig
~ **scale** Plakoidschuppe f (bei Fischen)
plagioclase Plagioklas m (Feldspat, Mischkristall)

plagiogranite 268

mit den Endgliedern $Na[AlSi_3O_8]$ und $Ca[Al_2Si_2O_8]$)
plagiogranite Plagiogranit *m*
plagionite Plagionit *m*, $5PbS \cdot 4Sb_2S_3$
plain Ebene *f*, Flachland *n*
~ **of abrasion** Abrasionsfläche *f*
~ **of debris** Schuttebene *f*
~ **of degradation** Abtragungsebene *f*
~ **of denudation** Abrasionsfläche *f*
~ **of erosion** Abtragungsebene *f*, Erosionsebene *f*
~ **of marine abrasion,** ~ **of [sub]marine denudation** Brandungsterrasse *f*, Brandungsplatte *f*, Schorre *f*, marine Abrasionsfläche *f*
~ **shale** dickplattiger Ölschiefer *m*
~ **tract** Flußniederung *f (im Unterlauf)*
~**-type fold** *s.* bending fold
Plaisancian [Stage] *s.* Piacenzian
plan/in im Grundriß
~ **of mine** Grubenplan *m*
~ **of site** Lageplan *m*
~ **of the concession** Mutungsriß *m*
~**-parallel structure** Planparallelgefüge *n*, gleichförmige Lagerung *f*
planar cross-bedding gerade (gestreckte) Schrägschichtung *f*, Diagonalschichtung *f*
~ **cross stratification** ebenflächig begrenzte Schrägschichtung *f*
~ **flow structure** Fließebene *f (Magmatitgefüge)*
planate/to abhobeln *(Gletschererosion)*; einebnen, verebnen *(Gebirge durch Denudation)*
planation Abhobelung *f (Gletschererosion)*; Einebnung *f*, Verebnung *f (von Gebirgen durch Denudation)*
plancheite Plancheit *m*, $Cu_8[(OH)_2|Si_4O_{11}]_2 \cdot H_2O$
plane/to abhobeln; ebnen
~ **down** abhobeln
plane eben, flach
plane Ebene *f*, ebene Fläche *f*
~ **angle** flacher Winkel *f*
~**-centred lattice** flächenzentriertes Gitter *n*
~ **face** ebene Fläche *f*
~ **fault** glatte (ebene) Verwerfung *f*
~ **flow** ebene Strömung *f*
~ **lattice** Kristallnetzebene *f*
~ **light** einfaches (nicht polarisiertes) Licht *n*
~ **of a plane flow** Stromebene *f*
~ **of bedding** Schichtfläche *f*, Schichtebene *f*, Ablagerungsfläche *f*
~ **of break** Bruchfläche *f*, Bruchebene *f*
~ **of cleavage** Spalt[ungs]fläche *f*
~ **of denudation** Erosionsebene *f*
~ **of deposition** *s.* ~ of bedding
~ **of division** Teilungsfläche *f*, Absonderungsfläche *f*, Trennungsfläche *f*
~ **of emersion** Emersionsfläche *f*
~ **of erosion** Erosionsebene *f*
~ **of flattening** Plättungsebene *f*
~ **of foliation** Schieferungsebene *f*
~ **of fracture** Bruchfläche *f*, Bruchebene *f*
~ **of incidence** Einfallsebene *f*

~ **of isostatic compensation** isostatische Ausgleichsfläche *f*
~ **of lamination** Schichtebene *f*
~ **of motion** Bewegungsebene *f*
~ **of polarization** Polarisationsebene *f*
~ **of reflection** Reflexionsebene *f*
~ **of refraction** Brechungsebene *f*
~ **of rupture** Bruchfläche *f*, Bruchebene *f*
~ **of schistosity** Schieferungsebene *f*
~ **of separation** Trennungsfläche *f*; Löser *m*; Absonderungsfläche *f*
~ **of shear** Scher[ungs]fläche *f*
~ **of sliding** Rutschebene *f*
~ **of stratification** Schichtfläche *f*, Ablagerungsfläche *f*, Schicht[ungs]ebene *f*
~ **of stretching** Streckfläche *f (bei Intrusivkörpern)*
~ **of symmetry** Symmetrieebene *f*, Spiegelebene *f*
~ **of thrust** Schubfläche *f*
~**/on** senkrecht zur Kluftfläche
~ **polarization** lineare Polarisation *f*
~**-polarized** linear (eben) polarisiert
~**-polarized wave** planpolarisierte (linear polarisierte) Welle *f*
~ **schistosity** schieferige Textur *f*, ebene Schieferung *f*
~ **state of stress** ebener Spannungszustand *f*
~ **strain** ebene Deformation *f*
~ **table map (sheet)** Meßtischblatt *n*
~ **table survey** Meßtischaufnahme *f*
~ **table survey sheet** Meßtischblatt *n*
~ **table surveying** Meßtischaufnahme *f*
planed-down eingeebnet
planeness Ebenheit *f*
planet Planet *m*
planetary planetarisch, Planeten...
~ **nebula** planetarischer Nebel *m*
~ **rings** planetare Ringe *mpl*
~ **system** Planetensystem *n*
planetesimal Meteorstein *m*
planetoid Planetoid *m*, Asteroid *m*
planetology Planetologie *f*
planimeter Planimeter *n*, Flächen[inhalts]messer *m*
planimetering Planimetrierung *f*
planina Karsthochfläche *f*
planing-down Abhobelung *f*
plank gasabgebende Schicht *f*
plankter Planktonorganismus *m*
plankton Plankton *n*
planktonic planktonisch
~ **foraminifers** Planktonforaminiferen *fpl*
planned subsidence planmäßige Absenkung *f*
planoconformity Konformität *f* in Mächtigkeit und Lagerung *(von Schichten)*
planoferrite Planoferrit *m*, $Fe_2[(OH)_4|SO_4] \cdot 13H_2O$
planophyric lagenartig porphyrisch *(von Gefügen mit Anreicherung der Einsprenglinge in Fließebenen)*
planosol Boden *m* mit verhärtetem Untergrund

Plinian

plant/to Geophone aufstellen
plant 1. Pflanze f; 2. Werkanlage f
~ **assemblage** Pflanzengesellschaft f, Pflanzenassoziation f
~-**bearing deposit** Pflanzenablagerung f
~ **bullion** Dolomitknolle f im Kohlenflöz
~ **canopy** Pflanzendecke f, Blattbaldachin m, Laubstockwerk n (Fernerkundung)
~ **community** s. ~ assemblage
~ **cover[ing]** Pflanzendecke f
~ **deposit** Pflanzenablagerung f
~ **eater** Pflanzenfresser m
~-**eating** pflanzenfressend
~ **feeder** Pflanzenfresser m
~ **fossils** fossile Pflanzen fpl (Pflanzenreste mpl)
~ **impression** Pflanzenabdruck m
~ **kingdom** Pflanzenreich n
~ **remains** Pflanzenreste mpl
Plantae Pflanzenreich n
planting Bepflanzung f
plasma Plasma m (s.a. chalcedony)
plaster off/to verkleben
plaster conglomerate fossiles Steinpflaster n (auf einer Erosionsfläche)
~ **of Paris** gebrannter Gips m
~ **stone** Mergel m, Gips m
plastering-on Moränenzuwachs m (an der Gletscherbasis)
plastic plastisch, knetbar; bindig (Boden)
~ **clay** plastischer (knetbarer) Ton m, Bindeton m
~ **deformation** plastische Verformung f
~ **fire clay** feuerfester Bindeton m
~ **flow** plastisches Fließen n
~ **limit** Ausrollgrenze f, Rollgrenze f, obere Plastizitätsgrenze f
~ **strata** plastisches Gebirge n
~ **zone** plastische Zone f (Steinkohlenverkokung)
plasticity Plastizität f, Bildsamkeit f
~ **index** Plastizitätszahl f
~ **of soil** Bodenzähigkeit f
plasticizing plastifizierend
plasticlast Plastiklast m, Schlickgeröll n
plasto-elastic flow plastisch-elastisches Fließen n
plate bearing test Plattenbelastungsversuch m, Plattendruckversuch m
~ **diagram** Plattendiagramm n (Lageschema der Echinodermenplatten)
~ **juncture** Plattengrenze f
~ **load bearing test** s. ~ bearing test
~ **shale** Plattenschiefer m; harter Schieferton m
~-**shaped** plattig
~ **tectonics** Plattentektonik f
plateau Plateau n, Hochebene f, Hochfläche f, Tafelland n, Schollengebirge n
~ **basalt** Plateaubasalt m, Deckenbasalt m
~ **block mountains** Tafelschollengebirge n
~-**forming movement** Plateaubewegung f

~ **glacier** Plateaugletscher m
~ **of ice** Eisplateau n
~ **surface** Plateaufläche f
platey s. platy
platform 1. Plattform f, Tafel f (großtektonische Strukturform); 2. Meßbasis f, Beobachtungsbasis f
~ **basin** Tafelsenke f
~ **cover** Tafeldeckgebirge n
~ **element** Plattformelement n (Conodonten)
~ **on legs** schwimmendes Bohrgerüst n mit senkbaren Stützen
platina s. platinum
platinic s. platinous
platiniferous platinhaltig
platinoids Metalle npl der Platingruppe
platinous platinartig, platinführend
platinum Platin n, Pt
~ **wire** Platindraht m
plattnerite Plattnerit m, PbO_2
platy plattenförmig, plattig, bankförmig
~ **flow structure** Fließebene f (Magmatitgefüge)
~ **limestone** Plattenkalk m
~ **parting** plattenförmige Absonderung f
~ **structure** Laminargefüge n
platynite Platynit m, $Pb_4Bi_7Se_7S_4$
play out/to auskeilen
play Aufschlußgebiet n, Schürfgebiet n
playa (Am) 1. Playa f, Salztonebene f (flaches Evaporationsbecken der Wüste in Südkalifornien); 2. sandiger Strand m, Sandbank f (im Fluß)
~ **lake** Playa f mit gelegentlicher Wasserführung
playback Rückspielung f, Abspielung f (Seismik)
~ **centre** Rückspielzentrale f, Wiedergabezentrale f
plazolite Plazolith m, Hibschit m, Hydrogrossular m, $Ca_3Al_2[(Si, H_4)O_4]_3$
Pleiocene s. Pliocene
Pleistocene Pleistozän n, Diluvium n
~ **watercourse** Urstromtal n
pleochroic pleochroitisch
~ **halo** pleochroitischer Hof m
pleochroism Pleochroismus m, Mehrfarbigkeit f
pleomorphism Pleomorphie f, Kristallisation f in mehrfacher Form
pleomorphous s. polymorphous
pleonaste Pleonast m, Ceylonit m (schwarzer Spinell)
plesiomorphic plesiomorph, ancestral
plesiomorphy Plesiomorphie f
plessite Fülleisen n, Plessit m (in Meteoriten)
plicate/to biegen, falten
plicated gefältelt
plication Fältelung f, Runzelung f
Pliensbachian [Stage] Pliensbach[ium] n (Stufe des Lias)
Plinian activity Plinianische Auswurfsform f (Vulkanismus)

Pliocene

Pliocene [Epoch, Series] Pliozän n (Serie des Tertiärs)
pliohaline pliohalin
plombierite Plombierit m, $Ca_5H_2[Si_3O_9]_2 \cdot 6H_2O$
plot/to auftragen, aufzeichnen, eintragen (Meßdaten)
plot Profilschnitt m, Darstellung f als Profilschnitt (Seismik)
~ **lode** schwebender Gang m
~ **of a mine** Markscheiderriß m
plotted section Tiefenprofil n (Seismik)
plotter Plotter m; Zeichengerät n (an einer Datenverarbeitungsanlage)
plotting Auftragen n, Aufzeichnen n, Eintragen n (von Meßdaten)
~ **apparatus** Auswertungsgerät n
~ **from photographs** Bildauswertung f, Bildkartierung f
ploughshare pflugscharartige Ablationsform f
pluck/to abreißen (Gletscher)
~ **out** losreißen
plucking splitternde Gletschererosion f; Herausbrechen von Felspartien aus dem Anstehenden durch Gletschereis
plug/to verdämmen, verfüllen
plug Pfropfen m, Eruptionspfropfen m, Quellkuppe f
~ **container** Zementierkopf m
~ **flow** Kolbenblasenströmung f
plugging Abdichtung n (bestimmter Bohrlochbereiche)
~ **and abandonment of a well** Verfüllen n des Bohrlochs, Liquidierung f einer Bohrung
~**-back** Verstopfen n, Verfüllen n (Bohrung)
plum-pudding stone Puddingstein m (Konglomeratform)
plumb/to ausloten
plumb line Lot n, Schnurlot n
plumbagine s. plumbago
plumbaginous graphitartig, Graphit...
plumbago Graphit m, Naturgraphit m, Reißblei n
plumbeous bleifarbig, bleifarben, bleiig
plumbic aus Blei
~ **ochre** s. massicot
plumbiferous bleihaltig, bleiführend
plumbocalcite Plumbokalzit m (Mischkristall von Kalzit und Cerussit)
plumboferrite Plumboferrit m, $PbO \cdot 2Fe_2O_3$
plumbogummite Plumbogummit m, $PbAl_3H[(OH)_6|(PO_4)_2]$
plumbojarosite Plumbojarosit m, $PbFe_6[(OH)_6|(SO_4)_2]_2$
plumboniobite Plumboniobit m (Y-, U-, Pb-, Fe-Niobat)
plumbum Blei n, Pb
plumose federförmig, federartig
plumosite s. jamesonite
plunge Abtauchen n
~ **of a fold** Abtauchen n einer Falte
~ **of an ore body** Eintauchen n eines Erzkörpers

~ **pool** Strudelkessel m
plunging anticline Tauchfalte f
~ **axis** eintauchende Achse f
~ **cliff** untertauchendes Kliff n
~ **crown** abtauchende Faltenstirn f
~ **fold** Tauchfalte f
~ **nappe** Tauchdecke f
plus-minus stacking Subtraktionsstapelung f (Seismik)
plush copper ore s. chalcotrichite
~**-shaped twins** rechtwinklige Durchwachsungszwillinge mpl
plutology (Am) Teil der Geophysik, der sich mit der festen Erdkruste beschäftigt
pluton Pluton m (in der Tiefe erstarrter Gesteinskörper)
plutonian plutonisch (s.a. plutonic)
plutonic plutonisch, vulkanisch
~ **cupola** Kuppeldach n des Batholithen
~ **equivalents** gleichaltrige Tiefengesteine npl
~ **intrusion** plutonische Intrusion f
~ **ore deposit** plutonische Erzlagerstätte f
~ **rock** plutonisches Gestein n, Tiefengestein n, Plutonit m
~ **water** magmatisches Wasser n
plutonism Plutonismus m
plutonist Plutonist m
plutonite Plutonit m, Tiefengestein n, plutonisches Gestein n
pluvial pluvial, durch Regen entstehend
~ **erosion** Regenerosion f
~ **period** Pluvialperiode f, Regenperiode f
~ **phase** Pluvialzeit f, Regenzeit f
pluviograph Pluviograf m, Regenschreiber m
pluviometer Pluviometer n, Regenmesser m
pluviometry Regenmessung f
pluvious regnerisch, Regen...
ply (sl) Schieferzwischenmittel n
PMT s. photomultiplier tube
pneumatic bones pneumatische Knochen mpl (der Vögel)
~ **hammer drilling** Hammerschlagbohren n, pneumatisches Schlagbohren n
~ **level gauge** Druckluftpegel m
pneumatically placed concrete Spritzbeton m, Torkretbeton m
pneumatogene pneumatogen
~ **enclave** pneumatogener Einschluß m
pneumatogenetic pneumatogen
~ **inclusion** pneumatogener Einschluß m
pneumatogenic pneumatogen
pneumatolysis Pneumatolyse f
pneumatolytic pneumatolytisch
~ **alteration** pneumatolytische Umwandlung (Verdrängung) f
~ **dike** pneumatolytischer Gang m
~ **metamorphism** pneumatolytische Metamorphose f (Metasomatose)
~ **mineral** pneumatolitisches Mineral n
~ **process** Pneumatolyse f
~ **replacement deposit** pneumatolytische Verdrängungslagerstätte f
~ **stage** pneumatolytisches Stadium n

pneumatophore Pneumatophor *n*, Luftkammer *f*, Schwebeblase *f*; Luftwurzel *f*
pocket Nest *n*, Niere *f*, Tasche *f*, Druse *f*, Einschluß *m*
~ **of magma** Magmanest *n*
~ **of ore** Butze *f*, Butzen *m*, Putzen *m*, Erznest *n*, Erztasche *f*
~ **spring** Überfallquelle *f*, Überlaufquelle *f*
~ **storage** Wasserspeicherung *f* an der Oberfläche
pockety drusig, [nur] vereinzelt Erznester führend
pocosin *(Am)* Waldmoor *n*
pod Erzlineal *n*, Erzschmitze *f*; Gesteinsschmitze *f*
podolite *s.* dahllite
podsol *s.* podzol
podzol [soil] Podsolboden *m*, humider Boden *m*, Bleicherde *f*
podzolic podsolisch
~ **soil** podsoliger Boden *m*, Bleicherde *f*
podzolization Podsol[is]ierung *f*
podzolize/to podsol[is]ieren
podzolized loess loam podsol[is]ierter Lößlehm *m*
poechite Poechit *m* *(Mn-reiches Eisensiliziumgel)*
poecilitic *s.* poikilitic
poeciloblastic *s.* poikiloblastic
poikilitic 1. poikilitisch; 2. *als Texturbezeichnung für gefleckte Triassandsteine und -kalke*
~ **lustre** poikilitischer Glanz *m*
~ **texture** poikilitische Struktur *f*
poikiloblastic poikiloblastisch
~ **structure** Siebtextur *f*, poikiloblastisches Gefüge *n*
poikilohaline von variabler Salinität
point bar Ufersandbank *f*
~-**bar deposit** Sedimentbank *f* an der Innenseite einer Mäanderschleife
~ **counter** Pointcounter *m* *(Integriervorrichtung mit springender Präparatvorstellung)*
~ **diagram** Punktdiagramm *n*, nicht ausgezähltes Gefügediagramm *n*
~ **group** Raumgruppe *f*
~-**integrating sampler** Punktprobenehmer *m* *(von Wasser in Brunnen)*
~ **kriging** Punkt-Kriging *n*
~ **loading** Punktbelastung *f*
~ **of anchorage** Verankerungspunkt *m*
~ **of application** Angriffspunkt *m*
~ **of discovery** Fundpunkt *m*
~ **of emergence** Austrittsstelle *f*
~ **of impact** Aufschlagspunkt *m* *(eines Meteors)*
~ **of inflection** Knickpunkt *m*
~ **of intersection** Schnittpunkt *m*, Scharung *f*
~ **of issue** Ausflußstelle *f*
~ **of penetration** Durchstoßpunkt *m*
~ **of withdrawal** Entnahmestelle *f*
~ **plotting** punktweise Auftragung *f*, Auswertung *f* Spur für Spur

~ **sample** Punktprobe *f*
~ **spread function** Punktspreizfunktion *f*
pointed auger Spitzbohrer *m*
~ **twist auger** Spiralbohrer *m*
pointer eyepiece Zeigerokular *n*
poised state ausgeglichener Zustand *m* *(eines Flusses ohne Erosion und Sedimentation)*
Poisson's ratio Poissonsche Zahl *f*, Querdehnungsziffer *f*
poker chips Blätterschiefer *m*, dünnblättriger Schieferton *m*
polar polar, Polar...
~ **air** Polarluft *f*, arktische Kaltluft *f*
~ **aurora** Polarlicht *n*
~ **cap** Polarkappe *f*
~ **circle** Polarkreis *m*
~ **climate** Polarklima *n*, polares Klima *n*
~ **distance** Poldistanz *f*, Polabstand *m*
~ **drift** Polwanderung *f*
~ **eddy** Polarwirbel *m*
~ **flattening** Abplattung *f* an den Polen
~ **fringe** Saum *m* der Polarkappe
~ **ice cap** Polareiskappe *f*
~ **light** Polarlicht *n*
~ **orbit** polare Umlaufbahn *f*
~-**orbiting satellite** polumkreisender Satellit *m*
~ **plot** Polardiagramm *n*
~ **point** Polfigur *f* *(Kristallprojektion)*
~ **sea** Eismeer *n*
~ **wandering** Polwanderung *f*
polarity Polarität *f*
polarization Polarisation *f*
~ **microscope** Polarisationsmikroskop *n*
~ **plane** Polarisationsebene *f*
polarize/to polarisieren
polarized light polarisiertes Licht *n*
polarizer Polarisator *m*
polarizing angle Polarisationswinkel *m*
~ **microscope** Polarisationsmikroskop *n*
polarography Polarografie *f*
polder Polder *m*, Koog *m*, eingedeichtes Marschland *n*
pole Pol *m*
~-**fleeing force** Polfluchtkraft *f*
~ **of cold** Kältepol *m*
~ **of inertia** Trägheitspol *m*
~ **of magnetic verticality** magnetischer Pol *m*
~ **of rotation** Rotationspol *m*
~ **of the face** Flächenpol *m*
~ **of the heavens** Himmelspol *m*
polestar Polarstern *m*
poleward[s] polwärts
polhody Polbahn *f*
polianite Polianit *m* *(idiomorpher Pyrolusit)*
polish/to abschleifen, polieren
polish Politur *f*, Glanz *m*
~-**grinding** Schleifpolieren *n*
polished boulders geschliffene Geschiebe *npl*
~ **section** [polierter] Anschliff *m*
~ **surface** polierte Fläche *f*, Harnisch *m*, Spiegel *m*, Schleiffläche *f*
polishing Polierung *f*, Abschleifung *f*

polishing 272

~ **powder** Poliermittel n, Schleifpulver n
~ **scratch** Polierkratzer m
~ **shadows** Polierschatten mpl
~ **slate** Polierschiefer m
~ **wheel** Polierscheibe f
pollen Pollen m
~ **analysis** Pollenanalyse f
~ **grain** Pollenkorn n
~ **profile** Pollenprofil n
~ **statistics** Pollenanalyse f
pollenite Pollenit m *(Nephelinphonolith)*
pollucite Pollucit m, $(Cs, Na)[AlSi_2O_6] \cdot H_2O$
pollutant Schadstoff m, Schmutzstoff m
pollution Verunreinigung f; Verschmutzung f, Kontamination f *(von Grundwasser)*
~ **abatement** Gewässerschutz m
~ **control** Kontaminationsschutz m
~ **of the air** Luftverunreinigung f
~ **of the environment** Umweltverschmutzung f
polybasite Polybasit m, $8(Ag,Cu)_2S \cdot Sb_2S_3$
polychroic s. pleochroic
polychromatic vielfarbig, mehrfarbig
polychromatism Vielfarbigkeit f, Mehrfarbigkeit f
polycrase Polykras m, $(Y, Ce, Ca, U, Th)(Ti, Nb, Ta)_2(O, OH)_6$
polycrystal Vielkristall m
polycyclic valley mehrzyklisches Tal n
polydactyl vielfingerig
polydymite Polydymit m, Ni_3S_4
polye s. uvala
polyfacetted pebble Vielkanter m
polygenetic polygenetisch
polygenous polygen, heterogen in der Zusammensetzung
polygeosyncline Polygeosynklinale f
polygonal ground (markings, soil) Polygonboden m, Karreeboden m, Strukturboden m, Steinnetzwerk n
polygonization Polygonisation f
polyhalite Polyhalit m, $K_2Ca_2Mg[SO_4]_4 \cdot 2H_2O$
polyhedral, polyhedric polyedrisch, vielflächig, vielseitig
~ **parting** polyedrische Absonderung f
polyhedron Polyeder n, Vielflächner m
polylayer water labil gebundenes Porenwasser n
polymerization Polymerisation f
polymerize/to polymerisieren
polymetamorphic polymetamorph
polymetamorphism Polymetamorphose f
polymignite Polymignit m, $(Ce, La, Y, Th, Mn, Ca)[(Ti, Zr, Nb, Ta)_2O_6]$
polymorph [polymorphe] Modifikation f
polymorphic polymorph, vielgestaltig
~ **modification** [polymorphe] Modifikation f
~ **transition** polymorphe Umwandlung f, Phasenumwandlung f *(mit zunehmender Tiefe)*
polymorphism Polymorphie f, Polymorphismus m
polymorphous polymorph, vielgestaltig
~ **inversion** polymorphe Umwandlung f

polymorphy Polymorphie f, Polymorphismus m
polynary system Vielstoffsystem n
polynomial trend Polynomtrend m, Trendpolynom n
polysynthetic twinning Wiederholungszwillingsbildung f, polysynthetische Zwillingsbildung f, Vielling m
polzenite Polzenit m *(Melilithbasalt)*
pond/to abdämmen
~ **back** aufstauen
pond Teich m, Weiher m
ponded ground water Staugrundwasser n
~ **lake** Stausee m
~ **water** Stauwasser n; stehendes Gewässer n
ponderous spar s. baryte
ponding Stauung f *(von Wasser)*; natürliche Seebildung f innerhalb eines Wasserlaufs
pondlet kleiner, natürlich gebildeter See m
ponor Ponor m, Schluckloch n
Pontian [Stage] Pontien n, Pontium n *(Stufe des Miozäns)*
pontic s. euxinic
ponzite Ponzit m *(Varietät von Trachyt)*
pool 1. Tümpel m, Teich m; 2. Lager n *(Erdöl, Erdgas)*; 3. Nest n, Fleck m, Kornaggregat n *(von Mineralen im Dünnschliff)*
poor cleavage schlechte Spaltbarkeit f
~ **in colloids** kolloidarm
~ **in fossils** fossilarm
~ **lode** tauber Gang m
~ **ore** Pocherz n
poorly bedded schlecht geschichtet
~ **developed fauna** Kümmerfauna f
~ **graded** gut sortiert *(eine Korngrößenklasse vorherrschend)*
~ **stratified** kaum geschichtet
pop shot Knappschuß m
popping Bergschlag m, Gebirgsschlagablösen n
~ **rock** Steinschlag m, Gebirgsschlag m, knallendes Gebirge n
population 1. Population f *(paläontologisch)*; 2. Grundgesamtheit f *(statistisch)*
~ **dynamics** Populationsdynamik f
porcelain clay (earth) Porzellanerde f, Kaolin m
~ **jasper** Porzellanjaspis m *(natürlich gefritteter Ton)*
~-**like** porzellanartig
porcelainite Tonbrandgestein n
porcellaneous layer Porzellanschicht f, Ostracum n *(mittlere Schalenschicht der Mollusken)*
porcellanite Porzellanit m, Porzellanspat m
pore Pore f
~ **air** Porenluft f
~ **angle water** Porenwinkelwasser n
~ **aquifer** Porengrundwasserleiter m
~ **canals** Porenkanäle mpl
~ **content** Poreninhalt m
~ **continuity** Porenkontinuität f

~ cross section Porenquerschnitt m
~ entry radius Poreneintrittsradius m
~ filling Porenfüllung f
~ form Porenform f
~ liquid Porenflüssigkeit f
~ liquid pressure Porenflüssigkeitsdruck m
~ pressure Poren[wasser]druck m
~ pressure dissipation Poren[wasser]druckabnahme f
~ size Porengröße f
~ size distribution Porengrößenverteilung f
~ space Porenraum m, Porenvolumen n
~ tortuosity Tortuosität f der Porenkanäle
~ volume Porenvolumen n, Porenraum m
~ water Porenwasser n
~-water drainage (expulsion) Porenwasserabgabe f
~-water head Porenwasserdruckhöhe f
~-water loss Porenwasserabgabe f
~-water pressure Porenwasserdruck m
poriness s. porosity
porosity Porosität f, Porigkeit f, Porengehalt m
~ distribution Porenraumverteilung f
~ log Porositätslog n
~ trap Porositätsfalle f
porous porös, durchlässig
~ haematite Eisenrahm m
~ medium poröser Stoff m
~ pot unpolarisierbare Elektrode f
~ rock poröses Gestein n
porousness s. porosity
porpezite Porpezit m, natürliche Gold-Palladium-Legierung f
porphyraceous porphyrhaltig
porphyrite Porphyrit m
~ tuff Porphyrittuff m
porphyritic porphyrisch
~ texture porphyrische Struktur f
porphyroblast Porphyroblast m
porphyroblastic porphyroblastisch
~ texture porphyroblastische Struktur f
porphyroid Porphyroid n
porphyry Porphyr m
~ copper ore Porphyrkupfererz n
~ dike Porphyrgang m
~ ores Imprägnationserze npl in porphyrischen Gesteinen
portable drilling rig tragbare Bohranlage f
portal Stollenmundloch n
Portlandian [Stage] Portland n (Stufe des oberen Malms, Südengland)
portlandite Portlandit m, Ca(OH)$_2$
position finding Ortsbestimmung f
~-reference-system Positionierungssystem n
positioning Ortsbestimmung f
positive crystal optisch positiver Kristall m
~ ore vollständig ausgeblocktes Erz n
~ reserves nachgewiesene Vorräte mpl
~ segment in Hebung begriffener Krustenabschnitt m
~ shore line Hebungsküste f

positively charged positiv geladen
possible reserves mögliche Vorräte mpl
possuolana s. pozzuolana
post failure behaviour Verhalten n eines Gesteins nach dem Bruch
postcrystalline deformation postkristalline Deformation f
postdepositional movement postsedimentäre Bewegung f
posterior margin Schloßrand m, Hinterrand m (Fossilschalen)
~ muscular impression hinterer Schließmuskeleindruck m
postglacial postglazial, nacheiszeitlich
~ time[s] Nacheiszeit f
posthole geologische Schürfbohrung (Strukturbohrung) f
posthumous postum
~ fold postume Falte f
~ folding postume Faltung f, Nachfaltung f
~ movement postume (nachträgliche) Bewegung f
postkinematic s. posttectonic
postlithification Postdiagenese f
postmature überreif
postorogenic nachorogen, postorogen
~ granite postorogener Granit m
postprocessing Nachbearbeitung f
posttectonic posttektonisch
postvolcanic postvulkanisch
pot/to vorkesseln
pot 1. [kegelförmige] Gesteinsablösung f, Sargdeckel m; 2. (sl) Detektor m (Geophysik)
~ growan (sl) zersetzter (verkrusteter) Granit m
~ lead s. graphite
~ stone unreines Talkgestein n
potable water Trinkwasser n
potamic transport Transport m durch Flußströmung (Meeresströmung)
potamoclastics potamoklastische (fluvioklastische) Gesteine npl
potamogenic potamogen
potamology Potamologie f, Flußkunde f
potarite Potarit m, PdHg
potash 1. Kaliumkarbonat n, K$_2$CO$_3$; 2. Kaliumoxid n, K$_2$O
~ alum Kalialaun m, KAl[SO$_4$]$_2 \cdot$12H$_2$O
~ feldspar Kalifeldspat m, KAlSi$_3$O$_8$
~ fertilizer (Am) Kalidüngesalz n
~ kettles Depressionen fpl der Moränenmorphologie
~-magnesia salt Kalimagnesiasalz n
~ manure Kalidüngesalz n
~ mica Kaliglimmer m, Muskowit m
~ mine Kaligrube f
~ salt Kalisalz n
potassic kalihaltig
potassium Kali[um] n, K
~ bentonite Metabentonit m (Ton vom Illittyp)
~ salt Kalisalz n
potato stone Geode f

potential

potential Potential *n*
- **difference** Druckdifferenz *f (Wasser)*
- **electrode** Sonde *f (Geoelektrik)*
- **evapotranspiration** potentielle Verdunstung *f*
- **fissuration** latente Klüftung *f*
- **flow** Potentialströmung *f*
- **for ground-water movement** Strömungspotential *n*
- **gradient** Potentialgradient *m*, Potentialgefälle *n*
- **infiltration rate** potentielle Infiltrationsrate *f*
- **production** mögliche Förderung *f (Schätzung der abbauwürdigen Vorräte)*
- **rate of evaporation** Verdunstungsvermögen *n*

potentiometry Potentiometrie *f*
pothole 1. Strudelloch *n*, Brandungstopf *m*, Strudelkessel *m*; Wirbelkolk *m*, Auskolkung *f*; Gletschermühle *f*, Gletschertopf *m*; 2. [kegelförmige] Gesteinsablösung *f*, Sargdeckel *m*
- **excavation** Ausstrudelung *f*, Auskolkung *f*

potholed mit Gletschertöpfen versehen .
potlid jurassische Konkretion *f*
Potomac Group Potomac-Gruppe *f (Unterkreide, Nordamerika, Atlantikküste)*
pots and kettles Depressionen *fpl* der Moränenmorphologie
Potsdam system Potsdamer Schweresystem *n* (Schwerewert *m*)
Potsdamian *s.* Croixean
potter's clay (earth) Töpferton *m*, Backsteinton *m*, Ziegelton *m*, Töpfererde *f*
Pottsvillian [Stage] Stufe des Pennsylvaniens
pouch Ventraltasche *f (Paläontologie)*
pouched mammal Beuteltier *n*, Marsupialier *m*
poudrin feine feste Schneekristalle *mpl*
Poulter method *s.* air shooting
pound-day concept *(Am)* Druck-Zeit-Regime *n (Aquifergasspeicher)*
pounding of the waves Wellenschlag *m*, Wogenprall *m*
pour down/to herunterströmen
- **in** hineinströmen
- **out** ausfließen *(z.B. Lava)*

pour point Stockpunkt *m (bei Öl)*
powder Sprengstoff *m*, Sprengpulver *n*
- **method of analysis** Pulvermethode *f*, Debye-Scherrer-Methode *f*
- **ore** eingesprengtes Erz *n*
- **pattern** Pulverdiagramm *n*, Debye-Scherrer-Diagramm *n*
- **snow** Pulverschnee *m*

powdered brown coal Braunkohlenstaub *m*
powdery pulverartig, pulverig, staubartig
- **avalanche** Staublawine *f*
- **snow** Pulverschnee *m*

powellite Powellit *m*, Ca[MoO₄]
power of coiling up, ~ of enrollment Einrollungsvermögen *n (Paläontologie)*

- **response function** Antwortfunktion eines Punktobjekts auf ein Radarsignal; *s.* point spread function
- **slip** Abfangkeil *m*
- **spectrum** Energiespektrum *n*, Leistungsspektrum *n (Seismik)*
- **swivel** angetriebener Spülkopf *m*, Kraftdrehkopf *m (Tiefbohrung)*
- **tongs** Gestängeschraubvorrichtung *f*, Rohrschraubvorrichtung *f*

powerful rig schwere Bohranlage *f*
- **thrust** Fernüberschiebung *f*

pozzuolana Puzzolanerde *f*, Bröckeltuff *m*, Leuzittuff *m*
pozzuolanic puzzolanartig, puzzolanhaltig
ppb = part per billion
practical porosity Nutzporosität *f*
practice of dressing and preparation Aufbereitungstechnik *f*
Pragian [Stage] Prag *n*, Prag-Stufe *f (Stufe des Unterdevons)*
prairie Prärie *f*, Grasebene *f*, Grasland *n*, Grassteppe *f*
- **mound** wurtähnlicher Hügel *m* mit zentraler Depression
- **soil** Prärieboden *m*
- **~-timber zone** Waldsteppenzone *f*

Prandtl body Prandtlscher Körper *m*
prase Prasem *m (Varietät von Quarz mit Strahlstein, s.a.* chalcedony)
prasinite Prasinit *m*
Pre-planorbe Beds Prä-planorbis-Schichten *fpl (tiefster Lias)*
preadaptation Präadaptation *f*
Prealps Voralpen *pl*
preboring Vorbohrung *f*
preboulder clay voreiszeitlicher Lehm *m*
preburial stage Stadium *n* ohne Sedimentbedeckung
Precambrian präkambrisch
Precambrian Präkambrium *n*, Archäozoikum *n*, Kryptozoikum *n*
- **basement** präkambrisches Grundgebirge *n*
- **glaciation** präkambrische Vereisung *f*
- **shield** präkambrischer Schild *m*
- **System** Präkambrium *n*

precession Präzession *f*
precious kostbar, edel
- **metal** Edelmetall *n*
- **opal** Edelopal *m*
- **stone** Edelstein *m*

precipice Steilabfall *m*, Absturz *m*, Steilabbruch *m*, Abgrund *m*, Gehänge *n*
precipitant Ausfällmittel *n*
precipitate/to niederschlagen, ausfällen
precipitate Niederschlag *m*, Ausfällung *f*
precipitated chalk Schlämmkreide *f*
- **deposit** Ausscheidungslagerstätte *f*
- **sedimentary rock** Ausscheidungssedimentit *m*

precipitating action fällende Wirkung *f*
precipitation 1. Ausfällung *f*, Fällung *f*, Nieder-

schlag *m*, Ausscheidung *f*; 2. [atmosphärischer] Niederschlag *m*
~-evaporation ratio Niederschlags-Verdunstungs-Verhältnis *n*
~ excess Niederschlagsüberschuß *m (fließt direkt oberirdisch ab)*
~ frequency Niederschlagshäufigkeit *f*
~ gauge Niederschlagsmesser *m*
precipitous steil, abschüssig, jäh, schroff
~ cliff Steilwand *f*
~ coast Steilküste *f*
~ drop in temperature Temperatursturz *m*
~ wall Steilwand *f*
precipitousness Steilheit *f*
precise levelling Feinnivellement *n*
precision levelling Feinnivellement *n*
~ measurement Feinmessung *f*
~ of reading Ablesegenauigkeit *f*
preclassification Vorklassierung *f*
preconsolidation deformation sedimentärdiagenetisches Gefüge *n*
precrystalline deformation präkristalline Deformation *f*
precursor 1. Vorläufer *m (Paläontologie)*; 2. *s.* earthquake precursor
predatory fish Raubfisch *m*
predazzite Predazzit *m (Marmor mit Brucit)*
prediction filter Vorhersagefilter *n*
predictivity test Prognosetest *m*
predominate/to vorherrschen
predrill/to vorbohren
predrilled hole Vorbohrung *f*
predrilling Vorbohren *n*
preemphasis Hervorhebung *f* von Frequenzen vor der Bearbeitung *(Seismik)*
preexist/to präexistieren, vorher vorhanden sein
preexisting präexistierend, vorher vorhanden
prefeasibility study vorläufige Durchführbarkeitsstudie (Projektstudie) *f (z.B. für den Aufschluß einer Lagerstätte)*
preferred orientation Vorzugsorientierung *f*, bevorzugte Ausrichtung *f*
preglacial präglazial, vor der Eiszeit
~ period Voreiszeit *f*
prehistoric prähistorisch
~ man Urmensch *m*
~ period vorgeschichtliches Zeitalter *n*
prehistory Vorgeschichte *f*
prehnite Prehnit *m*, $Ca_2Al_2[(OH)_2|Si_3O_{10}]$
preliminary comminution Vorzerkleinerung *f*
~ dewatering of underground mine Grubenvorfeldentwässerung *f*
~ drilling Vorbohren *n*
~ grinding Vorschliff *m*
~ pumping test Probepumpversuch *m*
~ shock *s.* ~ tremor
~ stage Vorphase *f*
~ survey Vorvermessung *f*
~ trembling *s.* ~ tremor
~ tremor Vorbeben *n*, Vorläufer *m*, Vorphase *f (Seismik)*

preloading Vorbelastung *f*
PREMODE = Preliminary Mid-Ocean Dynamics Experiment
premolar vorderer Backenzahn *m*
premonitory events Vorzeichen *npl*
~ shock *s.* preliminary tremor
preorogenic vororogen
prepalaeozoic präpaläozoisch
preparation 1. Aufbereitung *f*; 2. Präparat *n*
~ of ore Erzaufbereitung *f*
~ of samples Probenvorbereitung *f*
~ plant Aufbereitungsanlage *f*
preparatory phase vorbereitende Phase *f*
prepare ores/to Erze aufbereiten
prepared chalk Schlämmkreide *f*
preperforated liner präperforierter Liner *m (Tiefbohrung)*
~ section präperforierte Rohrtour *f (Tiefbohrung)*
preplot Planung *f* der Schußbohrungen *(Seismik)*
preponderance of soda rocks Natronvormacht *f (in Magmatiten)*
prerecent form Vorzeitform *f*
presaliniferous beds präsalinare Schichten *fpl*
present-time form Jetztzeitform *f*
preserval, preservation Erhaltung *f (von Fossilien)*
preserved erhalten *(Fossil)*
preset gain control Programmregelung *f (Seismik)*
presolved bed Schicht *f* mit Drucklösungserscheinungen
~ quartzite porenfreier Druckquarzit *m*
pressure Druck *m*
~ acting in all directions allseitiger Druck *m*
~ acting upon the stowed goaf Versatzdruck *m*
~ balance Druckausgleich *m (bei Erdöl- und Gasförderung)*
~ behaviour Druckentwicklung *f*
~ bomb Druckbombe *f*, Bodendruckmeßgerät *m*
~ build-up Druckaufbau *m (bei Erdöl- und Gasförderung)*
~ build-up curve Druckaufbaukurve *f*
~ bulb Druckzwiebel *f*
~ burst Gebirgsschlag *m*
~ capsule (cell) Druckmeßdose *f*
~ change Druckänderung *f*
~ chart barometrische Karte *f*
~ conditions Druckbedingungen *fpl*
~ curve Druckverlauf *m*
~ decline Druckabfall *m*
~ detector Hydrophon *n (Seismik)*
~ determination by acoustic (ultrasonic) means Drucksondierung *f (akustische Druckbestimmung)*
~ difference Druckdifferenz *f*
~ distribution Druckverteilung *f*
~ drilling Bohren *n* unter Druck
~ drive Gastrieb *m (Erdölförderung)*

pressure

- ~ drop Druckabfall *m*, Druckverlust *m*
- ~ drop curve Druckabfallkurve *f*
- ~ drop in circulation system Druckverlust *m* im Spülungssystem
- ~ effect Druckwirkung *f*
- ~ field Druckfeld *n*
- ~ flow Druckströmung *f*
- ~ fringes Streckungshöfe *mpl*
- ~ function Druckfunktion *f*
- ~ gauge Druckmesser *m*
- ~ gradient Druckgefälle *n*
- ~ head Druckhöhe *f*, Förderhöhe *f*
- ~ instrument Druckmeßgerät *n*
- ~ level Druckniveau *n*
- ~ level-off Druckstabilisierung *f (bei Erdöl- und Gasförderung)*
- ~ log Druckprofil *n*
- ~ maintenance Druckerhaltung *f (bei Erdöl- und Gasförderung)*
- ~ measurement Druckmessung *f*
- ~ metamorphism Pressungsmetamorphose *f*, Druckmetamorphose *f*, Belastungsmetamorphose *f*
- ~ observation well Druckbeobachtungssonde *f*
- ~ of mountain mass Gebirgsdruck *m*
- ~ of overlying strata Überlagerungsdruck *m*
- ~ of the overburden Belastungsdruck *m*
- ~ on [a]butment Kämpferdruck *m*
- ~ partings Drucklagen *fpl (in Kohle)*
- ~ peak Druckspitze *f*
- ~ potential potentielle Druckhöhe *f*, Druckpotential *n*
- ~-production history *(Am)* Abbaugeschichte *f*
- ~ release Druckentlastung *f*
- ~ replacement Druckwiederaufbau *m*
- ~ resistance Druckfestigkeit *f (eines Gesteins)*
- ~ restoration Druckaufbauverfahren *n (bei Erdöl- und Gasförderung)*
- ~-solution phenomena Drucklösungserscheinungen *fpl*
- ~ surge Druckwelle *f*
- ~ survey Drucküberwachung *f*
- ~ trace loop *(Am)* Druckspielcharakteristik *f*
- ~ transient Druckänderung *f*
- ~ tunnel Betriebswasserstollen *m*, Druckwasserstollen *m*
- ~ twinning Druckzwilling *m*
- ~ wave *s.* longitudinal wave
- ~ well Einpreßsonde *f*

prestraining Vorspannung *f (Felsanker)*
prestressing Vorspannung *f*
presuppression Anfangsdämpfung *f (Seismik)*
pretreatment Vorbehandlung *f*
prevailing wind vorherrschender Wind *m*
preventer Preventer *m*, Absperrschieber *m*
previously bored (drilled) vorgebohrt
~ drilled hole Vorbohrung *f*
PRF *s.* power response function
Priabonian [Stage] Priabon[ium] *n (Stufe des Eozäns)*
prian *(sl)* weicher weißer Ton *m*

priceite Priceit *m*, $Ca_5[B_4O_5(OH)_5]_3 \cdot H_2O$
pride reiches Erzvorkommen *n*
~ of the country Reicherzkörper *m* in Oberflächennähe *(Cornwall)*
priderite Priderit *m*, $(K, Ba)[(Ti, Fe)_8O_{16}]$
prill Metallstück *n (kleines Stück gediegenes Metall)*
primacord Sprengschnur *f*
primal jungle Urwaldsumpf *m*
primary back Primärrücken *m (tektonisch)*; unveränderter Rücken *m (einer Decke)*
- ~ crack Primärriß *m*
- ~ crystallization primäre Kristallisation *f*, Primärkristallisation *f*
- ~ dip synsedimentäres Schichtfallen *n*
- ~ downward changes primäre Tiefenunterschiede *mpl*
- ~ drilling Vorbohrung *f*
- ~ exploitation Erstgewinnung *f*
- ~ fabric Primärgefüge *n*
- ~ flat joint *s.* L-joint
- ~ geosyncline Orthogeosynklinale *f*
- ~ halo primärer Dispersionshof *m (bei der Mineralisation festgelegt)*
- ~ impact primärer Einschlag *m (Meteorit)*
- ~ industry Rohstoff verarbeitende Industrie *f*
- ~ migration Primärmigration *f (der Kohlenwasserstoffe vom Muttergestein zum Speicher)*
- ~ mountains Urgebirge *n*
- ~ nappe Stammdecke *f*
- ~ order of branches Primäräste *mpl*
- ~ ore primäres (aszendentes) Erz *n*
- ~ raw material Primärrohstoff *m (Bergbauproduktion)*
- ~ recovery Primärförderung *f*
- ~ reflection Primärreflexion *f (Seismik)*
- ~ rock unverwittertes Gestein *n*
- ~ soil Primärboden *m*, Ortsboden *m*
- ~ stratification horizontale Parallelschichtung *f*
- ~ wave erster Vorläufer *m*, primäre Welle *f (Seismik)*

prime meridian Nullmeridian *m*
primeval urzeitlich
- ~ forest Urwald *m*
- ~ landscape Urlandschaft *f*
- ~ ocean Urmeer *n*
- ~ world Urwelt *f*

priming Gezeitenverfrühung *f*
primitive atmosphere Uratmosphäre *f*
- ~ magma ursprüngliches (juveniles, nicht differenziertes) Magma *n*
- ~ man Urmensch *m*
- ~ water juveniles Wasser *n*

primordial ursprünglich, uranfänglich
- ~ atmosphere Uratmosphäre *f*
- ~ hydrosphere Urhydrosphäre *f*
- ~ life Urleben *n*
- ~ ocean Urmeer *n*
- ~ radioisotope Primärradioisotop *n*

principal axis Hauptachse *f*
- ~ component analysis Hauptkomponentenanalyse *f*

~ **component transformation** Hauptachsentransformation f
~ **joint** Hauptspalte f
~ **load case** Hauptlastfall m
~ **normal stress** Hauptnormalspannung f
~ **plane** Hauptebene f
~ **planet** Hauptplanet m
~ **point** Bildmittelpunkt m
~ **section** Hauptschnitt m, Hauptzone f *(eines Minerals)*
~ **strain** Hauptdehnung f
~ **stress** Hauptspannung f
~ **stress difference** Hauptspannungsdifferenz f
~**-tectonic** s. syntectonic
principle of actualism Aktualitätsprinzip n
~ **of superimposition** Überlagerungsprinzip n
print Abdruck m
priorite s. blomstrandine
prism Prisma n
~ **face** Prismenfläche f
prismatic[al] prismatisch, prismenförmig, säulenartig
~ **colours** Beugungsfarben fpl
~ **jointing** Griffelstruktur f, prismatische Absonderung f
~ **spectrum** Brechungsspektrum n
~ **system** rhombisches System n
prismoidal prismaähnlich
prjevalskite Prjevalskit m, Pb[UO₂|PO₄]₂·4H₂O
probability paper Wahrscheinlichkeitspapier n, Wahrscheinlichkeitsnetz n
probable extent of the deposit mutmaßliche Erstreckung f der Lagerstätte
~ **ore** wahrscheinlich vorhandenes Erz n
~ **reserve** vermutliche (mutmaßliche) Reserve f
probe Sonde f, Meßkopf m, Meßsonde f
~ **technique** Sondentechnik f
probertite Probertit m, NaCa[B₅O₆(OH)₆]·2H₂O
probing of a bore Sondierungsbohrung f
problematical fossil Problematikum n, zweifelhaftes Fossil n
procedure of evolution Entwicklungsgang m
proceeding glacier vorrückender Gletscher m
process of alluviation Verlandung f
~ **of alteration** Umbildungsvorgang m
~ **of decay** Verwitterungsprozeß m
~ **of filling-up** Verlandungsprozeß m
~ **of flow** Strömungsvorgang m
~ **of rotting** Vermoderungsprozeß m
~ **of silting-up** Verschlammungsprozeß m
~ **of subsidence** Senkungsvorgang m
~ **of weathering** Verwitterungsprozeß m
~ **water** Brauchwasser n, Nutzwasser n, Gebrauchswasser n
processed gas entbenziniertes Gas n
~ **mineral** verarbeiteter mineralischer Rohstoff m
processing Aufbereitung f
prochlorite Prochlorit m, Rhipidolith m *(Fe-, Mg-Chlorit)*
Proctor compaction test Verdichtungsversuch m nach Proctor

procuring of water Wassergewinnung f
prod cast Stechmarke f, Stoßmarke f, Stoßeindruck m
prodelta Grundablagerungen fpl vor dem Delta
~ **slope** Deltaabhang m
produce/to fördern, produzieren
producer Förderbohrung f
producing formation erdölliefernde Formation f
~ **gas-oil ratio** Gas-Öl-Förderverhältnis n
~ **horizon** produzierender Horizont m *(Erdöl, Gas)*
~ **interval** produzierender Teufenabschnitt m *(Erdöl- und Gasförderung)*
~ **oil field** produktives Erdölfeld n
~ **rate** Förderrate f
~ **rock** produktiver Träger m
~ **well** Förderbohrung f, fördernde Bohrung f, Produktionssonde f, Fördersonde f
product of combustion Verbrennungsprodukt n
~ **of decay** Verwitterungsprodukt n
~ **of decomposition** Zersetzungsprodukt n
~ **of destruction** Zerstörungsprodukt n
~ **of volcanic ejection** Auswurfprodukt n
~ **of weathering** Verwitterungsprodukt n
~ **withdrawal** Entnahme f von Erdöl (Gas) *(aus der Lagerstätte)*
production Produktion f, Förderung f
~ **casing string** Produktionsrohrtour f
~ **curve** Produktionskurve f
~ **decline** Förderabfall m
~ **derrick** Förderturm m
~ **downtime** Förderausfall m
~ **engineering** Fördertechnik f *(Erdöl- und Gasförderung)*
~ **flow well** Steigleitung f *(Tiefbohrung)*
~ **graph** Produktionskurve f
~ **hole drilling** Produktionsbohrung f
~ **licence** Förderkonzession f
~ **packer** Produktionspacker m *(Erdöl- und Gasförderung)*
~ **rate of a well** Förderrate f einer Bohrung
~ **shut-down** Förderunterbrechung f
~**-stimulation technique** Verfahren n zur Erhöhung der Ausbeute
~ **test** Produktionsversuch m; Dauerpumpversuch m *(Grundwasser)*
~ **zone** Förderhorizont m
productive capacity Förderkapazität f, Förderfähigkeit f, Fördervermögen n
~ **horizon** produktiver Horizont m
~ **mine** Ausbeutezeche f, Ausbeutegrube f
~ **time** produktive Zeit f
productiveness Ergiebigkeit f
~ **of a source (spring)** Quellenergiebigkeit f
productivity index Produktivitätsindex m
~ **test** Förderversuch m, Produktionstest m *(bei Erdöl- und Gassonden)*
profile Profil n
~ **of a hole** Bohr[loch]profil n

profile

~ **of equilibrium** Gleichgewichtsprofil n, Ausgleichsprofil n
~ **of slope** Böschungsprofil n
~ **shooting** Profilschießen n *(Seismik)*
profiling 1. Profilschießen n *(Seismik)*; 2. Kartierung f *(Elektrik)*
profitability of geological prospecting Rentabilität f geologischer Untersuchungsarbeiten
profitable ore [ab]bauwürdiges Erz n
profound fault tiefgreifende Verwerfung f
proglacial channel Urstromtal n
~ **lake** glazialer Stausee m
prognostic reserves prognostische Vorräte mpl
prograde metamorphism ansteigende (progressive) Metamorphose f
prograded coast Anschwemmungsküste f
prograding shore line vorrückende Strandlinie f
program/to programmieren
programmed gain control Programmregelung f
progress of mining Abbaufortschritt m
progressing glacier vorrückender Gletscher m
~ **wave** wandernde Welle f
progressive failure fortschreitender (progressiver) Bruch m
~ **metamorphism** progressive Metamorphose f
~ **off-lapping** fortschreitende Regression f
~ **overlap** fortschreitende Transgression f
~ **sand waves** progressive Sandwellen fpl
~ **settlement** fortschreitende Setzung f
~ **slide** progressiver Rutsch m
~ **step fault** gleichsinniger Staffelbruch m
~ **thrust** progressive Überschiebung f
project/to 1. ausschleudern, 2. überkragen, vorspringen
project site Baustelle f
projected downward top aus Bohrlochmessungen abgeleitete Schichtoberkante *(unterhalb der Bohrlochsohle)*
~ **top** rekonstruierte Oberkante f eines Horizonts
projecting vorspringend
~ **coast** vorspringende Küste f
projection Ausschleudern n, Auswurf m
~ **of lava** Lavaauswurf m
~ **point** Projektionspunkt m
prolapsed bedding zusammengefaltete Schichtung f
prologism Prologismus m *(Paläontologie)*
prominence Protuberanz f
promontory Vorgebirge n, Landzunge f, Landspitze f
proof undurchlässig
~ **copy** Belegexemplar n
propagation Ausbreitung f, Fortpflanzung f
~ **conditions** Ausbreitungsbedingungen fpl
~ **constant** Fortpflanzungskonstante f, Übertragungsfaktor m

278

~ **of seismic waves** Fortpflanzung f seismischer Wellen
~ **time** Fortpflanzungszeit f, Laufzeit f
~ **velocity** Fortpflanzungsgeschwindigkeit f, Ausbreitungsgeschwindigkeit f
proppant Fracstützmaterial n
propping agent Verstopfungsmaterial n
propylite Propylit m *(Varietät von Andesit)*
propylitic propylitisch
propylitization Propylitisierung f
proration Produktionseinschränkung f *(Erdöl- und Gasförderung)*
prosopite Prosopit m, $Ca[Al(F, OH)_4]_2$
prospect/to prospektieren, schürfen
prospect 1. Erkundungsobjekt n; 2. Schürfstelle f, höffiges Gebiet n, Hoffnungsgebiet n; 3. Schürfarbeit f
~ **hole** s. ~ well
~ **sampling** Bohrprobenahme f
~ **well** Prospektionsbohrung f, Aufschlußbohrung f
prospecting Schürfen n, Schürfarbeit f, Prospektieren n
~ **bore** Suchbohrung f
~ **drift** Schürfstrecke f
~ **for minerals** Erforschung f von Bodenschätzen
~ **method** Schürfmethode f, Prospektionsmethode f
~ **pick** geologischer Hammer m
~ **pit** Schürfschacht m
~ **rig** Schürfbohranlage f
~ **shaft** Versuchsschacht m, Schürfschacht m
~ **trench** Schürfgraben m
~ **well** Suchbohrung f
~ **work** Ausrichtungsarbeit f, Schürfarbeit f, Erschließungsarbeit f
prospection drilling Schürfbohrung f
prospective oil land ölhöffiges Gebiet n
~ **ore** erschürftes (sichtbares) Erz n
prospector Prospektor m, Schürfer m
protecting cover Schutzdecke f
protection against scour Kolkschutz m
~ **against underwashing** Schutz m gegen Unterspülungen
~ **area** Schutzgebiet n, Schutzzone f
~ **of the bank** Uferschutz m
~ **of the environment** Landschaftsschutz m
protective area Schutzgebiet n, Schutzzone f
~ **atmosphere** Schutzgasatmosphäre f
~ **colloid** Schutzkolloid n
~ **cover[ing]** Schutzdecke f
~ **forest belt** Windschutzstreifen m
~ **layer** Schutzschicht f
~ **seam** Schutzflöz n
~ **zone** Schutzzone f
proterobase Proterobas m *(basisches Ganggestein)*
Proterophytic Proterophytikum n
Proterozoic proterozoisch
Proterozoic [Era] Proterozoikum n
protoclastic structure protoklastisches Gefüge n

protoconch Embryonalkammer f, Protoconch n (Embryonalteil der Gehäuse von Gastropoden und Cephalopoden)
protodolomite Protodolomit m (unstabiler, Ca-reicher Dolomit)
protogene protogen
protogenic primärmagmatisch
protogenous s. protogene
protogine Protogin m (Varietät von Gneis)
protolysis Protolyse f
proton precession magnetometer Kernpräzessionsmagnetometer n
~ resonance magnetometer Kernresonanzmagnetometer n
protoplanet Urplanet m, Protoplanet m
protoplate Protoplatte f
protore unverändertes (primäres) Erz n, Ausgangserz n
protosun Ursonne f
prototype Prototyp m
protozoic protozoisch
protozoon Einzeller m
protract/to kartieren; maßstabgetreu zeichnen
protractor Anlegegoniometer n
protrude/to auswerfen
protruding vorspringend
~ delta vorgeschobenes Delta n
protrusion Protrusion f, Auswurf m, Herausdrücken n
~ of lava Lavaauswurf m
protuberance Protuberanz f
proustite Proustit m, lichtes Rotgültigerz n, Arsensilberblende f, Ag_3AsS_3
proved deposit erkundete Lagerstätte f
proven oil land ölführendes Gebiet n
~ ore nachgewiesenes (vorhandenes) Erz n (Erzreservenberechnung)
~ reserves nachgewiesene Vorräte mpl
~ territory Gebiet n mit nachgewiesener Ölführung; untersuchtes (bekanntes) Gebiet n
providing of mineral resources Vorratsvorlauf m mineralischer Rohstoffe
proving hole Aufschlußbohrung f
provision Vorsorge f
proximate sensing Beobachtung (Messung) f in unmittelbarer Objektnähe
pry apart/to aussprengen
~ off absprengen
psammite Psammit m, Sandstein m (mikroklastisches Gestein)
psammitic psammitisch
psammyte s. psammite
psephicity psephitische Struktur f
psephite Psephit m (makroklastisches Gestein)
psephitic psephitisch
psephonecrocoenosis wellenschlagsortierte Fossilgemeinschaft f
pseudo cannel coal Pseudokännelkohle f (Saprohumolith)
~-cross stratification Pseudoschrägschichtung f
~-oolites Pseudo-Oolithe mpl, Pseudo-Ooide npl, Mikropellets npl

~-shield volcano schildförmiger Stratovulkan m
pseudoanticline falscher Sattel m
pseudobedded pseudogeschichtet
pseudobedding Pseudoschichtung f
pseudoboleite Pseudoboleit m, $5PbCl_2 \cdot 4Cu(OH)_2 \cdot 2^1/_2H_2O$
pseudobombs Lavabälle mpl
pseudobreccia Pseudobrekzie f
pseudobrookite Pseudobrookit m, Fe_2TiO_5
pseudoconformable pseudokonkordant
pseudoconformity Pseudokonkordanz f
pseudoconglomerate Pseudokonglomerat n
pseudocotunnite Pseudocotunnit m, K_2PbCl_4
pseudocrystalline pseudokristallin
pseudocubic cleavage pseudokubische Spaltbarkeit f
pseudodiorite Pseudodiorit m
pseudofossil Pseudofossil n
pseudohexagonal pseudohexagonal
pseudolaueite Pseudolaueit m, $MnFe_2[OH|PO_4]_2 \cdot 8H_2O$
pseudomalachite Pseudomalachit m, $Cu_5[(OH)_2|PO_4]_2$
pseudomicrite Pseudomikrit m (sekundär durch Kornabbau aus organischem Karbonatdetritus entstandener Mikrit)
pseudomoraine Pseudomoräne f
pseudomorph pseudomorph
pseudomorph Pseudomorphose f
pseudomorphic pseudomorph
pseudomorphism Pseudomorphose f
pseudonodule synsedimentäre Rollstruktur f
pseudopressure Pseudodruck m
pseudoripples Scheinrippeln fpl
pseudoschistosity falsche Schieferung f
pseudoseries Scheinserie f (Tektonik)
pseudosymmetry Pseudosymmetrie f
pseudosyncline falsche Mulde f
pseudotachylite Pseudotachylit m
pseudotrough Pseudomulde f
pseudovolcanic pseudovulkanisch
pseudowollastonite Pseudowollastonit m, Cyclowollastonit m, $Ca_3[Si_3O_9]$
PSF s. point spread function
PSFG = Permanent Service on the Fluctuation of Glaciers
psilomelane Psilomelan m, Hartmanganerz n, $(Ba, H_2O)_2Mn_5O_{10}$
psilophyte flora Psilophytenflora f
psychrometer Psychrometer n, Luftfeuchtemesser m
Pteridophyta Farnpflanzen fpl
Pterocerian Pterocerien n (Kimmeridge, Nordwestdeutschland und Oberrheingebiet)
pteroid flügelähnlich
pteropod Pteropode f, Flügelschnecke f
~ ooze Pteropodenschlamm m
ptilolite Ptilolith m, Mordenit m, $(Ca, K_2, Na_2)[AlSi_5O_{12}]_2 \cdot 6H_2O$
ptygmatic pygmatisch
~ fold pygmatische Falte f

ptygmatic

~ **structure** ptygmatische Textur *f*
pucherite Pucherit *m*, Bi[VO₄]
puckered slate *s.* creased slate
puckering Fältelung *f*
puckerings Runzeln *fpl*
pudding balls *s.* armoured mud balls
~ **granite** Kugelgranit *m*, Puddinggranit *m*
~ **stone** Puddingstein *m*, Nagelfluh *f*
puddle Wasserpfütze *f*, Tümpel *m*
puddled soil verschlämmter Boden *m*
~ **structure** hornartige Struktur *f*
Puercan/Dragonian [Stages] Puercan/Dragon *n* (Wirbeltierstufen, unteres Paläozän in Nordamerika)
puff cone Schlammkegel *m*
puffing hole *s.* blow hole
pug *s.* flucan
pulaskite Pulaskit *m (Alkalisyenit)*
pull/to entrohren, Rohre ziehen
~ **out** aufholen, ausbauen, ausfahren
pull-apart structure Zerrungsstruktur *f*
~ **of gravity** Zug *m* der Schwerkraft, Schwereanziehung *f*
pulling of the drill[ing] string Ausbau *m* (Ziehen *n*) des Bohrgestänges
~ **rate (speed) of drill[ing] string** Ausbaugeschwindigkeit *f* des Bohrstrangs
pulp feiner Schlamm *m*, Trübe *f*
pulsating magnetic field pulsierendes Magnetfeld *n*
~ **spring** intermittierende Quelle *f*, Springquelle *f*
~ **stress** Schwellast *f*
pulsation dampener Stoßdämpfer *m*
pulsational uplift ruckartige Hebung *f*
pulse Impuls *m (Seismik)*
~ **compressing** Impulskompression *f*
~ **disturbance** Störimpuls *m*
~ **test** Impulstest *m*
~-**width modulation** Impulsbreitenmodulation *f* (Verfahren zur Registrierung auf Magnetband bei der Seismik)
pulsed ultrasonic technique Ultraschallimpulsverfahren *n*
pulverized pulverisiert
pulverulent pulverförmig, pulverartig, pulverig, staubartig
~ **brown coal** mulmige Braunkohle *f*
~ **silica** Kieselgur *f*, Infusorienerde *f*, Diatomeenerde *f*
~ **soil** Staubboden *m*
pumice Naturbimsstein *m*, Bims[stein] *m*
~ **concrete** Bimsbeton *m*
~ **stone** Bimsstein *m*
~ **tuff** Bimssteintuff *m*
pumiceous bimssteinartig, Bimsstein...
~ **bomb** Bimssteinbombe *f*
~ **lava** Schaumlava *f*
~ **structure** Bimssteingefüge *n*
pumicing Bimssteinschliff *m*
pump off/to leerpumpen
~ **out** auspumpen
pump delivery Spülungsvolumenstrom *m*

280

~ **discharge** Förderung *f (einer Pumpe)*
pumpability Pumpfähigkeit *f (Erdöl- und Gasförderung)*
pumped storage Pumpspeicherung *f*
~-**storage hydropower plant** Pumpspeicherkraftwerk *n*
pumpellyite Pumpellyit *m*, Ca₂(Mg, Fe, Mn, Al)(Al, Fe, Ti)₂[(OH, H₂O)₂|SiO₄|Si₂O₇]
pumper *s.* pumping well
pumping depression cone Absenkungstrichter *m*
~ **installation** Pumpanlage *f*
~ **jack** Pumpenbock *m*
~ **out** Auspumpen *n*
~ **outfit** Pumpanlage *f*
~ **station** Pumpstation *f*
~ **string** Pumprohr *n*
~ **test** Pumpversuch *m (Erdöl)*
~ **unit** Pumpanlage *f*
~ **well** Pumpsonde *f*, im Pumpbetrieb fördernde Bohrung *f*
~ **with sucker rods** Tiefpumpenförderung *f*
punching Kernstoßbohren *n*
puppet of loess Lößpuppe *f*, Lößkindl *n*
Purbeckian [Stage] Purbeck *n (Stufe des obersten Juras einschließlich der tiefsten Unterkreide, Südengland)*
pure rein
~ **goods** reine Kristalle *mpl (Edelsteine)*
~ **oil** reines (wasserfreies) Öl *n*
~ **shear** reine Scherung (Schiebung) *f*
~ **strain** Normalverformung *f*
purification of gas Gasreinigung *f*
purple copper ore *s.* bornite
~ **ore** Kiesabbrand *m*
purpurite Purpurit *m*, (Mn, Fe)[PO₄]
push Stoßkraft *f*, Schub *m*
~ **moraine** Stauchmoräne *f*, Aufpressungsmoräne *f*
~ **of ice** Eisdruck *m*
puszta Pußta *f*
put beds in relation with each other/to Schichten korrelieren
~ **down a well** eine Bohrung niederbringen
putrefaction Verwesung *f*, Fäulnis *f*, Verfaulen *n*, Faulen *n*
putrefactive bacteria Fäulnisbakterien *fpl*
putrefy/to faulen
putrid faul
~ **mud (slime)** Sapropel *n (m)*, Faulschlamm *m*
puzzolana *s.* pozzuolana
pycnite Pyknit *m (grobstengelige Varietät von Topas)*
pycnometer Pyknometer *n*, Dichtemesser *m*
pygidium Pygidium *n*, Schwanzschild *m (Arthropoden, Trilobiten)*
pyramid Pyramide *f*
~ **pebble** *s.* dreikanter
pyramidal pyramidenförmig, pyramidal
pyranometer Pyranometer *n*, Himmelsstrahlungsmesser *m*
pyrargyrite Pyrargyrit *m*, dunkles Rotgültigerz *n*, Antimonsilberblende *f*, Ag₃SbS₃

Pyrenean phase of folding pyrenäische Faltungsphase f
pyrgeometer Pyrgeometer n, Erdstrahlungsmesser m
pyrgeometry Pyrgeometrie f, Erdstrahlungsmessung f
pyrheliometer Pyrheliometer n, Sonnenstrahlungsmesser m
pyrheliometry Pyrheliometrie f, Sonnenstrahlungsmessung f
pyricaustate fossile brennbare Substanz f
pyriclasite Pyriklasit m; Pyroxengranulit m *(Pyroxen-Plagioklas-Gestein)*
pyrigarnite Pyrigarnit m *(Pyroxen-Granat-Gestein)*
pyritaceous pyritartig, kieshaltig
pyrite Pyrit m, Schwefelkies m, Eisenkies m, FeS_2
~ **ammonite** s. pyritized ammonite
~ **concretion** Pyritkonkretion f, Schwefelkieskonkretion f
~ **nodule** Pyritknolle f
pyritic[al] pyritisch, kieshaltig; kiesähnlich
~ **concretions** Pyritkonkretionen fpl, Kieskälber npl *(im Dachschiefer)*
~ **ore** Pyriterz n
~ **shale** pyritischer Schieferton m
pyritiferous pyrithaltig
~ **coal seam** pyritreiches Kohlenflöz n
~ **shale** Pyritschiefer m
pyritization Pyritisierung f, Umwandlung f in Pyrit
pyritize/to pyritisieren, in Pyrit umwandeln
pyritized ammonite pyritisierter (verkiester) Ammonit m
pyritohedron Pyritoeder n, Pentagondodekaeder n
pyritous pyrithaltig
pyroaurite Pyroaurit m, $Mg_6Fe_2[(OH)_{16}|CO_3]\cdot 4H_2O$
pyrobelonite Pyrobelonit m, $PbMn[OH|VO_4]$
pyrobitumen Pyrobitumen n
pyrochlore Pyrochlor m, $(Ca, Na)_2(Nb, Ta)_2O_6(O, OH, F)$
pyrochroite Pyrochroit m, $Mn(OH)_2$
pyroclastic pyroklastisch
~ **flow** s. ignimbrite
~ **flows** pyroklastische Ströme mpl
~ **material** Auswürfling m
~ **rock** pyroklastisches Gestein n
pyroclast[ic]s pyroklastische Produkte npl
pyroelectric pyroelektrisch
pyroelectricity Pyroelektrizität f
pyrofusinite Pyrofusinit m *(Kohlensubmaceral)*
pyrogenetic pyrogen
~ **mineral** pyrogenes Mineral n
~ **rock** pyrogenes Gestein n, Erstarrungsgestein n
pyrogenic, pyrogenous s. pyrogenetic
pyrolite Pyrolit m *(hypothetisches Mantelgestein)*
pyrolusite Pyrolusit m, Weichmanganerz n, $\beta\text{-}MnO_2$

pyrolysis Pyrolyse f
pyrometamorphism Pyrometamorphose f
pyrometric effect Heizwert m
pyromorphite Phyromorphit m, Buntbleierz n, $Pb_5[Cl|(PO_4)_3]$
pyromorphous pyromorph
pyrope Pyrop m, $Mg_3Al_2[SiO_4]_3$
pyrophanite Pyrophanit m, $MnTiO_3$
pyrophyllite Pyrophyllit m, $Al_2[(OH)_2|Si_4O_{10}]$
pyropissite Pyropissit m *(Liptobiolith; wachsreiche Schwelbraunkohle)*
pyroschist Ölschiefer m, Brennschiefer m
pyrosmalite Pyrosmalith m, $(Mn, Fe)_8[(OH, Cl)_{10}|Si_6O_{15}]$
pyrostilpnite Pyrostilpnit m, Feuerblende f, Ag_3SbS_3
pyroxene group Pyroxengruppe f *(gesteinsbildende Ca-, Mg-, Fe-Silikatminerale)*
pyroxenite Pyroxenit m *(ultrabasisches Gestein)*
pyroxferroite Pyroxferroit m, $[Fe, Ca, Mg, Mn]SiO_3$
pyroxmanganite Pyroxmanganit m *(triklines pyroxenähnliches Mondmineral)*
pyroxmangite Pyroxmangit m, $(Fe, Mn)_7[Si_7O_{21}]$
pyrrhite s. pyrochlore
pyrrhotine, pyrrhotite Pyrrhotin m, Magnetkies m, FeS

Q

Q-joint Q-Kluft f, Querkluft f *(Granittektonik)*
quadrangle *(Am)* Kartenblatt n *(bei 15° Breite und 15° Länge 1:62500; bei 30° Breite und 30° Länge 1:125000; bei 1° Breite und 1° Länge 1:250000)*
quadratic system quadratisches (tetragonales) System) n
quadrille paper Koordinatenpapier n
quadrivalence Vierwertigkeit f
quadrivalent vierwertig
quadruple platform Aushängebühne f *(Tiefbohrung)*
quagmire Sumpf[boden] m, Moorboden m, Sumpffläche f, Sumpfloch n, Schwingmoor n
quake/to [er]beben, schüttern *(seismisch)*
quake 1. Beben n, Erdbeben n, Erschütterung f; 2. plötzlicher Einbruch m *(von Gestein oder Kohle)*
~-**proof** erdbebensicher
~ **sheet** Erschütterungsschicht f
quaking bog s. quagmire
qualitative analysis qualitative Analyse f
quality of coal seam Kohlenflözbeschaffenheit f
~ **of soil** Bodenbeschaffenheit f
~ **of the lode** Verhalten n des Ganges
quantity available for water Wasserdargebot n

quaquaversal

quaquaversal allseitig geneigt, periklinal
- **dip** periklinales Fallen *n*, umlaufendes Einfallen *n (von einem Mittelpunkt nach allen Richtungen)*
- **dome** kreisförmige Domstruktur *f*
- **structure** periklinale Faltenstruktur *f*, Kuppel *f*, Gewölbe *n*

quarpit *s.* quarry
quarrel Steinbruch *m*
quarrier Steinbrecher *m*, Steinhauer *m*, Steinbrucharbeiter *m*
quarring Rohstoffgewinnung *f* im Übertagebau (*s.a.* plucking)
quarry/to im Steinbruch arbeiten, [Steine] brechen
quarry Steinbruch *m*, Bruch *m*, Grube *f*
- **bed** Steinbruchlager *n*
- **blasting** Sprengung *f* im Steinbruch
- **block** Bruchstein *m*
- **face** Bruchwand *f*
- **floor** Steinbruchsohle *f*, Bruchsohle *f*
- **lode** durch Klüfte zerteilter Gang *m*
- **rocks** Bruchgestein *n*
- **rubbish** Steingrubenabfall *m*
- **sap** *s.* ~ water
- **tile** Natursteinplatte *f*
- **water** Bergfeuchtigkeit *f (im frisch gebrochenen Gestein)*

quarrying Steinbrechen *n*, Steinbruchbetrieb *m*
- **operation** Steinbrucharbeit *f*

quarryman *s.* quarrier
quarrystone Bruchstein *m*, Naturstein *m*, Werkstein *m*, Haustein *m*
quarter Mondviertel *n*
~-wave [length] plate Viertelwellen[längen]plättchen *n*, λ/4-Platte *f*
quartering 1. Viertelung *f*; 2. Mondphasenwechsel *m*
- **way** Teilbarkeit[srichtung] *f (von Massengesteinen)*

quartz Quarz *m*, SiO_2
~-bearing quarzhaltig
- **boil** Ausstrich *m* eines Quarzganges
- **~-[crystal] clock** Quarzuhr *f*
- **diabase** Quarzdiabas *m*
- **dike** Quarzgang *m*
- **diorite** Quarzdiorit *m*
- **dolerite** Quarzdolerit *m*
- **~-free** quarzfrei
- **~-free porphyry** quarzfreier Porphyr *m*
- **keratophyre** Quarzkeratophyr *m*
- **latite** Quarzlatit *m*
- **lenses** Quarzknauern *fpl*
- **mica rock** Quarzglimmerfels *m*
- **mica schist** Quarzglimmerschiefer *m*
- **mine** Goldquarzgrube *f*
- **phyllite** Quarzphyllit *m*
- **plate** Quarzplättchen *n*
- **porphyrite** Quarzporphyrit *m*
- **porphyry** Quarzporphyr *m*
- **reef** Quarzgang *m*
- **~-rich** quarzreich
- **rock** Quarzfels *m*, Quarzit[fels] *m*
- **rocks** Quarzgestein *n*
- **sand** Quarzsand *m*
- **syenite** Quarzsyenit *m*
- **vein** Quarzader *f*
- **veinlet** Quarzäderchen *n*
- **wedge** Quarzkeil *m*

quartzic quarzhaltig, quarzig
quartziferous quarzhaltig, kieselig; verquarzt, verkieselt
quartzine Quarzin *m (s.a.* chalcedony)
quartzite Quarzit[fels] *m*, Quarzfels *m*
quartzitic quarzitisch
- **rock** Quarzitgestein *n*

quartzose quarzähnlich, quarzartig, quarzhaltig, quarzreich, verquarzt
- **sand** Quarzsand *m*

quartzous, quartzy *s.* quartzose
quasi-steady flow quasistationäre Strömung *f*
quaternary system Vierstoffsystem *n*
Quaternary Quartär[system] *n (chronostratigrafisch)*; Quartär *n*, Quartärperiode *f (geochronologisch)*; Quartär *n*, Quartärzeit *f (allgemein)*
- **Age** Quartär *n*, Quartärzeit *f*
- **Period** Quartär *n*, Quartärperiode *f*
- **System** Quartär[system] *n*

queenstownite tasmanischer Tektit *m*
queere *s.* quere
quench crystal growth Kristallwachstum *n* durch plötzliche Abschreckung *(z.B.* schockgeschmolzenen Glases*)*
quenching [plötzliche] Abkühlung *f*, Abschreckung *f*; Löschung *f*
quenselite Quenselit *m*, PbO·MnOOH
quenstedtite Quenstedtit *m*, $Fe_2(SO_4)_3 \cdot 10H_2O$
quere Kluft *f*
quetenite Quetenit *m*, Botryogen *m*, $MgFe[OH|(SO_4)_2] \cdot 7H_2O$
quick clay Quickton *m*, Fließton *m*
- **ground** schwimmendes Gebirge *n*
- **lime** Ätzkalk *m*, ungelöschter Kalk *m*

quickly draining pores Grobporen *fpl*
quicksand Wanderdüne *f*, Treibsand *m*, Flugsand *m*, Quicksand *m*, Schwimmsand *m*, Fließsand *m*
quicksilver Quecksilber *n*, Hg *(s.a.* mercury*)*
- **mine** Quecksilberbergwerk *n*, Quecksilbergrube *f*
- **ore** Quecksilbererz *n*

quiescence Ruhe *f (z.B.* eines Vulkans*)*
quiescent ruhend, schlummernd *(z.B.* Vulkan*)*
~-area facies Stillwasserfazies *f*, Faziesbereich *m* mit ruhigen Sedimentationsbedingungen
- **volcano** Vulkan *m* im Ruhezustand

quiet ruhig *(z.B.* Vulkan*)*
- **reach** Stillwasser *n*, Stille *f*
- **sun** ruhige (fleckenarme) Sonne *f*

quisqueite Quisqueit *m (vanadinreiche Braunkohle mit S-Gehalt)*
qweear *s.* quere

R

R-tectonites R-Tektonite *mpl*
rabban Eiserner Hut *m (Cornwall)*
rabben gelber Hornstein *m*
rabbittite Rabbittit *m*,
  $Ca_3Mg_3[(UO_2)(OH)_2(CO_3)_3]_2 \cdot 18H_2O$
race 1. Gezeitenströmung *f*; 2. Pyrit *m* in Wurzelform
racemic quartz optisch inaktiver Quarz *m*
racemization Razemisierung *f (Umwandlung optisch aktiver Substanzen in optisch inaktive)*
rachel, rachen, rachill *s.* ratchel
racking platform Gestängebühne *f*, Aushängebühne *f (Tiefbohrung)*
~ **system** Gestängeabstellvorrichtung *f*
radar Radar *n*
~ **altimeter** Radarhöhenmesser *m*
~ **beam width** Breite *f* des Radar[richt]strahls
~ **echo** Radarecho *n*
~ **foreshortening** Radarverkürzung *f (der Entfernung zu luvseitig gelegenen Punkten in hügelig-bergigem Terrain)*
~ **meteorology** Radarmeteorologie *f*
~ **returns** Radarechos *npl*
~ **scattering cross section** Radarstreuquerschnitt *m*
~ **system** Radarsystem *n*
raddle erdiger Haematit *m (in Kohle, Yorkshire)*
radial radial, radiär
~-**columnar** radialstengelig, radialfaserig
~ **crack** Kernsprung *m*
~ **faults** Radialverwerfungen *fpl*
~ **flow** Radialströmung *f*, radiale Strömung *f*
~ **furrow** Radialfurche *f*
~ **growth** radialstrahliges Wachstum *n*
~ **line plotter** Radialkartiergerät *n (für Luftbildauswertung)*
~ **refraction** radiale Refraktionsaufstellungen *fpl*, Sternschießen *n (Seismik)*
radially arranged strahlig angeordnet
~ **fibrous** radialfaserig, radialstengelig
radiance Strahlungsdichte *f*, spezifische Ausstrahlung *f*, Strahlungshelligkeit *f*
radiancy *s.* radiance
radiant emittance spezifische Ausstrahlung *f*
~ **energy** Strahlungsenergie *f*
~ **intensity** Strahlungsintensität *f*
~ **temperature** Strahlungstemperatur *f*
radiate/to 1. abstrahlen, ausstrahlen; 2. bestrahlen
radiated strahlig, strahlenförmig
~ **crystalline** strahlig
~ **pyrite** *s.* marcasite
~ **structure** radiale Struktur *f*
radiating strahlig, strahlenförmig
~ **columnar** radialstengelig, radialfaserig
~ **dikes** Radialgänge *mpl*
radiation Ausstrahlung *f*, Strahlung *f*
~ **age** Bestrahlungsalter *n*
~ **belt** Strahlungsgürtel *m (der Erde)*
~ **budget** Strahlungshaushalt *m*
~ **damage** Strahlungsschaden *m*, Defekt *m* [im Kristallgitter], radioaktive Spur *f*
~ **energy** Strahlungsenergie *f*
~ **fog** Strahlungsnebel *m*
~ **logging** Aufnahme *f* radioaktiver Profile
~ **of heat** Wärmeausstrahlung *f*
~ **pressure** Strahlungsdruck *m*
~ **temperature** Strahlungstemperatur *f*
~ **zone** Strahlungsgürtel *m (der Erde)*
radio altimeter Funkhöhenmesser *m*
~ **astronomy** Radioastronomie *f*
~ **echo observation** Radioechobeobachtung *f*
~ **meteor** Radiometeor *m*
~ **telescope** Radioteleskop *n*
radioactive radioaktiv
~ **coalification** radioaktive Inkohlung *f*
~ **contamination** radioaktive Verseuchung *f*, Strahlenverseuchung *f*
~ **dating** radioaktive Altersbestimmung *f*
~ **decay** radioaktiver Zerfall *m*
~ **decay law** radioaktives Zerfallsgesetz *n*
~ **discoloration** radioaktive Verfärbung *f*
~ **disintegration** radioaktiver Zerfall *m*
~ **element** radioaktives Element *n*
~ **emission** radioaktive Ausstrahlung *f*
~ **fission product** radioaktives Spaltprodukt *n*
~ **halo** radioaktiver Strahlungshof *m*
~ **heat** radiogene Wärme *f*
~ **labelling [process]** *s.* ~ tracing
~ **refusion** Gesteinsaufschmelzung *f* durch radiogen erzeugte Wärme
~ **series** radioaktive Zerfallsreihe *f*
~ **spring** Radiumquelle *f*
~ **tracer** Radioindikator *m*
~ **tracer dilution method** Verdünnungsmethode *f (Tracerversuch)*
~ **tracing** Markierung *f* mit radioaktiven Isotopen, radioaktive Markierung *f*
~ **waste disposal** Beseitigung *f* radioaktiver Abfälle
~ **wastes** radioaktive Abfälle *mpl*
~ **water** radioaktives Abwasser *n*
radioactivity Radioaktivität *f*
~ **log** Radioaktivitätsmessung *f*, Radioaktivitätslog *n*
~ **logging** Radiometrie *f*
radioautography Radioautografie *f*
radiocarbon Radiokarbon *n*, ^{14}C
~ **cycle** Radiokarbonzyklus *m*
~ **dating** Radiokarbondatierung *f*
~ **method** Radiokarbonmethode *f*
radiogenic radiogen
~ **argon** radiogenes Argon *n*
~ **heat** radiogene Wärme[produktion] *f*
radiograph Radiogramm *n*
radiographic method radiografisches Verfahren *n*
radiography Röntgenografie *f*
radiohalo radioaktiver (pleochroitischer) Hof *m*
radioisotope radioaktives Isotop *n*, Radioisotop *n*

radiolarian

radiolarian chert Radiolarit *m*, Kieselschiefer *m*, Lydit *m*
~ **earth** *s*. radiolarite
~ **mudstone** Radiolarienfaulschlammkalk *m*
~ **ooze** Radiolarienschlamm *m*, Radiolarienschlick *m*
radiolarite Radiolarit *m*
radiolated strahlig *(z.B. Bruch)*
radiolead Radioblei *n*, ^{206}Pb, ^{207}Pb, ^{208}Pb *(Blei als Endprodukt radioaktiver Zerfallsreihen)*
radiolite *s*. natrolite
radioluminescence Radiolumineszenz *f*
radiometeorology Radiometeorologie *f*
radiometer Radiometer *n*, Strahlungsintensitätsmesser *m*
radiometric[al] radiometrisch
~ **age** radiometrisches Alter *n*
~ **correction** Strahlungskorrektur *f*, radiometrische Korrektur *f*, Korrektur *f* gemessener Strahlungswerte
~ **intensity mapping** Kartierung *f* der radiometrischen Intensität
~ **resolution** radiometrisches Auflösungsvermögen *n (eines Fernerkundungssensors)*
radiometry Radiometrie *f*
radionuclide radioaktives Nuklid *n*
radiotelescope Radioteleskop *n*
radiothorium Radiothorium *n*, ^{228}Th
radiozone durch ihren Radioaktivitätsgrad charakterisierte stratigrafische Zone *f*
radium Radium *n*, Ra
~ **age** Radiumalter *n*
~ **emanation** Radiumemanation *f*
radius of deviation Krümmungsradius *m* der Bohrlochachse
~ **of drainage** Dränageradius *m*
~ **of external boundary** Einzugsradius *m*
~ **of influence of depression** Absenkungsreichweite *f (eines Brunnens)*
~ **of investigation** Eindringtiefe *f*
~ **of well damage** Schädigungsradius *m*
radix Wurzel *f (Crinoiden)*
radon Radon *n*, Rn
radula teeth Radulazähnchen *npl (bei Gastropoden und Cephalopoden)*
raff armes Erz *n*
raft 1. Scholle *f*, Gesteinsblock *m*; Einschluß *m (in Magmatiten)*; 2. Flußabschnürung *f (durch Ufereinbruch)*
~ **lake** natürliche Flußaufstauung *f*
~ **structure** Schollentextur *f (bei Migmatit)*
rafted ice Packeis *n*
~ **material** Treibmaterial *n (in Meeresströmungen)*; Treibholz *n*
rafting Transport durch Anheftung an Eis oder anderes Schwimmgut
rag 1. dunkler Kieselsandstein *m*; harter Bildhauerkalkstein *m*; *für Wetzsteine geeignetes hartes Gestein*; 2. hangender Schiefer *m*; 3. Vorbrechen *n* des Erzes *(zur Sortierung)*
ragged zackig, felsig, zerrissen
~ **coast** zerrissene Küste *f*

~ **stone** schiefriger Bruchstein *m*
ragging Vorsortieren *n*, rohes Sortieren *n (von Erzen)*
raglanite Raglanit *m (korundhaltiger Nephelindiorit)*
ragstone 1. Kalksandstein *m*, Kieselsandstein *m*; dunkelgrauer quarziger Sandstein *m*; 2. Bruchstein *m* für Kleinpflasterherstellung
raguinite Raguinit *m*, TlFeS$_2$
raimondite Raimondit *m*, Jarosit *m (s.a. jarosite)*
rain Regen *m*
~ **beat** Regenschlag *m*
~ **belt** Regenzone *f*
~ **channels** Schratten *fpl*
~ **cloud** Regenwolke *f*
~ **crust** Harschkruste *f* aus gefrorenem Regen
~ **front** Regenfront *f*
~ **gauge** Niederschlagsmesser *m*, Regenmesser *m*
~ **-gauge station** Regenmeßstelle *f*
~ **lahar** Regenschlammstrom *m*
~ **measurement** Regenmessung *f*
~ **prints** Regentropfenmarken *fpl*, Regentropfeneindrücke *mpl*
~ **rill** Regenfurche *f*, Regenrinne *f*
~ **shadow** Regenschatten *f*
~ **shower** Regenschauer *m*
~ **trap** Regenauffangbehälter *m*
rainband Regenlinie *f*, Regenbande *f*
rainbow Regenbogen *m*
~ **chalcedony** irisierende Chalzedonlagen *fpl*
~ **-coloured** regenbogenfarbig
~ **colours** Regenbogenfarben *fpl*
raindrop Regentropfen *m*
~ **impact** Tropfarbeit *f (des Regens)*
~ **impressions** *s*. rain prints
rainfall Regenfall *m*, Regenmenge *f*, Niederschlag *m*, Niederschlagsmenge *f*
~ **coefficient** Niederschlagshöhe *f*, Niederschlagskoeffizient *m*
~ **curve** Niederschlagshöhenkurve *f*
~ **erosion** Niederschlagserosion *f*
~ **frequency atlas** Niederschlagsatlas *m*
~ **intensity** Regendichte *f*
~ **record** Niederschlagsregistrierung *f*
~ **recorder** registrierender Regenmesser *m*, Regenschreiber *m*
~ **-runoff relation** Niederschlags-Abfluß-Beziehung *f*
rainless regenlos
~ **season** Trockenzeit *f*
rainpour Regenguß *m*
rainsheet Regenschichtflut *f*
rainsquall Regenbö *f*, Regenguß *m*
rainstorm Platzregen *m*, Regensturm *m*
rainwash 1. Abschwemmung *f* durch Regen; 2. durch Regen abgeschwemmtes Erdreich *n*
rainwater Regenwasser *n*, Niederschlagswasser *n*
rainy niederschlagsreich, regenreich
~ **day** Regentag *m*

~ **period (season)** Regenzeit f
~ **weather** Regenwetter n
~ **year** regnerisches Jahr n, Regenjahr n
raise/to fördern, [zutage] heben; aufhauen, überhauen
~ **ore** Erz gewinnen
raise 1. Aufhauen n, Überhauen n; 2. ins Hangende getriebener Schacht m
~ **boring** Aufwärtsbohrung f
raised beach Hebungsküste f
~ **bog** Hochmoor n, Torfmoor n
~ **coast** Hebungsküste f
~ **reef** über die Wasserfläche ragendes Riff n
~ **shore line** gehobene Strandlinie f
~ **water level** Stau m, Aufstau m, Anstauung f
raising 1. Hebung f; 2. Quellen n (des Gebirges); 3. Aufwirbelung f (von Staub, Schnee)
~ **of the water level by the effect of wind** Windstau m (einer Wasserfläche)
rake 1. Einfallen n; 2. Querspalte f
~ **vein** steiler Gang m, Seigergang m
raking holes Schrägbohrungen fpl
ralstonite Ralstonit m, $Al_2(F, OH)_6 \cdot H_2O$
ram 1. Unterwasserriff n eines Eisbergs; 2. Rammbär m, Schlagbär m
~ **preventer** Backenpreventer m
Raman spectroscopy Raman-Spektroskopie f
ramble im Alten Mann zu Bruch gegangenes Hangendes n
rambler rig fahrbares Bohrgerät n; Förderwinde f
ramdohrite Ramdohrit m, $Pb_6Ag_4Sb_{10}S_{23}$
ramification Stamm m, Verzweigung f (Phylogenie)
ramifying verästelt
rammelly für Wechsellagerung argillitischer und sandiger Sedimente
rammelsbergite Rammelsbergit m, Weißnickelkies m, $NiAs_2$
ramming Abrammen n, Stampfen n
ramose verzweigt
ramp 1. Lehne f, Tallehne f, Abdachung f; 2. Überschiebung f, Aufschiebung f; 3. geneigte Schneefläche f (Land- und Seeeis verbindend); 4. Gestängerampe f (Tiefbohrung)
~ **trough** s. ~ valley
~ **valley** Tal n zwischen zwei Überschiebungseinheiten
~ **zone** s. rift zone
rampart Ringwall m (vulkanisch)
ramsayite Ramsayit m, $Na_2Ti_2[O_3|Si_2O_6]$
ramsdellite Ramsdellit m, $\gamma\text{-}MnO_2$
rance schmaler Kohlenpfeiler m (Schottland)
Rancholabrean [Stage] Stufe des Pleistozäns
ranciéite Ranciéit m, $(Ca, Mn^{··})Mn_4^{····}O_9 \cdot 3H_2O$
randanite Infusorienerde f, Kieselgur f, Diatomeenerde f
randing Schürfen n
random zufällig, unregelmäßig
random Richtung eines steilen Ganges
~ **drilling** Bohren n auf gut Glück
~ **effects model of variance analysis** Varianzanalysemodell n mit zufälligen Effekten

~ **noise** Rauschen m, zufällige Störungen fpl
~ **orientation** regellose (ungeregelte) Orientierung f
~ **pattern** regellose (ungeregelte) Anordnung f
~ **sample** Stichprobe f, Einzelprobe f
~ **sampling** Zufallsprobenahme f
randomization willkürliche Verteilung f
randomize/to willkürlich verteilen
randomly distributed statistisch verteilt
~ **oriented** nicht bevorzugt orientiert
range/to einordnen, einreihen, klassifizieren
range 1. Bereich m, Stufe f; 2. Kette f (topografisch); 3. Abstand m (zwischen Schußpunkt und Geophongruppe); 4. mineralhöffiges Gebiet n; 5. Linie f mit drei Beobachtungspunkten; 6. (Am) Reihe f (gibt an, in der wievielten Reihe östlich oder westlich von einem Basismeridian eine „Township" gelegen ist. Beispiel: Section 29, Township 24 North, Range 12 East)
~ **ambiguity** Entfernungsunbestimmtheit f (z.B. bei Seitensichtradar in hügelig-bergigem Gelände)
~ **distortion** Entfernungsverzerrung f, Abstandsverzerrung f
~ **finder** Entfernungsmesser m (Seismik)
~ **of a fossil** vertikale Verbreitung f eines Fossils
~ **of depression** Absenkungsbereich m (eines Brunnens)
~ **of hills** Hügelkette f
~ **of lost strata** stratigrafische Unterbrechung f
~ **of mountains** Gebirgszug m, Gebirgskette f
~ **of semivariogram** Korrelationsradius m, Korrelationslänge f, Einflußbereich m einer Probe (Mindestabstand zweier unkorrelierter regionalisierter Variabler bzw. Zufallsvariabler)
~ **of species** Artreichweite f
~ **of tide** Gezeitenhub m, Fluthöhe f
~ **of variation** Variationsbreite f
~ **of veins** Gangzug m
~ **zone** biostratigrafische Einheit, gekennzeichnet durch die vertikale Verbreitung eines ausgewählten Elements der Flora oder Fauna innerhalb einer Gesteinsabfolge
rank Inkohlungsgrad m, Rang m
~ **determination** Rangbestimmung f (Bestimmung des Inkohlungsgrads)
~ **gradient** Inkohlungsgradient m
ranks of coal Kohlenarten fpl
ranquilite Ranquilit m, $Ca[(UO_2)_2(Si_2O_5)_3] \cdot 12H_2O$
ransomite Ransomit m, $CuFe_2[SO_4]_4 \cdot 7H_2O$
rapakivi Rapakivi m, Rapakiwi m (Varietät von Granit)
raphite s. ulexite
rapid Stromschnelle f, Flußschnelle f, Wildwasser n
~ **flowage** s. landslide
~ **spectrophotometric analysis** spektrofotometrische Schnellanalyse f
rapidity of diffusion Diffusionsgeschwindigkeit f

rapidity 286

~ **of flow** Fließgeschwindigkeit f
rare earth seltene Erde f
~-**earth elements** seltene Erden fpl
~ **gas** Edelgas n, seltenes Gas n
rarefaction Verdünnung f, Dilatation f
rash unreine Kohle f (aus dem Hangenden oder Liegenden eines Flözes)
rasorite s. kernite
raspberry spar 1. roter Turmalin m; 2. s. rhodochrosite
raspite Raspit m, α-$PbWO_4$
ratch reich mit Steinen durchsetzter toniger Unterboden m
ratchel[l] steiniger Unterboden m; kleine Steine mpl
rate growth Stufenziehen n (bei Kristallen)
~ **of advance** Abbaufortschritt m
~ **of corrosion** Korrosionsgeschwindigkeit f
~ **of decay** Zerfallsgeschwindigkeit f
~ **of decomposition** Zersetzungsgrad m
~ **of deposition** Sedimentationsgeschwindigkeit f
~ **of discharge** Abflußmenge f
~ **of drilling** Bohrgeschwindigkeit f
~ **of erosion** Erosionsgeschwindigkeit f
~ **of evaporation** Verdunstungsrate f
~ **of flow** 1. Fließgeschwindigkeit f; Durchflußmenge f, Zuflußmenge f; 2. Fördermenge f einer Sonde; 3. Durchflußintensität f
~-**of-flow meter** Durchflußmesser m
~ **of glacial movement** Gletschergeschwindigkeit f
~ **of inflow** Wasserzufluß m
~ **of nucleation** Keimbildungsrate f
~ **of penetration** Bohrfortschritt m
~ **of production** Förderrate f
~ **of rotation** Rotationsgeschwindigkeit f
~ **of stream flow** Wasserführung f
~ **of subsidence** Senkungsgeschwindigkeit f
rated pressure Nenndruck m
rathite Rathit m, $Pb_7As_9S_{20}$
rathole/to vorbohren
rathole Vorbohrloch n; Abstelloch n für das Kelly
ratio Verhältnis n; Verhältniszahl f, Beiwert m
~ **between horizontal and vertical pressure in undisturbed ground** Ruhedruckziffer f
~ **by weight** Gewichtsverhältnis n
~ **of enrichment** Anreicherungsverhältnis n
~ **of exaggeration** Überhöhungsverhältnis f
~ **of void volume to total volume of body** Porenvolumen n
~-**type lithofacies map** das Verhältnis zweier Komponenten darstellende Lithofazieskarte (z.B. klastisch zu sandig)
rattle jack Kohlenschiefer m, Brandschiefer m
~ **stone** Klapperstein m, selektiv gelöste Geode f
rattler 1. Kännelkohle f; minderwertige Gaskohle f; 2. Sandschiefer m
rauhwacke Rau[c]hwacke f
Rauracian [Substage] Raurac[ium] n (Unterstufe des Lusitans)

rauvite Rauvit m, $Ca[(UO_2)_2|V_{10}O_{28}\cdot16H_2O$
ravelling ground gebrächer Kohäsionsboden m
ravine Runse f, Tobel m, Murtobel m, Wildbachbett n, Wildbachschlucht f, Klamm f
~ **stream** Sturzbach m, Wildbach m
ravinement Sedimentationsunterbrechung in Deltaablagerungen durch marine Transgressionen
ravining Zerschluchtung f
raw brown coal Rohbraunkohle f
~ **clay** Rohton m
~ **kaolin** Rohkaolin m
~ **lead** Werkblei n
~ **lignite** Rohbraunkohle f
~ **material** Rohstoff m, Rohmaterial n
~ **oil** Rohöl n
~ **ore** Haufwerk n, Roherz n
~ **tin** Werkzinn n
ray-finned bony fishes Strahlenflosser mpl, strahlenflossige Knochenfische mpl, Actinopterygier mpl
~ **geometry** Strahlengeometrie f
~ **of light** Lichtstrahl m
~ **path** Strahlenweg m, Strahlenverlauf m
~ **tracing** strahlengeometrische Modellierung f (Seismik)
Rayleigh wave Rayleigh Welle f (Seismik)
razor back schmaler scharfer Grat m
~ **stone** Wetzschiefer m
RCS s. scattering cross section
reabsorb/to resorbieren
reabsorbed crystal resorbierter Kristall m
reabsorption Resorption f
reach by digging/to erschürfen
reach 1. Weite f, Strecke f; Reichweite f; 2. gerade Flußstrecke f; 3. ins Land eingreifender Meeresbusen m; 4. Landzunge f, Vorgebirge n
react/to reagieren
reaction Reaktion f
~ **border** Reaktionsrand m
~ **pair** Reaktionspaar n
~ **pressure** Gegendruck m
~ **rate** Reaktionsgrad m
~ **rim** Reaktionsrinde f, Reaktionssaum f
~ **series** Reaktionsreihe f
~ **zone** Reaktionszone f
~ **zoning** Reaktionszonung f
reactive reaktionsfreudig
reactivity of coal Reaktivität f der Kohle
reading Ablesung f; Ablesewert m
~ **accuracy** Ablesegenauigkeit f
~ **position** Aufstellung f (eines Kristalls)
readvance erneuter Vorstoß m
real crystal Realkristall m
~ **time** Echtzeit f
realgar Realgar m, Rauschrot n, As_4S_4
reamer Erweiterungswerkzeug n, Nachräumer m
reaming bit Erweiterungsmeißel m
reappear/to wieder einsetzen, wieder aufleben, wieder aufreißen, sich wieder auftun

rearer s. 1. ~ seam; 2. edge coal
~ seam steil einfallendes Flöz n
rearrange/to neuordnen, umgruppieren, umlagern
rearrangement Neuordnung f, Umgruppierung f, Umlagerung f
~ of crystals Neuordnung f von Kristallen
reassorted loess Schwemmlöß m, umgelagerter Löß m
rebedding Umlagerung f (von Sedimenten)
rebellious ore schwer aufschließbares Erz n
rebore/to nachbohren
reboring Nachbohrung f
recede/to zurückweichen
receiver 1. Empfänger m; 2. Vorfluter m
~ calibration Empfängereichung f
receiving canal Aufnahmekanal m, Einlaufkanal m
~ stream Vorfluter m
recement/to wiederverkitten
recementation Wiederverkittung f
recemented glacier neuformierter Gletscher m (nach einem Abbruch)
recent rezent
~ crustal movement rezente Krustenbewegung f
~ formations rezente Bildungen fpl, heutige Ablagerungen fpl
Recent postpleistozän
~ Epoch Jetztzeit f, Neuzeit f
recently folded ranges rezente Faltengebirge npl
~ opened cast working neuaufgeschlossener Tagebau m
reception basin Sammelmulde f, Quellmulde f (eines Flusses)
receptor s. geophone
recess Nische f
recession Rückzug m
~ curve Senkungskurve f
~ curve of ground water Grundwasserabsenkungskurve f
~ hydrograph s. ~ curve
~ of the ground-water level Grundwasserabsenkung f
~ of the ice Eisrückzug m
recessional moraine Rückzugsmoräne f
~ stage Rückzugsstadium n
recharge/to durch Versickerung anreichern (Grundwasser)
recharge Versickerung f
~ area Einzugsgebiet n, Ernährungsgebiet n (Wasser)
~ distance Sickerstrecke f (in Brunnen)
~ line Versickerungsbrunnenkette f
~ of ground water Grundwasserdargebot n
~ pit Sickerschacht m
~ well Versickerungsbrunnen m
recharging image well Schluckbrunnen m
recipient Vorfluter m
reciprocal salt pair reziprokes Salzpaar n
~ sonde Oberkantensonde f, [inverse] Gradientsonde f

reciprocity principle Prinzip n der gleichen Gegenzeit (Seismik)
recirculated water wiedereingepreßtes Wasser n
reclaim/to entwässern, trockenlegen
~ land from the sea dem Meer Land abgewinnen
reclaimed marsh land Koog m
reclamation Entwässerung f, Trockenlegung f
~ of land Landgewinnung f, Neulandgewinnung f
~ of salterns Nutzbarmachung f von Salzböden
recoalification Nachinkohlung f
recomposed granite umkristallisierter Granit m
recongeal/to wiedergefrieren
reconnaissance 1. Exploration f, Erkundung f; 2. topografische Aufnahme f; geologische Übersichtskartierung f; 3. Regionalvermessung f (Seismik)
~ flight Aufklärungsflug m, Vorerkundungsflug m
~ map geologische Übersichtskarte f
~ satellite Aufklärungssatellit m
~ studies Geländestudien fpl
~ survey 1. Übersichtsvermessung f, Übersichtsaufnahme f; 2. Vorerkundung f, aufklärende Erkundung f
reconnoitre/to Aufschlußarbeiten betreiben
reconnoitring Exploration f
reconstitute/to verdichten
reconstruct/to rekonstruieren; restaurieren
reconstructed top rekonstruierte Oberkante f (eines Horizonts)
reconstruction Rekonstruktion f; Restauration f
record 1. Aufzeichnung f, Registrierung f; 2. [geologischer] Beleg m
~ of the rocks penetrated Aufzeichnung f der durchfahrenen Schichten
~ section Zusammenstellung f von Registrierungen
~ time Registrierzeit f, Laufzeit f
recorder Registriergerät n, Schreiber m
recording Aufzeichnung f, Registrierung f
~ apparatus Registriergerät n
~ boat Meßschiff n (Seeseismik)
~ cylinder Registrierzylinder m
~ device Registriergerät n
~ drum Registriertrommel f
~ meter Registriergerät n
~ stream gauge Strömungsschreiber m
~ truck Meßfahrzeug n
recover/to gewinnen, erschließen
recoverable abbaufähig, [ab]bauwürdig
~ geothermal potential gewinnbares geothermisches Potential n
~ oil gewinnbares Öl n
~ reserve gewinnbarer Vorrat m
recovered core gewonnener Kern m
~ diamonds rückgewonnene Diamanten npl

recovery 288

recovery 1. Gewinnung f; Erschließung f; 2. gewinnbarer Anteil m einer Lagerstätte; 3. Zutageziehen n verlorener Geräte, Fangarbeit f (bei Bohrungen)
~ **factor** Gewinnungsfaktor m, Ausbeutefaktor m
~ **method** Gewinnungsmethode f
~ **of core** Kerngewinn m
~ **of oil** Erdölausbeute f
recreation Erholung f (von Kristallen)
recrudescence of volcanic action Wiederbeginn m der vulkanischen Tätigkeit
recrystallization Umkristallisierung f, Umkristallisation f, Rekristallisation f, Neukristallisation f
recrystallize/to umkristallisieren, rekristallisieren, neukristallisieren
rectangular interference ripples rechteckige Interferenzrippeln fpl
rectified entzerrt
~ **photoplane** entzerrter Luftbildplan m
rectifier Entzerrungsgerät n
rectifying Entzerrung f
~ **apparatus** Entzerrungsgerät n, Gleichrichter m
rectilinear geradlinig
~ **fold** geradlinige Falte f
~ **shore line** langgestreckte gerade Küstenlinie f
recultivation Rekultivierung f
recumbence, recumbency Überkippung f
recumbent überkippt
~ **anticline** überkippte (liegende) Antiklinale f
~ **fold** überkippte (liegende) Falte f, Deckenfalte f
recurrence Rekurrenz f
~ **horizon** Rekurrenzfläche f
recurrent faulting wiederbelebter Bruch m
recycling Gaskreislaufverfahren n (Ölförderung)
red algae Rotalgen fpl
~ **antimony** s. kermesite
~ **arsenic** s. realgar
~-**bed deposit** aride Cu-Konzentrationslagerstätte f
~-**bed facies** Rotfazies f, Rotsandsteinfazies f
~ **beds** Rotschichten fpl, Ablagerungen fpl arider Schuttwannen
~ **bole** rote Ockererde f
~ **clay** roter Tiefseeton m
~ **cobalt** s. erythrite
~ **copper ore (oxide)** s. cuprite
~ **crumbly shale** roter Bröckelschiefer m
~ **earth** Roterde f
~ **giant** Roter Riese m (Stern)
~ **iron froth** Varietät von Haematit
~ **iron ochre** Roteisenocker m
~ **iron ore** Roteisenstein m, Haematit m (s .a. haematite)
~ **lead ore** s. crocoite
~ **loam** Rotlehm m
~ **manganese** s. 1. rhodochrosite; 2. rhodonite
~ **measures** Schichten des Perms oder der Trias
~ **mud** Rotspülung f (Bohrung)
~ **ochre** roter Eisenocker m
~ **orpiment** s. realgar
~ **oxide of zinc** s. zincite
~ **salt pelite** roter Salzton m (Zechstein)
~ **sediments** Rotsedimente npl
~ **silver ore** s. 1. pyrargyrite; 2. proustite
~ **soil** Roterde f
~ **star** Roter Stern m
~ **tide** Dinoflagellaten- und Diatomeenblüte f, Meeresblühen n
~ **zinc ore** s. zincite
Red Sea Rotes Meer n
~ **Marls** Keupermergel m
reddening zur Gesteinsrötung führender metasomatischer Prozeß m
reddingite Reddingit m, $(Mn, Fe)_3[PO_4]_2 \cdot 3H_2O$
reddle s. ruddle
redeposit/to umlagern, wieder ablagern, wieder absetzen (durch Wasser)
redeposition Umlagerung f, Wiederablagerung f, Wiederausfällung f (durch Wasser)
redingtonite Redingtonit m, $(Fe, Mg, Ni)(Cr, Al)_2[SO_4]_4 \cdot 22H_2O$
redistribute/to umlagern (durch Wind)
redistribution Umlagerung f (von chemischen Elementen)
~ **of land** Flurneugestaltung f
~ **of stresses** Spannungsumlagerung f
redledgeite Redledgeit m, $(Mg, Ca, OH, H_2O)[(Ti, Cr, Si)_8O_{16}]$
Redlichiid Realm Redlichia-Reich n (Paläobiogeografie, Unterkambrium)
redondite Redondit m (Fe-haltiger Variscit)
redox potential Redoxpotential n
redrilling Nachbohren n
redruthite s. chalcocite
redstone roter Sandstein m (Handelsbezeichnung)
reduce/to reduzieren; teilen (Proben)
~ **by quartering** vierteln
~ **in scale** im Maßstab verkleinern
reduced angle of draw reduzierter Grenzwinkel m
~ **gravity values** reduzierte Schwerewerte mpl
~ **limb** ausgequetschter, reduzierter Mittelschenkel m
~ **scale** 1. verkleinerter Maßstab m; 2. reduzierte Laufzeitkurve f
~ **thickness** reduzierte Mächtigkeit f
~ **travel time** reduzierte Laufzeit f (Seismik)
reducing agent Reduktionsmittel n
~ **environment** reduzierendes Milieu n
~ **flame** Reduktionsflamme f
~ **zone** Reduktionszone f, Zementationszone f (Erz)
reduction Reduzierung f; Teilung f (von Proben)
~ **fissure** Schwundriß m
~ **of cross section** Querschnittsverminderung f, Einschnürung f

~ of load Entlastung f
~ sphere Bleichungshof m (im Sediment)
~ to the pole Polreduktion f (Magnetik)
redundance Redundanz f, Weitläufigkeit f
reduzate in reduzierendem Milieu gebildetes Sediment n
reed 1. Schilf[rohr] n; 2. schichtparallele Klüftigkeit f; Querkluft f, Schlechte f
~ peat Rohrtorf m
~ swamp Schilfröhricht n
reedmergnerite Reedmergnerit m, $NaBSi_3O_8$
reedy coal s. banded coal
~ margin Schilfrand m (eines Sees)
reef 1. Riff n; Felsenklippe f, Schäre f; 2. goldführender Quarzgang m; 3. Reef n (bauwürdig vererzte Konglomeratlagen); 4. schiefrige Zone f
~ builder Riffbild[n]er m
~-building riffbildend
~-building coral riffbildende Koralle f
~ conglomerate s. ~ talus
~ coral Riffkoralle f
~ core Riffkern m
~ drive Deckgebirgseinschnitt m (über Goldseifen)
~ edge Riffrand m
~ facies Riffazies f
~-flank bedding Riffflankenschichtung f
~ flank deposit s. ~ talus
~ flat Rifffläche f, Riffplatte f
~ formation Riffbildung f
~ former Riffbild[n]er m
~-forming riffbildend
~-knoll Bioherm n, Kuppenriff n, Fleckenriff n
~ limestone Riffkalkstein m
~ milk Riffmilch f (Kalkschlamm)
~ of algal growth Algenriff n
~ ring s. atoll
~ shoal Seeklippe f
~-slope bedding Übergußschichtung f (Riff)
~ talus Riffschuttschichten fpl am seeseitigen Riffrand
~ tufa Rifftuff m (Ablagerung nadliger Kalzitkriställchen im biogenen Riffgerüst)
~-type reservoir Riffspeicher m
~ wall Riffmauer f
~ wash goldhaltige glazigene Sedimente npl
reefal zum Riff gehörig
reefing Abbau m von Goldquarzgängen
reeflike riffartig
reefy riffig
reel Trommel f, Seiltrommel f
~ truck Kabelwagen m (Seismik)
reemergence Wiederauftauchen n (von Land)
reentrant Einbuchtung f
~ angle einspringender Winkel m
reentry 1. Wiedereintritt m, Eintauchen n; 2. Wiedereinführung f (des Gestänges in das Bohrloch auf dem Meeresboden)
~ stress Eintauchbeanspruchung f
reerosion Wiederabtragung f, wiederholte Erosion f

reestablish/to entzerren (Luftbildaufnahme)
reexpose/to wiederfreilegen
reexposure Wiederfreilegung f
reference datum Bezugsniveau n
~ field Bezugsfeld n; Normalfeld n
~ horizon Leithorizont m
~ locality Typuslokalität f, locus typicus m
~ meridian Nullmeridian m
~ point Bezugspunkt m
~ sample Vergleichsprobe f
reficite Refizit m, $C_{20}H_{32}O_2$
refikite fossiles Harz n (in Braunkohle)
refill/to verfüllen, einfüllen
refilling Verfüllung f, Einfüllung f
refining Raffinieren n, Raffination f
reflectance Reflektanz f, Reflexionsvermögen n
reflected light reflektiertes Licht n, Auflicht n
~ refraction reflektierte Refraktion f (Seismik)
~ wave reflektierte (zurückgeworfene, rücklaufende) Welle f
reflecting horizon Reflektor m, Reflexionshorizont m
~ power Reflexionsvermögen n
reflection Reflexion f, Spiegelung f; reflektiertes Licht n, Auflicht n
~ arrival time at zero offset 1. Laufzeit f der Reflexion am Schußpunkt; 2. Lotzeit f
~ coefficient Reflexionskoeffizient m
~ curve Laufzeitkurve f einer Reflexion
~ factor Reflexionsvermögen n
~ measurements Reflexionsmessungen fpl
~ of seismic wave Reflektierung f der seismischen Welle
~ plane Spiegelungsfläche f (von Kristallen)
~ pleochroism Reflexionspleochroismus m
~ seismic technique Reflexionsseismik f
~ shooting Reflexionsschießen n (Seismik)
~ sounding Echolotung f
~ time Lotzeit f
reflectivity Reflexionsvermögen n
~ measurement on coking coals [optische] Reflexionsmessung f an Kokskohlen
~ of vitrinite Reflexionsvermögen n des Vitrinits (optische Größe zur Kennzeichnung des Inkohlungsgrads)
reflectogram Reflektogramm n (grafische Darstellung der optisch bestimmten Reflexionswerte von Kohlenvitriniten)
reflectometry Reflexionsmessung f
reflexed fold s. overturned fold
reflux Rückfluß m, Ebbe f
refolded fold wiedergefaltete Falte f
refolding wiederholte Faltung f
refoliation Sekundärschieferung f, zweite Schieferung f
reforest/to aufforsten
reforestation Aufforstung f
reforming of natural gas Reforming n, Spaltung f von Erdgas
refract/to brechen
refracted wave gebrochene Welle f

refraction

refraction Brechung f, Refraktion f
~ correction Refraktionsberichtigung f
~ index Brechungsindex m
~ marker Refraktionshorizont m (Seismik)
~ of light Lichtbrechung f
~ profile Refraktionsprofil n
~ seismic profiling refraktionsseismische Profilaufnahme f
~ seismics Refraktionsseismik f
~ shooting Refraktionsschießen n
~ time-distance graph refraktionsseismische Laufzeitkurve f
~ wave Refraktionswelle f, Tauchwelle f
refractive [strahlen]brechend
~ index Brechungsindex m, Brechungsexponent m
refractivity Brechungsvermögen n, Brechungskraft f; Lichtbrechung f
refractor s. refraction marker
refractories feuerfeste Materialien npl
refractory clay feuerfester Ton m, Schamotteton m
~ ore strengflüssiges (schwer aufschließbares) Erz n (muß vor der Aufbereitung geröstet werden)
refrangibility Brechungsvermögen n, Brechungskraft f
refreezing Wiedergefrieren n
refrigerate/to [ab]kühlen, zum Gefrieren bringen
refringence, refringency Brechungsvermögen n, Brechungskraft f; Lichtbrechung f
refringent licht[strahlen]brechend
Refugian [Stage] Refugien n (marine Stufe, oberes Eozän in Nordamerika)
refuse Berge pl
~ dump Bergehalde f
~ extractor Bergeaustrag m
~ heap Bergehalde f
~ rocks Berge pl, taubes Gestein n
~ tip Bergehalde f
refusion Anatexis f
reg mit kleinen Geröllen gespickte Wüstenoberfläche f
regard Faltenvergenz f (Tektonik)
regelation Regelation f, Schmelzen n und Wiedergefrieren n, Wiederzusammenfrieren n
regenerated anhydrite durch Gipsdehydratation entstandener Anhydrit m
~ mud wiederaufbereitete Spülung f
regeneration Regeneration f
~ of well Brunnenregenerierung f
regime equation Wasserhaushaltsgleichung f
regimen 1. Wasserhaushalt m (eines Flusses); 2. Materialbilanz f
~ of a glacier Gletscherhaushalt m
region Region f, Gebiet n, Bereich m, Zone f; Region f (Paläobiogeografie)
~ of denudation Abtragungsgebiet n
~ of disturbance Erschütterungsgebiet n, Schüttergebiet n
~ of melting Abschmelzgebiet n

290

~ of saturation Sättigungsgebiet n
~ of seismic disturbance s. ~ of disturbance
regional regional
~ earthquake Flächenbeben n
~ evaporation Gebietsverdunstung f
~ geological conditions regionalgeologische Verhältnisse npl
~ geology Regionalgeologie f
~ gravity map Karte f der regionalen Schwere
~ mapping regionale Kartierung f
~ metamorphic rocks regionalmetamorphe Gesteine npl
~ metamorphism Regionalmetamorphose f
~ planning Landesplanung f
~ precipitation (rainfall) Gebietsniederschlag m
~ tectonics regionale Tektonik f
~ trend regionaler Trend m
~ unconformity Regionaldiskordanz f
regionalized variable regionalisierte Variable f (von Matheron geprägter Begriff für eine ortsabhängige, auf einem Raumelement definierte Zufallsvariable)
registering Registrierung f
~ apparatus Registriergerät n
~ arrangement Registriervorrichtung f
registration Registrierung f
~ accuracy Paßgenauigkeit f (von Fernerkundungsaufnahmen)
~ paper Registrierpapier n
~ sheet Registrierstreifen m
regolith Regolith m, Lockerboden m, Verwitterungsboden m, Schuttdecke f, Verwitterungsmantel m
regosol Sandboden m
regradation Bildung eines neuen Gleichgewichtsniveaus zwischen Abtragung und Sedimentation nach einer Deformation
regression Regression f
~ line Regressionslinie f (Wasser)
~ of the sea Meeresregression f
regressive regressiv
~ overlap s. off-lap
~ ripples regressive Rippeln fpl
~ sand wave regressive Sandwelle f
regrind/to nachschleifen
regrind Nachschliff m
regroup/to umgliedern, umlagern
regrouping Umgliedern n, Umlagerung f
regular regulär
~ progressive overlap allmähliches Übergreifen n [mariner Schichten]
~ subsidence gleichmäßige Absenkung f
~ system reguläres (kubisches) System n
regulated flow regulierte Strömung f, Abfluß m nach der Regulierung
regulation of a river Flußregulierung f
~ of torrents Wildbachverbauung f
rehabilitation water ausgetriebenes (ausgepreßtes) Wasser n
reid ridges parallele Bänder npl (im Eis)
reinerite Reinerit m, $Zn_3[AsO_3]_2$

reinite Reinit *m (Ferberit pseudomorph nach Scheelit)*
reinjection Reinjektion *f*, Wiedereinpressen *n*
reinvasion of the sea Wiederhereinbrechen *n* der See, Wiedereinbruch *m* des Meeres
reinvigorate/to sich verjüngen *(Fluß)*
reinvigoration Verjüngung *f (eines Flusses)*
rejection stone Rohdiamant *m* mit zahlreichen Einschlüssen
rejects Überlauf *m*; Berge *pl*
rejuvenate/to sich verjüngen *(Fluß)*
~ **a producer** eine Fördersonde wieder beleben
rejuvenated neubelebt; verjüngt
~ **river** verjüngter Fluß *m*
~ **water** verjüngtes (ausgetriebenes) Wasser *n*
rejuvenation Rejuvenation *f*; Verjüngung *f*; Neuaktivierung *f*; Wiederaufleben *n*
~ **of crystals** Rekristallisation *f*
rejuvenescence Verjüngung *f (eines Flusses)*
related rocks verwandte Gesteine *npl*
relative altitude relative Höhenlage *f*
~ **chronology** relative Zeitbestimmung *f*
~ **evaporation** Verhältnis *n* des gemessenen Evaporationsbetrages zur potentiell möglichen Evaporation
~ **mobility** relative Beweglichkeit *f*
~ **permeability** relative Permeabilität (Durchlässigkeit) *f*
~ **retardation** Wegdifferenz *f*, Gangunterschied *m (von Strahlen)*
~ **retardation of optical path** optischer Gangunterschied *m*
~ **rock bleeding** spezifische Wasserabgabefähigkeit *f*
~ **sunspot number** relative Sonnenfleckenzahl *f*
relaxation Relaxation *f*, Entlastung *f*, Erschlaffung *f*, Entspannung *f*
~ **joint** Entspannungskluft *f*
~ **method** Entlastungsmethode *f*
~ **of internal stresses** Auslösung *f* innerer Spannungen
~ **time** Relaxationszeit *f*
relaxed entlastet, erschlafft, entspannt
release pressure/to Druck ablassen
~ **stresses** Spannungen auslösen
release Freisetzung *f*, Auslösung *f*, Entlastung *f*, Entweichen *n*, Freiwerden *n*
~ **joint** Entlastungskluft *f*
~ **of internal stresses** Auslösung *f* innerer Spannungen
~ **of pressure** Druckentlastung *f*
released gas freigewordenes Gas *n*
releasing overshot lösbare Fangglocke *f (Tiefbohrung)*
~ **spear** lösbarer Fangdorn *m (Tiefbohrung)*
reliable sample zuverlässige Probe *f*
relic Überrest *m*, Relikt *n*
~-**bearing** fossilführend
~ **lake** Restsee *m*
~ **structure** Reliktgefüge *n*

relict Relikt *n (meist biologisch)*
~ **fauna** Reliktfauna *f*
~ **flora** Reliktflora *f*
~ **mountain** *s.* monadnock
reliction Regression *f*
relief 1. Relief *n*; 2. Entlastung *f*
~ **displacement** radialer Versatz *m* von Bildpunkten
~ **features** Höhengestaltung *f*
~ **from pressure** Druckentlastung *f*
~ **intensity** Reliefenergie *f*
~ **inversion** Reliefinversion *f*, Reliefumkehr *f*
~ **map** Reliefkarte *f*
~ **mould** erhabener Abguß *m*
~ **of load** Entlastung *f*
~ **of stress** Spannungsauslösung *f*
~ **ratio** Reliefenergie *f*
~ **unconformity** Reliefdiskordanz *f*
~ **well** Entlastungsbrunnen *m*
relieve/to entspannen
reliquiae organische Überbleibsel *npl*
Relizian [Stage] Relizien *n (marine Stufe, unteres Miozän in Nordamerika)*
remainder Rest *m*
remaining gases Gasreste *mpl*
remains of organism Organismenreste *mpl*
remanence *s.* remanent magnetization
remanent magnetization bleibende Magnetisierung *f*
remanié umgelagertes Fossil *n*
~ **glacier** *s.* recemented glacier
remedial water Heilwasser *n*
remelt/to umschmelzen, wiederaufschmelzen
remelting Umschmelzung *f*, Wiederaufschmelzung *f*
remineralization Ummineralisation *f*, Ummineralisierung *f*
remission Remission *f*, Rückstrahlung *f (meist nur eines Teils der zuvor empfangenen Strahlung)*
remnant Rest *m*, Überbleibsel *n*
~ **of denudation** Denudationsrelikt *n*
remote and inaccessible area abgelegenes und unzugängliches Gebiet *n*
~ **from the coast** küstenfern
~ **measurement device** Fernmeßgerät *n*
~ **reference method** zwei-Stationen-Vergleichsmethode *f*
~ **sensing** Fernerkundung *f*, Fernbeobachtung *f*
~ **sensor** Fernerkundungsaufnahmegerät *n*
removal Entfernung *f*, Beseitigung *f*, Abtransport *m*; Abtragung *f*
~ **of debris (overburden)** Abraumbeseitigung *f*
removable well damage auflösbare Bohrlochverstopfung *f*
remove/to entfernen, beseitigen, abtransportieren, abtragen
~ **a core from the barrel** einen Kern aus dem Kernrohr herausnehmen
renardite Renardit *m*, $Pb[(UO_2)_4|(PO_4)_2] \cdot 8H_2O$
rendzina Rendzina *f*, Kalkschwarzerde *f*

renewed

renewed fault wiederaufgelebte Verwerfung *f*, wiederbelebte Störung *f*
~ **faulting** wiederholte Bruchbildung *f*
reniérite Reniérit *m*, $Cu_3(Fe, Ge)S_4$
reniform nierenförmig, nierig
rent Bruch *m*, Kluft *f*, Spalte *f*, Riß *m*
reomorphism Reomorphismus *m*
reopened vein wiedereröffneter Gang *m*
reorientation Umorientierung *f*
repeated reflections multiple Reflexionen *fpl (Seismik)*
~ **twinning** Wiederholungsverzwillingung *f*
~ **twins** Viellinge *mpl*
repel/to abstoßen
repetition of beds Schichtenverdopplung *f*, Schichtenwiederholung *f (an einer Verwerfung)*
repetitive bedding Repetitionsschichtung *f*
~ **coverage** Wiederholungsüberdeckung *f (des gleichen Gebietes durch Fernerkundungsaufnahmen)*
~ **fault** Repetitionsverwerfung *f*
~ **stress** Schwellast *f*
Repettian [Stage] Repettien *n (Stufe des Pliozäns)*
replace/to ersetzen, auswechseln, verdrängen, substituieren *(Metasomatose)*
replacement Ersatz *m*, Auswechslung *f*, Verdrängung *f*, Metasomatose *f*, Substitution *f*
~ **body** Verdrängungskörper *m (Metasomatose)*
~ **deposit** Verdrängungslagerstätte *f*, metasomatische Lagerstätte *f*
~ **ore deposit** Verdrängungserzlagerstätte *f*
~ **reaction** Austauschreaktion *f*
~ **remnants** Verdrängungsreste *mpl*
~ **vein** Verdrängungsgang *m*
~ **zoning** Verdrängungszonung *f*
replacing of the fauna Erneuerung *f* der Fauna
replenish/to anreichern *(Grundwasser)*
replenishment Anreicherung *f (von Grundwasser)*
replica Oberflächenabdruck *m*
repose imprint Liegemarke *f (eines Tieres)*
~ **period** Ruheperiode *f (eines Vulkans)*
reprecipitation Wiederausfällung *f*
representative fraction Kartenmaßstab *m (Distanzverhältnis zweier Punkte auf der Karte und im Gelände)*
~ **sample** repräsentative Probe *f*
~ **species** vikariierende Art *f*
repressure line Rückführungsleitung *f*, Einpreßleitung *f (Erdöl- oder Erdgasgewinnung)*
repressuring Gastriebverfahren *n*, Gaseinpressung *f (zur Erhaltung des Lagerstättendrucks)*
reproducible sample reproduzierbare Probe *f*
reproductive organs Reproduktionsorgane *npl*, Fortpflanzungsorgane *npl*
~ **sac** *s.* gonophore
reptile Reptil *n*

292

requirement for deposits Lagerstättenkondition *f*
resaca ein schmales Meandertal ausfüllender See
resample Veränderung *f* in der Werteauswahl *(Seismik)*
resampling neue Probenahme *f*
resedimented rock 1. Gestein *n* aus resedimentiertem Material; 2. Turbidit *m*
resequent fault-line scarp Verwerfungsstufe, bei der der gehobene Flügel auch topografisch höher liegt
~ **valley** resequentes Tal *n*
reserve calculation Vorratsberechnung *f*
~ **estimate** Reserveschätzung *f*
~ **zone** Schongebiet *n*, Schutzgebiet *n (Grundwasser)*
reserves Vorräte *mpl (einer Lagerstätte)*
reservoir 1. Stausee *m*; 2. Erdölspeicher *m*; Erdgasspeicher *m*
~ **bed** Speicher *m*, Träger *m (im Sinne von Ölträger, Wasserträger)*
~ **capacity** Speicherkapazität *f*, Speichervolumen *n*
~ **conditions** Lagerungsbedingungen *fpl (des Speichers)*
~ **energy** Lagerstättenenergie *f*
~ **engineering** Reservoirmechanik *f*
~ **fluid** Speicherflüssigkeit *f*
~ **grid** Reservoirgitternetz *n*
~ **heterogeneities** Reservoirheterogenitäten *fpl*
~ **hold-out** Speicherverbreitung *f*
~ **limit test** Reservoirabgrenzungstest *m*
~ **mechanics** Reservoirmechanik *f*
~ **model** Speichermodell *n*
~ **parameter identification** Speichereigenschaftserkennung *f*
~ **performance** Abbauverlauf *m (für Erdöl und Erdgas)*
~ **pressure** Lagerstättendruck *m*, Speicherdruck *m*
~ **rock** Speichergestein *n*, Trägergestein *n*
~ **seal** Speicherabdeckung *f*
~ **sedimentation** Lagerstättenbildung *f (Grundwasserleiter)*
~ **simulator** Speichermodell *n*
~ **storage** Speichervolumen *n*; Lagerstättenvorrat *m (bei Grundwasser)*
~ **stratum** Speicherschicht *f*
~ **trap** tektonische Falle *f (in einem Speicher)*
~ **voidage** effektives Porenvolumen *n (des Speichers)*
residence time Verweilzeit *f (radioaktiver Produkte)*
residential area Wohngebiet *n*
residual übrigbleibend, remanent, eluvial, Rest...
residual Rest *m*, Restfeld *n*, Residuum *n*; Restzeit *f*; Residual *n*
~ **anticlines** antiklinale Lagerung *f* zwischen den Randsenken zweier Salzstöcke

resolving

~ **bond** Van-der-Waalssche Bindung f
~ **boulder** autochthoner Verwitterungsrestblock m
~ **butte** Restberg m
~ **clay** Verwitterungston m, Rückstandston m
~ **clay soil** toniger Rückstandsboden m
~ **deformation** bleibende Verformung f
~ **deposit** Residuallagerstätte f
~ **detritus** Verwitterungsschutt m
~ **disturbance** Reststörung f, Restfeld n
~ **domes** s. ~ anticlines
~ **earth** s. ~ soil
~ **enrichment** Residualanreicherung f
~ **erosion surface** Restabtragungsfläche f
~ **glacier** Restgletscher m
~ **gravity** Restschwere f (nach Abzug der Korrekturen in der Gravimetrie)
~ **hill** Restberg m, Resthügel m
~ **hoop stress** tangentiale Restspannung f
~ **lake** Restsee m
~ **liquor** magmatische Restlösung f
~ **loam** Verwitterungslehm m
~ **magma** Restmagma n
~ **magnetism** Restmagnetismus m
~ **magnetization** remanente Magnetisierung f, Restmagnetisierung f
~ **melt** Restschmelze f
~ **mountain** Restberg m
~ **oil** nicht gewinnbares Restöl n (einer Lagerstätte)
~ **ore deposit** Residualerzlagerstätte f, Trümmererzlagerstätte f
~ **orientation** Restregelung f (Tektonitgefüge)
~ **phosphatic deposit** Phosphatverwitterungslagerstätte f
~ **pore pressure** zurückbleibender Porenwasserdruck m
~ **pore water** Porenrestwasser n
~ **product** Verwitterungsprodukt n
~ **radiation** Reststrahlung f
~ **saturation** Restsättigung f (an Erdöl)
~ **sediment** Restsediment n
~ **shear strength** Restscherfestigkeit f
~ **soil** Verwitterungsboden m, Eluvialboden m, Rückstandsboden m, Ortsboden m
~ **solution** Restlösung f
~ **stress** Restspannung f, latente Spannung f
~ **water** 1. Restwasser n, Haftwasser n; 2. Abwasser n
~ **water content** Restwasseranteil m
residualize/to das Restfeld bestimmen
residuary eluvial
residue Rückstand m, Überrest m
~ **of weathered rocks** Verwitterungsrückstand m
~ **on evaporation** Abdampfrückstand m
residuum 1. Residuat n; 2. Rückstand m, Residuum n (Erdöl); 3. s. residue
resilication Resilifizierung f
resin Harz n
~**-bedded roof bold** Klebeanker m
~ **[canal] casts**, ~ **fibrils** s. ~ rodlets 1.

~ **jack** Honigblende f (gelbe Varietät von Zinkblende)
~ **needles** s. ~ rodlets 1.
~ **rodlets** 1. Harzkörper mpl; 2. Resinit m
~ **rods** s. ~ rodlets 1.
~ **tiff** hell gefärbte Zinkblende f (s.a. sphalerite)
resinaceous s. resinous
resinification Harzbildung f
resinite Resinit m (Kohlenmaceral)
resinlike harzartig
resinous harzig
~ **bands** lagenförmige Harzanreicherungen fpl im Kohlenflöz
~ **bodies (components, constituents)** s. ~ rodlets 1.
~ **mineral** harzartiges Mineral n
~ **tar** Harzteer m
resist/to widerstehen, aushalten; aufnehmen (Kraft); abfangen (Druck)
resistance modulus Steifeziffer f (des Bodens)
~ **network** Widerstandsnetzwerk n
~ **quotient of rock block system** Widerstandsziffern fpl des Kluftkörperverbandes
~ **to creep** Kriechfestigkeit f
~ **to crushing** Druckfestigkeit f (von Gesteinen)
~ **to flow** Fließwiderstand m
~ **to fluid flow** Strömungswiderstand m (als Vorgang)
~ **to impact** Schlagfestigkeit f, Stoßwiderstand m
~ **to polish** Schleifhärte f
~ **to scratching** Ritzhärte f
~ **to wear** Verschleißfestigkeit f
~ **to yield** Einsinkwiderstand m, Einschubwiderstand m
resistant widerstandsfähig
~ **masses** starre Massive npl
~ **to bending** biegesteif
~ **to weathering** verwitterungsfest
resistivimeter Widerstandsmeßgerät n
resistivity elektrischer Eigenwiderstand m (z.B. eines Horizonts); spezifischer [elektrischer] Widerstand m
~ **curve** Widerstandskurve f
~ **departure curves** Kurven fpl bei der elektrischen Bohrlochmessung
~ **gradient** Widerstandsgradient m
~ **log** Widerstandslog n
~ **method** Widerstandsverfahren n
~ **micrologging** Mikrolog n (Widerstandsverfahren)
~ **of wetting** Benetzungswiderstand m
~ **prospecting** Prospektieren n durch Widerstandsmessungen
~ **survey** Widerstandsmessung f
resolidification Wiederverfestigung f
resolidify/to wiederverfestigen
resolution Auflösung f
resolving power Auflösungsvermögen n (eines Mikroskops)

resorption 294

resorption Auflösung f, Resorption f
~ rim Umwandlungssaum m (bei Mineralen im Schliff)
resources Ressourcen fpl, Vorräte mpl (eines Lagerstättenbezirks)
~ survey Ressourcenerkundung f
resplendent mit Brillantglanz scheinend; sehr hell
responds Halbboudinkörper mpl
responsitivity Reaktionsvermögen n (z.B. eines Sensors)
rest magma Restmagma n, magmatische Restlösung f
~ move-out Restmoveout n (nach Abzug des normalen Moveout)
~ of the melt Restschmelze f
resting trace Ruhespur f (Ichnologie)
restite Restit m, Rückstandsgestein n
restitution from air photographs Luftbildauswertung f
restocking Aufforstung f
restore/to restaurieren
restricted basin durch Flachwasserzonen begrenztes marines Becken n
~ movement Gesteinsverformung f mit Minerallängung in b
restriction of production Produktionseinschränkung f
resue/to freilegen (einen Gang vom Nebengestein)
resurgence Wiederaustritt m (eines versiegten Flusses)
resurgent resurgent
~ gases durch Assimilation freigesetzte Gase npl
~ vapours durch magmatische Wärme verdampftes Grundwasser n
~ water durch magmatische Wärme aus hydratisierten Gesteinen ausgetriebenes Wasser n
resurrected regeneriert
~ stream [periodisch] wiederkehrender Fluß m
retained water Haftwasser n
retainer 1. undurchlässiges Gestein n; 2. Zementierpacker m
retaining basin Rückhaltebecken n, Hochwasserrückhaltebecken n
~ dam Staudamm m, Stauwehr n
~ sluice Stauschleuse f
~ wall Staumauer f, Böschungsmauer f
~ weir Stauwehr n, Staudamm m
retardancy of grassed waterways Rückhaltevermögen n der Grasnarbe
retardation Verzögerung f
~ basin Rückhaltebecken n, Hochwasserrückhaltebecken n
~ of earth' rotation Verzögerung f der Erdrotation
~ time Retardationszeit f
retarded flow verzögerte Strömung f
retarder Abbindeverzögerer m (Bohrlochzementierung)
retention Retention f, Rückhaltevermögen n

~ basin Rückhaltebecken n, Hochwasserrückhaltebecken n
~ force Haftvermögen n, Wasserhaltevermögen n
~ period Verweildauer f
~ storage Rückhaltevolumen n
~ water Haftwasser n
retentive power Wasserhaltevermögen n, wasserbindende Kraft f (eines Bodens)
retgersite Retgersit m, α-Ni[SO$_4$]·6H$_2$O
reticular netzförmig, netzartig, Netz...
~ density Netzdichte f, Packungsdichte f
~ structure Gitterstruktur f
reticulate netzförmig, retikuliert
~ fibrous structure verworrenfasriges Gefüge n
reticulated netzförmig, retikuliert
~ smaltite gestrickter Speiskobalt m, CoAs$_3$
~ structure Maschentextur f, Netztextur f
~ vein Gang m aus netzförmigen Trümern
reticulation gitterartige Skulptur f (bei Fossilien)
reticulite basaltischer Bimsstein m
retinasphalt[um] Retinasphalt n (fossiles Harz)
retinic uranium Pechuran n (s.a. uraninite)
retinite Retinit m (Sammelname für bernsteinartige Harze)
retort brown coal Schwelbraunkohle f
~ graphite Retortengraphit m
retreat/to zurückweichen, zurücktreten (Gletscher)
retreat Zurückverlegung f, Zurückweichen n, Rückgang m, Rückzug m (eines Gletschers)
~ of the coast Zurückweichen n der Küste
~ of the ice Eisrückzug m
~ of the sea Meeresrückgang m
retreatal moraine Rückzugsmoräne f (der letzten Vereisung); Moräne f einer Eisstillstandslage
retrievable ausbaubar (z.B. Gestänge)
~ core barrel ausbaubares Kernrohr n, Seilkernrohr n
retrieve/to wiedergewinnen (Ausbau, Verrohrungen)
retrograde boiling retrogrades Sieden n
~ condensation retrograde Kondensation f
~ metamorphism s. retrogressive metamorphism
retrogressive rückgreifend, rückschreitend
~ erosion rückschreitende Erosion f
~ metamorphism regressive (retrograde, rückläufige) Metamorphose f, Retrometamorphose f, Diaphthorese f
return air Abwetter pl
~-beam vidicon modifizierte Vidicon-Fernsehkamera für Fernsehaufnahmen höchster Auflösung; wird in der Satellitenfernerkundung eingesetzt
~ flow Rückfluß m (von überschüssigem Beregnungswasser in den Vorfluter)
returned fold Tauchfalte f
returns Bohrgut n, Bohrschmant m, Bohrmehl n

~ **of a mine** Ausbeute *f*
retzian Retzian *m (Y-, Mn-, Ca-Arsenat)*
reuplift Wiederanstieg *m (des Grundwasserspiegels)*
revaporization Rückverdampfung *f (Kondensat)*
reveal/to freilegen, bloßlegen, aufdecken, abdecken
revelation Freilegung *f*, Bloßlegung *f*, Aufdeckung *f*, Abdeckung *f*
reverberation multiple Reflexion *f* einer seismischen Welle zwischen zwei Schichten
reversal dip entgegengesetztes Einfallen *n*
~ **fault** *s.* reverse fault
~ **of dip** Wechsel *m* im Einfallen
~ **of polarity** Umkehrung *f* der Polarität
~ **of slope** Gegenhang *m*
~ **of the earth's magnetic field** Umkehrung *f* des Erdmagnetfeldes
reverse umgekehrt, gegensinnig, widersinnig, invers
~ **branch** rückläufiger Ast *m (einer Laufzeitkurve)*
~ **by-passing** Sedimentationsumkehr *f (wenn Grobkorn weiter als Feinkorn transportiert wird)*
~ **circulation** Linksspülen *n*, Gegenspülen *n (des Bohrlochs)*
~ **circulation drilling** Bohren *n* mit Umkehrspülung
~ **control** Gegenschießen *n (Seismik)*
~ **drag** umgekehrte Schleppung *f*
~ **fault** gegensinnige (antithetische) Verwerfung *f*, widersinnig einfallende Störung *f*
~ **flowage fold** Falte *f* mit verdicktem Scheitel und ausgedünnter Mulde
~ **magnetization** reverse Magnetisierung *f*
~ **position** umgekehrte (inverse) Lagerung *f*
~ **rotary drilling** Bohren *n* mit Umkehrspülung
~ **similar fold** Falte *f* mit verdickten Flanken und ausgedünntem Scheitel
~ **travel time curve** rückläufige Laufzeitkurve *f*
~ **wind** Gegenwind *m*
reversed überkippt
~ **circulation [of the mud]** umgekehrter Spülungsumlauf *m*, indirekte Spülung *f*, Verkehrtspülung *f*
~ **dip** entgegengesetztes Einfallen *n*
~ **fault** widersinnige (antithetische) Verwerfung *f*
~ **fold fault** Faltenverwerfung *f*, Faltenwechsel *m*, Überschiebungsfalte *f*
~ **gradient** rückläufiges Gefälle *n*
~ **limb** liegender (verkehrter) Schenkel *m (einer Falte)*
~ **magnetization** umgekehrte Magnetisierung *f*
~ **order** inverse Lagerung *f*
~ **refraction method** Gegenschußverfahren *n*
~ **rocks** umgekehrt magnetisierte Gesteine *npl*
~ **stratigraphical sequence** umgekehrte Schichtenfolge *f*
reversible magnetization umkehrbare Magnetisierung *f*

revetment Futtermauer *f*, Uferschutzschicht *f*
~ **of the banks** Uferschutz *m*
review Überarbeitung *f (Neuinterpretation von Messungen)*
revival Verjüngung *f (eines Flusses)*
revive/to [sich] verjüngen *(Fluß)*
revived wiederbelebt
~ **fault** wiederaufgelebte Verwerfung *f*, wiederbelebte Störung *f*
~ **faulting** wiederbelebter Bruch *m*
~ **river** verjüngter Fluß *m*
revolution 1. Zeitabschnitt *m* mit kräftiger Krustendeformation; 2. jährliche Umdrehung *f (Erde)*
~ **counter** Drehzahlmesser *m*, Tachometer *n*
~ **ellipsoid** Rotationsellipsoid *n*
~ **of earth** Erdumlauf *m*
~ **spheroid** Rotationssphäroid *n*
revolving stage Drehtisch *m*, Objekttisch *m (Mikroskopie)*
rewdanscite Rewdanskit *m (Varietät von Antigorit)*
rework/to aufarbeiten; umgestalten
reworked fossils umgelagerte Fossilien *npl (Fossilien auf sekundärer Lagerstätte)*
~ **loess** Schwemmlöß *m*, umgelagerter Löß *m*
reworking Aufarbeitung *f*, Umgestaltung *f*
reyerite Reyerit *m*, $Ca_2[Si_4O_{10}] \cdot H_2O$
Reynolds number Reynoldssche Zahl *f*
rézbányite Rézbányit *m*, $3PbS \cdot Cu_2S \cdot 5Bi_2S_3$
rhabdite Rhabdit *m*, $(Ni, Fe)_3P$ *(Meteoritenmineral)*
rhabdophanite Rhabdophan *m*, $Ce[PO_4] \cdot 1/2 H_2O$
Rhaetian [Stage] Rät *n (Stufe der Trias)*
Rhaetic [Stage] *s.* Rhaetian
rhaeticite Rhätizit *m (gelbliche Varietät von Disthen)*
rhagite Rhagit *m (s.a.* atelestite)
rhegmagenesis Rhegmagenese *f*
rheid Gesteinskörper *m* mit Fließgefüge
rheidity Fließfähigkeit *f* des Krustenmaterials
Rhenish-Bohemian Subprovince Rheinisch-böhmische Subprovinz *f (Paläobiogeografie, Unter- und Mitteldevon)*
~ **massif** Rheinisches Massiv *n*
~ **trass** Traß *m (fein gemahlener vulkanischer Tuffstein)*
~ **trend** rheinische Streichrichtung *f*
Rheno-Hercynian zone Rhenoherzynische Zone *f*, Rhenoherzynikum *n*
rheological rheologisch
~ **properties** rheologische Eigenschaften *fpl*
rheology Rheologie *f*, Fließkunde *f*, Fließlehre *f*
rheomorphic folds rheomorphe Falten *fpl (Fließ-Scherfalten in plastischen Gesteinen wie Salz und Migmatiten)*
rheomorphism Rheomorphose *f*
Rhine Graben Rheintalgraben *m*
rhizocretion konkretionäre Bildung *f* um Wurzeln
rhodesite Rhodesit *m*, $KNaCa_2[H_2Si_8O_{20}] \cdot 5H_2O$

rhodite 296

rhodite Rhodit m (natürliche Au-, Rh-Legierung)
rhodium Rhodium n, Rh
~ **gold** s. rhodite
rhodizite Rhodizit m, $KNaLi_4Al_4[Be_3B_{10}O_{27}]$
rhodochrosite Rhodochrosit m, Manganspat m, Himbeerspat m, $MnCO_3$
rhodolite Rhodolith m (knollenförmige Kalkbildung durch Algen)
rhodonite Rhodonit m, Kieselmanganerz n, $CaMn_4[Si_5O_{15}]$
rhomb Rhombus m
~-**porphyry** Rhombenporphyr m
~ **spar** s. dolomite
rhombic[al] rhombenförmig, rhombisch
~ **dodecahedron** Rhombendodekaeder n
~ **mica** s. phlogopite
rhomboclase Rhomboklas m, $FeH[SO_4]_2 \cdot 4H_2O$
rhombododecahedron Rhombendodekaeder n
rhombohedral rhomboedrisch
~ **cleavage** rhomboedrische Spaltbarkeit f
~ **iron ore** s. 1. haematite; 2. siderite
~ **system** rhomboedrisches (trigonales) System n
rhombohedron Rhomboeder n
rhomboid Rhomboid n
~ **ripple marks** rhombenförmige Rippelmarken fpl
rhomboidal rhomboidisch, rautenförmig
Rhuddanian [Stage] Rhuddenium n (basale Stufe des Llandovery)
rhumbs Rautenböden mpl
rhums bituminöser Schiefer m (Schottland)
rhyacolite s. sanidine
rhyodacite Rhyodazit m
rhyolite Rhyolith m (Ergußäquivalent aplitgranitischer Magmen)
rhyotaxitic rhyotaxitisch (für Fließtextur)
rhythmic rhythmisch
~ **layering** rhythmische [magmatische] Schichtung f
~ **sedimentation** rhythmische Ablagerung f
rhythmite Rhythmit m (Sedimenttyp)
rhythmites feine Wechselschichtung f
ria coast (shore line) Ria[s]küste f
rib 1. Erzader f; 2. Rippe f (aus härterem Gestein)
~-**and-furrow** Schrägschichtungsbögen mpl (bei Sedimentgefügen)
riband jasper s. ribbon jasper
ribbed 1. gerippt; 2. mit Schiefer durchsetzt
~ **coal seam** Kohlenflöz n mit Schieferzwischenlage
ribbon agate Bandachat m
~ **clay** Bänderton m
~ **gneiss** gebänderter Gneis m
~ **injection** Lageninjektion f (in s-Flächen)
~ **jasper** Bandjaspis m (s.a. chalcedony)
~ **structure** Lagentextur f, Bändertextur f
ribboned gebändert
rich fündig, edel
~ **clay** fetter Ton m

~ **ore** hochhaltiges Erz n, Reicherz n, Edelerz n
richellite Richellit m, $Ca_3Fe_{10}[(OH,F)_3(PO_4)_2]_4 \cdot nH_2O$
riches of species Artenreichtum m
richetite Richetit m (Uranmineral)
Richmondian [Stage] Richmond[ien] n (Stufe des Cincinnatiens in Nordamerika)
richmondite Richmondit m, $Al[PO_4] \cdot 4H_2O$
richterite Richterit m, $Na_2Ca(Mg, Fe^{..}, Mn, Fe^{...}, Al)_5[(OH, F)Si_4O_{11}]_2$
rickardite Rickardit m, Cu_3Te_2
riddam durch Eisenhydroxidschlämme rot gefärbtes Wasser
ride over/to sich schieben über
rider kleines Begleitflöz n; eingeklemmte Scholle f; Salband n
ridge 1. Hügelkette f, Bergkette f, Gebirgskette f, Höhenrücken m, Höhenzug m, Joch n, Sattel m, Rippe f, Kamm m; 2. Leiste f (Paläontologie)
~ **fold** langgestreckter Dom m
~ **line** Sattellinie f
~-**pool complex** Strangkomplex m (Moor)
~ **uplift** Sattelbiegung f, Aufsattelung f
ridged ice aufgefaltetes Eis n
~-**up bed** aufgerichtete Schicht f
ridgy kammartig
riebeckite Riebeckit m, $Na_2Fe_3^{..}Fe^{...}_2[(OH, F)Si_4O_{11}]_2$
Riecke's principle Rieckesches Prinzip n
riffle Stromschnelle f
~ **bank (splitter)** Riffelteiler m
rift 1. Rift n, große Horizontalverschiebung f; Spalte f; 2. beste Teilbarkeit n (in Plutoniten); 3. Schnittlinie einer Störungsfläche mit der Oberfläche
~-**block mountain** Horstgebirge f
~ **mountains** Riftgebirge npl, mittelozeanische Gebirgszüge mpl (beiderseits des Scheitelgrabens)
~ **trough** Störungsgraben m
~ **valley** tektonischer (zentraler) Graben m, Grabensenke f, medianer Kammgraben m (innerhalb der mittelozeanischen Schwellen)
~-**valley lake** Grabensee m
~ **zone** Grabengebiet n, Bruchzone f
rifting Bruchspaltenbildung f
rig Bohranlage f
~ **crew** Bohrmannschaft f
~ **helper** Bohrarbeiter m
~-**hour** Maschinenstunde f
~-**month** Maschinenmonat m
~-**shift** Maschinenschicht f
~ **time** Einsatzzeit f des Bohrgeräts
~-**up and rig-down operations** Umbau m, Montage f und Demontage f
rigging-up crew Montagebrigade f
right-angled stream Querfluß m
~-**hand quartz** Rechtsquarz m
~-**hand tributary** rechter Nebenfluß m
~-**handed crystal** rechtsdrehender Kristall m

rigid starr; [biege]steif
~ **crust** starre Kruste f
~ **lava crust** erhärtete Lavakruste f
~ **masses** starre Massive npl
rigidity Righeit f, Starrheit f; Steifheit f
rill 1. Rinnsal n, Runse f, Rille f; Mondfurche f, Mondgraben m
~ **cast** gefurchter Strömungswulst m
~ **erosion** Rinnenerosion f, Rillenspülung f
~ **mark** Rippelmarke f, Kräuselmarke f, Strandrille f, Rieselmarke f, Wellenfurche f
~ **pattern** Rieselmuster n
~-**stones** Rillensteine mpl (Karrenform)
~-**wash[ing erosion]** Rinnenerosion f, Rillenspülung f
rillet Bächlein n
rim Rand m, Saum m
~ **cement** Hüllzement m (optisch gleichgerichteter Zuwachssaum um Kristalle in Sedimentgefügen)
~ **of the crater** Kraterrand m
~ **syncline** Randsenke f, Ringwanne f, Randmulde f (um Salzstöcke)
rima Kluft f, Riß m; Rima f (Rille auf Mars oder Mond)
rime Rauhreif m
rimmed kettle Moränendepression f mit erhöhten Rändern
rimrock 1. Nebengestein n (Salzdom); 2. goldhaltiges Geröll n
rimstone Kalksinter m an Sinterbeckenrändern
~ **bar** Sinterdamm m
~ **pool** Sinterbecken n
rine pan Eindampfpfanne f zur Salzgewinnung
ring dike Ringintrusion f, Ringgang m
~ **fault** kreisförmige Verwerfung f
~ **fracture** Kreisbruch m
~-**fracture intrusion** s. ~ dike
~ **mark** Ringmarke f
~ **ore** Kokardenerz n, Ringelerz n
~ **structure** Ringstruktur f
~ **support** Tragring m
~ **wall** Ringwall m
ringing Widerhall m, Echo n, Hall m (Seismik)
ringwoodite Ringwoodit m (Olivin mit Spinellstruktur)
ringy schwingend, schwingungsartig (Seismik)
rinkite Rinkit m, (Na, Ca, Ce)$_3$(Ti, Ce)[(F, OH, O)$_2$|Si$_2$O$_7$]
rinkolite 1. Rinkolit m (Ce-, Ca-, Sr-, Na-Titanosilikat); 2. s. mosandrite
rinneite Rinneit m, K$_3$Na[FeCl$_6$]
rip/to nachreißen
rip hartes Gestein n
~ **current** Brandungsrückströmung f, Rippströmung f
~ **tide** Gezeitenwirbel m
riparian am Ufer liegend, uferanliegend
~ **lands** Ufergelände n
ripper-scraper method Lösen n von Fels mittels schwerer Reißraupen und anschließendem Schurfladen

ripping Felsaufreißen n mittels Reißhakenkraft
ripple Kräuseln n des Wassers, Kräuselung f
~ **bedding** Rippelschichtung f
~ **cross lamination** Rippelschichtung f, Rippelflaserung f, Kleinrippel-Schrägschichtungs-Flaserung f
~ **drift** Rippelschichtung f
~ **mark** Rippelmarke f, Strandrippel f, Wellenfurche f
~-**marked** gerippelt, gefurcht (Sedimentgefüge)
~ **marking** Rippelmarkenbildung f
~ **scour** gerippelte Erosionsmulde f
~ **trough** Rippeltal n
rippled gerippelt
ripples 1. Rippeln fpl, Rippelungen fpl, Rippelmarken fpl; 2. Kräuselwellen fpl
ripplet kleine Welle f
rippling Rippelmarkenbildung f
ripply wellig, gekräuselt
riprap Steinschüttung f (als Erosionsschutz)
~ **foundation** Gründung f aus Steinschüttung
riprapped slope Steinböschung f
rise/to 1. sich heben; 2. aufgehen
~ **to the surface** ausstreichen, ausbeißen (besonders bei Erzen)
rise 1. Erhebung f, Hebung f, Steigen n; 2. Aufgang m (eines Gesteins)
~ **dike** Verwerfung f ins Hangende
~ **drift** Überhauen n, Aufhauen n
~ **heading** Aushauen n (in der Kohle)
~ **of pressure** Druckanstieg m
riser 1. Verwerfer m (Verwerfungskluft); 2. Leitrohrtour f für die Verbindung Bohrinsel/Meeresboden
rising borehole Hochbohrung f
~ **current** aufsteigende Strömung f
~-**head test** Pumpversuch m (Tagebauentwässerung)
~ **nappe** Springdecke f
~ **solution** aufsteigende Lösung f
~ **tide** steigendes Wasser n
~ **tide wave** Flutwelle f
~ **velocity** Steiggeschwindigkeit f
risörite Risörit m (Varietät von Fergusonit)
Riss [Drift] Riß n, Riß-Eiszeit f, Riß-Kaltzeit f (Pleistozän, Alpen)
~-**Mindel Interval** Riß-Mindel-Interglazial n (Pleistozän, Alpen)
rither Nebengestein n, taubes Gestein n
river Fluß m, Strom m (s.a. stream 1.)
~ **alimentation** Flußspeisung f
~ **arm** Flußarm m
~ **bank** Flußufer n
~-**bar placer** Flußseife f
~ **basin** Flußbecken n; Flußgebiet n, Stromgebiet n, Einzugsgebiet n, Entwässerungsgebiet n
~ **basin forecasting** Einzugsgebietsprognose f
~ **bed** Flußbett n, Strombett n
~ **bed elevation (gradation)** Flußbetterhöhung f

river

- ~ **bed morphology** Flußmorphologie f
- ~ **beheading** s. ~ capture
- ~ **bench** Flußterrasse f
- ~ **bend** Flußbiegung f, Flußknie n, Flußschleife f, Flußkrümmung f
- ~ **bluff** Steilufer n
- ~-**borne** flußverfrachtet
- ~-**borne sediment** Flußsediment n
- ~ **capture** Flußenthauptung f, Flußanzapfung f, Flußkappung f
- ~ **changing** Flußverlagerung f
- ~ **channel** Flußbett n, Strombett n, Fließrinne f
- ~ **corrasion** Flußkorrasion f
- ~ **course** Flußlauf m
- ~ **curve** Flußkrümmung f
- ~ **dam** Talsperre f
- ~ **deflection** Flußablenkung f
- ~ **delta** Flußdelta n
- ~ **deposit** Flußablagerung f
- ~ **discharge** Abflußmenge f eines Wasserlaufs
- ~-**dissolved load** im Flußwasser gelöste Stoffe mpl
- ~ **diversion** Flußverlegung f, Flußableitung f
- ~ **diversion by ponding** Flußverlegung f durch Abdämmung
- ~ **drifts** s. ~ load
- ~ **elbow** s. ~ bend
- ~ **erosion** Flußerosion f
- ~ **flat** Inundationsfläche f, Überflutungsebene f, Talaue f, Flußniederung f
- ~ **flood plain** Flußaue f
- ~ **floor** Flußsohle f
- ~ **fracturing** Wasserfrac-Verfahren n (Schichtaufbrechung)
- ~ **gauge** Wasserstandsanzeiger m, Pegel m
- ~ **gold** Seifengold n
- ~ **gorge** Flußdurchbruch m
- ~ **gradient** Flußgefälle n
- ~ **gravel** Flußkies m
- ~ **head** Flußquelle f, Quellfluß m
- ~ **ice** Flußeis n
- ~ **inundation** Flußüberschwemmung f
- ~ **inversion** Flußumkehr[ung] f
- ~ **island (islet)** Flußinsel f
- ~-**laid deposition** Flußablagerung f
- ~-**laid terrace** Flußterrasse f
- ~ **levee** Flußdeich m
- ~ **load** Flußgeschiebe n, Schuttlast f eines Flusses
- ~ **loop** Flußschlinge f
- ~-**marsh soil** Auenboden m
- ~ **meadow** Flußaue f
- ~ **meander** Flußmäander m, Flußschleife f
- ~ **mouth** Flußmündung f, Strommündung f
- ~ **of the plains** Flachlandstrom m
- ~ **pebble** Flußgeröll n
- ~ **piracy** s. ~capture
- ~ **placer** Flußseife f
- ~ **plain** Talaue f
- ~ **pollution** Flußverschmutzung f, Flußverunreinigung f

- ~ **reach** Flußlauf m
- ~ **realignment** Flußregulierung f
- ~ **regimen** Wasserhaushalt m eines Flusses
- ~ **sand** Flußsand m
- ~ **shifting** Flußverlegung f
- ~ **source** Flußquelle f, Quellfluß m
- ~ **stage** Flußwasserstand m
- ~ **structural works** Flußbauten mpl
- ~ **swamp** Flußmorast m
- ~ **system** Flußsystem n
- ~ **terrace** Flußterrasse f
- ~ **training [works]** Flußregulierung f
- ~ **valley** Flußtal n, Flußniederung f
- ~ **wall** Flußdamm m
- ~ **wash** angespülter Flußschutt m
- ~ **weir** Flußwehr n
- ~ **widening** Flußausbauchung f
- **riveret** s. rivulet
- **riverlet** Bächlein n, Flüßchen n, Rinnsal n, Gerinne n
- **riverside** Flußufer n
- ~ **soil** Auboden m
- **riving seams** offene Schichtspalten fpl (im Steinbruch)
- **rivulet** Bach m, Flüßchen n, Bächlein n
- **rms velocity** s. root-mean-square velocity
- **road bed** Straßenunterbau m
- ~ **stone** Straßen[bau]schotter m, Schotter m
- **roadway side** Streckenstoß m
- ~ **support** Streckenausbau m
- ~ **system** Streckennetz n
- ~ **wall** Streckenstoß m
- **roar** Getöse n, Brausen n (Vulkanismus)
- **roaring basin** Tosbecken n (einer Talsperre)
- ~ **noise of a blow-out** ohrenbetäubendes Geräusch n eines Ausbruchs (z.B. von Erdöl)
- **rob/to** Raubbau treiben
- **robble** Verwerfung f
- **robinsonite** Robinsonit m, $7PbS \cdot 6Sb_2S_3$
- **roche** s. rotch
- ~ **mountonnée** Rundhöcker m
- **rock** Gestein n; Felsen m
- ~ **abrasive property** Abrasivität f
- ~ **affected by working** verritztes Gebirge n
- ~ **alteration** Gesteinsumwandlung f
- ~ **anhydrite** massiger Anhydrit m
- ~ **arch** Felsentor n
- ~ **asphalt** Asphaltgestein n, Bergasphalt m, Naturasphalt m, Erdasphalt m
- ~ **avalanche** Felslawine f, Steinlawine f, Bergsturz m
- ~ **bar** Felsriegel m, Felsschwelle f
- ~ **basin** Schalenstein m, Felsschüssel f, Pfannenbildung f, Opferkessel m, Kesselstein m (Erosionsform)
- ~-**basin lake** Felsbeckensee m, Karsee m
- ~ **bed** Gesteinsschicht f, Felsuntergrund m
- ~ **behaviour** Gebirgsverhalten n
- ~ **bench** Denudationsterrasse f, Brandungsplatte f
- ~ **bind** Kohlensandstein m, sandiger Schiefer m
- ~ **bit** Rollenmeißel m

rock

- ~ **bit drilling** Rollenmeißelbohren n
- ~ **blanket** söhlige (horizontale) Felsschicht f
- ~ **blasting** Gesteinssprengung f, Felssprengung f
- ~ **bleeding** Wasserabgabefähigkeit f des Gesteins
- ~ **block system** Kluftkörperverband m
- ~ **bolting** Felsvernagelung f, Gebirgsverankerung f
- ~ **bonding** Kluftkörperverband m
- ~**-bound** von Felsen eingeschlossen
- ~ **breaking** Gesteinszerfall m, Zerklüftung f
- ~ **breaking by freezing** Gesteinszerfall m durch Frost, Frostverwitterung f
- ~ **brittleness** Gesteinssprödigkeit f
- ~ **burst** [schwerer] Gebirgsschlag m, Steinschlag m
- ~**-burst properties** Gebirgsschlagverhalten n
- ~ **cave** Felsenbetthöhle f
- ~ **chips** Bohrklein n
- ~ **component** Gesteinsbestandteil m, Gesteinskomponente f
- ~ **cone** Felskegel m
- ~ **constituent** s. ~ component
- ~ **core bit** Rollen[kern]krone f, Rollenkernbohrer m
- ~ **cork** s. 1. chrysotile; 2. antigorite
- ~ **creep[ing]** Felskriechen m, Gekriech n; Gleitfähigkeit f
- ~ **crusher** Steinbrecher m, Grobzerkleinerungsmaschine f
- ~ **crystal** Bergkristall m
- ~ **cutting in formation** Felsaushub m für das Planum
- ~ **cutting saw** Gesteinssäge f
- ~ **dating** radiometrische Gesteinsdatierung f
- ~ **debris** Gesteinstrümmer pl, Gesteinsschutt m, Felsschutt m
- ~ **decay** Gesteinsverwitterung f
- ~ **deformation** Gebirgsverformung f
- ~ **desert** Steinwüste f, Felswüste f
- ~ **destruction** Gesteinszerstörung f
- ~ **disintegration** Lockerung f des Gesteinszusammenhalts
- ~ **dredge** Gesteinsdredsche f (maritime Erkundung)
- ~ **drift** Gesteinsstrecke f
- ~ **drillability** Bohrbarkeit f des Gesteins
- ~ **drilling** Bohren n im Gestein, Gesteinsbohrung f
- ~ **dusting** Gesteinsstaubverfahren n
- ~ **elasticity** Gesteinselastizität f
- ~ **exposure** Gesteinsaufschluß m, Gesteinsausbiß m
- ~ **face** Felswand f
- ~ **failure** Gesteinsbruch m, Felsbruch m
- ~ **fall** Bergsturz m, Felssturz m, Steinschlag m, Steinfall m
- ~ **fan** Schutthalde f
- ~ **fault** Flözvertaubung f
- ~ **fill** Steinschüttung f
- ~**-fill dam** Steinfülldamm m
- ~ **fissure spring** Spaltenquelle f
- ~ **fissuring** Gesteinszerklüftung f
- ~ **floor** Felsboden m, Felssohle f
- ~ **flour** Gesteinsmehl n, feinster Staubsand m, Gletschermilch f
- ~ **fluidity** Gesteinsfließfähigkeit f
- ~ **folding** Gesteinsfaltung f
- ~**-forming** gesteinsbildend
- ~**-forming mineral** gesteinsbildendes Mineral n, gesteinsbildender Gemengteil m
- ~ **foundation** Gründungsfels m
- ~ **fragment** Gesteinsbruchstück n
- ~ **fragmentation** Zerkleinerung f des Gesteins
- ~ **framework** geologischer Rahmen m
- ~ **gas** s. natural gas
- ~ **glacier** Blockgletscher m, Steingletscher m, Schuttgletscher m
- ~ **gypsum** massiger Gips m
- ~ **hardness** Gesteinshärte f
- ~ **hardness category** Kategorie f der Gesteinshärte
- ~ **hardness reducer** Härteminderer m
- ~**-hound** (sl) Geologe m
- ~ **identification** Gesteinsbestimmung f
- ~ **in place (situ)** anstehendes Gestein n
- ~ **incrustation** Gesteinsüberzug m
- ~ **inrush** Steinfall m
- ~ **interstice** Felsspalt m
- ~ **investigation** Gesteinsuntersuchung f
- ~ **kernel** Steinkern m
- ~ **kindreds** Gesteinsverwandtschaft f, Gesteinssippschaft f
- ~ **ledge** Felsleiste f
- ~ **magma** Gesteinsmagma n
- ~ **magnetism** Gesteinsmagnetismus m
- ~**-making** s. ~-forming
- ~ **mass** Gebirgsmassiv n, Gesteinsmassiv n
- ~ **masses** Gebirge n (im Gegensatz zum Gestein)
- ~ **material** Gesteinsmaterial n
- ~ **meal** Steinmehl n, Bergmehl n
- ~ **mechanics** Gebirgsmechanik f, Felsmechanik f
- ~ **milk** Gletschermilch f, Bergmilch f
- ~ **mill** Strudeltopf m, Strudelloch n
- ~ **noise** Knistergeräusch n (im Gebirge)
- ~ **oil** s. petroleum
- ~ **ore** anstehendes Erz n
- ~ **outcrop** Gesteinsaufschluß m, Gesteinsausbiß m
- ~ **permeability** Gesteinsdurchlässigkeit f, Durchlässigkeit f des Gesteins
- ~ **phosphate** Phosphorit m, Rohphosphat n
- ~ **pile** Haufwerk n (Steinbruch)
- ~ **pillar** Felspfeiler m
- ~ **plant** Schotterwerk n
- ~ **plasticity** Gesteinsplastizität f
- ~ **porosity** Gesteinsporosität f
- ~ **precipice** Felsabsturz f
- ~ **pressure** Gebirgsdruck m, Gesteinsdruck m, petrostatischer Druck m
- ~ **properties** Gesteinseigenschaften fpl

rock

~ protection Felssicherung f
~ quarry Steinbruch m
~ reinforcement Felsbewehrung f
~ relative humidity relative Feuchtigkeit f [des Gesteins]
~ rotting Gesteinszerfall m
~ salt Steinsalz n
~ sample taker Gesteinsprobe[nent]nahmegerät n
~ saw Gesteinssäge f
~ scoring Gesteinszerschrammung f
~ sealing Felsinjektion f, Kluftinjektion f, Gesteinsauspressung f
~ sequence Gesteinsfolge f
~ series Gesteinsserie f
~ shattering Gesteinszertrümmerung f
~ shell Gesteinshülle f
~ shelter überhängendes Gebirge n, Halbhöhle f
~ sill Felsschwelle f, Felsriegel m
~ slide Bergschlipf m, Felsrutschung f, Felssturz m
~ slide area Felsrutschgebiet n
~ slope Felshang m, Felsböschung f
~ soap Bergseife f
~ spur Felsvorsprung m
~ stability Gesteinsstandfestigkeit f
~ stone Wackelstein m
~ stratification Gebirgsschichtung f; Gesteinsschichtung f
~-stratigraphic unit lithostratigrafische Einheit f
~ stratum Gesteinsschicht f
~ stream Bergsturzmasse f, Blockstrom m
~ strength Gebirgsfestigkeit f; Gesteinswiderstandsfähigkeit f
~ succession Gesteinsfolge f
~ swelling Quellfähigkeit f
~ tank Felskessel m
~ temperature Gesteinstemperatur f
~ terrace Denudationsterrasse f, Felserrasse f
~ threshold Felsschwelle f, Felsriegel m
~ thrust Gebirgsschub m
~ tribe Gesteinssippe f
~ type Lithotyp m (Kohlentyp der Steinkohle)
~ unit s. lithostratigraphic unit
~ wall 1. Nebengestein n; 2. Felswand f
~ waste Gesteinsabfall m, Steinschutt m, Felstrümmer pl, Steintrümmer pl
~ weathering Gesteinsverwitterung f
~ weight pressure Überlagerungsdruck m
~ wool Gesteinswolle f, Steinwolle f
~ wreaths s. stone rings
rockbridgeite Rockbridgeit m, (Fe¨, Mn)Fe₄¨[(OH)₅|(PO₄)₃]
rockgrit grober Sandstein m
rockhead s. bedrock
rocking stone Wackelstein m
Rocklandian [Stage] Rockland[ien] n, Rocklandium n (Stufe des Champlainings in Nordamerika)
Rockwell hardness Rockwellhärte f

rockwood braune Varietät von Asbest
rocky felsig, steinig
~ beach Felsstrand m
~ bottom Felsgrund m
~ cape Felskap n
~ coast Felsküste f
~ crust Gesteinskruste f
~ debris soil Felsschuttboden m
~ desert Felswüste f
~ desert plateau Felswüstenplateau n
~ island Felsinsel f
~ matter Gangart f
~ reef Felsenriff n
~ shore Felsufer n
rod Meßlatte f
rodding structure s. mullion structure
roddings boudinierte Quarzausscheidungen fpl
rodingite Rodingit m (Granat-Pyroxen-Gestein)
rodlets s. resin rodlets 1.
rodlike structure faserige Struktur f
roeblingite Roeblingit m, PbCa₃H₆[SO₄|(SiO₄)₃]
roemerite Römerit m, Fe¨Fe₂¨[SO₄]₄·14H₂O
roentgenite Röntgenit m, Ca₂Ce₃[F₃|(CO₃)₅]
roestone Rogenstein m
rognon Felsspitze f (aus einem Gebirgsgletscher herausragend)
roke Erzgang m
roll 1. Faltung f (in einem Flöz); 2. Kippung f, Neigung f (z.B. eines Flugzeugs bzw. Fernerkundungsaufnahmesystems in Flugrichtung)
~ along Schießen n in bezug auf einen gemeinsamen Tiefenpunkt (Seismik)
~-along switch Spurwahlschalter m (beim seismischen CDP-Verfahren)
~ mark Rollmarke f
~-up ball Wickelfalte f
rollability s. pivotability
rolled pebbles Bachgeröll n
roller schwerer Brecher m, Sturzwelle f, Strudel m, Woge f
~ bit Rollenmeißel m
rolling wellig
~ country flachwelliges Hügelland n
~ mill Walzenmühle f
~-out limit Ausrollgrenze f (nach Atterberg)
~ strata Rippelschichten fpl
~ upland welliges Hochland n
romeite Roméit m, (Ca, NaH)Sb₂O₆(O, OH, F)
roof Firste f, Hangendes n, Dach n, Decke f
~-and-wall structure synsedimentäre Gleitstruktur f
~ arch Firstgewölbe n
~ bar Kappe f (Ausbau)
~ bolt Gebirgsanker m, Gesteinsanker m, Ankerbolzen m
~-bolt head Ankerkopf m
~-bolt plate Ankerplatte f
~-bolting Ankerausbau m
~ break Reißen n des Hangenden
~ control Beherrschung f des Hangenden
~ deflection Firstendurchbiegung f

~ **emission** Firstenausgasung f
~ **fall** Hereinbrechen n (Bruch m) des Hangendes, Firstbruch m *(Strebbau)*
~-**fall exploitation** Bruchabbau m
~ **foundering** Niederbrechen n des Hangenden *(in eine Magmenkammer)*
~ **limb** hangender Schenkel m *(einer Falte)*
~ **movements** Gebirgsbewegungen *fpl*
~ **of drift** Streckenfirste f
~ **ore** Firstenerz n
~ **pendant** große Dachgesteinsscholle f *(in einem Batholith)*
~ **pillar** Hangendschwebe f
~ **pressure** Firstendruck m
~ **ripping** Firstennachreißen n
~ **rock** Deckgebirge n
~ **settlement** Setzen n des Gebirges
~ **slate** Dachschiefer m
~ **strata** Dachschichten *fpl*
~ **subsidence** Absenkung f des Hangenden
~ **support** Firstenausbau m
~ **thickness** Mächtigkeit f des Hangenden
roofing slab Dachplatte f
~ **slate** Dachschiefer m
room and pillar caving Pfeilerbruchbau m
~ **and pillar method** Kammerpfeilerbau m
roomwork Kammerbau m
rooseveltite Rooseveltit m, α-Bi[AsO$_4$]
root Wurzel f
~ **cast** Wurzelstruktur f
~ **clay** s. underclay
~ **hair** Wurzelhaar n
~-**mean-square velocity** [quadratischer] Mittelwert m der Geschwindigkeit
~ **penetrability (penetration capability)** Durchdringungsvermögen n der Wurzel
~ **region** Wurzelregion f *(der Überschiebungsdecke)*
~ **scar** Narbe f *(Tektonik)*
~ **stock** Wurzelstock m
~ **zone** Wurzelzone f
rooting Durchwurzelung f
rootled bed Wurzelboden m *(unter dem Flöz)*
rootless wurzellos, allochthon
~ **nappe** wurzellose Decke f
ropelike tauförmig
~ **lava** s. ropy lava
ropiness tauartige Beschaffenheit f *(der Lava)*
ropy flow structure Taufließtextur f
~ **lava** Fladenlava f, Stricklava f, Gekröselava f
~ **structure** Flußgefüge n, Fluidalgefüge n
roquésite Roquésit m, CuInS$_2$
rosasite Rosasit m, (Zn, Cu)$_2$[(OH)$_2$|CO$_3$]
roscherite Roscherit m, (Ca, Mn, Fe)Be[OH|PO$_4$]·2/$_3$H$_2$O
roscoelite Roscoelith m, KV$_2$[(OH)$_2$|AlSi$_3$O$_{10}$]
rose diagram Richtungsrose f, Kluftrosendarstellung f
~ **quartz** Rosenquarz m
~ **spar** Rosenspat m, Managanspat m *(s.a. rhodochrosite)*
roselite Roselith m, α-Ca$_2$Co[AsO$_4$]$_2$·2H$_2$O

rosenbuschite Rosenbuschit m, (Ca, Na)$_6$Zr(Ti, Mn, Nb)[(F, O)$_2$|Si$_2$O$_7$]$_2$
rosette structure Kokardenstruktur f
rosickyite Rosickyit m *(γ-Schwefel)*
rosieresite Rosieresit m *(Pb-, Cu-haltiger Evansit)*
rosin jack Honigblende f *(gelbe Varietät von Zinkblende)*
Rosiwal analysis Integrationsanalyse f *(in der Petrografie)*
rossite Rossit m, Ca[V$_2$O$_6$]·4H$_2$O
rosy quartz Rosenquarz m
rot/to faulen
rotary blasthole drilling Rotarysprenglochverfahren n
~ **drilling** Rotarybohrverfahren n, Rotarybohren n, Drehbohren n
~ **drilling rig** Rotarybohrgerät n
~ **fault** Drehverwerfung f
~-**percussion drilling** Drehschlagbohren n
~ **reflection** Drehspiegelung f
~ **speed** Drehzahl f *(des gesteinszerstörenden Werkzeugs)*
~ **table** Drehtisch m *(bei Bohranlagen)*
rotate/to rotieren
rotating crystal method Drehkristallmethode f
~ **speed** Umlaufgeschwindigkeit f *(bei Bohrungen)*
~ **time** reine Bohrzeit f
rotation axis Drehachse f
~ **speed** Drehzahl f *(bei Bohrungen)*
~ **twin** Rotationszwilling m
rotational axis Rotationsachse f
~ **sieve** Drehsieb n, Trommelsieb n
~ **wave** s. shear wave 1.
rotatory fault Drehverwerfung f
~ **motion (movement)** Drehbewegung f
~ **polarization** Drehpolarisation f
~ **power** optisches Drehvermögen n
~ **reflection** Drehspiegelung f
rotch[e] weicher brüchiger Sandstein m
Rotliegendes Rotliegendes n *(Fazies, Oberkarbon bis Mittelperm)*
rotten zersetzt, verwittert, morsch, verfault
~ **lode** zersetzter Gang m
~ **rock** zersetztes Gestein n
rottenstone Tripel m, Tripelerde f
rotting Zersetzung f, Verwitterung f, Vermoderung f
~ **process** Verwitterungsprozeß m
rough rauh
~ **analysis** Rohanalyse f
~ **average** annähernder Durchschnitt m
~ **diamond** ungeschliffener Diamant m, Rohdiamant m
~ **drilling** Vorbohren n
~ **grinding** Vorschleifen n
~-**ground** roh abgeschliffen
~ **lignite** Rohbraunkohle f
~ **ore** Derberz n
~ **quarry block** Rohblock m *(Natursteinindustrie)*

rough

~ **sheets** feste Schichten *fpl*
roughneck *(sl)* Bohrarbeiter *m*
roughness factor for overland flow Reliefeinfluß *m* auf oberirdischen Abfluß
~ **of channel bed** Strombettrelief *n*
~ **of relief** Unebenheit *f* des Reliefs
~ **pattern** Rauhigkeitsfeld *n*, Rauhigkeitsverteilung *f*
roughs sandiger Aufbereitungsrückstand *m* (Cornwall)
roughway *(sl)* Spaltrichtung *f* ohne natürliche Teilbarkeit *(eines Massengesteins)*
round ore *s.* lean ore
~ **trip** Ein- und Ausbau *m*, Bohrmarsch *m (des Gestänges)*
rounded [ab]gerundet
~ **at the edges** kantengerundet
~ **boulders** gerundete Blöcke *mpl*
~ **clints** Rundkarren *pl*
~ **diamonds** gerundete Diamanten *mpl*
roundness Zurundung *f*, Rundung *f*
~ **index** Abrundungskoeffizient *m*
roundstone Rollkiesel *m*
roustabout *(sl)* Bohrarbeiter *m*
route selection Trassierung *f*, Trassenwahl *f*
routing through reservoirs Speicherwegsamkeit *f*
row of craters Kraterreihe *f*
roweite Roweit *m*, $CaMn[B_2O_5] \cdot H_2O$
rowlandite Rowlandit *m*, $(Y, Fe, Ce)_3[(F, OH)|(SiO_4)_2]$
rows *s.* roughs
royalty Förderabgabe *f*, Förderzins *m*
rozenite Rozenit *m*, $Fe[SO_4] \cdot 4H_2O$
rubbish 1. Gangmasse *f*, Abraum *m*, Berge *pl*, Versatzberge *pl*, Haufwerk *n*, taubes Gestein *n*; 2. Industriediamanten *mpl* (Sammelbezeichnung)
~ **dump (heap)** Bergehalde *f*
~ **of an open cut** Abraum *m* eines Tagebaus
~ **pillar** Bergepfeiler *m*
rubble Schutt *m*, taubes Gestein *n*, Geröll *n*, Geschiebe *n*, Abraum *m*, grober Kies *m*, Bruchstein *m*, Schotter *m*, Haufwerk *n*, Trümmergestein *n*
~ **breccia** Geröllbrekzie *f*
~ **drift** Verwitterungsschutt *m*
~ **land** steiniger Boden *m*
~ **ore** Erzmulm *m*
~ **slope** Schutthalde *f*, Gehängeschutt *m*
~ **stone** Bruchstein *m*, Geröll *n*, Rollstein *m*, Geschiebe *n*
rubbles Bruchmassen *fpl*
rubbly soil steiniger Boden *m*
rubefaction Rotfärbung *f*
rubellite Rubellit *m* (*s.a.* tourmaline)
rubidium Rubidium *n*, Rb
~ **vapour magnetometer** Rubidiumdampfmagnetometer *n*
rubrite Rubrit *m*, $MgFe[SO_4]_4 \cdot 18H_2O$
rubstone Wetzstein *m (Gesteinsart)*
ruby Rubin *m (s.a.* corundum)

~ **blende** Rubinblende *f (s.a.* sphalerite)
~ **copper [ore]** *s.* cuprite
~ **of arsenic** *s.* realgar
~ **silver [ore]** *s.* 1. proustite; 2. pyrargyrite
~ **sulphur** *s.* realgar
~ **zinc** 1. rote Zinkblende *f (s.a.* sphalerite); 2. *s.* zincite
ruck Pyritschmitze *f* im Dachschiefer
rud roter Ocker *m*
rudaceous psephitisch
~ **rock** psephitisches Gestein *n*
~ **texture** psephitische Struktur *f*
rudd *s.* rud
ruddle Rötel *m*, Ocker *m*
rudely bedded undeutlich geschichtet
rudimentary rudimentär, verkümmert
rudite *s.* psephite
rudstone korngestütztes Karbonatgestein mit mehr als 10% Komponenten >2 mm
rudyte *s.* psephite
ruffled groove cast gefiederte Rillenmarke *f*
~ **water surface** gekräuselte Wasserfläche *f*
ruffles durch Wasserwirbel erzeugte Rippelmarken *fpl*
rugged uneben, rauh
~ **limestone rocky land** Schrattenfeld *n*, Kalkstein-Karst-Morphologie *f*
ruggedness Rauheit *f*, Unebenheit *f*
ruin agate Trümmerachat *m*
rule of thumb Faustregel *f*
~-**of-thumb** nach Faustregeln durchgefuhrt
rumbling Rollen *n*, Rumpeln *n*, Rumoren *n (Vulkanismus)*
rumple Runzel *f*
rumpled gerunzelt
run a drift/to einen Stollen treiben
~ **casing** verrohren, auskleiden *(eine Bohrung)*
~ **dry** versiegen *(Brunnen)*
~ **from** streichen von
~ **in** niederbringen, einbauen *(eine Bohrung)*
~ **off** abrinnen, abfließen
run 1. Rinnsal *n*, Gerinne *n*; 2. Analysenreihe *f*, experimenteller Verlauf *m*; 3. *s.* round trip
~ **gravel** Alluvialschotter *m*
~ **of lode** Gangstreichen *n*, Gangrichtung *f*
~ **of mine** Rohfördergut *n*
~-**of-mine coal** Rohkohle *f*, Förderkohle *f*, ungesiebte (grubenfeuchte) Kohle *f*
~-**of-mine ore** Roherz *n*, Fördererz *n*, Gruben[förder]erz *n*
runite Schriftgranit *m*
runlet Bächlein *n*
runnel Flüßchen *n*, Rinnsal *n*
runnels and ridges Schwellen *fpl* und Rinnen *fpl* (dem Strand vorgelagert)
running country (ground, measures) schwimmendes Gebirge *n*
~ **of the drilling string** Einbau *m* des Bohrstrangs
~ **of the filter** Filtereinbau *m*
~ **of water** Wasserabfluß *m*
~ **sand** Schwimmsand *m*, Treibsand *m*, Triebsand *m*, Quicksand *m*

runoff Abfluß *m*, Abflußmenge *f*, Wasserführung *f*, Oberflächenabfluß *m*
~ **coefficient** Abflußfaktor *m*
~ **factor** Abflußbedingung *f*
~ **forecast** Wasser[abfluß]mengenprognose *f*
~ **from rainfall** Regenabflußmenge *f*
~ **hydrograph** Abflußganglinie *f*
~ **modulus** Abflußspende *f*
~ **phenomena** Abflußgeschehen *n (Summe aller Abflußerscheinungen)*
~ **process** Abflußvorgang *m*
~ **rill** Abflußrille *f*
runways Rinnen *fpl*
Rupelian [Stage] Rupel[ium] *n (Stufe des Oligozäns)*
rupes Rupes *f (geologische Furche auf dem Mond)*
rupicolous plants Felspflanzen *fpl*
rupture Ruptur *f*, Bruch *m*, Riß *m*
~ **by separation** Trennbruch *m*
~ **by shearing** Scherbruch *m*
~ **by sliding** Gleitungsbruch *m*
~ **cone** Bruchkegel *m*
~ **curve** Mohrsche Hüllkurve *f*
~ **deformation** Bruchdeformation *f*
~ **load** Bruchlast *f*
ruptured von Sprüngen durchzogen
~ **zone** Bruchzone *f*
rupturing Bruchbildung *f*
rusakovite Rusakovit *m*, $Fe^{3+}{}_5[(OH)_9|(V,P)O_4)_2]\cdot 3H_2O$
Ruscinian [Stage] Ruscinium *n (kontinentale Stufe des Pliozäns)*
rush in/to hineinströmen
~ **out** ausströmen
rush of water starker Wasserzufluß *m*, Wasserdurchbruch *m*
russelite Russelit *m*, $(Bi_2, W)O_3$
Russian platform Russische Plattform (Tafel) *f*
rust-coloured rostfarben
rustumite Rustumit *m*, $Ca_4[(OH)_2|Si_2O_7]$
rusty rostfleckig, rostig
~ **band** Roststreifen *m*
~-**brown** rostbraun
~-**weathering** rostbraun verwitternd
rute schmaler Erztrum *n*
ruthenium Ruthenium *n*, Ru
rutherfordine Rutherfordin *m*, $[UO_2|CO_3]$
rutilant rotstrahlend, rotglänzend
rutile Rutil *m*, TiO_2
ruware flacher Granitdom *m*
Ryazanian [Stage] Ryazan *n*, Ryazan-Stufe *f (basale Stufe der Unterkreide im borealen Reich)*

S

S-chert kieselige Leitgesteinsbank *f*
S-dolostone dolomitische Leitgesteinsbank *f*
S-joint S-Kluft *f*, Längskluft *f (Granittektonik)*
s-plane nicht verstellte s-Fläche *f*
S-shaped sigmoid
s-surface s-Fläche *f*, Einzelelement *n* des sedimentären Flächengefüges
S-tectonite S-Tektonit *m*
S wave Scherungswelle *f*, Transversalwelle *f*, S-Welle *f*
Saalian orogeny saalische Faltungsphase *f*
sabakha, sabkha[t] *s.* sebkha
sabugalite Sabugalit *m*, $(AlH)_{0,5}[UO_2|PO_4]_2\cdot 10H_2O$
sabulous sandig, sandführend, sandhaltig
saccaroidal zuckerkörnig
~ **texture** zuckerkörnige Struktur *f*
sacklike structure Wollsackabsonderung *f (bei Granit)*
sacrificial table *s.* rock basin
sacrum Sacrum *n*, Kreuzbein *n*
saddle Sattel *m (geomorphologisch)*
~ **axis** Antiklinalachse *f*
~ **back** Sattelscheitel *m*
~ **bend** Sattelscharnier *n*, Antiklinalscharnier *n*
~-**form** sattelförmig
~ **reef** Sattelreef *n*, Sattelgang *m*, Sattelvererzung *f (Gangfüllung im Faltenscheitel)*
~ **valley** Sattelteil *n*
~ **vein** Sattelgang *m*
safe yield zulässige Entnahmemenge *f*, sichere Ausbeute *f*
safety belt Sicherheitsgurt *m*
~ **factor** Sicherheitsfaktor *m*
~ **joint** Sicherheitsverbinder *m*
~ **lamp** Sicherheitslampe *f*
~ **line** Sicherheitsseil *n*
~ **margin** Sicherheitsgrenze *f*
~ **pillar** Sicherheitspfeiler *m*
~ **precautions** Sicherheitsmaßnahmen *fpl*
~ **valve** Sicherheitsventil *n*
~ **zone** Sicherheitszone *f*, Sicherheitsbereich *m*
safflorite Arsenikkobalt *m*, Eisenkobaltkies *m*, Safflorit *m*, Spatiopyrit *m*, $CoAs_2$
sag [downward]/to absacken
sag Achsenmulde *f*, Becken *n*, Depression *f (großtektonische Strukturform)*; Bodensenkung *f*
~-**and-swell topography** kuppige Glaziallandschaft *f*
~ **fault (structure)** Belastungssetzung *f*, Sakkungsstruktur *f*
sagenite Sagenit *m (nadeliger Rutil im Glimmer)*
sagenitic quartz Quarz *m* mit Rutilnadeln
saggar clay Kapselton *m*
sagged-downward block abgesunkene Scholle *f*
saggar clay Kapselton *m*
sagging Bodensenkung *f*
~ **of the beds** Hakenschlagen *n* der Schichten
sagittal plane zweiter Hauptabschnitt *m (Optik)*
sagre clay *s.* sagger clay
sagvandite Sagvandit *m (metamorphes Gestein)*

Saharan 304

Saharan basin Saharabecken n
sahlinite Sahlinit m, $Pb_{14}[Cl_4|O_9|(AsO_4)_2]$
Saint Croixan s. Croixian
~ **Elmo's fire** Elmsfeuer n
Sakmarian [Stage] Sakmara n, Samarien n, Sakmarium n *(basale Stufe des Unterperms)*
Salair phases of folding Salairische Faltungsphasen fpl *(Mittel- und Oberkambrium Zentralasiens)*
salar Salzablagerung f in der Wüste
saléeite Saléeit m, $Mg[UO_2|PO_4]_2 \cdot 10H_2O$
salesite Salesit m, $Cu[OH|JO_3]$
salic salisch
salient Vorsprung m
~ **angle** ausspringender Winkel m
~ **feature** Hauptmerkmal n
saliferous salzführend, salzhaltig
~ **clay** Salzton m
~ **residual water** salinare Reliktlösung f
~ **rock** Salzgestein n; Salzgebirge n
~ **water** versalzenes Wasser n
salifiable salzbildend
salification Salzbildung f, Versalzung f
salify/to in ein Salz verwandeln
saligenous salzbildend
salina Saline f, Salzbergwerk n, Salzpfanne f
Salinan [Stage] Salinan n *(Stufe des Cayugans)*
salinas Salzebenen fpl *(in Südamerika)*
saline salzartig, salzig, salin
saline Saline f, Salzbergwerk n; Salzquelle f
~ **clay soil** Salztonboden m
~ **crust** Salzkruste f
~ **deposit** Salzablagerung f
~ **dome** s. salt dome
~ **lake** Salzsee m
~ **licks** salzige Ablagerungen fpl
~ **manure** Düngesalz m
~ **precipitate** Salzausscheidung f
~ **rock** Salzgestein n; Salzgebirge n
~ **soil** Salzboden m
~ **spring** Salzquelle f, Solquelle f
~ **taste** Salzgeschmack m
~ **vegetation** Salzvegetation f
~ **water** Salinenwasser n, Salzwasser n
salinelle Salse f, Schlammvulkan m
saliniferous s. saliferous
saliniform salzförmig
salinity Salzgehalt m, Salzhaltigkeit f, Salinität f
~ **control** Kontaminationsschutz m vor Salzwasser
~ **of sea water** Meerwassersalinität f
~ **stratification** Schichtung f nach dem Salzgehalt
salinization Versalzung f
salinized water versalzenes Wasser n
salinous salzartig, salzhaltig
salite Salit m *(Pyroxenmischkristall)*
salitral Salzausscheidend *(bei Sumpfsenken)*
Salmian [Stage] s. Tremadocian
salmoite Salmoit m *(Zn-Phosphat)*

salmonsite Salmonsit m, $(Mn, Fe^{\cdots})_5H_2[PO_4,(OH)_4]_4 \cdot 4H_2O$
salse Salse f, Schlammvulkan m
salt a sample/to eine Probe verfälschen *(um Fündigkeit vorzutäuschen)*
salt Salz n, Steinsalz n
~ **and pepper sand** Sand m mit hellen und dunklen Komponenten
~ **balance** Salzhaushalt m
~-**bearing** salzhaltig, salzführend
~ **bed** Salzschicht f, Salzlager n, Salzablagerung f
~ **brine** Salzlauge f, Salzsole f, Sole f
~ **caverns storage** Salzkavernenspeicher m
~ **coal** Salzkohle f *(zumeist salzhaltige Braunkohle)*
~-**containing** salzhaltig
~ **content** Salzgehalt m
~ **cornice** Salzüberhang m
~ **cote** Salzgrube f
~ **crust** Salzkruste f
~ **deposit** Salzlagerstätte f, Salzvorkommen n
~ **desert** Salzwüste f, Takyr m
~ **dilution** Salzauswaschung f
~-**dilution method** Salzungsversuch m *(Tracertest)*
~ **dome** Salzdom m, Salzhorst m, Salzstock m, Salzkuppel f
~-**dome prospect** vermuteter Salzstock m
~-**dome undershooting** Unterschießen n eines Salzstocks
~ **earth podzol** ausgelaugter Alkaliboden m
~ **efflorescence** 1. Salzausblühung f; 2. Salzausstrich m
~-**encrusted** mit einer Salzkruste überzogen
~ **garden** Salzgarten m
~ **glacier** Salzgletscher f
~ **incrustation** Salzinkrustation f
~ **intrusion** Salzintrusion f
~ **karst** Salzkarst m
~ **lake** Salzsee m
~ **lick** Salzlecke f *(natürliche)*
~-**loving** salzliebend, halophil
~ **marsh** Salzsumpf m, Salzwassermarsch f
~ **meadow** Salzwiese f
~ **mine** Salzbergwerk n
~ **mine storage of gas** Gasspeicherung f in einem Salzbergwerk
~ **overhang** Salzüberhang m
~ **pan** 1. Meeressaline f, Salzpfanne f, Salzgarten m; 2. harte Salzschicht f
~ **pillow** Salzkissen n
~ **pillow stage** Salzkissenstadium n
~ **pit** Salzgrube f
~ **plain** Salztonebene f, Salzsteppe f
~ **plug** Salzstock m, Salzhorst m
~ **plugging of well** Salzverstopfung f einer Bohrung
~ **removal** Entsalzung f
~ **ridge** Salzrücken m, schmaler gestreckter Salzdom m
~ **rock** Salzgestein n; Salzgebirge n

~ **secretion** Salzausscheidung *f*
~-**sensitive plant** salzempfindliche Pflanze *f*
~ **solubility** Salzlöslichkeit *f*
~ **spring** Salzquelle *f*, Solquelle *f*
~ **steppe** Salzsteppe *f*
~ **structure** Salzstruktur *f*
~ **table** Salzhang *m*, Ablaugungsebene *f (bei Salzstöcken)*
~ **tectonics** Salztektonik *f*
~ **water** Salzwasser *n*; Solquelle *f*
~-**water bath** Solbad *n*
~-**water disposal** Salzwasserbeseitigung *f*
~-**water disposal well** Schluckbrunnen *m* für Salzwasser
~-**water intrusion** Salzwassereinbruch *m*, Salzwasserintrusion *f*
~-**water lagoon** Salzwasserlagune *f*
~-**water marsh** Salzwassersumpf *m*, Salzmoor *n*
~-**water source** Salzwasserquelle *f*, Solquelle *f*
~ **wedging** Salzsprengung *f*
~ **well** Solbrunnen *m*
~ **withdrawal basin** Salzabwanderungsbecken *n*
saltation sprungweiser Transport *m (Fluß)*
~ **marks** Springmarken *fpl*
saltbush Salzkraut *n*
saltern *s.* salt garden
saltiness Salzgehalt *m*
salting of soil Versalzung *f* des Bodens
saltish brackig
saltpeter *s.* saltpetre
saltpetre Salpeter *m*, Nitrokalit *m*, Kalisalpeter *m*, KNO_3
saltstone halitreiches Gestein *n*, NaCl-reiches Gestein *n*
saltworks Saline *f*, Salzgrube *f*, Salzwerk *n*
salty salzhaltig, salzig
~ **water** Salzwasser *n*
samarium Samarium *n*, Sm
samarskite Samarskit *m*, $(Y, Er, Fe, Mn, Ca, U, Th, Zr)(Nb, Ta)_2(O, OH)_6$
same symmetry/of the symmetriegleich
samiresite *s.* betafite
Samoisian [Stage] *s.* Latdorfian
sample/to Probe nehmen (ziehen), bemustern
sample Muster *n*, Probe *f*; Stichprobe *f (mathematische Statistik)*
~ **bag** Musterbeutel *m*, Probenbeutel *m*
~ **bottle** Probeflasche *f*
~-**collecting techniques** Verfahren *n* (Technik *f*) der Probenahme
~ **coning** Kegelteilung *f (einer Probe)*
~ **cutter** Probenahmegerät *n*
~ **divider** Probenteiler *m (Gerät)*
~ **grabber** Probenehmer *m (Person)*
~ **increment** Einzelprobe *f*
~ **interval** *s.* ~ period
~ **log** Spülprobenlog *n*
~ **logger** Bohrprobenanzeiger *m*
~ **man** Probenehmer *m (Person)*
~ **of oil** Bodenprobe *f*

~ **period** Abtastintervall *n*
~ **piece** Prüfkörper *m*
~ **quartering** Probenviertelung *f*
~ **reducing** Probenreduktion *f (Verringerung des Umfangs einer Probe)*
~ **section** Probenahmegebiet *n*
~ **splitting** Probenteilung *f*
~ **taken at random** Stichprobe *f*
~-**taking bullet apparatus** Geschoßkerner *m*
sampleite Sampleit *m*, $CaNaCu_5[Cl|(PO_4)_4] \cdot 5H_2O$
sampler 1. Probenehmer *m (Person)*; 2. Probenahmegerät *n*
sampling Probenahme *f*, Bemusterung *f*; Stichprobenerhebung *f (mathematische Statistik)*
~ **area** Sammelgebiet *n (Gebiet, aus dem nach Verfahren der statistischen Probenahme Daten gewonnen werden)*
~ **device** Probenahmegerät *n*
~ **error** Probenahmefehler *m*
~ **function** Abtastfunktion *f*
~ **of cuttings** Probenahme *f* von Bohrklein, Bohrprobe *f*
~ **point** Probenstelle *f*
~ **reliability** Zuverlässigkeit *f* der Probenahme
~ **strategy** Strategie *f* (Konzept *n*) der Datensammlung
~ **time** Zeitdauer *f* der Datensammlung *(Signalintegrationsdauer eines fotoelektrischen oder Mikrowellendetektors)*
~ **tool** Probenahmegerät *n*
~ **well** Probebrunnen *m*
samsonite Samsonit *m*, $2Ag_2S \cdot MnS \cdot Sb_2S_3$
samum *s.* simoom
sanbornite Sanbornit *m*, $Ba_2[Si_4O_{10}]$
sand/to absanden
sand 1. Sand *m*; 2. Sandgestein *n (Speichergestein für Erdöl)*, Erdölspeicher *m*
~ **bar** längliche Sandbank *f*, Nehrung *f*
~ **beach** Sandstrand *m*
~-**blasted pebble** Windkanter *m*
~ **bobbing** Schleifen *n* mit Sand
~ **calcite** Kalzit *m* mit Sandeinschluß
~-**carrying capacity** Sandtragfähigkeit *f*
~ **cay** Sandinsel *f*, Sandinselchen *n*
~ **content** Sandgehalt *m*
~ **content set** Sandmeßglas *n*
~ **crystal** *s.* ~ calcite
~ **cutting** Sand[aus]schliff *m*
~ **deposit** Sandvorkommen *n*, Versandung *f*
~ **desert** Sandwüste *f*
~ **dressing** Absanden *n*, Absandung *f*
~ **drift** 1. Sandtreiben *n*, Sandwehen *n*; 2. Flugsand *m*
~ **dune** Sanddüne *f*
~ **dust** Sandstaub *m*
~ **erosion** Sandausscheuerung *f*
~ **filling** *(Am)* Versandung *f*
~ **flat** Sandwatt *n*
~ **flood** Flugsand *m*
~ **for facing** Klebsand *m (tonhaltig)*

sand

- ~ gall s. ~ pipe
- ~ heath Sandheide f
- ~ heaving Mitfördern n von Sand
- ~ hill Sanddüne f
- ~ line 1. Sand-Ton-Linie f *(Bohrlochelektrik)*; 2. Schlämmseil n
- ~ lineation Sandriefung f
- ~ of tidal flat Wattensand m
- ~ oil fracturing Sand-Öl-Fracverfahren n *(zum Schichtaufbrechen)*
- ~-packed model Sandmodell n
- ~ pipe Erdpfeife f, geologische Orgel f, Erdorgel f, Sandröhre f
- ~ pit Sandgrube f
- ~ plain Sandfeld n
- ~ quarry Sandgrube f
- ~ reef s. ~ bar
- ~ reel Schlämmtrommel f
- ~ ripples Sandrippeln fpl
- ~ roll synsedimentäre Rollstruktur f
- ~ scratch Sandschliff m
- ~ seams *(sl)* pegmaplitische Trümer npl *(Steinbruch)*
- ~ shadow Sedimentfahne f
- ~ silting Versandung f
- ~ spit Sandbank f
- ~ spreading Absanden n, Absandung f
- ~ stratum Sandschicht f
- ~ streak Strömungsriefe f, Sandschmitze
- ~ thickness Speichermächtigkeit f
- ~ tube Blitzröhre f
- ~ volcano Sandkegel m, Sandvulkan m
- ~ wave Strombank f, Sandrücken m, Sandwelle f, Großrippel f *(in Flußbetten)*
- ~ working Sandgrube f
- sandbag Glazialsandtasche f *(im Braunkohlenflöz)*
- sandbank Untiefe f, Watt n, Sandbank f
- sanderite Sanderit m, $Mg[SO_4] \cdot 2H_2O$
- sandface Bohrlochwand f *(im Speicherbereich)*
- sandflat Wattsand m
- sandfracing Sandfrac-Verfahren n *(zum Schichtaufbrechen)*
- sanding 1. Absanden n, Absandung f, 2. Aufsandung f
- ~-up Versandung f, Versanden n
- sandkey Sandinsel f, Sandinselchen n
- sandlike sandartig
- sandr s. outwash plain
- sandrock s. sandstone
- sandstone Sandstein m
- ~ band Sandsteinzwischenlage f
- ~-bearing nodular galenite Knottensandstein m
- ~ bed Sandsteinlage f
- ~ bound with lime Sandstein m mit kalkigem Bindemittel
- ~ dike Sandsteingang m
- ~ grit grobkörniger Sandstein m
- ~ pipe gigantischer Belastungswulst m
- ~ quarry Sandsteinbruch m
- ~ vein Sandsteingang m
- sandstorm Sandsturm m
- sandur s. outwash plain
- sandy sandig, sandführend; sandartig
- ~ beach Sandstrand m
- ~ chalk sandige Kreide f
- ~ clay magerer Ton m, Sandton m
- ~ clay loam sandig-toniger Lehm m
- ~ coarse and medium gravel sandiger Grob- und Mittelkies m
- ~ country Sandgegend f
- ~ desert Sandwüste f, Areg m *(arabisch)*
- ~ gravel feiner Kies m
- ~ ground Sandboden m
- ~ limestone Kalksandstein m
- ~ loess Sandlöß m
- ~ marl Sandmergel m
- ~ muck sandiger Humus m
- ~ mud sandiger Schlick m
- ~ mudstone sandiger Tonstein m
- ~-pebble desert Sand-Kies-Wüste f
- ~ shale sandiger Schieferton m, Sandschiefer m
- ~ siltstone Sand-Siltstein m
- ~ soil Sandboden m
- Sangamon Interglacial Age Sangamon-Interglazial n *(Pleistozän in Nordamerika, entspricht dem Eem-Interglazial Europas)*
- Sangamonian Sangamon n *(Pleistozän in Nordamerika)*
- sanidine Sanidin m, $K[AlSi_3O_8]$
- sanidinite Sanidinit m
- ~ facies Sanidinitfazies f
- sanitary landfill geordnete Deponie f
- Sannoisian [Stage] Sannoisien n *(Stufe des Oligozäns)*
- Santonian [Stage] Santon n *(Stufe der Oberkreide)*
- santorin Santorinerde f
- sap/to untergraben
- sap braune Verfärbungszone f an Klüften und Schichtfugen *(Steinbruch)*
- sapanthracite Sapropelkohle f im Anthrazitstadium
- sapanthracon karbone Sapropelkohle f
- saponification Verseifung f
- saponify/to verseifen
- saponite Saponit m, Seifenstein m, $(Mg, Fe)[(OH)_2|AlSiO]$
- sapperite mineralische Zellulose f *(in Braunkohlen und fossilem Holz)*
- sapphire Saphir m *(s.a. corundum)*
- ~ quartz Saphirquarz m, blauer Quarz m
- sapphirine Saphirin m, $Mg_2Al_4[O_6|SiO_4]$
- sapping Klifffunterhöhlung f *(in weicheren Schichten)*
- saprocoll erhärteter (gallertartiger) Faulschlamm m, Saprokoll n
- saprodil tertiäre Sapropelkohle f
- saprofication Faulschlammbildung f, Sapropelbildung f
- saprolite Rückstandsgestein n in situ

sapromixtite Sapromixtit *m (Sapropelkohle)*
sapropel Sapropel *m (n)*, Faulschlamm *m*
~ **calc** Sediment *n* aus Kalkalgen und Sapropel
~ **clay** Sediment *n* aus Sapropel und Ton
~ **rock** *s.* sapropelite
~ **tar** Sapropelitteer *m*
sapropelic *s.* sapropelitic
sapropelite Sapropelit *m*, Faulschlammgestein *n*
sapropelitic sapropelitisch, fäulnisliebend, saprophil
~ **coal** sapropelitische Kohle *f*
saprophytic saprophytisch
sapropsammite sandiger Sapropelit *m*
saprovitrinite Vitrinit *m* in sapropelitischer Kohle
SAR *s.* synthetic aperture radar
Saracan stone 1. *s.* grayweather; 2. erratischer Sandsteinblock *m*
Saratogan [Stage] Saratogien *n (Stufe des Oberkambriums)*
sarcoline fleischfarben
sarcolite Sarkolith *m*, $(Ca, Na)_8[O_2|(Al(Al,Si)Si_2O_8)_6]$
sarcopside Sarkopsid *m*, $(Fe, Mn,Ca)_3[PO_4]_2$
sard Sard[er] *m*, bräunlicher Karneol *m (s.a. quartz)*
sardachate Sardachat *m*, schwarz und weißer Bandachat *m*
Sardinian phase of folding sardische Faltungsphase *f (Oberkambrium-Tremadoc, Mittelmeergebiet)*
sardonyx Sardonyx *m (s.a. chalcedony)*
Sargassum Sargassotang *m*, Beerentang *m*
sarkinite Sarkinit m, $Mn_2[OH|AsO_4]$
Sarmatian [Stage] Sarmat[ien] *n*, Sarmatium *n (Stufe des Miozäns)*
sarsen *s.* grayweather
~ **stone** erratischer Sandsteinblock *m*
sartorite Sartorit *m*, Bleiarsenglanz *m*, Skleroklas *m*, Arsenomelan *m*, $PbS·As_2S_3$
sassolin, sassolite Sassolin *m*, $B(OH)_3$
satellite 1. Satellit *m*, Trabant *m*; 2. Ganggefolgschaft *f (bei Plutoniten)*
~ **body** Satellitenkörper *m*
~-**borne camera** Satellitenkamera *f*
~ **borne scanner** Satellitenscanner *m (auf einem Satelliten montiertes Linienabtastgerät)*
~-**carrying instruments** Meßsatellit *m*
~ **flood mapping** Kartierung *f* des Überflutungsgebiets mittels Satellitenfernerkundung
~ **imagery** Satellitenaufnahmen *fpl*
~ **monitoring** Satellitenüberwachung *f*
~ **orbit** Flugbahn *f* des Satelliten
~ **system** Satellitensystem *n*
sathrolith *s.* regolith
satin spar (stone) Atlasspat *m*, Atlasstein *m*, Faserkalk *m*, Fasergips *m*
saturable sättigungsfähig
saturate/to 1. sättigen; 2. durchtränken
saturated gesättigt
~ **ground** wassergesättigter Boden *m*

~ **system** gesättigtes System *n*
saturation 1. Sättigung *f*; 2. Durchtränkung *f*
~ **curve** Sättigungskuve *f*
~ **layer** Staunässebereich *m*
~ **pressure** Sättigungsdruck *m*
~ **value** Sättigungsgrad *m*
~ **vapour pressure** Sättigungsdampfdruck *m*
~ **zone** Sättigungszone *f*
Saucesian [Stage] Saucesien *n (marine Stufe, unteres Miozän in Nordamerika)*
Saugamon Interglacial Age Saugamon-Interglazial *n (entspricht dem Riß/Würm-Interglazial)*
saurians Saurier *mpl*
sausage structure *s.* boudinage
saussurite Saussurit *m (Mineralgemenge in zersetztem Plagioklas)*
~-**gabbro** Saussuritgabbro *m*
saussuritization Saussuritisierung *f*
saussuritize/to saussuritisieren
savanna Savanne *f*
~ **forest** Savannenlichtwald *m*
savannah *(Am)* Savanne *f*
saw down/to einsägen *(Fluß)*
saw-toothed core bit Zahnkrone *f*
sawback tief eingeschnittener Gebirgskamm *m* mit Gipfelflur
sawing residue Sägeschmant *m (Gesteinssäge)*
Sawkillian [Stage] Sawkill[ien] *n (Stufe des Ulsters in Nordamerika)*
saxicolous plants Felspflanzen *fpl*
Saxo-Thuringian zone saxothuringische Zone *f*, Saxothuringikum *n*
Saxonian [Stage] Saxon[ien] *n*, Saxonium *n (Stufe des Perms in Mittel- und Westeuropa)*
~ **type of fold structure** saxonischer Faltungstyp *m*
saxonite Saxonit *m (Varietät von Peridotit)*
sborgite Sborgit *m*, $Na[B_5O_6(OH)_4]·3H_2O$
scabble/to bossieren, Bruchsteinflächen glätten
scabbling 1. Bossieren *n*, 2. Gesteinsfragment *n*
~ **hammer** Bossierhammer *m*
scabland features (forms) glaziale Schmelzwasserformen *fpl*
scacchite Scacchit *m*, $MnCl_2$
scad Goldklumpen *m*
scaffold-type structure Gerüststruktur *f (von Tonmineralen)*
scalar skalar
scalariform treppenartig, stufenartig
scale 1. Maßstab *m*; 2. Mineralschuppe *f*, Blättchen *n*; 3. Ruschel *f*, Rutschschuppe *f*, Schuppe *f (Hochscholle einer kleinen Überschiebung)*; 4. Gesteinsschuppe *f*; 5. Kruste *f*, Ablagerung *f*
~ **deposit** Versinterung *f*
~ **magnifying glass** Meßlupe *f*
~ **of airphoto** Bildmaßstab *m (Luftbildgeologie)*
~ **of chart** Kartenmaßstab *m*

scale

~ of hardness Härteskala f
~ of mica Glimmerblättchen n
~ of seismic intensity Erdbebenstärkeskala f
scaled schuppig
scalenohedron Skalenoeder n
scaling Abblättern n, Abblätterung f, schalenförmige Ablösung f
~ law Verknüpfungsgesetz n (seismologischer Parameter)
scall lockeres Gestein n
scalloped cirque ausgekerbtes Kar n
~ surface löcherige Oberfläche f
scalloping Wellung f (sedimentäre Struktur)
scalped anticline gekappte Antiklinale f
scaly schalig, schuppig
~ chalk klüftige Kreide f
~ structure Schuppengefüge n
scan line Abtastlinie f, Abtastzeile f
Scandinavian shield Skandinavischer Schild m
scandium Skandium n, Sc
scanner Gerät n für Rasterbildaufnahmen (Geofernerkundung)
scanning electron microscope Rasterelektronenmikroskop n
scapolite Skapolith m (Mischkristall von Mejonit und Marialith)
scapolitization Skapolithisierung f
scar 1. Narbe f (Geotektonik); 2. felsige Anhöhe f; isolierter, hervorstehender Fels m
SCAR = Scientific Committee on Antarctic Research
scarbroite Scarbroit m, $Al(HO)_3$
scarcement stehengebliebenes Gebirgsstück n
scarcely noticeable kaum merklich, sehr leicht (2. Stufe der Erdbebenstärkeskala)
scarcity of lime Kalkarmut f
scares Pyritlamellen fpl der Kohle
scarf Abrißnische f
~ cloud Schleierwolke f, Schalwolke f
scarn Skarn m (Kalksilikatfels)
scarp Böschung f, Abhang m, Steilrand m, Steilwand f, Abdachung f, Hangfläche f
~ face Steilwand f, Böschung f
scarped abschüssig, steil, abgeböscht
~ tableland treppenförmiges Stufenland n
scarplet Absatz m, Stufe f
scarred gekritzt, narbig (durch Eis)
scatter/to [ver]streuen
scatter Streuung f (von Messungen)
~ diagram Punktdiagramm n (in der Gefügeanalyse)
scattered fragments Schutt m
scattering Streuung f
~ coefficient Streukoeffizient m
scatterometer Streuungsmesser m
scaur steiler Felshang m (Schottland)
scavenger Aasfresser m
scavenging animal Aasfresser m
~ of the hole Spülen n des Bohrlochs
scawtite Scawtit m, $Ca_6[Si_3O_9]_2 \cdot CaCO_3 \cdot 2H_2O$
scenery Landschaftsbild n

scepterlike growth Szepterwachstum n
SCG = Scientific Committee for Inter-Union Cooperation in Geophysics
schafarzicite Schafarzikit m, $FeSb_2O_4$
schairerite Schairerit m, $Na_3[(F, Cl)|SO_4]$
schallerite Schallerit m, $(Mn, Fe)_8[(OH)_{10}|(Si, As)_6O_{15}]$
schalstein Schalstein m
schapbachite Schapbachit m, α-$AgBiS_2$
schären-type of coast line Schärenküste f
scheelite Scheelit m, $Ca[WO_4]$
scheelitine Stolzit m, Scheelbleierz n, Tungstein m, β-$Pb[WO_4]$
scheererite Scheererit m (Erdwachs)
schefferite Schefferit m (Pyroxenmischkristall)
schematic section schematischer Schnitt m
scherbakovite Scherbakovit m, $(K, Na, Ba)_3(Ti, Nb)_2[Si_3O_7]_2$
schertelite Schertelit m, $(NH_4)_2MgH_2[PO_4]_2 \cdot 4H_2O$
schiller spar Schillerspat m, Bastit m (Pseudomorphose von Serpentin nach Bronzit)
schillerization Irisieren n, Labradorisieren n, Schillern n, Aventurisieren n
schillerize/to irisieren, labradorisieren, schillern, aventurisieren
schirmerite Schirmerit m, $PbS \cdot 2Ag_2S \cdot 2Bi_2S_3$
schist kristalliner Schiefer m (feinschiefriger als Gneis)
schistic schieferartig
~ rock schiefriges Gestein n
schistoid schieferartig
schistose schieferig
~ structure schieferige Textur f, Schieferung f
schistosity Schieferung f (im engeren Sinne in Glimmerschiefer und Gneis)
~ fold s. similar fold
schistous schieferartig, schieferig, schieferhaltig
schlatt Schlatt n, Windausblasungsmulde f
schlich s. slime
schliere Schliere f
schlierenlike flaserig
schlieric schlierig
~ structure Schlierentextur f
schluff Schluff m
Schlumberger electrode array Schlumberger-Anordnung f
~ logs Schlumberger-Logs npl
Schmidt field balance Schmidtsche Feldwaage f
~ net Schmidtsches Netz n
schneebergite Schneebergit m, Romeit m (s.a. romeite)
schoderite Schoderit m, $Al[(P, V)O_4] \cdot 4H_2O$
schoenite Schönit m, $K_2Mg[SO_4]_2 \cdot 6H_2O$
schoepite Schoepit m, $8[UO_2|(OH)_2] \cdot 8H_2O$
schorl Schörl m, schwarzer Turmalin m, Eisenturmalin m, $NaFe_3Al_6[(OH)|(BO_3)_3|Si_6O_{18}]$
~ rock Turmalinfels m
~ schist Turmalinschiefer m
schorlaceous schörlartig

schorlite s. schorl
schorlomite Schorlomit m (Varietät von Melanit)
schratten formation Schrattenbildung f
schrattenfeld Schrattenfeld n
schrattenkalk Schrattenkalk m
schreibersite Schreibersit m, $(Fe,Ni,Co)_3P$
schroeckingerite Schröckingerit m, $NaCa_3[UO_2|F|SO_4|(CO_3)_3] \cdot 10H_2O$
schroetterite s. allophane
schuchardtite Schuchardtit m (Varietät von Antigorit)
schuetteite Schuetteit m, $Hg_3[O_2|SO_4]$
schultenite Schultenit m, $HPbAsO_4$
schulzenite Schulzenit m (Cu-haltige Varietät von Heterogenit)
schungite Schungit m (hochinkohlter Anthrazit)
schwartzembergite Schwartzembergit m, $Pb_5[Cl_3O_3|O_3]$
schwazite Schwazit m, Quecksilberfahlerz n (Hg-haltiger Tetraedrit)
science of mineral deposits Lagerstättenkunde f
~ of rocks Gesteinskunde f
~ of structure Gefügekunde f
scintillate/to flimmern, szintillieren
scintillation Flimmern n, Szintillation f
~ counter (detector) Szintillationszähler m
~ tube s. scintillometer
scintillator Szintillator m
scintillometer Szintillometer n
Scirpus peat Schilftorf m
scissions thrust Durchscherungsüberschiebung f
~ thrust sheet Abscherungsdecke f
scissors fault s. pivotal fault
~ window Scherenfenster n (Tektonik)
scissure Riß m, Spalt m
sclaffery kleinstückig zerfallend (Schottland)
scleroblasts Skleroblasten mpl (Bildungszellen von Knochen, Spiculae u.ä.)
sclerometer Härtemesser m, Sklerometer n
sclerophyll plants Hartlaubgewächse npl
sclerotic plate Knochenplatte f
~ plate ring Knochenplattenring m
sclerotinite Sklerotinit m (Kohlenmaceral)
sclerotization Sklerotisation f (Imprägnierung mit Kalksalzen)
sclit, sclutt (sl) Brandschiefer m (Schottland)
scolecite Skolezit m, $Ca[Al_2Si_3O_{10}] \cdot 3H_2O$
scolithus sandstone Scolithussandstein m
scoop [out]/to auskolken, ausschürfen
scooping[-out] Ausschürfung f
scopiform besenförmig
SCOR = Scientific Committee on Oceanic Research
scoria Schlacke f, Gesteinsschlacke f (vulkanisch)
~ cone Schlackenkegel m
~ moraine Pseudomoräne f
scoriaceous schlackenähnlich, schlackenartig

~ basalt Schlackenbasalt m
~ lapilli Schlackenlapilli pl
~ sand Schlackensand m
~ surface schaumige Oberfläche f
scoriated schlackig
scorification Schlackenbildung f, Verschlackung f
scorified lava schlackige Lava f
scoriform schlackenähnlich
scorify/to [ver]schlacken
scoring Spalte f, Kerbe f; Auskolken n
scorious verschlackt
scorodite Skorodit m, Knoblaucherz n, $Fe[AsO_4] \cdot 2H_2O$
scorzalite Scorzalith m, $(Fe, Mg)Al_2[OH|PO_4]_2$
Scotch topaz gelber Quarz m
Scottish Highlands Schottische Hochlande npl (Gesteinsprovinz)
scour/to abschleifen, ausschürfen, abfegen, [ab]scheuern (Winderosion, Eiserosion)
~ off abscheuern
~ out auswaschen
scour Ausscheuern n, Tiefenschurf m (im Flußbett)
~ and fill kolkförmige Erosion f, kleindimensionale Erosionsrinne f
~ lineation Kolkriefen fpl
~ mark Fließrille f, Kolkmarke f, Auskolkung f, Strömungsrinne f, Erosionsmarke f
~ outlet Grundablaß m
~ side Stoßseite f
scouring Abschleifung f, Einschleifen n, Auswaschung f, Auskolkung f, scheuernde Wirkung f (z.B. des Gletschereises)
~ sand Auswaschungssand m
scourway Abflußrinne f
scout/to schürfen
scout (Am) Industriespion m im Erdölgeschäft
scouting 1. Exploration f; 2. Aufschlußbohrung f
scovan lode Zinnerzgang m
scove Stufferz n
scrap Abfall m (Handelsglimmersorte)
scratch/to schrammen, ritzen
scratch Schramme f, Ritz m
~ hardness Ritzhärte f
~ hardness number Ritzhärtezahl f
~ hardness tester Ritzhärteprüfer m
~ test Ritzverfahren n
scratched gekritzt (durch Eis)
~ boulder gekritztes Geschiebe n
~ by ice eisgeschrammt
scratcher Kratzer m
scratches 1. Rutschschrammen fpl; 2. Friktionsstreifen mpl
~ on the section Schliffkratzer mpl (Anschliff)
scree Schutthalde f, Geröllhalde f; Felsschutt m, Schutt m, Gesteinsschutt m, Geröll n, Steingeröll n
~ breccia Moränenbrekzie f, Schuttbrekzie f
~ debris Schutt m
~ material Gehängeschutt m

screen

screen/to sieben, schlämmen *(Gold)*
screen Filter *n*
~ **analysis** Siebanalyse *f*
~ **liner** Siebliner *m*, Siebfilterrohr *n*, Liner *m* mit Lochöffnungen
~ **pipe** Schlitzrohr *n (in Brunnen)*
~ **underflow** Siebdurchgang *m*
~ **well** Filterbrunnen *m*
screened ore Scheideerz *n*
screening 1. Siebklassierung *f*, Korngrößentrennung *f*; 2. Schlämmen *n (von Gold)*; 3. Fernhalten *n* von Sand; 4. Einbau *m* einer geschlitzten Rohrtour
~ **device** Scheideanlage *f*
~ **plant** Klassieranlage *f (Erze)*
screw auger Spiralbohrer *m*
~ **axis** Schraubenachse *f*
~ **conveyor** Schneckenförderer *m*
~ **motion** Schraubenbewegung *f*
scrin 1. irreguläre Eisensteinknolle *f (Schottland)*; 2. untergeordnetes Gangtrum *n*
scrub Buschland *n*, Steppe *f (Australien)*
scrubstone *(sl)* Kalksandstein *m*
scry/to schürfen
scud 1. Bö *f*, Windbö *f*; Regenschauer *m*; 2. Pyritzwischenlage *f*, Tonzwischenlage *f*
~ **of wind** Windbö *f*
sculping Aufspaltung *f* von Schiefern
sculpture Skulptur *f (auf Fossilgehäusen)*
sculpturing of rock Bearbeitung *f* des Gesteins
scun Erztrum *n*
Scythian [Stage], Scythic [Stage] Skyth *n (Stufe der alpinen Trias)*
se-fabric Externgefüge *n*
sea 1. Meer *n*, See *f*; 2. Seegang *m*
~ **arch** Brandungstor *n*
~ **area** Meeresgebiet *n*
~ **balls** Pflanzenballen *mpl (in marinen Sedimenten)*
~ **basin** Meeresbecken *n*
~ **beach** Meeresstrand *m*
~-**beach placer** Meeresküstenseife *f*
~ **bottom** Meeresgrund *m*, Meeresboden *m*
~ **breeze** auflandiger Wind *m*
~ **butterfly** Pteropode *f*, Flügelschnecke *f*
~ **cave** Brandungshöhle *f*
~ **cavern** Grotte *f*
~ **chasm** Klifeinschnitt *m (durch Wellenerosion)*
~ **cliff** Küstenkliff *n*
~ **coast** Küste *f*, Strandlinie *f*, Meeresküste *f*, Seeküste *f*
~ **current** Meeresströmung *f*
~ **dike** Seedeich *m*, Meeresdeich *m*
~ **drift** Seeablagerung *f*
~ **fire** Meeresleuchten *n*
~ **floe** schwimmendes Eisfeld *n*
~ **flood** Sturmflut *f*
~-**floor spreading** Spreizbewegung *f (Auseinanderdriften n)* des Meeresbodens
~-**floor well head** Bohrlochabschluß *m* auf dem Meeresboden

310

~ **foam** Meeresschaum *m*, Gischt *m*
~ **fog** Seenebel *m*, Küstennebel *m*
~ **gate** Meerenge *f*
~ **holm** unbewohnte Insel *f*
~ **ice** Meereis *n*
~ **inlet** Meeresarm *m*
~ **level** Meeresspiegel *m*, Normalnull *n*, NN
~ **level/above** über dem Meeresspiegel
~ **level/below** untermeerisch
~-**level elevation** Höhe *f* über Normalnull
~-**level fluctuation** Meeresspiegelschwankung *f*
~ **lily** Seelilie *f*
~ **limit** Strandlinie *f*
~-**lion guano** Seelöwenguano *m*
~ **mammal** marines Säugetier *n*
~ **mill** Meermühle *f*
~ **mount[ain]** *s.* seamount
~ **mud** Wattboden *m*
~ **sand** Seesand *m*
~ **shore** Meeresufer *n*, Meeresküste *f*, Küste *f*
~ **side** Küste *f*
~ **slide** submarine Gleitung *f*
~ **stack** durch Wellenerosion abgegliederte Felsnadel *f*
~ **surveys** Seedienst *m (Geophysik)*
~ **transgression** Meerestransgression *f*
~ **urchin** Seeigel *m*
~ **wall** Hafendamm *m*, Strandmauer *f*, Deich *m*
~ **water** Meerwasser *n*
~-**water desalination** Meerwasserentsalzung *f*
~ **wax** *s.* maltha
~ **weather service** Seewetterdienst *m*
~-**worn** marin erodiert
seabed Meeresboden *m*
seaboard Seeküste *f*, Wasserkante *f*, Küstenstrich *m*, Meeresküste *f*
seaborne Schiffs...
seaknoll Tiefsee-Erhebung *f (kleiner als sea mount)*
seal up/to abdichten
seal Abdichtung *f*, Barriere *f*; Sperre *f*, Abschluß *m*
~ **capacity** Rückhaltevermögen *n*
sealed joint verschlossene Kluft *f*
~ **liquid** Flüssigkeitseinschluß *m*
sealing membrane Dichtungsschleier *m*, Dichtungswand *f*
~ **rock** Deckschicht *f*
~ **trench** *s.* ~ membrane
~-**up of a hole** Abdichtung *f (eines Bohrlochs)*
seam 1. Flöz *n*, Lage *f*, Lager *n*; 2. Lettenkluft *f*
~ **cut** Flözanschnitt *m*
~ **exit** Schichtenkopf *m*
~ **formation** Flözbildung *f*
~ **formation curve** Flözbildungskurve *f (grafische Darstellung der Bildungsphasen)*
~ **identification** Flözidentifizierung *f*
~ **nodule** *s.* coal apple
~ **of coal** Kohlenflöz *n*

sediment

~ **section** Flözprofil *n*
~ **swell** Flözscharung *f*
~ **thickness** Flözmächtigkeit *f*
~ **wave** Flözwelle *f*
seamanite Seamanit *m*, $Mn_3[PO_4|BO_3]\cdot 3H_2O$
seamount Tiefseeberg *m*, Tiefseekuppe *f*, submariner Berg *m*
~ **chain** untermeerische Bergkette *f*
seamy rock 1. flözführendes Gebirge *n*; 2. klüftiges Gestein *n*
seapeak submarine Gipfelkuppe *f*
seaquake Seebeben *n*, submarines Beben *n*
search/to schürfen
search Schürfen *n*, Schurf *m*
~ **for deposits** Lagerstättensuche *f*
searcher Schürfer *m*
searching Schürfen *n*, Schurf *m*, Schürfung *f*
searlesite Searlesit *m*, $NaB[Si_2O_6]\cdot H_2O$
seascarp unterseeischer Abhang (Steilabhang) *m*, unterseeische Abdachung *f*
seaside Meeresküste *f*, Küste *f*
season Jahreszeit *f*
seasonal jahreszeitlich
~ **banding** jahreszeitliche Bänderung *f*
~ **deposit** jahreszeitlich bedingte Ablagerung *f*
~ **lake** periodischer See *m*
~ **runoff** jahreszeitlicher Abfluß *m*
~ **variation** jahreszeitliche Variation *f*
seasonally banded (stratified) clay Bänderton *m* mit Jahresringen
seat Sohle *f*; Liegendes *n*
~ **clay** Liegendton *m*, Unterton *m* (von Kohleflözen)
~ **earth** fossiler Bodenhorizont *m* unter dem Flöz
~ **of generation** Entstehungsort *m*
~ **of settlement** Untergrund *m* des Bauwerks
~ **rock** Liegendes *n* eines Flözes
~ **seal** Liegendsperre *f*, Sohlensperre *f*
~ **stone** *s.* ~ rock
seaweed Tang *m*, Seegras *n*
sebkha Sebkha *f* (aride Ebene aus Ton-, Schluff- oder Sandablagerungen, oft mit Salzinkrustationen)
sebkra *s.* sebkha
second-derivative map Karte *f* der zweiten Ableitung (Seismik)
~**-derivative value** Wert *m* der zweiten Ableitung (Seismik)
~ **order correction** Korrektur *f* zweiter Ordnung (Seismik)
~ **order of branches** Sekundäräste *mpl*
~**-to-last water interlayer** Dreischichttonmineralwasser *n*
secondary cementation Verkittung *f*, sekundäre Zementation *f* (im Sediment)
~ **comminution** Feinzerkleinerung *f*
~ **cone** Nebenkegel *m*
~ **constituent** Nebenbestandteil *m*
~ **cosmic radiation** kosmische Sekundärstrahlung *f*
~ **crater** Nebenkrater *m*

~ **depression** Nebentief *n*
~ **divide** Nebenwasserscheide *f*
~ **downward change** sekundärer Teufenunterschied *m*
~ **electromagnetic field** elektromagnetisches Sekundärfeld *n*
~ **exploitation** Sekundärgewinnung *f*, Zweitgewinnung *f*
~ **fault** sekundäre Verwerfung *f*
~ **halo** sekundärer Dispersionshof *m* (durch Verwitterungsprozesse entstanden)
~ **impact** sekundärer Einschlag *m* (durch Meteoriteneinschlag verursacht)
~ **mountain** Mittelgebirge *n*
~ **oil recovery** sekundäre Ölgewinnung *f*, Sekundärentölung *f*
~ **permeability** Wasserdurchlässigkeit *f* durch Fugen und Spalten
~ **podzolized soil** Sekundärpodsolboden *m*
~ **quartzite** Sekundärquarzit *m*, metasomatischer Quarzit *m*
~ **radiation** Sekundärstrahlung *f*
~ **recovery [method]** Sekundärverfahren *n* (der Ölgewinnung)
~ **stratification** Resedimentationsgefüge *n*; Sekundärschichtung *f*, Umlagerungsschichtung *f*
~ **variation in depth** sekundärer Teufenunterschied *m*
~ **vein** Nebengang *m*
~ **wave** zweiter Vorläufer *m*, sekundäre Welle *f* (Seismik)
secreted sedimentaries Ausscheidungssedimente *npl*
secretion Ausscheidung *f*
sectile schneidbar (mit dem Messer)
section 1. Ausschnitt *m*; 2. Profil *n*
~ **gauge log** Kaliberlog *n*, Kalibermessung *f*
~ **of a valley** Taleinschnitt *m*
secular säkular
~ **inequalities** säkulare Störungen *fpl*
~ **perturbation** säkulare Störung *f*
~ **rise** säkulare Hebung *f*
~ **sinking** säkulare Senkung *f*
~ **variation** Säkularvariation *f*
secure exploitation deepness sichere Abbautiefe *f*
sedd *s.* sudd
sedentary organisms sessile Organismen *mpl*
~ **soil** Sedentärboden *m*, Primärboden *m*
sedge moor Seggenmoor *n*
~ **peat** Seggentorf *m*
sedifluction Sedifluktion *f*, Fließen *n* unverfestigter Sedimente
sediment Sediment[gestein] *n*
~**-bearing** sedimentführend
~ **discharge** Geschiebefracht *f*, Geschiebemenge *f*
~**-infesting organisms** im Sediment wühlende Organismen *mpl*
~ **load** Schwebstoff *m*
~ **particle** Sedimentpartikel *f*

sediment

- ~ **runoff** Schwebstofffracht *f*
- ~ **sump** Schlammfang *m (eines Brunnens)*
- ~ **transport** Sedimenttransport *m*
- **sedimentary** sedimentär
- ~ **blocks** sedimentäre Klippen *fpl*
- ~ **boudinage structure** Sedimentboudinage *f (durch Sedifluktion)*
- ~ **complex** Schichtenkomplex *m*
- ~ **cover** Sedimentdecke *f*
- ~ **cycle** Sedimentationszyklus *m*
- ~ **deposit** sedimentäre Lagerstätte *f*, Trümmerlagerstätte *f*
- ~ **environment** 1. Ablagerungsmilieu *n*; 2. Sedimentationsraum *m*, Sedimentationsgebiet *n*
- ~ **exhalative deposit** sedimentär-exhalative Lagerstätte *f*
- ~ **foreigns** sedimentäre Klippen *fpl*
- ~ **gneiss** Paragneis *m*
- ~ **klippe** *s*. olistolith
- ~ **petrography** Sedimentpetrografie *f*
- ~ **rock** Sedimentgestein *n*
- ~ **schist** kristalliner Schiefer *m* sedimentären Ursprungs
- ~ **tectonics** die Sedimentation beeinflussende tektonische Faktoren
- ~ **water** Sedimentationswasser *n*
- **sedimentate/to** sedimentieren, ablagern
- **sedimentation** Sedimentation *f*, Sedimentbildung *f*, Ablagerung *f*
- ~ **basin** Sedimentationsbecken *n*
- ~ **stage** Sedimentationsetappe *f*
- ~ **tank** Klärbrunnen *m*
- ~ **test** Sedimentationsprobe *f*
- ~ **unit** Sedimentationseinheit *f*
- **sedimentogenic rock** sedimentogenes Gestein *n*
- **sedimentology** Sedimentologie *f*
- **sediments carried in suspension** Flußtrübe *f*
- **seed** Samen *m*
- **seep/to** [durch]sickern, aussickern, einsickern
- ~ **in** verrieseln
- **seep** 1. Ausschwitzen *n*; 2. natürlicher Austritt *m (Öl, Gas)*
- **seepage** 1. Sickerung *f*, Versickerung *f*, Einsikkern *n*, Durchsickerung *f*, Aussickerung *f*; 2. Ölsumpf *m*, Ölausbiß *m*; 3. natürlicher Austritt *m (Öl, Gas)*
- ~ **distance** Sickerstrecke *f*
- ~ **face** Sickerfläche *f*
- ~ **failure** hydraulischer Grundbruch *m*
- ~ **flow** Sickerströmung *f*, Abfluß *m* durch Aussickerung
- ~ **force** Sickerwasserdruck *m*
- ~ **path** Sickerlinie *f*
- ~ **pressure** Sickerwasserdruck *m*
- ~ **rate** Sickergeschwindigkeit *f*
- ~ **refluxion** Laugenrückfluß *m* durch den Porenraum zum Meer *(bei frühdiagenetischer Dolomitbildung)*
- ~ **runnel** Sickerbach *m*
- ~ **spring** flächenhafter Grundwasseraustritt *m*

- ~ **surface** Sickerfläche *f*
- ~ **through dikes** Kuverwasser *n*
- ~ **velocity** *s*. Darcy velocity
- ~ **water** 1. austretendes Sickerwasser *n*; 2. Qualmwasser *n*
- **seggar clay** Kapselton *m*
- **segment** 1. Sektor *m*; 2. Reflexionselement *n*
- **segregated band** Seigerungsstreifen *m*
- ~ **vein** Segregationsgang *m*
- **segregation** Seigerung *f*, Ausscheidung *f*, Entmischung *f*; Schwereschichtung *f*
- ~ **due to unmixing** Entmischungssegregation *f*
- ~ **in magmas** *s*. magmatic differentiation
- ~ **rate** Phasentrennungsrate *f*
- **seiche** Seiche *f*
- **seidozerite** Seidozerit *m*, $Na_4MnTi(Zr, Ti)[O|(F,OH)|Si_2O_7]_2$
- **seis** *(sl)* Geophon *n*
- **seism** Erdstoß *m*
- **seismal** *s*. seismic
- **seismic[al]** seismisch
- ~**activity** Erdbebentätigkeit *f*
- ~ **area** Erdbebengebiet *n*
- ~ **centre** Erdbebenherd *m*
- ~ **crew** seismischer Meßtrupp *m*
- ~ **detector location** seismischer Beobachtungspunkt *m*
- ~ **district** Erdbebengebiet *n*
- ~ **effects** seismische Auswirkungen *fpl*
- ~ **focus** Erdbebenherd *m*
- ~ **instruments** seismische Instrumente *npl*
- ~ **intensity** seismische Intensität *f*
- ~ **investigation** Erdbebenforschung *f*
- ~ **line** Schütterlinie *f*
- ~ **logging** seismische Bohrlochmessung *f*
- ~ **method** seismografische Untersuchungsmethode *f*
- ~ **observation point** seismischer Beobachtungspunkt *m*
- ~ **observatory** Erdbebenwarte *f*
- ~ **origin** Epizentrum *n*
- ~ **party** seismischer Meßtrupp *m*
- ~ **prospecting** seismische Erkundung *f*
- ~ **record** Seismogramm *n*
- ~ **record in wiggle-trace form** seismische Registrierung *f* in Linienschrift
- ~ **reflection** seismische Reflexion *f*
- ~ **reflection method** Reflexionsseismik *f*
- ~ **refraction** seismische Refraktion *f*
- ~ **sea wave** seismisch bedingte Flutwelle *f*
- ~ **shadow zone** seismischer Schatten *m*
- ~ **shock** Erd[beben]stoß *m*
- ~ **station** Erdbebenstation *f*
- ~ **stripping** Stripping *n*, Abdecken *n (seismisches Reduktionsverfahren)*
- ~ **surveying unit** seismischer Meßtrupp *m*
- ~ **wave** Erdbebenwelle *f*
- ~ **wave propagation** Fortpflanzung *f* seismischer Wellen
- ~ **zone** Schütterzone *f*, Erdbebenzone *f*
- **seismicity** Seismizität *f*
- **seismics** *s*. seismology

seismogram Seismogramm n
seismograph Seismograf m, Erdbebenanzeiger m, Erdbebenschreiber m, Erdbebenmesser m
~ **station** Erdbebenwarte f
seismographic[al] seismisch
~ **prospecting** seismische Erkundung f
seismological seismologisch
~ **science** Erdbebenkunde f
seismologist Seismologe m, Erdbebenforscher m
seismology Seismologie f, Seismik f, Erdbebenkunde f
seismometer Seismometer n, Erdbebenmesser m
~ **spacing** Seismografenabstand m
~ **spread** Seismografenaufstellung f
seismometry Erdbebenmessung f
seismoscope Seismoskop n
seismotectonic seismotektonisch
seismotectonics Seismotektonik f
seladonite Seladonit m (Mineral der Muskovitreihe)
select/to ausklauben, auslesen
selection Klauben n, Klaubarbeit f
~ **of route** Trassierung f, Trassenwahl f
selective diagram Diagramm n eines Kornteilgefüges
~ **evaporation** selektive Verdunstung f
~ **folds** Selektivfalten fpl
~ **fracturing** selektives Fraccen n (zum Schichtaufbrechen)
~ **fusion** selektives Aufschmelzen f
~ **melting** selektives Schmelzen n
~ **replacement** selektive Verdrängung f
~ **weathering** selektive Verwitterung f
seleniferous selenhaltig
selenite Selenit m, Marienglas n, Gips m (s.a. gypsum)
selenium Selen n, Se
selenizone s. slit band
selenocentric selenozentrisch, mondmittelpunktbezogen
selenodesy Mondvermessungskunde f, Selenodäsie f
selenographic selenografisch, mondkundlich
selenography Selenografie f, Mondbeschreibung f
selenolite Selenolith m, SeO$_2$
selenology Selenologie f, Mondkunde f
selenotectonics Mondtektonik f
self-alteration Autometamorphose f
~-**capture** Selbstanzapfung f
~-**faced** glattflächig
~-**faced cleavage plane** glatte Spaltungsebene f
~-**fluxing ore** selbstgehendes Erz n
~-**potential method** Eigenpotentialverfahren n
~-**propelled drilling rig** selbstfahrende Bohranlage f
~-**purification** Selbstreinigung f
~-**recording** selbstregistrierend

~-**recording rain gauge** Schreibregenmesser m
~-**registering** selbstregistrierend
~-**reversal** Selbstumkehrung f (Erdmagnetfeld)
~-**sharpening core bit** selbstschärfende Krone f
~-**sufficiency** Eigenversorgung f (Anteil der Inlandsproduktion an der Bedarfsdeckung)
~-**supply** Selbstversorgung f (mit Wasser)
~-**sustaining** selbsttragend
seligmannite Seligmannit m, 2PbS·Cu$_2$S·As$_2$S$_3$
sellaite Sellait m, MgF$_2$
selliform sattelförmig
selvage 1. Salband n, Lettenbesteg m; 2. Saum m (bei Fossilgehäusen)
semianthracite (Am) Magerkohle f (bis gering inkohlter Anthrazit)
semiaquatic amphibisch
semiarid semiarid
semibog[gy] soil halbsumpfiger Boden m
semiconchoidal halbmuschelig, schwachmuschelig, muschelig bis splitterig
semiconductor counter Halbleiterzähler m
semicrystalline halbkristallinisch
semidesert Halbwüste f, Wüstensteppe f
semidiurnal halbtäglich
semifusinite Semifusinit m (Kohlenmaceral)
semifusite Semifusit m (Kohlenmikrolithotyp)
semilongitudinal fault spießeckige Verwerfung f
semilunar Halbmond...
semiopal Halbopal m
semiopaque matter s. brown matter
semipermeable halbdurchlässig
~ **bed** geringpermeabler Grundwasserleiter m, Geringwasserleiter m
semipodzol Semipodsol m
semipolar halbpolar
semiprecious stone Halbedelstein m
semiprocessed mineral angearbeiteter mineralischer Rohstoff m, mineralisches Halbfertigprodukt n
semisavanna Halbsavanne f
semisteady state quasistationärer Strömungszustand m
semisteep halbsteil
semisubmersible barge Halbtaucher m (schwimmende Bohrplattform)
semiterrestrial semiterrestrisch
semitranslucent matter s. brown matter
semitransverse fault spießeckige Verwerfung f
semitropical subtropisch
semivariogram Semivariogramm n (durch den Wert 2 dividiertes Variogramm)
semivitrinite Semivitrinit m (Kohlenmaceral; stark reflektierender Vitrinit)
semseyite Semseyit m, 9PbS·4Sb$_2$S$_3$
senaite Senait m, (Fe$^{..}$,Fe$^{...}$,Mn,Pb)$_2$(Ti, Fe$^{...}$)$_5$O$_{12}$
senarmontite Senarmontit m, Sb$_2$O$_3$
Senecan [Series] Senecan n (Nordamerika, ent-

sengierite 314

spricht dem Adorf einschließlich des höchsten Givets in Europa)
sengierite Sengierit *m*, $Cu_2[(OH)_2|(UO_2)_2|V_2O_8]\cdot 6H_2O$
senile topography topografische Greisenformen *fpl (Topografie am Ende eines Erosionszyklus)*
Senonian Senonien *n*, Senon *n* im Sinne von D'Orbigny *(Oberkreide, Coniac bis Maastricht)*
sensator Druckmeßdose *f*
sense of left-hand screw motion Linksdrehsinn *m*
~ of right-hand screw motion Rechtsdrehsinn *m*
~ of rotation Drehsinn *m*
sensibility analysis *s.* sensitivity analysis
sensible heat sensible Wärme *f (Wärmeleitung und -konvektion)*
sensitive clay strukturempfindlicher Ton *m*
~ current-measuring device sensitiver Strömungsmesser *m*
~ element Meßfühler *m*
~ tint teinte sensible *(Rot 1. Ordnung)*
sensitivity Empfindlichkeit *f*
~ analysis Sensitivitätsanalyse *f*, Sensibilitätsanalyse *f (bei der Projektbewertung)*
sensor calibration Sensoreichung *f*
separate/to trennen; abscheiden ; aufbereiten
~ out sich abscheiden, ausscheiden
separated beaks klaffende Wirbel *mpl (bei Fossilschalen)*
separating funnel Scheidetrichter *m*
separation Trennung *f*; Abscheidung *f*; Aufbereitung *f*
~ fracture Trennbruch *m*
~ of components of stream-flow *s.* **~ of flow**
~ of crystals Kristallabscheidung *f*
~ of flow Abflußseparation *f (Trennung A_u/A_o)*
~ plane Trennungsfläche *f*
sepiolite Sepiolith *m*, Meerschaum *m*, $Mg_4[(OH)_2|Si_6O_{15}]\cdot 2H_2O + 4H_2O$
septa Scheidewände *fpl*, Septen *npl (bei Fossilien)*
~-bearing mit Septen
~-less ohne Septen
septal neck Siphonaldüte *f (Cephalopoden)*
~ suture Lobenlinie *f*
septarian nodule Septarie *f*
septate/to trennen, spalten *(in Septarien)*
septentrional nördlich
septic tank Faulbecken *n*
septicity Fäulnis *f*
septivalence Siebenwertigkeit *f*
septivalent siebenwertig
Sequanian Sequanien *n (fazielle Entwicklung, oberes Oxford, Schweizer Jura)*
sequence Reihenfolge *f*, Aufeinanderfolge *f*, Altersfolge *f*
~ of bedding Schichtenfolge *f*
~ of crystallization Kristallisationsfolge *f*
~ of formations Formationsfolge *f*

~ of generations Generationsabfolge *f*
~ of strata (stratification) Schichtenfolge *f*
sequential erosion nachträgliche Erosion *f*
~ forms Folgeformen *fpl (Morphologie)*
serac Eisblock *m* auf zerklüfteten Gletschern, Firnpfeiler *m*
serandite Serandit *m*, $(Mn, Ca)_2Na[Si_3O_8OH]$
SERE *s.* spatial effective resolution element
serendibite Serendibit *m*, $(Ca, Mg)_5(AlO)_5[BO_3|(SiO_4)_3]$
serial section Serienprofil *n*
seriate fabric serialkörniges Gefüge *n*
sericite Serizit *m*, Kaliglimmer *m (s.a.* muscovite)
~ phyllite Serizitphyllit *m*
~ quartzite Serizitquarzit *m*
~ slate Serizitschiefer *m*
sericitization Serizitisierung *f*
sericitize/to serizitisieren
series Serie *f (Einheit der biostratigrafischen Skala, im älteren deutschen Schrifttum auch Abteilung)*
~ of blanketing slices Deckenpaket *n*, Deckenhäufung *f*
~ of mixed crystals Mischkristallreihe *f*
~ of observations Beobachtungsreihe *f*
~ of strata Schichtkomplex *m*, Schichtgruppe *f*, Schichtfolge *f*, Schichtenreihe *f*
serir S[s]erir *m*, Geröllwüste *f*, Kieswüste *f*
serozemic soil Grauerde *f*, Sjerosjom *m*
serpent kame *s.* esker
serpentine geschlängelt
serpentine Serpentin *m (s.a.* 1. antigorite; 2. chrysotile)
~ asbestos Serpentinasbest *m*
~ marble *s.* ophicalcite
~ rock *s.* serpentinite
~ schist Serpentinschiefer *m*
serpentinite Serpentinit *m (serpentinisierter Peridotit)*
serpentinization Serpentinisierung *f*
serpentinize/to serpentinisieren
serpierite Serpierit *m*, $Ca(Cu,Zn)_4[(OH)_3|SO_4]_2\cdot 3H_2O$
serpophite Serpophit *m (Varietät von Serpentinit)*
Serpuchovian [Stage] Serpuchov-Stufe *f (höchstes Unterkarbon, Osteuropa)*
serpula reef Serpulariff *n*
serrate gezackt, zackig, sägeartig
serrated form zackige Form *f*
Serravilian [Stage] Serravil[ium] *n (Stufe des Miozäns)*
service contract Dienstleistungsvertrag *m (bei Durchführung geologischer Untersuchungsarbeiten)*
~ water Brauchwasser *n*, Nutzwasser *n*, Gebrauchswasser *n*
~ well Hilfsbohrung *f*
sesquioxide Sesquioxid *n*
sessile benthos sessiles Benthos *n*
seston Seston *n*

set/to untergehen *(Gestirne)*
- **~ casing** verrohren, auskleiden, Rohrfahrt absetzen, Futterrohre setzen
- **~ out observation points** vermarken *(eine Strecke)*
- **~ up** auslegen, aufstellen
- **~ up a map** eine Karte orientieren

set Schrägschichtungseinheit *f*
- **~ of joints** Kluftbündel *n*, Hauptkluftschar *f*
- **~ of mine** Grubenfeld *n*
- **~-up of trend functions** Trendansatz *m (Vorschrift für eine Schar von Trendfunktionen)*

sett Pflasterstein *m*

setting 1. Festwerden *n*; 2. Aufstellung *f (eines Kristalls)*
- **~ angle** Verstellwinkel *m*
- **~ depth** Einbauteufe *f*
- **~ load** Klemmlast *f*, Setzlast *f*
- **~ of conductor** Standrohrsetzen *n*
- **~-up** Aufbau *m (eines Magnetfelds)*

settle/to 1. [nach]sacken, sich setzen; 2. ablagern; sedimentieren; 3. absenken; 4. absinken
- **~ down[ward]** absinken

settled production stabilisierte Produktion *f*
- **~ production rate** gleichmäßige Produktionsrate *f*

settlement Setzung *f*
- **~ analysis** Setzungsanalyse *f*, Schlämmanalyse *f*
- **~ basin** Ablagerungsbecken *n*
- **~ measurement** Setzungsmessung *f*

settling 1. Sackung *f*, Nachsacken *n*, Sichsetzen *n*; 2. Ablagerung *f*; 3. Absenken *n*; 4. Absinken *n*
- **~ analysis** Setzungsanalyse *f*, Schlämmanalyse *f*
- **~ basin** Klärbecken *n*
- **~ pond** Absetzteich *m*, Klärbecken *n*
- **~ slurry** absetzbare Trübe *f*
- **~ speed** 1. Absenkungsgeschwindigkeit *f (Bodenmechanik)*; 2. Absetzgeschwindigkeit *f*, Sinkgeschwindigkeit *f*
- **~ tank** Klärbecken *n*
- **~ velocity** *s.* ~ speed
- **~ well** Klärbrunnen *m*

sevardy soil Rasenboden *m*

Sevatian [Substage] Sevat[ium] *n (Unterstufe, Obere Trias, Tethys)*

seven-spot network *(Am)* Sieben-Sonden-Anordnung *f*

sewage Abwasser *n*, Abwässer *npl*
- **~ engineering** Abwasserwesen *n*, Kanalisationstechnik *f*
- **~ gas** Faulgas *n*
- **~ water** Rieselwasser *n*, Abwasser *n*

sewer/to entwässern

sewerage Entwässerung *f*
- **~ and sewage disposal** Abwasserwesen *n*, Kanalisationstechnik *f*
- **~ system** Entwässerungsverfahren *n*

sexivalence Sechswertigkeit *f*

sexivalent sechswertig

sexual dimorphism Sexualdimorphismus *m*, Geschlechtsdimorphismus *m*

seybertite Seybertit *m (s.a.* clintonite)

shab bröckliges schieferiges Gestein *n*

shackanite Shackanit *m (Analcimtrachyt)*

shade/to beschatten

shading Schummerung *f*

shadow cone Schattenkegel *m*

shaft Schacht *m*
- **~ boring** Schachtbohren *n*
- **~ bottom** Schachtsohle *f*
- **~ cross section** Schachtscheibe *f*
- **~ drilling** Schachtbohren *n*
- **~ head** Schachtausgang *m*
- **~ landing** Füllort *n (Erdöl)*
- **~ mouth** Schachtmundloch *n*; Rasenbank *f*
- **~ prospect** Schürfschacht *m*
- **~ safety pillar** Schachtsicherheitspfeiler *m*
- **~ tower** Förderturm *m*

shafting Schachtabteufen *n*

shagreen/to chagrinieren

shagreen Chagrin *n*

shake 1. Erdbeben *n*; 2. senkrechter Riß *m*; Dichtklüftungszone *f*; 3. Höhle *f*
- **~ table** Schütteltisch *m (Testgerät für Geophone)*
- **~ wave** *s.* shear wave 1.

shaker Schüttelsieb *n*, Rüttelsieb *n*
- **~ table** Schwingtisch *m*, Schütteltisch *m*

shakes engständige oberflächennahe Bankungsklüftung *f (in Steinbrüchen)*

shaking Beben *n*, Erschütterung *f*
- **~ table** Schwingtisch *m*, Schütteltisch *m*
- **~ test** Schüttelprobe *f*

shale Schiefer[ton] *m*, Tonschiefer *m (70–80% Tonminerale, der Rest Silt)*
- **~ band** Schiefermittel *n*
- **~ break** Schiefertoneinlage *f*, Schiefertonzwischenlage *f*
- **~ crescent** Schiefertonschmitze *f*
- **~ distillation** Schieferölgewinnung *f*
- **~ naphtha** Benzin *n* aus Ölschiefer
- **~ oil** Schieferöl *n*
- **~ oil factory** Ölschieferwerk *n*
- **~ oil industry** Ölschieferindustrie *f*
- **~-out** Vertonung *f*
- **~ partings** sehr dünne Schiefertoneinlagen *fpl (in Sandsteinen)*
- **~ rock** schiefriges Gestein *n*
- **~ shaker** Schlammschüttelsieb *n*, Schüttelsieb *n*
- **~ tar** Schieferteer *m*

shaley schiefrig *(s.a.* shaly)

shalification Vertonung *f (durch Karbonatauslösung)*

shallow flach, seicht, untief

shallow Untiefe *f*, Furt *f*
- **~ boring** flache Bohrung *f*
- **~-burial stage** Stadium *n* mit geringmächtiger Sedimentbedeckung
- **~ depth** geringe Tiefe *f*

shallow

- **~ drilling** Flachbohren *n (bis 500 m)*
- **~ foundation** Flachgründung *f*
- **~ hole** Flachbohrung *f*
- **~ karst** Halbkarst *m*
- **~ lake** Seichtwassersee *m*
- **~ moor** Flachmoor *n*
- **~ refraction** flache Refraktion *f*
- **~ sea** Flachsee *f*
- **~-sea deposit** Flachseeablagerung *f*
- **~ water** 1. Flachwasser *n*, Seichtwasser *n*; 2. Wattenmeer *n*
- **~-water deposit** Flachseeablagerung *f*
- **~-water facies** Flachwasserfazies *f*
- **~-water surveys** Flachwasservermessung *f*
- **~ well** Flachbohrung *f*

shallower pool test Erweiterungsbohrung *f* auf neuem Horizont
shallowing Seichtwerden *n (des Ozeans)*
shaly argillitisch
- **~-bedded** lamellenförmig geschichtet *(2 bis 10 mm Lamellendicke)*
- **~ clay** Schieferton *m*
- **~ clay with coal** kohlehaltiger Schieferton *m*
- **~ coal** tonige (tonig-schiefrige) Kohle *f*
- **~ limestone** Schieferkalk *m*
- **~ marl** Tonmergel *m*
- **~ sand** toniger Sand *m*
- **~ sandstone** Schiefersandstein *m*

shandite Shandit *m*, β-Ni$_3$Pb$_2$S$_2$
shank *s.* limb
shap granite porphyrischer Granit *m* mit großen verzwillingten fleischfarbenen Feldspäten
shape factor Formfaktor *m (eines Reservoirs)*
- **~ of particle** Kornform *f*
- **~ of the earth** Erdgestalt *f*
- **~ section** Profil *n*

shard Vulkanglasscherbe *f*
- **~ cobalt** Scherbenkobalt *m (Varietät von Arsen)*

shark tooth Haifischzahn *m*
sharp scharfkantig
- **~ crest** Grat *m*
- **~ dip** steiles Einfallen *n*
- **~-edged** scharfkantig
- **~ sand** scharfkörniger Sand *m*
- **~-topped crest** Grat *m*

sharpite Sharpit *m*, [UO$_2$|CO$_3$]·H$_2$O
sharply focussing scharfeinstellend
- **~ incised valley** tiefeingeschnittenes Tal *n*
- **~ upturned** steil aufgerichtet

sharpstone Sedimentit *m* aus eckigen Körnern *(<2 mm)*
shastaite Shastait *m (Dazit)*
shastalite Shastalit *m (frisches Andesitglas)*
shatter/to sich zersplittern *(Erzgang)*
shatter belt Trümmerzone *f*
- **~ breccia** Reibungsbrekzie *f*, Dislokationsbrekzie *f*
- **~ clay** zermürbter Ton *m*
- **~ rock** brüchiges Gestein *n*
- **~ zone** Trümmerzone *f*, Zerrüttungszone *f*, Mylonitzone *f*

316

shattering Zerbröckeln *n*
shattuckite Shattuckit *m (Mineral der Dioptasgruppe)*
sheaflike garbenförmig
shear/to abscheren
shear Abscherung *f*, Scherung *f*, Schub *m*
- **~ cleavage** *s.* slip cleavage
- **~ drag** Reibungskraft *f (von Flüssigkeiten in Bewegung am festen Medium)*
- **~ fold** Scherfalte *f*
- **~ folding** Scherfaltung *f*
- **~ fracture** *s.* sliding fracture
- **~ joint** Scherkluft *f*
- **~ load** Scherbelastung *f*
- **~ modulus** Schubmodul *m*, Schermodul *m*, Lamésche Konstante *f*
- **~ plane** Scherebene *f*, Scherfläche *f*
- **~ resistance** Scherfestigkeit *f*, Scherwiderstand *m (eines Gesteinsverbands)*
- **~ slice** Gleitbrett *n (Tektonik)*
- **~ slide** kleiner Erdrutsch *m*, Rutschung *f*
- **~ strain** Scherdehnung *f*
- **~ strength** Scherfestigkeit *f*
- **~ stress** Scherbeanspruchung *f*, Scherspannung *f*, Schubspannung *f*
- **~ structure** Abscherungstextur *f*
- **~ thrust** Abscherungsüberschiebung *f*
- **~ thrust sheet** Abscherungsdecke *f*
- **~ wave** *s.* shearing wave
- **~ zone** Gangzug *m*, Staffelbruch *m*, Scherzone *f*
- **~-zone deposit** Lagerstätte *f* in einer Scherzone

shearing Abscherung *f*, Scherung *f*
- **~ displacement** scherende Bewegung *f*
- **~ nappe** Abscherungsdecke *f*
- **~-off thrust** Abscherungsüberschiebung *f*
- **~ resistance** Abscherfestigkeit *f*
- **~ test** Scherversuch *m*
- **~-thrust sheet** Überschiebungsdecke *f (tektonisch)*
- **~ wave** Scherwelle *f*, Transversalwelle *f*, S-Welle *f*

shed coal Kohlenzwischenlage *f*
shedding Abwerfen *n*, Abtrennen *n*
sheen Glanz *m (Mineral)*
sheep tracks Schafstiegen *fpl*
sheepback *s.* roche moutonnée
sheet Lage *f*, Schicht *f (dünn)*; Absonderungsfläche *f*
- **~ erosion** Schichtfluterosion *f*, Flächenerosion *f*
- **~ flood** Schichtflut *f*, flächenhafte Abspülung *f*
- **~ flow** laminares Fließen *n*, Schichtenströmung *f*
- **~ jointing** bankige Absonderung *f*
- **~ of basalt** Basaltdecke *f*
- **~ of creeping waste** kriechende Schuttdecke *f*, Wanderschuttdecke *f*
- **~ of drift** *(Am)* Gleitschicht *f*
- **~ of flint** Feuersteinband *n*
- **~ of ice** Eisscholle *f*

~ **quarry** Steinbruch *m* mit [vorwiegend] horizontaler Klüftung
~ **sands** *(Am)* Deckensandstein *m*
~ **silicate** Schichtsilikat *n*, Phyllosilikat *n*
~ **structure** 1. bankige Absonderung *f*; 2. Deckenfaltung *f*
sheeted geschichtet
~ **zone** Gangzug *m*
sheeting 1. Schichtung *f*; 2. Überzug *m*; 3. Abschalung *f*
~ **plane** Schichtfläche *f*
sheetlike plattenartig
sheetwash [flow] Schichtflut *f*
Sheinwoodian [Stage] Sheinwoodium *n (obere Stufe des Wenlock)*
shelf 1. Schelf *m*; 2. Riff *n*, Sandbank *f*; 3. festes Gestein (Gebirge) *n*, Abraum *m (Cornwall)*
~ **break** Schelfabbruch *m (zum Kontinentalabhang)*
~ **channels** Schelfrinnen *fpl*
~ **coast** Schelfküste *f*
~ **deposit** Schelfablagerung *f*
~ **edge** Kontinentalrand *m*
~ **embayment** Schelfbucht *f*
~ **formation** Schelfbildung *f*
~ **ice** Schelfeis *n*
~ **margin** Schelfrand *m*
~ **of a rock** Felsplatte *f*
~ **sea** Schelfmeer *n*
shell 1. Schale *f*, Gehäuse *n*; 2. Muschel *f*
~ **auger** Schappe *f*, Schappenbohrer *m*, Bohrschappe *f*
~ **bank** Schillbank *f*, Muschelbank *f*
~ **breccia** Muschelbrekzie *f*
~ **fragment** Schalenfragment *n*
~-**like** muschelig
~-**like fracture** muscheliger Bruch *m*
~ **limestone** Muschelkalk *m*
~ **marl** Muschelmergel *m*
~ **sandstone** Muschelsandstein *m*
shellfish Schalentier *n*
shelly schalig, muschelig
~ **limestone** Muschelkalk *m*
~ **sand** Muschelsand *m*
~ **sandstone** Muschelsandstein *m*
shelter cave Nischenhöhle *f*
shelterbelt Windschutzstreifen *m*
shelving schräg, abfallend
shelving Abhang *m*
~ **bottom** abfallender Boden *m*
~ **coast** Steilküste *f*
~ **dune** Steildüne *f*
~ **shore** abfallendes Ufer *n*
shelvingness Böschung *f*, Abdachung *f*
Shermanian *s.* Trentonian
sherwoodite Sheerwoodit *m*, $Ca_3[V_8O_{22}]\cdot 15H_2O$
shield Schild *m m (großtektonische Strukturform)*
~ **basalt** Schildbasalt *m*, Flächenbasalt *m (von zahlreichen kleinen Schloten gefördert)*
~-**shaped** schildförmig
~ **volcano** Schildvulkan *m*

shielded deposition verdeckte Ablagerung *f*
shift 1. Verschiebung *f*, Verwerfung *f*, Sprungweite *f*; 2. Schichtbesetzung *f*
~-**day** Schichttag *m*
~ **fault** Seitenverschiebung *f*, Horizontalverschiebung *f*
~-**hour** Schichtstunde *f*
~ **in the earth's axis** absolute Polverschiebung *f*
~ **in the shore line** Strandverschiebung *f*
~ **of level** Niveauänderung *f*
~ **of river course** Flußverlegung *f*
~ **of the fault** Sprungweite *f*
shifting Verwerfung *f*
~ **beach** Treibsandgrund *m*
~ **bed** bewegliche Flußsohle *f*
~ **dune** Wanderdüne *f*
~ **of divides** Verschiebung *f* der Wasserscheiden
~ **of river** Flußverlegung *f*
~ **of the volcanic vent** Schlotverlagerung *f*
~ **rock** schwimmendes Gebirge *n*
~ **sand** Schwimmsand *m*, Treibsand *m*, Triebsand *m*, Fließsand *m*
shifts Schwankungen *fpl*, Oszillationen *fpl*
shindle Dachschiefer *m*
shingle 1. Steingeröll *n*, Geschiebe *n*; Kieselgeröll *n*, grober Kies (Meereskies) *m*; 2. Schuppe *f (tektonisch)*
~ **beach** Kieselstrand *m*
~-**block structure** Schwartenbildung *f*, Serie *f* flacher Überschiebungen
~ **rampart** Geschiebewall *m*
shingling *s.* imbricate structure
shining glänzend
~ **lustre** Hochglanz *m*
shiny glänzend
shipboard gravity meter Seegravimeter *n*
shipping ore verhüttungsfähiges (versandfertiges) Erz *n*, Reicherz *n*
shist *s.* schist
shiver Dachschiefer *m*, Tafelschiefer *m*
shoad Bruchstück *n* vom Ausbiß eines Ganges; Seifenzinn *n*
shoading Oberflächenerkundung *f (auf Zinn)*
shoal Untiefe *f*, Bank *f*, Riff *n*, Furt *f*, Sandbank *f*
~ **of meteors** Meteorschwarm *m*
~ **water deposit** Flachseeablagerung *f*
shoaliness Untiefe *f*
shoaling Versanden *n*
shoaly seicht
shock Stoß *m*
~-**altered rock** Gestein *n* mit Schockwellenmetamorphose
~ **bump** *s.* rock burst
~ **lithification** Verfestigung *f* durch Impaktmetamorphose *(z.B. von Mondstaub zu Mikrobrekzie)*
~ **magnitude** Stoßstärke *f (Seismik)*
~-**melted** durch Schockmetamorphose geschmolzen

shock 318

- ~ **metamorphism** Impaktmetamorphose f, Schockmetamorphose f
- ~ **wave** Stoßwelle f, Schockwelle f
- **shodar/to** schürfen
- **shode** s. shoad
- **shoding** s. shoading
- **shoestring gully erosion** Rinnenerosion f
- ~ **sand** Sandwalze f, schmale, langgestreckte Sandlinse f, fossiler Strandwall m
- ~ **trap** Shoestring-Falle f
- **shoestrings** Linsenlagerstätte f (Lagerstätte im Bereich fossiler Flußläufe)
- **shonkinite** Shonkinit m (Nephelinsyenit)
- **shoot/to** sprengen, torpedieren
- ~ **locations** Orte einpeilen
- **shoot** Apophyse f, Schießen n (Seismik)
- ~ **of ore** Erzschuß m (steiler Erzfall in einem Gang)
- ~ **of variation** reicher Erzfall m
- **shooting** 1. Schießen n, Sprengen n; 2. Torpedieren n, Aufschießen n (von Horizonten)
- ~ **flow cast** gescharte große Fließmarke f
- ~ **ground** festes Gebirge n, Schußgebirge n
- ~ **of wells** Torpedieren n, Sprengung f im Bohrloch
- ~ **star** Meteor m, Sternschnuppe f
- **shore** Strand m, Ufer n, Küste f, Gestade n (s.a. beach)
- ~ **cliff** Küstenkliff n
- ~ **deposit** Küstenablagerung f, Strandablagerung f
- ~ **development** Uferentwicklung f
- ~ **drift[ing]** Küstenströmung f, Litoralströmung f, Küstenversetzung f, Strandverdriftung f, Wandergeschiebe n
- ~ **dune** Stranddüne f
- ~ **face** Strandstufe f in der Brecherzone
- ~ **face terrace** litorale Aufschüttungsterrasse f
- ~ **gravel** Strandkies m, Strandschotter m
- ~ **ice** Küsteneis n
- ~ **jetty** (Am) Seebuhne f, Strandbuhne f
- ~-**laid sediments** Küstenablagerungen fpl
- ~ **line** Küstenlinie f, Strandlinie f
- ~-**line cycle** mariner (litoraler) Zyklus m
- ~ **line of depression** Senkungsküste f
- ~ **line of elevation** Hebungsküste f
- ~ **line of emergence** aufgetauchte Küste f, Auftauchküste f, Hebungsküste f
- ~ **line of progradation** Anwachsküste f, Anschwemmungsküste f
- ~ **line of retrogradation** Abrasionsküste f
- ~ **line of submergence** untergetauchte Küste f, Untertauchküste f, Senkungsküste f
- ~ **moorland** Marsch f
- ~ **platform** Brandungsterrasse f, Brandungsplatte f, Schorre f
- ~ **pond** Strandsee m
- ~ **profile** Küstenprofil n
- ~ **protection** Küstenschutz m, Küstensicherung f
- ~ **reef** Küstenriff n
- ~ **sediment** Küstensediment n
- ~ **terrace** Strandterrasse f, Küstenterrasse f
- **Shore hardness** Shore-Härte f
- **short-columnar** kurzsäulig
- ~-**path multiple** Kurzwegmultiple f
- ~-**period perturbations** kurzperiodische Störungen fpl
- ~-**range forecast** kurzfristige Vorhersage f
- ~ **shot** Langsamschichtschuß m (Seismik)
- ~ **ton** Kurztonne f (907,185 kg, Einheit der Masse in den USA)
- **shortage of water** Wasserarmut f
- **shortening** Zusammenschub m, Verkürzung f
- **shortest distance between the traces** flache Sprungweite f
- **shortite** Shortit m, $Na_2Ca_2[CO_3]_3$
- **shortwall working** Stoßbau m
- **shoshonite** Shoshonit m (Alkalibasalt)
- **shot** seismische Sprengung f, Schuß m (Seismik)
- ~ **bit** Schrotkrone f
- ~ **boring** Schrotbohren n
- ~ **break** Schußmoment m, Abriß m (Zeitpunkt der Explosion der Sprengstoffladung)
- ~ **copper** in kleinen Stückchen vorkommendes gediegenes Kupfer n
- ~ **delay time** Laufzeitdifferenz f am Schußpunkt (Seismik)
- ~ **depth** Schußtiefe f
- ~ **drilling** Schrotbohren n
- ~ **firing** Sprengarbeit f
- ~ **hole** 1. Sprengloch n, Schuß[bohr]loch n (Seismik); 2. torpedierte Sonde f
- ~-**hole noise** Bohrlochstörungen fpl (Seismik)
- ~ **point** Schußpunkt m
- ~-**point distance** Schußpunktabstand m
- ~-**point gap** Aufstellungslücke f am Sprengpunkt
- ~ **soil** Bohnerzboden m
- **shotcrete** Spritzbeton m, Torkretbeton m
- **shott** Schott m, versalzenes Becken n
- **shotty gold** kleinkörniges Gold n
- **shoulder** Schulter f, Vorsprung m
- **shove** horizontale (söhlige) Schublänge f
- ~-**moraine** s. push moraine
- **shovel dredger** Löffelbagger m
- ~ **sampling** Schaufelprobenahme f
- **shoving** Schub m
- **show steep dips/to** steil einfallen
- **shower** Wolkenbruch m, Platzregen m, Regenschauer m
- ~ **of ash** Aschenregen m
- ~ **of meteorites** Meteorfall m
- **showings** Spuren fpl, Anzeichen npl
- **shredded** bröcklig
- ~ **structure** bröckeliges Gefüge n
- **shrink/to** einschrumpfen
- **shrinkage** Schumpfung f
- ~ **crack** Schrumpfungsriß m
- ~ **factor** Schrumpfungsfaktor m (Erdöl)
- ~ **pore** Schrumpfpore f
- ~ **stoping** Firstenstoßbau m
- ~ **theory** Kontraktionstheorie f, Schrumpfungstheorie f

shrinking Schumpfung f
shrub Strauch m, Busch m
~-coppice dune angeblasener Sedimentwall m (hinter Buschwerk oder Erdhaufen)
~ desert Strauchwüste f
~ steppe Buschsteppe f
shruberry Buschwerk n
shungite Schungit m (sporenhaltiger aschereicher Anthrazit, Onegasee)
shut down temporarily/to vorübergehend einstellen, vorläufig stillegen
~ in a well eine Sonde schließen
shut-down time Stillstandszeit f
~-in bottom-hole pressure Sohlenschließdruck m
~-in pressure Schließdruck m
~-in time of a well Schließdauer f einer Bohrung
~-in well geschlossene Bohrung f, eingeschlossene Sonde f, [ab]geschlossene Sonde f
shutting ground festes Gebirge n
~-in of a well Schließen n einer Bohrung
shuttles senkrecht zum Einfallen gerichtete Risse mpl
si-fabric Intergefüge n
sial Sial n
sialic sialisch
siallitic siallitisch
~ terra rossa Kalkrotlehm m
Siberian platform Sibirische Tafel f
SIBHP s. shut-in bottom-hole pressure
sibirskite Sibirskit m, Ca$_2$[B$_2$O$_5$]·H$_2$O
sibling species Zwillingsarten fpl
sickle-shaped, sicklelike sichelförmig
sicklerite Sicklerit m, Li$_{<1}$(Mn,Fe)[PO$_4$]
sickness of soil Bodenerschöpfung f
sicula Sicula f (bei Graptolithen)
side-track/to vorbeibohren; ablenken, umgehen (eine Bohrung)
side branch Abzweigung f
~ canal Abflußkanal m
~ canyon Nebencañon m
~ dome s. brachydome
~ elevation Kreuzriß m, Querprofil n
~ entry Abbaustrecke f parallel zu den Schlechten
~-force coefficient Querkraftbeiwert m
~ lap s. overlap
~-leaved nebenblattständig
~ lobes Nebenbereich m
~-looking radar Seitensichtradar n
~ recovery Rohstoffgewinnung f aus geologischen Untersuchungsarbeiten
~ shot Nebenschuß m, Eweiterungsschuß m
~ slope Seitenböschung f
~ stream Nebenfluß m
~ tracking Ablenkung f (einer Bohrung)
~ valley Nebental n
~-veined seitennervig
~ wall core Kern m aus der Bohrlochwand, Seitenkern m
~ wall coring Kernen n aus der Bohrlochwand, seitliche Kernentnahme f

~ wall of a vein Salband n
~ wall sample Probe f aus der Bohrlochwand
sidehill (Am) s. hillside
sidereal siderisch, Stern...
~ day Sterntag m
~ hour Sternstunde f
~ month siderischer Monat m
~ period Umlaufzeit f der Gestirne, siderische Umlaufzeit f
~ system Sternsystem n
~ time Sternzeit f, siderische Zeit f
~ universe Weltall n
~ year Sternjahr n, siderisches Jahr n
siderite 1. Siderit m, Spateisenstein m, Eisenspat m, Sphärosiderit m, FeCO$_3$; 2. Eisenmeteorit m, Meteorstein m; 3. indigoblaue Varietät von Quarz
~ nodule Toneisensteingalle f
~ rock massiger Siderit m
sideritic sideritisch
~ shale Tonschiefer m mit Toneisenstein
siderolite Siderolith m, eisenhaltiger Meteorstein m
sideromelane Sideromelan m (Basaltglas)
sideronatrite Sideronatrit m, Na$_2$Fe[OH|(SO$_4$)$_2$]·3H$_2$O
siderophile siderophil
siderophyre Siderophyr m (Meteorit)
siderotil Siderotil m, Fe[SO]·5H$_2$O
sideslip/to seitlich abrutschen
sideslip Seitenabrutsch m
sief Longitudinaldüne f
Siegenian [Stage] Siegen[ien] n, Siegenium n (Stufe des Unterdevons)
siegenite Siegenit m, (Co, Ni)$_3$S$_4$
Siena [earth] Sienaerde f (Farberde)
sierra Gebirgskette f
sieve analysis Siebanalyse f
~ residue Siebrückstand m
~ texture Siebstruktur f
sift/to absieben, aussieben
~ out aussieben
sifting Sortierung f
siftings Siebfeines n, Abgesiebtes n
sight Sicht f, Blick m (Peilung, Winkel oder festgelegter Meßpunkt)
Sigillaria Sigillarie f
sigloite Sigloit m, FeAl$_2$[O|PO$_4$]$_2$·8H$_2$O
sigmoidal fold Sigmoide f, Sigmoidalfalte f
signal correction Signalkorrektur f
~ enhancement Signalverbesserung f (z.B. durch Stapelung)
~-to-noise ratio Signal-Rausch-Verhältnis n; Nutz-Stör-Verhältnis n
signature Signatur f
~ analysis Merkmalanalyse f (z.B. spektrale in der Fernerkundung)
sil gelbe Ockererde f
silcrete Kieselkonglomerat n (Horizont kieseligen Materials, gewöhnlich gebildet durch Silifizierung eines Sediments in warm-ariden und -semiariden Gebieten)

silcrust Kieselkruste f
Silesian [Epoch, Series] s. Upper Carboniferous
silex Silex n (natürliches, feinkristallines Kieselgestein)
silica Siliziumdioxid n, SiO_2
~ **brick** Quarzkalkziegel m, Silikastein m (Steine und Erden)
~ **gel (jelly)** Kieselgel n, Kieselgallerte f
~ **skeleton** Kieselskelett n
silicate Silikat n
~ **cotton** s. mineral wool
~ **of aluminium** Alumosilikat n
~ **of zinc** s. calamine
~ **rock** Silikatgestein n
silicating Verkieseln n, Silifizieren n
silication Verkieselung f, Silifikation f
silicatization s. silicification
siliceous kieselig, silifiziert, siliziumhaltig
~ **concretion** Kieselkonkretion f
~ **deposit** kieselhaltige Ablagerung f
~ **earth** Kieselerde f
~ **residual solution** kieselsäurereiche Restlösung f
~ **residue** silikatischer Rückstand m (unlöslich)
~ **schist (shale)** Kieselschiefer m
~ **-shelled** kieselschalig
~ **sinter** Kieselsinter m
~ **skeleton** Kieselskelett n
~ **sponge** Kieselschwamm m
silicic kieselsäurereich, SiO_2-reich
~ **acid** Kieselsäure f
siliciclastics Silikaklastika npl
silicification Verkieselung f, Silifizierung f, Silifikation f
silicified verkieselt, silifiziert
~ **forest** versteinerter Wald m
~ **wood** verkieseltes Holz n
silicify/to verkieseln, silifizieren
silicifying (Am) Verkieseln n, Silifizieren n
silicinate mit SiO_2 zementiert
silicious s. siliceous
silicium Silizium n, Si
silicomagnesiofluorite Silicomagnesiofluorit m, $H_2Ca_4Mg_3Si_2O_7F_{10}$
silicon Silizium n, Si
silicosis Silikose f
silicrete Krustenbildung auf oder nahe der Oberfläche durch Kieselsäurezementation
silky lustre Seidenglanz m
sill 1. Lagergang m, Massiv n, Stock m, Sill m; 2. Schwelle f
~ **of ore** Erzlager n
~ **of variogram** Maximalwert m des Variogramms, Varianz f unkorrelierter Zuwächse
sillar nicht verschweißte Bimssteinablagerung f
silled basin untermeerisch abgeschnürtes Becken n
sillénite Sillénit m, γ-Bi_2O_3
sillimanite Sillimanit m, Faserkiesel m, Al_2SiO_5
silt [up]/to verschlammen, verlanden

silt 1. Schlamm m, Schlick m; Schluff m, Silt m; 2. Treibsand m; 3. Bohrschmant m; 4. Boden mit mehr als 80% Silt
~ **-bearing** schluffhaltig
~ **charge** Schwebstoffbelastung f
~ **-covered** schlammbedeckt
~ **fraction** Schluffkorn n
~ **loam** schluffiger Lehm m
~ **loam to silt** leichter Lehm m
~ **of precipitates** Senkstoffablagerung f
~ **pan** harte Schlammschicht f
~ **plain** Schlickebene f
~ **rock** Schluffstein m
~ **sampler** Schwebstoffschöpfer m
~ **sluicing** Schluffauswaschung f
~ **soil** Schlammboden m
siltation Verschlammung f
silted verschlammt
~ **estuary** verschlammtes Mündungsbecken n
~ **river** verschlammter Fluß m
~ **-up** aufgeschlickt, verschlammt
silting Anschwemmung f, Verschlammung f, Aufschlickung f, Sedimentierung f, Auflandung f
~ **deposit** Schlammablagerung f
~ **-up** Auflandung f, Kolmation f, Aufschwemmung f, Anschwemmung f, Kolmatierung f, Verlandung f, Verschlickung f
siltite s. siltstone
siltstone verfestigter Schluffmergel m; Siltstein m, Schluffstein m
silttil eluvialer Geschiebemergel m
silty schluffartig, schluffhaltig, schlammig
~ **bog** schwarzer Sumpfboden m
~ **clay** schluffiger Ton m
~ **clay loam** schluffig-toniger Lehm m
~ **fine sandstone** schluffiger Feinsandstein m
~ **loam** Schlufflehm m
~ **mud** schluffiger Schlick m
~ **sand** Schlicksand m
~ **slate** schluffiger Tonschiefer m
~ **soil** Staubboden m, Schluffboden m
Silurian Silur[system] n (chronostratigrafisch); Silur n, Silurperiode f (geochronologisch); Silur n, Silurzeit f (allgemein)
~ **Age** Silur n, Silurzeit f
~ **Period** Silur n, Silurperiode f
~ **System** Silur[system] n
silver Silber n, Ag
~ **-bearing** silberführend, silberhaltig
~ **deposit** Silbererzlagerstätte f
~ **fahlerz** s. tetrahedrite
~ **glance** s. argentite
~ **litharge** Silberglätte f
~ **ore** Silbererz n
~ **sand** weißer Feinsand m
silvery silberartig, silberglänzend, silberfarben, silbern
~ **lustre** Silberglanz m
silvestrite Silvestrit m (tellurisches Eisennitrid)
sima Sima n
similar faces gleichwertige Flächen fpl (von Kristallen)

~ **fold** Parallelfalte f *(ohne Mächtigkeitsveränderung in den Schenkeln)*
similigley Pseudogley m
simonellite Simonellit m, $C_{15}H_{20}$
simoom, simoon Sandsturm m
simple cross stratification einfache Schrägschichtung f
~ **geosyncline** Monogeosynklinale f
~ **multiple** einfache Multiple f
~ **reflection** einfache Reflexion f
~ **shear** einfache (reine) Scherung f
~ **split seam** in zwei Lager aufgespaltenes Flöz n
simplification (simplified) coast Ausgleichsküste f
simplotite Simplotit m, $CaV_4O_9 \cdot 5H_2O$
simpsonite Simpsonit m, $Ta_3Al_4(O_{13}OH)$
simulation analysis of ground-water flow Modellierung f der Grundwasserdynamik
~ **of reservoir** Lagerstättenmodellierung f, Speichermodellierung f
simultaneity Gleichzeitigkeit f
simultaneous gleichzeitig, kontemporär
~ **cross folding** kontemporäre Querfaltung f
~ **crystallization** gleichzeitige Ausscheidung f
~ **drilling** Simultanbohren n (Mehrlochbohren)
~ **events** gleichzeitige Ereignisse npl
sinc x Spaltfunktion f *(Fourier-Transformation einer Rechteckwelle)*
sincosite Sincosit m, $Ca[V(OH)_2|PO_4]_2 \cdot 3H_2O$
Sinemurian [Stage] Sinemur[ien] n, Sinemurium n, Lotharingium n *(Stufe des Unteren Juras)*
singing Resonanz f *(Seismogramm)*; Singing n *(Kurzwegmultiple in einer Wasserschicht)*
~ **sand** tönender Sand m
single-celled animal Einzeller m
~-**core barrel** Einfachkernrohr n
~ **crystal** Einkristall n
~-**ended spread** Stichprofil n *(Seismik)*
~-**grain soil** strukturloser Boden m
~-**grain structure** Einzelkornstruktur f *(des Bodens)*
~-**group slip** [laminares] Gesteinsfließen n
~-**lens multiband camera** einlinsige Mehrkanalkamera f
~-**phase flow** Einphasenströmung f
~-**point mooring system** Einpunktverankerungssystem n *(Boje zur Übergabe von Erdöl/Erdgas an den Tanker)*
~-**prism spectrograph** Einprismaspektrograf m
~-**row shooting** Einreihensprengen n
~-**shot photoclinometer** Single-shot-Gerät n *(Neigungsmeßgerät)*
~ **water layer** fest gebundenes Porenwasser n *(im Tonmineral)*
~ **well** Einzelsonde f
singly refractive einfachbrechend
sinhalite Sinhalit m, $MgAl[BO_4]$
Sinian Sinium n *(Jungpräkambrium Chinas)*
sink a well/to eine Bohrung abteufen
~ **down** absinken
~ **shafts** Schächte abteufen

sink 1. Schlotte f; 2. Kessel m, Erdfall m, Bodensenke f; 3. Pinge f
~ **and float** Schwimm- und Sinkaufbereitung f
~ **lake** Dolinensee m
sinker bar Schwerstange f
sinkhole 1. Doline f, Karsttrichter m, Karstschlot m; Einsturztrichter m, Erdfall m; Flußschwinde f; 2. Saugbrunnen m
~ **lake** Dolinensee m
sinking Einsturz m
~ **area** absinkendes Gebiet n
~ **coast** Senkungsküste f
~ **creek** steilwandiges Tal n, Cañon m
~ **of the borehole** Niederbringen n des Bohrlochs
~ **of the coast** Küstensenkung f
~ **of the ground-water level** Grundwasserabsenkung f
~ **trough** Durchteufung f
~ **velocity** Sinkgeschwindigkeit f
~ **work** Abteufarbeiten fpl
sinoite Sinoit m, Si_2N_2O *(Meteoritenmineral)*
sinoper s. sinople
sinopite roter Ton m *(aus Anatolien)*
sinople eisenhaltiger Ton m; Eisenkiesel m
sinter Sinter m
~ **deposit** Sinterablagerung f
~ **formation** Sinterbildung f
~ **incrustation** Sinterkruste f
~ **terrace** Sinterterrasse f
sintered expanded clay Sinterblähton m
sintering Sinterung f
sinuate wellig, gewunden
sinuosity Krümmung f, Windung f
sinuous gewunden
~ **flow** turbulente Strömung f
sinus Sinus m *(Bucht auf Mars oder Mond)*
sinusoidal fold Sinusfalte f
siphon spring Siphonquelle f
siphonal deposits Siphonalausscheidungen fpl *(Cephalopoden)*
~ **duct** Ausguß m *(bei Fossilgehäusen)*
siphoneous algae Schlauchalgen fpl
siphuncle Sipho m
sirens Seekühe fpl
sirocco Sc[h]irokko m, Sirokko m
sister group Schwestergruppe f
sitaparite Sitaparit m, Bixbyit m, $(Mn, Fe)_2O_3$
site Baustelle f
~ **exploration** Bodenuntersuchung f, Untergrundforschung f, Baugrunduntersuchung f
~ **of a well** Bohr[ansatz]punkt m
~ **of deposition** Ablagerungsstelle f
~ **of works** Baustelle f
~ **plan** Lageplan m, Situationsplan m
~ **sketch** Situationsskizze f
~ **soil** anstehender Boden m
situated above darüber befindlich, im Hangenden von
~ **below** darunter befindlich, im Liegenden von
sixfold sechszählig *(Symmetrieachse)*

size

size/to 1. bereißen, beräumen; 2. klassieren
size analysis Korngrößenanalyse f
~ **analysis by sedimentation** Sedimentationsanalyse f
~ **category** Kornklasse f, Kornfraktion f
~ **category fraction** Kornklassenfraktion f
~ **degradation** Krümelzerbröckelung f
~ **distribution** Körnungsaufbau m, Korngrößenverteilung f
~ **distribution curve** Körnungskennlinie f
~ **distribution fraction** Kornklassenfraktion f
~ **fraction** s. ~ category
~ **grade** Korngrößenklasse f
~ **of coal** Kohlengröße f, Kohlensorte f
~ **of grain (granulation)** Körnung f, Korngröße f
~ **range** Körnungsbereich m, Korngrößenbereich m, Kornspanne f
~ **range index** Korngrößenindex m
sizing Klassierung f nach der Korngröße
~ **plant** Klassieranlage f
sjögrenite Sjögrenit m, $Mg_6Fe_2[(OH)_{16}|CO_3]\cdot 4H_2O$
skarn Skarn m
skayler Erosionsrücken (auf einer Schneefläche senkrecht zur Windrichtung)
skeletal skelettförmig; bioklastisch; organogendetritisch mit Skelettresten
~ **debris** Skelettfragmente npl
~ **elements** Skelettelemente npl
~ **mineral forms** gestrickte Mineralformen fpl
~ **remains** Skelettreste mpl
~ **soil** Skelettboden m, Gesteinsboden m
~ **strands** Skelettfasern fpl
skeleton Skelett n
~ **crystal** Skelettkristall m
~ **of lime** Kalkskelett n
~ **of silica** Kieselskelett n
~ **soil** Skelettboden m
~ **structure** Skelettstruktur f
skemmatite Skemmatit m (Gemenge von Psilomelan und Polianit)
skerry felsig
skerry Schäre f, Felsenriff n
~ **coast** Schärenküste f
sketch map Kartenskizze f
~ **profile** Profilskizze f
skew schief, schräg
skew 1. Gangapophyse f; 2. Verklemmung f (eines Magnetbands)
skewness 1. Schiefe f (von Kornverteilungskurven); 2. Asymmetrie f (von Polarisationsfiguren)
skiagite Skiagit m, $Fe_3Fe_2[SiO_4]_3$ (hypothetisches Granatmolekül)
Skiddavian Slate Skiddaw-Schiefer m (Gruppe, Tremadoc – unteres Llanvirn)
skidding friction Gleitreibung f
skin depth Eindringtiefe f
~ **effect** 1. Skineffekt m (Zone verringerter Permeabilität durch Spülungseinwirkung um ein Bohrloch); 2. Skineffekt m, Hauteffekt m, Stromverdrängungseffekt m

~ **impression** Hautabdruck m
skip cast (mark) Hüpfmarke f
sklodowskite Sklodowskit m, $MgH_2[UO_2|SiO_4]_2\cdot 5H_2O$
skutterudite Skutterudit m, $CoAs_3$
sky wave Raumwelle f, reflektierte Welle f
~-**wave interference** Interferenz f der von der Ionosphäre reflektierten Wellen
skystone Meteorit m
slab Platte f
~ **jointing** plattenförmige Absonderung f
~ **of lithosphere** Lithosphärenplatte f
~ **of rock** Gesteinsplatte f
~ **pahoehoe** Scherbenlava f
~-**shaped** plattenartig
~ **structure** bankförmige (bankige) Absonderung f, Plattentextur f
slabby plattig
slablike plattenartig
slack witterungsempfindlich
~ **coal** Kohlengrus m
slacking of the walls Ablösung f des Gebirges
slag Schlacke f
~ **bomb** Schlackenbombe f
~ **cone** Schlackenkegel m
~ **shingle** Schlackenbruch m (als Straßenbaumaterial)
~ **wool** s. mineral wool
slaggy schlackenähnlich
slaglike schlackenähnlich
slaked lime gelöschter Kalk m, $Ca(OH)_2$
slant/to abbössen
~ **down** sich abdachen
slant schräg
slant Neigung f, Einfallen n, Abhang m
~ **drilling** Schrägbohren n
~ **hole** Schrägbohrung f, geneigte Bohrung f
~ **range** schräge Entfernung zwischen dem Bodenobjekt und dem Flugzeug- bzw. Satellitensensor
slanting abschüssig, geneigt
slanting Abböschung f
~ **hole** schräges Bohrloch n
slap s. slack coal
slashes sumpfige Stellen fpl
slate Schiefer m, Dachschiefer m, Tonschiefer m (schwach metamorphes Schiefergestein)
~ **bed** Schieferbank f
~ **break** Schiefereinlage f
~ **clay** Schieferton m
~ **flour** Schiefermehl n
~ **mountains** Schiefergebirge n
~ **oil** Schieferöl n
~ **pit** Schiefergrube f
~ **powder** Schiefermehl n
~ **quarry** Schieferbruch m
~ **ribbons** Schichtungsbänderung f, Schichtungsrippelung f (auf der Fläche senkrecht zur Schichtung)
~ **rock** Schiefergebirge n
slatelike schieferartig, schieferähnlich
slates Dachschieferplatten fpl
slatiness Transversalschiefrigkeit f

slippy

slaty schieferähnlich, schiefrig, geschiefert, schieferartig
~ cleavage S_1-Schieferung f, Transversalschieferung f
~-cleavage fold s. similar fold
~ coal Schieferkohle f, Blätterkohle f
~ fracture schiefrige Bruchfläche f
~ grit Sandschiefer m
~ marl Schiefermergel m
~ structure Schiefertextur f
slave station Tochterstation f, Nebenstation f; Wanderstation f *(Geoelektrik)*
slavikite Slavikit m, $Fe[OH|SO_4]\cdot 8H_2O$
slawn mit Ton ausgefüllte Kluft f
sleck 1. Grubenschlamm m; 2. roter Sandstein m
sledging Grobspalten n *(von Bruchsteinen)*
sleeper charge vorbesetzte Ladung f *(in Schußbohrung einige Tage vorher eingesetzte Sprengstoffladung)*
sleet/to graupeln, hageln
sleet Schloße f; Schlack m; *(Am)* Eiskörnchen n
slenderness ratio Schlankheitsgrad m
slew Moorsenke f, Sumpfwiese f
sliced feldspar kataklasierter (zerbrochener) Feldspat m
slick s. slime
slickenside Gleitfläche f, Harnisch m, Rutschharnisch m, Rutschfläche f, Rutschspiegel m
slickensided clay zerruschelter Ton m
slickensiding Gleitschicht f
slicking Erztrum n
slickolites Stylolithenharnisch m, Nadelharnisch m
slicks s. slickenside
slide/to gleiten
~ down heruntergleiten
slide 1. schichtenparallele Verwerfung f; 2. Überschiebungsfläche f; 3. Gleitung f; [subaquatische] Rutschung f; 4. *(Am)* Geröll n, Geschiebe n; 5. Dünnschliff m
~ cast Gleitmarke f
~-correction excavation Abtrag m von Rutschungsmassen
~ furrow Rutschrinne f
~ mark Gleitmarke f, Schleifmarke f
~ mass Rutschmasse f
~ of a bank Rutschung f einer Böschung
~ plane Gleitebene f
~ rock Felsschutt m, Gehängeschutt m
~ slope Rutschbahn f
sliding-down Hinabgleiten n
~ erosion schleichende Erosion f
~ fracture Verschiebungsbruch m, Gleitbruch m, Scherbruch m
~ phenomenon Rutschvorgang m
~ plane Gleitfläche f
~ rupture Verschiebungsbruch m
~ wedge [roof-]bolt Doppelkeilanker m
slight damage erschreckend *(6. Stufe der Erdbebenstärkeskala)*

21*

~ depth geringe Tiefe f
~ dip schwaches Einfallen n
~ thickness geringe Mächtigkeit f
slightly folded schwach gefaltet
~ inclined schwach einfallend
~ sandy schwach sandig
slim hole Kernbohrloch n mit kleinem Durchmesser, Schürfbohrloch n
slime 1. Bohrschmant m, Bohrschlamm m, Bohrschlick m; 2. Erzschlamm m, Erztrübe f; 3. Schweb n
~ peat Morast m
~ pit Schlammsumpf m
slimy schlammig, schlickig; schleimig, gallertig
~ sapropel gallertartiger Faulschlamm m
sline Querkluft f
sling muds Gleitschlick m
slip downward/to heruntergleiten
~ over aufgleiten
slip 1. kleiner Erdrutsch m, Rutschung f; 2. flache Sprunghöhe f; 3. Schlechte f; kleine Verwerfung f *(Kohlenbergbau)*; 4. Gestängeabfangkeil m
~ area Rutschungsgebiet n
~ band Translationslinie f, Translationsstreifen m
~ bands Zeilenstruktur f, Gleitlinienstreifung f, Translationsstreifung f, Gleitbänder npl
~ bedding Gleitstauchung f, Gleitfaltung f, Rutschfaltung f
~ block Gleitpacken m
~ cleavage zur Verwerfung gleichlaufende Spaltfläche f
~ face 1. Gleitfläche f, Rutschfläche f; 2. Sturzseite f
~ fault normale Verwerfung f, Überschiebung f
~ fibre asbestos Längsfaserasbest m *(Faser parallel zu den Salbändern)*
~ fold Gleitfalte f
~ folding Gleitfaltung f
~ fracture Gleitbruch m
~ line Gleitlinie f
~-off slope Gleithang m
~ plane 1. Schubfläche f, Verwerfungsfläche f; 2. Gleitfläche f, Translationsebene f
~ striae Harnischrillung f, Gleitstreifung f
~ surface Gleitfläche f, Rutschfläche f
~-things s. slippy backs
~ vein Verwerfungsgang m
slippage Abgleitung f, Gleiten n
~ phenomenon Gleiteffekt m, Gleitströmung f
slippery roof unsicheres Hangendes n
~ soil rutschender Boden m
slipping Verwurf m
~ earthwork rutschender Boden m
~ mass abgerutschte Bodenmasse f
~ of a slope Abbröcklung f einer Böschung
~ plane Gleitfläche f, Rutschfläche f
slippy rissig, voller kleiner Verwerfungen
~ backs vertikale Schlechten fpl

slit

slit Spalte *f*
~ band Schlitzzone *f (Gastropoden)*
~ sample Schlitzprobe *f*
~ window Schlitzfenster *n (Tektonik)*
sloam Toneinlagerung *f*
slob Moor *n*, Sumpf *m*; Schlamm *m*
slocking stone reiche Erzstufe *f*
slope [away]/to abfallen
~ down verflachen
~ steeply steil abböschen
slope Abdachung *f*, Hang *m*, Hangneigung *f*, Senke *f*; 2. Bremsberg *m*, tonnlägiger Schacht *m*
~ boring schräge Bohrung *f*
~ creep Gehängekriechen *n*
~ current Böschungsfließen *n*
~ cutting Böschungsverschneidung *f*
~ failure Böschungsrutsch *m*
~ gullies tiefe Rinnen *fpl (im Kontinentalhang)*
~ lines Böschungslinien *fpl*
~ of a dike Deichböschung *f*; Dammböschung *f*
~ of a saddle Sattelflügel *m*
~ of cutting (embankment) Abtragsböschung *f*
~ of river Flußgefälle *n*
~ of the river bank Uferböschung *f (eines Flusses)*
~ ratio Böschungsverhältnis *n*
~ spring Hangquelle *f*
~ stability Standfestigkeit *f* von Böschungen
~ tectonics Hangtektonik *f*
~ wash Gehängelehm *m*
~-wash alluvium abgespülter Gehängeschutt *m*
sloped geneigt; abschüssig
slopeward side Böschungsseite *f*
sloping abschüssig, schräg, geneigt, abfallend
sloping Abböschung *f*
sloppy schlammig
slot schmaler senkrechter Durchlaß *m*
~-and-wedge [roof-]bolt Schlitzkeilanker *m*
slotted liner Liner *m* mit Schlitzöffnungen
~ sampling vessel Schlitzgefäß *n (Probenahme)*
slough off/to ausschlämmen
slough 1. Sumpf *m*, Morast *m*, versumpfter Wasserlauf *m*; 2. Priel *m*; 3. Wasserrösche *f*
sloughing Nachfall *m (im Bohrloch)*
~ formation nicht standfestes, sich ablösendes Gebirge *n*
~ shale quellender Schieferton *m*
sloughy sumpfig
slovan *(sl)* 1. Ausgehendes *n* eines Ganges; 2. Wasserrösche *f*
slow creeping of wet soil Erdfließen *n*, Solifluktion *f*
slowness 1. Slowness *f*, reziproke Geschwindigkeit *f (Seismologie)*; 2. Laufzeit *f* pro Längeneinheit *f (Bohrlochseismik)*
SLR *s.* side-looking radar
sludge Schlick *m*, Schlamm *m*, Matsch *m*; Bohrschmant *m*, Bohrtrübe *f*

~ barrel Sedimentrohr *n*, Schlammrohr *n*
~ cuttings Bohrschlamm *m*
~ gas Faulgas *n*
~ ice Neueis *n*
~ sample Spülprobe *f (Tiefbohren)*
~ water Schlammtrübe *f*
sludging Schlammrutschung *f*
sludgy schlammig, matschig
sluffing Ablösung *f* des Gebirges an der Firste
slug/to pulsierend fließen
slug flow Brecherströmung *f*
sluggish träge fließend *(Fluß)*
~ stream träge fließendes Gewässer *n*
sluice weir Durchlaßwehr *n*, Schützenwehr *n*
sluiceway Grundablaß *m*
slum[b] *(sl)* Brandschiefer *m*
Slumberjag *s.* Schlumberger logs
slump subaquatische (submarine) Rutschung *f*, Gleitung *f*
~ balls Rutschkörper *mpl*, Rutschwülste *mpl*, Gleitblöcke *mpl*, Sedimentrollen *fpl*
~ bedding Gleitstauchung *f*, Gleitfaltung *f*, Rutschfaltung *f*
~ fold synsedimentäre intraformationelle Falte *f*
~ mark Rutschmarke *f*
~ of temperature Temperatursturz *m*
~ overfold Rutschfalte *f*
~ sheet Rutschungsschicht *f*
slurry Schlamm *m*, Schlammwasser *n*, Trübe *f*
~ slump Trübestrom *m*
slush 1. durchtränkter Schnee *m*, Schlammeis *n*; 2. weicher Schlamm *m*, Trübe *f*
~ pit Schlammgrube *f*; Wasserloch *n (zur Mischung der Bohrspülung)*
~ pump Spülpumpe *f*
~ pump delivery Volumenstrom *m* (Fördermenge *f*) der Spülpumpe
~ pump pressure Spülpumpendruck *m*
slyne *s.* cleat
small bubble of gas kleine Gasblase *f*, Gasbläschen *n*
~ circle Kleinkreis *m*; Breitenkreis *m*
~ fold Kleinfalte *f*
~ globe Kügelchen *n*
~ grain Körnchen *n*
~ hail Frostgraupeln *fpl*
~ hardness Mikrohärte *f*
~ ore Erzschlich *m*
~-scale folding Kleinfaltung *f*
~-scale mining Bergbau *m* kleinen Maßstabs, Bergbau *m* geringerer Förderleistung
~-scale structures Kleintektonik *f*
~-sized kleinstückig
~ thrust outlier Überschiebungsklippe *f*
~ tin Zinnschlich *m*
smalls Grubenklein *n*; Feinerz *n*; Feinkohle *f*
smaltine *s.* smaltite
smaltite Smaltin *m*, Speiskobalt *m*, Glanzkobalt *m*, $CoAs_2$
smaragd *s.* emerald
smaragdine smaragdfarben

smaragdite Smaragdit m *(aktinolithische Hornblende)*
smearing 1. Registrierung f aus der Bewegung; 2. Überdeckung f *(Seismik)*
smectite group s. montmorillonite group
smeddum 1. Zwischenmittel n *(Ton oder Schiefer, Schottland)*; 2. feines Pulver n *(beim Sieben)*
smelt/to schmelzen, verhütten
smeltable verhüttungsfähig, verhüttbar
smeltery Schmelzhütte f, Hüttenwerk n
smelting Schmelzen n, Verhüttung f
~ **house** Erzhütte f
~ **ore** Schmelzerz n
smiddam, smiddum, smitham, smithem s. smeddum
smithite Smithit m, $Ag_2S \cdot As_2S_3$
smithsonite Smithsonit m, Zinkspat m, Galmei m, $ZnCO_3$
smitten s. smeddum
smoke cloud Rauchwolke f
~ **column** Rauchsäule f
~ **hole** Fumarole f
~ **wacke** Rau[c]hwacke f
smokeless fuel raucharmer Brennstoff m
smokestone Rauchtopas m, Rauchquarz m
smoking crest rauchender Dünendamm m
smoky rußig
~ **quartz (topaz)** Rauchquarz m, Rauchtopas m
smooth 1. sanft, geglättet; 2. [ab]gestumpft
~-**edged** glattrandig
~ **fold** Fließfalte f
~ **fracture** glatter Bruch m
~-**shelled** glattschalig
smoothed [ab]gestumpft, kantenbestoßen *(bei Geröllen)*
smoothness Glätte f, Ebenheit f *(z.B. der Erdoberfläche)*
SMOW Isotopenstandard für Deuterium (Ozeanwasser)
smudge coal Kohlenschlamm m, Schlammkohle f, erdige Kohle f
smut erdige Kohle f, verwitterter Kohlenausbiß m
smuth s. smut
smythan s. smeddum
S/N s. siganl-to-noise ratio
snail Schnecke f
snake stone s. ammonite
snaking stream Mäanderfluß m
snapping dislocation plötzliche Bewegung f an einer Störung
snout of glacier Gletscherzunge f
snow Schnee m
~ **avalanche** Schneelawine f
~ **blast** Schneesturm m
~-**capped peak** Schneegipfel m
~ **cloud** Schneewolke f
~ **cornice** Schneewächte f, Firnbrücke f
~ **cover** Schneedecke f
~-**covered** schneebedeckt

~ **creep** Schneegekriech n
~ **flurry** Schneegestöber n
~-**free** schneefrei
~ **gauge** Schneemesser m
~ **glacier** Firngletscher m
~ **layer** Schneeschicht f
~ **limit (line)** Schneegrenze f
~ **of the penitents** Büßerschnee m
~ **plateau** Firnfeld n
~ **plume** Schneewächte f, Firnbrücke f
~ **region** Schneegebiet n
~ **shower** Schneeschauer m
~-**slab avalanche** Schneebrettlawine f
~ **squall** Schneegestöber n
~ **water** Schmelzwasser n
~ **wreath** Schneeanhäufung f
SNOW Isotopenstandard für Deuterium (antarktischer Schnee)
snowball structure 1. Sandsteinrolle f *(sedimentäre Struktur)*; 2. Schneeballstruktur f *(gedrehtes Interngefüge in Metamorphitmineralen)*
snowbank Schneewehe f
snowbreak Schneeschmelze f
snowbridge Schneebrücke f
snowclad schneebedeckt
snowdrift Schneewehe f, Schneeverwehung f
~ **site** Schneewächte f, Firnbrücke f
snowfall Schneefall m, Schneemenge f
snowfield Schneefeld n, Ferner m, Firnfeld n
snowflake Schneeflocke f
snowless schneefrei
snowmelt Schneeschmelze f
~ **runoff** Schmelzwasserabfluß m
snowslide Schneesturz m, Lawine f
~ **track** Lawinengasse f
snowslip Schneesturz m, Lawine f
snowstorm Schneesturm m
snowy schneebedeckt, schneereich
SNR s. signal-to-noise ratio
soak/to durchtränken
~ **in (into)** einsickern, versickern, durchsickern
~ **the salt out** entsalzen
~ **with** [durch]tränken mit
soakage of the rock Durchnässung f des Gebirges
soaking Durchtränkung f
~-**in** Versickern, Versickerung f, Einsickern n
soapstone Seifenstein m, Speckstein m, Steatit m, Saponit m, Topfstein m, $Mg_3[(OH)_2|Si_4O_{10}]$
soapy back glatte, lettige Ablösung f
~ **clay** fetter Ton m
~ **lustre** Fettglanz m
sobralite Sobralit m, Pyroxmangit m *(s.a. pyroxmangite)*
socket Zahngrube f *(am Schalenschloß von Mollusken, Ostracoden)*
sod Grasnarbe f, Grasboden m, Rasendecke f
~ **podzol** Rasenpodsolboden m
soda Soda f, Natron n, $Na_2CO_3 \cdot 10H_2O$
~ **alum** Natronalaun m, $NaAl[SO_4]_2 \cdot 12H_2O$

soda 326

~ **amphibole** Alkalihornblende f
~ **feldspar** s. plagioclase
~ **lake** Natronsee m
~-**lime feldspar** Kalknatronfeldspat m (s.a. plagioclase)
~ **nitre** Natronsalpeter m, Chilesalpeter m, Nitronatrit m, $NaNO_3$
~ **soil** Sodaboden m
sodalite Sodalith m, $Na_8[Cl_2|(AlSiO_4)_6]$
sodded slope Rasenböschung f
soddy soil Rasenboden m
soddyite Soddyit m, $(UO_2)_{15}[(OH)_{20}|Si_6O_{17}]·8H_2O$
sodic soil natriumhaltiger Boden m
sodium Natrium n, Na
~ **alum** s. soda alum
~ **chloride** Natriumchlorid n, Chlornatrium n, Kochsalz n, NaCl
sods Ton m unter dem Flöz, Liegendton m
soehngeite Söhngeit m, $Ga(OH)_3$
soft weich *(Gestein)*
~ **abrasive** sanft wirkendes Schleifmittel (Poliermittel) n
~-**bodied invertebrate** Weichtier n
~ **brown coal** Weichbraunkohle f
~ **brown-coal stage** Weichbraunkohlenstadium n (Inkohlungs- oder Karbonifikationsstadium)
~ **clay** plastischer Ton m
~ **country (ground)** mildes Gebirge n
~ **hail** Graupeln fpl
~ **rock** faules Gestein n, fauler Fels m
~ **seat** Fireclaylager n unter dem Flöz
~ **water** weiches Wasser n
~ **water marsh** Süßwassermoor n
soften water/to Wasser enthärten
softened water enthärtetes Wasser n
softener Weichmacher m, Enthärtungsmittel n
softening Enthärtung f
~ **of water** Wasserenthärtung f
~ **plant** Wasserenthärtungsanlage f
~ **point** Erweichungspunkt m
soggy feucht, sumpfig
~ **moor** Naßmoor n
soil Boden m
~ **acidity** Bodenazidität f
~ **aeration** Bodendurchlüftung f
~ **aggradation** Bodenaufschüttung f
~ **air** Bodenluft f
~ **analysis** Bodenanalyse f
~ **appraisal** Bodentaxonomie f
~ **array** Bodenstruktur f
~ **asphalt** *(Am)* Bitumenvermörtelung f, bituminöse Bodenvermörtelung f
~ **association** Bodenassoziation f
~ **bacteria** Bodenbakterien fpl
~ **bearing capacity** Tragfähigkeit f des Bodens
~ **biochemistry** Biochemie f des Bodens
~ **blowing** Bodenverwehung f
~ **cement** Bodenbeton m, Bodenzement m, Zementvermörtelung f
~ **characteristic** Bodenziffer f
~ **chemistry** Bodenchemie f

~-**colloid[al particle]** Bodenkolloid n, Bodenquellstoff m
~ **compaction** [künstliche] Bodenverdichtung f, Bodensetzung f
~ **conditions** Bodenverhältnisse npl
~ **conservation** Bodenschutz m, Bodenerhaltung f
~ **consolidation** [natürliche] Bodenverdichtung f, Eigenverfestigung f, Eigensetzung f
~ **constituents** Bodenbestandteile mpl
~ **corrosion** Bodenkorrosion f
~ **cover** Bodendecke f
~-**cover complex** Bodendeckschicht f
~ **creep** Bodengekriech n
~ **crumb** Bodenkrümel m, Erdkrümel m
~ **cultivation** Bodenbearbeitung f
~ **cut** Bodeneinschnitt m
~ **degradation** Bodendegradierung f
~ **densification** [künstliche] Bodenverdichtung f
~ **density** Bodendichte f
~ **depth** Gründigkeit f
~ **development** Bodenbildung f
~ **dynamics** Bodendynamik f
~ **engineer** Bodenmechaniker m
~ **engineering** Erd- und Grundbau m
~ **erodibility** Erosionsfähigkeit f des Bodens
~ **erosion** Bodenerosion f, Bodenabtragung f
~ **evaporation** Bodenverdunstung f, Bodenausdünstung f
~-**evaporation pan** Bodenverdunstungsmesser m
~ **excavation** Bodenausbruch m
~ **exhaustion** Bodenermüdung f, Bodenerschöpfung f
~ **exploration** Bodenuntersuchung f, Untergrundforschung f, Baugrunduntersuchung f
~-**failure investigation** Grundbruchuntersuchung f
~ **fertility** Bodenfruchtbarkeit f
~-**fixing** bodenbefestigend
~ **flow** Solifluktion f, Bodenfließen n, Erdfließen n, Bodenversetzung f
~ **flowage** Erdfluß m, Bodenfluß m
~ **formation** Bodenbildung f
~-**forming** bodenbildend
~ **frost** Bodenfrost m
~ **gas** Bodengas n
~ **genetics** Bodengenetik f
~ **horizon** Bodenhorizont m
~ **humidity** Bodenfeuchtigkeit f
~ **improvement** Bodenverbesserung f
~-**improving** bodenverbessernd
~ **investigation** Bodenuntersuchung f, Untergrundforschung f, Baugrunduntersuchung f
~ **layer** Bodenschicht f
~ **leaching** Bodenauswaschung f, Bodenauslaugung f
~ **loading** Bodendruck m
~ **loosening** Lockerung f des Bodens
~-**making** bodenbildend
~ **map** Bodenkarte f, Baugrundkarte f

solid

- ~ mapping Bodenkartierung f
- ~ mechanics Bodenmechanik f, Baugrundmechanik f, bautechnische Bodenkunde f
- ~ mechanics laboratory Erdbaulabor[atorium] n
- ~ microflora Bodenmikroflora f
- ~ moisture Bodenfeuchtigkeit f
- ~-moisture content Bodenwassergehalt m
- ~-moisture gradient Bodenfeuchtigkeitsgradient m
- ~-moisture tension Bodenwasserspannung f
- ~ mortar Bodenmörtel m
- ~ particle Bodenteilchen n
- ~ permeability Bodendurchlässigkeit f
- ~ physics Bodenphysik f
- ~ porosity Bodenporosität f
- ~ profile Bodenprofil n
- ~ property Bodeneigenschaft f
- ~-protecting, ~-protective bodenschützend
- ~ research equipment Bodenuntersuchungsgeräte npl (Geophysik)
- ~ respiration Bodenverdunstung f
- ~ sample Bodenprobe f
- ~ science Bodenkunde f, Bodenlehre f
- ~ scientist Bodenwissenschaftler m
- ~ separation in layers Abschlämmen n des Bodens (bei der mechanischen Bodenanalyse)
- ~ series Bodenschicht f
- ~ shifting Bodenbewegung f
- ~ shrinkage Bodenschrumpfung f
- ~ sickness Bodenmüdigkeit f
- ~ skeleton Bodenskelett n
- ~ solidification and sealing Bodenverfestigung f und -abdichtung f
- ~ solution Bodenwasser n
- ~ specimen Bodenprobe f
- ~ stabilization Stabilisierung (Festigung) f des Untergrunds, Bodenverfestigung f
- ~ stabilization with asphaltic bitumen Bitumenvermörtelung f, bituminöse Bodenvermörtelung f
- ~ stabilizer Bodenstabilisator m
- ~-stabilizing bodenbefestigend
- ~ sterilization Bodensterilisierung f
- ~ stratum Bodenschicht f
- ~ stripes Erdstreifen mpl
- ~ structure Bodenstruktur f
- ~ study s. ~ exploration
- ~ subgrade Erdplanum n, Untergrund m
- ~ suction Bodenwasserspannung f
- ~ survey Bodenaufnahme f
- ~ survey chart Bodenübersichtskarte f
- ~ swamping Bodenversumpfung f
- ~ swelling Bodenquellung f
- ~ tank Lysimeter n
- ~ temperature Bodentemperatur f
- ~ test Bodenprüfung f, Bodenanalyse f
- ~ testing Bodenuntersuchung f
- ~-testing laboratory Erdbaulabor[atorium] n
- ~ thin section Bodendünnschliff m
- ~ trafficability s. trafficability
- ~ type Bodenart f
- ~-ulmin Humus m
- ~ water Bodenwasser n
- ~-water bed Feuchtigkeitszone f des Bodens, Bodenwasserschicht f
- ~-water belt Bodenwasserzone f
- ~ waterproofing Bodenabdichtung f
- ~ wetness Bodenfeuchte f
- soils classification Bodenklassifizierung f
- ~ laboratory Erdbaulabor[atorium] n
- ~ mapping Bodenkartierung f
- sol Sol n
- solar solar, Sonnen..., Solar...
- ~ activity period Sonnentätigkeitsperiode f
- ~ atmosphere Sonnenatmosphäre f
- ~ constant Solarkonstante f
- ~ corona Sonnenhof m, Sonnenkorona f
- ~ cosmic radiation solare kosmische Strahlung f
- ~ day Sonnentag m
- ~ disk Sonnenscheibe f
- ~ eclipse Sonnenfinsternis f
- ~ energy Sonnenenergie f
- ~ eruption (flare) Sonneneruption f
- ~ halo Hof m um die Sonne
- ~ magnetism Sonnenmagnetismus m
- ~ power Sonnenenergie f
- ~ prominence Sonnenprotuberanz f
- ~ radiation Sonnenstrahlung f
- ~ spectrum Sonnenspektrum n
- ~ system Sonnensystem n
- ~-terrestrial solar-terrestrisch
- ~ tides Sonnengezeiten pl
- ~ time Sonnenzeit f
- ~ wind Sonnenwind m
- ~ year Sonnenjahr n
- solarimeter Sonnenstrahlungsmesser m
- sole 1. Liegendfläche f einer sedimentären Schicht; 2. liegende Hauptstörungsfläche f (z.B. einer Schuppeneinheit)
- ~ mark Schichtflächenmarke f, Schichtflächenerscheinung f, Sohlmarke f
- soled facettiert
- ~ cobble glazial abgeschliffener Block m
- solenoidal quellenfrei
- solfanaria Schwefelgrube f
- solfatara Solfatare f
- ~ mound Solfatarenhügel m
- solfataric action Solfatarentätigkeit f
- ~ vent Schwefelquelle f
- solid 1. fest; 2. anstehend (Kohle, Gestein)
- solid Feststoff m
- ~ angle Raumwinkel m
- ~ bedrock gewachsener Fels m, Anstehendes n, anstehendes Gebirge n
- ~ bob [feste] Polierscheibe f
- ~ control system Reinigungssystem m
- ~ discharge 1. Schuttfracht f; 2. Auswürfling m
- ~ gob Bergevollversatz m
- ~ load Schuttlast f
- ~ masonry weir festes gemauertes Wehr n
- ~ ore anstehendes Erz n
- ~ ore deposit Erzstock m, massige Lagerstätte f

solid 328

~ **packing** Bergevollversatz *m*
~ **product** Auswürfling *m*
~ **rock** festes Gebirge *n*, Fels *m*, festes (anstehendes) Gestein *n*
~ **solution** Mischkristall *m*
~-**state imaging system** Abbildungssystem *n* aus Festkörperdetektoren
~ **state reaction** Reaktion *f* im festen Zustand
~ **substance volume** Feststoffvolumen *n*
solidification Verfestigung *f*, Erstarrung *f*
~ **age** Erstarrungsalter *n*
~ **point** Erstarrungspunkt *m*
solidified lava erstarrte Lava *f*
solidify/to fest werden, sich verfestigen, erstarren
solids density Reindichte *f*
solifluction Bodenfließen *n*, Solifluktion *f*, Bodenfluktion *f*, Erdfließen *n*
~ **pocket** Solifluktionstasche *f*
~ **terrace** Solifluktionsterrasse *f*
solifluxion *s.* solifluction
solitaire Solitär *m*
solitary coral Einzelkoralle *f*
Solnhofen Platy Limestone Solnhofener Plattenkalk *m (Malm im Süddeutschen Becken)*
~ **Slates** Solnhofener Schiefer *mpl*
solodic soil solodartiger Boden *m*
solodization Solodierung *f*
solodized soil salziger Boden *m*
solonetzic, solonetzlike solone[t]zartig
solstice Solstitium *n*, Sonnenwende *f*
solstitial Sonnenwend...
~ **point** Solstitialpunkt *m*, Sonnenwendepunkt *m*
solubility Löslichkeit *f*
~ **product** Löslichkeitsprodukt *n*
soluble löslich
~ **in acids** säurelöslich
~ **in water** wasserlöslich
solum 1. Ackerkrume *f*; 2. A- und B-Horizont des Bodens
solution Lösung *f*
~ **bottom** Hartboden *m*, Hartgrund *m (verkrusteter Sedimentationsgrund)*
~ **breccia** Lösungsbrekzie *f*
~ **cavity** Lösungshohlraum *m*
~ **channels** Karren *pl*
~ **facets** Lösungsfacetten *fpl*
~ **fissure** Lösungsspalte *f*
~ **gas drive** Gasexpansionstrieb *m*
~ **gas drive pool** Gasexpansionstrieblager *n*
~ **gas-oil ratio** Gas-Öl-Lösungsverhältnis *n (in der Lagerstätte unter Druck)*
~ **hollows** Lösungsnäpfe *mpl*
~ **mobilization** Lösungsmobilisierung *f*
~ **of drying-up** Eindunstungslösung *f*
~ **of replacement** Umwandlungslösung *f*
~ **opening** Lösungshohlraum *m*
~ **pan** flache Auslaugungsdepression *f*
~ **pocket** Auslaugungstasche *f*
~ **porosity** Lösungsporosität *f*
~ **residue** Lösungsrückstand *m*

~ **resulting from rock decomposition** Verwitterungslösung *f*
~ **ripples** Lösungsrippeln *fpl*
~ **sink** Trichterdoline *f*
~ **subsidence** Absenkung *f* durch Lösung
~ **transfer** Lösungsumsatz *m*
solvent Lösungsmittel *n*
~ **action (activity)** Lösungstätigkeit *f*
~ **leaching** Laugung *f* mit Lösungsmittel
~ **power** Lösungskraft *f*
~ **property** Lösungseigenschaft *f*
somal unit lateral auffingernde stratigrafische Einheit *f*
somma crater Sommakrater *m*
~ **ring** Sommawall *m*, Ringwall *m*
~ **volcano** Sommavulkan *m*, Vulkan *m* mit Ringwall
sommaite Sommait *m (Leuzitmonzonit)*
sonic altimeter Schallhöhenmesser *m*, Echolot *n*
~ **depth finder** Echolot *n*
~ **drilling** Schallbohren *n*
~ **log[ging]** Akustiklog[verfahren] *n*, Schallkernen *n*
~ **sounding** Echolotung *f*
~ **speed (velocity)** Schallgeschwindigkeit *f*
sonolite Sonolith *m*, $Mn_9[(OH,F)_2|(SiO_4)_4]$
sonomaite Sonomait *m*, $Mg_3Al_2[SO_4]_6 \cdot 33H_2O$
sonoprobe Sonoprobe *f (Sender für Echolotmessungen)*
soot coal *(sl)* Rußkohle *f (fusinit- bzw. fusitreiche Steinkohle)*
sooty chalcocite erdiger Chalkosin *m*
sorotiite Sorotiit *m (Eisen-Stein-Meteorit)*
sort/to sortieren, auslesen, scheiden, klauben
sorted bedding sortierte Schichtung *f*
sorting 1. Sortierung *f*, Auslesen *n*, Scheiden *n*, Klauben *n*; 2. Setzungsklassierung *f* durch flüssige Medien
~ **board** *s.* ~ table
~ **coefficient** Sortierungskoeffizient *m (z.B. von Korngrößengemischen)*
~ **house** Scheidehaus *n*
~ **index** Sortierungsgrad *m*
~ **of ores** Erzscheidung *f*
~ **plant** Scheideanlage *f*
~ **table** Sortiertisch *m*, Lesetisch *m*, Klaubetisch *m*
~ **unit** Scheideapparat *m*
sound/to 1. schallen, tönen; 2. abklopfen *(Festigkeitsuntersuchung)*; 3. [aus]loten
~ **the ground** den Grund abloten
sound 1. Sund *m*, Meerenge *f*, Haff *n*; 2. Schall *m*, Klang *m*; Ton *m*; 3. Sonde *f*
~ **coal** unverritzte Kohle *f*
~ **intensity** *s.* seismic intensity
~ **rock** gesunder Fels *m*, gesundes Gestein *n*
~-**stone** Phonolith *m*
~ **travel time** Schallaufzeit *f*
~ **wave** Schallwelle *f*
sounder *s.* sounding device
sounding Lotung *f*
~ **balloon** Ballonsonde *f*

~ **device** Lotungsanlage f, Lotgerät n, Echolot n
~ **graphs** Sondierungskurven fpl
~ **line** Lotungslinie f
~ **rocket** Höhenrakete f, Raketensonde f
~ **rod** Peilstange f
~ **weight** Meßlot n (Grundwasserspiegelmessung)
soundings lotbare Wassertiefen fpl
sour corrosion Korrosion f durch Schwefelgehalt des Erdöls
~ **natural gas** schwefelwasserstoffhaltiges (saures) Erdgas n
source 1. Quelle f; 2. Ursprung m
~ **area** Ursprungsgebiet n
~ **aspects** Bildungsbedingungen fpl, Bildungsmilieu n
~ **bed** s. ~ rock
~ **intensity** Anfangsintensität f (Radioisotop)
~ **of contamination** Verschmutzungsquelle f
~ **of discovery** Fundort m
~ **of energy** Energiequelle f
~ **of financing** Finanzierungsquelle f (für geologische Untersuchungsarbeiten)
~ **of heat** Wärmequelle f
~ **of ore** Erzfundort m, Erzlagerstätte f
~ **of pollution** Verschmutzungsquelle f
~**-receiver product** Strahlenschema n (Seismik)
~ **rock** Muttergestein n, Ausgangsgestein n, Speichergestein n (für Erdöl oder Erdgas)
south-polar antarktisch, Südpol...
~ **pole** Südpol m
South Atlantic fissure südatlantische Spalte f
southern hemisphere südliche Halbkugel f
~ **lights** Südlicht n
Southern Cross Kreuz n des Südens
souzalite Souzalith m, (Mg, Fe¨)₃(Al, Fe¨)₄[(OH)₃|(PO₄)₂]₂·2H₂O
SP = self potential
spa Mineralquelle f
space Raum m
~**-centered lattice** raumzentriertes Gitter n
~ **exploration** Weltraumforschung f
~ **geology** Raumgeologie f
~ **group** Raumgruppe f, Kristallklasse f
~ **group lattice** s. ~ lattice
~ **lag** Abstand m, räumliche Verschiebung f
~ **lattice** Raumgitter f (bei Kristallen)
~ **probe** Raumsonde f, Weltraumsonde f
~ **radiation** Raumstrahlung f
spacing Abstand m (z.B. zwischen Elektroden einer Bohrlochsonde)
~ **of joints** Kluftabstand m
spadaite Spadait m (Granat zwischen Spessartin und Andradit)
spall/to abblättern, abbrechen
spall Gesteinsabschlag m (durch Verwitterung abgespaltenes Gesteinsbruchstück)
spalling Abbruch m
span 1. Zeitspanne f; 2. lokale geologische Zeiteinheit f; 3. Spannweite f, Stützweite f; 4. Abstand m (zwischen den Aufnehmern einer Bohrlochsonde)
~ **loading** Spannweitenbelastung f
spangle of mica Glimmerblättchen n
spangolite Spangolith m, $Cu_6Al[(OH)_{12}|Cl|SO_4]·3H_2O$
spar 1. Spat m; 2. Spiere f, Rundholz n, Sparren m, Längsholm m, Holm m
sparagmite Sparagmit m
sparite Sparit m (spätiger Kalzit- oder Aragonitzement)
spark spectrum Funkenspektrum n
Sparnacian [Stage] JSparnacien n (Stufe des Paläozäns)
sparry spätig; spatartig; spathaltig
~ **calcite** s. sparite
~ **gypsum** Frauenglas n, Marienglas n, blättriger Gips m
~ **iron [ore]** s. siderite 1.
~ **limestone** grobkristalliner Kalkstein m
sparse vegetation spärliche Vegetation f
spartalite Zinkit m, Rotzinkerz n, ZnO
spasmodic activity unregelmäßige Tätigkeit f
spastolite Spastoid (stark verformtes Ovoid)
spastolitic texture spastolithische Struktur f
spathic spatartig; spätig; spathaltig
~ **[iron] ore** s. siderite 1.
spathiform spätig
spathose spatförmig
spathous blättrig
spatial Weltraum...
~ **effective resolution element** effektives geometrisches Auflösungselement n
~ **model** Raummodell n
~ **resolution** räumliches (geometrisches) Auflösungsvermögen n (eines Fernerkundungssensors)
spatiopyrite s. safflorite
spatous s. sparry
spatter cone Schweißschlackenkegel m
~ **rampart** Schlackenwall m
spavin s. seat erarth
spear pyrite Speerkies m
special folds Spezialfalten fpl
speciation Artbildung f, Speziation f
species Art f, Spezies f
~ **distribution** Artenverteilung f
~ **formation** Artbildung f
~ **of stone** Gebirgsart f
specific capacity of well 1. Fassungsvermögen n (eines Brunnens); 2. spezifische Ergiebigkeit f
~ **conductivity** spezifische Leitfähigkeit f (eines wasserführendes Gesteins)
~ **discharge** s. Darcy velocity
~ **electrical conductance** spezifische elektrische Leitfähigkeit f
~ **factor** spezifischer Fakor m
~ **gravity** spezifisches Gewicht n
~ **heat** spezifische Wärme f
~ **porosity** entwässerbarer Porenanteil m, nutzbare Porosität f

specific 330

~ **retention** Wasserrückhaltevermögen n, Wasserhaltewert m
~ **surface** spezifische Oberfläche f (einer Gesteinspartikel)
~ **susceptibility** spezifische Suszeptibilität f
~ **symmetry** Eigensymmetrie f
~ **weight** spezifisches Gewicht n
~ **yield** Lufthaltewert m
~ **yield of pore space** grundwassererfüllbarer Hohlraumanteil m
specimen Probe f, Prüfstück n, Handstück n
~ **gold** sichtbares Freigold n
~ **of ore** Erzprobe f
~ **support grid** Objektträgerplättchen n (für Elektronenmikroskope)
speckled gesprenkelt, maserig, gefleckt
spectral band Spektralband n
~ **efficiency** spektraler Wirkungsgrad m
~ **emissivity** spektrales Emissionsvermögen n
~ **measurement** Spektralmessung f
~ **reflectance** relatives spektrales Reflexionsvermögen n (spektrales Verhältnis der reflektierten zur einfallenden Energie)
~ **signature** Spektralsignatur f, Spektralmerkmal n (eines Objekts)
spectroanalytic spektralanalytisch
spectrographic analysis Spektralanalyse f
spectrohelioscope Spektrohelioskop n
spectrology Spektralanalyse f
spectrometer Spektrometer n
spectroscope Spektroskop n
spectroscopic[al] spektroskopisch
~ **analysis** Spektralanalyse f
spectroscopy Spektroskopie f
spectrum Spektrum n
~ **analysis** Spektralanalyse f
specular galena Bleispiegel m
~ **gypsum** Frauenglas n, Marienglas n
~ **haematite,** ~ **iron [ore]** Glanzeisenerz n, Eisenglanz m (s.a. haematite)
~ **pitch** Glanzkohle f
specularite Glanzeisenerz n, Eisenglanz m (s.a. haematite)
speculative resources prognostische Vorräte mpl Gruppe Delta 2
speed of filtration Filtergeschwindigkeit f
~ **of light** Lichtgeschwindigkeit f
~ **of propagation** Fortpflanzungsgeschwindigkeit f
~ **of registration** Registriergeschwindigkeit f
~ **of rotation** Rotationsgeschwindigkeit f
spelaeal limestone Höhlenkalkstein m
spelaean Grotten...
spelaeolite Tropfsteinbildung f, Sintergebilde n
spelaeologist Höhlenforscher m
spelaeology Höhlenkunde f, Speläologie f
spelaeothem Tropfstein m, karbonatische Höhlenablagerung f
spelter Zink n, Rohzink n, unreines Hüttenzink n
spencerite Spencerit m, $Zn_2[OH|PO_4] \cdot 1/2 H_2O$

spend/to Ausbeute liefern, ergiebig sein
spent sulphite liquor Sulfitablauge f
spergenite Spergenit m (Karbonatgestein mit sortierten Fossilfragmenten)
sperrylite Sperrylith m, $PtAs_2$
spessartine, spessartite Spessartin m, Mangangranat m, $Mn_3Al_2[SiO_4]_3$
spewy soil sumpfiger Boden m
sphaerite sphärolithische Phosphatkonkretion f, Phosphatknolle f, Sphaerit m, Variscit m (s.a. variscite)
sphaero... s. sphero...
sphaerolite s. spherulite
sphaerolitic s. spherulitic
sphagnum Sphagnum n, Sumpfmoos n, Torfmoos n, Weißmoos n
~ **bog** Hochmoor n
sphalerite Sphalerit m, Zinkblende f, α-ZnS
sphene Sphen m, Titanit m, $CaTi[O|SiO_4]$
sphenolith Sphenolith m, keilförmiger Intrusivkörper m
sphere 1. Himmelskugel f; 2. Sphäre f
~ **ore** Kokardenerz n, Kugelerz n
~ **packing** Kugelpackung f (Kristallografie)
spherical achsensymmetrisch, sphärisch; kugelig
~ **divergence** sphärische Divergenz f (Abnahme der Wellenenergie mit der Entfernung)
~ **flow** kugelsymmetrische Strömung f
spherite s. sphaerite
spherocobaltite Sphaerokobaltit m, Kobaltspat m, $CoCO_3$
spherocrystal Sphärokristall m
spheroid Sphäroid n, Rotationsellipsoid n
spheroidal sphäroidisch, kugelähnlich
~ **granite** Kugelgranit m
~ **jointing** kugelige Absonderungsklüftung f
~ **parting** kugelschalige Absonderung f
~ **structure** sphäroidales Gefüge n
~ **weathering** kugelige Verwitterungsformen fpl, Wollsackverwitterung f
spheroidizing property Ballungsfähigkeit f
spherophyric sphärolithisch, felsosphäritisch
spherosiderite Sphaerosiderit m, Toneisenstein m (s.a. siderite)
spherule Kügelchen n, Tröpfchen n
~ **texture** sphärolithische Struktur f, sphärolithisches Gefüge n
spherulite Kugelkörperchen n, rundes Kristallkörperchen n, Sphärolith m
spherulitic spherolithisch
~ **texture** sphärolithische Struktur f, sphärolithisches Gefüge n
spicular chert Spiculit m (Hornstein aus Kieselschwammresten)
spicularite s. spiculite
spicule of ice Eisnadel f
~ **ooze** Schwammnadelschlamm m
spiculite poröser Spiculit m
spider Keiltopf m (am Bohrlochkopf)
spike Impuls m
spiky stengelig

spilite Spilit *m*
spilitic spilitisch
spill Ausufern *n*
~-over Überlauf *m*
~-over glacier Überlaufgletscher *m*
~ point Strukturtiefstpunkt *m*, Überlaufpunkt *m* (Aquifergasspeicher)
spillage in open sea Auslaufverlust *m* auf dem offenen Meer
spillway Überfall *m*, Überlauf *m* (einer Talsperre oder eines Gletschers)
~ tunnel Überlaufstollen *m*, Hochwasserstollen *m*
spilosite Spilosit *m*
Spilsby sandstone Spilsby-Sandstein *m* (oberjurassisch bis unterkretazischer Sandstein in England)
spinal [vertebral] column Wirbelsäule *f*
spindle head Dreheinrichtung *f*
~-shaped spindelförmig
~-shaped bomb Spindel *f*, bipolare Bombe *f*
~-type drilling rig Spindelbohrgerät *n*
spindrift 1. Gischt *m*; 2. Sandfahne *f*; Staubfahne *f*; Schneefahne *f*
spine 1. Horn *n*, Felsnadel *f*; 2. Nehrung *f*, Landzunge *f*; 3. Dorn *m* (bei Fossilgehäusen); 4. Stielgang *m*, Schlotgang *m*
spinel Spinell *m*, MgAl$_2$O$_4$
spinifex structure Spinifex-Gefüge *n*
spinning rope Spillseil *n*
spiracle 1. Lavaschornstein *m*; 2. Blasenröhre *f* (bei Vulkaniten)
spiral auger zylindrischer Schneckenbohrer *m*
~ axis Schraubung *f*
~ ball Wickelfalte *f*, Sedimentrolle *f*
~ garnet rotierender Granat *m*
~ nebula Spiralnebel *m*
~ structure Spiralgefüge *n*
spirally coiled spiralig aufgerollt
spire 1. Lavadorn *m*, Felsnadel *f*; 2. Gewinde *n* (bei Fossilgehäusen)
spirifer Spirifer *m*
spiroffite Spiroffit *m*, (Mn, Zn)$_2$Te$_3$O$_8$
spit spitz zulaufende Sandbank *f*
~-out Folge *f* (Seismik)
splash erosion Erosion *f* durch Regen
~ zone Benetzungszone *f*
splays divergierende Störungen *fpl* (am Ende einer Bruchlinie)
spliced vein verdrückter und überlappend neu einsetzender Gang *m*
splint coal Durain *m*, Mattkohle *f* (hauptsächlich aus Duroclarit, Clarodurit oder aus Vitrinerit)
splinter/to splittweise abhauen
splinter of magnesia Magnesiastäbchen *n*
splintery splitterig
~ fracture splitteriger Bruch *m*
split/to spalten
~ along spalten nach
~ off sich verzweigen

split 1. Spalt *m*, Riß *m*, Bruch *m*; 2. Zentralaufstellung *f* (Seismik)
~ coal Kohlenflöz *n* mit mächtigen Zwischenmitteln
~ deep shooting, ~ [-dip] spread Zentralaufstellung *f* (Schußpunkt im Zentrum der Geophonaufstellung)
splitting 1. Spaltbarkeit *f*, Spaltung *f*; 2. Platte unter 0,10mm Dicke (Handelsglimmersorte)
~ by frost Eisklüftigkeit *f*
~ of a lode into branches Gangzertrümerung *f*
spodumene Spodumen *m*, LiAl[Si$_2$O$_6$]
spoil taubes Gestein *n*, Abraum *m*
~ area Haldenfläche *f*
~ bank (dump) Halde *f*, Abraumkippe *f*, Schutthalde *f*
sponge ice Grundeis *n*
~ iron Eisenschwamm *m*
~ needle Schwammnadel *f*
~ ore Schwammerz *n*
~ reef Spongienriff *n*
~ spicule Schwammnadel *f*
~ spicule ooze Schwammnadelschlamm *m*
Spongiae Spongien *npl*, Schwämme *mpl*
spongiform schwammartig
spongious schwammig
spongoline, spongolite Spongolit *m* (Sediment aus Schwammresten)
spongy schwammig, porös
~ structure schwammige Textur *f*
spontaneous combustion (heating) Selbstentzündung *f* (von Kohlen)
~ potential Eigenpotential *n*
~ potential curve Eigenpotentialkurve *f*
~ potential logging Eigenpotentialmessung *f*
~ potential method Eigenpotentialmethode *f*
spoon sample Löffelprobe *f*, Sondenprobe *f*
sporadic[al] zerstreut vorkommend
sporangium Sporangium *n*
spore Spore *f*
~ vessel Sporangium *n*, Sporenkapsel *f*
sporinite Sporinit *m* (Kohlenmaceral)
sporite Sporit *m* (Kohlenmikrolithotyp)
sporoclarite Sporoclarit *m* (Kohlenmikrolithotyp; sporenreicher Clarit)
sporodurite Sporodurit *m* (Kohlenmikrolithotyp; sporenreicher Durit)
sporulation Sporenbildung *f*
spot activity Sonnenfleckenaktivität *f*
~ checking Stichprobenahme *f*
~ coring Informationskernen *n*
~ sample Stichprobe *f*, Punktprobe *f*
~ strength Punktfestigkeit *f*
spotted fleckig, gefleckt, gesprenkelt
~ schist (shale, slate) Fleckschiefer *m*
spotty fleckig, eingesprengt (von Mineralen)
~ vein gesprenkelter Gang *m*
spouting spring kontinuierliche Springquelle *f*, Sprudel *m* (Quelle)
~ well Springer *m*, Springquelle *f*, Springsonde *f* (Erdöl)

spray

spray 1. Spritzwasser *n*, Gischt *m*; 2. Gangapophyse *f*
spread Aufstellung *f*, Anordnung *f*, Verteilung *f* (z.B. der Geophone)
spreading Spreizbewegung *f*
~ **coefficient** Streuungsbeiwert *m*
~ **of the ocean floor** Spreizbewegung *f* (Auseinanderdriften *n*) des Meeresbodens
sprig-crystal Bergkristall *m*
spring 1. Quelle *f*; 2. Springtide *f*, Springflut *f*; 3. hydraulischer Grundbruch *m*
~ **break of ice** Eisgang *m*
~ **equinox** Frühlings-Äquinoktium *n*, Frühlings-Tagundnachtgleiche *f*
~ **fen** Quellmoor *n*
~ **flood** Frühjahrshochflut *f*
~ **gravimeter** Federgravimeter *n*
~ **of mineral water** Mineralquelle *f*
~ **pits** Quelltrichter *mpl*
~ **snow** körniger nasser Schnee *m*
~ **tide** Springtide *f*, Springflut *f*
~ **water** Quellwasser *n*
~ **well** Quellbrunnen *m*, Filterbrunnen *m*
Springeran [Stage] Stufe des Pennsylvaniens
springing Kämpferpunkt *m*
~ **line** Kämpferlinie *f*
springlet kleine Quelle *f*
sprinkled gesprenkelt
~**-through** durchsprenkelt
sprinkling eingesprengtes Erz *n*
spruce ochre brauner (gelber) Ocker *m*
spud Ansetzen *n* einer Bohrung
~**-in** Anbohren *n*
spudder Vorbohrer *m*; Schlagbohrer *m*
spudding Ansetzen *n* einer Bohrung
~**-in** Bohrbeginn *m*
spur 1. Ausläufer *m*, Bergvorsprung *m*; 2. Ast *m*, Abzweig *m* eines Ganges
spurrite Spurrit *m*, $Ca_5[CO_3|(SiO_4)_2]$
squall Bö *f*
~ **front** Böenfront *f*
~ **of wind** Windbö *f*
squally böig, stürmisch
~ **weather** böiges Wetter *n*
squamiform schuppenförmig
~ **load cast** schuppenförmige Belastungsmarke (Fließmarke) *f*
squamose structure schuppiges Gefüge *n*
square-set stoping Blockbau *m* mit Geviertzimmerung
squat 1. *s.* slime, mud, mire; 2. kleiner Gangerzkörper *m*; Erzfall *m*; Zinnerz *n* mit Gangart
squeeze off/to abquetschen
~ **out** verdrücken, abpressen, ausquetschen, zerquetschen, auswalzen
squeeze Auspressung *f*, Wasserdruckversuch *m*
~ **cementation** Druckzementierung *f*
~ **cementing operation** Druckzementierung *f*
squeezed fold Quetschfalte *f* (Falte mit Materialtransport in die Schenkel)
~ **middle limb** verdünnter Mittelschenkel *m*

~**-out middle limb** ausgequetschter Mittelschenkel *m*
squeezing-out Abpressen *n*
squiggle Linienschrift *f (Seismik)*
stability Stabilität *f*; Standsicherheit *f*, Standfestigkeit *f*; Widerstandsfähigkeit *f*
~ **field** Stabilitätsfeld *n*
stabilization of earthwork Bodenbefestigung *f*
~ **of flow conditions** Stabilisierung *f* des Strömungszustands
stabilized platform stabilisierte Plattform *f (auf Schiffen für Messungen der Schwerkraft)*
stabilizing workings Sicherungsarbeiten *fpl*
stable stabil; standfest; beständig; ungestört *(Lagerung)*
~ **channel** stabiles Flußbett *n*
~ **continental shelf** stabiler Kontinentalschelf *m*
~ **equilibrium** stabiles Gleichgewicht *n*
~ **isotope** stabiles Isotop *n*
~ **phase** stabile Phase *f*
~ **relict** stabiles Relikt *n*
~ **rock** festes Gebirge *n*
~ **shelf** stabiler Schelf *m*
staccato injection wiederholte Injektion *f*
stack 1. Brandungssäule *f*, Brandungspfeiler *m*; 2. Stapelung *f (Seismik)*
~ **caves** Fußhöhlen *fpl*
~ **multiplicity** Stapelgrad *m (Seismik)*
~ **resistance** Übergangswiderstand *m* der Elektrodenstäbe *(Geoelektrik)*
~ **velocity** Stapelgeschwindigkeit *f*
stacking of drill pipe stands Abstellen *n* der Gestängezüge
~ **process** Stapelung *f (Seismik)*
stade Stadium *n (von pleistozänen Eisbewegungen)*
stadia Nivellierinstrument *n*
stadial moraine Endmoräne *f*
staff Meßlatte *f*
~ **gauge** Lattenpegel *m*, Pegellatte *f*
stage 1. Stufe *f (Einheit der biostratigrafischen Gliederung)*; 2. Stadium *n*; 3. drehbarer Objekttisch *m*
~ **cementing** Stufenzementation *f*, absatzweises Zementieren *n*
~ **hydrograph** Wasserstandsganglinie *f*
~ **micrometer** Objektmikrometer *n*
~ **of deglaciation** Zwischeneiszeit *f*, Interglazial *n*
~ **of detailed prospecting** Stadium *n* der eingehenden Erkundung
~ **of evolution** Entwicklungsstadium *n*
~ **of geological prospecting** Stadium *n* geologischer Untersuchungsarbeiten
~ **of late maturity** Altersstadium *n*
~ **of maturity** Reifestadium *n*
~ **of old age** Greisenstadium *n*
~ **of previous prospecting** Stadium *n* der Vorerkundung
~ **of youth** Jugendstadium *n*
~ **working** Tagebau *m*

stages/by etappenweise
stagnant stagnierend
~ **backwater** stehendes Wasser *n*
~ **basin** abflußloses (geschlossenes) Becken *n*
~ **pool** Tümpel *m*
~ **water** stehendes Gewässer *n*, stagnierendes Wasser *n*, Standwasser *n*, Altwasser *n*
stagnate/to stagnieren
stagnating stagnierend
stagnation layer Staunässebereich *m*
~ **point** Umkehrpunkt *m* *(Grundwasserströmung am Brunnen)*
~ **pressure** Staudruck *m*
stain of oi Ölfleck *m*
stained fleckig, gesprenkelt
stainierite Stainierit *m*, Heterogenit *m*, CoOOH
staining test Anfärbeprobe *f (Mineralprüfung)*
stake out/to abstecken
stake vorübergehende Markierung *f (Seismik)*
~ **resistance** Übergangswiderstand *m* der Elektrodenstäbe *(Geoelektrik)*
stalactic[al] stalaktitisch
stalactiform stalaktitisch, tropfsteinartig
stalactital stalaktitisch
stalactite Stalaktit *m*
~ **cavern** Tropfsteinhöhle *f*
stalactitic[al] stalaktitisch
stalacto stalagmite durch Vereinigung von Stalagmit und Stalaktit entstandene Säule *f*
stalagma stalaktitischer Kalkstein *m*
stalagmeter Stalagmeter *n*, Tropfenmesser *m*
stalagmite Stalagmit *m*
stalagmitic[al] stalagmitartig, stalagmitisch
stalk Stengel *m*
stalked stengelig
stamp mill Pochwerk *n*
stand pipe 1. Standrohr *n (Bohren)*; 2. Steigleitung *f (für Wasser)*
~-**up formation** festes Gebirge *n*
standard cell Standardzelle *f (nach Eskola)*
~ **condition pressure** Normdruck *m*
~ **electric logging** elektrisches Standardmeßverfahren *n*
~ **for reflectance measurement** Reflexionsstandard *m*
~ **mean ocean water** Normal-Ozeanwasser-Standard *m*
~ **mineral** Standardmineral *n*
~ **section** Standardprofil *n*
~ **specification** Normenvorschrift *f*
~ **stratum** Leithorizont *m*
~ **time** Normalzeit *f*
standing level Ruhewasserspiegel *m*
~ **on end** vertikal, seiger
~ **time** Standdauer *f*
~ **water** stehendes Gewässer *n*
standstill Zeitdauer, während der keine Spiegelschwankungen des Meeres auftreten
stannary Zinnbergwerk *n*, Zinngrube *f*
stannic zinnhaltig, Zinn...
stanniferous zinnführend, zinnhaltig

stannite Stannin *m*, Zinnkies *m*, Cu_2FeSnS_4
stannopalladinite Stannopalladinit *m*, Pd_3Sn_2
stannous zinnhaltig, Zinn...
stannum Zinn *n*, Sn *(s.a. tin)*
staple Gesenk *n*, Blindschacht *m*
star Stern *m*
~ **ash** Sternenasche *f*
~ **cloud** Sternwolke *f*
~ **cluster** Sternhaufen *m*
~ **day** Sterntag *m*
~ **map** Sternkarte *f*, Sterntafel *f*
~ **of first magnitude** Stern *m* erster Größe
~ **quartz** Sternquarz *m*
~ **sapphire** Sternsaphir *m (s.a. corundum)*
~-**shaped** sternförmig
~ **streaming** Sternströme *mpl*
starfish Seestern *m*
staring Nachauftragnehmerschaft *f (für geologische Untersuchungsarbeiten)*
starless sternenlos
starlight *s.* starlit
starlight Sternenlicht *n*
starlike sternartig
starlit sternklar
starred gestirnt
starriness Sternenhelle *f*
starry gestirnt, sternenhell, sternartig
start a borehole/to ein Bohrloch ansetzen
~ **a drift** eine Strecke ansetzen
~ **drilling** mit Bohren beginnen
starting place Ursprungsstelle *f*
starved basin ausgehungertes Becken *n (Senkung überwiegt Sedimentation)*
stassfurtite Staßfurtit *m (s.a. boracite)*
state of aggregation Aggregatzustand *m*
~ **of being eroded** Erosionsgrad *m*
~ **of crystallization** Kristallisationszustand *m*, Kristallisationsstadium *n*
~ **of development** Entwicklungsstadium *n*
~ **of flow** Strömungsstadium *n*, Strömungszustand *m*
~ **of fusion** geschmolzener Zustand *m*
~ **of hydration** Hydratationszustand *m*
~ **of inertia** Beharrungszustand *m (beim Pumpversuch)*
~ **of stress** Spannungszustand *m*
~ **of weightlessness** Zustand *m* der Schwerelosigkeit
static bottom-hole pressure statischer Bodendruck *m*
~ **casing pressure** Ringraumruhedruck *m*
~ **correction** statische Korrektur *f*
~ **friction** Haftreibung *f*, Ruhereibung *f*
~ **friction coefficient** Reibungsbeiwert *m* der Ruhe
~ **ground-water resource** Grundwasserlagerstättenvorrat *m*
~ **head** statische Auftriebshöhe (Druckhöhe) *f*
~ **level** Ruhewasserspiegel *m*
~ **load test** statische Belastungsprüfung *f*
~ **metamorphism** statische Metamorphose *f*, Belastungsmetamorphose *f*

static

~ **pressure head** statische Druckhöhe f
~ **prestrain** statische Vorspannung f
~ **tubing pressure** Ruhedruck m im Steigrohr
statically indetermined system statisch unbestimmtes System n *(Gebirgsmechanik)*
station Station f, Meßpunkt m
~ **interval** s. stationary interval
stationary stationär, ruhend
~ **drilling rig** stationäre (ortsfeste) Bohranlage f
~ **dune** ruhende Düne f
~ **interval** Stationsabstand m, Meßpunktabstand m
~ **mass** stationäre Masse f
~ **time series** stationäre Zeitreihen fpl
statistical record statistische Aufzeichnung f
statocysts Statocysten fpl, Hörbläschen npl
statoliths Statolithen mpl *(Gleichgewichtssteine bei Wirbellosen)*
statuary marble, statue-marble Bildhauermarmor m, Statuenmarmor m
status of preservation Erhaltungszustand m *(z.B. von Fossilien)*
staurolite Staurolith m, $AlFe_2O_3(OH)\cdot 4Al_2[O|SiO_4]$
~-**in isograd** Staurolith-Isograd m *(Beginn des Auftretens von Staurolith)*
staurotide s. staurolite
steady flow stationäre Strömung f
~ **flow of ground water** stationäre Grundwasserströmung f
~ **mass** stationäre Masse f
~ **pressure decline in the reservoir** stetiger Abfall m des Lagerstättendrucks
~ **rain** Landregen m
~-**state flow** stationäre Strömung f
steam Dampf m
~ **blast** Dampfstrahl m
~ **column** Rauchsäule f *(eines Vulkans)*
~ **flooding** Dampffluten n *(Sekundärfördermethode für Erdöl und Erdgas)*
~ **injection process** Dampfflutverfahren n
steatite Steatit m, Speckstein m, Seifenstein m, Saponit m, Topfstein m, dichter Talk m, $Mg_3[(OH)_2|Si_4O_{10}]$
steatitic specksteinartig
steel band Pyritband n in der Kohle
~ **jack** Schalenblende f, Zinkblende f, ZnS
~ **ore** s. siderite 1.
steenstrupine Steenstrupin m, $Na_2Ce(Mn, Ta, Fe,...)H_2[(Si, P)O_4]_3$
steep in lye/to laugen
steep abschüssig, steil
~ **angle reflection** Steilwinkelreflexion f
~ **bank** Steilufer n
~ **coast** Steilküste f; steiler Abhang m
~ **dip** steiles Einfallen n
~-**dipping strata** steil einfallende Schichten fpl
~ **dune** Steildüne f
~ **escarpment** Steilabfall m
~ **face** Steilhang m
~ **fall** steiler Abfall m

~-**limbed fold** Falte f mit steilen Schenkeln
~ **saddle** Steilsattel m
~ **seam** steiles Flöz n, steil gelagerte Schicht f
~-**sided** steil[wandig], steilbegrenzt
~ **slope** Steilböschung f, Steilabhang m
~-**sloped** steil[wandig]
~ **vein** steiler Gang m
~-**walled** steil[wandig]
steepening of dip Vergrößerung f des Einfallens
steeply inclined strata steil einfallende Schichten fpl
~ **sloping** steil abfallend
~ **tilted up,** ~ **upturned** steil aufgerichtet
steepness Abschüssigkeit f, Steilheit f
steigerite Steigerit m, $Al[VO_4]\cdot 3H_2O$
stellar stellar, sternförmig, Stern..., astral
~ **ash** Sternenasche f
~ **body** Himmelskörper m
~ **coal** s. stellarite
~ **constellation** Sternbild n
~ **magnetic field** stellares Magnetfeld n
~ **matter** Sternmaterie f
~ **spectrum** Sternspektrum n
~ **time** Sternzeit f
stellarite Stellarit m, Asphalt m *(von Nova Scotia)*
stellate sternförmig
~ **cluster** sternförmiger Haufen m
stellated sternförmig
~ **structure** radiales Gefüge n
stellerite Stellerit m *(s.a. stilbite)*
stelliferous bestirnt
stellular sternchenartig
stelznerite Stelznerit m, Antlerit m *(s.a. antlerite)*
stem Stamm m *(Paläontologie)*
~ **ossicles** Stielglieder npl
stemflow Niederschlagsmenge, die den Erdboden über die Baumstämme erreicht
stemming Anstauung f, Stauung f *(von Wasser)*
stenohaline stenohalin
stenonite Stenonit m, $Sr_2Al[F_5|CO_3]$
step Staffel f, Stufe f, Treppe f, Absatz m *(z.B. in Gesteinsschichten und Flözen)*
~ **fault** Staffelbruch m, Treppenverwerfung f, Terrassenverwerfung f
~ **faults hading against the dip** antithetische Staffelverwerfungen fpl
~ **faults hading with the dip** synthetische Staffelverwerfungen fpl
~ **fold** Flexur f, Monoklinalfalte f
~ **function** Sprungfunktion f, Rechteckfunktion f
stepanovite Stepanovit m, $NaMgFe'''[C_2O_4]_3\cdot 8-9H_2O$
stepback Stepback n *(Korrektur für Messungen auf See)*
Stephanian [Stage] Stefan[ien] n, Stefanium *(Stufe des Oberkarbons in Mittel- und Westeuropa)*

stephanite Stephanit m, Sprödglaserz n, Schwarzgültigerz n, $5Ag_2S \cdot Sb_2S_3$
step-out Differenz in der Ankunftszeit einer seismischen Reflexion zwischen zwei benachbarten Spuren
~-out well Erweiterungsbohrung f auf bekanntem Horizont
steplike profile stufenförmiger Abhang m
steppe Steppe f
~ black earth schwarzer Steppenboden m, Tschernosem m
~ bleached earth ausgelaugter Alkaliboden m
~ covered with low bushes Zwergstrauchsteppe f
~ soil Steppenboden m
~ zone Steppenzone f
stepped stufenförmig
~ bore (hole) abgesetzte Bohrung f
~ profile stufenförmiger Abhang m
stepping stufenförmig
steppization Steppenbildung f
stercorite Stercorit m, $(NH_4)NaH[PO_4] \cdot 4H_2O$
stereobase Stereobasis f (Luftgeologie)
stereographic stereografisch
~ projection stereografische Projektion f
stereophotogrammetrical survey stereofotogrammetrische Aufnahme f
stereoscopic interpretation of imagery Stereobildauswertung f
~ model Stereomodell n (Luftgeologie)
~ pair Stereopaar n (Luftgeologie)
~ viewing Stereobetrachtung f
sterile 1. taub, erzfrei; 2. unfruchtbar
~ mass taubes Mittel m
sternbergite Sternbergit m, $AgFe_2S_3$
sternum Sternum n, Brustbein n
sterny grobkörnig
sterrettite Sterretit m, $Sc[PO_4] \cdot 2H_2O$
stetefeldite Stetefeldit m, $Ag_{1-2}Sb_{2-1}(O, OH, H_2O)_7$
stevensite s. montmorillonite
stewartite Stewartit m, $MnFe_2[OH|PO_4]_2 \cdot 8H_2O$
stey s. steep
stib s. hitch
stibarsenic Stibarsen m, AsSb
stiberite s. ulexite
stibial antimonartig, Antimon...
stibiated mit Antimonit gemengt
stibiconite Stibiconit m, $SbSb_2O_6OH$
stibine Antimonnickelglanz m (s.a. ullmannite)
stibiodomeykite Stibiodomeykit m, $3CU_3(As, Sb)$
stibioluzonite Stibioluzonit m, Cu_3SbS_4
stibiopalladinite Stibiopalladinit m, Pd_3Sb
stibiotantalite Stibiotantalit m, $Sb(Ta, Nb)O_4$
stibium Antimon n, Sb
stiblite s. stibiconite
stibnite Stibnit m, Antimonglanz m, Antimonit m, Grauspießglanz m, Sb_2S_3
stichtite Stichtit m, $Mg_6Cr_2[(OH)_{16}|CO_3] \cdot 4H_2O$
stick sulphur Stangenschwefel m
stickiness Klebrigkeit f

sticking of ore Hängenbleiben n von Erz (am Nebengestein)
~ of the pipe Festwerden n des Rohrs
stickogram diagrams digitalisierte Darstellung f der Impulsformen (Seismik)
sticky klebrig, leimig
~ clay klebriger Ton m
~ formation drückendes Gebirge n
~ limit Klebgrenze f
~ shale haftender (klebender, schmieriger) Schieferton m
stictolithic structure Fleckentextur f (bei Magmatit)
stiff breeze steife Brise f
~-fissured clay steifer geklüfteter Ton m
~-plastic steifplastisch
stiffness Steifigkeit f
~ coefficient Steifezahl f, Steifheitsmodul m
stigmarian bed Wurzelboden m
~ roots Stigmarien fpl
stilbite Stilbit m, $Ca[Al_2Si_7O_{18}] \cdot 7H_2O$
stilleite Stilleit m, ZnSe
stilling basin (pool, well) Beruhigungsbecken n, Tosbecken n
stillwater Stillwasser n
stillwellite Stillwellit m, $(Ce, La)_3[B_3O_6|Si_3O_9]$
stilpnomelane Stilpnomelan m (Fe-Silikat, Mineral der Hydrobiotit-Vermiculit-Reihe)
stilpnosiderite Eisenpecherz n, Pecheisenerz n, Stilpnosiderit m (amorphes Brauneisen)
stimulate well flow/to die Förderung anregen (bei einer Sonde)
stimulation of well Anregung f der Förderung (einer Sonde)
stink coal Papierkohle f
~ damp stinkende Wetter pl (mit H_2S angereichert)
stinking schist Stinkschiefer m
stinkstone Stinkschiefer m; Stinkkalk m
stishovite Stishovit m, SiO_2 tetragonal
stochastics Stochastik f
stock 1. Vorrat m; 2. Halde f; 3. Stock m (magmatisch)
~ coal Haldenkohle f
~ of water Wasservorrat m
~ tank oil entgastes Erdöl n
~-water well Anreicherungsbrunnen m
stockpile Vorratshalde f
stockpiled material Haldenmaterial n
stockpiling 1. Haldenschüttung f, Haldenlagerung f; 2. Lagerhaltung f
stockwork Erzkörper m größerer Tiefenerstreckung, Erzstock m
stoichiometric stöchiometrisch
stoichiometry Stöchiometrie f
Stokes equation Stokessches Gesetz n
stokesite Stokesit m, $Ca_2Sn_2[Si_6O_{18}] \cdot 4H_2O$
stolzite Stolzit m, Scheelbleierz n, $PbWO_4$
stomach stone Magenstein m (z.B. in Verbindung mit Sauriern)
stone 1. Gesteinsstück n, Stein m; 2. Halbedelstein m; 3. Toneisenstein m

stone 336

- ~ alum Steinalaun *m*, Bergalaun *m*
- ~ band Bergemittel *n*
- ~ bed Steinbank *f*
- ~ bind *s.* rock bind
- ~ breaker Grobbrecher *m*, Schotterbrecher *m*
- ~ bubble Lithophyse *f (in Magmatiten)*
- ~ chips Steinsplitter *mpl*
- ~ circle *s.* ~ rings
- ~ coal Anthrazit *m*; Steinkohle *f*
- ~ crusher *s.* ~ breaker
- ~-crushing plant Schotterwerk *n*
- ~ desert Steinwüste *f*, Felswüste *f*
- ~ drain Steindräne *f*
- ~ drift Gesteinsstrecke *f*
- ~ dust Gesteinsstaub *m*
- ~ dust barrier, ~ duster Gesteinsstaubsperre *f*
- ~ field Felsenmeer *n*
- ~ garland Steingirlande *f*
- ~ grating Steingitter *n*
- ~ grinding Steinschliff *m*
- ~ head festes Gestein *n*
- ~ ice fossiles Eis *n*
- ~ marrow Steinmark *n* (*s.a.* nacrite)
- ~ meteorite Steinmeteorit *m*
- ~ net *s.* ~ rings
- ~ oil *s.* petroleum
- ~ pit Steinbruch *m*
- ~ pitch Steinpech *n*, Glaspech *n*
- ~ polygon *s.* ~ rings
- ~ polygon soil Wabenboden *m*, Polygonalboden *m*
- ~ quarry Steinbruch *m*
- ~ rings Polygonalstrukturen *fpl*, Steinringe *mpl* (Frostboden)
- ~ river (run) Bergsturzmasse *f*, Blockstrom *m*
- ~ slab correction Gesteinsplattenkorrektur *f*
- ~ strings Steinbänder *npl*
- ~ stripes Steinstreifen *mpl (Frostboden)*
- ~ sweeping Steinschlag *m*
- ~ turf dichter Torf *m*
- ~ wreath *s.* ~ rings
- Stone Age Steinzeit *f*
- stonegall Tonkonkretion *f* in Sandstein
- stones Bruchgestein *n*
- stoneware clay Steinzeugton *m*
- stony steinig; steinartig; steinern
- ~ cast Steinkern *m*
- ~ desert Steinwüste *f*, Felswüste *f*
- ~ iron meteorite Lithosiderit *m (Meteorit)*
- ~ meteorite Steinmeteorit *m*
- ~ soil Steinboden *m*
- ~ waste Steinwüste *f*, Felswüste *f*
- stool Baumstubben *m*
- stop up/to verstopfen
- stop-cocking stoßweises Springenlassen *n (einer Ölbohrung)*
- stope/to über sich abbrechen *(Magma)*
- ~ in zubruchgehen
- ~ overhand im Firstenbau abbauen
- ~ underhand einen Strossenstoß abbauen
- stope Abbauort *n*, Strosse *f*
- ~ filling Bergeversatz *m*

- ~ rejection taubes Gestein *n*
- stoping 1. Aufstemmen *n (von Magma)*; 2. Strossenbau *m*
- ~ ground erzführendes Gestein *n*
- stopping basin Rückhaltebecken *n*, Hochwasserrückhaltebecken *n*
- storage Stau *m*, Aufstau *m*, Anstauung *f*, Speicherung *f*
- ~ basin Speicherbecken *n*
- ~ capacity Speicherkapazität *f*, Speichervermögen *n*, Stauraum *m*
- ~ coefficient Speicherkoeffizient *m (Grundwasserleiter)*
- ~ cycle Speicherzyklus *m*
- ~-draft curve Vorratsergänzungskurve *f*
- ~ lake Stausee *m*
- ~ method Speichermethode *f (bei radioaktiver Altersbestimmung)*
- ~ properties Speichereigenschaften *fpl*
- ~ reservoir Stausee *m*; Talsperrenbecken *n*, Rückhaltebecken *n*
- storeyed peak plain Gipfelflurtreppe *f*
- storing Stapelung *f*
- storm orkanartiger Sturm *m (Beaufortskala)*
- ~ beach Hochwasserstrand *m*
- ~ centre Sturmzentrum *n*
- ~ cloud Wetterwolke *f*, Gewitterwolke *f*
- ~ precipitation Platzregen *m*
- ~ rainfall Sturzregen *m*
- ~ scud niedrigziehende Sturmwolke *f*
- ~ stone *(sl)* Donnerkeil *m*, Belemnit *m*
- ~ surge Sturmflut *f*
- ~-surge lamination Sturmflutschichtung *f*
- ~ tide Sturmflut *f*
- ~ vortex Sturmwirbel *m*
- ~ water Regenwasser *n*, Niederschlagswasser *n*
- ~ wave Sturmwelle *f*
- stottite Stottit *m*, FeGe(OH)$_6$
- stowage Versatz *m*, Bergeversatz *m*
- stowing material Versatzgut *n*, Versatzberge *pl*
- straddle spread *s.* split spread
- straight ungemischt
- ~-chain paraffins geradkettige Paraffine *npl*
- ~ channel pattern Rinnenmuster *n* eines annähernd geradlinig verlaufenden Flusses
- ~ circulation direkte Spülung *f*
- ~ coast line geradlinige Küste *f*
- ~ down lotgerecht, senkrecht
- ~ extinction gerade Auslöschung *f*
- ~ hole drilling Geradbohren *n*
- ~-line portion geradliniger Abschnitt *m (z.B. einer Druckaufbaukurve)*
- ~ mineral oil reines Mineralöl *n*
- ~ tusk gerader Stoßzahn *m*
- straighten up/to aufrichten
- straightened-up layer aufgerichtete Schicht *f*
- strain Strain *m*, Deformation *f*
- ~ cleavage *s.* ~-slip cleavage
- ~ drop Deformationsabfall *m*
- ~ ellipsoid Deformationsellipsoid *n*

stratigraphy

~ **gauge** Dehnungsmesser *m*, Dehnungsmeßstreifen *m*
~ **hardening** Kaltverfestigung *f*
~ **shadows** undulöse Auslöschung *f*
~-**slip cleavage** S₂-Schieferung *f*, Schubklüftung *f*, Runzelschieferung *f*
~ **work** Deformationsarbeit *f*
strainer Filterrohr *n*
strainmeter Strainseismograf *m*
strainometer Dehnungsmesser *m*
strait Straße *f*, Meerenge *f*
strake Schmelzwasserspur *f (auf der Gletscheroberfläche)*
strand Strand *m*
~ **dune** Stranddüne *f*
~ **line** Strandlinie *f*, Uferlinie *f*
~-**line pool** Küstenrifflagerstätte *f (Erdöl)*
~ **plain** Strandebene *f*
strandflat Küstenplattform *f*
strange allochthon, ortsfremd
strangling horizon Würgehorizont *m*, Kryoturbationshorizont *m (Frostboden)*
stranskiite Stranskiit *m*, CuZn₂[AsO₄]₂
strat trap *s.* stratigraphic trap
strata 1. Gebirge *n (im montangeologischen Sinne)*; 2. Schichten *fpl*, Gesteinsschichten *fpl (s.a. stratum)*
~ **bolting** Verankerung *f* des Hangenden, Gebirgsverankerung *f*, Ankerausbau *m*
~-**bound deposit** sedimentäre Schichtlagerstätte *f*
~ **bridge** Gesteinsbrücke *f*
~ **cohesion** Gebirgsfestigkeit *f*
~ **control** Beherrschung *f* des Gebirges, Hangendpflege *f*
~ **displacement** Schichtenverschiebung *f*, Gebirgsverlagerung *f*
~/**in** flözweise
~ **joint** schichtungsparallele Kluft *f*
~ **movement** Gebirgsbewegung *f*
~ **profile** Schichtenprofil *n*
~ **section** Schichtenschnitt *m*
~ **sequence (series)** Schichtenaufbau *m*, Schichtenfolge *f*
~ **spring** Schichtquelle *f*
~ **time** sich aus Schichtdicke und Sedimentationsrate ergebende Zeitdauer *f*
stratal Schichten...
stratascope Strataskop *n*
strath 1. ehemaliger Talboden *m* mit mächtiger Alluvione *(auf Peneplain)*; 2. breites Flußtal *n*
straticulate/to schichten
straticulate in dünnen Schichten geordnet, gebändert
stratification Lagerung *f*, Schichtung *f*
~ **lamina** Schichtblatt *n*
~ **line** Schichtenlage *f*, Schichtenfuge *f*
~ **of the ice** Blaublättertextur *f (eines Gletschers)*
~ **plane** Schicht[ungs]fläche *f*, Ablagerungsfläche *f*

~ **surfaces** Bankungsklüfte *fpl (schichtungsparallele Klüfte in Sedimentgesteinen)*
stratified deposit schichtige Lagerstätte *f*
~ **flow** Schichtenströmung *f*
~ **in thick beds** bankig
~ **rock** Schichtgestein *n*, Sedimentgestein *n*
~ **sampling** differenzierte Probenahme *f (Probenahme aus einer Mischung verschiedener Gesamtheiten mit einer Wichtung jeder der Gesamtheiten)*
~ **structure** schichtiges Gefüge *n*
~ **water** geschichtetes Wasser *n (durch Temperatur und Salinität)*
stratiform 1. schichtenförmig; 2. schichtwolkenförmig
~ **deposit** *s.* strata-bound deposit
stratify/to schichten, [dar]überschichten
stratigrapher Stratigraf *m*
stratigraphic[al] stratigrafisch
~ **age** stratigrafisches Alter *n*
~ **arrangement** Schichtenaufbau *m*
~ **bottom edge** stratigrafische Unterkante *f*
~ **boundary plane** stratigrafische Grenzfläche *f*
~ **break** stratigrafische Unterbrechung *f*, Schichtlücke *f*, Hiatus *m*
~ **classification** stratigrafische Klassifikation *f*
~ **column** Schichtenfolge *f*
~ **condensation** stratigrafische Kondensation *f*
~ **conditions** Lagerungsbedingungen *fpl*
~ **connotation** stratigrafische Begriffsabgrenzung *f*
~ **division** stratigrafische Gliederung *f*
~ **gap** Lücke *f* in der Schichtenfolge, stratigrafische Lücke *f*, Schichtlücke *f*
~ **geologist** Stratigraf *m*
~ **geology** Formationskunde *f*, Stratigrafie *f*
~ **guide lines** stratigrafische Richtlinien *fpl*
~ **hiatus** *s.* ~ gap
~ **interpretation** stratigrafische Auswertung (Deutung) *f*
~ **interval** stratigrafisches Intervall *n (Anzahl von Schichten zwischen zwei Leithorizonten)*
~ **level** *s.* marker 1.
~ **nomenclature** stratigrafische Nomenklatur *f*
~ **range** stratigrafische Verbreitung *f*, geologische Lebensdauer *f (eines Fossils)*
~ **section** Schichtenprofil *n*
~ **separation** stratigrafische Sprunghöhe *f*
~ **sequence (succession)** Schichtenfolge *f*
~ **table** Formationstabelle *f*
~ **terminology** stratigrafische Terminologie *f*
~ **throw** stratigrafische Sprunghöhe *f*
~ **trap** stratigrafische Falle *f*
~ **unconformity** stratigrafische Diskordanz *f*, Erosionsdiskordanz *f*, Emersionsfläche *f*
~ **unit** stratigrafische Einheit *f*
~ **well** Basisbohrung *f*, stratigrafische Bohrung *f*, Parameterbohrung *f*
stratigraphically above im Hangenden
stratigraphy Stratigrafie *f*, Formationskunde *f*

stratocirrus

stratocirrus cloud Zirrostratus *m*, Cirrostratus *m*
stratocumulus cloud Stratokumulus *m*, Stratocumulus *m*
stratosphere Stratosphäre *f*
~ **radiation** Stratosphärenstrahlung *f*
stratotype Stratotyp *m*
stratovolcano Stratovulkan *m*, Schichtvulkan *m*
stratum Schicht *f*, Gesteinsschicht *f*, Lage *f* (*s.a.* strata)
~ **length** Schichtlänge *f*
~ **of coal** Kohlenschicht *f*
~ **thickness** Schichtmächtigkeit *f*
~ **water** Schichtwasser *n*
stratus Stratus *m*, Schichtwolke *f*
~ **cloud** Stratuswolke *f*
straw stalactite Federkielstalaktit *m*
stray current Streustrom *m*
~ **earth current** vagabundierender Erdstrom *m*
~ **sand** zufällig auftretende Sandlinse *f*
strays Flugsand *m*
streak/to ädern, streifen
streak 1. Schliere *f*; 2. Streifen *m*, Strich *m* (*eines Minerals*); 3. Erzschnur *f*, Erzader *f*; 4. Schmitze *f*
~ **colour** Strichfarbe *f* (*Porzellantafel*)
~ **lightning** Linienblitz *m*
~ **of coal** Kohleschmitze *f*
~ **of sand** Sandschmitze *f*
~ **plate** Strichplatte *f*
~ **test** Strichprobe *f*
streaked 1. adrig, [band]streifig, gestreift, gemasert, maserig, schlierig; 2. linear-parallel angeordnet
~ **structure** Fluidaltextur *f*, Schlierentextur *f*; Flasertextur *f*
streakiness Streifigkeit *f*
streaking linearparallele Mineralanordnung *f*
streaky *s.* streaked
stream/to 1. strömen; 2. Erz waschen
stream 1. Strom *m*, Fluß *m*, Wasserlauf *m* (*s.a.* river); 2. Strömung *f*; 3. Talgletscher *m*; 4. Lavastrom *m*
~ **bed** Strombett *n*, Flußbett *n*
~ **bed erosion** Auswaschen *n* des Flußbetts
~ **beheading** *s.* ~ capture
~-**borne materials discharge** Sinkstoffgehalt *m*
~-**borne sediment** Flußsediment *m*
~ **capture** Flußenthauptung *f*, Flußanzapfung *f*, Flußkappung *f*
~ **centre line** Flußachse *f*
~ **channel** Flußbett *n*, Strombett *n*, Flußrinne *f*
~ **cut** Flußeinschnitt *m*
~ **debouchure** Flußmündung *f*
~ **discharge** Abflußmenge *f* eines Wasserlaufs
~ **diversion** *s.* river diversion
~ **erosion** Flußerosion *f*
~-**flow control** Abflußregulierung *f*
~-**flow regime** Flußregime *n*
~ **frequency** Abflußschwankung *f*
~ **function** Strömungsfunktion *f*, Stromfunktion *f*

338

~ **gauging** Wassermengenmessung *f*, Abflußbeobachtung *f* (*des Flußwassers*)
~ **gauging network** Flußpegelnetz *n*
~ **gold** Seifengold *n*
~ **gradient** Stromgefälle *n*
~ **gravel** Flußkies *m*
~ **hydrograph** Strömungsganglinie *f*, Abflußganglinie *f*
~ **ice** Flußeis *n*
~ **inversion** Flußumkehr[ung] *f*
~-**laid sediment** Flußsediment *n*
~ **line** Stromlinie *f*
~ **line flow** laminare Strömung *f*
~ **of lava** Lavastrom *m*
~ **ore** Seifenerz *n*
~ **piracy** *s.* ~ capture
~ **placer** Flußseife *f*
~ **power** Strömungsenergie *f*
~ **rejuvenation** Flußverjüngung *f*
~ **robbery** *s.* ~ capture
~ **spacing** Flußabstand *m*
~ **surface** Stromfläche *f*
~ **system** Stromsystem *n*
~ **tin** Seifenzinn *n*, Zinnseife *f*
~ **transportation** Flußtransport *m*
~-**transported** flußverfrachtet
~ **velocity** 1. Strömungsgeschwindigkeit *f*; 2. Flußgeschwindigkeit *f*
~-**worn** flußzerschnitten (*Tal*)
streamer Streamer *m* (*seeseismischer Kabelbaum*)
streaming 1. Strömung *f*; 2. Seifenerzgewinnung *f*; 3. linearparallele Mineralanordnung *f*; Streckung *f*
~ **potential** Strömungspotential *n*
streamlet Bächlein *n*, Flüßchen *n*, Rinnsal *n*, Gerinne *n*
streamline Stromlinie *f*
streamtube Stromröhre *f*
streamy von Wasserläufen durchzogen
strengite Strengit *m*, Fe[PO$_4$]·2H$_2$O
strength behaviour Festigkeitsverhalten *n*
~ **criteria** Festigkeitskriterien *npl*
~ **of a source** Quellenergiebigkeit *f*
~ **of coke** Koksfestigkeit *f*
~ **of rupture** Bruchfestigkeit *f*
~ **of the rock mass** Gebirgsfestigkeit *f*
~ **under peripheral pressure** Manteldruckfestigkeit *f*
stress Spannung *f*, Streß *m*
~ **analysis** Festigkeitsnachweis *m*
~ **calculation** Festigkeitsberechnung *f*
~ **component** Spannungskomponente *f*
~ **concentration** Spannungsanhäufung *f*
~ **condition** Spannungszustand *m*
~ **deviator** Spannungsdeviator *m*
~ **distribution** Spannungsverteilung *f*
~ **drop** Spannungsabfall *m*
~ **field** Spannungsfeld *n*
~ **freezing** Einfrieren *n* des Spannungszustands
~ **gradient** Spannungsgefälle *n*

~ limit Bruchgrenze f
~ minerals Streßminerale npl
~ of soil moisture Bodenwasserspannung f
~ pattern Spannungsverteilung f
~ relaxation Spannungsrelaxation f
~ release Spannungsfreisetzung f
~-relief blasting Entspannungssprengen n
~ reversal Lastwechsel m
~ state Spannungszustand m
~-strain curve Last-Dehnungs-Kurve f
~-strain diagram Spannungs-Dehnungs-Diagramm n
~-strain relation Spannungs-Dehnungs-Beziehung f
~ tensor Spannungstensor m
~ trajectory Hauptspannungslinie f
stretch section Dämpfungslänge f (Teil des seeseismischen Kabelbaums)
~ thrust Extensionsüberschiebung f
stretched-out middle limb ausgequetschter Mittelschenkel m
stretching 1. Zerrung f, Dehnung f, Streckung f, Längung f (von Geröllen, Mineralen, Blasen bei Deformation); 2. Lineation f
~ fault Zerrungsbruch m, Trennbruch m
~ haloes Streckungshöfe mpl
strewn field of tektites Tektitenstreufeld n
stria 1. Rutschstreifen m, Rutschrille f, Schramme f, Friktionsstreifen m; 2. Fiederstreifen m (bei Zwillingskristallen); 3. Riefe f, Furche f
striate/to kritzen
striate s. striated
striated gestreift, gefurcht, geschrammt, geriffelt, gekritzt
~ boulder gekritztes (geschrammtes) Geschiebe n
~ fracture streifiger Bruch m
~ ground Streifenboden m
~ gypsum Federgips m
~ mica Strahlenglimmer m
~ ore strahliges Erz n
~ pebbles (rock pavements) gekritzte Geschiebe npl
~ soil Streifenboden m
striation 1. Riefung f, Kritze f, Schramme f (sedimentär); 2. Rutschrillen fpl, Rutschstreifen mpl, Friktionsstreifen mpl (tektonisch)
~ cast (mark) Driftstreifung f, Riefenmarke f
striction Einschnürung f
strigovite Strigovit m (Mineral der Chloritgruppe)
strike/to 1. streichen; 2. stoßen auf, finden
~ gold auf Gold stoßen
~ oil auf Öl stoßen
strike 1. Streichen n, Streichrichtung f; 2. Fund m
~/across the quer zum Streichen
~/along the streichend, im Streichen
~ and dip readings Streich- und Fallmessungen fpl
~ direction Streichrichtung f

~ fault Längsverwerfung f, streichende Störung f, Seitenverschiebung f
~ fold streichende Falte f, Falte f parallel zum Schichtstreichen
~ joint Längsspalte f
~ line Streichlinie f
~ of beds Schichtstreichen n
~/on the streichend, im Streichen
~ shift Verschiebung f im Streichen
~ slip horizontale (söhlige) Schublänge f; streichende Sprunghöhe f
~-slip fault Blattverschiebung f, Transversalverschiebung f (Verwerfung mit Verschiebung in Richtung des Verwerfungsstreichens)
~ valley subsequentes Tal n, Nachfolgetal n
striking Streichrichtung f
string 1. Erztrum n; 2. Strang m; 3. Bohrlochrohrung f; 4. Kette f (von Geophonen)
~ bog Strangmoor n
~ of casing Rohrstrang m
~ of lakes Seenkette f
~ of lost casing Verrohrung f
~ ore Erzschnur f
stringer 1. Trum n, Erzschnur f (Lagerstätten); 2. Äderchen n (in Gesteinen); 3. schallharte dünne Schicht f
~ lead Erztrum n; Trümerzone f, Durchtrümerung f
~ lode Erzschnur f
~ of quartz Quarzäderchen n
~ zone mineralisierte Zerrüttungszone f, Trümerzone f, Durchtrümerung f
Stringocephalus Limestone Stringocephalenkalk m (Givet)
stringy faserig
strip/to abräumen, abstreifen, bloßlegen
~ away (off) abräumen
strip chart Samplerlog n
~ coal Tagebaukohle f
~ mine Tagebau m
~ mining 1. Gewinnung f mittels Bagger; 2. Tagebau m; Abbauen n vom bloßgelegten Ausbiß; Tagebaugewinnung f
~ pit Tagebau m
striped streifig, gestreift
~ ground Streifenboden m
~ jasper [stone] Bandjaspis m (s.a. chalcedony)
stripped gas entbenziniertes Gas n
~ illite degradierter Illit m
~ peneplain abgedeckte Rumpfebene f
~ plain mit Erosionshärtlingen bedeckte Erosionsfläche f
~ sheet Deckgebirgsdecke f
stripper [well] Melksonde f, Stripperbohrung f (Sonde an der Grenze der Wirtschaftlichkeit)
stripping 1. Bloßlegen n, Räumungsarbeit f, Abtragung f; 2. Abraum m
~ ratio Abraum-Kohle-Verhältnis n
~ site Tagebaufeld n
stromatactis stromataktische Struktur f (in Karbonatgesteinen)

stromatic

stromatic structure stromatische Textur f, Lagentextur f *(bei Migmatit)*
stromatolite Stromatolith m
stromatolitic stromatolithisch
~ **facies** Stromatolithenfazies f
Stromatopora limestone Stromatoporenkalk m
Strombolian activity Strombolitätigkeit f, Schlakkenwurftätigkeit f
stromeyerite Stromeyerit m, Silberkupferglanz m, $Cu_2S \cdot Ag_2S$
strong 1. [druck]fest; 2. groß, bedeutend *(Gänge)*; 3. aufweckend *(5. Stufe der Erdbebenstärkeskala)*
~-**dipping strata** steil einfallende Schichten fpl
~ **gale** Sturm m
~ **motion earthquake** Zerstörungsbeben n, Erdbeben n mit starker Erschütterungswirkung
~ **motion instrument (seismometer)** [unempfindliches] Seismometer n im Schüttergebiet
~ **vein** mächtige Ader f, mächtiger Gang m
~ **wind** steife Brise f
stronger magnification stärkere Vergrößerung f
strongly arched stark gewölbt
~ **folded** stark gefaltet
~ **magnetic** stark magnetisch
strontianite Strontianit m, Strontiumkarbonat n, $SrCO_3$
strontium Strontium n, Sr
structural strukturell, tektonisch, Bau..., Gefüge...
~ **basin** Einbruchsbecken n
~ **bench** topografische Bezeichnung für Schichtenausstrich
~ **change** Gefügeänderung f
~ **character** Struktureigenschaft f
~ **characteristics** s. analytic characteristics
~ **composition** Gefügeaufbau m
~ **constituent** Gefügebestandteil m
~ **crest** Strukturscheitel m
~ **depression** Einbruchsbecken n
~ **disconformity** s. ~ discordance
~ **discordance** Dislokationsdiskordanz f, tektonische Diskordanz f, Strukturdiskordanz f
~ **drilling well** Strukturbohrung f
~ **feature** tektonisches Merkmal n
~ **form** Strukturform f
~ **geology** 1. tektonische Geologie f, Tektonik f; 2. allgemeine geologische Strukturlehre f
~ **layer** Strukturstockwerk n
~ **map** Strukturkarte f
~ **material** Baustoff m, Baumaterial n
~ **petrology** s. petrotectonics
~ **plateau** Schichttafelland n
~ **stage** Strukturstockwerk n
~ **style** Baustil m *(Tektonik)*
~ **surface** Strukturfläche f
~ **syncline** tektonische Mulde f
~ **terrace** Schichtterrasse f, Denudationsterrasse f, Verwitterungsterrasse f
~ **test hole** s. structure hole
~ **trap** strukturelle Falle f

~ **unconformity** s. ~ discordance
~ **valley** tektonisches Tal n
structure 1. Gefüge n *(allgemein)*; 2. Textur f *(bei Gesteinen)*
~ **contour map** Streichlinienkarte f, Konturenkarte f
~ **discovery** Entdeckung (Auffindung) f einer Struktur
~ **drilling** Aufschlußbohrung f, Strukturbohrung f
~ **favourable for the accumulation of petroleum** Fangstruktur f *(für die Ansammlung von Erdöl günstige Struktur)*
~ **ground** Texturboden m
~ **hole** geologische Schürfbohrung (Strukturbohrung) f, Erkundungsbohrung f
~ **map** tektonische Karte f
~ **of planes** Flächengefüge n
~ **of rock mass** Gebirgsverband m
~ **of the subsurface** Struktur f des Untergrunds
~ **section** Strukturprofil n
~ **well** s. ~ hole
structured Struktur...
structureless gefügelos, strukturlos, amorph
struggle for live Kampf m ums Dasein
Strunian s. str. s. Etroeungt
strunzite Strunzit m, $MnFe_2^{\cdot\cdot\cdot}[OH|PO_4]_2 \cdot 6H_2O$
strut thrust Kompetentüberschiebung f *(tektonisch)*
strutting Verbolzung f
struvite Struvit m, $NH_4Mg[PO_4] \cdot 6H_2O$
stub Stubben m
stubborn ore strengflüssiges Erz n
stuff mit Gangart verhaftetes Erz n
stuffed burrows Stopfbauten mpl *(Ichnologie)*
~ **structure** Stopfgefüge n *(Ichnologie)*
stulm Stollen m
stump Neck m, Stielgang m
~ **horizon** Stubbenhorizont m *(Torf- und Kohlenlagerstätten)*
~ **of tree** Baumstubben m
sturdiness Härte f, Festigkeit f; Standfestigkeit f
sturdy kräftig, fest; standfest
stützite Stützit m, Ag_5Te_3
Styliolina Limestone Styliolinenkalk m *(Devon)*
stylolite Stylolith m
stylolitic stylolithisch
~ **contact** stylolithischer Kontakt m
~ **limestone** Nagelkalk m, Dütenmergel m, Tütenkalk m
~ **seam** Drucksutur f *(von Stylolithen)*
~ **structure** Drucksutur f, stylolithische Textur f, Dütentextur f
stylotypite Stylotyp[it] m, Tetraedrit m *(s.a. tetrahedrite)*
suanite Suanit m, $Mg_2[B_2O_5]$
subaerial subaerisch
~ **agents** Verwitterungskräfte fpl
~ **eruption** subaerischer Ausbruch m
~ **waste** Verwitterungsschutt m

subalpine subalpin
subaluminous rocks Gesteine, in denen $Al_2O_3 \cong Na_2O + K_2O$
subangular kantengerundet
subaquatic eruption Unterwasserausbruch m, subaquatische Eruption f
~ **volcano** Unterwasservulkan m
subaqueous unter Wasser, Unterwasser...
~ **bar** subaquatischer Sandrücken m
~ **deposit** Unterwasserablagerung f
~ **gliding (slumping)** subaquatisches Abgleiten n
~ **soil** Unterwasserboden m
~ **solifluction** s. ~ gliding
~ **spring** Unterwasserquelle f
~ **till** von Eisbergen verschleppter Detritus m
subarea Teilgebiet n
Subatlanticum Subatlantikum n (Holozän)
subbase Druckverteilungsschicht f
subbituminous coal [stage A–C] (Am) Hartbraunkohle f (nach dem Inkohlungsgrad: Glanzbraunkohle, Stufe A–B; Mattbraunkohle, Stufe C)
Subboreal Subboreal n (Holozän)
subcapillary subkapillar
~ **interstice** subkapillarer Hohlraum m
Subcarboniferous s. Lower Carboniferous, Mississippian
subcarrier Zwischenmodulation f (Trägerschwingung, Seismik)
subcooled unterkühlt
subcrop verdeckter [submariner] Ausstrich m (einer Schicht)
subcrustal subkrustal
~ **convection currents** Konvektionsströmungen fpl in der subkrustalen Zone
subcrystalline halbkristallinisch
subcutaneous karst subkutaner Karst m
subdeposit Unterlagerung f
subdivision Unterteilung f
subduction Subduktion f, Verschluckung f (tektonisch)
~ **zone** Subduktionszone f
subdued mountains Rückengebirge n, Mittelgebirge n
~ **relief** geringes Relief n
~ **ridge** flacher Höhenzug m
subeconomic reserves wirtschaftlich nicht [ab]bauwürdige Vorräte mpl
suberinite Suberinit m (Braunkohlenmaceral)
subface [of stratum] Sohlfläche f
subfacies Subfazies f
subfamily Unterfamilie f
subgelisol Niefrostboden m
subgenus Untergattung f
subglacial subglazial
~ **eruption** subglazialer Ausbruch m
~ **stream** subglazialer Bach m
~ **till** unter dem Eis geschlepptes Moränenmaterial n
subgrade Erdplanum n, Untergrund m
~ **excavation** Planumauskofferung f

subgravity verminderte Schwere f, Unterschwere f
subgraywacke Subgrauwacke f
subhedral hypidiomorph
~ **structure** hypidiomorphes Gefüge n
Subhercynian phases of folding subherzynische Faltungsphasen fpl
subirrigation Untergrundbewässerung f
subjacent darunter liegend, tiefer gelegen
~ **bed** Liegendes n, liegende Schicht f
~ **stratum** unterlagernde Schicht f, Liegendschicht f
subject to flooding überschwemmungsbedroht
~ **to frost attack** frostempfindlich
~ **to heavy pressure** druckhaft
~ **to rock bursts** gebirgsschlaggefährdet
subjection to bending Biegebeanspruchung f
~ **to pressure** Druckbeanspruchung f
~ **to tension** Zugbeanspruchung f
subjoint Nebenkluft f
sublabile sandstone Sandstein m mit 80–90% Quarz
sublacustrine sublakustrin
sublevation Erosion f unverfestigter Sedimente
sublevel Zwischensohle f, Teilsohle f, Teilsohlenstrecke f
~ **[space] stoping** Zwischensohlen[bruch]bau m
sublimation Sublimation f
sublittoral nahe der Küste liegend
submarginal moraine Endmoräne f
~ **resources** Vorräte, die erst bei stärkerer Verbesserung der Bedingungen bauwürdig werden
submarine untermeerisch, unterseeisch, submarin
~ **bars** dem Strand vorgelagerte Schwellen fpl und Rinnen fpl
~ **canyons** submarine Cañons mpl (am Kontinentalabhang)
~ **channel** submarine Rinne f
~ **detrital slope** submarine Schutthalde f
~ **earthquake** Seebeben n
~ **erosion** untermeerische Erosion (Abtragung) f
~ **-exhalative-sedimentary deposit** submarin-exhalativ-sedimentäre Lagerstätte f
~ **fresh ground water** süßes untermeerisches Grundwasser n
~ **hydrothermal field** submarines Hydrothermalfeld n
~ **landslide** submarine Rutschung f
~ **landslide deposit** durch submarinen Erdrutsch entstandene Lagerstätte f
~ **minerals** ökonomisch interessierende Minerale npl des maritimen Raums
~ **pipeline** untermeerische Rohrleitung f
~ **platform** Unterwasserplattform f
~ **ridge** untermeerischer Rücken m
~ **salty ground water** salinäres untermeerisches Grundwasser n

submarine 342

~ **sill** untermeerische Schwelle f
~ **spring** unterseeische Quelle f
~ **topography** Topografie f des Meeresgrundes
~ **trench** untermeerischer Graben m
~ **valley** submarines Tal n
~ **volcanic earthquake** vulkanisches Seebeben n
~ **volcano** unterseeischer (submariner) Vulkan m
~ **weathering** submarine Verwitterung f, Halmyrolyse f
submature nicht ganz reif
submerge/to überfluten, untertauchen
submerged 1. überschwemmt, versunken; 2. ersoffen *(Grube)*
~ **area** Inundationsgebiet n, Überschwemmungsfläche f
~ **dam** Unterwasserdamm m
~ **forest** versunkener Wald m
~ **reef** Unterwasserriff n
~ **ridge** untermeerischer Rücken m
~ **shore line** Senkungsküste f, untergetauchte Küste f
~ **spring** unterseeische Quelle f
submergence 1. Untertauchen n, Überflutung f, Überschwemmung f; Eintauchtiefe f; 2. Bodensenkung f, Senkung f
~ **of coast** Küstensenkung f
~ **of ground** Bodensenkung f
~ **of surface** Oberflächensenkung f
submergible dam überflutbarer Staudamm m
submerging of outlet Unterwasserentlastung f
submersed submers, untergetaucht
submersible Unterwasser..., Tauch...
~ **barge** versenkbarer Schiffsprahm m *(für Meeresbohrung)*
submersion Eintauchen n, Untertauchen n, Überschwemmung f
submetallic metallartig
~ **lustre (sheen)** metallartiger Glanz m
submicroscopic[al] submikroskopisch
submorphic crater Restkrater m
submountain region Vorgebirge n
~ **water ditch** Wasserrösche f
subnate innerhalb (unterhalb) der Erdkruste gebildet
suboceanic subozeanisch, untermeerisch, submarin
subophitic teilweise ophitisch
suborder Unterordnung f
subordinate cone Nebenkegel m
~ **mineral** Nebenmineral n, Begleitmineral n
~ **nappe** Teildecke f
~ **vent** Nebenschlot m
~ **volcano** Nebenvulkan m
suboutcrop verdecktes Ausstreichen n
subpermafrost water Grundwasser n unter dem Permafrost
subphylum Unterstamm m
subpolar 1. nahe dem Pol gelegen; 2. unter dem Himmelspol gelegen

subpressure Unterdruck m
subrecent eruption subrezenter Ausbruch m
subrosion Subrosion f, Ablaugung f
~ **solution** Ablaugungslösung f
subrounded abgerundet, [halb]gerundet
subsaline brackig
subsample Teilprobe f
subsampling Teilprobenahme f
subsaturated untersättigt
subsaturation unvollkommene Sättigung f
subsea unterseeisch, submarin
~ **christmas tree** Unterwassereruptionskreuz n
~ **completion** Unterwasserkomplettierung f
~ **drilling venture** Meeresbohrung f, Unterwasserbohrung f
~ **equipment** Unterwasserausrüstung f
~ **mineral resources** maritime Mineralreserven fpl
~ **production system** Unterwasserproduktionssystem n
~ **work-over** Aufwältigung f unter der See
subsequent subsequent, nachträglich
~ **cross folding** verschiedenzeitliche Querfaltung f
~ **deposit** epigenetische Lagerstätte f
~ **erosion** späte Erosion f
~ **valley** subsequentes Tal n, Nachfolgetal n
subside/to sich senken, sich setzen, niedergehen
subsided block abgesunkene Scholle f
subsidence Senkung f, Absenkung f, Absinken n, Setzen n; Einbruch m, Grundbruch m
~ **basin** Einsturzbecken n
~ **curve** Senkungskurve f
~ **damage** Bergschaden m
~ **earthquake** Einsturzbeben n
~ **factor** Absenkungsfaktor m
~ **of coast** Küstensenkung f
~ **of ground** Bodensenkung f
~ **of ground-water level** Grundwasserabsenkung f
~ **slope** Schieflage f *(Bodensenkung)*
~ **trough** Senkungswanne f, Senkungstrog m
~ **wave** Senkungswelle f
subsidiary cone Nebenkegel m
~ **fault** Nebenverwerfung f, Begleitverwerfung f
~ **fissure** Nebenspalte f
~ **sheet** Teildecke f
subsiding area Absenkungszone f
~ **water** fallendes Wasser n
subsilicic rock basisches Gestein n
subsoil Unterboden m *(Erdschicht unmittelbar unter der Oberfläche)*; Untergrund m, Baugrund m
~ **consolidation** natürliche Baugrundverdichtung f
~ **drainage** Untergrundentwässerung f
~ **exploration** Baugrunduntersuchung f
~ **water** Grundwasser n
~ **water level** Grundwasserspiegel m

~ **water-level contours** Grundwassergleichen fpl
~ **water packing** Grundwasserabdichtung f
~ **water table** Grundwasserspiegel m
subsoiling Untergrundlockerung f
subsolar tropisch, zwischen den Wendekreisen
subsolifluction Subsolifluktion f, Untergrundfließen n
subsolution Subsolution f
subspecies Subspezies f, Unterart f
substage Unterstufe f
substitution Substitution f, Ersetzung f, Verdrängung f
substratal lineation Lineation f auf der Schichtunterseite *(sedimentär)*
substratum 1. Unterlage f *(von Überschiebungsdecken)*; 2. gewachsener Baugrund m; 3. Substrat n; 4. Unterschicht f, tiefere Schicht f
~ **of old rock** Grundgebirge n
substructure Unterbau m
subsurface unterirdisch, Untergrund...
~ **barrier** unterirdische Barriere f
~ **catchment area** unterirdisches Einzugsgebiet n
~ **contour** Isobathe f, Tiefenlinie f
~ **contour map** Isobathenkarte f, Tiefenlinienkarte f
~ **coverage** Reflektorlänge f *(Seismik)*
~ **discharge** unterirdischer Abfluß m
~ **draining** Untergrundentwässerung f
~ **drilling** untertägiges Bohren n
~ **erosion** Auskolkung f, Ausspülung f
~ **flow** unterirdischer Wasserlauf m
~ **investigation** Bodenuntersuchung f, Untergrundforschung f, Baugrunduntersuchung f
~ **irrigation** unterirdische Bewässerung f
~ **line** s. ~ contour
~ **map** strukturelle Untergrundkarte f
~ **pump** Tiefbohrpumpe f
~ **runoff** unterirdischer Abfluß m
~ **stratigraphic correlation** Tiefenkorrelierung f
~ **structure** Struktur f des Untergrunds
~ **water** unterirdisches Wasser n, unterirdische Hydrosphäre f
~ **water ditch** Wasserrösche f
subterminal outflow subterminaler Lavaausfluß m
subterranean unterirdisch
~ **cauldron subsidence** unterirdischer Kesselbruch m
~ **current** Grundwasserstrom m
~ **geometry** Markscheidekunst f
~ **irrigation** Untergrundbewässerung f, Dränbewässerung f
~ **outcrop** verdeckter Austrich m, maskiertes Ausgehendes n
~ **river** Höhlenfluß m
~ **rumbling** unterirdische Geräusche npl *(Vulkanismus)*
~ **storage** Untergrundspeicherung f

~ **storage of gas** unterirdische Gasspeicherung f
~ **stream** unterirdischer Wasserlauf m
~ **water** Tiefenwasser n; Grundwasser n; unterirdisches Wasser n, unterirdische Hydrosphäre f
~ **water parting** unterirdische Wasserscheide f
~ **water system** Grundwasserhaushalt m
subterraneous s. subterranean
subtidal Sublitoral n *(Bereich zwischen der extremen Niedrigwassermarke und der Untergrenze der photischen Zone)*, „Unterwasserbereich" m
subtractive colours process Methode der Erzeugung praktisch aller Farben durch Subtraktion der subtraktiven Primärfarben Blaugrün, Magentarot und Gelb in verschiedenen Anteilen unter Verwendung einer einzelnen weißen Lichtquelle
subtranslucent halbdurchsichtig
subtransparent halbdurchscheinend
subtropic[al] subtropisch
~ **region** subtropische Zone f
subtropics Subtropen pl
subtype [coal] *(Am)* Kohlenmikrolithotyp m
subumbonal am Wirbel *(bei Fossilgehäusen)*
subvariety Unterart f, Unterform f
Subvariscan foredeep subvariskische Vortiefe f
subvitreous shining glasartig glänzend
subvolcanic subvulkanisch
~ **deposit** subvulkanische Lagerstätte f
~ **structure** Unterbau m des Vulkans
subvolcano Subvulkan m
subweathering velocity Geschwindigkeit f unterhalb der Langsamschicht (Verwitterungsschicht)
subzone Subzone f
success ratio of holes Anteil m erfolgreicher Bohrungen
succession Sukzession f, Abfolge f *(s.a. suite)*
~ **of beds** Schichtenfolge f
~ **of formations** Formationsfolge f
~ **of layers** Schichtenfolge f
~ **of stages** Stufenfolge f
~ **of strata** Schichtenfolge f
successive failure fortschreitender Bruch m
succinic Bernstein..., sukzinisch
succinite Bernstein m, Sukzinit m
sucked stone wabenförmiges (hoch poröses) Gestein n
sucker-rod-type pump Tiefpumpe f mit Gestänge *(Ölförderung)*
sucrosic s. saccharoidal
suction Saugvermögen n, Saugwirkung f; Sog m
~ **counter flush drilling** Saugbohrverfahren n
~ **dredger** Saugbagger m
~ **line** Saugleitung f
~ **pipe check valve and screen** Saugkorb m
sud bei Überflutung abgelagerter Sand m

sudd Papyrusmoor n; verrottetes Pflanzenmaterial n
sudden beginning deutlicher (scharfer) Einsatz m *(Seismik)*
~ **downpour** Platzregen m
~ **drawdown** plötzliche Absenkung f
~ **escape of gas** plötzlicher Gasausbruch m
~ **excavation** plötzlicher Ausbruch m *(von Gas im Kohlenbergbau)*
Sudeten phase of folding sudetische Faltungsphase f
Sudetic phase sudetische Phase f
Suess effect Suess-Effekt m *(nach H. Suess)*
suevite Suevit m *(Brekzie mit Stoßwellenmetamorphose)*
suffer depression/to absinken
~ **extinction** aussterben
~ **uplift** gehoben werden
sugary s. saccharoidal
suite Serie f, Folge f *(s.a. succession)*
~ **of cores** Kernfolge f, Kernsatz m
~ **of formations** Formationsfolge f
sulcus Furche f *(in der Skulptur)*
sulfur *(Am)* s. sulphur
sullage Schlammablagerung f, Abwässer npl
sulphate ion Sulfation n
~ **reduction** Sulfatreduktion f
~-**reducing bacteria** sulfatreduzierende Bakterien fpl
sulphite liquor Sulfitablauge f
sulphoborite Sulfoborit m, $Mg_3[SO_4(BO_2OH)_2] \cdot 4H_2O$
sulphohalite Sulfohalit m, $Na_6[F|Cl|(SO_4)_2]$
sulphophil[e] sulfophil
sulphur Schwefel m, S
~ **bacteria** Schwefelbakterien fpl
~ **balls** Pyritkonkretionen fpl in Kohle
~-**coloured** schwefelgelb
~ **deposit** Schwefellagerstätte f
~ **dome** Schwefeldiapir m
~ **fumes** Schwefeldämpfe mpl
~ **mine** Schwefelgrube f
~-**mud flow** Schwefelschlammstrom m
~ **pit** Schwefelgrube f
~ **smell** Schwefel[wasserstoff]geruch m
~ **spring** Schwefelquelle f
~ **water** Schwefelwasser n
sulphureous schwefelartig; schweflig; schwefelhaltig
~ **flue dust** schwefelhaltiger Flugstaub m
~ **oil** schwefelhaltiges Öl n
~ **spring** Schwefelquelle f
sulphuret of iron Schwefelkies m *(s.a. pyrite)*
sulphuretted hydrogen Schwefelwasserstoff m, H_2S
~-**hydrogen fumarole** Schwefelwasserstoffumarole f
sulphuric schwefelsauer, Schwefel...
~ **acid** Schwefelsäure f, H_2SO_4
~ **waters** Schwefelwässer npl
sulphurious s. sulphureous
sulphurization Schwefelung f
sultry drückend, schwül
~ **weather** Schwüle f
sulvanite Sulvanit m, Cu_3VS_4
summation method Summationsverfahren n *(zur Berechnung der Langsamschichtkorrektur)*
summer flood Sommerhochwasser n
~ **lightning** Wetterleuchten n
~ **monsoon** Sommermonsun m
~ **silt** Silt-Sommerlage f *(von Warven)*
~ **solstice** Sommersolstitium n, Sommersonnenwende f
~ **stratification** Sommerschichtung f
~ **water level** Sommerwasserstand m
summit 1. Bergspitze f, Gipfel m, Gipfelpunkt m; 2. Poleck n *(Kristallografie)*
~ **altitude** Gipfelhöhe f
~ **area** Gipfelflur f
~ **concordance** Gipfelhöhenkonstanz f
~ **effusion** Gipfelerguß m
~ **eruption** Gipfelausbruch m, Zentralausbruch m
~ **level of a crystal** Ecke f eines Kristalls
~ **overflow** terminaler Lavaausfluß m
~ **plateau** Gipfelplateau n
~ **region (surface)** Gipfelflur f
sump Schachtsumpf m
~ **hole** Erdreservoir n
sun Sonne f
~-**baked** sonnengehärtet
~ **crack** Trockenriß m
~-**cracked** von Trockenrissen durchzogen
~ **elevation angle** Sonnenerhebungswinkel m *(Winkel, den die Sonne mit dem Horizont einschließt)*
~ **irradiation** Sonnenbestrahlung f
~ **opal** Feueropal m
~-**synchronous satellite** sonnensynchroner Satellit m *(überfliegt gleiche Orte stets zur gleichen Ortszeit)*
Sundance Formation Sundance-Formation f *(oberer Dogger und unterer Malm in Nordamerika)*
sunk shaft abgeteufter Schacht m
~ **well** Senkbrunnen m
sunken block Tiefscholle f, abgesunkene Scholle f
~ **caldera** Einbruchskaldera f, Einsturzkaldera f
~ **rocks** unterseeische Felsen mpl
sunless sonnenlos
sunlight Sonnenlicht n, Sonnenschein m
sunny side Sonnenseite f
sunray Sonnenstrahl m
sunrise Sonnenaufgang m
sun's blackout Sonnenfinsternis f
~ **corona** Sonnenkorona f
~ **disk** Sonnenscheibe f
~ **interior** Sonneninneres n
~ **magnetism** Sonnenmagnetismus m
~ **motion** Sonnenbewegung f
sunset Sonnenuntergang m
~ **colours** Abendröte f

sunspot Sonnenfleck m
~ **activity** Sonnenfleckenaktivität f
~ **cycle** Sonnenfleckenzyklus m
~ **group** Sonnenfleckengruppe f
~ **number** Sonnenfleckenrelativzahl f
~ **period** Sonnenfleckenperiode f
sunstone Aventurinfeldspat m
sunup Sonnenaufgang m
superadded aufgesetzt
superanthracite Graphitanthrazit m
supercap sand Scheitellagerstätte f über dem Deckgebirge
supercapillary superkapillar
supercompressibility Realgasverhalten n
superconducting magnetometer (quantum interference device) Supraleitungsmagnetometer n, SQUID n
supercooled unterkühlt
supercooling Unterkühlung f
supercritical überkritisch
supercrust of earth oberflächlicher Teil m der Erdkruste
~ **rock** Oberflächengestein n
supercrustal superkrustal
superdeep drilling übertiefes Bohren n (über 3000 m)
superface [of stratum] Dachfläche f
superficial oberflächlich; oberflächennah
~ **compaction** Oberflächenverdichtung f
~ **configuration** Oberflächengestalt f
~ **covering** Oberflächendecke f
~ **current** Oberstrom m (des Meeres)
~ **deposit** oberflächennahe Lagerstätte f; Oberflächenablagerung f
~ **fold** Oberflächenfalte f
~ **folding** Oberflächenfaltung f
~ **layer** Deckschicht f, überlagernde Schicht f, Oberflächenschicht f
~ **ooid** Ooid, bei dem der Kern dicker als das angelagerte Gefüge ist
~ **outflow** Oberflächenerguß m
~ **rock** Oberflächengestein n
~ **water** Oberflächenwasser n
superficies Oberfläche f, Fläche f
superflood (Am) Katastrophenhochwasser n
superfluent lava flow terminaler Lavaausfluß m
supergene deszendent
~ **alterations** deszendente Umbildungen fpl
~ **ore** sekundäres Erz n (Oxydations- und Zementationserz)
~ **sulphide zone** Zementationszone f
~ **water** niedersinkendes Wasser n
superglacial postglazial
~ **moraine** Oberflächenmoräne f
~ **stream** Schmelzwasserbach m (Gletscher)
supergroup Hauptgruppe f, Abteilung f (größte Einheit der lithostratigrafischen Gliederung)
superheated überhitzt
superimposed [sich] überlagernd, übereinandergelagert, überprägt
~ **bed** überlagernde Schicht f

~ **fold** heteroachse Überlagerung f (einer älteren Falte durch eine jüngere)
~ **load** aufgebrachte Last f, Auflast f
~ **mode** Kombination f von Darstellungsarten
~ **river** epigenetischer Fluß m
~ **stratum** überlagernde Schicht f
~ **valley** epigenetisches (aufgesetztes) Tal n
superimposition Überlagerung f, Überprägung f
superincumbent überlagernd, überliegend, darüber gelagert
~ **beds** Hangendschichten fpl
~ **pressure of the ground** Firstendruck m
superior mirage Sonnenspiegelung f nach oben
~ **planet** äußerer Planet m
superjacent aufliegend, darüber liegend
~ **stratum** überlagernde Schicht f
~ **water** darüberliegendes Wasser n
superlunary jenseits des Mondes gelegen
supernova Supernova f
superpose/to übereinanderlegen, überlagern
superposed übereinanderliegend
~ **bed** aufliegende Schicht f
~ **folding** postume Falte f
~ **valley** s. superimposed valley
superposition Überlagerung f, Auflagerung f
~ **of stresses** Spannungsüberlagerung f
~ **pattern** Anlagerungsgefüge n
~ **principle** Superpositionsprinzip n
superprint Überprägung f
supersaline hypersalin (tektonisch)
supersaturate/to übersättigen
supersaturation Übersättigung f
supersonic flow Überschallströmung f
~ **sounder** Ultraschallot n
supersonics Ultraschall m
superstandard refraction übernormale Brechung f
superstratum obere Schicht f
superstructure Oberbau m, Deckgebirge n, Überbau m
superterranean, superterrene, superterrestrial über der Erde befindlich
supervised classification überwachte Klassifizierung f
supplementary pressure Zusatzdruck m
~ **pressure zone** Kernzone f
~ **twins** Ergänzungszwillinge mpl
supply well Versorgungsbrunnen m
support Ausbau m
~ **film** Trägerfolie f
~ **of workings** Instandhaltung f der Grubenbaue
~ **pattern** Ausbauschema n
~ **pressure** Stützdruck m
supporting force Stützkraft f
~ **frame** Stützgerüst n
~ **of rock** Abstützen n des Gesteins
~ **pillar** Stützpfeiler m, Strebpfeiler m
~ **skeleton** Stützgerüst n
supposed coast line vermutete Uferlinie f

suppression

suppression Abschwächung *f*, Unterdrückung *f*
supracrustal suprakrustal
~ **formation** Deckgebirge *n (über dem Grundgebirge)*
supragelisol Boden *m* über dem Pergelisol
supraglacial stream Schmelzwasserbach *m (Gletscher)*
supramarine eruption übermeerischer Ausbruch *m*
suprapermafrost [layer] Permafrostboden *m*, Dauerfrostbodendeckschicht *f*
~ **water** Grundwasser *n* oberhalb des Permafrostbodens
supratenuous fold *s.* bending fold
supratidal Marsch *f*
supravolcano aufgesetzter Vulkan *m*
surcharge aufgebrachte Last *f*, Auflast *f*
surf Meeresbrandung *f*, Brandung *f*
~ **beat** Brandungsschlag *m*
~ **breccia** Brandungsbrekzie *f*
~ **ripples** Brandungsrippeln *fpl*
~-**surge** Brandungswoge *f*, Brecher *m*
~ **zone** Brandungszone *f*
surface Fläche *f*, Oberfläche *f*; Tagesoberfläche *f*; Erdoberfläche *f*
~-**active agent** oberflächenaktiver Stoff *m*
~ **bed** Oberflächenschicht *f*
~ **boundary layer** Oberflächengrenzschicht *f*
~ **break** Bergschaden *m*
~ **casing** Standrohr *n*, Leitrohr *n*
~ **conditions** Oberflächenbeschaffenheit *f*
~ **configuration** Oberflächengestaltung *f*
~ **conservation** Oberflächenkonservierung *f*
~ **contour [line]** Isohypse *f*, Höhen[schicht]linie *f*
~ **crazing** Maronage *f*, feine Rißbildung *f*
~ **crusting** Bodenverkrustung *f*
~ **damage** Bergschaden *m*
~ **debris** Oberflächenschutt *m*
~ **density** Flächendichte *f*
~ **deposit** Oberflächenablagerung *f*
~ **depression** Oberflächensenkung *f (Bergschaden)*; Pinge *f*
~ **disintegration** Verwitterung *f*
~ **drainage** Oberflächenentwässerung *f*
~ **edge** Ausgehendes *n*
~ **energy** Oberflächenenergie *f (einer Gesteinspartikel)*
~ **equipment** Übertageanlage *f*, Übertageausrüstung *f*
~ **evaporation** Oberflächenverdunstung *f*
~ **exposure** Tagesaufschluß *f*
~ **features** Oberflächenformen *fpl*
~ **film** dünne Oberflächenschicht *f*
~ **fitting** Flächenausgleich *m*
~ **form** Oberflächenform *f*
~ **formation** Deckschicht *f*
~ **friction** Oberflächenreibung *f*
~ **geology** Oberflächengeologie *f*
~ **grinding** Oberflächenschliff *m*
~ **ground-water level distance** Sickerstrecke *f*

346

~ **hardness** Oberflächenhärte *f*
~ **humidity** Bodenfeuchte *f*
~ **installations** Übertageanlagen *fpl*
~ **irradiation** Oberflächenbestrahlung *f*
~ **irrigation** Oberflächenbewässerung *f*
~ **layer** Oberflächenschicht *f*, Randschicht *f*, Deckschicht *f*
~ **level** Rasensohle *f*
~ **load** Oberflächenbelastung *f*
~ **mapping** Oberflächenkartierung *f*
~ **markings** Marken *fpl*, Skulpturen *fpl (Sedimentgefüge)*
~ **mining** Tagebau[betrieb] *m*
~ **moraine** Ober[flächen]moräne *f*
~ **of bedding** Schichtebene *f*
~ **of conformity** Kontinuitätsfläche *f*
~ **of constant slope** Böschungsfläche *f*
~ **of depression** Depressionsfläche *f (Grundwasserabsenkung)*
~ **of discontinuity** 1. Diskontinuitätsfläche *f*, Unstetigkeitsfläche *f (Seismik);* 2. Aufgleitfläche *f*
~ **of flow** Durchflußquerschnitt *m*
~ **of fracture** Bruchfläche *f*
~ **of instability** Unstetigkeitsfläche *f*
~ **of junction** Berührungsfläche *f*
~ **of lamination** Schichtebene *f*
~ **of section** Schnittfläche *f*
~ **of separation** Trennungsfläche *f*
~ **of sliding** Gleitfläche *f*
~ **of stratification** Schichtebene *f*
~ **of subsidence** Abgleitfläche *f*
~ **of subsoil water** Grundwasseroberfläche *f*
~ **of the ground** Tagesoberfläche *f*
~ **of unconformity** Diskordanzfläche *f*
~ **of water** Wasserspiegel *m*
~ **oil indications** Oberflächenanzeichen *npl* von Erdöllagerstätten
~ **outcrop[ping]** Ausgehendes *n*
~ **peat** Fasertorf *m*, Moostorf *m*, Wurzeltorf *m*
~ **plant** Tagesanlage *f*
~ **pressure** Manteldruck *m*
~ **removing** Oberflächenabtragung *f*
~ **retention** Oberflächenwasserbindung *f*
~ **rock** Oberflächengestein *n*, Deckgebirge *n*
~ **roughness** Oberflächenrauhigkeit *f*, Unebenheit *f* der Oberfläche
~ **runoff** oberirdischer Abfluß *m*, Oberflächenabfluß *m*
~ **scratching test** Ritzhärteprobe *f*
~-**set bit** oberflächenbesetzte Bohrkrone *f*
~ **slide** Schlifffläche *f*
~ **slope** Oberflächengefälle *n*
~ **soil** Bodenkrume *f*, Mutterboden *m*
~ **stability** Oberflächenfestigkeit *f*
~ **strain indicator** Oberflächengeber *m*
~ **stratum** Deckschicht *f*
~ **stream** Oberflächenströmung *f*
~ **string** Leitrohrtour *f*, erste Rohrfahrt *f*, Standrohr *n*
~ **structure** Oberflächenstruktur *f*, Oberflächenbau *m*

~-**structure map** Strukturkarte f der Oberfläche
~ **subsidence** Bergschaden m
~ **temperature** Oberflächentemperatur f
~ **tension** Oberflächenspannung f
~ **termination** Ausgehendes n
~ **thrust** Reliefüberschiebung f
~ **wash of rain** Oberflächenabspülung f *(durch Regen)*
~ **water** Oberflächenwasser n, Tageswasser n
~ **wave** Oberflächenwelle f
~ **weathering** Verwitterung f
~ **well** Flachbrunnen m
~ **wind** Bodenwind m
~ **winning (workings)** Tagebaubetrieb m
surfactant oberflächenaktiver Stoff m
~ **muds** Spülungen *fpl* mit oberflächenentspannenden Zusätzen
surficial *s.* superficial
surficials *(Am)* Zersetzungsprodukte *npl* von Magmatiten in situ
surfy brandend, Brandungs...
surge/to pulsierend fließen
surge Woge f, Welle f, Sturzsee f
~ **tank** Wasserschloß n
surplus area Akkumulationsgebiet n
surreitic structure surreitische Textur f, Zerrungstextur f *(bei Migmatiten)*
surrounding rock Nebengestein n, Gesteinsmantel m
sursassite Sursassit m, $Mn_2H_3Al_2[O|OH|SiO_4|Si_2O_7]$
survey/to vermessen, aufnehmen *(Karten)*
~ **a mine** eine Grube vermessen (aufnehmen)
~ **underground** markscheiden
survey 1. Vermessung f, Aufnahme f; 2. Übersicht f; 3. Erkundung f *(durch topografische, geologische oder geophysikalische Messungen)*
~ **by aerial photographs** Luftbildvermessung f
~ **map** Katasterblatt n
~ **measurements** markscheiderische Messungen *fpl*
~ **of a country** Landesaufnahme f, Geländeaufnahme f
~ **party** Vermessungstrupp m, Meßtrupp m
~ **plan** markscheiderische Aufnahme f, Vermessungsplan m
~ **plane** Vermessungsflugzeug n
~ **vessel** Vermessungsschiff n
~ **with plane table** Meßtischaufnahme f
surveying 1. Aufnahme f, Vermessung f; 2. Vermessungskunde f; Markscheidekunde f
~ **apparatus** Aufnahmegerät n
~ **instrument** Vermessungsinstrument n
~ **of details** Detailaufnahme f
~ **of underground** Markscheiden n, untertägige Vermessung f
~ **party** Vermessungstrupp m, Meßtrupp m
~ **rod** Absteckpfahl m, Meßbake f
~ **vessel** Vermessungsschiff n
surveyor Feldmesser m, Markscheider m

~ **of mines** Markscheider m
surveyor's table Meßtisch m
survival species überlebende Art f
susceptibility Suszeptibilität f
suspended load Schwebstoffe *mpl*, Schwebefracht f
~ **load discharge** Schwebstofführung f
~ **load sampler** Schwebstoffschöpfer m
~ **matter** Schwebstoffe *mpl*, Trübe f
~ **solids** suspendierte Teilchen *npl*, Schwebstoffe *mpl*
~ **subsurface water** schwebendes Grundwasser n, vadoses (in der Aerationszone schwebendes) Wasser n, Ober[flächen]wasser n
~ **water** ruhendes Porensaugwasser n
~ **well** eingestellte Bohrung f
suspensate suspendiertes Sediment n
suspension Suspension f
~ **current** *s.* turbidity current
~ **load** Schwebelast f *(Fluß)*
~ **of mine work** Einstellung f des Grubenbetriebs
suspensoids suspendierte Stoffe *mpl*, Schwebstoffe *mpl*
sussexite Sussexit m, $Mn_2[B_2O_5] \cdot H_2O$
sustained load Dauerlast f
~ **runoff** regulierter Abfluß m
~ **wave** gesteuerte (rückgekoppelte) Welle f
~ **yield** Dauerspende f *(einer Quelle)*
sutural line Lobenlinie f
~ **texture** verzahnte Struktur f
suture 1. Sutur f; 2. Naht f *(bei Fossilgehäusen)*
~ **joint** *s.* stylolite
~ **line** *s.* sutural line
~ **of the twin plane** Zwillingsnaht f
sutured contacts suturierte Kornverzahnung f
svabite Svabit m, $Ca_5[F|(AsO_4)_3]$
svanbergite Svanbergit m, $SrAl_3[(OH)_6|SO_4PO_4]$
Svecofennian folding svekofinnische (svekofennidische) Faltung f *(Präkambrium)*
Svecofennides Svekofenniden *fpl*
swab Swabbkolben m *(Ölförderung)*
swabbing Kolben n, Swabben n *(Ölförderung)*
~ **well** gekolbte Sonde f
swag Absenkung f der Firste, Senken n des Hangenden
swale Grundmoränentümpel m, Talmulde f, Bodensenke f
swallet 1. Schluckloch n, Schlundloch n, Ponor m; 2. Wassereinbruch m
swallow [hole] Schluckloch n, Schlundloch n, Ponor m, Sickerstelle f, Flußschwinde f
swally *s.* swelly
swamp Moor n, Sumpf m, Morast m
~ **ditch** Sickergraben m
~ **forest soil** Sumpfwaldboden m
~ **formation** Moorbildung f, Versumpfung f; Torfmoorbildung f
~ **meadow** Sumpfwiese f
~ **ore** Sumpferz n, Raseneisenerz n, Ortstein m

swamp

~ vegetation Sumpfvegetation *f*
swamped moorig, sumpfig, schlammig
swampiness sumpfige Beschaffenheit *f*
swamping Versumpfung *f*
swampland Moorland *n*
swampy morastig, sumpfig
~ area Sumpfgebiet *n*
~ flat Sumpfniederung *f*
~ land Moorboden *m*
~ soil Sumpfboden *m*
~ tundra soil Tundramoorboden *m*
sward Rasen *m*
swarm Schwarm *m*
~ earthquakes Schwarmbeben *npl*, Erdbebenschwarm *m*
~ of meteors Meteorschwarm *m*
swartzite Swartzit *m*, $CaMg[UO_2|(CO_3)_3] \cdot 12H_2O$
swash mark Spülbogen *m*, Spülmarke *f*, Spülsaum *m* *(Sedimentgefüge)*
swathwidth Schwadbreite *f (Breite des Aufnahmestreifens bei der Luft- und Satellitenfernerkundung)*
swaugh im Gang auftretende Lette *f*
sweating Ausschwitzung *f*, Durchsickerung *f*, Wasserabstoßen *n*
swedenborgite Swedenborgit *m*, $NaSbBe_4O_7$
sweep/to schwemmen
~ away fortschwemmen
sweep 1. Gangtrum *n*; 2. Sweep *m*, Gleitsinus *m (Signalform des Vibroseis-Verfahrens)*
~-out Entölung *f*, Entgasung *f*
sweeping Herabwandern *n*, Fortschreiten *n (der Mäander)*
sweet corrosion Korrosion *f* bei geringem Schwefelanteil des Erdöls
~ natural gas schwefelwasserstofffreies (süßes) Erdgas *n*
swell up/to aufquellen
swell 1. Schwelle *f*, Bodenwelle *f*, Anhöhe *f*; 2. Anschwellung *f*, Verdickung *f*; 3. lokale Flözverdickung *f*, Kohlensack *m*; 4. Sandlinsen (Tonlinsen) *fpl* im Flöz; 5. langgestreckter, flacher Dom *m (großtektonische Strukturform)*; 6. Dünung *f*
~ of water Stau *m*, Aufstau *m*, Anstauung *f (von Wasser)*
swellable quellbar
swelling Anschwellung *f*, Quellen *n*
~ ground quellendes Gebirge *n*
~ index Blähzahl *f (Steinkohle)*
~ power Blähvermögen *n (von Steinkohlen)*
~ pressure Schwelldruck *m*
~ property Blähungsgrad *m*, Quellungsvermögen *n*
~ rock plastisches Gebirge *n*
~-up Quellen *n*, Aufquellen *n*
swelly lokale Flözverdickung *f*, Vertiefung *f (im Liegenden eines Kohlenflözes)*
swiftly running water schnellfließendes Wasser *n*
swilley *s.* swelly

swineback *s.* horseback
swinestone Anthrakonit *m*, Stinkstein *m*, Stinkkalk *m*
swing moor Schwingmoor *n*
swinging seitliches Verlegen *n (eines Mäanderstreifens)*
~ river pendelnder Fluß *m*
swirling water quirlendes (wirbelndes) Wasser *n*
swivel Spülkopf *m (bei Bohrung)*
~ head Dreheinrichtung *f*
swollen river angeschwollener Fluß *m*
sycite feigenförmige Feuersteinknolle *f*
syenite Syenit *m*
syenitic syenitisch
syenodiorite Syenodiorit *m*
sylvanite Sylvanit *m*, Schrifterz *n*, $Au\,AgTe_4$
sylvin[e] *s.* sylvite
sylvinite Sylvinit *m*, Hartsalz *n*
sylvite Sylvin *m*, KCl
sylvogenic soil Waldboden *m*
symbiosis Symbiose *f*, Lebensgemeinschaft *f*
symmetric[al] about an axis achsensymmetrisch
~ anticline aufrechte Antiklinale *f*
~ fold symmetrische (aufrechte) Falte *f*
symmetrically related crystals gesetzmäßig (symmetrisch) verwachsene Kristalle *mpl*
~ ripple marks symmetrische Rippelmarken *fpl*
symmetry class Symmetrieklasse *f*, Kristallklasse *f*
~ element Symmetrieelement *n*
~ of crystals Kristallsymmetrie *f*
~ of fabric Gefügesymmetrie *f*
symmict structure strukturloses Sedimentblatt *n* in gradierten Sedimenten
~ varve Warve *f* ohne gradierten Kornaufbau
symmictite verfestigtes Symmicton *n*
symmicton Symmicton *n (unsortiertes nichtkarbonatisches terrigenes Sedimentmaterial)*
symon fault Erosionsvertaubung *f* im Flöz
sympathetic mountain glaciation gleichzeitige Gebirgsvergletscherung *f*
sympatric im gleichen geografischen Gebiet auftretend
symplectic intergrowth symplektische Durchwachsung *f*
~ texture symplektische Struktur *f*
symplesite Symplesit *m*, $Fe_3[AsO_4]_2 \cdot 8H_2O$
symptomatic mineral diagnostisches Mineral *n*, Indikatormineral *n*
synadelphite Synadelphit *m*, $Mn_4[(OH)_5|AsO_4]$
synaeresis Synärese *f (kolloidchemischer Vorgang einer subaquatischen Entwässerung)*
synantetic mineral synantetisches Mineral *n*
synantexis deuterische Umwandlung *f*
synchisite Synchisit *m*, $CaCe[F|(CO_3)_2]$
synchrogenic rocks gleichaltrige Gesteine *npl*
synchronal *s.* synchronous
synchroneity Gleichaltrigkeit *f*, Zeitäquivalenz *f (der Schichten)*

synchronous synchron, gleichaltrig
- ~ **deposits** gleichaltrige Ablagerungen *fpl*
- ~ **satellite** Synchronsatellit *m*

synclastic synklastisch
synclinal synklinal, muldenartig
- ~ **axis** Synklinalachse *f*, Muldenachse *f*
- ~ **curve** Synklinale *f*, Mulde *f*
- ~ **depression** Muldeneinsenkung *f*
- ~ **flexure** Flexurgraben *m*
- ~ **fold** Synklinale *f*, Mulde *f*
- ~ **formation** Muldenbildung *f*
- ~ **lake** Muldensee *m*
- ~ **limb** Muldenflügel *m*
- ~ **spring** Muldenquelle *f*
- ~ **turn** Muldenbiegung *f*, Muldenscharnier *n*
- ~ **valley** Synklinaltal *n*

syncline Synklinale *f*, Mulde *f*
- ~ **water** Randwasser *n*, Synklinalwasser *n*

synclinore, synclinorium Synklinorium *n*
syndiagenese Diagenesefrühstadium *n*
syndiagenetic deformation syndiagenetische Deformation *f*
syndromous load cast zusammengesetzte Belastungsmarke *f (Sedimentgefüge)*
syneclise Syneklise *f*
synecology Synökologie *f*
syneresis crack Synäreseriß *m*, Sprung *m* im alternden Gel *(infolge Entwässerung)*
syngenesis Syngenese *f*
syngenetic syngenetisch
- ~ **ore deposit** syngenetische Erzlagerstätte *f*
- ~ **river** syngenetischer Fluß *m*

syngenite Syngenit *m*, $K_2Ca[SO_4]_2 \cdot H_2O$
synkinematic synkinematisch *(s.a. synorogene)*
synodic satellite synodischer Satellit *m*
synoptic synoptisch
- ~ **diagram** synoptisches Diagramm *n*
- ~ **meteorology** synoptische Meteorologie *f*, Übersichtswetterkunde *f*
- ~ **network** synoptisches Netz *n*
- ~ **view** Übersichtsbetrachtung *f*

synorogene, synorogeneous, synorogenic synorogen
- ~ **granite** synorogener (synkinematischer) Granit *m*
- ~ **phase** synorogene magmatische Phase *f*
- ~ **plutonism** synorogener Plutonismus *m*

synsedimentary synsedimentär
syntaxial enlargement von Crinoidenstielgliedern ausgehende Sammelkristallisation *f*
- ~ **rim cementation** von Crinodenstielgliedern ausgehende Zementation *f*

syntaxis Konvergenz *f* im Streichen von Gebirgszügen
syntectonic syntektonisch
syntexis Syntexis *f*, magmatische Assimilation *f*
synthetic aperture radar Radar *n* mit synthetischer Apertur
- ~ **fault** synthetische (rechtfallende) Verwerfung *f*
- ~ **precious stone** synthetischer Edelstein *m*
- ~ **seismogram** synthetisches Seismogramm *n*

syntopogenic am gleichen (ähnlichen) Platz gebildet
syntype Syntypus *m*
sysserskite Sysserskit *m (Iridosmin mit >50% Os)*
syssiderite Silikat-Eisen-Meteorit *m (s.a. siderolite)*
system System *n (Einheit der biostratigrafischen Skala, im älteren deutschen Schrifttum auch Formation)*
- ~ **of cracks** Spaltensystem *n*, Kluftsystem *n*
- ~ **of crystals** Kristallsystem *n*
- ~ **of faults** Bruchsystem *n*
- ~ **of joints** Kluftsystem *n*, Hauptkluftscharen *fpl*
- ~ **of reference** Bezugssystem *n*
- ~ **of rivers and streams** Flußnetz *n*
- ~ **of veins** Gangsystem *n*

systematic geography allgemeine Geografie *f*
- ~ **sampling** systematische Probenahme *f*

systematics Systematik *f (s.a. taxonomy)*
szaibelyite Szaibelyit *m*, Ascharit *m*, $Mg_2[B_2O_5] \cdot H_2O$
szik soil Szik-Boden *m*
szmikite Szmikit *m*, $Mn[SO_4] \cdot H_2O$
szomolnokite Szomolnokit *m*, $Fe[SO_4] \cdot H_2O$

T

T-D = time-depth
T-plane Gleitebene *f (im Kristall)*
T-section T-Profil *n (Dünnschliff parallel zur Schichtung oder Probenoberfläche)*
T-X = time-distance
taaffeite Taaffeit *m*, Al_4MgBeO_8
tabet soil auftauender Boden *m*
tabetification Tabetisolbildung *f*
tabetisol Tabetisol *m (nichtgefrorener Boden zwischen Permafrost und jährlicher Frostzone)*
table drive Drehtischantrieb *m (bei Bohrungen)*
- ~ **mount** *s.* guyot
- ~ **mountain** Tafelgebirge *n*, Tafelberg *m*
- ~ **of strata** Formationstabelle *f*
- ~ **slate** Dachschiefer *m*
- ~ **spar** Tafelspat *m (s.a. wollastonite)*

tableland Tafelland *n*, Hochebene *f*
tablelike tafelartig
- ~ **structure** tafelförmiger Bau *m*

tabling Herdarbeit *f (Aufbereitung)*
tabular tafelig, tafelförmig
- ~ **cross-bedding** tafelige Schrägschichtung *f*, Diagonalschichtung *f*
- ~ **cross stratification** ebenflächig begrenzte Schrägschichtung *f*
- ~ **deposit** plattenförmige Lagerstätte *f*
- ~ **iceberg** Tafeleisberg *f*
- ~ **jointing** *s.* ~ structure
- ~ **spar** *s.* table spar

tabular 350

~ structure plattige (bankige) Absonderung f, tafelförmiger Bau m
tachhydrite Tachhydrit m, $CaCl_2 \cdot 2MgCl_2 \cdot 12H_2O$
tachometer Drehzahlmesser m, Tachometer n
tachylite, tachylyte Tachylit m *(basaltisches Glas)*
Taconian s. Taconic
Taconic takonisch
~ phase takonische Faltungsphase f *(Grenzbereich Ordovizium/Silur)*
taconite Takonit m *(Eisenjaspiliterz)*
tactite Taktit m, allochemer Kontaktskarn m
tadpole nests Kaulquappennester npl *(Interferenzrippeln)*
~ plot Vektordiagramm n *(der Bohrlochneigungsmessung)*
taeniolite Taeniolith m, $KLiMg_2[F_2|Si_4O_{10}]$
tafoni-type of weathering Tafoniverwitterung f
Taghanican [Stage] Taghanic[um] n *(basale Stufe des Senecans in Nordamerika)*
tagilite Tagilit m, $Cu_2[OH|PO_4] \cdot H_2O$
tahitite Tahitit m *(Alkalibasalt)*
taiga Taiga f
tail 1. Endphase f, Coda f; 2. Schweif m *(eines Kometen)*; 3. Protokoll n, Erläuterung f
~ buoy Endboje f *(des seismischen Kabelbaums)*
~ production Endproduktion f
~ segment Schwanzsegment n *(Paläontologie)*
~ skeleton Schwanzskelett n *(Paläontologie)*
~ water Stauwasser n, abfließendes Wasser n
tailing 1. Tailing n, Verlängerung f *(z.B. der Länge eines seismischen Wellenzugs)*; 2. s. tailings
~ dam Bergehalde f, Bergekippe f
~-out Auskeilen n
tailings 1. Überlauf m; 2. Abfallerz n; Abgang m, Berge pl; 3. Halde f
~ pond Bergeteich m, Schlammteich m
tailor-made zugeschnitten *(z.B. Spülung auf Bohrlochbedingungen)*
tailrace Ablaufgraben m, Ablaufkanal m, Unterwasserkanal m
~ tunnel Unterwasserstollen m, Ableitungsstollen m
tails s. tailings
tailshield Schwanzschild m *(Paläontologie)*
tailslide/to nach hinten abrutschen
take a bearing/to peilen
~ cross bearings einschneiden
~ sample Probe nehmen, bemustern
~ the bearings of anvisieren
take-off point Abgangspunkt m *(eines Strahls am Refraktor)*
taking of samples Probenahme f
takir s. takyr
takyr Salztonbecken n *(in Asien)*
~ soil Takyr-Boden m
takyrlike soil takyrartiger Boden m
talc Talk m, Talkum n, $Mg_3[(OH)_2|Si_4O_{10}]$

~ schist (slate) Talkschiefer m
talcite massiger Talk m
talcky talkig
talcoid talkartig
talcose, talcous talkhaltig, talkartig
talcum s. talc
talik s. tabetisol
tallow peat leicht entzündlicher Torf m
talmessite Talmessit m, $Ca_2Mg[AsO_4]_2 \cdot 2H_2O$
talus Schutt m, Schutthalde f, Felsenmeer n, Gesteinsfragment n, Murkegel m
~ breccia Schuttbrekzie f
~ centre Schüttungszentrum n
~ cone Schuttkegel m
~ creep Schuttkriechen n
~ deposits Hangschuttablagerungen fpl
~ fan Schuttfächer m
~ material Schutthalde f, Gehängeschutt m
~ slope Schutthang m, Schutthalde f
~ soil Schuttboden m
~ spring Hangschuttquelle f
tamarugite Tamarugit m, $NaAl[SO_4]_2 \cdot 6H_2O$
tamp Verdämmen n *(von Schußbohrungen)*
tamped concrete Stampfbeton m
tamping 1. Versatz m; 2. Verdämmen n *(von Schußbohrungen)*
tandem launch Mehrsatellitenstart m
~ rocket Tandemrakete f, Zwillingsrakete f
~ turbodrill mehrstufige Bohrturbine f
tangeite Tangeit m, $CaCu[OH|VO_4]$
tangential cross-bedding schaufelförmige (bogige) Schrägschichtung f
~ plane Berührungsebene f, Tangentialebene f
~ stress Tangentialspannung f
~ thrust tangentialer Schub m
~ wave Scherwelle f
tangentially sliced in Staffelbrüchen abgesunken
tank natürliches Wasserreservoir n
~ farm Erdöllager n, Erdöldepot n
tantalite Tantalit m, $(Fe, Mn)(Ta, Nb)_2O_6$
tantalum ore Tantalerz n
tanzanite Tansanit m *(blauer Zoisit)*
tap water Leitungswasser n
tapalpite Tapalpit m, $3Ag_2(S, Te) \cdot Bi_2(S, Te)_3$
tape weit aushaltendes, dünnes Erzband n
taper/to beschneiden *(ein Seismogramm)*
~ out auskeilen, verschwinden
taper Steigung f *(eines Keils)*
~ tap Spitzfänger m
taphonomy Taphonomie f, Fossilisationskunde f
taphrogenesis Taphrogenese f
taphrogenic movements taphrogene Bewegungen fpl
taphrogeny Taphrogenese f
taping Messung f mit Meßband
tapiolite Tapiolit m, $(Fe, Mn)(Ta, Nb)_2O_6$
tapping 1. Anzapfung f; 2. Wassergewinnung f
~ of a spring Quellfassung f

~ **of ground water** Grundwasserentnahme f, Grundwasserfassung f
tar 1. Teer m; 2. (Am) oft für natürliches halbfestes Erdöl
~ **asphalt** Teerasphalt m
~ **from lignite** Braunkohlenteer m
~ **from shale** schweres Schieferöl n
~ **oil** Teeröl n
~ **pit** Asphaltgrube f
~ **sand** Schwerölsandstein m, Totölsandstein m
taramellite Taramellit m, $Ba_2(Fe, Ti, Fe)_2[(OH)_2|Si_4O_{12}]$
tarapacaite Tarapacait m, $K_2[CrO_4]$
tarbuttite Tarbuttit m, $Zn_2[OH|PO_4]$
target 1. Zielobjekt n; 2. Zielpunkt m, Bohrziel n; 3. Kurvenschar f, Auswertediagramm n
tarless teerfrei
tarn Karsee m
tarnish Anlauffarbe f von Mineralen
tarnished angelaufen, trüb
tarnowitzite Tarnowitzit m, Bleiaragonit m (Mischkristall)
tarry teerartig, teerig
~ **gas** teerhaltiges Gas n
Tartarian [Stage] Tatar[ium] n, Tatarische Stufe f (Stufe des Oberperms im westlichen Uralvorland)
tasmanite Tasmanit m (Ölschiefer, Algengestein)
tauriscite Tauriscit m, $Fe[SO_4] \cdot 7H_2O$
tautirite Tautirit m (Nephelinmonzonit)
tavistockite Tavistockit m, $Ca_3Al_2[OH|PO_4]_3$
tavorite Tavorit m, $LiFe[OH|PO_4]$
tawmawite Tawmawit m, Chromepidot m (Varietät von Epidot)
taxitic structure taxitische Textur f
taxonomic[al] taxonomisch
~ **distance of trend surfaces** taxonomischer Abstand m zweier Trendflächen
~ **position** taxonomische Stellung f
taxonomy Taxonomie f
taylorite Taylorit m, $(K, NH_4)_2[SO_4]$
tchernozem s. chernozem
teallite Teallit m, $PbSnS_2$
tear 1. Zerrung f, Riß m; 2. Gang m, Sprung m (tägliche Veränderung des Nullwerts eines Instruments)
~ **fault** Blattverschiebung f, transversale Horizontalverschiebung f
~-**shaped bomb** Tränenbombe f, Lavaträne f, Peleträne f
tearing zone Zerrungsgebiet n
teary ground mildes Nebengestein n, gebräches Gebirge n
technical and economical plan of geological exploration Plan m der geologischen Erkundungsarbeiten, technischer Leistungsplan m
technogeochemistry Technogeochemie f
technosphere Technosphäre f
tectofacies Tektofazies f
tectogene Tektogen n
tectogenesis Tektogenese f
tectonic tektonisch
~ **analysis** tektonische Analyse f
~ **breccia** tektonische Brekzie f, Reibungsbrekzie f, Deformationsbrekzie f
~ **contact** tektonischer Kontakt m, tektonische Grenzfläche f
~ **cycle** tektonischer Zyklus m
~ **denudation** tektonische Denudation f
~ **earthquake** tektonisches Beben n, Dislokationsbeben n
~ **flow** s. ~ transport
~ **form** tektonische Form f
~ **fracture** tektonischer Bruch m
~ **framework of sedimentation** tektonisch wirksame Elemente npl eines Sedimentationsraums
~ **geology** Tektonik f
~ **level** Stockwerkstektonik f (Ampferer u.a.); tektonisches Stockwerk n (Weymann u.a.)
~ **movement** tektonische Bewegung f
~ **overpressure** tektonischer Überdruck m (Überlagerung hydrostatischer Spannungen durch gerichtete Spannungen)
~ **selection** Faziestektonik f
~ **stor[e]y** tektonisches Stockwerk n
~ **termination** tektonisches Unterbrechen n
~ **transport** Richtung f der tektonischen Durchbewegung, tektonischer Transport m, tektonisches Fließen (Gesteinsfließen) n
~ **unconformity** tektonische Diskordanz f
~ **valley** tektonisches Tal n
~ **window** tektonisches (geologisches) Fenster n
tectonically disturbed tektonisch gestört
~ **undisturbed** tektonisch ungestört
tectonics Tektonik f
tectonism 1. Krusteninstabilität f; 2. tektonische Aktivität f eines regionalen Strukturelements
tectonite Tektonit m
~ **fabric** Tektonitgefüge n
tectonization Tektonisierung f, tektonische Umarbeitung f
tectonized region tektonisch beeinflußtes Gebiet n
tectonophysics Tektonophysik f
tectonosphere Tektonosphäre f
tectorium Tektorium n (Verdickungsschicht bei Foraminiferen)
tectosilicate Tektosilikat n, Gerüstsilikat n
tectotope Tektotop n
teepleite Teepleit m, $Na_2[Cl|B(OH)_4]$
tegmen Kelchdecke f (bei Crinoiden)
teineite Teineit m, $Cu[TeO_3] \cdot 2H_2O$
tektite Tektit m, Glasmeteorit m
telemagmatic deposit telemagmatische Lagerstätte f
telemeter/to fernmessen
telemetering Fernmessen n, Fernmessung f
telemetric data transfer Datenfernübertragung f

telemetry

telemetry Fernmeßtechnik f
telescope level Nivellierinstrument n mit Fernrohr
~ **mast** ausziehbarer Bohrmast m
telescoped vein teleskopischer Gang m
telescoping Teleskoping n, Übereinanderfolge f mehrerer Paragenesen
teleseism Fernbeben n
telethermal telethermal
telinite Telinit m (Kohlenmaceral)
tellurian s. telluric
telluric tellurisch
~ **current** Erdstrom m
~ **diurnal variation** Tagesvariante f der Erdströme
~ **method** Tellurik f
~ **silver** Tellursilber n, Hessit m, Ag₂Te (s.a. hessite)
~ **water** tellurisches Wasser n
tellurics Tellurik f
telluriferous tellurführend, tellurhaltig
tellurine Kieselgur f, Diatomeenerde f, Infusorienerde f
tellurite Tellurit m, Tellurocker m, TeO₂
tellurium Tellur n, Te
~ **glance** s. nagyagite
~ **ore** Tellurerz n
telmatic coal facies telmatische Kohlenfazies f
~ **peat** s. reed peat
telocollinite Telocollinit m (Kohlensubmaceral)
telson Telson n, Schwanzstachel m, Schwanzsegment n (der Crustaceen)
Telychian [Stage] Telychium n (höchste Stufe des Llandovery)
temblor (Am) Erdbeben n, Beben n
temperate gemäßigt
~ **-arid** gemäßigt-arid
~ **climate** gemäßigtes Klima n
~ **-humid** gemäßigt-humid
~ **region (zone)** gemäßigte Zone f
temperature Temperatur f
~ **build-up** Temperaturaufbau m
~ **gradient log** Temperaturgradientenlog n
~ **inversion** Temperaturinversion f
~ **logging** Temperaturmessung f
~ **of intrusion** Intrusionstemperatur f
~ **of the earth** Erdwärme f
~ **range** Temperaturbereich m
~ **rise** Temperaturanstieg m
~ **survey** Temperaturmessung f
~ **variation** Temperaturschwankung f
tempering colour Anlauffarbe f
tempest Gewitter n
tempestite Tempestit m, Sturmflutablagerung f
template 1. Modell n, Diagramm n; 2. Plattformtyp ortsfester Bohrinseln
templet s. template
temporarily abandoned vorübergehend eingestellt, vorläufig stillgelegt
~ **shut-in well** vorübergehend geschlossene Sonde f

~ **suspended** s. ~ abandoned
temporary abandon of a well Konservierung f einer Bohrung
~ **base plate** vorläufige Bodenplatte f (auf dem Meeresboden am Bohrlochabschluß abgesetzte Einrichtung)
~ **casing** vorläufige Verrohrung f
~ **hardness** Bikarbonathärte f (des Wassers)
~ **lake** periodischer See m
~ **solfatara** vergängliche Solfatare f
~ **water** zeitweilig auftretendes Wasser n
tenacious zäh
tenacity Zähigkeit f
tengerite Tengerit m (Y-Karbonat)
tennantite Tennantit m, Arsenfahlerz n, $3Cu_2S \cdot As_2S_3$
tenor durchschnittlicher Metallgehalt m (eines Erzes)
tenorite Tenorit m, CuO
tenside Tensid n, oberflächenaktiver Stoff m
tensile crack Trennbruch m
~ **failure** Dehnungsbruch m
~ **shear test** Scherzugversuch m
~ **strength** Zugfestigkeit f
~ **strength of rock mass** Gebirgszugfestigkeit f
~ **strength of soil** Spannkraft f des Bodens
~ **stress** Zugspannung f
~ **test** Zugversuch m
~ **test diagram** s. stress-strain diagram
tension Spannung f, Zug m
~ **crack** Spannungsriß m
~ **device** Tensiometer n
~ **failure** Zugbruch m
~ **fault** Disjunktivbruch m, disjunktive Dislokation f, Abschiebung f, Dehnungsverwerfung f
~ **fracture** Dehnungsriß m
~ **gashes en échelon** Fiederspalten fpl
~ **joint** Zugkluft f, Zerrkluft f, Reißkluft f
~ **-leg platform** zugseilverankerte Bohrinsel f
~ **zoning** Spannungszone f
tentacles Tentakel mpl (Paläontologie)
tentaculite schist Tentakulitenschiefer m
tentaculites bed Tentakulitenschicht f
tenuidurite Tenuidurit m (Kohlenmikrolithotyp)
tepetate s. caliche
tephra Tephra f (Vulkanoklastit)
tephrite Tephrit m
tephroite Tephroit m, $Mn_2[SiO_4]$
Terebratula bed Terebratelbank f
teretifolious rundblättrig
tergum Tergit n, Tergum n (Arthropoden)
terlinguaite Terlinguait m, $2HgO \cdot Hg_2Cl_2$
terminal endständig, gipfelständig
terminal Ende n, Endpunkt m
~ **deposit** Endablagerung f
~ **moraine** Endmoräne f, Stirnmoräne f
~ **pressure** Enddruck m
~ **resistance** Endwiderstand m, Abschlußwiderstand m
ternary system Dreistoffsystem n

terra rossa Terra rossa f (roter Residualton auf Kalkstein)
terrace Terrasse f, Geländestufe f
~ **flight** Terrassentreppe f
~ **slope** Terrassenböschung f
terraced terrassenförmig
~ **flute cast** terrassierter Strömungswulst m
~ **landscape** Stufenlandschaft f
terracette slope Hang m mit Bodenfließmarken
terracettes Erdleisten fpl, Rasenstufen fpl (Bodenfließen an Hängen)
terraciform terrassenförmig
terracing Terrassenbildung f, Terrassierung f
terracotta Terrakotta f, Terrakotte f
terrain analysis (appreciation) Geländeauswertung f
~ **correction** Geländekorrektur f
~ **photosurvey** fotografische Geländeaufnahme f
~ **reconnaissance** Geländeerkundung f
~ **sector** Geländeabschnitt m
~ **surface** Geländeoberfläche f
~ **survey** Geländevermessung f
terrane Gebirgsglied n, Formation f, Schichtenfolge f
terranean terran
terraqueous zone wasserführender Teil m (der Lithosphäre)
terre verte Grünerde f
terrene Erdoberfläche f
terreous erdig
terrestrial terrestrisch, Erd...
~ **atmosphere** Erdatmosphäre f
~ **ball** Erdkugel f
~ **body** Erdkörper m
~ **coal facies** terrestrische Kohlenfazies f
~ **corrugations** Faltung f der Erdrinde
~ **crust** Erdkruste f
~ **current** Erdstrom m
~ **deposit** kontinentale Ablagerung f
~ **detritus** terrestrische Schuttgesteine npl
~ **electricity** Geoelektrizität f, Erdelektrizität f
~ **equator** Erdäquator m
~ **facies** terrestrische Fazies f, Kontinentalfazies f
~ **formations** terrestrische Bildungen fpl
~ **globe** Erdglobus m
~ **heat** Erdwärme f
~ **latitude** geografische Breite f
~ **longitude** geografische Länge f
~-**magnetic** erdmagnetisch
~-**magnetic field** erdmagnetisches Feld n
~-**magnetic pole** erdmagnetischer Pol m
~ **magnetism** Erdmagnetismus m, Geomagnetismus m
~ **orbit** Erdbahn f
~ **peat** oberhalb des Wasserspiegels gebildeter Torf m
~ **photogrammetry** Erdbildmessung f
~ **pole** Erdpol m
~ **refraction** atmosphärische Brechung f
~ **scintillation** Luftflimmern n

~ **sphere** Erdkugel f
~ **thermodynamics** Thermodynamik f der Erde
~ **water** terrestrisches Wasser n
terrigene s. terrigenous
terrigenous terrigen, vom Kontinent stammend
~ **deposit** terrigene Ablagerung f
~ **detritus** Landschutt m
~ **sediment** terrigene Ablagerung f, terrigenes Sediment n
territorial section Geländeabschnitt m
territory Territorium n, Gebiet n
tertiary oil recovery tertiäre Entölung f
Tertiary Tertiär[system] n (chronostratigrafisch); Tertiär n, Tertiärperiode f (geochronologisch); Tertiär n, Tertiärzeit f (allgemein)
~ **Age** Tertiär n, Tertiärzeit f
~ **Period** Tertiär n, Tertiärperiode f
~ **quartzite** Tertiärquarzit m
~ **System** Tertiär[system] n
tertschite Tertschit m, $Ca_2[B_5O_6(OH)_7] \cdot 6^{1}/_{2}H_2O$
teschemacherite Teschemacherit m, NH_4HCO_3
teschenite Teschenit m (Alkaligestein)
tessera von Scherzonen begrenzte stabile Struktureinheit f
tesseral tesseral
test 1. Versuch m; Test m; 2. Schale f, Gehäuse n
~ **boring** Versuchsbohrung f, Aufschlußbohrung f
~ **gallery** Versuchsstrecke f
~ **hole** Versuchsbohrloch n, Probebohrung f
~ **line** Testmessung f, Versuchsprofil n
~ **pill** Eichpräparat n, Etalon n
~ **pit** Schürfschacht m, Schürfgraben m
~ **pressure** Prüfdruck m
~ **site** Testplatz m, Versuchsgebiet n, Übungsgebiet n, Prüfgelände n (z.B. für die Eichung von Fernerkundungssensoren)
~ **specimen** Prüfkörper m, Probekörper m
~ **well** 1. Schürfbohrung f; 2. Versuchsbrunnen m
tester Prüfgerät n, Probegerät n
tetartohedral tetartoedrisch
tetartohedron Tetartoeder n, Viertelflächner m
tetartosymmetric s. tetartohedral
tethered balloon verankerter Ballon m (z.B. an einem Halteseil)
Tethyan geosyncline Tethys f
~ **Realm** tethyales Faunenreich n
Tethys Tethys f
tetradymite Tetradymit m, Tellurwismut n, Bi_2Te_2S
tetragonal tetragonal
~ **soil** Tetragonalboden m
~ **system** tetragonales System n
tetrahedral tetraedrisch
~ **coordination** tetraedrische Koordination f, Viererkoordination f
tetrahedrite Tetraedrit m, Fahlerz n, Antimonfahlerz n, Cu_3SbS_{3-4}
tetrahedron Tetraeder n, Vierflächner m

23 Watznauer, Geowissenschaften E-D

tetrahexahedron 354

tetrahexahedron Tetrahexaeder n, Tetrakishexaeder n
tetrakishexahedron s. tetrahexahedron
textinite Textinit m (Braunkohlenmaceral)
textural texturell, gefügemäßig
~ **maturity** strukturelle Reife f, Maturität f (Sedimentgefüge)
texture Textur f; Struktur f (für Gesteine)
~ **goniometer** Texturgoniometer n, Gefügekamera f
thalassic deposit eupelagische Ablagerung f, Hochseeablagerung f
~ **rock** küstenfern gebildetes Sedimentgestein n
thalassocratic sea level Seespiegel m im Maximum einer Transgression
thalassocraton Tiefkraton n
thalassography, thalassology s. oceanography
thalattogenic durch Vertikalbewegungen des Meeresbodens gebildet
thalenite Thalenit m, $Y_2[Si_2O_7]$
thallium Thallium n, Tl
~ **ore** Thalliumerz n
thanatocoenosis Thanatokönose f, Thanatocoenose f, Grabgemeinschaft f
Thanetian [Stage] Thanétien n, Thanet[ium] n (Stufe des Paläozäns)
thaumasite Thaumasit m, $Ca_3H_2[CO_3|SO_4|SiO_4]\cdot 13H_2O$
thaw/to schmelzen, tauen
thaw Tauwetter n, Frostaufgang m
~ **and freeze** Schmelzen n und Wiedergefrieren n
~ **depressions** Thermokarstniederungen fpl
~ **weather** Tauwetter n
thawing layer Auftauschicht f
thecae Theken fpl (bei Graptoliten)
thenardite Thenardit m, $\alpha\text{-}Na_2[SO_4]$
theory of catastrophic destruction Katastrophenlehre f
~ **of continental drift** Theorie f der Kontinentalverschiebungen
~ **of descent** Abstammungslehre f
~ **of fixed beams** Plattentheorie f
~ **of induced cleavage** Theorie f der Vorzerklüftung
theralite Theralith m
therma Therme f
thermal thermisch
~ **analysis** Thermoanalyse f
~ **aureole** Kontaktaureole f
~ **capacity of water** Wärmekapazität f des Wassers
~ **conductibility factor** Wärmeleitzahl f
~ **conductivity** Wärmeleitfähigkeit f
~ **degradation** thermischer Abbau m (Erdöl)
~ **demagnetization** thermische Entmagnetisierung f
~ **diffusivity** Temperaturleitfähigkeit f
~ **drilling** thermisches Bohren n
~ **equator** Wärmeäquator m
~ **equilibrium** thermisches Gleichgewicht n

~ **expansion of water** Wärmeausdehnung f des Wassers
~ **fault fissure** Thermenlinie f
~ **field** Thermalfeld n, Wärmefeld n
~ **inertia** thermische Trägheit f, Wärmeträgheit f
~ **infrared** thermisches Infrarot n
~-**infrared scanner** Linienabtaster m im thermischen Infrarotbereich
~ **mapper** Wärmekartiergerät n (Gerät zur bildlichen Darstellung wärmestrahlender Objekte)
~ **metamorphism** Thermometamorphose f, Kontaktmetamorphose f
~ **oil recovery** thermale Entölung f
~ **potential** Wärmepotential n
~ **radiation** Wärmestrahlung f
~ **resistance** thermische Trägheit f
~ **spring** Therme f, Thermalquelle f
~ **spring deposit** Thermalquellenablagerung f
~ **stratification** Wärmeschichtung f
~ **value** Heizwert m
~ **water** Thermalwasser n
~ **water outlet** Thermalwasseraustritt m
thermally altered coals thermisch veränderte Kohlen fpl
~ **metamorphosed coke** Naturkoks m
thermite fossile brennbare Substanz f
thermoaqueous durch heißes Wasser entstanden
thermodynamic potential thermodynamisches Potential n
~ **stability** thermodynamische Stabilität f
thermoelectric thermoelektrisch
thermoelectricity Thermoelektrizität f
thermogravimetry Thermogravimetrie f
thermokarst Thermokarst m
thermolabile in Wärme zersetzbar
thermoluminescence Thermolumineszenz f
thermometamorphism Thermometamorphose f, Kontaktmetamorphose f
thermometer probe Temperaturmeßsonde f
thermonatrite Thermonatrit m, $Na_2CO_3\cdot H_2O$
thermophilic thermophil
thermoremanent magnetization thermoremanenter Magnetismus m
thetomorphic glass thetomorphes Glas n (durch Schockmetamorphose im festen Zustand verglaste Mineralkörner)
thick mächtig
~ **banks/in** dickbankig
~-**bedded** dickbankig
~ **deposit** mächtige Ablagerung f
~ **fog** dichter Nebel m
~-**layered** dickbankig
~ **layers/in** dickbankig
~ **section** Dickschliff m
~-**shaly** dickplattig
~-**shelled mountains** Gebirge npl mit tiefer Wurzelzone
~ **slice** Dickschliff m
~-**stratified** dickbankig

~-walled dickwandig
thicken [up]/to sich auftun, an Mächtigkeit zunehmen
thickening Mächtigkeitszunahme f, Verdickung f (einer Schicht)
thickly s. thick-...
thickness Dicke f, Mächtigkeit f
~ of deposit s. ~ of stratum
~ of layer Mächtigkeit f der Schicht, Schichtdicke f
~ of load s. ~ of stratum
~ of soil Bodenmächtigkeit f
~ of stratum Mächtigkeit f eines Flözes (Ganges, Erzkörpers, Lagers)
~ of the filter cake Dicke f der Filtrationskruste
thief sand saugender (ölabsorbierender) Sand m
thieving horizon schluckender (Spülung aufnehmender) Horizont m
thigh bone s. femur
thill (sl) 1. Strosse f, Sohle f; 2. s. seat earth
thin away/to auskeilen
~ off ausdünnen
~ out auskeilen
thin geringmächtig
~-banded dünngebändert
~ banks/in dünnbankig
~-bedded dünngeschichtet, feingeschichtet
~-foliated dünnblättrig
~-interlayered bedding feine Wechselschichtung f
~-lamellar shaly dünnlamelliert schiefrig
~-laminated dünnblättrig
~-laminated sandstone Blättersandstein m
~ layers/in dünnbankig
~ oil column Erdölsaum m
~ rock section Gesteinsdünnschliff m
~ seam geringmächtiges Flöz n, Schmitze f
~ section Dünnschliff m
~-shaly dünnplattig
~-shelled mountains Deckengebirge n ohne (mit flacher) Wurzelzone
~-skinned dünnschalig
~ slide Dünnschliff m
~-stratified dünnbankig
thinly s. thin-...
thinned-out middle limb ausgequetschter Mittelschenkel m
thinning Verdrückung f, Verdünnung f (einer Schicht)
~ of the limbs Schenkelverdünnung f
~-out Auskeilen n
thirl Querschlag m, Durchhieb m
thixotropic thixotrop
~ hardening Thixotropieeffekt m
thixotropy Thixotropie f, Wechselfestigkeit f
tholeiite Tholeiit m (basaltisches Gestein)
tholoid s. volcanic dome
thomsenolite Thomsenolith m, NaCa[AlF$_6$]·H$_2$O
thomsonite Thomsonit m, NaCa$_2$[Al$_2$(Al,Si)Si$_2$O$_{10}$]·6H$_2$O

thoracic legs Thorakalfüße mpl (bei Arthropoden)
~ ring Thoraxring m (bei Trilobiten)
~ somite Thoraxsegment n (bei Trilobiten)
thorax Thorax m, Rumpf m (bei Trilobiten)
thoreaulith Thoreaulith m, Sn[(Ta, Nb)$_2$O$_7$]
thoria Thorerde f
thorianite Thorianit m, ThO$_2$
thoriated thoriumhaltig
thorite Thorit m, Orangit m, ThSiO$_4$
thorium Thor[ium] n, Th
~ ore Thoriumerz n
thorn house Gradiersaline f
thorogummite Thorogummit m, (Th,U)[(SiO$_4$(OH)$_4$]
thorotungstite Thorotungstit m, 2W$_2$O$_3$·H$_2$O+(ThO$_2$,Ce$_2$O$_3$,ZrO$_2$)+H$_2$O
thoroughfare kleiner Kanal m (der eine Landspitze oder Küstenbarriere durchschneidet)
thoroughly crystalline eukristallin, vollkristallinisch
thortveitite Thortveitit m, Sc$_2$[Si$_2$O$_7$]
Thoulet solution Thouletsche Lösung f
thread sehr dünnes Mineraltrum n
~-lace scoria s. reticulite
~ of maximum velocity, ~ of the current Stromstrich m
three-D-seismics flächenhafte seismische Aufnahme f, 3-D-Seismik f
~-dimensional räumlich, dreidimensional
~-dimensional coordinates Raumkoordinaten fpl
~-dimensional diagram räumliches Schaubild n
~-dimensional flow räumliche Strömung f
~-dimensional lattice Raumgitter n
~-dimensional state of deformation räumlicher Verformungszustand m
~-dimensional trend Raumtrend m
~-facetted stone Dreikanter m
~-layer structure Dreischichtstruktur f
~-phase flow Dreiphasenströmung f
~-point method Dreipunktverfahren n
threefold coordination Dreierkoordination f
threeling Drilling m (bei Kristallen)
threshold concentration Grenzkonzentration f (Wassermineralisation)
~ pressure Dichtheitsdruck m
~ velocity Grenzgeschwindigkeit f (z.B. für Winderosion)
thribble Gestängezug m aus drei Bohrstangen
throat Öffnung f, Schlund m, Vulkanschlot m, Eruptionskanal m
~ of a volcano Kraterschlund m
throstlebrest (sl) stark mit Gangart verwachsenes Erz n (Derbyshire)
throughfall Niederschlagsmenge, die den Boden direkt über Vegetationslücken erreicht
throughput Förderung f
throw over the dump/to auf Halde stürzen
throw Verwerfung f, Sprung m, vertikale Sprunghöhe f, Verwurf m

23*

throw

~ of fault Sprungnöhe f einer Verwerfung
throwing-up Auswurf m
thrown gestört; verworfen
~-down ins Liegende verworfen
~ side gesunkener Flügel m
thrust 1. Schub m; 2. Vorschubkraft f (bei einer Bohrung)
~ cleavage 1. Überschiebungsschieferung f (Tektonik); 2. Druckschlechten fpl (Kohle)
~ crumple Überschiebungsfalte f
~ far-out delta weit vorgeschobenes Delta n
~ fault Aufschiebung f, inverse Verwerfung f, Konjunktivbruch m
~ fault trap Überschiebungsfalle f
~-faulted überschoben
~ folding Faltenüberschiebung f
~ force Schubkraft f
~ loading Schubbelastung f
~ mass Überschiebungsmasse f
~ of the ground Erddruck m
~-out delta vorgeschobenes Delta n
~ outlier Deckenscholle f
~-over überschoben
~ plane Überschiebungsfläche f
~ sheet Überschiebungsdecke f, Schubdecke f
~ slices abgescherte Schubpakete npl
~ slip flache Schubhöhe f
~ structure Deckenfaltung f
~ wedges abgescherte Schubpakete npl
thrusted blocks aufgeschobene Schollen fpl
thrusting Überschiebung f, Verschiebung f
~ force Schubkraft f
~ movement Überschiebungsbewegung f
thufur s. earth hummocks
thulite Thulit m (Mn-Zoisit und Mn-Epidot)
thumper Schlageinrichtung f (zur Erzeugung seismischer Energie)
thunder/to donnern
thunder Donner m
~ cloud Gewitterwolke f
~ shower Gewitterregen m
~ squall Gewitterbö f
thunderhead Gewitterwolke f, Gewitterwand f
thunderous gewitterschwül
thunderstorm high Gewitterhoch n
thundery gewitterig, gewitterschwül
~ depressions Sommergewitter npl
thuringite Thuringit m, $(Mg, Fe)_3(Fe, Al)_3[(OH)_8|AlSi_3O_{10}]$
thurm 1. kleine Störung f, kleine Verwerfung f; 2. vom Meer überspültes Vorgebirge n
Thurnian Thurnien n (Teil der Präglazialfolge, England, tiefstes Pleistozän)
tidal Gezeiten...
~ area Watt n
~ bedding Gezeitenschichtung f
~ bulge Gezeitenberg m
~ cataclysm Sturmflut f
~ channel Wattrinne f
~ correction Gezeitenkorrektion f
~ current Gezeitenstrom m, Gezeitenströmung f

356

~ delta Gezeitendelta n
~ effect Tideneffekt m
~ estuary Trichtermündung f (eines Flusses)
~ flat Watt n
~-flat area Wattengebiet n
~ fluctuation Gezeitenschwankung f
~ forces Flutkräfte fpl
~ friction Gezeitenreibung f
~ glacier s. tidewater glacier
~ gravimeter Gezeitengravimeter n
~ inlet Gezeitenpriel m
~ lamination Gezeitenschichtung f
~ marsh Wattboden m, Gezeitenmarsch f
~ mud deposits Gezeitenablagerung f, Schlick m
~ outflow Ebbestrom m
~ outlet Gezeitenpriel m
~ power station Gezeitenkraftwerk n
~ range Fluthöhe f, Tidenhub m
~ river Tidefluß m, Ästuar n
~ scourway Gezeitenkolk m
~ sea Meer n mit Gezeiten
~ silts Wattenschlick m
~ stream Gezeitenstrom m
~ swell Sturmflut f
~ territory Ebbe-und-Flut-Gebiet n
~ wave Flutwelle f, Gezeitenwelle f
~ zone Gezeitensaum m
tide Tide f, Ebbe f und Flut f
~ beach Gezeitenstrand m
~ current Gezeitenstrom m, Gezeitenströmung f
~ gauge Gezeitenpegel m, Flutmesser m
~-land swamps Wattenmeer n
~ mark Niedrigwasserlinie f, Flutgrenze f
~ register Gezeitenpegel m, Flutmesser m
~-swept flat Watt n
tideland Wattenmeer n
tideless gezeitenlos
tidewater glacier ins Meer kalbender Gletscher m
~ stream Gezeitenfluß m
tie Anschlußmessung f, Korrelationsmessung f
~ line Trennlinie f; Konode f
~ point Überlappungspunkt m; Anschlußpunkt m
~ rods Tiefanker mpl
tiemannite Tiemannit m, HgSe
tierra blanca s. caliche
tiers of different structural character Gefügestockwerke npl (tektonisch)
tiff spätiges Mineral n (z.B. Kalzit, Baryt)
Tiffanian [Stage] Tiffanien n (Stufe des Paläozäns)
tiger's-eye Tigerauge n (SiO_2-Pseudomorphose nach Krokydolith)
~ sandstone Tigersandstein m, gestreifter Sandstein m
tight dicht
~ fold Isoklinalfalte f (s.a. closed fold)
~ hole geheime Bohrung f (Bohrung, über die keine Angaben gemacht werden)

~ **pull of the drill pipe** Festfahren n des Bohrstrangs
~ **sand** schwer durchlässiger Sand m
~ **soil** bindiger harter Boden m
tightening Einschnürung f, Einklemmung f
tightly folded stark gefaltet
tightset geschlossene Kluft f *(Steinbruch)*
tikhonenkovite Tikhonenkovit m, $(Sr, Ca)[AlF_4OH \cdot H_2O]$
tilasite Tilasit m, $CaMg[F|AsO_4]$
tile Dachziegel m
~ **earth** kompakter Tonboden m
~ **ore** Ziegelerz n *(1. Verwitterungsprodukt von Kupferkies; 2. Dolomit mit Zinnober)*
till Geschiebelehm m, Geschiebemergel m, Grundmoräne f, Moränenschutt m
~ **ball** Geschiebeklumpen m
~-**covered** grundmoränenbedeckt
~ **layer** Geschiebemergelschicht f
~-**plains topography** Grundmoränenlandschaft f
~ **sheet** Geschiebelehmdecke f
~ **stone** Geschiebeblock m
~ **wall** in Gletscherspalten aufgequetschter Geschiebemergel m
tilled soil Ackerkrume f
tilleyite Tilleyit m, $Ca_5[(CO_3)_2|Si_2O_7]$
tillite fossiler Blocklehm m, Tillit m *(fossile Moräne)*
tilloid geschiebemergelartig
tilt 1. Kippung f; 2. *Neigung einer Fernerkundungsplattform, z.B. eines Flugzeugs oder Satelliten, in Flugrichtung*
~-**block basin** durch Blockkippung verursachtes Becken n
~ **of the earth's axis** Neigung f der Erdachse
tilted geneigt; schräggestellt
~ **block** Kippscholle f
~ **fault block** gekippte Scholle f
~ **strata** gekippte Schichten fpl
tilth 1. Ackerland n; 2. bestelltes Land n; 3. Bodengare f
tilthtop soil Ackerkrume f
tilting Schrägstellung f
~ **of strata** Schichtenaufrichtung f
tiltmeter Neigungsmesser m
timber of forest Hochwald m
~ **soil** Waldboden m
timbered steppe Waldsteppe f
~ **upland moor** Waldhochmoor n
timberline [obere] Baumgrenze f
time after circulation stops Standzeit f
~-**average relationship** Zeit-Mittel-Gleichung f
~ **belt** *(Am)* Zeitzone f
~ **break** Abriß m *(Zeitmarkierung des Schußmoments)*
~ **delay** Zeitverzögerung f
~-**depth chart** Karte f für die Laufzeit als Funktion der Tiefe
~-**depth curve** T-D-Kurve f (1. *Laufzeitkurve*; 2. *grafische Darstellung der Laufzeit als Funktion der Tiefe*)

~ **dilatation** Zeitdilatation f
~-**distance curve** Laufzeitkurve f
~-**distance graph** 1. Laufzeitkurve f; 2. tau-xi-Kurve f
~ **domain** Zeitbereich m
~ **lead** Kurzzeitgebiet n; Zeitverminderung f
~ **mark** Zeitmarke f
~ **of a drilling cycle** volle Zeit f für das Niederbringen einer Bohrung
~ **of a run** Dauer f eines Bohrmarsches
~ **of advent** Einsatzzeit f *(Seismik)*
~ **of arrival** Ankunftszeit f *(Seismik)*
~ **of coal formation** Kohlenbildungszeit f
~ **of deglaciation** Zwischeneiszeit f
~ **of incidence** Einsatzzeit f *(Seismik)*
~ **of origin** Herdzeit f *(Erdbeben)*
~ **of radiation** Strahlungszeit f *(Radioisotop)*
~ **of transit** Laufzeit f *(Seismik)*
~ **on bottom** Bohrzeit f auf Sohle
~ **registration** Zeitmarkierung f
~-**rock unit** s. ~-stratigraphic unit
~ **section** Zeitschnitt m
~ **series** Zeitreihe f
~ **sharing** Simultanbearbeitung f
~-**stratigraphic unit** stratigrafische Gliederungseinheit f *(z.B. System, Serie, Stufe)*
~-**subsidence curve** Senkungs-Zeit-Kurve f
~ **tie** Zeitabschluß m
~ **variation** zeitliche Variation f
~ **window** Zeitfenster n
~ **zone** Zeitzone f
timer lines Zeitmarken fpl *(Seismogramm)*
Timiskaming Timiskaming n *(oberes Altpräkambrium in Nordamerika)*
tin Zinn n, Sn
~-**bearing** zinnführend, zinnhaltig
~ **buddle** Zinnwäsche f
~ **deposit** Zinnlagerstätte f
~ **floor** unregelmäßig verteiltes Zinnerz n
~ **gravels** Zinngraupen fpl
~ **lode** Zinnerzgang m
~ **mine** Zinnbergwerk n
~ **mining** Zinnbergbau m
~ **ore** s. cassiterite
~ **placer** Zinnseife f
~ **pyrite** Zinnkies m, Stannin m, Cu_2FeSnS_4
~-**smelting plant** Zinnhütte f
~ **spar (stone)** s. cassiterite
~ **stuff** rohes Zinnerz n, Zinnzwitter m *(mit Gangart verwachsenes Zinnerz)*
~-**white cobalt** s. smaltite
~-**witts** Zinnkonzentrat n *(noch unrein)*
~ **wood** Holzzinn n *(radialfasriger Zinnstein)*
~ **works** Zinnhütte f
~ **yield** Zinnausbringen n
tincalconite Tinkalkonit m, $Na_2[B_4O_5(OH)_4] \cdot 3H_2O$
tinder ore s. jamesonite
tinguaite Tinguait m *(Alkalisyenit)*
tinker *(sl)* kohlenstoffhaltiger Schiefer m
tinning Zinnbergbau m
tinny zinnartig, zinnhaltig

tinticite

tinticite Tinticit m, $Fe_3[(OH)_3](PO_4)_2] \cdot 3H_2O$
tinzenite Tinzenit m, Axinit m (s.a. axinite)
Tioughniogan [Stage] Tioughnioga n (Stufe, Givet in Nordamerika)
tip up/to hochkippen, abkippen
tip Halde f
tipped gekippt, schräggestellt
tipper 1. Kippe f; 2. Wiese-Pfeil m (Geomagnetik)
tipping downslope of the outcrops Hakenwerfen n der Schichten
~ **movement** Kippbewegung f
~ **of the blocks** Schollenabkippung f
tirr Abraumdecke f im Steinbruchbetrieb (Schottland)
titanaugite Titanaugit m (mit 3–5% TiO_2)
titanic iron ore s. ilmenite
~ **schorl** s. rutile
titaniferous titanführend, titanhaltig
titanite Titanit m, $CaTi[O|SiO_4]$
titanium Titan n, Ti
~ **ore** Titanerz n
titanomagnetite Titanomagnetit m (Mischkristall von Magnetit und Ulvit)
titanomorphite Titanomorphit m (Zersetzungsprodukt von Rutil und Ilmenit)
titanous titanhaltig
Tithonian [Stage] Tithon n (hangende Stufe des Malms, Tethys)
T. L. s. transmitted light
Toadian Toad[ien] n (Skyth bis unteres Ladin, Nordamerika)
toad's eye [tin] Holzzinn n (radialfasriger Zinnstein)
toadstone (sl) Melaphyr m, Basaltporphyr m
Toarcian [Stage] Toarc[ien] n, Toarcium n (hangende Stufe des Lias)
tobermorite Tobermorit m, $Ca_5H_2[Si_3O_9]_2 \cdot 4H_2O$
toe failure Basisbruch m
~-**nail** schaufelförmige Kluft f
~ **of a hole** Bohrlochtiefstes n
~ **of stope** Feldortsstoß m, Ortsbrust f
~ **of the bank** Fuß m der Bruchwand
~ **of the dam** Dammfuß m
~ **set** Sohlblatt n (Schichtung)
token kleines Flöz, das ein großes anzeigt
tombolo Inselnehrung f, Landspitze f, angegliederte Halbinsel f; Sandbank f zwischen Insel und Festland
Tommotian [Stage] Tommot n (Stufe, Unterkambrium Sibiriens)
ton Tonne f (SI-fremde Einheit der Masse)
tonalite 1. Tonalit m; 2. Quarzdiorit m
tongue 1. Keil m; 2. Landzunge f, Landspitze f
~ **of ice** Eiszunge f
tonguelike basin Zungenbecken n
tonnage of a mine Förderleistung f eines Bergwerks
tool joint Gestängezugverbinder m
~ **marks** Gegenstandsmarken fpl (Sedimentgefüge)
~ **pusher** Oberbohrmeister m, Bohrmeister m

~ **withdrawal** Aufholen n des Bohrwerkzeugs
tooth Schloßzahn m (bei Fossilgehäusen)
~-**bearing bone** zahntragender Knochen m, Dentale n
~ **enamel** Zahnschmelz m, Dentin n
top 1. Oberkante f (einer geologischen Einheit); 2. Scheitel m (eines Salzstocks); 3. Firste f, Dach n
~-**bottom determination** Geopetalgefüge n
~ **coal** oberste Kohlenschicht f; Flözoberkate f (Kohle)
~ **heading** Firststrecke f
~ **layer** oberste Schicht f; Oberbank f (eines Flözes)
~ **of clouds** Wolkenobergrenze f
~ **part** oberster Teil m
~ **pressure** Scheiteldruck m, Firstendruck m
~ **seal** Hangendsperre f
~-**set beds** Dachschichten fpl (bei Deltaschichtung)
~ **side** Oberkante f
~ **slicing** Scheibenbruchbau m, abwärts geführter Querbruchbau m
~ **soil** Ackerkrume f
~ **view** Aufsicht f (bezogen auf die Projektionsebene)
~ **wall** Hangendes n
~ **water** Hangendwasser n (bei Erdgas- oder Erdölbohrungen)
~ **water level** Stauhöhe f
topaz Topas m, $Al_2[F_2|SiO_4]$
~ **quartz** Zitrin m (s.a. quartz)
~ **tock** s. topazfels
topazfels Topasfels m (brekzisiertes Kontaktgestein mit Topas)
topazite Topasit m (Ganggestein mit Quarz und Topas)
topazization Topasbildung f
topazolite Topazolith m, gelber Granit m
topazoseme Topas-Quarz-Turmalin-Gestein n
toph, tophin s. tophus
tophus Kalktuff m
topmost slice obere Abbauscheibe f
topographic[al] topografisch
~ **catchment area** oberirdisches Einzugsgebiet n
~ **chart** Geländekarte f
~ **contour [line]** Isophyse f, Höhen[schicht]linie f
~ **correction** topografische Reduktion f (Gravimetrie)
~ **divide** oberirdische Wasserscheide f
~ **drawing** Kartenskizze f
~ **drawing board** topografischer Meßtisch m
~ **features** Terrainbeschaffenheit f
~ **forms** Erdoberflächenformen fpl
~ **map** Geländekarte f
~ **reconnaissance** Landesaufnahme f
~ **relief** topografisches Relief n
~ **sketch** Terrainskizze f
~ **survey** Geländeaufnahme f, Erdvermessung f

Tournaisian

~ **unconformity** topografische Diskordanz f
topographically prominent im Gelände hervortretend
topography Topografie f, Oberflächengestaltung f
~ **of the sea bottom** Gestaltung f des Meeresbodens
topotropic analysis Achsenverteilungsanalyse f
topotype Topotypus m *(Fundstück vom Ort des Holotypus)*
topped durch Bohrung angetroffen
topset 1. Schelfaufschüttung f, Ablagerung f auf dem Schelf; 2. Dachschicht f, Deckschicht; Deltaschicht f
~ **beds** obere Schichten fpl von Deltaablagerungen
topsoil Erdkrume f, Ackerkrume f, Bodenkrume f, Mutterboden m, Dammerde f
topspit Deckschutt m, Deckgebirge n
tor Härtling m, Felsburg f, hoher felsiger Hügel m
torbanite Torbanit m *(Bogheadkohle von Torbane Hill, Schottland)*
torbernite Torbernit m, Kupferuranglimmer m, $Cu[UO_2|PO_4]_2 \cdot 10(12-8)H_2O$
torch peat Pollentorf m
tornadic Tornado...
tornado Tornado m, Wirbelsturm m
~ **cloud** Tornadowolke f
~ **vortex** Tornadowirbel m
törnebohmite Törnebohmit m, $(Ce, La, Al)_3[OH|(SiO_4)_2]$
torose wulstig
~ **load cast** wulstige Belastungsmarke f
torpedoing Torpedierung f *(der Verrohrung von Ölbohrungen in Förderhorizonten)*
torque Drehmoment n
~ **failure** Verdrehungsbruch m
~ **loading** Drehbelastung f
Torrejonian [Stage] Torrejonien n *(Wirbeltierstufe des Paläozäns in Nordamerika)*
torrent Gießbach m, Sturzbach m, Wildbach m
~ **control work** Wildbachverbauung f
~ **deposit** Wildbachablagerung f
~ **-laid** in schnellfließendem Wasser abgelagert
~ **of lava** Lavastrom m
~ **of melt water** Schmelzwasserstrom m
~ **of mud** Schlammstrom m, Murgang m *(Vulkanismus)*
~ **[of] rain** Platzregen m, Wolkenbruch m
~ **regulation** Wildbachverbauung f
torrential gießbachartig
~ **cross-bedding** Schichtflutkreuzschichtung f
~ **downpour** Regenguß m, Sturzregen m
~ **fan** Murkegel m
~ **mountain stream** s. ~ stream
~ **rain** Wolkenbruch m, Platzregen m
~ **stream** Gießbach m, Sturzbach m, Wildbach m
~ **wash** Murgang m, Murbruch m

torreyite Torreyit m, $(Mg, Zn, Mn)_7[(OH)_{12}|SO_4] \cdot 4H_2O$
torrid zone heiße (tropische) Zone f
Torridonian Sandstone Torridon-Sandstein m
torsion Torsion f, Verdrehung f, Drillung f
~ **balance** Drehwaage f
~ **failure** Torsionsbruch m
~ **fold** Korkenzieherfalte f
~ **modulus** Torsionsmodul m
~ **seismometer** Torsionsseismograf m, Torsionsseismometer n
~ **stress** Torsionsspannung f
torsional stress Torsionsspannung f
torso mountain Restberg m
Tortonian [Stage] Torton[ium] n *(Stufe des Miozäns)*
tortuosity Tortuosität f
total depth Endteufe f
~ **displacement** wahre Schublänge f, flache allgemeine Sprunghöhe f
~ **eclipse** totale Finsternis f
~ **heave** streichende Sprungweite f
~ **intensity** Totalintensität f
~ **lunar eclipse** totale Mondfinsternis f
~ **output** Gesamtausbeute f, Gesamtertrag m
~ **porosity** Gesamtporosität f
~ **radiation** Gesamtstrahlung f, Globalstrahlung f
~ **recovery** Gesamtausbeute f, Gesamtertrag m
~ **reflection** Totalreflexion f
~ **refraction** totale Brechung f
~ **reserve** Gesamtvorrat m
~ **rock sample** Gesamtgesteinsprobe f
~ **soil moisture capacity** Gesamtwasserkapazität f des Bodens
~ **solar eclipse** totale Sonnenfinsternis f
~ **thickness** Gesamtmächtigkeit f
~ **throw** flache Sprunghöhe f
~ **time** Gegenzeit f, Gesamtlaufzeit f
totalizator Totalisator m *(Niederschlagsmesser)*
touchstone Lydit m, schwarzer Kieselschiefer m, Probierstein m
tough zäh; sprödbruchunempfindlich
~ **silt** steifer Schluff m
toughness Zähigkeit f; Sprödbruchunempfindlichkeit f
tour Rohrtour f
~ **report** Bohrbericht m
tourmaline Turmalin m *(komplexes Borosilikat)*
~ **-bearing** turmalinführend
~ **granite** Turmalingranit m
~ **rock** s. tourmalite
~ **schist** Turmalinschiefer m
~ **sun** Turmalinsonne f
tourmalinic turmalinartig, turmalinhaltig
tourmalinization Turmalinisierung f
tourmalinize/to turmalinisieren
tourmalite Turmalin-Quarz-Gestein n
Tournaisian [Stage] Tournai n *(Stufe des Unterkarbons)*

tournhouse 360

tournhouse *(sl)* Gangmasse *f*
tower 1. Turm *m*; 2. *s.* tour
~ karst Turmkarst *m*
towering cloud Wolkenturm *m*
township *(Am)* kartografisch festliegende quadratische Flächen von 6 Meilen Basislänge. Die Township ist in 36 Sections mit je einer Quadratmeile Flächeninhalt unterteilt. Gesamtfläche = 36 Quadratmeilen = 93,2360 km²
toxic element toxisches (giftiges) Element *n*
trace a bed/to eine Schicht [an der Oberfläche] verfolgen
trace Spur *f*
~ amount Spurengehalt *m* *(im Grundwasser)*
~ analysis Spurenuntersuchung *f*, Spuranalyse *f* *(der tatsächlichen Laufzeiten der Einsätze für jede Spur)*
~ element Oligoelement *n*, Spurenelement *n*
~ fossil Spurenfossil *n* *(Ichnologie)*
traceable nachweisbar
tracer Tracer *m*, Markierungsstoff *m*
~ element Spurenelement *n*
traces Schnittlinien *fpl*, Kreuzlinien *fpl*
~ of life Lebensspuren *fpl*
~ of natural gas Erdgasspuren *fpl*
~ of oil Ölspuren *fpl*
trachea Trachee *f*
trachyandesite Trachyandesit *m*
trachybasalt Trachybasalt *m*
trachyostracous dickschalig
trachyte Trachyt *m*
~ tuff Trachyttuff *m*
trachytic trachytisch
trachytoidl[al] trachytartig
track Trittsiegel *n* *(Ichnologie)*
~ level Fördersohle *f*
~ width Feld[es]breite *f*
trackway Fährte *f* *(Ichnologie)*
traction Bodentransport *m* *(von Sediment in fließendem Wasser)*
~ load Bodenlast *f*, Schleppplast *f*, Geschiebelast *f*, Geschiebefracht *f* *(eines Flusses)*
tractional load *s.* traction load
tractive force Schleppkraft *f* *(des Wassers)*
trade [wind] Passat[wind] *m*
~-wind belt Passatgürtel *m*
~-wind current Passatwindströmung *f*
trafficability ingenieurgeologische Verkehrsbelastbarkeit *f*, Begehbarkeit *f* *(eines Geländes)*
trail Schleifspur *f*, Kriechspur *f*, Gleitspur *f*
~ of the fault Harnischmylonit *m* mit Verschiebungsrichtung einer Verwerfung
trailed fault an einer älteren Störung abgelenkte jüngere Störung *f*
trailer Nachbeben *n*, Nachläufer *m*
trailway *s.* trackway
train 1. Spur *f*, Furche *f*, Rinne *f*; 2. Schweif *m*, Meteorschweif *m*
~ of stone Blockstrom *m*
training set Ensemble genau definierter Bodenobjekte, das zur Eichung von Fernerkundungsdaten verwendet wird

trajectories of the principal stresses Hauptspannungstrajektorien *fpl*
trajectory Flugbahn *f*
tramble/to waschen *(Erz)*
tranquillity Ruhe *f* *(eines Vulkans)*
transcurrent fault Blattverschiebung *f*, Seitenverschiebung *f*, transversale Horizontalverschiebung *f*
~ fault system Blattverschiebungssystem *n*, Seitenverschiebungssystem *n*
transducer Geber *m*, Fühler *m*; Übertrager *m*
transference of load Lastübertragung *f*
transform faulting Seitenverschiebung *f* durch Dehnung *(im zentralen Bereich der ozeanischen Rücken)*
transformation Transformation *f*, Feldtransformation *f*
transformational breccia Einsturzbrekzie *f* *(in Auslaugungsgebieten)*
transformed into peat vertorft
~ wave transformierte Welle *f*, Wechselwelle *f* *(Seismik)*
transgress/to transgredieren
transgressing transgredierend
~ sea transgredierendes Meer *n*
transgression Transgression *f*
~ sea Transgressionsmeer *n*
transgressive transgressiv
~ overlap transgredierende Lagerung *f*
~ stratum transgredierende Schicht *f*
~ superposition transgressive Lagerung *f*
transient Impuls *m*, Stoß *m*
~ electromagnetic method Feldaufbaumethode *f* *(elektromagnetisches Verfahren mittels Einschaltströmen)*
~ flow instationäre Strömung *f*
~ pressure behaviour instationärer Druckverlauf *m*
~ response Einschwingvorgang *m* *(z.B. eines Seismografen)*; [integrierte] Impulsantwort *f*
~ wave Einschwingwelle *f* *(Seismik)*
transit theodolite Theodolit *m* *(mit geringerer Genauigkeit)*
~ time 1. Laufzeit *f*; Übergangszeit *f*, Übertragszeit *f* *(Seismik)*; 2. Durchgangszeit *f* *(Astronomie)*
~ time measurement Laufzeitmessung *f*
transition bed Übergangsschicht *f*
~ belt Übergangszone *f*
~ bog Übergangsmoor *n*
~ facies Übergangsfazies *f*
~ regime Übergangsregime *n* *(zwischen unterem und oberem Fließregime)*
transitional zone Übergangszone *f*
translation Translation *f*
~ banding (gliding striae) Translationsstreifung *f*
~ grating Translationsgitter *n*
~ group Translationsgruppe *f*
~ lattice Translationsgitter *n*
~ plane Translationsfläche *f*
translational, translatory translatorisch

~ **fault** Parallelverwerfung *f*
~ **shift** Parallelverschiebung *f*
translucence, translucency Lichtdurchlässigkeit *f*
translucent durchscheinend, durchsichtig
~ **at [the] edges** kantendurchscheinend
~ **attritus** *(Am)* Attritus *m (im Dünnschliff der Kohlen lichtdurchlässiges organisches Material)*
~ **edges/with** kantendurchscheinend
~ **humic degradation matter** *s.* degradinite
translunar translunar, jenseits des Mondes
transmissibility Transmissibilität *f*, Wasserleitfähigkeit *f*, Durchlässigkeitsvermögen *n*, Profildurchlässigkeit *f*
transmission constant K-Wert *m (Hydrologie)*
~ **electron microscope** Durchstrahlungselektronenmikroskop *n*
~ **rate** vertikale Strömungsrate *f*
transmissivity Durchlässigkeit *f (Permeabilität × Schichtdicke)*
transmittance curve Durchlaßcharakteristik *f*, Transmissionskurve *f*
transmitted light Durchlicht *n*
~ **polarized light** durchfallendes polarisiertes Licht *n*
transmitter 1. Transmitter *m*, Meßwandler *m*; 2. Sender *m*
transparency 1. Durchsichtigkeit *f*, Transparenz *f*; 2. durchfallendes Licht *n*, Durchlicht *n*; 3. Mutterpause *f*
transparent durchsichtig, transparent, durchscheinend
~ **cut** Dünnschliff *m*
~ **on edges** kantendurchscheinend
~ **positive original** Mutterpause *f*
transport Verfrachtung *f*
~ **of detritus** Geschiebeführung *f (eines Flusses)*
~ **of solutes** Beförderung *f* von gelösten Stoffen
transportation Transport *m*
transportational agents Transportkräfte *fpl*
transported soil Absatzboden *m*, Kolluvialboden *m*, sekundärer (allochthoner) Boden *m*
transporting capacity Transportfähigkeit *f*
transposition Umscherung *f*
transuranic (transuranium) elements Transurane *npl*
transversal wave Transversalwelle *f (Seismik)*
transverse transversal
~ **anticline** Quersattel *m*
~ **crevasse** Querspalte *f (eines Gletschers)*
~ **dune** Querdüne *f*
~ **earthquake** Transversalbeben *n*
~ **expansion** Querdehnung[sziffer] *f*
~ **extension** Querdehnung *f*
~ **fault** Querverwerfung *f*, transversale Horizontalverschiebung *f*
~ **fissure** Querspalt *m*
~ **folding** Querfaltung *f*
~ **gallery** Querstrecke *f*

~ **heading** Querschlag *m*
~ **joint** Transversalkluft *f*
~ **lamination** Transversalschieferung *f*
~ **mica** Querglimmer *m*
~ **rift** Querspalte *f*
~ **ripple marks** Transversalrippeln *fpl*
~ **scour mark** transversale Kolkmarke *f*
~ **section** Querprofil *n*, Querschnitt *m*
~ **shear** *s.* ~ **thrust**
~ **stress** Biegebeanspruchung *f*, Biegespannung *f*
~ **stylolite** Horizontalstylolith *m*
~ **thrust** Horizontalverschiebung *f*, Seitenverschiebung *f*, Blattverschiebung *f*
~ **valley** Durchbruchstal *n*
~ **valley profile** Querprofil *n* eines Tals
~ **wave** Transversalwelle *f*
trap 1. Falle *f (für Öl oder Gas)*; 2. *s.* traprock
~-**down** *s.* downthrow
~ **flow** Trappdecke *f*
~ **sandstone** Grauwackensandstein *m*
~-**shotten gneiss** pseudotachylitischer Gneis *m*
~-**up** *s.* upthrow
trapezohedral trapezoedrisch
trapezohedron Trapezoeder *n*
trapezoid Trapezoid *n*
trapezoidal trapezoidförmig
~ **coal (lignite)** Moorkohle *f*
trappean die Eigenschaft von Trapp besitzend
~ **rock** Trappfels *m*
trapped oil akkumuliertes Erdöl *n*
~-**radiation region** Strahlungsgürtel *m (der Erde)*
trappoid trappartig
traprock Trapp *m*, Deckenbasalt *m*, Flutbasalt *m*, Plateaubasalt *m*
trascite Traskit *m*, $Ba_5FeTi[(OH)_4|Si_6O_{18}]$
trash Abraum *m*
~ **line** Spülsaum *m*, Wellenlinie *f*
trass Traß *m*, Tuffstein *m*
travel/to migrieren
travel Migration *f*
~ **of the oil** Ölmigration *f*
~ **time** Laufzeit *f*
~-**time curve** Laufzeitkurve *f*
~ **time of sound** Schallaufzeit *f (Seismik)*
travelled erratisch
travelling dune Wanderdüne *f*
~ **limit angle** dynamischer Grenzwinkel *m*
~ **rig** fahrbare Bohranlage *f*
~ **wave** fortschreitende Welle *f*, Wanderwelle *f*
traverse Traverse *f (*1. Meßlinie; 2. Serie von verbundenen Profilen)
travertine Travertin *m*, Kalktravertin *m*, Kalktuff *m*
tray Trog *m*, Waschtrog *m*; Trog *m*, Mulde *f*
treasure box reiches Erznest *n*, Erzfall *m*
treat/to 1. bearbeiten; verarbeiten; 2. aufbereiten, verhütten
treatment 1. Bearbeitung *f*; Verarbeitung *f*; 2. Aufbereitung *f*, Verhüttung *f*

treatment 362

~ **of water** Wasseraufbereitung f
~ **with silicate** Verkieseln n
trechmannite Trechmannit m, $Ag_2S \cdot As_2S_3$
tree agate Baumachat m (s.a. chalcedony)
~ **fern** Baumfarn m
~ **line** [obere] Baumgrenze f
~ **steppe** Baumsteppe f
~ **stump** Baumstubben m
~ **trunk** Baumstamm m
treeless baumlos
treelike crystal Dendrit m
trellis drainage pattern gitterförmiges Flußnetz n
trellised drainage spalierartiges Entwässerungssystem n
~ **pattern** rostförmige Anordnung f
Tremadoc [Stage] s. Tremadocian
Tremadocian [Stage] Tremadoc m (Stufe des Unterordoviziums)
tremble/to beben
trembling bog Schwingmoor n, Schwingwiese f
~ **of the ground** Bodenerschütterung f
tremolite Tremolit m, $Ca_2Mg_5[(OH, F)|Si_4O_{11}]_2$
tremor Erschütterung f
Trempealeauan [Stage] Trempealeauen n (Stufe im Grenzbereich Kambrium/Ordovizium und Unteres Ordovizium in Nordamerika)
trench 1. Tiefseegraben m; 2. Verschluckungszone f [konvergierender Platten]; 3. Einschnitt m, Graben m, Schürfgraben m
~ **along roads** Straßeneinschnitt m
~ **fault** Graben m, Tiefscholle f
~ **gap** Bewegungsbahn f (Spalte an einer Verschluckungs- oder Subduktionszone)
trenchlike gorge Klamm f
trend/to streichen
trend 1. Streichen n, Streichrichtung f; 2. Trend m (als mathematische Funktion)
~ **analysis** Trendanalyse f
~ **coefficient** Trendkoeffizient m
~ **curve** Trendkurve f
~ **function** Trendfunktion f
~ **hypersurface** Trendhyperfläche f
~ **of beds** Schichtstreichen n
~ **of evolution** Entwicklungsrichtung f
~ **of folding** Faltungsstreichen n
~ **residual** Trendrest m, Restwert m eines Trends (Differenz zwischen Beobachtungsergebnis und Trendfunktion)
~ **surface** Trendfläche f
~-**surface analysis** Trendflächenanalyse f, Flächentrendanalyse f
~-**surface map** Trendflächenkarte f
~-**surface mapping** Trendflächenabbildung f, Trendflächenkonstruktion f
~ **with orthogonal polynomials** Trend m mit orthogonalen Polynomen
Trentonian [Stage] Trenton n (Stufe des Champlainiens in Nordamerika)
trevorite Trevorit m, $NiFeO_4$
triad dreizählige Symmetrieachse f

trial Probe f
~ **borehole** Versuchsbohrloch n
~ **boring** Versuchsbohrung f, Probebohrung f
~ **drilling** s. ~ boring
~ **heading** Untersuchungsstrecke f
~ **pit** Schürfgrube f, Schürfloch n, Schürfschacht m
~ **pumping** Probeabsenkung f (Hydrologie)
triangular overfall Dreiecksüberfall m (Wassermengenmessung)
triangulation Triangulierung f
~ **net** Triangulationsnetz n
~ **station** trigonometrischer Festpunkt m
Triassic triassisch
Triassic Trias f, Triassystem n (chronostratigrafisch); Trias[periode] f (geochronologisch); Trias[zeit] f (allgemein)
~ **Age** Trias[zeit] f
~ **Period** Trias[periode] f
~ **System** Trias f, Triassystem n
triaxial [compression] cell Triaxialgerät n, dreiaxiale Druckzelle f
~ **compression test** dreiaxialer Druckversuch m
~ **loading** Triaxialbelastung f
~ **stress** dreiachsiger Spannungszustand m
~ **test** dreiaxialer Drehversuch m
tributary Zu[bringer]fluß m, Nebenfluß m
~ **canyon** Zweigcañon m, Nebencañon m
~ **glacier** Seitengletscher m
~ **ravine** Nebenschlucht f
tributor Goldgräber m
trichalcite Trichalcit m, $Cu_3[AsO_4] \cdot 5H_2O$
trichroic trichroitisch, pleochroitisch
trichroism Trichroismus m, Pleochroismus m
trickle down[ward]/to herabrinnen, herabtröpfeln
trickling Rinnsal n
~ **water** Tropfwasser n
triclinic triklin[isch]
~ **system** triklines System n
triclinicity Triklinität f
tricone rock bit Dreirollenmeißel m
tridymite Tridymit m, SiO_2
trifted snow Schneeverwehung f
trigger Auslöseimpuls m
~ **bit** Vierrollenmeißel m
~ **pulse** Auslöseimpuls m
triggering Auslösung f (eines Vorgangs)
trigonal trigonal
trigonite Trigonit m, $Pb_3MnH[AsO_3]_3$
trigonometrical point trigonometrischer Punkt m
~ **station** trigonometrische Station f
trihedral triedrisch, dreiflächig
trihedron Trieder n, Dreiflächner m
trilling Drilling m (Kristallverwachsung aus drei Individuen)
trilobate[d], trilobed dreilappig
trilobite Trilobit m
trimacerite Trimacerit m (Kohlenmikrolithotyp, Arten: Duroclarit, Vitrinertoliptit, Clarodurit)

trimerite Trimerit m, $CaMn_2[BeSiO_4]_2$
trimetric system s. orthorhombic system
trimorph[ic] trimorph
trimorphism Trimorphismus m
trimorphous trimorph
Trinidad pitch Trinidadasphalt m
trinkerite Trinkerit m *(fossiles Harz)*
trip Bohrmarsch m
~ **gas** bei Zirkulationsstillstand angesammeltes Gas n
tripestone gewundene Anhydritkonkretion f, Gekrösegips m, Schlangengips m
triphane s. spodumene
triphylite Triphylin m, $Li(Fe, Mn)[PO_4]$
triple point Tripelpunkt m, Dreiphasenpunkt m
triplet Triplet n *(Verfahren mit drei Ablesungen)*
triplite Triplit m, Eisenpecherz n, $(Mn, Fe)_2[F|PO_4]$
triploidite Triploidit m, $(Mn, Fe)_2[OH|PO_4]$
tripoli 1. Tripoli m *(Gestein aus silikatischen Verwitterungsrückständen)*; 2. Tripel m, Tripelerde f, Polierschiefer m
~ **earth (powder)** Tripel m, Tripelerde f
tripolite s. tripoli 1.
trippkeite Trippkeit m, $CuAs_2O_4$
tripton Tripton n *(organischer Detritus)*
tripuhyite Tripuhyit m, $FeSb_2O_6$
triradiate dreistrahlig
tritiated water tritiiertes (tritiumangereichertes) Wasser n
tritium Tritium n
tritomite Tritomit m *(Th-, Ce-, Y-, Ca-Borosilikat)*
triturate/to zerreiben, pulverisieren
trituration Zerreibung f, Pulverisierung f
troctolite Troktolith m, Forellenstein m *(Varietät von Gabbro)*
trögerite Trögerit m, $(H_3O)_2[UO_2|AsO_4]_2 \cdot 6H_2O$
trogtalite Trogtalit m, $CoSe_2$
troilite Troilit m, FeS *(Meteoritenmineral)*
trolleite Trolleit m, $Al_4[OH|PO_4]_3$
trolley trogförmige Schichtendepression f
trolly s. trolley
trommel Waschtrommel f, Sortiertrommel f
Trompeter's zone Trompetersche Zone f
trona Trona f, $Na_3[CO_3]_2 \cdot 2H_2O$
trondhjemite Trondhjemit m *(granitisches Tiefengestein)*
troostite Troostit m *(Varietät von Willemit)*
tropic tropisch *(s.a. tropical)*
tropic Wendekreis m
~ **of Cancer** Wendekreis m des Krebses
~ **of Capricorn** Wendekreis m des Steinbocks
tropical tropisch
~ **climate** tropisches Klima n, Tropenklima n
~ **cyclone** tropischer Wirbelsturm m
~ **forest** Tropenwald m
~ **forest bog** Tropenwaldmoor n
~ **podzol** tropischer Podsolboden m
~ **primeval forest** tropischer Urwald m

tropics Tropen pl
troposphere Troposphäre f, Wolkenzone f
trouble tektonische Störung f *(allgemein und im Kohlenflöz)*
troubled ground gestörtes Gebirge n
trough 1. Trog m, tektonische Mulde f, Einbruchsbecken n; 2. Tiefdruckrinne f
~ **axis** Trogachse f
~ **core** Muldenkern m
~ **cross stratification** Muldenschichtung f, bogige (schaufelförmige, synklinale) Schrägschichtung f
~ **fault** Verwerfungsgraben m, Grabensenke f, Grabenbruch m, gegensinnig fallendes Störungspaar n
~ **limb** Muldenschenkel m *(einer Falte)*
~ **of a syncline** Muldentiefstes n
~ **of a wave** Wellental m
~**-shaped** muldenartig, trogförmig
~**-shaped valley** s. ~ valley
~ **valley** Trogtal n, Muldental n
troughlike wannenförmig
troutstone Forellenstein m *(s.a. troctolite)*
troy weight Edelmetallgewicht n
trub Kohleschiefer m
truck rig auf schwerem LKW montiertes Bohrgerät n
trudellite Trudellit m, $Al_{10}[OH]_4|Cl_4|SO_4]_3 \cdot 30H_2O$
true-amplitude recovery Wiederherstellung f der wahren Amplitude
~ **anomaly** wahre Anomalie f
~ **azimuth** echter Azimut m
~ **bedding** Normalschichtung f
~ **cleavage** Kristallisationsschieferung f
~ **dip** wahres Einfallen n
~ **fold** s. flexure fold
~ **ground-water velocity** Filtergeschwindigkeit f
~ **lode** s. fissure vein
~ **loess** Primärlöß m
~ **meridian** wahrer Meridian m
~ **north** geografisch Nord
~ **resistivity** wirklicher elektrischer Widerstand m *(z.B. einer Formation)*
~ **thickness** wahre Mächtigkeit f *(einer Schicht)*
~ **top** wahre Oberkante f
~ **vein** s. fissure vein
truffite Lignit m *(mit Trüffelgeruch)*
trumpet-shaped trompetenförmig
truncated 1. abgetragen *(Erosion)*; 2. abgestumpf *(Kristalle)*; 3. fortgeschwemmt, abgeschwemmt, weggespült
~ **fold** Faltenrumpf m
~ **upland** Rumpfgebirge n, Rumpfscholle f
truncation 1. Abtragung f *(Erosion)*; 2. Abstumpfung f *(Kristalle)*; 3. Fortschwemmung f
~ **effect** Abbruchfehler m
~ **trap** Transgressionsfalle f
trunk sheet Stammdecke f
~ **stream** Hauptfluß m
truscottite Truscottit m, Reyerit m, $Ca_2[Si_4O_{10}] \cdot H_2O$

truth 364

truth radiometer Radiometer n zur Messung der wahren Objektstrahlung
tscheffkinite Tscheffkinit m, Tschevkinit m, $(Ce, La)_2Ti_2[O_4|Si_2O_7]$
tschermakite Tschermakit m, $Ca_2Mg_3(Al, Fe)_2[(OH, F)_2|Al_2Si_6O_{22}]$
Tschermak's molecule s. Ca-Tschermak's molecule
tschermigite Tschermigit m, Ammonalaun m, $NH_4Al[SO_4]_2 \cdot 12H_2O$
tschkalowite Tschkalowit m, $Na_2[BeSi_2O_6]$
tsumebite Tsumebit m, $Pb_2Cu[(OH)_3|PO_4] \cdot 3H_2O$
tsunami Flutwelle f, Springwelle f
tub washing Setzwäsche f (von Erzen)
tubbing support Tübbingausbau m
tube 1. Rohr n, Röhre f; 2. Schlot m
~ **feet** Ambulakralfüße mpl (Echinodermata)
~ **of flow** Stromröhre f
tubelike röhrenartig
tubicolar annelids (worms) Röhrenwürmer mpl
tubing Steigrohr n
~ **string** Fördertour f
tubular röhrenartig
~ **spring** Rundnischenquelle f, Karstquelle f
~ **structure** röhrenförmiges Gefüge n
tubulous röhrenartig
tufa Tuff m (sedimentär)
~ **deposit** Tuffablagerung f
~-**depositing** tuffablagernd
~ **rock** Tuffgestein n
tufaceous tuffartig, tufführend (sedimentären Tuff)
~ **concretion** Kalksinter m, Kalktuff m
~ **earth** Tufferde f
~ **limestone** Kalktuff m
~ **shale** Tuffschiefer m
tuff Tuff m (vulkanisch)
~ **balls** s. accretionary lapilli
~ **cone** vulkanischer Tuffkegel m, Tuffvulkan m
~-**depositing** tuffablagernd
~ **flow** s. ignimbrite
tuffaceous tuffartig, tufführend (vulkanischen Tuff)
tuffisite Tuffisit m (Mischgestein aus Tuff und Nebengesteinsfragmenten)
tuffite Tuffit m
tuffolava Tufflava f
tuffstone verfestiger Tuff m
tugtupite Tugtupit m, $Na_8[Cl_2|(BeAlSi_4O_{12})_2]$
tumbling bay Tosbecken n (einer Tasperre)
tumefy/to anschwellen, sich aufblähen (von Mineralen vor der Lötrohrflamme)
tumescence Aufwölbung f (bei vulkanischer Tätigkeit)
tumid schwellend, blähend
tumidity 1. Schwellung f; 2. Gehäusedicke f (von Fossilien)
tumulose mit kleinen Hügeln besetzt
tumulus Quellkuppe f, Lavadom m
tundra Tundra f

~ **polygons** Tetragonalboden m, Schachbrettboden m
~ **soil** Tundraboden m
tunellite Tunellit m, $Sr[B_6O_9(OH)_2] \cdot 3H_2O$
tungsten Wolfram n, W
~ **carbide button (insert) bit** Warzenmeißel m
~ **ore** Wolframerz n
tungstenic Wolfram...
tungsteniferous wolframhaltig
tungstenite Tungestenit m, WS_2
tungstic ochre s. tungstite
tungstite Tungstit m, Wolframocker m, $WO_2(OH)_2$
tunnel driving Durchstich m eines Tunnels
~ **erosion** unterirdische Erosion f
~ **face** Stollenmundloch n
~ **valley** Flußgewässer n unter dem Eis
tunneldale s. tunnel valley
tunnelling Tunnelbau m
~ **machine** Streckenvortriebsmaschine f
turanite Turanit m, $5CuO \cdot V_2O_5 \cdot 2H_2O$
turbary Torfgewinnungsstätte f, Torfstich m
turbid trübe (bei Kristallen)
turbidite Turbidit m
turbidity Trübung f (von Kristallen)
~ **current (flow)** Suspensionsstrom m, Trübestrom m
turbobit Turbinenmeißel m
turbodrilling Turbinenbohren n
turbulence Turbulenz f, Wirbelbildung f
turbulent turbulent, Wirbel...
~ **boundary layer** turbulente Grenzschicht f
~ **flow** turbulentes Fließen n, Turbulenzströmung f, Wirbelströmung f, Flechtströmung f
turf 1. Grasnarbe f, Rasen m; 2. Rasensode f; 3. Torf m, Torfballen m
~ **bed** Torfschicht f
~-**forming** torfbildend
~ **pit** Torfgrube f
~ **podzol** Moorpodsol m
turfed slope Rasenböschung f
turfy torfartig; torfreich; Torf...
~ **soil** Torfboden m
turkey shoot Vergleichsschießen n, Kontrollschießen n (Seismik)
turkis s. turquois
turmaline s. tourmaline
turn into vapour/to verdampfen, verdunsten
turn Ablenken n (z.B. einer Bohrung)
~ **of the tides** Flutwechsel m
turning angle of a percussion bit Umsetzwinkel m des Meißels
turntable Drehtisch m (bei Bohrungen)
Turolian [Stage] Turolium n (kontinentale Stufe des Pliozäns)
Turonian [Stage] Turon[ien] n, Turonium n (Stufe der Oberkreide)
turquois[e] Türkis m, $CuAl_6[(OH)_2|PO_4]_4 \cdot 4H_2O$
turritiform turmförmig
turtle-structure anticline Schildkrötenstruktur f (Salztektonik)

tusk Stoßzahn m
tussock Grasbüschel n
Tuvalian [Substage] Tuval n *(Unterstufe, Obere Trias, Tethys)*
tuyamunite s. tyuyamunite
twilight Dämmerung f, Zwielicht n; Abenddämmerung f
twilit dämmerig
twin Zwilling m *(Kristall)*
~-axis Zwillingsachse f
~ boundary Zwillingsgrenze f
~ crater Zwillingskrater m
~ crystal Zwillingskristall m
~ doline Zwillingsdoline f
~ formation Zwillingsbildung f
~ gliding Zwillingsgleitung f
~ hole Zwillingsbohrung f
~ plane Zwillingsfläche f, Zwillingsebene f
~ star Doppelstern m, Zwillingsstern m
~ volcano Doppelvulkan m
twinkling Flimmern n *(von Sternen)*
twinned verzwillingt
twinning Zwillingsbildung f, Verzwilligung f
~ lamellae Zwillingslamellen fpl
~ lamination due to pressure Druckzwillingslamellierung f
~ law Zwillingsgesetz n
~ plane Zwillingsfläche f, Zwillingsebene f
~ position Zwillingsstellung f
twist-off 1. Überdrehungsbruch m, Torsionsbruch m; 2. Gestängebruch m
twisted verdreht, gedreht
~ bomb gedrehte Bombe f
twister 1. Drehungskristall m, Drillingskristall m; 2. *(Am)* Tornado m
~ crystal Drehungskristall m, Drillingskristall m
twitch Gangverengung f, Gangverdrückung f
twith s. twitch
two-bell diving system Zwei-Glocken-Tauchsystem n
~-dimensional eben, zweidimensional
~-dimensional flow ebene Strömung f
~-dimensional trend Flächentrend m
~-layered doppelschichtig
~-phase flow Zweiphasenströmung f
~ string well Zweistrangfördersonde f
~-way multiple Vollwegmultiple f
~-way travel time Lotzeit f
twofold zweizählig *(Symmetrieachse)*
tychite Tychit m, $Na_6Mg_2[SO_4(CO_3)_4]$
type area Typusgebiet n
~ form Leitform f
~ fossil Leitfossil n
~ locality Typuslokalität f
~ of coal *(Am)* 1. Mikrolithotyp m; 2. Kohlenvarietät f; 3. Kohlenart f *(Rang)*
~ ot flow Strömungstyp m, Strömungszustand m
~ section Stratotyp m
~ specimen Typusart f *(Paläontologie)*
typhonic Taifun...

typhoon Taifun m
~ track Taifunbahn f
typomorphic typomorph
~ mineral Leitmineral n
tyrite s. fergusonite
tyrolite Tirolit m, $Ca_2Cu_9[(OH)_{10}(AsO_4)_4]\cdot 10H_2O$
tyrrellite Tyrrellit m, $(Cu, Co, Ni)_3Se_4$
tysonite Tysonit m, $(Ce, La)F_3$
tyuyamunite Tyuyamunit m, Tujamunit m, $Ca[(UO_2)_2|V_2O_8]\cdot 5-8^1/_2H_2O$

U

U-shaped valley Trogtal n, U-Tal n
uadi trockenes Tal n
ubiquitous element durchlaufendes (allgegenwärtiges) Element n
~ mineral Durchläufer m
udometer Regenmesser m
udometric Regenmessungs...
uhligite Uhligit m, $Ca(Zr, Ti)_2O_5$ mit Al_2TiO_5
uintahite s. gilsonite
Uintan [Stage] Uintan[ien] n *(Wirbeltierstufe des Eozäns in Nordamerika)*
ukrainite Ukrainit m *(Varietät von Monzonit)*
Ulatisian [Stage] Ulatisien n *(marine Stufe des Eozäns in Nordamerika)*
ulexite Ulexit m, Boronatrokalzit m, $NaCa[B_5O_6(OH)_6]\cdot 5H_2O$
uliginous schlammig, sumpfig, morastig
ullmannite Ullmannit m, Antimonnickelglanz m, NiSbS
ulmic acid Humussäure f
ulmification Vertorfung f
ulmin Humusgel n
ulminite Ulminit m *(Braunkohlenmaceral)*
ulmite Ulmit m *(Humussäure)*
ulmohumid acid s. ulmin
ulmous earth Humuserde f
~ substance Huminstoff m
Ulsterian [Series] Ulsterien n *(Serie des Devons, Unterdevon in Nordamerika)*
ultimate analysis Elementaranalyse f
~ elongation Bruchdehnung f
~ load Grenzlast f
~ production Gesamtproduktion f
~ recovery Gesamtausbeute f, Gesamtertrag m
~ stage Endstadium n
~ strength Bruchfestigkeit f
ultrabasic ultrabasisch
~ rock ultrabasisches Gestein n
ultrabasite Ultrabasit m *(s.a. diaphorite)*
ultradominant vorwiegend
ultrahaline hypersalin
ultramafic s. ultrabasic
ultrametamorphic ultrametamorph
ultrametamorphism Ultrametamorphose f
ultramylonite Ultramylonit m
ultramylonitic ultramylonitisch
ultrasonic drilling Ultraschallbohren n

ultrasonic

~ **flowmeter** Ultraschallströmungsmesser m
~ **impulse transmitter** Ultraschallimpulsgerät n
~ **wave** Ultraschallwelle f
ultrasonics, ultrasound Ultraschall m
ultraviolet imagery Ultraviolettaufnahmen fpl (Aufnahmen im ultravioletten Bereich des Spektrums)
ultraviolet lamp Ultraviolettlampe f, UV-Lampe f
ulvite Ulvit m, Fe_2TiO_4
umangite Umangit m, Cu_3Se_2
umber Umbra f (Mn-haltiger Ton)
umbilicus Nabel m
umbo Wirbel m, Schnabel m (von zweischaligen Fossilien)
umbra Schatten m (z.B. Erdschatten, Mondschatten); Kernschatten m; dunkler Teil m eines Sonnenflecks
umbral Schatten...
umohoite Umohoit m, $[UO_2|MoO_4] \cdot 4H_2O$
UMP s. Upper Mantle Project
umptekite Umptekit m
unaided eye unbewaffnetes (bloßes) Auge n
unaka Monadnock m
unaltered unverändert; unverwittert
~ **rock** frisches (gesundes) Gestein n
unassorted unklassiert
unbedded ungeschichtet, nicht geschichtet
unbiased sampling Probenahme f ohne systematischen Fehler, unverfälschte Probenahme f
unburnable unbrennbar
uncallow Abraum m, Deckgebirge n
uncased hole unverrohrtes Bohrloch n
uncleavable unspaltbar
unclouded unbewölkt
uncohesive nichtbindig
uncoil/to sich aufrollen (Evolutionsstadium von Ammoniten)
uncompacted unverfestigt
unconfined ground water ungespanntes Grundwasser n, Grundwasser n mit freier Oberfläche
unconformability of dip tektonische Diskordanz f, Winkeldiskordanz f
~ **of erosion** Erosionsdiskordanz f
~ **of overlap (transgression)** Transgressionsdiskordanz f
unconformable diskordant, ungleichförmig
~ **fold** disharmonische Falte f
unconformity Diskordanz f, Ungleichförmigkeit f
~ **by erosion** Erosionsdiskordanz f
~ **trap** Diskordanzfalle f
unconsolidated unverfestigt
~ **deposit** lockeres Gebirge n
~ **rock** Lockergestein n, unverfestiges (nichtbindiges) Gestein n
~ **strata** Lockergestein n; unverfestigtes (gebräches, loses) Gebirge n
uncontaminated sample unkontaminierte Probe f
uncover/to bloßlegen, freilegen; erschürfen

uncovering Bloßlegung f, Freilegung f; Erschürfen n
uncrystalline amorph.
uncrystallized nicht kristallisiert
unctuous fettig, seifig (Gestein)
~ **clay** schwerer (fetter) Ton m
undation Undation f
~ **theory** Undationstheorie f
undecayed unverwittert
undecomposable unzersetzbar
undecomposed unverwittert, unzersetzt
undeformed unverformt; ungestört
underclay Wurzelboden m, Basalton m im Flözliegenden
undercurrent Unterströmung f
undercut/to 1. unterschneiden, unterhöhlen, unterspülen; 2. schrämen
undercut slope Unterschneidungshang m, Prallhang m
undercutting 1. Unterschneidung f, Unterhöhlung f, Unterspülung f; 2. Schrämen n
underdrainage Dränung f, Dränage f, Trockenlegung f, Untergrundentwässerung f
underfit stream Kümmerfluß m
underflow Unterströmung f, Tiefenstrom m
undergauge hole verengtes Bohrloch n
undergo subsidence/to absinken
~ **uplift** gehoben werden
underground Untergrund..., unter Tage, unterirdisch
~ **combustion** In-situ-Verbrennungsprozeß m
~ **corrosion** Bodenkorrosion f
~ **dam** Untergrundstauwerk n
~ **detention time** Aufenthaltsdauer f im Boden (Grundwasser)
~ **drainage** unterirdische Entwässerung f
~ **drilling** Untertagebohren n
~ **flow of liquids** unterirdischer Abfluß m
~ **gas storage** Untergrundgasspeicherung f
~ **gasification** Untertagevergasung f, Vergasung f in der Lagerstätte
~ **hydroelectric plant** Kavernenkraftwerk n
~ **lake** Höhlensee m
~ **liquefaction** Verflüssigung f unter Tage
~ **milling** Untertageaufbereitung f
~ **mine drainage** untertägige Grubenentwässerung f
~ **mining** Untertagebau m, Tiefbau m
~ **operations** Untertagebetrieb m
~ **power station** Kavernenkraftwerk n
~ **seepage** Sickerströmung f, Grundwasserstromsickerung f
~ **stoping** Abbau m unter Tage
~ **storage** Untergrundspeicherung f
~ **storage chamber** Untergrundspeicher m
~ **stream** Höhlengerinne n
~ **surveying** Markscheiden n, Grubenaufnahme f
~ **surveyor** Markscheider m
~ **tapping** unterirdische Anzapfung f
~ **vaporization** Untertageverdampfung f

~ **water** Grundwasser *n*
~ **working** Grubenbau *m*
~ **workings** Untertagearbeit *f*, Grubenbaue *mpl*
underhand stoping Strossenbau *m*
underlain by unterlagert von, im Liegenden von
underlay lode geneigter Gang *m*
~ **shaft** tonnlägiger Schacht *m* im Liegenden eines Ganges
underlayer Unterschicht *f*
underlie/to unter [etwas] liegen, unterlagern
underlier 1. Sohle *f*; 2. *s.* underlay shaft
underlimb liegender Schenkel *m (einer Falte)*
underlying bed Liegendes *n*
~ **reservoir** Untergrundspeicher *m*
~ **rock** anstehendes Gestein *n*
~ **seam** liegendes Flöz *n*, Flöz *n* im Liegenden
~ **stratum** Liegendes *n*
~ **stratum of the ground water** Grundwassersohlschicht *f*
undermass Unterbau *m*
undermine/to unterhöhlen, unterwaschen
underneath ridge geologische Klippe *f*
underply Zwischenmittel *n* im unteren Teil eines mächtigen Flözes
underream/to nachbohren, nachräumen, unterschneiden
underreaming Nachbohren *n*, Nachräumen *n*, Unterschneiden *n*
undersaturated untersättigt
~ **rock** untersättigtes Gestein *n*
undersaturation Untersättigung *f*
undersea mining maritime Rohstoffgewinnung *f*, unterseeischer Abbau *m*
underseam Liegendflöz *n*
underseepage Sickerströmung *f*, Grundwasserstromsickerung *f*
underside Liegendscholle *f*, tiefer Flügel *m*
undersize Unterkorn *n*
undersoil Untergrund *m*
underthrust überkippt *(mehr als 180°)*
~ **fault[ing]** Schollenunterschiebung *f*
~ **sheet** Tauchdecke *f*
underthrusting Schollenunterschiebung *f*
undertow Sog *m (Brandung)*
underwall Liegendes *n*
underwash/to unterwaschen, unterspülen
underwashing Unterwaschung *f*, Unterspülung *f*
underwater completion Unterwasserkomplettierung *f*
undeveloped unerschlossen
undifferentiated ungespalten
~ **dike rock** aschistes (ungespaltenes) Ganggestein *n*
undisintegrated unverwittert
undisturbed ungestört
~ **bed** ungestörte Schicht *f*, ungestörtes Gestein *n*
~ **soil** Mutterboden *m*
~ **soil sample** ungestörte Bodenprobe *f*
~ **stratification** ungestörte Lagerung *f*

undulating wellig
undulation 1. Welligkeit *f*; 2. Undulation *f (Kristalloptik)*
undulatory undulatorisch, wellenförmig
~ **extinction** undulöse (undulierende) Auslöschung *f*
~ **motion** Wellenbewegung *f*
undulous *s.* undulatory
unearth/to ausgraben
unequally lobed *s.* heterocercal
unessential constituent unwesentlicher Gemengteil *m*
uneven fracture unebener Bruch *m*
~**-grained** ungleichmäßig körnig
unexploited field nicht aufgeschlossenes Feld *n*
unexplored area unaufgeschlossenes Gebiet *n*
unfaulted ungestört, nicht verworfen
unfilled porosity freie Porosität *f*
unfixed sand Treibsand *m*
~ **soil** unverfestigter Boden *m*
unfossiliferous fossilfrei
unfossilized nicht fossilisiert
unfused ungeschmolzen
ungemachite Ungemachit *m*, $K_3Na_9Fe[OH|(SO_4)_2]_3 \cdot 9H_2O$
unglaciated nicht vereist (vergletschert)
ungot coal seam unverritztes Kohlenflöz *n*
ungula Huf *m*, Ungula *f*
uniaxial einachsig
~ **crystal** einachsiger Kristall *m*
uniclinal monoklinal
uniform gleichförmig
~ **dilatancy** gleichförmige Dehnung *f*
~ **flow** gleichförmige (laminare) Strömung *f*
~ **miscibility** lückenlose Mischbarkeit *f*
uniformity 1. Gleichförmigkeit *f*; 2. Aktualismus *m*
uniformitarianism Aktualismus *m*
uniformly bedded gleichmäßig geschichtet
unilateral einseitig
~ **conductance** asymmetrische Leitfähigkeit *f*
~ **pressure** einseitiger Druck *m*
uninflammable coal magere Steinkohle *f*, Magerkohle *f*
unintentional deviation of the hole Abweichung *f* des Bohrlochs
~ **unscrewing** ungewolltes Abschrauben *n (des Bohrstrangs oder der Futterrohre)*
unipolar bomb geschwänzte Bombe *f*
uniserial uniserial, einreihig
unit cell Elementarzelle *f (Kristallphysik)*
~ **exploitation** gemeinschaftliche Gewinnung *f*
~ **hydrograph** Abflußgang *m (Abflußschwankung eines Vorfluters)*
~ **of vegetation** Vegetationseinheit *f*
~ **stress** spezifische Spannung *f*
~ **weight** Raumgewicht *n*
unitary yield spezifische Förderrate *f*
univalve einschalig
univalve Einschaler *m*
univariant univariant *(einen Freiheitsgrad besitzend)*

universal

universal gas constant allgemeine Gaskonstante *f*
~ gravitation allgemeine Massenanziehung *f*
~ stage Universaldrehtisch *m*
~ three-axis stage dreiachsiger Universaldrehtisch *m*
~ time Weltzeit *f*, mittlere Greenwichzeit *f*
universe Universum *n*, Weltall *n*
unkindly lode unbauwürdiger Gang *m*
unleached nicht ausgelaugt
unlevelled nicht söhlig
unlimited depth ewige Teufe *f*
unlined hole unverrohrte Bohrung *f*
unloading Entlastung *f (durch Erosion)*
unmanned diving boat, ~ submersible unbemanntes Tauchboot *n*
unmetamorphosed nicht metamorph
unmixing Entmischung *f*
~ texture Entmischungsstruktur *f*
unmoved ungestört
unoriented texture richtungslose Struktur *f*
unpenetrated bed nicht durchspießte Schicht *f*
unpicked sample unausgesuchte Probe *f*
unpolarized light unpolarisiertes Licht *n*
unproductive time unproduktive Zeit *f*
unprofitable unbauwürdig, nicht [ab]bauwürdig
unproven reserves nicht nachgewiesene Reserven *fpl*
unrestricted movement Gesteinsdurchbewegung *f* mit Mineralstreckung in Bewegungsrichtung
unripe peat unreifer Torf *m*
unsaturated ungesättigt
~ conductivity ungesättigte Leitfähigkeit *f*
~ infiltration rate ungesättigte Infiltrationsrate *f*
unsorted unsortiert
unstable instabil, labil
~ equilibrium instabiles Gleichgewicht *n*
~ ground nicht standfestes Gebirge *n*
~ phase instabile Phase *f*
~ relict instabiles Relikt *n*
~ shelf mobiler Schelf *m*
unsteady-state flow instationäre Strömung *f*
unstratified schichtungslos, ungeschichtet
~ rock Massengestein *n*
unsupervised classification unüberwachte Klassifizierung *f*
unsymmetrical fold asymmetrische Falte *f*
unused well toter Brunnen *m*
unusual stylolite Horizontalstylolith *m*
unwasted unverwittert
unwater/to entwässern, trockenlegen
unwatering Entwässerung *f*, Trockenlegung *f*
unweathered unverwittert
unwilling to pick nicht tiefenkorrelierbar
unworkable unbauwürdig, nicht [ab]bauwürdig
unworked unverritzt, jungfräulich
~ area unverritztes Feld *n*
~ coal anstehende Kohle *f*

up-... *s.* up...
uparching Aufwölbung *f*
~ fold Sattelfalte *f*
~ of strata Aufwölbung *f* von Schichten
upbending fold Gebirgssattel *m*
upbowing Aufwölbung *f*
upbuilding Aufschüttung *f*
upbulge Aufwölbung *f*
upcast Verwerfung *f* ins Hangende, Überschiebung *f*
~ fault Aufschiebung *f*, Überschiebung *f*
~ side gehobener Flügel *m*
~ slip Sprung *m (ins Hangende)*
upcurrent stromaufwärts
updip 1. entgegengesetzt der Fallrichtung; bergauf; 2. schwebend
updoming Aufwölbung *f*
upfaulted gehoben *(an einer Verwerfung)*
upfaulting Aufschieben *n*
upfold Antiklinale *f*, Antiklinalfalte *f*, Gebirgssattel *m*, Sattelbogen *m*, Sattel *m*
upfolding Auffaltung *f*
upgrade/to anreichern *(Erz)*
upgrade stromaufwärts
upgrade Steigung *f*
~-stream water Wasser *n* aus dem Oberlauf des Stroms
upgrading Aufbereiten *n*
~ plant Aufbereitungsanlage *f*
~ ratio Anreicherungsgrad *m*
upheaval 1. Hebung *f*; 2. Quellen *n* der Sohle
~ phase Hebungsphase *f*
upheave/to sich erheben; heben
uphill oben gelegen, ansteigend, bergauf
uphill Erhebung *f*
uphole geophone Aufzeitgeophon *n*
~ shooting Aufzeitschießen *n*
~ stack vertikale Stapelung *f (Seismik)*
~ time Aufzeit *f*
~ velocity Geschwindigkeit *f* der Spülung im Ringraum
upland hoch gelegen
upland Hochland *n*
~ areas Oberland *n*
~ bog Hochmoor *n*
~ fretting starke Zerkarung *f*
~ grooving schwache Zerkarung *f*
~ plain Hochebene *f*
uplands Mittelgebirge *npl*
upleap gehobener Flügel *m*
uplift/to herausheben
uplift 1. Hebung *f*, Heraushebung *f*; Auftrieb *m*; 2. Aufrichtung *f (der Schichten)*; Bodenerhebung *f*, Horst *m*; 3. Wiederanstieg *m (des Grundwasserspiegels)*
~ pressure Sohlenwasserdruck *m (einer Sperrmauer)*
uplifted [fault] block gehobene Scholle *f*, Hochscholle *f*, Hangendscholle *f*
~ peneplain Rumpfgebirge *n*, gehobene Rumpffläche *f*
~ reef erhöhtes Riff *n*

~ shelf erhöhter Schelf m
~ wall gehobener Flügel m
upper air obere Luftschichten fpl, obere Atmosphäre f
~ air observation Höhenbeobachtung f
~ aquifer Hangendgrundwasserleiter m
~ atmosphere obere Atmosphäre f, obere Luftschichten fpl
~ bed Hangendschicht f
~ block gehobene Scholle f, Hochscholle f, Hangendscholle f
~ confining bed Deckschicht f
~ course Oberlauf m (eines Flusses)
~ course of river obere Flußstrecke f
~ flow regime oberes Fließregime n (fluviatiler Transport)
~ layer Deckschicht f
~ leaf hangender Teil m eines Flözes
~ limb hangender Schenkel m
~ mantle oberer Mantel (Erdmantel) m
~ reservoir Oberbecken n
~ stage hangende Stufe f
~ surface Dachfläche f
~ till s. englacial till
~ wall Hangendes n
~ water Hangendwasser n
~ yield point obere Streckgrenze f
Upper Cambrian [Epoch, Series] Oberkambrium n
~ Carboniferous [Epoch, Series] 1. Oberkarbon n, Siles[ium] n (in West- und Mitteleuropa Namur A bis einschließlich Stefan); 2. Oberkarbon n (in der UdSSR Stefan)
~ Chalk Obere Schreibkreide f (Cenoman bis Maastricht, England)
~ Cretaceous [Epoch, Series] Oberkreide f
~ Devonian [Epoch, Series] Oberdevon n
~ Greensand Formation Oberer Grünsand m (mittleres und oberes Alb, England)
~ Jurassic [Epoch, Series] Oberer (Weißer) Jura m, Malm m
~ Mantle Project Projekt n zur Erforschung des oberen Erdmantels
~ Ordovician [Epoch, Series] Oberes Ordovizium n (oberstes Caradoc und Ashgill)
~ Palaeozoic Jungpaläozoikum n (Karbon bis Perm)
~ Permian [Epoch, Series] Oberperm n
~ Triassic [Epoch, Series] Obere Trias f (Karn, Nor und Rhät)
uppermost bed oberste Schicht f
~ stage hangende Stufe f
upridging of the beds Schichtenaufrichtung f
upright aufrecht, stehend, seiger
~ fold aufrechte Falte f
uprising Aufgang m (z.B. der Sonne)
uprush Auflaufen n der Wellen
upsetted moraine Stauchmoräne f
upslide Sprung m, Verwerfung f
~ motion Aufgleiten n
~ surface Aufgleitfläche f
upslope hangauf[wärts]

~ fog Hangnebel m
~ wind Talwind m
upstream oberwasserseitig, bergseitig, flußaufwärts
~ cofferdam offener Fangdamm m
~ face Wasserseite f
~ facing of dam Bergseite f der Talsperre
~ facing of weir Bergseite f des Wehrkörpers
~ slope Luvhang m
~ water line Oberwasserspiegel m
upstroke aufwärtsgehender Hub m (bei einer Bohrung)
upstructure strukturaufwärts
upswelling Aufschwellung f
uptake Aufnahme f, Absorption f
upthrow Überschiebung f
~ fault Verwerfung f ins Hangende, widersinnige (inverse) Verwerfung f, Aufschiebung f
~ side hangende Scholle f, höher liegende Scholle f an einer Verwerfung
upthrown [fault] block gehobene Scholle f, Hochscholle f
~ side of a fault gehobener Flügel m einer Verwerfung (Störung)
upthrust 1. Aufpressung f; 2. Überschiebung f, Aufschiebung f
~ fault Überschiebung f, Aufschiebung f
upturned aufgerichtet
~ bed aufgerichtete Schicht f
~ edges of the strata aufgerichtete Schichtkanten fpl
~ strata aufgerichtete Schichten fpl
upturning Aufpressung f
upward arching (bowing, buckling, doming) Aufwölbung f
~ drag Schleppung f nach oben
upwarp/to aufwölben
upwarp[ing] Aufwölbung f, Beule f, Schichtenaufbiegung f
upwedging Aufpressung f
upwell water Auftriebwasser n
upwelling Emporquellen n, Aufwallung f
~ glowing cloud überquellende Glutwolke f
~ water Auftriebwasser n
upwind Aufwind m
~ side Luvseite f
uraconite Uraconit m (teils Zippeit, teils Uranopilit)
uralborite Uralborit m, $CaB_2O_4 \cdot 2H_2O$
Uralian Subprovince Ural-Subprovinz f (Paläobiogeografie, Unterdevon)
uralite Uralit m (aus Pyroxen entstandener Amphibol)
~ schist Uralitschiefer m
uralitic diabase Uralitdiabas m
uralitization Uralitisierung f
uralitize/to uralitisieren
uralolite Uralolith m, $CaBe_3[OH|PO_4]_2 \cdot 4H_2O$
uramphite Uramphit m, $(NH_4)_2[UO_2|PO_4]_2 \cdot xH_2O$
uraniferous uranhaltig
uraninite Uraninit m, Uranpecherz n, Pechblende f, UO_2

uranium

uranium Uran n, U
~-bearing uranhaltig
~ content Urangehalt m
~-dated urandatiert
~ decay Uranzerfall m
~ fission Uranspaltung f
~ ore Uranerz n
~ splitting Uranspaltung f
urano-organic ore uranorganisches Erz n
uranocircite Uranocircit m, $Ba[UO_2|PO_4]_2 \cdot 10H_2O$
uranography Uranografie f, Himmelsbeschreibung f
uranolite Meteorit m
uranology Himmelskunde f
uranometry Uranometrie f, Himmelsmessung f
uranophane Uranophan m, $CaH_2[UO_2|SiO_4]_2 \cdot 5H_2O$
uranopilite Uranopilit m, $[6UO_2|5(OH)_2|SO_4] \cdot 12H_2O$
uranoscopy Himmelsbeobachtung f
uranospathite Uranospathit m, $Cu[UO_2|(As, P)O_4]_2 \cdot 12H_2O$
uranosphaerite Uranosphärit m, $[UO_2(OH)_2|BiOOH]$
uranospinite Uranospinit m, $Ca[UO_2|AsO_4]_2 \cdot 10H_2O$
uranothallite Uranothallit m, Liebigit m, $Ca_2UO_2(CO_3)_3 \cdot 10H_2O$
uranothorite Uranothorit m, $(Th, U)[SiO_4]$
uranotil[e] s. uranophane
uranous uranartig; uranhaltig
urao s. trona
urban urban, städtisch
~ geology Kommunalgeologie f
ureilite Ureilit m (Meteorit)
ureis s. ground ice
urinestone Anthrakonit m (mit Kohle verunreinigter Kalzit)
urry (sl) blauer Ton m
ursilite Ursilit m, $(Ca, Mg)_2[(UO_2)_2|Si_5O_{14}] \cdot 9-10H_2O$
urtite Urtit m
U.S. gal. Erdölfördermaß, 3,7 Liter
usbekite Usbekit m, $3CuO \cdot V_2O_5 \cdot 3H_2O$
used water Abwasser n
useful head nutzbares Gefälle n
~ mineral nutzbares Mineral n
~ mineral deposit nutzbare mineralische Lagerstätte f
~ seam thickness [ab]bauwürdige Flözmächtigkeit f
usefulness Aussagewert m (von Messungen)
useless rock taubes Gestein n
USGS = United States Geological Survey
ussingite Ussingit m, $Na_2[OH|AlSi_3O_8]$
ustarasite Ustarasit m, $PbS \cdot 3Bi_2S_3$
utahite Utahit m, Jarosit m (s.a. jarosite)
utilization Nutzbarmachung f
~ of water power Wasserkraftnutzung f
uvala Uvala f, Karstmulde f, Schüsseldoline f

uvanite Uvanit m, $[(UO_2)_2|V_6O_{17}] \cdot 15H_2O$
uvarovite Uwarowit m, $Ca_3Cr_2(SiO_4)_3$
uvite Uvit m, $CaMg_3(Al_5Mg)[(OH)_{1+3}|(BO_3)_3|Si_6O_{18}]$
uwarowite Uwarowit m, $Ca_3Cr_2(SiO_4)_3$
uzbekite Uzbekit m, Usbekit m, $3CuO \cdot V_2O_5 \cdot 3H_2O$

V

V-ditch V-förmiger Graben m
V-shaped valley Kerbtal n, V-förmiges Tal n, V-Tal n
V-step V-Stufe f (optische Klassifikationsgröße für das Reflexionsvermögen des Vitrinits bei der Kohlenartenanalyse)
vacancy Leerstelle f (im Kristallgitter)
vadose vados
~ spring vadose Quelle f
~ water vadoses Wasser n
~ zone Zone f des Sickerwassers
vaesite Vaesit m, NiS_2
vaeyrynenite Väyrynenit m, $MnBe[(OH, F)|PO_4]$
vag getrockneter Torf m
vagabondary currents vagabundierende Ströme mpl
Vaginatum Limestone Vaginatenkalk m (Unteres Ordovizium)
vagrant benthos vagiles Benthos n (Paläontologie)
Valanginian [Stage] Valangin[ien] n, Valanginium n (tiefere Unterkreide)
valence, valency Wertigkeit f
Valentian [Stage] s. Llandoverian
valentinite Antimonblüte f, Valentinit m, Weißspießglanz m, Sb_2O_3
valid name gültiger Name m (Nomenklaturregeln)
valleriite Valleriit m, $CuFeS_2$
Vallesian [Stage] Vallesium n (kontinentale Stufe des Pliozäns)
valley Tal n
~ blocked-up by drift durch Geschiebe abgeriegeltes Tal n
~ bog Talmoor n
~ bottom Talboden m, Talsohle f
~ breeze Talwind m
~ broadening Talerweiterung f
~ channel Talbett n
~ cut Taleinschnitt m
~ due to folding Faltungstal n
~ encumbered by drift durch Geschiebe abgeriegeltes Tal n
~ fill Talaufschüttung f, Talschutt m, Alluvionen fpl
~ flat[s] Talaue f
~ floor Talboden m, Talsohle f
~ formation Talbildung f
~ formed by melt water Schmelzwassertal n
~ glacier Talgletscher m
~ gravel Talschotter m

~ **head** Quellmulde f, Talschluß m
~ **landscape** Tallandschaft f
~ **loam** Tallehm m
~ **meander** Talmäander m
~ **mire** Talmoor n
~ **mouth** Talausgang m
~ **plain** Talaue f
~ **sand** Talsand m
~ **side [slope]** Talhang m
~ **slope** Talhang m
~ **spring** Talquelle f
~ **terrace** Talterrasse f
~ **thrust** Talzuschub m
~ **train** fluvioglaziale Schotter mpl
~ **wall** Talwand f
~ **widening** Talerweiterung f
vallis Vallis f (Tal, Graben auf Mars oder Mond)
valuable mineral Wertstoffmineral n
valuation [technisch-ökonomische] Lagerstätteneinschätzung f
valvate schalig (Paläontologie)
valve Klappe f (Paläontologie)
~ **auger** Bohrschappe f, Bohrlöffel m, Ventilschappe f, Ventilbohrer m
Van Allen belt Van Allenscher Strahlungsgürtel m
vanadiferous vanadinhaltig
vanadinite Vanadinit m, Vanadinbleierz n, $Pb_5[Cl|(VO_4)_3]$
vanadium Vanadin n, Vanadium n, V
~ **ore** Vanadinerz n
vanadous vanadinartig; vanadinhaltig
vanalite Vanalit m, $NaAl_8V_{10}O_{38} \cdot 30H_2O$
vandenbrand[e]ite Vandenbrandeit m, $[UO_2|(OH)_2] \cdot Cu(OH)_2O$
vandendriesscheite Vandendriesscheit m, $8[UO_2|(OH)_2] \cdot Pb(OH)_2 \cdot 4H_2O$
vanishing point Fluchtpunkt m
vanning machine Erzwaschmaschine f
vanoxite Vanoxit m, $2V_2O_4 \cdot V_2O_5 \cdot 8H_2O$
vanthoffite Vanthoffit m, $Na_6Mg[SO_4]_4$
vanuralite Vanuralit m, $Al[OH|(UO_2)_2|VO_8] \cdot 8H_2O$
vapor (Am) s. vapour
vaporization Verdampfung f, Verdunstung f
vaporize/to verdampfen, verdunsten
vaporous dampfförmig
~ **envelope** Dampfhülle f
~ **water** Bodendampfwasser n
vapour Dampf m
~ **cloud** Dampfwolke f
~ **column** Dampfsäule f
~ **density** Dampfdichte f
~ **pressure** Dampfdruck m, Dampfspannung f
~ **pressure lowering** Dampfdruckerniedrigung f
~ **tension** Dampfdruck m, Dampfspannung f
variable area recording Flächenschrift f
~ **density recording** Dichteschrift f
variance Varianz f einer Zufallsvariablen
⌐ **analysis** Varianzanalyse f
~ **component** Varianzkomponente f

variation Variation f, Veränderung f, Abweichung f
~ **in the earth magnetic field** Änderung f des magnetischen Erdfelds
~ **of altitude of the pole** Polhöhenschwankung f
~ **of level** Spiegelschwankung f
~ **of precipitation** Niederschlagsschwankung f
~ **of terrestrial magnetism** erdmagnetische Variation f
~ **of the magnetic needle** Abweichung f der Magnetnadel, magnetische Mißweisung f
~ **range** Variationsreihe f
varied artenreich
~ **flow** veränderlicher Abfluß m
variegated bunt, scheckig
~ **copper ore** s. bornite
~ **sandstone** bunter Sandstein m, Buntsandstein m
varietal character Variationsmerkmal n
~ **form** Abart f
variety 1. Varietät f, Spielart f, Abart f; 2. Auswahl f
variogram Variogramm n
variole Sphärolith m
variolite Variolit m
variolitic structure variolitische Textur f
various [lithologisch] bunt, heterogen, zusammengesetzt, wechselnd
Variscan variszisch, variskisch, varistisch (s.a. Hercynian)
~ **folding** variszische Faltung f
~ **Mountains** variszisches Gebirge n
~ **orogen** variszisches Orogen n
~ **trend** variszisches Streichen n
Variscian s. Variscan
Variscides s. Variscan orogen
variscite Variscit m, $Al[PO_4] \cdot 2H_2O$
varisize-grained ungleichkörnig
varnish Lack m, Wüstenlack m
varulite Varulith m, $(Na, Ca)_2(Fe, Mn)_3[PO_4]_3$
varve Warve f
varved clay dünngeschichteter Ton m, Warventon m, Bänderton m
~ **slate** metamorpher Warventon m (in Verbindung mit Tilliten)
varvity Jahresschichtung f, Warvenschichtung f
varying lustre Schillerglanz m
vascular plants Gefäßpflanzen fpl
vaterite Vaterit m, $CaCO_3$ hexagonal
vaugnerite Vaugnerit m (Varietät von Granodiorit)
vault of heaven, vaulted sky Himmelsgewölbe n, Firmament n
vauquelinite Vauquelinit m, $PbCu[OH|CrO_4|PO_4]$
vauxite Vauxit m, $FeAl_2[OH|PO_4]_2 \cdot 7H_2O$
veatchite Veatchit m, $Sr[B_3O_4(OH)_2]_2$
vees Lettenbesteg m auf Kohleschlechten
vegasite Vegasit m, Plumbojarosit m, $PbFe_6[(OH)_6(SO_4)_2]_2$
vegetable pflanzlich

vegetable 372

~ **blanket** Pflanzendecke f, Vegetationsdecke f
~ **carpet** Pflanzenwuchs m
~ **cover** s. ~ blanket
~ **debris** fossile Pflanzen fpl (Pflanzenreste mpl)
~ **deposit** Pflanzenablagerung f
~ **discharge** pflanzliche Transpiration f
~ **earth** s. ~ mould
~ **eater** Pflanzenfresser m
~-**eating** pflanzenfressend
~ **feeder** Pflanzenfresser m
~ **kingdom** Pflanzenreich n
~ **layer** Pflanzendecke f, Vegetationsdecke f
~ **mould** Pflanzenerde f, Humus m
~ **remains** s. ~ debris
~ **retardance** Abflußverzögerung f durch Vegetation (Hydrologie)
~ **slime** Faulschlamm m
~ **soil** Ackerkrume f
vegetal s. vegetable
vegetarian Pflanzenfresser m
vegetate/to 1. kristallisieren; 2. ausscheiden, ausschwitzen
vegetation Vegetation f
~ **cover[ing]** Pflanzendecke f, Vegetationsdecke f
~ **print** Pflanzenabdruck m
vegetative cover[ing] Pflanzendecke f, Vegetationsdecke f
veil cloud Schleierwolke f
vein 1. Gesteinsgang m (s.a. lode); 2. gangartige Erzausscheidung f; Trum n
~ **accompaniment** Ganggefolgschaft f
~ **bitumen** s. asphaltite
~ **breccia** Gangbrekzie f
~ **deposit** Ganglagerstätte f
~ **filling** Gangfüllung f
~ **fissure** Gangspalte f
~ **following bedding planes** Lagergang m
~/**in** gangförmig
~ **infilling** Gangfüllung f
~ **material** Gangmaterial n
~ **matter** Gangmasse f, Gangkörper m
~ **of quartz** Quarzgang m
~ **of spotty character** Gang m mit unregelmäßiger eingesprengter Mineralisation
~ **ore** Gangerz n
~ **rock** Ganggestein n
~ **skirts** Nebengesteinswände fpl eines Ganges
~ **stone** Ganggestein n
~ **structure** Ganggefüge n
~ **stuff** Gangmittel n, Gangart f; Gangmasse f (ohne Erz)
~ **system** Gangsystem n
~ **tin** Bergzinn n
~ **wall** Salband n, Gangwand f
veined 1. gangartig; 2. marmoriert, gemasert
~ **gneiss** Bändergneis m, metatektischer Gneis m
~ **marble** Adermarmor m
veining 1. Gangbildung f; 2. Bänderung f

veinlet kleiner Gang m, Gangtrum n
~ **of quartz** Quarzäderchen n
veinlike gangähnlich
veinstone s. vein stone
veinstuff s. vein stuff
veiny geadert, adrig
veise Kohlenschlechte f
veld[t] baumloses Grasland n, Steppe f (in Südafrika)
velocity-depth diagram Geschwindigkeits-Tiefen-Diagramm n
~ **filter** Richtungsfilter n (Seismik)
~ **log** Geschwindigkeitslog n
~ **measurement** Geschwindigkeitsmessung f
~ **meter** Geschwindigkeitsmesser m (für Wasserströmung)
~ **of current** Strömungsgeschwindigkeit f, Fließgeschwindigkeit f
~ **of diffusion** Diffusionsgeschwindigkeit f
~ **of flow** Fließgeschwindigkeit f, Strömungsgeschwindigkeit f
~ **of flow in pores** Porengeschwindigkeit f
~ **of light** Lichtgeschwindigkeit f
~ **of propagation** Fortpflanzungsgeschwindigkeit f, Ausbreitungsgeschwindigkeit f
~ **of sound** Schallgeschwindigkeit f
~ **of underground flow** Fließgeschwindigkeit f (des Grundwassers)
~ **of wave propagation** Fortpflanzungsgeschwindigkeit f der Wellen
~ **potential of a ground-water flow** Geschwindigkeitspotential n einer Grundwasserströmung
~ **profile** Geschwindigkeitsprofil n
~ **survey** Geschwindigkeitsbestimmung f (Seismik)
~ **through the pores** Porengeschwindigkeit f
vena schmales Erztrümchen n
Vendian s. Wendian
veneered hill mit dünner Geschiebedecke bedeckter Hügel m
venite Venit m (Migmatitart)
vent Öffnung f, Schlot m
~ **breccia** Vulkanschlotbrekzie f
~ **in the crater** Krateröffnung f
ventifact äolisch bearbeiteter Felsen m, Dreikanter m, Windkanter f
ventilation shaft Wetterschacht m
ventral fin Bauchflosse f
~ **tegmen** ventrale Kelchdecke f (bei Crinoiden)
~ **valve** Stielklappe f, Bauchklappe f (bei Brachiopoden)
~ **view** Ventralansicht f (Paläontologie)
Venturian [Stage] Venturien n (marine Stufe, oberes Pliozän bis tiefstes Pleistozän in Nordamerika)
venturine quartz Aventurin m
venule kleiner Gang m
Venus hair stone Venushaar n (Quarz mit eingewachsenen Rutilnadeln)
verde salt s. thenardite

vergency Vergenz f
~ fan Vergenzfächer m
vermicular wurmartig *(bei Mineralen)*
~ rock Gestein n aus fossilen Wurmausscheidungen
vermiculite Vermiculit m, $(Mg, Fe)_3[(Si, Al)_4O_{10}][OH_2]\cdot 4H_2O$
vernadite Vernadit m, $H_2MnO_3 + H_2O$
vernadskite Vernadskyit m *(Antlerit pseudomorph nach Dolerophanit)*
vernal equinox Frühlings-Äquinoktium n, Frühlings-Tagundnachtgleiche f
verplanckite Verplanckit m, $Ba_6Mn_3[(OH)_6|Si_6O_{18}]$
verrucose warzenförmig, knotig
versant Flanke f *(Abhang m)* eines Gebirgszugs
vertex Zenit m
vertical vertikal, seiger
~ accretion deposit Aufschlickung f *(aus einem Fluß)*
~ aerial photograph Senkrechtaufnahme f *(Luftbild)*
~ beds Kopfgebirge n, seiger stehende Schichten fpl
~ component seismograph Vertikalseismograf m
~ depth Seigerteufe f
~ displacement seigere Sprunghöhe f, Schubhöhe f
~ erosion Tiefenerosion f
~ exaggeration vertikale Überhöhung f
~ extent Tiefenstreckung f, Aushalten n nach der Tiefe *(eines Ganges)*
~ fault Vertikalverwerfung f, Seigersprung m
~ filter well Vertikalfilterbrunnen m
~ gradation of facies Faziesänderung f in der Vertikalen
~ hole vertikale Bohrung f
~ illuminator Opakilluminator m
~ loop method Induktionsverfahren n mit vertikalem Primärkreis
~ magnetometer Vertikalmagnetometer n
~ migration Vertikalmigration f
~ motion seismograph Vertikalseismograf m
~ movement senkrechte Bewegung f
~ ordering vertikale Gliederung f
~ pendulum Vertikalpendel n
~ permeability vertikale Durchlässigkeit f
~ scale exaggerated twice, **~ scale twice** vertikal zweimal überhöhter Maßstab m
~ seam stehendes Flöz n
~ section Seigerriß m, Schichtenprofil n
~ seismic profiling seismische Vertikalprofilierung f
~ seismograph Vertikalseismograf m
~ stack vertikale Stapelung f *(Seismik)*
~ throw seigere Sprunghöhe f, Schubhöhe f
~ time Lotzeit f
~ variability map Vertikalvariationskarte f *(Magnetik)*
vertically initiated domal nuée ardente senkrechte Explosionsglutwolke f

very deep hole drilling übertiefe Bohrung f
~ distant earthquake weites Fernbeben n
~ fine sand Mehlsand m *(0,0625–0,125 mm Durchmesser)*
~ fine sandstone Mehlsandstein m
~ low frequency method VLF-Methode f *(elektromagnetisches Erkundungsverfahren)*
~ low grade metamorphism sehr schwache Metamorphose f, Anchimetamorphose f
~ slight sehr leicht *(2. Stufe der Erdbebenstärkeskala)*
vesicle Blase f
vesicular blasig, zellig
~ texture Blasenstruktur f
~ tissue s. coenosteum
vestige Rudiment n
vestigial rudimentär, [zu]rückgebildet
vestry [ab]bauwürdiger Gangteil m
Vesuvian type Vesuvtypus m
vesuvianite Vesuvian m, $Ca_{10}(Mg, Fe)_2Al_4[(OH)_4|(SiO_4)_5|(Si_2O_7)_2]$
vesuvite Vesuvit m *(Varietät von Tephrit)*
veszelyite Veszelyit m, $(Cu, Zn)_3[(OH)_3PO_4]\cdot H_2O$
VHA = Very High Aluminium
vibrate/to erschüttern, schwingen, vibrieren, erbeben
vibrated rock-fill dam gerüttelter Steindamm m
vibrating screen Schüttelsieb n
~-wire strain gauge Schwingsaitendehnungsmesser m
vibration 1. Erschütterung f, Schwingung f, Vibration f, Beben n; 2. Zittern n *(Seismik)*
~ direction Schwingungsrichtung f
~ mark Schwingungsmarke f
vibrator Vibrator m *(seismische Energiequelle)*
vibratory drilling Vibrationsbohren n
~ percussion drilling Vibrationsschlagbohren n
~ rotary drilling Vibrationsrotarybohren n
vibrofrac hydraulische Rißbildung f mittels Druckschwankungen
vibrograph Vibrograf m, Schwingungsschreiber m
vibroseis Vibroseis n *(mit hydraulischem Vibrator als Energiequelle)*
vicarious species vikariierende Art f *(Ökologie)*
viewing equipment Betrachtungsgeräte npl *(z.B. für die Auswertung von Fernerkundungsaufnahmen)*
vigor s. climax
Villafranchian Villafranchien n, Villafranchium n *(Pliozän und unteres Pleistozän in Italien)*
villamaninite Villamaninit m, $(Cu, Ni, Co, Fe)(S, Se)_2$
villiaumite Villiaumit m, NaF
Vindelician mountains vindelizische Schwelle f
Vindobonian [Stage] Vindobonien n *(Stufe des Miozäns)*

violarite 374

violarite Violarit *m*, $FeNi_2S_4$
violent stream Sturzbach *m*, Wildbach *m*
virgation Virgation *f*
Virgatites Beds Virgatitenschichten *fpl*
Virgilian [Stage] Virgil *n* (hangende Stufe des Pennsylvaniens in Nordamerika)
virgin unverritzt, jungfräulich
~ **and idle lands** Neu- und Brachland *n*
~ **bed** unberührte (unverritzte) Schicht *f*
~ **earth material** jungfräulicher Boden *m*
~ **field** unverritztes Lagerstättenfeld *n*
~ **flow** unbeeinflußte (ungestörte) Strömung *f*
~ **forest** Urwald *m*
~ **gold** gediegenes Gold *n*
~ **rock** unverritztes Gebirge *n*
~ **soil** Rohboden *m*, Neuland *n*
viridine Viridin *m* (Andalusitvarietät)
viridite Viridit *m* (Chloritmineral)
visceral cavity Viszeralhöhle *f*, Coeloma *n*
~ **skeleton** Viszeralskelett *n*, Visceralcranium *n*
viscid dickflüssig
viscoelastic flow viskoelastisches Fließen *n*
viscoplastic viskoplastisch
viscosimeter Viskosimeter *n*
viscosimetric analysis viskosimetrische Analyse *f*
viscosity Viskosität *f*, Zähflüssigkeit *f*
viscous viskos, zäh[flüssig]
~ **flow** viskoses Fließen *n*
~ **flow force** viskose Fließkraft *f*
~ **lava** zähflüssige Lava *f*
Visean [Stage] Visé *n* (Stufe des Unterkarbons)
visibility Sichtweite *f*
visible coal field Ausgehendes *n* eines Kohlenflözes
~ **horizon** sichtbarer Horizont *m*
~ **region** sichtbarer Bereich *m* (des Spektrums)
visibly crystalline phanerokristallin
visual angle optischer Winkel *m*
~ **inspection** Prüfung *f* durch Augenschein
~ **interpretation** visuelle Auswertung *f* (z.B. von Fernerkundungsaufnahmen)
viterbite Viterbit *m* (Varietät von Leuzitphonolith)
vitiated air faule Wetter *pl*
vitrain Glanzkohle *f* (Kohlenlithotyp)
vitreous glasartig
~ **basalt** Basaltglas *n*
~ **copper** *s.* chalcocite
~ **lustre** Glasglanz *m*
~ **silver** *s.* argentite
vitric tuff Glastuff *m*
vitrification Frittung *f*, oberflächliche Anschmelzung *f*, Sintern *n*
vitrify/to verglasen, sintern
vitrinertite Vitrinertit *m* (Kohlenmikrolithotyp)
vitrinertoliptite Vitrinertoliptit *m* (Kohlenmikrolithotyp)
vitrinite Vitrinit *m* (Kohlenmaceral)
vitriphyric für Porphyrgefüge mit mikroglasiger Grundmasse
vitrite Vitrit *m* (Kohlenmikrolithotyp)
vitroclastic vitroklastisch
vitrodetrinite Vitrodetrinit *m* (Kohlenmaceral)
vitrophyric vitrophyrisch
vivianite Vivianit *m*, Blaueisenerz *n*, $Fe_3(PO_4)_2 \cdot 8H_2O$
vladimirite Vladimirit *m*, $Ca[AsO_4]_2 \cdot 4H_2O$
vlasovite Vlasovit *m*, $Na_2Zr[O|Si_4O_{10}]$
VLF = very low frequency
V.M. *s.* volatile matter
vogesite Vogesit *m* (Lamprophyr)
vogle *s.* vug
voglite Voglit *m*, $Ca_2Cu[UO_2](CO_3)_4 \cdot 6H_2O$
void Pore *f*, Porenraum *m*, Hohlraum *m*
~ **ratio** relativer Porenraum *m*, Porenziffer *f*
~ **space** freies Porenvolumen *n*
~ **water** Porenwasser *n*
voidage Porosität *f*
volant fliegend
volatile flüchtig
~ **constituent** flüchtiger Bestandteil *m*
~ **fluxes** flüchtige Bestandteile *mpl* [des Magmas]
~ **matter** flüchtige Bestandteile *mpl*
~ **substance** flüchtiger Bestandteil *m*
~ **volatiles** flüchtige Bestandteile *mpl*
volatility Flüchtigkeit *f*
volatilization Verflüchtigung *f*, Verdunstung *f*, Verdampfung *f*
volatilize/to sich verflüchtigen, verdunsten, verdampfen
volborthite Volborthit *m*, $Cu_3[VO_4]_2 \cdot 3H_2O$
volcanello kleiner Vulkan *m*
volcanic vulkanisch
~ **activity** vulkanische Tätigkeit *f*
~ **arc** Vulkanbogen *m*; vulkanische Zone *f*
~ **area** Vulkangebiet *n*
~ **ash** vulkanische Asche *f*
~ **belt** Vulkangürtel *m*
~ **blast** Eruptionswolke *f*
~ **blowpiping** vulkanischer Gasausbruch *m*
~ **bomb** vulkanische Bombe *f*
~ **breccia** vulkanische Brekzie *f*
~ **butte** Vulkankegel *m*
~ **cauldron subsidence** vulkanischer Kesselbruch *m*
~ **chamber** Magmakammer *f*, Magmaherd *m*
~ **channel (chimney)** Vulkanschlot *m*, Eruptionsschlot *m*
~ **cinder** vulkanische Schlacke *f*
~ **cloud** Eruptionswolke *f*
~ **cluster** Vulkangruppe *f*
~ **coast** Vulkangebirgsküste *f*
~ **cone** Vulkankegel *m*
~ **debris** unkonsolidiertes pyroklastisches Material *n*
~ **dome** Vulkankuppe *f*
~ **duct** Vulkanschlot *m*, Eruptionsschlot *m*
~ **dumpling** Lavaball *m*
~ **dust** vulkanischer Staub *m*

~ **earthquake** vulkanisches Erdbeben n
~ **edifices** Vulkanbauten mpl
~ **ejecta** pyroklastisches Lockerprodukt n, Tephra n
~ **emanation** Aushauchung f, Exhalation f
~ **embryo** Vulkanembryo m
~ **eruption** Vulkanausbruch m
~ **fissure** Vulkanspalte f
~ **fissure trough** s. ~ rent
~ **flow** Lavastrom m
~ **foam** Bimsstein m
~ **focus** Vulkanherd m
~ **funnel** Vulkanschlot m, Eruptionsschlot m
~ **glass** Vulkanglas n, Gesteinsglas n, Obsidian m
~ **harbour** natürlicher Hafen m in Vulkanruine
~ **head** Vulkankuppe f
~ **island** Vulkaninsel f
~ **knob** Vulkankuppe f
~ **landscape** Vulkanlandschaft f
~ **mud flow** s. lahar
~ **orifice** Vulkanschlot m, Eruptionsschlot m
~ **outbreak (outburst)** Vulkanausbruch m
~ **phases** vulkanische Phasen fpl
~ **pisolites** s. accretionary lapilli
~ **plug** Vulkanpfropfen m
~ **rent** Eruptionsspalte f
~ **ridge** vulkanischer Rücken m
~ **rock** Eruptivgestein n, Ergußgestein n, Vulkanit m
~ **rubble** s. ~ debris
~ **scoria** vulkanische Schlacke f
~ **sink** Einbruchskaldera f
~ **skeleton** Vulkanruine f
~ **sounds** vulkanische Schallerscheinungen fpl
~ **spine** Lavadorn m
~ **throat** Vulkanschlot m, Eruptionsschlot m
~ **thunderstorm** vulkanisches Gewitter n
~ **tremors** vulkanische Beben npl
~ **tuff** vulkanisches Tuffgestein n
~ **vent** Vulkanschlot m, Eruptionsschlot m
~ **water** vulkanisches Wasser n
~ **wreck** Vulkanruine f
volcanicity Vulkanismus m
volcanics Vulkanite mpl
volcanism Vulkanismus m
volcanist Vulkanologe m
volcano Vulkan m
~-**tectonic collapse** vulkanotektonischer Einbruch m
~-**tectonic depression** vulkanotektonische Senke f
~-**tectonic fracture (rent)** vulkanotektonischer Bruch m
~-**tectonic subsidence structure** vulkanotektonische Einsturzform f
volcanologist Vulkanologe m
volcanology Vulkanologie f
Volgian [Stage] Wolga n, Wolgastufe f (hangende Stufe des Malms im Borealen Reich)
volkovite Volkovit m, $(Sr, Ca/_2[B_4O_5(OH)_4][B_5O_6(OH)_4]_2 \cdot 2H_2O$

voltaite Voltait m, $K_2Fe_9[SO_4]_{12} \cdot 18H_2O$
Voltzia Sandstone Voltziensandstein m
voltzite Voltzin m, Zn(S,As)
volume of ebb Ebbewassermenge f
~ **of flood** Flutwassermenge f
~ **of the reservoir of a barrage** Stauinhalt m einer Talsperre
~ **of water** Wassermenge f
~ **of water discharging on ebb tide** Ebbewassermenge f
~ **of water entering on flood tide** Flutwassermenge f
~ **reduction cracks** Schwundrisse mpl
~ **strain** Volumendehnung f
~ **weight** Volumengewicht n
volumetric method volumetrische Methode f (Vorratsberechnung von Erdöl, Erdgas)
~ **reserve estimation** volumetrische Vorratsschätzung f
volution Umgang m, Windung f (bei Cephalopodenschalen, s.a. whorl)
vonsensite Vonsensit m, $(Fe, Mg)_2Fe[O_2|BO_3]$
voog große Druse f
vooga hole s. vug
vornice-fed glacier Subtyp von drift glacier
vortex Strudel m
~ **structure** Schlingenbau m
vorticity Wirbeligkeit f
~ **zone** Wirbelgebiet n, Wirbelzone f
vou-hole, vough s. vug
Vraconnian [Stage] Vraconne n (Stufe des oberen Albs, Tethys)
vrbaite Vrbait m, $Tl_4Hg_3Sb_2As_8S_{20}$
vredenburgite Vredenburgit m, $(Mn, Fe)_3O_4$
VSP s. vertical seismic profiling
vug Druse f, Geode f, offene Kluft f
vuggulated mit Drusen durchsetzt
vuggy drusenreich
~ **lode** drusiger (kavernöser) Gang m
~ **opening** Drusenraum m
vugh s. vug
vugular limestone drusiger Kalkstein m
~ **pore space** Lösungshohlraum m
~ **porosity** kavernöse Porosität f, Kavernosität f
vulcanian theory Plutonismus m
vulcanism s. volcanism
vulcanist Anhänger m des Vulkanismus
vulcanite Vulcanit m, CuTe
vulcanologist s. volcanologist
vulcanology s. volcanology
vulpinite Vulpinit m (Anhydrit für ornamentale Zwecke)
vysotskite Vysotskit m, (Pd, Ni)S

W

W-chert Kieselgesteinsknollen fpl (als Verwitterungsbildungen)
W-dolostone Verwitterungsdolomit m (an alten Landoberflächen)

W

W-wave Wiederkehrwelle f
Waal[ian] Waal n, Waal-Warmzeit f *(unteres Pleistozän in Nordwesteuropa)*
wacke Wacke f, Grauwacke f
wackestone schlammgestütztes Karbonatgestein mit mehr als 10% Komponenten (Dunham-Klassifikation 1962)
wad Wad m *(kollomorphes Mineralgemenge der Braunsteinfamilie)*
wadd s. watt
wadeite Wadeit m, $K_2Zr[Si_3O_9]$
Wadern Beds Waderner Schichten fpl *(Perm, Westeuropa)*
wadi Wadi n, Trockental n
wagnerite Wagnerit m, $Mg[F(PO_4)]$
wairakite Wairakit m, $Ca[AlSi_2O_6]_2 \cdot 2H_2O$
wairauite Wairauit m, CoFe
walchowite Walchowit m, $(C_{15}H_{26}O)_4$
walkaway Verwitterungsschießen n
walking beam 1. Bohrschwengel m *(Seilbohren)*; 2. Schlagbaum m
wall 1. Wand[ung] f; 2. Nebengestein n; 3. Stoß m
~ **of a well** Bohrlochwand f
~ **rock** Nebengestein n, Salband n
~ **rock alteration** Nebengesteinsumwandlung f
~ **saltpetre** Salpeterausblühung f
~ **scraper** Bohrlochschaber m
wallbound crusts wandständige Krusten fpl
~ **growth** wandständiges Wachstum n
walled plain Wallebene f, Ringgebirge n *(des Mondes)*
walls caving Einsturz m der Bohrlochwandung
walpurgite Walpurgin m, $[(BiO)_4|UO_2|(AsO_4)_2] \cdot 3H_2O$
walstromite Walstromit m, $BaCa_2[Si_3O_9]$
wandering coal absetziges Kohlenflöz n
~ **dune** Wanderdüne f
wane/to 1. abnehmen *(Mond)*; 2. abschmelzen, schrumpfen
waning 1. Abnehmen n *(des Mondes)*; 2. Schrumpfen n
want 1. Auswaschung f, Zwischenmittel n im Flöz *(Erosionswanne)*; 2. lokale Schichtlücke f
wardite Wardit m, $NaAl_3[(OH)_4|PO_4]_2 \cdot 2H_2O$
warm-air front Warmluftfront f
~ **front** Warmfront f
~ **glacier (ice)** nicht gefrorenen Untergrund überfahrender Gletscher m
~ **loess** Löß m aus Wüstenstaub
~ **spring** warme Quelle f
warp downward/to abbiegen
~ **upward** aufwölben
warp Anschwemmung f, Aufschwemmung f, Schlamm m, Schlick m
~ **bed** Schlammschicht f *(Flußtrichter)*
~ **clay** Auenton m
~ **sand** Flußsand m
~ **soil** Auenboden m
warped verbogen, gekrümmt; unregelmäßig geschichtet

~ **stratum** verbogene Schicht f
~ **surface** gekrümmte Fläche f
warping Krustenverbiegung f, weitspannige Aufwölbung f, Beulung f
~ **of beds** Runzelbildung f dünner Schichten *(besonders in Bohrkernen)*
~ **of land** Aufschwemmung f des Bodens
warrant *(sl)* untergelagerter Ton m
warwickite Warwickit m, $(Mg, Fe)_3Ti[O|BO_3]_2$
Wasatchian [Stage] Wasatch[ien] n *(Wirbeltierstufe, oberstes Paläozän und unteres Eozän in Nordamerika)*
wash/to abspülen; schlämmen *(Erz)*
~ **away** fortschwemmen, abschwemmen
~ **down** abspülen; schlämmen *(Erz)*
~ **out** ausschlämmen
~ **over** überbohren, überspülen
wash 1. Wassererosion f, Auswaschung f; 2. Alluvialschutt m, Geröll n
~ **boring** Spülbohren n
~ **-boring rig** Spülbohrgerät n
~ **dirt** waschfähige goldführende Gerölle (Lockersedimente) npl
~ **fault** s. want 1.
~ **fluid** Spülflüssigkeit f
~ **ore** Walscherz n, Seifenerz n
~ **-out** Erosionsfurche f, Erosionsrinne f, Wasserrinne f, Priel m, Auskesselung f
~ **-over crescents** Aufspülbögen mpl
~ **-over fan** Fächer m aus Küstensand
~ **plain** Sanderfläche f
~ **stuff** s. ~ dirt
~ **tub** Gletschertopf m
washable waschbar, naß aufbereitbar
washed dirt Waschberge pl
~ **gravel plain** s. outwash plain
~ **ore slime** Erzschlich m
~ **-out hole** Auskesselung f
~ **-up material** angeschwemmtes Material n
washing Wassersortierung f *(bei Sedimenten)*
~ **-away of soil** Bodenabspülung f
~ **-off** Abspülung f
~ **-out** Auswaschung f
~ **stuffs** s. wash dirt
wastage 1. geschiebeablagernde Ablation f; 2. Schutt m, Ablationsrückstand m
~ **area** Schwundgebiet n *(Gletscher)*
waste [away]/to abschmelzen
waste Abfall m, Bruch m, Abraum m; Schutt m
~ **area** Alter Mann m
~ **brine** Ablauge f
~ **-covered mountains** im Schutt ertrunkenes Gebirge n
~ **gravel soil** Schuttboden m, Schotterboden m
~ **heap** Halde f
~ **heap ore** Haldenerz n
~ **land** Ödland n
~ **material (matter)** Schuttmaterial n
~ **of ice** Eiswüste f
~ **of sand** Sandwüste f

water

~ pile Abraumhalde f
~ plain Schuttebene f
~ repository Mülldeponie f
~ rock Berge pl, taubes Gestein n
~ salt Abraumsalz n
~ slope Schuttböschung f
~ storage site Mülldeponie f
~ water Abwasser n
~-way Überfall m, Überlauf m (einer Talsperre)
wasting process zerstörender Vorgang m
wastrel Versatzberge pl
water out/to verwässern (Erdöllagerstätten)
water Wasser n
~-absorbing hygroskopisch, wasseraufnehmend
~-absorbing capacity Wasseraufnahmevermögen n, Wasseraufnahmekapazität f
~ action Wasserwirkung f; Wellenschlag m
~ adit Wasserlösungsstollen m
~ balance Wasserbilanz f
~ balance equation Wasserhaushaltsgleichung f
~-base wasserhaltig
~ basin Wasserbecken n
~-bearing wasserführend; Wasser enthaltend
~-bearing bed wasserführende Schicht f, Aquifer m, Grundwasserleiter m
~-bearing deposit wasserführende Lagerstätte f
~-bearing formation (horizon) s. ~-bearing bed
~-bearing layer wasserspeichernde Schicht f
~-bearing soil bed wasserführende Bodenschicht f
~-bearing strata wasserführende Schichten fpl, wasserführendes Gebirge n
~ block Wasserblock m
~ body Wasserkörper m
~-bogged soil versumpfter Boden m
~-borne wasserverfrachtet
~-borne sediment Sinkstoff m
~ breaker Wellenbrecher m
~ budget Wasserhaushalt m
~ capacity Wasserkapazität f (des Bodens)
~-carrying wasserhaltig, wasserführend
~ catchment 1. Wassergewinnung f; 2. Wasserfassung f (Anlage)
~-charged wasserdurchtränkt
~ circulation Wasserkreislauf m
~-clear wasserhell (Edelstein)
~-clearing plant Wasserkläranlage f
~ column Wassersäule f
~ condition Wasserbeschaffenheit f, Wasserzusammensetzung f
~ conditioning Wasseraufbereitung f
~ conduct gallery Wasserüberleitungsstollen m
~ coning Wasserkegelbildung f
~ conservation Gewässerschutz m
~ constitution Wasserbeschaffenheit f, Wasserzusammensetzung f

~ consumption Wasserverbrauch m
~-containing capacity Wasserhaltevermögen n, wasserbindende Kraft f (eines Bodens)
~ content Wassergehalt m
~ control Wasserbekämpfung f (Bergbau)
~ current Wasserströmung f
~-current ripples Wasserströmungsrippeln fpl
~ cushion Wasserkissen n
~ cut Wasserförderanteil m
~ cycle Wasserkreislauf m
~ delivery Wasserversorgung f
~ demand Wasserbedarf f
~ development Wassergewinnung f
~ discharge Wassermenge f
~ disposal well Abwasserbohrung f
~ ditch Wassergraben m, Wasserrösche f
~ divide Wasserscheide f
~ diviner Wünschelrutengänger m
~ divining Wassersuche f mit der Wünschelrute
~ drainage Wasserhaltung f, Wasserableitung f
~-drifted wasserverfrachtet (s.a. ~-borne)
~ drive Wassertrieb m
~ drive pool Wassertrieblager n
~ drop Wassertropfen m
~ droplet Wassertröpfchen n
~ economy Wasserwirtschaft f
~ encroachment Vordringen n des Randwassers (im Ölträger)
~ engineering Wasserbau m, Hydrotechnik f
~ exploitation Wassergewinnung f
~ eye s. rock basin
~ feeder Wasserzubringer m, Wasserzufluß m
~ fill Wasserfüllung f
~ film Wasserhülle f
~ flooding Wasserfluten n (Sekundärfördermethode für Erdöl und Erdgas)
~ formation wasserführende Schicht f
~-free well wasserfreie Bohrung f
~ from crevices Spaltenwasser n
~ gap durchflossenes Durchbruchstal n
~ gauge Pegel m
~ ground wasserführendes Gestein n
~ gun Watergun f (seeseismische Energiequelle)
~ hardness Wasserhärte f
~ head Wassersäule[nhöhe] f
~ hoisting Wasserhebung f
~-holding capacity Wasserhaltevermögen n, wasserbindende Kraft f (eines Bodens)
~-holding pores Poren fpl; Feinporen fpl; Mittelporen fpl
~ hole Waserloch n
~ horizon Wasserhorizont m, Wasserleiter m
~-impregnated wasserdurchtränkt
~ in unconnected pores Wasser n in abgeschlossenen Poren
~ incursion Verwässerung f
~ inflow Wassereinbruch m; Wasserzufluß m
~ influx Wasserzufluß m; Wasserzulauf m
~ inhibition value Wasseraufnahmevermögen n, Sättigungswert m

water 378

- ~ **injection** Wassereinpressen n
- ~ **inlet** Wassereinlaß m, Wassereintritt m
- ~-**input well** Wassereinpreßbohrung f
- ~ **intake** Wasseraufnahme f, Wassereinlaß m
- ~ **intrusion** Wassereinbruch m
- ~-**invaded** geflutet
- ~ **invasion** Wassereinbruch m
- ~ **jet** Wasserstrahl m
- ~ **law** Wassergesetz n
- ~ **layer** Wasserleiter m, Wasserhorizont m
- ~ **layering** Wasserschichtung f
- ~ **level** Grundwasserspiegel m, Wasserspiegel m
- ~-**level contour line** Ganglinie f des Wasserstands
- ~-**level decrease** Spiegelabsenkung f
- ~-**level gauge (indicator)** Wasserstands[an]zeiger m, Limnimeter n
- ~-**level isoline** Ganglinie f des Wasserstands
- ~ **level mark** Wasserstandsmarke f
- ~-**level recorder** selbstregistrierender Wasserstands[an]zeiger m, Schreibpegel m
- ~ **line** Wasserstandslinie f
- ~ **loss of mud** Wasserabgabe f der Spülung
- ~ **management** Wasserwirtschaft f
- ~ **mark** Wasserstandsmarke f
- ~ **movement** Wasserbewegung f
- ~ **need** Wasserbedarf m
- ~ **of capillarity** Kapillarwasser n, Porensaugwasser n
- ~ **of compaction** Kompaktionswasser n, ausgepreßtes Wasser n
- ~ **of constitution** Kristallwasser n, Konstitutionswasser n; Kristallisationswasser n, Hydrationswasser n, Hydratwasser n
- ~ **of head** gespanntes Grundwasser n
- ~ **of hydration** Hydrationswasser n, Hydratwasser n, Kristallisationswasser n; Kristallwasser n, Konstitutionswasser n
- ~ **of imbibition** Bergfeuchtigkeit f
- ~-**oil displacement** Verdrängung f des Öls durch Wasser
- ~ **opal** s. hyalite
- ~ **outbreak** Wasserdurchbruch m
- ~ **outlet** Wasseraustritt m, Wasserauslauf m
- ~ **overflow** Wasserüberlauf m
- ~ **particle** Wassertröpfchen n, Wassertropfen m
- ~ **parting** Wasserscheide f
- ~ **percolation** Durchsickerung f des Wassers
- ~ **permeability** Wasserdurchlässigkeit f, Durchlässigkeit f für Wasser
- ~ **place** Wasserplatz m
- ~ **pocket** Fels[en]tasche f
- ~ **policy** Wasserwirtschaft f
- ~ **pollution** Wasserverunreinigung f, Wasserverschmutzung f
- ~ **pollution control** Wasserschutz m
- ~ **post** Pegel m
- ~ **power** Wasserkraft f
- ~ **pressure** Wasserdruck m
- ~ **pressure test** Wasserdurchlässigkeitsprüfung f
- ~ **procuring dike** Wasserfassungsdamm m
- ~ **pumpage** Wasserhebung f
- ~ **purification** Wasserreinigung f
- ~-**purifying plant** Wasserkläranlage f
- ~ **quality** Wasserqualität f, Wasserbeschaffenheit f
- ~ **regime** Wasserhaushalt m
- ~-**repellent** hydrophob
- ~ **requirement** Wasserbedarf m
- ~ **reserve** Wasservorrat m
- ~ **resistivity** elektrischer Widerstand m des Formationswassers
- ~ **resources** Wasservorräte mpl
- ~ **resources management** Wasserwirtschaft f
- ~ **resources planning** Wasservorratsplanung f
- ~ **resources policy** Wasserwirtschaft f
- ~ **resources project** Wasservorratsprojekt n
- ~-**retaining** wasserhaltend
- ~-**retaining capacity**, ~ **retentiveness (retentivity)** Wasserrückhaltevermögen n, Wasserspeicherungsvermögen n
- ~ **right** Wasserrecht n
- ~ **rise head** Stauhöhe f
- ~-**rock interaction** Wasser-Gestein-Wechselwirkung f
- ~-**rolled** mechanisch beansprucht durch Bewegung im Wasser
- ~ **runoff** Wasserabfluß m
- ~ **sample** Wasserprobe f
- ~ **sample-taker** Wasserprobe[nent]nahmegerät n
- ~ **sapphire** Wassersaphir m, Dichroit m (s.a. cordierite)
- ~-**saturated** wassergesättigt
- ~ **saturation** Wassersättigung f
- ~ **scarcity** Wassermangel m, Wasserknappheit f
- ~-**scoured** ausgewaschen
- ~ **seepage** Einsickern n von Wasser
- ~ **separation capability** Wasserabgabevermögen n
- ~ **shortage** Wassermangel m, Wasserknappheit f
- ~ **shut-off** Wasserabsperrung f, Wassersperre f
- ~ **slip** wasserführende Kluft (Spalte) f
- ~-**softening plant** Wasserenthärtungsanlage f
- ~ **spotting around the drilling string** Wasserwanne f
- ~ **spray** Wassersprühregen m
- ~ **spraying** Wasserberieselung f
- ~ **stage forecast** Wasserstandsvorhersage f
- ~ **stage measurement** Wasserstandsmessung f
- ~ **stage recorder** Wasserspiegelmesser m
- ~ **stage regime** Wasserstandsverhältnisse npl
- ~ **storage** Wasserspeicherung f
- ~ **storage basin** Staubecken n, Sammelbecken n
- ~ **store** Wasserreservoir n
- ~ **stratum** Wasserschicht f, wasserführende Schicht f
- ~ **supply** Wasserhaushalt m, Wasserversorgung f

~ supply forecast Wasserhaushaltsprognose f
~ supply line Wasserversorgungsleitung f
~ supply service Wasserwirtschaft f
~ surface Wasseroberfläche f, Wasserspiegel m
~ surface ascent Stau m
~ surface temperature Temperatur f der Wasseroberfläche
~ table 1. Grundwasserspiegel m, Wasserspiegel m, Grundwasseroberfläche f; 2. Randwassergrenze f
~ table fluctuation Schwankung f des Wasserspiegels
~ table gradient Grundwasserspiegelgefälle n
~ table isohypse Grundwasserhöhenlinie f, Isohypse f des Grundwasserspiegels
~ table slope Depressionskurve f
~ table well Brunnen m mit freiem Grundwasserspiegel
~ tension Saugspannung f
~ treatment Wasseraufbereitung f
~ trouble Wasserschwierigkeiten fpl
~ tunnel Wasserstollen m, Wasserrösche f
~ utilization Wasserausnutzung f
~ vapour Wasserdampf m
~ vein wasserführende Spalte f
~ well Wasserbrunnen m
~ whirlpool Wasserwirbel m
~ winning Wassergewinnung f
~ witching Wünschelrutenmutung f, Wünschelrutengehen n
~-worn sand im Wasser abgerundeter Sand m
~ yield Wasserhöffigkeit f, Wasserabgabe f
watercourse 1. Wasserlauf m; 2. Vorfluter m
~ regulation Flußregulierung f
waterfall Wasserfall m, Kaskade f
waterfinder Wünschelrutengänger m
waterflooding s. water flooding
watering Bewässerung f
~ ditch Berieselungsgraben m
waterlogged wasserdurchtränkt, wassergesättigt
~ deposit wasserführende Lagerstätte f
~ ground [wasser]gesättigter Boden m, wassergesättigtes Gebirge n
~ snow nasser Schnee m
waterlogging Bodenvernässung f
waterproof wasserdicht, wasserundurchlässig
~ blanket Dichtungsvorlage f, Dichtungsteppich m, Dichtungsschürze f
~ stratum wasserundurchlässige Schicht f
waterproofing membrane Dichtungshaut f, Dichtungsschleier m
waters from glacier melting, ~ from the melting ice Schmelzwässer npl
watershed 1. Einzugsgebiet n; 2. Wasserscheide f
~ divide Wasserscheide f
~ line (Am) Wasserscheide f
waterside Gestade n
~ face Wasserseite f
waterspout 1. Trombe f, Wasserhose f; 2. Platzregen m

watertight wasserdicht
~ diaphragm Dichtungshaut f, Dichtungsschleier m
~ facing Dichtungsschürze f
~ screen Dichtungshaut f, Dichtungsschleier m
waterway Wasserstraße f
waterworks Wasseranlage f, Wasserversorgung f, Wasserbau m
watery clay Tonbrei m
~ mud Spülflüssigkeit f (bei einer Bohrung)
~ rock wasserführendes Gebirge n
watt Watt n (s.a. tidal flat)
Waucobian [Series] Waucobien n, Georgien n (Serie, Unterkambrium in Nordamerika)
wave Welle f, Woge f
~ action Wellenschlag m, Wellentätigkeit f
~ attack Wellenschlag m
~ base Wellenbasis f
~-built terrace litorale (submarine) Aufschüttungsterrasse f
~ crest Wellenberg m, Wellenkamm m
~-cut von den Wellen erodiert
~-cut bench s. ~-cut platform
~-cut chasm Brandungskluft f
~-cut notch Brandungs[hohl]kehle f, Brandungskerbe f
~-cut platform Brandungsplattform f, Abrasionsplatte f, Küstenterrasse f, Brandungsplatte f, Schorre f
~-cut rock bench s. ~-cut platform
~-cut scarp s. sea cliff
~-cut shelf (terrace) s. ~-cut platform
~ energy Wellenenergie f (Seismik)
~ equation Wellengleichung f
~ erosion Wellenerosion f
~ flow Wellenströmung f
~ front Wellenfront f
~ front chart Wellenfrontdiagramm n (Seismik)
~ height Wellenhöhe f
~ impact Wellenanprall m
~ length Wellenlänge f
~ mark Spülmarke f
~ motion Wellenbewegung f
~ number filter Wellenzahlfilter n
~ of cold Kältewelle f
~ of heat Hitzewelle f
~ of retrogressive erosion rückschreitende Erosionswelle f
~ path Wellenweg m
~ pressure Wellendruck m
~ propagation Wellenausbreitung f, Wellenfortpflanzung f
~ range Wellenbereich m
~ ripple marks Seegangsrippeln fpl
~ train Wellenzug m
~ trough Wellental n
~ velocity Wellengeschwindigkeit f
~-washed wellenbespült
~-worn wellenzerfressen
~-worn material Brandungsschutt m

waved

waved suture wellige (gewellte) Sutur *f*
wavelet 1. kleine Welle *f*; 2. Wavelet *n (elementarer Wellenzug)*
wavelike wellenartig
wavellite Wavellit *m*, $Al_3[(OH)_3|(PO_4)_2]\cdot 5H_2O$
waves of condensation Verdichtungswellen *fpl (Seismik)*
~ **of distortion** Distorsionswellen *fpl (Seismik)*
waviness Fältelung *f*, Welligkeit *f*
wavy wellenartig, wellig
~ **bedding** wellige Schichtung *f*
~ **extinction** undulöse Auslöschung *f*
~ **vein** Linsengang *m*, Lentikulargang *m*, boudinierter Gang *m*
wax *s*. mineral wax
waxwall/to verletten
waxy lustre Wachsglanz *m*
~ **mineral** wachsartiges Mineral *n*
way-up primäre Hangendrichtung *f* einer Schicht *(durch Sedimentationsmerkmale nachgewiesen)*
wayboard dünne Trennschicht *f (z.B. Schieferlage zwischen Kalkbänken)*
waylandite Waylandit *m*, (Bi, Ca) $Al_3[(OH)_6|(PO_4)_2]$
weak schwach, nur teilweise beobachtet *(3. Stufe der Erdbebenstärkeskala)*
~ **rock** witterungsempfindliches (leicht verwitterbares) Gestein *n*
~ **soil** weicher Boden *m*
weakly folded schwach gefaltet
~ **reactive** reaktionsträge
Weald Clay Wealdenton *m*, Wälderton *m*
Wealden Wealden *n*, Wealdium *n (brackisch bis limnisch terrestrische Ausbildung der Unterkreide)*
wear/to abtragen, abschleifen, abscheuern
~ **away down** abtragen
wear Verschleiß *m*, Abtragung *f*, Abscheuerung *f*, Abnutzung *f*
wearing-away, wearing-down Abtragung *f*
weather/to verwittern
weather Wetter *n*
~ **chart** Wetterkarte *f*
~ **conditions** Witterungsverhältnisse *npl*, Wetterlage *f*
~ **forecast[ing]** Wettervorhersage *f*
~ **limit** Wetterscheide *f*
~ **map** Wetterkarte *f*
~ **modification** Wetteränderung *f*
~ **observatory** Wetterwarte *f*
~ **parting** Wetterscheide *f*
~ **pit** *s*. rock basin
~ **prediction** Wettervorhersage *f*
~ **report** Wetterbericht *m*, Wetternachrichten *fpl*
~-**resistant** wetterbeständig
~ **satellite** Wettersatellit *m*
~ **service** meteorologischer Dienst *m*, Wetterdienst *m*
~ **shore** Windufer *n*, exponiertes Ufer *n*
~ **side** Luvseite *f*, Wetterseite *f*

~ **stain** Bleichung *f*, Entfärbung *f (in der Verwitterungszone)*
~ **station** meteorologische Station *f*, Wetterwarte *f*, Wetterdienststelle *f*, Wetterstation *f*
weathered abgetragen, verwittert
~-**away** abgewittert
~ **bed** *s*. ~ layer
~ **ice** verwittertes Eis *n*
~ **layer** verwitterte Schicht *f*, Verwitterungsschicht *f*
~ **material** Verwitterungsmaterial *n*
~ **zone** Verwitterungszone *f*
weathering 1. Verwitterung *f*, Auswitterung *f*; 2. seismische Langsamschicht *f*
~ **agents** Verwitterungskräfte *fpl*
~-**back** Seitenverwitterung *f (der Talhänge)*
~ **correction** Langsamschichtkorrektur *f (Seismik)*
~ **crust** Verwitterungskruste *f*, Verwitterungsrinde *f*
~ **layer** verwitternde Schicht *f*, Verwitterungsschicht *f*
~ **of rocks** Gesteinsverwitterung *f*
~ **process** Verwitterungsvorgang *m*, Verwitterungsprozeß *m*
~ **residues** Verwitterungsrückstände *mpl*
~ **to clay** Vertonung *f*
~ **to loam** Verlehmung *f*
weberite Weberit *m*, $Na_2Mg[AlF_7]$
Weber's cavity Weberscher Hohlraum *m*
~ **wave** Webersche Welle *f*
websterite Websterit *m (Pyroxenit)*
weddellite Weddellit *m*, $Ca[C_2O_4]\cdot 2H_2O$
wedge asunder/to *s*. ~ out
~ **off** abspalten
~ **out** sich verdrücken, auskeilen
wedge 1. Keil *m*; 2. Schuppe *f (tektonisch)*
~ **block** Keilscholle *f*
~ **edge** Ende *n* einer Schicht in seitlicher Richtung
~ **effect** Sprengwirkung *f (z.B. durch Frost)*
~-**shaped** keilförmig
~-**shaped cross-bedding** keilförmige Schrägschichtung *f*
wedgelike keilförmig
wedgework Sprengwirkung *f (z.B. durch Frost)*
~ **of salts** Salzsprengung *f*
wedging-out Auskeilen *n*
weed *(sl)* taubes Gestein *n*
~ **killer** *s*. herbicide
weeksite Weeksit *m*, $K_2[(UO_2)_2|(Si_2O_5)_3]\cdot 4H_2O$
weep drain Sickerdrainage *f*
~ **hole** *s*. weeper
weeper Vorbohrung *f* zur Entwässerung des Gesteins *(vom Stollen aus)*
weeping Einsickerung *f*
~ **core** [erdöl]ausschwitzender Bohrkern *m*
~ **rock** poröses Gestein *n* mit Wasseraustritten
wegscheiderite Wegscheiderit *m*, $Na_2CO_3\cdot 3NaHCO_3$
wehrlite 1. Wehrlit *m*, BiTe; 2. Wehrlit *m (Peridotit)*

weibullite Weibullit m, PbS·Bi₂Se₃
weighboard Lettenkluft f, Besteg m, Lettenbesteg m
weighing board s. weighboard
weight 1. Gewicht n; 2. Setzen n des Gebirges
~ **drop** Gewichtsschlag m, Fallgewicht n
~ **indicator** Bohrdruckmesser m, Gewichtskontrollmesser m (Bohrtechnik)
~ **on bit** Bohrdruck m
weighted array Aufstellung f mit Richtungswirkung (für die Geophone oder Schüsse)
~ **mud** beschwerte Spülung f
weighting material Beschwerungsmittel n
weightless schwerelos
weightlessness Schwerelosigkeit f
weilite Weilit m, CaH[AsO₄]
weinschenkite Weinschenkit m, (Y, Er)[PO₄]·2H₂O
weir Damm m, Fangbuhne f, Wehr n, Stauanlage f, Überfall m
~ **plant** Wehranlage f
weiselbergite Weiselbergit m (Augitporphyrit)
weissite Weissit m, Cu₂Te
weisstein Weißstein m, Granulit m
welded zusammengebacken
~ **dike** aplitisch-pegmatitische Gangschlieren mit unscharfen Salbändern
~ **pumice (tuff)** Schmelztuff m, Gluttuff m, Ignimbrit m
well out/to ausfließen, ausströmen (von Lava)
~ **up** emporquellen, aufwallen
well 1. Brunnen m, Brunnenbohrung f; 2. Schacht m, Brunnenschacht; 3. Bohrloch n; Sonde f
~ **axis** Bohrlochachse f
~ **bore** s. well 1.; 3.
~ **bore damage** Bohrlochschädigung f
~ **bore fill-up** Bohrlochauffüllung f
~ **bore storage** Bohrlochspeicherung f
~-**boring plant** Brunnenbohranlage f
~ **cavity** Bohrlochauskesselung f
~ **cementing** Bohrlochzementation f
~ **collecting area** Brunneneinzugsgebiet n
~ **completion** Komplettierung f einer Bohrung, Bohrlochvorbereitung f
~ **construction** Brunnenbau m
~ **control equipment** Sicherheitseinrichtungen fpl am Bohrlochmund
~ **coordinates** Bohrlochkoordinaten fpl
~ **cuttings** Bohrklein n
~ **depth** Bohrlochlänge f
~ **depth in plumb line** Bohrlochteufe f
~ **diameter** Bohrlochdurchmesser m
~-**digger** Brunnengräber m
~ **dip** Bohrlochabweichung f
~ **discharge** Brunnenergiebigkeit f
~-**drill blasting** Tiefbohrlochschießen n
~-**drill hole** Tiefbohrloch n
~ **drilling tools** Brunnenbohrwerkzeuge npl
~ **effluent** Lagerstätteninhalt m (im Sondenbereich)

~ **face** Bohrlochsohle f
~ **file** Bohrarchiv n
~ **filter** 1. Brunnenfilter n; 2. Filterrohr n
~ **fire** Sondenbrand m
~ **flowing under back pressure control** gedrosselt fließende Sonde f
~ **for adding water** Anreicherungsbrunnen m
~ **foundation** Brunnengründung f
~ **function** Brunnenfunktion f (mathematische Fassung von Ergiebigkeit und Fassungsvermögen)
~ **geochemistry** Bohrlochgeochemie f
~ **gone to water** verwässerte Sonde f
~ **head** Bohrlochkopf m, Mündung f einer Sonde
~-**head assembly** Bohrlochkopfausrüstung f
~ **head pressure** Kopfdruck m
~ **interference** gegenseitige Beeinflussung f von Sonden
~ **life** Lebensdauer f einer Sonde
~ **location** Bohr[ansatz]punkt m
~ **log** 1. Bohrprofil n; 2. Brunnentest m
~ **logging** Bohrlochmessung f, geophysikalisches Bohrlochmeßverfahren n, Bohrlochgeophysik f
~ **loss** Brunenverlust m (Wassermenge)
~ **lowering** Brunnenabsenkung f
~ **mouth** Bohrlochmund m
~ **of natural gas** Erdgasquelle f
~ **on the beam** Pumpensonde f
~ **orifice** Brunnenmundloch n
~ **perforating** Perforierung f einer Bohrung
~ **point installation** Grundwasser[ab]senkungsanlage f mit Filterbrunnen
~ **producing by flow** selbstfließende (frei ausfließende) Bohrung f
~ **production** Förderrate f, Ergiebigkeit f der Bohrung; Brunnenergiebigkeit f
~ **productivity** Bohrungsproduktivität f
~ **radius** Brunnenradius m
~ **shaft** Brunnenschacht m
~ **shooting** Bohrlochtorpedierung f
~-**sinker** Brunnengräber m
~ **site** Bohrstelle f
~ **spacing** Bohrlochabstand m
~ **stimulation** Bohrlochstimulierung f, Bohrungsintensivierung f
~ **support** Brunnenausbau m
~ **system** s. ~ point installation
~ **test** Bohrlochtest m, Sondentest m
~ **ties** Korrelation seismischer mit geologischen Daten im Bohrprofil
~ **treatment** Bohrlochbehandlung f
~ **water** Brunnenwasser n
~ **whistle** Brunnenpfeife f (Meßgerät für den Grundwasserstand)
~ **yield** Ertrag m einer Sonde
welling-out of lava Ausfließen n von Lava
wellsite Wellsit m ((K, Ca)-reicher Harmotom)
welt Wulst m, Schwelle f
Wendian Wendium n, Vendium n (oberster Teil des Kryptozoikums)

wenkite

wenkite Wenkit m, $(Ba, K)_{4,5}(Ca, Na)_{4,5}[(OH)_4](SO_4)_2|Al_9Si_{12}O_{48})$
Wenlockian [Epoch, Series] Wenlock[ien] n, Wenlockium n (mittleres Silur)
Wenner electrode array Wennersche Elektrodenanordnung f
wenzelite Wenzelit m, Huréaulith m, $(Mn, Fe)_5H_2[PO_4]_4 \cdot 4H_2O$
Wernerian Wernerianer m (Anhänger der Werner-Schule); Neptunist m
wernerite Skapolith m, Wernerit m (s.a. scapolite)
wester/to untergehen
westerlies westliche Winde mpl
westgrenite Westgrenit m, $(Bi, Ca)(Ta, Nb)_2O_6OH$
Westphalian [Stage] Westfal[ien] n, Westfalium n (Stufe des Oberkarbons in Mittel- und Westeuropa)
wet cleaning Naßaufbereitung f, Naßsortierung f
~ **crushing** Naßzerkleinerung f, Naßmahlen n
~ **day** Regentag m
~ **dressing of ores** Naßaufbereitung f von Erzen
~ **firn** nasser Altschnee m
~ **fog** feuchter Nebel m
~ **grinding** Naßmahlen n, Naßschliff m
~ **natural gas** feuchtes Erdgas n, Naßgas n
~ **oil** Naßöl n
~ **process** naßmechanisches Verfahren n
~ **sand** Schwimmsand m
~ **screening** Naßsiebung f
~ **sump** feuchter Ölsumpf m
~ **tropics** [immer] feuchte Tropen pl
~ **washer** Naßreiniger m
~ **washing** Naßreinigung f
~-**weather rill** Regenrille f
~ **year** nasses Jahr n
wettability Benetzbarkeit f
wettable benetzbar
wetting Befeuchten n, Anfeuchten n (einer Gesteinsprobe)
~ **agent** Netzmittel n
~ **front** Benetzungsfront f
~ **property** Benetzungseigenschaft f
~ **water** Haftwasser n
whaleback Drum[lin] m
wharf Landungsbrücke f, Kai m
wheal Grube f, Zeche f (in Cornwall)
wheel ore Rädelerz n, Antimonkupferglanz m (s.a. bournonite)
Wheelerian [Stage] Wheelerien n (marine Stufe, tieferes Pleistozän in Nordamerika)
wheelerite Wheelerit m (fossiles Harz)
wherryite Wherryit m (Varietät von Caledonit)
whet slate Wetzschiefer m
whetstone Wetzstein m
whewellite Whewellit m, $Ca[C_2O_4] \cdot H_2O$
whimstone s. whinstone
whin s. ~-rock
~ **dike** Eruptivgesteinsgang m, Basaltgang m (Schottland)
~ **float** basischer Magmatit m (im Kohlenflöz auftretend)
~ **gaw** schmaler Gang m
~-**rock** 1. Basalt[tuff] m, Dolerit m; 2. sehr hartes Gestein
whinny basaltartig
whinsill basischer Lagergang m
whinstone 1. Handelsbezeichnung für unverwitterte basische Effusivgesteine; 2. s. whinrock
whipstock Ablenkkeil m (bei Bohrungen)
whirl Wirbel m
~-**balls** Wirbelbälle mpl
~ **disturbance** Wirbelstörung f
~-**wind of dust** Staubwirbel m
~ **zone** Aufwirbelungszone f
whirling pillar of dust Staubsäule f
whirlpool Wirbel m, Wasserstrudel m, Strudel[kessel] m
whirlwind Wirbelwind m, Windhose f
whisker Whisker m, Haarkristall m
whistling meteor pfeifender Meteor m
white agate s. chalcedony
~ **alkali** Salzausblühung f auf Alkaliböden
~ **antimony** Weißspießglanzerz n, Weißspießglanz m (s.a. valentinite)
~ **arsenic** s. arsenolite
~ **bole** weißer Bolus m, weiße Boluserde f
~-**burning clay** weißbrennender Ton m
~ **chalk** weiße Kreide f, weißer Kreidekalk m
~ **coal** Wasserkraft f
~ **cobalt** s. cobaltite
~ **copperas** s. goslarite
~ **damp** CO_2-Wetter pl (in Kohlengruben)
~ **feldspar** s. albite
~ **garnet** s. leucite
~ **iron pyrite** s. marcasite
~ **lead ore** s. cerussite
~ **mundic** s. arsenopyrite
~ **nickel** s. chloanthite
~ **noise** weißes Rauschen n
~ **noise level** Störpegel m des weißen Rauschens
~ **paste** weißer, schiefriger Kohlensandstein m
~ **products** Raffinerieprodukte npl, weiße Produkte npl
~ **sapphire** weißer Korund m
~ **smoker** „Whitesmoker" m, „weißer Räucherer" m (Kamin im Meeresboden)
~ **stone** Granulit m, Weißstein m
~ **tellurium** s. sylvanite
~ **vitriol** s. goslarite
~ **ware clay** Steingutton m
whitecap Gischt m, weiße Schaumkrone f
whiting 1. Wassertrübung durch feinverteilten Aragonit; Karbonatwolke in Oberflächenwässern; 2. Schlämmkreide f
whitlockite Whitlockit m, $\beta\text{-}Ca_3[PO_4]_2$
Whitneyan [Stage] Whitneyan n (Wirbeltierstufe, Oligozän in Nordamerika)
whitneyite Whitneyit m, (Cu, As)

whole coal unverritztes Kohlenfeld n
~ **rock** Gesamtgestein n, Gesamtgesteinsprobe f
whorl Umgang m *(bei Fossilgehäusen)*
~ **of spire** spiraliger Umgang m *(bei Fossilgehäusen)*
~ **thickness** Windungsbreite f *(Molluskenschalen)*
whumstone s. whinstone
wich Solquelle f, Salzquelle f *(keltisch)*
wide angle reflection Weitwinkelreflexion f
~-**aperture CDP [stack]** Weitwinkelstapelung f
~-**band stack** Breitbandstapelung f *(Seismik)*
~-**bottomed valley** breitsohliges Tal n
~-**spaced** in weiten Abständen
widening of a lode Ausbauchung f eines Ganges
~ **of the hole** Erweitern n des Bohrlochs
~ **of valley** Talerweiterung f
Widmannstätten figures Widmannstättensche Figuren fpl
width 1. Breite f; 2. wahre Gangmächtigkeit f
~ **of cut** Feld[es]breite f
~ **of outcrop** Ausstrichbreite f
~ **of overfall** Überfallbreite f
~ **of the channel** Breite f der Fahrrinne
wiggle stick Wünschelrute f
~ **trace** Linienschriftspur f *(Seismik)*
wightmanite Wightmanit m, $Mg_9[(OH)_6|BO_3]\cdot 2H_2O$
wild coal dünne Kohlenflözchen npl mit viel Zwischenmitteln
~ **flowing** Erdölausbruch m
~ **goose** Gangspur f *(Seismik)*
~ **well** nicht kontrollierbarer Ölspringer m, wild eruptierende Sonde f
wildcat *(Am)* Aufschlußbohrung f, Pilotbohrung f, Suchbohrung f, Erkundungsbohrung f *(im unbekannten Bereich)*
~ **drilling** Niederbringen n von Aufschlußbohrungen
~ **flowing** Erdölausbruch m
~ **well** s. wildcat
wildcatting Bohren n im unbekannten Gebiet
~ **campaign** Suchbohrprogramm n *(mit oder ohne geologische Vorarbeiten)*
wilderness unberührtes Gebiet n; Naturschutzgebiet n, Landschaftsschutzgebiet n
wilkeite Wilkeit m, $Ca_5[(F,O)|PO_4SiO_4,SO_4)_3]$
willemite Willemit m, $Zn_2[SiO_4]$
wimble scoop Schappenbohrer m
wind about/to mäandern
wind Wind m
~ **abrasion** Windschliff m, Deflation f
~ **assortment** Windsichtung f
~ **at high altitudes** Höhenwind m
~-**blown** windbewegt, äolisch
~-**blown sand** Flugsand m, Treibsand m
~-**borne** windbewegt, äolisch beansprucht
~-**borne sand** Flugsand m, Treibsand m
~-**borne sediment** äolisches Sediment n, Windsediment n

~-**borne soil** Windabsatzboden m, windtransportierter Boden m
~ **burble** Luftwirbel m
~-**carried** windverfrachtet
~-**carved** äolisch erodiert
~-**carved pebble** Windkanter m, Dreikanter m
~ **carving** s. ~ corrasion
~-**channelled surface** windgefurchte Oberfläche f
~ **corrasion** Windkorrasion f, Windschliff m, äolische Erosion f
~-**current ripples** Windrippeln fpl
~-**cut pebble** Windkanter m, Dreikanter m
~ **denivellation** Wasserspiegelschwankung f durch Winddrift
~ **deposit** äolische Ablagerung f
~-**deposited** äolisch abgelagert
~-**deposited sediment** äolisches Sediment n
~ **direction** Windrichtung f
~ **drift** Windabdrift f
~-**drifted** windbewegt
~-**driven sand** Flugsand m, Treibsand m
~-**eroded** windzerfressen
~ **erosion** Winderosion f, Windschliff m
~ **force** Windstärke f
~ **forest strip** Windschutzstreifen m
~-**formed rocks** äolische Gesteine npl
~ **gap** trockenes Durchbruchstal n
~ **gauge** Windmesser m
~-**grooved surface** windgefurchte Oberfläche f
~-**laid** windverfrachtet
~-**laid deposit** äolische Ablagerung f, Windablagerung f
~-**made ripples** Windrippeln fpl
~-**measuring device** Windmeßvorrichtung f
~-**polished** windgeglättet
~-**polished rock** Windschliff m *(Ergebnis)*
~ **polishing** Windschliff m *(Tätigkeit)*
~ **pressure** Winddruck m
~-**ripple marks** Windrippelmarken fpl
~-**rippled sand** windgefurchter Sand m
~ **ripples** Windrippeln fpl, Sandrippeln fpl
~ **rose** Windrose f
~ **scour** Windauskolkung f
~-**shadow drift** Windschattensand m
~-**shaped pebble** Windkanter m, Dreikanter m
~-**slab avalanche** Schneebrettlawine f
~ **speed** Windgeschwindigkeit f
~ **strength** Windstärke f
~ **transport** Windtransport m
~-**transported** windverfrachtet
~ **vane** Windfahne f
~ **velocity** Windgeschwindigkeit f
~-**worn** winderodiert
~-**worn pebble** Windkanter m, Dreikanter m
windfacetted pebble[s] Kantengeröll n, Facettengeschiebe n
windfall profit Gewinn m aus unverhofft fündigen oder reichen Aufschlüssen
winding Windung f
windkanter Windkanter m, Dreikanter m

window

window tektonisches Fenster *n*
~ frost Eisblumen *fpl*
windrow ridges Windreihenkämme *mpl*
wind's eye Windrichtung *f*
windward dem Winde ausgesetzt
~ bank windseitiges Ufer *n*
~ eddy Luvwirbel *m*
~ side Wetterseite *f*, Luv *f*, Windseite *f*
~ slope windseitiger Abhang *m*
winebergite Winebergit *m*, $Al_4[(OH)_{10}|SO_4] \cdot 7H_2O$
wing Schenkel *m* einer Antiklinale
~ auger Flügelbohrer *m*
~ venation Flügeladerung *f*
winged headland Vorgebirge *n* mit zwei Nehrungsspitzen
winning Aufschließung *f*, Aufschluß *m*
~ of the seam Abbau *m* des Flözes
winnow/to worfeln, sortieren, sichten
winnowed gold durch Windsichtung gewonnenes Goldkonzentrat *n*
~ sediment ausgesondertes Sediment *n*
winnowing Windsortierung *f* (bei Sedimenten)
winter/to überwintern
winter clay Ton-Winterlage *f* (von Warven)
~ flood Winterhochwasser *n*
~ monsoon Wintermonsun *m*
~ solstice Wintersolstitium *n*, Wintersonnenwende *f*
~ thunderstorm Wintergewitter *n*
~ water level Winterwasserstand *m*
wintry temperature winterliche Temperatur *f*
winze Gesenk *(n)*, Blindschacht *m*
wire 1. Draht *m*, Kabel *n*; 2. Förderseil *n* (für die Seilbahnförderung)
~-line core barrel Seilkernrohr *n*
~-line coring Seilkernen *n*
~-line grab Seilfangspeer *m*
~-line log Kabelsonde *f*
~-line logging tool [geophysikalisches] Bohrlochmeßgerät *n*
~-line spiral fishing tool Seilfangspirale *f*
~ silver Drahtsilber *n*, Haarsilber *n*
~ sounding Drahtlotung *f*
~-weight gauge Fallot *n* (Grundwasserspiegelmessung)
wisaksonite Wisaksonit *m* (metamikter Uranothorit)
Wisconsin [Ice Age] Wisconsin-Eiszeit *f* (entspricht der Würmeiszeit)
wiserite Wiserit *m*, $Mn_4[(OH,Cl)_4|B_2O_5]$
withdraw/to rauben (Ausbau)
withdrawal Förderung *f* (nichteruptiv)
wither away/to versiegen
witherite Witherit *m*, $BaCO_3$
wittichenite Wittichenit *m*, $3Cu_2S \cdot Bi_2S_3$
wittite Wittit *m*, $5PbS \cdot 3Bi_2(S,Se)_3$
wodginite Wodginit *m*, $(Ta, Nb, Sn, Mn, Fe)_2O_4$
wöhlerite Wöhlerit *m*, $Ca_2NaZr[(F, OH, O)_2|Si_2O_7]$
wolchonskoite Wolchonskoit *m* (Mineral der Montmorillonitreihe)

384

wolfachite Wolfachit *m*, Ni(As, Sb)S
Wolfcamp Wolfcampanien *n* (Stufe des Perms in Amerika)
wolfram Wolfram *n*, W
wolframite Wolframit *m*, $(Fe, Mn)WO_4$
wollastonite Wollastonit *m*, $Ca_3[Si_3O_9]$
wollongongite Wollongongit *m*, Bituminit *m* (Bogheadkohle)
wölsendorfite Wölsendorfit *m*, $2[UO_2(OH)_2] \cdot PbO$
Wolstonian Wolstonien *n* (Pleistozän, Britische Inseln, entspricht etwa der Riß-Eiszeit der Alpen)
wood agate Holzachat *m*
~ haematite roter Glaskopf *m* (s.a. haematite)
~ opal Holzopal *m* (s.a. opal)
~ peat Bruchwaldtorf *m*, Holztorf *m*
~ tin Holzzinn *n*
wooded bewaldet
~ soil Waldboden *m*
~ steppe Waldsteppe *f*
~ swamp Waldmoor *n*
woodhouseite Woodhouseit *m*, $CaAl_3[(OH)_6|SO_4PO_4]$
woodland Waldgelände *n*, Waldung *f*
woodsteppe chernozem Waldsteppentschernosem *m*
woodstone verkieseltes Holz *n*
woody holzig, Holz...
~ peat Waldmoorboden *m*
woodyard interglazialer Waldhorizont *m*
woolly rhinoceros wollhaariges Nashorn *n*
woolpack (sl) konkretionäre Kalksteinmasse *f* (s.a. ballstone)
woolsack Wollsack *m* (Absonderungsform)
Wordian [Stage] Word *n* (Stufe des Mittelperms)
work/to abbauen
~ away abtragen
~ by coffins abstrossen
~ through durchörtern
work barge Arbeitsbarke *f*
~ of deformation Formänderungsarbeit *f*
~ of erosion Erosionstätigkeit *f*
~-over Aufwältigung *f*
~-over operations Aufwältigungsarbeiten *fpl*
~ sampling Stichprobenahme *f*
workability 1. Verarbeitbarkeit *f*, Bearbeitbarkeit *f*; 2. Abbaufähigkeit *f*, Bauwürdigkeit *f*, Abbauwürdigkeit *f*
workable 1. verarbeitbar, bearbeitbar; 2. abbaufähig, [ab]bauwürdig
~ bed [ab]bauwürdige Schicht *f*
~ deposit nutzbare Lagerstätte *f*, [ab]bauwürdiges Vorkommen *n*
~ ore [ab]bauwürdiges Erz *n*
~ ore field [ab]bauwürdiges Erzvorkommen *n*
worked area Verhiebsfläche *f*
~-out abgebaut, erschöpft
~-out mine erschöpfte Zeche *f*
~-out seam erschöpftes Flöz *n*
working Abbau[betrieb] *m*

~ **deposit** in Abbau befindliche Lagerstätte f
~ **face** Abbaustoß m, Ortsstoß m
~ **level** Abbausohle f
~**-out of deposits** Erschöpfung f von Lagerstätten
~ **thickness of a seam** Arbeitshöhe f im Flöz
world climate program Weltklimaprogramm n
~ **quake** Weltbeben n
worm auger Schneckenbohrer m
~ **castings (excrements)** Wurmausscheidungen fpl
~**-shaped** wurmartig *(Mineral)*
worn abgetragen
~**-down** eingeebnet
worthiness of being worked Bauwürdigkeit f, Abbauwürdigkeit f
worthless vein tauber Gang m
worthy of being worked [ab]bauwürdig
wough Nebengestein n eines Erzganges *(Schottland)*
wreath of smoke Rauchfahne f *(Vulkanismus)*
wrench off/to abreißen *(Gletscher)*
wrench fault Transversalverschiebung f, Blattverschiebung f
~ **faulting** Seitenverschiebung f *(z.B. ozeanischer Rücken durch Zerscherung)*
wrinkle Kräuselung f *(s.a. crenulation 1.)*
~ **layer** Runzelschicht f *(Cephalopoden)*
~ **mark** Runzelmarke f
~ **ridges** Magmawülste mpl, Rippen fpl *(auf dem Mond)*
wrist s. carpus
wrong facies complex Scheinfazieskomplex m
wulfenite Wulfenit m, Gelbbleierz n, $Pb[MoO_4]$
Wulff net Wulffsches Netz n
Würm [Drift] Würm-Eiszeit f, Würm-Kaltzeit f *(Pleistozän, Alpen)*
Würmian [Interstadial] Würm-Interstadial n *(Pleistozän, Alpen)*
wurtzilite Wurtzilit m *(asphaltisches Pyrobitumen)*
wurtzite Wurtzit m, Schalenblende f, ZnS
wych s. wich
wyomingite Wyomingit m *(Ergußgestein)*
wythern Gang m

X

x-mas tree Eruptionskreuz n
X-ray analysis Röntgenanalyse f
X-ray crystal structure Röntgenstruktur f
X-ray diffraction analysis Röntgenbeugungsanalyse f
X-ray diffraction pattern Röntgenbeugungsdiagramm n
X-ray fluorescence spectrometry Röntgenfluoreszenzspektrometrie f
X-ray fluorescence spectroscopy Röntgenfluoreszenzspektroskopie f
X-ray interference pattern Röntgenbeugungsbild n

X-ray target Röntgenstrahlenbild n
X-ray texture analysis röntgenografische Gefügeanalyse f
X-ray texture goniometer Zählrohr-Texturgoniometer f
xanthiosite Xanthiosit m, $Ni_3[AsO_4]_2$
xanthite Xanthit m *(gelber Vesuvian)*
xanthochroite Xanthochroit m, CdS
xanthoconite Xanthokon m, Ag_3AsS_3
xanthophyllite Xanthophyllit m, $Ca(Mg,Al)_{3-2}[(OH)_2|Al_2Si_2O_{10}]$
xanthosiderite s. limonite
xenoblast Xenoblast m
xenoblastic xenoblastisch
xenocryst Xenocryst m, allothigener Kristall m, Einsprengling m
xenogenous epigenetisch
xenolite s. sillimanite
xenolith Xenolith m, exogener Einschluß m
xenomorphic xenomorph, allotriomorph
~ **crystal** xenomorpher Kristall m
xenotime Xenotim m, Ytterspat m, $Y[PO_4]$
xerophilous xerophil, Trockenheit liebend
xerophytic forest Trockenwald m
xonotlite Xonotlit m, $Ca_6[(OH)_2|Si_6O_{17}]$
XRF s. X-ray fluorescence spectrometry
xylanthrax Holzkohle f
xyloid brown coal xylitische Weichbraunkohle f
~ **lignite** vitrinitische Hartbraunkohle f; xylitische Braunkohle f
xylopal Holzopal m *(s.a. opal)*

Y

yardang, yarding Yardan m *(scharfkantiger Rücken zwischen zwei Deflationstälern)*
Yarmouth Yarmouth n *(Pleistozän in Nordamerika)*
Yarmouth [Interglacial Age] Yarmouth-Interglazial n *(entspricht dem Mindel-Riß-Interglazial)*
Yarmouthian s. Yarmouth
yavapaiite Yavapaiit m, $KFe[SO_4]_2$
yaw azimutale Drehung bzw. Abweichung eines Flugzeugs oder eines Fernerkundungsaufnahmesystems von der Flugrichtung
yawing Hin- und Herschwanken n *(einer Magnetnadel)*
Yazoo river Flußsystem n mit parallelen Nebenflüssen
11-year-cycle elfjähriger Zyklus m *(der Sonnenfleckentätigkeit)*
yearly discharge jährliche Abflußmenge f
~ **rainfall** Jahresregenmenge f, jährliche Niederschlagsmenge f
yeatmanite Yeatmanit m, $Mn_9Zn_2Mg_4[O|(OH)_{14}|(AsO_4)_2|(SiO_4)_2]$
yellow arsenic s. orpiment
~ **copper ore** s. chalcopyrite
~ **copperas** s. copiapite

yellow

~ **earth** Ocker *m*
~ **ground** verwitterter Kimberlit *m*
~ **lead ore** *s.* wulfenite
~ **ochre** Berggelb *n*
~ **ore (pyrite)** *s.* chalcopyrite
~ **ratebane** *s.* orpiment
yellowing Gelbwerden *n*, Verlehmung *f*
yenite *s.* ilvaite
yield Ausbeute *f*, Ergiebigkeit *f*, Ertrag *m*
~ **factor** Abflußspende *f*
~ **limit** Fließgrenze *f*
~ **of an aquiferous layer** Grundwasserergiebigkeit *f*
~ **of well** Brunnenergiebigkeit *f*
~ **point** Fließgrenze *f*, Streckgrenze *f*
~ **strength** Fließfestigkeit *f*
~ **stress** ~ point
~**-time diagram** Weg-Zeit-Diagramm *n* (Gebirgsdruck)
yielding nachgiebig
yieldingness Ausbeute *f*, Ergiebigkeit *f*
Ynezian [Stage] Ynez[ien] *n*, Ynezium *n* (marine Stufe, Paläozän in Nordamerika)
yo-yo-technique Yo-Yo-Verfahren *n* (der Seeseismik)
yoderite Yoderit *m*, (Al, Mg, Fe)$_2$[(O, OH)|SiO$_4$]
yoked basin *s.* zeugogeosyncline
Yoldia Sea Yoldiameer *n*
yosemite 1. Yosemit *m* (Gestein der Granitgruppe); 2. Spezialform eines Trogtals
yoshimuraite Yoshimurait *m*, (Ba, Sr)$_2$(Mn, Fe, Mg)$_2$(Ti, Fe)[(OH, Cl)$_2$|(S, P, Si)O$_4$|Si$_2$O$_7$]
young stage Jugendstadium *n*
~ **volcanic rock** neovulkanisches Gestein *n*
Younger Tertiary [System] Jungtertiär *n*
younging of strata *s.* facing of strata
Young's modulus [of elasticity] Elastizitätsmodul *m*
youstone *s.* nephrite
youth[ful] stage Jugendstadium *n* (bei Erosion)
youthfully dissected jung zerschnitten
Ypresian [Stage] Ypern *n*, Ypres[ium] *n* (Stufe des Eozäns)
ytterbite *s.* gadolinite
yttria Yttererde *f*
yttrialite Yttrialith *m* (Y-Th-Silikat)
yttric, yttriferous ytterhaltig
yttrium Yttrium *n*, Y
yttrocerite Yttrocerit *m*, Cerfluorit *m*, (Ca, Ce)F$_2$
yttrocrasite Yttrokrasit *m*, YTi$_2$O$_5$OH
yttrofluorite Yttrofluorit *m*, (Ca$_3$, Y$_2$)F$_6$
yttrotantalite Yttrotantalit *m* (Y-, Er-, U-, Ca-, Fe-Tantalat)
yu *s.* nephrite
yugawaralite Yugawaralith *m*, Ca[Al$_2$Si$_5$O$_{14}$]·3H$_2$O
yuh *s.* nephrite
yukonite Yukonit *m*, (Ca$_3$Fe$_2$···)(AsO$_4$)$_2$·2Fe(OH)$_3$·5H$_2$O
yustone *s.* nephrite

Z

Zanclian [Stage] Zanclien *n* (Stufe des Pliozäns)
~**/Tabianian [Stages]** Zanclium/Tabianium *n* (basale Stufen des Pliozäns)
zaratite Zaratit *m*, Ni$_3$[(OH)$_4$|CO$_3$]·4H$_2$O
zavariskite Zavariskit *m*, BiOF
zawn Kaverne *f* (Cornwall)
Zemorrian [Stage] Zemorrien *n* (marine Stufe, Oligozän und unterstes Miozän in Nordamerika)
zenith Zenit *m*
~ **angle** Zenitwinkel *m*
~ **angle of the hole** Zenitwinkel *m* des Bohrlochs
zeolite Zeolith *m* (Mineralgruppe locker gebauter Tektosilikate)
~ **facies** Zeolithfazies *f*
zeolitic zeolithartig; zeolithhaltig
zeolitization Zeolithisierung *f*, Zeolithbildung *f*
zeophyllite Zeophyllith *m*, Ca$_4$[F$_2$|(OH)$_2$|Si$_3$O$_8$]·2H$_2$O
zero drawdown boundary Reichweitenbegrenzung *f*
~ **gauge** Nullpegel *m*
~ **meridian** Nullmeridian *m*
~ **of level** Normalnull *n*, NN
zeta potential Zetapotential *n* (Grenzfläche)
zeugen *s.* earth pillar
zeugogeosyncline Zeugogeosynklinale *f* (Parageosynklinale)
zeunerite Zeunerit *m*, Cu[UO$_2$|AsO$_4$]$_2$·10(16−10)H$_2$O
zigger/to absinken, versickern
zigher kleiner Wasserlauf *m*
zigzag fold Zickzackfalte *f*, Kaskadenfalte *f*
~ **pattern** Zickzackmuster *n*
zinc Zink *n*, Zn
~**-bearing** zinkführend, zinkhaltig
~ **blende** *s.* sphalerite
~ **bloom** *s.* hydrozincite
~ **chat** verwachsenes Zinkerz *n*
~**-containing** zinkführend, zinkhaltig
~ **spar** *s.* smithsonite
~ **spinel** *s.* gahnite
zincaluminite Zinkaluminit *m*, Zn$_3$Al$_3$[(OH)$_{13}$|SO$_4$]·2H$_2$O
zincdibraunite Zinkdibraunit *m*, ZnMn$_2$O$_3$·2H$_2$O
zinciferous zinkführend, zinkhaltig
zincite Zinkit *m*, Rotzinkerz, ZnO
zinckenite Zinckenit *m*, PbS·Sb$_2$S$_3$
zincky zinkartig, Zink...
zinclavendulane Zinklavendulan *m*, (Ca, Na)$_2$(Zn,Cu)$_5$[Cl|(AsO$_4$)$_4$·4−5H$_2$O
zincobotryogene Zincobotryogen *m*, (Zn,Mg,Mn,Fe)Fe[OH|(SO$_4$)$_2$]·6,6H$_2$O
zincocopiapite Zincocopiapit *m*, (Zn,Fe,Mn)Fe$_4$[OH|(SO$_4$)$_3$]$_2$·18H$_2$O
zincous zinkartig, Zink...

zincrockbridgeite Zinkrockbridgeit m, ZnFe$_4$[(OH)$_5$|(PO$_4$)$_3$]
zincy s. zincky
zinkenite s. zinckenite
zinkiferous zinkhaltig, zinkführend
zinkosite Zinkosit m, Zn[SO$_4$]
zinky zinkartig, Zink...
zinnwaldite Zinnwaldit m, KLiFeAl[(F, OH)$_2$|AlSi$_3$O$_{10}$]
zippeite Zippeit m, Uranblüte f, [6UO$_2$|3(OH)$_2$|3SO$_4$]·12H$_2$O
zircon Zirkon m, Zr[SiO$_4$]
zirconium Zirkon n, Zirkonium n, Zr
zirkelite Zirkelit m, (Ca,Ce,Y,Fe)(Ti,Zr,Th)$_3$O$_7$
zirklerite Zirklerit m, 9FeCl$_2$·4AlOOH
Zlichovian [Stage] Zlichov n, Zlichov-Stufe f *(Stufe des Unterdevons)*
zodiac Tierkreis m, Zodiakus m
~ light Tierkreislicht n, Zodiakallicht n
zodiacal figure Sternbildfigur f
~ light Tierkreislicht n, Zodiakallicht n
zoic zoisch, fossile Tierüberreste enthaltend
zoisite Zoisit m, Ca$_2$Al$_3$[O|OH|SiO$_4$|Si$_2$O$_7$]
zonal zonenförmig, Zonen...
~ arrangement zonenförmige (zonale) Anordnung f
~ boundary Zonengrenze f
~ structure zonales Gefüge f
zonality Zonalität f
zonated zonenförmig
zonation Verteilung f auf Zonen
zone Zone f *(kleinste Einheit der biostratigrafischen Skala)*
~ axis Zonenachse f
~ circle Zonenkreis m
~ fossil Zonenfossil n, Leitfossil n
~ melting Zonenschmelzverfahren n
~ of affected overburden Einwirkungsbereich m
~ of alteration Umwandlungszone f
~ of capillarity Saugsaum m, Kapillarzone f, Überwasserspiegelzone f, Grundluftzone f
~ of concrescence Verwachsungszone f
~ of continuous subsidence säkular sich senkender Raum m

~ of folding Faltungszone f
~ of glacier ablation Zehrgebiet n eines Gletschers
~ of influence Beeinflussungsbereich m
~ of invasion of borehole fluid Eindringzone f der Bohrlochspülung
~ of jointing Ruschelzone f, Kluftschwarm m
~ of maximum development Zone f der maximalen Entwicklung *(von Arten)*
~ of oxidation Oxydationszone f
~ of permanent downwarp[ing] säkular sich senkender Raum m
~ of reduction Zementationszone f
~ of regular subsidence Zone f gleichmäßiger Absenkung
~ of sanitary protection Schutzzone f
~ of snow supply of the glacier Nährgebiet n des Gletschers
~ of stringers Trümerzone f
~ of subsidence Senkungszone f
~ of transition Übergangszone f
~ of weakness Schwächezone f
~ of weathering Verwitterungszone f
~ succession Zonenfolge f
~ time Zonenzeit f, Ortszeit f
~ type Lithotyp m *(Kohlentyp der Steinkohle)*
~ with clusters of joints Ruschelzone f, Kluftschwarm m
zoned zonenverteilt
~ crystal Zonarkristall m
zoning Zonarstruktur f, Zonalität f, Zonung f
~ of primary mineralization primärer Teufenunterschied m *(bei Mineralgängen)*
zonule Teil m einer Subzone *(fossilbelegt)*
zoogenic, zoogenous zoogen
zoogeographic[al] zoogeografisch, tiergeografisch
~ province zoogeografische Provinz f
zoogeography Zoogeografie f, Tiergeografie f
zoölite, zoölith tierisches Fossil n, Tierversteinerung f
zooplankton Schwebefauna f, Zooplankton n
zunyite Zunyit m, Al$_{12}$[AlO$_4$|(OH,F)$_{18}$Cl|Si$_5$O$_{16}$]
zussmanite Zussmanit m, KFe$_{11}$(Mg,Mn)$_2$[OH|(Si$_{5.5}$Al$_{0.5}$)·O$_{14}$(OH)$_4$]
zwieselite Zwieselit m, (Fe,Mn)$_2$[F|PO$_4$]